D1997670

Nichtlineare Systeme und Regelungen

Lizenz zum Wissen.

Sichern Sie sich umfassendes Technikwissen mit Sofortzugriff auf tausende Fachbücher und Fachzeitschriften aus den Bereichen: Automobiltechnik, Maschinenbau, Energie + Umwelt, E-Technik, Informatik + IT und Bauwesen.

Exklusiv für Leser von Springer-Fachbüchern: Testen Sie Springer für Professionals 30 Tage unverbindlich. Nutzen Sie dazu im Bestellverlauf Ihren persönlichen Aktionscode **C0005406** auf *www.springerprofessional.de/buchaktion/*

Springer für Professionals.

Digitale Fachbibliothek. Themen-Scout. Knowledge-Manager.

- Zugriff auf tausende von Fachbüchern und Fachzeitschriften
- Selektion, Komprimierung und Verknüpfung relevanter Themen durch Fachredaktionen
- Tools zur persönlichen Wissensorganisation und Vernetzung

www.entschieden-intelligenter.de

Springer für Professionals

Springer

Jürgen Adamy

Nichtlineare Systeme und Regelungen

2., bearbeitete und erweiterte Auflage

Springer Vieweg

Jürgen Adamy
FG Regelungstheorie und Robotik
TU Darmstadt Inst. Automatisierungstechnik
Darmstadt, Deutschland

Hochschule Ruhr West
HRW
Ausgeschieden
Hochschulbibliothek

00/WFQ2(2)

ISBN 978-3-642-45012-9 ISBN 978-3-642-45013-6 (eBook)
DOI 10.1007/978-3-642-45013-6

Die Deutsche Nationalbibliothek verzeichnet diese Publikation in der Deutschen Nationalbibliografie; detaillierte bibliografische Daten sind im Internet über http://dnb.d-nb.de abrufbar.

Springer Vieweg
© Springer-Verlag Berlin Heidelberg 2009, 2014
Das Werk einschließlich aller seiner Teile ist urheberrechtlich geschützt. Jede Verwertung, die nicht ausdrücklich vom Urheberrechtsgesetz zugelassen ist, bedarf der vorherigen Zustimmung des Verlags. Das gilt insbesondere für Vervielfältigungen, Bearbeitungen, Übersetzungen, Mikroverfilmungen und die Einspeicherung und Verarbeitung in elektronischen Systemen.

Die Wiedergabe von Gebrauchsnamen, Handelsnamen, Warenbezeichnungen usw. in diesem Werk berechtigt auch ohne besondere Kennzeichnung nicht zu der Annahme, dass solche Namen im Sinne der Warenzeichen- und Markenschutz-Gesetzgebung als frei zu betrachten wären und daher von jedermann benutzt werden dürften.

Gedruckt auf säurefreiem und chlorfrei gebleichtem Papier

Springer Vieweg ist eine Marke von Springer DE. Springer DE ist Teil der Fachverlagsgruppe Springer Science+Business Media.
www.springer-vieweg.de

Erstbegehung

Manchmal,
wenn ich unter diesen Wänden sitze,
die Pfeiler und Risse sehe,
wächst eine Linie empor.
Alle Bänder dehnen sich,
die Kanten zeigen
hinauf.
Und ich weiß,
die ist es und steige ein.

Es ist nicht die Freude,
der Erste gewesen zu sein;
es ist die Linie, die
ich gezeichnet habe.
So wie der Berg sie verlangt.

Reinhold Messner

Vorwort

Die Regelungstheorie und die Regelungstechnik sind Teilgebiete der Theorie dynamischer Systeme und der Automatisierungstechnik. Sowohl in der Mathematik als auch in den Ingenieurwissenschaften bilden sie einen wichtigen Zweig in Forschung und Lehre. Aber auch in den Naturwissenschaften, insbesondere in der Biologie, Ökologie und Medizin, sowie in der Volkswirtschaftslehre sind ihre Inhalte von Bedeutung. So beschäftigt sich die Mathematik vor allem mit der Theorie von Regelungssystemen, die dann in den Ingenieurwissenschaften die Basis für den Entwurf, d. h. die Synthese von Flugregelungen, Kraftwerksregelungen, Motorregelungen usw. bildet. In den Naturwissenschaften und der Volkswirtschaftslehre stehen dagegen die Beschreibung und Analyse von rückgekoppelten Prozessen, z. B. Populationsdynamiken in der Ökologie und Marktmodelle in der Ökonomie, im Vordergrund.

Schreibt man ein Buch über Regelungssysteme, so muss man es an einer dieser Wissenschaftssparten ausrichten. Ein Mathematiker wird eine systemtheoretische Strukturierung wählen, ein Ingenieur eine anwendungsorientierte. Das vorliegende Buch ist aus Sicht des Ingenieurs geschrieben und betont daher den Anwendungsaspekt der Regelungstheorie, also die Regelungstechnik. Dieser Ausrichtung folgend wurden die Beschreibung von Regelungsverfahren und praktische Aspekte stärker gewichtet als die systemtheoretischen Grundlagen. Kurz gefasst: Im Vordergrund steht der Reglerentwurf. Dementsprechend ist das Buch auch strukturiert. Neben den systemtheoretischen Grundlagen wie Stabilität, Lösung nichtlinearer Differenzialgleichungen usw., werden in drei Kapiteln nichtlineare Regelungsverfahren für lineare und nichtlineare Regelstrecken behandelt. Der Fokus liegt hier bei den zeitkontinuierlichen Regelungssystemen. In relevanten Fällen werden auch zeitdiskrete Systeme betrachtet. Da nichtlineare Regler meistens alle Zustandsgrößen benötigen, diese aber oft nicht messbar sind, bildet ein Kapitel über nichtlineare Beobachter den Schluss des Buches.

Das Buch wendet sich an die fortgeschrittenen Regelungstechnikerinnen und Regelungstechniker. Die Kenntnis der linearen Regelungstechnik, wie sie z. B. in den Lehrbüchern von J. Lunze [190, 191], O. Föllinger [86] sowie

M. Horn und N. Dourdoumas [117] vermittelt wird, ist Vorbedingung für das Verständnis. Das Buch ist, obiges Wissen vorausgesetzt, für ein möglichst schnelles und einfaches Verstehen ausgelegt. Dabei bin ich den Ideen von G. Pólya [236, 237] gefolgt und vom klassischen Theorem-Beweis-Schema abgewichen. Vielmehr wird, wenn für das Verständnis erforderlich, die Herleitung eines Themas in ausführlichem Stil aus der Problemstellung entwickelt. Um häufiges Nachschlagen in vorherigen Kapiteln zu vermeiden (was meist mühsam ist), habe ich den einzelnen Passagen Wiederholungen zugebilligt. Dies und die bewusste Verwendung nur der notwendigen mathematischen Symbolik erhöht die Lesbarkeit. So kommt man mit der Ingenieurmathematik der ersten drei bzw. vier Semester eines Hochschulstudiums durch das Buch. All diese didaktischen Maßnahmen folgen den kommunikationspsychologischen Anforderungen von F. Schulz von Thun [260]: Prägnanz, Ordnung, Einfachheit und Motivation. Letzterer dienen auch die vierfarbig dargestellten Praxisbeispiele. Sie sollen den Bezug zur realen Anwendung illustrieren. Die zugehörigen Bilder sind dabei bewusst nicht fotorealistisch ausgeführt, obwohl dies möglich gewesen wäre. So ist eine Abstraktion von der realen Anwendung, wie sie jedes Modell aufweist, sichtbar.

Das Buch hätte nicht ohne die Unterstützung vieler helfender Personen entstehen können. Ihnen gilt mein Dank. So erstellten Teile des Latex-Quellcodes T. Schaal, M. Heil, J. Díaz und A. Popescu. A. Popescu erstellte auch alle zweidimensionalen Grafiken. K. Karova danke ich für die Hilfe bei der Erstellung der Matlab-Bilder. Sie sorgte auch durch unermüdliche Arbeit für die Konsistenz des Layouts. W. Hayat und R. Kempf erstellten die Simulationen der prädiktiven Regelungen und R. Kempf simulierte die Fuzzy-Abstandsregelung. D. Yankulova fertigte die Simulationen der Kranregelungen an. Außerdem lasen und prüften S. Muntermann, R. Kempf und V. Willert sowie meine Doktorandinnen und Doktoranden D. Yankulova, K. Karova, T. Gußner, A. Schwung, K. Listmann, H. Lens, D. Lens, D. Weiler, K. Kefferpütz, B. Jasniewicz, A. Ortseifen sowie die Studentinnen und Studenten A. Popescu, A. Wahrburg, H. Buschmann und K. Kreuter das Buch bezüglich Inhalt und Verständlichkeit. Ihre offene, ehrliche Kritik und die harmonische und stimulierende Arbeitsatmosphäre trugen wesentlich zum Gelingen dieses Buches bei. Schließlich gilt mein besonderer Dank der Industriedesignerin V. Ansel, die alle farbigen dreidimensionalen Bilder anfertigte. Es war u. a. auch die Ästhetik dieser Bilder, die meine Motivation bei der Erstellung des Buches förderte.

Fragen oder Verbesserungsvorschläge können Sie an meine E-Mail-Adresse *jadamy@rtr.tu-darmstadt.de* senden.

Jürgen Adamy, Technische Universität Darmstadt, 2009

Vorwort zur zweiten Auflage

Die zweite Auflage von *Nichtlineare Regelungen* ist wesentlich erweitert. Dabei haben die systemtheoretischen Grundlagen breiteren Raum gefunden. Der Titel des Buches trägt dem Rechnung und lautet nun *Nichtlineare Systeme und Regelungen*. Durch die Erweiterungen umfasst das Buch rund 600 Seiten, so dass der mit der nichtlinearen Sytem- und Regelungstheorie noch nicht vertraute Leser entweder vor sehr viel Lese- und Verständnisarbeit steht oder aber eine Auswahl treffen muss. Letzteres wird ihm durch eine Zweiteilung des Buches erleichtert: Grundlegende Abschnitte für den Einsteiger sind durch blaue Abschnittsnummern, z. B. 1.1.8, gekennzeichnet. Schwarze Abschnittsnummern enthalten weiterführende Inhalte.

Das Buch ist insbesondere auch zum Aufbau von Vorlesungen an Hochschulen und Universitäten gedacht. Zu diesem Zweck kann es uneingeschränkt (unter Angabe der Quelle) genutzt werden.

Auch in der zweiten Auflage, die zusammen mit der ersten Auflage ca. 12.000 Arbeitsstunden erforderte, haben viele Personen mitgewirkt. Mein ganz besonderer Dank gilt hier A. Röthig und K. Olhofer-Karova. Sie setzten meine handschriftliche Aufzeichnungen in unermüdlicher Arbeit mit stets freundlichem Verständnis in lesbaren LaTeX-Code um. Für die Erstellung der Grafiken danke ich wieder V. Ansel. Schließlich lasen meine Doktorandinnen und Doktoranden S. Bernhard, F. Damerow, S. Gering, J. Grieser, K. Groß, T. Guthier, D. Haumann, K. Kefferpütz, S. Khodaverdian, S. Klingelschmitt, L. Klodt, K. Listmann, D. Madeira, A. Ortseifen, A. Röthig, A. Schnall, M. Schneider, M. Schreier, M. Schneider und A. Wahrburg sowie Dr. D. Lens, Dr. V. Willert und K. Olhofer-Karova das Buch Korrektur. Die Studenten T. Buchholz, W. Krippner und M. Martins testeten es auf seine Verständlichkeit. M. Zeitz danke ich für die fruchtbare Diskussion über die Minimalphasigkeit und der Firma Demag für die Parameter des Kranmodells. Mein Dank gilt auch der Lektorin des Springer Verlages, Fr. E. Hestermann-Beyerle, für ihr stetes Interesse und ihre vielen Ratschläge.

Jürgen Adamy, Technische Universität Darmstadt, 2014

Inhaltsverzeichnis

Blau nummerierte Abschnitte enthalten Grundlagen, die einen Basiskurs über nichtlineare Systeme und Regelungen bilden. Schwarz nummerierte enthalten weitergehende Informationen, die über den Basiskurs hinausgehen.

1

Grundlagen nichtlinearer Systeme

1.1 Systembeschreibung und Systemverhalten

1.1.1 Lineare und nichtlineare Systeme

Mittels linearer Modelle und linearer Systembeschreibungen kann nur ein Teil der Prozesse und Systeme, wie sie in der Natur und der industriellen Praxis vorkommen, beschrieben werden. Der andere Teil ist nichtlinear und muss durch nichtlineare Modelle nachgebildet werden. Die lineare Systemtheorie ist im Allgemeinen auf nichtlineare Systeme nicht anwendbar. Es sei denn, ein nichtlineares System kann hinreichend genau durch ein lineares Modell approximiert werden.

Für nichtlineare Systeme und Regelkreise benötigt man daher in den meisten Fällen eigene Analyse- und Entwurfsverfahren. Da nichtlineare Systeme allerdings mathematisch wesentlich komplexer zu handhaben sind als lineare, wurden bisher nur für bestimmte Klassen nichtlinearer Systeme und bestimmte Anwendungsfälle solche Verfahren entwickelt. Im Fall linearer Systeme ist das ganz anders. Für sie existiert eine nahezu vollständig ausgearbeitete Systemtheorie, die nur noch wenige unerforschte Gebiete aufweist [86, 89, 190, 191]. Bild 1.1 illustriert diesen unterschiedlichen Wissensstand.

Da die nichtlineare Systemtheorie eine Sammlung nicht zusammenhängender Verfahren und Theorien darstellt, ist es eigentlich nicht richtig, von einer nichtlinearen Systemtheorie zu sprechen. Vielmehr existiert, wie in Bild 1.1 veranschaulicht, eine Reihe von Theorien für verschiedene Klassen nichtlinearer Systeme und Regelungen [129, 146, 259, 310]. Trotz dieser Verschiedenheit ist es je nach Schwerpunkt üblich, diese Theorien unter dem Oberbegriff *nichtlineare Regelungen* oder *nichtlineare Systeme* zu subsumieren. Eine der bedeutendsten und am weitesten entwickelten Theorien ist die der eingangslinearen Systeme, die nichtlinear von den Systemzuständen aber linear von den

J. Adamy, Nichtlineare Systeme und Regelungen DOI 10.1007/978-3-642-45012-9,
© Springer-Verlag Berlin Heidelberg 2014.

Bild 1.1: Wissensstand bei linearen und nichtlinearen Systemen. Blaue Flächen symbolisieren den bekannten Wissensstand, weiße Unerforschtes.

Eingangsgrößen abhängen. Ihre Theorie ist nahezu vollständig ausgearbeitet und hat auch für die Praxis große Bedeutung.

Die wichtigsten und für die industrielle Praxis relevanten Verfahren der nichtlinearen Regelungstechnik sind Gegenstand dieses Buches. Zu Beginn, in diesem Kapitel, werden die Systemdynamik und die Lösung nichtlinearer Differenzialgleichungen behandelt. Daran schließt sich eine Schilderung der Stabilitätstheorie nichtlinearer Systeme und Regelungen in Kapitel 2 an. Kapitel 3 behandelt die Systemeigenschaft Steuerbarkeit, die Voraussetzung jeder Steuerung und Regelung ist. In diesem Kapitel wird des Weiteren die mit der Steuerbarkeit eines Systems verwandte Eigenschaft der Flachheit behandelt.

Obiges Basiswissen ist dann Ausgangspunkt einer Reihe von Entwurfsverfahren für nichtlineare Regler sowohl für lineare Regelstrecken in Kapitel 4 als auch nichtlineare Regelstrecken in Kapitel 5. In Kapitel 6 folgen schließlich Reglerentwurfsverfahren, die sowohl für lineare als auch nichtlineare Regelstrecken Verwendung finden. Da die meisten nichtlinearen Regelungsverfahren den Zustandsvektor der Regelstrecke benötigen, dieser aber oft nicht messbar ist, werden in Kapitel 7 Beobachter für nichtlineare Regelkreise behandelt.

1.1.2 Systembeschreibung und Regelkreiskategorien

Nichtlineare Systeme lassen sich im Allgemeinen durch eine Vektordifferenzialgleichung

$$\dot{\boldsymbol{x}} = \boldsymbol{f}(\boldsymbol{x}, \boldsymbol{u}) \tag{1.1}$$

und eine Ausgangsgleichung

$$\boldsymbol{y} = \boldsymbol{g}(\boldsymbol{x}, \boldsymbol{u})$$

beschreiben. Dabei ist $\boldsymbol{x}$ der n - dimensionale Zustandsvektor, $\boldsymbol{u}$ der m - dimensionale Stell- bzw. Eingangsvektor, $\boldsymbol{f}$ die n - dimensionale Vektorfunktion des Systems, $\boldsymbol{y}$ der r - dimensionale Ausgangsvektor und $\boldsymbol{g}$ die r - dimensionale Ausgangsvektorfunktion. Manchmal wird ein System auch, insbesondere im Fall einer Eingangs- und einer Ausgangsgröße, durch eine explizite Differenzialgleichung höherer Ordnung

$$y^{(n)} = h(y, \dot{y}, \ldots, y^{(n-1)}, u_1, \ldots, u_m) \tag{1.2}$$

beschrieben. Durch Einführung der Variablen

$$\begin{aligned} x_1 &= y, \\ x_2 &= \dot{y}, \\ &\vdots \\ x_n &= y^{(n-1)} \end{aligned}$$

kann Gl. (1.2) auch als Vektordifferenzialgleichung

$$\dot{\boldsymbol{x}} = \boldsymbol{f}(\boldsymbol{x}, \boldsymbol{u}) = \begin{bmatrix} x_2 \\ x_3 \\ \vdots \\ x_n \\ h(x_1, \ldots, x_n, u_1, \ldots, u_m) \end{bmatrix}$$

dargestellt werden.

Systeme mit nur einer Eingangsgröße u und einer Ausgangsgröße y bezeichnet man als *Eingrößensysteme* oder *SISO-Systeme* (engl. single-input, single-output). Systeme mit mehreren Eingangsgrößen und Ausgangsgrößen werden als *Mehrgrößensysteme* oder *MIMO-Systeme* (engl. multiple-input, multiple-output) bezeichnet. Wir bezeichnen das System (1.1) als *autonom*, wenn die Funktion $\boldsymbol{f}$ nicht von einer zeitveränderlichen Eingangsgröße $\boldsymbol{u}(t)$ oder – was letztendlich bei der Lösung der Differenzialgleichung dasselbe ist – von der Zeit t direkt abhängt, d. h. $\dot{\boldsymbol{x}} = \boldsymbol{f}(\boldsymbol{x})$. Hängt ein System direkt von der Zeit ab, d. h. $\dot{\boldsymbol{x}} = \boldsymbol{f}(\boldsymbol{x}, \boldsymbol{u}, t)$, bezeichnen wir es auch als *zeitvariant*, hängt es nicht direkt von ihr ab, d. h. $\dot{\boldsymbol{x}} = \boldsymbol{f}(\boldsymbol{x}, \boldsymbol{u})$, als *zeitinvariant*.

In der Regelungstechnik sind vor allem drei Typen nichtlinearer Regelungssysteme von Bedeutung. Die erste Klasse bilden lineare Regler für nichtlineare Regelstrecken, wie sie Bild 1.2 zeigt. Sie fallen oft in die Kategorie linearer Reglerentwurfsmethoden, denn in diesem Fall ist die Regelstrecke linearisierbar und das linearisierte Modell hinreichend genau. Dann kann die lineare Systemtheorie zum Einsatz kommen. Wir bezeichnen dabei die Führungsgröße mit w und die Regelabweichung mit e. Im MIMO-Fall verwenden wir fett gedruckte Buchstaben $\boldsymbol{w}$ und $\boldsymbol{e}$.

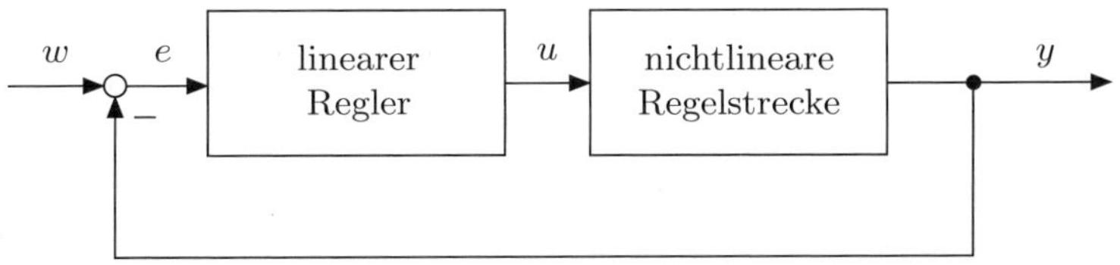

Bild 1.2: Nichtlineare Regelstrecke mit linearem Regler.

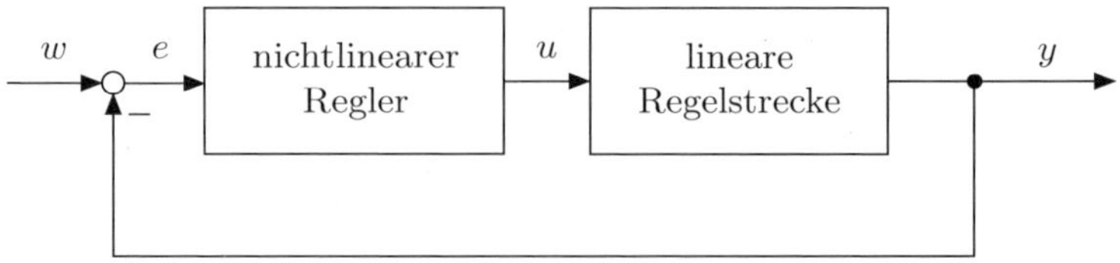

Bild 1.3: Lineare Regelstrecke mit nichtlinearem Regler.

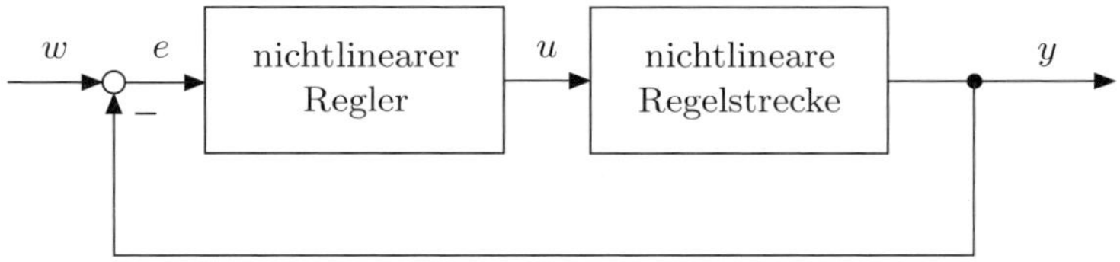

Bild 1.4: Nichtlineare Regelstrecke mit nichtlinearem Regler.

Die zweite Klasse stellen nichtlineare Regler für lineare Regelstrecken dar, wie sie Bild 1.3 zeigt. Oft werden einfache nichtlineare Regler aus technischen Gründen oder der Kosten wegen für lineare Regelstrecken eingesetzt. Ein weitverbreitetes Beispiel ist etwa die Temperaturregelung in Bügeleisen mit einem Bimetall. Das Bimetall hat die Charakteristik eines Schalters mit Hysterese, d. h., es ist ein nichtlineares System. Nichtlineare Regler komplizierter Bauart werden ebenfalls für lineare Regelstrecken eingesetzt, um bessere Regelergebnisse zu erzielen, als es mit linearen Reglern möglich wäre.

Die dritte Klasse bilden nichtlineare Regler für nichtlineare Regelstrecken, wie in Bild 1.4 dargestellt. Nichtlineare Regelstrecken sind oft sehr komplex in ihrem Verhalten. Eine lineare Regelung kann dann vielfach die gewünschte Regelqualität nicht erzeugen. In diesem Fall muss eine geeignete nichtlineare Regelung entworfen werden. Beispielsweise ist es in bestimmten Fällen möglich, eine nichtlineare Regelstrecke mit einem nichtlinearen Regler so zu kombinieren, dass ein linearer Regelkreis entsteht. Sein Verhalten ist dann aufgrund der Linearität einfach zu durchschauen.

1.1.3 Ruhelagen nichtlinearer Systeme

Eine Ruhelage, eine Gleichgewichtslage, ist ein Zustand eines dynamischen Systems, der bei fehlender Einwirkung von Eingangs- bzw. Stellgrößen nicht verlassen und folglich für immer beibehalten wird. Es ist nun eines der zentralen Ziele der Regelungstechnik, den Zustand einer Regelstrecke in eine Ruhelage zu bringen und ihn dort zu halten. Beispielsweise will man ein Flugzeug mittels eines Autopiloten auf eine bestimmte Höhe, das Wasser eines Boilers auf eine bestimmte Temperatur oder ein gewalztes Blech auf eine vorgegebene Dicke führen und dort halten. Für den Entwurf eines geeigneten Reglers muss man also zuerst eine passende Ruhelage ausfindig machen. Dabei stellt sich die Frage, wie man eine Ruhelage eines nichtlinearen Systems ermittelt. Bevor diese Frage näher untersucht wird, soll der Begriff der *Ruhelage* genauer definiert werden.

Definition 1 (Ruhelage). *Gegeben sei das System*

$$\dot{\boldsymbol{x}} = \boldsymbol{f}(\boldsymbol{x}, \boldsymbol{u}).$$

Dann heißt ein Punkt $\boldsymbol{x}_{\mathrm{R}}$ *des Zustandsraumes Ruhelage, wenn*

$$\dot{\boldsymbol{x}} = \boldsymbol{f}(\boldsymbol{x}_{\mathrm{R}}, \boldsymbol{0}) = \boldsymbol{0}$$

gilt.

In dieser Definition wurde

$$\boldsymbol{u} = \boldsymbol{0}$$

vorausgesetzt. Selbstverständlich kann es auch Fälle geben, in denen

$$\boldsymbol{u} = \boldsymbol{c} \neq \boldsymbol{0}$$

ist, wobei $\boldsymbol{c} \in I\!R^m$ ein konstanter Vektor ist und

$$\dot{\boldsymbol{x}} = \boldsymbol{f}(\boldsymbol{x}, \boldsymbol{u} = \boldsymbol{c}) = \boldsymbol{0}$$

gilt. Dieser Fall ist durch obige Definition abgedeckt, wenn man die Transformation

$$\boldsymbol{u} = \tilde{\boldsymbol{u}} + \boldsymbol{c}$$

durchführt. Dann hat man das System

$$\dot{\boldsymbol{x}} = \tilde{\boldsymbol{f}}(\boldsymbol{x}, \tilde{\boldsymbol{u}})$$

zu untersuchen, und dieses hat für $\tilde{\boldsymbol{u}} = \boldsymbol{0}$ eine Ruhelage in $\boldsymbol{x}_{\mathrm{R}}$. D. h., es gilt

$$\dot{\boldsymbol{x}} = \tilde{\boldsymbol{f}}(\boldsymbol{x}_{\mathrm{R}}, \boldsymbol{0}) = \boldsymbol{0}.$$

Das Auffinden einer Ruhelage eines nichtlinearen Systems ist oftmals nicht einfach. Man hat nämlich die implizite Gleichung

$$\dot{\boldsymbol{x}} = \boldsymbol{f}(\boldsymbol{x}_{\mathrm{R}}, \boldsymbol{0}) = \boldsymbol{0}$$

nach $\boldsymbol{x}_{\mathrm{R}}$ aufzulösen. Es kann eine, keine oder mehrere Lösungen geben. Auch ein Lösungskontinuum ist möglich. Dies ist in Bild 1.5 für eine eindimensionale Funktion f illustriert.

Bei der konkreten Berechnung von Ruhelagen $\boldsymbol{x}_{\mathrm{R}}$ können dann die folgenden drei Fälle auftreten. Im ersten Fall ist die implizite Gleichung

$$\boldsymbol{f}(\boldsymbol{x}_{\mathrm{R}}, \boldsymbol{0}) = \boldsymbol{0}$$

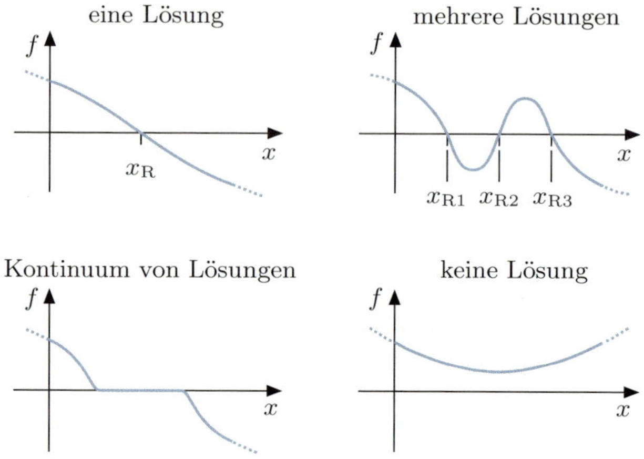

Bild 1.5: Mögliche Lösungsmengen der Ruhelagengleichung $f(x_R, 0) = 0$.

explizit nach $\boldsymbol{x}_R$ auflösbar, d. h., es gilt

$$\boldsymbol{x}_R = \boldsymbol{f}^{-1}(\boldsymbol{0}).$$

Im zweiten Fall ist die implizite Gleichung transzendent. Dann muss man auf numerische Verfahren, wie das mehrdimensionale Newton-Verfahren, zurückgreifen. Insbesondere steht man oft vor dem Problem, dass man nicht weiß, wieviele Ruhelagen existieren oder ob es überhaupt welche gibt.

Der dritte Fall betrifft viele technische Systeme. Bei ihnen können wir oft aus der Anschauung oder der Systemkenntnis heraus eine Ruhelage $\boldsymbol{x}_R$ erahnen. Durch Einsetzen in die Systemgleichung lässt sich die Annahme überprüfen.

1.1.4 Beispiel Satellit

Wir betrachten die Rotation eines Satelliten bzw. einer Weltraumsonde. Diesen können wir über Steuerdüsen um seine Achsen drehen. Bild 1.6 zeigt einen entsprechenden Satelliten mit seinem körperfesten Koordinatensystem (x, y, z) und einem raumfesten Koordinatensystem $(\tilde{x}, \tilde{y}, \tilde{z})$.

Für den Drehimpulsvektor $\boldsymbol{L}$ des Satelliten, der sich mit seinem körperfesten Koordinatensystem und dem Winkelgeschwindigkeitsvektor $\boldsymbol{\omega}$ gegenüber dem raumfesten Koordinatensystem dreht, gilt mit dem Trägheitstensor $\boldsymbol{J}$ die Beziehung

$$\boldsymbol{L} = \boldsymbol{J}\boldsymbol{\omega}.$$

Die Bewegungsgleichung leitet sich aus

$$\frac{d\boldsymbol{L}}{dt} = \boldsymbol{M} \tag{1.3}$$

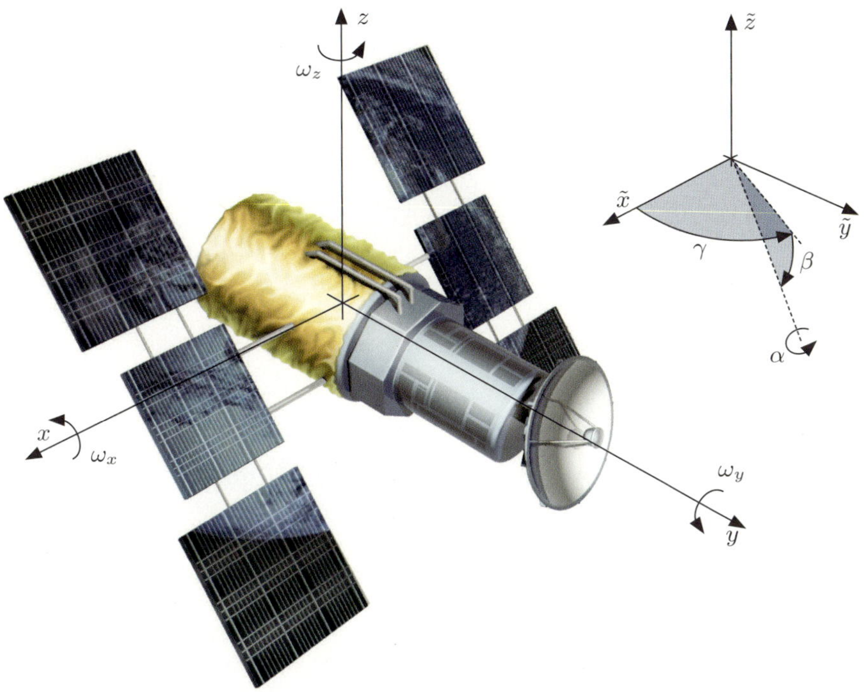

Bild 1.6: Satellit mit körperfestem Koordinatensystem (x, y, z) und raumfestem Koordinatensystem $(\tilde{x}, \tilde{y}, \tilde{z})$. Mittels der Euler-Winkel α, β, γ kann die Orientierung des Satelliten bezüglich des raumfesten Koordinatensystems angegeben werden.

ab, wobei der Drehmomentvektor $\boldsymbol{M}$ die durch die Steuerdüsen verursachten Drehmomente enthält. Für die Ableitung des Drehimpulses $\boldsymbol{L}$ nach der Zeit gilt

$$\frac{d\boldsymbol{L}}{dt} = \boldsymbol{J}\dot{\boldsymbol{\omega}} + \boldsymbol{\omega} \times (\boldsymbol{J}\boldsymbol{\omega}), \tag{1.4}$$

wobei der Term $\boldsymbol{\omega} \times (\boldsymbol{J}\boldsymbol{\omega})$ aus der mit $\boldsymbol{\omega}$ erfolgenden Drehung des körperfesten gegenüber dem raumfesten Koordinatensystem resultiert. Aus Gl. (1.3) und Gl. (1.4) folgt

$$\boldsymbol{J}\dot{\boldsymbol{\omega}} = -\boldsymbol{\omega} \times (\boldsymbol{J}\boldsymbol{\omega}) + \boldsymbol{M}. \tag{1.5}$$

Sind die Achsen des körperfesten Koordinatensystems des Satelliten mit seinen Hauptträgheitsachsen identisch, so gilt

$$\boldsymbol{J} = \begin{bmatrix} J_x & 0 & 0 \\ 0 & J_y & 0 \\ 0 & 0 & J_z \end{bmatrix}.$$

In diesem Fall ergeben sich aus Gl. (1.5) die Euler'schen Kreiselgleichungen

$$\begin{aligned} J_x\dot{\omega}_x &= -(J_z - J_y)\omega_y\omega_z + M_x, \\ J_y\dot{\omega}_y &= -(J_x - J_z)\omega_x\omega_z + M_y, \\ J_z\dot{\omega}_z &= -(J_y - J_x)\omega_x\omega_y + M_z \end{aligned}$$

als Bewegungsgleichungen des Systems.

Offensichtlich hat der Satellit nur dann eine Ruhelage, d. h., es gilt nur dann $\dot{\boldsymbol{\omega}} = \mathbf{0}$, wenn mindestens zwei der Winkelgeschwindigkeiten ω_x, ω_y und ω_z gleich null sind. Dabei setzen wir voraus, dass die Stellgrößen M_x, M_y und M_z ebenfalls gleich null sind. Insgesamt ergeben sich so die drei Ruhelagenbereiche

$$\boldsymbol{\omega}_{\mathrm{R}1} = \begin{bmatrix} \omega_1 \\ 0 \\ 0 \end{bmatrix}, \quad \boldsymbol{\omega}_{\mathrm{R}2} = \begin{bmatrix} 0 \\ \omega_2 \\ 0 \end{bmatrix}, \quad \boldsymbol{\omega}_{\mathrm{R}3} = \begin{bmatrix} 0 \\ 0 \\ \omega_3 \end{bmatrix}.$$

Dabei können die Winkelgeschwindigkeiten ω_1, ω_2, $\omega_3 \in I\!R$ beliebige Werte annehmen. Insgesamt existieren also unendlich viele Ruhelagen. Man beachte, dass auch der Fall $\omega_1 = \omega_2 = \omega_3 = 0$ möglich ist, d. h., auch $\boldsymbol{\omega} = \mathbf{0}$ ist eine Ruhelage.

Das Beispiel illustriert auch, dass der Begriff *Ruhelage* nicht zwingend die Abwesenheit von Bewegung, hier bei einem starren Körper, impliziert. Vielmehr bedeutet der Begriff *Ruhelage*, dass sich die Zustände des betrachteten Systems nicht mit der Zeit ändern.

Wir wollen nun noch die Orientierung des Satelliten im raumfesten Koordinatensystem beschreiben. Dies geschieht mittels der Euler-Winkel α, β und γ [123, 139], die im Bild 1.6 dargestellt sind und die wir im Vektor $\boldsymbol{\varphi} = [\alpha\ \beta\ \gamma]^T$ zusammenfassen. Die Bewegungsgleichungen des Satelliten lauten dann

$$\begin{bmatrix} \dot{\boldsymbol{\varphi}} \\ \dot{\boldsymbol{\omega}} \end{bmatrix} = \begin{bmatrix} \boldsymbol{\Lambda}(\boldsymbol{\varphi})\boldsymbol{\omega} \\ -\boldsymbol{J}^{-1}[\boldsymbol{\omega} \times (\boldsymbol{J}\boldsymbol{\omega})] \end{bmatrix} + \begin{bmatrix} \mathbf{0} \\ \boldsymbol{J}^{-1} \end{bmatrix} \boldsymbol{M}, \tag{1.6}$$

wobei die Matrix

$$\boldsymbol{\Lambda}(\boldsymbol{\varphi}) = \begin{bmatrix} 1 & \sin(\alpha)\tan(\beta) & \cos(\alpha)\tan(\beta) \\ 0 & \cos(\alpha) & -\sin(\alpha) \\ 0 & \sin(\alpha)/\cos(\beta) & \cos(\alpha)/\cos(\beta) \end{bmatrix}$$

den Winkelgeschwindigkeitsvektor $\boldsymbol{\omega}$ in den Winkelgeschwindigkeitsvektor $\dot{\boldsymbol{\varphi}}$ des raumfesten Koordinatensystems transformiert. Die Transformation $\dot{\boldsymbol{\varphi}} = \boldsymbol{\Lambda}(\boldsymbol{\varphi})\boldsymbol{\omega}$ ist dabei abhängig von den Euler-Winkeln, d. h. von $\boldsymbol{\varphi}$. Das System (1.6) besitzt offensichtlich wieder, wenn für den Stellgrößenvektor $\boldsymbol{M} = \mathbf{0}$ gilt, unendlich viele Ruhelagen

$$\begin{bmatrix} \boldsymbol{\varphi}_{\mathrm{R}} \\ \boldsymbol{\omega}_{\mathrm{R}} = \mathbf{0} \end{bmatrix} \qquad \text{mit } \boldsymbol{\varphi}_{\mathrm{R}} \in I\!R^3.$$

In diesem Fall führt der Satellit allerdings keine Bewegung um eine seiner Achsen aus.

1.1.5 Ruhelagen linearer Systeme

Lineare Systeme

$$\dot{\boldsymbol{x}} = \boldsymbol{A}\boldsymbol{x} + \boldsymbol{B}\boldsymbol{u},$$
$$\boldsymbol{y} = \boldsymbol{C}\boldsymbol{x} + \boldsymbol{D}\boldsymbol{u}$$

bilden einen Sonderfall der allgemeinen Systembeschreibung

$$\dot{\boldsymbol{x}} = \boldsymbol{f}(\boldsymbol{x}, \boldsymbol{u}),$$
$$\boldsymbol{y} = \boldsymbol{g}(\boldsymbol{x}, \boldsymbol{u})$$

und sollen im Folgenden kurz betrachtet werden, um die Unterschiede zu nichtlinearen Systemen aufzuzeigen.

Die Ruhelagen linearer Systeme sind einfach aus der Gleichung

$$\dot{\boldsymbol{x}} = \boldsymbol{A}\boldsymbol{x}_{\mathrm{R}} = \boldsymbol{0}$$

zu ermitteln, wenn $\boldsymbol{u} = \boldsymbol{0}$ gilt. Folgende Fälle können auftreten: Gilt $\det(\boldsymbol{A}) \neq 0$, dann gibt es nur die Ruhelage $\boldsymbol{x}_{\mathrm{R}} = \boldsymbol{0}$. Gilt $\det(\boldsymbol{A}) = 0$, dann besitzt $\boldsymbol{A}$ Eigenwerte mit dem Wert null, und es gibt einen linearen Unterraum von Vektoren $\boldsymbol{x}_{\mathrm{R}}$, für die

$$\boldsymbol{A}\boldsymbol{x}_{\mathrm{R}} = \boldsymbol{0}$$

gilt. Es gibt also ein Kontinuum von Ruhelagen. Ein einfaches Beispiel ist das System

$$\dot{\boldsymbol{x}} = \begin{bmatrix} 0 & 1 \\ 0 & 0 \end{bmatrix} \boldsymbol{x} + \begin{bmatrix} 0 \\ 1 \end{bmatrix} u,$$

das aus zwei Integratoren besteht, also die Übertragungsfunktion $1/s^2$ besitzt, und das in Bild 1.7 dargestellt ist. Offensichtlich bilden alle Zustände

$$\boldsymbol{x}_{\mathrm{R}} = \begin{bmatrix} a \\ 0 \end{bmatrix}, \quad a \in \mathbb{R},$$

Ruhelagen. D. h., die x_1-Achse bildet ein Kontinuum von Ruhelagen, wie es Bild 1.7 illustriert.

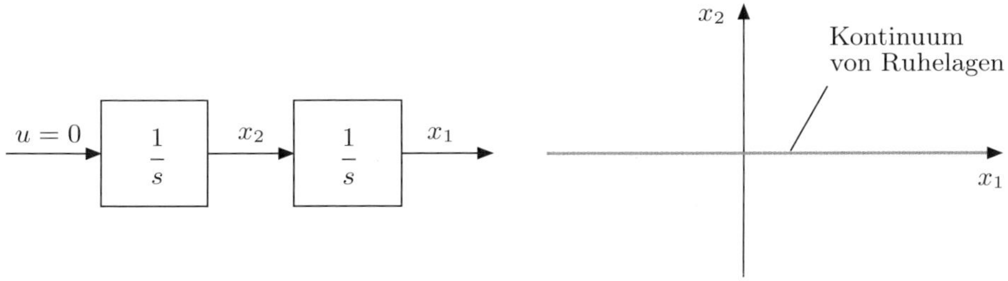

Bild 1.7: Das System $1/s^2$ und seine Ruhelagen $\boldsymbol{x}_{\mathrm{R}} = [a\ 0]^T$ mit $a \in \mathbb{R}$.

Angemerkt sei, dass für $\boldsymbol{u} = \boldsymbol{c}$ und $\det(\boldsymbol{A}) = 0$ der Fall auftreten kann, dass keine Ruhelage existiert. Nämlich dann, wenn

$$\boldsymbol{A}\boldsymbol{x} = -\boldsymbol{B}\boldsymbol{c}$$

ein überbestimmtes Gleichungssystem ist. Ein lineares System hat also entweder eine, keine oder ein Kontinuum von Ruhelagen. Der Fall mehrerer isolierter Ruhelagen, wie er bei nichtlinearen Systemen möglich ist, kommt nicht vor.

1.1.6 Stabilität von Ruhelagen

Als *stabil* bezeichnet man eine Ruhelage, wenn alle Trajektorien $\boldsymbol{x}(t)$, die in einer Umgebung der Ruhelage beginnen, mit zunehmender Zeit in diese Ruhelage hineinlaufen. In einer abgeschwächten Version benutzt man den Begriff *stabil* auch dann noch, wenn die Trajektorien zwar nicht in die Ruhelage laufen, aber in einer näheren Umgebung der Ruhelage verbleiben.

Wir betrachten im Weiteren zuerst einige Beispiele stabiler und instabiler Ruhelagen, um einen Eindruck zu bekommen und ein erstes Verständnis zu entwickeln. Am einfachsten gelingt dies anhand linearer Systeme $\dot{\boldsymbol{x}} = \boldsymbol{A}\boldsymbol{x}$ mit der Ruhelage $\boldsymbol{x}_\mathrm{R} = \boldsymbol{0}$. Da in den Lösungen $\boldsymbol{x}(t)$ linearer Differenzialgleichungen

$$\dot{\boldsymbol{x}} = \boldsymbol{A}\boldsymbol{x}$$

nur Terme

$$e^{\lambda_i t} \quad \text{und} \quad t^k e^{\lambda_j t} \quad \text{mit} \quad k \in \{1, 2, 3, \dots\}$$

enthalten sind, laufen alle Trajektorien $\boldsymbol{x}(t)$ des Systems für $t \to \infty$ offensichtlich in die Ruhelage $\boldsymbol{x}_\mathrm{R} = \boldsymbol{0}$, wenn für jeden Eigenwert λ_i des Systems

$$\mathrm{Re}\,\{\lambda_i\} < 0$$

gilt. Man bezeichnet dann nicht nur die Ruhelage, sondern auch das System als *stabil*. Bild 1.8 zeigt die Trajektorien eines solchen linearen Systems.

Gilt dagegen für mindestens einen Eigenwert

$$\mathrm{Re}\,\{\lambda_i\} > 0,$$

so ist die Ruhelage instabil, denn dann streben Trajektorien von ihr weg. Daher wird ein solches lineares System auch als *instabil* bezeichnet. Bild 1.9 zeigt ein Beispiel.

Für den Fall eines Systems mit einem Paar konjugiert komplexer Eigenwerte $\lambda_{1/2} = \pm j$ liegt ein harmonischer Oszillator vor, dessen Trajektorien Bild 1.10 zeigt. Offensichtlich laufen die Trajektorien weder in die Ruhelage $\boldsymbol{x}_\mathrm{R} = \boldsymbol{0}$ noch ins Unendliche. Auch hier besitzt die Ruhelage $\boldsymbol{x}_\mathrm{R} = \boldsymbol{0}$ also noch eine gewisse Stabilität. Ähnlich gelagert ist der Fall eines Systems zweiter Ordnung mit einem Eigenwert $\lambda_1 = 0$ und einem Eigenwert $\lambda_2 < 0$, wie ihn Bild 1.11 veranschaulicht. Zwar laufen alle Trajektorien in eine Ruhelage

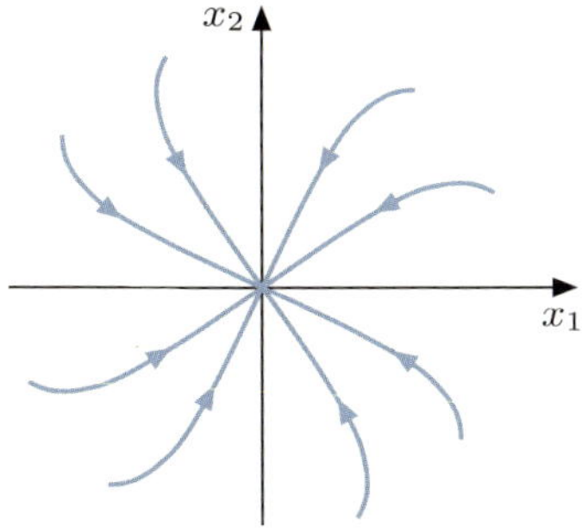

Bild 1.8: Trajektorien eines stabilen linearen Systems, d. h. mit $\operatorname{Re}\{\lambda_1\} < 0$, $\operatorname{Re}\{\lambda_2\} < 0$.

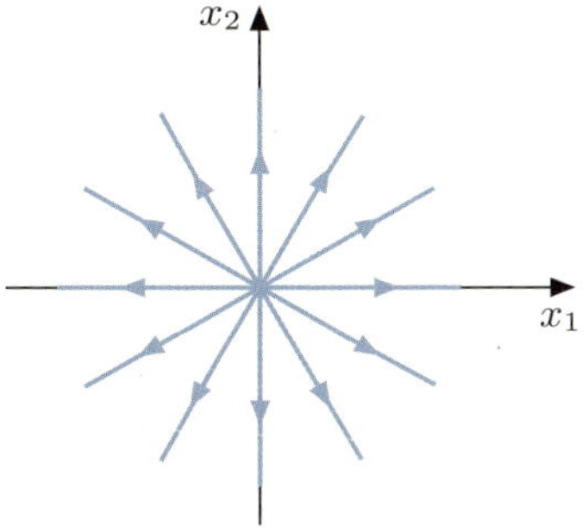

Bild 1.9: Trajektorien eines instabilen linearen Systems mit Eigenwerten λ_1, λ_2, wobei $\operatorname{Re}\{\lambda_1\} > 0$, $\operatorname{Re}\{\lambda_2\} > 0$.

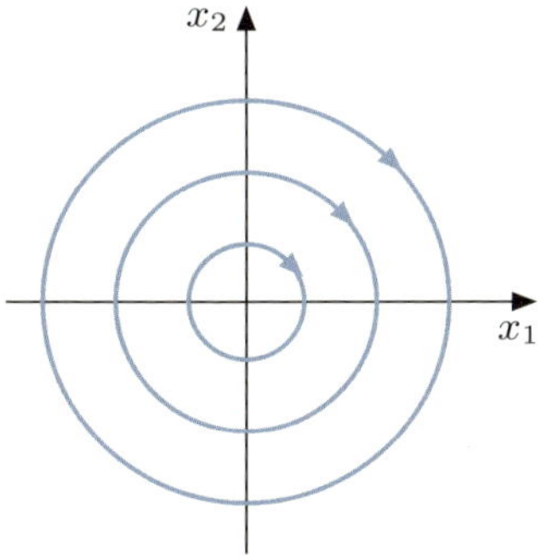

Bild 1.10: Trajektorien eines harmonischen Oszillators, d. h. mit $\lambda_{1/2} = \pm j$.

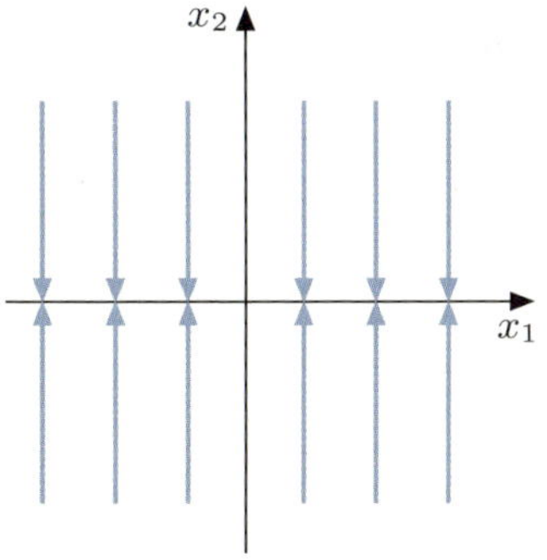

Bild 1.11: Trajektorien eines Systems mit $\lambda_1 = 0$ und $\lambda_2 < 0$.

auf der x_1-Achse, aber keine Ruhelage zieht alle Trajektorien an. Es laufen allerdings auch keine Trajektorien ins Unendliche, weshalb man solche Systeme oft auch noch als stabil bezeichnet.

Um einen ersten Eindruck der Stabilitätsverhältnisse bei nichtlinearen Systemen zu bekommen, wird das System

$$\begin{aligned} \dot{x}_1 &= x_1(x_2 - 1), \\ \dot{x}_2 &= x_2(x_1 - 1) \end{aligned} \tag{1.7}$$

als Beispiel betrachtet. Es besitzt zwei Ruhelagen bei

$$\boldsymbol{x}_{\mathrm{R1}} = \begin{bmatrix} 0 \\ 0 \end{bmatrix} \qquad \text{und} \qquad \boldsymbol{x}_{\mathrm{R2}} = \begin{bmatrix} 1 \\ 1 \end{bmatrix}.$$

Hier zeigt sich der schon erwähnte Unterschied zu linearen Systemen. Denn hier gibt es zwei isolierte Ruhelagen. Das ist bei linearen Systemen nicht möglich. Sie besitzen entweder eine Ruhelage in $\boldsymbol{x}_{\mathrm{R}} = \mathbf{0}$ oder ein Kontinuum von Ruhelagen.

Bild 1.12 gibt den Verlauf der Trajektorien des Systems (1.7) im Umfeld der Ruhelagen wieder. Die Trajektorien streben in die Ruhelage $\boldsymbol{x}_{\mathrm{R1}} = \mathbf{0}$ hinein. Man kann diese Ruhelage als stabil bezeichnen. Von der Ruhelage $\boldsymbol{x}_{\mathrm{R2}} = [1\ 1]^T$ streben Trajektorien weg ins Unendliche, d. h., die Ruhelage muss als instabil angesehen werden.

Das Beispiel zeigt, dass man nichtlineare Systeme im allgemeinen Fall nicht als stabil oder instabil bezeichnen kann, wie es bei linearen Systemen möglich ist. Man muss vielmehr das Stabilitätsverhalten des Systems in der Umgebung einer Ruhelage betrachten, d. h. das Stabilitätsverhalten der Ruhelage. Existieren mehrere Ruhelagen, so bezieht sich der Begriff Stabilität folglich nur auf die jeweils betrachtete Ruhelage und nicht auf das gesamte System. In diesem Zusammenhang besteht Klärungsbedarf zu

(1) dem Verhalten der Trajektorien in der Umgebung einer Ruhelage,
(2) der Größe des Gebiets um eine Ruhelage herum, in dem alle in diesem Gebiet startenden Trajektorien in die Ruhelage streben, und
(3) der mathematischen Definition der Stabilität einer Ruhelage.

Bevor die obigen drei Probleme geklärt werden, soll noch eine Vereinfachung der Betrachtungen durchgeführt werden. Hat man eine Ruhelage $\boldsymbol{x}_{\mathrm{R}}$ für ein System ermittelt, so kann man sie durch die Transformation

$$\boldsymbol{x} = \boldsymbol{x}_{\mathrm{R}} + \tilde{\boldsymbol{x}}$$

in den Ursprung, also nach $\tilde{\boldsymbol{x}} = \mathbf{0}$, verschieben. Die Systemgleichungen sind dann durch

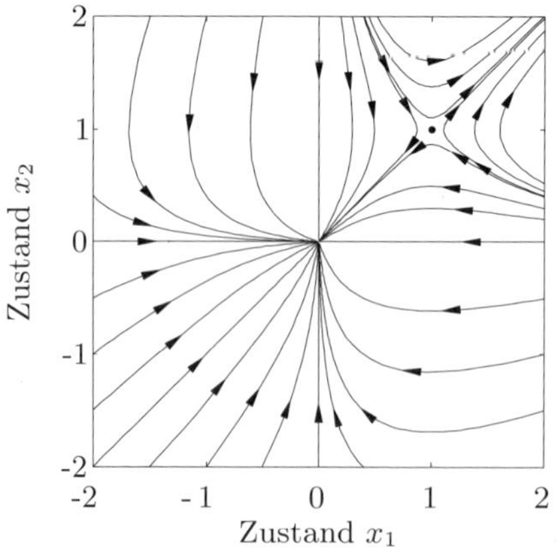

Bild 1.12: Verlauf der Trajektorien des Systems (1.7).

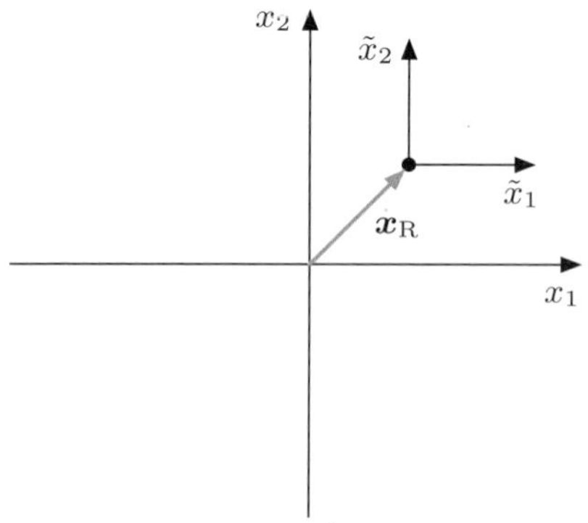

Bild 1.13: Transformation einer Ruhelage $\boldsymbol{x}_{\mathrm{R}}$ in den Ursprung.

$$\dot{\tilde{\boldsymbol{x}}} = \boldsymbol{f}(\boldsymbol{x}_{\mathrm{R}}+\tilde{\boldsymbol{x}},\boldsymbol{u}) = \tilde{\boldsymbol{f}}(\tilde{\boldsymbol{x}},\boldsymbol{u}),$$
$$\boldsymbol{y} = \boldsymbol{g}(\boldsymbol{x}_{\mathrm{R}}+\tilde{\boldsymbol{x}},\boldsymbol{u}) = \tilde{\boldsymbol{g}}(\tilde{\boldsymbol{x}},\boldsymbol{u})$$

gegeben. Da diese Transformation immer möglich ist, wird im Weiteren angenommen, dass die interessierende Ruhelage nach null verschoben wurde, wenn sie sich dort nicht bereits befindet. Das Bild 1.13 illustriert die Transformation.

Um das Verhalten der Trajektorien eines Systems in der Nähe der Ruhelage $\boldsymbol{x}_{\mathrm{R}} = \boldsymbol{0}$ zu kennzeichnen, wird zuerst einmal der Begriff der *Attraktivität* eingeführt.

Definition 2 (Attraktivität). *Ein System*

$$\dot{\boldsymbol{x}} = \boldsymbol{f}(\boldsymbol{x},\boldsymbol{u})$$

besitze die Ruhelage $\boldsymbol{x}_{\mathrm{R}} = \boldsymbol{0}$*. Dann heißt die Ruhelage* $\boldsymbol{x}_{\mathrm{R}} = \boldsymbol{0}$ *lokal attraktiv, wenn es eine Umgebung* $U(\boldsymbol{0})$ *der Ruhelage gibt, so dass jeder Anfangswert*

$$\boldsymbol{x}_0 \in U(\boldsymbol{0})$$

zu einer Trajektorie $\boldsymbol{x}(t)$ *des freien Systems, d. h.* $\boldsymbol{u} = \boldsymbol{0}$*, führt, die mit* $t \to \infty$ *in die Ruhelage* $\boldsymbol{x}_{\mathrm{R}} = \boldsymbol{0}$ *strebt.*

Ist $U(\boldsymbol{0}) = \mathbb{R}^n$, so bezeichnet man die Ruhelage als *global attraktiv*. Bild 1.14 illustriert den Begriff der Attraktivität. Die Attraktivität einer Ruhelage stellt sicher, dass jede in $U(\boldsymbol{0})$ startende Trajektorie in die Ruhelage strebt. Allerdings macht der Begriff der Attraktivität keine Aussage darüber, wie weit sich die Trajektorie von der Ruhelage $\boldsymbol{x}_{\mathrm{R}} = \boldsymbol{0}$ entfernt. Aus praktischer Sicht heraus betrachtet kann dies problematisch sein. Schließlich möchte man bei realen Systemen auch meistens wissen, welche unter Umständen gefährlich großen Werte der Systemzustand $\boldsymbol{x}$ annehmen kann, bevor er in die Ruhelage läuft. Der nachfolgende Stabilitätsbegriff ist diesbezüglich genauer.

Definition 3 (Stabilität im Sinne von Ljapunov). *Ein System*

$$\dot{\boldsymbol{x}} = \boldsymbol{f}(\boldsymbol{x},\boldsymbol{u})$$

besitze die Ruhelage $\boldsymbol{x}_{\mathrm{R}} = \boldsymbol{0}$*. Dann heißt die Ruhelage stabil im Sinne von Ljapunov, wenn es zu jeder* ε*-Umgebung*

$$U_\varepsilon(\boldsymbol{0}) = \{\,\boldsymbol{x} \in \mathbb{R}^n \mid\ |\boldsymbol{x}| < \varepsilon\}$$

eine δ*-Umgebung*

$$U_\delta(\boldsymbol{0}) = \{\,\boldsymbol{x} \in \mathbb{R}^n \mid\ |\boldsymbol{x}| < \delta\}$$

gibt, so dass alle Trajektorien des freien Systems, die in der δ*-Umgebung beginnen, d. h.*

$$\boldsymbol{x}(0) \in U_\delta(\boldsymbol{0}),$$

in ihrem weiteren Verlauf in der ε*-Umgebung bleiben, d. h.*

$$\boldsymbol{x}(t) \in U_\varepsilon(\boldsymbol{0}) \qquad \text{für} \qquad t > 0.$$

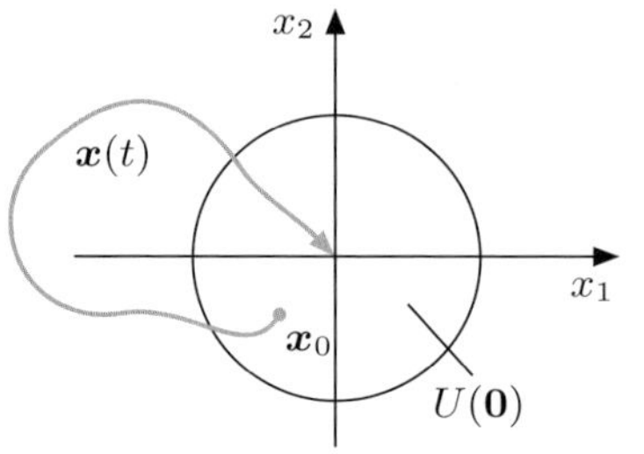

Bild 1.14: Lokal attraktive Ruhelage.

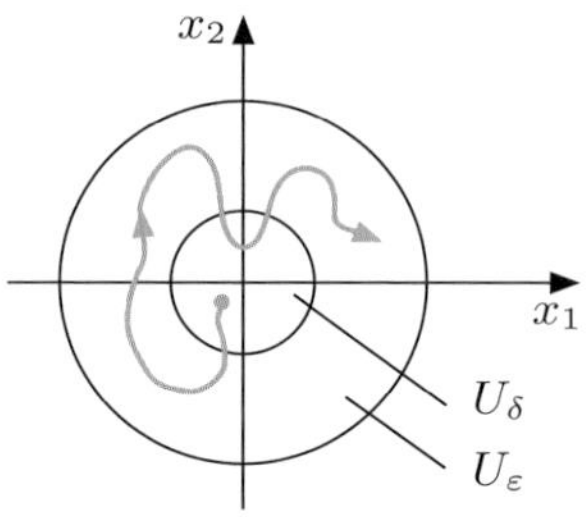

Bild 1.15: Illustration zur Stabilitätsdefinition von Ljapunov.

Bild 1.15 veranschaulicht die obige Stabilitätsdefinition von Ljapunov. Man beachte, dass die Trajektorien $\boldsymbol{x}(t)$ nicht zwingend in die Ruhelage $\boldsymbol{x}_{\mathrm{R}} = \mathbf{0}$ laufen müssen, damit die Ruhelage stabil im Sinne von Ljapunov ist. Ein konkretes Beispiel hierfür ist der harmonische Oszillator

$$\dot{\boldsymbol{x}} = \begin{bmatrix} 0 & 1 \\ -1 & 0 \end{bmatrix} \boldsymbol{x},$$

dessen Trajektorien $\boldsymbol{x}(t)$ wir schon in Bild 1.10 sahen.

Ist die Ruhelage $\boldsymbol{x}_{\mathrm{R}} = \mathbf{0}$ attraktiv und stabil im Sinne von Ljapunov, so streben die Trajektorien aus ihrer Umgebung asymptotisch in die Ruhelage. Entsprechend definiert man den Begriff der *asymptotischen Stabilität.*

Definition 4 (Asymptotische Stabilität). *Ist die Ruhelage $\boldsymbol{x}_{\mathrm{R}} = \mathbf{0}$ lokal (global) attraktiv und stabil im Sinne von Ljapunov, so heißt sie (global) asymptotisch stabil.*

Bei einer asymptotisch stabilen Ruhelage $\boldsymbol{x}_{\mathrm{R}}$ sind des Weiteren Umgebungen $U(\boldsymbol{x}_{\mathrm{R}})$ von Interesse, in denen alle Trajektorien in die Ruhelage streben. Nicht jede Umgebung besitzt diese Eigenschaft, wie das Beispiel aus Gl. (1.7) und das zugehörige Bild 1.16 veranschaulichen. In der Umgebung U_1 der Ruhelage $\boldsymbol{x}_{\mathrm{R}} = \mathbf{0}$ streben alle Trajektorien nach null. In der Umgebung U_2 ist dies ersichtlich nicht der Fall.

Man definiert passend zu solchen Situationen den Begriff des *Einzugsgebietes.*

Definition 5 (Einzugsgebiet). *Eine Umgebung einer asymptotisch stabilen Ruhelage heißt Einzugsgebiet der Ruhelage, wenn alle in diesem Gebiet startenden Trajektorien in ihm verbleiben und im weiteren Verlauf in die Ruhelage streben.*

Gibt es nur eine Ruhelage und ist diese global asymptotisch stabil, so ist der gesamte Zustandsraum Einzugsgebiet. Da das Stabilitätsverhalten des gesamten Systems in diesem Fall durch diese Ruhelage gekennzeichnet ist, kann dann auch wie im linearen Fall das System als global asymptotisch stabil bezeichnet werden.

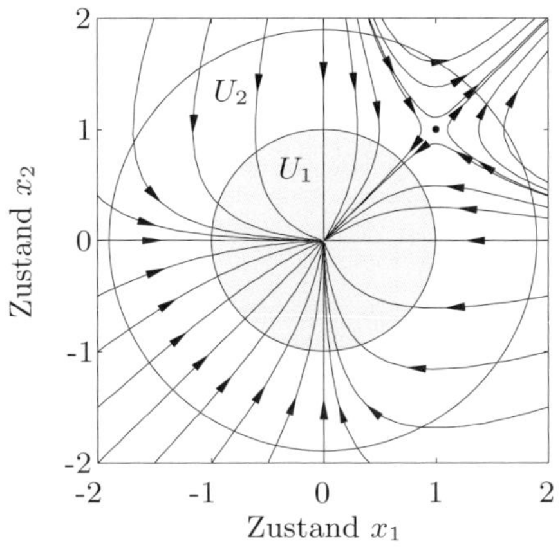

Bild 1.16: Asymptotisch stabile Ruhelage $\boldsymbol{x}_{\mathrm{R}} = \mathbf{0}$ und ein Einzugsgebiet U_1 (blau). Die Umgebung U_2 ist kein Einzugsgebiet.

1.1.7 Stabilität bei variablem Eingangssignal

Bisher haben wir uns mit der Stabilität der Ruhelage $\boldsymbol{x}_{\mathrm{R}} = \mathbf{0}$ eines Systems

$$\dot{\boldsymbol{x}} = \boldsymbol{f}(\boldsymbol{x}, \boldsymbol{u}),$$
$$\boldsymbol{y} = \boldsymbol{g}(\boldsymbol{x}, \boldsymbol{u})$$

für $\boldsymbol{u} = \mathbf{0}$ beschäftigt. Darüber hinaus interessiert uns aber auch wie der Zustandsvektor $\boldsymbol{x}(t)$ und der Ausgangsvektor $\boldsymbol{y}(t)$ in Abhängigkeit vom Eingangssignal $\boldsymbol{u}(t)$ verlaufen.

Von einer Stabilität des Zustandes bei variablem Eingang, im Weiteren kurz *Eingangs-Zustands-Stabilität*[1] oder kürzer *E/Z-Stabilität* genannt, können wir dann sprechen, wenn der Zustandsverlauf $\boldsymbol{x}(t)$ bei beschränktem Eingangsverlauf $\boldsymbol{u}(t)$ ebenfalls beschränkt bleibt. Genauer formulieren wir dies in

Definition 6 (Eingangs-Zustands-Stabilität). *Ein System*

$$\dot{\boldsymbol{x}} = \boldsymbol{f}(\boldsymbol{x}, \boldsymbol{u})$$

heißt E/Z-stabil, wenn für jede beschränkte Eingangsfunktion $\boldsymbol{u}(t)$ und jeden Anfangsvektor $\boldsymbol{x}_0 = \boldsymbol{x}(0)$

(1) eine im ersten Argument $\|\boldsymbol{x}_0\|$ streng monoton wachsende und im zweiten Argument t streng monoton fallende stetige Funktion $\beta(\|\boldsymbol{x}_0\|, t)$ mit $\beta(0, t) = 0$ für alle $t \in \mathbb{R}$ und $\beta(\|\boldsymbol{x}_0\|, t \to \infty) = 0$ für alle $\boldsymbol{x}_0 \in \mathbb{R}^n$ und

[1] Im Englischen wird für den Begriff *Eingangs-Zustands-Stabilität* der Terminus Input-to-State Stability, kurz ISS, verwendet [279].

(2) eine streng monoton wachsende stetige Funktion γ mit $\gamma(0) = 0$

existieren, so dass

$$\|\boldsymbol{x}(t)\| \leq \beta(\|\boldsymbol{x}_0\|, t) + \gamma(\sup_{t>0}(\|\boldsymbol{u}(t)\|))$$

für alle $t \in I\!R$ gilt.

Obiger Stabilitätsbegriff stellt also sicher, dass der Zustandsvektor $\boldsymbol{x}(t)$ sich innerhalb einer Hyperkugel mit dem Radius

$$\beta(\|\boldsymbol{x}_0\|, t) + \gamma(\sup_{t>0}(\|\boldsymbol{u}(t)\|))$$

bewegt, mithin für beschränkte Eingangssignale $\boldsymbol{u}(t)$ ebenfalls beschränkt ist.

Für lineare Systeme

$$\dot{\boldsymbol{x}} = \boldsymbol{A}\boldsymbol{x} + \boldsymbol{B}\boldsymbol{u} \tag{1.8}$$

und ihre Systemlösung

$$\boldsymbol{x}(t) = e^{\boldsymbol{A}t}\boldsymbol{x}_0 + \int_0^t e^{\boldsymbol{A}(t-\tau)}\boldsymbol{B}\boldsymbol{u}(\tau)d\tau \tag{1.9}$$

ermitteln wir im Weiteren die Funktionen β und γ. Zum einen gilt die Ungleichung [56, 285, 312]

$$\|e^{\boldsymbol{A}t}\boldsymbol{x}_0\| \leq e^{-\mu t}\|\boldsymbol{x}_0\| = \beta(\|\boldsymbol{x}_0\|, t), \tag{1.10}$$

wobei $-\mu$ der größte Eigenwert der symmetrischen Matrix $(\boldsymbol{A} + \boldsymbol{A}^T)/2$ ist. Falls $\boldsymbol{A}$ nur Eigenwerte mit negativem Realteil besitzt, das System (1.8) also stabil ist, ist dieser größte Eigenwert $-\mu$ immer negativ, d. h. μ positiv. Letzteres folgt aus der Identität

$$\|e^{\boldsymbol{A}t}\boldsymbol{x}_0\|^2 = \boldsymbol{x}_0^T e^{\boldsymbol{A}^T t} e^{\boldsymbol{A}t}\boldsymbol{x}_0 = \boldsymbol{x}_0^T e^{(\boldsymbol{A}^T + \boldsymbol{A})t}\boldsymbol{x}_0.$$

Dieser Ausdruck konvergiert nämlich dann und nur dann für alle $\boldsymbol{x}_0 \in I\!R^n$ gegen null, wenn die Matrix $\boldsymbol{A}$ ausschließlich Eigenwerte mit negativem Realteil besitzt. Offensichtlich gilt dasselbe für die Matrix $\boldsymbol{A} + \boldsymbol{A}^T$. Dann und nur dann, wenn sie ausschließlich Eigenwerte mit negativem Realteil aufweist, konvergiert

$$\boldsymbol{x}_0^T e^{(\boldsymbol{A}^T + \boldsymbol{A})t}\boldsymbol{x}_0$$

gegen null. Dabei ist es irrelevant, ob wir die Matrix $\boldsymbol{A} + \boldsymbol{A}^T$ oder die Matrix $(\boldsymbol{A} + \boldsymbol{A}^T)/2$ betrachten, da sich die Vorzeichen ihrer Eigenwerte nicht unterscheiden. Also ist die Aussage, dass die Matrix $\boldsymbol{A}$ nur Eigenwerte mit negativen Realteilen besitzt, äquivalent zur Aussage, dass die Matrix $(\boldsymbol{A} + \boldsymbol{A}^T)/2$ ebenfalls nur Eigenwerte mit negativen Realteilen besitzt.

Zum anderen gilt für das Integral in Gl. (1.9)

$$\begin{aligned}\int_0^t e^{\boldsymbol{A}(t-\tau)}\boldsymbol{Bu}(\tau)d\tau &\le \int_0^t \|e^{\boldsymbol{A}(t-\tau)}\boldsymbol{Bu}(\tau)\|d\tau\\ &\le \int_0^t e^{-\mu(t-\tau)}\|\boldsymbol{Bu}(\tau)\|d\tau.\end{aligned}$$

Mit dem größten Eigenwert α der Matrix $\boldsymbol{B}^T\boldsymbol{B}$ gilt [312]

$$\|\boldsymbol{Bu}(t)\| \le \sqrt{\alpha}\cdot\sup_{t>0}(\|\boldsymbol{u}(t)\|)$$

und somit

$$\begin{aligned}\int_0^t e^{-\mu(t-\tau)}\|\boldsymbol{Bu}(\tau)\|d\tau &\le \sqrt{\alpha}\sup_{t>0}(\|\boldsymbol{u}(t)\|)\cdot\int_0^t e^{\mu(\tau-t)}d\tau\\ &= \sqrt{\alpha}\sup_{t>0}(\|\boldsymbol{u}(t)\|)\frac{1}{\mu}(1-e^{-\mu t})\\ &\le \frac{\sqrt{\alpha}}{\mu}\sup_{t>0}(\|\boldsymbol{u}(t)\|) = \gamma(\sup_{t>0}(\|\boldsymbol{u}(t)\|)).\end{aligned} \tag{1.11}$$

Mit den Abschätzungen (1.10) und (1.11) sowie der Systemlösung (1.9) erhalten wir für die Ungleichung der Definition 6

$$\|\boldsymbol{x}(t)\| \le \underbrace{e^{-\mu t}\|\boldsymbol{x}_0\|}_{\beta(\|\boldsymbol{x}_0\|,t)} + \underbrace{\frac{\sqrt{\alpha}}{\mu}\sup_{t>0}(\|\boldsymbol{u}(t)\|)}_{\gamma(\sup_{t>0}(\|\boldsymbol{u}(t)\|))},$$

so dass wir aus der asymptotischen Stabilität eines linearen Systems (1.8), d. h. $\mu > 0$, auf seine E/Z-Stabilität schließen können. Also gilt

Satz 1 (Eingangs-Zustands-Stabilität linearer Systeme). *Ein asymptotisch stabiles lineares System ist E/Z-stabil.*

Leider gilt dieser einfache Zusammenhang nicht für nichtlineare Systeme. Um dies zu illustrieren, betrachten wir das System

$$\dot{x} = -x(1-u).$$

Es besitzt für Eingangswerte $u = 0$ eine global asymptotisch stabile Ruhelage. Für Werte $u > 1$ wird dieses System aber instabil, d. h., es ist dann nicht mehr E/Z-stabil.

Analog zur E/Z-Stabilität definieren wir die *Eingangs-Ausgangs-Stabilität* [280], kurz *E/A-Stabilität*,

Definition 7 (Eingangs-Ausgangs-Stabilität). *Ein System*

$$\begin{aligned}\dot{\boldsymbol{x}} &= \boldsymbol{f}(\boldsymbol{x}, \boldsymbol{u}),\\ \boldsymbol{y} &= \boldsymbol{g}(\boldsymbol{x}, \boldsymbol{u})\end{aligned}$$

heißt E/A-stabil, wenn für jede beschränkte Eingangsfunktion $\boldsymbol{u}(t)$ *und jeden Anfangsvektor* $\boldsymbol{x}_0 = \boldsymbol{x}(0)$ *zwei Funktionen* β *und* γ *gemäß Definition 6 existieren, so dass*

$$\|\boldsymbol{y}(t)\| \leq \beta(\|\boldsymbol{x}_0\|, t) + \gamma(\sup_{t>0}(\|\boldsymbol{u}(t)\|))$$

für alle $t \in I\!R$ *gilt.*

Auch hier ist der Fall linearer Systeme einfach gelagert. Es gilt

Satz 2 (Eingangs-Ausgangs-Stabilität linearer Systeme). *Ein asymptotisch stabiles lineares System ist E/A-stabil.*

Im linearen Fall wird anstelle des Begriffes *E/A-stabil* oft der Begriff *BIBO-stabil* (engl. Bounded Input-Bounded Output) verwendet.

Das einfache Beispiel des nichtlinearen Systems

$$\begin{aligned}\dot{x} &= -x + u,\\ y &= \frac{1}{x}\end{aligned}$$

illustriert, dass nicht jedes System mit einer global asymptotischen Ruhelage $\boldsymbol{x}_\mathrm{R} = \boldsymbol{0}$ auch E/A-stabil ist.

1.1.8 Grenzzyklen

In nichtlinearen Systemen können, wie in linearen Systemen, Dauerschwingungen auftreten. Bei diesen Schwingungen wiederholen sich die Systemzustände periodisch und die Trajektorie einer Dauerschwingung ist eine geschlossene Kurve. Man bezeichnet diese Schwingungen als *Grenzzyklen*.

Als Beispiel zeigt Bild 1.17 die Dauerschwingung der Van-der-Pol-Differenzialgleichung

$$\begin{aligned}\dot{x}_1 &= x_2,\\ \dot{x}_2 &= -x_1 + (1 - x_1^2)x_2.\end{aligned}$$

Äquivalent zu obigem Zustandsraummodell ist die Differenzialgleichung

$$\ddot{x}_1 - (1 - x_1^2)\dot{x}_1 + x_1 = 0.$$

Die Van-der-Pol-Differenzialgleichung beschreibt z. B. das Verhalten eines elektrischen Schwingkreises für Radiosender, der aus einer Triode, einem Kondensator, einer Spule und einem Widerstand besteht. Der Term $(1 - x_1^2)$ wirkt

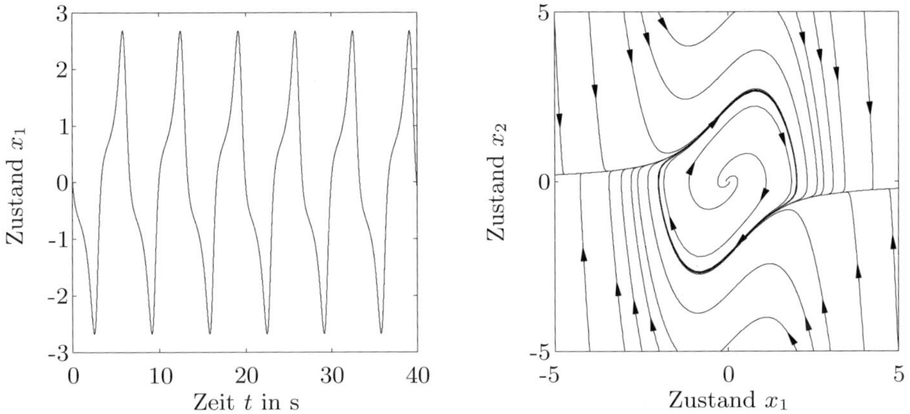

Bild 1.17: Links ist der Zeitverlauf $x_1(t)$ und rechts sind die Trajektorien $\boldsymbol{x}(t)$ und der Grenzzyklus der Van-der-Pol-Differenzialgleichung dargestellt.

dabei als nichtlineares Dämpfungsglied. Man kann einen solchen Van-der-Pol-Oszillator auch als Regelkreis mit $e = -x_1$ als Regelabweichung und mit der nichtlinearen Kennlinie

$$u = f(e, \dot{e}) = -(1 - e^2)\dot{e}$$

als Regelgesetz darstellen. Die lineare Differenzialgleichung

$$\ddot{x}_1 + x_1 = u$$

bildet dann die Regelstrecke, wie in Bild 1.18 dargestellt. Die Aufgabe des Regelkreises ist in diesem Fall nicht die Ausregelung der Trajektorie in eine Ruhelage, sondern die Aufrechterhaltung einer Schwingung. Der Grenzzyklus wird in diesem Beispiel also bewusst erzeugt.

Normalerweise sind Grenzzyklen in Regelkreisen allerdings unerwünscht. Denn die Aufgabe eines Regelkreises ist im Allgemeinen das Konstanthalten der Regelgröße und nicht die Erzeugung von Schwingungen.

Ähnlich wie bei Ruhelagen streben Trajektorien entweder in einen Grenzzyklus oder von ihm weg. Man kann also den Begriff der Stabilität auf Grenzzyklen übertragen. Drei Fälle sind dabei zu unterscheiden: Im ersten Fall sind

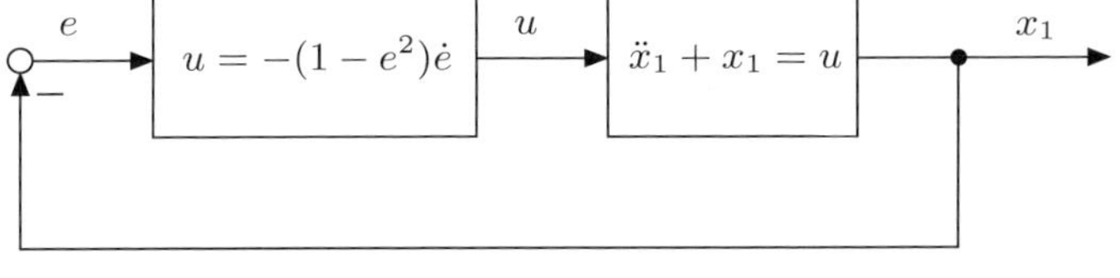

Bild 1.18: Van-der-Pol-Oszillator, dargestellt als Regelkreis.

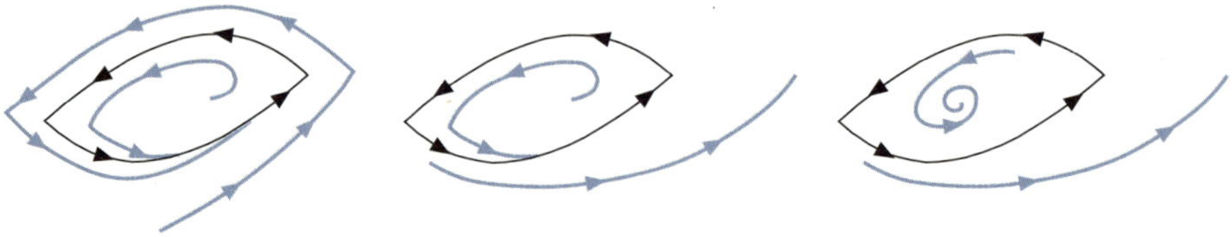

Bild 1.19: Grenzzyklen (schwarz) und ihr Stabilitätsverhalten.

es asymptotisch stabile Grenzzyklen, auf die alle Trajektorien der näheren Umgebung zulaufen. Beim zweiten Fall, dem semistabilen, laufen die Trajektorien von einer Seite auf den Grenzzyklus zu und auf der anderen Seite von ihm weg. Im dritten Fall entfernen sich alle Trajektorien aus der Umgebung des Grenzzyklus, so dass er als instabil bezeichnet wird. Bild 1.19 illustriert diese Fälle. Bei linearen Systemen können weder stabile, instabile noch semistabile Grenzzyklen auftreten. Hier sind nur harmonische Oszillatoren möglich, bei denen es unendlich viele geschlossene Trajektorien gibt. Keine anderen Trajektorien nähern oder entfernen sich von diesen.

Instabile und semistabile Grenzzyklen sind ohne praktische Bedeutung, da aufgrund kleinster Störungen – die in einem realen System immer vorhanden sind – der Grenzzyklus von der Trajektorie verlassen wird. Von regelungstechnischer Bedeutung ist also vor allem der stabile Grenzzyklus. Im Allgemeinen ist er, wie erwähnt, unerwünscht. Um Grenzzyklen in Regelkreisen aufzuspüren, verwendet man das Verfahren der harmonischen Balance, das wir in Kapitel 2.1 ausführlich behandeln.

1.1.9 Gleitzustände

Außer Grenzzyklen können in nichtlinearen Systemen weitere Verhaltensweisen vorkommen, die in linearen Systemen nicht auftreten. Gleitzustände gehören zu diesen Phänomenen. Sie treten in Systemen mit unstetigem Verhalten auf, d. h. in Systemen $\dot{\boldsymbol{x}} = \boldsymbol{f}(\boldsymbol{x}, \boldsymbol{u})$ mit unstetigen Funktionen $\boldsymbol{f}$.

Wir betrachten zur Erklärung des Phänomens *Gleitzustand* die Regelstrecke

$$\dot{\boldsymbol{x}} = \begin{bmatrix} 0 & 1 \\ -2 & -3 \end{bmatrix} \boldsymbol{x} + \begin{bmatrix} 0 \\ 1 \end{bmatrix} u,$$
$$y = \begin{bmatrix} 0.5 & 1 \end{bmatrix} \boldsymbol{x},$$

die die Übertragungsfunktion

$$G(s) = \frac{s + 0.5}{(s + 1)(s + 2)}$$

besitzt. Als Regler verwenden wir einen Zweipunktregler

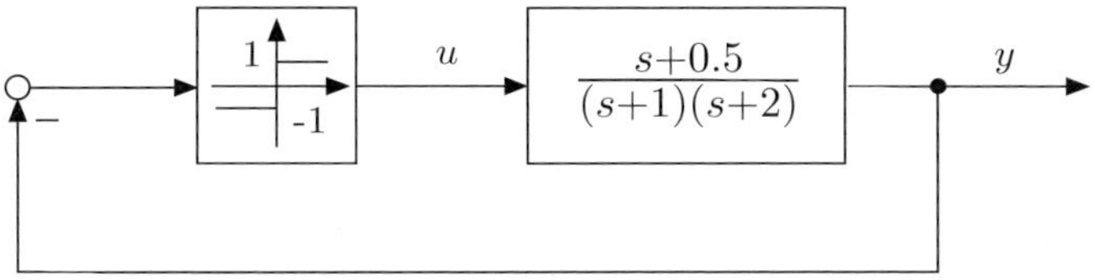

Bild 1.20: Regelkreis mit Zweipunktregler.

$$u = \operatorname{sgn}(-y).$$

Bild 1.20 zeigt den zugehörigen Regelkreis. Wir simulieren das System für die Anfangswerte $x_1(0) = 1$ und $x_2(0) = 1$ und erhalten die in Bild 1.21 dargestellten Verläufe von Stellgröße u und Ausgangsgröße y. Offensichtlich strebt der Ausgangswert y gegen null. Die Stellgröße u weist dabei allerdings ab einem gewissen Punkt keinen konstanten Wert mehr auf, sondern schaltet hochfrequent zwischen $u = 1$ und $u = -1$ hin und her.

Dieses Verhalten erklärt sich, wenn man die Trajektorien $\boldsymbol{x}(t)$ des Systems in der Zustandsebene, wie in Bild 1.22 dargestellt, betrachtet und das Regelgesetz

$$u = \operatorname{sgn}(-y) = -\operatorname{sgn}(0.5x_1 + x_2)$$

analysiert. Dieses kann auch in der Form

$$u = \begin{cases} 1 & \text{für } x_2 < -0.5x_1, \\ -1 & \text{für } x_2 > -0.5x_1 \end{cases}$$

dargestellt werden. Offensichtlich ist unterhalb der Geraden

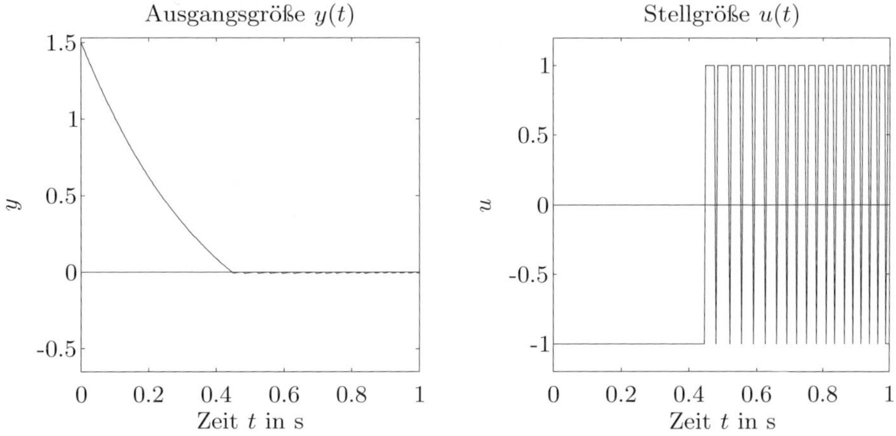

Bild 1.21: Ausgangsgrößenverlauf $y(t)$ und Stellgrößenverlauf $u(t)$.

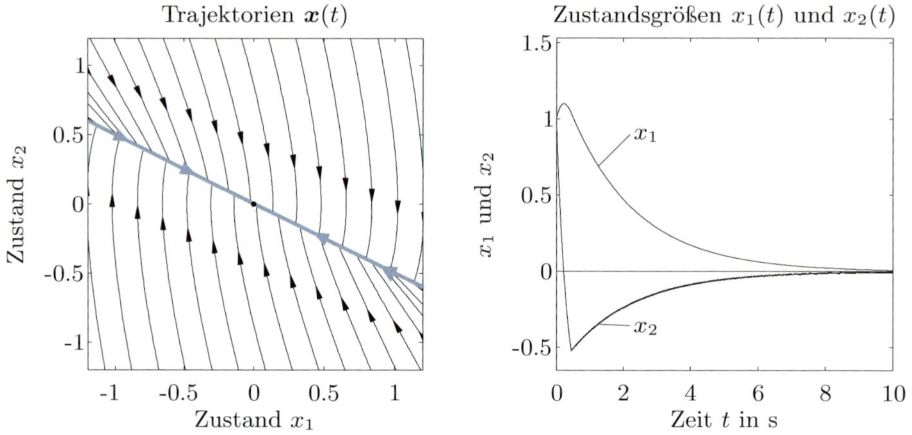

Bild 1.22: Trajektorien $\boldsymbol{x}(t)$ und Gleitzustand auf der (blauen) Schaltgeraden sowie Zustandsgrößenverläufe $x_1(t)$ und $x_2(t)$.

$$x_2 = -0.5x_1 \tag{1.12}$$

der Stellgrößenwert $u = 1$ aktiviert und oberhalb $u = -1$.

Die Trajektorien $\boldsymbol{x}(t)$ laufen von beiden Seiten auf die Gerade (1.12) zu. Trifft eine Trajektorie auf die Gerade, wechselt sie kurz die Seite, die Stellgröße springt von $u = 1$ auf $u = -1$ oder umgekehrt und die Trajektorie läuft wieder auf die Gerade zu. Sie wechselt erneut die Seite und das Spiel beginnt von vorn. Dadurch tritt das bereits beobachtete hochfrequente Schalten der Stellgröße auf. Die Trajektorie selbst gleitet auf der Schaltgeraden, begleitet vom hochfrequenten Schalten der Stellgröße, in die Ruhelage $\boldsymbol{x}_\mathrm{R} = \boldsymbol{0}$. Aus diesem Gleiten leitet sich auch der Begriff *Gleitzustand* ab.

Obiges Verhalten hat den Nachteil, dass das Stellglied, z. B. wenn es ein Ventil oder ein anderer mechanischer Aktor ist, stark belastet wird und schnell verschleißt. Meistens sind Gleitzustände daher unerwünscht.

Der Gleitzustand hat aber auch einen Vorteil. Das Gleiten der Trajektorie $\boldsymbol{x}(t)$ in die Ruhelage erfolgt, wie sich zeigen lässt, robust gegenüber Parameteränderungen der Regelstrecke. D. h., der Regelkreis besitzt im Gleitzustand immer dieselbe Dynamik, auch wenn sich die Regelstrecke verändert. Dieses Verhalten kann daher für den Entwurf einer bestimmten Klasse von robusten Regelungen, den Gleitzustandsregelungen, ausgenutzt werden. Wir widmen uns dieser Thematik in Kapitel 6.2.

1.1.10 Chaos

Chaos tritt in biologischen, meteorologischen, ökonomischen und technischen Systemen auf [30, 147, 298]. Konkrete Beispiele sind Wirtschaftszyklen, Single-Mode-Laser, mikromechanische Oszillatoren und die Entwicklung von Populationen in ökologischen Systemen. Die wichtigste Charakteristik chaotischer Systeme besteht darin, dass man nicht genau sagen kann, wie sich ihre Zustandsgrößen entwickeln werden. Dies ist insofern erstaunlich, da chaotische Systeme durch gewöhnliche Differenzialgleichungen mit deterministischem Verhalten beschrieben werden können. Der Begriff *deterministisch* schließt dabei jegliche Art von stochastischen Einflüssen auf das System aus.

Anschaulich betrachtet lässt sich chaotisches Verhalten durch die folgenden drei Eigenschaften charakterisieren:

(1) Die Trajektorien verlaufen aperiodisch, d. h., sie laufen nicht in Grenzzyklen hinein.
(2) Die Trajektorien streben weder in eine Ruhelage noch ins Unendliche.
(3) Beliebig nah beieinander liegende Anfangswerte bzw. -vektoren führen zu sehr unterschiedlichen Trajektorienverläufen.

Wir betrachten als Beispiel für ein chaotisches System das Doppelpendel, wie es Bild 1.23 zeigt. Die Massen m_1 und m_2 hängen jeweils an zwei Pendelstäben der Längen l_1 und l_2. Die Gelenke erlauben eine freie Rotation der Pendel, d. h., die Drehwinkel Θ_1 und Θ_2 sind nicht durch Anschläge beschränkt. Auf die Pendelmassen wirkt die Erdbeschleunigung $g = 9.81\,\mathrm{m\,s^{-2}}$, so dass das Doppelpendel für die Winkel $\Theta_1 = \Theta_2 = 0$ eine stabile Ruhelage besitzt.

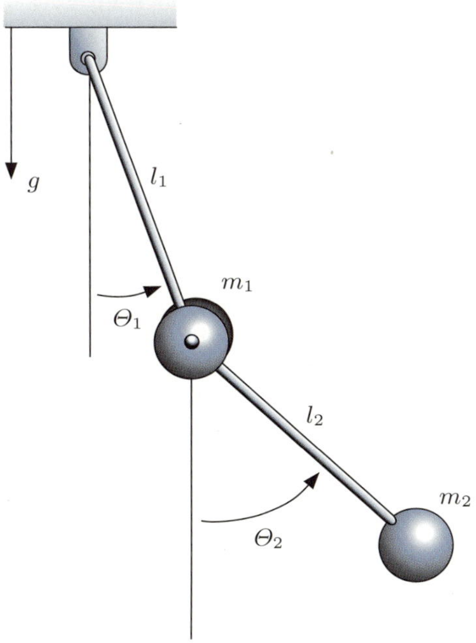

Bild 1.23: Doppelpendel mit chaotischem Verhalten.

Beschrieben wird das System durch die Differenzialgleichungen [213]

$$\ddot{\Theta}_1 = \frac{g(\sin\Theta_2\cos\Delta\Theta - \mu\sin\Theta_1) - \sin\Delta\Theta(l_2\dot{\Theta}_2^2 + l_1\dot{\Theta}_1^2\cos\Delta\Theta)}{l_1(\mu - \cos^2\Delta\Theta)},$$

$$\ddot{\Theta}_2 = \frac{\mu g(\sin\Theta_1\cos\Delta\Theta - \sin\Theta_2) + \sin\Delta\Theta(\mu l_1\dot{\Theta}_1^2 + l_2\dot{\Theta}_2^2\cos\Delta\Theta)}{l_2(\mu - \cos^2\Delta\Theta)}$$

mit

$$\Delta\Theta = \Theta_1 - \Theta_2,$$

$$\mu = 1 + \frac{m_1}{m_2}.$$

Wir simulieren das System für die Parameterwerte $m_1 = m_2 = 1\,\mathrm{kg}$ und $l_1 = l_2 = 1\,\mathrm{m}$. Das chaotische Verhalten des Doppelpendels wird deutlich, wenn man zwei nah beieinander liegende Anfangsvektoren

$$\begin{bmatrix}\Theta_1(0)\\ \dot{\Theta}_1(0)\\ \Theta_2(0)\\ \dot{\Theta}_2(0)\end{bmatrix} = \begin{bmatrix}\pi/2\\ 0\\ -\pi/2\\ 0.01\end{bmatrix} \quad \text{und} \quad \begin{bmatrix}\tilde{\Theta}_1(0)\\ \dot{\tilde{\Theta}}_1(0)\\ \tilde{\Theta}_2(0)\\ \dot{\tilde{\Theta}}_2(0)\end{bmatrix} = \begin{bmatrix}\pi/2\\ 0\\ -\pi/2\\ 0.0101\end{bmatrix}$$

betrachtet und die sich aus ihnen ergebenden Winkelverläufe $\Theta_1(t)$ und $\tilde{\Theta}_1(t)$ miteinander vergleicht. Wie aus Bild 1.24 erkennbar, verlaufen die Winkel trotz nahezu identischer Anfangsbedingungen nach einiger Zeit völlig unterschiedlich und regellos.

Technische Systeme weisen nur sehr selten chaotisches Verhalten auf. Denn die Entwickler und die Nutzer technischer Systeme sind im Allgemeinen daran

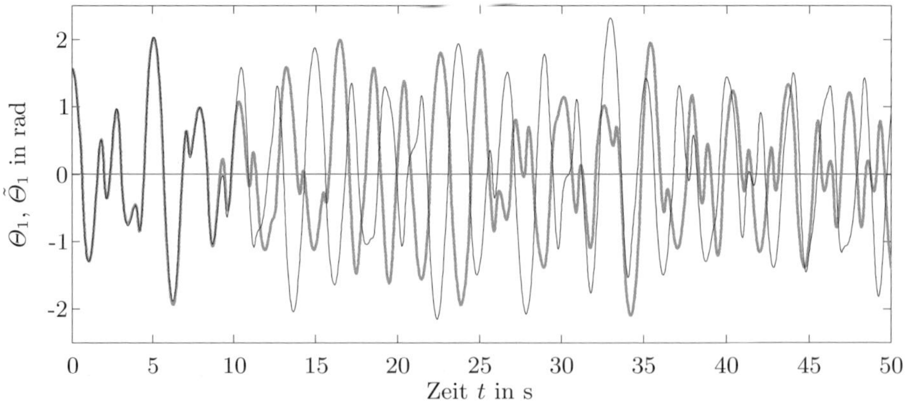

Bild 1.24: Verläufe der Winkel Θ_1 (schwarze Kurve) und $\tilde{\Theta}_1$ (blaue Kurve) des Doppelpendels mit chaotischem Verhalten.

interessiert, dass ihre Anlage, ihr Prozess oder ihr Fahrzeug ein vorhersagbares Verhalten besitzt. In Kapitel 5.6 betrachten wir ein weiteres technisches chaotisches System, ein Fluidsystem, und regeln es so, dass es eine global asymptotisch stabile Ruhelage besitzt und folglich kein chaotisches Verhalten mehr aufweist. Eine detaillierte Darstellung chaotischer Systeme findet sich in [12, 13, 16, 59, 286, 307].

1.1.11 Zeitdiskrete Systeme

Neben zeitkontinuierlichen Systemen begegnen uns in der Systemtheorie und der Regelungstechnik auch Systeme, bei denen die Eingangs-, Ausgangs- und Zustandsgrößen nicht kontinuierlich über die Zeit betrachtet werden, sondern nur zu bestimmten, d. h. diskreten Zeitpunkten k [82, 92, 127, 128, 158]. Beschrieben werden diese zeitdiskreten Systeme durch Iterations- bzw. Differenzengleichungen

$$\begin{aligned} \boldsymbol{x}(k+1) &= \boldsymbol{f}(\boldsymbol{x}(k), \boldsymbol{u}(k)), \\ \boldsymbol{y}(k) &= \boldsymbol{g}(\boldsymbol{x}(k), \boldsymbol{u}(k)) \end{aligned} \tag{1.13}$$

mit $k = 0, 1, 2, \ldots$ Analog zu den kontinuierlichen Systemen ist $\boldsymbol{x}$ der n - dimensionale Zustandsvektor, $\boldsymbol{u}$ der m - dimensionale Eingangsvektor und $\boldsymbol{y}$ der r - dimensionale Ausgangsvektor.

Die Ruhelagen $\boldsymbol{x}_{\mathrm{R}}$ eines zeitdiskreten Systems sind durch das Gleichungssystem

$$\boldsymbol{x}_{\mathrm{R}} = \boldsymbol{f}(\boldsymbol{x}_{\mathrm{R}}, \mathbf{0})$$

definiert. Dabei ist, wie im zeitkontinuierlichen Fall, ohne Einschränkung der Allgemeinheit $\boldsymbol{u} = \mathbf{0}$ vorausgesetzt. Auch im vorliegenden Fall ist das Gleichungssystem wieder nichtlinear.

Die Stabilität einer Ruhelage lässt sich ähnlich wie im zeitkontinuierlichen Fall definieren. Es sei wieder vorausgesetzt, dass die Ruhelage in $\boldsymbol{x} = \mathbf{0}$ liegt.

Definition 8 (Stabilität von Ruhelagen zeitdiskreter Systeme). *Ein System*

$$\boldsymbol{x}(k+1) = \boldsymbol{f}(\boldsymbol{x}(k), \boldsymbol{u}(k))$$

besitze die Ruhelage $\boldsymbol{x}_{\mathrm{R}} = \mathbf{0}$. *Dann heißt die Ruhelage stabil im Sinne von Ljapunov, wenn es zu jeder* ε*-Umgebung*

$$U_\varepsilon(\mathbf{0}) = \{\, \boldsymbol{x} \in \mathbb{R}^n \mid |\boldsymbol{x}| < \varepsilon\}$$

eine δ*-Umgebung*

$$U_\delta(\mathbf{0}) = \{\, \boldsymbol{x} \in \mathbb{R}^n \mid |\boldsymbol{x}| < \delta\}$$

gibt, so dass alle Zustandsfolgen $\boldsymbol{x}(k)$, *die in der* δ*-Umgebung beginnen, d. h.*

$$\boldsymbol{x}(0) \in U_\delta(\mathbf{0}),$$

in ihrem weiteren Verlauf in der ε-Umgebung bleiben, d. h.

$$\boldsymbol{x}(k) \in U_\varepsilon(\mathbf{0}) \qquad \textit{für} \qquad k > 0.$$

Gilt für alle $\boldsymbol{x}(0) \in U_\delta(\mathbf{0})$ des Weiteren

$$\lim_{k\to\infty} \boldsymbol{x}(k) = \mathbf{0},$$

so heißt die Ruhelage asymptotisch stabil.

Bei zeitdiskreten Systemen können, wie bei zeitkontinuierlichen, auch Grenzzyklen auftreten. Dies ist der Fall, wenn für eine Folge von Zustandsvektoren $\boldsymbol{x}(0),\ \boldsymbol{x}(1), \ldots,\ \boldsymbol{x}(l)$ die Beziehung

$$\boldsymbol{x}(0) = \boldsymbol{x}(l)$$

bei konstantem Eingangsvektor $\boldsymbol{u}(k)$ erfüllt ist. Da der Grenzzyklus

$$\boldsymbol{x}(0),\ \boldsymbol{x}(1),\ \ldots,\ \boldsymbol{x}(l) = \boldsymbol{x}(0)$$

insgesamt $l+1$ Zustände umfasst, spricht man von einem Zyklus der Länge $l+1$.

Chaotisches Verhalten ist ebenfalls möglich. Beispielsweise tritt Chaos in einem zeitdiskreten System erster Ordnung auf, wenn ein Zyklus

$$x(0),\ x(1),\ x(2) = x(0),$$

d. h. ein Zyklus der Länge drei, existiert [180]. Der Zyklus selbst ist dabei natürlich nicht chaotisch. Sobald der Zustand x aber geringfügig von den Werten $x(0), x(1), x(2)$ des Zyklus abweicht, wird der Verlauf $x(k)$ chaotisch. Erwähnenswert ist, dass Chaos bei zeitdiskreten Systemen ab der Systemordnung $n = 1$ auftreten kann. Bei autonomen zeitkontinuierlichen Systemen dagegen kann Chaos erst ab der Systemordnung $n = 3$ entstehen.

Die exakte Modellierung eines abgetasteten nichtlinearen zeitkontinuierlichen Systems durch eine Differenzengleichung (1.13) ist in den meisten Fällen unmöglich. Diese Situation ist gänzlich anders als bei linearen Systemen, wo man aus dem zeitkontinuierlichen Modell relativ einfach und ohne großen Aufwand das durch Abtastung entstehende zeitdiskrete Modell berechnen kann. Diese einfache Berechnung resultiert aus der Kenntnis der Lösung der linearen Differenzialgleichung.

Im nichtlinearen Fall verfügt man in der Regel nicht über die Systemlösung und kann daher auch das zeitdiskrete Modell nicht bestimmen, zumindest nicht exakt. Näherungsweise ist dies schon möglich. Über die numerische Lösung nichtlinearer Differenzialgleichungen lassen sich nämlich Näherungsmodelle für abgetastete nichtlineare Systeme ermitteln. Der Lösung nichtlinearer Differenzialgleichungen widmen wir uns im nächsten Kapitel.

1.2 Lösung nichtlinearer Differenzialgleichungen

1.2.1 Grundlegendes und das Verfahren von Euler-Cauchy

Die Lösung nichtlinearer Differenzialgleichungen mit Anfangswerten $\boldsymbol{x}(t_0)$ und z. B. $t_0 = 0$, so genannter Anfangswertprobleme

$$\dot{\boldsymbol{x}}(t) = \boldsymbol{f}(\boldsymbol{x}(t), \boldsymbol{u}(t)),$$
$$\boldsymbol{x}(t_0) = \boldsymbol{x}_0,$$

ist im Gegensatz zu linearen Differenzialgleichungen in den meisten Fällen, wie erwähnt, nur numerisch möglich. Zu diesem Zweck ist eine Reihe von Integrationsverfahren entwickelt worden [69, 284].

Sie basieren auf dem folgenden Prinzip, das ohne Einschränkung der Allgemeinheit für den Fall nur einer Zustandsgröße x, also

$$\dot{x}(t) = f(x(t), u(t)), \tag{1.14}$$

illustriert werden soll. Durch Integration von Gl. (1.14) erhält man die Lösung der Differenzialgleichung zu

$$x(t) = x(t_0) + \int_{t_0}^{t} f\left(x(\tau), u(\tau)\right) d\tau. \tag{1.15}$$

Man beachte, dass diese Gleichung implizit bezüglich $x(t)$ und daher analytisch meistens nicht lösbar ist. Die Integrationsverfahren lösen das Integral in Gl. (1.15) daher durch mehr oder weniger gute Näherungen numerisch. Genauigkeit und Rechenaufwand hängen dabei von der Wahl des Integrationsverfahrens ab.

Bei der numerischen Lösung wird die Gleichung (1.15) diskretisiert, d. h., die Zeitachse wird, wie in Bild 1.25 dargestellt, in eine Anzahl äquidistanter Stützstellen

$$t_i = t_0 + h \cdot i, \qquad i = 0, \ldots, n,$$

eingeteilt, wobei die Intervallbreite h als *Schrittweite* bezeichnet wird. Man kann jetzt die Lösung der Differenzialgleichung (1.14) in den Zeitpunkten t_i als Rekursionsgleichung

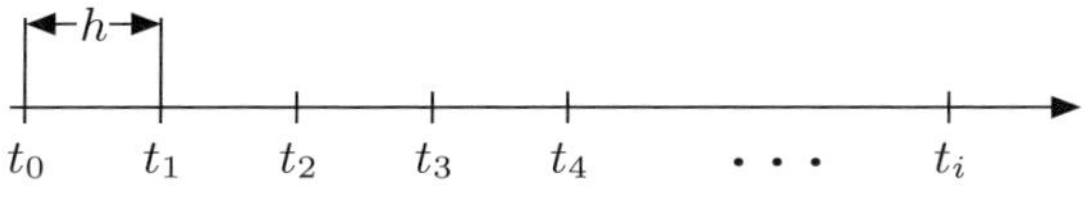

Bild 1.25: Zeitpunkte t_i und Schrittweite h der numerischen Lösung.

$$x(t_{i+1}) = \underbrace{x(t_0) + \int_{t_0}^{t_i} f(x,u)\,dt}_{x(t_i)} + \int_{t_i}^{t_i+1} f(x,u)\,dt,$$

also

$$x(t_{i+1}) = x(t_i) + \int_{t_i}^{t_{i+1}} f(x,u)\,dt,$$

schreiben.

Ziel der Integrationsverfahren ist es, eine gute Approximation für das Integral zu finden. Im einfachsten Fall nähert man, wie in Bild 1.26 dargestellt, die Fläche

$$F = \int_{t_i}^{t_{i+1}} f(x,u)dt$$

zwischen t_i und t_{i+1} durch ein Rechteck mit dem Flächeninhalt

$$F_{\mathrm{app}} = h \cdot f\left(x(t_i), u(t_i)\right)$$

an und erhält als Näherung für $x(t_{i+1})$ den Wert

$$\hat{x}(t_{i+1}) = \hat{x}(t_i) + h \cdot f\left(\hat{x}(t_i), u(t_i)\right).$$

Für den mehrdimensionalen Fall und mit den Abkürzungen $\hat{\boldsymbol{x}}(t_i) = \hat{\boldsymbol{x}}_i$ bzw. $\boldsymbol{u}(t_i) = \boldsymbol{u}_i$ gilt

$$\hat{\boldsymbol{x}}_{i+1} = \hat{\boldsymbol{x}}_i + h \cdot \boldsymbol{f}(\hat{\boldsymbol{x}}_i, \boldsymbol{u}_i).$$

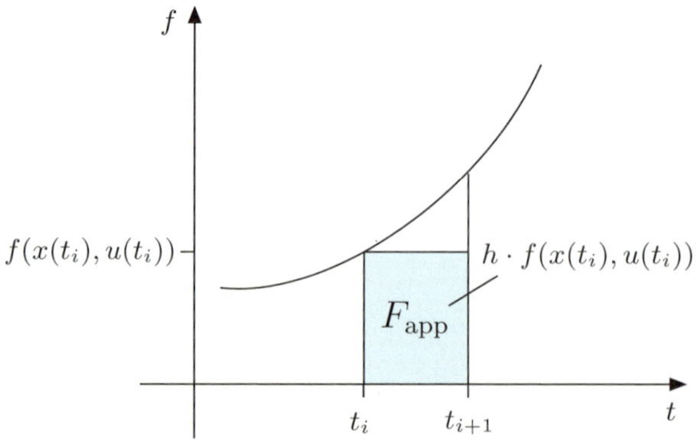

Bild 1.26: Näherungslösung des Integrals.

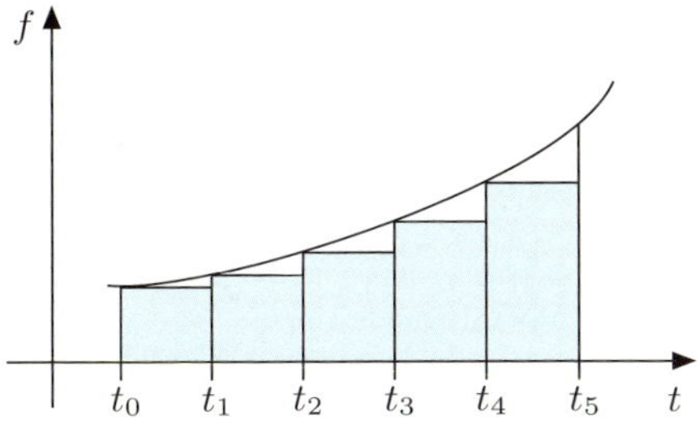

Bild 1.27: Flächenberechnung beim Verfahren von Euler-Cauchy.

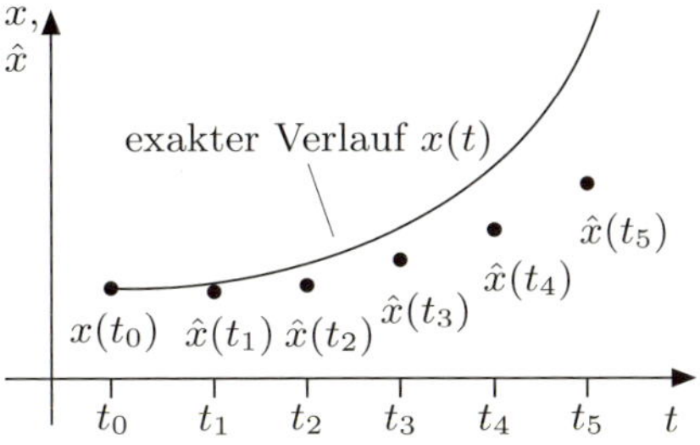

Bild 1.28: Vergleich zwischen exakter Lösung $x(t)$ und Näherungslösung $\hat{x}(t_i)$.

Als Anfangswert für diese Rekursionsformel dient $\hat{\boldsymbol{x}}_0 = \boldsymbol{x}_0$. Obiges Verfahren bezeichnet man als *Polygonzugverfahren von Euler-Cauchy*. Es ist einfach, aber ungenau. Bild 1.27 illustriert die Näherung mit diesem Verfahren.

1.2.2 Genauigkeit der numerischen Lösung

Die Näherung der Fläche unter der Kurve durch die Rechtecke hat direkten Einfluss auf die Genauigkeit der Lösung, wie Bild 1.28 illustriert. Der Fehler im Schritt i,

$$\varepsilon_i = ||\boldsymbol{x}(t_i) - \hat{\boldsymbol{x}}(t_i)|| = \sqrt{(x_1(t_i) - \hat{x}_1(t_i))^2 + \ldots + (x_n(t_i) - \hat{x}_n(t_i))^2},$$

ist offensichtlich abhängig von der Anzahl aller vorherigen Schritte und der Schrittweite h. Im Falle des Verfahrens von Euler-Cauchy gilt nach einer festen Integrationszeit $T = n \cdot h$ mit n Schritten für den Fehler

$$\varepsilon_n \leq \alpha \cdot h.$$

Der Verfahrensfehler ε_n nimmt also mit kleiner werdender Schrittweite ab. Dabei ist im Allgemeinen α eine (leider) unbekannte Konstante.

Bei genaueren Verfahren als dem einfachen Euler-Cauchy-Verfahren kann der Fehler ε_n der Näherungslösung bei einer Verringerung der Schrittweite h auch wesentlich schneller kleiner werden. Allgemein gilt

$$\varepsilon_n \leq \alpha \cdot h^q.$$

Hierbei bezeichnet man q als *Fehlerordnung* oder *Konvergenzordnung* des Verfahrens. Sie bestimmt, wie schnell der Fehler ε_n gegen null konvergiert, wenn h gegen null strebt. Je größer q ist, desto genauer ist das Lösungsverfahren.

Bezüglich der Genauigkeit einer numerischen Lösung von Differenzialgleichungen scheint es also sinnvoll zu sein, sehr kleine Schrittweiten h zu wählen. Allerdings nimmt dann auch die Anzahl benötigter Stützstellen zu, d. h., die Rechenzeit der Simulation steigt an.

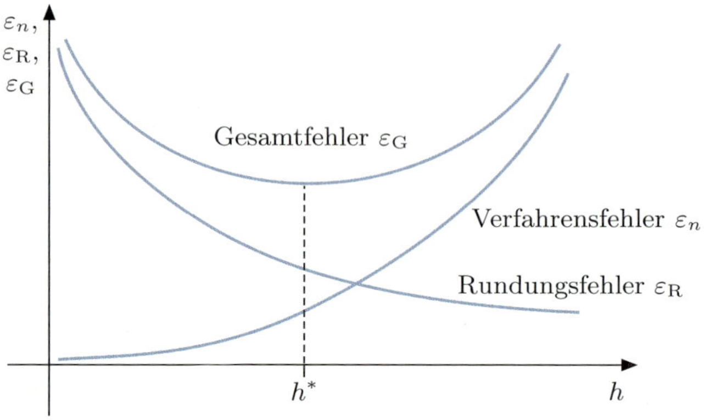

Bild 1.29: Der Gesamtfehler ε_G eines Integrationsverfahrens setzt sich aus Verfahrensfehler ε_n und Rundungsfehler ε_R zusammen.

Es gibt einen weiteren Nachteil sehr kleiner Schrittweiten h. Zwar sinkt der Verfahrensfehler ε_n mit kleiner werdendem h, aber der Rundungsfehler ε_R des verwendeten Rechners steigt an, wie in Bild 1.29 dargestellt. Es existiert also eine optimale Schrittweite h^*, bei der der Gesamtfehler minimal ist. Unpraktischerweise ist die optimale Schrittweite h^* im Allgemeinen nicht bestimmbar.

1.2.3 Das verbesserte Euler-Cauchy-Verfahren

Das Verfahren von Euler-Cauchy weist aufgrund der gewählten Rechtecknäherung $h \cdot f(\hat{x}_i, u_i)$ eine hohe Ungenauigkeit auf. Man kann das Verfahren verbessern, wenn man als Höhe nicht den Wert

$$f(\hat{x}(t_i), u(t_i))$$

an der Stelle $\hat{x}(t_i) = \hat{x}_i$ wählt, sondern

$$f\left(\hat{x}\left(t_i + \frac{h}{2}\right), u\left(t_i + \frac{h}{2}\right)\right)$$

an der Stelle

$$\hat{x}_{i+1/2} = \hat{x}(t_i + \frac{h}{2})$$

und für

$$u_{i+1/2} = u(t_i + \frac{h}{2}).$$

Die Bilder 1.30 und 1.31 illustrieren den Sachverhalt.

Die Fläche des verbesserten Euler-Cauchy-Verfahrens berechnet sich zu

$$F_{\text{app}} = h \cdot f\left(\hat{x}_{i+1/2}, u_{i+1/2}\right).$$

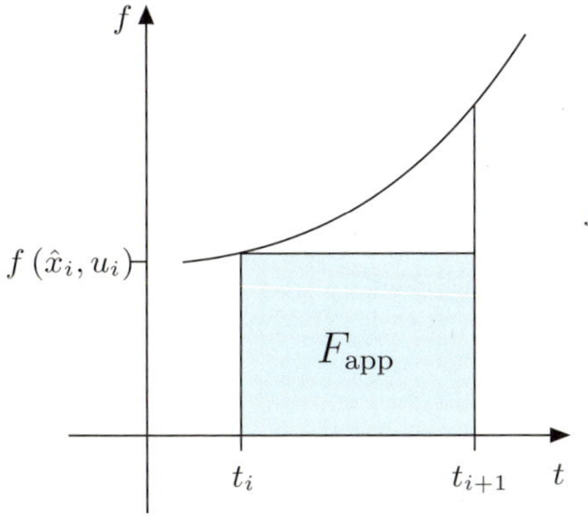

Bild 1.30: Euler-Cauchy-Verfahren.

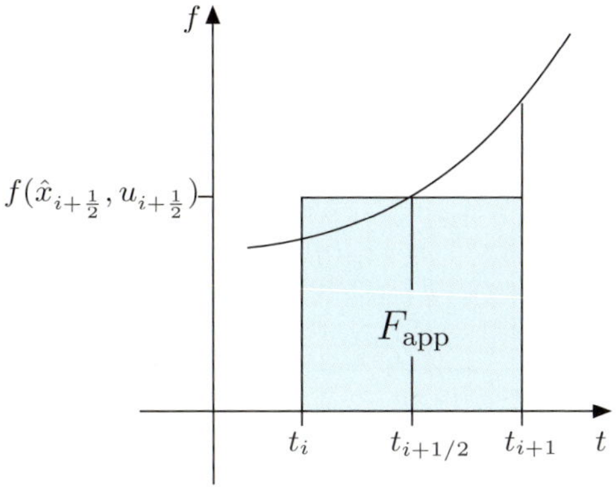

Bild 1.31: Verbessertes Euler-Cauchy-Verfahren.

Man erhält so folgenden Algorithmus für das verbesserte Verfahren im allgemeinen Fall mehrdimensionaler Systemgleichungen:

(1) $\hat{\boldsymbol{x}}_{i+1/2} = \hat{\boldsymbol{x}}_i + \frac{h}{2} \cdot \boldsymbol{f}\,(\hat{\boldsymbol{x}}_i, \boldsymbol{u}_i),$

(2) $\hat{\boldsymbol{x}}_{i+1} = \hat{\boldsymbol{x}}_i + h \cdot \boldsymbol{f}\left(\hat{\boldsymbol{x}}_{i+1/2}, \boldsymbol{u}_{i+1/2}\right).$

Das verbesserte Euler-Cauchy-Verfahren heißt auch *Halbschrittverfahren*. Gegenüber dem Euler-Cauchy-Verfahren mit der Fehlerordnung $q = 1$ besitzt die verbesserte Version die Fehlerordnung $q = 2$.

1.2.4 Die Verfahren von Heun und Simpson

Weitere Verbesserungen der Genauigkeit gegenüber den obigen numerischen Lösungsverfahren lassen sich erzielen, wenn die Fläche

$$F = \int_{t_i}^{t_{i+1}} f(x(t), u(t))dt$$

genauer abgeschätzt wird als mittels eines Rechtecks. Zu diesem Zweck wird beim Verfahren von Heun ein Trapez für die Berechnung der Fläche

$$F_{\text{app}} = \frac{h}{2}\,[f(x_i, u_i)\ + f(x_{i+1}, u_{i+1})]$$

verwendet, wie in Bild 1.32 illustriert. Somit erhält man die Rekursionsgleichung

$$\hat{x}_{i+1} = \hat{x}_i + \frac{h}{2}\,[f\,(\hat{x}_i, u_i) + f\,(\hat{x}_{i+1}, u_{i+1})].$$

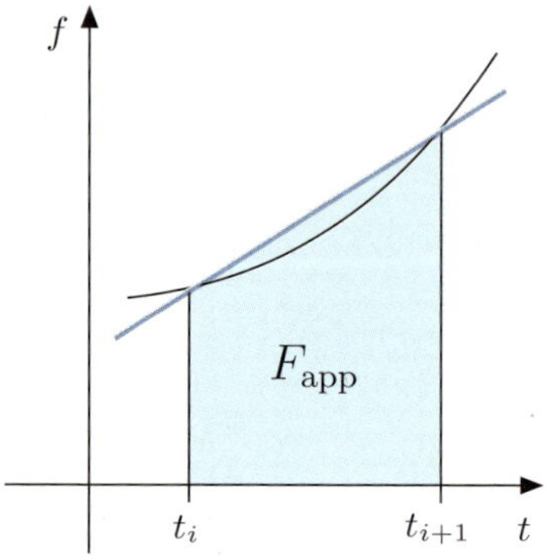

Bild 1.32: Verfahren von Heun.

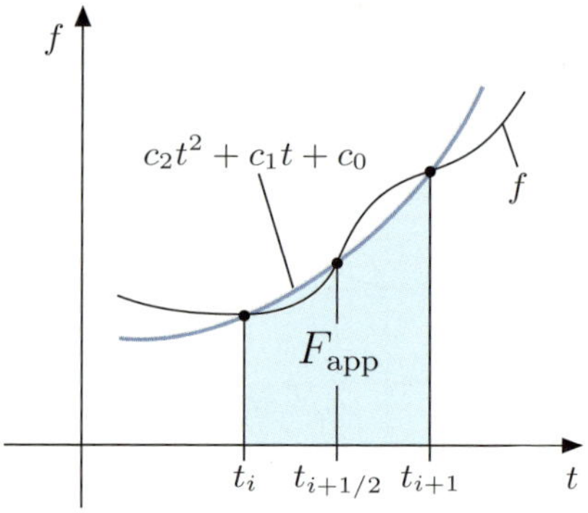

Bild 1.33: Verfahren von Simpson.

Hierin ist allerdings $\hat{x}_{i+1}$ auch auf der rechten Seite der Gleichung präsent. Man könnte nun diese implizite Gleichung nach $\hat{x}_{i+1}$ iterativ lösen. Beim Verfahren von Heun geht man allerdings anders vor und bestimmt $\hat{x}_{i+1}$ näherungsweise mittels eines Euler-Cauchy-Schrittes

$$\hat{x}_{i+1} \approx \tilde{x}_{i+1} = \hat{x}_i + h \cdot f\,(\hat{x}_i, u_i).$$

Zusammengefasst ergibt sich für den allgemeinen mehrdimensionalen Fall die Verfahrensvorschrift

(1) $\tilde{\boldsymbol{x}}_{i+1} = \hat{\boldsymbol{x}}_i + h \cdot \boldsymbol{f}\,(\hat{\boldsymbol{x}}_i, \boldsymbol{u}_i),$

(2) $\hat{\boldsymbol{x}}_{i+1} = \hat{\boldsymbol{x}}_i + \dfrac{h}{2}[\boldsymbol{f}\,(\hat{\boldsymbol{x}}_i, \boldsymbol{u}_i) + \boldsymbol{f}(\tilde{\boldsymbol{x}}_{i+1}, \boldsymbol{u}_{i+1})].$

Man bezeichnet das Verfahren von Heun auch als *Prädiktor-Korrektor-Verfahren*. Hierbei liefert das Ergebnis aus der ersten Gleichung, dem Prädiktor, eine erste Näherung. Diese wird mittels der zweiten Gleichung, des Korrektors, nachgebessert.

Zu beachten ist, dass das Verfahren von Heun wie das verbesserte Verfahren von Euler-Cauchy die Fehlerordnung $q = 2$ aufweist, also keine Erhöhung der Genauigkeit erzielt wird.

Verwendet man für die Approximation der Fläche

$$F = \int\limits_{t_i}^{t_{i+1}} f(x, u)dt$$

eine Parabel als Interpolationsfunktion für die Funktion f im Intervall $[t_i, t_{i+1}]$, wie in Bild 1.33 dargestellt, so lässt sich die Genauigkeit weiter steigern. Wir erhalten dann das Verfahren von Simpson. Um die Parameter der Parabel zu ermitteln, benötigt man neben der Stützstelle $(t_i, f(\hat{x}_i, u_i))$ zwei weitere Stützstellen bei $t_{i+1/2} = t_i + h/2$ und t_{i+1} sowie den Zwischenwert

$$u_{i+1/2} = u(t_i + h/2)$$

der Stellgröße. Die Integration der Parabel im Intervall $[t_i, t_{i+1}]$ liefert dann den Schätzwert F_{app} für die zu integrierende Fläche.

So ergibt sich das Verfahren von Simpson:

(1) $\boldsymbol{k}_1 = \boldsymbol{f}\left(\hat{\boldsymbol{x}}_i, \boldsymbol{u}_i\right)$,

(2) $\boldsymbol{k}_2 = \boldsymbol{f}\left(\hat{\boldsymbol{x}}_i + \frac{h}{2}\boldsymbol{k}_1, \boldsymbol{u}_{i+1/2}\right)$,

(3) $\boldsymbol{k}_3 = \boldsymbol{f}\left(\hat{\boldsymbol{x}}_i - h\boldsymbol{k}_1 + 2h\boldsymbol{k}_2, \boldsymbol{u}_{i+1}\right)$,

(4) $\hat{\boldsymbol{x}}_{i+1} = \boldsymbol{x}_i + \frac{h}{6}(\boldsymbol{k}_1 + 4\boldsymbol{k}_2 + \boldsymbol{k}_3)$.

Es besitzt die Fehlerordnung $q = 3$.

1.2.5 Die Runge-Kutta-Verfahren

Die Euler-Cauchy-Verfahren, das Verfahren von Heun und das von Simpson sind Spezialfälle der *Runge-Kutta-Verfahren*. All diese Verfahren bezeichnet man als *Einschrittverfahren*, denn sie bestimmen einen neuen Simulationspunkt $\hat{\boldsymbol{x}}_{i+1}$ nur auf Basis eines vorherigen Punktes $\hat{\boldsymbol{x}}_i$. Runge-Kutta-Verfahren haben folgende prinzipielle Form:

(1) $\boldsymbol{k}_1 = \boldsymbol{f}\left(\hat{\boldsymbol{x}}_i, \boldsymbol{u}_i\right)$,

(2) $\boldsymbol{k}_2 = \boldsymbol{f}\left(\hat{\boldsymbol{x}}_i + h\alpha_{21}\boldsymbol{k}_1, \boldsymbol{u}(t_i + \beta_2 h)\right)$,

(3) $\boldsymbol{k}_3 = \boldsymbol{f}\left(\hat{\boldsymbol{x}}_i + h\left(\alpha_{31}\boldsymbol{k}_1 + \alpha_{32}\boldsymbol{k}_2\right), \boldsymbol{u}(t_i + \beta_3 h)\right)$,

$$\vdots$$

(m) $\boldsymbol{k}_m = \boldsymbol{f}\left(\hat{\boldsymbol{x}}_i + h\left(\alpha_{m1}\boldsymbol{k}_1 + \ldots + \alpha_{m,m-1}\boldsymbol{k}_{m-1}\right), \boldsymbol{u}(t_i + \beta_m h)\right)$,

($m+1$) $\hat{\boldsymbol{x}}_{i+1} = \hat{\boldsymbol{x}}_i + h \cdot \sum_{j=1}^{m} \gamma_j \boldsymbol{k}_j$.

Hierbei sind die jeweiligen Fehlerordnungen der Tabelle 1.1 zu entnehmen. Je mehr Approximationsberechnungen m das gewählte Verfahren ausführt, desto genauer ist es. Die Spezialfälle, Euler-Cauchy-Verfahren, das verbesserte

Tabelle 1.1: Fehlerordnungen der Runge-Kutta-Verfahren.

m	1	2	3	4	5	6	7	8	9
q	1	2	3	4	4	5	6	6	7

Tabelle 1.2: Spezialfälle der Runge-Kutta-Verfahren.

	m	γ	β	α_{ij}
Euler-Cauchy	$m=1$	$\gamma_1=1$	–	–
verbessertes Euler Cauchy	$m=2$	$\gamma_1=0$ $\gamma_2=1$	$\beta_2=\frac{1}{2}$	$\alpha_{21}=\frac{1}{2}$
Heun	$m=2$	$\gamma_1=\frac{1}{2}$ $\gamma_2=\frac{1}{2}$	$\beta_2=1$	$\alpha_{21}=1$
Simpson	$m=3$	$\gamma_1=\frac{1}{6}$ $\gamma_2=\frac{4}{6}$ $\gamma_3=\frac{1}{6}$	$\beta_2=\frac{1}{2}$ $\beta_3=1$	$\alpha_{21}=\frac{1}{2}$ $\alpha_{31}=-1$ $\alpha_{32}=2$

Euler-Cauchy-Verfahren sowie die Verfahren von Heun und Simpson, ergeben sich mit den Parametern m, γ, β, und α aus Tabelle 1.2.

Für ein und denselben Wert $m \geq 2$ gibt es unterschiedliche Varianten, von denen das klassische Runge-Kutta-Verfahren mit $m = 4$ das gebräuchlichste ist. Das liegt zum einen daran, dass der Rechenaufwand in diesem Fall begrenzt ist. Zum anderen auch daran, dass die Fehlerordnung, wie Tabelle 1.1 belegt, bei einer Erhöhung der Verfahrensordnung von $m = 4$ auf $m = 5$ nicht erhöht werden kann, der Rechenaufwand aber steigt. Auch die erzielbare Genauigkeit ist, wenn man sie ins Verhältnis zum Rechenaufwand setzt, sehr gut. Ein weiterer Vorteil sind seine leicht zu merkenden Gleichungen:

(1) $\boldsymbol{k}_1 = \boldsymbol{f}(\hat{\boldsymbol{x}}_i, \boldsymbol{u}_i)$,

(2) $\boldsymbol{k}_2 = \boldsymbol{f}\left(\hat{\boldsymbol{x}}_i + \dfrac{h}{2}\boldsymbol{k}_1, \boldsymbol{u}_{i+1/2}\right)$,

(3) $\boldsymbol{k}_3 = \boldsymbol{f}\left(\hat{\boldsymbol{x}}_i + \dfrac{h}{2}\boldsymbol{k}_2, \boldsymbol{u}_{i+1/2}\right)$,

(4) $\boldsymbol{k}_4 = \boldsymbol{f}(\hat{\boldsymbol{x}}_i + h\boldsymbol{k}_3, \boldsymbol{u}_{i+1})$,

(5) $\hat{\boldsymbol{x}}_{i+1} = \hat{\boldsymbol{x}}_i + \dfrac{h}{6}(\boldsymbol{k}_1 + 2\boldsymbol{k}_2 + 2\boldsymbol{k}_3 + \boldsymbol{k}_4)$.

Das Verfahren besitzt die Fehlerordnung $q = 4$. Runge-Kutta-Verfahren höherer Ordnung finden sich in [69].

Aufgrund der oben genannten vorteilhaften Eigenschaften ist das Runge-Kutta-Verfahren das bekannteste und ein sehr häufig verwendetes Integrationsverfahren.

1.2.6 Adaption der Schrittweite

Bisher wurde die Schrittweite h während der Rekursion konstant gehalten. Das ist nicht immer sinnvoll. Besitzt die Differenzialgleichung Anteile mit stark unterschiedlicher Dynamik, wie es Bild 1.34 illustriert, dann führen die bisher betrachteten Verfahren zu ungenauen oder sehr rechenintensiven Lösungen.

Man müsste nämlich eine konstante Schrittweite h so klein wählen, dass der Verlauf im Bereich der Schwingungen ($t < 5s$) gut approximiert wird. Im schwingungsfreien Kurventeil ($t > 5s$) würde die Simulation dann aber unnötig viele Schritte ausführen, da h hier größer gewählt werden könnte. Es ist also sinnvoll, h während der Simulation dem Lösungsverlauf $\hat{\boldsymbol{x}}(t)$ anzupassen. Man wird für schnelle dynamische Verläufe kleine Schrittweiten wählen und für langsame große. Mittels einer solchen Schrittweitensteuerung lassen sich dann der Simulationsaufwand und -dauer senken.

Eine einfache Möglichkeit der Schrittweitensteuerung ist folgendes Vorgehen, wobei Φ die Verfahrensfunktion, d. h. die Rechenvorschrift für einen Integrationsschritt mit dem Approximationsergebnis $\hat{\boldsymbol{x}}_i$, des gewählten Lösungsverfahrens ist und ε ein vorgegebener Fehler:

Schritt 1: Berechne zwei Rekursionsschritte mit h:

$$\begin{aligned}\hat{\boldsymbol{x}}_{i+1} &= \hat{\boldsymbol{x}}_i + h\Phi(\hat{\boldsymbol{x}}_i, \boldsymbol{u}_i, h),\\ \hat{\boldsymbol{x}}_{i+2} &= \hat{\boldsymbol{x}}_{i+1} + h\Phi(\hat{\boldsymbol{x}}_{i+1}, \boldsymbol{u}_{i+1}, h).\end{aligned}$$

Schritt 2: Berechne einen Rekursionsschritt mit $2h$:

$$\tilde{\boldsymbol{x}}_{i+2} = \hat{\boldsymbol{x}}_i + 2h\Phi(\hat{\boldsymbol{x}}_i, \boldsymbol{u}_i, 2h).$$

Schritt 3: Wenn $||\hat{\boldsymbol{x}}_{i+2} - \tilde{\boldsymbol{x}}_{i+2}|| > \varepsilon$, dann setze $h^* = h/2$ und $i^* = i$.
Wenn $||\hat{\boldsymbol{x}}_{i+2} - \tilde{\boldsymbol{x}}_{i+2}|| \leq 0.1\varepsilon$, dann setze $h^* = 2h$ und $i^* = i + 2$.
Sonst setze $h^* = h$ und $i^* = i + 2$.
Setze $i = i^*$, $h = h^*$, gehe zu Schritt 1 und beginne neu.

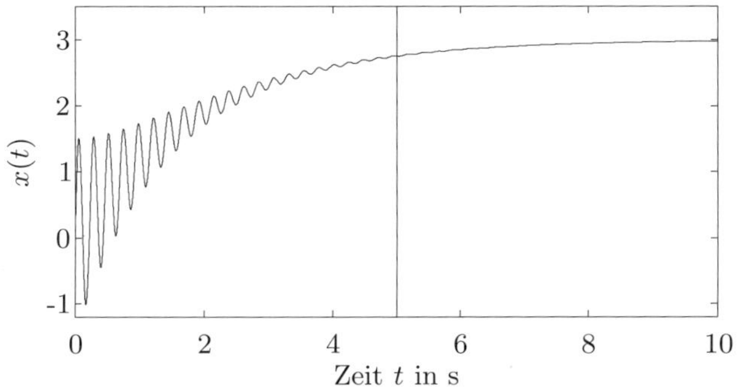

Bild 1.34: Differenzialgleichung mit stark unterschiedlichen Dynamikanteilen.

Eine wesentlich effektivere Schrittweitensteuerung als obige intuitive ist die Folgende. Wir wählen zwei Einschrittverfahren und zwar das Verfahren $\varGamma$ mit der Fehlerordnung q und das Verfahren $\varPhi$ mit $q+1$. Sei ε wieder der vorgegebene Fehler. Dann gilt folgender Algorithmus:

Schritt 1: Berechne

$$\begin{aligned}\check{\boldsymbol{x}}_{i+1} &= \hat{\boldsymbol{x}}_i + h\varGamma(\hat{\boldsymbol{x}}_i, \boldsymbol{u}_i, h),\\ \tilde{\boldsymbol{x}}_{i+1} &= \hat{\boldsymbol{x}}_i + h\varPhi(\hat{\boldsymbol{x}}_i, \boldsymbol{u}_i, h),\\ S &= \left(\frac{h\cdot\varepsilon}{||\check{\boldsymbol{x}}_{i+1} - \tilde{\boldsymbol{x}}_{i+1}||}\right)^{1/q}.\end{aligned}$$

Schritt 2: Wenn $S \geq 1$, setze $\hat{\boldsymbol{x}}_{i+1} = \tilde{\boldsymbol{x}}_{i+1}$, $h^* = h\cdot\min\{2;S\}$ und $i^* = i+1$.
Wenn $S < 1$, setze $h^* = h\cdot\max\{0.5;S\}$ und $i^* = i$.
Setze $i = i^*$, $h = h^*$, gehe zu Schritt 1 und beginne neu.

Insbesondere bei komplexen Systemen, deren Dynamik schwer einschätzbar ist, sollte man immer eine Schrittweitensteuerung verwenden.

1.2.7 Mehrschrittverfahren von Adams-Bashforth

Bisher wurden Einschrittverfahren betrachtet, also Verfahren, bei denen nur ein vorangegangener Wert $\hat{x}_i$ zur näherungsweisen Berechnung der Fläche F und damit von x_{i+1} herangezogen wurde. Um die Fläche

$$F = \int\limits_{t_i}^{t_{i+1}} f(x(t), u(t))dt$$

noch genauer zu approximieren als bisher, ist es sinnvoll, ein Interpolationspolynom für f durch eine Reihe von Stützstellen

$$\begin{aligned}(t_{i-k}, f(\hat{x}_{i-k}, u_{i-k})) &= (t_{i-k}, f_{i-k}),\\ &\;\vdots\\ (t_{i-1}, f(\hat{x}_{i-1}, u_{i-1})) &= (t_{i-1}, f_{i-1}),\\ (t_i, f(\hat{x}_i, u_i)) &= (t_i, f_i)\end{aligned}$$

und eventuell

$$(t_{i+1}, f(\hat{x}_{i+1}, u_{i+1})) = (t_{i+1}, f_{i+1})$$

zu legen. Diese letztgenannte Stützstelle ist gerade diejenige, die man eigentlich berechnen möchte. Sie ist also noch gar nicht bekannt. Bild 1.35 illustriert dies. Da mehr als eine Stützstelle für die Flächenapproximation verwendet

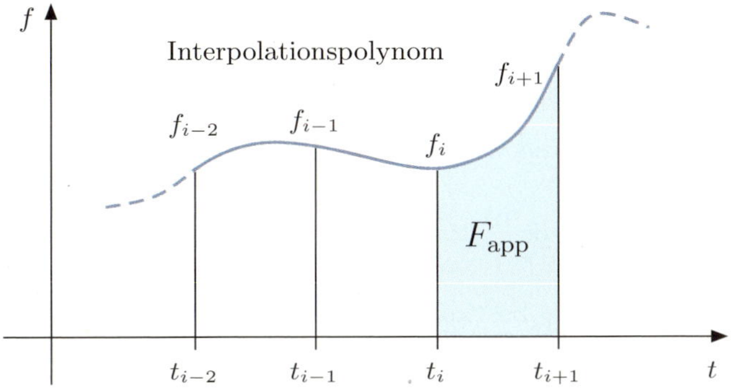

Bild 1.35: Adams-Bashforth-Verfahren.

wird, bezeichnet man entsprechende Integrationsverfahren als *Mehrschrittverfahren.*

Für den Fall, dass (t_{i+1}, f_{i+1}) nicht als Stützstelle genutzt wird, ergeben sich die Verfahren von *Adams-Bashforth.* Für den Fall von drei Stützstellen, d. h. eines Polynoms dritter Ordnung, erhält man das Adams-Bashforth-Verfahren im allgemeinen Fall zu

$$\hat{\boldsymbol{x}}_{i+1} = \hat{\boldsymbol{x}}_i + \frac{h}{24}\left(55\boldsymbol{f}_i - 59\boldsymbol{f}_{i-1} + 37\boldsymbol{f}_{i-2} - 9\boldsymbol{f}_{i-3}\right)$$

mit der Fehlerordnung $q = 4$. Man beachte, dass man die ersten drei Werte $\hat{\boldsymbol{x}}_1, \hat{\boldsymbol{x}}_2, \hat{\boldsymbol{x}}_3$ und $\boldsymbol{f}_1, \boldsymbol{f}_2, \boldsymbol{f}_3$ ausgehend von $\hat{\boldsymbol{x}}_0$ und $\boldsymbol{f}_0$ mittels eines Einschrittverfahrens bestimmen muss.

Ein Nachteil der Adams-Bashforth-Verfahren ist die Tatsache, dass das Interpolationspolynom für die Stützstellen $(t_{i-k}, f_{i-k}), \ldots, (t_i, f_i)$, aber nicht für (t_{i+1}, f_{i+1}) berechnet wird. Die Approximation von F durch $F_{\rm app}$ erfolgt jedoch im Intervall $[t_i, t_{i+1}]$. Da nun Interpolationspolynome außerhalb der Interpolationsintervalle, hier $[t_{i-k}, t_i]$, große Fehler aufweisen, wird auch der Verfahrensfehler in t_{i+1} größer sein als gewünscht. Um diesen Nachteil der Adams-Bashforth-Verfahren auszugleichen, verbessern wir sie im Folgenden.

1.2.8 Prädiktor-Korrektor-Verfahren von Adams-Moulton

Bei den *Verfahren von Adams-Moulton* verwendet man ein Adams-Bashforth-Verfahren als Prädiktor und verbessert dessen Ergebnis mittels eines Korrekturterms. Dieser beruht auf einem Interpolationspolynom, das auch die unbekannte Stützstelle

$$(t_{i+1}, f_{i+1})$$

nutzt. Man erhält so folgende Rekursionsgleichung für ein Interpolationspolynom vierter Ordnung:

$$\hat{x}_{i+1} = \hat{x}_i + \frac{h}{720}(251\underbrace{f(\hat{x}_{i+1}, u_{i+1})}_{f_{i+1}} + 646f_i - 264f_{i-1} + 106f_{i-2} - 19f_{i-3}).$$

Diese Gleichung ist implizit in $\hat{x}_{i+1}$. Man muss also eine Iteration

$$\hat{x}_{i+1}^{(l+1)} = \hat{x}_i + \frac{h}{720}\Big(251f(\hat{x}_{i+1}^{(l)}, u_{i+1}) + 646f_i - 264f_{i-1} + 106f_{i-2} - 19f_{i-3}\Big)$$

durchführen, um $\hat{x}_{i+1}$ zu bestimmen. Und zwar solange bis sich $\hat{x}_{i+1}^{(l)}$ nicht mehr wesentlich ändert. Dabei gilt die Regel, dass h mindestens so klein sein sollte, dass zwei Iterationsschritte $l = 1, 2$ ausreichen.

Zusammengefasst erhält man im Mehrgrößenfall das Prädiktor-Korrektor-Verfahren von Adams-Moulton mit den zwei Rekursionsgleichungen

$$(1)\ \hat{\boldsymbol{x}}_{i+1}^{(0)} = \hat{\boldsymbol{x}}_i + \frac{h}{24}\big(55\boldsymbol{f}_i - 59\boldsymbol{f}_{i-1} + 37\boldsymbol{f}_{i-2} - 9\boldsymbol{f}_{i-3}\big),$$

$$(2)\ \hat{\boldsymbol{x}}_{i+1}^{(l+1)} = \hat{\boldsymbol{x}}_i + \frac{h}{720}\Big(251\boldsymbol{f}(\hat{\boldsymbol{x}}_{i+1}^{(l)}, \boldsymbol{u}_{i+1}) + 646\boldsymbol{f}_i - 264\boldsymbol{f}_{i-1} + 106\boldsymbol{f}_{i-2} - 19\boldsymbol{f}_{i-3}\Big)$$

und der Fehlerordnung $q = 5$. Auch in diesem Fall müssen die ersten drei Werte $\hat{\boldsymbol{x}}_i$ nach $\boldsymbol{x}_0$ mittels eines Einschrittverfahrens berechnet werden. Dabei ist es sinnvoll, ein Einschrittverfahren derselben Fehlerordnung $q = 5$ zu wählen, wie sie das obige Mehrschrittverfahren von Adams-Moulton besitzt.

Auch bei Mehrschrittverfahren können Schrittweitensteuerungen verwendet werden. Sie sind allerdings komplexer als im Fall der Einschrittverfahren [268].

1.2.9 Stabilität von Integrationsverfahren

Bei allen Integrationsverfahren stellt sich neben der Frage der Fehlerordnung q auch die Frage nach ihrer Stabilität: Bleibt der Fehler ε_n der numerischen Lösung beschränkt oder steigt er mit zunehmender Schrittzahl und Simulationsdauer unbegrenzt an? Die Antwort hängt von der Schrittweite h, der Differenzialgleichung $\dot{\boldsymbol{x}} = \boldsymbol{f}(\boldsymbol{x}, \boldsymbol{u})$ und dem gewählten Integrationsverfahren ab.

Im allgemeinen Fall lässt sich obige Frage aufgrund der Nichtlinearität von $\boldsymbol{f}$ nicht exakt beantworten. Für den einfachen linearen Testfall

$$\dot{x} = -\lambda x \quad \text{mit} \quad \lambda > 0 \tag{1.16}$$

und mit dem Anfangswert

$$x(0) = x_0$$

lässt sich der Stabilitätsbereich von h aber berechnen. Da dies für alle betrachteten Verfahren möglich ist, können die Verfahren dann bezüglich ihres Stabilitätsverhaltens untereinander verglichen werden und dies ermöglicht eine prinzipielle Einsicht in die Verhältnisse.

Im Falle des Euler-Cauchy-Verfahrens gilt

$$\hat{x}_{i+1} = \hat{x}_i + h(-\lambda\hat{x}_i) = (1 - h\lambda)\hat{x}_i. \tag{1.17}$$

Offensichtlich ist diese Differenzengleichung nur dann stabil, wenn

$$|1 - h\lambda| < 1, \qquad \text{also} \qquad h\lambda < 2,$$

erfüllt ist. Man gelangt zu diesem Ergebnis auch dann, wenn man berücksichtigt, dass das charakteristische Polynom von Gl. (1.17),

$$P(z) = z - (1 - h\lambda),$$

nur Nullstellen innerhalb des Einheitskreises besitzen darf, wenn die Differenzengleichung (1.17) stabil sein soll. Für $h\lambda < 2$ strebt die Lösung der Differenzengleichung (1.17) also gegen denselben Wert wie die Lösung der Differenzialgleichung (1.16). Der Verlauf von $\hat{x}_i$ kann dabei allerdings wesentlich von $x(t)$ abweichen.

Ähnlich wie für das Euler-Cauchy-Verfahren kann die Stabilität für den betrachteten Testfall $\dot{x} = -\lambda x$ auch für andere Verfahren untersucht werden. Es ergeben sich die Stabilitätswerte $h\lambda$ aus Tabelle 1.3. Man beachte, dass $h\lambda > 0$ gilt.

Tabelle 1.3: Stabilitätswerte.

Euler-Cauchy	$h\lambda < 2$
verbessertes Euler-Cauchy	$h\lambda < 2$
Heun	$h\lambda < 2$
Simpson	$h\lambda < 2.5359$
Runge-Kutta 4. Ordnung	$h\lambda < 2.7853$
Adams-Bashforth 4. Ordnung	$h\lambda < 0.3$
Adams-Moulton 5. Ordnung	$h\lambda < 1.8367$

Das Adams-Bashforth-Verfahren hat einen sehr kleinen Stabilitätsbereich. Dieser Sachverhalt ist auf die Interpolation im Intervall $[t_i, t_{i+1}]$ durch ein Polynom zurückzuführen, das auf den vorherigen Stützstellen (t_{i-k}, x_{i-k}), $\ldots, (t_i, x_i)$ beruht. Interpolationspolynome sind aber, wie erwähnt, nur zwischen den Stützstellen der Interpolation genau, außerhalb des Interpolationsbereiches – hier $[t_i, t_{i+1}]$ – weichen sie oft deutlich vom zu approximierenden Verlauf ab. Dadurch wird die Berechnung des Integrals ungenau.

Um das Stabilitätsverhalten der Verfahren zu illustrieren, sind für den Testfall $\dot{x} = -\lambda x$ mit $\lambda = 1$ und den Anfangswert $x(0) = 1$ für verschiedene Schrittweiten h Simulationen durchgeführt worden und in Bild 1.36 dargestellt. Die analytische Lösung dieser Differenzialgleichung ist $x(t) = e^{-t}$.

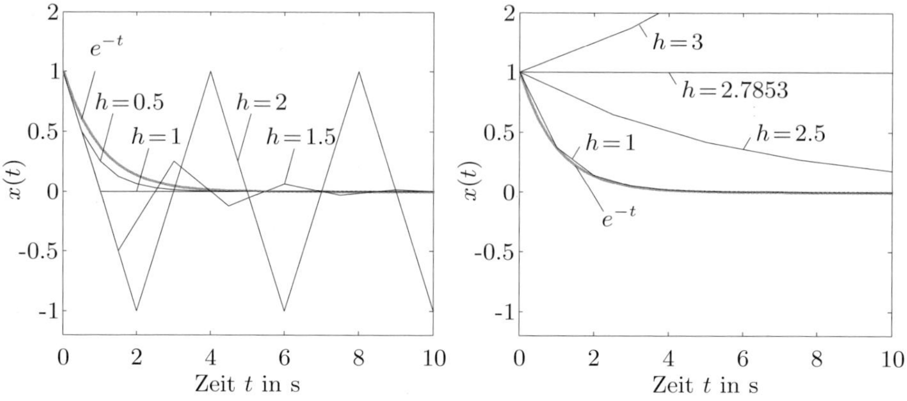

Bild 1.36: Lösung von $\dot{x} = -x$ mit Euler-Cauchy-Verfahren (links) und klassischem Runge-Kutta-Verfahren vierter Ordnung (rechts) für verschiedene Schrittweiten h.

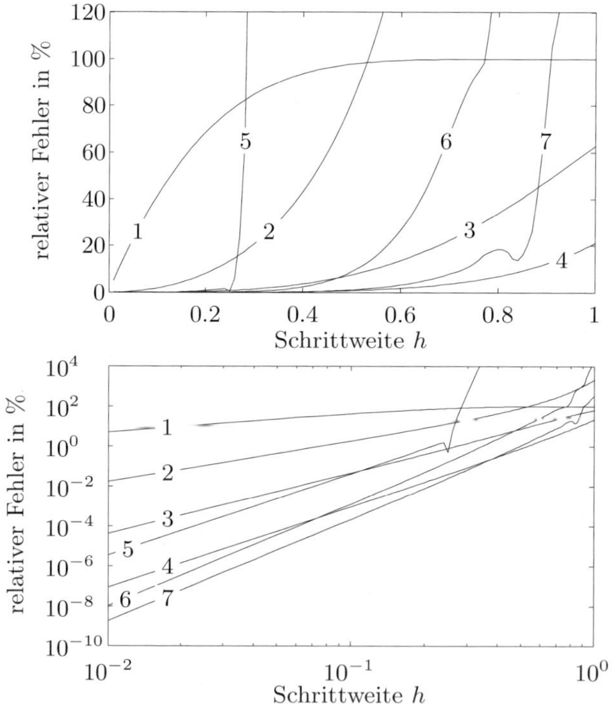

Bild 1.37: Relativer Fehler in linearer Darstellung und in doppeltlogarithmischer Darstellung für folgende Verfahren: 1. Euler-Cauchy, 2. verbessertes Euler-Cauchy, 3. Simpson, 4. klassisches Runge-Kutta, 5. Adams-Bashforth mit $q = 4$, 6. Adams-Moulton mit $q = 5$ (eine Iteration), 7. Adams-Moulton mit $q = 5$ (zehn Iterationen).

Stabile Schrittweiten h führen, wie vorheriges Beispiel illustriert, nicht immer zu Verläufen mit hinreichend kleinen Simulationsfehlern. Für das betrachtete Beispiel $\dot{x} = -x$ zeigt Bild 1.37 den prozentualen Fehler

$$\varepsilon_n^{\mathrm{rel}} = \frac{|\varepsilon_n|}{|x_n|} \cdot 100\% = \frac{|x_n - \hat{x}_n|}{|x_n|} \cdot 100\%$$

an der Stelle $t = 10s$ für verschiedene Schrittweiten h. Die logarithmische Darstellung zeigt hierbei den Fehlerverlauf für kleine Schrittweiten detaillierter als die linear skalierte Darstellung.

Wie aus Bild 1.37 erkennbar, liefert das klassische Runge-Kutta-Verfahren vierter Ordnung eine Approximation der Lösung mit niedrigem Fehler bei vertretbarem Rechenaufwand. Verglichen mit den anderen Verfahren bietet es einen sehr guten Kompromiss zwischen Genauigkeit und Aufwand. Deshalb ist es auch, wie erwähnt, ein sehr häufig verwendetes Verfahren. Bei kleinen Schrittweiten ist das Prädiktor-Korrektor-Verfahren von Adams-Moulton noch genauer als das Runge-Kutta-Verfahren. Allerdings ist sein Rechenaufwand deutlich größer.

1.2.10 Steife Systeme und ihre Lösung

Die bisher betrachteten Einschritt- und Mehrschrittverfahren eignen sich oft nicht für Systeme

$$\dot{\boldsymbol{x}} = \boldsymbol{f}(\boldsymbol{x}),$$

deren Zustandsvariablen x_i ein stark unterschiedliches Dynamikverhalten zeigen oder die sehr unterschiedliche Dynamikanteile enthalten. Diese Systeme bezeichnet man als *steife Systeme*. Ein einfaches lineares Beispiel ist das System

$$\begin{aligned} \dot{x}_1 &= -x_1, \\ \dot{x}_2 &= -100x_2. \end{aligned}$$

Offensichtlich ergibt sich bei der numerischen Lösung das Erfordernis, die Schrittweite h so klein zu wählen, dass die zweite Differenzialgleichung hinreichend genau gelöst werden kann. Daraus resultiert dann allerdings eine sehr lange Gesamtsimulationsdauer, da die erste Differenzialgleichung eine hundertmal längere Simulationsdauer benötigt als die zweite. Bild 1.38 illustriert dies.

Eine Lösungsmöglichkeit für solche steifen Differenzialgleichungen sind Einschrittverfahren mit Schrittweitensteuerung. Diese haben wir im Abschnitt 1.2.6 behandelt. Im Fall von Mehrschrittverfahren setzt man speziell entwickelte Methoden ein, die auf impliziten Rekursionsformeln basieren und über besonders gute Stabilitätseigenschaften verfügen.

Betrachtet man beispielsweise das Verfahren von Euler, so kann man anstelle von

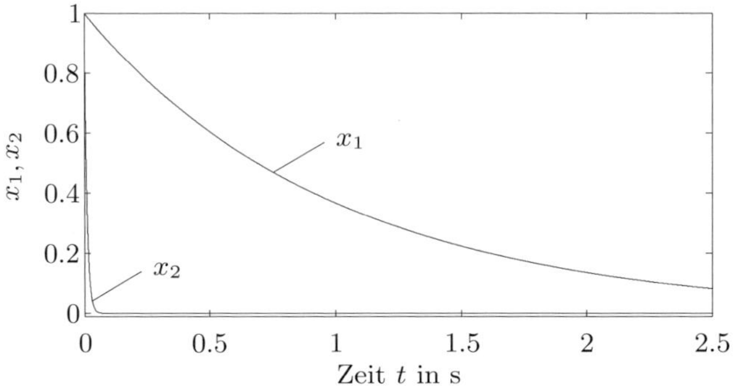

Bild 1.38: Beispiel eines steifen Systems.

$$F = \int_{t_i}^{t_{i+1}} f(x,u)dt \approx hf(x_i, u_i)$$

auch

$$F \approx hf(x_{i+1}, u_{i+1})$$

verwenden. Man erhält dann als Näherungsgleichung

$$\hat{x}_{i+1} = \hat{x}_i + hf(\hat{x}_{i+1}, u_{i+1}).$$

Ihr impliziter Charakter bedingt, dass sie für jeden Simulationsschritt i mehrfach iteriert werden muss. Es ergibt sich, wie bei der Korrektor-Formel des Adams-Moulton-Verfahrens, eine iterativ zu lösende Gleichung

$$\hat{x}_{i+1}^{(l+1)} = \hat{x}_i + hf(\hat{x}_{i+1}^{(l)}, u_{i+1}).$$

Dieses Verfahren bezeichnet man als *implizites Euler-Cauchy-Verfahren.* Es ist gleichzeitig auch das einfachste einer ganzen Klasse von Lösungsverfahren für steife Differenzialgleichungen: den *Verfahren von Gear*. Alle diese Verfahren sind implizite Verfahren. Tabelle 1.4 zeigt die Gear-Formeln bis zur Fehlerordnung $q = 4$ für den mehrdimensionalen Fall. Dabei ist M die Anzahl der Stützstellen. Als Startwerte für die Korrektorformeln verwendet man den einfachen Prädiktor

$$\hat{\boldsymbol{x}}_{i+1}^{0} = \hat{\boldsymbol{x}}_i$$

und führt typischerweise drei Iterationen durch.

Eine wichtige Eigenschaft der Gear-Verfahren ist ihr großer Stabilitätsbereich. Für das Testbeispiel

$$\dot{x} = -\lambda x, \quad \lambda > 0,$$

Tabelle 1.4: Korrektorformeln des Gear-Verfahrens.

M	Gearformeln	q
1	$\hat{\boldsymbol{x}}_{i+1}^{(l+1)} = \hat{\boldsymbol{x}}_i + h\boldsymbol{f}_{i+1}^{(l)}$	1
2	$\hat{\boldsymbol{x}}_{i+1}^{(l+1)} = \frac{1}{3}\left(4\hat{\boldsymbol{x}}_i - \hat{\boldsymbol{x}}_{i-1} + 2h\boldsymbol{f}_{i+1}^{(l)}\right)$	2
3	$\hat{\boldsymbol{x}}_{i+1}^{(l+1)} = \frac{1}{11}\left(18\hat{\boldsymbol{x}}_i - 9\hat{\boldsymbol{x}}_{i-1} + 2\hat{\boldsymbol{x}}_{i-2} + 6h\boldsymbol{f}_{i+1}^{(l)}\right)$	3
4	$\hat{\boldsymbol{x}}_{i+1}^{(l+1)} = \frac{1}{25}\left(48\hat{\boldsymbol{x}}_i - 36\hat{\boldsymbol{x}}_{i-1} + 16\hat{\boldsymbol{x}}_{i-2} - 3\hat{\boldsymbol{x}}_{i-3} + 12h\boldsymbol{f}_{i+1}^{(l)}\right)$	4

gilt für den Stabilitätsbereich zum Beispiel

$$h\lambda < \infty,$$

d. h., die Verfahren sind für alle h stabil. Auch für Gear-Verfahren und andere Verfahren zur Lösung steifer Differenzialgleichungen existieren Schrittweitensteuerungen [100, 142]. Ein Überblick über Lösungsverfahren steifer Differenzialgleichungen findet sich in [106].

2

Grenzzyklen und Stabilitätskriterien

2.1 Verfahren der harmonischen Balance

2.1.1 Idee des Verfahrens

Das Verfahren der harmonischen Balance dient dazu, in nichtlinearen Regelkreisen, welche die in Bild 2.1 abgebildete Struktur besitzen oder in diese gebracht wurden, Grenzzyklen aufzuspüren. Der abgebildete Regelkreis wird als *nichtlinearer Standardregelkreis* bezeichnet. Er besteht aus einem linearen System, das hier durch seine Laplace-Übertragungsfunktion $G(s)$ dargestellt ist, und einer nichtlinearen Kennlinie $u = f(e)$, die z. B. als Regler fungiert.

Das Fehlen einer Führungsgröße w ist keine große Einschränkung, da eine konstante Führungsgröße durch eine Transformation nach null verschoben werden kann. Außerdem muss man einen Grenzzyklus auch für $w = 0$ ausschließen. Es reicht daher aus, den Fall $w = 0$ zu betrachten.

Nichtlineare Standardregelkreise sind in der Praxis oft anzutreffen. Entweder, weil gezielt nichtlineare Regler eingesetzt werden, oder, weil nichtlineare Kennlinien als unerwünschte Elemente in der Regelkreisstruktur enthalten sind, z. B. die Begrenzungskennlinie des Stellgliedes. Typische Kennlinien sind in Bild 2.2 dargestellt.

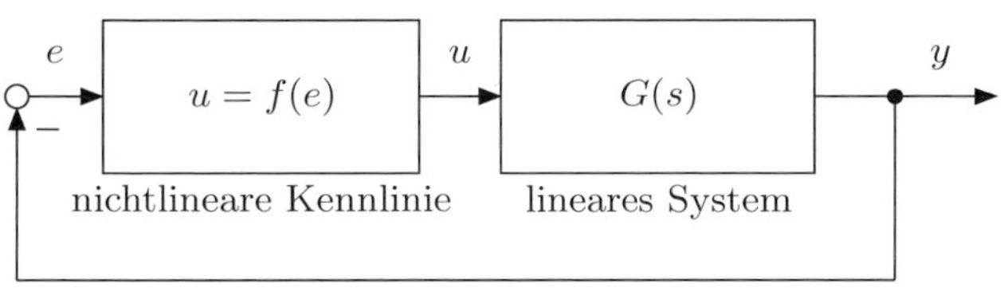

Bild 2.1: Nichtlinearer Standardregelkreis.

J. Adamy, Nichtlineare Systeme und Regelungen DOI 10.1007/978-3-642-45012-9,
© Springer-Verlag Berlin Heidelberg 2014.

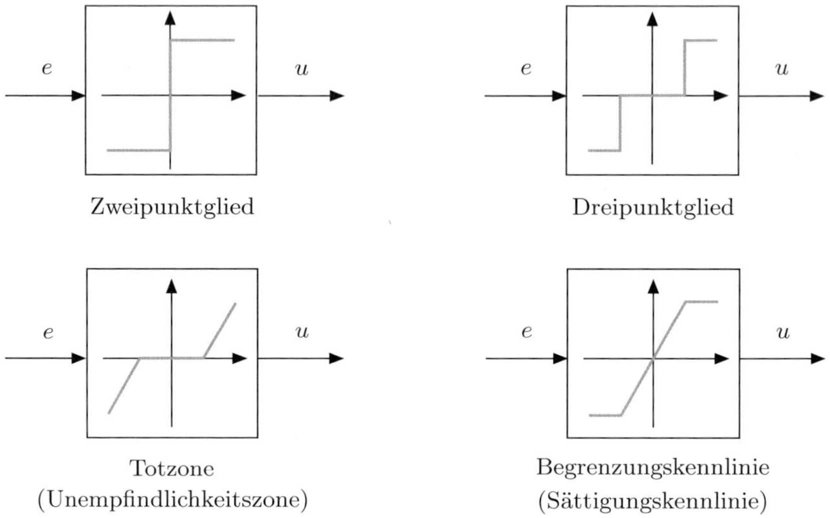

Bild 2.2: Typische nichtlineare Kennlinien in Regelkreisen.

Es stellt sich die Frage, wann ein Grenzzyklus in obigem Regelkreis auftreten kann. Um sich an die Lösung dieses Problems heranzutasten, soll zuerst der Sonderfall einer linearen Kennlinie

$$u = f(e) = K \cdot e$$

betrachtet werden. In diesem Fall hat der Regelkreis die in Bild 2.3 dargestellte Form. Eine Dauerschwingung, also eine sich selbsterhaltende Schwingung, tritt gerade dann auf, wenn man in den Regelkreis eine Schwingung

$$e(t) = A \cdot \sin(\omega_0 t)$$

einspeist und diese um 180° phasenverschoben als

$$y(t) = A \cdot \sin(\omega_0 t - 180^\circ) = -A \cdot \sin(\omega_0 t)$$

am Ausgang des linearen Systems herauskommt. Dann wird die Schwingung am Summationspunkt erneut in den Regelkreis eingespeist und so weiter. Im Frequenzbereich lautet obige Bedingung für eine Dauerschwingung

$$A \cdot e^{j(\omega_0 t - 180^\circ)} = K \cdot G(j\omega_0) \cdot A \cdot e^{j\omega_0 t}$$

oder

$$K \cdot G(j\omega_0) = -1. \tag{2.1}$$

Man bezeichnet dieses Gleichgewicht der Sinusschwingungen am Ein- und Ausgang des offenen Kreises als *harmonische Balance*.

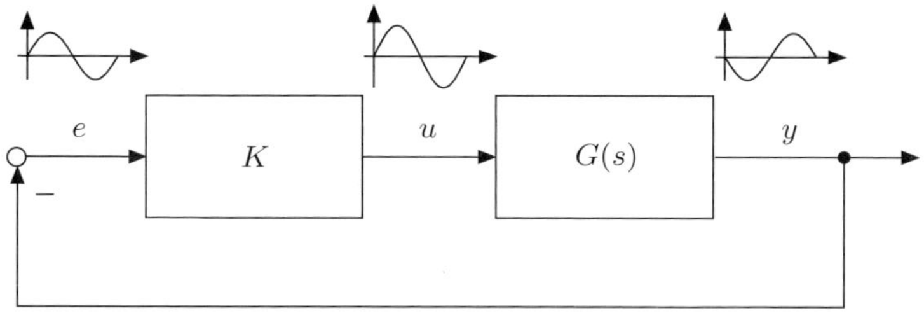

Bild 2.3: Regelkreis mit linearem Regler.

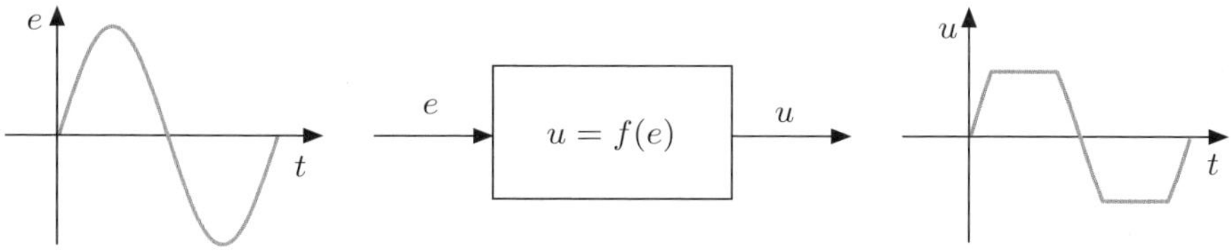

Bild 2.4: Verzerrung des Eingangssignals durch die Nichtlinearität.

Wir können nun aus obigem Sachverhalt wie folgt auf die nichtlineare Situation schließen. Schaltet man auf den Eingang der Nichtlinearität einen sinusförmigen Signalverlauf

$$e(t) = A \cdot \sin(\omega_0 t),$$

so erhält man am Ausgang ein verzerrtes Sinussignal, wie es Bild 2.4 exemplarisch illustriert.

Das Ausgangssignal u entwickelt man in eine Fourier-Reihe

$$u(t) = c_0(A) + \sum_{i=1}^{\infty} c_i(A) \cdot \sin(i \cdot \omega_0 t + \varphi_i(A)).$$

Ist nun die Nichtlinearität von der Art, dass

$$c_0(A) = 0 \qquad \text{und} \qquad c_i \ll c_1, \quad i = 2, 3, \ldots$$

gilt, also der Gleichanteil null ist und die Amplituden c_i der Oberwellen klein gegenüber denen der Grundwelle sind, so kann man

$$u(t) \approx c_1(A) \cdot \sin(\omega_0 t + \varphi_1(A))$$

nähern. Die Bedingung $c_0(A) = 0$ ist erfüllt, wenn die Kennlinie punktsymmetrisch ist. Durch obige Näherung hat man die Nichtlinearität f nun linearisiert und die lineare Näherung besitzt eine amplitudenabhängige Verstärkung. Sie ergibt sich aus dem Eingangs- und dem Ausgangssignal

$$e(t) = A \cdot \sin(\omega_0 t) \qquad \text{und} \qquad u(t) = c_1(A) \cdot \sin(\omega_0 t + \varphi_1(A))$$

bzw. ihren komplexen Zeigerdarstellungen

$$\underline{e}(t) = A \cdot e^{j(\omega_0 t - \frac{\pi}{2})} \qquad \text{und} \qquad \underline{u}(t) = c_1(A) \cdot e^{j(\omega_0 t - \frac{\pi}{2} + \varphi_1(A))}$$

zu

$$N(A) = \frac{\underline{u}(t)}{\underline{e}(t)} = \frac{c_1(A)}{A} \cdot \mathrm{e}^{j\,\varphi_1(A)}\,. \tag{2.2}$$

Diese Verstärkung $N(A)$ des linearisierten Kennliniengliedes bezeichnet man als *Beschreibungsfunktion*. Man beachte, dass $N(A)$ nicht frequenzabhängig ist, Verstärkungsfaktor $c_1(A)/A$ und Phasendrehung $\varphi_1(A)$ aber von der Amplitude A des Eingangssignals abhängen.

Das nichtlineare Kennlinienglied wird nun im Regelkreis durch seine lineare Näherung (2.2) ersetzt, wie in Bild 2.5 gezeigt. Für diesen linearen Regelkreis lautet die bereits hergeleitete Bedingung (2.1) für den Zustand der harmonischen Balance, d. h. eine sich selbsterhaltende Dauerschwingung,

$$N(A) \cdot G(j\omega) = -1$$

oder

$$G(j\omega) = -\frac{1}{N(A)}. \tag{2.3}$$

Obige Überlegung ist natürlich nur gültig, wenn die vernachlässigten Oberwellen mit den Frequenzen $2\omega_0, 3\omega_0, 4\omega_0, \ldots$ durch die Regelstrecke $G(s)$ ausreichend stark gedämpft werden. D. h., die Übertragungsfunktion $G(s)$ muss ein ausreichend starkes Tiefpassverhalten aufweisen.

Zusammengefasst und auf Kennlinien $u = f(e, \dot{e})$ generalisiert erhält man

Heuristik 1 (Harmonische Balance). *Gegeben sei ein nichtlinearer Standardregelkreis*

$$\begin{aligned} Y(s) &= G(s)U(s),\\ e &= -y,\\ u &= f(e, \dot{e}). \end{aligned}$$

Die Kennlinie $u = f(e, \dot{e})$ sei punktsymmetrisch bezüglich des Ursprungs, d. h., es gilt $f(-e, -\dot{e}) = -f(e, \dot{e})$. Die Regelstrecke besitze einen ausreichend starken Tiefpasscharakter. Existieren dann Werte ω und A, so dass die Gleichung

$$G(j\omega) = -\frac{1}{N(A)}$$

erfüllt ist, so tritt vermutlich eine Dauerschwingung auf, die näherungsweise die Frequenz ω und die Amplitude A besitzt.

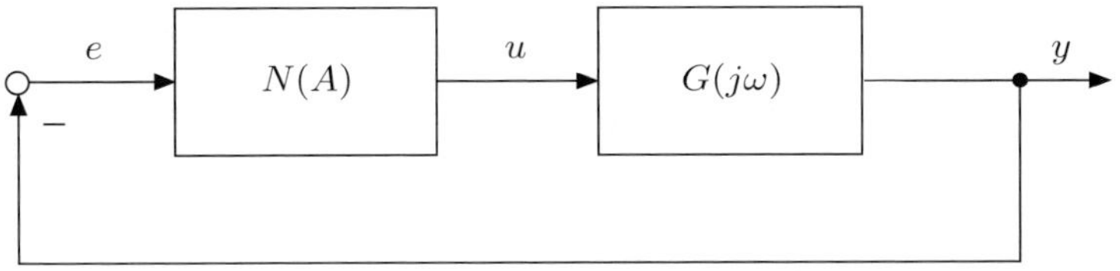

Bild 2.5: Linearisiertes Kennlinienglied und lineare Regelstrecke.

Die Beschreibungsfunktion $N(A)$ ist reell, wenn die punktsymmetrische Nichtlinearität nur von e abhängt. Ist sie auch eine Funktion von $\dot{e}$, so besitzt $N(A)$ in der Regel einen Imaginärteil.

Die Bedingung (2.3) lässt sich grafisch auswerten. Zu diesem Zweck zeichnet man die lineare Ortskurve $G(j\omega)$ und die Ortskurve $-1/N(A)$ der Beschreibungsfunktion. Existiert ein Schnittpunkt, so ist die Gleichung (2.3) erfüllt und es tritt vermutlich eine Dauerschwingung auf. Mittels des Schnittpunktes können auch die Frequenz und die Amplitude der vermuteten Dauerschwingung näherungsweise berechnet werden.

2.1.2 Illustrationsbeispiel

Um die oben geschilderte Vorgehensweise zu illustrieren, betrachten wir die Regelstrecke

$$G(s) = \frac{9}{s\,(s+1)\,(s+9)},$$

die wir mittels eines Zweipunktgliedes

$$u = -b\,\mathrm{sgn}(y)$$

regeln. Bild 2.6 zeigt den entsprechenden Regelkreis.

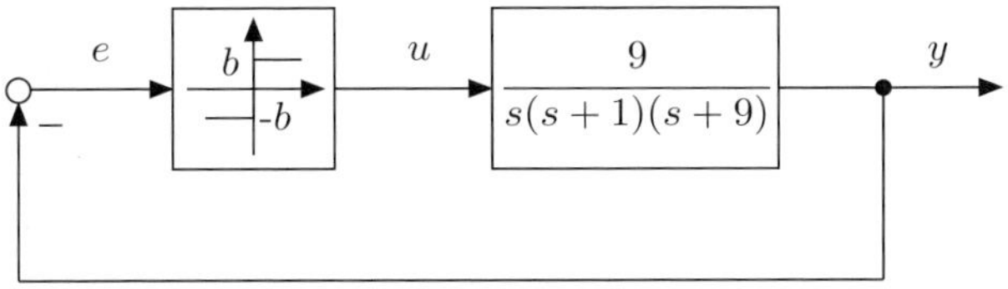

Bild 2.6: Regelkreis mit Zweipunktregler.

Wir ermitteln zuerst die Beschreibungsfunktion $N(A)$ des Zweipunktreglers. Seine Ausgangsfunktion ist für jede Sinusfunktion am Eingang eine Folge von Rechtecksignalen. Die zugehörige Fourier-Reihe der Rechtecksignalfolge ist

$$u(t) = \frac{4b}{\pi}\left(\sin(\omega_0 t) + \frac{\sin(3\omega_0 t)}{3} + \frac{\sin(5\omega_0 t)}{5} + \ldots\right).$$

Man nähert

$$u(t) \approx \frac{4b}{\pi}\sin\omega_0 t = c_1(A)\sin\omega_0 t$$

und erhält

$$N(A) = \frac{c_1(A)}{A} = \frac{4b}{\pi A}.$$

Um eine Dauerschwingung zu erkennen, stellt man beide Seiten der Gleichung der harmonischen Balance

$$G(j\omega) = -\frac{1}{N(A)},$$

d. h.

$$\frac{9}{j\omega(j\omega+1)(j\omega+9)} = -\frac{\pi A}{4b}, \tag{2.4}$$

grafisch dar, was in Bild 2.7 geschehen ist. Da ein Schnittpunkt der Ortskurven $G(j\omega)$ und $-1/N(A)$ existiert, ist Gl. (2.4) für ein Wertepaar erfüllt und es kann auf eine Dauerschwingung geschlossen werden. Ihre Amplitude und Frequenz bestimmt man für $b = 1$ aus Gl. (2.4), d. h. aus

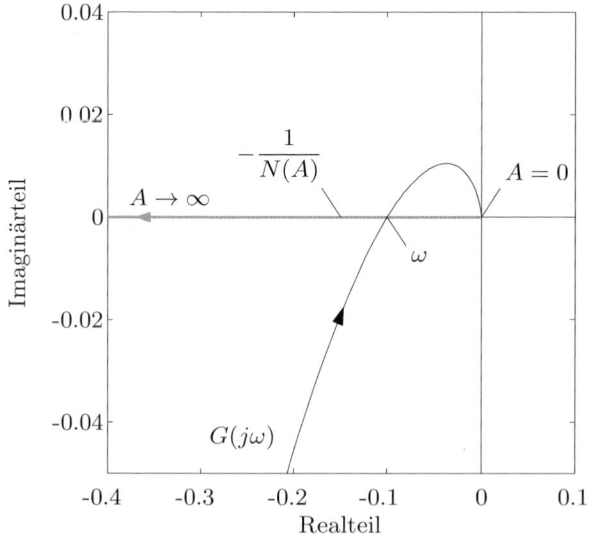

Bild 2.7: Verlauf der Ortskurve $G(j\omega)$ und der Funktion $-1/N(A)$.

$$-\frac{4}{\pi A} = -\frac{10}{9}\omega^2 + j\frac{9\omega - \omega^3}{9},$$

zu

$$\omega = 3 \qquad \text{und} \qquad A = \frac{2}{5\pi} = 0.127.$$

Vergleicht man diese beiden Werte mit den aus einer Simulation ermittelten, so erkennt man den Näherungscharakter des Verfahrens. Denn aus der Simulation ergeben sich die Werte $\omega = 2.5$ und $A = 0.195$.

2.1.3 Kennlinien und ihre Beschreibungsfunktionen

Das Verfahren der harmonischen Balance ist auch anwendbar, wenn die nichtlineare Kennlinie nicht nur von e, sondern auch von $\dot{e}$ abhängig ist. Eine der wichtigsten Kennlinien dieser Art ist die Hysteresekennlinie

$$\begin{aligned} u &= \begin{cases} b \ \mathrm{sgn}(e+a) & \text{für} \quad \dot{e} < 0, \\ b \ \mathrm{sgn}(e-a) & \text{für} \quad \dot{e} > 0 \end{cases} \\ &= b \ \mathrm{sgn}(e - a\,\mathrm{sgn}(\dot{e})), \end{aligned}$$

die in Bild 2.8 dargestellt ist. Hysteresekennlinien finden sich z. B. in Reglern von Temperaturregelkreisen, etwa in Bügeleisen. Hier wird mittels eines Bimetalls die Heizung eingeschaltet, bis sich das Bimetall bei einer hohen Temperatur so verbogen hat, dass es einen Kontakt öffnet und den Heizstrom unterbricht. Nach einer Abkühlphase hat sich das Bimetall entspannt und schaltet den Heizstrom wieder ein und so weiter.

Das Loseverhalten ist eine weitere häufige Nichtlinearität, die außer von e auch von $\dot{e}$ abhängt. Das Loseverhalten wird durch die in Bild 2.9 dargestellte

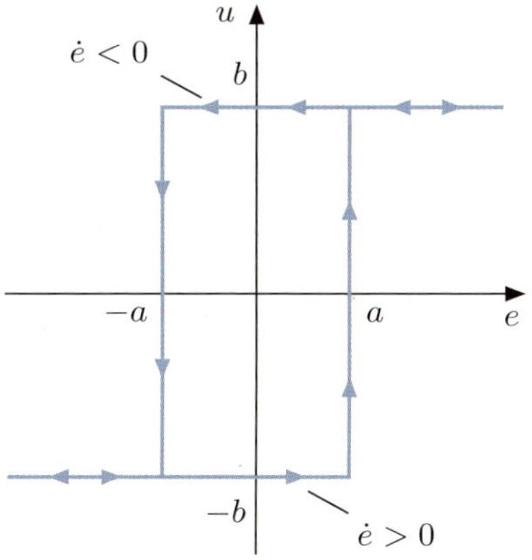

Bild 2.8: Hysteresekennlinie.

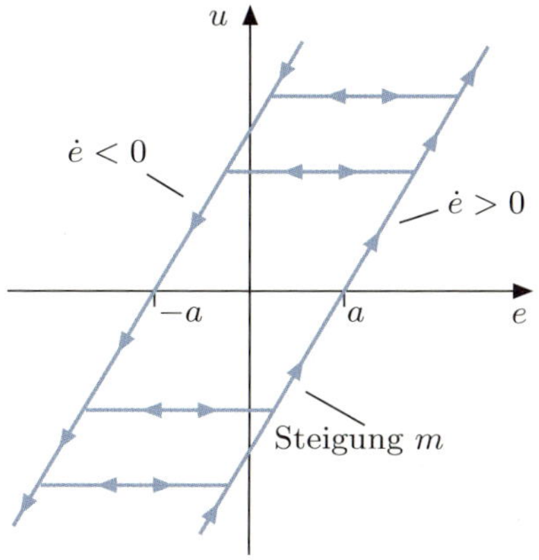

Bild 2.9: Losekennlinie.

Bild 2.10: Beispielsysteme mit Loseverhalten.

Kennlinie beschrieben. Lose tritt, wie in Bild 2.10 gezeigt, bei mechanischen Systemen als Spiel zwischen Zahnrädern, Mitnehmern, Anlenkungen usw. auf. Man beachte, dass die horizontalen Zweige im Bild 2.9 je nach Vorzeichen von $\dot{e}$ in beide Richtungen durchlaufen werden. Die horizontalen Zweige können für jeden Wert u auftreten.

Die Beschreibungsfunktion $N(A)$ bestimmt man auch für Hysteresekennlinien und Lose, indem man auf ihren Eingang eine Sinusfunktion schaltet und das resultierende Ausgangssignal in einer Fourier-Reihe darstellt. Aus der Grundwelle ergibt sich dann die Beschreibungsfunktion $N(A)$. Für Hysterese, Lose und weitere wichtige Kennlinien sind in Tabelle 2.1 die zugehörigen Beschreibungsfunktionen $N(A)$ angegeben.

Viele Kennlinien können additiv aus einigen Standardkennlinien zusammengesetzt werden. Diese Addition von Kennlinien entspricht einer Parallelschaltung. Ein Beispiel hierfür sind punktsymmetrische Kennlinien in Treppenform. Sie können durch Summation aus Dreipunktkennlinien gebildet werden. Man kann so z. B. die treppenförmige Kennlinie eines A/D-Wandlers nachbilden.

Aufgrund des linearen Charakters von Beschreibungsfunktionen setzt sich die Beschreibungsfunktion $N_{\text{ges}}(A)$ von k parallelgeschalteten Kennlinien

$$u = \sum_{i=1}^{k} f_i(e, \dot{e})$$

aus der Überlagerung der Beschreibungsfunktion $N_i(A)$ der einzelnen Nichtlinearitäten f_i gemäß

$$N_{\text{ges}}(A) = \sum_{i=1}^{k} N_i(A)$$

zusammen.

Tabelle 2.1: Kennlinien und ihre Beschreibungsfunktionen.

Nichtlinearität	Beschreibungsfunktion $N(A)$ und Ortskurve $-1/N(A)$
Zweipunktglied 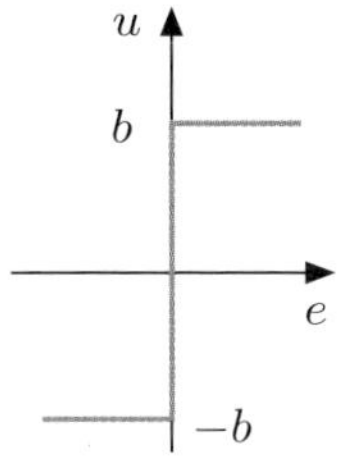	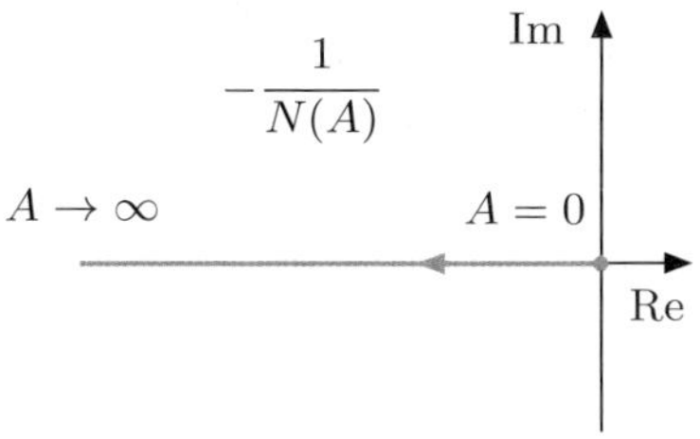 $N(A) = \frac{4b}{\pi A},\ A \geq 0$
Vorlast 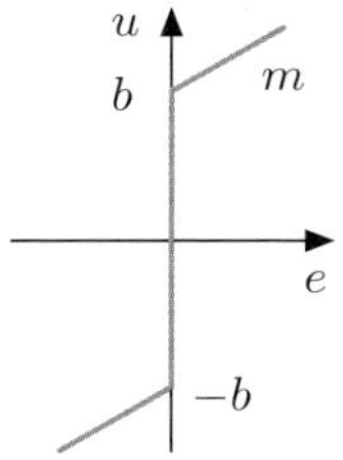 Steigung: m	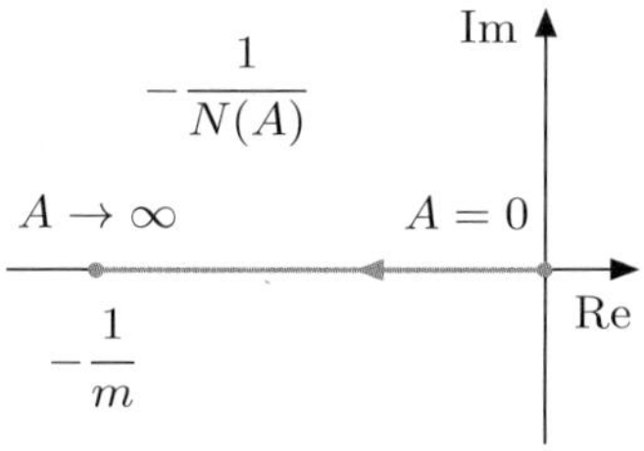 $N(A) = \frac{4b}{\pi A} + m,\ A \geq 0$
Dreipunktglied 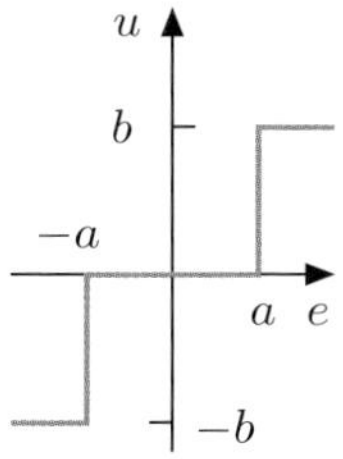	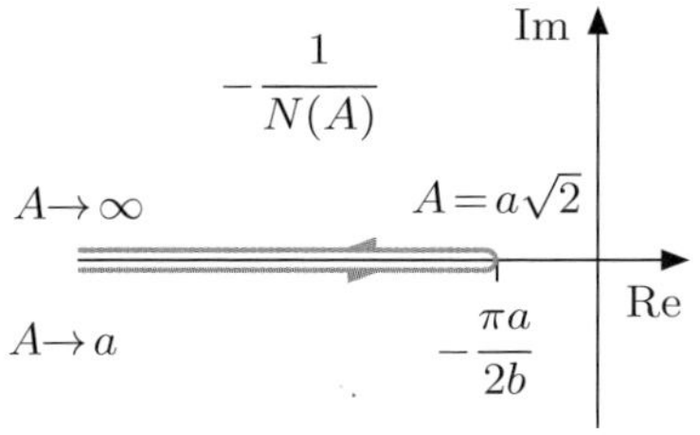 $N(A) = \frac{4b}{\pi A}\sqrt{1-\left(\frac{a}{A}\right)^2},\ A \geq a$

Tabelle 2.1: Kennlinien und ihre Beschreibungsfunktionen - Fortsetzung.

<table>
<tr><th>Nichtlinearität</th><th>Beschreibungsfunktion $N(A)$ und Ortskurve $-1/N(A)$</th></tr>
<tr><td>

Totzone

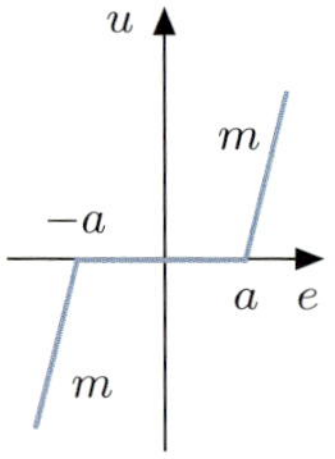

Steigung: m

</td><td>

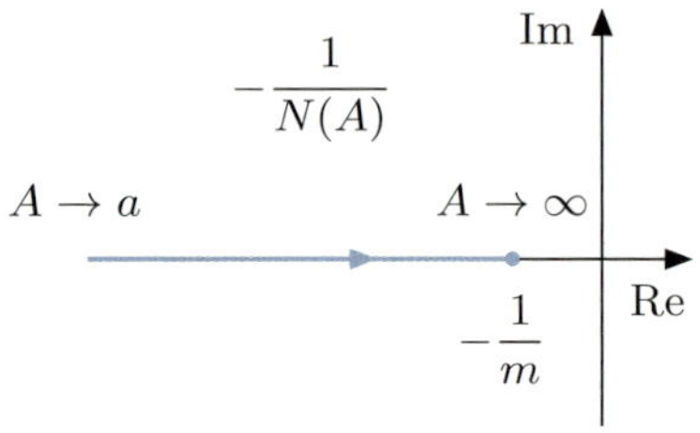

$N(A) = m\left(1 - \frac{2}{\pi}\arcsin\frac{a}{A} - \frac{2}{\pi}\frac{a}{A}\sqrt{1-\left(\frac{a}{A}\right)^2}\right), \quad A \geq a$

</td></tr>
<tr><td>

Begrenzungsglied

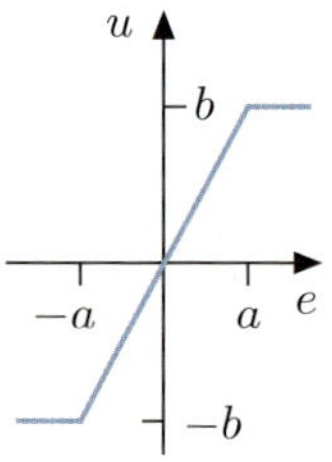

$m = \frac{b}{a}$

</td><td>

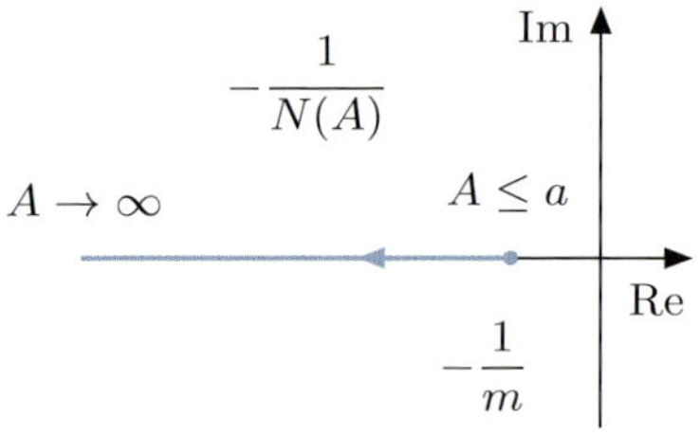

$N(A) = \begin{cases} m & , \; 0 \leq A \leq a \\ \frac{2m}{\pi}\left(\arcsin\frac{a}{A} + \frac{a}{A}\sqrt{1-\left(\frac{a}{A}\right)^2}\right) & , \; A > a \end{cases}$

</td></tr>
<tr><td>

Potenzen

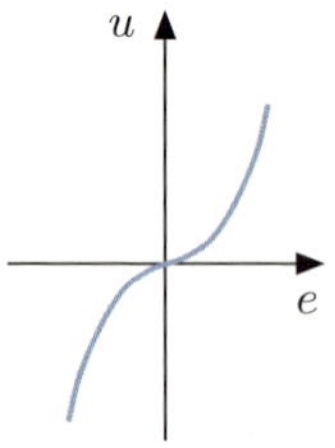

$u = e\,|e|$,

$u = e^3$

</td><td>

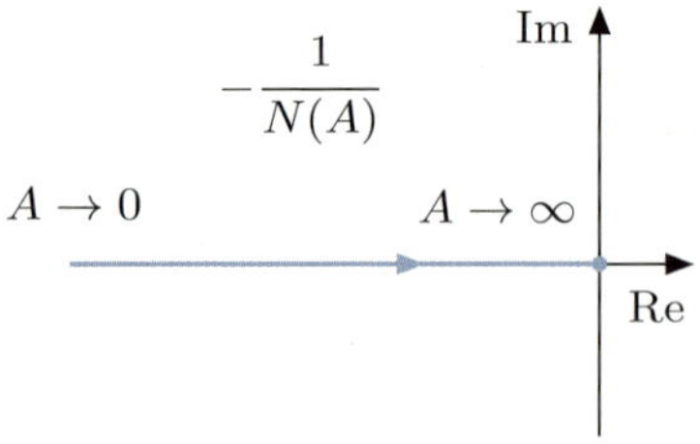

$N(A) = \frac{8A}{3\pi}$, für $u = e\,|e|$ und $A \geq 0$

$N(A) = \frac{3}{4}A^2$, für $u = e^3$ und $A \geq 0$

</td></tr>
</table>

Tabelle 2.1: Kennlinien und ihre Beschreibungsfunktionen - Fortsetzung.

Nichtlinearität	Beschreibungsfunktion $N(A)$ und Ortskurve $-1/N(A)$
Wurzeln 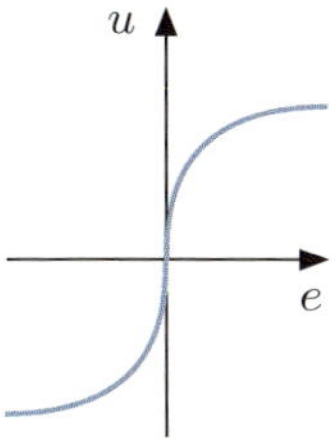 $u = \operatorname{sgn}(e)\sqrt{\lvert e\rvert}$, $u = \sqrt[3]{e}$	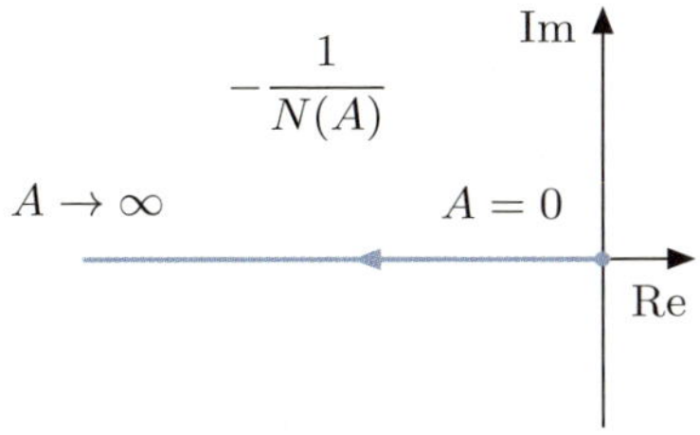 $N(A) = 1.11A^{-1/2}$, für $u = \operatorname{sgn}(e)\sqrt{\lvert e\rvert}$ und $A \geq 0$ $N(A) = 1.16A^{-2/3}$, für $u = \sqrt[3]{e}$ und $A \geq 0$
Trockene Reibung 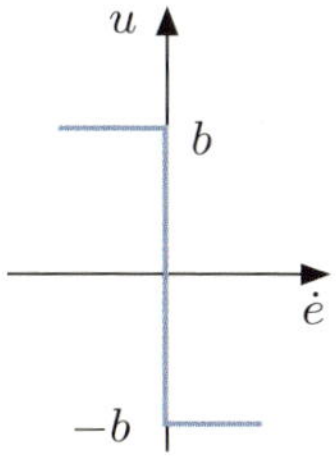 Reibkraft: b $u = -b\operatorname{sgn}(\dot{e})$	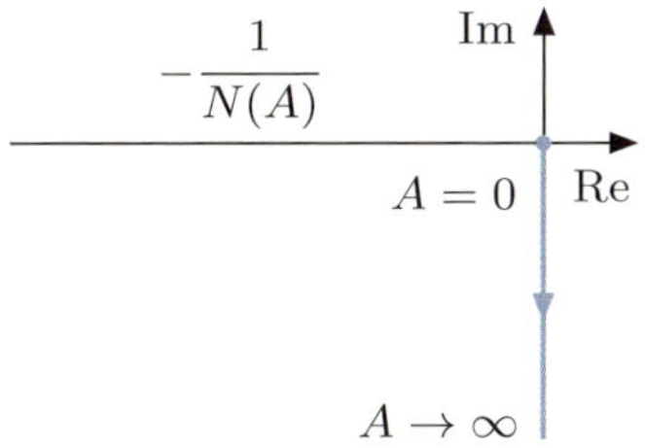 $N(A) = -j\,\frac{4\,b}{\pi A},\ A \geq 0$
Lose 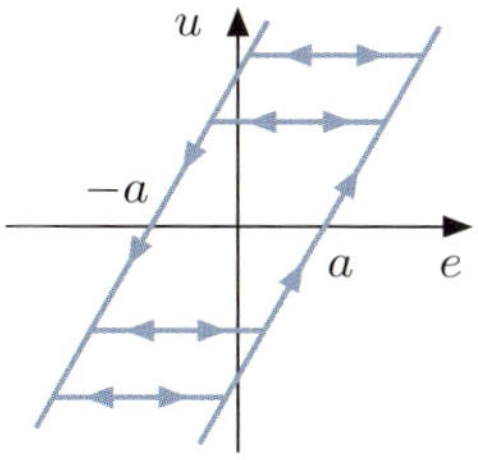 Steigung: m	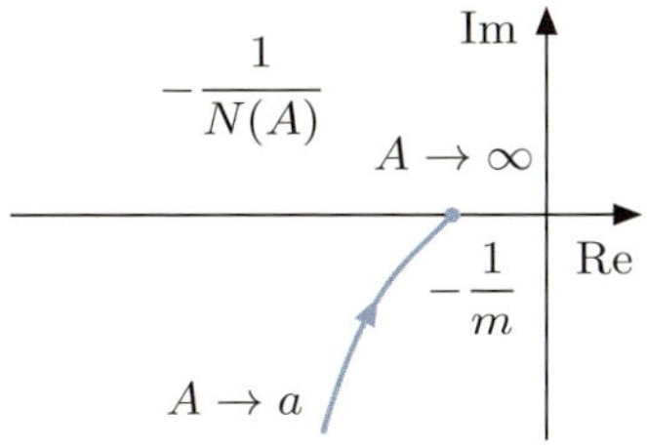 $N(A) = \frac{m}{2} + \frac{m}{\pi}\left(\arcsin\alpha + \alpha\sqrt{1-\alpha^2}\right) - j\frac{m}{\pi}\left(1-\alpha^2\right)$ mit $\alpha = 1 - \frac{2a}{A},\ A > a$

Tabelle 2.1: Kennlinien und ihre Beschreibungsfunktionen - Fortsetzung.

<table>
<tr><th>Nichtlinearität</th><th>Beschreibungsfunktion $N(A)$ und Ortskurve $-1/N(A)$</th></tr>
<tr><td>

Harte Hysterese

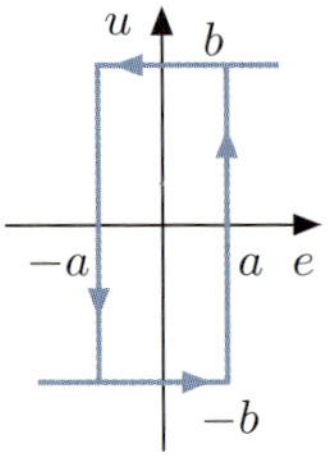

</td><td>

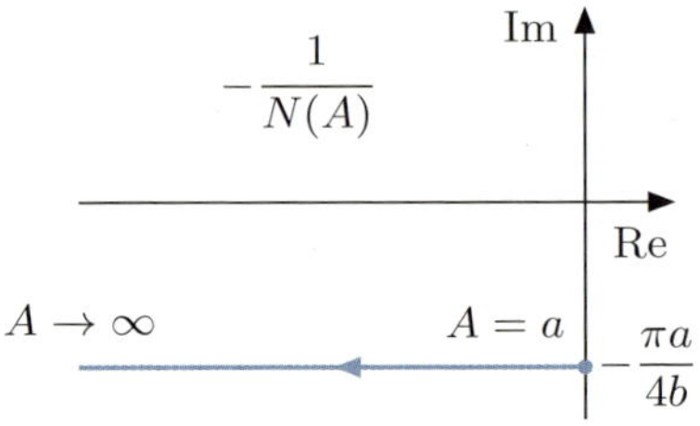

$$N(A) = \frac{4b}{\pi A}\sqrt{1-\left(\frac{a}{A}\right)^2} - j\frac{4ab}{\pi A^2}, \quad A \geq a$$

</td></tr>
<tr><td>

Weiche Hysterese

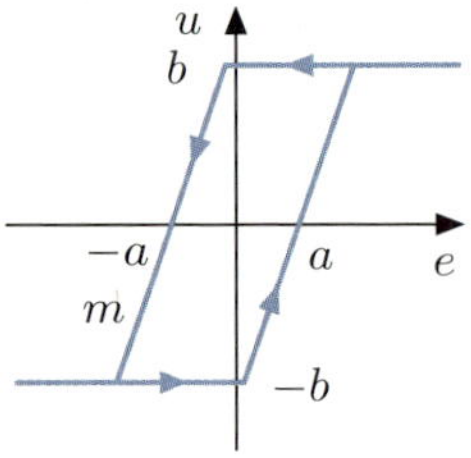

Steigung: m

</td><td>

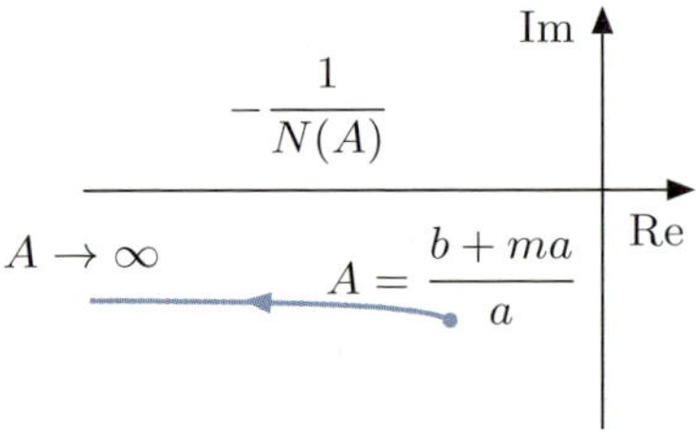

$$N(A) = \frac{m}{\pi}\left(\mu\left(\frac{b+ma}{mA}\right) + \mu\left(\frac{b-ma}{mA}\right)\right) - j\frac{4ba}{\pi A^2},$$
$$\mu(x) = \arcsin(x) + x\sqrt{1-x^2}, \quad A \geq \frac{b+ma}{m}$$

</td></tr>
<tr><td>

Dreipunktglied mit Hysterese

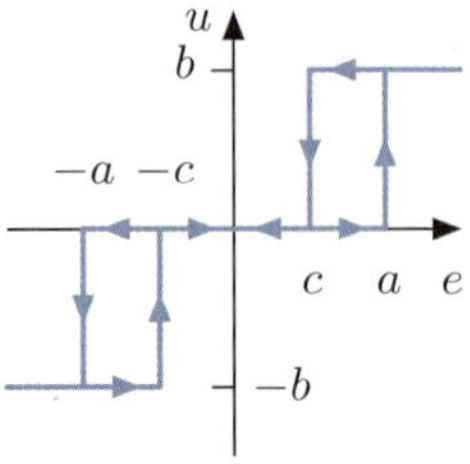

</td><td>

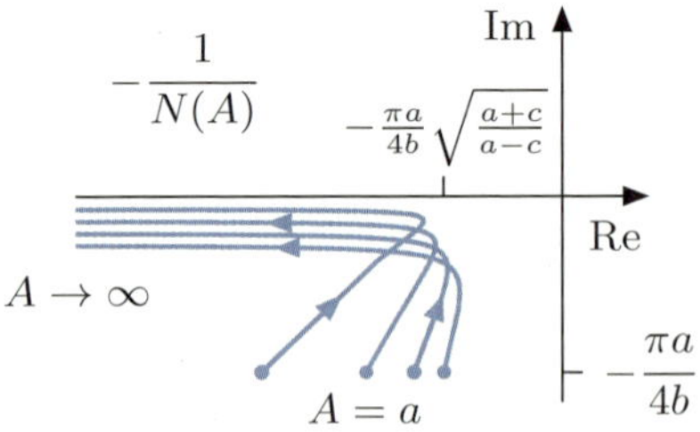

$$N(A) = \frac{2b}{\pi A}\left(\sqrt{1-\left(\frac{c}{A}\right)^2} + \sqrt{1-\left(\frac{a}{A}\right)^2}\right) - j\frac{2b(a-c)}{\pi A^2},$$
$$A \geq a$$

</td></tr>
</table>

Ein wichtiges Beispiel für eine zusammengesetzte Kennlinie ist eine stückweise lineare, stetige Kennlinie, d. h. ein Polygonzug. Man kann diesen Polygonzug aus einer Summe von Totzonen oder Begrenzungsgliedern konstruieren. In den $2k$ Intervallen $[\pm a_i, \pm a_{i+1})$, $i = 0, \ldots, k$, eines Polygonzuges liegt jeweils eine Gerade mit der Steigung m_i und der Polygonzug ist punktsymmetrisch und geht durch null, d. h.

$$u = \begin{cases} m_1 e, & e \in [0, \pm a_1), \\ m_2 e \pm (m_1 - m_2)a_1, & e \in [\pm a_1, \pm a_2), \\ m_3 e \pm (m_1 - m_2)a_1 \pm (m_2 - m_3)a_2, & e \in [\pm a_2, \pm a_3), \\ \vdots & \\ m_k e \pm \sum\limits_{i=1}^{k-1} (m_i - m_{i+1})a_i, & e \in [\pm a_{k-1}, \pm\infty). \end{cases}$$

Wir setzen die zugehörige Beschreibungsfunktion aus Beschreibungsfunktionen von Totzonen zusammen. Die entsprechende Beschreibungsfunktion der Totzone findet sich in Tabelle 2.1. Es gilt für den Polygonzug

$$N_{\text{ges}}(A) = m_1 + \sum_{i=1}^{k-1} (m_{i+1} - m_i)\left(1 - \frac{2}{\pi}\mu\left(\frac{a_i}{A}\right)\right)$$

mit

$$\mu(x) = \arcsin(x) + x\sqrt{1 - x^2}.$$

Hierbei muss $A \geq a_{k-1}$ sein.

2.1.4 Stabilitätsanalyse von Grenzzyklen

Aus den Verläufen der Ortskurve $G(j\omega)$ und der nichtlinearen Ortskurve $-1/N(A)$ kann man nicht nur erkennen, ob ein Grenzzyklus existieren könnte, sondern auch auf sein Stabilitätsverhalten schließen. Man kann also untersuchen, ob der Grenzzyklus stabil, semistabil oder instabil ist.

Für diese Untersuchung geht man davon aus, dass man einen Grenzzyklus mit der Amplitude A_{G} bestimmt hat. Dann wird das Regelkreisverhalten in einer Umgebung des Grenzzyklus näherungsweise durch den linearen Ersatzkreis aus Bild 2.3 beschrieben. Hierbei gilt für den Verstärkungsfaktor des linearen Ersatzreglers

$$K = N(A).$$

Ändert man nun die Amplitude geringfügig um ΔA zu

$$A = A_{\text{G}} + \Delta A,$$

so ändert sich auch K geringfügig. Durch diese Änderung der Amplitude A haben wir den Grenzzyklus verlassen und müssen uns nun die Frage stellen, ob die Trajektorie auf den Grenzzyklus zurückläuft oder von ihm weg. Diese Frage lässt sich durch die Untersuchung des Stabilitätsverhaltens des linearen Ersatzregelkreises, siehe Bild 2.5, bei Änderungen von $K = N(A_\mathrm{G} + \varDelta A)$ klären. Vier Fälle sind möglich, siehe hierzu auch Bild 2.11.

Im Fall (a) gilt $\varDelta A > 0$ und der lineare Ersatzregelkreis wird instabil. Da der lineare Ersatzregelkreis eine gute Näherung des nichtlinearen Regelkreises ist, können wir schlussfolgern, dass sich die Trajektorie vom Grenzzyklus entfernt. Im Fall (b) gilt $\varDelta A > 0$ und der lineare Ersatzregelkreis wird stabil, deshalb verringert sich die Amplitude A und als Folge strebt die Trajektorie zum Grenzzyklus. Im Fall (c) gilt $\varDelta A < 0$ und der lineare Ersatzregelkreis wird instabil, deshalb wird die Amplitude A größer und die Trajektorie strebt zum Grenzzyklus. Im Fall (d) gilt $\varDelta A < 0$ und der lineare Ersatzregelkreis wird stabil. Als Folge verlässt die Trajektorie den Grenzzyklus.

Da sowohl der Fall $\varDelta A > 0$ als auch der Fall $\varDelta A < 0$ im Regelkreis auftreten, lässt sich aus den folgenden Situationen auf die Stabilität des Grenzzyklus schließen:

Situation 1:	Fall (a) und (c) : semistabiler Grenzzyklus,
Situation 2:	Fall (a) und (d) : instabiler Grenzzyklus,
Situation 3:	Fall (b) und (c) : stabiler Grenzzyklus,
Situation 4:	Fall (b) und (d) : semistabiler Grenzzyklus.

Ob der lineare Ersatzregelkreis durch eine Änderung $\varDelta A$ und damit von

$$K = N(A_\mathrm{G} + \varDelta A)$$

stabil oder instabil wird und welche der obigen Situationen daraus resultiert, entscheiden wir im Folgenden anhand des vereinfachten Nyquist-Kriteriums

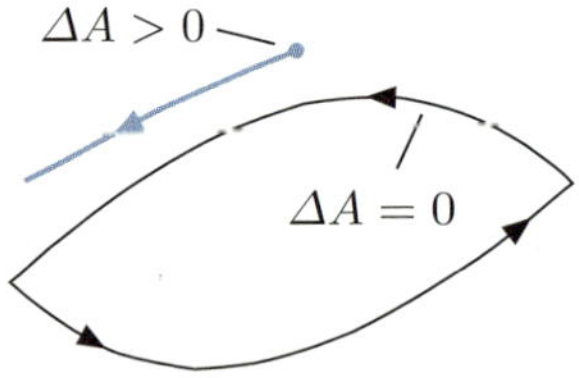

Fall (a): $\varDelta A > 0$ und linearer Ersatzregelkreis instabil.

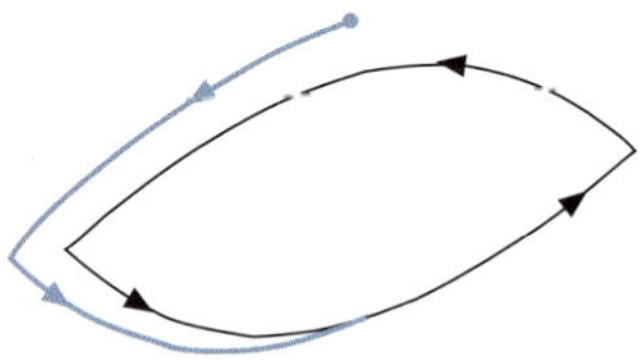

Fall (b): $\varDelta A > 0$ und linearer Ersatzregelkreis stabil.

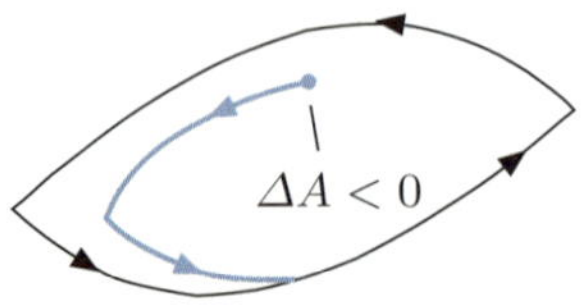

Fall (c): $\varDelta A < 0$ und linearer Ersatzregelkreis instabil.

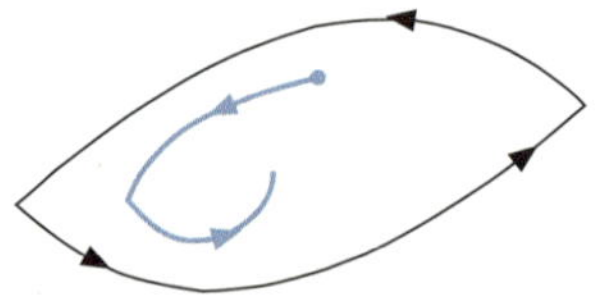

Fall (d): $\varDelta A < 0$ und linearer Ersatzregelkreis stabil.

Bild 2.11: Stabilitätsverhalten bei Amplitudenänderung $\varDelta A$ des Grenzzyklus.

[86]. Aus der linearen Systemtheorie wissen wir, dass das vereinfachte Nyquist-Kriterium auf einen offenen Regelkreis mit der Übertragungsfunktion $K \cdot G(s)$, die ausschließlich stabile Pole und höchstens zwei Pole bei $s = 0$ besitzt, angewendet wird. Lässt dann die Ortskurve $G(j\omega)$ den kritischen Punkt

$$-\frac{1}{K} = -\frac{1}{N(A_{\mathrm{G}} + \Delta A)}$$

links liegen, so ist der geschlossene Regelkreis stabil. Andernfalls ist er instabil. Somit können die obigen vier Situationen anhand der linearen und der nichtlinearen Ortskurve unterschieden werden, wie es das Bild 2.12 zeigt.

Betrachten wir beispielsweise Situation 3 in Bild 2.12, so lässt die Ortskurve $G(j\omega)$ für $\Delta A > 0$ den Punkt $-1/N(A_{\mathrm{G}} + \Delta A)$ links liegen. Also ist der lineare Ersatzregelkreis stabil und der Fall (b) aus Bild 2.11 liegt vor, d. h., die Trajektorie läuft von außen auf den Grenzzyklus zu. Für $\Delta A < 0$ dagegen ist der lineare Ersatzregelkreis instabil, da die Ortskurve $G(j\omega)$ den Punkt $-1/N(A_{\mathrm{G}} + \Delta A)$ rechts liegen lässt. Der Fall (c) aus Bild 2.11 liegt vor und die Trajektorie läuft von innen auf den Grenzzyklus zu. Der Grenzzyklus ist also stabil.

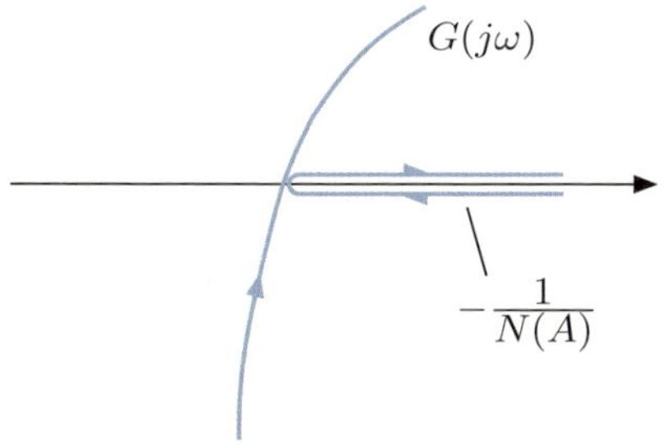

Situation 1: Fälle (a) und (c) liegen vor. Der Grenzzyklus ist semistabil.

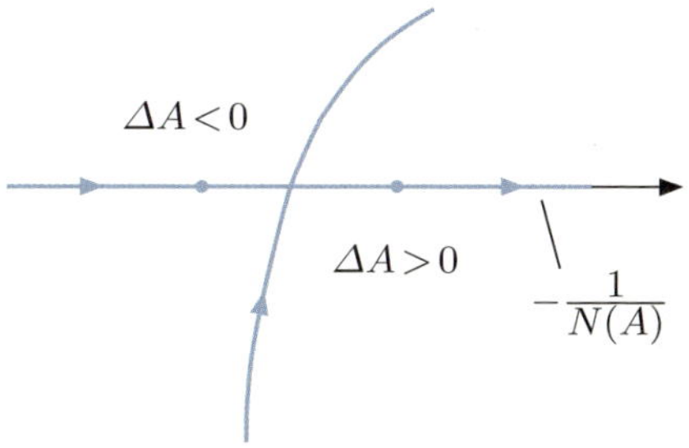

Situation 2: Fälle (a) und (d) liegen vor. Der Grenzzyklus ist instabil.

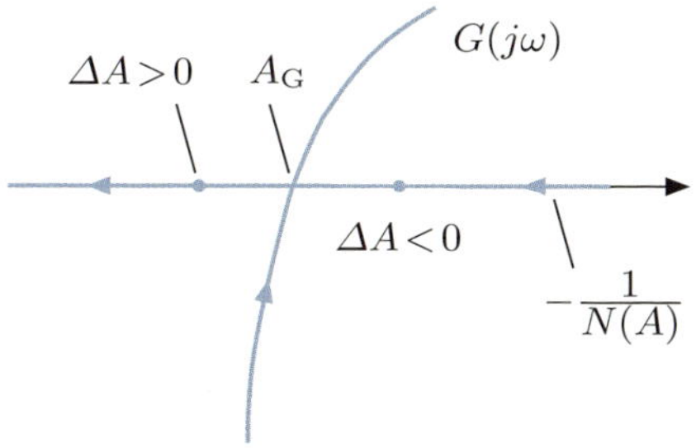

Situation 3: Fälle (b) und (c) liegen vor. Der Grenzzyklus ist stabil.

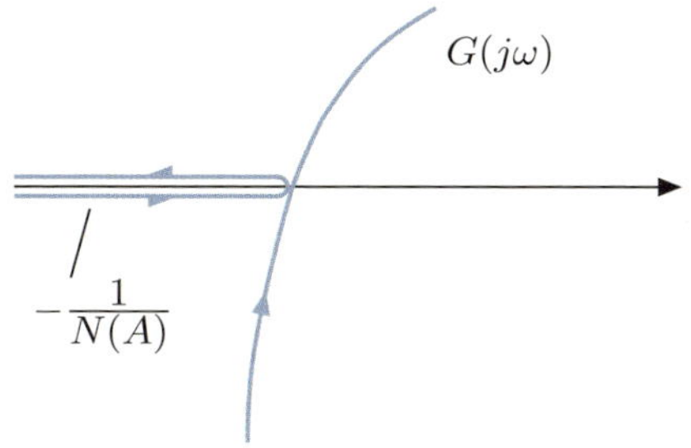

Situation 4: Fälle (b) und (d) liegen vor. Der Grenzzyklus ist semistabil.

Bild 2.12: Mögliche Situationen für die Stabilität von Grenzzyklen.

Obige Untersuchungen motivieren folgendes Kriterium über die Stabilität von Grenzzyklen. Wie das Verfahren der harmonischen Balance selbst, liefert es jedoch keine sichere Aussage, sondern gibt nur Hinweise auf die möglichen Verhältnisse.

Heuristik 2 (Stabilität von Grenzzyklen). *Ein Grenzzyklus ist im Falle einer Regelstrecke $G(s)$ mit ausschließlich stabilen Polen und höchstens zwei Polen bei $s = 0$ vermutlich*

(1) stabil, wenn die nichtlineare Ortskurve die lineare von rechts nach links im zugehörigen Schnittpunkt kreuzt,
(2) semistabil, wenn die nichtlineare Ortskurve die lineare im zugehörigen Schnittpunkt tangiert,
(3) instabil, wenn die nichtlineare Ortskurve die lineare von links nach rechts im zugehörigen Schnittpunkt kreuzt.

Die Richtungen *links* und *rechts* sind dabei als diejenigen anzusehen, die sich beim Entlanglaufen auf der linearen Ortskurve, beginnend bei $\omega = 0$, ergeben.

Ein instabiler oder semistabiler Grenzzyklus ist für einen Regelkreis relativ unkritisch, da die Trajektorie ihn bei kleinsten Störungen verlässt und dann z. B. stabil nach $\boldsymbol{x} = \boldsymbol{0}$ strebt. Kennlinien mit Funktionen $-1/N(A)$, die wie in Situation 2 des Bildes 2.12 in Richtung Ursprung laufen, führen also im Allgemeinen nicht zu stabilen Grenzzyklen. Denn die nichtlineare Ortskurve $-1/N(A)$ schneidet dann die Ortskurve $G(j\omega)$ von links nach rechts, da die meisten Ortskurven $G(j\omega)$ im Uhrzeigersinn drehend in den Ursprung laufen.

Für das Verfahren der harmonischen Balance gibt es eine Reihe von Erweiterungen für Regelkreise mit mehreren Kennlinien, unsymmetrischen Kennlinien und Abtastregelungen [83, 96].

2.1.5 Beispiel Servolenksystem

Wir betrachten ein Servolenksystem für Kraftfahrzeuge, das nach dem Winkelüberlagerungsprinzip arbeitet [143, 154, 155]. Bei diesem Prinzip wird eine hohe Lenkübersetzung verwendet, um das Lenkmoment für den Fahrer zu reduzieren. Nachteilig sind die großen Lenkwinkel. Ein motorgetriebenes Überlagerungsgetriebe verringert daher den Lenkwinkel, den der Fahrer aufzubringen hat. Das Überlagerungsgetriebe erzeugt hierfür einen Zusatzwinkel δ_2, der dem Lenkradwinkel δ_1 additiv überlagert wird. Beide zusammen erzeugen den Ausgangswinkel δ_y. Bild 2.13 zeigt den prinzipiellen Aufbau.

Servolenksysteme mit Winkelüberlagerungsprinzip werden auch bei Aktivlenkungen eingesetzt. Die Aktivlenkung reduziert den Lenkwinkelbedarf bei niedrigen Geschwindigkeiten durch Mitlenken des Stellmotors. Der Fahrer kann so mit kleineren Lenkradbewegungen enge Kurven durchfahren. Bei hohen Geschwindigkeiten lenkt der Überlagerungsmotor gegen, so dass große Lenkradbewegungen nur zu kleinen Lenkeinschlägen führen. Das erhöht die Fahrsicherheit in diesem Geschwindigkeitsbereich.

Bild 2.13: Servolenksystem mit Winkelüberlagerungsprinzip.

Im Normalfall hält der Fahrer das Lenkrad fest und gibt einen Lenkwinkel δ_1 vor. Bei losgelassenem Lenkrad fällt diese Lenkwinkelvorgabe weg und es können Grenzzyklen im Lenksystem auftreten. Diese sind natürlich unerwünscht.

Zum Zwecke ihrer Analyse betrachten wir den in Bild 2.14 dargestellten Aufbau der Regelung des Lenksystems bei losgelassenem Lenkrad. Stellmotor mit Stromregelung und Überlagerungsgetriebe bilden die Regelstrecke, deren Eingangsgröße der Drehmomentsollwert M des Stellmotors ist. Ausgangsgröße dieser Regelstrecke ist zum einen der Ausgangswinkel $\delta_{\mathrm{y}} = \delta_1 + \delta_2$. Zum anderen ist aber auch der Lenkradwinkel δ_1 Ausgangsgröße, da ja das Lenkrad nicht durch den Fahrer festgehalten wird. Der PD-Regler für den Zusatzwinkel δ_2 besitzt die Parameter $K_{\mathrm{R}} = 3000\,\mathrm{N\,m\,rad^{-1}}$ und $T_{\mathrm{V}} = 0.02\,\mathrm{s}$.

Beschrieben wird der Stellmotor samt Stromregelung und Überlagerungsgetriebe durch das lineare Zustandsraummodell

$$\dot{\boldsymbol{\delta}} = \begin{bmatrix} 0 & 0 & 1 & 0 \\ 0 & 0 & 0 & 1 \\ -67.3568 & -67.3568 & -11.3988 & -11.3988 \\ -24.1480 & -24.1480 & -4.0866 & -4.0866 \end{bmatrix} \boldsymbol{\delta} + \begin{bmatrix} 0 \\ 0 \\ -4.0123 \cdot 10^{-2} \\ 1.8977 \end{bmatrix} M.$$

Dabei ist der Zustandsvektor durch $\boldsymbol{\delta} = \begin{bmatrix} \delta_1 & \delta_2 & \dot{\delta}_1 & \dot{\delta}_2 \end{bmatrix}^T$ gegeben.

Das Drehmoment M ist auf $M_{\max} = \pm 21\,\mathrm{N\,m}$ begrenzt. Vom PD-Regler $M_{\mathrm{R}} = K_{\mathrm{R}}(\delta_{2,\mathrm{soll}} - \delta_2 - T_V\dot{\delta}_2)$ vorgegebene Drehmomente M_{R}, welche diese

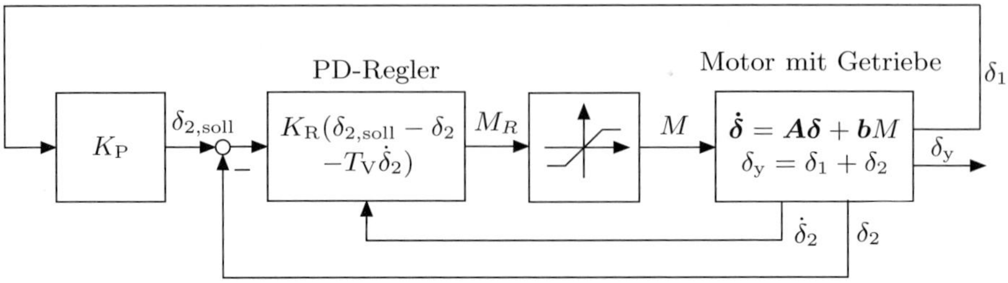

Bild 2.14: Regelkreis des Lenksystems bei losgelassenem Lenkrad.

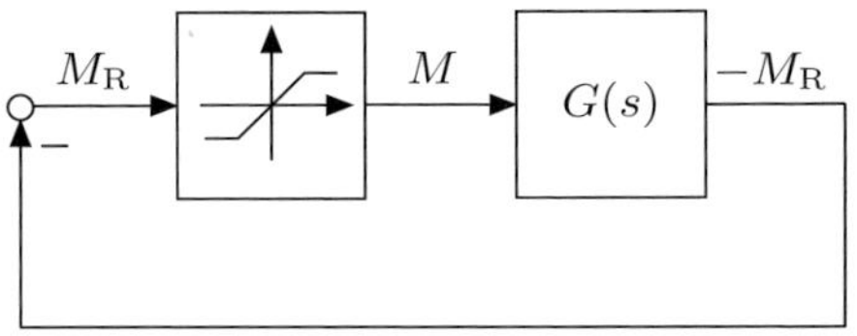

Bild 2.15: Nichtlinearer Standardregelkreis des Lenksystems, der sich durch Umformung des Regelkreises aus Bild 2.14 herleitet.

Grenzen überschreiten, werden durch eine Sättigungskennlinie

$$M = \begin{cases} M_{\max}, & M_R > M_{\max}, \\ M_R, & |M_R| \leq u_{\max}, \\ -M_{\max}, & M_R < -M_{\max}, \end{cases}$$

begrenzt.

Der Lenkradwinkel δ_1 gibt bei der betrachteten Fahrzeuggeschwindigkeit über den Faktor $K_P = 1.5$ den Sollwert $\delta_{2,soll}$ des Zusatzwinkels δ_2 vor. Da das Lenkrad nicht vom Fahrer festgehalten wird, wirkt das Überlagerungsgetriebe direkt auf den Lenkradwinkel δ_1 ein, wie in Bild 2.14 gezeigt.

Der Regelkreis aus Bild 2.14 lässt sich in einen nichtlinearen Standardregelkreis, wie ihn Bild 2.15 zeigt, umformen. Für die Übertragungsfunktion $G(s)$ erhält man dabei unter Berücksichtigung der Dynamik des stromgeregelten Stellmotors mit Überlagerungsgetriebe

$$G(s) = -\frac{M_R(s)}{M(s)} = \frac{113.9s^3 + 7181s^2 + 171200s + 965900}{s^2(s^2 + 15.49s + 91.50)}.$$

Die Anwendung der harmonischen Balance ergibt zwei Schnittpunkte der Ortskurve $G(j\omega)$ mit der Ortskurve $-1/N(A)$ der Beschreibungsfunktion des Sättigungskennliniengliedes, wie in Bild 2.16 dargestellt. Wir erwarten also zwei Grenzzyklen mit den Frequenzen in der Nähe von ω_1 und ω_2. Bei dem in Bild 2.16 links liegenden Schnittpunkt wird die Ortskurve $G(j\omega)$ von rechts nach links von der nichtlinearen Ortskurve durchstoßen. Dieser Grenzzyklus mit der Frequenz ω_1 ist stabil.

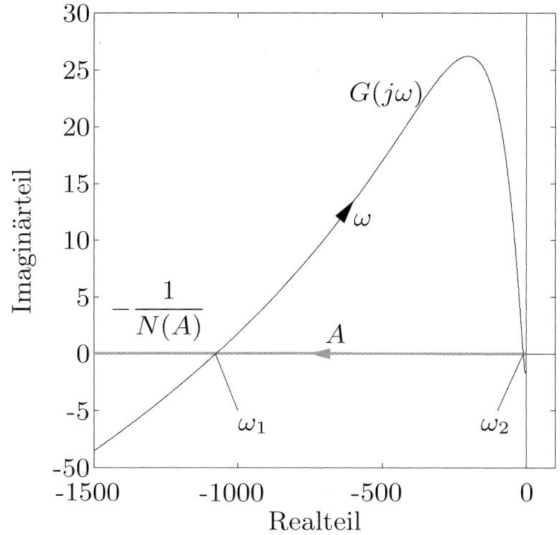

Bild 2.16: Ortskurven $G(j\omega)$ und $-1/N(A)$.

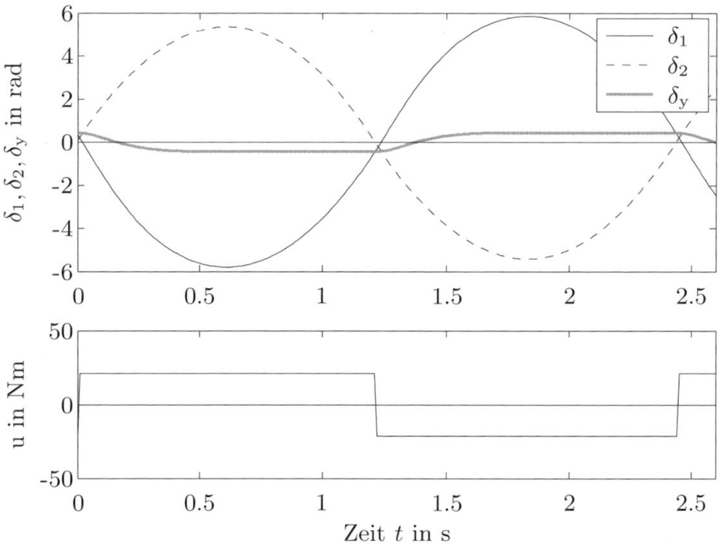

Bild 2.17: Winkel- und Stellgrößenverläufe des Grenzzyklus.

Der zweite Grenzzyklus dagegen ist instabil. Er hat also keine praktische Bedeutung. Der stabile Grenzzyklus dagegen schon. Seine Periodendauer ermittelt man durch Auswertung der Gleichung der harmonischen Balance, $G(j\omega) = -1/N(A)$, zu $T_{\text{harm}} = 2\pi/\omega_1 = 1.97\,\text{s}$. Aufgrund des Näherungscharakters der harmonischen Balance ist dieser Wert ungenau. Aus der Simulation des Systems, dargestellt in Bild 2.17, lässt sich die Periodendauer zu $T_{\text{sim}} = 2.42\,\text{s}$ ermitteln.

Wie auch aus Bild 2.17 abzulesen ist, ergibt sich eine hohe Amplitude der Schwingung, die natürlich für ein Kraftfahrzeug indiskutabel ist. Beseitigt werden kann der Grenzzyklus durch eine Erweiterung der Regelung [155].

2.2 Absolute Stabilität

2.2.1 Der Begriff der absoluten Stabilität

Im vorherigen Kapitel wurde der nichtlineare Standardregelkreis, den Bild 2.18 noch einmal zeigt, auf Grenzzyklen hin untersucht. Es ist natürlich auch von Interesse, wie das Stabilitätsverhalten geartet ist, wenn keine Grenzzyklen vorliegen. Beispielsweise ist es von großer praktischer Bedeutung, feststellen zu können, für welche Kennlinien f der Regelkreis eine global asymptotisch stabile Ruhelage besitzt.

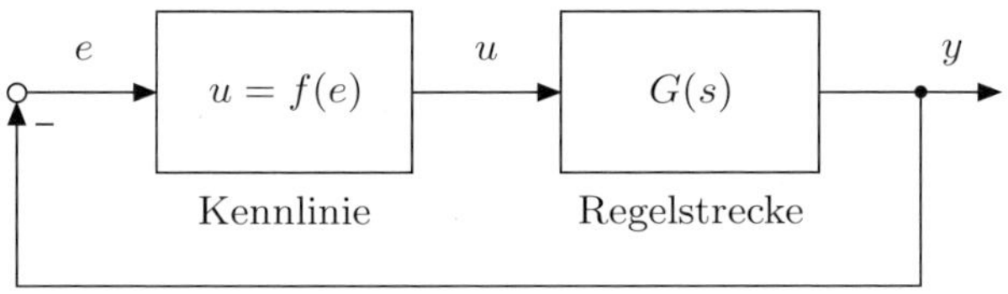

Bild 2.18: Nichtlinearer Standardregelkreis.

Dieser Frage soll im Weiteren nachgegangen werden, wobei wir uns auf Kennlinien beschränken, die in einem Sektor liegen, der durch zwei Geraden $u = K_1 e$ und $u = K_2 e$ begrenzt ist. In Bild 2.19 ist dieser Sektor dargestellt und man bezeichnet ihn kurz, wie es bei Intervallen üblich ist, mit $[K_1, K_2]$. Passend zu diesem Sektor $[K_1, K_2]$ führt man nun einen neuen Stabilitätsbegriff ein.

Definition 9 (Absolute Stabilität). *Der nichtlineare Standardregelkreis*

$$
\begin{aligned}
Y(s) &= G(s)U(s),\\
e &= -y,\\
u &= f(e)
\end{aligned}
$$

heißt absolut stabil im Sektor

$$[K_1, K_2],$$

wenn er für jede eindeutige, stückweise stetige und für alle Werte e *definierte Kennlinie*

$$u = f(e),$$

die in diesem Sektor liegt, eine global asymptotisch stabile Ruhelage besitzt.

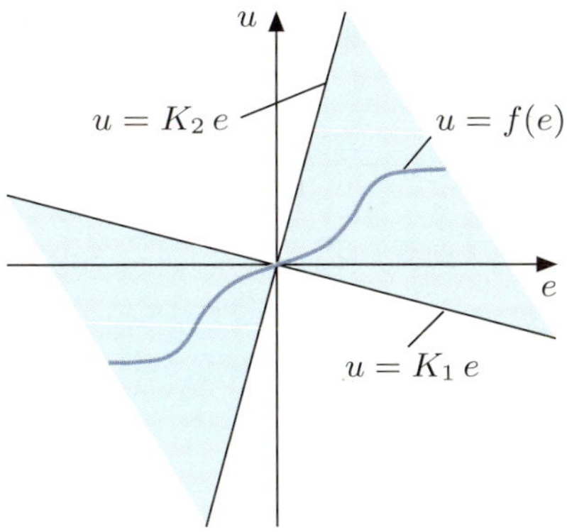

Bild 2.19: Kennliniensektor, begrenzt durch $u = K_1 e$ und $u = K_2 e$.

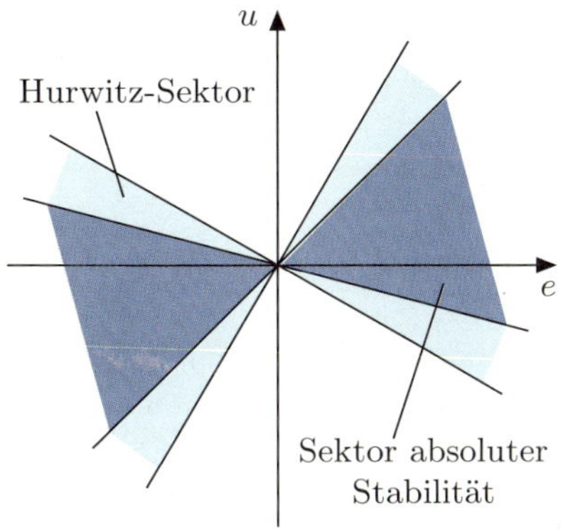

Bild 2.20: Hurwitz-Sektor und Sektor absoluter Stabilität.

Über die Größe des Sektors der absoluten Stabilität lässt sich bereits eine erste Abschätzung treffen. Betrachtet man nämlich nur lineare Kennlinien

$$u = f(e) = \tilde{K} \cdot e,$$

so kann z. B. mittels des Routh-Kriteriums oder des Wurzelortskurvenverfahrens der Parameterbereich

$$[\tilde{K}_1, \tilde{K}_2] \tag{2.5}$$

ermittelt werden, für den sich ein stabiler linearer Regelkreis ergibt. Der Sektor (2.5) heißt *Hurwitz-Sektor* und offensichtlich ist der Sektor absoluter Stabilität immer kleiner oder gleich dem Hurwitz-Sektor. Bild 2.20 illustriert die Situation.

2.2.2 Das Popov-Kriterium und seine Anwendung

Ein Kriterium zum Nachweis absoluter Stabilität wurde 1959 von V. M. Popov entwickelt [181, 238, 239, 240, 241, 242, 243, 244]. Für seine Formulierung muss man zuerst noch den Begriff der Grenzstabilität definieren.

Definition 10 (Grenzstabilität). *Ein lineares System mit der Übertragungsfunktion $G(s)$ heißt grenzstabil, wenn es nur Polstellen p_i mit*

$$\mathrm{Re}\,\{p_i\} \le 0$$

besitzt, wobei mindestens für einen Pol $\mathrm{Re}\,\{p_i\} = 0$ *gilt, und wenn der lineare Regelkreis*

$$G_\varepsilon(s) = \frac{G(s)}{1 + \varepsilon\, G(s)}$$

für jedes beliebig kleine $\varepsilon > 0$ stabil ist.

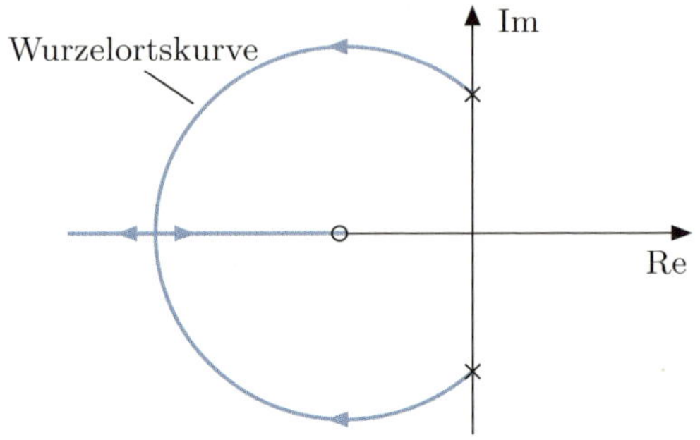

Bild 2.21: Beispiel für die Wurzelortskurven eines grenzstabilen Systems.

Anschaulich bedeutet die Grenzstabilität eines Systems, dass die Äste der Wurzelortskurve, die auf der imaginären Achse starten, mit wachsendem ε nach links laufen, wie es Bild 2.21 exemplarisch illustriert.

Popovs Kriterium lautet nun wie folgt.

Satz 3 (Popov-Kriterium). *Gegeben sei der nichtlineare Standardregelkreis*

$$\begin{aligned} Y(s) &= G(s)U(s), \\ e &= -y, \\ u &= f(e) \end{aligned}$$

mit der stabilen oder grenzstabilen Regelstrecke $G(s)$. Der Zählergrad m von $G(s)$ sei kleiner als der Nennergrad n. Die Kennlinie $u = f(e)$ sei stückweise stetig, eindeutig, für alle e definiert und gehe durch null. Dann ist der obige Regelkreis absolut stabil

(1) im Sektor $[0, K]$, wenn $G(s)$ stabil ist,
(2) im Sektor $[\varepsilon, K]$ mit einem beliebig kleinen $\varepsilon > 0$, wenn $G(s)$ grenzstabil ist,

falls sich eine reelle Zahl q finden lässt, so dass die Popov-Ungleichung

$$\operatorname{Re}\{(1 + q \cdot j\omega) \cdot G(j\omega)\} > -\frac{1}{K}$$

für alle $\omega \geq 0$ erfüllt ist.

Zwei Sachverhalte in diesem Kriterium bedürfen der Erläuterung. Zum einen die Einschränkung des Anwendungsbereiches auf Sektoren $[0, K]$ bzw. $[\varepsilon, K]$ und zum anderen die Popov-Ungleichung.

Zuerst soll der Anwendungsbereich näher betrachtet werden. Die Unterscheidung in die Sektoren $[0, K]$ für stabile $G(s)$ und $[\varepsilon, K]$ für grenzstabile $G(s)$ erklärt sich daraus, dass eine grenzstabile Strecke $G(s)$ und eine Kennlinie

$$u = 0 \cdot e$$

einen Regelkreis ergeben, der nicht global asymptotisch stabil ist. Es bedarf mindestens einer Verstärkung ε, also

$$u = \varepsilon \cdot e,$$

um den Kreis zu stabilisieren.

Die Unterscheidung zwischen den Sektoren $[0, K]$ und $[\varepsilon, K]$ hat des Weiteren Auswirkungen auf die behandelten Kennlinien $u = f(e)$. So gibt es Kennlinien, die zwar in $[0, K]$ aber nicht in $[\varepsilon, K]$ liegen. Dies ist auch der Fall, wenn $\varepsilon > 0$ beliebig klein sein darf. Zur Erläuterung betrachten wir zwei Beispiele. Im ersten, dargestellt in Bild 2.22, strebt die Kennlinie $u = f(e)$ mit $e \to \infty$ gegen null, erreicht den Wert null aber nicht. Offensichtlich gibt es keinen Sektor $[\varepsilon, K]$, dessen Gerade $u = \varepsilon \cdot e$ die Kennlinie nicht schneidet. Im zweiten Beispiel, illustriert in Bild 2.23, strebt

$$u = \operatorname{sgn}(e)\sqrt{|e|}$$

mit $e \to \infty$ gegen ∞, jedoch schwächer als irgendeine Gerade $u = \varepsilon \cdot e$. So wird auch hier die Kennlinie $u = \operatorname{sgn}(e)\sqrt{|e|}$ in keinem Sektor $[\varepsilon, K]$ liegen.

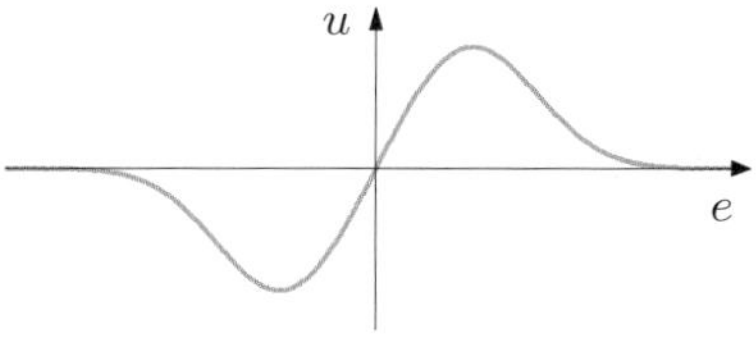

Bild 2.22: Kennlinie, die für $e \to \infty$ gegen null strebt.

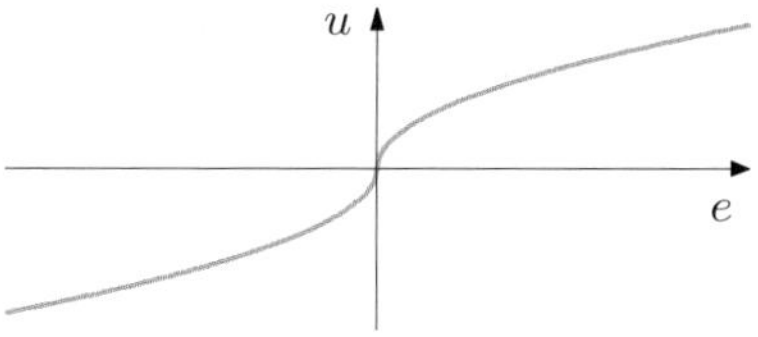

Bild 2.23: Kennlinie, die für $e \to \infty$ gegen ∞ strebt.

Die Einschränkung auf Sektoren $[0, K]$ anstelle $[K_1, K_2]$ ist nur scheinbar. Denn durch eine Umformung des betrachteten Regelkreises aus Bild 2.18, bei dem wir den Sektor $[K_1, K_2]$ betrachten, lässt sich erreichen, dass $K_1 = 0$ gilt. Und zwar fügt man zwei Faktorglieder mit der Verstärkung K_1, wie in Bild 2.24 gezeigt, in den Regelkreis ein. Ersichtlich heben sich beide Faktorglieder in ihrer Wirkung auf, so dass man den Regelkreis nicht verändert hat. Man fasst nun die Teilsysteme zusammen und erhält den Regelkreis des Bildes 2.25. Somit hat man für diesen umgeformten Regelkreis als Sektor

$$[K_1 - K_1, K_2 - K_1] = [0, K = K_2 - K_1]$$

zu betrachten. Durch diese Transformation können des Weiteren instabile Regelstrecken stabilisiert werden, so dass das Kriterium von Popov auch auf solche Regelstrecken anwendbar ist.

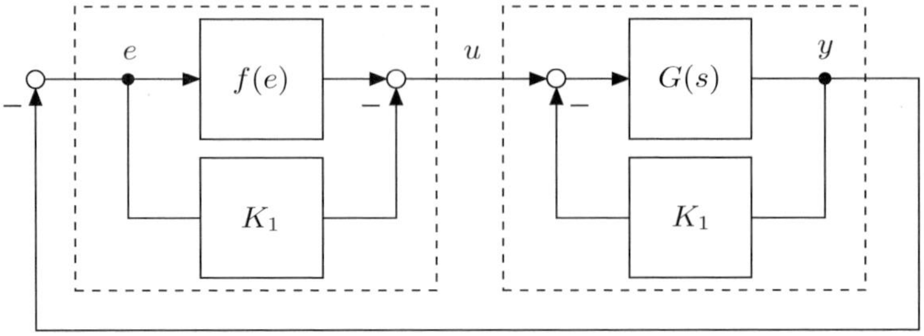

Bild 2.24: Einfügen eines Faktors K_1 in den nichtlinearen Standardregelkreis.

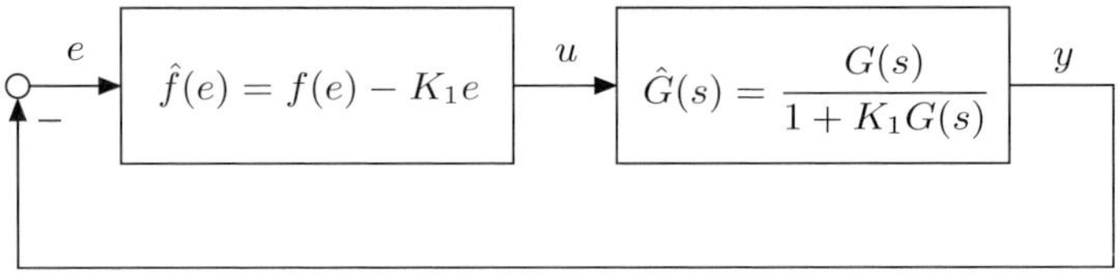

Bild 2.25: In einen nichtlinearen Standardregelkreis umgeformter Regelkreis aus Bild 2.24.

Nachdem der Anwendungsbereich des Kriteriums von Popov geklärt ist, wenden wir uns seiner Anwendung zu. Und zwar ist zu prüfen, ob sich eine reelle Zahl q finden lässt, so dass die Popov-Ungleichung

$$\mathrm{Re}\left\{(1 + q \cdot j\omega) \cdot G(j\omega)\right\} > -\frac{1}{K}$$

für alle $\omega \geq 0$ erfüllt ist.

Die Lösung der Popov-Ungleichung lässt sich grafisch darstellen. Um das zu erkennen, formt man sie erst einmal um in

$$\underbrace{\mathrm{Re}\left\{G(j\omega)\right\}}_{X(\omega)} - q \cdot \underbrace{\omega\ \mathrm{Im}\left\{G(j\omega)\right\}}_{Y(\omega)} > -\frac{1}{K}.$$

Nun hat man eine in ω parametrierte Ungleichung

$$X(\omega) - q \cdot Y(\omega) + \frac{1}{K} > 0. \tag{2.6}$$

Sie ist für alle Wertepaare (X, Y), die rechts der Geraden

$$X - q \cdot Y + 1/K = 0$$

liegen, erfüllt. Diese Gerade besitzt die Steigung $1/q$ und den Schnittpunkt $-1/K$ mit der reellen Achse. Bild 2.26 illustriert dies. Die Gerade wird *Popov-Gerade* genannt.

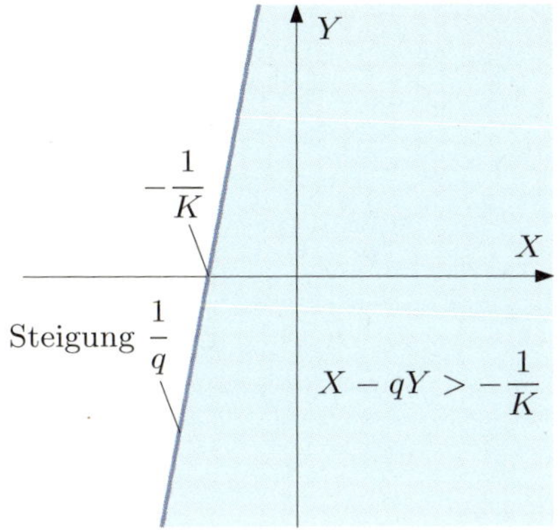

Bild 2.26: Sektor (blau), in dem $X - qY > -1/K$ erfüllt ist.

Allerdings sind nicht alle Werte von X und Y in Gl. (2.6) erlaubt, da sie ja über

$$\begin{aligned} X(\omega) &= \operatorname{Re}\{G(j\omega)\}, \\ Y(\omega) &= \omega \operatorname{Im}\{G(j\omega)\} \end{aligned} \tag{2.7}$$

parametriert sind. Die durch die Gl. (2.7) gegebene Kurve ist in einem Diagramm darstellbar. Sie ähnelt einer Ortskurve, wenn man

$$\tilde{G}(j\omega) = X(\omega) + jY(\omega) = \operatorname{Re}\{G(j\omega)\} + j\omega \operatorname{Im}\{G(j\omega)\}$$

setzt. Man bezeichnet diese Ortskurve als *Popov-Ortskurve*. Sie geht aus der Ortskurve von $G(j\omega)$ durch Multiplikation des Imaginärteils von $G(j\omega)$ mit ω hervor. Grafisch betrachtet wird die Ortskurve $G(j\omega)$ der Regelstrecke also in Richtung der imaginären Achse verändert. Der Realteil dagegen erfährt keine Veränderung. Siehe hierzu Bild 2.27.

Die für X und Y möglichen Werte sind also durch Gl. (2.7) gegeben bzw. liegen auf der Popov-Ortskurve. Damit erhält man folgendes grafisch darstellbares Ergebnis. Die Popov-Ungleichung ist erfüllt, wenn die Popov-Ortskurve rechts einer Geraden mit der beliebigen Steigung $1/q$ und dem Schnittpunkt $-1/K$ mit der X-Achse, d. h. reellen Achse, liegt.

Mit dem obigen grafischen Verfahren ist die Popov-Ungleichung also lösbar. Offensichtlich erfüllen alle links der Popov-Ortskurve liegenden Geraden die Ungleichung. Aus ihnen sind der Wert $-1/K$ und damit die Sektoren absoluter Stabilität

$$[0, K] \qquad \text{bzw.} \qquad [\varepsilon, K]$$

direkt ablesbar. Selbstverständlich ist man daran interessiert, den größtmöglichen Sektor zu bestimmen. Zu diesem Zweck schiebt man die Popov-Gerade

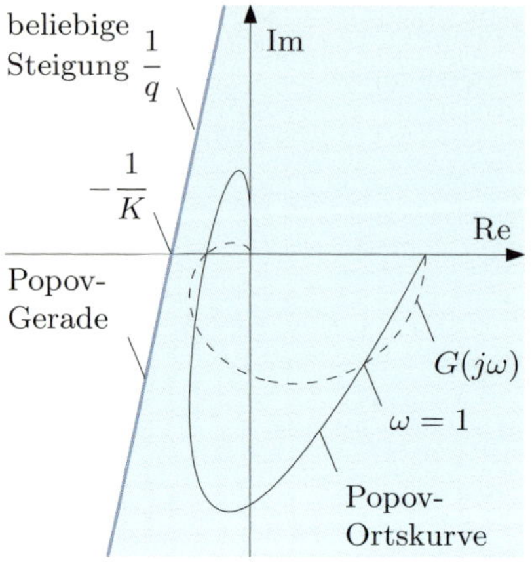

Bild 2.27: Die Ortskurve, die Popov-Ortskurve und eine mögliche Popov-Gerade.

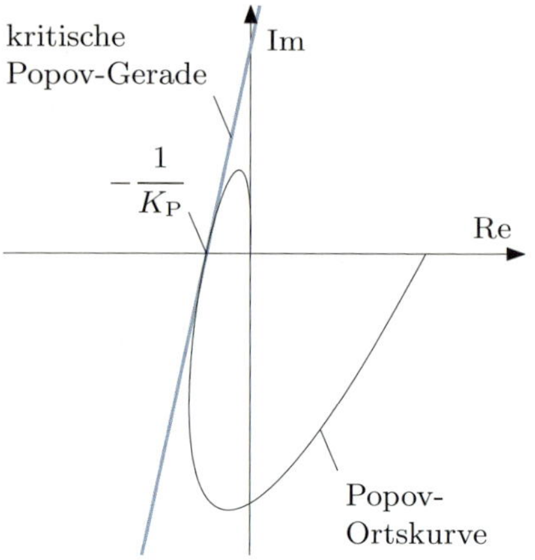

Bild 2.28: Die kritische Popov-Gerade tangiert die Popov-Ortskurve und liefert so den größten Popov-Sektor.

so an die Popov-Ortskurve heran, dass sie diese tangiert und sich das größtmögliche $K = K_{\mathrm{P}}$ ergibt, so wie es Bild 2.28 zeigt. Der zugehörige Sektor

$$[0, K_{\mathrm{P}}]$$

heißt *Popov-Sektor*. Der Regelkreis ist dann für alle Sektoren

$$[0, K < K_{\mathrm{P}}] \qquad \text{bzw.} \qquad [\varepsilon, K < K_{\mathrm{P}}]$$

absolut stabil. Für den Popov-Sektor $[0, K_{\mathrm{P}}]$ selbst ist absolute Stabilität durch das Kriterium von Popov nicht nachgewiesen, denn in der Popov-Ungleichung steht ein Größer-Zeichen und kein Größer-gleich-Zeichen. Diese Unterscheidung ist allerdings in der Praxis nicht von Bedeutung, denn man wird im Falle einer Realisierung immer einen Sicherheitsabstand zum kritischen Wert K_{P} einhalten.

Angemerkt sei, dass das Popov-Kriterium natürlich auch anwendbar ist, wenn der Regelkreis in der Form

$$\dot{\boldsymbol{x}} = \boldsymbol{A}\boldsymbol{x} - \boldsymbol{b}f(\boldsymbol{c}^T\boldsymbol{x})$$

vorliegt.

Schließlich seien noch zwei Erweiterungen des Popov-Kriteriums aufgeführt. Das Popov-Kriterium ist auch dann anwendbar, wenn $G(s)$ die Form

$$G(s) = \hat{G}(s) \cdot \mathrm{e}^{-Ts}$$

hat und $\hat{G}(s)$ stabil ist. Allerdings sind dann nur noch positive Werte q in der Popov-Ungleichung zulässig und die Nichtlinearität muss stetig sein. Für den Fall, dass die Nichtlinearität zeitvariant ist, d. h., $u = f(e,t)$ gilt, ist das Popov-Kriterium ebenfalls anwendbar. Allerdings gelten dann zusätzlich folgende Einschränkungen:

(1) $0 < f(e,t) < Ke$,
(2) $G(s)$ besitzt höchstens einen Pol $s = 0$ und ansonsten nur Pole s_i mit $\mathrm{Re}\{s_i\} < 0$ und
(3) $q = 0$.

Die Forderung $q = 0$ impliziert, dass die Popov-Gerade senkrecht ist.

2.2.3 Aisermans Vermutung

Bei vielen Systemen ist die Anwendung des Popov-Kriteriums unnötig. Denn für sie gilt Aisermans Vermutung, dass der größte Sektor absoluter Stabilität dem Hurwitz-Sektor entspricht, der viel einfacher zu bestimmen ist. Wenn die Vermutung auch im allgemeinen Fall nicht richtig ist, so stimmt sie doch zumindest für folgende Regelstrecken:

(1) stabile und grenzstabile Systeme erster Ordnung,
(2) stabile und grenzstabile Systeme zweiter Ordnung mit

$$G(s) = \frac{1+bs}{1+a_1 s + a_2 s^2} \quad \text{bzw.} \quad G(s) = \frac{1}{s} \cdot \frac{1+bs}{1+as}$$

mit jeweils $b \geq 0$,
(3) stabile Systeme dritter Ordnung mit

$$G(s) = \frac{1+bs}{1+a_1 s + a_2 s^2 + a_3 s^3}, \quad b \geq 0,$$

oder grenzstabile mit

$$G(s) = \frac{1}{s} \cdot \frac{1+bs}{1+a_1 s + a_2 s^2}, \quad b \geq 0,$$

(4) Systeme vierter Ordnung ohne Nullstellen mit höchstens einem Pol $s = 0$ und sonst nur reellen negativen Polen.

Zumindest für obige Regelstrecken kann man also den größten Sektor absoluter Stabilität durch Bestimmung des Hurwitz-Sektors einfach ermitteln.

Wir betrachten als ein die obige Sachlage ergänzendes Beispiel die Regelstrecke

$$G(s) = \frac{1}{(s^2 + 0.1s + 10)(s^2 + 0.2s + 20)}.$$

Im Bild 2.29 sind ihre Ortskurve und Popov-Ortskurve dargestellt, so dass man den Popov-Sektor zu $[0, K_{\mathrm{P}} \approx 8.7]$ ablesen kann. Aus der Ortskurvendarstellung erkennt man auch, dass der Hurwitz-Sektor mit der maximalen Steigung K_{H} größer ist als der Popov-Sektor, denn es gilt

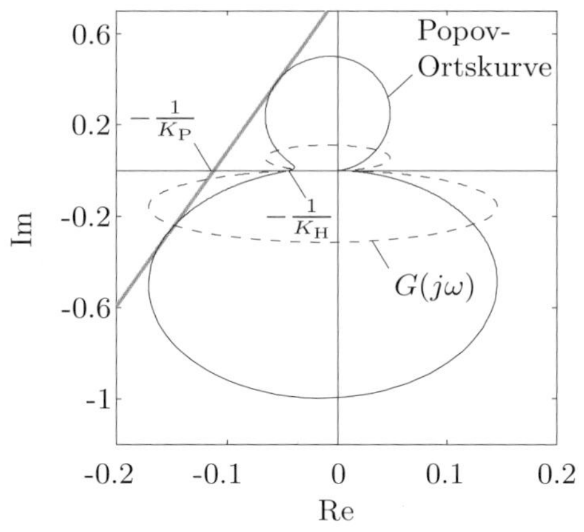

Bild 2.29: Beispiel für ein System, bei dem der Hurwitz-Sektor $[0, K_H]$ größer ist als der Popov-Sektor $[0, K_P]$.

$$K_P \approx 8.7 < \frac{1012}{45} = K_H.$$

Aus der Tatsache, dass der Popov-Sektor kleiner ist als der Hurwitz-Sektor, können wir allerdings noch nicht schließen, dass der Sektor absoluter Stabilität kleiner ist als der Hurwitz-Sektor. Denn der Beweis [278] des Popov-Kriteriums sichert nur seinen hinreichenden Charakter und wir wissen nicht, ob es den größten Sektor absoluter Stabilität geliefert hat. Aisermans Vermutung könnte für das obige System also immer noch stimmen. Wie erwähnt, stimmt sie nicht für jedes System [60, 77, 156, 234]. Dies ist aber im Einzelfall schwer nachzuweisen. Es bleibt folgende generelle Abschätzung festzuhalten:

Popov-Sektor $\leq$ größter Sektor absoluter Stabilität $\leq$ Hurwitz-Sektor.

Mit dem Popov-Kriterium ist Aisermans Vermutung (für bestimmte Regelstrecken) daher nur beweisbar, wenn der Popov-Sektor dem Hurwitz-Sektor entspricht. Bis heute weder bewiesen noch widerlegt ist, ob der Popov-Sektor immer gleich dem größten Sektor absoluter Stabilität ist.

2.2.4 Beispiel Schiffsregelung

Als Anwendungsbeispiel wird eine Kursregelung des Schiffes *Tampa* der US-Küstenwache betrachtet, das in Bild 2.30 dargestellt ist. Die Regelung soll so ausgelegt sein, dass bei einer Änderung des Kurswinkels φ von 10° eine Ausregelzeit von maximal 50 s bei einer Stellgrößenbeschränkung von ±10° des Ruderwinkels ϑ erzielt wird. Die Gierrate $\dot{\varphi}$ wird über ein Gyroskop gemessen. Bild 2.30 illustriert die Aufgabe.

Die Übertragungsfunktion $G(s)$ der Tampa zwischen Ruderwinkel ϑ und Gierrate $\dot{\varphi}$ wurde experimentell [89] zu

Bild 2.30: Schiff *Tampa*.

$$G(s) = \frac{\Omega(s)}{\Theta(s)} = \frac{-0.0184(s + 0.0068)}{(s + 0.2647)(s + 0.0063)}$$

ermittelt, wobei $\Omega(s)$ und $\Theta(s)$ die Laplace-Transformierten von $\omega = \dot{\varphi}$ und ϑ sind. Geregelt werden soll φ. Daher wird die mittels des Gyroskops gemessene Gierrate $\dot{\varphi}$ zu φ aufintegriert. Es wird eine Kaskadenregelung mit zwei P-Reglern für Gierrate und -winkel verwendet. Der I-Anteil der Strecke stellt sicher, dass es keine bleibende Regelabweichung gibt. Damit der Ruderwinkel auf $\pm 10°$ beschränkt bleibt, wird ein Sättigungsglied vor die Strecke geschaltet. Den Regelkreis zeigt Bild 2.31. Die Regelungen sind so ausgelegt, dass bei $10°$ Kursänderung die maximal auftretende Stellgröße gerade $10°$ beträgt. Für diesen Fall ist der Regelkreis linear. Bei größeren Kursänderungen läuft die Stellgröße in die Sättigung, d. h., der Kreis wird nichtlinear.

Es stellt sich nun die Frage, ob der Regelkreis auch im nichtlinearen Fall stabil ist. Um dies mittels des Popov-Kriteriums zu untersuchen, wird der Regelkreis zunächst in die Form des nichtlinearen Standardregelkreises umgeformt. Bild 2.32 zeigt das Ergebnis dieser Umformung. Da die Regelstrecke einen Integrierer beinhaltet und grenzstabil ist, können nur Sektoren $[\varepsilon, K]$ untersucht werden. Der Sektor $[\varepsilon, K > 1]$ schließt jedoch die Sättigungskennlinie nicht mit ein, da sich ihre Parallele zur Abszisse immer mit jeder beliebigen Geraden der Steigung $\varepsilon > 0$ schneidet. Allerdings geschieht dies für kleine Werte ε erst bei sehr großen Werten e. Die Sättigungskennlinie liegt al-

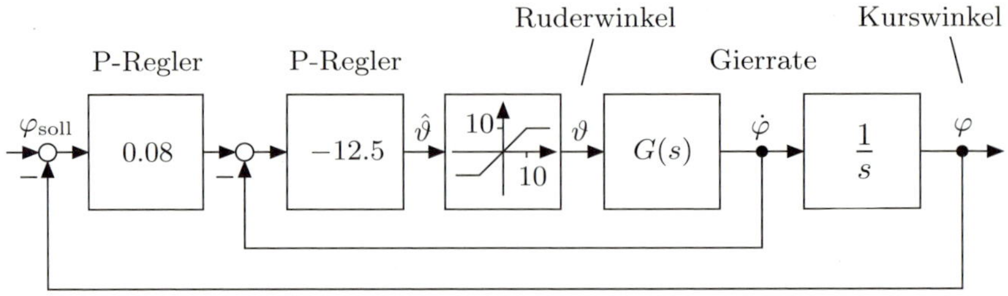

Bild 2.31: Kursregelung der Tampa.

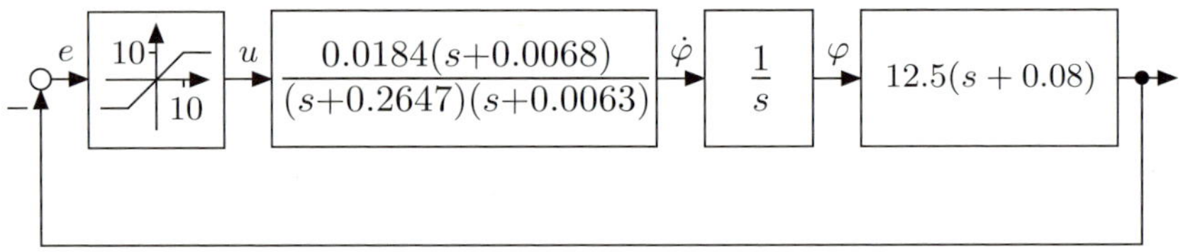

Bild 2.32: Regelkreis des Schiffes in Form eines nichtlinearen Standardregelkreises.

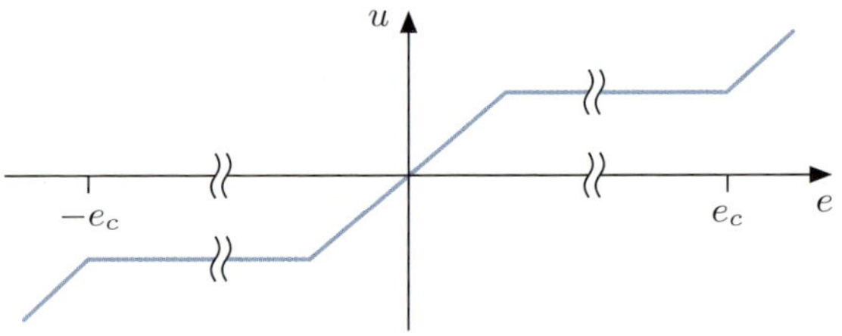

Bild 2.33: Modifizierte Sättigungskennlinie.

so nicht im Sektor $[\varepsilon, K > 1]$, und das Popov-Kriterium ist deshalb eigentlich nicht anwendbar.

Um es doch anwenden zu können, verwenden wir den folgenden Kunstgriff. Es ist zu berücksichtigen, dass keine beliebig großen Werte von e in einem praktisch betriebenen Regelkreis auftreten. Daher kann die Sättigungskennlinie auch ab einem bestimmten Wert e_c, oberhalb dessen gesichert keine Werte mehr im praktischen Betrieb auftauchen, wieder ansteigen. Auf das Regelkreisverhalten hat diese geänderte Kennlinie, Bild 2.33 zeigt sie, keine Auswirkung. Durch diesen Kunstgriff liegt die Kennlinie im Sektor $[\varepsilon, K > 1]$ und die Stabilität lässt sich dann doch sicherstellen.

Zu erwähnen ist noch, dass eine Führungsgröße $\varphi_{soll} \neq 0$ die Anwendung des Popov-Kriteriums nicht beeinträchtigt. Denn die negierte Führungsgröße $-\varphi_{soll}$ kann auch als Anfangswert $\varphi(0)$ des Kurswinkels interpretiert werden.

Die zugehörige Popov-Ortskurve des Regelkreises zeigt Bild 2.34. Ersichtlich kann eine Gerade von links so an die Popov-Ortskurve geschoben werden,

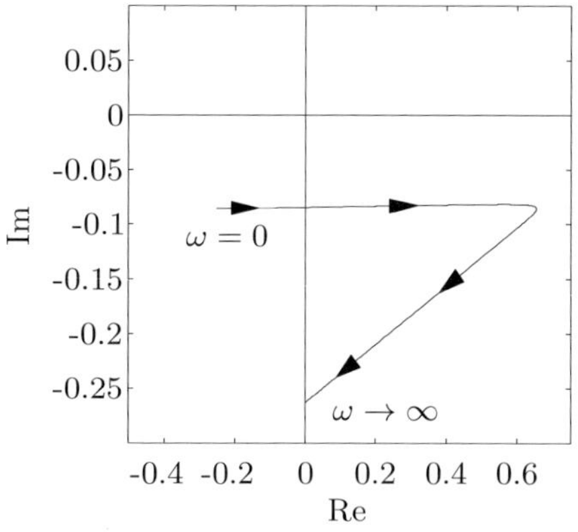

Bild 2.34: Popov-Ortskurve des Schiffes.

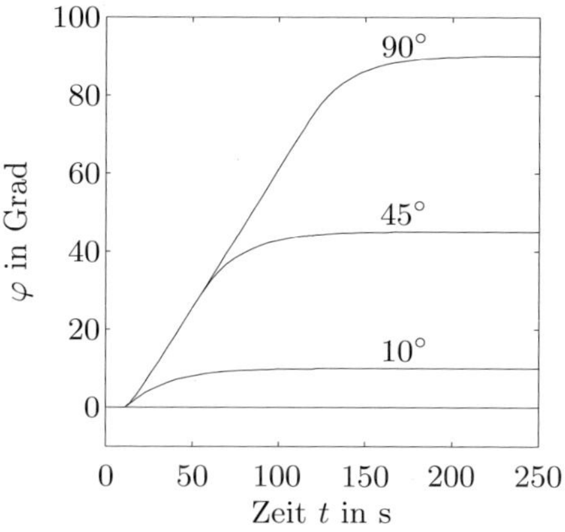

Bild 2.35: Kurswinkel φ.

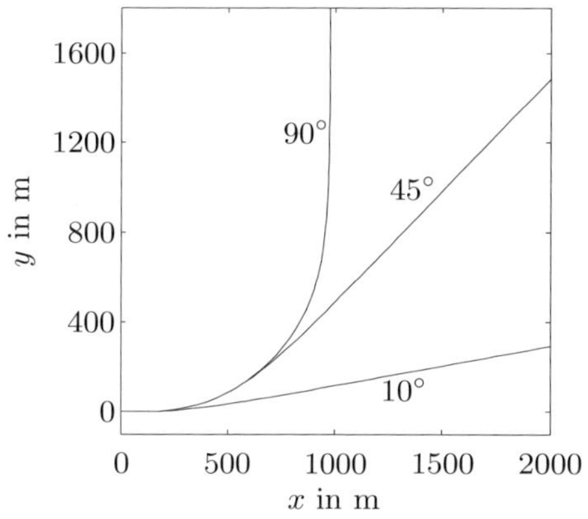

Bild 2.36: Schiffskurs in Draufsicht.

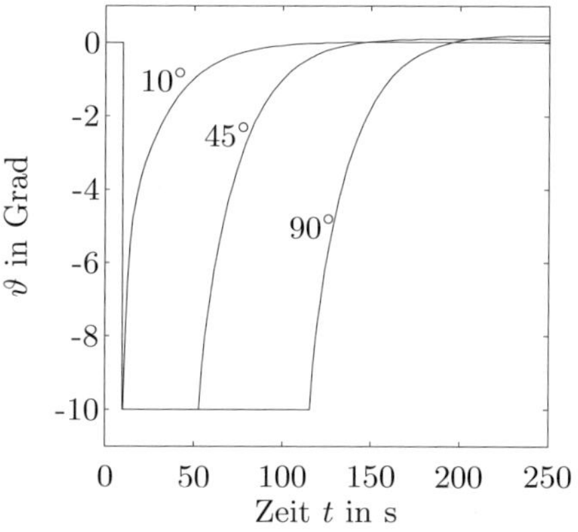

Bild 2.37: Stellgröße Ruderwinkel ϑ.

dass sie durch den Ursprung läuft. Das System ist also absolut stabil im Sektor $[\varepsilon, \infty)$.

Die Bilder 2.35, 2.36 und 2.37 zeigen die simulierten Verläufe der Kursregelung für eine Kurswinkeländerung von 10°, 45° und von 90°, die bei $t = 10\,\mathrm{s}$ beginnt. Dabei wurde eine Geschwindigkeit des Schiffes von $10\,\mathrm{m\,s^{-1}}$ angenommen. Bild 2.37 illustriert, dass ab einer Kursänderung, die mehr als 10° beträgt, die Stellgröße in die Sättigung geht. Das Schiffsruder ist dann am Anschlag. Aus den Bildern ist auch zu erkennen, dass große Kurswinkeländerungen aufgrund des Sättigungseffektes langsamer ausgeführt werden als kleine. Das ist sinnvoll, denn große Kurven sollten nicht so schnell durchfahren werden wie kleine. Bild 2.36 zeigt die gefahrenen Kurven und Kursverläufe des Schiffes in Draufsicht, d. h. in der xy-Ebene.

2.2.5 Das Kreiskriterium

Das Kreiskriterium ermöglicht wie das Popov-Kriterium die Untersuchung nichtlinearer Standardregelkreise, wie sie Bild 2.38 zeigt, auf absolute Stabilität.

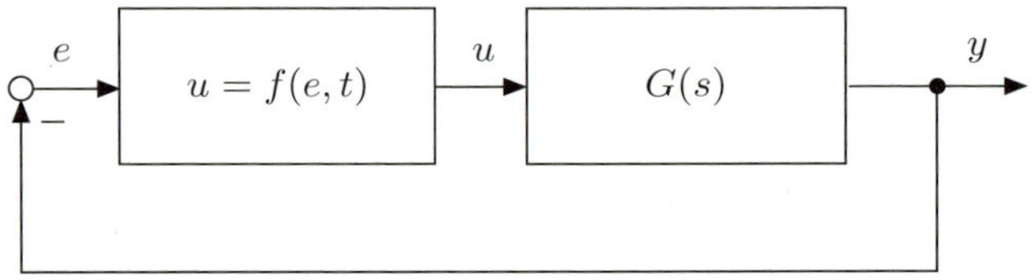

Bild 2.38: Nichtlinearer Standardregelkreis mit zeitvarianter Kennlinie.

Die nichtlineare Funktion

$$u = f(e,t)$$

kann zeitvariant sein und liegt in einem Steigungssektor $[K_1, K_2]$ mit $0 \leq K_1 < K_2$, d. h., es gilt

$$K_1 e \leq f(e,t) \leq K_2 e.$$

Insbesondere muss also $f(0,t) = 0$ erfüllt sein. Bild 2.39 illustriert die Situation.

Das Kreiskriterium [212, 259, 329, 330] liefert eine Aussage, ob in einem Sektor $[K_1, K_2]$ absolute Stabilität für den Standardregelkreis gewährleistet

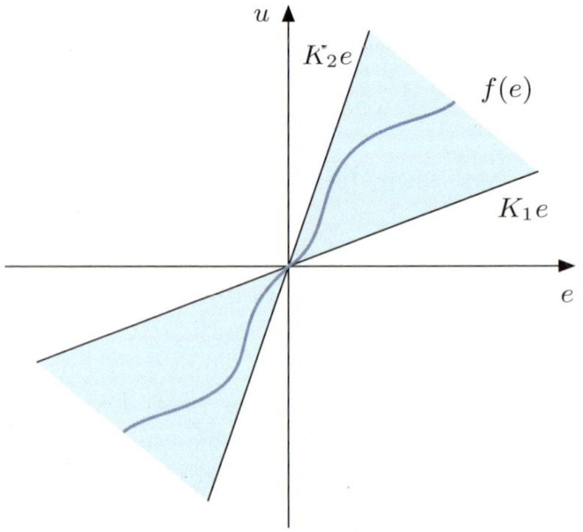

Bild 2.39: Steigungssektor $[K_1 + \varepsilon, K_2 - \varepsilon]$ des Kreiskriteriums.

ist. Wie das Popov-Kriterium ist das Kreiskriterium allerdings nur hinreichend. Daher wissen wir im Allgemeinen nicht, ob der maximal mögliche Sektor absoluter Stabilität bestimmt wurde.

Satz 4 (Kreiskriterium für stabile Systeme). *Gegeben sei der nichtlineare Standardregelkreis*

$$\begin{aligned} Y(s) &= G(s)U(s), \\ e &= -y, \\ u &= f(e,t) \end{aligned}$$

mit einer stabilen Regelstrecke $G(s)$. *Die Kennlinie* $u = f(e,t)$ *liege im Sektor* $[K_1, K_2]$ *mit* $0 \le K_1 < K_2$ *und es gelte* $f(0,t) = 0$ *für alle* $t \in \mathbb{R}$. *Wenn dann die Ortskurve* $G(j\omega)$ *den Kreis* $D(K_1, K_2)$, *der in der komplexen Ebene seinen Mittelpunkt auf der reellen Achse besitzt und durch die Punkte*

$$-\frac{1}{K_1} \quad \text{und} \quad -\frac{1}{K_2}$$

geht, nicht umfasst, schneidet oder tangiert, dann ist der Regelkreis absolut stabil im Sektor $[K_1, K_2]$.

Die Anwendung des Kreiskriteriums ist einfach. Man zeichnet die Ortskurve $G(j\omega)$ des offenen Regelkreises für $0 \le \omega < -\infty$ und den Kreis $D(K_1, K_2)$ durch die Punkte $-1/K_1$ und $-1/K_2$, wie es Bild 2.40 und Bild 2.41 zeigen. Für alle Kreise und die zugehörigen Sektoren $[K_1, K_2]$, die links der Ortskurve $G(j\omega)$ liegen, ist der nichtlineare Standardregelkreis stabil. Offensichtlich erfüllen viele Kreise diese Bedingung. Der größte von ihnen schneidet die reelle Achse in $-1/K$ und hat einen unendlich großen Durchmesser. Wir erhalten in

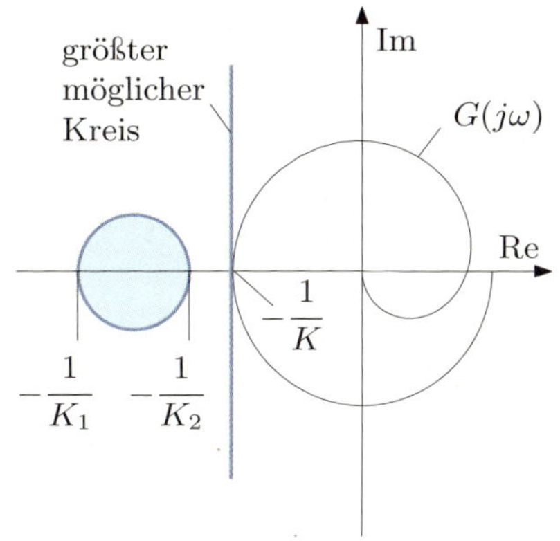

Bild 2.40: Anwendung des Kreiskriteriums.

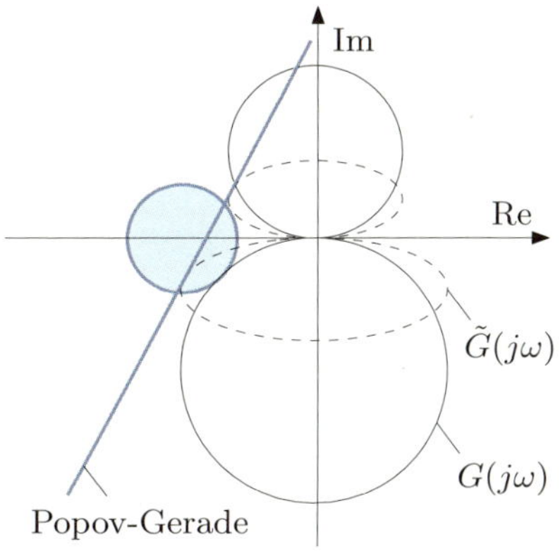

Bild 2.41: Vergleich von Popov- und Kreiskriterium.

diesem Fall dann den Sektor $[0, K]$. Man beachte, dass der Kreis die Ortskurve nicht schneiden und auch nicht tangieren darf.

Das Kreiskriterium ist einfacher in der Anwendung als das Popov-Kriterium, da man nur die meist bereits vorliegende Ortskurve $G(j\omega)$ benötigt und nicht die Popov-Ortskurve $\tilde{G}(j\omega)$. In bestimmten Fällen liefert das Kreiskriterium allerdings einen anderen Sektor absoluter Stabilität. Bild 2.41 illustriert einen solchen Fall.

Im Falle einer instabilen Regelstrecke oder von Sektoren mit negativem K_1 führt man die im Abschnitt 2.2.2 schon beim Popov-Kriterium angewandte Sektortransformation durch. So erhält man eine stabile Regelstrecke oder einen transformierten Sektor mit $K_1 \geq 0$ und das Kreiskriterium ist wieder anwendbar. Alternativ kann das Kreiskriterium auch so formuliert werden [197, 259, 310], dass die Sektortransformation nicht erforderlich ist und das Kriterium die genannten Fälle beinhaltet. Dann gilt

Satz 5 (Allgemeines Kreiskriterium). *Gegeben sei der nichtlineare Standardregelkreis*

$$\begin{aligned} Y(s) &= G(s)U(s), \\ e &= -y, \\ u &= f(e,t). \end{aligned}$$

Die Übertragungsfunktion $G(s)$ der Regelstrecke mit der Ordnung n besitze $\nu \in \{0, 1, \ldots, n\}$ Pole λ_i mit $\operatorname{Re}\{\lambda_i\} > 0$, die Funktion $f(e,t)$ liege im Sektor $[K_1, K_2]$, es gelte $f(0,t) = 0$ für alle $t \in \mathbb{R}$ und $D(K_1, K_2)$ bezeichne den Kreis, der in der komplexen Ebene seinen Mittelpunkt auf der reellen Achse besitzt und durch die Punkte

$$-\frac{1}{K_1} \quad \text{und} \quad -\frac{1}{K_2}$$

geht. Dann ist der Regelkreis absolut stabil im Sektor $[K_1, K_2]$

(1) für $0 < K_1 < K_2$, wenn die Ortskurve $G(j\omega)$ beim Durchlaufen der Frequenzen ω von $-\infty$ bis ∞ den Kreis $D(K_1, K_2)$ nicht schneidet oder tangiert und ihn ν-mal im Gegenuhrzeigersinn umläuft,

(2) für $0 = K_1 < K_2$ und $\nu = 0$, wenn die Ortskurve rechts der durch $-1/K_2$ gehenden Senkrechten verläuft,

(3) für $K_1 < 0 < K_2$ und $\nu = 0$, wenn die Ortskurve innerhalb des Kreises $D(K_1, K_2)$ verläuft und

(4) für $K_1 < K_2 \leq 0$, wenn man $G(j\omega)$ durch $-G(j\omega)$ ersetzt, K_1 sowie K_2 durch $-K_1$ und $-K_2$ und wenn dann die Bedingung (1) oder (2) erfüllt ist.

Angemerkt sei, dass wir im Fall (1) zwingend die Ortskurve $G(j\omega)$ mit $-\infty < \omega < \infty$ verwenden müssen. Bei allen anderen Fällen und Satz 4 ist es irrelevant, ob wir die Ortskurve für alle Frequenzen $-\infty < \omega < \infty$ oder nur

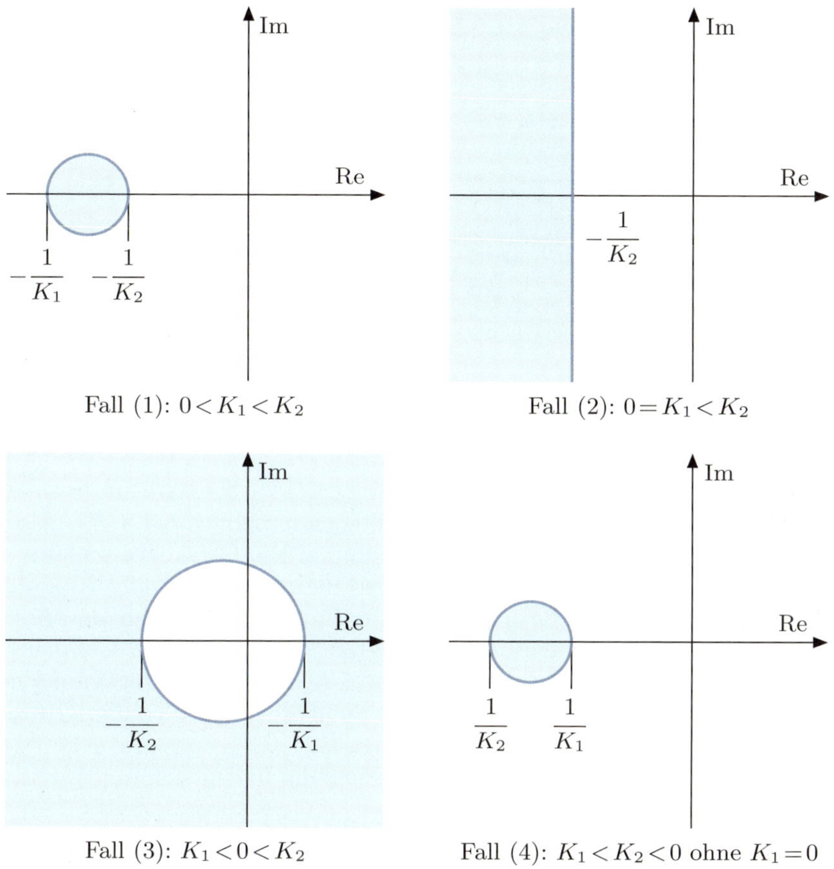

Bild 2.42: Grafische Darstellung der für absolute Stabilität im Sektor $[K_1, K_2]$ zulässigen, weiß dargestellten Gebiete des allgemeinen Kreiskriteriums. Die Ortskurve $G(j\omega)$ darf nicht in den blauen Gebieten verlaufen.

für positive Frequenzen $0 \leq \omega < \infty$ zeichnen. Diese Irrelevanz resultiert aus der Spiegelsymmetrie der Ortskurve mit $-\infty < \omega < \infty$ bezüglich der reellen Achse.

Bild 2.42 veranschaulicht die vier Fälle des obigen Satzes grafisch. Die Teilbilder illustrieren dabei jeweils für die vier Fälle des Satzes 5 den zulässigen Verlauf der Ortskurve $G(j\omega)$, die sich vollständig außerhalb der blau dargestellten Gebiete befinden muss.

Wir wollen noch ein konkretes Beispiel [132] für den Fall (1) des Satzes 5 betrachten. Als Regelstrecke wählen wir

$$G(s) = \frac{2}{(s-1)(s+2)}. \tag{2.8}$$

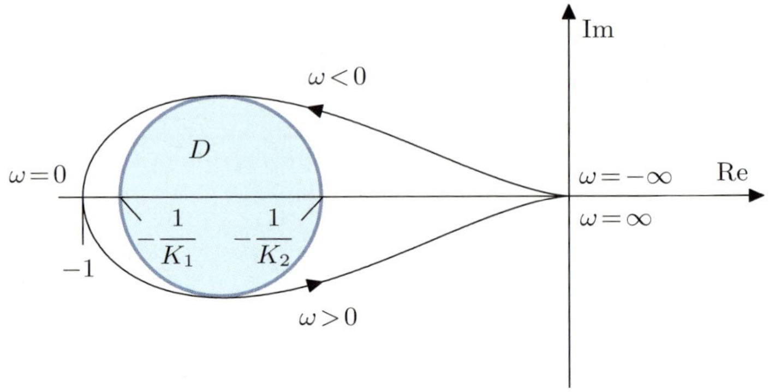

Bild 2.43: Ortskurve $G(j\omega)$ des Systems (2.8) und Anwendung des Falles (1) des allgemeinen Kreiskriteriums. Dabei ist $K_1 = 2.003$ und $K_2 = 1.083$.

Sie hat einen stabilen Pol bei $s_1 = -2$ und einen instabilen bei $s = 1$. Also ist $\nu = 1$. Bild 2.43 zeigt die zugehörige Ortskurve. Die Ortskurve umläuft den Kreis $D(K_1, K_2)$ im Gegenuhrzeigersinn, so dass wir schlussfolgern können, dass ein nichtlinearer Standardregelkreis absolut stabil im Sektor $[K_1, K_2]$ ist.

Für den Fall $K_1 \to K_2$ entartet der Sektor $[K_1, K_2]$ zu einer Geraden, die Kennlinie zur linearen Funktion $u = f(e) = K_1 e$ und der Kreis zum Punkt $-1/K_1$. In diesem Fall geht das Kreiskriterium dann in das Nyquist-Kriterium über.

Ergänzende Informationen zum Kreiskriterium finden sich in [31, 83].

2.2.6 Das Zypkin-Kriterium für zeitdiskrete Systeme

Für den Fall von Abtastregelkreisen mit der Abtastzeit T und der z-Übertragungsfunktion $G(z)$ kann der Begriff der absoluten Stabilität ganz analog zum zeitkontinuierlichen Fall definiert werden. Auch hier werden nichtlineare, statische Kennlinien f betrachtet. Zur Untersuchung der absoluten Stabilität solcher nichtlinearer zeitdiskreter Regelkreise, wie sie in Bild 2.44 dargestellt sind, hat Ja. S. Zypkin dem Popov-Kriterium vergleichbare Sätze angegeben [168, 303, 304, 337].

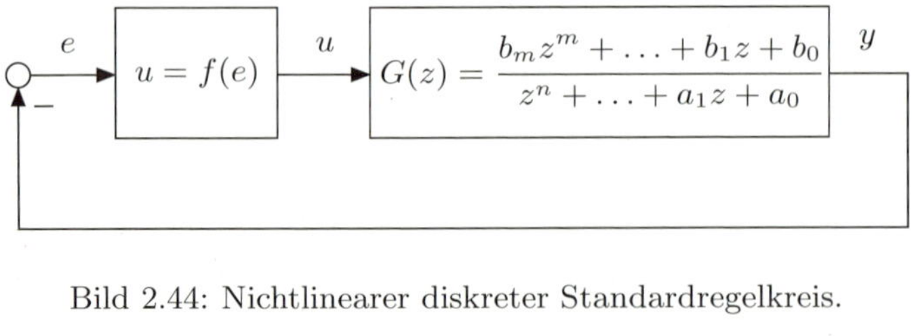

Bild 2.44: Nichtlinearer diskreter Standardregelkreis.

Wie sich zeigt, sind diese Sätze dem Popov-Kriterium sehr ähnlich und ähnlich einfach anwendbar. Allerdings sind auch die Kriterien von Zypkin, genau wie das Popov-Kriterium, nur hinreichend. Man kann daher nicht sicher sein, ob man den größten Sektor absoluter Stabilität mittels der Kriterien ermittelt hat. Wir betrachten zunächst folgendes einfache Kriterium.

Satz 6 (Einfaches Zypkin-Kriterium). *Gegeben sei der diskrete nichtlineare Standardregelkreis*

$$
\begin{aligned}
Y(z) &= G(z)U(z),\\
e &= -y,\\
u &= f(e)
\end{aligned}
$$

mit einer Regelstrecke, die höchstens einen Pol bei $z = 1$ und sonst nur Pole mit $|z| < 1$ besitzt. Die Kennlinie $u = f(e)$ sei stückweise stetig, eindeutig, für alle e definiert, gehe durch null und erfülle $f(e \to \infty) \neq 0$. Dann ist obiger Regelkreis absolut stabil

(1) im Sektor $[0, K]$, wenn $G(z)$ stabil ist,
(2) im Sektor $[\varepsilon, K]$ mit einem beliebig kleinen $\varepsilon > 0$, wenn $G(z)$ höchstens einen Pol in $z = 1$ und sonst nur Pole mit $|z| < 1$ besitzt,

falls die Gleichung

$$\operatorname{Re}\{G(z = e^{j\omega T})\} > -\frac{1}{K}$$

für alle $0 \leq \omega T \leq \pi$ erfüllt ist.

Geometrisch ist das obige Kriterium leicht zu interpretieren. Man zeichnet die Ortskurve zu $G(z = e^{j\omega T})$ wie in Bild 2.45 und schiebt von links in der komplexen Ebene kommend eine senkrechte Gerade an die Ortskurve heran,

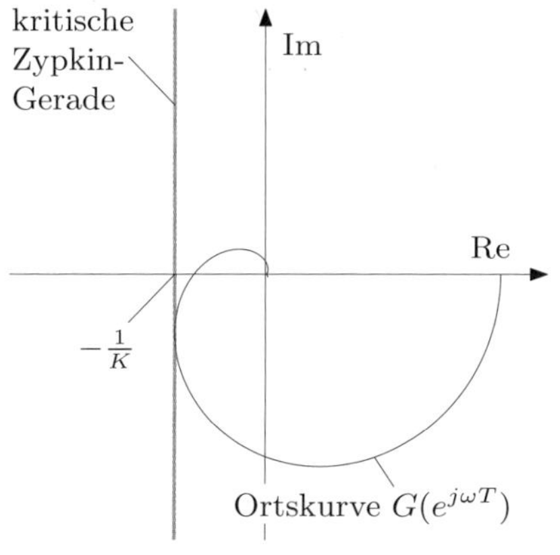

Bild 2.45: Anwendung des einfachen Zypkin-Kriteriums.

bis sie diese tangiert. Der Schnittpunkt $-1/K$ mit der reellen Achse liefert den gefundenen Sektor $[0, K]$ bzw. $[\varepsilon, K]$ absoluter Stabilität.

Der Vorteil dieses Kriteriums ist seine sehr einfache Anwendung. Nachteilig ist, dass es in manchen Fällen keine gute Abschätzung des Sektors absoluter Stabilität liefert. Ein erweitertes Kriterium, das eine bessere Abschätzung dieses Sektors liefert, ist das Folgende.

Satz 7 (Allgemeines Zypkin-Kriterium). *Gegeben sei der diskrete nichtlineare Standardregelkreis*

$$\begin{aligned} Y(z) &= G(z)U(z), \\ e &= -y, \\ u &= f(e) \end{aligned}$$

mit der stabilen Regelstrecke $G(z)$. Die Kennlinie $u = f(e)$ sei stückweise stetig, eindeutig, für alle e definiert, gehe durch null und sei monoton. Dann ist obiger Regelkreis absolut stabil im Sektor $[0, K]$, falls sich eine reelle Zahl $q \geq 0$ findet, für die die Zypkin-Ungleichung

$$\mathrm{Re}\left\{\left(1 + q(1 - e^{-j\omega T})\right) \cdot G(z = e^{j\omega T})\right\} > -\frac{1}{K}$$

für alle $0 \leq \omega T \leq \pi$ erfüllt ist.

Obiges Kriterium ist das zeitdiskrete Pendant zu Popovs Kriterium mit dem Unterschied, dass die Kennlinie $u = f(e)$ monoton sein muss. Dies ist allerdings keine große Einschränkung, da fast alle in der Praxis vorkommenden Kennlinien diese zusätzliche Bedingung erfüllen. Des Weiteren muss $q \geq 0$ sein.

Das allgemeine Zypkin-Kriterium kann ähnlich grafisch ausgewertet werden wie das Popov-Kriterium. Man formt die Zypkin-Ungleichung

$$\mathrm{Re}\left\{G(e^{j\omega T}) + q(1 - e^{-j\omega T}) \cdot G(e^{j\omega T})\right\} > -\frac{1}{K}$$

um zu

$$\underbrace{\mathrm{Re}\left\{G(e^{j\omega T})\right\}}_{U(\omega)} - q\underbrace{\left(\mathrm{Re}\left\{e^{-j\omega T}G(e^{j\omega T})\right\} - \mathrm{Re}\left\{G(e^{j\omega T})\right\}\right)}_{V(\omega)} > -\frac{1}{K}.$$

Wie im Fall des Popov-Kriteriums erhält man eine parametrierte Ungleichung:

$$U(\omega) - qV(\omega) + \frac{1}{K} > 0.$$

Auch hier kann man einen künstlichen Frequenzgang bzw. seine Ortskurve, die *Zypkin-Ortskurve*

$$\tilde{G}(e^{j\omega T}) = U(\omega) + jV(\omega),$$

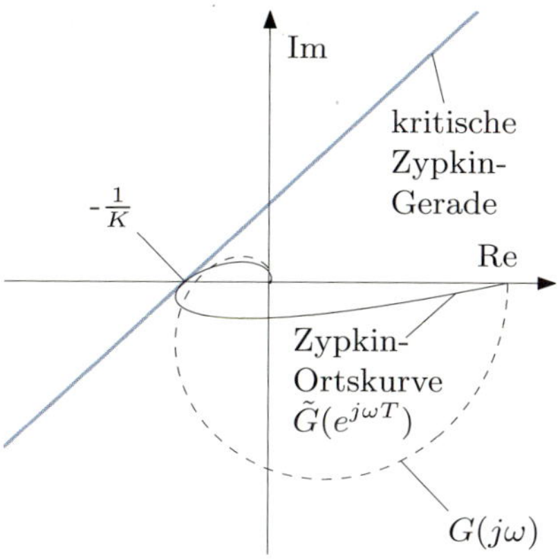

Bild 2.46: Anwendung des allgemeinen Zypkin-Kriteriums.

definieren. Verläuft dann die Zypkin-Ortskurve rechts bzw. unterhalb einer Geraden mit der Steigung $1/q$ und dem Schnittpunkt $-1/K$ mit der reellen Achse, so ist der Regelkreis absolut stabil. Bild 2.46 illustriert den Zusammenhang. Auch hier legt man die Gerade tangential an die Zypkin-Ortskurve, so dass sich der größtmögliche Stabilitätssektor ergibt.

Bei zeitdiskreten Systemen können wir auch die Kreiskriterien, d. h. Satz 4 und Satz 5, anwenden [310, 338]. In diesem Fall müssen wir nur die Ortskurve $G(j\omega)$ des kontinuierlichen Systems durch die Ortskurve $G(z = e^{j\omega T})$ ersetzen, wobei $-\pi \leq \omega T \leq \pi$ gilt. Die Zahl ν ist dabei weiterhin die Anzahl der instabilen Pole der Regelstrecke, d. h. die Anzahl der Pole λ_i mit $|\lambda_i| > 1$.

2.3 Die Stabilitätstheorie von Ljapunov

2.3.1 Die Idee und die direkte Methode

In den vorherigen Kapiteln wurden Verfahren zur Stabilitätsanalyse nichtlinearer Regelkreise betrachtet, die bestimmten eingeschränkten Systemklassen zuzuordnen sind. Dies waren u. a. das Verfahren der harmonischen Balance und das Popov-Kriterium. Für die Regelungstechnik sind oben genannte Verfahren wichtig, da sie in der Praxis oft vorkommende Regelkreisstrukturen behandeln.

Allgemeine Verfahren zur Stabilitätsanalyse nichtlinearer Systeme sind diese Verfahren aber leider nicht. Ein solches Verfahren wurde 1892 von A. M. Ljapunov[1] angegeben [182, 183, 184]. Es hat eine Vielzahl von Erweiterungen erfahren [20, 101, 105, 253]. Prinzipiell sind mit Ljapunovs Verfahren

[1] Im Deutschen ist auch die Schreibweise Ljapunow, im Englischen Lyapunov oder seltener Liapunov gebräuchlich.

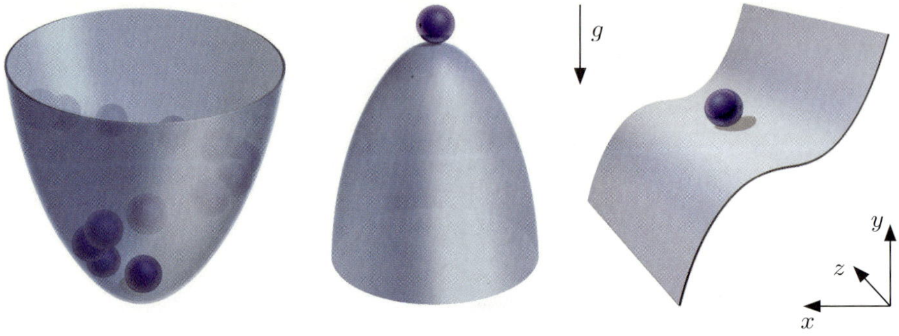

Bild 2.47: Stabilitätssituationen einer Kugel im Gravitationsfeld.

alle dynamischen Systeme auf ihre Stabilität hin untersuchbar. Es wird sich allerdings zeigen, dass dies praktisch oft nicht möglich ist. Das Verfahren Ljapunovs löst das Problem der Stabilitätsuntersuchung nichtlinearer Systeme also auch nicht vollständig.

Um die Grundidee Ljapunovs zu skizzieren, betrachtet man verschiedene Fälle möglichen Stabilitätsverhaltens anhand des Beispiels einer Kugel mit Reibung unter Einwirkung der Erdbeschleunigung g. Bild 2.47 illustriert entsprechende Anordnungen. Nur die linke weist eine stabile Ruhelage auf.

Die potentielle Energie

$$E_{\mathrm{p}} = mgy$$

der Kugel mit der Masse m ist proportional zur Höhe y. Durch die jeweilige Anordnung ist eine Zwangsbewegung auf einer bestimmten Bahn vorgeschrieben, so dass die y-Koordinate eine Funktion f von x und z ist. Für die potentielle Energie gilt also auch

$$E_{\mathrm{p}} = mgf(x, z).$$

Offensichtlich ist eine Ruhelage nur stabil, wenn die potentielle Energie in der Ruhelage ein Minimum besitzt. D. h., dass im betrachteten Beispiel die Funktion f ein Minimum besitzen muss.

Dies allein reicht allerdings noch nicht aus, um die Stabilität sicherzustellen, wie folgende Erweiterung des Beispiels zeigt. Nun soll in der Kugel ein Antrieb enthalten sein, der dazu führt, dass sie aufschwingt, wie es Bild 2.48 illustriert. Dann ist die Ruhelage nicht stabil, obwohl die potentielle Energie ein Minimum aufweist. Dies ist darauf zurückzuführen, dass das System eine innere Energiequelle besitzt.

Außer der Forderung, dass die potentielle Energie ein Minimum besitzt, ist offensichtlich eine weitere Bedingung nötig, damit eine Ruhelage stabil ist. Man fordert daher zusätzlich, dass die potentielle Energie entlang aller Trajektorien in der Umgebung der Ruhelage abnimmt oder zumindest konstant bleibt.

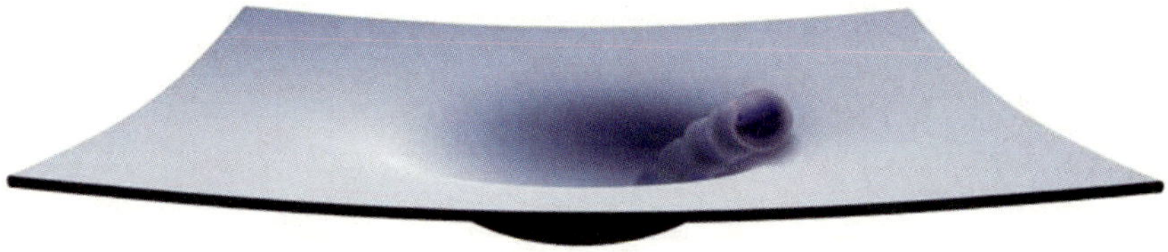

Bild 2.48: Kugel mit Energiequelle und Antrieb zum Aufschwingen.

Betrachtet man diese Überlegungen genauer, so scheint man sich von der Ausgangsposition einer potentiellen Energiefunktion lösen und obige Vorgehensweise verallgemeinern zu können. Es scheint ausreichend zu sein, eine beliebige Funktion zu betrachten, die folgende zwei Forderungen erfüllt, damit eine Ruhelage stabil ist:

(1) Die Funktion muss in der Ruhelage ein Minimum besitzen.
(2) Die Funktion muss in einer Umgebung der Ruhelage entlang aller Trajektorien abnehmen.

Das ist die Grundidee der *direkten Methode von Ljapunov*, auch *zweite Methode* genannt. Und A. M. Ljapunov hat den folgenden, für die Stabilitätsanalyse dynamischer Systeme zentralen Satz bewiesen.

Satz 8 (Direkte Methode von Ljapunov). *Die Differenzialgleichung* $\dot{\boldsymbol{x}} = \boldsymbol{f}(\boldsymbol{x})$ *mit der Ruhelage* $\boldsymbol{x}_\mathrm{R} = \boldsymbol{0}$ *besitze für jeden Anfangswert aus einer Umgebung* $U_1(\boldsymbol{0})$ *des Ursprungs eine stetige und eindeutige Lösung. Existiert dann eine Funktion* $V(\boldsymbol{x})$ *mit*

(1) $V(\boldsymbol{0}) = 0$,

die in einer Umgebung $U_2(\boldsymbol{0}) \subseteq U_1(\boldsymbol{0})$ *stetig ist, stetige partielle Ableitungen besitzt und dort mit Ausnahme von* $\boldsymbol{x} = \boldsymbol{0}$ *die Bedingungen*

(2) $V(\boldsymbol{x}) > 0$,
(3) $\dot{V}(\boldsymbol{x}) \leq 0$ *(bzw.* $\dot{V}(\boldsymbol{x}) < 0$*)*

erfüllt, so ist die Ruhelage $\boldsymbol{x}_\mathrm{R} = \boldsymbol{0}$ *stabil im Sinne von Ljapunov (bzw. asymptotisch stabil).*

Eine Funktion V, welche die Bedingungen (1) und (2) erfüllt, heißt *positiv definit* und besitzt ein Minimum in $\boldsymbol{x} = \boldsymbol{0}$. Die Bedingung (3) bedeutet, dass V entlang aller Trajektorien aus $U_2(\boldsymbol{0})$ mit der Zeit abnimmt oder konstant bleibt. Es sei noch einmal darauf hingewiesen, dass die Annahme einer Ruhelage in $\boldsymbol{x} = \boldsymbol{0}$ keine Einschränkung der Allgemeinheit ist. Denn jede Ruhelage kann, wie in Abschnitt 1.1.3 festgestellt, nach $\boldsymbol{x} = \boldsymbol{0}$ transformiert werden.

Satz 8 ermöglicht es zu überprüfen, ob eine Ruhelage stabil im Sinne von Ljapunov oder asymptotisch stabil ist. Abhängig ist dies davon, ob $\dot{V}(\boldsymbol{x}) \leq 0$

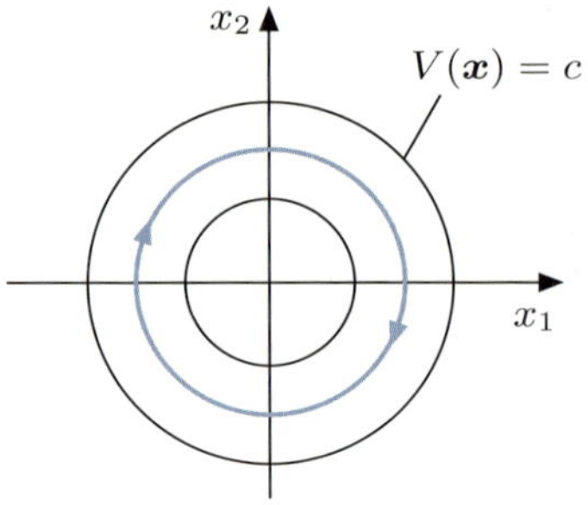

Bild 2.49: Stabilität im Sinne von Ljapunov.

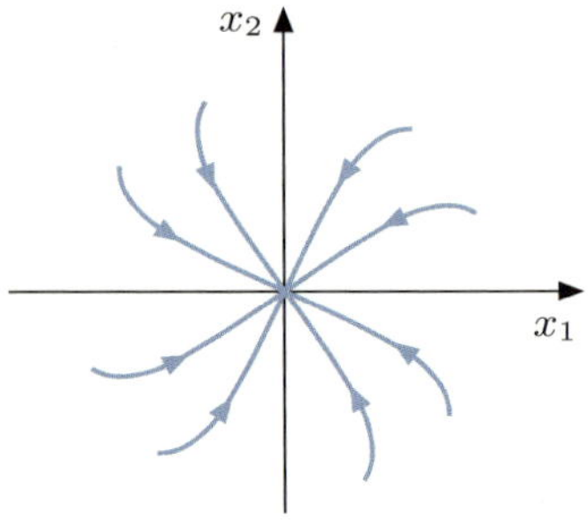

Bild 2.50: Beispiel für asymptotische Stabilität.

oder $\dot{V}(\boldsymbol{x}) < 0$ ist. Bild 2.49 illustriert den Fall $\dot{V}(\boldsymbol{x}) \leq 0$. Im Fall, dass auch $\dot{V}(\boldsymbol{x}) = 0$ gilt, können Trajektorien $\boldsymbol{x}(t)$, die nicht in die Ruhelage $\boldsymbol{x}_{\mathrm{R}} = \boldsymbol{0}$ laufen, die Ungleichung $\dot{V}(\boldsymbol{x}) \leq 0$ erfüllen. D. h., die Ruhelage ist nur stabil im Sinne von Ljapunov. In Bild 2.50 dagegen ist der Fall der asymptotischen Stabilität dargestellt. Er liegt vor, wenn $V(\boldsymbol{x})$ entlang aller Trajektorien $\boldsymbol{x}(t)$ abnimmt, also für die zeitliche Ableitung $\dot{V}(\boldsymbol{x}) < 0$ gilt.

Sind die Bedingungen (2) und (3) im gesamten Zustandsraum erfüllt und gilt zusätzlich

$$V(\boldsymbol{x}) \to \infty \quad \text{für} \quad |\boldsymbol{x}| \to \infty, \tag{2.9}$$

so ist die Ruhelage global stabil im Sinne von Ljapunov (bzw. global asymptotisch stabil). Eine Funktion mit der Eigenschaft (2.9) bezeichnet man als *radial unbeschränkt*.

Funktionen $V(\boldsymbol{x})$, welche die Bedingungen des Stabilitätssatzes 8 erfüllen, nennt man *Ljapunov-Funktionen*. Praktisch bildet man die Ableitung einer Ljapunov-Funktion $V(\boldsymbol{x})$ nach der Zeit mittels des Gradienten

$$\dot{V}(\boldsymbol{x}) = \dot{\boldsymbol{x}}^T \operatorname{grad} V(\boldsymbol{x}) = \sum_{i=1}^{n} \dot{x}_i \frac{\partial V}{\partial x_i} \tag{2.10}$$

und setzt die Ableitung des Zustandsvektors

$$\dot{\boldsymbol{x}} = \boldsymbol{f}(\boldsymbol{x})$$

in Gl. (2.10) ein. Dann hat man zu prüfen, ob $\dot{V}(\boldsymbol{x}) \leq 0$ bzw. $\dot{V}(\boldsymbol{x}) < 0$ für $\boldsymbol{x} \neq \boldsymbol{0}$ gilt. Dies veranschaulicht Bild 2.51. Man benötigt bei der Anwendung von Satz 8 also nicht die Lösung der Differenzialgleichung, die im Falle nichtlinearer Systeme oft auch gar nicht analytisch bestimmbar ist. Die direkte Verwendung der Differenzialgleichung bei der Berechnung von $\dot{V}(\boldsymbol{x})$ gibt der Methode ihren Namen.

Wir wollen nun noch den Fall betrachten, dass wir eine Ljapunov-Funktion V für ein System $\dot{\boldsymbol{x}} = \boldsymbol{f}(\boldsymbol{x})$ kennen, für die wir nur $\dot{V}(\boldsymbol{x}) \leq 0$ und daher

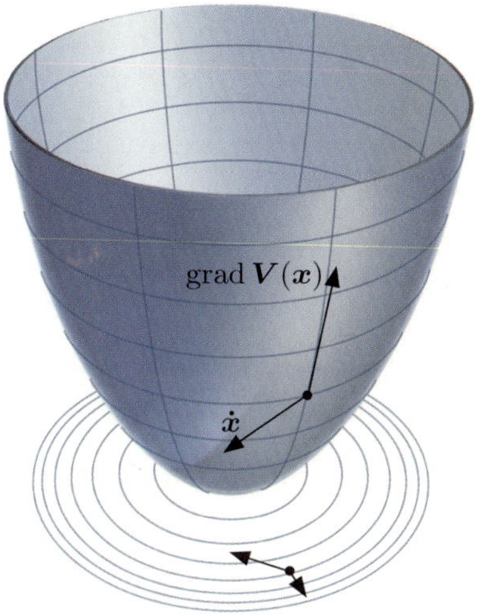

Bild 2.51: Veranschaulichung der Gleichung $\dot{V}(\boldsymbol{x}) = \dot{\boldsymbol{x}}^T \operatorname{grad} V(\boldsymbol{x}) < 0$.

mit Satz 8 nur Stabilität im Sinne von Ljapunov und keine asymptotische Stabilität nachweisen können. Existiert nun keine Trajektorie $\boldsymbol{x}(t)$, die bei irgendeinem Anfangswert $\boldsymbol{x}(0)$ beginnt und entlang derer die Ableitung $\dot{V}(\boldsymbol{x}(t))$ fortwährend identisch null ist, so nimmt V entlang aller Trajektorien aus der Umgebung der Ruhelage $\boldsymbol{x}_\mathrm{R} = \boldsymbol{0}$ ab. Folglich ist die asymptotische Stabilität der Ruhelage auch in diesem Fall nachweisbar [22]. Wir formulieren dies präziser in

Satz 9 (Satz von Barbashin und Krasovskii). *Die Differenzialgleichung $\dot{\boldsymbol{x}} = \boldsymbol{f}(\boldsymbol{x})$ mit der Ruhelage $\boldsymbol{x}_\mathrm{R} = \boldsymbol{0}$ besitze für jeden Anfangswert aus einer Umgebung $U_1(\boldsymbol{0})$ des Ursprungs eine stetige und eindeutige Lösung. Es existiere eine Funktion $V(\boldsymbol{x})$ mit*

(1) $V(\boldsymbol{0}) = 0$,

die in einer Umgebung $U_2(\boldsymbol{0}) \subseteq U_1(\boldsymbol{0})$ stetig ist, stetige partielle Ableitungen besitzt und dort mit Ausnahme von $\boldsymbol{x} = \boldsymbol{0}$ die folgenden Bedingungen erfüllt:

(2) $V(\boldsymbol{x}) > 0$
(3) $\dot{V}(\boldsymbol{x}) \leq 0$
(4) Die Menge von Zuständen $\boldsymbol{x}$, für die $\dot{V}(\boldsymbol{x}) = 0$ gilt, enthält keine Trajektorie $\boldsymbol{x}(t)$.

Dann ist die Ruhelage $\boldsymbol{x}_\mathrm{R} = \boldsymbol{0}$ asymptotisch stabil.

Ist die Ljapunov-Funktion des obigen Satzes außerdem noch radial unbeschränkt und ist $U_2(\boldsymbol{0}) = \mathbb{R}^n$, so ist die Ruhelage global asymptotisch stabil.

Anschaulich bedeutet die Bedingung (4), dass es keine Trajektorie $\boldsymbol{x}(t)$ geben darf, die so verläuft, dass $V(\boldsymbol{x}(t))$ entlang ihres Verlaufes immer konstant ist. Dann würde die Trajektorie nämlich ausschließlich auf einer Höhenlinie von V verlaufen und so niemals in die Ruhelage $\boldsymbol{x}_\mathrm{R} = \boldsymbol{0}$ gelangen. Sie verläuft gerade dann auf einer Höhenlinie, wenn ihre Richtung $\dot{\boldsymbol{x}}(t)$ senkrecht auf dem Gradienten $(\partial V/\partial \boldsymbol{x})^T$ steht. Dann gilt

$$\dot{V}(\boldsymbol{x}(t)) = \left(\frac{\partial V}{\partial \boldsymbol{x}}\right)^T \dot{\boldsymbol{x}}(t) = 0. \tag{2.11}$$

Bedingung (4) schließt aber nicht aus, dass es einzelne Punkte $\boldsymbol{x}$ der Trajektorie gibt, für die Gl. (2.11) erfüllt ist, sondern fordert, dass nicht für die gesamte Trajektorie $\boldsymbol{x}(t)$ die Gl. (2.11) gilt.

Satz 9 erweist sich in der Praxis oft als nützlich, wenn man nur eine Ljapunov-Funktion mit $\dot{V}(\boldsymbol{x}) \leq 0$ finden kann. Die Bedingung (4) lässt sich überprüfen, indem man die Menge der Werte $\boldsymbol{x}$ bestimmt, für die $\dot{V}(\boldsymbol{x}) = 0$ ist. Diese Werte setzt man in $\dot{\boldsymbol{x}} = \boldsymbol{f}(\boldsymbol{x})$ ein. Enthalten sie eine andere Lösung $\boldsymbol{x}(t)$ der Differenzialgleichung als die Ruhelage $\boldsymbol{x}_\mathrm{R} = \boldsymbol{0}$, so ist die Bedingung (4) nicht erfüllt. Meistens ist sie allerdings erfüllt, denn nur in seltenen Fällen verläuft eine Trajektorie $\boldsymbol{x}(t)$ fortwährend auf einer Höhenlinie der Ljapunov-Funktion V, was identisch mit $\dot{V}(\boldsymbol{x}(t)) = 0$ ist.

Das Problem bei der Anwendung obiger Stabilitätssätze ist das Auffinden einer Ljapunov-Funktion $V(\boldsymbol{x})$. Für das eine oder andere nichtlineare System, wie das im nachfolgenden Abschnitt, und für lineare Systeme ist die Ermittlung einer Ljapunov-Funktion aufgrund der Anschauung einfach. Im allgemeinen Fall stellt es sich allerdings als außerordentlich problematisch heraus, eine Ljapunov-Funktion zu bestimmen. Zwar gibt es eine Reihe von Konstruktionsmethoden für Ljapunov-Funktionen [85, 229] wie die Methoden von Aiserman, die von Schultz und Gibson, die von Ingwerson oder die Methode von Zubow. Doch sind sie nur auf Spezialfälle anwendbar und in vielen Fällen aufwendig zu handhaben. Letztendlich ist man daher in der Mehrzahl der Fälle auf das Ausprobieren verschiedener Funktionsansätze für $V(\boldsymbol{x})$ angewiesen.

2.3.2 Illustrationsbeispiel

Es folgt ein Beispiel. Und zwar betrachten wir das schon im Abschnitt 1.1.6 behandelte System

$$\begin{aligned}\dot{x}_1 &= x_1(x_2 - 1),\\ \dot{x}_2 &= x_2(x_1 - 1)\end{aligned}$$

mit den Ruhelagen $\boldsymbol{x}_\mathrm{R1} = \boldsymbol{0}$ und $\boldsymbol{x}_\mathrm{R2} = [1 \quad 1]^T$. Seine Trajektorien zeigt Bild 2.52. Eine Kandidatin für eine Ljapunov-Funktion zum Nachweis der Stabilität der Ruhelage $\boldsymbol{x}_\mathrm{R1} = \boldsymbol{0}$ ist

$$V(\boldsymbol{x}) = x_1^2 + x_2^2,$$

denn es gilt $V(\mathbf{0}) = 0$ und sonst immer $V(\boldsymbol{x}) > 0$. Die Höhenlinien der Funktion V haben die Form von Kreisen. Die Ruhelage $\boldsymbol{x}_{\mathrm{R}2}$ ist, wir erinnern uns, instabil.

Es ist jetzt zu überprüfen, ob die Funktion

$$V(\boldsymbol{x}) = x_1^2 + x_2^2$$

entlang aller Systemtrajektorien $\boldsymbol{x}(t)$ in der Nähe der Ruhelage abnimmt. Man bildet zu diesem Zweck

$$\begin{aligned} \dot{V}(\boldsymbol{x}) &= \dot{\boldsymbol{x}}^T \operatorname{grad} V(\boldsymbol{x}) \\ &= \begin{bmatrix} \dot{x}_1 & \dot{x}_2 \end{bmatrix} \begin{bmatrix} 2x_1 \\ 2x_2 \end{bmatrix} \\ &= 2x_1^2(x_2 - 1) + 2x_2^2(x_1 - 1). \end{aligned}$$

Es gilt

$$\dot{V}(\boldsymbol{x}) < 0 \quad \text{für} \quad x_1 < 1 \quad \text{und} \quad x_2 < 1,$$

so dass die Ruhelage

$$\boldsymbol{x}_{\mathrm{R}} = \mathbf{0}$$

asymptotisch stabil und

$$V(\boldsymbol{x}) = x_1^2 + x_2^2$$

eine Ljapunov-Funktion ist. Bild 2.52 illustriert diese Ergebnisse, wobei die Höhenlinien von $V(\boldsymbol{x})$, wie gesagt, Kreise bilden.

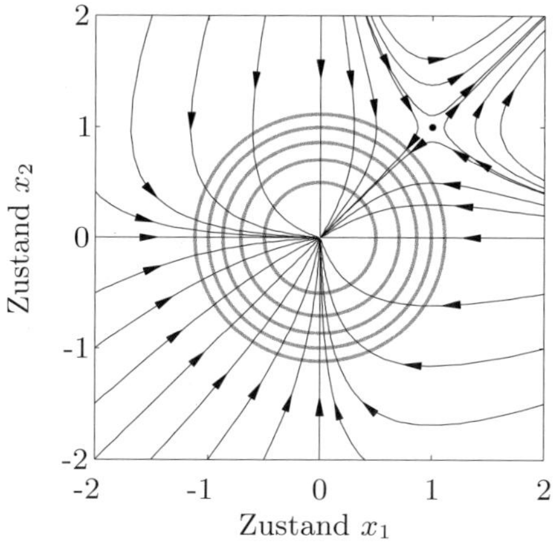

Bild 2.52: Trajektorien $\boldsymbol{x}(t)$ und kreisförmige Höhenlinien (blau) der Ljapunov-Funktion $V(\boldsymbol{x}) = x_1^2 + x_2^2$.

2.3.3 Quadratische Ljapunov-Funktionen

Funktionen mit kreis- oder ellipsoidförmigen Höhenlinien scheinen, aus rein anschaulichen Motiven heraus, geeignete Kandidatinnen von Ljapunov-Funktionen für verschiedene Systeme zu sein. Ihre allgemeine Form ist durch positiv definite quadratische Formen

$$V(\boldsymbol{x}) = \boldsymbol{x}^T \boldsymbol{R} \boldsymbol{x}$$

gegeben. Bild 2.53 zeigt die Höhenlinien einer solchen Funktion.

Die Bedingung (1) des Satzes 8,

$$V(\boldsymbol{0}) = 0,$$

ist ersichtlich erfüllt, und wenn $\boldsymbol{R}$ eine positiv definite Matrix ist, ist es auch die Bedingung (2), d. h.

$$V(\boldsymbol{x}) > 0 \quad \text{für} \quad \boldsymbol{x} \neq \boldsymbol{0}.$$

Es bleibt die Überprüfung der Bedingung (3), d. h.

$$\dot{V}(\boldsymbol{x}) \leq 0 \quad \text{bzw.} \quad \dot{V}(\boldsymbol{x}) < 0,$$

für das jeweils betrachtete System.

Inwieweit sich der Ansatz quadratischer Formen $\boldsymbol{x}^T \boldsymbol{R} \boldsymbol{x}$ für eine Ljapunov-Funktion als tragfähig erweist, soll anhand linearer Systeme

$$\dot{\boldsymbol{x}} = \boldsymbol{A}\boldsymbol{x} \tag{2.12}$$

untersucht werden. Es gilt mit

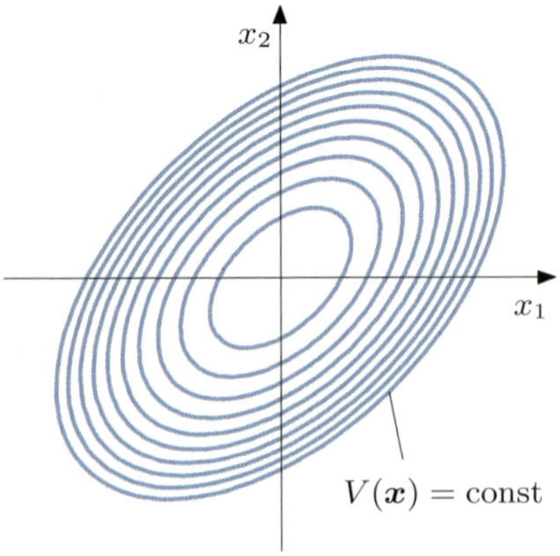

Bild 2.53: Höhenlinien einer quadratischen Funktion.

$$V(\boldsymbol{x}) = \boldsymbol{x}^T \boldsymbol{R}\, \boldsymbol{x}$$

für $\dot{V}(\boldsymbol{x})$ die Gleichung

$$\dot{V}(\boldsymbol{x}) = \boldsymbol{x}^T \boldsymbol{R}\, \dot{\boldsymbol{x}} + \dot{\boldsymbol{x}}^T \boldsymbol{R}\, \boldsymbol{x}.$$

Setzt man Gl. (2.12) hierin ein, so erhält man

$$\begin{aligned}\dot{V}(\boldsymbol{x}) &= \boldsymbol{x}^T \boldsymbol{R}\boldsymbol{A}\, \boldsymbol{x} + \boldsymbol{x}^T \boldsymbol{A}^T \boldsymbol{R}\, \boldsymbol{x} \\ &= \boldsymbol{x}^T \underbrace{\left(\boldsymbol{R}\boldsymbol{A} + \boldsymbol{A}^T \boldsymbol{R}\right)}_{-\boldsymbol{Q}} \boldsymbol{x}.\end{aligned}$$

Fordert man für asymptotische Stabilität

$$\dot{V}(\boldsymbol{x}) = -\boldsymbol{x}^T \boldsymbol{Q}\, \boldsymbol{x} < 0,$$

so muss die Matrix $\boldsymbol{Q}$ positiv definit sein.

Ergibt sich also aus der Matrixgleichung

$$\boldsymbol{A}^T \boldsymbol{R} + \boldsymbol{R}\boldsymbol{A} = -\boldsymbol{Q} \tag{2.13}$$

eine positiv definite Matrix $\boldsymbol{Q}$, dann ist $V(\boldsymbol{x}) = \boldsymbol{x}^T \boldsymbol{R}\, \boldsymbol{x}$ eine Ljapunov-Funktion und das System $\dot{\boldsymbol{x}} = \boldsymbol{A}\boldsymbol{x}$ asymptotisch stabil. Man kann auch umgekehrt vorgehen, eine beliebige positiv definite Matrix $\boldsymbol{Q}$ vorgeben und – wenn das System (2.12) stabil ist – eine positiv definite Matrix $\boldsymbol{R}$ und damit eine Ljapunov-Funktion bestimmen. Die Gleichung (2.13) heißt *Ljapunov-Gleichung*. Es gilt der folgende Satz.

Satz 10 (Ljapunov-Gleichung). *Die Ruhelage $\boldsymbol{x}_{\mathrm{R}} = \boldsymbol{0}$ des linearen Systems $\dot{\boldsymbol{x}} = \boldsymbol{A}\boldsymbol{x}$ ist genau dann stabil im Sinne von Ljapunov (asymptotisch stabil), wenn für eine beliebige reelle, symmetrische, positiv semidefinite (positiv definite) Matrix $\boldsymbol{Q}$ eine positiv definite Matrix $\boldsymbol{R}$ existiert, so dass*

$$\boldsymbol{A}^T \boldsymbol{R} + \boldsymbol{R}\boldsymbol{A} = -\boldsymbol{Q}$$

gilt. Die Funktion $V = \boldsymbol{x}^T \boldsymbol{R}\, \boldsymbol{x}$ ist dann eine Ljapunov-Funktion des Systems.

Für stabile lineare Systeme können also immer quadratische Ljapunov-Funktionen gefunden werden. Zumindest in diesem Fall erweist sich der Ansatz solcher Ljapunov-Funktionen als sehr geeignet.

Satz 10 hat eigentlich keine Bedeutung bei der Stabilitätsanalyse linearer Systeme. Diese kann man bekanntlich anhand der Systemeigenwerte einfacher durchführen. Seine Bedeutung liegt vielmehr in der Entwurfstheorie vieler nichtlinearer Regelungen und auch in der Stabilitätsanalyse linearisierter nichtlinearer Systeme. Wir werden uns diesen Themen später noch widmen.

2.3.4 Die direkte Methode für zeitdiskrete Systeme

Ähnlich wie im Fall kontinuierlicher Systeme kann die direkte Methode von Ljapunov auch bei zeitdiskreten Systemen

$$\boldsymbol{x}_{k+1} = \boldsymbol{f}(\boldsymbol{x}_k)$$

genutzt werden. Die ersten beiden Bedingungen des Stabilitätssatzes 8, $V(\boldsymbol{0}) = 0$ und $V(\boldsymbol{x}) > 0$ für alle $\boldsymbol{x} \neq \boldsymbol{0}$, gelten unvermindert. Lediglich die dritte Bedingung,

$$\dot{V}(\boldsymbol{x}) < 0 \qquad \text{für alle} \qquad \boldsymbol{x} \neq \boldsymbol{0},$$

die wir hier nur für den asymptotisch stabilen Fall betrachten, ist durch die Bedingung

$$\Delta V_k = V(\boldsymbol{x}_{k+1}) - V(\boldsymbol{x}_k) < 0 \qquad \text{für alle} \qquad \boldsymbol{x}_k \neq \boldsymbol{0}$$

zu ersetzen.

Im Fall linearer Systeme

$$\boldsymbol{x}_{k+1} = \boldsymbol{\Phi} \boldsymbol{x}_k$$

und quadratischer Ljapunov-Funktionen

$$V(\boldsymbol{x}) = \boldsymbol{x}_k^T \boldsymbol{R} \boldsymbol{x}_k$$

erhält man

$$\begin{aligned} \Delta V_k &= \boldsymbol{x}_{k+1}^T \boldsymbol{R} \boldsymbol{x}_{k+1} - \boldsymbol{x}_k^T \boldsymbol{R} \boldsymbol{x}_k \\ &= \boldsymbol{x}_k^T \boldsymbol{\Phi}^T \boldsymbol{R} \boldsymbol{\Phi} \boldsymbol{x}_k - \boldsymbol{x}_k^T \boldsymbol{R} \boldsymbol{x}_k \\ &= \boldsymbol{x}_k^T (\boldsymbol{\Phi}^T \boldsymbol{R} \boldsymbol{\Phi} - \boldsymbol{R}) \boldsymbol{x}_k < 0. \end{aligned}$$

Die obige Ungleichung ist offensichtlich erfüllt, wenn die Matrix $\boldsymbol{Q}$ in der Gleichung

$$\boldsymbol{\Phi}^T \boldsymbol{R} \boldsymbol{\Phi} - \boldsymbol{R} = -\boldsymbol{Q} \tag{2.14}$$

positiv definit ist. Gl. (2.14) wird als *diskrete Ljapunov-Gleichung* bezeichnet. Im Gegensatz zur Ljapunov-Gleichung im kontinuierlichen Fall ist die Ljapunov-Gleichung (2.14) quadratisch von der Systemmatrix $\boldsymbol{\Phi}$ abhängig.

2.3.5 Die indirekte Methode

Die obigen Ergebnisse für zeitkontinuierliche lineare Systeme sind der Ausgangspunkt für die Stabilitätsbetrachtung nichtlinearer Systeme der Form

$$\dot{\boldsymbol{x}} = \boldsymbol{A}\boldsymbol{x} + \boldsymbol{g}(\boldsymbol{x}) \tag{2.15}$$

mit der Ruhelage $\boldsymbol{x}_{\mathrm{R}} = \boldsymbol{0}$. Dabei soll $\boldsymbol{g}(\boldsymbol{x})$ stärker gegen $\boldsymbol{x} = \boldsymbol{0}$ streben als $|\boldsymbol{x}|$. Dies ist der Fall, wenn

$$\lim_{|\boldsymbol{x}|\to 0} \frac{\boldsymbol{g}(\boldsymbol{x})}{|\boldsymbol{x}|} = \boldsymbol{0}$$

gilt.

Diese Klasse nichtlinearer Systeme (2.15) ist deshalb so interessant, weil man ein nichtlineares System

$$\dot{\boldsymbol{x}} = \boldsymbol{f}(\boldsymbol{x})$$

in eine Taylor-Reihe entwickeln

$$\dot{\boldsymbol{x}} = \boldsymbol{f}(\boldsymbol{x}) = \underbrace{\boldsymbol{f}(\boldsymbol{0})}_{\boldsymbol{0}} + \underbrace{\left.\frac{\partial \boldsymbol{f}}{\partial \boldsymbol{x}}\right|_{\boldsymbol{x}=\boldsymbol{0}}}_{\boldsymbol{A}} \boldsymbol{x} + \boldsymbol{g}(\boldsymbol{x})$$

und dadurch in die Form (2.15) bringen kann. Es lässt sich dann mittels der Ljapunov'schen Stabilitätstheorie folgender Satz beweisen, den man auch als *Ljapunovs Methode der ersten Näherung*[2] oder *indirekte Methode von Ljapunov* bezeichnet.

Satz 11 (Indirekte Methode von Ljapunov). *Das System*

$$\dot{\boldsymbol{x}} = \boldsymbol{A}\boldsymbol{x} + \boldsymbol{g}(\boldsymbol{x})$$

besitze in $\boldsymbol{x} = \boldsymbol{0}$ eine Ruhelage. Es gelte ferner

(1) $\boldsymbol{g}(\boldsymbol{x})$ ist stetig,
(2) $\boldsymbol{g}(\boldsymbol{x})$ ist so beschaffen, dass jeder Anfangswert in einer Umgebung von $\boldsymbol{x} = \boldsymbol{0}$ zu einer stetigen, eindeutigen Trajektorie führt,
(3) $\displaystyle\lim_{|\boldsymbol{x}|\to 0} \frac{\boldsymbol{g}(\boldsymbol{x})}{|\boldsymbol{x}|} = \boldsymbol{0}$.

Ist dann $\boldsymbol{A}$ stabil, so ist die Ruhelage $\boldsymbol{x}_{\mathrm{R}} = \boldsymbol{0}$ asymptotisch stabil. Falls $\boldsymbol{A}$ instabil ist, ist die Ruhelage instabil. Falls $\boldsymbol{A}$ keine Eigenwerte λ_i mit positivem Realteil, aber mindestens einen mit $\mathrm{Re}\{\lambda_i\} = 0$ besitzt, dann ist die Ruhelage je nach Gestalt von $\boldsymbol{g}$ stabil oder instabil. Ist $\boldsymbol{A}$ stabil, so existiert immer eine Ljapunov-Funktion

$$V(\boldsymbol{x}) = \boldsymbol{x}^T \boldsymbol{R} \boldsymbol{x}$$

für $\dot{\boldsymbol{x}} = \boldsymbol{A}\boldsymbol{x} + \boldsymbol{g}(\boldsymbol{x})$, deren Matrix $\boldsymbol{R}$ sich aus

$$\boldsymbol{A}^T \boldsymbol{R} + \boldsymbol{R}\boldsymbol{A} = -\boldsymbol{Q}$$

mit beliebigem positiv definiten $\boldsymbol{Q}$ ergibt.

[2] Die Methode der ersten Näherung ist nicht identisch mit der hier nicht behandelten *ersten Methode von Ljapunov*. Bei Letzterer basiert die Stabilitätsanalyse auf der Kenntnis der Systemlösungen.

Der letzte Satz ist von außerordentlicher Bedeutung. Denn er besagt, dass man das Stabilitätsverhalten der Ruhelage $\boldsymbol{x}_{\mathrm{R}} = \boldsymbol{0}$ einer großen Klasse nichtlinearer Systeme anhand der zugehörigen linearisierten Systeme untersuchen kann.

2.3.6 Einzugsgebiete

Bisher wurde eine Ruhelage auf ihre Stabilität hin untersucht. Für die Praxis ist aber nicht nur von Bedeutung, ob eine Ruhelage stabil ist. Sondern es interessiert uns auch die größte Umgebung der Ruhelage, in der alle Trajektorien, die in dieser Umgebung beginnen, in die Ruhelage streben. Diese Umgebung nennt man *maximales Einzugsgebiet* oder *Attraktionsgebiet* der Ruhelage. In Bild 2.54 ist dieses Gebiet für das Beispielsystem aus Abschnitt 2.3.2 skizziert. Die Linie bzw. im Höherdimensionalen die Fläche, die stabile Trajektorienverläufe von instabilen trennt, bezeichnet man als *Separatrix*. In Bild 2.54 ist die Separatrix durch den Rand des maximalen Einzugsgebiets gegeben, der durch die instabile Ruhelage

$$\boldsymbol{x}_{\mathrm{R2}} = [1 \;\; 1]^T$$

verläuft.

Ist das maximale Einzugsgebiet einer stabilen Ruhelage sehr klein, so ist die Ruhelage praktisch als instabil anzusehen. Der Nachweis der Stabilität einer Ruhelage ist in der Praxis also nicht ausreichend. Vielmehr muss man auch die Umgebung der Ruhelage betrachten und das maximale Einzugsgebiet muss so groß sein, dass alle interessierenden Trajektorien in ihm starten.

Im Allgemeinen kann man das maximale Einzugsgebiet einer Ruhelage nicht analytisch bestimmen. Es lassen sich aber Teilgebiete des maximalen

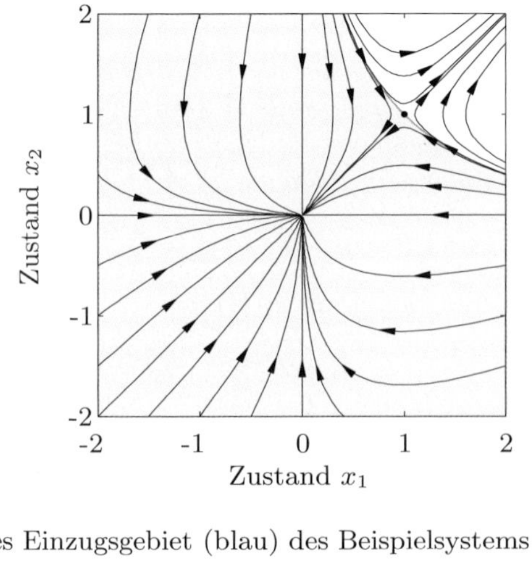

Bild 2.54: Maximales Einzugsgebiet (blau) des Beispielsystems aus Abschnitt 2.3.2.

Einzugsgebietes ermitteln, wenn man eine Ljapunov-Funktion bestimmt hat. Ein solches Teilgebiet ist dann ein Einzugsgebiet[3], d. h., alle in ihm startenden Trajektorien verlassen das Gebiet nie wieder und streben in die Ruhelage $\boldsymbol{x}_{\mathrm{R}} = \mathbf{0}$. Umgrenzt sind solche Einzugsgebiete z. B. durch die Höhenlinien einer Ljapunov-Funktion. Genauer gilt

Satz 12 (Einzugsgebiet). *Ist $V(\boldsymbol{x})$ eine Ljapunov-Funktion für das System $\dot{\boldsymbol{x}} = \boldsymbol{f}(\boldsymbol{x})$ mit der Ruhelage $\boldsymbol{x}_{\mathrm{R}} = \mathbf{0}$, dann ist das Gebiet*

$$G = \{\boldsymbol{x} \in \mathbb{R}^n \mid V(\boldsymbol{x}) < c\},$$

falls es beschränkt ist, ein Einzugsgebiet der Ruhelage $\boldsymbol{x}_{\mathrm{R}} = \mathbf{0}$, wenn überall in G

$$\dot{V}(\boldsymbol{x}) < 0$$

gilt.

Ohne Einschränkung der Allgemeinheit können wir die offene Menge G des Satzes 12 auch durch eine abgeschlossene Menge

$$G = \{\boldsymbol{x} \in \mathbb{R} \mid V(\boldsymbol{x}) \leq c\}$$

ersetzen. Satz 12 behält dabei seine Gültigkeit.

Ein Einzugsgebiet G mit den oben genannten Eigenschaften wird gemeinhin als *Ljapunov-Gebiet* bezeichnet. Die Forderung $\dot{V}(\boldsymbol{x}) < 0$ sichert, dass V entlang aller Trajektorien abnimmt. Also müssen, wie aus Bild 2.51 ersichtlich, alle Trajektorien in das Gebiet G laufen. Da auch dort überall $\dot{V}(\boldsymbol{x}) < 0$ gilt und G beschränkt ist, streben sie auch nach null.

Die Forderung, dass das Gebiet G beschränkt sein soll, ist wesentlich. Ist sie nicht erfüllt, so ist G nicht zwingend ein Einzugsgebiet, wie folgendes Beispiel zeigt. Wir betrachten als Ljapunov-Funktion

$$V(\boldsymbol{x}) = \frac{x_1^2}{1 + x_1^2} + 2x_2^2. \tag{2.16}$$

Die Funktion ist nicht unbegrenzt, d. h., es gilt nicht $V(\boldsymbol{x}) \to \infty$ für $|\boldsymbol{x}| \to \infty$, und somit existieren auch Gebiete

$$G = \left\{ \boldsymbol{x} \in \mathbb{R}^2 \middle| \, V(\boldsymbol{x}) < c \right\},$$

die nicht beschränkt sind. D. h., die Höhenlinien sind nicht in jedem Fall geschlossen, sondern laufen für Werte $c \geq 1$ ins Unendliche. In Bild 2.55 sind der Graph und die Höhenlinien dieser Funktion dargestellt.

Es existieren nun Systeme mit $\boldsymbol{x} = \mathbf{0}$ als Ruhelage, für die $\dot{V}(\boldsymbol{x}) < 0$ überall in $\mathbb{R}^n \backslash \{\mathbf{0}\}$ gilt und bei denen Trajektorien sich entlang einer Höhenlinie

[3] Im Englischen ist der Begriff *contractive (positively) invariant set* üblich. Im Deutschen wird dagegen selten der Begriff *kontraktive (positiv) invariante Menge* verwendet.

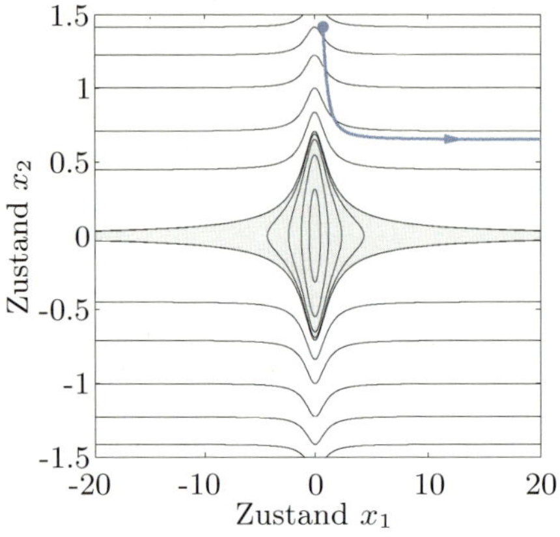

Bild 2.55: Höhenlinien von $V(\boldsymbol{x})$. Das Gebiet mit geschlossenen Höhenlinien ist grau, eine instabile Trajektorie des Systems (2.17) blau dargestellt.

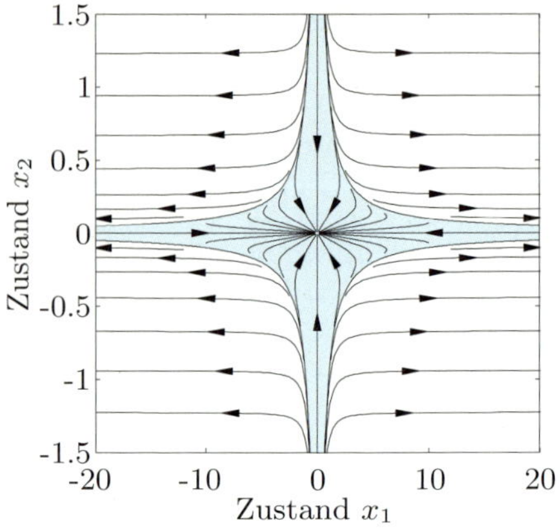

Bild 2.56: Trajektorienverläufe $\boldsymbol{x}(t)$ des Systems (2.17). Das Einzugsgebiet $G_{\max}$ ist blau dargestellt. Alle Trajektorien außerhalb von $G_{\max}$ sind instabil.

von $V(\boldsymbol{x})$ mit $c > 1$ ins Unendliche davonstehlen können, obwohl entlang der Trajektorie ja $\dot{V}(\boldsymbol{x}) < 0$ gilt. Bild 2.55 zeigt eine solche Trajektorie. Offensichtlich ist G dann kein Einzugsgebiet der Ruhelage $\boldsymbol{x}_{\mathrm{R}} = \mathbf{0}$.

Ein solches System [27] ist

$$\begin{aligned} \dot{x}_1 &= -x_1 + 2x_1^3 x_2^2, \\ \dot{x}_2 &= -x_2. \end{aligned} \tag{2.17}$$

Seine Trajektorien zeigt Bild 2.56. Für dieses System mit der einzigen Ruhelage $\boldsymbol{x}_{\mathrm{R}} = \mathbf{0}$ gilt in der Tat mit der Ljapunov-Funktion (2.16)

$$\dot{V}(\boldsymbol{x}) = -\frac{2x_1^2 + 4x_2^2\left(1 + 2x_1^2\right)}{\left(1 + x_1^2\right)^2} < 0$$

für alle $\boldsymbol{x} \in I\!R^2 \backslash \{\mathbf{0}\}$. Die Ruhelage $\boldsymbol{x}_{\mathrm{R}} = \mathbf{0}$ ist also asymptotisch stabil. Sie ist aber, wie wir gleich sehen werden, nicht global asymptotisch stabil. Man beachte, dass Letzteres mit der Ljapunov-Funktion (2.16) auch nicht nachweisbar ist, weil sie nicht radial unbeschränkt ist. Radiale Unbeschränktheit ist aber eine notwendige Eigenschaft von V für den Nachweis globaler Stabilität, wie in Gl. (2.9) gefordert.

Die Lösungen des Systems (2.17) lauten

$$\begin{aligned} x_1(t) &= \frac{x_{10}e^t}{\sqrt{x_{10}^2 x_{20}^2 + \left(1 - x_{10}^2 x_{20}^2\right) e^{4t}}}, \\ x_2(t) &= x_{20}e^{-t} \end{aligned} \tag{2.18}$$

mit $x_{10} = x_1(0)$ und $x_{20} = x_2(0)$. Hieraus ist direkt ersichtlich, dass $\boldsymbol{x}(t)$ für $x_{10}^2 x_{20}^2 < 1$ stabil in die Ruhelage $\boldsymbol{x}_\mathrm{R} = \mathbf{0}$ läuft und für $x_{10}^2 x_{20}^2 \geq 1$ ins Unendliche strebt. Die Anfangswerte, welche die Gleichung $x_{10}^2 x_{20}^2 = 1$, d. h.

$$x_{20} = \pm \frac{1}{x_{10}},$$

erfüllen, bilden die Separatrix. Auf ihr ist die Grenze zwischen stabilen und instabilen Trajektorien. Die Trajektorien auf der Separatrix selbst sind instabil und durch

$$\begin{aligned} x_1(t) &= x_{10} e^{t}, \\ x_2(t) &= x_{20} e^{-t} \end{aligned}$$

gegeben. Im Fall $x_{10}^2 x_{20}^2 > 1$ laufen die Trajektorien in endlicher Zeit ins Unendliche. Denn der Nenner in Gl. (2.18) wird in diesem Fall für eine endliche Zeit identisch null und damit x_1 unendlich groß.

Das maximale Einzugsgebiet ist also durch

$$G_\mathrm{max} = \left\{ \boldsymbol{x} \in I\!R^2 \mid x_1^2 x_2^2 < 1 \right\}$$

gegeben. Bild 2.56 illustriert außer den Trajektorienverläufen $\boldsymbol{x}(t)$ auch das Gebiet G_max, dessen Rand die Separatrix des Systems bildet. In Bild 2.55 ist darüber hinaus die instabile Trajektorie, die in $x_{10} = x_{20} = 1.5$ startet, dargestellt. Sie illustriert, wie erwähnt, dass $V(\boldsymbol{x})$ entlang der Trajektorie abnimmt und diese trotzdem ins Unendliche entschwindet.

2.3.7 Beispiel Mutualismus

Wir betrachten ein dynamisches System aus der Ökologie. In ökologischen Systemen existieren verschiedene, teilweise ganz unterschiedliche Abhängigkeiten zwischen den Arten. Am bekanntesten sind Räuber-Beute-Beziehungen, die oft durch die Lotka-Volterra-Gleichungen modelliert werden. Auch Wechselwirkungen zwischen zwei Arten, bei denen beide Arten Nutzen aus der Beziehung ziehen, werden durch Differenzialgleichungen beschrieben, die eng mit den Lotka-Volterra-Gleichungen verwandt sind. Solch ein für beide Arten nützliches Zusammenleben bezeichnet man als Mutualismus.

Ein Beispiel hierfür ist der in Bild 2.57 dargestellte Mutualismus zwischen Clownfisch (Amphiprion ocellaris) und Prachtanemone (Heteractis magnifica). Zum einen schützt die Anemone den Clownfisch mittels ihrer giftigen Nesselzellen gegen Fressfeinde, zum anderen verteidigt auch der Clownfisch die Anemone gegen Fressfeinde, z. B. Feilenfische. Ein weiteres Beispiel ist der Mutualismus zwischen Mensch und Weizen. Modelliert wird ein solcher Mutualismus durch die Systemgleichungen

$$\begin{aligned} \dot{x}_1 &= a x_1 - c x_1^2 + e x_1 x_2, \\ \dot{x}_2 &= b x_2 - d x_2^2 + f x_1 x_2, \end{aligned} \tag{2.19}$$

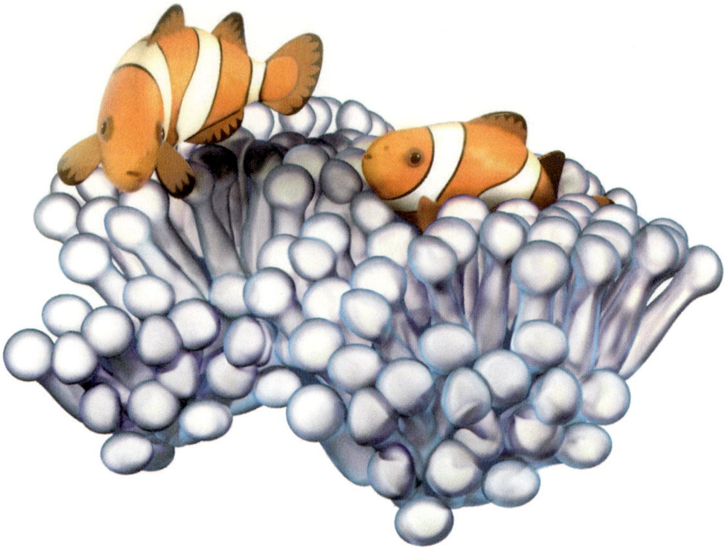

Bild 2.57: Mutualismus zwischen Clownfisch und Anemone.

in denen x_1 die Individuenzahl der einen Art und x_2 die der anderen darstellt. Die Werte a, b, c, d, e und f sind konstante Parameter.

Die Gleichungsanteile $\dot{x}_1 = ax_1$ und $\dot{x}_2 = bx_2$ in Gl. (2.19) beschreiben lineare Wachstumsgesetze, bei denen die Populationen umso stärker wachsen, je größer sie sind. Der Term $-cx_1^2$ dagegen hemmt das Wachstum der Population x_1 mit zunehmender Populationsgröße, z. B. aufgrund von Nahrungskonkurrenz innerhalb der eigenen Art. Dies wird auch als intraspezifische Konkurrenz bezeichnet. Der Term $-dx_2^2$ hat die gleiche Wirkung. Die Anteile ex_1x_2 und fx_1x_2 bewirken eine gegenseitige Förderung des Wachstums beider Populationen. Diese beiden Anteile beschreiben also den Mutualismus innerhalb des Systems.

Das Modell besitzt die Ruhelagen

$$\boldsymbol{x}_{\mathrm{R1}} = \begin{bmatrix} 0 \\ 0 \end{bmatrix}, \quad \boldsymbol{x}_{\mathrm{R2}} = \begin{bmatrix} a/c \\ 0 \end{bmatrix}, \quad \boldsymbol{x}_{\mathrm{R3}} = \begin{bmatrix} 0 \\ b/d \end{bmatrix}.$$

Ist des Weiteren die Ungleichung $ef < cd$ erfüllt, so existiert eine vierte Ruhelage bei

$$\boldsymbol{x}_{\mathrm{R4}} = \begin{bmatrix} \dfrac{be + ad}{cd - ef} \\ \dfrac{bc + af}{cd - ef} \end{bmatrix},$$

die durch den Mutualismus verursacht wird. Für den Fall $ef > cd$ existiert diese Ruhelage nicht, denn dann ist der Mutualismus viel stärker als die intraspezifische Konkurrenz und die Populationen x_1 und x_2 wachsen ins Unendliche.

Wir betrachten den speziellen Fall

$$\begin{aligned}\dot{x}_1 &= x_1 - 10^{-3}x_1^2 + 0.5 \cdot 10^{-3}x_1x_2,\\ \dot{x}_2 &= x_2 - 10^{-3}x_2^2 + 0.5 \cdot 10^{-3}x_1x_2\end{aligned} \tag{2.20}$$

mit den Ruhelagen

$$\boldsymbol{x}_{\mathrm{R1}} = \begin{bmatrix}0\\0\end{bmatrix}, \quad \boldsymbol{x}_{\mathrm{R2}} = \begin{bmatrix}1000\\0\end{bmatrix}, \quad \boldsymbol{x}_{\mathrm{R3}} = \begin{bmatrix}0\\1000\end{bmatrix}, \quad \boldsymbol{x}_{\mathrm{R4}} = \begin{bmatrix}2000\\2000\end{bmatrix}.$$

Bild 2.58 zeigt beispielhaft die Trajektorienverläufe dieses ökologischen Systems.

Uns interessiert insbesondere die Ruhelage $\boldsymbol{x}_{\mathrm{R4}}$ des Mutualismus. Um ihre Stabilität nachzuweisen, transformieren wir $\boldsymbol{x}_{\mathrm{R4}}$ zuerst mittels

$$\boldsymbol{x} = \boldsymbol{z} + \boldsymbol{x}_{\mathrm{R4}}$$

in den Ursprung und erhalten für das System (2.20) nach der Transformation

$$\begin{aligned}\dot{z}_1 &= (z_1 + 2000) - 10^{-3}(z_1 + 2000)^2 + 0.5 \cdot 10^{-3}(z_1 + 2000)(z_2 + 2000),\\ \dot{z}_2 &= (z_2 + 2000) - 10^{-3}(z_2 + 2000)^2 + 0.5 \cdot 10^{-3}(z_1 + 2000)(z_2 + 2000).\end{aligned}$$

Die Trajektorienverläufe des transformierten Systems zeigt Bild 2.59.

Nun setzt man

$$V(\boldsymbol{z}) = z_1^2 + z_2^2$$

als Ljapunov-Funktion an und erhält

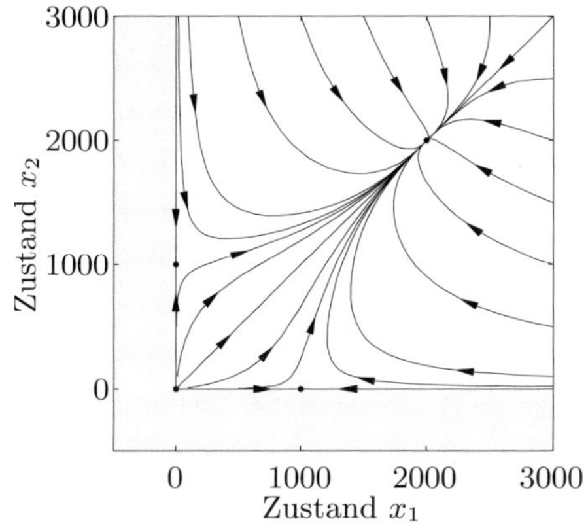

Bild 2.58: Trajektorien des mutualistischen Systems. Für negative Individuenzahlen x_1 und x_2 (blauer Bereich) existieren keine Trajektorien.

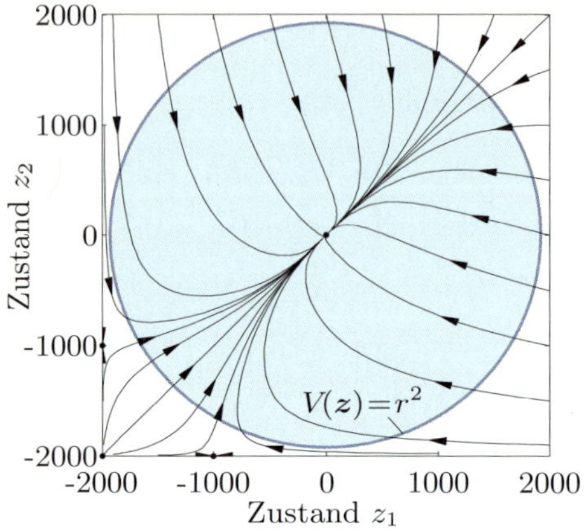

Bild 2.59: Kreisförmiges Einzugsgebiet (blau) der mutualistischen Ruhelage, die hier nach $\boldsymbol{z} = \boldsymbol{0}$ transformiert ist, mit dem Radius $r = 1924$.

$$
\begin{aligned}
\dot{V}(\boldsymbol{z}) &= 2z_1\dot{z}_1 + 2z_2\dot{z}_2 \\
&= -4(z_1^2 + z_2^2) - 2 \cdot 10^{-3}(z_1^3 + z_2^3) + 10^{-3}z_1z_2(z_1 + z_2) + 4z_1z_2.
\end{aligned} \tag{2.21}
$$

Um einfach feststellen zu können, wann $\dot{V}(\boldsymbol{z}) < 0$ gilt, formulieren wir zwei Polarkoordinaten

$$
\begin{aligned}
z_1 &= r\cos\varphi, \\
z_2 &= r\sin\varphi.
\end{aligned}
$$

Dabei ist r der Radius und φ der Winkel der Polarkoordinaten und r^2 entspricht außerdem dem Niveau einer Höhenlinie der Ljapunov-Funktion

$$
V(\boldsymbol{z}) = z_1^2 + z_2^2 = r^2.
$$

Somit folgt aus Gl. (2.21)

$$
\dot{V} = -\frac{r^2(16000 + 5r\cos\varphi + 3r\cos 3\varphi + 5r\sin\varphi - 8000\sin 2\varphi - 3r\sin 3\varphi)}{4000} < 0,
$$

was offensichtlich negativ ist, wenn

$$
16000 - 8000\sin 2\varphi + r(5\cos\varphi + 3\cos 3\varphi + 5\sin\varphi - 3\sin 3\varphi) > 0 \tag{2.22}
$$

gilt. Gl. (2.22) ist äquivalent zur Forderung

$$
\frac{1}{r} > \frac{3\sin 3\varphi - 3\cos 3\varphi - 5\cos\varphi - 5\sin\varphi}{8000(2 - \sin 2\varphi)},
$$

die sicher erfüllt ist, wenn

$$\frac{1}{r} > \max \frac{3\sin 3\varphi - 3\cos 3\varphi - 5\cos\varphi - 5\sin\varphi}{8000(2-\sin 2\varphi)} \approx \frac{1}{1924}$$

gilt.

Für alle Werte $r < 1924$, d. h. innerhalb des Kreises mit dem Radius $r = 1924$, ist $\dot{V}(\boldsymbol{z}) < 0$. Die Ruhelage $\boldsymbol{x}_{\mathrm{R4}}$ ist also stabil und der Kreis mit $r = 1924$ und seinem Mittelpunkt in $\boldsymbol{x}_{\mathrm{R4}}$ ist ein Ljapunov-Gebiet, d. h. ein Einzugsgebiet. Allerdings bildet dieses Ljapunov-Gebiet, wie aus Bild 2.59 ersichtlich, durchaus nicht das maximale kontraktive Einzugsgebiet. Letzteres besteht aus der gesamten positiven Zustandsebene. Die Koordinatenachsen gehören nicht zu diesem Einzugsgebiet, da die hier beginnenden Trajektorien in die nichtmutualistischen Ruhelagen streben.

2.3.8 Das Invarianzprinzip von LaSalle

Neben der direkten Methode von Ljapunov gibt es ein allgemeineres, weitreichendes Prinzip zur Untersuchung der Konvergenz von Lösungen einer Differenzialgleichung $\dot{\boldsymbol{x}} = \boldsymbol{f}(\boldsymbol{x})$, das Invarianzprinzip von LaSalle [169]. Es ist in gewisser Weise eine Verallgemeinerung der direkten Methode. Mit ihm sind wir nicht auf die Stabilitätsuntersuchung einer Ruhelage eingeschränkt, sondern es ermöglicht uns auch die gleichzeitige Betrachtung mehrerer Ruhelagen oder die Stabilitätsuntersuchung von Grenzzyklen.

Das Invarianzprinzip fußt auf sogenannten invarianten Mengen, die ähnlich wie Einzugsgebiete, von den Trajektorien, die in ihnen verlaufen, nie verlassen werden. Genauer legen wir das in den nächsten beiden Definitionen fest.

Definition 11 (Invariante Menge). *Eine Menge $\boldsymbol{G}$ heißt invariant bezüglich eines Systems $\dot{\boldsymbol{x}} = \boldsymbol{f}(\boldsymbol{x})$, wenn $\boldsymbol{x}(t) \in \boldsymbol{G}$ für alle $-\infty < t < \infty$ und für alle $\boldsymbol{x}(0) \in \boldsymbol{G}$ gilt.*

Definition 12 (Positiv invariante Menge). *Eine Menge $\boldsymbol{G}$ heißt positiv invariant bezüglich eines Systems $\dot{\boldsymbol{x}} = \boldsymbol{f}(\boldsymbol{x})$, wenn $\boldsymbol{x}(t) \in \boldsymbol{G}$ für $t \geq 0$ und für alle $\boldsymbol{x}(0) \in \boldsymbol{G}$ gilt.*

Die Trajektorien in invarianten Mengen verlaufen also in der Vergangenheit, $t < 0$, der Gegenwart, $t = 0$, und der Zukunft, $t > 0$, innerhalb der Menge. Sie laufen nicht in eine invariante Menge hinein, sondern befinden sich schon immer in ihr. Bei positiv invarianten Mengen können durchaus Trajektorien bei $t \leq 0$ in die Menge eintreten. Danach verlassen sie diese dann nicht mehr. Eine invariante oder positiv invariante Menge, bei der alle in ihr verlaufenden Trajektorien in eine Ruhelage laufen, ist ein Einzugsgebiet der Ruhelage. Ist beispielsweise V eine Ljapunov-Funktion für ein System $\dot{\boldsymbol{x}} = \boldsymbol{f}(\boldsymbol{x})$, so ist

$$\boldsymbol{G} = \{\boldsymbol{x} \in I\!R^n \mid V(\boldsymbol{x}) < c\}$$

eine positiv invariante Menge.

Invariante und positiv invariante Mengen nutzend formulieren wir [169]

Satz 13 (Invarianzprinzip von LaSalle). *Es seien ein System* $\dot{\boldsymbol{x}} = \boldsymbol{f}(\boldsymbol{x})$*, eine zugehörige kompakte, positiv invariante Menge* $\boldsymbol{\Omega}$ *und eine stetig differenzierbare Funktion* $V_{\text{LaSalle}}(\boldsymbol{x})$ *mit* $\dot{V}_{\text{LaSalle}}(\boldsymbol{x}) \leq 0$ *für alle* $\boldsymbol{x} \in \boldsymbol{\Omega}$ *gegeben. Ferner sei* $\boldsymbol{N}$ *die Menge aller Punkte* $\boldsymbol{x} \in \boldsymbol{\Omega}$ *mit* $\dot{V}_{\text{LaSalle}}(\boldsymbol{x}) = 0$ *und* $\boldsymbol{M}$ *die größte invariante Menge in* $\boldsymbol{N}$*, dann streben alle in* $\boldsymbol{\Omega}$ *beginnenden Lösungen* $\boldsymbol{x}(t)$ *gegen die Menge* $\boldsymbol{M}$ *für* $t \to \infty$*.*

Bild 2.60 illustriert die Mengen $\boldsymbol{\Omega}$, $\boldsymbol{N}$ und $\boldsymbol{M}$ sowie die LaSalle-Funktion V_{LaSalle}. Das Invarianzprinzip fordert nicht, dass die Funktion V_{LaSalle} positiv definit ist und $V_{\text{LaSalle}}(\boldsymbol{0}) = 0$ gilt, wie es bei der direkten Methode von Ljapunov der Fall ist. Allerdings ist der Ansatz einer positiv definiten Funktion V_{LaSalle} sinnvoll, denn dann ist

$$\boldsymbol{\Omega} = \{\boldsymbol{x} \in I\!R^n \mid V_{\text{LaSalle}}(\boldsymbol{x}) \leq c\}, \tag{2.23}$$

immer vorausgesetzt es gilt $\dot{V}_{\text{LaSalle}}(\boldsymbol{x}) \leq 0$, eine positiv invariante Menge des Systems. Man beachte, dass die Menge (2.23) zwar abgeschlossen ist, aber nicht zwingend beschränkt. Nur wenn sie sowohl abgeschlossen als auch beschränkt ist, ist sie kompakt. Da diese Eigenschaft in Satz 13 gefordert wird, müssen wir die Menge (2.23) also immer zusätzlich auf ihre Beschränktheit prüfen.

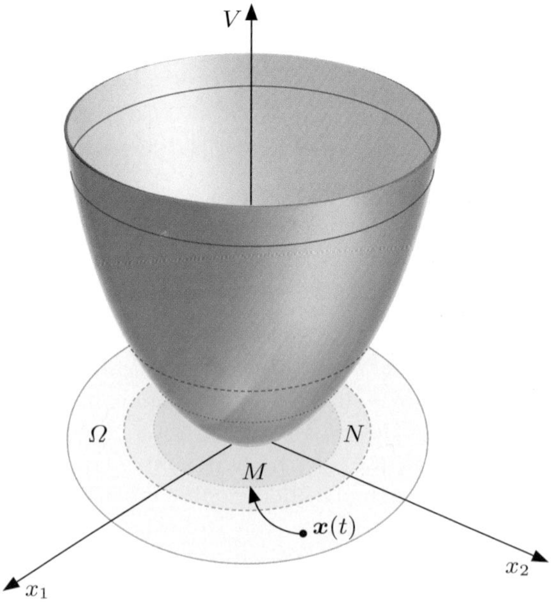

Bild 2.60: Die Funktion V, die positiv invariante Menge Ω, die Menge N und die invariante Menge M, gegen die die Trajektorie $\boldsymbol{x}(t)$ strebt.

Ein Sonderfall des Invarianzprinzips liegt dann vor, wenn nur die Lösung $\boldsymbol{x}(t) = \mathbf{0} \in \boldsymbol{\Omega}$ die Gleichung $\dot{V}_{\text{LaSalle}}(\boldsymbol{x}) = 0$ erfüllt, d. h.

$$\boldsymbol{N} = \{\mathbf{0}\}$$

gilt, und sonst überall $\dot{V}_{\text{LaSalle}}(\boldsymbol{x}) < 0$ ist. Offensichtlich ist die triviale Lösung $\boldsymbol{x}(t) = \mathbf{0}$ der Differenzialgleichung dann auch die größte invariante Menge, d. h.

$$\boldsymbol{M} = \boldsymbol{N} = \{\mathbf{0}\}.$$

Folglich ist $\boldsymbol{x} = \mathbf{0}$ eine asymptotisch stabile Ruhelage, denn alle Trajektorien streben nach null. Dieser Sonderfall bildet gerade die direkte Methode Ljapunovs, wenn wir von positiv definiten Funktionen V_{LaSalle} ausgehen.

Und auch der Satz von Barbashin und Krasovskii, Satz 9, ist ein Sonderfall des Invarianzprinzips. Denn in diesem Satz ist $\boldsymbol{M} = \{\mathbf{0}\}$, wenn auch in der Regel nicht $\boldsymbol{N} = \{\mathbf{0}\}$ gilt.

Als ein weiteres Beispiel betrachten wir den Grenzzyklus des Systems

$$\begin{aligned} \dot{x}_1 &= -x_2 + x_1(1 - x_1^2 - x_2^2), \\ \dot{x}_2 &= x_1 + x_2(1 - x_1^2 - x_2^2), \end{aligned} \tag{2.24}$$

der durch den Einheitskreis

$$x_1^2 + x_2^2 = 1 \tag{2.25}$$

gegeben ist. Er ist in Bild 2.61 dargestellt. Dass der Einheitskreis ein Grenzzyklus des Systems ist, können wir zeigen, indem wir Gl. (2.25) in Gl. (2.24) einsetzen. Wir erhalten so für die Ableitungen von x_1 und x_2 auf dem Einheitskreis

$$\begin{aligned} \dot{x}_1 &= -x_2, \\ \dot{x}_2 &= x_1. \end{aligned} \tag{2.26}$$

Dass der Einheitskreis eine geschlossene Trajektorie ist, können wir nun mittels der Normalenvektoren

$$\boldsymbol{n} = \frac{\partial(x_1^2 + x_2^2)}{\partial \boldsymbol{x}} = 2\begin{bmatrix} x_1 \\ x_2 \end{bmatrix}, \; \boldsymbol{x} \in \left\{\boldsymbol{x} \in I\!R^n \mid x_1^2 + x_2^2 = 1\right\},$$

des Kreises, d. h. den Vektoren, die senkrecht auf dem Kreisrand stehen, feststellen. Denn es gilt unter Nutzung von Gl. (2.26)

$$\boldsymbol{n}^T \dot{\boldsymbol{x}} = 0,$$

so dass $\dot{\boldsymbol{x}}$ senkrecht auf $\boldsymbol{n}$ steht und folglich der Kreis eine Trajektorie bildet. Der Einheitskreis ist also im vorliegenden Beispiel eine invariante Menge.

Wir wählen zur Bestimmung der Mengen $\boldsymbol{\Omega}$, $\boldsymbol{N}$ und $\boldsymbol{M}$ die Funktion

$$V_{\text{LaSalle}}(\boldsymbol{x}) = (x_1^2 + x_2^2 - 1)^2,$$

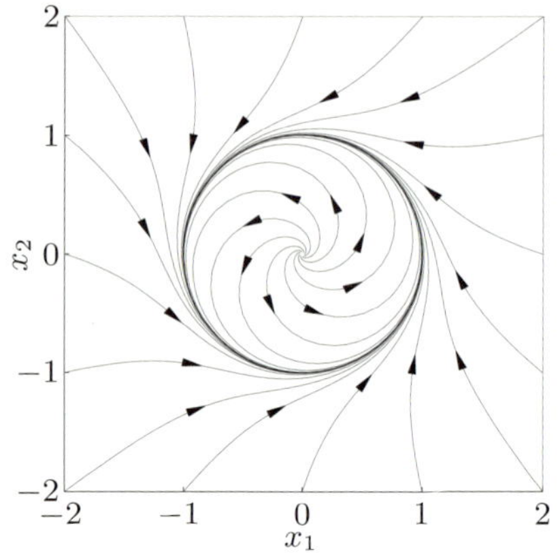

Bild 2.61: Trajektorien und Grenzzyklus des Systems (2.24).

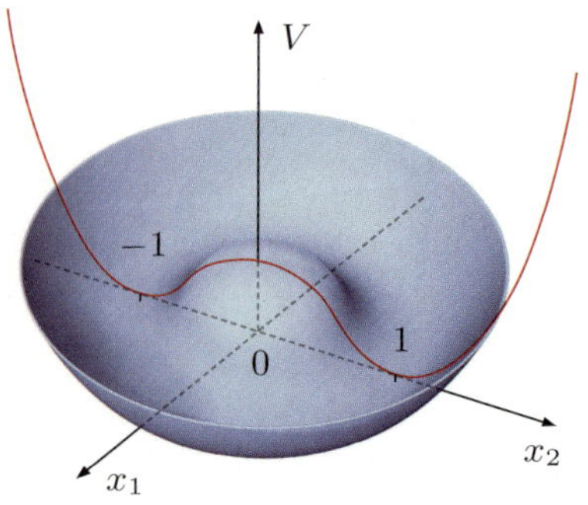

Bild 2.62: Verlauf der LaSalle-Funktion $V_{\text{LaSalle}}(\boldsymbol{x}) = (x_1^2 + x_2^2 - 1)^2$.

für die $V_{\text{LaSalle}}(\boldsymbol{x}) \geq 0$, aber nicht $V_{\text{LaSalle}}(\boldsymbol{0}) = 0$, sondern

$$V_{\text{LaSalle}}(\boldsymbol{x}) = 0 \quad \text{für alle} \quad \boldsymbol{x} \in \{\boldsymbol{x} \in I\!R^n \mid x_1^2 + x_2^2 - 1 = 0\}$$

gilt. Die Funktion V_{LaSalle}, in Bild 2.62 dargestellt, hat ihre Minima auf dem Einheitskreis. Ferner gilt

$$\dot{V}_{\text{LaSalle}}(\boldsymbol{x}) = -4(x_1^2 + x_2^2)(x_1^2 + x_2^2 - 1)^2.$$

Auf dem Einheitskreis und in $\boldsymbol{x} = \boldsymbol{0}$ ist $\dot{V}_{\text{LaSalle}}(\boldsymbol{x}) = 0$. Wir schließen den Punkt $\boldsymbol{x} = \boldsymbol{0}$ aus unseren Betrachtungen aus. Somit erhalten wir die Mengen

$$\begin{aligned}
\boldsymbol{\Omega} &= \{\boldsymbol{x} \in I\!R^n \mid V_{\text{LaSalle}}(\boldsymbol{x}) = (x_1^2 + x_2^2 - 1)^2 \leq 1 - \varepsilon\}, \quad 1 \gg \varepsilon > 0, \\
\boldsymbol{N} &= \{\boldsymbol{x} \in I\!R^n \mid x_1^2 + x_2^2 = 1\}, \\
\boldsymbol{M} &= \boldsymbol{N},
\end{aligned}$$

wobei ε eine beliebig kleine positive Zahl ist.

Jede Trajektorie $\boldsymbol{x}(t)$, die außerhalb von $\boldsymbol{N}$ startet, konvergiert also in ihrem weiteren Verlauf gegen die Menge $\boldsymbol{M} = \boldsymbol{N}$, d. h. den Einheitskreis. Wir haben also bewiesen, dass der Einheitskreis ein stabiler Grenzzyklus ist.

2.3.9 Instabilitätskriterium

Alle betrachteten Methoden zur Stabilitätsanalyse haben den Nachweis der Stabilität einer Ruhelage zum Ziel. Gelingt der Stabilitätsnachweis nicht, so kann das darin begründet sein, dass die Stabilitätsanalysemethode nicht geeignet ist oder die Ruhelage instabil ist. Letzteres ist zwar ein trivialer Grund, aber oft kein direkt ersichtlicher.

Es kann also sinnvoll sein, eine Ruhelage auf Instabilität zu prüfen. Im Prinzip ist das möglich, indem man um $\boldsymbol{x}_\mathrm{R} = \boldsymbol{0}$ herum

$$\dot{V}(\boldsymbol{x}) = \dot{\boldsymbol{x}}^T \operatorname{grad} V(\boldsymbol{x}) > 0$$

nachweist. Wir formulieren passend hierzu folgenden Satz, sozusagen als Umkehrung des Stabilitätssatzes von Ljapunov.

Satz 14 (Instabilitätssatz). *Die Differenzialgleichung $\dot{\boldsymbol{x}} = \boldsymbol{f}(\boldsymbol{x})$ mit der Ruhelage $\boldsymbol{x}_\mathrm{R} = \boldsymbol{0}$ besitze für jeden Anfangswert aus einer Umgebung $U_1(\boldsymbol{0})$ des Ursprungs eine stetige und eindeutige Lösung. Existiert dann eine Funktion $V(\boldsymbol{x})$ mit*

(1) $V(\boldsymbol{0}) = 0$,

die in einer Umgebung $U_2(\boldsymbol{0}) \subseteq U_1(\boldsymbol{0})$ stetig ist, stetige partielle Ableitungen besitzt und dort mit Ausnahme von $\boldsymbol{x} = \boldsymbol{0}$ die Bedingungen

(2) $V(\boldsymbol{x}) > 0$,
(3) $\dot{V}(\boldsymbol{x}) > 0$

erfüllt, so ist die Ruhelage $\boldsymbol{x}_\mathrm{R} = \boldsymbol{0}$ instabil.

Bild 2.63 illustriert die Aussagen des obigen Satzes. Mit diesem Satz kann man allerdings nicht die Instabilität einer Ruhelage nachweisen, wenn es außer Trajektorien, die von der Ruhelage weglaufen, auch Trajektorien gibt, die in diese Ruhelage einlaufen. Sätze, die eine entsprechende Untersuchung erlauben, finden sich in der weiterführenden Literatur [105, 253]. Sie werden in der Praxis allerdings selten verwendet.

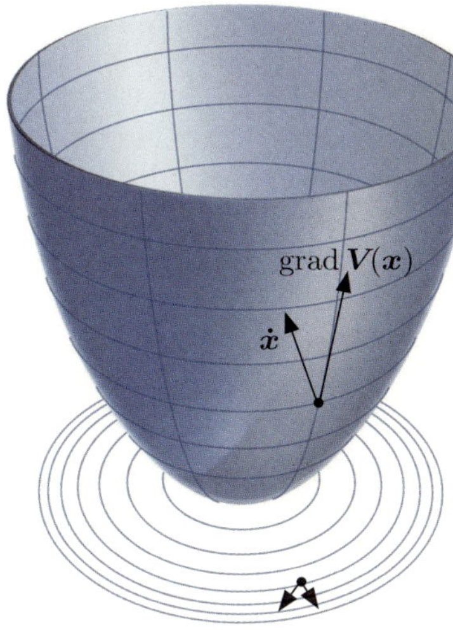

Bild 2.63: Veranschaulichung der Gleichung $\dot{V}(\boldsymbol{x}) = \dot{\boldsymbol{x}}^T \operatorname{grad} V(\boldsymbol{x}) > 0$.

2.4 Passivität und Stabilität

2.4.1 Passive Systeme

Passive Systeme besitzen, wie der Name schon nahelegt, keine innere Energiequelle, wie z. B. eine Batterie, sondern sind nur von außen über ihre Eingänge anregbar. Um den Begriff der *Passivität* eines Systems genauer und anschaulich zu fassen, betrachten wir ein einfaches lineares System mit einer Spule L und einem Widerstand R, wie es Bild 2.64 zeigt.

Die Energiebilanz des Systems hat die Form

$$\underbrace{\int_0^t R \cdot i_{\mathrm{R}}^2(\tau) d\tau}_{\substack{\text{verbrauchte} \\ \text{Energie}}} + \underbrace{\frac{1}{2} L i_{\mathrm{L}}^2(t) - \frac{1}{2} L i_{\mathrm{L}}^2(0)}_{\substack{\text{gespeicherte} \\ \text{Energie}}} = \underbrace{\int_0^t u(\tau) i(\tau) d\tau}_{\substack{\text{zugeführte} \\ \text{Energie}}}.$$

Da die verbrauchte Energie immer positiv oder im idealen, aber nicht realen Fall null ist, gilt offensichtlich der Lehrsatz

$$\text{gespeicherte Energie} \ \leq \ \text{zugeführte Energie.}$$

Wenn wir für die gespeicherte Energie die Speicherfunktion

$$S(t) = \frac{1}{2} L i_{\mathrm{L}}^2(t)$$

einführen, so gilt mit $y = i$

$$S(t) - S(0) \leq \int_0^t u(\tau) y(\tau) d\tau.$$

Nun verallgemeinern wir obigen Lehrsatz, der besagt, dass die gespeicherte Energie immer kleiner oder gleich der zugeführten ist, auf beliebige Systeme, auch MIMO-Systeme

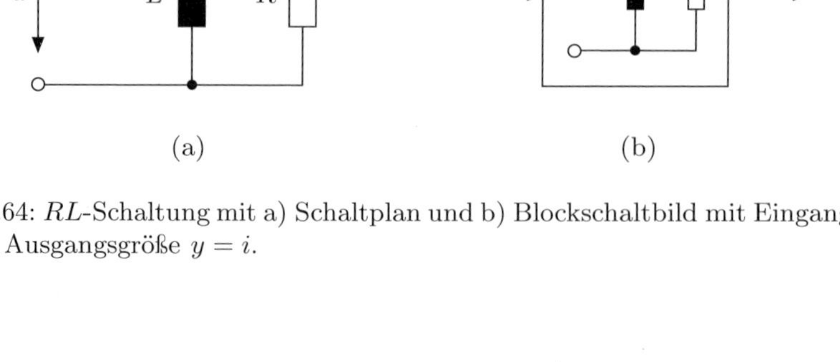

Bild 2.64: RL-Schaltung mit a) Schaltplan und b) Blockschaltbild mit Eingangsgröße u und Ausgangsgröße $y = i$.

$$\begin{aligned}\dot{\boldsymbol{x}} &= \boldsymbol{f}(\boldsymbol{x}, \boldsymbol{u}),\\ \boldsymbol{y} &= \boldsymbol{g}(\boldsymbol{x}, \boldsymbol{u})\end{aligned}$$

mit der Einschränkung $\dim(\boldsymbol{y}) = \dim(\boldsymbol{u})$. D. h., es gilt

$$S(\boldsymbol{x}(t)) - S(\boldsymbol{x}(0)) \leq \int_0^t \boldsymbol{u}^T \boldsymbol{y}\, d\tau, \tag{2.27}$$

wobei $S(\boldsymbol{x}(t))$ die gesamte im System enthaltene Energie beschreibt. Da diese positiv ist, ist S eine Funktion mit $S(\boldsymbol{x}) \geq 0$, wobei wir ohne Einschränkung der Allgemeinheit $S(\boldsymbol{0}) = 0$ annehmen können. Hierzu passt

Definition 13 (Positive und negative Semidefinitheit). *Eine Funktion $v(\boldsymbol{x})$ heißt positiv bzw. negativ semidefinit, wenn $v(\boldsymbol{x}) \geq 0$ bzw. $v(\boldsymbol{x}) \leq 0$ und $v(\boldsymbol{0}) = 0$. Gilt $v(\boldsymbol{x}) > 0$ bzw. $v(\boldsymbol{x}) < 0$ und $v(\boldsymbol{0}) = 0$, so heißt sie positiv bzw. negativ definit.*

Die Speicherfunktion S ist also zumindest positiv semidefinit. Ljapunov-Funktionen, die wir im vorherigen Kapitel kennengelernt haben und die, wie wir noch sehen werden, eng verwandt sind mit Speicherfunktionen, sind positiv definit.

Wir können uns nun von der Forderung, dass die Funktion S die Gesamtenergie des Systems beschreibt, lösen und S ganz allgemein als eine positiv semidefinite Funktion ansehen.

Die Ungleichung (2.27) lässt sich zu

$$\dot{S}(\boldsymbol{x}(t)) = \frac{\partial S}{\partial \boldsymbol{x}} \dot{\boldsymbol{x}} \leq \boldsymbol{u}^T \boldsymbol{y}$$

umformen, da Gl. (2.27) für alle $t \geq 0$ gelten muss. So kommen wir mit obigen Ergebnissen zu folgender Definition der Passivität, der strengen Passivität und der Verlustfreiheit.

Definition 14 (Passivität, strenge Passivität und Verlustfreiheit). *Gegeben sei ein System*

$$\begin{aligned}\dot{\boldsymbol{x}} &= \boldsymbol{f}(\boldsymbol{x}, \boldsymbol{u}),\\ \boldsymbol{y} &= \boldsymbol{g}(\boldsymbol{x}, \boldsymbol{u})\end{aligned}$$

mit $m = \dim(\boldsymbol{u}) = \dim(\boldsymbol{y})$. Wenn dann eine stetig differenzierbare, positiv semidefinite Funktion $S(\boldsymbol{x})$ und gegebenenfalls eine positiv definite Funktion $R(\boldsymbol{x})$ existieren, so dass für alle $\boldsymbol{x} \in \mathbb{R}^n$ und $\boldsymbol{u} \in \mathbb{R}^m$

- *$\dot{S}(\boldsymbol{x}) \leq \boldsymbol{u}^T \boldsymbol{y}$ gilt, dann heißt das System passiv,*
- *$\dot{S}(\boldsymbol{x}) + R(\boldsymbol{x}) \leq \boldsymbol{u}^T \boldsymbol{y}$ gilt, dann heißt das System streng passiv,*
- *$\dot{S}(\boldsymbol{x}) = \boldsymbol{u}^T \boldsymbol{y}$ gilt, dann heißt das System verlustfrei.*

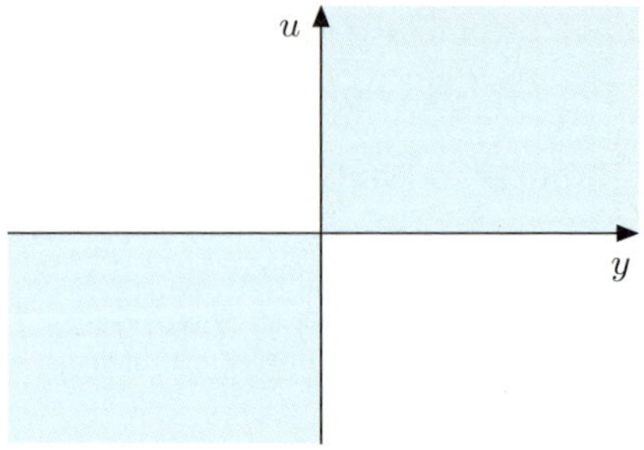

Bild 2.65: Kennlinienglieder, deren Kennlinien ausschließlich innerhalb des blau dargestellten Sektors verlaufen, sind passiv.

Aus der Definition folgt, dass sowohl streng passive als auch verlustfreie Systeme immer auch passiv sind.

Betrachten wir den Sonderfall eines statischen Systems

$$\boldsymbol{y} = \boldsymbol{g}(\boldsymbol{u}),$$

so entfällt die Differenzialgleichung in obiger Definition und damit auch der Zustandsvektor $\boldsymbol{x}$. In diesem Fall können wir $S(\boldsymbol{x})$ als unabhängig von $\boldsymbol{x}$, also als konstant ansehen. Somit gilt $\dot{S}(\boldsymbol{x}) = 0$ und ein statisches System, d. h. eine Kennlinie oder ein Kennfeld, ist passiv, wenn

$$0 \leq \boldsymbol{u}^T \boldsymbol{y}$$

gilt.

Für den Eingrößenfall vereinfacht sich diese Gleichung zu

$$0 \leq uy, \tag{2.28}$$

woraus unmittelbar

$$\operatorname{sgn}(u) = \operatorname{sgn}(y)$$

folgt. Alle Kennlinien, die Gl. (2.28) erfüllen, liegen also, wie es Bild 2.65 illustriert, im ersten und dritten Quadranten und verlaufen durch den Ursprung. Das Begrenzungsglied, die Totzone und das Dreipunktglied sind beispielsweise passiv.

2.4.2 Stabilität passiver Systeme

Die sehr enge Verwandtschaft der Speicherfunktion $S(\boldsymbol{x})$ in der Passivitätsdefinition 14 mit einer Ljapunov-Funktion des passiven Systems ist augenfällig. Setzt man nämlich $\boldsymbol{u} = \boldsymbol{0}$, was wir für eine Ruhelage in $\boldsymbol{x} = \boldsymbol{0}$ vorausgesetzt haben, so folgt aus der Definition 14 der Passivität

$$\dot{S}(\boldsymbol{x}) \leq 0.$$

Das ist gerade die zentrale Forderung des Satzes 8, des Stabilitätssatzes von Ljapunov, S. 85. Allerdings gibt es einen kleinen, aber wichtigen Unterschied: Die Speicherfunktion $S(\boldsymbol{x})$ der Passivitätsdefinition 14 muss nur positiv semidefinit sein, eine Ljapunov-Funktion muss positiv definit sein. Wenn wir Letzteres auch für die Speicherfunktion fordern, ist Satz 8 erfüllt und wir erhalten

Satz 15 (Stabilität passiver Systeme). *Ein passives System mit positiv definiter Speicherfunktion S besitzt in* $\boldsymbol{x} = \boldsymbol{0}$ *eine Ruhelage, die stabil im Sinne von Ljapunov ist.*

Ist die Speicherfunktion radial unbeschränkt, so ist die Ruhelage sogar global stabil im Sinne von Ljapunov. Ist die Speicherfunktion nicht positiv definit, so ist auch die Stabilität nicht sichergestellt. Ein passives System kann also durchaus instabil sein. Ein Beispiel hierfür ist das nichtbeobachtbare, instabile System

$$\begin{aligned}\dot{\boldsymbol{x}} &= \begin{bmatrix} -1 & 0 \\ 0 & 1 \end{bmatrix} \boldsymbol{x} + \begin{bmatrix} 1 \\ 0 \end{bmatrix} u, \\ y &= \begin{bmatrix} 1 & 0 \end{bmatrix} \boldsymbol{x},\end{aligned}$$

dessen nichtbeobachtbare Eigenbewegung $x_2(t)$ instabil ist. Eine positiv semidefinite Speicherfunktion für dieses System ist

$$S(\boldsymbol{x}) = \frac{1}{2} \boldsymbol{x}^T \begin{bmatrix} 1 & 0 \\ 0 & 0 \end{bmatrix} \boldsymbol{x}.$$

In diesem Fall ist die Passivitätsungleichung

$$\dot{S}(\boldsymbol{x}) = \boldsymbol{x}^T \begin{bmatrix} 1 & 0 \\ 0 & 0 \end{bmatrix} \dot{\boldsymbol{x}} = x_1 \dot{x}_1 = -x_1^2 + u x_1 \leq u y = u x_1,$$

also

$$-x_1^2 \leq 0,$$

erfüllt. Das System ist folglich passiv.

Nun kehren wir zurück zum Allgemeinen. Wenn wir unter Nutzung einer positiv definiten Speicherfunktion fordern, dass in der Menge

$$\{\boldsymbol{x} \in \mathbb{R}^n \mid \dot{S}(\boldsymbol{x}) = 0\}$$

keine Trajektorie $\boldsymbol{x}(t)$ außer $\boldsymbol{x}(t) = \boldsymbol{0}$ enthalten ist, so ist Satz 9, der Stabilitätssatz von Barbashin und Krasovskii, S. 87, erfüllt. Dann ist $\boldsymbol{x} = \boldsymbol{0}$ eine asymptotisch stabile Ruhelage und es gilt

Satz 16 (Asymptotische Stabilität passiver Systeme). *Ein passives System mit positiv definiter Speicherfunktion S besitzt in* $\boldsymbol{x} = \boldsymbol{0}$ *eine asymptotisch stabile Ruhelage, wenn keine Trajektorie* $\boldsymbol{x}(t)$ *außer* $\boldsymbol{x}(t) = \boldsymbol{0}$ *in der Menge* $\{\boldsymbol{x} \in \mathbb{R}^n \mid \dot{S}(\boldsymbol{x}) = 0\}$ *enthalten ist.*

Bei streng passiven Systemen gilt, ähnlich wie zuvor, mit $\boldsymbol{u} = \boldsymbol{0}$ die Ungleichung

$$\dot{S}(\boldsymbol{x}) + R(\boldsymbol{x}) \le 0.$$

Da die Funktion $R(\boldsymbol{x})$ positiv definit ist, können wir aus der zu

$$\dot{S}(\boldsymbol{x}) \le -R(\boldsymbol{x}) \tag{2.29}$$

umgestellten Gleichung folgern, dass zum einen $S(\boldsymbol{x})$ positiv definit ist. Denn wäre $S(\boldsymbol{x})$ nur positiv semidefinit, gäbe es Punkte $\boldsymbol{x} \neq \boldsymbol{0}$ mit $S(\boldsymbol{x}) = 0$. Solche Punkte sind bei einer positiv semidefiniten Funktion zwangsläufig Minima, d. h., in ihnen muss

$$\left(\frac{\partial S(\boldsymbol{x})}{\partial \boldsymbol{x}}\right)^T = \boldsymbol{0}$$

gelten. Letzteres ist aber ausgeschlossen, denn aufgrund von Gl. (2.29), d. h.

$$\dot{S}(\boldsymbol{x}) = \frac{\partial S(\boldsymbol{x})}{\partial \boldsymbol{x}}\dot{\boldsymbol{x}} \le -R(\boldsymbol{x}) < 0 \quad \text{für} \quad \boldsymbol{x} \neq \boldsymbol{0}, \tag{2.30}$$

folgt eine von null verschiedene Ableitung

$$\frac{\partial S(\boldsymbol{x})}{\partial \boldsymbol{x}}.$$

Es existiert außer in $\boldsymbol{x} = \boldsymbol{0}$ mit $S(\boldsymbol{0}) = 0$ also kein Minimum und S ist folglich positiv definit. Zum anderen folgt aus Gl. (2.30) auch aufgrund der positiven Definitheit von $R(\boldsymbol{x})$ die Ungleichung

$$\dot{S}(\boldsymbol{x}) < 0$$

für $\boldsymbol{x} \neq \boldsymbol{0}$. Somit sind die Bedingungen des Stabilitätssatzes von Ljapunov für asymptotische Stabilität erfüllt, die Speicherfunktion $S(\boldsymbol{x})$ ist eine Ljapunov-Funktion und wir erhalten

Satz 17 (Asymptotische Stabilität streng passiver Systeme). *Ein streng passives System besitzt in* $\boldsymbol{x} = \boldsymbol{0}$ *eine asymptotisch stabile Ruhelage.*

Ist auch hier die Speicherfunktion radial unbeschränkt, so ist die Ruhelage global asymptotisch stabil. Der Begriff der *strengen Passivität* beinhaltet gegenüber dem der *Passivität* noch die Eigenschaft der asymptotischen Stabilität der Ruhelage $\boldsymbol{x}_{\mathrm{R}} = \boldsymbol{0}$. Passivität sichert dagegen – die Existenz einer positiv definiten Speicherfunktion vorausgesetzt – nur deren Ljapunov-Stabilität.

2.4.3 Passivität verbundener Systeme

Verbindet man passive Systeme miteinander, so entstehen wieder passive Systeme. Wir wollen diesen Sachverhalt zuerst anhand von zwei parallelgeschalteten streng passiven Systemen untersuchen. Bild 2.66 illustriert die Parallelschaltung beider streng passiver Systeme und ihrer Ein- und Ausgangsgrößen.

Für die strenge Passivität der Einzelsysteme gilt

$$\dot{S}_i(\boldsymbol{x}_i) + R_i(\boldsymbol{x}_i) \leq \boldsymbol{u}_i^T \boldsymbol{y}_i, \qquad i = 1, 2. \tag{2.31}$$

Für ein streng passives Gesamtsystem muss es eine positiv semidefinite Speicherfunktion $S(\boldsymbol{x})$ und eine positiv definite Funktion $R(\boldsymbol{x})$ geben, so dass

$$\dot{S}(\boldsymbol{x}_i) + R(\boldsymbol{x}_i) \leq \boldsymbol{u}^T \boldsymbol{y} \tag{2.32}$$

erfüllt ist. Mit der Verschaltung nach Bild 2.66 und mit dem Ansatz

$$\begin{aligned} S(\boldsymbol{x}_i) &= S_1(\boldsymbol{x}_i) + S_2(\boldsymbol{x}_i), \\ R(\boldsymbol{x}_i) &= R_1(\boldsymbol{x}_i) + R_2(\boldsymbol{x}_i), \\ \boldsymbol{y} &= \boldsymbol{y}_1 + \boldsymbol{y}_2, \\ \boldsymbol{u} &= \boldsymbol{u}_1 = \boldsymbol{u}_2 \end{aligned}$$

folgt aus Gl. (2.32)

$$\dot{S}_1(\boldsymbol{x}_i) + R_1(\boldsymbol{x}_i) + \dot{S}_2(\boldsymbol{x}_i) + R_2(\boldsymbol{x}_i) \leq \boldsymbol{u}^T \boldsymbol{y} = \boldsymbol{u}_1^T \boldsymbol{y}_1 + \boldsymbol{u}_2^T \boldsymbol{y}_2.$$

Aufgrund von Gl. (2.31) ist diese Ungleichung ersichtlich erfüllt. Da obige Überlegungen auch für

$$R_1(\boldsymbol{x}_i) = 0 \quad \text{und} \quad R_2(\boldsymbol{x}_i) = 0,$$

also den Fall der Passivität, gelten, können wir folgenden Satz formulieren:

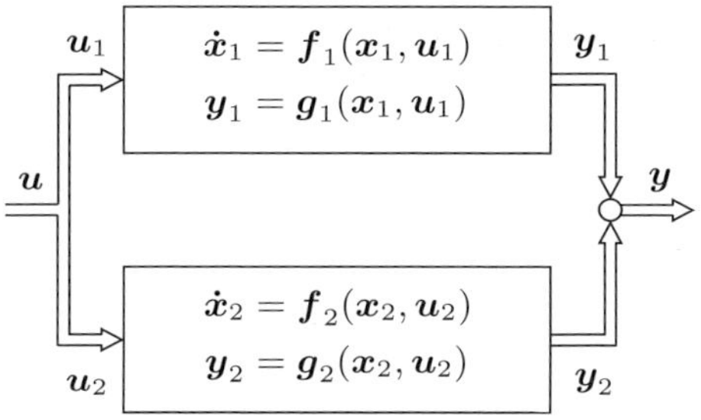

Bild 2.66: Parallelschaltung zweier passiver Systeme.

Satz 18 (Parallelschaltung passiver Systeme). *Es seien zwei (streng) passive Systeme*

$$\dot{\boldsymbol{x}}_1 = \boldsymbol{f}_1(\boldsymbol{x}_1, \boldsymbol{u}_1), \qquad \dot{\boldsymbol{x}}_2 = \boldsymbol{f}_2(\boldsymbol{x}_2, \boldsymbol{u}_2),$$
$$\boldsymbol{y}_1 = \boldsymbol{g}_1(\boldsymbol{x}_1, \boldsymbol{u}_1), \qquad \boldsymbol{y}_2 = \boldsymbol{g}_2(\boldsymbol{x}_2, \boldsymbol{u}_2)$$

gegeben. Ihre Parallelschaltung

$$\begin{aligned} \dot{\boldsymbol{x}}_1 &= \boldsymbol{f}_1(\boldsymbol{x}_1, \boldsymbol{u}), \quad \boldsymbol{u} = \boldsymbol{u}_1 = \boldsymbol{u}_2, \\ \dot{\boldsymbol{x}}_2 &= \boldsymbol{f}_2(\boldsymbol{x}_2, \boldsymbol{u}), \\ \boldsymbol{y} &= \boldsymbol{g}_1(\boldsymbol{x}_1, \boldsymbol{u}) + \boldsymbol{g}_2(\boldsymbol{x}_2, \boldsymbol{u}) \end{aligned}$$

ist ein (streng) passives System.

Auch die Reihenschaltung zweier passiver bzw. streng passiver Systeme ergibt wieder ein passives bzw. streng passives System.

Für die Regelungstechnik besonders interessant und wichtig sind Regelkreisstrukturen mit streng passiven Teilsystemen, wie sie Bild 2.67 darstellt.

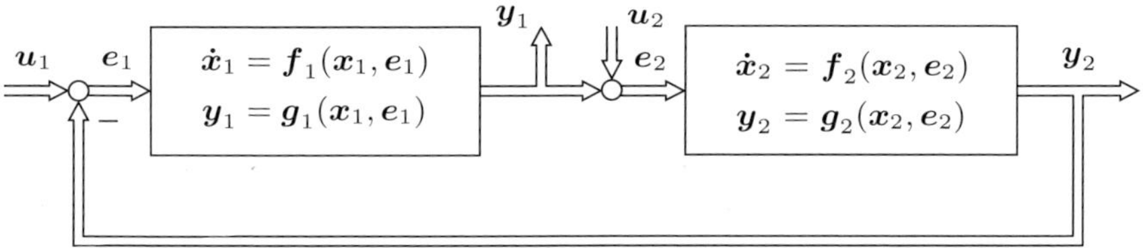

Bild 2.67: Regelkreis, bestehend aus zwei passiven Systemen.

Auch hier wollen wir strenge Passivität nachweisen für den Fall, dass die Teilsysteme streng passiv sind. Wir wählen als Speicherfunktion S des Gesamtsystems wieder die Summe $S(\boldsymbol{x}) = S_1(\boldsymbol{x}) + S_2(\boldsymbol{x})$ der Speicherfunktionen S_1 und S_2 der Teilsysteme und für die Funktion R entsprechend $R(\boldsymbol{x}) = R_1(\boldsymbol{x}) + R_2(\boldsymbol{x})$. Dann nimmt Gl. (2.32) mit

$$\begin{aligned} \boldsymbol{e}_1 &= \boldsymbol{u}_1 - \boldsymbol{y}_2, \\ \boldsymbol{e}_2 &= \boldsymbol{u}_2 + \boldsymbol{y}_1, \end{aligned} \qquad \boldsymbol{u} = \begin{bmatrix} \boldsymbol{u}_1 \\ \boldsymbol{u}_2 \end{bmatrix}, \qquad \boldsymbol{y} = \begin{bmatrix} \boldsymbol{y}_1 \\ \boldsymbol{y}_2 \end{bmatrix} \tag{2.33}$$

die Gestalt

$$\dot{S}_1(\boldsymbol{x}_1) + R_1(\boldsymbol{x}_1) + \dot{S}_2(\boldsymbol{x}_2) + R_2(\boldsymbol{x}_2) \le \boldsymbol{u}^T\boldsymbol{y} = \boldsymbol{u}_1^T\boldsymbol{y}_1 + \boldsymbol{u}_2^T\boldsymbol{y}_2$$

an. Mit Gl. (2.33) können wir dies zu

$$\dot{S}_1(\boldsymbol{x}_1) + R_1(\boldsymbol{x}_1) + \dot{S}_2(\boldsymbol{x}_2) + R_2(\boldsymbol{x}_2) \le (\boldsymbol{e}_1 + \boldsymbol{y}_2)^T\boldsymbol{y}_1 + (\boldsymbol{e}_2 - \boldsymbol{y}_1)^T\boldsymbol{y}_2 = \boldsymbol{e}_1^T\boldsymbol{y}_1 + \boldsymbol{e}_2^T\boldsymbol{y}_2 \tag{2.34}$$

umformen. Aufgrund der strengen Passivität der Teilsysteme, d. h. aufgrund von

$$\dot{S}_i(\boldsymbol{x}_i) + R_i(\boldsymbol{x}_i) \leq \boldsymbol{e}_i^T \boldsymbol{y}_i, \qquad i = 1, 2,$$

ist die Ungleichung (2.34) erfüllt und der Regelkreis ebenfalls streng passiv. Die Passivität des Regelkreises für den Fall zweier passiver Teilsysteme haben wir so auch gleich hergeleitet. Denn für diese Herleitung müssen wir nur $R_1(\boldsymbol{x}) = 0$ und $R_2(\boldsymbol{x}) = 0$ setzen.

Somit folgt

Satz 19 (Regelkreis mit passiven Teilsystemen). *Gegeben seien zwei (streng) passive Systeme*

$$\begin{aligned} \dot{\boldsymbol{x}}_1 &= \boldsymbol{f}_1(\boldsymbol{x}_1, \boldsymbol{e}_1), & \qquad \dot{\boldsymbol{x}}_2 &= \boldsymbol{f}_2(\boldsymbol{x}_2, \boldsymbol{e}_2), \\ \boldsymbol{y}_1 &= \boldsymbol{g}_1(\boldsymbol{x}_1, \boldsymbol{e}_1), & \qquad \boldsymbol{y}_2 &= \boldsymbol{g}_2(\boldsymbol{x}_2, \boldsymbol{e}_2). \end{aligned}$$

Der aus ihnen mit $\boldsymbol{e}_1 = \boldsymbol{u}_1 - \boldsymbol{y}_2$ *und* $\boldsymbol{e}_2 = \boldsymbol{u}_2 + \boldsymbol{y}_1$ *zusammengesetzte Regelkreis*

$$\begin{aligned} \dot{\boldsymbol{x}}_1 &= \boldsymbol{f}_1(\boldsymbol{x}_1, \boldsymbol{u}_1 - \boldsymbol{y}_2), \\ \dot{\boldsymbol{x}}_2 &= \boldsymbol{f}_2(\boldsymbol{x}_2, \boldsymbol{u}_2 + \boldsymbol{y}_1), \\ \boldsymbol{y}_1 &= \boldsymbol{g}_1(\boldsymbol{x}_1, \boldsymbol{u}_1 - \boldsymbol{y}_2), \\ \boldsymbol{y}_2 &= \boldsymbol{g}_2(\boldsymbol{x}_2, \boldsymbol{u}_2 + \boldsymbol{y}_1) \end{aligned}$$

ist ein (streng) passives System.

In Kombination mit den Stabilitätssätzen des vorherigen Abschnittes bietet obiger Satz ein außerordentlich nützliches Werkzeug für den Reglerentwurf. Denn wenn wir eine streng passive Regelstrecke mit einem streng passiven Regler gemäß obigem Satz bzw. Bild 2.67 verschalten, ergibt sich ein global asymptotisch stabiler Regelkreis mit der Ruhelage $\boldsymbol{x}_{\mathrm{R}} = \boldsymbol{0}$. Voraussetzung ist dabei immer, dass die Speicherfunktionen der Teilsysteme radial unbeschränkt und positiv definit sind.

Wir fassen zusammen: Passive Systeme mit positiv definiter Speicherfunktion sind stabil, streng passive sogar asymptotisch stabil. (Genaugenommen ist ihre Ruhelage $\boldsymbol{x}_{\mathrm{R}} = \boldsymbol{0}$ stabil.) Da verbundene passive Systeme auch wieder passiv sind, besitzen die verbundenen Systeme ebenfalls eine stabile Ruhelage in $\boldsymbol{x} = \boldsymbol{0}$. Hat man also nachgewiesen, dass ein System passiv ist, so ist das von großem Vorteil. Denn nun kann man es mit einem beliebigen anderen passiven System verschalten und erhält wieder ein passives, d. h. stabiles System.

2.4.4 Passivität linearer Systeme

Es ist nützlich zu untersuchen, wann lineare Systeme passiv sind. Denn aufgrund unserer Erkenntnisse aus dem vorangegangenen Abschnitt können wir passive bzw. streng passive lineare Regelstrecken mit passiven bzw. streng passiven nichtlinearen Reglern zu einem Regelkreis verschalten und so einen stabilen Regelkreis erhalten.

Für diese Passivitätsuntersuchung gehen wir von MIMO-Systemen

$$\begin{aligned} \dot{\boldsymbol{x}} &= \boldsymbol{A}\boldsymbol{x} + \boldsymbol{B}\boldsymbol{u}, \quad \boldsymbol{x} \in \mathbb{R}^n, \ \boldsymbol{u} \in \mathbb{R}^m, \\ \boldsymbol{y} &= \boldsymbol{C}\boldsymbol{x} + \boldsymbol{D}\boldsymbol{u}, \quad \boldsymbol{y} \in \mathbb{R}^m, \end{aligned} \tag{2.35}$$

mit Durchgriff aus. Wir beschränken uns im Weiteren auf positiv definite Speicherfunktionen, obwohl die Definition der Passivität nur positiv semidefinite Speicherfunktionen fordert. Aber wir haben schon festgestellt, dass passive Systeme mit positiv semidefiniten Speicherfunktionen nicht stabil sein müssen. Es ist daher sinnvoll, diesen Fall von vornherein auszuschließen. Für passive lineare Systeme können wir dann, wie in [297, 321] gezeigt, ohne Beschränkung der Allgemeinheit eine positiv definite quadratische Speicherfunktion

$$S(\boldsymbol{x}) = \frac{1}{2}\boldsymbol{x}^T\boldsymbol{R}\boldsymbol{x}$$

ansetzen. So erhalten wir für die Passivitätsungleichung

$$\dot{S}(\boldsymbol{x}) = \frac{1}{2}\left(\dot{\boldsymbol{x}}^T\boldsymbol{R}\boldsymbol{x} + \boldsymbol{x}^T\boldsymbol{R}\dot{\boldsymbol{x}}\right) \le \boldsymbol{u}^T\boldsymbol{y} \quad \text{für alle } \ \boldsymbol{x} \in \mathbb{R}^n, \ \boldsymbol{u} \in \mathbb{R}^m. \tag{2.36}$$

Hieraus folgt mit Gl. (2.35)

$$\frac{1}{2}\boldsymbol{x}^T\left(\boldsymbol{A}^T\boldsymbol{R} + \boldsymbol{R}\boldsymbol{A}\right)\boldsymbol{x} + \boldsymbol{u}^T\boldsymbol{B}^T\boldsymbol{R}\boldsymbol{x} \le \boldsymbol{u}^T\boldsymbol{C}\boldsymbol{x} + \boldsymbol{u}^T\boldsymbol{D}\boldsymbol{u}. \tag{2.37}$$

Nun kann jede Matrix $\boldsymbol{M}$ in einen schiefsymmetrischen Anteil und einen symmetrischen Anteil gemäß

$$\boldsymbol{M} = \underbrace{\frac{1}{2}\left(\boldsymbol{M} - \boldsymbol{M}^T\right)}_{\text{schiefsymmetrisch}} + \underbrace{\frac{1}{2}\left(\boldsymbol{M} + \boldsymbol{M}^T\right)}_{\text{symmetrisch}}$$

zerlegt werden. Dabei gilt für den schiefsymmetrischen Anteil

$$\boldsymbol{z}^T\left(\boldsymbol{M} - \boldsymbol{M}^T\right)\boldsymbol{z} = 0 \quad \text{für alle } \ \boldsymbol{z} \in \mathbb{R}^n.$$

Folglich können wir

$$\boldsymbol{u}^T\boldsymbol{D}\boldsymbol{u} = \frac{1}{2}\boldsymbol{u}^T\left(\boldsymbol{D} + \boldsymbol{D}^T\right)\boldsymbol{u}$$

schreiben.

Äquivalent zur Gl. (2.36) bzw. (2.37) erhalten wir dann in Matrixform

$$\frac{1}{2}\begin{bmatrix}\boldsymbol{x}\\ \boldsymbol{u}\end{bmatrix}^T \begin{bmatrix}\boldsymbol{A}^T\boldsymbol{R} + \boldsymbol{R}\boldsymbol{A} & \boldsymbol{R}\boldsymbol{B} - \boldsymbol{C}^T\\ \boldsymbol{B}^T\boldsymbol{R} - \boldsymbol{C} & -\boldsymbol{D} - \boldsymbol{D}^T\end{bmatrix} \begin{bmatrix}\boldsymbol{x}\\ \boldsymbol{u}\end{bmatrix} \le 0$$

und gelangen so zu

Satz 20 (Passivitätssatz für lineare Systeme). *Ein lineares System*

$$\begin{aligned} \dot{\boldsymbol{x}} &= \boldsymbol{A}\boldsymbol{x} + \boldsymbol{B}\boldsymbol{u}, \quad && \boldsymbol{x} \in I\!R^n,\ \boldsymbol{u} \in I\!R^m, \\ \boldsymbol{y} &= \boldsymbol{C}\boldsymbol{x} + \boldsymbol{D}\boldsymbol{u}, \quad && \boldsymbol{y} \in I\!R^m, \end{aligned}$$

ist genau dann passiv mit einer positiv definiten Speicherfunktion, wenn eine positiv definite $n \times n$ - Matrix $\boldsymbol{R}$ existiert, so dass die $(n+m) \times (n+m)$ - Matrix

$$\begin{bmatrix} \boldsymbol{A}^T\boldsymbol{R} + \boldsymbol{R}\boldsymbol{A} & \boldsymbol{R}\boldsymbol{B} - \boldsymbol{C}^T \\ \boldsymbol{B}^T\boldsymbol{R} - \boldsymbol{C} & -\boldsymbol{D} - \boldsymbol{D}^T \end{bmatrix} \tag{2.38}$$

negativ semidefinit ist.

Die obige Matrix können wir nun mit einer Matrix $\boldsymbol{L}$ und einer Matrix $\boldsymbol{W}$ als

$$\begin{bmatrix} \boldsymbol{A}^T\boldsymbol{R} + \boldsymbol{R}\boldsymbol{A} & \boldsymbol{R}\boldsymbol{B} - \boldsymbol{C}^T \\ \boldsymbol{B}^T\boldsymbol{R} - \boldsymbol{C} & -\boldsymbol{D} - \boldsymbol{D}^T \end{bmatrix} = -\begin{bmatrix} \boldsymbol{L}^T \\ \boldsymbol{W}^T \end{bmatrix} \begin{bmatrix} \boldsymbol{L} & \boldsymbol{W} \end{bmatrix} \tag{2.39}$$

darstellen, wobei die Matrix auf der rechten Seite der obigen Gleichung per se immer negativ semidefinit ist[4].

Aus der Matrixgleichung (2.39) ergeben sich unter Berücksichtigung der Symmetrie der Matrix die drei so genannten Kalman-Jakubovich-Popov-Gleichungen (KJP-Gleichungen)

$$\begin{aligned} \boldsymbol{A}^T\boldsymbol{R} + \boldsymbol{R}\boldsymbol{A} &= -\boldsymbol{L}^T\boldsymbol{L}, \\ \boldsymbol{R}\boldsymbol{B} - \boldsymbol{C}^T &= -\boldsymbol{L}^T\boldsymbol{W}, \\ \boldsymbol{D} + \boldsymbol{D}^T &= \boldsymbol{W}^T\boldsymbol{W}. \end{aligned} \tag{2.40}$$

Es ist wichtig zu bemerken, dass die Forderung nach einer negativ semidefiniten Matrix (2.38) und die Gl. (2.39) bzw. (2.40) äquivalent zueinander sind. Denn wählt man $\boldsymbol{L}$ als eine Matrix der Dimension $(n+m) \times n$ und $\boldsymbol{W}$ als eine der Dimension $(n+m) \times m$, so kann mit der Matrix

$$\begin{bmatrix} \boldsymbol{L}^T \\ \boldsymbol{W}^T \end{bmatrix} \begin{bmatrix} \boldsymbol{L}\ \boldsymbol{W} \end{bmatrix}$$

sowohl jede beliebige positiv semidefinite als auch positiv definite symmetrische $(n+m) \times (n+m)$ - Matrix erzeugt werden.

Dieser Sachverhalt weckt unser Interesse an den Dimensionen der Matrizen $\boldsymbol{L}$ und $\boldsymbol{W}$. Offensichtlich können wir ihre Dimensionen variieren, wenn wir eine positiv semidefinite Matrix erzeugen wollen. Z. B. passen

[4] Eine erste und ausführliche Behandlung dieser Thematik findet sich bei J. G. Willems [321] und weitere Informationen gibt [102].

$$\boldsymbol{L} \in I\!R^{n \times n} \quad \text{und} \quad \boldsymbol{W} \in I\!R^{n \times m}$$

oder

$$\boldsymbol{L} \in I\!R^{m \times n} \quad \text{und} \quad \boldsymbol{W} \in I\!R^{m \times m} \tag{2.41}$$

zueinander. Die Dimensionen der Matrizen $\boldsymbol{L}$ und $\boldsymbol{W}$ sind also nicht von vornherein festgelegt. Wählt man sie, müssen sie aber untereinander und zu den anderen Matrizen in den Kalman-Jakubovich-Popov-Gleichungen (2.40) kompatibel sein. Ausreichend für die Lösbarkeit der KJP-Gleichungen ist die Wahl der Matrizen (2.41), die niedrige Matrizendimensionen erlaubt [321].

Mittels obiger Resultate formulieren wir

Satz 21 (Passivität und die KJP-Gleichungen). *Ein lineares System*

$$\begin{aligned} \dot{\boldsymbol{x}} &= \boldsymbol{A}\boldsymbol{x} + \boldsymbol{B}\boldsymbol{u}, \quad && \boldsymbol{x} \in I\!R^n,\ \boldsymbol{u} \in I\!R^m \\ \boldsymbol{y} &= \boldsymbol{C}\boldsymbol{x} + \boldsymbol{D}\boldsymbol{u}, \quad && \boldsymbol{y} \in I\!R^m, \end{aligned}$$

ist genau dann passiv mit einer positiv definiten Speicherfunktion, wenn die Kalman-Jakubovich-Popov-Gleichungen

$$\begin{aligned} \boldsymbol{A}^T\boldsymbol{R} + \boldsymbol{R}\boldsymbol{A} &= -\boldsymbol{L}^T\boldsymbol{L}, \\ \boldsymbol{L}^T\boldsymbol{W} &= \boldsymbol{C}^T - \boldsymbol{R}\boldsymbol{B}, \\ \boldsymbol{W}^T\boldsymbol{W} &= \boldsymbol{D} + \boldsymbol{D}^T \end{aligned}$$

durch eine positiv definite symmetrische $n \times n$ - Matrix $\boldsymbol{R}$, eine Matrix $\boldsymbol{L}$ und eine Matrix $\boldsymbol{W}$ erfüllbar sind.

Im Fall der strengen Passivität für lineare Systeme (2.35) können wir ähnlich vorgehen wie in obigem Fall der Passivität. Hierfür wählen wir in der Definitionsungleichung

$$\dot{S}(\boldsymbol{x}) + R(\boldsymbol{x}) \le \boldsymbol{u}^T\boldsymbol{y} \tag{2.42}$$

für strenge Passivität wieder eine positiv definite Speicherfunktion

$$S(\boldsymbol{x}) = \frac{1}{2}\boldsymbol{x}^T\boldsymbol{R}\,\boldsymbol{x} \tag{2.43}$$

mit der $n \times n$ - Matrix $\boldsymbol{R}$ und ebenfalls eine quadratische Funktion

$$R(\boldsymbol{x}) = \mu\frac{1}{2}\boldsymbol{x}^T\boldsymbol{P}\,\boldsymbol{x} \tag{2.44}$$

mit einer positiven Konstante μ und einer positiv definiten Matrix $\boldsymbol{P}$. An dieser Stelle halten wir fest, dass die Wahl der Funktion $R(\boldsymbol{x})$ als allgemeine quadratische Form (2.44) keine Einschränkung der Allgemeinheit unserer weiteren Schlussfolgerungen ist.

Setzen wir nun die Funktionen (2.43) und (2.44) in Gl. (2.42) ein, so erhalten wir – ähnlich zum Fall der Passivität – die Passivitätsungleichung (2.42) in der Form

$$\frac{1}{2}\boldsymbol{x}^T\left(\boldsymbol{A}^T\boldsymbol{R}+\boldsymbol{R}\boldsymbol{A}+\mu\boldsymbol{P}\right)\boldsymbol{x}+\boldsymbol{u}^T\left(\boldsymbol{B}^T\boldsymbol{R}-\boldsymbol{C}\right)\boldsymbol{x}-\frac{1}{2}\boldsymbol{u}^T\left(\boldsymbol{D}+\boldsymbol{D}^T\right)\boldsymbol{u}\leq 0$$

bzw.

$$\frac{1}{2}\begin{bmatrix}\boldsymbol{x}\\\boldsymbol{u}\end{bmatrix}^T\begin{bmatrix}\boldsymbol{A}^T\boldsymbol{R}+\boldsymbol{R}\boldsymbol{A}+\mu\boldsymbol{P} & \boldsymbol{R}\boldsymbol{B}-\boldsymbol{C}^T\\ \boldsymbol{B}^T\boldsymbol{R}-\boldsymbol{C} & -\boldsymbol{D}^T-\boldsymbol{D}\end{bmatrix}\begin{bmatrix}\boldsymbol{x}\\\boldsymbol{u}\end{bmatrix}\leq 0. \tag{2.45}$$

Das lineare System (2.35) ist also genau dann streng passiv, wenn es eine positiv definite Matrix $\mu\boldsymbol{P}$ gibt, so dass die Matrix der quadratischen Form (2.45) negativ semidefinit ist.

Äquivalent hierzu ist die Aussage von

Satz 22 (Strenge Passivität und die KJP-Gleichungen). *Ein lineares System*

$$\begin{aligned}\dot{\boldsymbol{x}}&=\boldsymbol{A}\boldsymbol{x}+\boldsymbol{B}\boldsymbol{u}, \quad \boldsymbol{x}\in I\!R^n,\ \boldsymbol{u}\in I\!R^m,\\ \boldsymbol{y}&=\boldsymbol{C}\boldsymbol{x}+\boldsymbol{D}\boldsymbol{u}, \quad \boldsymbol{y}\in I\!R^m,\end{aligned}$$

ist genau dann streng passiv, wenn die Kalman-Jakubovich-Popov-Gleichungen

$$\begin{aligned}\boldsymbol{A}^T\boldsymbol{R}+\boldsymbol{R}\boldsymbol{A}&=-\boldsymbol{L}^T\boldsymbol{L}-\mu\boldsymbol{P},\\ \boldsymbol{L}^T\boldsymbol{W}&=\boldsymbol{C}^T-\boldsymbol{R}\boldsymbol{B},\\ \boldsymbol{W}^T\boldsymbol{W}&=\boldsymbol{D}+\boldsymbol{D}^T\end{aligned}$$

durch positiv definite symmetrische $n\times n$ - Matrizen $\boldsymbol{R}$ und $\mu\boldsymbol{P}$, eine Matrix $\boldsymbol{L}$ und eine Matrix $\boldsymbol{W}$ erfüllbar sind.

Für den Fall ohne Durchgriff vereinfachen sich die Kalman-Jakubovich-Popov-Gleichungen aus Satz 22. Denn dann folgt aus $\boldsymbol{D}=\boldsymbol{0}$ auch $\boldsymbol{W}=\boldsymbol{0}$. Des Weiteren können wir die in diesem Fall beliebig wählbare Matrix $\boldsymbol{L}^T\boldsymbol{L}$ und die positiv definite Matrix $\mu\boldsymbol{P}$ zu einer positiv definiten Matrix $\boldsymbol{Q}$ addieren und erhalten

$$\boldsymbol{A}^T\boldsymbol{R}+\boldsymbol{R}\boldsymbol{A}=-\boldsymbol{Q}, \tag{2.46}$$

$$\boldsymbol{C}=\boldsymbol{B}^T\boldsymbol{R}. \tag{2.47}$$

Im Fall von Satz 21 ist

$$\boldsymbol{Q}=\boldsymbol{L}^T\boldsymbol{L}$$

eine positiv semidefinite Matrix. Eine explizite Lösungsmethode für die Kalman-Jakubovich-Gleichungen findet sich in [258].

2.4.5 Beispiel Transportsystem für Materialbahnen

In der industriellen Fertigung von Materialbahnen aus Papier, Kunststofffolie oder textilem Gewebe finden Transportvorgänge statt, bei denen die Materialbahnen während ihrer Herstellung oder einer nachfolgenden Behandlung, z. B. einer Beschichtung, über ein Rollensystem befördert werden. Dabei drücken die aus je einem Rollenpaar bestehenden und zwischen Abroller und Aufwickler liegenden Transportrollen auf die Materialbahn, so dass die Bahn von ihnen mitgenommen wird. Bild 2.68 illustriert den prinzipiellen Prozess.

Die Geschwindigkeit der Materialbahn muss überall gleich groß sein, d. h., die Umfanggeschwindigkeit ω_i der Walzen muss gleich groß sein. Mit dieser Forderung geht die Bedingung einher, dass die Differenzen $F_i - F_{i-1}$ der an den Walzen auf die Bahn wirkenden Zugkräfte F_i nicht zu groß oder zu klein sein dürfen, da die Bahn sonst reißt oder flattert [206, 326]. Wir wollen nun die Drehmomentengleichgewichte an den einzelnen Walzen ermitteln. Dabei ist M_i das Antriebsmoment der i-ten Walze, F_i die an der Bahn zwischen den Walzen i und $i+1$ angreifende Zugkraft, r der Walzenradius, J das Trägheitsmoment der Walzenpartien, und $d \cdot \omega_i$ mit dem Reibungskoeffizient d beschreibt die Gleitreibung zwischen Walze und Bahn. Für den Abroller gilt

$$J\dot{\omega}_1 = rF_1 - d\omega_1 + M_1. \tag{2.48}$$

Für die zweite und dritte Walzenpartie gilt ähnlich

$$J\dot{\omega}_i = r(F_i - F_{i-1}) - d\omega_i + M_i, \quad i = 2,3, \tag{2.49}$$

und für den Aufwickler

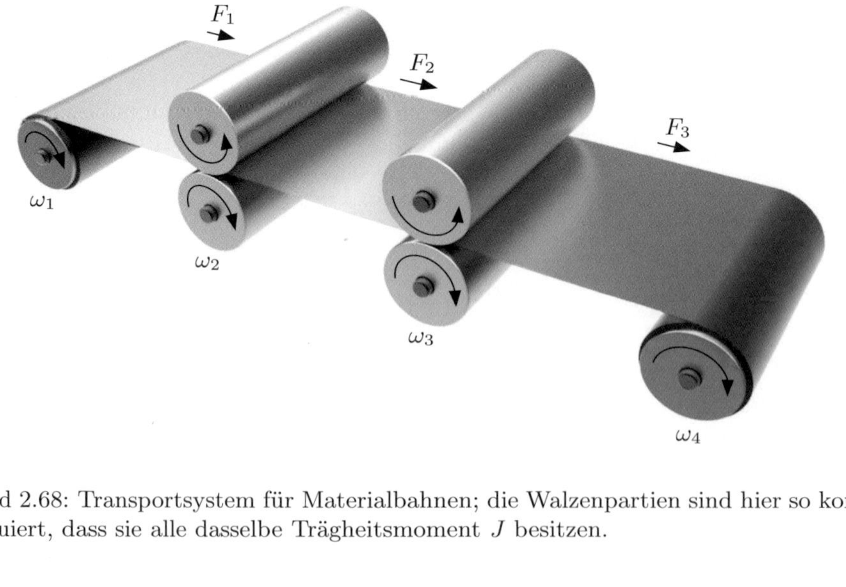

Bild 2.68: Transportsystem für Materialbahnen; die Walzenpartien sind hier so konstruiert, dass sie alle dasselbe Trägheitsmoment J besitzen.

$$J\dot{\omega}_4 = -rF_3 - d\omega_4 + M_4. \tag{2.50}$$

Wir müssen des Weiteren berücksichtigen, dass die Materialbahn zwischen den Walzen wie eine Feder wirkt, so dass mit der Federkonstanten c für die Zugkraftänderung zwischen den Walzen i und $i+1$ aus dem Hookeschen Gesetz

$$\dot{F}_i = c(v_{i+1} - v_i) = c\,r(\omega_{i+1} - \omega_i), \quad i = 1, \ldots, 3, \tag{2.51}$$

folgt.

So erhalten wir mit den Gl. (2.48), ..., (2.51) insgesamt sieben Differenzialgleichungen, die wir mit dem Zustandsvektor

$$\boldsymbol{x} = \begin{bmatrix} \omega_1 & F_1 & \omega_2 & F_2 & \omega_3 & F_3 & \omega_4 \end{bmatrix}^T$$

und dem Eingangsvektor

$$\boldsymbol{u} = \begin{bmatrix} M_1 & M_2 & M_3 & M_4 \end{bmatrix}^T$$

in der linearen Systembeschreibung

$$\begin{aligned} \dot{\boldsymbol{x}} &= \boldsymbol{A}\boldsymbol{x} + \boldsymbol{B}\boldsymbol{u}, \\ \boldsymbol{y} &= \begin{bmatrix} x_1 \; x_3 \; x_5 \; x_7 \end{bmatrix}^T = \begin{bmatrix} \omega_1 \; \omega_2 \; \omega_3 \; \omega_4 \end{bmatrix}^T \end{aligned} \tag{2.52}$$

mit

$$\boldsymbol{A} = \begin{bmatrix} -\frac{d}{J} & \frac{r}{J} & 0 & 0 & 0 & 0 & 0 \\ -cr & 0 & cr & 0 & 0 & 0 & 0 \\ 0 & -\frac{r}{J} & -\frac{d}{J} & \frac{r}{J} & 0 & 0 & 0 \\ 0 & 0 & -cr & 0 & cr & 0 & 0 \\ 0 & 0 & 0 & -\frac{r}{J} & -\frac{d}{J} & \frac{r}{J} & 0 \\ 0 & 0 & 0 & 0 & -cr & 0 & cr \\ 0 & 0 & 0 & 0 & 0 & -\frac{r}{J} & -\frac{d}{J} \end{bmatrix}, \qquad \boldsymbol{B} = \frac{1}{J}\begin{bmatrix} 1 & 0 & 0 & 0 \\ 0 & 0 & 0 & 0 \\ 0 & 1 & 0 & 0 \\ 0 & 0 & 0 & 0 \\ 0 & 0 & 1 & 0 \\ 0 & 0 & 0 & 0 \\ 0 & 0 & 0 & 1 \end{bmatrix}$$

zusammenfassen.

Um die Passivität nachzuweisen, setzen wir als Speicherfunktion

$$S(\boldsymbol{x}) = \frac{1}{2}\boldsymbol{x}^T\boldsymbol{R}\boldsymbol{x}, \quad \boldsymbol{R} = \begin{bmatrix} J & 0 & 0 & 0 & 0 & 0 & 0 \\ 0 & \frac{1}{c} & 0 & 0 & 0 & 0 & 0 \\ 0 & 0 & J & 0 & 0 & 0 & 0 \\ 0 & 0 & 0 & \frac{1}{c} & 0 & 0 & 0 \\ 0 & 0 & 0 & 0 & J & 0 & 0 \\ 0 & 0 & 0 & 0 & 0 & \frac{1}{c} & 0 \\ 0 & 0 & 0 & 0 & 0 & 0 & J \end{bmatrix}, \tag{2.53}$$

an. Für die zeitliche Ableitung der Speicherfunktion gilt

$$\begin{aligned}\dot{S}(\boldsymbol{x}) &= \frac{1}{2}\boldsymbol{x}^T(\boldsymbol{A}^T\boldsymbol{R} + \boldsymbol{R}\boldsymbol{A})\boldsymbol{x} + \boldsymbol{u}^T\boldsymbol{B}^T\boldsymbol{R}\boldsymbol{x} \\ &= -d(x_1^2 + x_3^2 + x_5^2 + x_7^2) + u_1x_1 + u_2x_3 + u_3x_5 + u_4x_7 \\ &= -d(x_1^2 + x_3^2 + x_5^2 + x_7^2) + u_1y_1 + u_2y_2 + u_3y_3 + u_4y_4. \end{aligned} \tag{2.54}$$

Aus der Passivitätsungleichung

$$\dot{S}(\boldsymbol{x}) \le \boldsymbol{u}^T\boldsymbol{y} = u_1y_1 + u_2y_2 + u_3y_3 + u_4y_4$$

folgt nach Einsetzen der Gl. (2.54) die Ungleichung

$$-d(x_1^2 + x_3^2 + x_5^2 + x_7^2) \le 0,$$

die offensichtlich erfüllt ist. Das System ist also passiv.

Zu diesem Schluss kommt man auch, wenn man die Kalman-Jakubovich-Popov-Gleichungen des Satzes 22,

$$\boldsymbol{A}^T\boldsymbol{R} + \boldsymbol{R}\boldsymbol{A} = -\boldsymbol{Q}, \tag{2.55}$$

$$\boldsymbol{C}^T = \boldsymbol{R}\boldsymbol{B}, \tag{2.56}$$

für den Fall ohne Durchgriff überprüft. Die Gl. (2.55) ist mit der Matrix $\boldsymbol{R}$ aus Gl. (2.53) erfüllt, wobei

$$\boldsymbol{Q} = \begin{bmatrix} d & 0 & 0 & 0 & 0 & 0 & 0 \\ 0 & 0 & 0 & 0 & 0 & 0 & 0 \\ 0 & 0 & d & 0 & 0 & 0 & 0 \\ 0 & 0 & 0 & 0 & 0 & 0 & 0 \\ 0 & 0 & 0 & 0 & d & 0 & 0 \\ 0 & 0 & 0 & 0 & 0 & 0 & 0 \\ 0 & 0 & 0 & 0 & 0 & 0 & d \end{bmatrix}$$

positiv semidefinit ist. Auch Gl. (2.56) ist erfüllt, da

$$\boldsymbol{C} = \boldsymbol{B}^T\boldsymbol{R} = \begin{bmatrix} 1 & 0 & 0 & 0 & 0 & 0 & 0 \\ 0 & 0 & 1 & 0 & 0 & 0 & 0 \\ 0 & 0 & 0 & 0 & 1 & 0 & 0 \\ 0 & 0 & 0 & 0 & 0 & 0 & 1 \end{bmatrix}$$

gilt und dies der Ausgangsmatrix $\boldsymbol{C}$ des Systems (2.52) in der Ausgangsgleichung $\boldsymbol{y} = \boldsymbol{C}\boldsymbol{x}$ entspricht.

2.4.6 Positiv reelle Übertragungsfunktionen

Für den Fall, dass man die Passivität eines linearen Systems nicht anhand der Zustandsraumdarstellung, sondern mithilfe der Übertragungsfunktion bzw. der Übertragungsmatrix

$$G(s) = C(sI - A)^{-1}B + D \tag{2.57}$$

feststellen möchte, nutzen wir den Begriff der *positiven Reellheit*[5] [36, 196, 211, 295]. Wir werden später sehen, dass die Passivität eines linearen Zustandsraummodells und die positive Reellheit seiner Übertragungsfunktion äquivalent zueinander sind[6]. Die positive Reellheit ist also das Analogon zur Passivität im Frequenzbereich.

Zuerst definieren wir die positive Reellheit von SISO-Systemen, später die von MIMO-Systemen.

Definition 15 (Positive Reellheit von Übertragungsfunktionen). *Eine Übertragungsfunktion*

$$G(s) = k\frac{(s-n_m)\cdots(s-n_1)}{(s-p_n)\cdots(s-p_1)}$$

heißt positiv reell, wenn für alle $s \in \mathbb{C}$ *mit* $\operatorname{Re}\{s\} > 0$

$$\operatorname{Re}\{G(s)\} \geq 0$$

gilt und streng positiv reell, wenn $G(s-\epsilon)$ *für ein* $\epsilon > 0$ *positiv reell ist.*

Die Menge $\mathbb{C}$ ist dabei die Menge der komplexen Zahlen. Die Bezeichnung *positiv reell* leitet sich aus der Tatsache ab, dass der Realteil $\operatorname{Re}\{G(s)\}$ der Übertragungsfunktion immer positiv bzw. null sein muss.

Aus der Definition lassen sich bereits Eigenschaften von positiv reellen Übertragungsfunktionen ablesen. So gilt für $\operatorname{Re}\{s\} > 0$ und mit $s = \sigma + j\omega$

$$\lim_{\sigma \to 0} \operatorname{Re}\{G(\sigma + j\omega)\} = \operatorname{Re}\{G(j\omega)\} \geq 0.$$

Die Ortskurve $G(j\omega)$ positiv reeller bzw. streng positiv reeller Systeme muss also in der geschlossenen bzw. offenen rechten Halbebene der komplexen Ebene liegen. Bild 2.69 illustriert dies.

Aus der Tatsache, dass die Ortskurve $G(j\omega)$ in der rechten komplexen Halbebene liegen muss, folgt auch, dass für Zählergrad m und Nennergrad n der Übertragungsfunktion

$$n - m = 0 \quad \text{oder} \quad n - m = 1$$

gilt. Sonst wäre die Phasenabsenkung kleiner als $-90°$.

Da die Bedingung der Definition 15 im Allgemeinen nur schwer überprüft werden kann, sind folgende notwendigen und hinreichenden Kriterien nützlich [36, 47, 53, 83, 126, 318]:

---

[5] Die Begriffe *positiv reell* und insbesondere streng positiv reell sind in der Literatur oft unterschiedlich und nicht immer konsistent definiert [133, 144, 152, 187, 295].

[6] Eng verwandt mit den Eigenschaften *Passivität* und *positive Reellheit* ist die Eigenschaft der *Hyperstabilität*, die von V.M. Popov eingeführt wurde [245, 246]. Allerdings hat sich der Begriff der *Passivität* gegenüber dem der *Hyperstabilität* in der Literatur durchgesetzt. Näheres zur Hyperstabilität findet sich auch in [5, 10, 83, 217, 218].

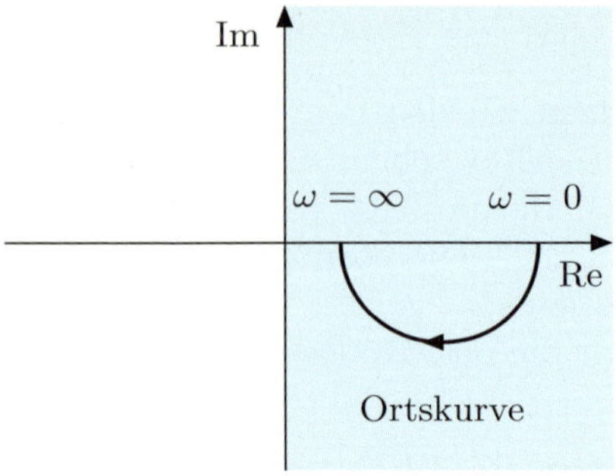

Bild 2.69: Positiv reelle Übertragungsfunktionen besitzen eine Ortskurve in der geschlossenen rechten Halbebene.

Satz 23 (Positiv reelle Übertragungsfunktionen I). *Eine Übertragungsfunktion $G(s)$ ist genau dann positiv reell, wenn*

(1) $G(s)$ nur Polstellen p_i mit $\mathrm{Re}\{p_i\} \leq 0$ besitzt und
(2) $\mathrm{Re}\{G(j\omega)\} \geq 0$ für jeden Wert $\omega \geq 0$ gilt, für den $j\omega$ keine Polstelle von $G(s)$ ist und
(3) eventuelle Pole $j\omega_0$ einfach sind und nicht negative, reelle Residuen

$$\operatorname*{Res}_{s=j\omega_0}(G(s)) = \lim_{s\to j\omega_0}(s - j\omega_0)G(s)$$

besitzen.

Die Bedingungen des obigen, hinreichenden und notwendigen Satzes werden oft auch alternativ zur Definition 15 verwendet, um den Begriff der *positiven Reellheit* zu definieren [36, 146]. Ferner gilt

Satz 24 (Positiv reelle Übertragungsfunktionen II). *Eine teilerfremde Übertragungsfunktion*

$$G(s) = \frac{Z(s)}{N(s)}$$

ist genau dann positiv reell, wenn

(1) das Polynom $Z(s) + N(s)$ nur Nullstellen mit negativem Realteil besitzt und
(2) $\mathrm{Re}\{G(j\omega)\} \geq 0$ für jeden Wert $\omega \geq 0$ gilt, für den $j\omega$ keine Polstelle von $G(s)$ ist.

Die Eigenschaft der positiven Reellheit stellt nur die Stabilität des Systems im Sinne von Ljapunov sicher und keine asymptotische, da die Realteile der Polstellen null sein dürfen. Streng positiv reelle Übertragungsfunktionen dagegen besitzen nur Pole mit negativen Realteilen. Diese Eigenschaft garantiert die für Regelungen so wichtige asymptotische Stabilität. Aus praktischer Sicht kommt der strengen positiven Reellheit also eine weitaus größere Bedeutung zu als der positiven Reellheit.

Für streng positiv reelle Übertragungsfunktionen gilt

Satz 25 (Streng positiv reelle Übertragungsfunktionen). *Eine Übertragungsfunktion $G(s)$ ist genau dann streng positiv reell, wenn*

(1) $G(s)$ nur Polstellen p_i mit $\mathrm{Re}\{p_i\} < 0$ besitzt und
(2) für jeden Wert $\omega \geq 0$ die Ungleichung $\mathrm{Re}\{G(j\omega)\} > 0$ gilt und
(3) entweder

$$G(\infty) > 0$$

oder

$$G(\infty) = 0$$

und in letzterem Fall

$$\lim_{\omega\to\infty} \omega^2 \mathrm{Re}\{G(j\omega)\} > 0$$

gilt.

Neben obigen hinreichenden und notwendigen Kriterien für positive bzw. streng positive Reellheit existieren auch noch die folgenden schon zu Beginn betrachteten notwendigen Bedingungen aus

Satz 26 (Notwendige Bedingungen für positive Reellheit). *Für eine (streng) positiv reelle Übertragungsfunktion $G(s)$ gilt:*

(1) Es existieren nur Polstellen p_i mit $\mathrm{Re}\{p_i\} \leq 0$ ($\mathrm{Re}\{p_i\} < 0$).
(2) Es existieren nur Nullstellen n_i mit $\mathrm{Re}\{n_i\} \leq 0$ ($\mathrm{Re}\{n_i\} < 0$).
(3) Die Differenz $n - m$ zwischen Zählergrad m und Nennergrad n ist null oder eins.
(4) Die Ortskurve $G(j\omega)$ liegt vollständig in der geschlossenen (offenen) rechten Halbebene der komplexen Ebene.

Ähnlich lässt sich nun auch die positive Reellheit der Übertragungsmatrix

$$\boldsymbol{G}(s) = \begin{bmatrix} G_{11}(s) & \cdots & G_{1m}(s) \\ \vdots & \ddots & \vdots \\ G_{m1}(s) & \cdots & G_{mm}(s) \end{bmatrix}$$

von MIMO-Systemen

$$\boldsymbol{Y}(s) = \boldsymbol{G}(s) \cdot \boldsymbol{U}(s)$$

definieren.

Definition 16 (Positive Reellheit von Übertragungsmatrizen). *Eine Übertragungsmatrix* $\boldsymbol{G}(s)$ *heißt positiv reell, wenn für alle Werte* $s \in \mathbb{C}$ *mit* $\operatorname{Re}\{s\} > 0$

$$\operatorname{Re}\{\boldsymbol{z}^*\boldsymbol{G}(s)\boldsymbol{z}\} \geq 0 \quad \text{für alle} \quad \boldsymbol{z} \in \mathbb{C}^m \tag{2.58}$$

gilt und streng positiv reell, wenn $\boldsymbol{G}(s-\epsilon)$ *für ein* $\epsilon > 0$ *positiv reell ist.*

Dabei bezeichnet $\boldsymbol{z}^*$ den konjugiert komplexen, transponierten Vektor von $\boldsymbol{z}$ und $\mathbb{C}^m$ ist der m - dimensionale Raum der komplexen Zahlen.

Die Definitionsungleichung (2.58) ist äquivalent zur Forderung, dass die Matrix

$$\boldsymbol{G}(s) + \boldsymbol{G}^*(s) \tag{2.59}$$

positiv semidefinit für alle $s \in \mathbb{C}$ mit $\operatorname{Re}\{s\} > 0$ ist. Dabei ist

$$\boldsymbol{G}^*(s) = \boldsymbol{G}^T(\overline{s})$$

die konjugiert transponierte, d. h. die adjungierte Matrix zu $\boldsymbol{G}(s)$ und $\overline{s}$ die konjugiert komplexe Zahl zu s.

Auch für Übertragungsmatrizen $\boldsymbol{G}(s)$ existiert ein notwendiges und hinreichendes Kriterium zum Nachweis positiver Reellheit [75, 146, 293]. Dies ist

Satz 27 (Positiv reelle Übertragungsmatrizen). *Die Übertragungsmatrix* $\boldsymbol{G}(s)$ *ist genau dann positiv reell, wenn*

(1) alle Übertragungsfunktionen $G_{ij}(s)$ *nur Polstellen* p_i *mit* $\operatorname{Re}\{p_i\} \leq 0$ *besitzen und*

(2) für jeden Wert $\omega \geq 0$*, für den* $j\omega$ *keine Polstelle von* $\boldsymbol{G}(s)$ *ist,*

$$\boldsymbol{G}(j\omega) + \boldsymbol{G}^*(j\omega)$$

eine positiv semidefinite Matrix ist und

(3) eventuell vorhandene Pole $j\omega_0$ *einfach sind und die Residuenmatrix*

$$\operatorname*{Res}_{s=j\omega_0}(\boldsymbol{G}(s)) = \lim_{s\to j\omega_0}(s-j\omega_0)\boldsymbol{G}(s)$$

hermitesch und positiv semidefinit ist.

Eine quadratische $n \times n$ - Matrix $\boldsymbol{M}$ ist hermitesch, wenn alle Diagonalelemente reell sind und für alle symmetrischen Nichtdiagonalelemente m_{ik} und m_{ki} die Beziehung $m_{ik} = \overline{m}_{ki}$ gilt. Dabei ist $\overline{m}_{ki}$ die konjugiert komplexe Zahl zu m_{ki}. Eine hermitesche Matrix $\boldsymbol{M}$ hat also die Form

$$\boldsymbol{M} = \begin{bmatrix} m_{11} & m_{12} & m_{13} & \cdots & m_{1n} \\ \overline{m}_{12} & m_{22} & m_{23} & \cdots & m_{2n} \\ \overline{m}_{13} & \overline{m}_{23} & m_{33} & \cdots & m_{3n} \\ \vdots & \vdots & \vdots & \ddots & \vdots \\ \overline{m}_{1n} & \overline{m}_{2n} & \overline{m}_{3n} & \cdots & m_{nn} \end{bmatrix}.$$

Analog zu obigem Satz 27 existiert ein Pendant für streng positiv reelle Übertragungsmatrizen, nämlich [51, 52]

Satz 28 (Streng positiv reelle Übertragungsmatrizen). *Die* $m \times m$ *- Übertragungsmatrix* $\boldsymbol{G}(s)$ *ist genau dann streng positiv reell, wenn*

(1) alle Übertragungsfunktionen $G_{ij}(s)$ *nur Polstellen* p_i *mit* $\mathrm{Re}\{p_i\} < 0$ *besitzen und*
(2) für jeden Wert $\omega \geq 0$ *die Matrix*

$$\boldsymbol{G}(j\omega) + \boldsymbol{G}^*(j\omega)$$

positiv definit ist und
(3) die Ungleichung

$$\lim_{|\omega|\to\infty} \omega^{2(m-\mu)} \det(\boldsymbol{G}(j\omega) + \boldsymbol{G}^*(j\omega)) > 0, \qquad \mu = \mathrm{rang}\,(G(\infty) + G^*(\infty)),$$

gilt.

Wenn wir eine zur Übertragungsfunktion (2.57) zugehörige Zustandsraumdarstellung

$$\begin{aligned} \dot{\boldsymbol{x}} &= \boldsymbol{A}\boldsymbol{x} + \boldsymbol{B}\boldsymbol{u}, \\ \boldsymbol{y} &= \boldsymbol{C}\boldsymbol{x} + \boldsymbol{D}\boldsymbol{u} \end{aligned} \tag{2.60}$$

betrachten, so gilt für die Durchgriffmatrix

$$\boldsymbol{D} = \boldsymbol{G}(\infty) \quad \text{und} \quad \boldsymbol{D}^* = \boldsymbol{G}^*(\infty).$$

Der Rang μ der Matrix $\boldsymbol{G}(\infty) + \boldsymbol{G}^*(\infty)$ in obigem Satz ist also auch mittels

$$\mu = \mathrm{rang}\,(\boldsymbol{D} + \boldsymbol{D}^*)$$

berechenbar.

Für die allermeisten Fälle ist $\boldsymbol{D} = \boldsymbol{0}$ und somit gilt $\mu = 0$ in der Bedingung (3) des Satzes 28, denn nur sehr wenige praktische Systeme (2.60) besitzen einen direkten Durchgriff des Stellgrößenvektors $\boldsymbol{u}$ auf den Ausgangsgrößenvektor $\boldsymbol{y}$.

2.4.7 Äquivalenz von positiver Reellheit und Passivität

Die Bedingungen der Sätze 27 und 28 für MIMO-Systeme des vorherigen Abschnittes sind meistens nur sehr aufwendig zu prüfen. Wir können aber auf Basis der Kalman-Jakubovich-Popov-Gleichungen

$$\boldsymbol{A}^T\boldsymbol{R} + \boldsymbol{R}\boldsymbol{A} = -\boldsymbol{L}^T\boldsymbol{L}, \tag{2.61}$$

$$\boldsymbol{L}^T\boldsymbol{W} = \boldsymbol{C}^T - \boldsymbol{R}\boldsymbol{B}, \tag{2.62}$$

$$\boldsymbol{W}^T\boldsymbol{W} = \boldsymbol{D} + \boldsymbol{D}^T \tag{2.63}$$

Kriterien für positive bzw. streng positive Reellheit herleiten, die auf der Zustandsraumdarstellung beruhen. Sie sind oftmals einfacher zu handhaben als die entsprechenden Frequenzbereichskriterien. Unser Ausgangspunkt ist die Definitionsungleichung (2.58) für positiv reelle Übertragungsfunktionen bzw. die hierzu äquivalente Forderung, dass die Matrix (2.59), also

$$\boldsymbol{G}(s) + \boldsymbol{G}^*(s) = \boldsymbol{G}(s) + \boldsymbol{G}^T(\overline{s}), \tag{2.64}$$

positiv semidefinit für alle $s \in \mathbb{C}$ mit $\mathrm{Re}\{s\} > 0$ sein soll. Wir setzen die als teilerfremd vorausgesetzte Übertragungsmatrix

$$\boldsymbol{G}(s) = \boldsymbol{C}(s\boldsymbol{I} - \boldsymbol{A})^{-1}\boldsymbol{B} + \boldsymbol{D} \tag{2.65}$$

des dann steuer- und beobachtbaren Sytems

$$\begin{aligned} \dot{\boldsymbol{x}} &= \boldsymbol{A}\boldsymbol{x} + \boldsymbol{B}\boldsymbol{u}, \\ \boldsymbol{y} &= \boldsymbol{C}\boldsymbol{x} + \boldsymbol{D}\boldsymbol{u} \end{aligned} \tag{2.66}$$

in Gl. (2.64) ein. Die Forderung einer teilerfremden Übertragungsmatrix bzw. die dazu äquivalente Forderung einer steuer- und beobachtbaren Zustandsraumdarstellung sichert die Äquivalenz der beiden Systemdarstellungen (2.65) und (2.66), die somit auch dieselbe Ordnung besitzen [89]. So erhalten wir für Gl. (2.64)

$$\boldsymbol{G}(s) + \boldsymbol{G}^T(\overline{s}) = \boldsymbol{C}(s\boldsymbol{I} - \boldsymbol{A})^{-1}\boldsymbol{B} + \boldsymbol{D} + \boldsymbol{B}^T[(\overline{s}\boldsymbol{I} - \boldsymbol{A})^{-1}]^T\boldsymbol{C}^T + \boldsymbol{D}^T$$

und unter Nutzung der KJP-Gleichungen (2.62) und (2.63), d. h. $\boldsymbol{C} = \boldsymbol{W}^T\boldsymbol{L} + \boldsymbol{B}^T\boldsymbol{R}$ und $\boldsymbol{D} + \boldsymbol{D}^T = \boldsymbol{W}^T\boldsymbol{W}$, die Gleichung

$$\begin{aligned} &\boldsymbol{G}(s) + \boldsymbol{G}^T(\overline{s}) = \\ &\quad = (\boldsymbol{W}^T\boldsymbol{L}+\boldsymbol{B}^T\boldsymbol{R})(s\boldsymbol{I}-\boldsymbol{A})^{-1}\boldsymbol{B}+\boldsymbol{B}^T(\overline{s}\boldsymbol{I}-\boldsymbol{A}^T)^{-1}(\boldsymbol{L}^T\boldsymbol{W}+\boldsymbol{R}\boldsymbol{B})+\boldsymbol{W}^T\boldsymbol{W} \\ &\quad = \boldsymbol{W}^T\boldsymbol{L}(s\boldsymbol{I}-\boldsymbol{A})^{-1}\boldsymbol{B}+\boldsymbol{B}^T(\overline{s}\boldsymbol{I}-\boldsymbol{A}^T)^{-1}\boldsymbol{L}^T\boldsymbol{W}+\boldsymbol{W}^T\boldsymbol{W} \\ &\qquad + \underbrace{\boldsymbol{B}^T\left[\boldsymbol{R}(s\boldsymbol{I}-\boldsymbol{A})^{-1}+(\overline{s}\boldsymbol{I}-\boldsymbol{A}^T)^{-1}\boldsymbol{R}\right]\boldsymbol{B}}_{\boldsymbol{F}}. \end{aligned} \tag{2.67}$$

Wir klammern nun im letzten Summanden $\boldsymbol{F}$ obiger Gleichung die Matrix $(s\boldsymbol{I} - \boldsymbol{A})^{-1}$ bzw. ihre konjugiert komplexe Variante $(\overline{s}\boldsymbol{I} - \boldsymbol{A}^T)^{-1}$ aus. Dieser letzte Summand $\boldsymbol{F}$ hat dann die Form

$$\begin{aligned} \boldsymbol{F} &= \boldsymbol{B}^T(\overline{s}\boldsymbol{I} - \boldsymbol{A}^T)^{-1}\left[(\overline{s}\boldsymbol{I} - \boldsymbol{A}^T)\boldsymbol{R} + \boldsymbol{R}(s\boldsymbol{I} - \boldsymbol{A})\right](s\boldsymbol{I} - \boldsymbol{A})^{-1}\boldsymbol{B} \\ &= \boldsymbol{B}^T(\overline{s}\boldsymbol{I} - \boldsymbol{A}^T)^{-1}\left[(s + \overline{s})\boldsymbol{R} - \boldsymbol{A}^T\boldsymbol{R} - \boldsymbol{R}\boldsymbol{A}\right](s\boldsymbol{I} - \boldsymbol{A})^{-1}\boldsymbol{B} \\ &= \boldsymbol{B}^T(\overline{s}\boldsymbol{I} - \boldsymbol{A}^T)^{-1}\left[2\mathrm{Re}\{s\} \cdot \boldsymbol{R} + \boldsymbol{L}^T\boldsymbol{L}\right](s\boldsymbol{I} - \boldsymbol{A})^{-1}\boldsymbol{B}, \end{aligned} \tag{2.68}$$

wobei wir in dieser Umformung die KJP-Gleichung (2.61), d. h. $\boldsymbol{A}^T\boldsymbol{R}+\boldsymbol{R}\boldsymbol{A} = -\boldsymbol{L}^T\boldsymbol{L}$, verwendet haben. Die Gl. (2.68) setzen wir nun wieder in die Gl. (2.67) ein und erhalten

$$\begin{aligned}\boldsymbol{G}(s)+\boldsymbol{G}^T(\overline{s}) &= \left[\boldsymbol{W}^T+\boldsymbol{B}^T(\overline{s}\boldsymbol{I}-\boldsymbol{A}^T)^{-1}\boldsymbol{L}^T\right]\left[\boldsymbol{W}+\boldsymbol{L}(s\boldsymbol{I}-\boldsymbol{A})^{-1}\boldsymbol{B}\right]\\ &\quad + 2\mathrm{Re}\{s\}\cdot\boldsymbol{B}^T(\overline{s}\boldsymbol{I}-\boldsymbol{A}^T)^{-1}\boldsymbol{R}(s\boldsymbol{I}-\boldsymbol{A})^{-1}\boldsymbol{B}.\end{aligned}$$

In der übersichtlicheren Form

$$\begin{aligned}\boldsymbol{G}(s)+\boldsymbol{G}^T(\overline{s}) &= \boldsymbol{M}^*\boldsymbol{M}+2\mathrm{Re}\{s\}\cdot\boldsymbol{N}^*\boldsymbol{R}\boldsymbol{N},\\ \boldsymbol{M} &= \boldsymbol{W}+\boldsymbol{L}(s\boldsymbol{I}-\boldsymbol{A})^{-1}\boldsymbol{B},\\ \boldsymbol{N} &= (s\boldsymbol{I}-\boldsymbol{A})^{-1}\boldsymbol{B},\end{aligned}$$

dargestellt, erkennen wir unmittelbar, dass $\boldsymbol{G}(s)+\boldsymbol{G}^T(\overline{s})$ für alle $s\in\mathbb{C}$ mit $\mathrm{Re}\{s\}>0$ positiv semidefinit ist. Denn die Matrix $\boldsymbol{M}^*\boldsymbol{M}$ ist positiv semidefinit und die Matrix $\boldsymbol{N}^*\boldsymbol{R}\boldsymbol{N}$ ist es auch, da $\boldsymbol{R}$ positiv definit ist. Auch die Summe $\boldsymbol{M}^*\boldsymbol{M}+2\mathrm{Re}\{s\}\cdot\boldsymbol{N}^*\boldsymbol{R}\boldsymbol{N}$ beider Matrizen ist nur positiv semidefinit und nicht positiv definit, da die Determinante

$$\det\left(\boldsymbol{M}^*\boldsymbol{M}+2\mathrm{Re}\{s\}\cdot\boldsymbol{N}^*\boldsymbol{R}\boldsymbol{N}\right)$$

ein Polynom in s ist und den Wert null annehmen kann.

Die KJP-Ungleichungen (2.61), (2.62) und (2.63) sind also hinreichend für die positive Reellheit der Übertragungsmatrix (2.65). Da sie, wie z. B. in [36] gezeigt, auch notwendig sind, folgt

Satz 29 (Positive Reellheit und die KJP-Gleichungen). *Gegeben sei ein steuerbares und beobachtbares System*

$$\begin{aligned}\dot{\boldsymbol{x}} &= \boldsymbol{A}\boldsymbol{x}+\boldsymbol{B}\boldsymbol{u}, \quad \boldsymbol{x}\in I\!R^n,\ \boldsymbol{u}\in I\!R^m,\\ \boldsymbol{y} &= \boldsymbol{C}\boldsymbol{x}+\boldsymbol{D}\boldsymbol{u}, \quad \boldsymbol{y}\in I\!R^m,\end{aligned}$$

mit der Übertragungsmatrix

$$\boldsymbol{G}(s) = \boldsymbol{C}(s\boldsymbol{I}-\boldsymbol{A})^{-1}\boldsymbol{B}+\boldsymbol{D}.$$

Die Übertragungsmatrix $\boldsymbol{G}(s)$ ist genau dann positiv reell, wenn die Kalman-Jakubovich-Popov-Gleichungen

$$\begin{aligned}\boldsymbol{A}^T\boldsymbol{R}+\boldsymbol{R}\boldsymbol{A} &= -\boldsymbol{L}^T\boldsymbol{L},\\ \boldsymbol{L}^T\boldsymbol{W} &= \boldsymbol{C}^T-\boldsymbol{R}\boldsymbol{B},\\ \boldsymbol{W}^T\boldsymbol{W} &= \boldsymbol{D}+\boldsymbol{D}^T\end{aligned}$$

durch eine positiv definite symmetrische $n\times n$ - Matrix $\boldsymbol{R}$, eine Matrix $\boldsymbol{L}$ und eine Matrix $\boldsymbol{W}$ erfüllbar sind.

Wir erhalten des Weiteren die KJP-Gleichungen für den streng positiv reellen Fall, wenn wir die KJP-Gleichung

$$\boldsymbol{A}^T\boldsymbol{R} + \boldsymbol{R}\boldsymbol{A} = -\boldsymbol{L}^T\boldsymbol{L} \tag{2.69}$$

aus obigem Satz mit der Forderung der Definition 15 strenger positiver Reellheit, d. h., dass

$$\begin{aligned}\boldsymbol{G}(s-\epsilon) &= \boldsymbol{C}[(s-\epsilon)\boldsymbol{I} - \boldsymbol{A}]^{-1}\boldsymbol{B} + \boldsymbol{D}\\ &= \boldsymbol{C}[s\boldsymbol{I} - (\boldsymbol{A} + \epsilon\boldsymbol{I})]^{-1}\boldsymbol{B} + \boldsymbol{D}\end{aligned}$$

positiv reell sein soll, verbinden. Folglich verwenden wir in Gl. (2.69) anstelle der Matrix $\boldsymbol{A}$ die Matrix $\boldsymbol{A} + \epsilon\boldsymbol{I}$ und erhalten die Gleichung

$$(\boldsymbol{A} + \epsilon\boldsymbol{I})^T\boldsymbol{R} + \boldsymbol{R}(\boldsymbol{A} + \epsilon\boldsymbol{I}) = -\boldsymbol{L}^T\boldsymbol{L},$$

d. h.

$$\boldsymbol{A}^T\boldsymbol{R} + \boldsymbol{R}\boldsymbol{A} = -\boldsymbol{L}^T\boldsymbol{L} - 2\epsilon\boldsymbol{R},$$

für die wir ohne Beschränkung der Allgemeinheit mit

$$\mu = 2\epsilon > 0$$

auch

$$\boldsymbol{A}^T\boldsymbol{R} + \boldsymbol{R}\boldsymbol{A} = -\boldsymbol{L}^T\boldsymbol{L} - \mu\boldsymbol{R}$$

schreiben können. Somit folgt

Satz 30 (Strenge positive Reellheit und die KJP-Gleichungen). *Gegeben sei ein steuerbares und beobachtbares System*

$$\begin{aligned}\dot{\boldsymbol{x}} &= \boldsymbol{A}\boldsymbol{x} + \boldsymbol{B}\boldsymbol{u}, \quad && \boldsymbol{x} \in I\!R^n,\ \boldsymbol{u} \subset I\!R^m,\\ \boldsymbol{y} &= \boldsymbol{C}\boldsymbol{x} + \boldsymbol{D}\boldsymbol{u}, && \boldsymbol{y} \in I\!R^m,\end{aligned}$$

mit der Übertragungsmatrix

$$\boldsymbol{G}(s) = \boldsymbol{C}(s\boldsymbol{I} - \boldsymbol{A})^{-1}\boldsymbol{B} + \boldsymbol{D}.$$

Die Übertragungsmatrix $\boldsymbol{G}(s)$ ist genau dann streng positiv reell, wenn die Kalman-Jakubovich-Popov-Gleichungen

$$\begin{aligned}\boldsymbol{A}^T\boldsymbol{R} + \boldsymbol{R}\boldsymbol{A} &= -\boldsymbol{L}^T\boldsymbol{L} - \mu\boldsymbol{R},\\ \boldsymbol{L}^T\boldsymbol{W} &= \boldsymbol{C}^T - \boldsymbol{R}\boldsymbol{B},\\ \boldsymbol{W}^T\boldsymbol{W} &= \boldsymbol{D} + \boldsymbol{D}^T\end{aligned}$$

durch eine positiv definite symmetrische $n \times n$ - Matrix $\boldsymbol{R}$, eine Matrix $\boldsymbol{L}$ und eine Matrix $\boldsymbol{W}$ für ein $\mu > 0$ erfüllbar sind.

Wir vergleichen nun Satz 29 und Satz 21 miteinander. Daraus folgt die Äquivalenz der Begriffe *passiv* und *positiv reell*. Beim Vergleich von Satz 30 und Satz 22 stellen wir allerdings fest, dass wir mit ihnen nicht auf die Äquivalenz zwischen streng passiven Systemen und streng positiv reellen Übertragungsfunktionen schließen können. Denn hier unterscheiden sich die KJP-Gleichung

$$\boldsymbol{A}^T\boldsymbol{R} + \boldsymbol{R}\boldsymbol{A} = -\boldsymbol{L}^T\boldsymbol{L} - \mu\boldsymbol{P} \tag{2.70}$$

aus Satz 22 und die KJP-Gleichung

$$\boldsymbol{A}^T\boldsymbol{R} + \boldsymbol{R}\boldsymbol{A} = -\boldsymbol{L}^T\boldsymbol{L} - \mu\boldsymbol{R} \tag{2.71}$$

aus Satz 30. Offensichtlich ist die Gl. (2.71) aus Satz 30 restriktiver, denn in Gl. (2.70) aus Satz 22 sind wir bei der Wahl der Matrix $\boldsymbol{P}$ nicht auf die spezielle Matrix $\boldsymbol{R}$ beschränkt. So gilt

Satz 31 (Passivität und positive Reellheit). *Ein steuer- und beobachtbares System*

$$\begin{aligned}\dot{\boldsymbol{x}} &= \boldsymbol{A}\boldsymbol{x} + \boldsymbol{B}\boldsymbol{u},\\ \boldsymbol{y} &= \boldsymbol{C}\boldsymbol{x} + \boldsymbol{D}\boldsymbol{u}\end{aligned}$$

ist genau dann passiv mit einer positiv definiten Speicherfunktion, wenn seine Übertragungsmatrix positiv reell ist. Es ist streng passiv, wenn seine Übertragungsmatrix streng positiv reell ist.

Jedes System mit einer streng positiv reellen Übertragungsfunktion ist also streng passiv, den Umkehrschluss sichert obiger Satz jedoch nicht. Allerdings folgt für Systeme ohne Durchgriff, d. h. $\boldsymbol{D} = \boldsymbol{0}$, dass $\boldsymbol{W} = \boldsymbol{0}$ gilt und damit $\boldsymbol{L}$ als $n \times n$ - Matrix beliebig wählbar ist. Siehe hierzu auch [36, 319]. Daher sind beide Gleichungen (2.70) und (2.71) jeweils äquivalent zur Gleichung

$$\boldsymbol{A}^T\boldsymbol{R} + \boldsymbol{R}\boldsymbol{A} = -\boldsymbol{Q}$$

mit einer positiv definiten Matrix $\boldsymbol{Q} = \boldsymbol{L}^T\boldsymbol{L} + \mu\boldsymbol{R}$ bzw. $\boldsymbol{Q} = \boldsymbol{L}^T\boldsymbol{L} + \mu\boldsymbol{P}$. Im Fall von linearen Systemen ohne Durchgriff gilt also

Satz 32 (Strenge Passivität und strenge positive Reellheit). *Ein steuerbares und beobachtbares lineares System ohne Durchgriff ist genau dann streng passiv, wenn seine Übertragungsmatrix streng positiv reell ist.*

Durch diejenigen Sätze über positive Reellheit, welche auf der Übertragungsfunktion basieren, besitzen wir eine alternative Möglichkeit, ein System auf seine Passivität bzw. strenge Passivität zu testen. Dabei sind die Kriterien für SISO-Systeme einfach zu handhaben, die für MIMO-Systeme allerdings oft sehr aufwendig.

Alle Sätze auf Basis der KJP-Gleichungen erfordern die Suche nach einer Matrix $\boldsymbol{R}$, welche diese erfüllt. Für die Überprüfung insbesondere auf strenge

Passivität wäre ein Kriterium nützlich, das ohne die Suche nach einer Matrix $\boldsymbol{R}$ eine unmittelbare Aussage über die Passivität bzw. positive Reellheit eines Systems liefert. Dies leistet für Systeme ohne Durchgriff [53]

Satz 33 (Satz von Corless und Shorten). *Eine Übertragungsfunktion*

$$\boldsymbol{G}(s) = \boldsymbol{C}(s\boldsymbol{I} - \boldsymbol{A})^{-1}\boldsymbol{B}, \quad \boldsymbol{C} \in \mathbb{R}^{m\times n}, \boldsymbol{B} \in \mathbb{R}^{n\times m},$$

ist genau dann streng positiv reell, wenn

(1) alle Pole von $\boldsymbol{G}(s)$ negative Realteile haben,
(2) die $m \times m$ - Matrix $\boldsymbol{R} = -\boldsymbol{CAB} - (\boldsymbol{CAB})^T$ positiv definit ist und
(3) die Matrix

$$\begin{bmatrix} \boldsymbol{A} + \boldsymbol{ABR}^{-1}\boldsymbol{CA} & \boldsymbol{ABR}^{-1}\boldsymbol{B}^T\boldsymbol{A}^T \\ -\boldsymbol{A}^T\boldsymbol{C}^T\boldsymbol{R}^{-1}\boldsymbol{CA} & -\boldsymbol{A}^T - \boldsymbol{A}^T\boldsymbol{C}^T\boldsymbol{R}^{-1}\boldsymbol{B}^T\boldsymbol{A}^T \end{bmatrix}$$

$2m$ Eigenwerte in null und sonst keine auf der imaginären Achse besitzt.

Da das betrachtete System in obigem Satz keinen Durchgriff aufweist, sind strenge positive Reellheit und strenge Passivität äquivalent zueinander. Satz 33 ist also auch ein notwendiges und hinreichendes Kriterium für die strenge Passivität des Systems.

2.4.8 Verlustfreie Hamilton-Systeme

Eine häufig in der Regelungstechnik vorkommende Klasse von passiven Systemen sind mechanische Systeme, insbesondere Mehrkörpersysteme, wie z. B. Kräne, Satelliten und Industrieroboter. Ihre Bewegungsgleichungen werden oft mittels ihrer kinetischen und potentiellen Energie, E_{kin} und E_{pot}, über die Lagrange-Gleichungen [112]

$$\frac{d}{dt}\frac{\partial L}{\partial \dot{q}_i} - \frac{\partial L}{\partial q_i} = \tau_i \quad , i = 1, \ldots, k,$$

bzw. deren vektorieller Form

$$\frac{d}{dt}\frac{\partial L}{\partial \dot{\boldsymbol{q}}} - \frac{\partial L}{\partial \boldsymbol{q}} = \boldsymbol{\tau}^T \tag{2.72}$$

ermittelt. Dabei ist

$$L = E_{\text{kin}} - E_{\text{pot}} \tag{2.73}$$

die Lagrange-Funktion, die Variablen q_i bzw. der Vektor

$$\boldsymbol{q} = \begin{bmatrix} q_1 \\ \vdots \\ q_k \end{bmatrix}$$

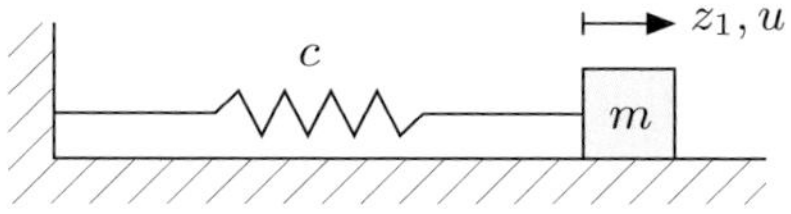

Bild 2.70: Feder-Masse-System.

bezeichnen verallgemeinerte Koordinaten, d. h. Längen oder Winkel, und die Werte τ_i bzw. der Vektor

$$\boldsymbol{\tau} = \begin{bmatrix} \tau_1 \\ \vdots \\ \tau_k \end{bmatrix}$$

Kräfte oder Drehmomente.

Zur Illustration betrachten wir ein reibungsfreies Feder-Masse-System, wie es in Bild 2.70 dargestellt ist. Über eine externe, die Feder auseinanderziehende Kraft u kann die Masse m um den Weg z_1 ausgelenkt werden. Dabei wirkt eine Feder mit der Federsteifigkeit c diesem Vorgang entgegen. Für die kinetische und potentielle Energie gilt

$$E_{\text{kin}} = \frac{1}{2} m \dot{z}_1^2,$$
$$E_{\text{pot}} = \frac{1}{2} c z_1^2,$$

also ist

$$L = \frac{1}{2}\left(m\dot{z}_1^2 - cz_1^2\right).$$

Eingesetzt in die Lagrange-Gleichung erhält man

$$\frac{1}{2}\left[\frac{d}{dt}\left(\frac{\partial(m\dot{z}_1^2 - cz_1^2)}{\partial \dot{z}_1}\right) - \frac{\partial(m\dot{z}_1^2 - cz_1^2)}{\partial z_1}\right] = u,$$

d. h.

$$m\ddot{z}_1 + cz_1 = u$$

und als Zustandsraummodell mit

$$\boldsymbol{z} = \begin{bmatrix} z_1 \\ z_2 \end{bmatrix} = \begin{bmatrix} z_1 \\ \dot{z}_1 \end{bmatrix}$$

die Systembeschreibung

$$\dot{\boldsymbol{z}} = \begin{bmatrix} 0 & 1 \\ -\dfrac{c}{m} & 0 \end{bmatrix} \boldsymbol{z} + \begin{bmatrix} 0 \\ \dfrac{1}{m} \end{bmatrix} u.$$

Neben der Lagrange-Methode existiert eine weitere Methode, mit der man eine für die Regelungstechnik günstige Darstellung des Systems herleiten kann.

Und zwar eine, bei der die Passivität des Systems unmittelbar ersichtlich ist. Dies ermöglichen uns die Hamilton-Gleichungen.

Wir können die Hamilton-Gleichungen mit Hilfe der Lagrange-Funktion wie folgt herleiten. Zuerst definieren wir die neuen Koordinaten

$$\boldsymbol{p} = \left(\frac{\partial L}{\partial \dot{\boldsymbol{q}}}\right)^T. \tag{2.74}$$

Wir definieren des Weiteren die Hamilton-Funktion

$$H(\boldsymbol{q},\boldsymbol{p}) = \dot{\boldsymbol{q}}^T\boldsymbol{p} - L(\boldsymbol{q},\dot{\boldsymbol{q}}). \tag{2.75}$$

Nun differenzieren wir Gl. (2.75) beidseitig nach der Zeit und erhalten

$$\frac{dH(\boldsymbol{q},\boldsymbol{p})}{dt} = \frac{d\dot{\boldsymbol{q}}^T\boldsymbol{p}}{dt} - \frac{dL(\boldsymbol{q},\dot{\boldsymbol{q}})}{dt}$$

und somit

$$\frac{\partial H}{\partial \boldsymbol{q}}\dot{\boldsymbol{q}} + \frac{\partial H}{\partial \boldsymbol{p}}\dot{\boldsymbol{p}} = \ddot{\boldsymbol{q}}^T\boldsymbol{p} + \dot{\boldsymbol{q}}^T\dot{\boldsymbol{p}} - \frac{\partial L}{\partial \boldsymbol{q}}\dot{\boldsymbol{q}} - \frac{\partial L}{\partial \dot{\boldsymbol{q}}}\ddot{\boldsymbol{q}}. \tag{2.76}$$

Die Gl. (2.74) setzen wir in Gl. (2.76) ein, so dass sich

$$\frac{\partial H}{\partial \boldsymbol{q}}\dot{\boldsymbol{q}} + \frac{\partial H}{\partial \boldsymbol{p}}\dot{\boldsymbol{p}} = -\frac{\partial L}{\partial \boldsymbol{q}}\dot{\boldsymbol{q}} + \dot{\boldsymbol{q}}^T\dot{\boldsymbol{p}} \tag{2.77}$$

ergibt. Aus der Lagrange-Gleichung (2.72) folgt unter Nutzung von Gl. (2.74)

$$\frac{\partial L}{\partial \boldsymbol{q}} = \frac{d}{dt}\frac{\partial L}{\partial \dot{\boldsymbol{q}}} - \boldsymbol{\tau}^T = \dot{\boldsymbol{p}}^T - \boldsymbol{\tau}^T.$$

Wir setzen dies in Gl. (2.77) ein und erhalten

$$\frac{\partial H}{\partial \boldsymbol{q}}\dot{\boldsymbol{q}} + \frac{\partial H}{\partial \boldsymbol{p}}\dot{\boldsymbol{p}} = (-\dot{\boldsymbol{p}} + \boldsymbol{\tau})^T\dot{\boldsymbol{q}} + \dot{\boldsymbol{q}}^T\dot{\boldsymbol{p}}. \tag{2.78}$$

Durch den Vergleich beider Seiten erhalten wir dann die als *Hamilton-Normalform* bezeichneten Systemgleichungen

$$\begin{aligned}\dot{\boldsymbol{q}} &= \left(\frac{\partial H}{\partial \boldsymbol{p}}\right)^T,\\ \dot{\boldsymbol{p}} &= -\left(\frac{\partial H}{\partial \boldsymbol{q}}\right)^T + \boldsymbol{\tau}.\end{aligned} \tag{2.79}$$

Sie werden auch *Hamilton-Gleichungen* genannt. Dies sind $2k$ Differenzialgleichungen erster Ordnung, während die hierzu äquivalenten Lagrange-Gleichungen k Differenzialgleichungen zweiter Ordnung sind.

Wir klären nun im Weiteren, welche anschauliche Bedeutung die Hamilton-Funktion H besitzt. Hierbei berücksichtigen wir, dass die kinetische Energie in herkömmlichen mechanischen Systemen die Form

$$E_{\text{kin}} = \frac{1}{2}\dot{\boldsymbol{q}}^T \boldsymbol{M}(\boldsymbol{q})\dot{\boldsymbol{q}} \tag{2.80}$$

aufweist. Im einfachen Fall einer geradlinigen Bewegung gilt z. B.

$$E_{\text{kin}} = \frac{1}{2}mv^2.$$

Die Matrix $\boldsymbol{M}(\boldsymbol{q})$ ist dabei eine verallgemeinerte Massenmatrix, deren Elemente von der Position $\boldsymbol{q}$, z. B. den Gelenkwinkeln q_i eines Industrieroboters, abhängen. Sie ist positiv definit und folglich auch regulär. Im Gegensatz zur kinetischen Energie E_{kin} ist die potentielle Energie E_{pot} nur eine Funktion der Position $\boldsymbol{q}$ und nicht der Geschwindigkeit $\dot{\boldsymbol{q}}$.

Aus den Gleichungen (2.73) und (2.74) folgt mit Gl. (2.80)

$$\boldsymbol{p} = \left(\frac{\partial L}{\partial \dot{\boldsymbol{q}}}\right)^T = \left(\frac{\partial E_{\text{kin}}(\boldsymbol{q}, \dot{\boldsymbol{q}})}{\partial \dot{\boldsymbol{q}}} - \frac{\partial E_{\text{pot}}(\boldsymbol{q})}{\partial \dot{\boldsymbol{q}}}\right)^T = \boldsymbol{M}(\boldsymbol{q})\dot{\boldsymbol{q}}. \tag{2.81}$$

Man setzt dies nun in Gl. (2.75) ein und erhält mit Gl. (2.80) und (2.81)

$$\begin{aligned} H(\boldsymbol{q}, \boldsymbol{p}) &= \dot{\boldsymbol{q}}^T \boldsymbol{M}(\boldsymbol{q})\dot{\boldsymbol{q}} - (E_{\text{kin}}(\boldsymbol{q}, \dot{\boldsymbol{q}}) - E_{\text{pot}}(\boldsymbol{q})) \\ &= \frac{1}{2}\dot{\boldsymbol{q}}^T \boldsymbol{M}(\boldsymbol{q})\dot{\boldsymbol{q}} + E_{\text{pot}}(\boldsymbol{q}) \end{aligned}$$

und somit

$$H(\boldsymbol{q}, \boldsymbol{p}) = E_{\text{kin}}(\boldsymbol{q}, \boldsymbol{p}) + E_{\text{pot}}(\boldsymbol{q}).$$

Die Hamilton-Funktion entspricht also der Gesamtenergie des Systems.

Wir können eine weitere wichtige Eigenschaft der Hamilton-Funktion herleiten und betrachten zu diesem Zweck nochmals die Gl. (2.78),

$$\underbrace{\frac{\partial H}{\partial \boldsymbol{q}}\dot{\boldsymbol{q}} + \frac{\partial H}{\partial \boldsymbol{p}}\dot{\boldsymbol{p}}}_{\frac{dH}{dt}} = \boldsymbol{\tau}^T \dot{\boldsymbol{q}} \underbrace{- \dot{\boldsymbol{p}}^T \dot{\boldsymbol{q}} + \dot{\boldsymbol{q}}^T \dot{\boldsymbol{p}}}_{=0}.$$

Es folgt unmittelbar

$$\frac{dH}{dt} = \boldsymbol{\tau}^T \dot{\boldsymbol{q}}. \tag{2.82}$$

Die Interpretation dieser Gleichung ist nützlich für unser Verständnis. Zwei Fälle sind zu unterscheiden:

(1) Es wirken keine äußeren Kräfte $\boldsymbol{\tau}$ auf das System ein. Folglich gilt

$$\frac{dH}{dt} = 0,$$

was wiederum bedeutet, dass H und damit die Gesamtenergie des Systems konstant ist. Dieser Fall beschreibt verlustlose Systeme ohne Energiezufuhr, z. B. reibungsfreie, d. h. ideale Pendeluhren.

(2) Dem System wird Energie über äußere Kräfte $\boldsymbol{\tau}$ zugeführt. Dann gibt

$$\frac{dH}{dt} = \boldsymbol{\tau}^T \dot{\boldsymbol{q}}$$

die zugeführte Leistung an. Industrieroboter, denen über Gelenkmotoren Kräfte aufgeprägt werden, sind Beispiele.

Wie geht man nun konkret vor, um die Hamilton-Funktion zu ermitteln? Dies geschieht in den folgenden fünf Schritten:

Schritt 1: Stelle die Lagrange-Funktion $L = E_{\text{kin}} - E_{\text{pot}}$ auf.

Schritt 2: Bestimme die verallgemeinerten Impulse

$$\boldsymbol{p} = \left(\frac{\partial L}{\partial \dot{\boldsymbol{q}}}\right)^T = \boldsymbol{M}(\boldsymbol{q})\dot{\boldsymbol{q}}.$$

Schritt 3: Bestimme durch Inversion der Gleichung des vorherigen Schrittes die verallgemeinerten Geschwindigkeiten

$$\dot{\boldsymbol{q}} = \boldsymbol{M}^{-1}(\boldsymbol{q})\boldsymbol{p}.$$

Schritt 4: Bilde die Hamilton-Funktion

$$H(\boldsymbol{q}, \boldsymbol{p}) = E_{\text{kin}}(\boldsymbol{q}, \boldsymbol{p}) + E_{\text{pot}}(\boldsymbol{q}).$$

Schritt 5: Erstelle die Hamilton-Gleichungen (2.79).

Insbesondere die Bestimmung der Umkehrfunktion $\dot{\boldsymbol{q}} = \boldsymbol{M}^{-1}(\boldsymbol{q})\boldsymbol{p}$ des Schrittes 3 kann sehr aufwendig sein. Dies ist einer der Gründe, warum die Hamilton-Gleichungen oft schwieriger herzuleiten sind als die Bewegungsgleichungen mittels der Lagrange-Gleichungen. Des Weiteren haben die Hamilton-Gleichungen in vielen Fällen eine komplexere Gestalt.

Wir betrachten als Beispiel wieder das Feder-Masse-System aus Bild 2.70. Die Hamilton-Funktion ergibt sich mit

$$q = z_1 \quad \text{und} \quad p = \frac{\partial L}{\partial \dot{q}} = \frac{1}{2}\frac{\partial\left(m\dot{z}_1^2 - cz_1^2\right)}{\partial \dot{z}_1} = m\dot{z}_1$$

zu

$$H = E_{\mathrm{kin}} + E_{\mathrm{pot}} = \frac{1}{2} m \dot{z}_1^2 + \frac{1}{2} c z_1^2 = \frac{1}{2m} p^2 + \frac{c}{2} q^2. \tag{2.83}$$

Für die Hamilton-Gleichungen (2.79) erhalten wir dann

$$\begin{aligned} \dot{q} &= \frac{\partial H}{\partial p} = \frac{p}{m}, \\ \dot{p} &= -\frac{\partial H}{\partial q} + u = -cq + u. \end{aligned} \tag{2.84}$$

Nun untersuchen wir die allgemeinen Hamilton-Gleichungen (2.79) auf Passivität. Wir fügen die Koordinaten $\boldsymbol{q}$ und $\boldsymbol{p}$ zu einem Zustandsvektor

$$\boldsymbol{x} = \begin{bmatrix} \boldsymbol{q} \\ \boldsymbol{p} \end{bmatrix}$$

zusammen, so dass wir die Hamilton-Gleichungen in der Form

$$\dot{\boldsymbol{x}} = \boldsymbol{J}_{\mathrm{H}} \left(\frac{\partial H}{\partial \boldsymbol{x}} \right)^T + \boldsymbol{B} \cdot \boldsymbol{\tau}, \quad \boldsymbol{J}_{\mathrm{H}} = \begin{bmatrix} \mathbf{0} & \boldsymbol{I} \\ -\boldsymbol{I} & \mathbf{0} \end{bmatrix}, \quad \boldsymbol{B} = \begin{bmatrix} \mathbf{0} \\ \boldsymbol{I} \end{bmatrix}, \tag{2.85}$$

mit der k-dimensionalen Einheitsmatrix $\boldsymbol{I}$ darstellen können. Wählen wir als Ausgang

$$\boldsymbol{y} = \left(\frac{\partial H}{\partial \boldsymbol{p}} \right)^T = \dot{\boldsymbol{q}}, \tag{2.86}$$

so gilt für die Passivitätsungleichung mit $\boldsymbol{u} = \boldsymbol{\tau}$ und der Speicherfunktion $S(\boldsymbol{x})$

$$\dot{S}(\boldsymbol{x}) \leq \boldsymbol{u}^T \boldsymbol{y} = \boldsymbol{\tau}^T \dot{\boldsymbol{q}}. \tag{2.87}$$

Diese Gleichung ist offensichtlich erfüllbar, wenn wir für die Speicherfunktion

$$S(\boldsymbol{x}) = H(\boldsymbol{x})$$

wählen, denn mit Gl. (2.82) gilt

$$\dot{S} = \dot{H} = \boldsymbol{\tau}^T \dot{\boldsymbol{q}}. \tag{2.88}$$

Ist also H gemäß Passivitätsdefinition eine positiv semidefinite Funktion, gilt also $H(\mathbf{0}) = 0$ und $H(\boldsymbol{x}) \geq 0$ für $\boldsymbol{x} \neq 0$, so ist das System passiv und aufgrund des Gleichheitszeichen in (2.87) bzw. (2.88) verlustfrei.

Für unser Feder-Masse-Beispiel ist H eine positiv definite Funktion, denn gemäß Gl. (2.83) ist $H(p,q) = 0$ für $[q \quad p]^T = [z_1 \quad m\dot{z}_1]^T = \mathbf{0}$ und sonst positiv. Des Weiteren gilt mit Gl. (2.83) und Gl. (2.84)

$$\dot{H} = \frac{p\dot{p}}{m} + cq\dot{q} = \frac{up}{m} = u\dot{q} = uy,$$

so dass Gl. (2.87) erfüllt und folglich das Feder-Masse-System passiv ist.

Wir verallgemeinern nun die Hamilton-Gleichungen (2.85) mit der Ausgangsfunktion (2.86) zu

$$\begin{aligned}\dot{\boldsymbol{x}} &= \boldsymbol{J}(\boldsymbol{x})\left(\frac{\partial S}{\partial \boldsymbol{x}}\right)^T + \boldsymbol{B}(\boldsymbol{x})\cdot\boldsymbol{u},\\ \boldsymbol{y} &= \boldsymbol{B}^T(\boldsymbol{x})\left(\frac{\partial S}{\partial \boldsymbol{x}}\right)^T.\end{aligned} \tag{2.89}$$

Dabei sind beliebige schiefsymmetrische Matrizen

$$\boldsymbol{J}(\boldsymbol{x}) = -\boldsymbol{J}^T(\boldsymbol{x})$$

zugelassen. Sie beschreiben den verlustlosen Energieaustausch innerhalb des Systems. Auch die jetzt verwendete positiv definite Funktion S stellt eine Verallgemeinerung dar. Es kann eine Hamilton-Funktion sein, es kann aber auch eine anders gebildete positiv definite Funktion sein. Allerdings beschränken wir uns auf positiv definite Funktionen $S(\boldsymbol{x})$, denn nur sie garantieren als Speicherfunktionen im Zusammenhang mit der Passivität Stabilität. Das verallgemeinerte, durch die Hamilton-Gleichungen beschriebene System wird als *eingangsgesteuertes Hamilton-System* oder üblicherweise mit dem englischen Begriff als *port-controlled Hamiltonian system*, kurz *PCH-System*, bezeichnet. Die Begriffe *eingangsgesteuert*[7] und *port-controlled* resultieren aus der Tatsache, dass wir Systeme mit Eingangsgrößen $\boldsymbol{u}$ bzw. $\boldsymbol{\tau}$ betrachten.

Auch das System (2.89) ist passiv und verlustfrei und folglich stabil, wenn S positiv definit ist. Denn es gilt

$$\dot{S}(\boldsymbol{x}) = \frac{\partial S}{\partial \boldsymbol{x}}\dot{\boldsymbol{x}} = \frac{\partial S}{\partial \boldsymbol{x}}\boldsymbol{J}(\boldsymbol{x})\left(\frac{\partial S}{\partial \boldsymbol{x}}\right)^T + \frac{\partial S}{\partial \boldsymbol{x}}\boldsymbol{B}(\boldsymbol{x})\cdot\boldsymbol{u}.$$

Aufgrund der Schiefsymmetrie von $\boldsymbol{J}$ folgt

$$\frac{\partial S}{\partial \boldsymbol{x}}\boldsymbol{J}\left(\frac{\partial S}{\partial \boldsymbol{x}}\right)^T = 0$$

und somit

$$\dot{S}(\boldsymbol{x}) = \frac{\partial S}{\partial \boldsymbol{x}}\boldsymbol{B}(\boldsymbol{x})\cdot\boldsymbol{u} = \boldsymbol{u}^T\boldsymbol{y}.$$

Die Passivitätsungleichung (2.87) ist also erfüllt und die Funktion S ist die gesuchte Speicherfunktion.

---

[7] Wir übersetzen hier *port-controlled* nicht mit *torgesteuert* und *port* nicht mit *Tor*, sondern mit *eingangsgesteuert* und *Eingang*. Diese Übersetzungen passen besser in die regelungstechnische Nomenklatur. Der Begriff *Tor* stammt aus der Zweitor- bzw. Vierpoltheorie.

2.4.9 Beispiel Selbstbalancierendes Fahrzeug

Wir betrachten als ein Beispiel eines PCH-Systems ein selbstbalancierendes Fahrzeug mit einer Achse und einem oder zwei Rädern, wie es exemplarisch Bild 2.71 zeigt. Industrielle Ausführungen eines solchen Systems sind der Honda U3-X [313] mit einem Rad sowie der Segway [138, 204] und der Toyota Winglet [179] mit jeweils zwei Rädern. Ein bzw. zwei Motoren im Chassis treiben das Rad bzw. die Räder über das erzeugte Drehmoment M an.

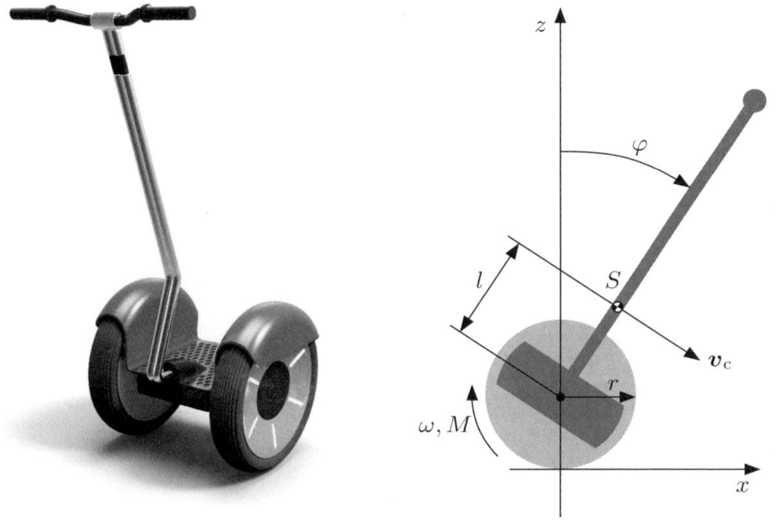

Bild 2.71: Selbstbalancierendes Fahrzeug.

Zur Bestimmung der dynamischen Gleichungen in PCH-Form ermitteln wir in einem ersten Schritt die kinetische Energie der Räder

$$E_{\text{kin,r}} = \frac{1}{2}J_{\text{r}}\omega^2 + \frac{1}{2}m_{\text{r}}r^2\omega^2 = \frac{1}{2}\frac{J_{\text{r}}}{r^2}\dot{x}^2 + \frac{1}{2}m_{\text{r}}\dot{x}^2,$$

wobei ω die Winkelgeschwindigkeit der Räder ist, die wir hier als für beide Räder gleich groß ansehen. Die Geschwindigkeit des Fahrzeuges ist $\dot{x} = r\omega$. Die Summe der Trägheitsmomente der Räder bezeichnen wir mit J_{r}, ihre Masse mit m_{r} und ihren Radius mit r. Als Antriebskraft wirkt das Drehmoment M, das durch einen Motor erzeugt wird, auf die Räder.

Ähnlich gilt für die kinetische Energie des zwischen den Rädern montierten Chassis

$$E_{\text{kin,c}} = \frac{1}{2}J_{\text{c}}\dot{\varphi}^2 + \frac{1}{2}m_{\text{c}}|\boldsymbol{v}_{\text{c}}|^2, \tag{2.90}$$

wobei φ der Winkel zwischen Chassisachse und vertikaler z-Koordinatenachse ist, $\boldsymbol{v}_\mathrm{c}$ die Geschwindigkeit seines Schwerpunktes S, J_c das Trägheitsmoment des Chassis um den Schwerpunkt S und m_c seine Masse.

Für die Geschwindigkeit $\boldsymbol{v}_\mathrm{c}$ des Schwerpunktes S gilt

$$\boldsymbol{v}_\mathrm{c} = \begin{bmatrix} r\omega + l\dot{\varphi}\cos(\varphi) \\ -l\dot{\varphi}\sin(\varphi) \end{bmatrix} = \begin{bmatrix} \dot{x} + l\dot{\varphi}\cos(\varphi) \\ -l\dot{\varphi}\sin(\varphi) \end{bmatrix}$$

und folglich für die kinetische Energie (2.90) des Chassis

$$E_\mathrm{kin,c} = \frac{1}{2}J_\mathrm{c}\dot{\varphi}^2 + \frac{1}{2}m_\mathrm{c}\left(\dot{x}^2 + 2l\dot{x}\dot{\varphi}\cos(\varphi) + l^2\dot{\varphi}^2\right).$$

Schließlich ermitteln wir noch die potentielle Energie zu

$$E_\mathrm{pot} = m_\mathrm{r}gr + m_\mathrm{c}g(r + l\cos(\varphi)) = (m_\mathrm{r} + m_\mathrm{c})gr + m_\mathrm{c}gl\cos(\varphi).$$

Den konstanten Term $(m_\mathrm{r} + m_\mathrm{c})gr$ können wir ohne Beschränkung der Allgemeinheit entfallen lassen, denn der Wert, an dem die potentielle Energie den Wert null annimmt, kann immer beliebig festgelegt werden. So gilt

$$E_\mathrm{pot} = m_\mathrm{c}gl\cos(\varphi).$$

Wir können nun die Lagrange-Funktion

$$L = E_\mathrm{kin,r} + E_\mathrm{kin,c} - E_\mathrm{pot}$$

aufstellen, aus der wir im folgenden zweiten Schritt die verallgemeinerten Impulse

$$\boldsymbol{p} = \left(\frac{\partial L}{\partial \dot{\boldsymbol{q}}}\right)^T$$

ermitteln. Im vorliegenden Fall ist

$$\boldsymbol{q} = \begin{bmatrix} x \\ \varphi \end{bmatrix}$$

und somit

$$\boldsymbol{p} = \left(\frac{\partial L}{\partial \dot{\boldsymbol{q}}}\right)^T = \begin{bmatrix} \dfrac{\partial L}{\partial \dot{x}} \\ \dfrac{\partial L}{\partial \dot{\varphi}} \end{bmatrix} = \underbrace{\begin{bmatrix} m_\mathrm{r} + m_\mathrm{c} + \dfrac{J_\mathrm{r}}{r^2} & m_\mathrm{c}l\cos(\varphi) \\ m_\mathrm{c}l\cos(\varphi) & m_\mathrm{c}l^2 + J_\mathrm{c} \end{bmatrix}}_{\boldsymbol{M}(\boldsymbol{q})} \underbrace{\begin{bmatrix} \dot{x} \\ \dot{\varphi} \end{bmatrix}}_{\dot{\boldsymbol{q}}}. \qquad (2.91)$$

Im dritten Schritt berechnen wir aus Gl. (2.91), d. h. aus

$$\boldsymbol{p} = \boldsymbol{M}(\boldsymbol{q})\dot{\boldsymbol{q}},$$

den Vektor $\dot{\boldsymbol{q}}$ mittels

$$\dot{\boldsymbol{q}} = \boldsymbol{M}^{-1}(\boldsymbol{q})\boldsymbol{p}$$

und erhalten

$$\dot{\boldsymbol{q}} = \begin{bmatrix} \dot{x} \\ \dot{\varphi} \end{bmatrix} = \frac{1}{ab - c^2\cos^2(\varphi)} \begin{bmatrix} b & -c\cdot\cos(\varphi) \\ -c\cdot\cos(\varphi) & a \end{bmatrix} \boldsymbol{p} \tag{2.92}$$

mit den Abkürzungen

$$a = m_\mathrm{r} + m_\mathrm{c} + \frac{J_\mathrm{r}}{r^2}, \qquad b = m_\mathrm{c} l^2 + J_\mathrm{c}, \qquad c = m_\mathrm{c} l.$$

Der vierte Schritt führt uns zur Hamilton-Funktion

$$\begin{aligned} H(\boldsymbol{q},\boldsymbol{p}) =& E_{\mathrm{kin,r}} + E_{\mathrm{kin,c}} + E_{\mathrm{pot}} \\ =& \frac{1}{2}\left(m_\mathrm{r} + m_\mathrm{c} + \frac{J_\mathrm{r}}{r^2}\right)\dot{x}^2 + \frac{1}{2}\left(m_\mathrm{c} l^2 + J_\mathrm{c}\right)\dot{\varphi}^2 + c\dot{x}\dot{\varphi}\cos(\varphi) + cg\cos(\varphi) \\ =& \frac{1}{2}a\dot{x}^2 + \frac{1}{2}b\dot{\varphi}^2 + c\dot{x}\dot{\varphi}\cos(\varphi) + cg\cos(\varphi), \end{aligned}$$

in der wir noch $\dot{\boldsymbol{q}} = [\dot{x}\ \ \dot{\varphi}]^T$ durch $\boldsymbol{p} = [p_1\ \ p_2]^T$ mittels Gl. (2.92) zu ersetzen haben. So ergibt sich

$$H(\boldsymbol{q},\boldsymbol{p}) = \frac{ap_2^2 + bp_1^2 - 2cp_1p_2\cos(\varphi)}{2\left(ab - c^2\cos^2(\varphi)\right)} + cg\cos(\varphi) - cg,$$

wobei wir den konstanten Term $-cg$ ohne Beschränkung der Allgemeinheit hinzufügen. In den Hamilton-Gleichungen kommen nämlich ausschließlich Ableitungen der Hamilton-Funktion vor, so dass ein konstanter Term in ihr diesbezüglich ohne Auswirkung ist. Durch den zusätzlichen Term $-cg$ gilt $H(\boldsymbol{0},\boldsymbol{0}) = 0$ und wir können die positiv semidefinite Hamilton-Funktion als Speicherfunktion nutzen.

Für die Systemdynamik in Hamilton-Form erhalten wir in Schritt fünf

$$\dot{\boldsymbol{q}} = \begin{bmatrix} \dot{x} \\ \dot{\varphi} \end{bmatrix} = \left(\frac{\partial H}{\partial \boldsymbol{p}}\right)^T = \frac{1}{ab - c^2\cos^2(\varphi)} \begin{bmatrix} bp_1 - cp_2\cos(\varphi) \\ ap_2 - cp_1\cos(\varphi) \end{bmatrix},$$

$$\dot{\boldsymbol{p}} = \begin{bmatrix} \dot{p}_1 \\ \dot{p}_2 \end{bmatrix} = -\left(\frac{\partial H}{\partial \boldsymbol{q}}\right)^T + \boldsymbol{\tau} = -\begin{bmatrix} \dfrac{\partial H}{\partial x} \\ \dfrac{\partial H}{\partial \varphi} \end{bmatrix} + \boldsymbol{\tau}$$

$$= \begin{bmatrix} 0 \\ c\cdot\sin(\varphi)\left[\dfrac{c\cos(\varphi)\left(ap_2^2 + bp_1^2 - cp_1p_2\cos(\varphi)\right) - abp_1p_2}{\left(ab - c^2\cos^2(\varphi)\right)^2} + g\right] \end{bmatrix} + \boldsymbol{\tau}.$$

Die äußeren Kräfte bzw. Momente $\boldsymbol{\tau}$ resultieren aus dem Drehmoment M, d. h.

$$\boldsymbol{\tau} = \begin{bmatrix} \frac{M}{r} \\ -M \end{bmatrix},$$

so dass wir schließlich zu den Hamilton-Gleichungen

$$\begin{bmatrix} \dot{x} \\ \dot{\varphi} \\ \dot{p}_1 \\ \dot{p}_2 \end{bmatrix} = \begin{bmatrix} \dfrac{bp_1 - cp_2\cos(\varphi)}{ab - c^2\cos^2(\varphi)} \\ \dfrac{ap_2 - cp_1\cos(\varphi)}{ab - c^2\cos^2(\varphi)} \\ 0 \\ c\cdot\sin(\varphi)\left[\dfrac{c\cos(\varphi)\left(ap_2^2 + bp_1^2 - cp_1p_2\cos(\varphi)\right) - abp_1p_2}{\left(ab - c^2\cos^2(\varphi)\right)^2} + g\right] \end{bmatrix} + \begin{bmatrix} 0 \\ 0 \\ \frac{1}{r} \\ -1 \end{bmatrix} M \tag{2.93}$$

gelangen.

Wir wählen als Ausgangsvariablen noch

$$\boldsymbol{y} = \left(\frac{\partial H}{\partial \boldsymbol{p}}\right)^T = \dot{\boldsymbol{q}} = \begin{bmatrix} \dot{x} \\ \dot{\varphi} \end{bmatrix}, \tag{2.94}$$

so dass wir mit den Gl. (2.93) und (2.94) ein passives System mit der Hamilton-Funktion $H(\boldsymbol{p}, \boldsymbol{q})$ als Speicherfunktion $S(\boldsymbol{x})$ erhalten, wobei $\boldsymbol{x} = [\boldsymbol{q}^T\ \boldsymbol{p}^T]^T$ ist.

Zum Vergleich leiten wir aus der Lagrange-Gleichung

$$\frac{d}{dt}\frac{\partial L}{\partial \dot{\boldsymbol{q}}} - \frac{\partial L}{\partial \boldsymbol{q}} = \boldsymbol{\tau}^T,$$

die den gebräuchlichen Weg zu einer dynamischen Systembeschreibung darstellt, die auf dem Zustandsvektor $[x\ \dot{x}\ \varphi\ \dot{\varphi}]^T$ beruhenden Dynamikgleichungen

$$\ddot{x} = \frac{c}{a}\left(\dot{\varphi}^2\sin(\varphi) - \ddot{\varphi}\cos(\varphi)\right) + \frac{M}{ar},$$
$$\ddot{\varphi} = \frac{c}{b}\left(g\sin(\varphi) - \ddot{x}\cos(\varphi)\right) - \frac{M}{b}$$

her. Sie sind nicht nur einfach zu ermitteln, sondern auch einfacher in ihrer Gestalt als die Hamilton-Gleichung (2.93). Allerdings ist die Passivität und damit die Stabilität des Systems mit diesen Dynamikgleichungen und Gl. (2.94) nicht unmittelbar nachweisbar.

2.4.10 Dissipative Hamilton-Systeme

Bisher haben wir verlustfreie Hamilton-Systeme betrachtet, wie z. B. das Feder-Masse-System aus Bild 2.70. Wenn wir auch Verluste z. B. aufgrund von Reibung betrachten wollen, müssen wir ein energieverbrauchendes, d. h. dissipatives Element mit in unsere Betrachtungen einbeziehen.

Wir fügen deshalb einen Dissipationsterm $\boldsymbol{D}(\boldsymbol{x})$ in das PCH-System (2.89) ein, der die inneren Energieverluste des Systems abbildet, und erhalten

$$\begin{aligned} \dot{\boldsymbol{x}} &= (\boldsymbol{J}(\boldsymbol{x}) - \boldsymbol{D}(\boldsymbol{x}))\left(\frac{\partial V}{\partial \boldsymbol{x}}\right)^T + \boldsymbol{B}(\boldsymbol{x})\cdot\boldsymbol{u}, \qquad \boldsymbol{J}(\boldsymbol{x}) = -\boldsymbol{J}^T(\boldsymbol{x}),\\ \boldsymbol{y} &= \boldsymbol{B}^T(\boldsymbol{x})\left(\frac{\partial V}{\partial \boldsymbol{x}}\right)^T. \end{aligned} \tag{2.95}$$

Dabei ist $\boldsymbol{D}(\boldsymbol{x})$ eine positiv semidefinite und symmetrische Matrix. Solche Systeme heißen *eingangsgesteuerte dissipative Hamilton-Systeme* oder gebräuchlicher nach ihrer englischen Bezeichnung *port-controlled Hamiltonian system with dissipation*, kurz *PCHD-Systeme*. Dabei ist nun V keine Hamilton-Funktion im eigentlichen Sinne mehr und V muss auch nicht mehr zwingend die Energiebilanz des Systems widerspiegeln. Allerdings soll $V(\boldsymbol{x})$ eine positiv definite Funktion sein. Wir erhalten dann mit

$$\dot{V}(\boldsymbol{x}) = \frac{\partial V}{\partial \boldsymbol{x}}\dot{\boldsymbol{x}} = \underbrace{\frac{\partial V}{\partial \boldsymbol{x}}\boldsymbol{J}(\boldsymbol{x})\left(\frac{\partial V}{\partial \boldsymbol{x}}\right)^T}_{=0} - \frac{\partial V}{\partial \boldsymbol{x}}\boldsymbol{D}(\boldsymbol{x})\left(\frac{\partial V}{\partial \boldsymbol{x}}\right)^T + \frac{\partial V}{\partial \boldsymbol{x}}\boldsymbol{B}(\boldsymbol{x})\cdot\boldsymbol{u}$$

die Passivitätsungleichung

$$\dot{V}(\boldsymbol{x}) = \boldsymbol{u}^T\boldsymbol{y} - \frac{\partial V}{\partial \boldsymbol{x}}\boldsymbol{D}(\boldsymbol{x})\left(\frac{\partial V}{\partial \boldsymbol{x}}\right)^T \le \boldsymbol{u}^T\boldsymbol{y}, \tag{2.96}$$

die offensichtlich aufgrund der positiven Semidefinitheit von $\boldsymbol{D}(\boldsymbol{x})$ erfüllt ist.

PCHD-Systeme sind also immer passiv. Deshalb wird die Systemdarstellung (2.95) auch als *Passivitätsnormalform* bezeichnet [163, 272]. Weil die Speicherfunktion V als positiv definit vorausgesetzt wurde und weil $\dot{V}(\boldsymbol{x}) \le 0$ für $\boldsymbol{u} = \boldsymbol{0}$ gilt, ist V eine Ljapunov-Funktion des passiven Systems. Dies ist auch der Grund, warum wir als Formelzeichen der Speicherfunktion nicht mehr den Buchstaben S, sondern den Buchstaben V verwenden. Letzterer bezeichnet typischerweise Ljapunov-Funktionen.

Ist die Dissipationsmatrix $\boldsymbol{D}(\boldsymbol{x})$ des Weiteren positiv definit, so können wir die Definitionsungleichung für strenge Passivität,

$$\dot{V}(\boldsymbol{x}) + R(\boldsymbol{x}) \le \boldsymbol{u}^T\boldsymbol{y},$$

z. B. durch die Wahl von

$$R(\boldsymbol{x}) = \frac{1}{2}\frac{\partial V}{\partial \boldsymbol{x}}\boldsymbol{D}(\boldsymbol{x})\left(\frac{\partial V}{\partial \boldsymbol{x}}\right)^T$$

erfüllen. Dann gilt nämlich

$$\dot{V}(\boldsymbol{x}) + R(\boldsymbol{x}) = \boldsymbol{u}^T\boldsymbol{y} - \frac{1}{2}\frac{\partial V}{\partial \boldsymbol{x}}\boldsymbol{D}(\boldsymbol{x})\left(\frac{\partial V}{\partial \boldsymbol{x}}\right)^T \leq \boldsymbol{u}^T\boldsymbol{y}.$$

Ein PCHD-System mit positiv definiter Matrix $\boldsymbol{D}(\boldsymbol{x})$ ist also streng passiv. Gemäß Satz 17, S. 110, besitzt ein streng passives System eine asymptotisch stabile Ruhelage in $\boldsymbol{x} = \boldsymbol{0}$. Folglich gilt

Satz 34 (Stabilität von PCHD-Systemen). *Ein PCHD-System*

$$\dot{\boldsymbol{x}} = (\boldsymbol{J}(\boldsymbol{x}) - \boldsymbol{D}(\boldsymbol{x}))\left(\frac{\partial V}{\partial \boldsymbol{x}}\right)^T + \boldsymbol{B}(\boldsymbol{x})\cdot\boldsymbol{u}$$

ist streng passiv und besitzt in $\boldsymbol{x} = \boldsymbol{0}$ eine asymptotisch stabile Ruhelage, wenn $\boldsymbol{D}(\boldsymbol{x})$ positiv definit ist.

Als Illustrationsbeispiel betrachten wir erneut das Feder-Masse-System und fügen ihm einen Dämpfungsterm als energieverbrauchendes Element hinzu, wie es Bild 2.72 zeigt. Für das Kräftegleichgewicht gilt

$$m\ddot{z}_1 = -cz_1 - d\dot{z}_1 + u.$$

Die Bewegungsgleichungen lauten somit

$$\begin{aligned}\dot{z}_1 &= z_2,\\ \dot{z}_2 &= -\frac{c}{m}z_1 - \frac{d}{m}z_2 + \frac{u}{m}.\end{aligned} \tag{2.97}$$

Für die PCHD-Darstellung setzen wir wieder

$$q = z_1 \quad \text{und} \quad p = m\dot{z}_1 = mz_2 \tag{2.98}$$

an. Mit der Hamilton-Funktion als Speicherfunktion

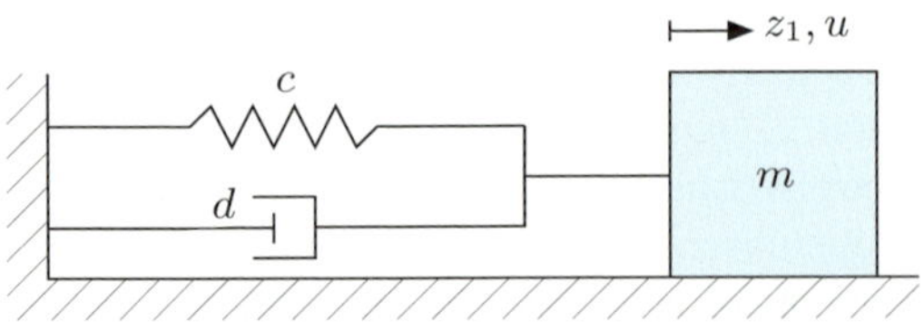

Bild 2.72: Feder-Masse-System mit Dämpfungselement.

$$V(\boldsymbol{q},\boldsymbol{p}) = E_{\text{kin}} + E_{\text{pot}} = \frac{1}{2}m\dot{z}_1^2 + \frac{1}{2}cz_1^2 = \frac{1}{2}\frac{p^2}{m} + \frac{1}{2}cq^2$$

erhalten wir für das System in PCHD-Darstellung

$$\dot{\boldsymbol{x}} = \begin{bmatrix}\dot{q}\\ \dot{p}\end{bmatrix} = \begin{bmatrix}\dfrac{\partial V}{\partial p}\\ -\dfrac{\partial V}{\partial q}\end{bmatrix} - \begin{bmatrix}0\\ \dfrac{d}{m}p\end{bmatrix} + \begin{bmatrix}0\\ u\end{bmatrix}$$

und somit

$$\begin{bmatrix}\dot{q}\\ \dot{p}\end{bmatrix} = \left[\begin{bmatrix}0 & 1\\ -1 & 0\end{bmatrix} - \begin{bmatrix}0 & 0\\ 0 & d\end{bmatrix}\right]\begin{bmatrix}cq\\ \dfrac{p}{m}\end{bmatrix} + \begin{bmatrix}0\\ 1\end{bmatrix}u. \tag{2.99}$$

Dies ist nach Einsetzen von Gl. (2.98) identisch mit der Darstellung (2.97).

Wir erkennen an diesem Beispiel, dass wir für PCHD-Systeme die Differenzialgleichungen aufgrund der zusätzlichen Dämpfung nicht mehr unmittelbar mittels Gl. (2.79) aus der Hamilton-Funktion oder Speicherfunktion herleiten können, wie es bei den verlustfreien Hamilton-Systemen (2.79) der Fall ist. Das gilt insbesondere für die Dissipationsmatrix $\boldsymbol{D}$.

Andererseits sind sehr viele physikalische Systeme als PCHD-System (2.95) darstellbar. Insbesondere passive mechanische und elektrotechnische Systeme lassen sich in dieser Form darstellen. Allerdings ist es manchmal nicht einfach, eine PCHD-Darstellung für ein streng passives System zu finden.

2.4.11 Beispiel Fremderregte Gleichstrommaschine

Wir betrachten als ein weiteres Beispiel für ein PCHD-System die fremderregte Gleichstrommaschine. Ihr Stator besteht aus Elektromagneten, an denen, wie in Bild 2.73 gezeigt, die Erregerspannung u_{s} anliegt und durch die der Erregerstrom i_{s} fließt. Er erzeugt die magnetische Flussverkettung $\Psi_{\text{s}} = L_{\text{s}}i_{\text{s}}$, wobei L_{s} die Induktivität der Statorwicklung ist. Da für die in der Statorwicklung induzierte Spannung

$$u_{\text{sw}} = L_{\text{s}}\dot{i}_{\text{s}} = \dot{\Psi}_{\text{s}}$$

gilt, erhalten wir mit dem ohmschen Statorwiderstand R_{s} für den Stator die Gleichung

$$u_{\text{s}} = \dot{\Psi}_{\text{s}} + R_{\text{s}}i_{\text{s}} = \dot{\Psi}_{\text{s}} + \frac{R_{\text{s}}}{L_{\text{s}}}\Psi_{\text{s}}. \tag{2.100}$$

Für die in der Rotorwicklung induzierten Spannung gilt

$$u_{\text{rw}} = k\omega\Psi_{\text{s}}.$$

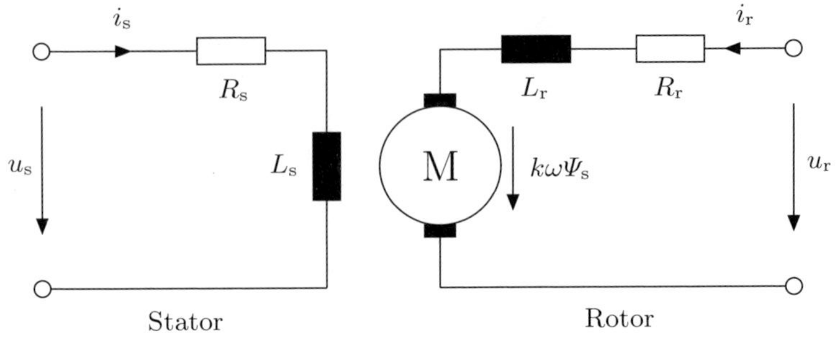

Bild 2.73: Fremderregte Gleichstrommaschine.

Sie hängt über die Maschinenkonstante k bilinear von der Winkelgeschwindigkeit ω und der Flussverkettung Ψ_s ab. So ergibt sich für die Gleichung des Rotorstromkreises mit der Rotorinduktivität L_r und dem Rotorwiderstand R_r

$$u_r = R_r i_r + L_r \dot{i}_r + k\omega\Psi_s. \tag{2.101}$$

Die Maschine erzeugt das Drehmoment

$$M_{\text{GSM}} = k i_r \Psi_s,$$

so dass sich mit dem Gleitreibungsmoment $d \cdot \omega$, dem Lastmoment M_L und dem Trägheitsmoment J des Rotors das Momentengleichgewicht

$$J\dot{\omega} = k i_r \Psi_s - d \cdot \omega - M_L \tag{2.102}$$

ergibt. Dabei ist d der Reibungskoeffizient.

Mit dem Zustandsvektor

$$\boldsymbol{x} = \begin{bmatrix} i_r \\ \Psi_s \\ \omega \end{bmatrix}$$

erhalten wir dann aus den Gleichungen (2.100), (2.101) und (2.102) das Zustandsraummodell

$$\dot{\boldsymbol{x}} = \begin{bmatrix} -\dfrac{R_r}{L_r}x_1 - \dfrac{k}{L_r}x_2x_3 \\ -\dfrac{R_s}{L_s}x_2 \\ \dfrac{k}{J}x_1x_2 - \dfrac{d}{J}x_3 \end{bmatrix} + \begin{bmatrix} \dfrac{1}{L_r} & 0 & 0 \\ 0 & 1 & 0 \\ 0 & 0 & -\dfrac{1}{J} \end{bmatrix} \begin{bmatrix} u_r \\ u_s \\ M_L \end{bmatrix}, \tag{2.103}$$

$$\boldsymbol{y} = \begin{bmatrix} x_1 & \dfrac{1}{L_s}x_2 & -x_3 \end{bmatrix}^T.$$

Wenn wir als Speicherfunktion V die Summe der in den Induktivitäten gespeicherten Energien

$$E_{\mathrm{ind}} = \frac{1}{2} L_{\mathrm{r}} {i_{\mathrm{r}}}^2 + \frac{1}{2} \frac{1}{L_{\mathrm{s}}} \Psi_{\mathrm{s}}^2$$

und der Rotationsenergie

$$E_{\mathrm{rot}} = \frac{1}{2} J \omega^2,$$

d. h.

$$\begin{aligned} V(\boldsymbol{x}) &= \frac{1}{2} L_{\mathrm{r}} i_{\mathrm{r}}^2 + \frac{1}{2} \frac{1}{L_{\mathrm{s}}} \Psi_{\mathrm{s}}^2 + \frac{1}{2} J \omega^2 \\ &= \frac{1}{2} L_{\mathrm{r}} x_1^2 + \frac{1}{2} \frac{1}{L_{\mathrm{s}}} x_2^2 + \frac{1}{2} J x_3^2, \end{aligned}$$

ansetzen, so lässt sich zeigen, dass die fremderregte Gleichstrommaschine passiv ist. Es gilt nämlich hier für die Passivitätsungleichung

$$\dot{V}(\boldsymbol{x}) = L_{\mathrm{r}} x_1 \dot{x}_1 + \frac{1}{L_{\mathrm{s}}} x_2 \dot{x}_2 + J x_3 \dot{x}_3 \le \boldsymbol{u}^T \boldsymbol{y},$$

wobei $\boldsymbol{u} = [u_{\mathrm{r}} \;\; u_{\mathrm{s}} \;\; M_{\mathrm{L}}]^T$ ist. Mit Gl. (2.103) folgt hieraus

$$\begin{aligned} \dot{V}(\boldsymbol{x}) &= -R_{\mathrm{r}} x_1^2 - \frac{R_{\mathrm{s}}}{L_{\mathrm{s}}^2} x_2^2 - d x_3^2 + x_1 u_{\mathrm{r}} + \frac{1}{L_{\mathrm{s}}} x_2 u_{\mathrm{s}} - x_3 M_{\mathrm{L}} \\ &\le u_{\mathrm{r}} x_1 + \frac{1}{L_{\mathrm{s}}} u_{\mathrm{s}} x_2 - M_{\mathrm{L}} x_3 \end{aligned}$$

und aus obiger Gleichung erhalten wir geradewegs

$$-R_{\mathrm{r}} x_1^2 - \frac{R_{\mathrm{s}}}{L_{\mathrm{s}}^2} x_2^2 - d x_3^2 \le 0.$$

Die fremderregte Gleichstrommaschine ist sogar streng passiv, denn wir können eine positiv definite Funktion $R(\boldsymbol{x})$ so angeben, dass

$$\dot{V}(\boldsymbol{x}) + R(\boldsymbol{x}) \le \boldsymbol{u}^T \boldsymbol{y}$$

gilt. Beispielsweise können wir

$$R(\boldsymbol{x}) = \frac{1}{2} \left[R_{\mathrm{r}} x_1^2 + \frac{R_{\mathrm{s}}}{L_{\mathrm{s}}^2} x_2^2 + d x_3^2 \right]$$

wählen.

Die Passivität der fremderregten Gleichstrommaschine können wir auch direkt aus ihrer Darstellung in PCHD-Form ablesen. Diese erhalten wir, wenn wir Gl. (2.103) mit $V(\boldsymbol{x})$ als Hamilton-Funktion in der PCHD-Form

$$\dot{\boldsymbol{x}} = (\boldsymbol{J}(\boldsymbol{x}) - \boldsymbol{D}(\boldsymbol{x}))\left(\frac{\partial V(\boldsymbol{x})}{\partial \boldsymbol{x}}\right)^T + \boldsymbol{B}\cdot\boldsymbol{u} \tag{2.104}$$

mit

$$\boldsymbol{J}(\boldsymbol{x}) = \begin{bmatrix} 0 & 0 & -\frac{k}{JL_\mathrm{r}}x_2 \\ 0 & 0 & 0 \\ \frac{k}{JL_\mathrm{r}}x_2 & 0 & 0 \end{bmatrix},$$

$$\boldsymbol{D}(\boldsymbol{x}) = \begin{bmatrix} \frac{R_\mathrm{r}}{L_\mathrm{r}^2} & 0 & 0 \\ 0 & R_\mathrm{s} & 0 \\ 0 & 0 & \frac{d}{J^2} \end{bmatrix},$$

$$\boldsymbol{B}(\boldsymbol{x}) = \begin{bmatrix} \frac{1}{L_\mathrm{r}} & 0 & 0 \\ 0 & 1 & 0 \\ 0 & 0 & -\frac{1}{J} \end{bmatrix}$$

arrangieren. Da $\boldsymbol{D}$ positiv definit ist, ist das System gemäß Satz 34 streng passiv und seine Ruhelage $\boldsymbol{x}_\mathrm{r} = \boldsymbol{0}$ asymptotisch stabil.

Die Matrix $\boldsymbol{D}$ ist positiv definit und beschreibt den Energieverlust durch die ohmschen Widerstände der Maschine und die Reibung. In diesem Zusammenhang erinnern wir uns noch einmal daran, dass die positive Definitheit der Matrix $\boldsymbol{D}$ in der Systemdynamik (2.104) die Strenge der Passivität und somit auch die asymptotische Stabilität der Ruhelage $\boldsymbol{z}_\mathrm{R} = \boldsymbol{0}$ bedingt.

2.4.12 Lineare Hamilton-Systeme

Wir betrachten lineare Systeme

$$\begin{aligned} \dot{\boldsymbol{x}} &= \boldsymbol{A}\boldsymbol{x} + \boldsymbol{B}\boldsymbol{u}, \\ \boldsymbol{y} &= \boldsymbol{C}\boldsymbol{x} \end{aligned} \tag{2.105}$$

und fragen uns, wann ein solches System als PCH-System

$$\begin{aligned} \dot{\boldsymbol{x}} &= \boldsymbol{J}\left(\frac{\partial V}{\partial \boldsymbol{x}}\right)^T + \boldsymbol{B}\boldsymbol{u}, \\ \boldsymbol{y} &= \boldsymbol{B}^T\left(\frac{\partial V}{\partial \boldsymbol{x}}\right)^T \end{aligned} \tag{2.106}$$

mit der Speicherfunktion $V(\boldsymbol{x})$ darstellbar ist. Bezüglich der Speicherfunktion kann man durch Vergleich von Gl. (2.105) und Gl. (2.106) unmittelbar

$$\boldsymbol{C}\boldsymbol{x} = \boldsymbol{B}^T \left(\frac{\partial V}{\partial \boldsymbol{x}}\right)^T \tag{2.107}$$

feststellen. D. h., die positiv definite Speicherfunktion V muss eine quadratische Form

$$V(\boldsymbol{x}) = \frac{1}{2}\boldsymbol{x}^T\boldsymbol{R}\boldsymbol{x}, \qquad \boldsymbol{R} = \boldsymbol{R}^T, \tag{2.108}$$

mit positiv definiter Matrix $\boldsymbol{R}$ sein. Dann ist Gl. (2.107) äquivalent zu

$$\boldsymbol{C} = \boldsymbol{B}^T\boldsymbol{R}. \tag{2.109}$$

Des Weiteren muss das System (2.105) verlustfrei und damit passiv sein, wenn es in der PCH-Form (2.106) darstellbar sein soll. D. h., es muss $\dot{V} = \boldsymbol{u}^T\boldsymbol{y}$, also

$$\dot{V}(\boldsymbol{x}) = \frac{\partial V}{\partial \boldsymbol{x}}\dot{\boldsymbol{x}} = \frac{1}{2}\boldsymbol{x}^T\left(\boldsymbol{A}^T\boldsymbol{R} + \boldsymbol{R}\boldsymbol{A}\right)\boldsymbol{x} + \boldsymbol{u}^T\boldsymbol{B}^T\boldsymbol{R}\boldsymbol{x} = \boldsymbol{u}^T\boldsymbol{y} = \boldsymbol{u}^T\boldsymbol{B}^T\boldsymbol{R}\boldsymbol{x}$$

gelten. Hieraus folgt

$$\boldsymbol{A}^T\boldsymbol{R} + \boldsymbol{R}\boldsymbol{A} = \boldsymbol{0}, \tag{2.110}$$

was zu

$$\dot{V}(\boldsymbol{x}) = 0 \quad \text{für} \quad \boldsymbol{u} = \boldsymbol{0}$$

äquivalent ist. Das wiederum ist äquivalent zur Tatsache, dass die Speicherfunktion V eine Ljapunov-Funktion ist und alle Systemtrajektorien entlang der ellipsoiden Höhenlinien der Funktion V verlaufen. Das System (2.105) muss also stabil im Sinne von Ljapunov, darf aber nicht asymptotisch stabil sein. Folglich kann das System höchstens einen Eigenwert bei $\lambda_i = 0$ besitzen und sonst nur konjugiert komplexe Eigenwerte $\lambda_i = j\omega_i$ und $\lambda_{i+1} = -j\omega_i$ mit $\omega_i \in \mathbb{R}\backslash\{0\}$.

Damit wir das System (2.105) in PCH-Form (2.106) darstellen können, muss des Weiteren

$$\boldsymbol{A}\boldsymbol{x} = \boldsymbol{J}\left(\frac{\partial V}{\partial \boldsymbol{x}}\right)^T = \boldsymbol{J}\boldsymbol{R}\boldsymbol{x}$$

bzw.

$$\boldsymbol{J} = \boldsymbol{A}\boldsymbol{R}^{-1} \tag{2.111}$$

gelten. Da $\boldsymbol{J}$ eine schiefsymmetrische Matrix und $\boldsymbol{R}$ symmetrisch ist, muss

$$\boldsymbol{A}\boldsymbol{R}^{-1} = -\left(\boldsymbol{A}\boldsymbol{R}^{-1}\right)^T = -\boldsymbol{R}^{-1}\boldsymbol{A}^T$$

und somit nach beidseitiger Multiplikation mit $\boldsymbol{R}$

$$\boldsymbol{A}^T\boldsymbol{R} + \boldsymbol{R}\boldsymbol{A} = \boldsymbol{0}$$

gelten. Diese Gleichung ist identisch mit Gl. (2.110) und daher erfüllt. D. h., wir können $\boldsymbol{J}$ in der Gestalt (2.111) wählen.

Gl. (2.109) und (2.110) sind die Kalman-Jakubovich-Popov-Gleichungen aus Satz 21, S. 116, und damit die notwendigen und hinreichenden Bedingungen für den Fall, dass das System (2.105) verlustfrei ist.

Zusammengefasst folgt

Satz 35 (Lineare PCH-Systeme). *Ein lineares System*

$$\begin{aligned}\dot{\boldsymbol{x}} &= \boldsymbol{A}\boldsymbol{x} + \boldsymbol{B}\boldsymbol{u},\\ \boldsymbol{y} &= \boldsymbol{C}\boldsymbol{x}\end{aligned}$$

ist genau dann verlustfrei und genau dann als PCH-System

$$\begin{aligned}\dot{\boldsymbol{x}} &= \boldsymbol{J}\left(\frac{\partial V}{\partial \boldsymbol{x}}\right)^T + \boldsymbol{B}\boldsymbol{u},\\ \boldsymbol{y} &= \boldsymbol{B}^T\left(\frac{\partial V}{\partial \boldsymbol{x}}\right)^T\end{aligned}$$

mit einer positiv definiten Speicherfunktion

$$V(\boldsymbol{x}) = \frac{1}{2}\boldsymbol{x}^T\boldsymbol{R}\boldsymbol{x}$$

und $\boldsymbol{J} = \boldsymbol{A}\boldsymbol{R}^{-1}$ *darstellbar, wenn es eine positiv definite Matrix* $\boldsymbol{R}$ *gibt, so dass*

$$\begin{aligned}\boldsymbol{A}^T\boldsymbol{R} + \boldsymbol{R}\boldsymbol{A} &= \boldsymbol{0},\\ \boldsymbol{B}^T\boldsymbol{R} &= \boldsymbol{C}\end{aligned}$$

gilt.

Wir wenden uns nun den PCHD-Systemen

$$\begin{aligned}\dot{\boldsymbol{x}} &= (\boldsymbol{J} - \boldsymbol{D})\left(\frac{\partial V}{\partial \boldsymbol{x}}\right)^T + \boldsymbol{B}\boldsymbol{u},\\ \boldsymbol{y} &= \boldsymbol{B}^T\left(\frac{\partial V}{\partial \boldsymbol{x}}\right)^T\end{aligned} \tag{2.112}$$

zu und analysieren im Weiteren, wann das System (2.105) als ein solches PCHD-System mit der Speicherfunktion V darstellbar ist. Wir erinnern uns, dass die Matrix $\boldsymbol{D}$ positiv semidefinit ist. Diese Eigenschaft von $\boldsymbol{D}$ werden wir im Folgenden benötigen.

Auch hier gelten Gl. (2.107), (2.108) und (2.109). Wenn das System (2.105) ein PCHD-System mit positiv definiten Speicherfunktion dann ein passives System sein soll, so muss die Passivitätsungleichung

$$\dot{V}(\boldsymbol{x}) = \frac{1}{2}\boldsymbol{x}^T\left(\boldsymbol{A}^T\boldsymbol{R} + \boldsymbol{R}\boldsymbol{A}\right)\boldsymbol{x} + \boldsymbol{u}^T\boldsymbol{B}^T\boldsymbol{R}\boldsymbol{x} \leq \boldsymbol{u}^T\boldsymbol{y} = \boldsymbol{u}^T\boldsymbol{B}^T\boldsymbol{R}\boldsymbol{x}$$

gelten, d. h.

$$\boldsymbol{A}^T\boldsymbol{R} + \boldsymbol{R}\boldsymbol{A} = -\boldsymbol{Q} \tag{2.113}$$

mit positiv semidefiniter Matrix $\boldsymbol{Q}$. Gilt darüber hinaus mit einer positiv definiten Funktion $R(\boldsymbol{x})$

$$\dot{V}(\boldsymbol{x}) + R(\boldsymbol{x}) \leq \boldsymbol{u}^T\boldsymbol{y}$$

also

$$\frac{1}{2}\boldsymbol{x}^T\left(\boldsymbol{A}^T\boldsymbol{R} + \boldsymbol{R}\boldsymbol{A}\right)\boldsymbol{x} + R(\boldsymbol{x}) \leq 0, \tag{2.114}$$

so ist das System (2.105) streng passiv. Da $R(\boldsymbol{x})$ positiv definit ist, muss die Matrix $\boldsymbol{A}^T\boldsymbol{R} + \boldsymbol{R}\boldsymbol{A}$, damit Gl. (2.114) erfüllbar ist, negativ definit sein bzw. die Matrix $\boldsymbol{Q}$ positiv definit. Da wir frei in der Wahl von $R(\boldsymbol{x})$ sind, wählen wir

$$R(\boldsymbol{x}) = -\frac{1}{4}\boldsymbol{x}^T\left(\boldsymbol{A}^T\boldsymbol{R} + \boldsymbol{R}\boldsymbol{A}\right)\boldsymbol{x} > 0 \quad \text{für} \quad \boldsymbol{x} \neq \boldsymbol{0}$$

und erhalten für Gl. (2.114)

$$\frac{1}{4}\boldsymbol{x}^T\left(\boldsymbol{A}^T\boldsymbol{R} + \boldsymbol{R}\boldsymbol{A}\right)\boldsymbol{x} \leq 0,$$

was offensichtlich erfüllt ist. Ist also die Matrix $\boldsymbol{Q}$ in Gl. (2.113) positiv definit, so ist das System (2.105) streng passiv. Die Speicherfunktion $V(\boldsymbol{x})$ ist dann gemäß Satz 10, S. 91, eine Ljapunov-Funktion des Systems (2.105) und das System ist im Gegensatz zum PCH-System asymptotisch stabil.

Mit der Speicherfunktion (2.108) nimmt die Differenzialgleichung in Gl. (2.112) die Form

$$\dot{\boldsymbol{x}} = (\boldsymbol{J} - \boldsymbol{D})\,\boldsymbol{R}\boldsymbol{x} + \boldsymbol{B}\boldsymbol{u}$$

an. Der Vergleich mit Gl. (2.105) liefert

$$\boldsymbol{A} = (\boldsymbol{J} - \boldsymbol{D})\,\boldsymbol{R}. \tag{2.115}$$

Ähnlich wie im vorherigen Fall der PCH-Systeme nutzen wir, dass

$$\boldsymbol{J} = \boldsymbol{A}\boldsymbol{R}^{-1} + \boldsymbol{D}$$

schiefsymmetrisch ist. Also muss

$$\boldsymbol{A}\boldsymbol{R}^{-1} + \boldsymbol{D} = -\left(\boldsymbol{A}\boldsymbol{R}^{-1} + \boldsymbol{D}\right)^T$$

gelten. Es folgt

$$\boldsymbol{A}\boldsymbol{R}^{-1} + \boldsymbol{R}^{-1}\boldsymbol{A}^T = -2\boldsymbol{D}$$

und schließlich nach beidseitiger Multiplikation mit $\boldsymbol{R}$ und mit der Matrix

$$\boldsymbol{Q} = 2\boldsymbol{R}\boldsymbol{D}\boldsymbol{R}$$

die Ljapunov-Gleichung

$$\boldsymbol{A}^T\boldsymbol{R} + \boldsymbol{R}\boldsymbol{A} = -\boldsymbol{Q}. \tag{2.116}$$

Da $\boldsymbol{R}$ positiv definit und $\boldsymbol{D}$ positiv semidefinit ist, ist $\boldsymbol{Q}$ eine positiv semidefinite Matrix. Gl. (2.116) ist erfüllt, denn sie ist mit Gl. (2.113) identisch, die aufgrund der Passivität des Systems erfüllt ist.

Die Ljapunov-Gleichung mit der positiv semidefiniten Matrix $\boldsymbol{Q}$ fordert gemäß Satz 10, S. 91, für ihre Lösbarkeit, dass die Matrix $\boldsymbol{A}$ keine Eigenwerte mit positivem Realteil besitzt. D. h., das System (2.105) muss stabil im Sinne von Ljapunov oder asymptotisch stabil sein.

Wie erhalten wir die Matrizen $\boldsymbol{J}$ und $\boldsymbol{D}$? Zu diesem Zweck nutzen wir Gl. (2.115), umgeformt zu

$$\boldsymbol{J} - \boldsymbol{D} = \boldsymbol{A}\boldsymbol{R}^{-1}.$$

Die Matrix $\boldsymbol{J}$ ist schiefsymmetrisch und $\boldsymbol{D}$ symmetrisch. Dies nutzen wir aus, denn jede Matrix $\boldsymbol{M}$ ist durch

$$\boldsymbol{M} = \frac{1}{2}\left(\boldsymbol{M} - \boldsymbol{M}^T\right) + \frac{1}{2}\left(\boldsymbol{M} + \boldsymbol{M}^T\right)$$

in einen schiefsymmetrischen ersten und einen symmetrischen zweiten Teil zerlegbar. So erhalten wir für den schiefsymmetrischen Anteil

$$\boldsymbol{J} = \frac{1}{2}\left(\boldsymbol{A}\boldsymbol{R}^{-1} - \boldsymbol{R}^{-1}\boldsymbol{A}^T\right)$$

und für den symmetrischen positiv semidefiniten

$$\boldsymbol{D} = -\frac{1}{2}\left(\boldsymbol{A}\boldsymbol{R}^{-1} + \boldsymbol{R}^{-1}\boldsymbol{A}^T\right).$$

Mit diesen Matrizen ist das System (2.105) in der PCHD-Form (2.112) darstellbar, vorausgesetzt Gl. (2.109) und Gl. (2.116) gelten. Diese beiden Gleichungen sind wieder die Bedingungen des Kalman-Jakubovich-Popov-Lemmas, d. h. des Satzes 21, S. 116, oder des Satzes 22, S. 117. Da dieses hinreichend und notwendig für die Eigenschaft der Passivität ist, können wir folgenden Satz formulieren.

Satz 36 (Lineare PCHD-Systeme). *Ein lineares System*

$$\begin{aligned}\dot{\boldsymbol{x}} &= \boldsymbol{A}\boldsymbol{x} + \boldsymbol{B}\boldsymbol{u},\\ \boldsymbol{y} &= \boldsymbol{C}\boldsymbol{x}\end{aligned}$$

ist genau dann passiv und genau dann als PCHD-System

$$\begin{aligned}\dot{\boldsymbol{x}} &= (\boldsymbol{J} - \boldsymbol{D})\left(\frac{\partial V}{\partial \boldsymbol{x}}\right)^T + \boldsymbol{B}\boldsymbol{u},\\ \boldsymbol{y} &= \boldsymbol{B}^T\left(\frac{\partial V}{\partial \boldsymbol{x}}\right)^T\end{aligned}$$

mit einer positiv definiten Speicherfunktion

$$V(\boldsymbol{x}) = \frac{1}{2}\boldsymbol{x}^T\boldsymbol{R}\boldsymbol{x} \tag{2.117}$$

und

$$\begin{aligned}\boldsymbol{J} &= \frac{1}{2}\left(\boldsymbol{A}\boldsymbol{R}^{-1} - \boldsymbol{R}^{-1}\boldsymbol{A}^T\right),\\ \boldsymbol{D} &= \frac{1}{2}\left(\boldsymbol{A}\boldsymbol{R}^{-1} + \boldsymbol{R}^{-1}\boldsymbol{A}^T\right)\end{aligned}$$

darstellbar, wenn es eine positiv definite Matrix $\boldsymbol{R}$ *und eine positiv semidefinite Matrix* $\boldsymbol{Q}$ *gibt, so dass*

$$\begin{aligned}\boldsymbol{A}^T\boldsymbol{R} + \boldsymbol{R}\boldsymbol{A} &= -\boldsymbol{Q},\\ \boldsymbol{B}^T\boldsymbol{R} &= \boldsymbol{C}\end{aligned} \tag{2.118}$$

gilt. Erfüllt des Weiteren eine positiv definite Matrix $\boldsymbol{Q}$ *obige Gleichung, so ist das System streng passiv.*

Obiger Satz verdeutlicht noch einmal, warum die Systembeschreibung von PCHD-Systemen als *Passivitätsnormalform* bezeichnet wird. Denn zumindest passive lineare Systeme sind immer in der Passivitätsnormalform darstellbar. Es ist durchaus möglich, dass ein streng passives System vorliegt, bei dem die Speicherfunktion (2.117) aber nur zu einer positiv semidefiniten Matrix $\boldsymbol{Q}$ in Gl. (2.118) führt. Durch die Wahl einer geeigneten anderen Speicherfunktion, genauer einer Matrix $\boldsymbol{R}$, kann die strenge Passivität aber nachgewiesen werden.

Zur Illustration betrachten wir erneut das gedämpfte Feder-Masse-System (2.97) bzw. (2.99) mit $c = 1\,\mathrm{N\,m^{-1}}, d = 1\,\mathrm{kg\,s^{-1}}$ und $m = 0.5\,\mathrm{kg}$, also

$$\dot{\boldsymbol{z}} = \underbrace{\begin{bmatrix} 0 & 1\\ -2 & -2\end{bmatrix}}_{\boldsymbol{A}}\boldsymbol{z} + \underbrace{\begin{bmatrix} 0\\ 2\end{bmatrix}}_{\boldsymbol{b}}u \tag{2.119}$$

bzw. die PCHD-Systemdarstellung

$$
\begin{aligned}
\dot{\boldsymbol{z}} &= \Bigg(\underbrace{\begin{bmatrix} 0 & 1 \\ -1 & 0 \end{bmatrix}}_{\boldsymbol{J}} - \underbrace{\begin{bmatrix} 0 & 0 \\ 0 & 2 \end{bmatrix}}_{\boldsymbol{D}}\Bigg)\left(\frac{\partial V}{\partial \boldsymbol{z}}\right)^T + \underbrace{\begin{bmatrix} 0 \\ 2 \end{bmatrix}}_{\boldsymbol{b}} u, \\
y &= \boldsymbol{b}^T \boldsymbol{R}_1 \boldsymbol{z}
\end{aligned}
\qquad (2.120)
$$

mit

$$
V(\boldsymbol{z}) = \frac{1}{2}\boldsymbol{z}^T \underbrace{\begin{bmatrix} 2 & 0 \\ 0 & 1 \end{bmatrix}}_{\boldsymbol{R}_1} \boldsymbol{z}. \qquad (2.121)
$$

Diese PCHD-Darstellung weicht von der in Gl. (2.99) ab, da wir nicht die Hamilton-Koordinaten $q = z_1$ und $p = mz_2$, sondern die Originalkoordinaten z_1 und z_2 verwenden. So müssen wir keinen Koordinatenwechsel vornehmen und können in beiden Systemdarstellungen (2.119) und (2.120) denselben Zustandsvektor $\boldsymbol{z}$ verwenden. Die Speicherfunktion (2.121), die ja auch Ljapunov-Funktion ist, führt – siehe auch Gl. (2.96) – zu

$$
\dot{V}(\boldsymbol{z}) = uy - \frac{\partial V}{\partial \boldsymbol{z}}\boldsymbol{D}\left(\frac{\partial V}{\partial \boldsymbol{z}}\right)^T \le uy, \qquad (2.122)
$$

also zu

$$
-\frac{\partial V}{\partial \boldsymbol{z}}\boldsymbol{D}\left(\frac{\partial V}{\partial \boldsymbol{z}}\right)^T \le 0
$$

mit der positiv semidefiniten Matrix $\boldsymbol{D}$. Auch die Matrix

$$
\boldsymbol{A}^T\boldsymbol{R}_1 + \boldsymbol{R}_1\boldsymbol{A} = -\begin{bmatrix} 0 & 0 \\ 0 & 4 \end{bmatrix}
$$

ist dementsprechend nur negativ semidefinit. Da $\boldsymbol{D}$ positiv semidefinit ist, ist in Gl. (2.122) auch das Gleichheitszeichen erfüllt. Wir haben mit Gl. (2.122) also nur die Passivität des Systems nachgewiesen.

Wählen wir dagegen als Speicherfunktion

$$
V(\boldsymbol{z}) = \frac{1}{2}\boldsymbol{z}^T \underbrace{\begin{bmatrix} 2 & 1 \\ 1 & 1 \end{bmatrix}}_{\boldsymbol{R}_2} \boldsymbol{z}, \qquad (2.123)
$$

so erhalten wir als PCHD-Darstellung

$$
\begin{aligned}
\dot{\boldsymbol{z}} &= \Bigg(\underbrace{\begin{bmatrix} 0 & 1 \\ -1 & 0 \end{bmatrix}}_{\boldsymbol{J}} - \underbrace{\begin{bmatrix} 1 & -1 \\ -1 & 2 \end{bmatrix}}_{\boldsymbol{D}}\Bigg)\left(\frac{\partial V}{\partial \boldsymbol{z}}\right)^T + \underbrace{\begin{bmatrix} 0 \\ 2 \end{bmatrix}}_{\boldsymbol{b}} u, \\
y &= \boldsymbol{b}^T \boldsymbol{R}_2 \boldsymbol{z}.
\end{aligned}
\qquad (2.124)
$$

Nun gilt für die Forderung nach strenger Passivität

$$\dot{V}(\boldsymbol{z}) + R(\boldsymbol{z}) = -\frac{\partial V}{\partial \boldsymbol{z}} \boldsymbol{D} \left(\frac{\partial V}{\partial \boldsymbol{z}} \right)^T + R(\boldsymbol{z}) + uy \leq uy, \tag{2.125}$$

wobei $R(\boldsymbol{z})$ eine positiv definite Funktion sein muss. Gl. (2.125) ist mit

$$\frac{\partial V}{\partial \boldsymbol{z}} = \boldsymbol{R}_2 \boldsymbol{z}$$

äquivalent zu

$$-\boldsymbol{z}^T \boldsymbol{R}_2 \boldsymbol{D} \boldsymbol{R}_2 \boldsymbol{z} + R(\boldsymbol{z}) \leq 0. \tag{2.126}$$

Da die Matrix $\boldsymbol{D}$ und somit auch $\boldsymbol{R}_2 \boldsymbol{D} \boldsymbol{R}_2$ positiv definit ist, können wir

$$R(\boldsymbol{x}) = \frac{1}{2} \boldsymbol{z}^T \boldsymbol{R}_2 \boldsymbol{D} \boldsymbol{R}_2 \boldsymbol{z}$$

als positiv definite Funktion wählen, die Gl. (2.125) bzw. (2.126) erfüllt. Des Weiteren ist auch gleichbedeutend mit obigem Ergebnis (2.126), dass die Matrix

$$\boldsymbol{A}^T \boldsymbol{R}_2 + \boldsymbol{R}_2 \boldsymbol{A} = -\begin{bmatrix} 4 & 2 \\ 2 & 2 \end{bmatrix}$$

negativ definit ist. Wir haben also die strenge Passivität des Systems (2.124) mit der Speicherfunktion (2.123) nachgewiesen. Auch die Systembeschreibungen (2.119) und (2.120) sind streng passiv, da sie ja mit der Systemdarstellung (2.124) identisch sind.

Wir stellen abschließend fest, dass es unendlich viele PCHD-Darstellungen ein und desselben Systems gibt. Ob dabei nur Passivität oder auch die strenge Passivität des Systems anhand der Speicherfunktion V nachweisbar ist, hängt davon ab, ob $\boldsymbol{D}$ positiv semidefinit oder positiv definit ist.

3

Steuerbarkeit und Flachheit

3.1 Steuerbarkeit

3.1.1 Definition der Steuerbarkeit

Aufgabe einer Steuerung oder Regelung ist es, eine Regelstrecke so zu beeinflussen, dass ein bestimmter Zustand $\boldsymbol{x}_\mathrm{e}$ eingenommen oder – in einer weiterreichenden Form – einer vorgegebenen Trajektorie $\boldsymbol{x}_\mathrm{soll}(t)$ gefolgt wird. Damit zumindest Ersteres möglich ist, muss die Regelstrecke

$$\dot{\boldsymbol{x}} = \boldsymbol{f}(\boldsymbol{x}, \boldsymbol{u})$$

steuerbar sein. D. h., sie muss durch eine geeignete Stellgröße $\boldsymbol{u}(t)$ von einem beliebigen Zustand $\boldsymbol{x}_0$ in jeden anderen Zustand $\boldsymbol{x}_\mathrm{e}$ gebracht werden können. Genauer fasst man den Begriff der *Steuerbarkeit* mittels

Definition 17 (Steuerbarkeit). *Ein System*

$$\dot{\boldsymbol{x}} = \boldsymbol{f}(\boldsymbol{x}, \boldsymbol{u})$$

sei für $\boldsymbol{x} \in D_{\boldsymbol{x}} \subseteq \mathbb{R}^n$, wobei $D_{\boldsymbol{x}}$ eine wegzusammenhängende Menge sei, und $\boldsymbol{u} \in D_{\boldsymbol{u}} \subseteq \mathbb{R}^m$ definiert. Es heißt steuerbar, wenn jeder beliebige Zustand $\boldsymbol{x}_0 \in D_{\boldsymbol{x}}$ innerhalb eines Zeitintervalls $[0, T < \infty]$ durch einen Eingangsgrößenverlauf $\boldsymbol{u}(t) \in D_{\boldsymbol{u}}$ mit einer Trajektorie $\boldsymbol{x}(t) \in D_{\boldsymbol{x}}$ in jeden Zustand $\boldsymbol{x}_\mathrm{e} \in D_{\boldsymbol{x}}$ überführt werden kann.

Offensichtlich ist die Steuerbarkeit eines Systems eine elementare Voraussetzung für die Realisierung und Funktionsfähigkeit einer Steuerung oder Regelung. Man denke nur an ein Flugzeug, das der Pilot oder ein Autopilot nicht in die gewünschte Fluglage bringen könnte. Bei technischen Systemen ist die Steuerbarkeit in aller Regel gegeben, da der Konstrukteur sie natürlich als

J. Adamy, Nichtlineare Systeme und Regelungen DOI 10.1007/978-3-642-45012-9,
© Springer-Verlag Berlin Heidelberg 2014.

eine Haupteigenschaft des Systems ansieht und entsprechend beim Entwurf berücksichtigt. Sollte man daher bei einem technischen System doch einmal feststellen, dass es nicht steuerbar ist, muss man sich die Frage stellen, ob die Modellierung korrekt durchgeführt wurde.

Ein Beispiel für ein nichtsteuerbares System ist

$$\dot{x} = u^2,$$

denn von keinem Anfangswert $x(0)$ aus können für $t > 0$ Werte $x(t) < x(0)$ erreicht werden, wie auch immer man den Verlauf der Stellgröße $u(t)$ wählt.

Die Steuerbarkeit eines Systems bedeutet zwar, dass wir von jedem Zustand jeden beliebigen anderen erreichen können. Sie bedeutet aber nicht zwangsläufig, dass wir das auf jeder Trajektorie $\boldsymbol{x}(t)$ können. Unabhängig von der Wahl der Stellgröße $\boldsymbol{u}(t)$ gibt es also Trajektorien, entlang derer sich ein steuerbares System nicht bewegen kann. Um diesen Sachverhalt zu illustrieren, betrachten wir das System

$$\begin{aligned} \dot{x}_1 &= u, \\ \dot{x}_2 &= x_1. \end{aligned} \tag{3.1}$$

Die Richtung $[\dot{x}_1 \ \dot{x}_2]^T$, in die sich eine Trajektorie bewegen kann, ist durch $\dot{x}_2 = x_1$ eingeschränkt. Bei positiven Werten x_1 nimmt x_2 immer nur zu, bei negativen immer nur ab. Bild 3.1 illustriert die möglichen Trajektorienrichtungen. Dargestellt sind auch eine realisierbare und eine nicht realisierbare Trajektorie.

Steuerbar ist obiges System aber. Das können wir anhand des Steuerbarkeitskriteriums [86, 191] für lineare Systeme überprüfen. Ein lineares System

$$\dot{\boldsymbol{x}} = \boldsymbol{A}\boldsymbol{x} + \boldsymbol{B}\boldsymbol{u}$$

ist nämlich genau dann steuerbar, wenn die $n \times mn$ - Steuerbarkeitsmatrix

$$\boldsymbol{M}_{\mathrm{S}} = \begin{bmatrix} \boldsymbol{B} & \boldsymbol{A}\boldsymbol{B} & \boldsymbol{A}^2\boldsymbol{B} & \ldots & \boldsymbol{A}^{n-1}\boldsymbol{B} \end{bmatrix} \tag{3.2}$$

den Rang n aufweist. Dies ist hier der Fall, denn es gilt mit

$$\boldsymbol{A} = \begin{bmatrix} 0 & 0 \\ 1 & 0 \end{bmatrix} \quad \text{und} \quad \boldsymbol{B} = \begin{bmatrix} 1 \\ 0 \end{bmatrix}$$

gerade

$$\operatorname{rang} \boldsymbol{M}_{\mathrm{S}} = \operatorname{rang} \begin{bmatrix} 1 & 0 \\ 0 & 1 \end{bmatrix} = 2.$$

Das Beispiel des Systems (3.1) veranschaulicht auch, dass Steuerbarkeit zwar bedeutet, dass wir jeden beliebigen Punkt $\boldsymbol{x}$ erreichen, aber nicht immer in diesem verharren können. Hier sind solche Punkte $[x_1 \neq 0 \ \ x_2]$, denn es gilt $\dot{x}_2 = x_1 \neq 0$.

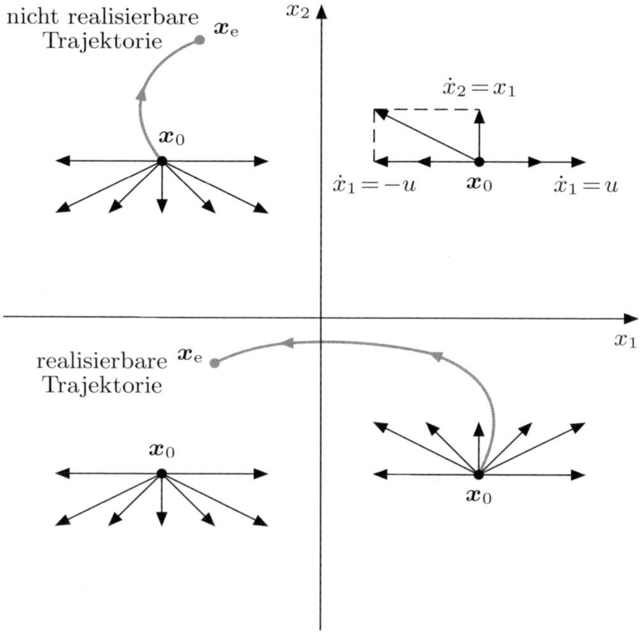

Bild 3.1: Richtungen möglicher Trajektorien des Systems (3.1).

Wir wollen uns nun noch mit einer strengeren Art der Steuerbarkeit befassen, die uns neue Möglichkeiten eröffnet, das System zu beeinflussen. Zuerst betrachten wir die Menge aller Punkte $\boldsymbol{x}_{\mathrm{e}} = \boldsymbol{x}(t)$, welche die Trajektorien $\boldsymbol{x}(t)$ eines Systems für alle Zeiten t mit $0 \leq t \leq T$ und alle denkbaren Stellfunktionen $\boldsymbol{u}(t)$ ausgehend von $\boldsymbol{x}_0 = \boldsymbol{x}(0)$ erreichen. Diese Menge, *Erreichbarkeitsmenge* genannt, bezeichnen wir mit $R(\boldsymbol{x}_0, T)$. Kurz gesagt ist $R(\boldsymbol{x}_0, T)$ die Menge aller Zustände, die man von $\boldsymbol{x}_0$ aus in der Zeit T oder einer kürzeren erreichen kann. Obige Festlegung der Menge $R(\boldsymbol{x}_0, T)$ beinhaltet auch, dass alle Trajektorien $\boldsymbol{x}(t)$ mit $0 \leq t \leq T$ innerhalb von $R(\boldsymbol{x}_0, T)$ verlaufen. Mittels $R(\boldsymbol{x}_0, T)$ definieren wir den Begriff der *proximen Steuerbarkeit*[1].

[1] Im Englischen heißt dieser Begriff *small-time local controllability (STLC)*. Dies ist zum einen nicht griffig ins Deutsche zu übersetzen. Zum anderen suggeriert der Begriffteil *local*, wenn wir von der gebräuchlichen Verwendung der Begriffe *lokal* und *global* in der Regelungstechnik ausgehen, dass die Eigenschaft STLC nicht global gilt, was nicht stimmen muss, und sonst identisch zur Eigenschaft der *Steuerbarkeit (controllability)* ist, was nicht stimmt. Daher verwenden wir als Synonym für STLC den Begriff *proxime Steuerbarkeit* (aus dem Lateinischen: proximitas = Nachbarschaft). Anzumerken ist, dass der Begriffteil *local* durchaus zweckmäßig ist, wenn man ihn dahingehend interpretiert, dass ein System jeden Zustand in jeder Umgebung eines beliebigen anderen Zustandes auf einer in dieser Umgebung verlaufenden Trajektorie, d. h. lokal, erreichen kann.

Definition 18 (Proxime Steuerbarkeit). *Ein System*

$$\dot{\boldsymbol{x}} = \boldsymbol{f}(\boldsymbol{x}, \boldsymbol{u})$$

sei für $\boldsymbol{x} \in D_{\boldsymbol{x}} \subseteq \mathbb{R}^n$*, wobei* $D_{\boldsymbol{x}}$ *eine offene Menge sei, und* $\boldsymbol{u} \in D_{\boldsymbol{u}} \subseteq \mathbb{R}^m$ *definiert. Es heißt proxim steuerbar, wenn für jeden Zustand* $\boldsymbol{x}_0 \in D_{\boldsymbol{x}}$ *und für alle* $0 < T < \infty$ *die Mengen* $R(\boldsymbol{x}_0, T)$ *Umgebungen von* $\boldsymbol{x}_0$ *sind.*

Offensichtlich muss $D_{\boldsymbol{x}}$, wie in obiger Definition gefordert, eine offene Menge sein, denn die Randpunkte $\boldsymbol{x}_{\mathrm{r}}$ einer geschlossenen Menge $D_{\boldsymbol{x}}$ besitzen keine Umgebung $R(\boldsymbol{x}_{\mathrm{r}}, T) \subset D_{\boldsymbol{x}}$.

Gemäß obiger Definition ist jede Menge $R(\boldsymbol{x}_0, T)$ eine Umgebung von $\boldsymbol{x}_0$. Anschaulich betrachtet, bedeutet proxime Steuerbarkeit also, dass man jeden Punkt $\boldsymbol{x}_{\mathrm{e}}$, der aus einer beliebig kleinen Umgebung $R(\boldsymbol{x}_0, T)$ stammt, auf einer ganz durch diese Umgebung $R(\boldsymbol{x}_0, T)$ laufenden Trajektorie ausgehend von $\boldsymbol{x}_0$ erreichen kann. Dies bedeutet jedoch nicht, dass die Trajektorien von $\boldsymbol{x}_0$ aus in jede beliebige Richtung starten können. Folglich bedeutet proxime Steuerbarkeit nicht, dass jede Trajektorie realisierbar wäre.

Im Falle der Steuerbarkeit ist $R(\boldsymbol{x}_0, T)$ in der Regel keine Umgebung von $\boldsymbol{x}_0$, da hier $\boldsymbol{x}_0$ auch auf dem Rand von $R(\boldsymbol{x}_0, T)$ liegen kann. Das ist genau der Fall des Beispiels aus Gl. (3.1). Die Bilder 3.2 und 3.3 illustrieren die unterschiedlichen Situationen im Fall der Steuerbarkeit und der proximen Steuerbarkeit. Die blau dargestellten Bereiche kennzeichnen die Richtungen $\dot{\boldsymbol{x}}$, in die eine Trajektorie $\boldsymbol{x}(t)$ bei geeigneter Wahl von $\boldsymbol{u}(t)$ von $\boldsymbol{x}_0$ aus starten kann.

Aus Obigem folgt

Satz 37 (Steuerbarkeit und proxime Steuerbarkeit). *Ein System, das auf einer wegzusammenhängenden Menge* $D_{\boldsymbol{x}}$ *proxim steuerbar ist, ist dort steuerbar.*

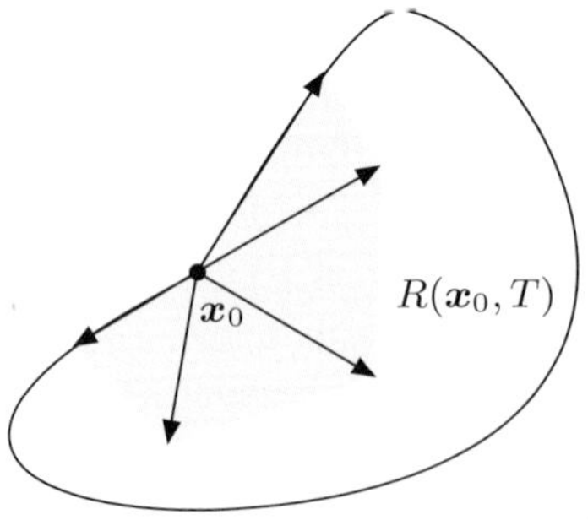

Bild 3.2: Die Menge $R(\boldsymbol{x}_0, T)$ der in der Zeit T von $\boldsymbol{x}_0$ aus erreichbaren Punkte im Fall der Steuerbarkeit. $R(\boldsymbol{x}_0, T)$ ist hier keine Umgebung von $\boldsymbol{x}_0$.

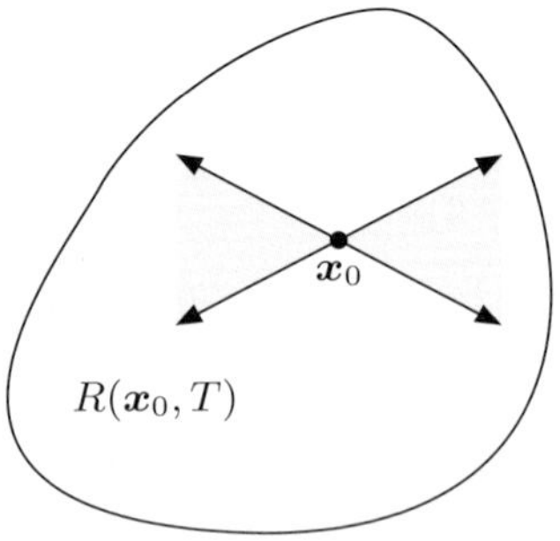

Bild 3.3: Die Menge $R(\boldsymbol{x}_0, T)$ im Fall proximer Steuerbarkeit. Die Trajektorien können von $\boldsymbol{x}_0$ aus in der Regel nicht in alle Richtungen starten.

Die Forderung, dass $D_{\boldsymbol{x}}$ eine wegzusammenhängende Menge bildet, ist wesentlich und meistens erfüllt. Proxime Steuerbarkeit kann nämlich bei einer nicht wegzusammenhängenden Menge $D_{\boldsymbol{x}}$ – im Gegensatz zur Steuerbarkeit – durchaus vorliegen, da ja nicht jeder Punkt $\boldsymbol{x}_{\mathrm{e}} \in D_{\boldsymbol{x}}$ von jedem anderen Punkt $\boldsymbol{x}_0 \in D_{\boldsymbol{x}}$ erreichbar sein muss. Letzteres ist bei Steuerbarkeit gerade gefordert. Der wichtigste Unterschied zwischen steuerbaren und proxim steuerbaren Systemen liegt darin, dass bei einem nur steuerbaren System unter Umständen ein langer Umweg in Kauf genommen werden muss, um von $\boldsymbol{x}_0$ nach $\boldsymbol{x}_{\mathrm{e}}$ zu gelangen. Bei einem proxim steuerbaren System dagegen ist dieser Weg sehr kurz und liegt in nächster Nachbarschaft.

Bei einigen Systemen erlauben die Steuermöglichkeiten, jede beliebige Trajektorie $\boldsymbol{x}(t)$ zu realisieren. Hierfür müssen die Trajektorien von jedem Punkt $\boldsymbol{x}$ aus in alle Richtungen laufen können. D. h., der Ableitungsvektor $\dot{\boldsymbol{x}}$ muss omnidirektional durch den Steuervektor $\boldsymbol{u}$ einstellbar sein. Dazu passend führen wir den Begriff der *omnidirektionalen Steuerbarkeit* ein, der strenger als die beiden bisher betrachteten Steuerbarkeitsbegriffe ist.

Definition 19 (Omnidirektionale Steuerbarkeit). *Ein System*

$$\dot{\boldsymbol{x}} = \boldsymbol{f}(\boldsymbol{x}, \boldsymbol{u})$$

sei für $\boldsymbol{x} \in D_{\boldsymbol{x}} \subseteq I\!R^n$ und $\boldsymbol{u} \in D_{\boldsymbol{u}} \subseteq R^m$ definiert. Es heißt omnidirektional steuerbar, wenn jeder Zustand $\boldsymbol{x}_0 \in D_{\boldsymbol{x}}$ in einem Zeitintervall $[0, T < \infty]$ auf einer beliebig vorgebbaren Trajektorie $\boldsymbol{x}(t) \in D_{\boldsymbol{x}}$ durch einen Eingangsgrößenverlauf $\boldsymbol{u}(t) \in D_{\boldsymbol{u}}$ in jeden Zustand $\boldsymbol{x}_{\mathrm{e}} \in D_{\boldsymbol{x}}$ überführt werden kann.

Eine schwache Form omnidirektionaler Steuerbarkeit liegt vor, wenn nicht jeder zeitliche Trajektorienverlauf $\boldsymbol{x}(t)$ realisierbar ist, sondern dieser nur einem beliebig vorgebbaren Verlauf $\boldsymbol{x}(\tau)$ folgt. D. h., wenn es ein $c > 0$ gibt, so dass $\boldsymbol{x}(t) = \boldsymbol{x}(c\tau)$ gilt. Beschränkte Stellgrößen $\boldsymbol{u}$ bedingen dies.

Im Falle der omnidirektionalen Steuerbarkeit ist die Erreichbarkeitsmenge $R(\boldsymbol{x}_0, T)$ auch eine Umgebung des Zustandes $\boldsymbol{x}_0$, wie im Fall der proximen Steuerbarkeit. Im Gegensatz zu Letzterer kann, wie es Bild 3.4 illustriert, eine in $\boldsymbol{x}_0$ beginnende Trajektorie aber in jede Richtung starten. Folglich kann man, wie schon erwähnt, jede beliebige Trajektorie realisieren. Omnidirektionale Steuerbarkeit ist also aus der Sicht des Ingenieurs eine wertvollere Eigenschaft, als es die Steuerbarkeit oder die proxime Steuerbarkeit sind.

Omnidirektionale Steuerbarkeit ist bei linearen Systemen

$$\dot{\boldsymbol{x}} = \boldsymbol{A}\boldsymbol{x} + \boldsymbol{B}\boldsymbol{u}$$

genau dann gegeben, wenn die Steuermatrix $\boldsymbol{B}$ eine $n \times n$ - Matrix mit Rang n ist. D. h., wenn es genauso viele Stell- wie Zustandsgrößen gibt. Dann und nur dann kann $\dot{\boldsymbol{x}}$ und damit eine Trajektorie $\boldsymbol{x}(t)$ über $\boldsymbol{B}\boldsymbol{u}$ beliebig vorgegeben werden. In der Praxis besitzen lineare Systeme allerdings nur selten n Eingangsgrößen und sind daher auch nur selten omnidirektional steuerbar. Anders ist die Lage bei nichtlinearen Systemen. Ihre komplexe Dynamik geht

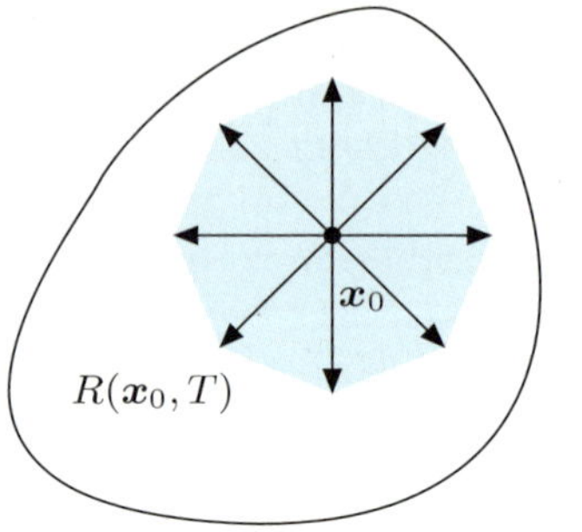

Bild 3.4: Die Menge $R(\boldsymbol{x}_0, T)$ im Falle omnidirektionaler Steuerbarkeit. Die Trajektorien können von $\boldsymbol{x}_0$ aus in alle Richtungen starten.

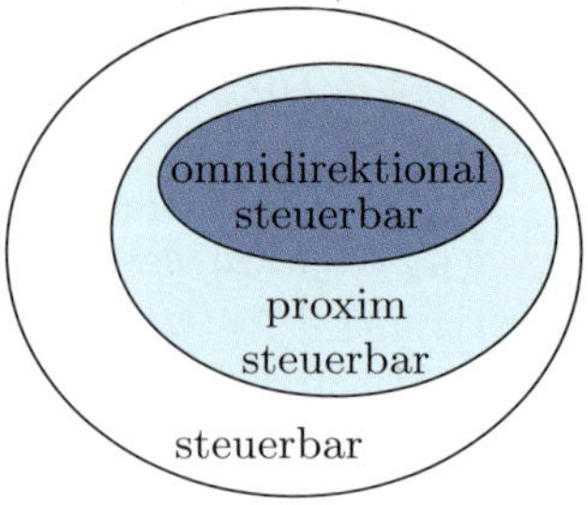

Bild 3.5: Die Mengen der steuerbaren, sowie der proxim und omnidirektional steuerbaren Systeme im Fall wegzusammenhängender offener Mengen $D_{\boldsymbol{x}}$.

oft mit einer größeren Zahl von Stellgrößen einher als im linearen Fall. Diese sieht der Konstrukteur vor, um das System einfacher beeinflussbar zu machen. Auch omnidirektional steuerbare Systeme sind dann anzutreffen.

Es gilt offensichtlich

Satz 38 (Proxime und omnidirektionale Steuerbarkeit). *Ein System, das auf einer offenen Menge $D_{\boldsymbol{x}}$ omnidirektional steuerbar ist, ist dort proxim steuerbar.*

Bild 3.5 veranschaulicht die Beziehung der verschiedenen Arten von Steuerbarkeit, wobei vorausgesetzt wird, dass $D_{\boldsymbol{x}}$ eine wegzusammenhängende offene Menge ist. Ist $D_{\boldsymbol{x}}$ nicht wegzusammenhängend, so ist die Menge der proxim steuerbaren Systeme keine Teilmenge der steuerbaren Systeme. Denn ein System kann durchaus auf einer nicht wegzusammenhängenden Menge proxim steuerbar sein. Es ist auf einer solchen Menge aber niemals steuerbar, da nicht jeder Punkt von jedem erreichbar ist.

Bild 3.6 zeigt als Beispiel für ein omnidirektional steuerbares System ein Schiff mit Querstrahlrudern im Bug und Heck. Querstrahlruder sind quer zur Fahrtrichtung eingebaute, den Schiffsrumpf quer durchdringende Tunnel mit einem innenliegenden Propellerantrieb. Mit den Querstrahlrudern kann das Schiff quer zur normalen Fahrtrichtung bewegt werden. Die gleichzeitige Verwendung des normalen Schiffsantriebs und der Querstrahlruder ermöglicht die Bewegung in jede beliebige Richtung, wie in Bild 3.7 illustriert. Des Weiteren kann das Schiff auf der Stelle gedreht werden, d. h., es kann seine Orientierung ändern. Schiffe dieser Art sind z. B. Bohrschiffe, die exakt über dem Bohrloch zu positionieren sind, Kreuzfahrtschiffe und große Containerschiffe, die in Häfen metergenau navigiert werden müssen, oder große Fähren.

Die kürzesten Trajektorien von einem Punkt $\boldsymbol{x}_0$ zu einem anderen Punkt $\boldsymbol{x}_{\mathrm{e}}$ für die drei Fälle der Steuerbarkeit, der proximen Steuerbarkeit und der omnidirektionalen Steuerbarkeit sind in Bild 3.8 prinzipiell dargestellt. Das

Bild 3.6: Schiff mit Querstrahlrudern im Bug und Heck, hier als Serviceschiff beispielhaft dargestellt, das der Wartung unterseeischer Bohrlöcher dient.

Bild 3.7: Transversale und rotatorische Bewegungsmöglichkeiten des Schiffes.

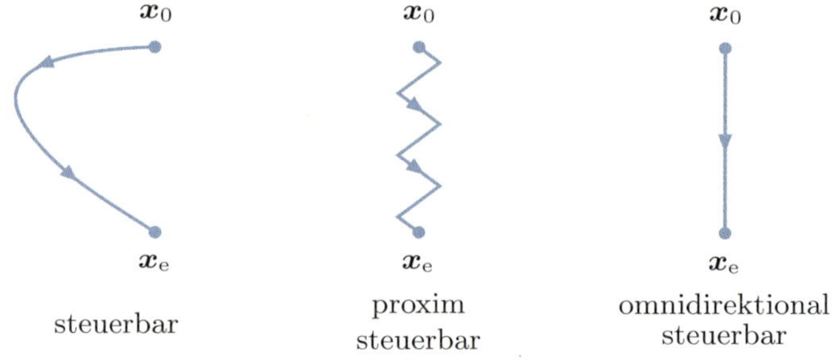

Bild 3.8: Die kürzesten Trajektorien von $\boldsymbol{x}_0$ nach $\boldsymbol{x}_\mathrm{e}$ für die drei Arten von Steuerbarkeit.

Bild 3.8 veranschaulicht auch die Bedeutung der unterschiedlichen Steuerbarkeitsarten, z. B. wenn ein System so gesteuert werden soll, dass es einer vorgegebenen Trajektorie folgt. Bei steuerbaren Systemen ist das nur eingeschränkt möglich. Eine Verbesserung ermöglichen proxim steuerbare Systeme. Aber nur omnidirektional steuerbare Systeme erlauben es einer vorgegebenen Trajektorie exakt zu folgen. Ein Beispiel für die genannten Einschränkungen ist ein Kraftfahrzeug ohne Rückwärtsgang mit Position und Orientierung als Zustandsgrößen, z. B. ein Motorrad. Dieses ist nur steuerbar, aber es ist nicht proxim steuerbar. Man kann es beispielsweise nicht mittels seines Antriebes durch Rangieren auf kleinem Raum wenden. Ein Kraftfahrzeug mit Rückwärtsgang oder auch ein Kettenfahrzeug ist dagegen proxim steuerbar. Beide sind aber nicht omnidirektional steuerbar, denn sie können nicht orthogonal zu ihrer Fahrtrichtung bewegt werden, wie z. B. das betrachtete Schiff.

Wir wollen im nächsten Abschnitt noch zwischen lokal und global steuerbaren Systemen unterscheiden.

3.1.2 Globale und lokale Steuerbarkeit

Lineare Systeme sind, wenn sie steuerbar sind, immer im gesamten Zustandsraum $\mathbb{R}^n$ steuerbar. Bei nichtlinearen Systemen ist das nicht immer der Fall. So gibt es nichtlineare Systeme, die nur auf Teilmengen ihres Definitionsbereiches $D_{\boldsymbol{x},\mathrm{def}}$ steuerbar sind. Des Weiteren existieren auch nichtlineare Systeme, die ihre Steuerbarkeitseigenschaft, z. B. proxim steuerbar oder omnidirektional steuerbar, bei einem Wechsel von einem Teilgebiet zu einem anderen ändern. Entsprechend definieren wir die Begriffe *globale* und *lokale Steuerbarkeit.*

Definition 20 (Globale Steuerbarkeit). *Ein System*

$$\dot{\boldsymbol{x}} = \boldsymbol{f}(\boldsymbol{x}, \boldsymbol{u})$$

sei für $\boldsymbol{x} \in D_{\boldsymbol{x},\mathrm{def}} \subseteq \mathbb{R}^n$ und für $\boldsymbol{u} \in D_{\boldsymbol{u}} \subseteq \mathbb{R}^m$ definiert. Wenn dann der Definitionsbereich $D_{\boldsymbol{x},\mathrm{def}}$ des Systems eine wegzusammenhängende Menge ist und das System dort (proxim bzw. omnidirektional) steuerbar ist, so heißt das System global (proxim bzw. omnidirektional) steuerbar.

Definition 21 (Lokale Steuerbarkeit). *Ein System*

$$\dot{\boldsymbol{x}} = \boldsymbol{f}(\boldsymbol{x}, \boldsymbol{u})$$

sei für $\boldsymbol{x} \in D_{\boldsymbol{x},\text{def}} \subseteq \mathbb{R}^n$ *und für* $\boldsymbol{u} \in D_{\boldsymbol{u}} \subseteq \mathbb{R}^m$ *definiert. Wenn dann das System nur auf einer Teilmenge* $D_{\boldsymbol{x},\text{teil}}$ *des Definitionsbereiches* $D_{\boldsymbol{x},\text{def}}$ *des Systems (proxim bzw. omnidirektional) steuerbar ist, so heißt das System lokal (proxim bzw. omnidirektional) steuerbar.*

Zur Veranschaulichung betrachten wir als ein erstes Beispiel das System

$$\dot{x} = \frac{u}{x}$$

mit dem Definitionsbereich $D_{x,\text{def}} = \mathbb{R}\backslash\{0\}$. Direkt aus der Differenzialgleichung ist ersichtlich, dass man von keinem positiven Anfangswert x_0 zu irgendeinem negativen Endwert x_e oder umgekehrt gelangen kann. Denn dann müsste die Trajektorie durch den Punkt $x = 0$ laufen, in dem das System ja nicht definiert ist. Dies ist auch aus der Lösung

$$x(t) = \operatorname{sgn}(x_0) \cdot \sqrt{x_0^2 + 2\int\limits_0^t u(\tau)d\tau}, \qquad x_0 \neq 0, \tag{3.3}$$

der Differenzialgleichung ablesbar. Denn die Trajektorie $x(t)$ kann niemals ihr Vorzeichen ändern.

Obwohl das System nicht für $D_x = D_{x,\text{def}}$ steuerbar ist, d. h., obwohl es nicht global steuerbar ist, ist es doch jeweils auf den beiden Teilmengen $D_x^+ = \mathbb{R}^+$ und $D_x^- = \mathbb{R}^-$ lokal steuerbar. Die lokale Steuerbarkeit des Systems ist unmittelbar aus seiner Lösung (3.3) ersichtlich. Das System ist des Weiteren global proxim steuerbar.

Ein zweites Beispiel soll unsere Anschauung bezüglich globaler und lokaler Steuerbarkeit weiter vertiefen. Und zwar betrachten wir das System

$$\dot{x} = xu, \tag{3.4}$$

das den Definitionsbereich $D_{x,\text{def}} = \mathbb{R}$ besitzt. Seine Systemlösung lautet

$$x(t) = x_0 e^{\int\limits_0^t u(\tau)d\tau}. \tag{3.5}$$

Obwohl das System in $x = 0$ definiert ist, ist es dort nicht steuerbar. Denn man kann keinen Punkt $x_e \neq 0$ von $x_0 = 0$ aus erreichen. Des Weiteren erkennt man anhand der Systemlösung (3.5) auch, dass die Trajektorie $\boldsymbol{x}(t)$ nie das Vorzeichen wechseln kann. Das System ist also nicht global steuerbar. Es ist aber lokal für $D_x^+ = \mathbb{R}^+$ bzw. $D_x^- = \mathbb{R}^-$ steuerbar.

Das System (3.4) ist auch nicht global proxim steuerbar, denn es existiert für den Punkt $x_0 = 0$ keine Erreichbarkeitsmenge $R(x_0, T) \neq \{0\}$, also keine

Umgebung $R(x_0, T)$ von x_0. Auf der Menge $D_{\boldsymbol{x}}^+ = I\!R^+$ der positiven reellen Zahlen und der Menge $D_{\boldsymbol{x}}^- = I\!R^-$ der negativen ist das System (3.4) aber lokal proxim steuerbar.

Wir betrachten als abschließendes Beispiel das System

$$\dot{\boldsymbol{x}} = \begin{bmatrix} x_2 \\ 0 \end{bmatrix} + \begin{bmatrix} 0 \\ 1 \end{bmatrix} u_1 + \begin{bmatrix} g(x_2) \\ 0 \end{bmatrix} u_2$$

mit

$$g(x_2) = \begin{cases} x_2^2, & x_2 > 0, \\ 0, & x_2 \leq 0. \end{cases}$$

Es ist global steuerbar, da der lineare Systemteil steuerbar ist. Für $x_2 > 0$ ist das System auch omnidirektional steuerbar, da dann $g(x_2) \neq 0$ ist und man mittels u_1 und u_2 jede beliebige Richtung von $\dot{\boldsymbol{x}}$ und damit auch jede beliebige Trajektorie vorgeben kann. Da das System für $x_2 > 0$ lokal omnidirektional steuerbar ist, ist es gemäß Satz 38 auch lokal proxim steuerbar.

3.1.3 Nachweis der Steuerbarkeit

Nachdem wir den für eine Steuerung bzw. Regelung so grundlegenden Begriff der Steuerbarkeit in verschiedenen Ausprägungen definiert haben, stellt sich die Frage, wie wir ein konkretes System auf Steuerbarkeit prüfen können. Im linearen Fall ist die Antwort bekannt: Man überprüft, ob die Steuerbarkeitsmatrix (3.2) den Rang n aufweist. Für allgemeine nichtlineare Systeme existiert leider kein so einfach handhabbares Kriterium. Diese unbefriedigende Situation ist darauf zurückzuführen, dass man, um festzustellen, ob man jeden Punkt $\boldsymbol{x}_0$ in jeden Punkt $\boldsymbol{x}_e$ durch einen geeigneten Stellgrößenverlauf überführen kann, letztendlich die Lösungen der Differenzialgleichungen des Systems benötigt. Diese sind jedoch für nichtlineare Systeme nur selten analytisch bestimmbar.

Eine spezielle Klasse von nichtlinearen Systemen kann aber analytisch auf ihre Steuerbarkcit untersucht werden. Dies sind Systeme, die nichtlinear in den Zustandsgrößen x_i, aber linear in den Eingangsgrößen u_i sind, die also durch

$$\dot{\boldsymbol{x}} = \boldsymbol{a}(\boldsymbol{x}) + \boldsymbol{B}(\boldsymbol{x}) \cdot \boldsymbol{u} = \boldsymbol{a}(\boldsymbol{x}) + \sum_{i=1}^{m} \boldsymbol{b}_i(x) \cdot u_i$$

mit $\boldsymbol{x} \in D_{\boldsymbol{x}} \subseteq I\!R^n$ und $\boldsymbol{u} \in I\!R^m$ beschrieben werden. Sie heißen *eingangslineare* oder *eingangsaffine Systeme*. Sehr viele technische Systeme sind eingangslinear, so dass dieser Systemklasse eine große Bedeutung zukommt.

Wir betrachten nun ein eingangslineares System, das die spezielle Form

$$\begin{bmatrix} \dot{x}_1 \\ \dot{x}_2 \\ \vdots \\ \dot{x}_{n-1} \\ \dot{x}_n \end{bmatrix} = \begin{bmatrix} x_2 \\ x_3 \\ \vdots \\ x_n \\ \alpha(\boldsymbol{x}) \end{bmatrix} + \begin{bmatrix} 0 \\ 0 \\ \vdots \\ 0 \\ \beta(\boldsymbol{x}) \end{bmatrix} u \tag{3.6}$$

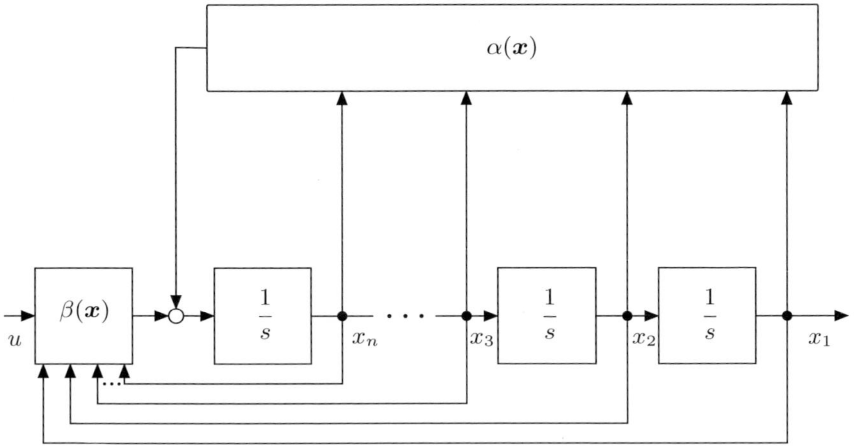

Bild 3.9: System in nichtlinearer Regelungsnormalform.

mit

$$\boldsymbol{x} = \begin{bmatrix} x_1 \; x_2 \; \cdots \; x_n \end{bmatrix}^T$$

aufweist, die als *nichtlineare Regelungsnormalform* bezeichnet wird. Bild 3.9 zeigt das zugehörige Strukturbild.

Setzt man voraus, dass $\beta(\boldsymbol{x}) \neq 0$ für alle $\boldsymbol{x} \in D_{\boldsymbol{x}}$ gilt, so kann mittels

$$u = \frac{-\,\alpha(\boldsymbol{x}) + v}{\beta(\boldsymbol{x})} \tag{3.7}$$

eine neue Stell- bzw. Eingangsgröße v verwendet werden. Mit Gl. (3.7) nimmt das System (3.6) die Form eines linearen Systems

$$\begin{bmatrix} \dot{x}_1 \\ \dot{x}_2 \\ \vdots \\ \dot{x}_{n-1} \\ \dot{x}_n \end{bmatrix} = \begin{bmatrix} 0 & 1 & 0 \cdots 0 \\ 0 & 0 & 1 \cdots 0 \\ \vdots & \vdots & \vdots \ddots \vdots \\ 0 & 0 & 0 \cdots 1 \\ 0 & 0 & 0 \cdots 0 \end{bmatrix} \begin{bmatrix} x_1 \\ x_2 \\ \vdots \\ x_{n-1} \\ x_n \end{bmatrix} + \begin{bmatrix} 0 \\ 0 \\ \vdots \\ 0 \\ 1 \end{bmatrix} v \tag{3.8}$$

in linearer Regelungsnormalform an. Dieses ist steuerbar, was sich schnell anhand der Steuerbarkeitsmatrix

$$\boldsymbol{M}_{\mathrm{S}} = \begin{bmatrix} \boldsymbol{b} & \boldsymbol{A}\boldsymbol{b} & \boldsymbol{A}^2\boldsymbol{b} & \ldots & \boldsymbol{A}^{n-1}\boldsymbol{b} \end{bmatrix} = \begin{bmatrix} 0 & 0 & \cdots 0 & 1 \\ 0 & 0 & \cdots 1 & 0 \\ \vdots & \vdots & \ddots \vdots & \vdots \\ 0 & 1 & \cdots 0 & 0 \\ 1 & 0 & \cdots 0 & 0 \end{bmatrix}$$

des Systems, die den Rang n aufweist, feststellen läßt.

Da das lineare System (3.8) steuerbar ist, ist auch das nichtlineare System (3.6) steuerbar und man kann schlussfolgern, dass ein System, das in nichtlinearer Regelungsnormalform vorliegt, steuerbar ist. Dies gilt auch für all diejenigen Systeme, die durch eine eineindeutige, mindestens einmal stetig differenzierbare Zustandstransformation, einen Diffeomorphismus, in die nichtlineare Regelungsnormalform transformiert werden können [233, 275, 276, 277]. Denn die Steuerbarkeit ist eine gegenüber eineindeutigen Zustandstransformationen invariante Systemeigenschaft. Somit ändert sich die Steuerbarkeit eines Systems nicht, wenn man das System in veränderten Zustandskoordinaten beschreibt.

Bei MIMO-Systemen mit n Zustandsgrößen und m Eingangsgrößen hat die nichtlineare Regelungsnormalform aus m Teilsystemen die Gestalt

$$\begin{bmatrix} \dot{x}_1 \\ \vdots \\ \dot{x}_{n_1-1} \\ \dot{x}_{n_1} \\ \dot{x}_{n_1+1} \\ \vdots \\ \dot{x}_{n_2-1} \\ \dot{x}_{n_2} \\ \vdots \\ \dot{x}_{n_{m-1}+1} \\ \vdots \\ \dot{x}_{n-1} \\ \dot{x}_n \end{bmatrix} = \begin{bmatrix} x_2 \\ \vdots \\ x_{n_1} \\ \alpha_1(\boldsymbol{x}) \\ x_{n_1+2} \\ \vdots \\ x_{n_2} \\ \alpha_2(\boldsymbol{x}) \\ \vdots \\ x_{n_{m-1}+2} \\ \vdots \\ x_n \\ \alpha_m(\boldsymbol{x}) \end{bmatrix} + \begin{bmatrix} 0 & 0 & 0 & \cdots & 0 & 0 \\ \vdots & \vdots & \vdots & \ddots & \vdots & \vdots \\ 0 & 0 & 0 & \cdots & 0 & 0 \\ \beta_{1,1}(\boldsymbol{x}) & \beta_{1,2}(\boldsymbol{x}) & \beta_{1,3}(\boldsymbol{x}) & \cdots & \beta_{1,m-1}(\boldsymbol{x}) & \beta_{1,m}(\boldsymbol{x}) \\ 0 & 0 & 0 & \cdots & 0 & 0 \\ \vdots & \vdots & \vdots & \ddots & \vdots & \vdots \\ 0 & 0 & 0 & \cdots & 0 & 0 \\ 0 & \beta_{2,2}(\boldsymbol{x}) & \beta_{2,3}(\boldsymbol{x}) & \cdots & \beta_{2,m-1}(\boldsymbol{x}) & \beta_{2,m}(\boldsymbol{x}) \\ \vdots & \vdots & \vdots & \ddots & \vdots & \vdots \\ 0 & 0 & 0 & \cdots & 0 & 0 \\ \vdots & \vdots & \vdots & \ddots & \vdots & \vdots \\ 0 & 0 & 0 & \cdots & 0 & 0 \\ 0 & 0 & 0 & \cdots & 0 & \beta_{m,m}(\boldsymbol{x}) \end{bmatrix} \begin{bmatrix} u_1 \\ u_2 \\ u_3 \\ \vdots \\ u_{m-1} \\ u_m \end{bmatrix}. \tag{3.9}$$

Die einzelnen Teilsysteme besitzen jeweils die nichtlineare Regelungsnormalform. Mit der oberen $m \times m$ - Dreiecksmatrix

$$\boldsymbol{D}(\boldsymbol{x}) = \begin{bmatrix} \beta_{1,1}(\boldsymbol{x}) & \beta_{1,2}(\boldsymbol{x}) & \cdots & \beta_{1,m}(\boldsymbol{x}) \\ 0 & \beta_{2,2}(\boldsymbol{x}) & \cdots & \beta_{2,m}(\boldsymbol{x}) \\ \vdots & \vdots & \ddots & \vdots \\ 0 & 0 & \cdots & \beta_{m,m}(\boldsymbol{x}) \end{bmatrix}$$

können wir, ähnlich wie im SISO-Fall, einen neuen Eingangsgrößenvektor $\boldsymbol{w}$ über

$$\boldsymbol{u} = \boldsymbol{D}^{-1}(\boldsymbol{x}) \cdot \left(- \begin{bmatrix} \alpha_1(\boldsymbol{x}) \\ \alpha_2(\boldsymbol{x}) \\ \vdots \\ \alpha_m(\boldsymbol{x}) \end{bmatrix} + \begin{bmatrix} v_1 \\ v_2 \\ \vdots \\ v_m \end{bmatrix} \right) \tag{3.10}$$

definieren. Hierbei ist vorauszusetzen, dass $\beta_{i,i}(\boldsymbol{x}) \neq 0$ für alle $\boldsymbol{x} \in D_{\boldsymbol{x}}$ und $i = 1, \ldots, m$ gilt, damit

$$\det(\boldsymbol{D}(\boldsymbol{x})) = \beta_{1,1}(\boldsymbol{x}) \cdot \beta_{2,2}(\boldsymbol{x}) \cdot \ \dots \ \cdot \beta_{m,m}(\boldsymbol{x}) \neq 0$$

ist und folglich die Inverse $\boldsymbol{D}^{-1}(\boldsymbol{x})$ existiert. Mit Gl. (3.10) erhalten wir aus der Systemdarstellung (3.9) wieder eine Systemdarstellung in der folgenden speziellen linearen Regelungsnormalform

$$\begin{bmatrix} \dot{x}_1 \\ \vdots \\ \dot{x}_{n_1-1} \\ \dot{x}_{n_1} \\ \dot{x}_{n_1+1} \\ \vdots \\ \dot{x}_{n_2-1} \\ \dot{x}_{n_2} \\ \vdots \\ \dot{x}_{n_{m-1}+1} \\ \vdots \\ \dot{x}_{n-1} \\ \dot{x}_n \end{bmatrix} = \begin{bmatrix} x_2 \\ \vdots \\ x_{n_1} \\ 0 \\ x_{n_1+2} \\ \vdots \\ x_{n_2} \\ 0 \\ \vdots \\ x_{n_{m-1}+2} \\ \vdots \\ x_n \\ 0 \end{bmatrix} + \begin{bmatrix} 0 & 0 & 0 & \cdots & 0 & 0 \\ \vdots & \vdots & \vdots & \ddots & \vdots & \vdots \\ 0 & 0 & 0 & \cdots & 0 & 0 \\ 1 & 0 & 0 & \cdots & 0 & 0 \\ 0 & 0 & 0 & \cdots & 0 & 0 \\ \vdots & \vdots & \vdots & \ddots & \vdots & \vdots \\ 0 & 0 & 0 & \cdots & 0 & 0 \\ 0 & 1 & 0 & \cdots & 0 & 0 \\ \vdots & \vdots & \vdots & \ddots & \vdots & \vdots \\ 0 & 0 & 0 & \cdots & 0 & 0 \\ \vdots & \vdots & \vdots & \ddots & \vdots & \vdots \\ 0 & 0 & 0 & \cdots & 0 & 0 \\ 0 & 0 & 0 & \cdots & 0 & 1 \end{bmatrix} \begin{bmatrix} v_1 \\ v_2 \\ v_3 \\ \vdots \\ v_{m-1} \\ v_m \end{bmatrix},$$

Brunovský-Normalform genannt [38]. Analog zum SISO-Fall können wir auch hier Folgendes feststellen: Da das lineare MIMO-System in Regelungsnormalform steuerbar ist, ist es auch das zugehörige System in nichtlinearer Regelungsnormalform. Wir können somit folgenden wichtigen Satz formulieren:

Satz 39 (Steuerbarkeit der nichtlinearen Regelungsnormalform).
Ein System

$$\dot{\boldsymbol{x}} = \boldsymbol{f}(\boldsymbol{x}, \boldsymbol{u})$$

mit $\boldsymbol{x} \in D_{\boldsymbol{x}} \subseteq I\!R^n$ *und* $\boldsymbol{u} \in I\!R^m$*, das in nichtlinearer Regelungsnormalform vorliegt oder durch eine eineindeutige Koordinatentransformation in diese überführt werden kann, ist steuerbar, falls*

$$\det\left(\boldsymbol{D}(\boldsymbol{x})\right) \neq 0$$

für alle $\boldsymbol{x} \in D_{\boldsymbol{x}}$ *gilt.*

Der Satz beinhaltet natürlich auch den SISO-Fall, in dem

$$\det\left(\boldsymbol{D}(\boldsymbol{x})\right) = \beta(\boldsymbol{x})$$

gilt.

Obiger Satz ist deshalb so bedeutend, weil es eine Reihe von nichtlinearen Systemen gibt, die in die nichtlineare Regelungsnormalform transformiert werden können. Die Wichtigsten solcher Systeme gehören zu den eingangslinearen Systemen. Wie man sie auf die nichtlineare Regelungsnormalform transformiert und wie man sie regelt, behandeln wir in Kapitel 5.2.

3.1.4 Beispiel Industrieroboter

Wir betrachten einen Industrieroboter mit drei Freiheitsgraden, zwei rotatorischen und einem translatorischen. Ein um den Winkel Θ_1 verdrehbarer vertikaler Arm A_1 der Masse m_1 bildet dabei den ersten Freiheitsgrad der Bewegung bezüglich des Fundamentes, so wie in Bild 3.10 gezeigt. Im Endpunkt dieses Arms ist ein Gelenk angebracht, das den zweiten Freiheitsgrad durch eine Drehung um den Winkel Θ_2 realisiert. Den dritten Freiheitsgrad erhalten wir durch einen in diesem Drehgelenk verschiebbar gelagerten Arm A_2 der Masse m_2. Er ermöglicht eine translatorische Bewegung um die Strecke r, die den Abstand des Schwerpunktes von A_2 zum Drehgelenk angibt.

Um das dynamische Modell des Roboters herzuleiten, berechnen wir im Folgenden zuerst einmal die kinetische und die potentielle Energie, E_{kin} und E_{pot}, des Roboters. Mit ihrer Differenz, der Lagrange-Funktion

$$L = E_{\text{kin}} - E_{\text{pot}}, \tag{3.11}$$

können wir dann aus den Lagrange-Gleichungen [112]

$$\begin{aligned} M_i &= \frac{d}{dt}\frac{\partial L}{\partial \dot{\Theta}_i} - \frac{\partial L}{\partial \Theta_i}, \quad i = 1, 2, \\ F &= \frac{d}{dt}\frac{\partial L}{\partial \dot{r}} - \frac{\partial L}{\partial r} \end{aligned} \tag{3.12}$$

die Drehmomente M_i und die Kraft F bestimmen. Die Drehmomente M_i und die Kraft F sind die Stellgrößen des Roboters und proportional zu den Strömen der Elektromotoren, die zur Verstellung der Winkel Θ_i und der Translation r dienen.

Die kinetische Energie des Armes A_1 ist

$$E_{\text{kin},A_1} = \frac{1}{2} J_z \dot{\Theta}_1^2,$$

wobei J_z das Trägheitsmoment von A_1 bezüglich seiner Längsachse z ist.

Im Fall des Armes A_2 setzt sich die kinetische Energie aus seiner Rotationsenergie E_{rot,A_2} und der Energie E_{trans,A_2} aus der translatorischen Bewegung zusammen. Mit dem Winkelgeschwindigkeitsvektor $\boldsymbol{\omega}_{A_2}$ und der Trägheitsmatrix

$$\boldsymbol{J} = \begin{bmatrix} J_{\tilde{x}} & 0 & 0 \\ 0 & J_{\tilde{y}} & 0 \\ 0 & 0 & J_{\tilde{z}} \end{bmatrix}$$

des Armes A_2 gilt

$$E_{\text{rot},A_2} = \frac{1}{2}\boldsymbol{\omega}_{A_2}^T \boldsymbol{J}\, \boldsymbol{\omega}_{A_2}. \tag{3.13}$$

Mit den Einheitsvektoren des raumfesten Koordinatensystems (x, y, z) und des Armkoordinatensystems $(\tilde{x}, \tilde{y}, \tilde{z})$

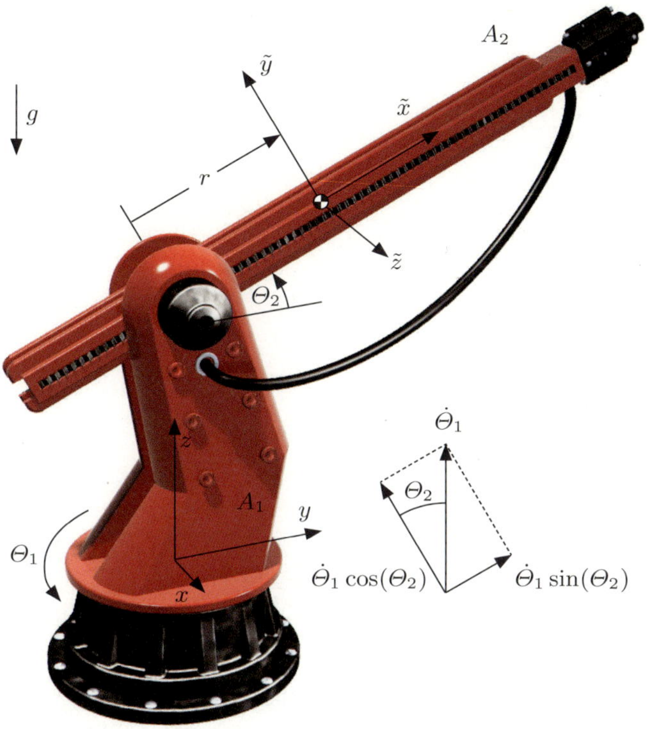

Bild 3.10: Industrieroboter mit drei Freiheitsgraden. Das $\tilde{x}, \tilde{y}, \tilde{z}$- Koordinatensystem liegt im Schwerpunkt des Roboterarmes A_2.

$$\boldsymbol{e}_x = \begin{bmatrix}1\\0\\0\end{bmatrix},\ \boldsymbol{e}_y = \begin{bmatrix}0\\1\\0\end{bmatrix},\ \boldsymbol{e}_z = \begin{bmatrix}0\\0\\1\end{bmatrix} \quad \text{und} \quad \boldsymbol{e}_{\tilde{\boldsymbol{x}}} = \begin{bmatrix}1\\0\\0\end{bmatrix},\ \boldsymbol{e}_{\tilde{\boldsymbol{y}}} = \begin{bmatrix}0\\1\\0\end{bmatrix},\ \boldsymbol{e}_{\tilde{\boldsymbol{z}}} = \begin{bmatrix}0\\0\\1\end{bmatrix}$$

und der in Bild 3.10 gezeigten Zerlegung der Winkelgeschwindigkeit

$$\dot{\Theta}_1 \boldsymbol{e}_z = \dot{\Theta}_1 \sin(\Theta_2)\boldsymbol{e}_{\tilde{x}} + \dot{\Theta}_1 \cos(\Theta_2)\boldsymbol{e}_{\tilde{y}}$$

sowie der Winkelgeschwindigkeit $\dot{\Theta}_2 \boldsymbol{e}_{\tilde{z}}$, mit welcher der Arm A_2 um die $\tilde{z}$-Gelenkachse rotiert, gilt

$$\boldsymbol{\omega}_{A_2} = \dot{\Theta}_1 \sin(\Theta_2)\boldsymbol{e}_{\tilde{x}} + \dot{\Theta}_1 \cos(\Theta_2)\boldsymbol{e}_{\tilde{y}} + \dot{\Theta}_2 \boldsymbol{e}_{\tilde{z}}. \tag{3.14}$$

Gl. (3.14) eingesetzt in Gl. (3.13) ergibt

$$E_{\text{rot},A_2} = \frac{1}{2}\left[(J_{\tilde{x}} \sin^2(\Theta_2) + J_{\tilde{y}} \cos^2(\Theta_2))\dot{\Theta}_1^2 + J_{\tilde{z}}\dot{\Theta}_2^2\right].$$

Für die Berechnung der Translationsenergie E_{trans,A_2} benötigen wir den Geschwindigkeitsvektor $\boldsymbol{v}_{A_2}$ des Massenschwerpunktes von A_2. Er setzt sich aus der Radialgeschwindigkeit $\dot{r}\boldsymbol{e}_{\tilde{x}}$ sowie der durch $\dot{\Theta}_2$ und $\dot{\Theta}_1$ verursachten Tangentialgeschwindigkeiten $\dot{\Theta}_2 r\boldsymbol{e}_{\tilde{y}}$ und $\dot{\Theta}_1 r\cos(\Theta_2)\boldsymbol{e}_{\tilde{z}}$ additiv zu

$$\boldsymbol{v}_{A_2} = \dot{r}\boldsymbol{e}_{\tilde{x}} + \dot{\Theta}_2 r\boldsymbol{e}_{\tilde{y}} - \dot{\Theta}_1 r\cos(\Theta_2)\boldsymbol{e}_{\tilde{z}}$$

zusammen. Also gilt

$$E_{\text{trans},A_2} = \frac{1}{2}m_2\,\boldsymbol{v}_{A_2}^T\boldsymbol{v}_{A_2} = \frac{1}{2}m_2\left[\dot{r}^2 + r^2\left(\dot{\Theta}_2^2 + \dot{\Theta}_1^2\cos^2(\Theta_2)\right)\right].$$

Es fehlt noch die potentielle Energie

$$E_{\text{pot}} = m_2\, g\, r\sin(\Theta_2).$$

Dann ergibt sich gemäß Gl. (3.11)

$$\begin{aligned} L &= \underbrace{E_{\text{kin},A_1} + E_{\text{rot},A_2} + E_{\text{trans},A_2}}_{E_{\text{kin}}} - E_{\text{pot}} \\ &= \frac{1}{2}\Big[\left(J_z + J_{\tilde{x}}\sin^2(\Theta_2) + (J_{\tilde{y}} + m_2r^2)\cos^2(\Theta_2)\right)\dot{\Theta}_1^2 + (J_{\tilde{z}} + m_2r^2)\dot{\Theta}_2^2 \\ &\quad + m_2\dot{r}^2 - 2m_2\, g\, r\sin(\Theta_2)\Big]. \end{aligned} \tag{3.15}$$

Wir setzen nun Gl. (3.15) in die Lagrange-Gleichungen (3.12) ein und erhalten die Drehmomente M_1, M_2 und die Kraft F zu

$$\begin{aligned} M_1 &= \left[J_z + J_{\tilde{x}}\sin^2(\Theta_2) + (J_{\tilde{y}} + m_2r^2)\cos^2(\Theta_2)\right]\ddot{\Theta}_1 \\ &\quad + 2m_2\, r\,\dot{r}\,\dot{\Theta}_1\cos^2(\Theta_2) - (J_{\tilde{y}} - J_{\tilde{x}} + m_2r^2)\dot{\Theta}_1\dot{\Theta}_2\sin(2\Theta_2), \\ M_2 &= (J_{\tilde{z}} + m_2r^2)\ddot{\Theta}_2 + 2m_2\, r\,\dot{r}\,\dot{\Theta}_2 \\ &\quad + \frac{1}{2}(J_{\tilde{y}} - J_{\tilde{x}} + m_2r^2)\dot{\Theta}_1^2\sin(2\Theta_2) + m_2\, g\, r\cos(\Theta_2), \\ F &= m_2\ddot{r} - m_2\, r(\dot{\Theta}_1^2\cos^2(\Theta_2) + \dot{\Theta}_2^2) + m_2\, g\sin(\Theta_2). \end{aligned} \tag{3.16}$$

Aus Gl. (3.16) ermitteln wir mit dem Zustandsvektor

$$\boldsymbol{x} = \begin{bmatrix}\Theta_1 & \dot{\Theta}_1 & \Theta_2 & \dot{\Theta}_2 & r & \dot{r}\end{bmatrix}^T,$$

dem Eingangsvektor

$$\boldsymbol{u} = \begin{bmatrix}M_1 & M_2 & F\end{bmatrix}^T$$

und dem Ausgangsvektor

$$\boldsymbol{y} = \begin{bmatrix}\Theta_1 & \Theta_2 & r\end{bmatrix}^T$$

das dynamische Modell

$$\begin{aligned} \dot{\boldsymbol{x}} &= \boldsymbol{a}(\boldsymbol{x}) + \boldsymbol{B}(\boldsymbol{x}) \cdot \boldsymbol{u}, \\ \boldsymbol{y} &= \boldsymbol{c}(\boldsymbol{x}) \end{aligned} \tag{3.17}$$

mit

$$\boldsymbol{a}(\boldsymbol{x}) = \begin{bmatrix} x_2 \\ -\dfrac{2m_2\, x_2\, x_5\, x_6 \cos^2(x_3) - (J_{\tilde{y}} - J_{\tilde{x}} + m_2\, x_5^2) x_2\, x_4 \sin(2x_3)}{J_z + J_{\tilde{x}} \sin^2(x_3) + (J_{\tilde{y}} + m_2\, x_5^2)\cos^2(x_3)} \\ x_4 \\ -\dfrac{2m_2\, x_4\, x_5\, x_6 + \dfrac{1}{2}(J_{\tilde{y}} - J_{\tilde{x}} + m_2\, x_5^2) x_2^2 \sin(2x_3) + m_2\, g\, x_5 \cos(x_3)}{J_{\tilde{z}} + m_2\, x_5^2} \\ x_6 \\ x_5(x_2^2 \cos^2(x_3) + x_4^2) - g \sin(x_3) \end{bmatrix},$$

$$\boldsymbol{B}(\boldsymbol{x}) = \begin{bmatrix} 0 & 0 & 0 \\ \dfrac{1}{J_z + J_{\tilde{x}} \sin^2(x_3) + (J_{\tilde{y}} + m_2 x_5^2)\cos^2(x_3)} & 0 & 0 \\ 0 & 0 & 0 \\ 0 & \dfrac{1}{J_{\tilde{z}} + m_2 x_5^2} & 0 \\ 0 & 0 & 0 \\ 0 & 0 & \dfrac{1}{m_2} \end{bmatrix},$$

$$\boldsymbol{c}(\boldsymbol{x}) = \begin{bmatrix} x_1 \\ x_3 \\ x_5 \end{bmatrix}.$$

Das System (3.17) liegt in der nichtlinearen Regelungsnormalform

$$\begin{aligned} \dot{\boldsymbol{x}} &= \begin{bmatrix} x_2 \\ \alpha_1(\boldsymbol{x}) \\ x_4 \\ \alpha_2(\boldsymbol{x}) \\ x_6 \\ \alpha_3(\boldsymbol{x}) \end{bmatrix} + \begin{bmatrix} 0 & 0 & 0 \\ \beta_1(\boldsymbol{x}) & 0 & 0 \\ 0 & 0 & 0 \\ 0 & \beta_2(\boldsymbol{x}) & 0 \\ 0 & 0 & 0 \\ 0 & 0 & \beta_3(\boldsymbol{x}) \end{bmatrix} \boldsymbol{u}, \\ \boldsymbol{y} &= \begin{bmatrix} x_1\ x_3\ x_5 \end{bmatrix}^T \end{aligned} \tag{3.18}$$

vor und es gilt $\beta_i(\boldsymbol{x}) \neq 0$ für $i = 1, 2, 3$. Es besitzt die Matrix

$$\boldsymbol{D}(\boldsymbol{x}) = \begin{bmatrix} \beta_1(\boldsymbol{x}) & 0 & 0 \\ 0 & \beta_2(\boldsymbol{x}) & 0 \\ 0 & 0 & \beta_3(\boldsymbol{x}) \end{bmatrix},$$

deren Determinante $\det(\boldsymbol{D}(\boldsymbol{x})) = \beta_1(\boldsymbol{x})\beta_2(\boldsymbol{x})\beta_3(\boldsymbol{x})$ von null verschieden ist, da $\beta_i(\boldsymbol{x}) \neq 0$ für $i = 1, 2, 3$ gilt. Also ist der Roboter steuerbar.

Die Regelungsnormalform erlaubt uns einen besonders einfach durchzuführenden Reglerentwurf, woraus sich auch ihr Name ableitet. Und zwar wählen wir das Regelgesetz mit den Führungsgrößen w_1, w_2 und w_3 zu

$$\begin{aligned}
\boldsymbol{u} &= -\begin{bmatrix} \beta_1^{-1}(\boldsymbol{x}) & 0 & 0 \\ 0 & \beta_2^{-1}(\boldsymbol{x}) & 0 \\ 0 & 0 & \beta_3^{-1}(\boldsymbol{x}) \end{bmatrix} \begin{bmatrix} \alpha_1(\boldsymbol{x}) + a_{1,1}x_2 + a_{1,0}x_1 - V_1 w_1 \\ \alpha_2(\boldsymbol{x}) + a_{2,1}x_4 + a_{2,0}x_3 - V_2 w_2 \\ \alpha_3(\boldsymbol{x}) + a_{3,1}x_6 + a_{3,0}x_5 - V_3 w_3 \end{bmatrix} \\
&= \begin{bmatrix} 2m_2x_2x_5x_6\cos^2(x_3) - (J_\Delta + m_2x_5^2)x_2x_4\sin(2x_3) - \dfrac{a_{1,1}}{\beta_1}x_2 - \dfrac{a_{1,0}}{\beta_1}x_1 + \dfrac{V_1}{\beta_1}w_1 \\ 2m_2x_4x_5x_6 + \dfrac{1}{2}(J_\Delta + m_2x_5^2)x_2^2\sin(2x_3) + m_2gx_5\cos(x_3) - \dfrac{a_{2,1}}{\beta_2}x_4 - \dfrac{a_{2,0}}{\beta_2}x_3 + \dfrac{V_2}{\beta_2}w_2 \\ -m_2x_5(x_2^2\cos^2(x_3) + x_4^2) + m_2g\sin(x_3) - \dfrac{a_{3,1}}{\beta_3}x_6 - \dfrac{a_{3,0}}{\beta_3}x_5 + \dfrac{V_3}{\beta_3}w_2 \end{bmatrix}
\end{aligned} \tag{3.19}$$

mit

$$J_\Delta = J_{\tilde{y}} - J_{\tilde{x}}.$$

Dabei sind die Koeffizienten $a_{i,j}$ und V_i frei wählbar. Eingesetzt in Gl. (3.17) bzw. (3.18) führt das Regelgesetz (3.19) zu einem linearen Regelkreis mit den Systemgleichungen

$$\begin{aligned}
\ddot{y}_1 + a_{1,1}\dot{y}_1 + a_{1,0}y_1 &= V_1 w_1, \\
\ddot{y}_2 + a_{2,1}\dot{y}_2 + a_{2,0}y_2 &= V_2 w_2, \\
\ddot{y}_3 + a_{3,1}\dot{y}_3 + a_{3,0}y_3 &= V_3 w_3.
\end{aligned}$$

Solche linearen Regelkreise lassen sich nicht nur für den betrachteten Industrieroboter, sondern auch für alle anderen nichtlinearen Regelstrecken in nichtlinearer Regelungsnormalform entwerfen. Wir werden uns diese Eigenschaft in Kapitel 5.2 zu Nutze machen.

3.1.5 Proxime Steuerbarkeit driftfreier Systeme

Wir wollen im Weiteren eingangslineare Systeme ohne Eigendynamik $\boldsymbol{a}(\boldsymbol{x})$, d. h. Systeme

$$\dot{\boldsymbol{x}} = \boldsymbol{B}(\boldsymbol{x}) \cdot \boldsymbol{u},$$

betrachten. Solche Systeme bezeichnet man auch als *driftfrei*. Für den Sonderfall eines driftfreien linearen Systems

$$\dot{\boldsymbol{x}} = \boldsymbol{B}\boldsymbol{u}$$

ist Steuerbarkeit dann und nur dann gegeben, wenn die Steuermatrix $\boldsymbol{B}$ den Rang n hat, also $\det(\boldsymbol{B}) \neq 0$ gilt. Dies ist zum einen plausibel, da man alle n

Ableitungen beeinflussen muss, um einen Zustand $\boldsymbol{x}_0$ in einen Zustand $\boldsymbol{x}_e$ zu überführen. Zum anderen ergibt sich die Steuerbarkeit auch aus dem vollen Rang der Steuerbarkeitsmatrix des Systems, d. h. aus

$$\operatorname{rang}(\boldsymbol{M}_{\mathrm{S}}) = \operatorname{rang}\left(\begin{bmatrix}\boldsymbol{B} & \boldsymbol{AB} & \boldsymbol{A}^2\boldsymbol{B} & \cdots & \boldsymbol{A}^{n-1}\boldsymbol{B}\end{bmatrix}\right) = \operatorname{rang}(\boldsymbol{B}) = n.$$

Das System ist darüber hinaus auch omnidirektional steuerbar.

Driftfreie eingangslineare Systeme können im Gegensatz zum obigen linearen Fall auch dann steuerbar sein, wenn $\boldsymbol{B}(\boldsymbol{x})$ nicht den Rang n aufweist. Letzteres ist der Fall, wenn die Anzahl m der Eingangsgrößen kleiner ist als die Anzahl n der Zustände. Dies ist nicht unmittelbar plausibel, da eine $n{\times}m$ - Matrix $\boldsymbol{B}(\boldsymbol{x})$ mit $m < n$ nicht den $I\!R^n$ aufspannt und die Steuerbarkeitsmatrix

$$\boldsymbol{M}_{\mathrm{S}} = \begin{bmatrix}\boldsymbol{B}(\boldsymbol{x}) & \boldsymbol{0} & \cdots & \boldsymbol{0}\end{bmatrix}$$

(bei festgehaltenem $\boldsymbol{x}$) nicht den Rang n besitzt. Denn ein driftfreies lineares System mit $\operatorname{rang}(\boldsymbol{B}) < n$ ist ja nicht steuerbar. Auf den zweiten Blick fällt aber auf, dass sich die Spalten $\boldsymbol{b}_i(\boldsymbol{x})$ der Matrix $\boldsymbol{B}(\boldsymbol{x})$ entlang einer Trajektorie $\boldsymbol{x}(t)$ verändern, d. h., die Richtung $\boldsymbol{b}_i(\boldsymbol{x})$, in die ein Steuereingriff u_i wirkt, variiert mit $\boldsymbol{x}$. Es ist also nach einer Bewegung von $\boldsymbol{x}_{\mathrm{a}}$ nach $\boldsymbol{x}_{\mathrm{b}}$ möglich, die Trajektorie in eine neue, bisher nicht mögliche Richtung $\boldsymbol{B}(\boldsymbol{x}_{\mathrm{b}}) \cdot \boldsymbol{u}$ zu lenken.

Wir betrachten hierzu als Beispiel das System

$$\begin{bmatrix}\dot{x}_1\\ \dot{x}_2\\ \dot{x}_3\end{bmatrix} = \underbrace{\begin{bmatrix}0\\0\\1\end{bmatrix}}_{\boldsymbol{b}_1} u_1 + \underbrace{\begin{bmatrix}\cos(x_3)\\ \sin(x_3)\\ 0\end{bmatrix}}_{\boldsymbol{b}_2(x_3)} u_2, \tag{3.20}$$

das einen mobilen Roboter mit zwei einzeln angetriebenen Rädern und einem frei beweglichen Stützrad beschreibt, wie in Bild 3.11 dargestellt. Die Stell-

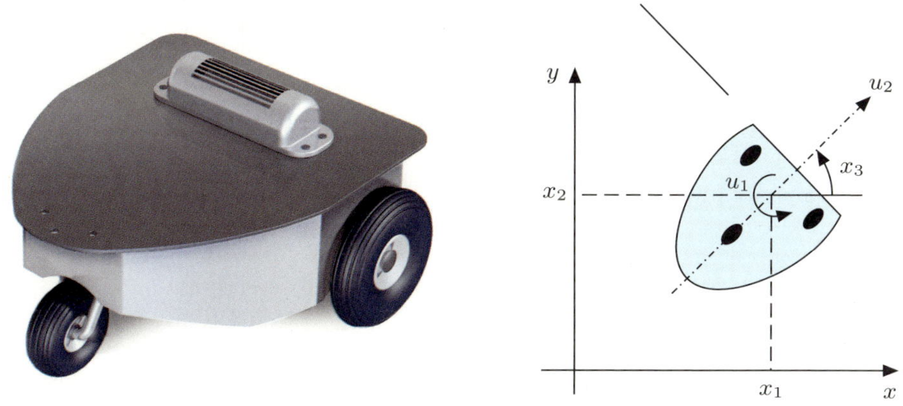

Bild 3.11: Mobiler Roboter mit zwei einzeln angetriebenen Rädern und einem Stützrad.

größe u_1 ist die Winkelgeschwindigkeit des Roboters und die Stellgröße u_2 ist seine translatorische Geschwindigkeit in Fahrtrichtung. Die Zustände x_1 und x_2 beschreiben die Position des Roboters im Raum und x_3 ist der Winkel, der die Orientierung des Roboters im Raum angibt.

Offensichtlich hängt die Richtung in der xy-Ebene, in die der Roboter sich bewegen kann, d. h. $\boldsymbol{b}_2(x_3)$, von seiner Orientierung x_3 ab. Bild 3.12 illustriert diese Abhängigkeit. Es scheint also durchaus möglich, obwohl $\boldsymbol{b}_1$ und $\boldsymbol{b}_2(x_3)$ für ein festes x_3 nur den $\mathbb{R}^2$ aufspannen, durch eine geeignete Abfolge von Drehungen u_1 und Vorwärtsbewegungen u_2 von jedem beliebigen Punkt $\boldsymbol{x}_0$ zu jedem beliebigen Punkt $\boldsymbol{x}_e$ zu gelangen. Bild 3.12 zeigt eine solche Trajektorie in rot gezeichnet, wobei wir für die Abfolge

$$\boldsymbol{x}_0 = \boldsymbol{x}(0) \rightarrow \boldsymbol{x}(\Delta t) \rightarrow \boldsymbol{x}(2\Delta t) \rightarrow \boldsymbol{x}(3\Delta t) = \boldsymbol{x}_e$$

die Stellgrößenfolge

$$\begin{bmatrix} u_1 \\ u_2 \end{bmatrix} = \begin{bmatrix} 0 \\ -1 \end{bmatrix}, \quad \begin{bmatrix} u_1 \\ u_2 \end{bmatrix} = \begin{bmatrix} 1 \\ 0 \end{bmatrix}, \quad \begin{bmatrix} u_1 \\ u_2 \end{bmatrix} = \begin{bmatrix} 0 \\ 1 \end{bmatrix}$$

wählen. Es ist in diesem Beispiel aufgrund der geometrischen Veranschaulichung plausibel, dass das System steuerbar ist.

Wir betrachten nun allgemeiner ein System

$$\dot{\boldsymbol{x}} = \boldsymbol{b}_1(\boldsymbol{x}) \cdot u_1 + \boldsymbol{b}_2(\boldsymbol{x}) \cdot u_2 \tag{3.21}$$

mit $\boldsymbol{x} \in \mathbb{R}^n$. Ähnlich wie in obigem Fall des mobilen Roboters wählen wir einen Stellgrößenverlauf der Form

$$\boldsymbol{u}(t) = \begin{cases} \boldsymbol{u}^T = [\;\;1 \quad 0], & 0 \le t < \Delta t, \\ \boldsymbol{u}^T = [\;\;0 \quad 1], & \Delta t \le t < 2\Delta t, \\ \boldsymbol{u}^T = [-1 \quad 0], & 2\Delta t \le t < 3\Delta t, \\ \boldsymbol{u}^T = [\;\;0 \; -1], & 3\Delta t \le t < 4\Delta t. \end{cases} \tag{3.22}$$

Dann untersuchen wir zu den Zeitpunkten 0, Δt, $2\Delta t$, $3\Delta t$ und $4\Delta t$ die Lösung $\boldsymbol{x}(t)$ der Differenzialgleichung (3.21), wobei wir die Abkürzungen

$$\begin{aligned} \boldsymbol{x}_0 &= \boldsymbol{x}(0), \\ \boldsymbol{x}_1 &= \boldsymbol{x}(\Delta t), \\ \boldsymbol{x}_2 &= \boldsymbol{x}(2\Delta t), \\ \boldsymbol{x}_3 &= \boldsymbol{x}(3\Delta t), \\ \boldsymbol{x}_4 &= \boldsymbol{x}(4\Delta t) = \boldsymbol{x}_\mathrm{e} \end{aligned}$$

verwenden. Zur Berechnung dieser Werte nähern wir $\boldsymbol{x}(t)$ durch die ersten Glieder einer Taylor-Reihe

$$\boldsymbol{x}((i+1)\Delta t) \approx \boldsymbol{x}(i\Delta t) + \Delta t \dot{\boldsymbol{x}}(i\Delta t) + \frac{1}{2}\Delta t^2 \ddot{\boldsymbol{x}}(i\Delta t)$$

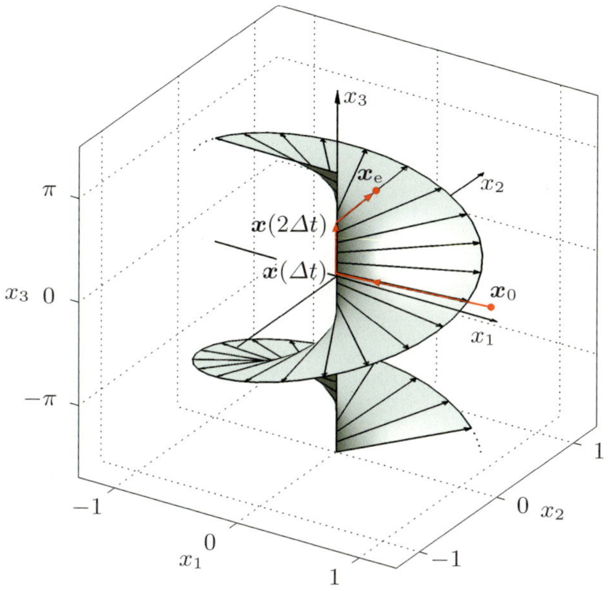

Bild 3.12: Richtungen des Vektors $\boldsymbol{b}_2(x_3)$. Eine mögliche Trajektorie ist beispielhaft in rot dargestellt.

oder kürzer

$$\boldsymbol{x}_{i+1} \approx \boldsymbol{x}_i + \Delta t \dot{\boldsymbol{x}}_i + \frac{1}{2}\Delta t^2 \ddot{\boldsymbol{x}}_i.$$

Unter Verwendung der Differenzialgleichung (3.21) und des Stellgrößenverlaufes (3.22) ergibt sich so

$$\boldsymbol{x}_1 \approx \boldsymbol{x}_0 + \Delta t\, \boldsymbol{b}_1(\boldsymbol{x}_0) + \frac{1}{2}\Delta t^2 \left.\frac{\partial \boldsymbol{b}_1}{\partial \boldsymbol{x}}\right|_{\boldsymbol{x}_0} \cdot \boldsymbol{b}_1(\boldsymbol{x}_0), \tag{3.23}$$

$$\boldsymbol{x}_2 \approx \boldsymbol{x}_1 + \Delta t\, \boldsymbol{b}_2(\boldsymbol{x}_1) + \frac{1}{2}\Delta t^2 \left.\frac{\partial \boldsymbol{b}_2}{\partial \boldsymbol{x}}\right|_{\boldsymbol{x}_1} \cdot \boldsymbol{b}_2(\boldsymbol{x}_1), \tag{3.24}$$

$$\boldsymbol{x}_3 \approx \boldsymbol{x}_2 - \Delta t\, \boldsymbol{b}_1(\boldsymbol{x}_2) + \frac{1}{2}\Delta t^2 \left.\frac{\partial \boldsymbol{b}_1}{\partial \boldsymbol{x}}\right|_{\boldsymbol{x}_2} \cdot \boldsymbol{b}_1(\boldsymbol{x}_2), \tag{3.25}$$

$$\boldsymbol{x}_4 \approx \boldsymbol{x}_3 - \Delta t\, \boldsymbol{b}_2(\boldsymbol{x}_3) + \frac{1}{2}\Delta t^2 \left.\frac{\partial \boldsymbol{b}_2}{\partial \boldsymbol{x}}\right|_{\boldsymbol{x}_3} \cdot \boldsymbol{b}_2(\boldsymbol{x}_3). \tag{3.26}$$

Wir werden im Weiteren zuerst Gl. (3.23) in Gl. (3.24) einsetzen, das daraus resultierende Ergebnis in Gl. (3.25) und das sich so ergebende in Gl. (3.26). Als Resultat werden wir $\boldsymbol{x}_4$ in Abhängigkeit vom Startpunkt $\boldsymbol{x}_0$ erhalten, so dass wir auf die Richtung schlussfolgern können, die aufgrund des Stellgrößenverlaufes (3.22) von $\boldsymbol{x}_0$ nach $\boldsymbol{x}_4$ weist.

Wie angekündigt, beginnen wir mit dem Einsetzen von Gl. (3.23) in Gl. (3.24) und erhalten

$$\begin{aligned}\boldsymbol{x}_2 \approx \boldsymbol{x}_0 + \Delta t\, \boldsymbol{b}_1(\boldsymbol{x}_0) + \frac{1}{2}\Delta t^2 \left.\frac{\partial \boldsymbol{b}_1}{\partial \boldsymbol{x}}\right|_{\boldsymbol{x}_0} \cdot \boldsymbol{b}_1(\boldsymbol{x}_0) + \Delta t\, \boldsymbol{b}_2(\boldsymbol{x}_0 + \Delta t \boldsymbol{b}_1(\boldsymbol{x}_0) + \ldots) \\ + \frac{1}{2}\Delta t^2 \left.\frac{\partial \boldsymbol{b}_2}{\partial \boldsymbol{x}}\right|_{\boldsymbol{x}_0 + \Delta t \boldsymbol{b}_1(\boldsymbol{x}_0) + \ldots} \cdot \boldsymbol{b}_2(\boldsymbol{x}_0 + \Delta t \boldsymbol{b}_1(\boldsymbol{x}_0) + \ldots). \qquad (3.27)\end{aligned}$$

Im Weiteren berücksichtigen wir, wie bisher schon, in allen Näherungen nur Terme bis maximal zur zweiten Potenz Δt^2, da wir nur sehr kleine Werte von Δt betrachten wollen. Wir nähern wieder mittels Taylor-Reihe

$$\boldsymbol{b}_2(\boldsymbol{x}_0 + \Delta t\, \boldsymbol{b}_1(\boldsymbol{x}_0) + \frac{1}{2}\Delta t^2 \left.\frac{\partial \boldsymbol{b}_1}{\partial \boldsymbol{x}}\right|_{\boldsymbol{x}_0} \cdot \boldsymbol{b}_1(\boldsymbol{x}_0)) \approx \boldsymbol{b}_2(\boldsymbol{x}_0) + \Delta t \left.\frac{\partial \boldsymbol{b}_2}{\partial \boldsymbol{x}}\right|_{\boldsymbol{x}_0} \cdot \boldsymbol{b}_1(\boldsymbol{x}_0)$$

und setzen dies in Gl. (3.27) ein, wobei wir im letzten Term von Gl. (3.27) für die Differenzierungsstelle $\boldsymbol{x}_0 + \Delta t \boldsymbol{b}_1(\boldsymbol{x}_0) + \ldots$ die Näherung

$$\boldsymbol{x}_1 = \boldsymbol{x}_0 + \Delta t \boldsymbol{b}_1(\boldsymbol{x}_0) + \ldots \approx \boldsymbol{x}_0$$

machen. So ergibt sich

$$\begin{aligned}\boldsymbol{x}_2 &\approx \boldsymbol{x}_0 + \Delta t \left[\boldsymbol{b}_1(\boldsymbol{x}_0) + \boldsymbol{b}_2(\boldsymbol{x}_0)\right] \\ &+ \Delta t^2 \left[\frac{1}{2}\left.\frac{\partial \boldsymbol{b}_1}{\partial \boldsymbol{x}}\right|_{\boldsymbol{x}_0} \cdot \boldsymbol{b}_1(\boldsymbol{x}_0) + \left.\frac{\partial \boldsymbol{b}_2}{\partial \boldsymbol{x}}\right|_{\boldsymbol{x}_0} \cdot \boldsymbol{b}_1(\boldsymbol{x}_0) + \frac{1}{2}\left.\frac{\partial \boldsymbol{b}_2}{\partial \boldsymbol{x}}\right|_{\boldsymbol{x}_0} \cdot \boldsymbol{b}_2(\boldsymbol{x}_0)\right].\end{aligned}$$

Dieses Ergebnis nutzen wir in Gl. (3.25) und erhalten

$$\boldsymbol{x}_3 \approx \boldsymbol{x}_0 + \Delta t\, \boldsymbol{b}_2(\boldsymbol{x}_0) + \Delta t^2 \left[\left.\frac{\partial \boldsymbol{b}_2}{\partial \boldsymbol{x}}\right|_{\boldsymbol{x}_0} \cdot \boldsymbol{b}_1(\boldsymbol{x}_0) - \left.\frac{\partial \boldsymbol{b}_1}{\partial \boldsymbol{x}}\right|_{\boldsymbol{x}_0} \cdot \boldsymbol{b}_2(\boldsymbol{x}_0) + \frac{1}{2}\left.\frac{\partial \boldsymbol{b}_2}{\partial \boldsymbol{x}}\right|_{\boldsymbol{x}_0} \cdot \boldsymbol{b}_2(\boldsymbol{x}_0)\right].$$

Schließlich ergibt sich, wenn man dies in Gl. (3.26) einsetzt

$$\boldsymbol{x}_4 \approx \boldsymbol{x}_0 + \Delta t^2 \left[\left.\frac{\partial \boldsymbol{b}_2}{\partial \boldsymbol{x}}\right|_{\boldsymbol{x}_0} \cdot \boldsymbol{b}_1(\boldsymbol{x}_0) - \left.\frac{\partial \boldsymbol{b}_1}{\partial \boldsymbol{x}}\right|_{\boldsymbol{x}_0} \cdot \boldsymbol{b}_2(\boldsymbol{x}_0)\right]. \qquad (3.28)$$

Aufgrund von Gl. (3.28) können wir schlussfolgern, dass man sich durch den Stellgrößenverlauf (3.22) von $\boldsymbol{x}_0$ ausgehend zumindest für kleine Zeitintervalle[2] Δt in die Richtung

$$\boldsymbol{b}_3(\boldsymbol{x}) = \left.\frac{\partial \boldsymbol{b}_2}{\partial \boldsymbol{x}}\right|_{\boldsymbol{x}_0} \cdot \boldsymbol{b}_1(\boldsymbol{x}_0) - \left.\frac{\partial \boldsymbol{b}_1}{\partial \boldsymbol{x}}\right|_{\boldsymbol{x}_0} \cdot \boldsymbol{b}_2(\boldsymbol{x}_0) = [\boldsymbol{b}_1, \boldsymbol{b}_2]$$

[2] An dieser Stelle wird deutlich, wodurch das Attribut *small-time* der englischen Bezeichnung *small-time local controllability* motiviert ist.

bewegt, um nach $\boldsymbol{x}_4 = \boldsymbol{x}_{\mathrm{e}}$ zu gelangen. Man bezeichnet dabei den Differenzialoperator

$$[\boldsymbol{f}_1, \boldsymbol{f}_2] = \frac{\partial \boldsymbol{f}_2(x)}{\partial \boldsymbol{x}} \boldsymbol{f}_1(x) - \frac{\partial \boldsymbol{f}_1(x)}{\partial \boldsymbol{x}} \boldsymbol{f}_2(x)$$

nach M. S. Lie als *Lie-Klammer*.

Es ist also möglich, sich – außer in die Richtungen $\boldsymbol{b}_1$ und $\boldsymbol{b}_2$ – in die Richtung $\boldsymbol{b}_3$ zu bewegen, wenn man den Stellgrößenverlauf entsprechend wählt. Wählt man andere und auch längere Stellgrößenverläufe als in Gl. (3.22), wobei $u_i \in \{-1, 0, 1\}$ gilt, so ergeben sich weitere Richtungen

$$\begin{gathered}
[\boldsymbol{b}_1, [\boldsymbol{b}_1, \boldsymbol{b}_2]],\\
[\boldsymbol{b}_2, [\boldsymbol{b}_1, \boldsymbol{b}_2]],\\
[\boldsymbol{b}_1, [\boldsymbol{b}_1, [\boldsymbol{b}_1, \boldsymbol{b}_2]]],\\
\vdots\\
[[\boldsymbol{b}_1, \boldsymbol{b}_2], [\boldsymbol{b}_1, [\boldsymbol{b}_1, [\boldsymbol{b}_1, \boldsymbol{b}_2]]]],\\
\vdots
\end{gathered}$$

in die man den Systemzustand $\boldsymbol{x}$ steuern kann.

Obige Überlegungen plausibilisieren den folgenden Satz [49, 48, 186, 215].

Satz 40 (Satz von Chow). *Das System*

$$\dot{\boldsymbol{x}} = \sum_{i=1}^{m} \boldsymbol{b}_i(\boldsymbol{x}) \cdot u_i$$

sei für $\boldsymbol{x} \in D_{\boldsymbol{x}} \subseteq I\!R^n$ definiert, $D_{\boldsymbol{x}}$ sei eine offene Menge und es gelte $u_i \in [u_{\min,i}, u_{\max,i}]$ mit $u_{\min,i} < 0$ und $u_{\max,i} > 0$ für $i = 1, \ldots, m$. Wenn dann unter den Vektoren

$$\boldsymbol{b}_1, \ldots, \boldsymbol{b}_m, [\boldsymbol{b}_1, \boldsymbol{b}_2], \ldots, [\boldsymbol{b}_{m-1}, \boldsymbol{b}_m], [\boldsymbol{b}_1, [\boldsymbol{b}_1, \boldsymbol{b}_2]], \ldots, [[\boldsymbol{b}_1, \boldsymbol{b}_2], [\boldsymbol{b}_2, \boldsymbol{b}_3]], \ldots$$

n linear unabhängige für alle $\boldsymbol{x} \in D_{\boldsymbol{x}}$ sind, dann ist das System proxim steuerbar.

Wir wollen die Details dieses Satzes im Folgenden genauer betrachten. Die Forderung sowohl positiver als auch negativer Werte u_i ist essentiell. Wäre u_i nur positiv oder negativ, so könnten im Allgemeinen nicht alle Richtungen angesteuert werden. Erwähnt sei hier noch einmal, dass nur für eine wegzusammenhängende Menge $D_{\boldsymbol{x}}$ aus der proximen Steuerbarkeit gemäß Satz 37 die Steuerbarkeit des Systems folgt. Wobei die proxime Steuerbarkeit wertvoller ist als die Steuerbarkeit, da sie kürzere Trajektorien von $\boldsymbol{x}_0$ nach $\boldsymbol{x}_{\mathrm{e}}$ ermöglicht.

Bei der Bildung der Lie-Klammern in obigem Satz beginnt man mit den einfachen Klammern $[\boldsymbol{b}_i, \boldsymbol{b}_j]$ und prüft, ob sich aus ihnen und den Vektoren

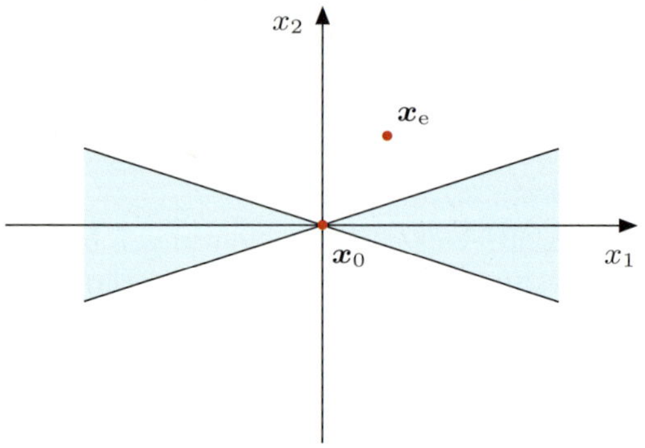

Bild 3.13: Richtungen in der (x_1, x_2)-Ebene, in die der Roboter sich bewegen kann, wenn nur kleine Änderungen von x_3 um null betrachtet werden.

$\boldsymbol{b}_i$ eine Matrix zusammensetzen lässt, die eine von null verschiedene Determinante aufweist. Gelingt dies nicht, so müssen höhere, d. h. verschachtelte Lie-Klammern betrachtet werden. Dabei sind alle Kombinationen von Lie-Klammern und Vektoren $\boldsymbol{b}_i$ bzw. Kombinationen von Kombinationen usw. heranzuziehen.

Betrachten wir noch einmal den mobilen Roboter und seine Systembeschreibung (3.20). Dass er steuerbar ist, ist aufgrund seiner Konstruktion plausibel. Da des Weiteren

$$\boldsymbol{M} = \begin{bmatrix} \boldsymbol{b}_1 & \boldsymbol{b}_2 & [\boldsymbol{b}_1, \boldsymbol{b}_2] \end{bmatrix} = \begin{bmatrix} 0 & \cos(x_3) & -\sin(x_3) \\ 0 & \sin(x_3) & \cos(x_3) \\ 1 & 0 & 0 \end{bmatrix}$$

und somit

$$\det(\boldsymbol{M}) = -\cos^2(x_3) - \sin^2(x_3) = -1$$

gilt, ist Satz 40 erfüllt und der Roboter auch proxim steuerbar.

Die Eigenschaft des Roboters, proxim steuerbar zu sein, ist allerdings, im Gegensatz zu seiner Steuerbarkeit, nicht augenfällig. Denn wenn man eine kleine Umgebung um einen Punkt, z. B. $\boldsymbol{x}_0 = \boldsymbol{0}$, betrachtet, so sind die Richtungen, in die der Roboter sich bewegen kann, stark eingeschränkt. Bild 3.13 gibt ein Beispiel.

Wir gelangen allerdings auch zu einem Punkt $\boldsymbol{x}_e$ außerhalb der in Bild 3.13 blau dargestellten Richtungskeulen, wenn wir zuerst einmal mittels $\boldsymbol{u} = [1\ 0]^T$ in der Zeit Δt auf einen Zustand

$$\boldsymbol{x}(\Delta t) = \begin{bmatrix} 0 \\ 0 \\ x_3(\Delta t) \end{bmatrix}$$

gelangen. Hierbei handelt es sich nur um eine kleine Änderung von x_3. Nun verwenden wir $\boldsymbol{u} = [0\ 1]^T$ und steuern zum Punkt $\boldsymbol{x}(2\Delta t)$, wie in Bild 3.14

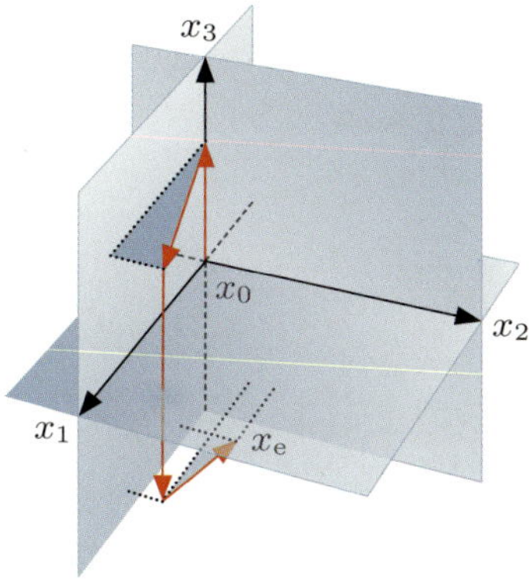

Bild 3.14: Trajektorie des Roboters von $\boldsymbol{x}_0$ nach $\boldsymbol{x}_\mathrm{e} = \boldsymbol{x}(4\Delta t)$.

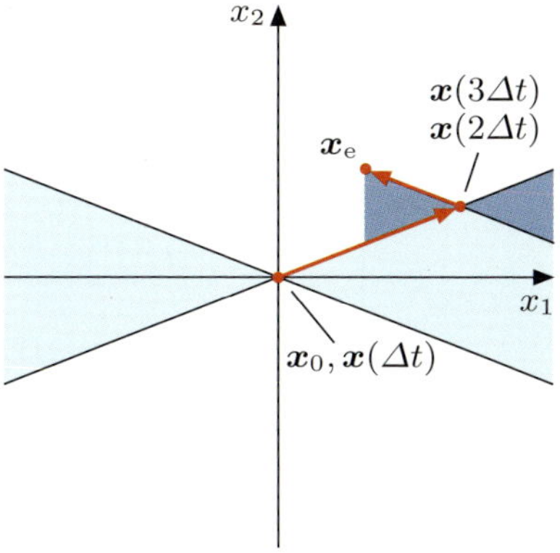

Bild 3.15: Trajektorie des Roboters in Draufsicht.

und Bild 3.15 dargestellt. Von $\boldsymbol{x}(2\Delta t)$ aus können wir in dieselben Richtungen fahren wie vom Punkt $\boldsymbol{x}_0 = \boldsymbol{0}$, wenn wir uns wieder in einer kleinen Umgebung von $x_3 = 0$ aufhalten. Wir wählen die Stellgröße im nächsten Schritt zu $\boldsymbol{u} = [-2\ 0]^T$, so dass wir nur x_3 ändern, und gelangen zu $\boldsymbol{x}(3\Delta t)$. Von hier aus bewegen wir uns dann mittels $\boldsymbol{u} = [0\ \ -1]^T$ nach $\boldsymbol{x}_e = \boldsymbol{x}(4\Delta t)$.

Mittels eines Zick-Zack-Kurses ist es also möglich, jede beliebige Position anzusteuern. Dies erklärt, warum man bei proxim steuerbaren Systemen auch in beliebig kleinen Umgebungen eines Punktes $\boldsymbol{x}_0$ Trajektorien erzeugen kann, die in dieser Umgebung verlaufen und die jeden Punkt in der Umgebung erreichen können.

3.1.6 Beispiel Kraftfahrzeug mit Anhänger

Wir betrachten als ein höherdimensionales Beispiel für ein driftfreies eingangslineares System ein frontgetriebenes Kraftfahrzeug mit einem Anhänger, wie es Bild 3.16 illustriert. Das Kraftfahrzeug mit Anhänger wird durch das folgende Modell [21, 165]

$$\dot{\boldsymbol{x}} = \underbrace{\begin{bmatrix} \cos(x_3)\cos(x_4) \\ \cos(x_3)\sin(x_4) \\ 0 \\ \dfrac{1}{l}\sin(x_3) \\ \dfrac{1}{d}\cos(x_3)\sin(x_4 - x_5) \end{bmatrix}}_{\boldsymbol{b}_1(\boldsymbol{x})} u_1 + \underbrace{\begin{bmatrix} 0 \\ 0 \\ 1 \\ 0 \\ 0 \end{bmatrix}}_{\boldsymbol{b}_2(\boldsymbol{x})} u_2$$

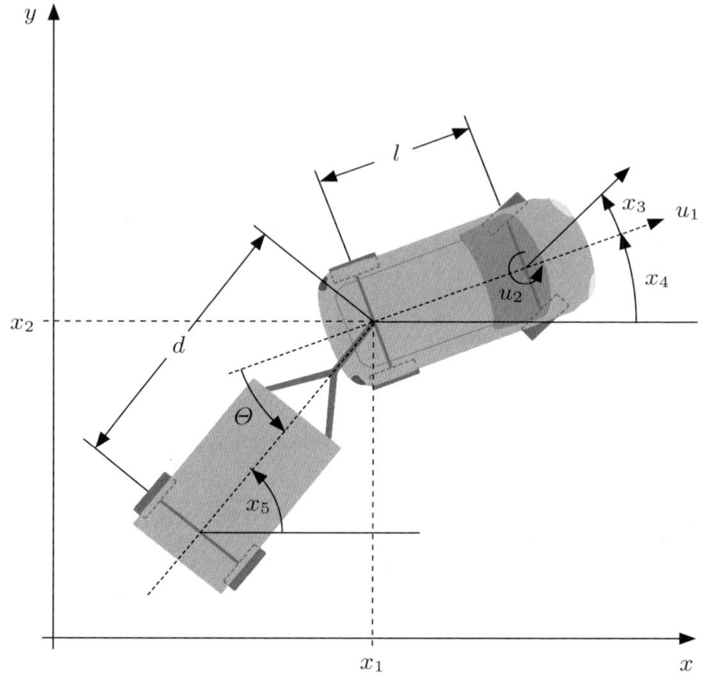

Bild 3.16: Schematische Draufsicht des Kraftfahrzeugs mit Anhänger im raumfesten xy-Koordinatensystem.

beschrieben. Dabei stellen x_1 und x_2 die Position des Fahrzeugs, genauer den Mittelpunkt der hinteren Fahrzeugachse, dar. Die Zustandsgröße x_3 ist der Radlenkwinkel des Fahrzeugs, x_4 ist der Winkel der Fahrzeuglängsachse bezüglich der x-Achse des raumfesten Koordinatensystems und x_5 ist der Winkel der Anhängerachse bezüglich der x-Achse. Die Fahrgeschwindigkeit u_1 und die Radlenkwinkelgeschwindigkeit u_2 sind die Stellgrößen. In Bild 3.16 sind diese Größen dargestellt. Der Abstand zwischen Vorder- und Hinterachse des Fahrzeuges ist mit l bezeichnet und der Abstand der Mittelpunkte von Anhängerachse und Hinterachse mit d. Vereinfachend wird dabei angenommen, dass die Kupplung des Anhängers mit dem Mittelpunkt der Fahrzeughinterachse zusammenfällt.

Der erlaubte Bereich $D_{\boldsymbol{x}}$ möglicher Systemzustände x_i ist begrenzt. Zum einen durch die Begrenzungen des Radlenkwinkels, d. h. durch

$$-\frac{\pi}{4} < x_3 < \frac{\pi}{4}.$$

Zum anderen dadurch, dass die Anhängerlängsachse keinen allzu großen Winkel Θ zur Fahrzeuglängsachse bilden darf. D. h., es muss

$$-\frac{\pi}{2} < \Theta = x_5 - x_4 < \frac{\pi}{2}$$

gelten. So erhalten wir

$$D_{\boldsymbol{x}} = \{\boldsymbol{x} \in I\!R^5 \mid x_1, x_2 \in I\!R, |x_3| < \frac{\pi}{4}, |x_5 - x_4| < \frac{\pi}{2}\}.$$

Wir wollen nun das System auf seine Steuerbarkeit untersuchen und berechnen zu diesem Zweck die folgenden Lie-Klammern

$$[\boldsymbol{b}_1, \boldsymbol{b}_2] = \begin{bmatrix} \sin(x_3)\cos(x_4) \\ \sin(x_3)\sin(x_4) \\ 0 \\ -\frac{1}{l}\cos(x_3) \\ \frac{1}{d}\sin(x_3)\sin(x_4 - x_5) \end{bmatrix}, \quad [\boldsymbol{b}_1, [\boldsymbol{b}_1, \boldsymbol{b}_2]] = \begin{bmatrix} -\frac{1}{l}\sin(x_4) \\ \frac{1}{l}\cos(x_4) \\ 0 \\ 0 \\ \frac{1}{ld}\cos(x_4 - x_5) \end{bmatrix}$$

und

$$[\boldsymbol{b}_1, [\boldsymbol{b}_1, [\boldsymbol{b}_1, \boldsymbol{b}_2]]] = \begin{bmatrix} -\frac{1}{l^2}\sin(x_3)\cos(x_4) \\ -\frac{1}{l^2}\sin(x_3)\sin(x_4) \\ 0 \\ 0 \\ \frac{l\cos(x_3) - d\sin(x_3)\sin(x_4 - x_5)}{l^2 d^2} \end{bmatrix}.$$

Zusammen mit den Vektoren $\boldsymbol{b}_1(\boldsymbol{x})$ und $\boldsymbol{b}_2(\boldsymbol{x})$ bilden wir die Matrix

$$\boldsymbol{M} = \begin{bmatrix} \boldsymbol{b}_1 & \boldsymbol{b}_2 & [\boldsymbol{b}_1, \boldsymbol{b}_2] & [\boldsymbol{b}_1, [\boldsymbol{b}_1, \boldsymbol{b}_2]] & [\boldsymbol{b}_1, [\boldsymbol{b}_1, [\boldsymbol{b}_1, \boldsymbol{b}_2]]] \end{bmatrix}$$

und berechnen ihre Determinante zu

$$\det(\boldsymbol{M}) = -\frac{\cos(x_3)}{l^3 d^2}.$$

Da der Radlenkwinkel x_3 auf das Intervall $(-\pi/4, \pi/4)$ beschränkt ist, ist die Determinante von null verschieden. Das System ist also proxim steuerbar.

3.1.7 Omnidirektionale Steuerbarkeit

Die Steuerbarkeit eingangslinearer Systeme mit genauso vielen Eingangsgrößen wie Zustandsgrößen, also $m = n$, kann besonders einfach untersucht werden. Wir betrachten also ein System

$$\dot{\boldsymbol{x}} = \boldsymbol{a}(\boldsymbol{x}) + \boldsymbol{B}(\boldsymbol{x}) \cdot \boldsymbol{u} \tag{3.29}$$

mit $\boldsymbol{x} \in D_{\boldsymbol{x}} \subseteq \mathbb{R}^n$ und $\boldsymbol{u} \in \mathbb{R}^n$. Falls

$$\det(\boldsymbol{B}(\boldsymbol{x})) \neq 0$$

für alle $\boldsymbol{x} \in D_{\boldsymbol{x}}$ gilt, können wir mittels eines neuen Eingangsvektors $\boldsymbol{w}$ die Stellgröße $\boldsymbol{u}$ in der Form

$$\boldsymbol{u} = -\boldsymbol{B}^{-1}(\boldsymbol{x})\,(\boldsymbol{a}(\boldsymbol{x}) - \boldsymbol{w})$$

ausdrücken und die Darstellung des Systems (3.29) zu

$$\dot{\boldsymbol{x}} = \boldsymbol{w}$$

umformen.

Offensichtlich kann dann, aber auch nur dann, wenn $\boldsymbol{B}(x)$ regulär ist, für $\dot{\boldsymbol{x}}$ mittels $\boldsymbol{w}$ jeder beliebige Vektor vorgegeben werden, so dass eine Trajektorie $\boldsymbol{x}(t)$ in jede beliebige Richtung gestartet bzw. fortgesetzt werden kann. Folglich kann jede Trajektorie $\boldsymbol{x}(t) \in D_{\boldsymbol{x}}$ zwischen jedem Startwert $\boldsymbol{x}_0 \in D_{\boldsymbol{x}}$ und jedem Endwert $\boldsymbol{x}_{\mathrm{e}} \in D_{\boldsymbol{x}}$ durch eine geeignete Wahl von $\boldsymbol{w}(t) \in \mathbb{R}^n$ realisiert werden. Somit gilt

Satz 41 (Omnidirektionale Steuerbarkeit eingangslinearer Systeme). *Ein eingangslineares System*

$$\dot{\boldsymbol{x}} = \boldsymbol{a}(\boldsymbol{x}) + \boldsymbol{B}(\boldsymbol{x}) \cdot \boldsymbol{u}$$

mit $\boldsymbol{x} \in D_{\boldsymbol{x}} \subseteq \mathbb{R}^n$ *und* $\boldsymbol{u} \in \mathbb{R}^n$ *ist dann und nur dann omnidirektional steuerbar, wenn für alle* $\boldsymbol{x} \in D_{\boldsymbol{x}}$

$$\det(\boldsymbol{B}(\boldsymbol{x})) \neq 0$$

gilt.

Wir wollen uns an dieser Stelle den Unterschied zwischen proximer Steuerbarkeit und omnidirektionaler Steuerbarkeit noch einmal anhand mobiler Roboter veranschaulichen. Der durch zwei Räder angetriebene Roboter aus Abschnitt 3.1.5 ist zwar proxim, aber nicht omnidirektional steuerbar. Der folgende omnidirektionale Roboter dagegen ist, wie sein Name schon suggeriert, omnidirektional steuerbar. Er besitzt drei so genannte schwedische Räder, die nicht nur eine Bewegung senkrecht zur Radachse, sondern auch in Richtung der Radachse selbst ermöglichen. Bild 3.17 zeigt solche Räder und den entsprechenden Roboter. Aus seiner Kinematik ergibt sich die Systembeschreibung

$$\begin{bmatrix} \dot{x}_1 \\ \dot{x}_2 \\ \dot{x}_3 \end{bmatrix} = \underbrace{\begin{bmatrix} 0 & \cos(x_3) & -\sin(x_3) \\ 0 & \sin(x_3) & \cos(x_3) \\ 1 & 0 & 0 \end{bmatrix}}_{\boldsymbol{B}(\boldsymbol{x})} \begin{bmatrix} u_1 \\ u_2 \\ u_3 \end{bmatrix}.$$

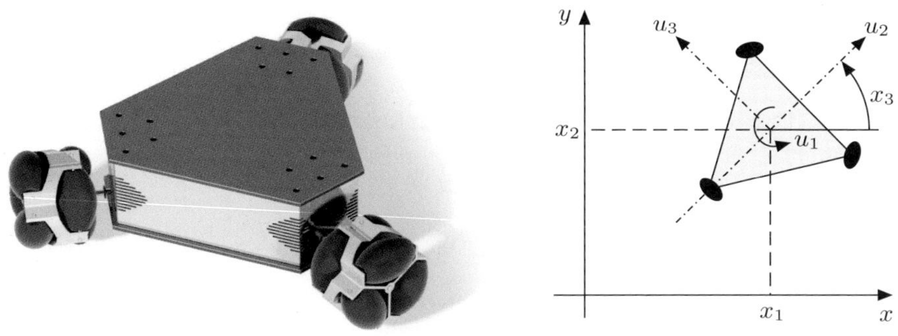

Bild 3.17: Omnidirektionaler Roboter mit drei einzeln angetriebenen Radachsen und schwedischen Rädern.

Dabei ist x_1 seine x-Position und x_2 seine y-Position im Raum. Die Orientierung des Roboters, d. h. der Winkel zwischen seiner Hauptachse und der x-Achse des raumfesten Koordinatensystems, ist mit x_3 bezeichnet. Die Stellgröße u_1 bildet die Winkelgeschwindigkeit um die Hochachse des Roboters, die Stellgröße u_2 die Geschwindigkeit in Längsrichtung und u_3 die in Querrichtung. Da

$$\det(\boldsymbol{B}(\boldsymbol{x})) = 1$$

gilt, ist der Roboter omnidirektional steuerbar. Dies ist aus seinem Aufbau heraus auch unmittelbar plausibel.

Wir können für das allgemeine nichtlineare System

$$\dot{\boldsymbol{x}} = \boldsymbol{f}(\boldsymbol{x}, \boldsymbol{u})$$

mit $\boldsymbol{x} \in I\!R^n$ und n Eingangswerten u_i, d. h. $\boldsymbol{u} \in I\!R^n$, einen zu Satz 41 ähnlichen Satz herleiten. Hinreichend für die omnidirektionale Steuerbarkeit des Systems ist, dass die Umkehrfunktion

$$\boldsymbol{u} = \boldsymbol{f}^{-1}(\boldsymbol{x}, \dot{\boldsymbol{x}}) \tag{3.30}$$

existiert. Dann kann man für jeden Punkt $\boldsymbol{x}$ eine beliebige Richtung $\dot{\boldsymbol{x}}$ vorgeben und den erforderlichen Eingabevektor $\boldsymbol{u}$ aus der als Steuergesetz zu interpretierenden Gl. (3.30) bestimmen. Die Bedingung der Existenz von $\boldsymbol{f}^{-1}$ ist allerdings nicht notwendig für die omnidirektionale Steuerbarkeit, da $\dot{\boldsymbol{x}}$ nicht nur wie im Falle der Existenz von $\boldsymbol{f}^{-1}$ durch ein einziges $\boldsymbol{u}$ erzeugt werden kann, sondern prinzipiell auch durch verschiedene Werte $\boldsymbol{u}$. Im letzteren Fall würde aber keine Umkehrfunktion existieren.

Die Bestimmung der Umkehrfunktion $\boldsymbol{f}^{-1}$ ist oft schwierig oder nicht möglich. Daher wäre es nützlich, den Nachweis für die omnidirektionale Steuerbarkeit einfacher führen zu können. Das gelingt wie folgt. Gemäß dem Hauptsatz über implizite Funktionen [287] existiert $\boldsymbol{f}^{-1}$, wenn die Jacobi-Matrix

$$\frac{\partial \boldsymbol{f}(\boldsymbol{x},\boldsymbol{u})}{\partial \boldsymbol{u}} \tag{3.31}$$

den Rang n besitzt. Also erhalten wir

Satz 42 (Omnidirektionale Steuerbarkeit nichtlinearer Systeme). *Ein System*

$$\dot{\boldsymbol{x}} = \boldsymbol{f}(\boldsymbol{x},\boldsymbol{u})$$

mit $\boldsymbol{x} \in D_{\boldsymbol{x}} \subseteq \mathbb{R}^n$ *und* $\boldsymbol{u} \in \mathbb{R}^n$ *ist omnidirektional steuerbar, wenn für alle* $\boldsymbol{x} \in D_{\boldsymbol{x}}$ *und* $\boldsymbol{u} \in \mathbb{R}^n$

$$\operatorname{rang}\left(\frac{\partial \boldsymbol{f}(\boldsymbol{x},\boldsymbol{u})}{\partial \boldsymbol{u}}\right) = n$$

gilt.

Der Satz lässt sich alternativ auch beweisen, indem man $\boldsymbol{f}$ in eine Taylor-Reihe um den Punkt $(\boldsymbol{x}_{\mathrm{p}},\boldsymbol{u}_{\mathrm{p}})$ entwickelt und mit ihr das System in der Form

$$\dot{\boldsymbol{x}} = \boldsymbol{f}(\boldsymbol{x}_{\mathrm{p}},\boldsymbol{u}_{\mathrm{p}}) + \left.\frac{\partial \boldsymbol{f}}{\partial \boldsymbol{x}}\right|_{\boldsymbol{x}_{\mathrm{p}},\boldsymbol{u}_{\mathrm{p}}} \cdot (\boldsymbol{x}-\boldsymbol{x}_{\mathrm{p}}) + \left.\frac{\partial \boldsymbol{f}}{\partial \boldsymbol{u}}\right|_{\boldsymbol{x}_{\mathrm{p}},\boldsymbol{u}_{\mathrm{p}}} \cdot (\boldsymbol{u}-\boldsymbol{u}_{\mathrm{p}}) + \text{Restglied} \tag{3.32}$$

darstellt. Vernachlässigt man das Restglied, d. h., linearisiert man das System, so sieht man, dass jedes beliebige $\dot{\boldsymbol{x}}$ durch $\boldsymbol{u}$ vorgebbar ist, wenn die Jacobi-Matrix (3.31) in Gl. (3.32) den Rang n aufweist.

Satz 42 behält seine Gültigkeit auch dann, wenn die Anzahl der Stellgrößen größer als n ist. Allerdings ist der Fall, dass man mehr Stellgrößen als Zustandsgrößen zur Verfügung hat, sehr selten.

Ein Beispiel für ein omnidirektional steuerbares System ist der Satellit in Kapitel 1.1.4, wenn man nur seinen Winkelgeschwindigkeitsvektor als Zustandsvektor ansieht. Und auch die Eindampfanlage für die Sirupherstellung, die uns in Abschnitt 6.1.6 begegnen wird, ist omnidirektional steuerbar. Wir wollen im nächsten Abschnitt ein weiteres solches System betrachten.

3.1.8 Beispiel Dampferzeuger

Dampferzeuger werden beispielsweise in Kraftwerken eingesetzt, um den Heißdampf für die Turbine zu erzeugen. Dabei wird in einer Brennkammer Gas, Öl oder pulverisierte Kohle verbrannt und so Wasser in einem Rohrsystem erhitzt. Dieses steigt, wie in Bild 3.18 illustriert, in den Rohren auf und gelangt in den Dampfkessel. In ihm entsteht der Dampf, der in Richtung Turbine weitergeleitet wird. Kälteres Wasser im Kessel fließt auf Grund seines höheren spezifischen Gewichts, das es verglichen mit dem heißen Wasser besitzt, aus dem Kessel in das tiefergelegene Rohrsystem des Brennraums, wird dort erneut erhitzt und strömt dann wieder in den Kessel hinauf. Auch das Frischwasser wird direkt oder über einen Vorerwärmer, der mittels der Abgase des Brenners das Wasser erwärmt, dem Kessel zugeführt.

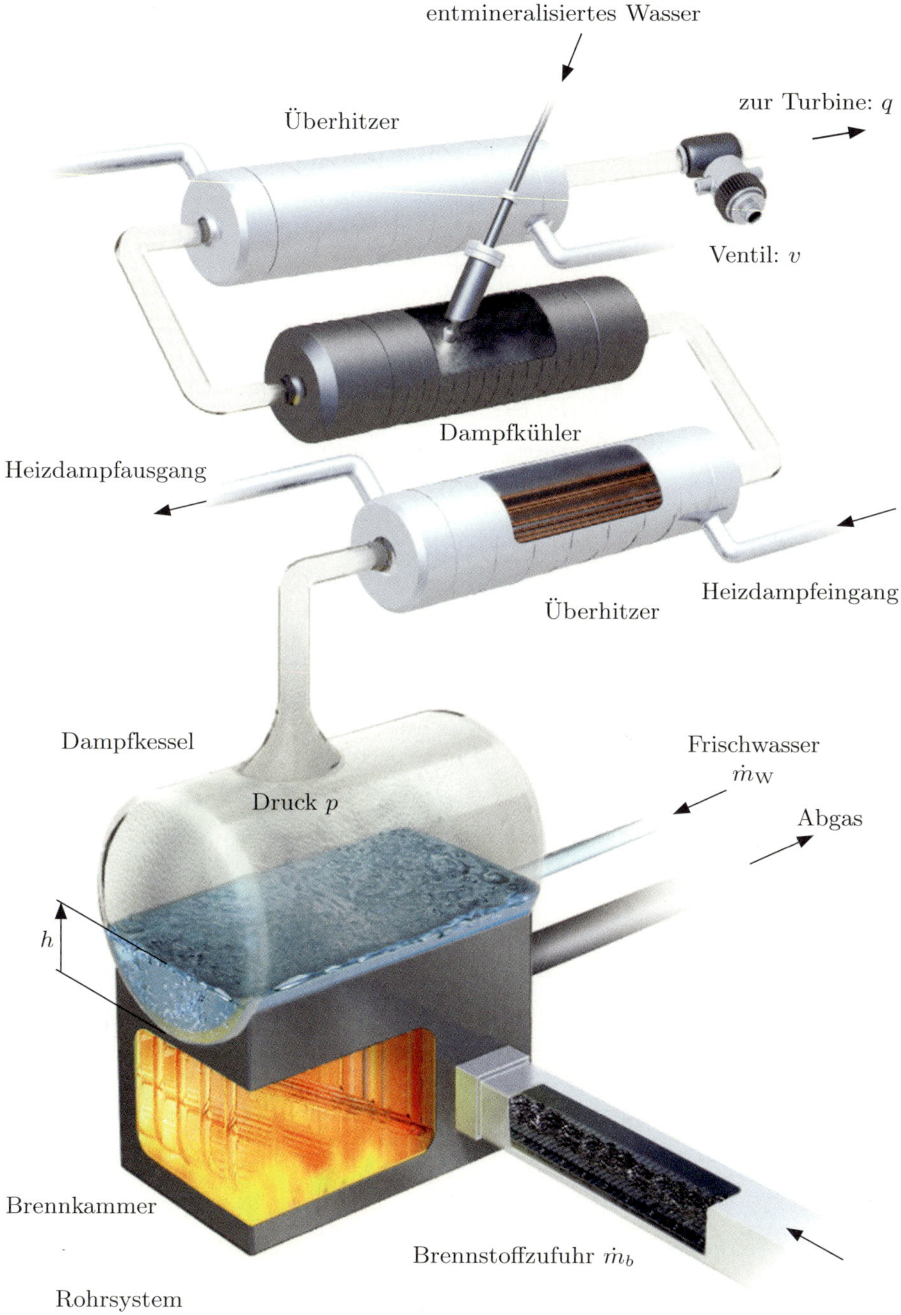

Bild 3.18: Dampferzeuger.

Der so erzeugte Dampf wird einem Überhitzer zugeleitet, der den Dampf über die Verdampfungstemperatur so weit mittels Heizdampfes erhitzt, dass verbleibende Flüssigkeitstropfen aufgelöst werden. Dies dient zum einen der Vermeidung von Beschädigungen der Turbinenschaufeln durch aufschlagende Flüssigkeitstropfen. Zum anderen erhöht es den Wirkungsgrad des Prozesses. Dem Überhitzer nachgeschaltet ist ein Dampfkühler. Er dient dazu, einen Temperaturanstieg, der aufgrund einer Lastabnahme an der Turbine verursacht wurde, zu kompensieren. Zu diesem Zweck wird entmineralisiertes Wasser feinst zerstäubt und in den Dampfstrom eingebracht. Dieses Gemisch aus Dampf und Wassernebel wird im nachfolgenden Überhitzer wieder getrocknet, d. h., die Flüssigkeitsteilchen werden so erhitzt, dass sie verdampfen. Mittels eines Ventils kann das zugeführte Wasser dabei so eingestellt werden, dass sich die gewünschte Dampftemperatur bei Eintritt in die Turbine einstellt. Die Menge des in der Turbine gebildeten Dampfes kann über ein Ventil geregelt werden.

Die Zustandsgrößen des Dampferzeugungsprozesses, der Kesseldruck p in $\mathrm{kg\,cm^{-2}}$, der Massefluss q des Dampfes bei Eintritt in die Turbine in $\mathrm{kg\,s^{-1}}$ und die Wasserstandshöhe h in cm hängen nichtlinear und verkoppelt von den drei Stellgrößen ab. Letztere sind der Massefluss $\dot{m}_\mathrm{B}$ des Brennstoffes in $\mathrm{kg\,s^{-1}}$, der Öffnungsgrad v des Ventils vor der Turbine und die Menge $\dot{m}_\mathrm{W}$ in $\mathrm{kg\,s^{-1}}$ des dem Kessel zugeführten Speisewassers.

Als konkrete Ausführung betrachten wir die kohlebefeuerte Dampferzeugung einer 200 MW-Anlage [250]. Das Modell der Anlage ist durch die Gleichungen

$$\begin{bmatrix} \dot{p} \\ \dot{q} \\ \dot{h} \end{bmatrix} = \begin{bmatrix} -0.00193 q \sqrt[8]{p} + 0.00121\,h \\ -0.785716\,q \\ -0.000006\,p^2 - 0.007328\,q - 0.00914\,h - 0.000082\,h^2 \end{bmatrix} + \begin{bmatrix} 0.014524 & 0 & -0.000736 \\ 0 & 10\sqrt{p} & 0 \\ 0.002 & 0.463 & 0.00863 \end{bmatrix} \begin{bmatrix} \dot{m}_\mathrm{B} \\ v \\ \dot{m}_\mathrm{W} \end{bmatrix} \tag{3.33}$$

gegeben. Die Stellgrößen $\dot{m}_\mathrm{B}$, v und $\dot{m}_\mathrm{W}$ besitzen alle nur positive Werte. Daher ist diese Systembeschreibung für die Analyse der Steuerbarkeit ungeeignet, denn die Stellgrößen müssen positive und negative Werte annehmen können. Wir transformieren sie ohne Einschränkung der Allgemeinheit mit

$$\begin{aligned} x_1 &= p - p_\mathrm{AP}, & p_\mathrm{AP} &= 175.8\,\mathrm{kg\,cm^2}, \\ x_2 &= q - q_\mathrm{AP}, & q_\mathrm{AP} &= 135.0\,\mathrm{kg\,s^{-1}}, \\ x_3 &= h - h_\mathrm{AP}, & h_\mathrm{AP} &= 64\,\mathrm{cm}, \\ u_1 &= \dot{m}_\mathrm{B} - \dot{m}_\mathrm{B,AP}, & \dot{m}_\mathrm{B,AP} &= 38.577\,\mathrm{kg\,s^{-1}}, \\ u_2 &= v - v_\mathrm{AP}, & v_\mathrm{AP} &= 0.8, \\ u_3 &= \dot{m}_\mathrm{W} - m_\mathrm{W,AP}, & \dot{m}_\mathrm{W,AP} &= 190.961\,\mathrm{kg\,s^{-1}} \end{aligned} \tag{3.34}$$

in den Arbeitspunkt (3.34). Eingesetzt in Gl. (3.33) ergibt sich

$$\dot{\boldsymbol{x}} = \begin{bmatrix} 0.497185 - 0.00193\sqrt[8]{175.8 + x_1}(135 + x_2) + 0.00121\,x_3 \\ -106.072 + 8\sqrt{175.8 + x_1} - 0.785716\,x_2 \\ -0.0021096\,x_1 - 6\cdot 10^{-6}\,x_1^2 - 0.007328\,x_2 - 0.019636\,x_3 - 0.000082\,x_3^2 \end{bmatrix}$$

$$+ \begin{bmatrix} 0.014524 & 0 & -0.000736 \\ 0 & 10\sqrt{175.8 + x_1} & 0 \\ 0.002 & 0.463 & 0.00863 \end{bmatrix} \boldsymbol{u} \qquad (3.35)$$

als tranformiertes Modell. Im Arbeitspunkt liegt für $\boldsymbol{u} = \boldsymbol{0}$ eine Ruhelage vor. Die Stellwerte u_1, u_2 und u_3 können positive wie negative Werte annehmen. Für die Determinante von $\boldsymbol{B}(\boldsymbol{x})$ gilt

$$\det(\boldsymbol{B}(\boldsymbol{x})) = 0.001268\sqrt{175.8 + x_1},$$

d. h., sie ist für alle $x_1 > -175.8$ von null verschieden. Da nur Werte von $x_1 > -175.8$, d. h. $p > 0$, möglich sind, ist die Determinante also immer positiv und das mathematische Modell (3.35) des Dampferzeugers omnidirektional steuerbar. Da alle Werte u_i und x_i in der Realität beschränkt sind, ist das System in der Praxis nur lokal schwach omnidirektional steuerbar.

3.2 Flachheit

3.2.1 Grundidee und Definition der Flachheit

Der Begriff *Flachheit* bedeutet, dass man die dynamischen Gleichungen eines Systems so umformen kann, dass sich alle Eingangsgrößen und alle Zustandsgrößen des Systems anhand von Funktionen, die nur vom Ausgangsvektor und seinen Ableitungen abhängen, darstellen lassen [78, 79, 80, 178]. Der praktische Nutzen des Begriffes ist offensichtlich: Ist ein System flach, so kann man durch die Vorgabe eines Verlaufes des Ausgangsvektors unmittelbar den dafür nötigen Eingangsgrößenverlauf angeben, d. h. eine passende Steuerung.

Wir betrachten als Beispiel das lineare Differenzialgleichungssystem

$$\begin{aligned} \dot{x}_1 &= x_2, \\ \dot{x}_2 &= -x_1 - x_2 + u, \\ y &= x_1 \end{aligned} \qquad (3.36)$$

mit den Zustandsgrößen x_1, x_2, der Eingangsgröße u und der Ausgangsgröße y. Wir können nun die Zustandsgrößen als Funktion der Ausgangsgröße und ihrer Ableitung darstellen als

$$\boldsymbol{x} = \begin{bmatrix} x_1 \\ x_2 \end{bmatrix} = \begin{bmatrix} y \\ \dot{y} \end{bmatrix}. \qquad (3.37)$$

Da das Differenzialgleichungssystem (3.36) zur Differenzialgleichung

$$\ddot{y} + \dot{y} + y = u \tag{3.38}$$

umgeformt werden kann, besitzen wir mit dieser Gleichung auch den Zusammenhang, der u explizit in Abhängigkeit von y, $\dot{y}$ und $\ddot{y}$ beschreibt.

Kennt man nun $y(t)$, $\dot{y}(t)$ und $\ddot{y}(t)$ oder gibt diese Verläufe vor, so kann man mittels Gl. (3.38) nicht nur den Verlauf von $u(t)$ berechnen, der zu $y(t)$ gehört, sondern mittels Gl. (3.37) die zugehörigen Zustandsverläufe $x_1(t)$ und $x_2(t)$. Die Eingangsgröße u und die Zustandsgrößen $x_1(t)$ und $x_2(t)$ sind dabei über eine Funktion direkt aus der Ausgangsgröße y und ihren Ableitungen berechenbar. Den Ausgang y bezeichnet man dann als *flachen Ausgang* und das System als *flach*.

Obiges Beispiel eines flachen Systems illustriert, warum der Begriff der *Flachheit* nützlich ist. Denn man kann für flache Systeme obiges Ergebnis verallgemeinern und, wie erwähnt, auf einfache Weise eine Steuerung $u(t)$ angeben, die eine vorgegebene Solltrajektorie $(y(t), \dot{y}(t), \ldots, y^{(\beta)}(t))$ erzeugt.

Es ist dabei für die Systemeigenschaft der Flachheit irrelevant, ob der betrachtete Ausgang real existiert oder nicht. Man kann sich also für den Nachweis der Flachheit auch irgendeinen geeigneten Systemausgang ausdenken. Einen solchen nicht real existierenden Ausgang nennen wir *fiktiv*. Existieren nur fiktive flache Ausgänge, so muss man sie für den Entwurf einer Steuerung in den realen Ausgang umrechnen.

Auf Basis obiger einführender Motivation definieren wir den Begriff der *Flachheit* [80]. Dabei betrachten wir ausschließlich Systeme

$$\dot{\boldsymbol{x}} = \boldsymbol{f}(\boldsymbol{x}, \boldsymbol{u}), \quad \boldsymbol{x} \in I\!R^n, \boldsymbol{u} \in I\!R^m, \tag{3.39}$$

mit $m \leq n$, bei denen sich keine Stellgröße u_i für irgendeinen Zustand $\boldsymbol{x}$ als eine Funktion der anderen Stellgrößen $u_{j \neq i}$ darstellen läßt. Dies ist erfüllt, wenn in der Taylor-Entwicklung von $\boldsymbol{f}$ in Gl. (3.39)

$$\dot{\boldsymbol{x}} = \boldsymbol{f}(\boldsymbol{x}_0, \boldsymbol{u}_0) + \left.\frac{\partial \boldsymbol{f}}{\partial \boldsymbol{x}}\right|_{\boldsymbol{x}_0, \boldsymbol{u}_0} \cdot (\boldsymbol{x} - \boldsymbol{x}_0) + \left.\frac{\partial \boldsymbol{f}}{\partial \boldsymbol{u}}\right|_{\boldsymbol{x}_0, \boldsymbol{u}_0} \cdot (\boldsymbol{u} - \boldsymbol{u}_0) + \text{Restglied}$$

die Matrix

$$\left.\frac{\partial \boldsymbol{f}}{\partial \boldsymbol{u}}\right|_{\boldsymbol{x}_0, \boldsymbol{u}_0}$$

für alle $\boldsymbol{x}_0$ und $\boldsymbol{u}_0$ den Rang m aufweist.

Definition 22 (Flachheit). *Ein System*

$$\dot{\boldsymbol{x}} = \boldsymbol{f}(\boldsymbol{x}, \boldsymbol{u})$$

sei für $\boldsymbol{x} \in I\!R^n$ und $\boldsymbol{u} \in I\!R^m$ mit $m \leq n$ definiert und es gelte

$$\operatorname{rang}\left(\frac{\partial \boldsymbol{f}(\boldsymbol{x}, \boldsymbol{u})}{\partial \boldsymbol{u}}\right) = m.$$

Es heißt flach, wenn ein realer oder fiktiver Ausgangsvektor

$$\boldsymbol{y} = \boldsymbol{h}(\boldsymbol{x}, \boldsymbol{u}, \dot{\boldsymbol{u}}, \ldots, \boldsymbol{u}^{(\alpha)})$$

mit einem endlichen Wert $\alpha \in \mathbb{N}$ *existiert, so dass*

(1) der Zustandsvektor $\boldsymbol{x}$ *als Funktion von* $\boldsymbol{y}$ *und einer endlichen Zahl* β *von Ableitungen* $\boldsymbol{y}^{(i)}$ *als*

$$\boldsymbol{x} = \boldsymbol{\Psi}_1(\boldsymbol{y}, \dot{\boldsymbol{y}}, \ldots, \boldsymbol{y}^{(\beta)}) \tag{3.40}$$

dargestellt werden kann,

(2) der Eingangsvektor $\boldsymbol{u}$ *als Funktion*

$$\boldsymbol{u} = \boldsymbol{\Psi}_2(\boldsymbol{y}, \dot{\boldsymbol{y}}, \ldots, \boldsymbol{y}^{(\beta+1)}) \tag{3.41}$$

darstellbar ist und

(3) für Ein- und Ausgangsvektor

$$\dim(\boldsymbol{y}) = \dim(\boldsymbol{u})$$

gilt.

Der Ausgangsvektor $\boldsymbol{y}$ *heißt flacher Ausgang.*

Für SISO-Systeme gilt $y = h(\boldsymbol{x})$ und $\beta = n - 1$. Für MIMO-Systeme dagegen ist der Wert von β nicht von vornherein bekannt. Auch bei ihnen ist der flache Ausgang $\boldsymbol{y}$ im Regelfall nicht von der Stellgröße $\boldsymbol{u}$ oder einer ihrer Ableitungen $\boldsymbol{u}^{(i)}$ direkt abhängig. Das heißt, es gilt oft $\boldsymbol{y} = \boldsymbol{h}(\boldsymbol{x})$.

Man kann prinzipiell zwischen *lokaler* und *globaler Flachheit* unterscheiden, je nachdem ob die Bedingungen (1), (2) und (3) der obigen Definition nur für eine Teilmenge des Definitionsbereiches von $\boldsymbol{x}$ oder für den ganzen Definitionsbereich erfüllt sind.

Häufig wird synonym für die Bezeichnung *flach* auch der Begriff *differenziell flach* verwendet. Dies beruht darauf, dass nur Ableitungen von $\boldsymbol{y}$ und keine Integrale von $\boldsymbol{y}$ für die Bestimmung von $\boldsymbol{u}$ und $\boldsymbol{x}$ in den Funktionen $\boldsymbol{\Psi}_1$ und $\boldsymbol{\Psi}_2$ genutzt werden.

Die Bedingungen (2) und (3) der Definition 22 sind äquivalent dazu, dass die Funktion $\boldsymbol{y}(t)$ keine Differenzialgleichung

$$\varphi(\boldsymbol{y}, \dot{\boldsymbol{y}}, \ldots, \boldsymbol{y}^{(\gamma)}) = 0, \quad \gamma \in \{0, 1, 2, \ldots\}, \tag{3.42}$$

erfüllt. Wäre beispielsweise $\dim(\boldsymbol{y}) > \dim(\boldsymbol{u})$, so gäbe es Fälle, in denen Gl. (3.42) erfüllt ist. Das Beispiel

$$u = y_1 + 2\dot{y}_1 + y_2 + \dot{y}_2$$

mit $\dim(\boldsymbol{u}) = 1$ und $\dim(\boldsymbol{y}) = 2$ illustriert dies. Offensichtlich kann man in diesem Fall

$$y_2 + \dot{y}_2 = 0$$

wählen, was eine Differenzialgleichung der Form (3.42) ist, und u wird nur durch y_1 und $\dot{y}_1$ bestimmt. Gilt dagegen die Ungleichung $\dim(\boldsymbol{y}) < \dim(\boldsymbol{u})$, so sind nicht alle u_i unabhängig voneinander. Dies veranschaulicht der Fall

$$\begin{aligned} u_1 &= y_1 + \dot{y}_1, \\ u_2 &= y_1, \end{aligned}$$

woraus

$$u_1 = u_2 + \dot{u}_2$$

folgt. Die Unabhängigkeit der Stellgrößen u_i untereinander ist aber sinnvollerweise vorauszusetzen, da sonst Größen u_i für die Erzeugung eines Ausgangsverlaufes $\boldsymbol{y}(t)$ überflüssig wären. So besteht Gl. (3.41) aus $m = \dim(\boldsymbol{u}) = \dim(\boldsymbol{y})$ einzelnen Differenzialgleichungen für $y_1, \ldots, y_m$, die jeweils von den Eingangsgrößen u_i abhängen und nicht die Form (3.42) besitzen.

Man bezeichnet in diesem Fall, d. h. dem Fall, dass Gl. (3.42) nicht erfüllt ist, die Ausgänge y_i als *differenziell unabhängig*. Diese Eigenschaft stellt sicher, dass kein Ausgang y_i oder eine seiner Ableitungen durch einen oder mehrere andere bestimmt ist. Es gibt dann also keinen irgendwie gearteten Zusammenhang zwischen den Größen

$$y_i, \dot{y}_i, \ldots, y_i^{(\beta+1)}.$$

Folglich ist man in der Wahl einer Ausgangstrajektorie

$$(\boldsymbol{y}, \dot{\boldsymbol{y}}, \ddot{\boldsymbol{y}}, \ldots, \boldsymbol{y}^{(\beta+1)})$$

völlig frei und kann diese Trajektorie mittels der Stellgröße aus Gl. (3.41) auch realisieren.

Am nützlichsten ist es, wenn ein realer Ausgang $\boldsymbol{y}$ flach ist. Zum einen ist dann der Nachweis der Flachheit oft einfach durch Konstruktion der Gl. (3.40) und (3.41) zu führen. Zum anderen kann man direkt aus der Trajektorie $(\boldsymbol{y}, \dot{\boldsymbol{y}}, \ddot{\boldsymbol{y}}, \ldots, \boldsymbol{y}^{(\beta+1)})$ die erforderliche Steuerung (3.41) angeben. Muss man allerdings erst einen fiktiven flachen Ausgang suchen, so kann die Situation sehr kompliziert werden. Denn die Suche ist oftmals aufwendig. Ähnlich wie im Fall der Ljapunov-Funktion gibt es auch hier keine Konstruktionsmethode. Dann ist man auf das Ausprobieren verschiedener Ausgänge angewiesen, um einen flachen Ausgang zu ermitteln. Als nützlich hat sich dabei herausgestellt, vor allem jene Ausgänge $\boldsymbol{y}$ zu betrachten, die in einer möglichst hohen Ableitung $\boldsymbol{y}^{(k)}$ erstmals vom Eingangsvektor $\boldsymbol{u}$ abhängen. Es gibt allerdings nicht nur einen flachen Ausgang, sondern unendlich viele fiktive flache Ausgänge für ein flaches System. Alle diese Ausgänge können ineinander umgerechnet werden.

Hat man einen Kandidaten $\boldsymbol{y}$ für einen flachen Ausgang ermittelt, so kann man wie folgt prüfen, ob er auch wirklich flach ist. Man leitet die Funktion

$$\boldsymbol{y} = \boldsymbol{h}(\boldsymbol{x}, \boldsymbol{u}, \dot{\boldsymbol{u}}, \ldots, \boldsymbol{u}^{(\alpha)})$$

mehrfach ab zu

$$\begin{aligned}\dot{\boldsymbol{y}} &= \frac{d\boldsymbol{h}(\boldsymbol{x},\boldsymbol{u},\dot{\boldsymbol{u}},\ldots,\boldsymbol{u}^{(\alpha)})}{dt},\\ \ddot{\boldsymbol{y}} &= \frac{d^2\boldsymbol{h}(\boldsymbol{x},\boldsymbol{u},\dot{\boldsymbol{u}},\ldots,\boldsymbol{u}^{(\alpha)})}{dt^2},\\ &\vdots\end{aligned}$$

bis sich ein algebraisches Gleichungssystem für die Variablen $\boldsymbol{x},\boldsymbol{u},\dot{\boldsymbol{u}},\ldots,\boldsymbol{u}^{(\alpha)}$ ergibt, das sich lösen lässt. Aus ihm bestimmt man die Funktionen

$$\begin{aligned}\boldsymbol{x} &= \boldsymbol{\Psi}_1(\boldsymbol{y},\dot{\boldsymbol{y}},\ldots,\boldsymbol{y}^{(\beta)}),\\ \boldsymbol{u} &= \boldsymbol{\Psi}_2(\boldsymbol{y},\dot{\boldsymbol{y}},\ldots,\boldsymbol{y}^{(\beta+1)})\end{aligned}$$

der Definition 22 und weist so nach, dass der Ausgang flach ist.

In bestimmten Fällen ergibt sich eine flache Systemdarstellung auch unmittelbar aus der Herleitung der physikalischen Gleichungen. Beispielsweise, wenn man mechanische Systeme, wie den Industrieroboter des Abschnittes 3.1.4, mittels ihrer kinetischen und potentiellen Energie, E_{kin} und E_{pot}, sowie der Lagrange-Gleichungen

$$\frac{d}{dt}\frac{\partial L}{\partial \dot{q}_i} - \frac{\partial L}{\partial q_i} = \tau_i,\; i = 1,\ldots,k,$$

bzw. deren vektorieller Form

$$\frac{d}{dt}\frac{\partial L}{\partial \dot{\boldsymbol{q}}} - \frac{\partial L}{\partial \boldsymbol{q}} = \boldsymbol{\tau}^T$$

modelliert. Dabei ist

$$L = E_{\text{kin}} - E_{\text{pot}}$$

die Lagrange-Funktion, der Vektor $\boldsymbol{q}^T = [q_1 \ldots q_k]$ enthält die verallgemeinerten Koordinaten, d. h. Längen oder Winkel, und der Vektor $\boldsymbol{\tau}^T = [\tau_1 \ldots \tau_k]$ die Kräfte und Drehmomente. Aus den Lagrange-Gleichungen erhält man unmittelbar eine flache Systemdarstellung mit

$$\begin{aligned}\boldsymbol{y} &= \begin{bmatrix} q_1 & \cdots & q_k \end{bmatrix}^T,\\ \boldsymbol{u} &= \begin{bmatrix} \tau_1 & \cdots & \tau_k \end{bmatrix}^T = \begin{bmatrix} \dfrac{d}{dt}\dfrac{\partial L}{\partial \dot{\boldsymbol{q}}} - \dfrac{\partial L}{\partial \boldsymbol{q}} \end{bmatrix}^T = \boldsymbol{\Psi}_1(\boldsymbol{y},\dot{\boldsymbol{y}},\ddot{\boldsymbol{y}}),\\ \boldsymbol{x} &= \begin{bmatrix} q_1 & \cdots & q_k & \dot{q}_1 & \cdots & \dot{q}_k \end{bmatrix}^T = \begin{bmatrix} y_1 & \cdots & y_k & \dot{y}_1 & \cdots & \dot{y}_k \end{bmatrix} = \boldsymbol{\Psi}_2(\boldsymbol{y},\dot{\boldsymbol{y}})\end{aligned}$$

und dem flachen Ausgang $\boldsymbol{y}$.

3.2.2 Die Lie-Bäcklund-Transformation

In der Darstellung

$$\dot{\boldsymbol{x}} = \boldsymbol{f}(\boldsymbol{x}, \boldsymbol{u}) \tag{3.43}$$

des Systems mit dem flachen Ausgang

$$\boldsymbol{y} = \boldsymbol{h}(\boldsymbol{x}, \boldsymbol{u}, \dot{\boldsymbol{u}}, \ldots, \boldsymbol{u}^{(\alpha)}) \tag{3.44}$$

verwenden wir den Zustandsvektor $\boldsymbol{x}$ und seinen zeitlichen Verlauf $\boldsymbol{x}(t)$, um das Systemverhalten zu beschreiben. Berechnet werden müssen $\boldsymbol{x}(t)$ und $\boldsymbol{y}(t)$ dabei durch Lösen der Differenzialgleichung. Häufig ist die Ausgangsfunktion $\boldsymbol{h}$ in Gl. (3.44) nur von $\boldsymbol{x}$ abhängig.

Verwenden wir dagegen die flache Systemdarstellung

$$\boldsymbol{x} = \boldsymbol{\Psi}_1(\boldsymbol{y}, \dot{\boldsymbol{y}}, \ldots, \boldsymbol{y}^{(\beta)}), \tag{3.45}$$

$$\boldsymbol{u} = \boldsymbol{\Psi}_2(\boldsymbol{y}, \dot{\boldsymbol{y}}, \ldots, \boldsymbol{y}^{(\beta+1)}) \tag{3.46}$$

und die flachen Koordinaten $\boldsymbol{y}$, so müssen wir für die Bestimmung von $\boldsymbol{x}$ keine Differenzialgleichung lösen. Die flachen Koordinaten $\boldsymbol{y}$ unterliegen auch keiner Dynamik, da sie ja differenziell unabhängig sind, d. h. nicht durch eine Differenzialgleichung (3.42) voneinander abhängig sind. Vielmehr sind die m Ausgangsvariablen y_i und auch alle ihre Ableitungen

$$y_i^{(k)}, \quad k = 1, 2, \ldots,$$

beliebig vorgebbar. Sie repräsentieren also ein dynamikfreies System, das man als *triviales System* bezeichnet. Beide Systembeschreibungen, (3.43), (3.44) und (3.45), (3.46), sind zueinander äquivalent und eineindeutig durch eine Transformation, *Lie-Bäcklund-Transformation* oder *Lie-Bäcklund-Isomorphismus* [11, 283] genannt, ineinander umrechenbar. Die Gleichungen (3.45), (3.46) sowie

$$\begin{aligned}
\dot{\boldsymbol{u}} &= \dot{\boldsymbol{\Psi}}_2(\boldsymbol{y}, \dot{\boldsymbol{y}}, \ldots, \boldsymbol{y}^{(\beta+1)}), \\
\ddot{\boldsymbol{u}} &= \ddot{\boldsymbol{\Psi}}_2(\boldsymbol{y}, \dot{\boldsymbol{y}}, \ldots, \boldsymbol{y}^{(\beta+1)}), \\
&\ \vdots
\end{aligned}$$

bilden dabei die Lie-Bäcklund-Transformation und die Gleichungen

$$\begin{aligned}
\boldsymbol{y} &= \boldsymbol{h}(\boldsymbol{x}, \boldsymbol{u}, \dot{\boldsymbol{u}}, \ldots, \boldsymbol{u}^{(\alpha)}), \\
\dot{\boldsymbol{y}} &= \dot{\boldsymbol{h}}(\boldsymbol{x}, \boldsymbol{u}, \dot{\boldsymbol{u}}, \ldots, \boldsymbol{u}^{(\alpha)}), \\
\ddot{\boldsymbol{y}} &= \ddot{\boldsymbol{h}}(\boldsymbol{x}, \boldsymbol{u}, \dot{\boldsymbol{u}}, \ldots, \boldsymbol{u}^{(\alpha)}), \\
&\ \vdots
\end{aligned}$$

die zugehörige inverse Transformation. Bild 3.19 illustriert beide Koordinatenräume mit ihren Koordinatenvektoren $\boldsymbol{x}$ und $\boldsymbol{y}$ und die Lie-Bäcklund-Transformation.

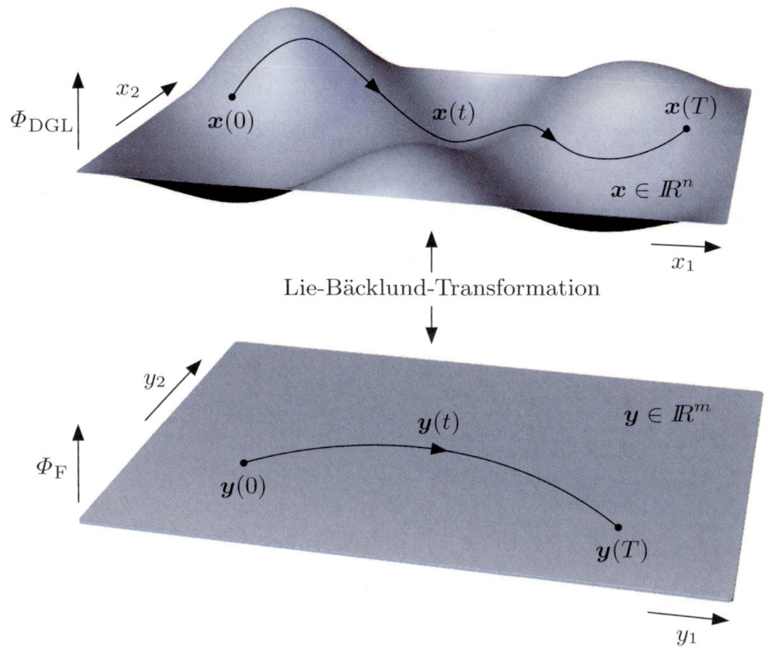

Bild 3.19: Die Lie-Bäcklund-Transformation transformiert die Systembeschreibung aus dem Zustandskoordinatenraum in den Raum flacher Koordinaten. Zur Veranschaulichung sind auf den vertikalen Koordinatenachsen das Potential Φ_{DGL} einer konservativen Differenzialgleichung $\dot{\boldsymbol{x}} = \boldsymbol{f}(\boldsymbol{x}, \boldsymbol{u})$ mit $\operatorname{grad} \Phi_{\text{DGL}} = \boldsymbol{f}(\boldsymbol{x}, \boldsymbol{0})$ und das Potential Φ_{F} des trivialen Systems der flachen Systemdarstellung mit $\operatorname{grad} \Phi_{\text{F}} = \boldsymbol{0}$ dargestellt.

In der Regel erhält die Lie-Bäcklund-Transformation, obwohl eineindeutig, die Dimension des ursprünglichen Koordinatensystems nicht, denn es gilt $\boldsymbol{x} \in \mathbb{R}^n$, aber $\boldsymbol{y} \in \mathbb{R}^m$. Die Dimension des Eingangsraumes $\mathbb{R}^m$ bleibt dagegen bei der Transformation erhalten.

Wir wollen als einfaches Beispiel noch einmal das System (3.36) betrachten. Die Lie-Bäcklund-Transformation ist hier durch

$$\begin{aligned} \boldsymbol{x} &= \boldsymbol{\Psi}_1(y, \dot{y}) = \begin{bmatrix} y \\ \dot{y} \end{bmatrix}, \\ u &= \Psi_2(y, \dot{y}, \ddot{y}) = \ddot{y} + \dot{y} + y \end{aligned} \tag{3.47}$$

gegeben. Die inverse Transformationsvorschrift lautet

$$\begin{aligned} y &= x_1, \\ \dot{y} &= x_2, \\ \ddot{y} &= -x_1 - x_2 + u. \end{aligned} \tag{3.48}$$

Setzt man die Transformationsvorschrift (3.47) in die Systemgleichungen (3.36) ein, so erhält man

$$\begin{aligned}\dot{x}_1 &= x_2 = \dot{y},\\ \dot{x}_2 &= -x_1 - x_2 + u = \ddot{y},\\ y &= x_1 = y,\end{aligned}$$

woraus mit $\dot{x}_1 = \dot{y}$ und $\dot{x}_2 = \ddot{y}$ der triviale Zusammenhang

$$\begin{aligned}\dot{y} &= \dot{y},\\ \ddot{y} &= \ddot{y},\\ y &= y\end{aligned}$$

folgt. D. h., man erhält, wie erwartet, ein dynamikfreies, in seiner Variablen y und ihren Ableitungen frei vorgebbares System, ein triviales System.

Wenn wir die inversen Transformationsgleichungen (3.48) verwenden und in das triviale System einsetzen, bei dem ja y, $\dot{y}$ und $\ddot{y}$ unabhängig und frei vorgebbar sind, dann folgt hieraus

$$\begin{aligned}\dot{y} &= \dot{x}_1 &&= x_2,\\ \ddot{y} &= \dot{x}_2 &&= -x_1 - x_2 + u,\\ y &= x_1,\end{aligned}$$

d. h. wieder das Originalsystem.

3.2.3 Beispiel VTOL-Flugzeug

Wir betrachten als Beispiel ein Flugzeug, das senkrecht starten und landen kann [81, 198]. Zu diesem Zweck sind z. B. an den Tragflächenenden Triebwerke angebracht, die zum Starten und Landen in eine senkrechte Position geschwenkt werden. Für den Flug dagegen werden sie waagerecht, wie bei einem klassischen Flugzeug, ausgerichtet. Solche VTOL-Flugzeuge (engl. vertical take-off and landing aircraft) sind z. B. die Dornier Do 31, der Hawker Siddeley Harrier und die Bell-Boeing V-22 Osprey, aus der die im Bild 3.20 dargestellte Bell-Agusta BA609 abgeleitet wurde.

Im Falle des senkrechten Startens und Landens lassen sich ihre Bewegungsgleichungen für die horizontale Position z_1 sowie die vertikale Position z_2 des Schwerpunktes S und die Drehung φ um die Flugzeuglängsachse aus den Kräftebilanzen

$$\begin{aligned}m\ddot{z}_1 &= -(F_\mathrm{l} + F_\mathrm{r})\cos(\alpha)\sin(\varphi) + (F_\mathrm{l} - F_\mathrm{r})\sin(\alpha)\cos(\varphi),\\ m\ddot{z}_2 &= -mg + (F_\mathrm{l} + F_\mathrm{r})\cos(\alpha)\cos(\varphi) + (F_\mathrm{l} - F_\mathrm{r})\sin(\alpha)\sin(\varphi)\end{aligned} \tag{3.49}$$

mit den Triebwerkskräften F_l und F_r und aus der Drehmomentengleichung

$$J\ddot{\varphi} = (F_\mathrm{l} - F_\mathrm{r})(b\cos(\alpha) - a\sin(\alpha)) \tag{3.50}$$

herleiten. Dabei sind m die Masse des Flugzeugs, J sein Trägheitsmoment um die Längsachse, die durch den Schwerpunkt S geht, α der Neigungswinkel eines Triebwerkes bezüglich der Hochachse und a und b die Abstände eines Triebwerkes vom Schwerpunkt S in Richtung der Hoch- und der Querachse. Die Erdbeschleunigung ist wie üblich mit g bezeichnet.

Zur Vereinfachung definieren wir als Stellgröße u_1 die in Richtung der Hochachse wirkende Beschleunigung

$$u_1 = \frac{\cos(\alpha)}{m}(F_{\mathrm{l}} + F_{\mathrm{r}}) \tag{3.51}$$

und als Stellgröße u_2 die um die Längsachse wirkende Winkelbeschleunigung

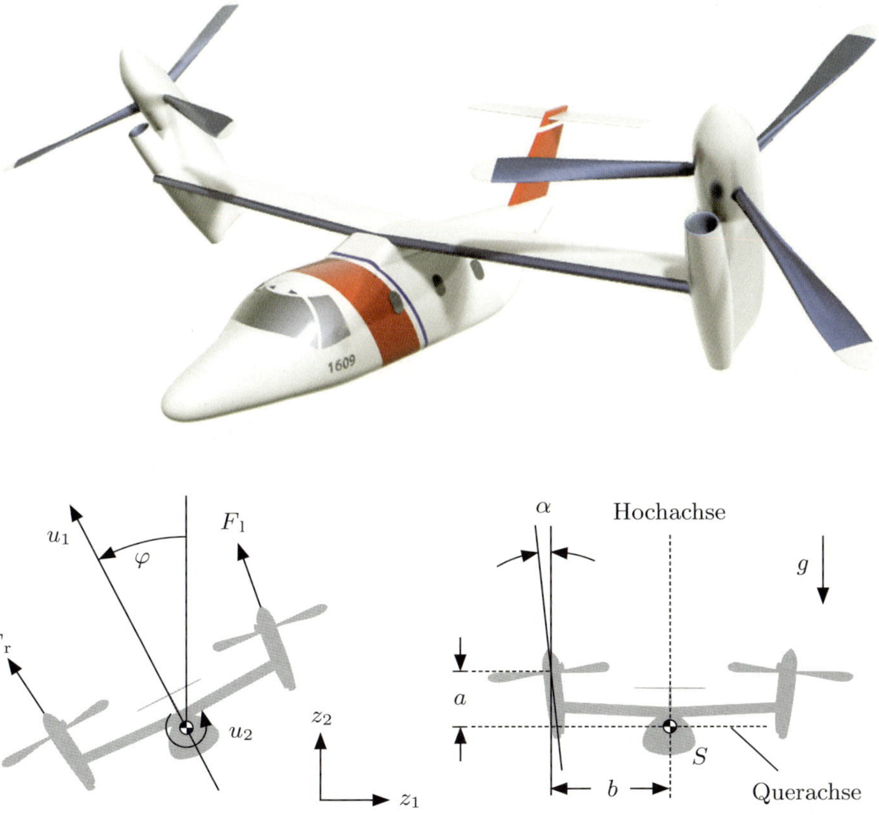

Bild 3.20: Die Bell-Agusta BA609, ein Beispiel für ein VTOL-Flugzeug. Die zwei kleineren Schemazeichnungen zeigen die Frontansicht des Flugzeugs und die hier relevanten Parameter.

$$u_2 = \frac{b\cos(\alpha) - a\sin(\alpha)}{J}(F_\mathrm{l} - F_\mathrm{r}). \tag{3.52}$$

Des Weiteren nutzen wir die künstliche Länge

$$\varepsilon = \frac{J\sin(\alpha)}{m(b\cos(\alpha) - a\sin(\alpha))}, \tag{3.53}$$

die aufgrund des kleinen Winkels α ebenfalls einen kleinen Wert aufweist. Aus Gl. (3.49) bis Gl. (3.53) erhalten wir dann mit

$$\boldsymbol{x} = \begin{bmatrix} \dot{z}_1 & \dot{z}_2 & \dot{\varphi} & z_1 & z_2 & \varphi \end{bmatrix}^T$$

das Modell

$$\dot{x}_1 = -u_1\sin(x_6) + \varepsilon u_2\cos(x_6), \tag{3.54}$$
$$\dot{x}_2 = u_1\cos(x_6) + \varepsilon u_2\sin(x_6) - g, \tag{3.55}$$
$$\dot{x}_3 = u_2, \tag{3.56}$$
$$\dot{x}_4 = x_1, \tag{3.57}$$
$$\dot{x}_5 = x_2, \tag{3.58}$$
$$\dot{x}_6 = x_3. \tag{3.59}$$

Wir wollen nun nach einem flachen Ausgang $\boldsymbol{y}$ suchen und wählen als Kandidaten für einen solchen

$$\boldsymbol{y} = \begin{bmatrix} y_1 \\ y_2 \end{bmatrix} = \begin{bmatrix} x_4 - \varepsilon\sin(x_6) \\ x_5 + \varepsilon\cos(x_6) \end{bmatrix}. \tag{3.60}$$

Gemäß der Flachheitsdefinition sind die Systemgleichungen (3.54) bis (3.59) so umzuformen, dass Zustandsvektor $\boldsymbol{x}$ und Eingangsvektor $\boldsymbol{u} = [u_1\ u_2]^T$ als Funktionen

$$\boldsymbol{x} = \boldsymbol{\Psi}_1(\boldsymbol{y}, \dot{\boldsymbol{y}}, \ldots, \boldsymbol{y}^{(\beta)}),$$
$$\boldsymbol{u} = \boldsymbol{\Psi}_2(\boldsymbol{y}, \dot{\boldsymbol{y}}, \ldots, \boldsymbol{y}^{(\beta+1)})$$

darstellbar sind. Um dies zu erreichen, formen wir Gl. (3.60) zu

$$x_4 = y_1 + \varepsilon\sin(x_6), \tag{3.61}$$
$$x_5 = y_2 - \varepsilon\cos(x_6) \tag{3.62}$$

um. Unser nächstes Ziel ist die Elimination von x_6 in den Gleichungen (3.61) und (3.62). Hierfür leiten wir Gl. (3.61) zweimal ab und erhalten

$$\ddot{y}_1 = \ddot{x}_4 - \varepsilon\ddot{x}_6\cos(x_6) + \varepsilon\dot{x}_6^2\sin(x_6).$$

In diese Gleichung setzen wir Gl. (3.54), (3.56), (3.57) und (3.59) ein, so dass sich

$$\ddot{y}_1 = (\varepsilon \dot{x}_6^2 - u_1) \sin(x_6) \tag{3.63}$$

ergibt. Ganz ähnlich folgt

$$\ddot{y}_2 = -(\varepsilon \dot{x}_6^2 - u_1) \cos(x_6) - g. \tag{3.64}$$

Mit Gl. (3.63) und Gl. (3.64) gilt

$$x_6 = -\arctan\left(\frac{\ddot{y}_1}{\ddot{y}_2 + g}\right). \tag{3.65}$$

Unter Nutzung von

$$\arctan\left(\frac{p}{q}\right) = \arcsin\left(\frac{p}{\sqrt{p^2 + q^2}}\right)$$

folgt aus Gl. (3.61) und Gl. (3.65)

$$x_4 = y_1 - \varepsilon \frac{\ddot{y}_1}{\sqrt{\ddot{y}_1^2 + (\ddot{y}_2 + g)^2}}. \tag{3.66}$$

Ähnlich folgt aus Gl. (3.62) und Gl. (3.65)

$$x_5 = y_2 - \varepsilon \frac{\ddot{y}_2 + g}{\sqrt{\ddot{y}_1^2 + (\ddot{y}_2 + g)^2}}. \tag{3.67}$$

Wir haben nun schon x_4, x_5 und x_6 in Abhängigkeit von den Ausgangsvariablen y_1 und y_2 sowie ihren Ableitungen dargestellt, um die Funktion $\boldsymbol{\Psi}_1$ zu ermitteln. Im nächsten Schritt wenden wir uns den Zustandsgrößen x_1, x_2 und x_3 zu.

Es gilt

$$x_1 = \dot{x}_4 = \dot{y}_1 + \varepsilon \frac{\ddot{y}_1 \dddot{y}_2 (\ddot{y}_2 + g) - \dddot{y}_1 (\ddot{y}_2 + g)^2}{[\ddot{y}_1^2 + (\ddot{y}_2 + g)^2]^{3/2}} \tag{3.68}$$

und

$$x_2 = \dot{x}_5 = \dot{y}_2 + \varepsilon \frac{\ddot{y}_1 \dddot{y}_1 (\ddot{y}_2 + g) - \ddot{y}_1^2 \dddot{y}_2}{[\ddot{y}_1^2 + (\ddot{y}_2 + g)^2]^{3/2}} \tag{3.69}$$

sowie

$$x_3 = \dot{x}_6 = \frac{\ddot{y}_1 \dddot{y}_2 - \dddot{y}_1 (\ddot{y}_2 + g)}{\ddot{y}_1^2 + (\ddot{y}_2 + g)^2}. \tag{3.70}$$

Nachdem wir die aus den Gl. (3.65) bis (3.70) bestehende Funktion $\boldsymbol{\Psi}_1$ mit $\beta = 3$ bestimmt haben, müssen wir zum Beweis der Flachheit noch die Existenz von

$$\boldsymbol{u} = \boldsymbol{\Psi}_2(\boldsymbol{y}, \dot{\boldsymbol{y}}, \ldots, \boldsymbol{y}^{(4)})$$

nachweisen. Wir beginnen mit der Stellgröße u_1 und leiten aus Gl. (3.63)

$$u_1 = \varepsilon \dot{x}_6^2 - \frac{\ddot{y}_1}{\sin(x_6)}$$

ab. In diese Gleichung setzen wir Gl. (3.65) und (3.70) ein und erhalten

$$u_1 = \varepsilon \left[\frac{\dot{y}_1 \dddot{y}_2 - \dddot{y}_1 (\ddot{y}_2 + g)}{\ddot{y}_1^2 + (\ddot{y}_2 + g)^2} \right]^2 + \sqrt{\ddot{y}_1^2 + (\ddot{y}_2 + g)^2}.$$

Für die Stellgröße u_2 ergibt sich mit Gl. (3.56) und Gl. (3.70)

$$u_2 = \dot{x}_3 = \frac{\ddot{y}_1 y_2^{(4)} - y_1^{(4)}(\ddot{y}_2 + g)}{\ddot{y}_1^2 + (\ddot{y}_2 + g)^2} - 2\frac{[\ddot{y}_1 \dddot{y}_2 - \dddot{y}_1(\ddot{y}_2 + g)][\ddot{y}_1 \dddot{y}_1 + (\ddot{y}_2 + g)\dddot{y}_2]}{[\ddot{y}_1^2 + (\ddot{y}_2 + g)^2]^2},$$

so dass wir auch die Funktion $\boldsymbol{\Psi}_2$ ermittelt haben. Also ist das VTOL-Flugzeugmodell (3.54) bis (3.59) flach.

3.2.4 Flachheit und Steuerbarkeit

Wir betrachten ein lineares System, das in Regelungsnormalform

$$\dot{\boldsymbol{x}} = \begin{bmatrix} 0 & 1 & 0 & \cdots & 0 \\ 0 & 0 & 1 & \cdots & 0 \\ \vdots & \vdots & \vdots & \ddots & \vdots \\ 0 & 0 & 0 & \cdots & 1 \\ -a_0 & -a_1 & -a_2 & \cdots & -a_{n-1} \end{bmatrix} \boldsymbol{x} + \begin{bmatrix} 0 \\ 0 \\ \vdots \\ 0 \\ 1 \end{bmatrix} u, \qquad (3.71)$$
$$y = \begin{bmatrix} b_0 & b_1 \cdots b_m & 0 \cdots 0 \end{bmatrix} \boldsymbol{x}$$

vorliegt oder in diese transformiert wurde. Letzteres ist für die Eigenschaft der Flachheit unerheblich, denn die Flachheit ist wie die Steuerbarkeit eine gegenüber eineindeutigen Zustandstransformationen invariante, d. h. sich nicht ändernde Systemeigenschaft.

Dass das System (3.71) flach ist, kann schnell anhand des fiktiven Ausgangs

$$y_{\mathrm{f}} = x_1$$

nachgewiesen werden. Denn es gilt

$$\begin{aligned} x_1 &= y_{\mathrm{f}}, \\ x_2 &= \dot{x}_1 = \dot{y}_{\mathrm{f}}, \\ x_3 &= \dot{x}_2 = \ddot{y}_{\mathrm{f}}, \\ &\vdots \\ x_n &= \dot{x}_{n-1} = y_{\mathrm{f}}^{(n-1)}, \end{aligned}$$

d. h.

$$\boldsymbol{x}^T = \begin{bmatrix} y_\mathrm{f} & \dot{y}_\mathrm{f} & \ddot{y}_\mathrm{f} & \cdots & y_\mathrm{f}^{(n-1)} \end{bmatrix} = \boldsymbol{\Psi}_1(y_\mathrm{f}, \dot{y}_\mathrm{f}, \ldots, y_\mathrm{f}^{(n-1)}), \tag{3.72}$$

und

$$\begin{aligned} u &= a_0 x_1 + a_1 x_2 + \ldots + a_{n-2} x_{n-1} + a_{n-1} x_n + \dot{x}_n \\ &= a_0 y_\mathrm{f} + a_1 \dot{y}_\mathrm{f} + \ldots + a_{n-2} y_\mathrm{f}^{(n-2)} + a_{n-1} y_\mathrm{f}^{(n-1)} + y_\mathrm{f}^{(n)} = \Psi_2(y_\mathrm{f}, \dot{y}_\mathrm{f}, \ldots, y_\mathrm{f}^{(n)}). \end{aligned}$$

Der fiktive Ausgang y_f ist also flach.

Da jedes steuerbare lineare System in die Regelungsnormalform (3.71) transformiert werden kann, ist ein steuerbares lineares System immer flach. Andererseits ist ein flaches System auch immer steuerbar [80]. Beides gilt auch für MIMO-Systeme. Folglich erhält man

Satz 43 (Steuerbarkeit und Flachheit linearer Systeme). *Ein lineares System $\dot{\boldsymbol{x}} = \boldsymbol{A}\boldsymbol{x} + \boldsymbol{B}\boldsymbol{u}$ mit $\boldsymbol{x} \in I\!R^n$ und $\boldsymbol{u} \in I\!R^m$ ist genau dann flach, wenn es steuerbar ist.*

Obiges Kriterium ist notwendig und hinreichend. Ein ähnlicher, aber nur hinreichender Satz existiert auch für den Fall nichtlinearer Systeme:

Satz 44 (Steuerbarkeit und Flachheit nichtlinearer Systeme). *Ein nichtlineares System $\dot{\boldsymbol{x}} = \boldsymbol{f}(\boldsymbol{x}, \boldsymbol{u})$ mit $\boldsymbol{x} \in I\!R^n$ und $\boldsymbol{u} \in I\!R^m$ ist steuerbar, wenn es flach ist.*

Zwischen Steuerbarkeit und Flachheit besteht demnach ein enger Zusammenhang. Dabei ist die Menge der flachen Systeme eine Teilmenge der steuerbaren Systeme. Insbesondere besitzen wir mit Satz 44 auch ein Kriterium, um ein nichtlineares System auf seine Steuerbarkeit hin zu untersuchen.

Resümierend können wir festhalten, dass die Steuerbarkeit eines Systems uns erlaubt, seinen Zustand von jedem beliebigen Anfangs- in jeden beliebigen Endzustand zu verfahren, wenn wir den Stellgrößenverlauf geeignet wählen. Ähnlich erlaubt uns die Flachheit, jeden hinreichend oft differenzierbaren, gewünschten Ausgangsgrößenverlauf durch eine geeignet gewählte Stellgröße zu erzeugen. Beide Eigenschaften ermöglichen uns also die gezielte Beeinflussung des Systems mittels seiner Stellgröße.

3.2.5 Flache Ausgänge linearer Systeme

Zwar kann man im allgemeinen Fall die Menge der flachen Ausgänge eines Systems nicht ohne Weiteres angeben, für lineare Systeme

$$\dot{\boldsymbol{x}} = \boldsymbol{A}\boldsymbol{x} + \boldsymbol{b} \cdot u \tag{3.73}$$

ist das aber möglich. Dies ist sinnvoll, denn die Flachheit ist auch im Fall linearer Systeme eine wichtige und nützliche Systemeigenschaft. Sie ermöglicht, genauso wie für nichtlineare Systeme, den Entwurf von Steuerungen für einen vorgegebenen Ausgangsgrößenverlauf $y_\mathrm{soll}(t)$.

Im vorherigen Abschnitt haben wir schon für den Spezialfall linearer Systeme in Regelungsnormalform einen flachen Ausgang bestimmt. Multipliziert mit einer beliebigen von null verschiedenen Konstante erzeugt dieser Ausgang die Menge aller flachen Ausgänge der Regelungsnormalform. Eine Möglichkeit, die flachen Ausgänge eines linearen Systems (3.73) zu ermitteln, besteht also darin, es in die Regelungsnormalform zu transformieren. Die flachen Ausgänge der Regelungsnormalform transformiert man dann zurück in die Originalkoordinaten des Systems (3.73). Wir gehen im Weiteren einen alternativen Weg.

Zur Bestimmung der flachen Ausgänge $y_\mathrm{f} = \boldsymbol{c}^T\boldsymbol{x}$ eines linearen Systems (3.73) wollen wir die Gleichung

$$\boldsymbol{x} = \boldsymbol{\Psi}_1(y_\mathrm{f}, \dot{y}_\mathrm{f}, \ldots, y_\mathrm{f}^{(n-1)}) \tag{3.74}$$

herleiten und ermitteln zuerst

$$\begin{aligned}
y_\mathrm{f} &= \boldsymbol{c}^T\boldsymbol{x},\\
\dot{y}_\mathrm{f} &= \boldsymbol{c}^T\dot{\boldsymbol{x}} = \boldsymbol{c}^T\boldsymbol{A}\boldsymbol{x} + \boldsymbol{c}^T\boldsymbol{b}u,\\
\ddot{y}_\mathrm{f} &= \boldsymbol{c}^T\boldsymbol{A}\dot{\boldsymbol{x}} + \boldsymbol{c}^T\boldsymbol{b}\dot{u} = \boldsymbol{c}^T\boldsymbol{A}^2\boldsymbol{x} + \boldsymbol{c}^T\boldsymbol{A}\boldsymbol{b}u + \boldsymbol{c}^T\boldsymbol{b}\dot{u},\\
&\;\;\vdots\\
y_\mathrm{f}^{(n-1)} &= \boldsymbol{c}^T\boldsymbol{A}^{n-2}\dot{\boldsymbol{x}} \ldots = \boldsymbol{c}^T\boldsymbol{A}^{n-1}\boldsymbol{x} + \boldsymbol{c}^T\boldsymbol{A}^{n-2}\boldsymbol{b}u + \boldsymbol{c}^T\boldsymbol{A}^{n-3}\boldsymbol{b}\dot{u} + \ldots + \boldsymbol{c}^T\boldsymbol{b}u^{(n-2)}.
\end{aligned}$$

Damit wir einen Zusammenhang gemäß Gl. (3.74) bekommen können, müssen obige Ableitungen unabhängig von $u, \dot{u}, \ldots, u^{(n-2)}$ sein. D. h., es muss

$$\begin{aligned}
\boldsymbol{c}^T\boldsymbol{b} &= 0,\\
\boldsymbol{c}^T\boldsymbol{A}\boldsymbol{b} &= 0,\\
\boldsymbol{c}^T\boldsymbol{A}^2\boldsymbol{b} &= 0,\\
&\;\;\vdots\\
\boldsymbol{c}^T\boldsymbol{A}^{n-2}\boldsymbol{b} &= 0
\end{aligned} \tag{3.75}$$

gelten. So folgt

$$\begin{bmatrix} y_\mathrm{f}\\ \dot{y}_\mathrm{f}\\ \ddot{y}_\mathrm{f}\\ \vdots\\ y_\mathrm{f}^{(n-1)} \end{bmatrix} = \underbrace{\begin{bmatrix} \boldsymbol{c}^T\\ \boldsymbol{c}^T\boldsymbol{A}\\ \boldsymbol{c}^T\boldsymbol{A}^2\\ \vdots\\ \boldsymbol{c}^T\boldsymbol{A}^{n-1} \end{bmatrix}}_{\boldsymbol{M}_\mathrm{B}} \boldsymbol{x},$$

wobei $\boldsymbol{M}_\mathrm{B}$ die Beobachbarkeitsmatrix des linearen Systems (3.73) mit dem Ausgang $y_\mathrm{f} = \boldsymbol{c}^T\boldsymbol{x}$ ist. Regularität von $\boldsymbol{M}_\mathrm{B}$, d. h. Beobachtbarkeit des linearen Systems mit dem Ausgang y_f, vorausgesetzt, gilt

$$\boldsymbol{x} = \boldsymbol{M}_{\mathrm{B}}^{-1} \begin{bmatrix} y_{\mathrm{f}} \\ \dot{y}_{\mathrm{f}} \\ \ddot{y}_{\mathrm{f}} \\ \vdots \\ y_{\mathrm{f}}^{(n-1)} \end{bmatrix} = \boldsymbol{\Psi}_1(y_{\mathrm{f}}, \dot{y}_{\mathrm{f}}, \ldots, y^{(n-1)}).$$

Wir können somit schlussfolgern, dass ein System (3.73) mit einem flachen Ausgang $y_{\mathrm{f}} = \boldsymbol{c}^T\boldsymbol{x}$ beobachtbar sein muss und ist.

Des Weiteren muss ein flacher Ausgang y_{f} eine Gleichung der Form

$$u = \Psi_2(y_{\mathrm{f}}, \dot{y}_{\mathrm{f}}, \ldots, y_{\mathrm{f}}^{(n)})$$

erfüllen. Die Ableitung

$$y_{\mathrm{f}}^{(n)} = \boldsymbol{c}^T\boldsymbol{A}^n\boldsymbol{x} + \boldsymbol{c}^T\boldsymbol{A}^{n-1}\boldsymbol{b}u + \boldsymbol{c}^T\boldsymbol{A}^{n-2}\boldsymbol{b}\dot{u} + \ldots + \boldsymbol{c}^T\boldsymbol{b}u^{(n-1)},$$

die sich aufgrund von Gl. (3.75) zu

$$y_{\mathrm{f}}^{(n)} = \boldsymbol{c}^T\boldsymbol{A}^n\boldsymbol{x} + \boldsymbol{c}^T\boldsymbol{A}^{n-1}\boldsymbol{b}u \tag{3.76}$$

reduziert, muss demzufolge von u abhängig sein. D. h., es ist

$$\boldsymbol{c}^T\boldsymbol{A}^{n-1}\boldsymbol{b} = \alpha \tag{3.77}$$

mit einem beliebigen $\alpha \in I\!R\backslash\{0\}$ zu fordern.

Wir fassen Gl. (3.75) und Gl. (3.77) zusammen und erhalten

$$\boldsymbol{c}^T \underbrace{\begin{bmatrix} \boldsymbol{b} & \boldsymbol{A}\boldsymbol{b} \cdots \boldsymbol{A}^{n-2}\boldsymbol{b} & \boldsymbol{A}^{n-1}\boldsymbol{b} \end{bmatrix}}_{\boldsymbol{M}_{\mathrm{s}}} = \begin{bmatrix} 0\; 0 \cdots 0\; \alpha \end{bmatrix}.$$

Hierbei ist $\boldsymbol{M}_{\mathrm{s}}$ die Steuerbarkeitsmatrix des Systems (3.73). Wenn wir Steuerbarkeit, d. h. Regularität von $\boldsymbol{M}_{\mathrm{s}}$, voraussetzen, so sind alle flachen Ausgänge $y_{\mathrm{f}} = \boldsymbol{c}^T\boldsymbol{x}$ durch

$$\boldsymbol{c}^T = \begin{bmatrix} 0 \cdots 0\; \alpha \end{bmatrix} \boldsymbol{M}_{\mathrm{s}}^{-1}$$

parametriert.

Wir können nun noch ergänzend neue Koordinaten

$$\boldsymbol{z} = \begin{bmatrix} y_{\mathrm{f}} \\ \dot{y}_{\mathrm{f}} \\ \vdots \\ y_{\mathrm{f}}^{(n-1)} \end{bmatrix} = \begin{bmatrix} \boldsymbol{c}^T \\ \boldsymbol{c}^T\boldsymbol{A} \\ \vdots \\ \boldsymbol{c}^T\boldsymbol{A}^{n-1} \end{bmatrix} \boldsymbol{x} = \alpha \underbrace{\begin{bmatrix} [0 \cdots 0\; 1]\, \boldsymbol{M}_{\mathrm{s}}^{-1} \\ [0 \cdots 0\; 1]\, \boldsymbol{M}_{\mathrm{s}}^{-1}\boldsymbol{A} \\ \vdots \\ [0 \cdots 0\; 1]\, \boldsymbol{M}_{\mathrm{s}}^{-1}\boldsymbol{A}^{n-1} \end{bmatrix}}_{\boldsymbol{T}} \boldsymbol{x}$$

einführen. Die Koordinatentransformation $\boldsymbol{z} = \boldsymbol{T}\boldsymbol{x}$ transformiert das System (3.73) in die Form

$$\dot{\boldsymbol{z}} = \begin{bmatrix} \dot{y}_\mathrm{f} \\ \ddot{y}_\mathrm{f} \\ \vdots \\ y_\mathrm{f}^{(n-1)} \\ y_\mathrm{f}^{(n)} \end{bmatrix} = \begin{bmatrix} z_2 \\ z_3 \\ \vdots \\ z_n \\ \boldsymbol{c}^T\boldsymbol{A}^n\boldsymbol{x} + \boldsymbol{c}^T\boldsymbol{A}^{n-1}\boldsymbol{b}u \end{bmatrix} = \begin{bmatrix} z_2 \\ z_3 \\ \vdots \\ z_n \\ \boldsymbol{c}^T\boldsymbol{A}^{n-1}\boldsymbol{T}^{-1}\boldsymbol{z} \end{bmatrix} + \begin{bmatrix} 0 \\ 0 \\ \vdots \\ 0 \\ \alpha \end{bmatrix} u \qquad (3.78)$$

mit dem flachen Ausgang

$$y_\mathrm{f} = \boldsymbol{c}^T\boldsymbol{x} = z_1.$$

Dabei müssen wir die Transformation $\boldsymbol{z} = \boldsymbol{T}\boldsymbol{x}$ nicht explizit durchführen. Die Systemgleichungen (3.78) ergeben sich vielmehr auch unmittelbar aus

$$\dot{z}_i = y_\mathrm{f}^{(i)} = z_{i+1}, \quad i = 1, \ldots, n-1,$$

und der Gl. (3.76).

Wenn wir Gl. (3.78) noch ohne Beschränkung der Allgemeinheit mit dem Faktor α^{-1} beidseitig multiplizieren und die Koordinaten z_i zu

$$\tilde{z}_i = \alpha^{-1} z_i, \quad i = 1, \ldots, n,$$

umskalieren, so erhalten wir für das transformierte System

$$\begin{aligned} \dot{\tilde{\boldsymbol{z}}} &= \begin{bmatrix} 0 & 1 & 0 & \cdots & 0 \\ 0 & 0 & 1 & \cdots & 0 \\ \vdots & \vdots & \vdots & \ddots & \vdots \\ 0 & 0 & 0 & \cdots & 1 \\ -a_0 & -a_1 & -a_2 & \cdots & -a_{n-1} \end{bmatrix} \tilde{\boldsymbol{z}} + \begin{bmatrix} 0 \\ 0 \\ \vdots \\ 0 \\ 1 \end{bmatrix} u, \\ y_\mathrm{f} &= \alpha \tilde{z}_1. \end{aligned} \qquad (3.79)$$

Dabei sind die Werte $a_0, \ldots, a_{n-1}$ Koeffizienten des charakteristischen Polynoms $P(s) = \det(s\boldsymbol{I} - \boldsymbol{A})$ von $\boldsymbol{A}$. Die Form in Gl. (3.79) ist ein Spezialfall der Regelungsnormalform, bei der die zugehörige Übertragungsfunktion keine Nullstellen aufweist.

Jedes System in obiger Regelungsnormalform ist also flach mit $y_\mathrm{f} = \alpha\tilde{z}_1$ als flachem Ausgang. Des Weiteren kann jedes steuerbare lineare System (3.73) mit einem flachen Ausgang

$$y_\mathrm{f} = \boldsymbol{c}^T\boldsymbol{x} = \alpha[0 \ \cdots \ 1]\boldsymbol{M}_\mathrm{s}^{-1}\boldsymbol{x}$$

in die Form (3.79) transformiert werden. Der Ausgang $y_\mathrm{f} = \alpha\tilde{z}_1$ mit beliebigem $\alpha \neq 0$ beschreibt also alle flachen Ausgänge. Gl. (3.79) können wir daher als *Flachheitsnormalform* eines linearen Systems bezeichnen.

3.2.6 Nachweis der Flachheit

Im Falle linearer Systeme ist die Flachheit einfach nachweisbar, da nach Satz 43 ein steuerbares lineares System flach ist. Für den Flachheitsnachweis muss also nur die Steuerbarkeit des Systems untersucht werden. Bei nichtlinearen Systemen existiert zwar auch ein Flachheitskriterium [178], es ist aber nicht einfach anzuwenden. Seine Bedingungen erfordern nämlich die Lösung partieller Differenzialgleichungen. Somit ist das eigentliche Problem in ein ähnlich schwer zu lösendes umgewandelt. Lediglich für bestimmte Systemklassen kann die Flachheit methodisch und mit vertretbarem Aufwand analysiert werden.

Wir betrachten als eine solche Systemklasse die eingangslinearen Systeme

$$\dot{\boldsymbol{x}} = \boldsymbol{a}(\boldsymbol{x}) + \boldsymbol{B}(\boldsymbol{x}) \cdot \boldsymbol{u}$$

oder allgemeiner nichtlineare Systeme

$$\dot{\boldsymbol{x}} = \boldsymbol{f}(\boldsymbol{x}, \boldsymbol{u}),$$

die beide in nichtlinearer Regelungsnormalform vorliegen oder in diese eineindeutig transformiert werden können. Aus der nichtlinearen Regelungsnormalform

$$\begin{bmatrix} \dot{x}_1 \\ \vdots \\ \dot{x}_{n_1-1} \\ \dot{x}_{n_1} \\ \dot{x}_{n_1+1} \\ \vdots \\ \dot{x}_{n_2-1} \\ \dot{x}_{n_2} \\ \vdots \\ \dot{x}_{n_{m-1}+1} \\ \vdots \\ \dot{x}_{n-1} \\ \dot{x}_n \end{bmatrix} = \begin{bmatrix} x_2 \\ \vdots \\ x_{n_1} \\ \alpha_1(\boldsymbol{x}) \\ x_{n_1+2} \\ \vdots \\ x_{n_2} \\ \alpha_2(\boldsymbol{x}) \\ \vdots \\ x_{n_{m-1}+2} \\ \vdots \\ x_n \\ \alpha_m(\boldsymbol{x}) \end{bmatrix} + \begin{bmatrix} 0 & 0 & 0 & \cdots & 0 & 0 \\ \vdots & \vdots & \vdots & \ddots & \vdots & \vdots \\ 0 & 0 & 0 & \cdots & 0 & 0 \\ \beta_{1,1}(\boldsymbol{x}) & \beta_{1,2}(\boldsymbol{x}) & \beta_{1,3}(\boldsymbol{x}) & \cdots & \beta_{1,m-1}(\boldsymbol{x}) & \beta_{1,m}(\boldsymbol{x}) \\ 0 & 0 & 0 & \cdots & 0 & 0 \\ \vdots & \vdots & \vdots & \ddots & \vdots & \vdots \\ 0 & 0 & 0 & \cdots & 0 & 0 \\ 0 & \beta_{2,2}(\boldsymbol{x}) & \beta_{2,3}(\boldsymbol{x}) & \cdots & \beta_{2,m-1}(\boldsymbol{x}) & \beta_{2,m}(\boldsymbol{x}) \\ \vdots & \vdots & \vdots & \ddots & \vdots & \vdots \\ 0 & 0 & 0 & \cdots & 0 & 0 \\ \vdots & \vdots & \vdots & \ddots & \vdots & \vdots \\ 0 & 0 & 0 & \cdots & 0 & 0 \\ 0 & 0 & 0 & \cdots & 0 & \beta_{m,m}(\boldsymbol{x}) \end{bmatrix} \begin{bmatrix} u_1 \\ u_2 \\ u_3 \\ \vdots \\ u_{m-1} \\ u_m \end{bmatrix}$$

kann direkt

$$\boldsymbol{y} = \begin{bmatrix} x_1 \\ x_{n_1+1} \\ \vdots \\ x_{n_{m-1}+1} \end{bmatrix}$$

als flacher Ausgang gewonnen werden. Dass $\boldsymbol{y}$ ein flacher Ausgang ist, lässt sich ähnlich wie im Fall der Steuerbarkeit der linearen Regelungsnormalform in Abschnitt 3.1.3 wie folgt nachweisen. Man bildet mit den Ordnungen δ_i der m Teilsysteme

$$\begin{aligned} n_1 &= \delta_1, \\ n_2 &= \delta_1 + \delta_2, \\ &\vdots \\ n_{m-1} &= \delta_1 + \ldots + \delta_{m-1}, \\ n &= \delta_1 + \ldots + \delta_m \end{aligned}$$

die Ableitungen

$$\begin{array}{llll} y_1 = x_1, & y_2 = x_{n_1+1}, & \ldots, & y_m = x_{n_{m-1}+1}, \\ \dot{y}_1 = \dot{x}_1 = x_2, & \dot{y}_2 = x_{n_1+2}, & \ldots, & \dot{y}_m = x_{n_{m-1}+2}, \\ \ddot{y}_1 = \dot{x}_2 = x_3, & \ddot{y}_2 = x_{n_1+3}, & \ldots, & \ddot{y}_m = x_{n_{m-1}+3}, \\ \vdots & \vdots & & \vdots \\ y_1^{(\delta_1-1)} = x_{n_1}, & y_2^{(\delta_2-1)} = x_{n_2}, & \ldots, & y_m^{(\delta_m-1)} = x_n \end{array}$$

und erhält mit

$$\delta_{\max} = \max\{\delta_i, i = 1, \ldots, m\}$$

die Gleichung

$$\begin{aligned} \boldsymbol{x} &= [y_1 \ \dot{y}_1 \ \ldots \ y_1^{(\delta_1-1)} \ \ldots \ y_m \ \dot{y}_m \ \ldots \ y_m^{(\delta_m-1)}]^T \\ &= \boldsymbol{\Psi}_1(\boldsymbol{y}, \dot{\boldsymbol{y}}, \ldots, \boldsymbol{y}^{(\delta_{\max}-1)}). \end{aligned} \tag{3.80}$$

Des Weiteren gilt, wenn

$$\boldsymbol{D}(\boldsymbol{x}) = \begin{bmatrix} \beta_{1,1}(\boldsymbol{x}) & \beta_{1,2}(\boldsymbol{x}) & \cdots & \beta_{1,m}(\boldsymbol{x}) \\ 0 & \beta_{2,2}(\boldsymbol{x}) & \cdots & \beta_{2,m}(\boldsymbol{x}) \\ 0 & 0 & \cdots & \beta_{3,m}(\boldsymbol{x}) \\ \vdots & \vdots & \ddots & \vdots \\ 0 & 0 & \cdots & \beta_{m,m}(\boldsymbol{x}) \end{bmatrix}$$

für alle $\boldsymbol{x}$ regulär ist,

$$\boldsymbol{u} = \boldsymbol{D}^{-1}(\boldsymbol{x}) \left(- \begin{bmatrix} \alpha_1(\boldsymbol{x}) \\ \alpha_2(\boldsymbol{x}) \\ \vdots \\ \alpha_m(\boldsymbol{x}) \end{bmatrix} + \begin{bmatrix} y_1^{(\delta_1)} \\ y_2^{(\delta_2)} \\ \vdots \\ y_m^{(\delta_m)} \end{bmatrix} \right)$$

und mit Gl. (3.80)

$$
\begin{aligned}
\boldsymbol{u} = \boldsymbol{D}^{-1}\left(\boldsymbol{\Psi}_1(\boldsymbol{y},\dot{\boldsymbol{y}},\ldots,\boldsymbol{y}^{(\delta_{\max}-1)})\right)&\left(\begin{bmatrix} y_1^{(\delta_1)} \\ y_2^{(\delta_2)} \\ \vdots \\ y_m^{(\delta_m)} \end{bmatrix} - \begin{bmatrix} \alpha_1(\boldsymbol{\Psi}_1(\boldsymbol{y},\dot{\boldsymbol{y}},\ldots,\boldsymbol{y}^{(\delta_{\max}-1)})) \\ \alpha_2(\boldsymbol{\Psi}_1(\boldsymbol{y},\dot{\boldsymbol{y}},\ldots,\boldsymbol{y}^{(\delta_{\max}-1)})) \\ \vdots \\ \alpha_m(\boldsymbol{\Psi}_1(\boldsymbol{y},\dot{\boldsymbol{y}},\ldots,\boldsymbol{y}^{(\delta_{\max}-1)})) \end{bmatrix}\right) \\
= \boldsymbol{\Psi}_2(\boldsymbol{y},\dot{\boldsymbol{y}},\ldots,\boldsymbol{y}^{(\delta_{\max})}).&
\end{aligned} \tag{3.81}
$$

Mit den Funktionen (3.80) und (3.81) ist also gemäß Definition 22 der Nachweis erbracht, dass $\boldsymbol{y}$ ein flacher Ausgang ist. Wir können somit folgendes hinreichendes Kriterium für MIMO-Systeme formulieren. Für SISO-Systeme ist es nicht nur hinreichend, sondern auch notwendig [270].

Satz 45 (Flachheit der nichtlinearen Regelungsnormalform). *Ein System*

$$\dot{\boldsymbol{x}} = \boldsymbol{f}(\boldsymbol{x},\boldsymbol{u})$$

mit $\boldsymbol{x} \in I\!R^n$ und $\boldsymbol{u} \in I\!R^m$ ($u \in I\!R$) ist flach (genau dann flach), wenn es in nichtlinearer Regelungsnormalform vorliegt oder durch eine eineindeutige Koordinatentransformation in diese überführt werden kann und wenn

$$\det(\boldsymbol{D}(\boldsymbol{x})) \neq 0$$

für alle $\boldsymbol{x} \in I\!R^n$ gilt.

Da es durchaus viele Systeme gibt, die in nichtlineare Regelungsnormalform transformierbar sind, hat obiger Satz eine große Bedeutung. Das gilt umso mehr, als dass es kein allgemeines, praktisch handhabbares Kriterium zum Nachweis der Flachheit gibt. Allerdings existiert eine notwendige Bedingung [80, 251]. Mit ihr lässt sich zumindest nachweisen, dass ein System nicht flach ist.

Diese notwendige Bedingung liefert folgendes geometrisches Kriterium, das auf einer Geraden, die in einer Hyperfläche liegt, basiert.

Satz 46 (Geradenbedingung für Flachheit). *Gegeben sei das System*

$$\dot{\boldsymbol{x}} = \boldsymbol{f}(\boldsymbol{x},\boldsymbol{u}), \quad \boldsymbol{x} \in I\!R^n, \boldsymbol{u} \in I\!R^m,$$

und das durch Elimination von $\boldsymbol{u}$ aus diesem System entstandene unterbestimmte System

$$\boldsymbol{h}(\boldsymbol{x},\dot{\boldsymbol{x}}) = \boldsymbol{0}$$

mit $\dim(\boldsymbol{h}) = n - m$. *Wenn das System $\dot{\boldsymbol{x}} = \boldsymbol{f}(\boldsymbol{x},\boldsymbol{u})$ flach ist, existiert ein reeller Zahlenvektor $\boldsymbol{a} \neq \boldsymbol{0}$ mit $\boldsymbol{a} \in I\!R^n$, so dass die algebraische Gleichung*

$$\boldsymbol{h}(\boldsymbol{p},\boldsymbol{q} + \lambda\boldsymbol{a}) = \boldsymbol{0}$$

für alle reellen Zahlen λ und alle $\boldsymbol{p},\boldsymbol{q} \in I\!R^n$, für die $\boldsymbol{h}(\boldsymbol{p},\boldsymbol{q}) = \boldsymbol{0}$ gilt, erfüllt ist.

Wir betrachten als Beispiel

$$\dot{x}_1 = u, \tag{3.82}$$

$$\dot{x}_2 = -x_1 + u^3. \tag{3.83}$$

Nach Einsetzen von Gl. (3.82) in Gl. (3.83) ergibt sich das unterbestimmte Gleichungssystem

$$h(\boldsymbol{x}, \dot{\boldsymbol{x}}) = -x_1 + \dot{x}_1^3 - \dot{x}_2 = 0$$

und mit $\boldsymbol{p} = [p_1 \ \ p_2]^T$ und $\boldsymbol{q} = [q_1 \ \ q_2]^T$ die algebraische Gleichung

$$h(\boldsymbol{p}, \boldsymbol{q} + \lambda \boldsymbol{a}) = -p_1 + (q_1 + \lambda a_1)^3 - (q_2 + \lambda a_2) = 0.$$

Hieraus folgt

$$a_1^3\lambda^3 + 3a_1^2 q_1 \lambda^2 + (3a_1 q_1^2 - a_2)\lambda + q_1^3 - p_1 - q_2 = 0. \tag{3.84}$$

Wir setzen noch

$$h(\boldsymbol{p}, \boldsymbol{q}) = q_1^3 - p_1 - q_2 = 0$$

in Gl. (3.84) ein und erhalten als notwendige Bedingung für die Flachheit die Gleichung

$$a_1^3\lambda^3 + 3a_1^2 q_1 \lambda^2 + (3a_1 q_1^2 - a_2)\lambda = 0,$$

die für alle $\lambda \in I\!R$ erfüllt sein muss. Letzteres ist nur möglich, wenn

$$a_1 = a_2 = 0$$

gilt. Es existiert also kein $\boldsymbol{a} \neq \boldsymbol{0}$, das die Bedingung des Satzes 46 erfüllt. Folglich ist das System (3.82), (3.83) nicht flach.

Abschließend wollen wir noch autonome Systeme

$$\dot{\boldsymbol{x}} = \boldsymbol{f}(\boldsymbol{x})$$

betrachten, d. h. Systeme, die nicht von einem Eingangsgrößenvektor $\boldsymbol{u}(t)$ oder explizit von der Zeit t abhängen. Nehmen wir an, wir hätten einen flachen Ausgang $\boldsymbol{y}$ für ein solches System gefunden. Dann gilt gemäß der Flachheitsdefinition 22

$$\boldsymbol{x} = \boldsymbol{\Psi}_1(\boldsymbol{y}, \dot{\boldsymbol{y}}, \ldots, \boldsymbol{y}^{(\beta)}).$$

Setzt man diese Beziehung in die Differenzialgleichung $\dot{\boldsymbol{x}} = \boldsymbol{f}(\boldsymbol{x})$ ein, so ergibt sich

$$\frac{\partial \boldsymbol{\Psi}_1}{\partial \boldsymbol{y}}\dot{\boldsymbol{y}} + \frac{\partial \boldsymbol{\Psi}_1}{\partial \dot{\boldsymbol{y}}}\ddot{\boldsymbol{y}} + \ldots + \frac{\partial \boldsymbol{\Psi}_1}{\partial \boldsymbol{y}^{(\beta)}}\boldsymbol{y}^{(\beta+1)} = \boldsymbol{f}(\boldsymbol{\Psi}_1(\boldsymbol{y}, \dot{\boldsymbol{y}}, \ldots, \boldsymbol{y}^{(\beta)})).$$

Diese Gleichung widerspricht jedoch der Forderung (3.42) nach differenzieller Unabhängigkeit eines flachen Ausgangs, d. h. der Forderung, dass keine Differenzialgleichung

$$\boldsymbol{\varphi}(\boldsymbol{y}, \dot{\boldsymbol{y}}, \ldots, \boldsymbol{y}^{(\gamma)}) = \boldsymbol{0}$$

existiert. Folglich gilt

Satz 47 (Fehlende Flachheit autonomer Systeme). *Ein autonomes System $\dot{\boldsymbol{x}} = \boldsymbol{f}(\boldsymbol{x})$ ist nicht flach.*

Der Satz folgt auch unmittelbar aus der Tatsache, dass bei autonomen Systemen kein flacher Ausgang $\boldsymbol{y}$ existieren kann, weil die Bedingung (3) der Definition 22, $\dim(\boldsymbol{y}) = \dim(\boldsymbol{u})$, nicht erfüllbar ist.

Der Anwendung der Flachheitstheorie für den Entwurf von Steuerungen und Regelungen widmen wir uns in Abschnitt 5.4. Ergänzende Literatur findet sich in [46, 58, 80, 81, 178, 251, 252, 255, 270, 320].

3.3 Nichtlineare Zustandstransformationen

3.3.1 Transformation und transformierte Systemgleichung

In der linearen Systemtheorie hat es sich oftmals als sehr nützlich erwiesen, die Beschreibung

$$\dot{\boldsymbol{x}} = \boldsymbol{A}\boldsymbol{x} + \boldsymbol{B}\boldsymbol{u} \tag{3.85}$$

eines Systems in eine andere Darstellung zu transformieren. Dies geschieht mittels einer Koordinatentransformation

$$\boldsymbol{x} = \boldsymbol{T}\boldsymbol{z}, \tag{3.86}$$

wobei der Vektor $\boldsymbol{z}$ die neuen Koordinaten repräsentiert. Die Matrix $\boldsymbol{T}$ ist eine reguläre $n \times n$ - Matrix. Die neue Systemdarstellung ist dann

$$\dot{\boldsymbol{z}} = \boldsymbol{T}^{-1}\boldsymbol{A}\boldsymbol{T}\boldsymbol{z} + \boldsymbol{T}^{-1}\boldsymbol{B}\boldsymbol{u}. \tag{3.87}$$

Oftmals wählt man die Transformationsmatrix $\boldsymbol{T}$ so, dass die neue Systemmatrix $\boldsymbol{T}^{-1}\boldsymbol{A}\boldsymbol{T}$ Diagonalgestalt oder die Gestalt einer Begleitmatrix

$$\boldsymbol{T}^{-1}\boldsymbol{A}\boldsymbol{T} = \begin{bmatrix} 0 & 1 & 0 & \cdots & 0 \\ 0 & 0 & 1 & \cdots & 0 \\ \vdots & \vdots & \vdots & & \vdots \\ -a_0 & -a_1 & -a_2 & \cdots & -a_{n-1} \end{bmatrix}$$

besitzt. Diese Darstellungen sind nützlich für den Reglerentwurf oder um Systemeigenschaften aus ihnen direkt ablesen zu können.

Auch bei nichtlinearen Systemen

$$\dot{\boldsymbol{x}} = \boldsymbol{f}(\boldsymbol{x}, \boldsymbol{u}) \tag{3.88}$$

können Transformationen

$$\boldsymbol{z} = \boldsymbol{q}(\boldsymbol{x}) \quad \text{bzw.} \quad \boldsymbol{x} = \boldsymbol{q}^{-1}(\boldsymbol{z}) \tag{3.89}$$

sinnvoll sein, wenn es mit ihnen gelingt, das System in eine z. B. für den Reglerentwurf geeignete Form zu bringen. Auch für die Untersuchung eines eingangslinearen Systems auf Steuerbarkeit ist, wie wir im vorherigen Kapitel erkannt haben, die Möglichkeit ein System, in eine solche spezielle Darstellungsform, die Regelungsnormalform, zu transformieren, wichtig.

In der Regel fordert man, dass die Transformationen (3.89) stetig differenzierbar und eineindeutig sind. Letzteres bedeutet, dass jedem $\boldsymbol{x}$ genau ein $\boldsymbol{z}$ und umgekehrt zugeordnet werden kann. Eine solche Transformation bezeichnet man als *Diffeomorphismus*. Die transformierte Beschreibung ergibt sich durch Einsetzen der Transformationsgleichung (3.89) in die Systembeschreibung (3.88). Wir erhalten so

$$\frac{d\boldsymbol{q}^{-1}(\boldsymbol{z})}{dt} = \boldsymbol{f}(\boldsymbol{q}^{-1}(\boldsymbol{z}), \boldsymbol{u}),$$

woraus

$$\frac{\partial \boldsymbol{q}^{-1}(\boldsymbol{z})}{\partial \boldsymbol{z}} \cdot \dot{\boldsymbol{z}} = \boldsymbol{f}(\boldsymbol{q}^{-1}(\boldsymbol{z}), \boldsymbol{u})$$

und schließlich die transformierte Systemdarstellung

$$\dot{\boldsymbol{z}} = \left(\frac{\partial \boldsymbol{q}^{-1}(\boldsymbol{z})}{\partial \boldsymbol{z}}\right)^{-1} \boldsymbol{f}(\boldsymbol{q}^{-1}(\boldsymbol{z}), \boldsymbol{u}) = \hat{\boldsymbol{f}}(\boldsymbol{z}, \boldsymbol{u}) \tag{3.90}$$

folgt. Auf ähnliche Weise erhält man für die Rücktransformation von $\boldsymbol{z}$-Koordinaten in $\boldsymbol{x}$-Koordinaten die Gleichung

$$\dot{\boldsymbol{x}} = \left(\frac{\partial \boldsymbol{q}(\boldsymbol{x})}{\partial \boldsymbol{x}}\right)^{-1} \hat{\boldsymbol{f}}(\boldsymbol{q}(\boldsymbol{x}), \boldsymbol{u}) = \boldsymbol{f}(\boldsymbol{x}, \boldsymbol{u}). \tag{3.91}$$

Für die in Gl. (3.90) verwendete Inverse der Jacobi-Matrix von $\boldsymbol{q}^{-1}$ gilt aufgrund der Ableitungsregel für Umkehrfunktionen

$$\left(\frac{\partial \boldsymbol{q}^{-1}(\boldsymbol{z})}{\partial \boldsymbol{z}}\right)^{-1} = \left.\frac{\partial \boldsymbol{q}(\boldsymbol{x})}{\partial \boldsymbol{x}}\right|_{\boldsymbol{x}=\boldsymbol{q}^{-1}(\boldsymbol{z})}.$$

In vielen Fällen kann die Anwendung obiger Identität die Berechnung des transformierten Systems in Gl. (3.90) erleichtern.

Hier wird nun die Forderung nach stetiger Differenzierbarkeit von $\boldsymbol{q}$ und $\boldsymbol{q}^{-1}$ plausibel. Ist sie erfüllt, so sind die Elemente der Matrizen

$$\left(\frac{\partial \boldsymbol{q}^{-1}(\boldsymbol{z})}{\partial \boldsymbol{z}}\right)^{-1} \quad \text{und} \quad \frac{\partial \boldsymbol{q}(\boldsymbol{x})}{\partial \boldsymbol{x}}$$

stetig. Wäre dies nicht der Fall, so wäre es möglich, dass die rechte Seite der Differenzialgleichung (3.90) bzw. (3.91) aufgrund der Transformation unstetig ist. Dies wäre jedoch eine unsinnige Situation, denn die linke Seite der Differenzialgleichung, $\dot{\boldsymbol{z}}$ bzw. $\dot{\boldsymbol{x}}$, ist eine Ableitung einer differenzierbaren Funktion

$\boldsymbol{x}(t)$ nach der Zeit, die nicht springen kann, also stetig ist. An dieser Stelle wäre die Lösbarkeit der transformierten Differenzialgleichung also im Gegensatz zur Lösbarkeit der ursprünglichen Differenzialgleichung nicht gegeben.

Für ein lineares System (3.85) und eine lineare Transformation (3.86) lässt sich leicht zeigen, dass aus Gleichung (3.90) die transformierte Systemdarstellung (3.87) folgt. Denn es gilt

$$\boldsymbol{x} = \boldsymbol{q}^{-1}(\boldsymbol{z}) = \boldsymbol{T}\boldsymbol{z} \quad \text{und} \quad \frac{\partial \boldsymbol{q}^{-1}(\boldsymbol{z})}{\partial \boldsymbol{z}} = \boldsymbol{T}.$$

Wir wollen nun noch einen wichtigen Satz über Diffeomorphismen, d. h. eineindeutige und stetig differenzierbare Koordinatentransformationen $\boldsymbol{q}(\boldsymbol{x})$, herleiten. Es gilt

$$\boldsymbol{q}^{-1}(\boldsymbol{q}(\boldsymbol{x})) = \boldsymbol{x}$$

und für die Ableitung dieser Identität

$$\frac{\partial \boldsymbol{q}^{-1}(\boldsymbol{z})}{\partial \boldsymbol{z}} \cdot \frac{\partial \boldsymbol{q}(\boldsymbol{x})}{\partial \boldsymbol{x}} = \boldsymbol{I}.$$

Dabei ist $\boldsymbol{I}$ die Einheitsmatrix. Folglich muss die Jacobi-Matrix $\partial \boldsymbol{q}(\boldsymbol{x})/\partial \boldsymbol{x}$ eines Diffeomorphismus $\boldsymbol{q}(\boldsymbol{x})$ regulär sein.

Die Regularität der Jacobi-Matrix ist aber nicht nur notwendig für einen Diffeomorphismus, sondern auch hinreichend. Denn wenn die Jacobi-Matrix von $\boldsymbol{q}(\boldsymbol{x})$ in einem Punkt $\boldsymbol{x}_0$ regulär ist, dann existiert gemäß dem Hauptsatz über implizite Funktionen [287] eine Umkehrfunktion $\boldsymbol{q}^{-1}$ in einer Umgebung von $\boldsymbol{x}_0$. Ist die Jacobi-Matrix nun nicht nur in einem Punkt $\boldsymbol{x}_0$ regulär, sondern überall auf einer wegzusammenhängenden offenen Menge, so existiert die Umkehrfunktion $\boldsymbol{q}^{-1}$ für alle Punkte dieser Menge. Somit folgt

Satz 48 (Diffeomorphismus). *Eine Funktion $\boldsymbol{z} = \boldsymbol{q}(\boldsymbol{x})$, die auf einer wegzusammenhängenden offenen Menge $D_{\boldsymbol{x}} \subseteq \mathbb{R}^n$ definiert ist, ist genau dann ein Diffeomorphismus auf $D_{\boldsymbol{x}}$, wenn*

$$\det\left(\frac{\partial \boldsymbol{q}(\boldsymbol{x})}{\partial \boldsymbol{x}}\right) \neq 0$$

für alle $\boldsymbol{x} \in D_{\boldsymbol{x}}$ gilt.

Im Allgemeinen ist es möglich, dass die Transformationsgleichung auch eine Abhängigkeit vom Eingangsvektor $\boldsymbol{u}$ und eventuell seinen zeitlichen Ableitungen $\boldsymbol{u}^{(j)}$, $j = 1, \ldots, i$, aufweist. D. h., sie hat die Form

$$\boldsymbol{z} = \boldsymbol{q}(\boldsymbol{x}, \boldsymbol{u}, \dot{\boldsymbol{u}}, \ldots, \boldsymbol{u}^{(i)})$$

bzw.

$$\boldsymbol{x} = \boldsymbol{q}^{-1}(\boldsymbol{z}, \boldsymbol{u}, \dot{\boldsymbol{u}}, \ldots, \boldsymbol{u}^{(i)}). \tag{3.92}$$

Transformieren wir nun das System $\dot{\boldsymbol{x}} = \boldsymbol{f}(\boldsymbol{x}, \boldsymbol{u})$ in $\boldsymbol{z}$-Koordinaten, so gilt nach Einsetzen von Gl. (3.92) in die Systemgleichung $\dot{\boldsymbol{x}} = \boldsymbol{f}(\boldsymbol{x}, \boldsymbol{u})$

$$\begin{aligned}\frac{d\boldsymbol{q}^{-1}(\boldsymbol{z},\boldsymbol{u},\ldots,\boldsymbol{u}^{(i)})}{dt} &= \frac{\partial\boldsymbol{q}^{-1}(\boldsymbol{z},\boldsymbol{u},\ldots,\boldsymbol{u}^{(i)})}{\partial\boldsymbol{z}}\cdot\dot{\boldsymbol{z}}+\sum_{j=0}^{i}\frac{\partial\boldsymbol{q}^{-1}(\boldsymbol{z},\boldsymbol{u},\ldots,\boldsymbol{u}^{(i)})}{\partial\boldsymbol{u}^{(j)}}\cdot\boldsymbol{u}^{(j+1)}\\ &= \boldsymbol{f}(\boldsymbol{q}^{-1}(\boldsymbol{z},\boldsymbol{u},\ldots,\boldsymbol{u}^{(i)}),\boldsymbol{u}).\end{aligned}$$

Hieraus ergibt sich die transformierte Systembeschreibung

$$\dot{\boldsymbol{z}}=\left(\frac{\partial\boldsymbol{q}^{-1}(\boldsymbol{z},\boldsymbol{u},\ldots,\boldsymbol{u}^{(i)})}{\partial\boldsymbol{z}}\right)^{-1}\cdot\left(\boldsymbol{f}(\boldsymbol{q}^{-1}(\boldsymbol{z},\boldsymbol{u},\ldots,\boldsymbol{u}^{(i)}),\boldsymbol{u})-\sum_{j=0}^{i}\frac{\partial\boldsymbol{q}^{-1}(\boldsymbol{z},\boldsymbol{u},\ldots,\boldsymbol{u}^{(i)})}{\partial\boldsymbol{u}^{(j)}}\boldsymbol{u}^{(j+1)}\right).$$

Auf ähnliche Weise lässt sich die Gleichung der Rücktransformation herleiten.

Die Bestimmung einer Transformation $\boldsymbol{z}=\boldsymbol{q}(\boldsymbol{x})$ bzw. $\boldsymbol{z}=\boldsymbol{q}(\boldsymbol{x},\boldsymbol{u},\dot{\boldsymbol{u}},\ldots,\boldsymbol{u}^{(i)})$, die einen Koordinatenwechsel so vornimmt, dass sich eine gewünschte Systemdarstellung ergibt, ist in der Regel mit Aufwand verbunden. Dies ist schon im linearen Fall so, wenn man z. B. ein System diagonalisieren möchte. Denn hierzu muss man seine Eigenvektoren bestimmen, aus denen die Transformationsmatrix $\boldsymbol{T}$ spaltenweise besteht. Im nichtlinearen Fall ist der Aufwand zur Bestimmung der Transformationsvorschrift oft noch viel größer. Diesem Problem widmen wir uns in Abschnitt 3.3.4.

3.3.2 Illustrationsbeispiel

Wir wollen ein nichtlineares Beispiel betrachten. Gegeben sei das System

$$\dot{x} = \frac{1}{x}. \tag{3.93}$$

Diese Differenzialgleichung ist in $x = 0$ nicht definiert. Wir werden daher im Weiteren den Punkt $x = 0$ aus unseren Betrachtungen ausschließen. Als Transformation verwenden wir

$$z = q(x) = e^{\operatorname{sgn}(x)x^2/2} \tag{3.94}$$

bzw.

$$x = q^{-1}(z) = \operatorname{sgn}\left(\ln\left(z^2\right)\right)\left|\ln\left(z^2\right)\right|^{1/2}. \tag{3.95}$$

Die Transformationsvorschriften (3.94) und (3.95) sind eineindeutig, stetig differenzierbar und q bildet den reellen Zahlenraum $\mathbb{R}$ in das Intervall $(0,\infty)$ ab. Bild 3.21 zeigt den Verlauf von $q(x)$. Wir bilden nun die Ableitung

$$\frac{\partial q^{-1}(z)}{\partial z} = \frac{\left|\ln\left(z^2\right)\right|^{-1/2}}{z}$$

und erhalten gemäß Gl. (3.90) für das transformierte System

$$\dot{z} = \left(\frac{\left|\ln\left(z^2\right)\right|^{-1/2}}{z}\right)^{-1}\cdot\left(\frac{1}{\operatorname{sgn}\left(\ln\left(z^2\right)\right)\left|\ln\left(z^2\right)\right|^{1/2}}\right),$$

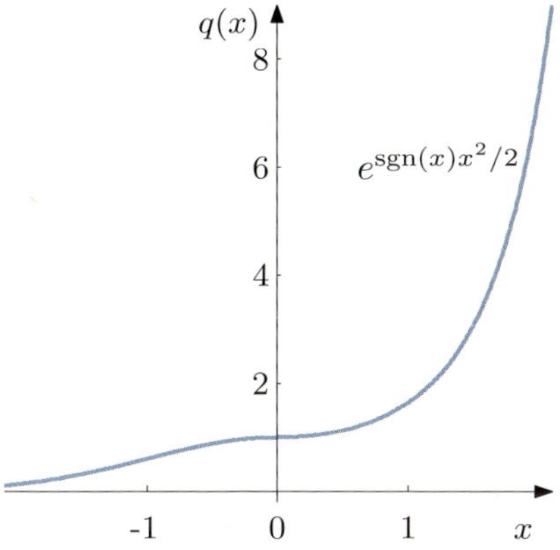

Bild 3.21: Verlauf der Funktion $z = q(x)$.

d. h.

$$\dot{z} = z \operatorname{sgn}\left(\ln\left(z^2\right)\right) = \begin{cases} z, & z > 1, \\ -z, & 0 < z < 1. \end{cases} \tag{3.96}$$

Es ist uns also mittels der Transformation (3.94) gelungen, die nichtlineare Systemdarstellung (3.93) in eine – genauer gesagt zwei – lineare umzuwandeln. Man beachte, dass beide Darstellungen äquivalent zueinander sind, da die Transformation eineindeutig ist.

Abschließend bestimmen wir noch die Lösung der Differenzialgleichung (3.93), indem wir zuerst Gl. (3.96) lösen. Deren Lösung ist

$$z(t) = \begin{cases} z_0 e^{t}, & z > 1, \\ z_0 e^{-t}, & 0 < z < 1, \end{cases}$$

mit dem Anfangswert $z_0 = z(0)$. Durch Transformation mittels Gl. (3.95) erhalten wir die Lösung des nichtlinearen Systems (3.93) zu

$$x(t) = q^{-1}(z(t)) = \begin{cases} \operatorname{sgn}\left(\ln\left(z_0^2 e^{2t}\right)\right) \cdot \left|\ln\left(z_0^2 e^{2t}\right)\right|^{1/2}, & z > 1, \\ \operatorname{sgn}\left(\ln\left(z_0^2 e^{-2t}\right)\right) \cdot \left|\ln\left(z_0^2 e^{-2t}\right)\right|^{1/2}, & 0 < z < 1. \end{cases} \tag{3.97}$$

Wir ersetzen noch den Anfangswert z_0 durch den Anfangswert $x(0) = x_0$. Dazu bilden wir

$$x(0) = \operatorname{sgn}\left(\ln\left(z_0^2\right)\right) \cdot \left|\ln\left(z_0^2\right)\right|^{1/2},$$

woraus

$$\operatorname{sgn}(x_0) = \operatorname{sgn}\left(\ln\left(z_0^2\right)\right)$$

und schließlich unter Berücksichtigung von Gl. (3.94)

$$x_0^2 = \ln\left(z_0^2\right), \quad z_0 > 1,$$
$$-x_0^2 = \ln\left(z_0^2\right), \quad 0 < z_0 < 1,$$

folgt. Setzt man diese Ergebnisse in Gl. (3.97) ein, so erhält man schließlich

$$\begin{aligned} x(t) &= \begin{cases} \operatorname{sgn}(x_0) \cdot \left|x_0^2 + 2t\right|^{1/2}, & x_0 > 0, \\ \operatorname{sgn}(x_0) \cdot \left|-x_0^2 - 2t\right|^{1/2}, & x_0 < 0, \end{cases} \\ &= \operatorname{sgn}(x_0) \cdot \left(x_0^2 + 2t\right)^{1/2}, \quad x \neq 0, \end{aligned}$$

als Lösung von $\dot{x} = 1/x$.

3.3.3 Beispiel Park-Transformation

Eine der wichtigsten nichtlinearen Transformationen in der Technik ist die Park-Transformation. Mit ihr lassen sich die Modellgleichungen von Synchron- und Asynchronmaschinen wesentlich vereinfachen.

Wir wollen im Weiteren Asynchronmaschinen betrachten, deren Rotoren über Schleifringe und einen Stromrichter mit einem Drehstrom einstellbarer Frequenz $\Delta\omega$ versorgt werden, sogenannte doppeltgespeiste Asynchronmaschinen. Sie sind häufig eingesetzte Generatoren in Windenergieanlagen. Gegenüber anderen Generatorkonzepten haben sie in dieser Anwendung verschiedene Vorteile. So benötigen sie nur einen kleinen Stromrichter, der lediglich den Rotorstrom umrichtet, der über Schleifringe den Rotorwicklungen zugeführt wird. Über die Rotorspannung können des Weiteren sowohl die erzeugte Wirkleistung wie auch die Blindleistung geregelt werden. Vorteilhaft ist auch, dass die Statorspannung $\boldsymbol{u}_{\mathrm{sabc}}$ auf die Netzspannung eingestellt werden kann und die Frequenz der Statorströme bei sich ändernder Drehzahl des Rotorblattes aufgrund variierender Windgeschwindigkeiten konstant auf der Netzfrequenz gehalten werden kann. Nachteilig dagegen sind die Schleifringe des Rotors, da sie sich abnutzen und Wartung erfordern. Bild 3.22 illustriert den Aufbau der Anlage.

Zuerst wollen wir das Modell der doppeltgespeisten Asynchronmaschine [157, 164] herleiten. Bild 3.23 zeigt hierfür die Stator- und Rotorwicklungen und ihre Stellung zueinander. Der Rotor des Asynchrongenerators dreht sich vom Windrad angetrieben mit der mechanischen Frequenz

$$\omega_{\mathrm{m}} = \dot{\Theta}.$$

Dabei ist Θ der Winkel zwischen der Rotorwicklung der Phase a_{r} und der Statorwicklung der Phase a_{s}, wie in Bild 3.23 gezeigt. Die Indizes r und s stehen für Rotor und Stator. Über die Schleifringe werden durch die Umrichter Rotorströme mit der Frequenz $\Delta\omega$ in die Rotorwicklungen gespeist. Bei einer Maschine mit p Polpaaren läuft dann das Magnetfeld des Rotors mit der Frequenz

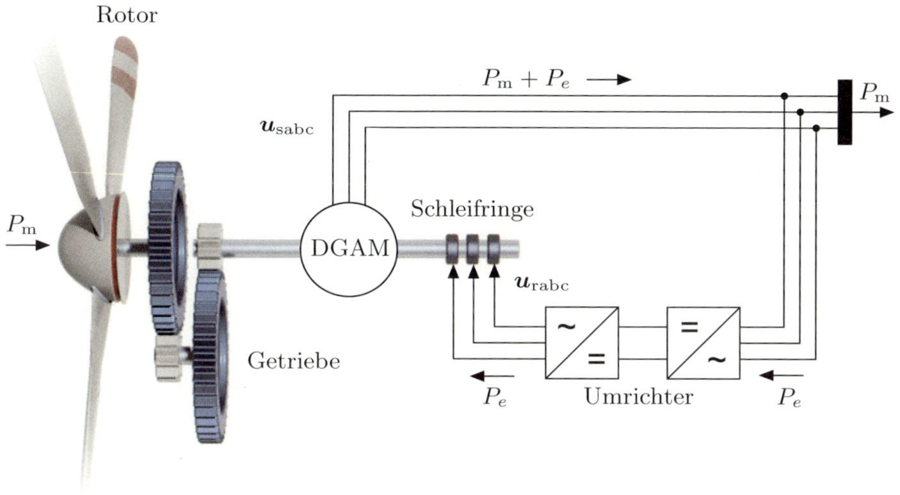

Bild 3.22: Windenergieanlage mit doppeltgespeister Asynchronmaschine (DGAM). Dargestellt sind auch der Energiefluss mit der aufgenommenen Windleistung $P_{\rm m}$ und der Leistung des Rotorkreises P_e bei zu null angenommenen Verlusten sowie die Vektoren $\boldsymbol{u}_{\rm sabc}$ und $\boldsymbol{u}_{\rm rabc}$ der Stator- und Rotorspannungen der Phasen a, b, c.

$$\frac{\Delta\omega}{p} = \dot{\varphi}$$

auf dem Rotor um. Hierbei ist φ der Drehwinkel des Rotormagnetfeldes. Bezüglich des Stators dreht sich das Rotorfeld also mit der Frequenz

$$\omega_{\rm s} = \omega_{\rm m} + \frac{\Delta\omega}{p}.$$

In den Statorwicklungen induziert das Rotorfeld nun ein Magnetfeld, das ebenfalls mit

$$\omega_{\rm s} = \dot{\beta} = \dot{\Theta} + \dot{\varphi}$$

umläuft, wobei $\beta = \Theta + \varphi$ der Drehwinkel des Statorfeldes ist. Die Frequenz des Statorfeldes $\dot{\beta}$ entspricht also der Summe der mechanischen Drehfrequenz $\dot{\Theta}$ und der Frequenz $\dot{\varphi}$ des Rotorfeldes. Da die Asynchronmaschine p Polpaare besitzt, wird eine Spannung der Frequenz

$$\omega_{\rm elektr.} = p \cdot \omega_{\rm s}$$

an den Statorklemmen erzeugt. Die relative Differenz

$$s = \frac{\omega_{\rm s} - \omega_{\rm m}}{\omega_{\rm s}} = \frac{\dot{\varphi}}{\omega_{\rm s}} \tag{3.98}$$

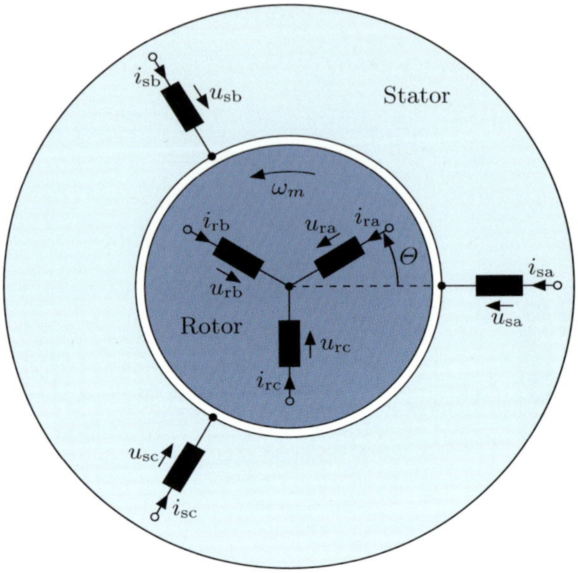

Bild 3.23: Rotor- und Statorwicklungen und ihre Stellung zueinander.

zwischen der Frequenz ω_{s} des Statorfeldes und der mechanischen Frequenz ω_{m} des Rotors heißt Schlupf. Man kann also mittels

$$\omega_{\text{elektr.}} = p \cdot \omega_{\mathrm{s}} = p \cdot \omega_{\mathrm{m}} + \Delta\omega$$

bei vorgegebener Frequenz ω_{m}, d. h. Drehzahl des Windrades, durch Vorgabe der Rotorfrequenz $\Delta\omega$ die Generatorfrequenz $\omega_{\text{elektr.}} = p\,\omega_{\mathrm{s}}$ einstellen und sie so bei schwankender Windraddrehzahl der Netzfrequenz anpassen.

Wir können für die Statorspannungen der Phasen a_{s}, b_{s}, c_{s}

$$\underbrace{\begin{bmatrix} u_{\mathrm{sa}} \\ u_{\mathrm{sb}} \\ u_{\mathrm{sc}} \end{bmatrix}}_{\boldsymbol{u}_{\mathrm{sabc}}} = \underbrace{\begin{bmatrix} \dot{\Psi}_{\mathrm{sa}} \\ \dot{\Psi}_{\mathrm{sb}} \\ \dot{\Psi}_{\mathrm{sc}} \end{bmatrix}}_{\dot{\boldsymbol{\Psi}}_{\mathrm{sabc}}} + \underbrace{\begin{bmatrix} R_{\mathrm{s}} & 0 & 0 \\ 0 & R_{\mathrm{s}} & 0 \\ 0 & 0 & R_{\mathrm{s}} \end{bmatrix}}_{\boldsymbol{R}_{\mathrm{s}}} \underbrace{\begin{bmatrix} i_{\mathrm{sa}} \\ i_{\mathrm{sb}} \\ i_{\mathrm{sc}} \end{bmatrix}}_{\boldsymbol{i}_{\mathrm{sabc}}} \tag{3.99}$$

schreiben, wobei Ψ_{sa} die magnetische Flussverkettung und $\dot{\Psi}_{\mathrm{sa}}$ die induzierte Spannung der Wicklung der Phase a_{s} ist, i_{sa} der Strom in ihr und R_{s} ihr ohmscher Widerstand. Ähnlich erhalten wir für die Rotorspannungen

$$\underbrace{\begin{bmatrix} u_{\mathrm{ra}} \\ u_{\mathrm{rb}} \\ u_{\mathrm{rc}} \end{bmatrix}}_{\boldsymbol{u}_{\mathrm{rabc}}} = \underbrace{\begin{bmatrix} \dot{\Psi}_{\mathrm{ra}} \\ \dot{\Psi}_{\mathrm{rb}} \\ \dot{\Psi}_{\mathrm{rc}} \end{bmatrix}}_{\dot{\boldsymbol{\Psi}}_{\mathrm{rabc}}} + \underbrace{\begin{bmatrix} R_{\mathrm{r}} & 0 & 0 \\ 0 & R_{\mathrm{r}} & 0 \\ 0 & 0 & R_{\mathrm{r}} \end{bmatrix}}_{\boldsymbol{R}_{\mathrm{r}}} \underbrace{\begin{bmatrix} i_{\mathrm{ra}} \\ i_{\mathrm{rb}} \\ i_{\mathrm{rc}} \end{bmatrix}}_{\boldsymbol{i}_{\mathrm{rabc}}} \tag{3.100}$$

mit dem Widerstand R_r einer Rotorwicklung und den entsprechenden Spannungen, Strömen und Flussverkettungen.

Stator- und Rotorwicklungen sind über die magnetischen Flüsse $\boldsymbol{\Psi}_{rabc}$ bzw. $\boldsymbol{\Psi}_{sabc}$ verkoppelt. Da sich der Rotor mit $\omega_m = \dot{\Theta}$ dreht, ändern sich die Gegeninduktivitäten von Rotor- und Statorwicklungen mit dem Rotorwinkel Θ.

Für die Flussverkettung der Statorwicklung der Phase a_s gilt daher

$$\Psi_{sa} = L_{ss} i_{sa} + L_{gs}(i_{sb} + i_{sc}) + L_{gsr}\left(i_{ra}\cos(\Theta) + i_{rb}\cos(\Theta + \frac{2\pi}{3}) + i_{rc}\cos(\Theta - \frac{2\pi}{3})\right) \tag{3.101}$$

und für die Rotorwicklung der Phase a_r

$$\Psi_{ra} = L_{sr} i_{ra} + L_{gr}(i_{rb} + i_{rc}) + L_{gsr}\left(i_{sa}\cos(\Theta) + i_{sb}\cos(\Theta - \frac{2\pi}{3}) + i_{sc}\cos(\Theta + \frac{2\pi}{3})\right). \tag{3.102}$$

Dabei ist L_{ss} die Selbstinduktivität der Statorwicklungen, L_{sr} die der Rotorwicklungen, L_{gs} die Gegeninduktivität zweier Statorwicklungen, L_{gr} die zweier Rotorwicklungen und L_{gsr} die Gegeninduktivität der Statorwicklung der Phase a_s zur Rotorwicklung der Phase a_r bei $\Theta = 0$.

Mit

$$i_{sa} + i_{sb} + i_{sc} = 0, \quad i_{ra} + i_{rb} + i_{rc} = 0$$

und

$$L_s = L_{ss} - L_{gs}, \quad L_r = L_{sr} - L_{gr}$$

folgen aus den Gl. (3.101) und (3.102) die Gleichungen

$$\begin{aligned}
\Psi_{sa} &= L_s i_{sa} + L_{gsr}\left(i_{ra}\cos(\Theta) + i_{rb}\cos(\Theta + \frac{2\pi}{3}) + i_{rc}\cos(\Theta - \frac{2\pi}{3})\right), \\
\Psi_{ra} &= L_r i_{sa} + L_{gsr}\left(i_{sa}\cos(\Theta) + i_{sb}\cos(\Theta - \frac{2\pi}{3}) + i_{sc}\cos(\Theta + \frac{2\pi}{3})\right).
\end{aligned}$$

Betrachtet man nun auch die Phasen b und c, so erhält man für die Flussverkettungen des Stators

$$\underbrace{\begin{bmatrix}\Psi_{sa}\\ \Psi_{sb}\\ \Psi_{sc}\end{bmatrix}}_{\boldsymbol{\Psi}_{sabc}} = \underbrace{\begin{bmatrix}L_s & 0 & 0\\ 0 & L_s & 0\\ 0 & 0 & L_s\end{bmatrix}}_{\boldsymbol{L}_s}\underbrace{\begin{bmatrix}i_{sa}\\ i_{sb}\\ i_{sc}\end{bmatrix}}_{\boldsymbol{i}_{sabc}} + L_{gsr}\underbrace{\begin{bmatrix}\cos(\Theta) & \cos(\Theta + \frac{2\pi}{3}) & \cos(\Theta - \frac{2\pi}{3})\\ \cos(\Theta - \frac{2\pi}{3}) & \cos(\Theta) & \cos(\Theta + \frac{2\pi}{3})\\ \cos(\Theta + \frac{2\pi}{3}) & \cos(\Theta - \frac{2\pi}{3}) & \cos(\Theta)\end{bmatrix}}_{\boldsymbol{\Gamma}_s(\Theta)}\underbrace{\begin{bmatrix}i_{ra}\\ i_{rb}\\ i_{rc}\end{bmatrix}}_{\boldsymbol{i}_{rabc}} \tag{3.103}$$

und für die des Rotors

$$\underbrace{\begin{bmatrix}\Psi_{\mathrm{ra}}\\ \Psi_{\mathrm{rb}}\\ \Psi_{\mathrm{rc}}\end{bmatrix}}_{\boldsymbol{\Psi}_{\mathrm{rabc}}}=\underbrace{\begin{bmatrix}L_{\mathrm{r}} & 0 & 0\\ 0 & L_{\mathrm{r}} & 0\\ 0 & 0 & L_{\mathrm{r}}\end{bmatrix}}_{\boldsymbol{L}_{\mathrm{r}}}\underbrace{\begin{bmatrix}i_{\mathrm{ra}}\\ i_{\mathrm{rb}}\\ i_{\mathrm{rc}}\end{bmatrix}}_{\boldsymbol{i}_{\mathrm{rabc}}}+L_{\mathrm{gsr}}\underbrace{\begin{bmatrix}\cos(\Theta) & \cos(\Theta-\frac{2\pi}{3}) & \cos(\Theta+\frac{2\pi}{3})\\ \cos(\Theta+\frac{2\pi}{3}) & \cos(\Theta) & \cos(\Theta-\frac{2\pi}{3})\\ \cos(\Theta-\frac{2\pi}{3}) & \cos(\Theta+\frac{2\pi}{3}) & \cos(\Theta)\end{bmatrix}}_{\boldsymbol{\Gamma}_{\mathrm{r}}(\Theta)}\underbrace{\begin{bmatrix}i_{\mathrm{sa}}\\ i_{\mathrm{sb}}\\ i_{\mathrm{sc}}\end{bmatrix}}_{\boldsymbol{i}_{\mathrm{sabc}}}. \tag{3.104}$$

In vektorieller Form ergibt sich aus den Gl. (3.99), (3.100), (3.103), (3.104)

$$\begin{bmatrix}\dot{\boldsymbol{\Psi}}_{\mathrm{sabc}}\\ \dot{\boldsymbol{\Psi}}_{\mathrm{rabc}}\end{bmatrix}=\begin{bmatrix}\boldsymbol{u}_{\mathrm{sabc}}\\ \boldsymbol{u}_{\mathrm{rabc}}\end{bmatrix}-\begin{bmatrix}\boldsymbol{R}_{\mathrm{s}} & \boldsymbol{0}\\ \boldsymbol{0} & \boldsymbol{R}_{\mathrm{r}}\end{bmatrix}\begin{bmatrix}\boldsymbol{i}_{\mathrm{sabc}}\\ \boldsymbol{i}_{\mathrm{rabc}}\end{bmatrix}, \tag{3.105}$$

$$\begin{bmatrix}\boldsymbol{\Psi}_{\mathrm{sabc}}\\ \boldsymbol{\Psi}_{\mathrm{rabc}}\end{bmatrix}=\begin{bmatrix}\boldsymbol{L}_{\mathrm{s}} & \boldsymbol{0}\\ \boldsymbol{0} & \boldsymbol{L}_{\mathrm{r}}\end{bmatrix}\begin{bmatrix}\boldsymbol{i}_{\mathrm{sabc}}\\ \boldsymbol{i}_{\mathrm{rabc}}\end{bmatrix}+L_{\mathrm{gsr}}\begin{bmatrix}\boldsymbol{0} & \boldsymbol{\Gamma}_{\mathrm{s}}(\Theta)\\ \boldsymbol{\Gamma}_{\mathrm{r}}(\Theta) & \boldsymbol{0}\end{bmatrix}\begin{bmatrix}\boldsymbol{i}_{\mathrm{sabc}}\\ \boldsymbol{i}_{\mathrm{rabc}}\end{bmatrix}. \tag{3.106}$$

Hierbei erhält man den Winkel Θ der Rotorstellung über die mechanische Gleichung

$$\ddot{\Theta}=\frac{M}{J}, \tag{3.107}$$

wobei M das wirksame Drehmoment an der Rotorwelle und J das Trägheitsmoment der sich drehenden Teile ist. Zusammen bilden die Gleichungen (3.105), (3.106) und (3.107) das Modell des Asynchrongenerators.

In Gl. (3.106) sind die Gegeninduktivitäten $L_{\mathrm{gsr}}\boldsymbol{\Gamma}_{\mathrm{s}}(\Theta)$ und $L_{\mathrm{gsr}}\boldsymbol{\Gamma}_{\mathrm{r}}(\Theta)$ vom Rotorwinkel $\Theta(t)$ und damit von der Zeit abhängig. Wenn man nun in Gl. (3.105) die Flussverkettung mittels Gl. (3.106) eliminieren möchte, müsste man Gl. (3.106) und damit auch die Gegeninduktivitäten $\boldsymbol{\Gamma}_{\mathrm{r}}(\Theta)$ und $\boldsymbol{\Gamma}_{\mathrm{s}}(\Theta)$ nach der Zeit ableiten. Das würde zu aufwendigen Rechnungen und einer sehr komplizierten Systemdarstellung führen. Man transformiert die Systemvariablen daher in einen Koordinatenraum, in dem die Gegeninduktivitäten konstant sind. Dies geschieht mittels der Park-Transformation [164], die eine nichtlineare Zustandstransformation ist. Das so neu entstandene dq0-Koordinatensystem dreht sich mit der Synchronfrequenz ω_{s} bezüglich des statorfesten abc-Koordinatensystems. Die q-Achse eilt dabei der d-Achse um 90° voraus. Transformiert werden im Folgenden nur die elektrischen und magnetischen Zustandsgrößen $\boldsymbol{u}$, $\boldsymbol{i}$ und $\boldsymbol{\Psi}$, jedoch nicht die mechanischen Größen des Modells.

Die Transformationsgleichungen lauten

$$\begin{aligned}\begin{bmatrix}\boldsymbol{u}_{\mathrm{sdq0}}\\ \boldsymbol{u}_{\mathrm{rdq0}}\end{bmatrix}&=\begin{bmatrix}\boldsymbol{T}(\beta) & \boldsymbol{0}\\ \boldsymbol{0} & \boldsymbol{T}(\varphi)\end{bmatrix}\begin{bmatrix}\boldsymbol{u}_{\mathrm{sabc}}\\ \boldsymbol{u}_{\mathrm{rabc}}\end{bmatrix},\\ \begin{bmatrix}\boldsymbol{i}_{\mathrm{sdq0}}\\ \boldsymbol{i}_{\mathrm{rdq0}}\end{bmatrix}&=\begin{bmatrix}\boldsymbol{T}(\beta) & \boldsymbol{0}\\ \boldsymbol{0} & \boldsymbol{T}(\varphi)\end{bmatrix}\begin{bmatrix}\boldsymbol{i}_{\mathrm{sabc}}\\ \boldsymbol{i}_{\mathrm{rabc}}\end{bmatrix},\\ \begin{bmatrix}\boldsymbol{\Psi}_{\mathrm{sdq0}}\\ \boldsymbol{\Psi}_{\mathrm{rdq0}}\end{bmatrix}&=\begin{bmatrix}\boldsymbol{T}(\beta) & \boldsymbol{0}\\ \boldsymbol{0} & \boldsymbol{T}(\varphi)\end{bmatrix}\begin{bmatrix}\boldsymbol{\Psi}_{\mathrm{sabc}}\\ \boldsymbol{\Psi}_{\mathrm{rabc}}\end{bmatrix}\end{aligned} \tag{3.108}$$

mit

$$\boldsymbol{T}(\alpha) = \frac{2}{3}\begin{bmatrix} \cos(\alpha) & \cos(\alpha - \frac{2\pi}{3}) & \cos(\alpha + \frac{2\pi}{3}) \\ -\sin(\alpha) & -\sin(\alpha - \frac{2\pi}{3}) & -\sin(\alpha + \frac{2\pi}{3}) \\ \frac{1}{2} & \frac{1}{2} & \frac{1}{2} \end{bmatrix},$$

$$\boldsymbol{T}^{-1}(\alpha) = \begin{bmatrix} \cos(\alpha) & -\sin(\alpha) & 1 \\ \cos(\alpha - \frac{2\pi}{3}) & -\sin(\alpha - \frac{2\pi}{3}) & 1 \\ \cos(\alpha + \frac{2\pi}{3}) & -\sin(\alpha + \frac{2\pi}{3}) & 1 \end{bmatrix}.$$

Die Transformation (3.108) ist abhängig von den Winkeln $\beta(t)$ und $\varphi(t)$ und damit auch von der Zustandsvariablen

$$\Theta = \beta - \varphi.$$

Es liegt also eine Transformation vom Typ der Gl. (3.89) vor, ein Diffeomorphismus, der nichtlinear vom Zustand des Systems abhängt.

Durch Einsetzen der Transformationsgleichungen (3.108) in die Systemgleichung (3.105) erhalten wir

$$\frac{d}{dt}\left(\begin{bmatrix} \boldsymbol{T}^{-1}(\beta) & \boldsymbol{0} \\ \boldsymbol{0} & \boldsymbol{T}^{-1}(\varphi) \end{bmatrix}\begin{bmatrix} \boldsymbol{\Psi}_{\mathrm{sdq0}} \\ \boldsymbol{\Psi}_{\mathrm{rdq0}} \end{bmatrix}\right) = \begin{bmatrix} \boldsymbol{T}^{-1}(\beta) & \boldsymbol{0} \\ \boldsymbol{0} & \boldsymbol{T}^{-1}(\varphi) \end{bmatrix}\begin{bmatrix} \boldsymbol{u}_{\mathrm{sdq0}} \\ \boldsymbol{u}_{\mathrm{rdq0}} \end{bmatrix} - \begin{bmatrix} \boldsymbol{R}_{\mathrm{s}} & \boldsymbol{0} \\ \boldsymbol{0} & \boldsymbol{R}_{\mathrm{r}} \end{bmatrix}\begin{bmatrix} \boldsymbol{T}^{-1}(\beta) & \boldsymbol{0} \\ \boldsymbol{0} & \boldsymbol{T}^{-1}(\varphi) \end{bmatrix}\begin{bmatrix} \boldsymbol{i}_{\mathrm{sdq0}} \\ \boldsymbol{i}_{\mathrm{rdq0}} \end{bmatrix},$$

woraus mit $\boldsymbol{T}\boldsymbol{R}_{\mathrm{s}}\boldsymbol{T}^{-1} = \boldsymbol{R}_{\mathrm{s}}$ und $\boldsymbol{T}\boldsymbol{R}_{\mathrm{r}}\boldsymbol{T}^{-1} = \boldsymbol{R}_{\mathrm{r}}$

$$\begin{bmatrix} \dot{\boldsymbol{\Psi}}_{\mathrm{sdq0}} \\ \dot{\boldsymbol{\Psi}}_{\mathrm{rdq0}} \end{bmatrix} + \begin{bmatrix} \boldsymbol{T}(\beta) & \boldsymbol{0} \\ \boldsymbol{0} & \boldsymbol{T}(\varphi) \end{bmatrix}\begin{bmatrix} \frac{d\boldsymbol{T}^{-1}(\beta)}{dt} & \boldsymbol{0} \\ \boldsymbol{0} & \frac{d\boldsymbol{T}^{-1}(\varphi)}{dt} \end{bmatrix}\begin{bmatrix} \boldsymbol{\Psi}_{\mathrm{sdq0}} \\ \boldsymbol{\Psi}_{\mathrm{rdq0}} \end{bmatrix} = \begin{bmatrix} \boldsymbol{u}_{\mathrm{sdq0}} \\ \boldsymbol{u}_{\mathrm{rdq0}} \end{bmatrix} - \begin{bmatrix} \boldsymbol{R}_{\mathrm{s}} & \boldsymbol{0} \\ \boldsymbol{0} & \boldsymbol{R}_{\mathrm{r}} \end{bmatrix}\begin{bmatrix} \boldsymbol{i}_{\mathrm{sdq0}} \\ \boldsymbol{i}_{\mathrm{rdq0}} \end{bmatrix} \tag{3.109}$$

folgt. Mit

$$\frac{d\boldsymbol{T}^{-1}(\alpha)}{dt} = \dot{\alpha}\begin{bmatrix} -\sin(\alpha) & -\cos(\alpha) & 0 \\ -\sin(\alpha - \frac{2\pi}{3}) & -\cos(\alpha - \frac{2\pi}{3}) & 0 \\ -\sin(\alpha + \frac{2\pi}{3}) & -\cos(\alpha + \frac{2\pi}{3}) & 0 \end{bmatrix}$$

gilt

$$\boldsymbol{T}(\alpha) \cdot \frac{d\boldsymbol{T}^{-1}(\alpha)}{dt} = \dot{\alpha} \underbrace{\begin{bmatrix} 0 & -1 & 0 \\ 1 & 0 & 0 \\ 0 & 0 & 0 \end{bmatrix}}_{\boldsymbol{K}}.$$

Somit ergibt sich für Gl. (3.109) mit $\dot{\beta} = \omega_{\mathrm{s}}$ und $\dot{\varphi} = s\omega_{\mathrm{s}}$ die vom Drehwinkel Θ unabhängige Gleichung

$$\begin{bmatrix} \dot{\boldsymbol{\Psi}}_{\mathrm{sdq0}} \\ \dot{\boldsymbol{\Psi}}_{\mathrm{rdq0}} \end{bmatrix} + \begin{bmatrix} \omega_{\mathrm{s}}\boldsymbol{K} & \boldsymbol{0} \\ \boldsymbol{0} & s\omega_{\mathrm{s}}\boldsymbol{K} \end{bmatrix} \begin{bmatrix} \boldsymbol{\Psi}_{\mathrm{sdq0}} \\ \boldsymbol{\Psi}_{\mathrm{rdq0}} \end{bmatrix} = \begin{bmatrix} \boldsymbol{u}_{\mathrm{sdq0}} \\ \boldsymbol{u}_{\mathrm{rdq0}} \end{bmatrix} - \begin{bmatrix} \boldsymbol{R}_{\mathrm{s}} & \boldsymbol{0} \\ \boldsymbol{0} & \boldsymbol{R}_{\mathrm{r}} \end{bmatrix} \begin{bmatrix} \boldsymbol{i}_{\mathrm{sdq0}} \\ \boldsymbol{i}_{\mathrm{rdq0}} \end{bmatrix}. \quad (3.110)$$

Wir müssen noch die algebraische Gleichung (3.106) mittels Gl. (3.108) transformieren und erhalten

$$\begin{bmatrix} \boldsymbol{\Psi}_{\mathrm{sdq0}} \\ \boldsymbol{\Psi}_{\mathrm{rdq0}} \end{bmatrix} = \begin{bmatrix} \boldsymbol{L}_{\mathrm{s}} & \boldsymbol{0} \\ \boldsymbol{0} & \boldsymbol{L}_{\mathrm{r}} \end{bmatrix} \begin{bmatrix} \boldsymbol{i}_{\mathrm{sdq0}} \\ \boldsymbol{i}_{\mathrm{rdq0}} \end{bmatrix} + L_{\mathrm{gsr}} \begin{bmatrix} \boldsymbol{T}(\beta) & \boldsymbol{0} \\ \boldsymbol{0} & \boldsymbol{T}(\varphi) \end{bmatrix} \begin{bmatrix} \boldsymbol{0} & \boldsymbol{\Gamma}_{\mathrm{s}}(\Theta) \\ \boldsymbol{\Gamma}_{\mathrm{r}}(\Theta) & \boldsymbol{0} \end{bmatrix} \begin{bmatrix} \boldsymbol{T}^{-1}(\beta) & \boldsymbol{0} \\ \boldsymbol{0} & \boldsymbol{T}^{-1}(\varphi) \end{bmatrix} \begin{bmatrix} \boldsymbol{i}_{\mathrm{sdq0}} \\ \boldsymbol{i}_{\mathrm{rdq0}} \end{bmatrix}. \quad (3.111)$$

Nun bestimmen wir

$$\begin{bmatrix} \boldsymbol{T}(\beta) & \boldsymbol{0} \\ \boldsymbol{0} & \boldsymbol{T}(\varphi) \end{bmatrix} \begin{bmatrix} \boldsymbol{0} & \boldsymbol{\Gamma}_{\mathrm{s}}(\Theta) \\ \boldsymbol{\Gamma}_{\mathrm{r}}(\Theta) & \boldsymbol{0} \end{bmatrix} \begin{bmatrix} \boldsymbol{T}^{-1}(\beta) & \boldsymbol{0} \\ \boldsymbol{0} & \boldsymbol{T}^{-1}(\varphi) \end{bmatrix} = \frac{3}{2} \begin{bmatrix} \boldsymbol{0} & \boldsymbol{U} \\ \boldsymbol{U} & \boldsymbol{0} \end{bmatrix}$$

mit

$$\boldsymbol{U} = \begin{bmatrix} 1 & 0 & 0 \\ 0 & 1 & 0 \\ 0 & 0 & 0 \end{bmatrix}.$$

So erhalten wir für Gl. (3.111) mit $L_{\mathrm{m}} = 3L_{\mathrm{gsr}}/2$ die transformierte Gleichung

$$\begin{bmatrix} \boldsymbol{\Psi}_{\mathrm{sdq0}} \\ \boldsymbol{\Psi}_{\mathrm{rdq0}} \end{bmatrix} = \begin{bmatrix} \boldsymbol{L}_{\mathrm{s}} & \boldsymbol{0} \\ \boldsymbol{0} & \boldsymbol{L}_{\mathrm{r}} \end{bmatrix} \begin{bmatrix} \boldsymbol{i}_{\mathrm{sdq0}} \\ \boldsymbol{i}_{\mathrm{rdq0}} \end{bmatrix} + L_{\mathrm{m}} \begin{bmatrix} \boldsymbol{0} & \boldsymbol{U} \\ \boldsymbol{U} & \boldsymbol{0} \end{bmatrix} \begin{bmatrix} \boldsymbol{i}_{\mathrm{sdq0}} \\ \boldsymbol{i}_{\mathrm{rdq0}} \end{bmatrix}, \quad (3.112)$$

d. h. eine vom mechanischen Drehwinkel Θ unabhängige Gleichung. Die Gleichungen (3.110) und (3.112) bilden die elektrischen Systemgleichungen der doppeltgespeisten Asynchronmaschine.

Eigentlich haben wir mit den transformierten Systemgleichungen (3.110) und (3.112) unser Ziel erreicht, die Gegeninduktivitäten der ursprünglichen Systemgleichungen (3.105) und (3.106) mit Hilfe der Park-Transformation (3.108) unabhängig vom Drehwinkel Θ zu machen. Wir setzen nun aber noch Gl. (3.112) in Gl. (3.110) ein, um die magnetische Flussverkettung zu eliminieren. So gilt schließlich mit $\boldsymbol{K}\boldsymbol{U} = \boldsymbol{K}$ für die elektrischen Gleichungen der doppeltgespeisten Asynchronmaschine

$$\begin{bmatrix} \boldsymbol{L}_{\mathrm{s}} & L_{\mathrm{m}}\boldsymbol{U} \\ L_{\mathrm{m}}\boldsymbol{U} & \boldsymbol{L}_{\mathrm{r}} \end{bmatrix} \begin{bmatrix} \dot{\boldsymbol{i}}_{\mathrm{sdq0}} \\ \dot{\boldsymbol{i}}_{\mathrm{rdq0}} \end{bmatrix} + \begin{bmatrix} \omega_{\mathrm{s}}\boldsymbol{K}\boldsymbol{L}_{\mathrm{s}} + \boldsymbol{R}_{\mathrm{s}} & \omega_{\mathrm{s}}L_{\mathrm{m}}\boldsymbol{K} \\ s\omega_{\mathrm{s}}L_{\mathrm{m}}\boldsymbol{K} & s\omega_{\mathrm{s}}\boldsymbol{K}\boldsymbol{L}_{\mathrm{r}} + \boldsymbol{R}_{\mathrm{r}} \end{bmatrix} \begin{bmatrix} \boldsymbol{i}_{\mathrm{sdq0}} \\ \boldsymbol{i}_{\mathrm{rdq0}} \end{bmatrix} = \begin{bmatrix} \boldsymbol{u}_{\mathrm{sdq0}} \\ \boldsymbol{u}_{\mathrm{rdq0}} \end{bmatrix}$$

und für die mechanische Gl. (3.107) gilt mit Gl. (3.98) bei konstanter Statorfrequenz ω_s

$$\ddot{\Theta} = -\dot{s}\omega_\mathrm{s} = \frac{M}{J} \qquad \text{bzw.} \quad \dot{s} = -\frac{\ddot{\Theta}}{\omega_\mathrm{s}} = -\frac{M}{\omega_\mathrm{s} J}.$$

Für Synchronmaschinen kann mit der Park-Transformation ganz ähnlich eine Vereinfachung der Systemgleichungen, d. h. eine Unabhängigkeit der Gegeninduktivitäten von der Rotorstellung, erreicht werden.

3.3.4 Bestimmung der Transformationsvorschrift

Bisher sind wir davon ausgegangen, dass uns die Transformationsvorschrift

$$\boldsymbol{z} = \boldsymbol{q}(\boldsymbol{x}) = \boldsymbol{p}^{-1}(\boldsymbol{x}) \quad \text{bzw.} \quad \boldsymbol{x} = \boldsymbol{q}^{-1}(\boldsymbol{z}) = \boldsymbol{p}(\boldsymbol{z}) \tag{3.113}$$

bekannt ist, die ein System

$$\dot{\boldsymbol{x}} = \boldsymbol{f}(\boldsymbol{x}, \boldsymbol{u}) \tag{3.114}$$

in die gewünschte Gestalt

$$\dot{\boldsymbol{z}} = \hat{\boldsymbol{f}}(\boldsymbol{z}, \boldsymbol{u}) \tag{3.115}$$

transformiert. Dies wird allerdings im Allgemeinen nicht so sein. Vielmehr wird die gewünschte Systembeschreibung (3.115) vorgegeben sein und wir müssen die Transformationsvorschrift, den Diffeomorphismus (3.113), bestimmen.

Die dafür nötige Bestimmungsgleichung erhalten wir, indem wir Gl. (3.113) in Gl. (3.114) einsetzen und so

$$\dot{\boldsymbol{z}} = \left(\frac{\partial \boldsymbol{p}(\boldsymbol{z})}{\partial \boldsymbol{z}}\right)^{-1} \cdot \boldsymbol{f}(\boldsymbol{p}(\boldsymbol{z}), \boldsymbol{u}) \tag{3.116}$$

ermitteln. Nun setzen wir Gl. (3.116) mit der gewünschten Form (3.115) des Systems gleich und bekommen so die Bestimmungsgleichung

$$\frac{\partial \boldsymbol{p}(\boldsymbol{z})}{\partial \boldsymbol{z}} \cdot \hat{\boldsymbol{f}}(\boldsymbol{z}, \boldsymbol{u}) - \boldsymbol{f}(\boldsymbol{p}(\boldsymbol{z}), \boldsymbol{u}) = \boldsymbol{0} \tag{3.117}$$

für den gesuchten Diffeomorphismus $\boldsymbol{x} = \boldsymbol{p}(\boldsymbol{z})$.

Diese partielle Differenzialgleichung erster Ordnung ist allerdings nur in wenigen Fällen analytisch lösbar, so dass ihr praktischer Nutzen gering ist. Trotzdem ist dieses Ergebnis wertvoll, denn es verdeutlicht uns die Problematik, geeignete nichtlineare Zustandstransformationen zu finden. Später, in Kapitel 5.2, werden wir sehen, dass zumindest für die Klasse der eingangslinearen Systeme

$$\dot{\boldsymbol{x}} = \boldsymbol{a}(\boldsymbol{x}) + \boldsymbol{B}(\boldsymbol{x}) \cdot \boldsymbol{u}$$

solche Transformationen oft bestimmbar sind.

3.3.5 Veranschaulichung anhand linearer Systeme

Als ein einfaches Beispiel für die Anwendung von Gl. (3.117) betrachten wir ein lineares System

$$\dot{\boldsymbol{x}} = \boldsymbol{A}\boldsymbol{x} + \boldsymbol{b} \cdot u, \tag{3.118}$$

das in die von uns erwünschte Gestalt

$$\dot{\boldsymbol{z}} = \hat{\boldsymbol{A}}\boldsymbol{z} + \hat{\boldsymbol{b}} \cdot u \tag{3.119}$$

transformiert werden soll. Mittels Gl. (3.117) bestimmen wir die hierfür erforderliche Transformationsvorschrift aus

$$\frac{\partial \boldsymbol{p}(\boldsymbol{z})}{\partial \boldsymbol{z}}(\hat{\boldsymbol{A}}\boldsymbol{z} + \hat{\boldsymbol{b}} \cdot u) - (\boldsymbol{A}\boldsymbol{p}(\boldsymbol{z}) + \boldsymbol{b} \cdot u) = \boldsymbol{0}.$$

Hieraus folgt

$$\frac{\partial \boldsymbol{p}(\boldsymbol{z})}{\partial \boldsymbol{z}}\hat{\boldsymbol{A}}\boldsymbol{z} - \boldsymbol{A}\boldsymbol{p}(\boldsymbol{z}) + \left(\frac{\partial \boldsymbol{p}(\boldsymbol{z})}{\partial \boldsymbol{z}}\hat{\boldsymbol{b}} - \boldsymbol{b}\right)u = \boldsymbol{0}$$

und, da obige Gleichung für alle $\boldsymbol{z} \in I\!R^n$ und $u \in I\!R$ gelten soll,

$$\begin{aligned} \frac{\partial \boldsymbol{p}(\boldsymbol{z})}{\partial \boldsymbol{z}}\hat{\boldsymbol{A}}\boldsymbol{z} - \boldsymbol{A}\boldsymbol{p}(\boldsymbol{z}) &= \boldsymbol{0}, \\ \frac{\partial \boldsymbol{p}(\boldsymbol{z})}{\partial \boldsymbol{z}}\hat{\boldsymbol{b}} - \boldsymbol{b} &= \boldsymbol{0}. \end{aligned} \tag{3.120}$$

Als Lösungsansatz für die obigen partiellen Differenzialgleichungen wählen wir die schon in Abschnitt 3.3.1 genutzte lineare Transformation (3.86),

$$\boldsymbol{x} = \boldsymbol{T}\boldsymbol{z} = \boldsymbol{p}(\boldsymbol{z}) \tag{3.121}$$

mit der $n \times n$ - Matrix $\boldsymbol{T}$, und erhalten eingesetzt in Gl. (3.120)

$$\begin{aligned} \frac{\partial \boldsymbol{T}\boldsymbol{z}}{\partial \boldsymbol{z}}\hat{\boldsymbol{A}}\boldsymbol{z} - \boldsymbol{A}\boldsymbol{T}\boldsymbol{z} = \boldsymbol{0} \quad &\Leftrightarrow \quad \boldsymbol{T}\hat{\boldsymbol{A}} - \boldsymbol{A}\boldsymbol{T} = \boldsymbol{0}, \\ \frac{\partial \boldsymbol{T}\boldsymbol{z}}{\partial \boldsymbol{z}}\hat{\boldsymbol{b}} - \boldsymbol{b} &= \boldsymbol{T}\hat{\boldsymbol{b}} - \boldsymbol{b} = \boldsymbol{0}. \end{aligned} \tag{3.122}$$

Wir berücksichtigen, dass nach Satz 48 die Jacobi-Matrix

$$\frac{\partial \boldsymbol{p}(\boldsymbol{z})}{\partial \boldsymbol{z}} = \boldsymbol{T}$$

regulär sein muss. Somit folgt das aus der linearen Systemtheorie bekannte Ergebnis

$$\begin{aligned} \hat{\boldsymbol{A}} &= \boldsymbol{T}^{-1}\boldsymbol{A}\boldsymbol{T}, \\ \hat{\boldsymbol{b}} &= \boldsymbol{T}^{-1}\boldsymbol{b}. \end{aligned} \tag{3.123}$$

Als weitere Schlussfolgerung ergibt sich aus Gl. (3.123) die Erkenntnis, dass die Matrix $\hat{\boldsymbol{A}}$ des Wunschsystems (3.119) die gleichen Eigenwerte wie die Systemmatrix $\boldsymbol{A}$ besitzen muss. Ist dies nicht der Fall, existiert kein Diffeomorphismus (3.121), der das System (3.118) in die Form (3.119) transformiert.

Es bleibt noch die Frage zu klären, wie man die Matrix $\boldsymbol{T}$ aus den Matrizen $\boldsymbol{A}$ und $\hat{\boldsymbol{A}}$, genauer aus der Gl. (3.122),

$$\boldsymbol{T}\hat{\boldsymbol{A}} - \boldsymbol{A}\boldsymbol{T} = \boldsymbol{0}, \tag{3.124}$$

berechnet.

Wir stellen zuerst einmal fest, dass die Matrix $\boldsymbol{T}$ genau dann regulär ist, wenn $\boldsymbol{A}$ und $\hat{\boldsymbol{A}}$ auf dieselbe Jordan-Normalform $\boldsymbol{J}$ transformiert werden können [166]. D. h., die Matrizen $\boldsymbol{A}$ und $\hat{\boldsymbol{A}}$ müssen dieselben Eigenwerte mit den jeweils gleichen algebraischen und geometrischen Vielfachheiten[1] besitzen. Dabei sind es die Matrizen $\boldsymbol{V}$ und $\hat{\boldsymbol{V}}$, welche die Matrizen $\boldsymbol{A}$ und $\hat{\boldsymbol{A}}$ in die Jordan-Normalform $\boldsymbol{J}$ gemäß

$$\begin{aligned}\boldsymbol{V}^{-1}\boldsymbol{A}\boldsymbol{V} &= \boldsymbol{J},\\ \hat{\boldsymbol{V}}^{-1}\hat{\boldsymbol{A}}\hat{\boldsymbol{V}} &= \boldsymbol{J}\end{aligned}$$

transformieren. Die Lösung der Gleichung (3.124) ist dann [93, 166]

$$\boldsymbol{T} = \boldsymbol{V}\boldsymbol{K}\hat{\boldsymbol{V}}^{-1}, \tag{3.125}$$

wobei $\boldsymbol{K}$ eine Blockdiagonalmatrix ist. Wenn die Matrizen $\boldsymbol{A}$ und $\hat{\boldsymbol{A}}$ die Eigenwerte $\lambda_1, \ldots, \lambda_k$ besitzen und jeder Eigenwert λ_i die algebraische Vielfachheit r_i und die geometrische Vielfachheit s_i besitzt, so hat die zugehörige Jordan-Normalform [17] die Gestalt der Blockdiagonalmatrix

$$\boldsymbol{J} = \begin{bmatrix} \boldsymbol{J}_{1,1} \cdots & \boldsymbol{0} & \boldsymbol{0} & \cdots & \boldsymbol{0} & \cdots & \boldsymbol{0} & \cdots & \boldsymbol{0} \\ \vdots & \ddots & \vdots & \vdots & \ddots & \vdots & \ddots & \vdots & \ddots & \vdots \\ \boldsymbol{0} & \cdots \boldsymbol{J}_{1,s_1} & \boldsymbol{0} & \cdots & \boldsymbol{0} & \cdots & \boldsymbol{0} & \cdots & \boldsymbol{0} \\ \boldsymbol{0} & \cdots & \boldsymbol{0} & \boldsymbol{J}_{2,1} \cdots & \boldsymbol{0} & \cdots & \boldsymbol{0} & \cdots & \boldsymbol{0} \\ \vdots & \ddots & \vdots & \vdots & \ddots & \vdots & \ddots & \vdots & \ddots & \vdots \\ \boldsymbol{0} & \cdots & \boldsymbol{0} & \boldsymbol{0} & \cdots \boldsymbol{J}_{2,s_2} \cdots & \boldsymbol{0} & \cdots & \boldsymbol{0} \\ \vdots & \ddots & \vdots & \vdots & \ddots & \vdots & \ddots & \vdots & \ddots & \vdots \\ \boldsymbol{0} & \cdots & \boldsymbol{0} & \boldsymbol{0} & \cdots & \boldsymbol{0} & \cdots \boldsymbol{J}_{k,1} \cdots & \boldsymbol{0} \\ \vdots & \ddots & \vdots & \vdots & \ddots & \vdots & \ddots & \vdots & \ddots & \vdots \\ \boldsymbol{0} & \cdots & \boldsymbol{0} & \boldsymbol{0} & \cdots & \boldsymbol{0} & \cdots & \boldsymbol{0} & \cdots \boldsymbol{J}_{k,s_k} \end{bmatrix} \quad \text{mit } \boldsymbol{J}_{i,j} = \begin{bmatrix} \lambda_i & 1 & 0 & \cdots & 0 & 0 \\ 0 & \lambda_i & 1 & \cdots & 0 & 0 \\ \vdots & \vdots & \vdots & \ddots & \vdots & \vdots \\ 0 & 0 & 0 & \cdots & \lambda_i & 1 \\ 0 & 0 & 0 & \cdots & 0 & \lambda_i \end{bmatrix},$$

[1] Die algebraische Vielfachheit r_i eines Eigenwertes λ_i einer Matrix $\boldsymbol{X}$ gibt die Anzahl der Linearfaktoren $(s - \lambda_i)$ im charakteristischen Polynom von $\boldsymbol{X}$ an. Die Anzahl der linear unabhängigen Eigenvektoren eines Eigenwertes λ_i entspricht seiner geometrischen Vielfachheit s_i.

wobei die Matrizen $\boldsymbol{J}_{i,j}$ jeweils $p_{ij} \times p_{ij}$ - Matrizen sind. Dabei gilt $1 \leq p_{ij} \leq r_i$ und $p_{i1} + p_{i2} + \ldots + p_{is_i} = r_i$.

Die Matrix $\boldsymbol{K}$ in Gl. (3.125) weist die spezielle Blockdiagonalform

$$\boldsymbol{K} = \begin{bmatrix} \boldsymbol{K}_{1,1} \cdots & \boldsymbol{0} & \boldsymbol{0} & \cdots & \boldsymbol{0} & \cdots & \boldsymbol{0} & \cdots & \boldsymbol{0} \\ \vdots & \ddots & \vdots & \vdots & \ddots & \vdots & \ddots & \vdots & \ddots & \vdots \\ \boldsymbol{0} & \cdots \boldsymbol{K}_{1,s_1} & \boldsymbol{0} & \cdots & \boldsymbol{0} & \cdots & \boldsymbol{0} & \cdots & \boldsymbol{0} \\ \boldsymbol{0} & \cdots & \boldsymbol{0} & \boldsymbol{K}_{2,1} \cdots & \boldsymbol{0} & \cdots & \boldsymbol{0} & \cdots & \boldsymbol{0} \\ \vdots & \ddots & \vdots & \vdots & \ddots & \vdots & \ddots & \vdots & \ddots & \vdots \\ \boldsymbol{0} & \cdots & \boldsymbol{0} & \boldsymbol{0} & \cdots \boldsymbol{K}_{2,s_2} \cdots & \boldsymbol{0} & \cdots & \boldsymbol{0} \\ \vdots & \ddots & \vdots & \vdots & \ddots & \vdots & \ddots & \vdots & \ddots & \vdots \\ \boldsymbol{0} & \cdots & \boldsymbol{0} & \boldsymbol{0} & \cdots & \boldsymbol{0} & \cdots \boldsymbol{K}_{k,1} \cdots & \boldsymbol{0} \\ \vdots & \ddots & \vdots & \vdots & \ddots & \vdots & \ddots & \vdots & \ddots & \vdots \\ \boldsymbol{0} & \cdots & \boldsymbol{0} & \boldsymbol{0} & \cdots & \boldsymbol{0} & \cdots & \boldsymbol{0} & \cdots \boldsymbol{K}_{k,s_k} \end{bmatrix}$$

mit

$$\boldsymbol{K}_{i,j} = \begin{bmatrix} k_1(i,j) & k_2(i,j) & k_3(i,j) & \cdots & k_{p_{ij}}(i,j) \\ 0 & k_1(i,j) & k_2(i,j) & \cdots & k_{p_{ij}-1}(i,j) \\ \vdots & \vdots & \vdots & \ddots & \vdots \\ 0 & 0 & 0 & \cdots & k_2(i,j) \\ 0 & 0 & 0 & \cdots & k_1(i,j) \end{bmatrix}$$

auf. Die Teilmatrizen $\boldsymbol{K}_{i,j}$ sind obere $p_{ij} \times p_{ij}$ - Dreiecksmatrizen in Toeplitz-Form mit p_{ij} frei wählbaren Parametern $k_l(i,j)$ mit $l = 1, \ldots, p_{ij}$. Aufgrund dieser frei wählbaren Parameter ist die Lösung (3.125) nicht eindeutig. Es gibt also unendlich viele Transformationen, die das System $\dot{\boldsymbol{x}} = \boldsymbol{A}\boldsymbol{x} + \boldsymbol{b}u$ in die Form $\dot{\boldsymbol{z}} = \hat{\boldsymbol{A}}\boldsymbol{z} + \hat{\boldsymbol{b}}u$ transformieren.

Für den Fall, dass $\boldsymbol{A}$ und $\hat{\boldsymbol{A}}$ gerade n verschiedene Eigenwerte besitzen, weist die Jordan-Normalform Diagonalgestalt auf. Dann ist auch die Matrix $\boldsymbol{K}$ eine Diagonalmatrix und die Lösung (3.125) der Bestimmungsgleichung (3.124) von $\boldsymbol{T}$ ist einfach zu ermitteln. In diesem Fall bestehen die Matrizen $\boldsymbol{V}$ und $\hat{\boldsymbol{V}}$ aus den Eigenvektoren der Matrizen $\boldsymbol{A}$ und $\hat{\boldsymbol{A}}$.

An diesem Beispiel erkennt man stellvertretend für nichtlineare Systeme, dass die Wahl des transformierten Systems, also desjenigen Systems $\dot{\boldsymbol{z}} = \hat{\boldsymbol{f}}(\boldsymbol{z}, \boldsymbol{u})$, in das man das Ursprungssystem $\dot{\boldsymbol{x}} = \boldsymbol{f}(\boldsymbol{x}, \boldsymbol{u})$ transformieren möchte, stark eingeschränkt ist. (Im oben betrachteten linearen Fall ergibt sich diese Einschränkung aufgrund der Notwendigkeit gleicher Eigenwerte und identischer Jordan-Normalformen von $\hat{\boldsymbol{A}}$ und $\boldsymbol{A}$.) Nicht für jede Wahl von $\dot{\boldsymbol{z}} = \hat{\boldsymbol{f}}(\boldsymbol{z}, \boldsymbol{u})$ existiert also ein Diffeomorphismus. Und selbst wenn er existiert, kann es aufwendig sein, ihn zu bestimmen.

4

Regelungen für lineare Regelstrecken

4.1 Regler mit Antiwindup

4.1.1 Der Windup-Effekt

Jedes reale Stellglied eines Regelkreises besitzt eine Beschränkung der Stellgröße u, da seine maximale Stellleistung endlich ist. Bild 4.1 illustriert einen entsprechenden Regelkreis mit Regelstrecke $G(s)$, Regler $K(s)$ und Begrenzungsglied, wobei der Regler und das Begrenzungsglied das Stellglied bilden. Die Begrenzung der Stellgröße beschreibt man durch die folgende Sättigungskennlinie

$$u = \mathrm{sat}(u_\mathrm{c}) = \begin{cases} u_{\max}, & u_\mathrm{c} > u_{\max}, \\ u_\mathrm{c}, & u_{\min} \le u_\mathrm{c} \le u_{\max}, \\ u_{\min}, & u_\mathrm{c} < u_{\min}. \end{cases}$$

Beispiele für solche Begrenzungen der Stellgröße sind das maximale Drehmoment eines Stellmotors, der maximale Ruderwinkel eines Schiffes und der maximale Öffnungsgrad eines Ventils. Dabei hat die Sättigungskennlinie oft symmetrische Grenzen, d. h., es gilt oft

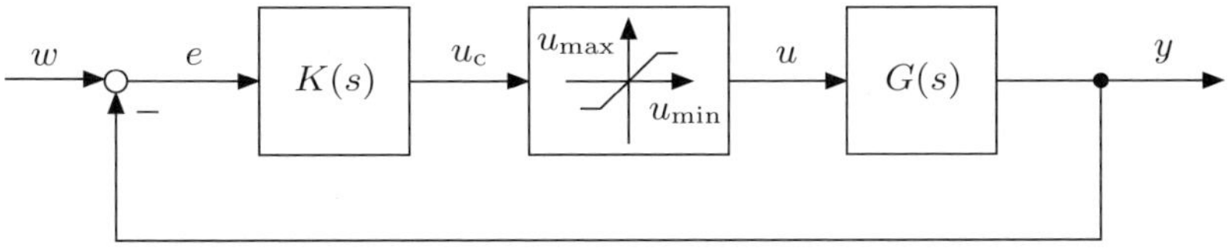

Bild 4.1: Regelkreis mit linearer Regelstrecke, linearem Regler $K(s)$ und einer Begrenzung der Stellgröße.

J. Adamy, Nichtlineare Systeme und Regelungen DOI 10.1007/978-3-642-45012-9,
© Springer-Verlag Berlin Heidelberg 2014.

$$u_{\mathrm{min}} = -u_{\mathrm{max}}.$$

Überschreitet die Stellgröße die Beschränkungen, so ist der Regelkreis nicht mehr linear, was im Allgemeinen nachteilig für seine Stabilität und sein Regelverhalten ist. Wir wollen dies im Weiteren untersuchen.

Zu diesem Zweck betrachten wir die allgemeine Struktur eines PID-Reglers, d. h.

$$K(s) = K_{\mathrm{R}} \left(1 + \frac{1}{T_{\mathrm{N}} s} + T_{\mathrm{V}} s\right) = K_{\mathrm{PD}}(s) + \frac{K_{\mathrm{I}}}{s}$$

mit $K_{\mathrm{I}} = K_{\mathrm{R}}/T_{\mathrm{N}}$. Der Regleranteil $K_{\mathrm{PD}}(s)$ kann je nach Typ des Gesamtreglers ein P-, PD- oder D-Regler sein oder im Falle eines reinen I-Reglers auch entfallen. Für den Fall $u = u_{\mathrm{c}}$, d. h. den ungesättigten Fall, ist der Regelkreis offensichtlich linear. Im gesättigten Fall dagegen gilt

$$u = u_{\mathrm{max}} \quad \text{oder} \quad u = u_{\mathrm{min}},$$

d. h., auf die Regelstrecke $G(s)$ wirkt eine konstante Stellgröße u.

Eine Regelung kann im Fall der Sättigung aufgrund der konstanten Stellgröße u nicht stattfinden. Der Regelkreis ist dann praktisch unterbrochen. Bild 4.2 illustriert dies. Offensichtlich führt die Unterbrechung dazu, dass der Integrierer die Regelabweichung solange aufintegriert, bis die Regelabweichung ihr Vorzeichen wechselt. Diesen Vorgang nennt man *Windup*[1]. Die Aufintegration ist nicht nur unnütz, da ein Wert von

$$u_{\mathrm{c}} < u_{\mathrm{min}} \quad \text{bzw.} \quad u_{\mathrm{c}} > u_{\mathrm{max}}$$

nicht auf die Regelstrecke wirken kann, sondern auch schädlich, da der hohe Integralanteil nach einem Vorzeichenwechsel der Regelabweichung e wieder abgebaut werden muss, bis u_{c} innerhalb der Sättigungsgrenzen liegt. Erst dann ist der Regelkreis wieder geschlossen und eine Regelung möglich. Auch

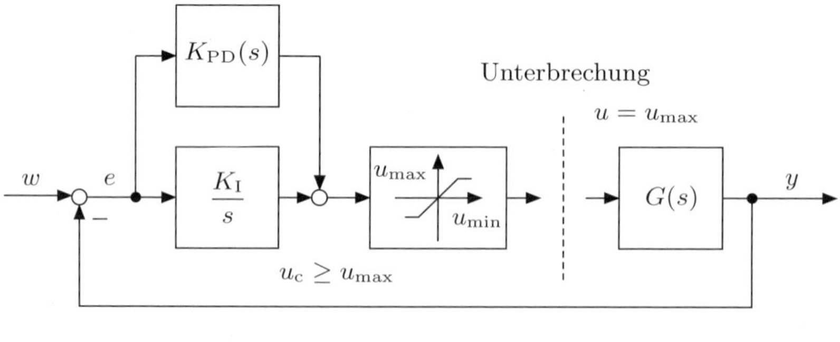

Bild 4.2: Regelkreis im Sättigungsfall.

[1] engl.: wind up = aufwickeln, aufspulen, hochkurbeln.

nach dem Vorzeichenwechsel von e bleibt der Regelkreis also noch eine Zeit lang unterbrochen. Dies ist für das Regelverhalten ungünstig und kann zu erhöhtem Überschwingen oder sogar zur Instabilität führen.

Die Situation lässt sich auch wie folgt interpretieren: Ist die Stellgröße in Sättigung, der Regelkreis also unterbrochen, so bildet der Integralanteil des Reglers ein instabiles Element im offenen Kreis. Diese Situation ist natürlich nicht erwünscht.

4.1.2 PID-Regler mit Antiwindup

Die Vermeidung des oben beschriebenen Windups ist mittels einer Antiwindup-Struktur möglich. Diese verhindert, dass die Ausgangsgröße u_c des Reglers die Grenzen u_min und u_max überschreitet. Bild 4.3 zeigt einen PID-Regler mit Antiwindup. Die Kennlinie des Antiwindup-Elements ist eine Totzone

$$v = \begin{cases} m(u_\mathrm{c} - u_\mathrm{max}), & u_\mathrm{c} > u_\mathrm{max}, \\ 0, & u_\mathrm{min} \le u_\mathrm{c} \le u_\mathrm{max}, \\ m(u_\mathrm{c} - u_\mathrm{min}), & u_\mathrm{c} < u_\mathrm{min}. \end{cases}$$

Dabei gilt für die Steigung der Totzone $m \gg 0$. Die Totzone realisiert eine negative Rückkopplung des Reglerausganges auf den Eingang des I-Anteils. Liegt der Ausgangswert u_c des Reglers innerhalb der Stellgrößenbeschränkung u_min und u_max, so ist die Rückkopplung nicht aktiv. D. h., der Regler arbeitet als normaler PID-Regler. Überschreitet u_c eine der Begrenzungen u_min oder u_max, so wirkt die Totzone als starke Gegenkopplung auf den I-Anteil. Dabei führt die Gegenkopplung den I-Anteil sofort auf einen so niedrigen Wert zurück, dass u_c die Stellgrößenbeschränkung nicht verletzt. Da die Steigung m endlich ist, können die Grenzen u_min und u_max durch die Stellgröße u_c geringfügig überschritten werden. In der Praxis spielt das aber keine Rolle.

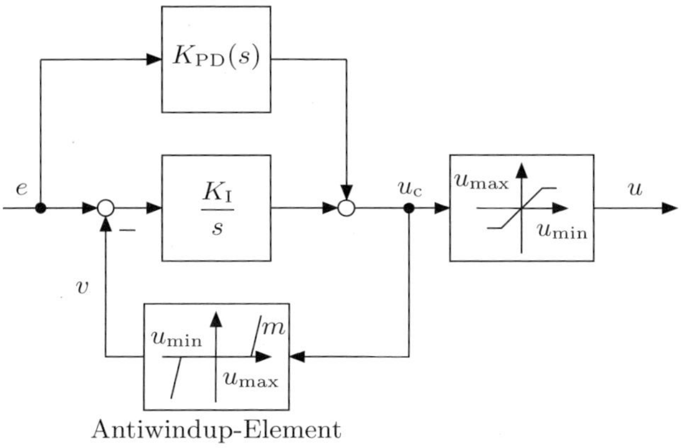

Bild 4.3: PID-Regler mit Antiwindup.

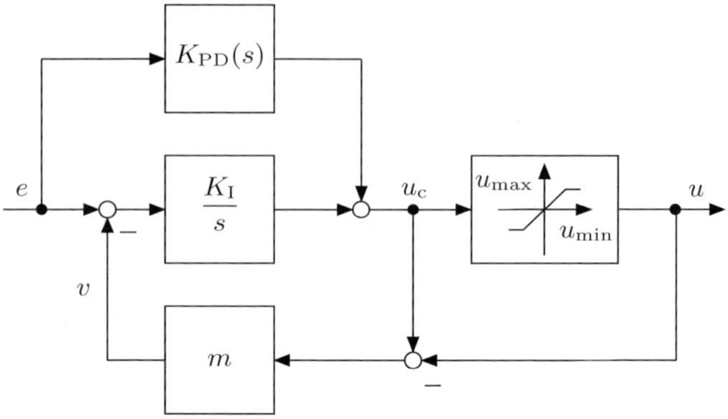

Bild 4.4: Alternative Struktur des Antiwindups aus Bild 4.3.

Eine Realisierung, die äquivalent zur Antiwindup-Struktur des Bildes 4.3 ist, aber ohne Totzone auskommt, ist in Bild 4.4 dargestellt. Diese Realisierung des Antiwindups hat den Vorteil, dass nur eine nichtlineare Kennlinie erforderlich ist.

Neben obiger klassischer Antiwindup-Methode für PID-Regler existiert eine Reihe weiterer Verfahren und dazugehöriger Erweiterungen. Ein Überblick hierzu findet sich in [325].

4.1.3 Beispiel Gleichstrommotor

Wir betrachten als Beispiel den Gleichstrommotor aus Bild 4.5, der als Servoantrieb arbeitet und zum Einstellen eines vorgebbaren Drehwinkels φ_{L} dient. In solchen Servoantrieben werden oft Antiwindup-Systeme in der Regelung verwendet.

Für die Ankerspannung u gilt mit der im Motor induzierten Spannung $k_1\omega$ und dem Ankerstrom i die Gleichung

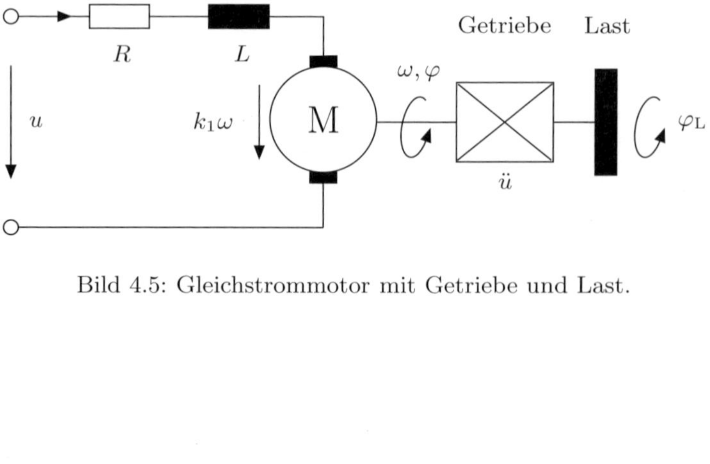

Bild 4.5: Gleichstrommotor mit Getriebe und Last.

$$u = Ri + L\dot{i} + k_1\omega. \tag{4.1}$$

Dabei ist R der Widerstand, L die Induktivität, φ der Drehwinkel und $\omega = \dot{\varphi}$ die Winkelgeschwindigkeit des Ankers. Das erzeugte Drehmoment errechnet sich aus

$$M = k_2 i$$

und dieses ist gleich

$$M = J\dot{\omega} + k_3\omega$$

mit dem geschwindigkeitsproportionalen Reibungsterm $k_3\omega$. Hieraus folgt die Gleichung

$$k_2 i = J\dot{\omega} + k_3\omega. \tag{4.2}$$

Dabei gilt mit dem Trägheitsmoment J_{A} des Ankers und dem Trägheitsmoment J_{L} der Last, das über das Getriebe mit der Übersetzung $\ddot{u}$ auf die Ankerwelle rückgerechnet wird, für das Gesamtträgheitsmoment

$$J = J_{\mathrm{A}} + \frac{1}{\ddot{u}^2} J_{\mathrm{L}}.$$

Die Werte k_1, k_2 und k_3 sind Motorparameter.

Aus den Gl. (4.1) und (4.2) erhält man mit den Laplace-Transformierten $U(s)$, $I(s)$, $\Phi(s)$ von u, i, φ

$$\begin{aligned} U(s) &= RI(s) + LI(s)\cdot s + k_1\Phi(s)\cdot s, \\ I(s) &= \frac{J}{k_2}\Phi(s)\cdot s^2 + \frac{k_3}{k_2}\Phi(s)\cdot s, \end{aligned}$$

wenn alle Anfangswerte identisch null sind. Setzt man obige Gleichungen ineinander ein, so ergibt sich die Übertragungsfunktion

$$\frac{\Phi(s)}{U(s)} = \frac{1}{s\left[\dfrac{LJ}{k_2}s^2 + \left(\dfrac{RJ}{k_2} + \dfrac{Lk_3}{k_2}\right)s + \left(\dfrac{Rk_3}{k_2} + k_1\right)\right]}.$$

Berücksichtigt man noch $\varphi = \ddot{u}\varphi_{\mathrm{L}}$, so gilt

$$G(s) = \frac{\Phi_{\mathrm{L}}(s)}{U(s)} = \frac{\dfrac{k_2}{\ddot{u}LJ}}{s\left[s^2 + \left(\dfrac{R}{L} + \dfrac{k_3}{J}\right)s + \left(\dfrac{Rk_3}{LJ} + \dfrac{k_1 k_2}{LJ}\right)\right]}.$$

Mit den Motor- und Lastdaten

$$R = 8.9\,\Omega, \quad L = 0.1\,\mathrm{H}, \quad J = 0.1\,\mathrm{Nm\,s^2\,rad^{-1}}, \quad \ddot{u} = 10,$$

$$k_1 = 1.7775\,\mathrm{V\,s\,rad^{-1}}, \quad k_2 = 4\,\mathrm{Nm\,A^{-1}}, \quad k_3 = 0.1\,\mathrm{Nm\,s\,rad^{-1}}$$

ergibt sich

$$G(s) = \frac{40}{s(s^2 + 90s + 800)}.$$

Die Motorspannung u, d. h. die Stellgröße, unterliegt den symmetrischen Begrenzungen

$$-100\,\mathrm{V} \leq u \leq 100\,\mathrm{V}.$$

Als Regler verwenden wir einen PI-Regler mit

$$H(s) = K_\mathrm{P} + K_\mathrm{I} \cdot \frac{1}{s}$$

und den Parametern $K_\mathrm{P} = 90$ und $K_\mathrm{I} = 150$.

Die Simulationen in Bild 4.6 zeigen eine kleine Sprungantwort von $\varphi_\mathrm{L} = 0\,\mathrm{rad}$ auf $\varphi_\mathrm{L} = 1\,\mathrm{rad} = 57.3\,°$ mit linearer Ausregelung, bei der die Stellgröße nicht sättigt, und eine große von $\varphi_\mathrm{L} = 0\,\mathrm{rad}$ auf $\varphi_\mathrm{L} = 10\,\mathrm{rad} = 573.0\,°$ mit nichtlinearer Ausregelung. Für den letztgenannten Fall eines PI-Reglers ohne Antiwindup, bei dem die Stellgröße in die Sättigung geht, sind die negativen Auswirkungen des Windups des I-Reglers, das Schwingen des Winkels φ_L, klar ersichtlich. Deutlich erkennbar ist auch die positive Wirkung des Antiwindups, das die durch das unnötige Hochlaufen des Integrierers verursachten Schwingungen beseitigt.

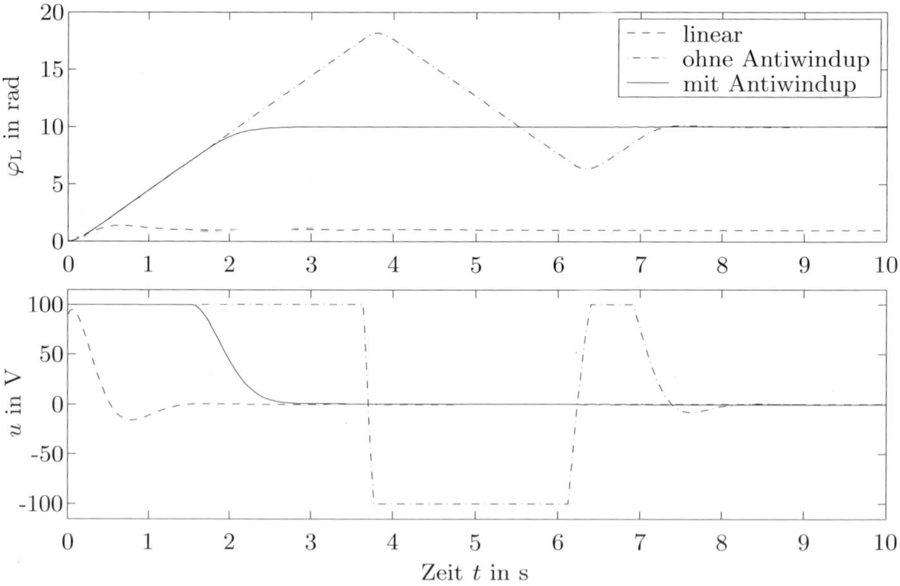

Bild 4.6: Winkelverlauf φ_L und Motorspannung u für den linearen Fall, den Fall mit Antiwindup und den Fall ohne Antiwindup, bei dem der Regler in Sättigung ist.

4.1.4 Antiwindup für allgemeine Reglerstrukturen

Es stellt sich die Frage, was im Fall eines allgemeineren Reglers

$$U_c(s) = H(s) \cdot E(s)$$

als dem PID-Regler an Antiwindup-Maßnahmen vorzusehen ist. Besitzt eine Reglerübertragungsfunktion $H(s)$ instabile Pole oder Pole mit einem Realteil gleich null, so tritt im Falle der Stellgrößenbegrenzung ebenfalls ein Weglaufen, d. h. Windup, der Reglerzustände und damit der Reglerausgangsgröße u_c auf. Bild 4.7 zeigt die Struktur dieses allgemeineren Regelkreises. Auch für diese Regelkreise gibt es verschiedene Antiwindup-Methoden [66, 99, 140, 151, 274, 294, 305, 327].

Eine besonders plausible Antiwindup-Struktur für den allgemeinen Fall erhält man, wenn man einen kleinen Umweg macht, den wir auf den nächsten Seiten verfolgen wollen. Er besteht darin, Zustandsregler mit Beobachtern zu betrachten und für diese das Problem des Sättigungsfalles zu lösen [113].

Wir betrachten den in Bild 4.8 dargestellten Zustandsregelkreis mit Beobachter, der auch *Kontrollbeobachter* genannt wird. Dabei ist die Stellgrößenbeschränkung Teil der Regelstrecke und das Vorfilter V dient der Kompensation der bleibenden Regelabweichung.

Der geschätzte Zustandsvektor $\tilde{\boldsymbol{x}}$ entspricht nach einer gewissen Einschwingzeit dem Zustandsvektor $\boldsymbol{x}$ der Regelstrecke, wenn $u_{\min} \le u_c \le u_{\max}$ gilt, d. h., wenn der lineare Fall vorliegt. Man beachte, dass bei Nichterfüllung dieser Bedingung für u_c der Regelkreis, wie oben beschrieben, nichtlinear ist.

Dabei besitzt obiger Zustandsregelkreis mit Beobachter im linearen Fall $2n$ Eigenwerte. Dies sind – wie aus der Theorie linearer Beobachter und dem Separationstheorem bekannt [191] – sowohl die n Eigenwerte der mit $\boldsymbol{u} = -\boldsymbol{k}^T\boldsymbol{x}$ geregelten Strecke, d. h. die Eigenwerte der Matrix

$$\hat{\boldsymbol{A}} = \boldsymbol{A} - \boldsymbol{b}\boldsymbol{k}^T,$$

als auch die n Eigenwerte der Beobachtermatrix

$$\boldsymbol{F} = \boldsymbol{A} - \boldsymbol{l}\boldsymbol{c}^T.$$

Das charakteristische Polynom des Regelkreises mit Kontrollbeobachter ist also durch

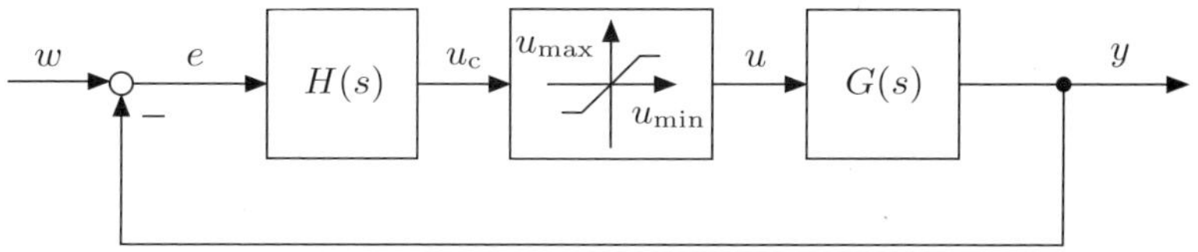

Bild 4.7: Regelkreis mit Sättigungskennlinie und beliebigem linearen Regler $H(s)$.

$$P(s) = \underbrace{\det\left(s\boldsymbol{I} - \boldsymbol{A} + \boldsymbol{b}\boldsymbol{k}^T\right)}_{D(s)} \underbrace{\det\left(s\boldsymbol{I} - \boldsymbol{A} + \boldsymbol{l}\boldsymbol{c}^T\right)}_{\Delta(s)}$$

gegeben, d. h., es setzt sich aus dem charakteristischen Polynom $D(s)$ des Regelkreises und dem charakteristischen Polynom $\Delta(s)$ des Beobachters zusammen. Dabei sind die Eigenwerte des Regelkreises und die des Beobachters aufgrund des Separationstheorems durch den Reglervektor $\boldsymbol{k}$ und den Beobachtervektor $\boldsymbol{l}$ unabhängig voneinander vorgebbar.

Verletzt die Stellgröße die Beschränkung, so sind u_c und u verschieden. In diesem Fall sind auch die Eingangsgrößen von Regelstrecke und Beobachter verschieden, wie aus Bild 4.8 erkennbar ist. Beobachtungsfehler sind die Folge und die Ausregelqualität wird schlecht. Dieses Problem lässt sich einfach lösen, indem man die Eingangsgröße u_c des Beobachters ebenfalls durch die Stellgrößenbegrenzung einschränkt. Dann haben Regelstrecke und Beobachter immer dieselbe Stellgröße. Bild 4.9 zeigt die modifizierte Struktur.

Durch das zusätzliche Sättigungsglied sind Beobachtungsfehler ausgeschlossen, die aus einer Verletzung der Stellgrößenbeschränkung resultieren. Obige einfache Struktur ermöglicht im Allgemeinen auch dann eine gute Ausregelqualität, wenn der Regelkreis vorübergehend in der Sättigung betrieben wird. Dies gilt vor allem für stabile Regelstrecken.

Wir betrachten nun den Beobachter

$$\dot{\tilde{\boldsymbol{x}}} = \left(\boldsymbol{A} - \boldsymbol{l}\boldsymbol{c}^T\right)\tilde{\boldsymbol{x}} + \boldsymbol{b}u + \boldsymbol{l}y = \boldsymbol{F}\tilde{\boldsymbol{x}} + \boldsymbol{b}u + \boldsymbol{l}y$$

und erhalten mit den Laplace-Transformierten $\tilde{\boldsymbol{X}}(s)$, $U(s)$ und $Y(s)$

$$s\tilde{\boldsymbol{X}}(s) - \tilde{\boldsymbol{x}}(0) = \boldsymbol{F} \cdot \tilde{\boldsymbol{X}}(s) + \boldsymbol{b} \cdot U(s) + \boldsymbol{l} \cdot Y(s)$$

und mit $\tilde{\boldsymbol{x}}(0) = \boldsymbol{0}$ die Gleichung

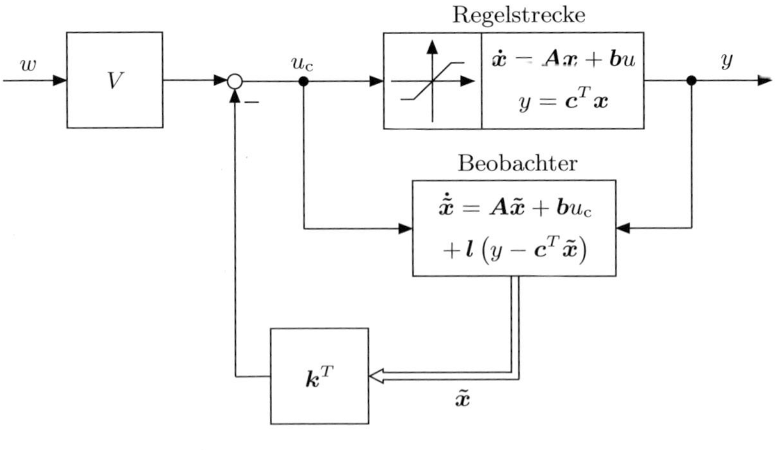

Bild 4.8: Zustandsregelkreis mit Kontrollbeobachter.

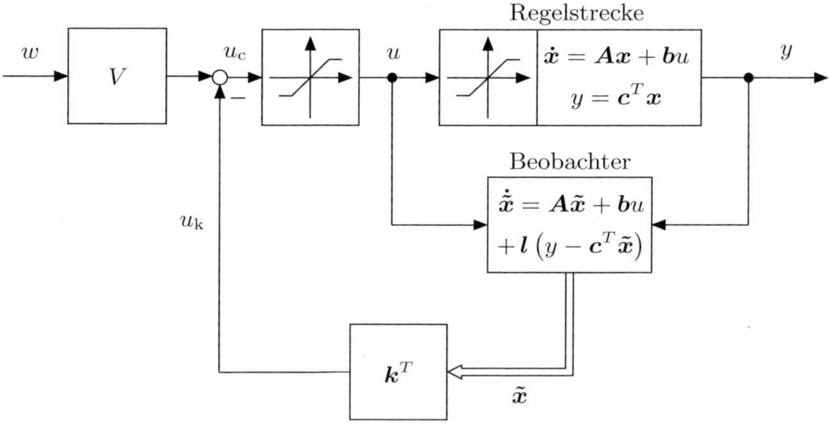

Bild 4.9: Regelkreis mit zusätzlicher Begrenzungskennlinie zur Vermeidung negativer Auswirkungen der Stellgrößenbegrenzung.

$$\tilde{\boldsymbol{X}}(s) = (s\boldsymbol{I} - \boldsymbol{F})^{-1}\boldsymbol{b} \cdot U(s) + (s\boldsymbol{I} - \boldsymbol{F})^{-1}\boldsymbol{l} \cdot Y(s).$$

Zusammen mit dem Zustandsregler

$$U_\mathrm{k}(s) = \boldsymbol{k}^T \tilde{\boldsymbol{X}}(s)$$

gilt

$$U_\mathrm{k}(s) = \boldsymbol{k}^T (s\boldsymbol{I} - \boldsymbol{F})^{-1} \boldsymbol{b} \cdot U(s) + \boldsymbol{k}^T (s\boldsymbol{I} - \boldsymbol{F})^{-1} \boldsymbol{l} \cdot Y(s).$$

Man erhält also zwei Übertragungsfunktionen,

$$H_1(s) = \frac{U_\mathrm{k}(s)}{U(s)} = \boldsymbol{k}^T (s\boldsymbol{I} - \boldsymbol{F})^{-1} \boldsymbol{b} = \frac{Z_1(s)}{\Delta(s)}$$

und

$$H_2(s) = \frac{U_\mathrm{k}(s)}{Y(s)} = \boldsymbol{k}^T (s\boldsymbol{I} - \boldsymbol{F})^{-1} \boldsymbol{l} = \frac{Z_2(s)}{\Delta(s)},$$

die den Zusammenhang zwischen u_k und u bzw. y beschreiben. $H_1(s)$ und $H_2(s)$ haben denselben Nenner

$$\Delta(s) = \det(s\boldsymbol{I} - \boldsymbol{F}).$$

Wir können den Regelkreis mit Beobachter also auch mittels Übertragungsfunktionen darstellen, so wie es Bild 4.10 zeigt. Bei dieser Betrachtungsweise interpretieren wir jetzt die zusätzliche Sättigungskennlinie

$$u = \mathrm{sat}(u_\mathrm{c})$$

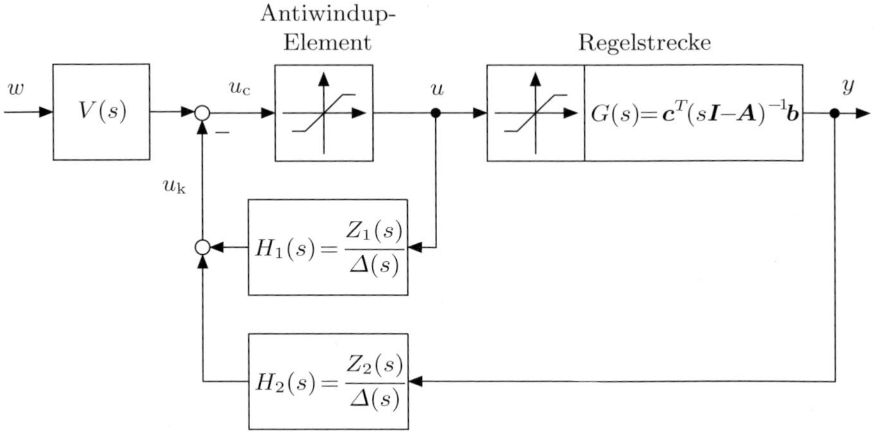

Bild 4.10: Zustandsregelkreis mit Kontrollbeobachter, dargestellt durch Übertragungsfunktionen, und Antiwindup-Element.

als eine Art von Antiwindup-Element für die Übertragungsglieder $H_1(s)$ und $H_2(s)$. Denn das Antiwindup-Element vermeidet auch hier unerwünschte Auswirkungen der Stellgrößenbegrenzung bei den als Regler wirkenden Übertragungsgliedern $H_1(s)$ und $H_2(s)$.

Es sei angemerkt, dass $H_1(s)$ und $H_2(s)$ die Nennerordnung n, also die Systemordnung von $\boldsymbol{A}$, besitzen, da wir den Zustandsvektor $\boldsymbol{x}$ vollständig rekonstruiert haben. Im Falle eines reduzierten Beobachters weisen $H_1(s)$ und $H_2(s)$ eine niedrigere Systemordnung auf, nämlich die des reduzierten Beobachters.

Wir haben des Weiteren die Struktur des Regelkreises in Bild 4.10 verallgemeinert, indem wir anstelle des Vorfilters V eine Übertragungsfunktion $V(s)$ als Vorfilter zulassen. Die Funktionsweisen des Antiwindups sowie des Zustandsreglers mit Beobachter bleiben davon unbeeinflusst.

Wir betrachten nun wieder den klassischen Regelkreis mit einer Regelstrecke $G(s)$ und einem Regler $H(s)$, für den wir ein Antiwindup suchen. Dieser Regelkreis, der in den Bildern 4.7 und 4.11 dargestellt ist, hat im linearen, d. h. ungesättigten Fall die Übertragungsfunktion

$$G(s) = \frac{Z_{\mathrm{R}}(s)Z(s)}{N_{\mathrm{R}}(s)N(s) + Z_{\mathrm{R}}(s)Z(s)}.$$

Die Regelkreisstruktur aus Bild 4.11 lässt sich in die äquivalente Struktur des Bildes 4.12 umformen. Dabei führt man zusätzlich das Polynom $\Delta(s)$ ein. Denn dann entspricht die Struktur aus Bild 4.12 bis auf das Antiwindup-Element vollständig der des Zustandsregelkreises mit Beobachter aus Bild 4.10. Das Antiwindup-Element fügt man nun auch in den Regelkreis aus Bild 4.12 ein. Bild 4.13 zeigt den sich so ergebenden Regelkreis mit Antiwindup.

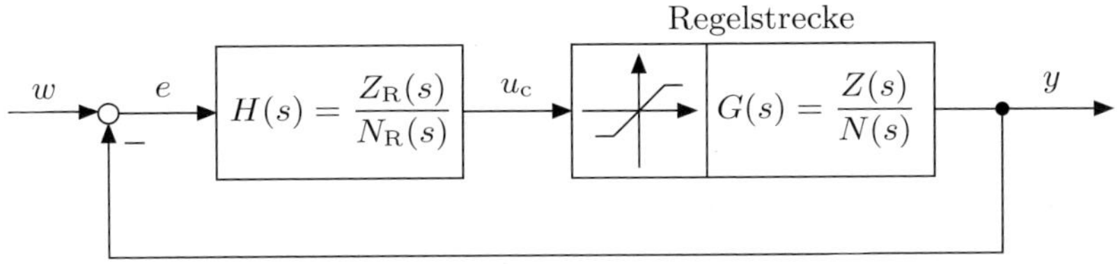

Bild 4.11: Regelkreis mit Stellgrößenbegrenzung und allgemeinem linearen Regler.

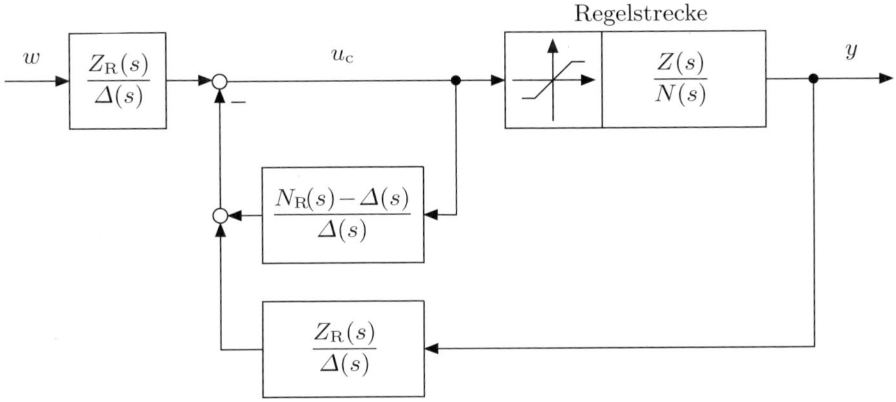

Bild 4.12: Äquivalente Regelkreisstruktur zur Struktur aus Bild 4.11.

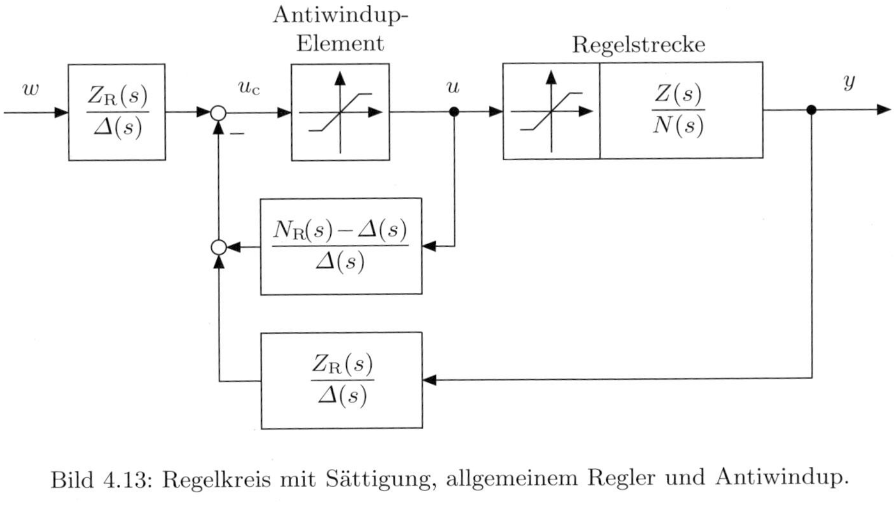

Bild 4.13: Regelkreis mit Sättigung, allgemeinem Regler und Antiwindup.

Man hat auf diese Weise aus den Überlegungen zur Vermeidung von Sättigungseffekten beim Zustandsregler mit Beobachter ein Antiwindup für den Standardregelkreis mit beliebigem linearen Regler $H(s)$ gewonnen. Die zuletzt betrachtete Regelkreisstruktur des Bildes 4.13 bildet also die Lösung des Antiwindup-Problems des Standardregelkreises aus Bild 4.7 bzw. 4.11.

4.1.5 Dimensionierung des allgemeinen Antiwindup-Reglers

Es bleibt als Frage aus dem vorigen Abschnitt noch offen, wie das zusätzlich in den Regelkreis eingebrachte Polynom $\Delta(s)$ zu wählen ist. Zur Klärung dieser Frage vergegenwärtigt man sich, dass im linearen Fall die folgenden drei Regelkreisstrukturen identisch sind:

(1) der Zustandsregelkreis mit Beobachter und Antiwindup aus Bild 4.9,
(2) der Standardregelkreis aus Bild 4.11,
(3) der Standardregelkreis mit Antiwindup aus Bild 4.13.

Für das charakteristische Polynom des Regelkreises mit Beobachter haben wir bereits

$$D(s) \cdot \Delta(s) = \det(s\boldsymbol{I} - \hat{\boldsymbol{A}}) \det(s\boldsymbol{I} - \boldsymbol{F}) \tag{4.3}$$

bestimmt. Das charakteristische Polynom des Standardregelkreises aus Bild 4.11 bzw. des Regelkreises aus Bild 4.13 ergibt sich aus seiner Übertragungsfunktion zu

$$P(s) = N_{\mathrm{R}}(s)N(s) + Z_{\mathrm{R}}(s)Z(s). \tag{4.4}$$

Damit beide Regelkreisstrukturen identisch sind, fordert man, dass ihre charakteristischen Polynome (4.3) und (4.4) gleich sind. Es muss somit

$$P(s) = N_{\mathrm{R}}(s)N(s) + Z_{\mathrm{R}}(s)Z(s) = D(s) \cdot \Delta(s)$$

gelten. Alle Nullstellen des gesuchten Polynoms $\Delta(s)$ müssen also Nullstellen des charakteristischen Polynoms $P(s)$ des Standardregelkreises aus Bild 4.11 sein. Zu bemerken ist, dass $P(s)$ die Ordnung $n + k$ besitzt, wobei n die Ordnung der Regelstrecke und k die des Reglers ist. $D(s)$ hat die Ordnung n und $\Delta(s)$ die Ordnung k.

Für den Fall

$$n = k$$

repräsentiert $\Delta(s)$ das charakteristische Polynom eines vollständigen Beobachters für alle Zustände x_i der Regelstrecke. Für den Fall

$$k < n$$

hat das Polynom $\Delta(s)$ weniger als n, eben k Nullstellen und repräsentiert das charakteristische Polynom eines reduzierten Beobachters. Der Fall $k < n$ ist der Standardfall, da der Regler

$$H(s) = \frac{Z_\mathrm{R}(s)}{N_\mathrm{R}(s)}$$

nur in Ausnahmefällen die Ordnung n der Regelstrecke besitzen wird.

Man beachte, dass der Zustandsregelkreis mit Beobachter nicht entworfen werden muss, um das gesuchte Polynom $\Delta(s)$ zu bestimmen. Die Äquivalenz zwischen Zustandsregelkreis mit Beobachter und Standardregelkreis dient lediglich der Plausibilisierung des entworfenen Antiwindups.

Die Ergebnisse sind in folgendem Satz zusammengefasst.

Satz 49 (Allgemeines Antiwindup). *Gegeben sei der nachfolgend abgebildete Standardregelkreis*

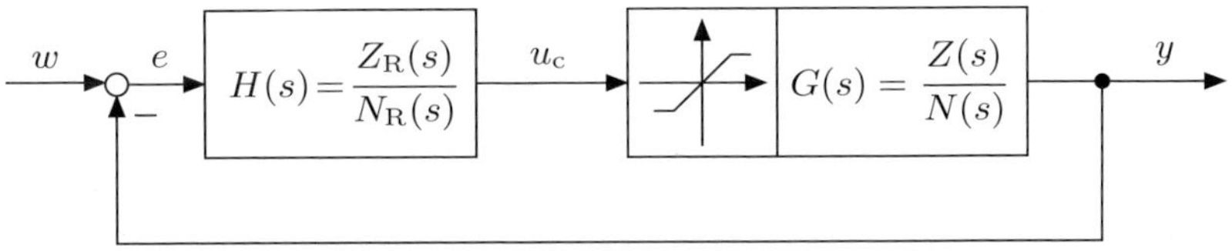

mit dem Regler $Z_\mathrm{R}(s)/N_\mathrm{R}(s)$ der Ordnung k und der Regelstrecke $Z(s)/N(s)$ der Ordnung n. Der unten abgebildete Regelkreis

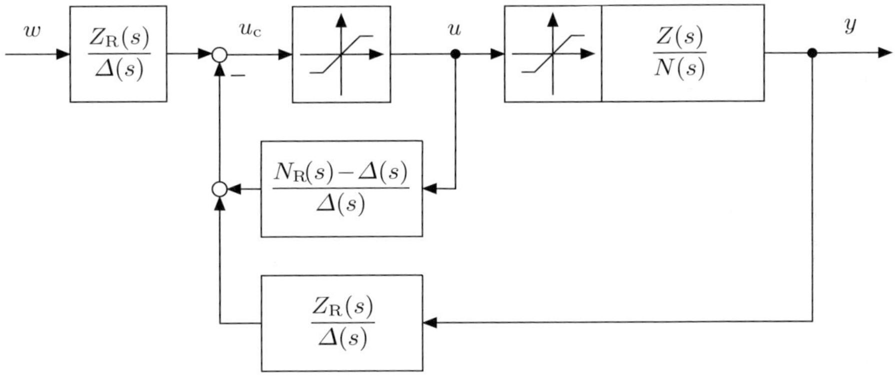

besitzt dasselbe lineare Übertragungsverhalten wie der Standardregelkreis und darüber hinaus ein Regler-Antiwindup. Die k Nullstellen des Polynoms $\Delta(s)$ wählt man so, dass sie k Nullstellen des charakteristischen Polynoms des Regelkreises

$$P(s) = N_\mathrm{R}(s)N(s) + Z_\mathrm{R}(s)Z(s)$$

entsprechen.

Bei der Anwendung des obigen Satzes sind die k Nullstellen des Polynoms $\Delta(s)$ zu wählen. In ihrer Wahl ist man völlig frei, solange sie jeweils einer der $n + k$ Nullstellen des Polynoms $P(s)$ entsprechen. Geschickterweise wird man die Auswahl so treffen, dass das Regelverhalten möglichst gut ist. Leider gibt es dabei keine Auswahlregel. Vielmehr ist man auf Ausprobieren und simulatorische Überprüfung angewiesen.

In bestimmten, eher seltenen Fällen kann die Wahl der k Nullstellen von $\Delta(s)$ schwierig sein. Das ist der Fall, wenn $P(s)$ nur konjugiert komplexe Nullstellen besitzt und die Ordnung k von $\Delta(s)$ ungerade ist. Offensichtlich besitzt dann $\Delta(s)$ eine reelle Nullstelle. Eine reelle Nullstelle ist aber unter den ausschließlich komplexen Nullstellen von $P(s)$ nicht vorhanden. Man löst dieses Problem, indem man das konjugiert komplexe Nullstellenpaar von $P(s)$ mit der größten Dämpfung D auswählt. Zu diesem Paar gehört das Polynom $s^2 + 2D\omega_0 s + \omega_0^2$. Wir approximieren dieses Polynom durch $(s + \omega_0)^2$ und wählen ω_0 als reelle Nullstelle von $\Delta(s)$. Die verbleibenden $k - 1$ Nullstellen des Polynoms $\Delta(s)$, deren Anzahl gerade ist, wählt man, wie in Satz 49 vorgegeben, aus der Menge der konjugiert komplexen Nullstellen von $P(s)$.

4.1.6 Stabilität

Abschließend ist zu diskutieren, wie es um die Stabilität eines Regelkreises mit Antiwindup-Vorrichtung bestellt ist. Geklärt werden kann diese Frage, indem man den Regelkreis für eine konstante Führungsgröße w in einen nichtlinearen Standardregelkreis umformt, wie er in Bild 4.14 dargestellt ist.

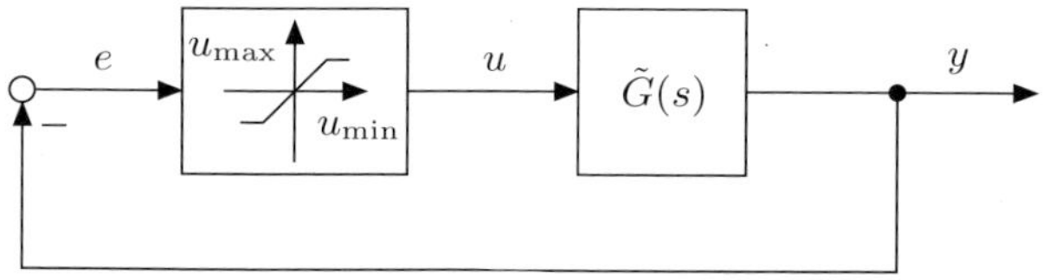

Bild 4.14: Nichtlinearer Standardregelkreis.

Die Übertragungsfunktion $\tilde{G}(s)$ ergibt sich dabei aus der Zusammenfassung der Regler- und Streckenübertragungsfunktion. In diese Standardstruktur gebracht kann dann z. B. das Popov-Kriterium zur Stabilitätsuntersuchung verwendet werden.

4.2 Zeitoptimale Regelung und Steuerung

4.2.1 Grundlagen und der Satz von Feldbaum

Beim Entwurf nichtlinearer Regler geht man oft heuristisch vor. Dies gilt insbesondere für den Entwurf von Reglern, die aus nichtlinearen Kennliniengliedern bestehen. Beispiele hierfür sind viele Zweipunktregler oder oftmals auch Regler mit Antiwindup. Man entwirft solche Regelungen auf Basis der Anschauung oder aufgrund von Kenntnissen oder Vermutungen über Regelstrecke und Regelkreisverhalten mit einem ausgewählten Regler. Nach dem

Entwurf wird man dann in der Regel Simulationen durchführen, mittels einer der in Kapitel 2 betrachteten Methoden die Stabilität sicherstellen und insbesondere auch die Regelgüte überprüfen. Dieses Vorgehen ist also in drei Schritte zu gliedern: heuristischer Reglerentwurf, Stabilitätsanalyse des Regelkreises und Simulation.

Die Gründe für dieses Vorgehen sind vor allem darin zu finden, dass für viele Problemstellungen analytische Entwurfsmethoden für Regelungen fehlen oder diese sehr komplex sind. Oder das Entwurfproblem ist sehr einfach, z. B. bei der Temperaturregelung von Bügeleisen oder Kaffeemaschinen, die im Allgemeinen mittels eines Hysteresekennliniengliedes (Bimetall) geschieht.

Auf obige Weise kommt man dann nicht zum Ziel, wenn hohe Anforderungen an die Regelgüte oder komplexe Regelstrecken vorliegen. In diesen Fällen benötigt man entsprechende Reglerentwurfsverfahren. Ihr Ziel ist es, eine bessere Regelgüte, als es mit linearen Reglern möglich ist, oder sogar die bezüglich eines Gütekriteriums optimale Regelgüte zu erzielen. Eine Klasse solcher optimaler Steuerungen und Regelungen sind zeitoptimale Steuerungen und Regelungen. Bei diesen erfolgt, wie der Name schon sagt, eine Ausregelung bzw. -steuerung in schnellstmöglicher Zeit t_e von einem Anfangszustand $\boldsymbol{x}_0$ in den Endzustand $\boldsymbol{x}_\mathrm{e} = \boldsymbol{0}$.

Als Regelstrecken werden lineare SISO-Systeme

$$\dot{\boldsymbol{x}} = \boldsymbol{A}\boldsymbol{x} + \boldsymbol{b}u \tag{4.5}$$

betrachtet. Ausgangspunkt für den Entwurf ist die Forderung nach minimaler Ausregelzeit t_e, d. h., man muss das Gütemaß

$$J = t_\mathrm{e} \tag{4.6}$$

durch eine geeignet gewählte Steuerfunktion $u(t)$ minimieren. Dabei ist zu beachten, dass die Stellgröße Beschränkungen der Form

$$-u_\mathrm{max} \le u \le u_\mathrm{max} \tag{4.7}$$

unterliegt. Es ist also folgende Optimierungsaufgabe zu lösen: Suche die Steuerfunktion $u(t)$ für das System (4.5) mit der Stellgrößenbeschränkung (4.7) so, dass das Gütemaß (4.6) für die Anfangsauslenkung $\boldsymbol{x}_0$ minimal wird.

Gelöst werden kann obige Aufgabenstellung mittels des Maximum-Prinzips von Pontrjagin [84, 114, 150, 299]. Die sich dabei im allgemeinen Fall ergebenden Regelgesetze $u(t)$ sind oft sehr aufwendig zu bestimmen und außerordentlich komplex zu realisieren. In der industriellen Praxis sind zeitoptimale Regelungen, von wenigen Ausnahmen abgesehen [176, 228, 317], daher auch nicht oft zu finden. Zeitoptimale Steuerungen dagegen sind einfacher zu berechnen und zu realisieren. Sie finden sich in verschiedenen Anwendungen [19, 24, 37, 54, 90]. Im Weiteren werden wir auf das Maximumprinzip verzichten, da sich viele für die Praxis relevante Fälle, insbesondere zeitoptimale Steuerungen, auch ohne dieses berechnen lassen.

Der prinzipielle Verlauf der Stellgröße $u(t)$ einer zeitoptimalen Regelung ist sehr einfach, denn $u(t)$ wechselt sprungförmig zwischen den Werten $-u_{\max}$ und $u_{\max}$, wie es Bild 4.15 exemplarisch zeigt. Es findet also eine Reihe von

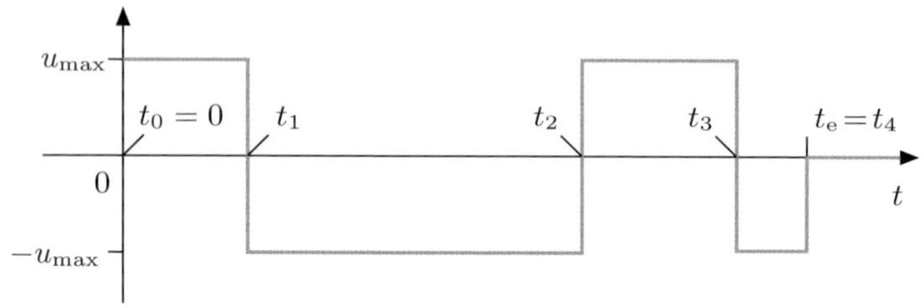

Bild 4.15: Stellgrößenverlauf einer zeitoptimalen Steuerung bzw. Regelung.

Umschaltungen zwischen $-u_{\max}$ und $u_{\max}$ statt. Die Schwierigkeit des Entwurfes liegt in der Bestimmung der Umschaltzeitpunkte

$$t_1, t_2, t_3, \ldots, t_e$$

für den Fall der Steuerung und in der Berechnung des Regelgesetzes $u(\boldsymbol{x})$ im Fall der Regelung.

Allerdings gibt es einen wichtigen Sonderfall, bei dem die Umschaltzeitpunkte relativ einfach zu bestimmen sind. Dies sind Regelstrecken, die ausschließlich reelle Eigenwerte besitzen. Bei ihnen kann man die zeitoptimale Steuerfunktion $u(t)$ ohne das Maximum-Prinzip ermitteln. Für sie gilt folgender Satz [73, 74].

Satz 50 (Satz von Feldbaum). *Besitzt das steuerbare System*

$$\dot{\boldsymbol{x}} = \boldsymbol{A}\boldsymbol{x} + \boldsymbol{b}u$$

der Ordnung n nur reelle Eigenwerte, so besteht das zeitoptimale Steuergesetz $u(t)$ aus maximal n Schaltintervallen, in denen $u(t)$ abwechselnd $-u_{\max}$ und $u_{\max}$ ist.

Bei einem System vierter Ordnung wird also maximal dreimal zwischen $-u_{\max}$ und $u_{\max}$ umgeschaltet, wie es Bild 4.15 zeigt. Im Fall eines Systems mit konjugiert komplexen Eigenwerten kann die Anzahl der Schaltintervalle auch größer sein als n.

Zu beachten ist, dass die zeitoptimale Steuerfolge im Fall instabiler Regelstrecken nicht für alle $\boldsymbol{x} \in \mathbb{R}^n$ existiert. Denn bei beschränkter Stellgröße u können nicht alle Anfangszustände $\boldsymbol{x}(0)$ in die Ruhelage $\boldsymbol{x}_R = \boldsymbol{0}$ ausgeregelt werden. Die beschränkte Stellleistung ist dafür nicht ausreichend. Für vollständig steuerbare Regelstrecken, die keine Eigenwerte mit positiven Realteilen besitzen, existiert dagegen immer eine zeitoptimale Steuerfolge bzw. Regelung für alle $\boldsymbol{x} \in \mathbb{R}^n$.

4.2.2 Berechnung zeitoptimaler Steuerfolgen

Für den Fall reeller Eigenwerte können die Umschaltzeitpunkte t_i wie folgt ermittelt werden. Für die Lösung der Systemgleichung

$$\dot{\boldsymbol{x}} = \boldsymbol{A}\boldsymbol{x} + \boldsymbol{b}u$$

gilt

$$\boldsymbol{x}(t) = e^{\boldsymbol{A}t}\boldsymbol{x}_0 + \int_0^t e^{\boldsymbol{A}(t-\tau)}\boldsymbol{b}u(\tau)\,d\tau. \tag{4.8}$$

Der Verlauf von $u(t)$ hat im ersten Schaltintervall das Vorzeichen

$$\alpha = 1 \quad \text{oder} \quad \alpha = -1.$$

Es gilt also für $i = 1, \ldots, n$

$$u(t) = (-1)^{i-1}\alpha\, u_{\max} \quad \text{für } t \in [t_{i-1}, t_i).$$

Für die Berechnung der Schaltzeiten t_i lässt man vorerst die Frage, welchen Wert α annimmt, offen. Somit erhält man für Gl. (4.8)

$$\boldsymbol{x}(t_\mathrm{e} = t_n) = e^{\boldsymbol{A}t_n}\boldsymbol{x}_0 + \sum_{i=1}^{n} \int_{t_{i-1}}^{t_i} \mathrm{e}^{\boldsymbol{A}(t_n-\tau)}\,\boldsymbol{b}(-1)^{i-1}\alpha u_{\max}\,d\tau$$

und mit

$$\boldsymbol{x}(t_\mathrm{e} = t_n) = \boldsymbol{0}$$

ergibt sich

$$\boldsymbol{0} = e^{\boldsymbol{A}t_n}\boldsymbol{x}_0 + \alpha u_{\max} \sum_{i=1}^{n} \int_{t_{i-1}}^{t_i} e^{\boldsymbol{A}(t_n-\tau)}\boldsymbol{b}(-1)^{i-1}\,d\tau. \tag{4.9}$$

Man berücksichtigt

$$e^{\boldsymbol{A}(t_n-\tau)} = \mathrm{e}^{\boldsymbol{A}t_n}\,\mathrm{e}^{-\boldsymbol{A}\tau}$$

und erhält aus Gl. (4.9) nach Multiplikation mit $e^{-\boldsymbol{A}t_n}$

$$\boldsymbol{x}_0 = -\alpha \cdot u_{\max} \sum_{i=1}^{n} (-1)^{i-1} \underbrace{\int_{t_{i-1}}^{t_i} e^{-\boldsymbol{A}\tau}\boldsymbol{b}\,d\tau}_{\boldsymbol{w}(t_i)-\boldsymbol{w}(t_{i-1})}. \tag{4.10}$$

Hierbei ist $\boldsymbol{w}(\tau)$ der Stammfunktionenvektor von $e^{-\boldsymbol{A}\tau}\boldsymbol{b}$. Gl. (4.10) führt zu

$$-\frac{\boldsymbol{x}_0}{\alpha u_{\max}} = [\boldsymbol{w}(t_1)-\boldsymbol{w}(t_0)] - [\boldsymbol{w}(t_2)-\boldsymbol{w}(t_1)] + \ldots + (-1)^{n-1}[\boldsymbol{w}(t_n)-\boldsymbol{w}(t_{n-1})].$$

Aus dieser Gleichung folgt mit der Startzeit $t_0 = 0$ der Steuerung das nichtlineare Gleichungssystem

$$\boldsymbol{w}(t_1) - \boldsymbol{w}(t_2) + \boldsymbol{w}(t_3) - \ldots + \frac{1}{2}(-1)^{n-1}\boldsymbol{w}(t_n) = \frac{1}{2}\boldsymbol{w}(0) - \frac{\boldsymbol{x}_0}{2\alpha u_{\max}} \quad (4.11)$$

mit n Gleichungen und den n Unbekannten $t_1, t_2, \ldots, t_n$.

Im Prinzip ist auch α eine Unbekannte. Da man jedoch im Voraus nicht weiß, ob im ersten Schaltintervall $u_{\max}$ oder $-u_{\max}$ gilt, also ob $\alpha = 1$ oder $\alpha = -1$ ist, probiert man beide Fälle aus. Für einen der beiden Fälle, die in Bild 4.16 illustriert sind, hat das Gleichungssystem eine Lösung, für den anderen nicht. Das Gleichungssystem ist nur für Systeme niedriger Ordnung analytisch lösbar. Sonst ist es transzendent und muss numerisch gelöst werden.

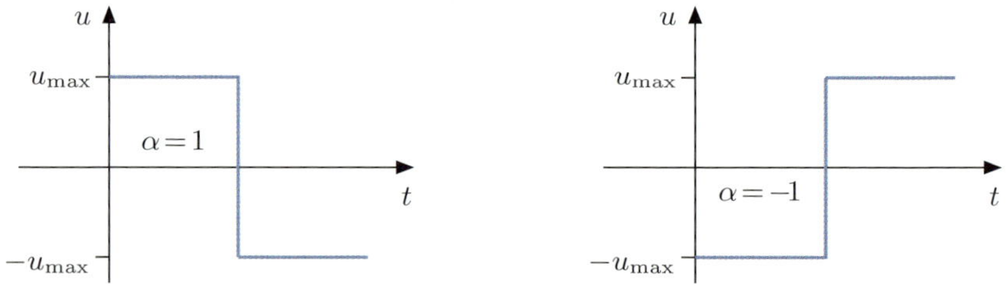

Bild 4.16: Das erste Schaltintervall einer zeitoptimalen Steuerfolge beginnt mit $u_{\max}$ oder $-u_{\max}$.

Auch die zeitoptimalen Schaltzeiten von Systemen $\dot{\boldsymbol{x}} = \boldsymbol{A}\boldsymbol{x} + \boldsymbol{b}u$ mit konjugiert komplexen Eigenwerten erfüllen das Gleichungssystem (4.11). Allerdings weiß man dann nicht, ob man mit n Schaltintervallen auskommt. Findet man keine Lösung, muss man es mit $n+1, n+2, \ldots$ Intervallen probieren. Dabei können dann auch zusätzliche Lösungen auftreten, die keine zeitoptimalen Schaltzeiten liefern.

4.2.3 Beispiel $1/s^2$

Wir betrachten als klassisches Beispiel [132] die Regelstrecke $1/s^2$. Sie liegt z. B. dann vor, wenn eine Masse beschleunigt wird. Die zugehörige Zustandsraumdarstellung ist

$$\dot{\boldsymbol{x}} = \begin{bmatrix} 0 & 1 \\ 0 & 0 \end{bmatrix} \boldsymbol{x} + \begin{bmatrix} 0 \\ 1 \end{bmatrix} u,$$

und die Stellgröße ist symmetrisch durch

$$-u_{\max} \leq u \leq u_{\max}$$

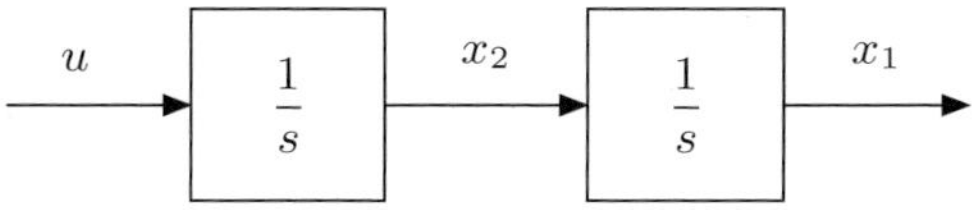

Bild 4.17: Strukturbild des Doppelintegrierers.

beschränkt. Dann ist u die Beschleunigung, x_2 die Geschwindigkeit und x_1 der zurückgelegte Weg. Bild 4.17 zeigt das zugehörige Strukturbild.

Das zeitoptimale Steuergesetz $u(t)$ hat gemäß dem Satz von Feldbaum maximal zwei Schaltintervalle bzw. eine Umschaltung zwischen $-u_{\max}$ und $u_{\max}$. Die Schaltzeitpunkte t_1 und t_2 bestimmen sich aus

$$\boldsymbol{w}(t_1) - \frac{1}{2}\boldsymbol{w}(t_2) = \frac{1}{2}\boldsymbol{w}(0) - \frac{\boldsymbol{x}_0}{2\alpha u_{\max}}. \tag{4.12}$$

Hierbei ist

$$\boldsymbol{w}(\tau) = \int e^{-\boldsymbol{A}\tau}\, d\tau \cdot \boldsymbol{b} \quad \text{und} \quad \boldsymbol{x}_0 = \begin{bmatrix} x_{10} \\ x_{20} \end{bmatrix}.$$

Man ermittelt zuerst mittels der Laplace-Rücktransformation $\mathcal{L}^{-1}$

$$e^{-\boldsymbol{A}t} = \mathcal{L}^{-1}\left\{(s\boldsymbol{I} + \boldsymbol{A})^{-1}\right\} = \mathcal{L}^{-1}\left\{\begin{bmatrix} s & 1 \\ 0 & s \end{bmatrix}^{-1}\right\} = \begin{bmatrix} 1 & -t \\ 0 & 1 \end{bmatrix}$$

und dann

$$\boldsymbol{w}(\tau) = \int e^{-\boldsymbol{A}\tau}\, d\tau \cdot \boldsymbol{b} = \int \begin{bmatrix} -\tau \\ 1 \end{bmatrix} d\tau = \begin{bmatrix} -\frac{1}{2}\tau^2 + C_1 \\ \tau + C_2 \end{bmatrix}. \tag{4.13}$$

Gl. (4.13) eingesetzt in Gl. (4.12) liefert

$$-2t_1^2 + t_2^2 = -2\frac{x_{10}}{\alpha u_{\max}},$$
$$2t_1 - t_2 = -\frac{x_{20}}{\alpha u_{\max}}.$$

Dieses nichtlineare Gleichungssystem ist einfach lösbar. Man erhält

$$t_1 = -\frac{x_{20}}{\alpha u_{\max}} \pm \sqrt{\frac{1}{2}\left(\frac{x_{20}}{\alpha u_{\max}}\right)^2 - \frac{x_{10}}{\alpha u_{\max}}}, \tag{4.14}$$
$$t_2 = -\frac{x_{20}}{\alpha u_{\max}} \pm 2\sqrt{\frac{1}{2}\left(\frac{x_{20}}{\alpha u_{\max}}\right)^2 - \frac{x_{10}}{\alpha u_{\max}}}.$$

Es stellt sich noch die Frage, wann $\alpha = 1$ und wann $\alpha = -1$ ist. D. h., wann beginnt die Steuerfolge mit $u_{\max}$, wann mit $-u_{\max}$? Um dies herauszufinden, betrachtet man Gl. (4.14) etwas genauer. Ersichtlich muss

$$t_1 = -\frac{x_{20}}{\alpha u_{\max}} \pm \sqrt{\frac{1}{2}\left(\frac{x_{20}}{\alpha u_{\max}}\right)^2 - \frac{x_{10}}{\alpha u_{\max}}} \geq 0 \tag{4.15}$$

sein. Zuerst soll herausgefunden werden, welche Werte x_{10} und x_{20} zu einem $t_1 \geq 0$ führen, wenn $\alpha = 1$ ist. In diesem Fall hat Gl. (4.15), multipliziert mit $u_{\max}$, die Form

$$-x_{20} \pm \sqrt{\frac{1}{2}x_{20}^2 - u_{\max}x_{10}} \geq 0. \tag{4.16}$$

In dieser Gleichung muss notwendigerweise der Term in der Wurzel positiv oder null sein, d. h., es muss

$$x_{10} \leq \frac{1}{2u_{\max}}x_{20}^2 \tag{4.17}$$

gelten. In Gl. (4.16) müssen wir des Weiteren nur den Fall des positiven Vorzeichens vor der Wurzel betrachten, denn die zugehörige Lösungsmenge beinhaltet alle Lösungen, die sich für das negative Vorzeichen ergeben. Wir erhalten so als weitere Bedingung

$$x_{20} \leq \sqrt{\frac{1}{2}x_{20}^2 - u_{\max}x_{10}}. \tag{4.18}$$

Nun sind zwei Fälle zu unterscheiden. Im ersten Fall ist $x_{20} \leq 0$. Dann ist Gl. (4.18) offensichtlich immer erfüllt, solange Gl. (4.17) gilt. Im zweiten Fall ist $x_{20} > 0$. Wir können dann beide Seiten der Ungleichung (4.18) quadrieren und erhalten

$$x_{20}^2 \leq \frac{1}{2}x_{20}^2 - u_{\max}x_{10} \quad \text{für} \quad x_{20} > 0$$

bzw.

$$x_{10} \leq -\frac{1}{2u_{\max}}x_{20}^2 \quad \text{für} \quad x_{20} > 0. \tag{4.19}$$

Das Gebiet von Anfangswerten $\boldsymbol{x}_0 = \begin{bmatrix} x_{10} & x_{20} \end{bmatrix}^T$, für die Gl. (4.14) mit $\alpha = 1$ lösbar ist, ist somit durch die Ungleichungen (4.17) und (4.19) gegeben. Bild 4.18 illustriert diesen unterhalb der Parabelhälften liegenden Bereich, in dem $\alpha = 1$ ist. Im Bild ist er blau dargestellt. Für $\alpha = -1$ kann man ähnliche Überlegungen anstellen mit dem Resultat, dass oberhalb der Parabeläste, d. h. im weißen Bereich des Bildes 4.18, $u = -u_{\max}$ ist.

Die Bereiche des Zustandsraumes, in denen $\alpha = 1$ bzw. $\alpha = -1$ gilt, d. h. $u = u_{\max}$ bzw. $u = -u_{\max}$ gilt, sind durch die Parabeläste

$$x_{10} = \begin{cases} \dfrac{x_{20}^2}{2u_{\max}}, & x_{20} \leq 0, \\ -\dfrac{x_{20}^2}{2u_{\max}}, & x_{20} > 0 \end{cases}$$

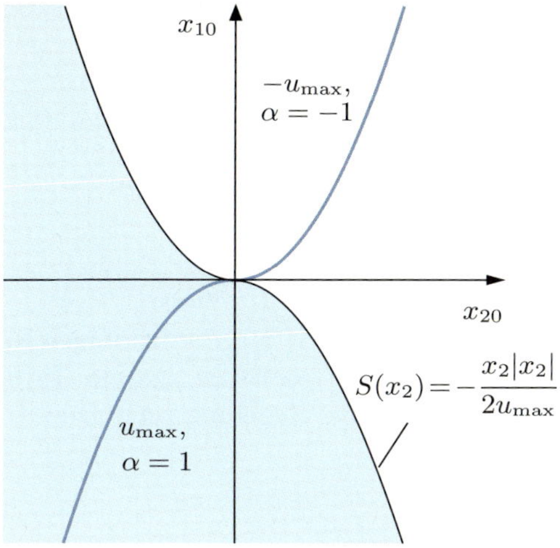

Bild 4.18: Durch die Schaltkurve $x_1 = S(x_2)$ in zwei Hälften geteilter Zustandsraum.

getrennt. Diese Parabeläste bilden zusammen die Schaltkurve

$$S(x_2) = x_1 = -\frac{x_2|x_2|}{2u_{\max}}. \tag{4.20}$$

Unterhalb von $S(x_2)$ gilt $u = u_{\max}$, oberhalb $u = -u_{\max}$. Bild 4.18 zeigt den Sachverhalt.

Mit dem obigen Ergebnis sind die Schaltzeitpunkte

$$t_1 = -\frac{x_{20}}{\alpha u_{\max}} \pm \sqrt{\frac{1}{2}\left(\frac{x_{20}}{\alpha u_{\max}}\right)^2 - \frac{x_{10}}{\alpha u_{\max}}},$$
$$t_2 = -\frac{x_{20}}{\alpha u_{\max}} \pm 2\sqrt{\frac{1}{2}\left(\frac{x_{20}}{\alpha u_{\max}}\right)^2 - \frac{x_{10}}{\alpha u_{\max}}}$$

mit

$$\alpha = \begin{cases} 1, & x_1 < S(x_2), \\ -1, & x_1 > S(x_2), \end{cases} \quad \text{und} \quad \alpha = \begin{cases} 1, & x_1 = S(x_2) < 0, \\ -1, & x_1 = S(x_2) > 0, \end{cases}$$

bestimmt. Die zeitoptimale Steuerung liegt somit vor. Auch das zeitoptimale Regelungsgesetz lässt sich jetzt ermitteln. Oberhalb der Schaltlinie $S(x_2)$ verwendet man $-u_{\max}$, unterhalb $u_{\max}$, d. h.

$$u(\boldsymbol{x}) = \begin{cases} u_{\max}, & x_1 - S(x_2) < 0, \\ -u_{\max}, & x_1 - S(x_2) > 0. \end{cases}$$

Das lässt sich auch in der Form

$$
\begin{aligned}
u &= \begin{cases} u_{\max}, & \operatorname{sgn}(x_1 - S(x_2)) < 0, \\ -u_{\max}, & \operatorname{sgn}(x_1 - S(x_2)) > 0 \end{cases} \\
&= -u_{\max} \cdot \operatorname{sgn}(x_1 - S(x_2)) = u_{\max} \cdot \operatorname{sgn}(S(x_2) - x_1)
\end{aligned}
$$

darstellen. Das zeitoptimale Regelgesetz der Strecke $1/s^2$ hat dann mit Gl. (4.20) die Form

$$
u = u_{\max} \cdot \operatorname{sgn}\left(-\frac{x_2|x_2|}{2u_{\max}} - x_1 \right).
$$

Auf der Schaltlinie, d. h. für $x_1 = S(x_2)$, ergibt obiges Regelgesetz den Wert $u = 0$. Korrekterweise müsste dort $u = \pm u_{\max}$ sein. In der Praxis spielt das jedoch keine Rolle. Die zugehörige Regelung zeigt Bild 4.19.

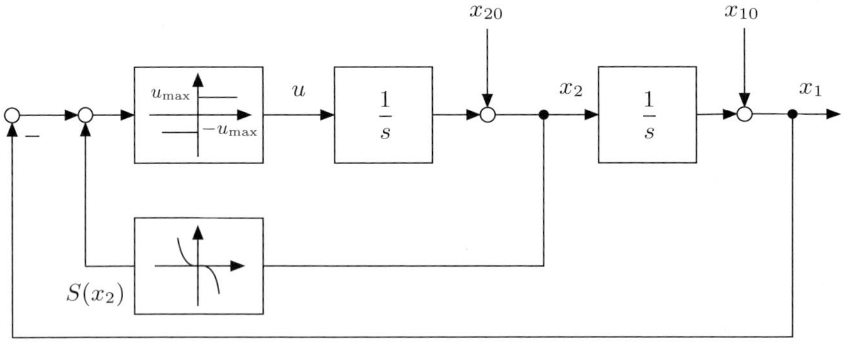

Bild 4.19: Zeitoptimale Regelung für $1/s^2$.

Obiges Regelgesetz und weitere zeitoptimale Regelgesetze für Regelstrecken zweiter Ordnung mit reellen Eigenwerten lassen sich auch relativ einfach durch Analyse der Trajektorien für $u = u_{\max}$ und $u = -u_{\max}$ in der Zustandsebene herleiten. Teile dieser Trajektorien bilden offensichtlich die Menge aller Trajektorien des zeitoptimal geregelten Systems. Insbesondere die Schaltlinie S ist identisch mit Teilen der zwei Trajektorien, die für $u = u_{\max}$ bzw. $u = -u_{\max}$ durch den Ursprung $\boldsymbol{x} = \boldsymbol{0}$ laufen. Es ist daher für die Herleitung des zeitoptimalen Regelgesetzes ausreichend, diese beiden Trajektorien zu berechnen und aufgrund von geometrischer Überlegungen in der Zustandsebene die Schaltlinie S aus Teilen dieser Trajektorien zusammenzusetzen.

4.2.4 Zeitoptimale Regler für Systeme niedriger Ordnung

Wir betrachten im Weiteren Systeme zweiter und dritter Ordnung und ihre zeitoptimalen Regelgesetze. Als ersten Fall behandeln wir Regelstrecken

$$
\dot{\boldsymbol{x}} = \begin{bmatrix} 0 & 1 \\ 0 & -a \end{bmatrix} \boldsymbol{x} + \begin{bmatrix} 0 \\ 1 \end{bmatrix} u \tag{4.21}
$$

mit einem Eigenwert bei null und einem Eigenwert $\lambda = -a < 0$. Die Stellgrößenbeschränkung ist, wie auch bei allen weiteren Regelstrecken, durch

$$|u| \leq u_{\max}$$

gegeben. Man beachte, dass alle steuerbaren Regelstrecken mit obiger Eigenwertkonfiguration in die Form (4.21), die Regelungsnormalform, gebracht werden können.

Das zeitoptimale Regelgesetz lautet

$$u = u_{\max} \operatorname{sgn}(S(x_2) - x_1)$$

mit der Schaltlinie

$$S(x_2) = -\frac{1}{a}x_2 + \frac{u_{\max}}{a^2} \operatorname{sgn}(x_2) \ln\left(1 + \frac{a|x_2|}{u_{\max}}\right).$$

Bild 4.20 zeigt das zugehörige Strukturbild.

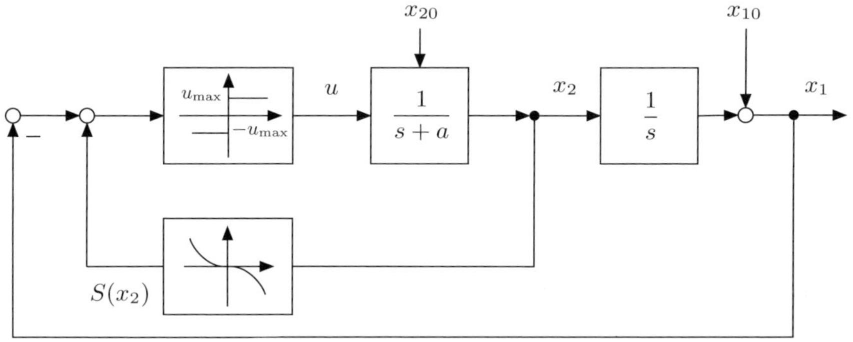

Bild 4.20: Zeitoptimale Regelung für $1/s(s+a)$.

Als zweiten Fall betrachten wir stabile Regelstrecken zweiter Ordnung mit reellen, von null verschiedenen Eigenwerten $\lambda_1 < \lambda_2 < 0$. Dabei gehen wir davon aus, dass die Systembeschreibung in der Form

$$\dot{\boldsymbol{x}} = \begin{bmatrix} \lambda_1 & 0 \\ 0 & \lambda_2 \end{bmatrix} \boldsymbol{x} + \begin{bmatrix} \lambda_1 \\ \lambda_2 \end{bmatrix} u \tag{4.22}$$

vorliegt oder in diese transformiert wurde. Dann hat das zeitoptimale Regelgesetz die Form

$$u = u_{\max} \operatorname{sgn}(S(x_2) - x_1)$$

mit

$$S(x_2) = u_{\max} \operatorname{sgn}(x_2) \left[\left(1 + \frac{|x_2|}{u_{\max}} \right)^{\lambda_1/\lambda_2} - 1 \right].$$

Auch für Systeme dritter Ordnung mit zwei Eigenwerten bei null und einem negativen Eigenwert $\lambda = -a$, die in Regelungsnormalform vorliegen oder in diese transformiert wurden, kann das zeitoptimale Regelgesetz angegeben werden [18]. Wir transformieren zu diesem Zweck die Regelungsnormalform

$$\dot{\tilde{\boldsymbol{x}}} = \begin{bmatrix} 0 & 1 & 0 \\ 0 & 0 & 1 \\ 0 & 0 & -a \end{bmatrix} \tilde{\boldsymbol{x}} + \begin{bmatrix} 0 \\ 0 \\ 1 \end{bmatrix} u$$

mittels

$$\tilde{\boldsymbol{x}} = \frac{1}{a^3} \begin{bmatrix} 1 & 0 & 1 \\ 0 & a & -a \\ 0 & 0 & a^2 \end{bmatrix} \boldsymbol{x}$$

in die Form

$$\dot{\boldsymbol{x}} = \begin{bmatrix} 0 & a & 0 \\ 0 & 0 & 0 \\ 0 & 0 & -a \end{bmatrix} \boldsymbol{x} + \begin{bmatrix} -a \\ a \\ a \end{bmatrix} u. \tag{4.23}$$

Für die zeitoptimale Regelung des Systems (4.23) gilt

$$u = u_{\max} \operatorname{sgn}(S(x_1, x_2) - x_3) \tag{4.24}$$

mit

$$\begin{aligned} S(x_1, x_2) &= u_{\max} d \left[e^c \cdot (2 - e^{\sqrt{b}}) - 1 \right], \\ d &= \operatorname{sgn}\left(x_1 + x_2 + \frac{x_2 |x_2|}{2 u_{\max}} \right), \\ b &= \frac{x_2^2}{2 u_{\max}^2} + \frac{d}{u_{\max}} (x_1 + x_2), \\ c &= \frac{d \cdot x_2}{u_{\max}} + \sqrt{b}. \end{aligned}$$

Lag die Regelstrecke ursprünglich nicht in der jeweiligen Zustandsraumdarstellung (4.21), (4.22) oder (4.23) vor, sondern wurde in diese Form gebracht, so muss das entsprechende Regelgesetz durch Rücktransformation auf die Ursprungskoordinaten der Regelstrecke umgerechnet werden.

Für Regelstrecken höherer Ordnung können im Allgemeinen keine analytisch angebbaren Regelgesetze mehr bestimmt werden. Im Fall stabiler Regelstrecken mit ausschließlich verschiedenen reellen Eigenwerten erhält man dann ein Regelgesetz, bei dem ein nichtlineares Gleichungssystem für die Bestimmung von u zu lösen ist [18]. Im Fall von Regelstrecken mit konjugiert komplexen Eigenwerten ist bis auf Ausnahmefälle, z. B. Regelstrecken zweiter Ordnung [84, 188], eine Bestimmung und Realisierung unter praktischen Gesichtspunkten nicht mehr möglich.

4.2.5 Beispiel U-Boot

U-Boote können dynamisch und statisch tauchen. Beim dynamischen Tauchen wird während der Fahrt des Bootes das Tiefenruder so verstellt, dass eine Abtriebskraft entsteht. Diese lässt das Boot in tiefere Wasserschichten fahren, obwohl das Boot nicht schwerer ist als das von ihm verdrängte Wasser. Beim statischen Tauchen wird dagegen Meerwasser in die dafür vorgesehenen Tanks aufgenommen. Folglich wird das Boot schwerer und sinkt. Soll das Boot steigen, so wird das Wasser wieder aus den in Bild 4.21 dargestellten Tanks mittels Pressluft herausgedrückt. Wir wollen im Weiteren eine zeitoptimale Tiefenregelung für das statische Tauchen entwerfen.

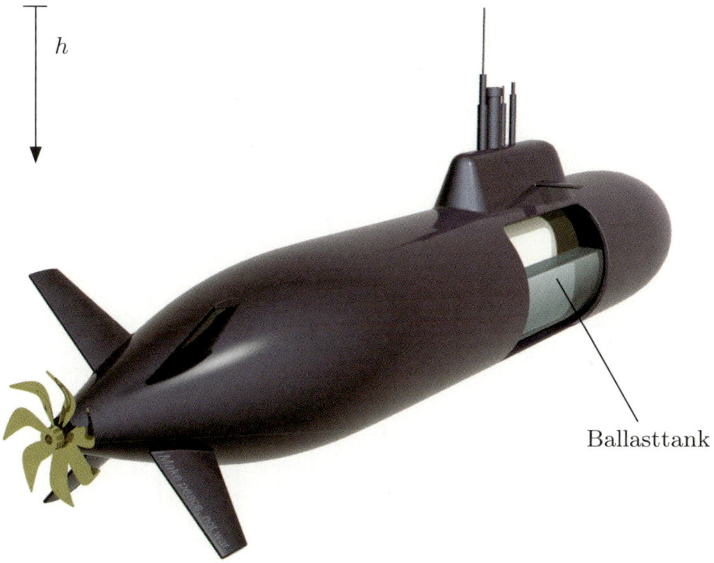

Bild 4.21: U-Boot.

Nehmen wir an, dass das U-Boot so austariert ist, dass es in einer bestimmten Tiefe h schwebt und die Masse m aufweist. Die Tiefe h messen wir beginnend von der Meeresoberfläche aus mittels des Wasserdrucks. Wird dann zusätzlich Wasser der Masse Δm in die Tanks verbracht oder ausgeblasen, so entsteht die vertikal auf das Boot wirkende Kraft

$$F = \Delta m \cdot g.$$

Wir setzen im Weiteren $\Delta m \ll m$ voraus. Die Ballastwassermasse lässt das U-Boot, das insgesamt die Masse $m + \Delta m$ aufweist, mit der Beschleunigung

$$\ddot{h} = \frac{g \cdot \Delta m}{m + \Delta m} \approx \frac{g}{m} \cdot \Delta m \tag{4.25}$$

steigen oder sinken. Ist $\Delta m < 0$ steigt es, ist $\Delta m > 0$ sinkt es.

Die vom U-Boot aufzunehmende bzw. auszublasende Ballastwassermasse Δm_{soll} wird einer Regelung, die der noch zu entwerfenden Tiefenregelung unterlagert ist, als Sollwert vorgegeben. Diese Regelung lässt sich durch die Differenzialgleichung

$$(\Delta m)^{\cdot} + a\Delta m = a\Delta m_{\text{soll}} \tag{4.26}$$

beschreiben.

Setzt man Gl. (4.25) in Gl. (4.26) ein, so ergibt sich

$$\dddot{h} + a\ddot{h} = \frac{a \cdot g}{m} \cdot \Delta m_{\text{soll}}.$$

Im Weiteren verwenden wir

$$\tilde{u} = \frac{g}{m} \cdot \Delta m_{\text{soll}}$$

als Stellgröße für die Tiefenregelung. Wir wählen als Zustandsvektor

$$\tilde{\boldsymbol{x}} = \begin{bmatrix} h \\ \dot{h} \\ \ddot{h} \end{bmatrix}.$$

Des Weiteren wählen wir die Parameter a und m sowie die Einheiten der Variablen so, dass wir das Modell des schwedischen U-Bootes der Firma Kockumation AB,

$$\dot{\tilde{\boldsymbol{x}}} = \begin{bmatrix} 0 & 1 & 0 \\ 0 & 0 & 1 \\ 0 & 0 & -0.005 \end{bmatrix} \tilde{\boldsymbol{x}} + \begin{bmatrix} 0 \\ 0 \\ 0.005 \end{bmatrix} \tilde{u},$$

mit der Tauchtiefe als Ausgangsgröße

$$y = \tilde{x}_1$$

und $\tilde{u}_{\max} = 0.005$ aus [103] erhalten.

Um das zeitoptimale Regelgesetz (4.24) als Tauchtiefenregelung verwenden zu können, transformieren wir die Stellgröße $\tilde{u}$ mittels

$$\tilde{u} = 200u$$

und erhalten so die Systembeschreibung

$$\dot{\tilde{\boldsymbol{x}}} = \begin{bmatrix} 0 & 1 & 0 \\ 0 & 0 & 1 \\ 0 & 0 & -0.005 \end{bmatrix} \tilde{\boldsymbol{x}} + \begin{bmatrix} 0 \\ 0 \\ 1 \end{bmatrix} u, \tag{4.27}$$

$$y = \tilde{x}_1$$

mit

$$|u| \leq u_{\max} = 2.5 \cdot 10^{-5}.$$

Wir können nun das Regelgesetz (4.24) für die Regelstrecke (4.27) nutzen. Dabei müssen wir allerdings die in Gl. (4.24) auftretenden transformierten Zustandsgrößen

$$\boldsymbol{x} = a^3 \begin{bmatrix} 1 & 0 & 1 \\ 0 & a & -a \\ 0 & 0 & a^2 \end{bmatrix}^{-1} \cdot \tilde{\boldsymbol{x}} = \begin{bmatrix} a^3 & 0 & -a \\ 0 & a^2 & a \\ 0 & 0 & a \end{bmatrix} \tilde{\boldsymbol{x}}$$

verwenden, um u zu berechnen. Es gilt $a = 0.005$. Obige Transformationsgleichung eingesetzt in Gl. (4.24) ergibt für das zeitoptimale Regelgesetz des U-Bootes in Originalkoordinaten

$$u = u_{\max} \operatorname{sgn}(\tilde{S}(\tilde{x}_1, \tilde{x}_2, \tilde{x}_3) - a\tilde{x}_3)$$

mit

$$\begin{aligned}
\tilde{S}(\tilde{x}_1, \tilde{x}_2, \tilde{x}_3) &= u_{\max} d \left[e^c \cdot (2 - e^{\sqrt{b}}) - 1 \right], \\
d &= \operatorname{sgn}\left(a\tilde{x}_1 + \tilde{x}_2 + \frac{(a\tilde{x}_2 + \tilde{x}_3)|a\tilde{x}_2 + \tilde{x}_3|}{2u_{\max}} \right), \\
b &= \frac{a^2(a\tilde{x}_2 + \tilde{x}_3)^2}{2u_{\max}^2} + \frac{da^2(a\tilde{x}_1 + \tilde{x}_2)}{u_{\max}}, \\
c &= \frac{ad(a\tilde{x}_2 + \tilde{x}_3)}{u_{\max}} + \sqrt{b}.
\end{aligned}$$

Wir betrachten als Beispiel das Auftauchen des U-Bootes aus 100 m Tiefe. D. h., wir betrachten den Anfangsvektor

$$\tilde{\boldsymbol{x}}(0) = \begin{bmatrix} 100 \\ 0 \\ 0 \end{bmatrix}.$$

Bild 4.22 zeigt den Tiefenverlauf $\tilde{x}_1(t)$ und den Stellgrößenverlauf, den die zeitoptimale Regelung produziert. Zum Vergleich sind die Verläufe auch für einen sehr guten linearen Regler,

$$\tilde{u} = 200u = -\begin{bmatrix} 4.164 \cdot 10^{-5} & 2.128 \cdot 10^{-2} & 2.592 \end{bmatrix} \tilde{\boldsymbol{x}},$$

dargestellt, der so entworfen wurde, dass er die Stellgrößenbeschränkung einhält, nicht überschwingt und gleichzeitig eine kurze Ausregelzeit aufweist. Klar ersichtlich ist die wesentlich schnellere Ausregelgeschwindigkeit der zeitoptimalen Regelung. Diese wird allerdings durch einen erhöhten Stellaufwand, d. h. Energieverbrauch, erkauft.

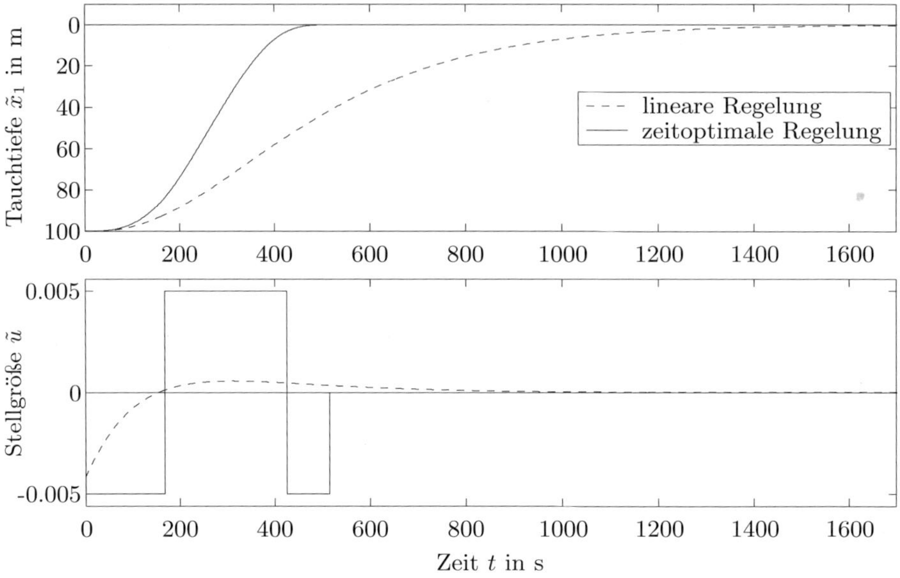

Bild 4.22: Tauchtiefenverläufe $\tilde{x}_1(t) = h(t)$ und Stellgrößenverläufe $\tilde{u}(t)$ der linearen und zeitoptimalen Regelung des U-Bootes.

4.2.6 Zeitoptimale Vorsteuerung

In den betrachteten Fällen von Regelstrecken zweiter und dritter Ordnung mit reellen Eigenwerten ist die Bestimmung des zeitoptimalen Regelgesetzes $u(\boldsymbol{x})$ relativ einfach. Im Fall von Regelstrecken höherer Ordnung kann im Allgemeinen das zeitoptimale Regelgesetz nicht mehr analytisch bestimmt werden. Entwurf und Realisierung sind dann, wie erwähnt, nicht mehr oder nur mit sehr hohem Aufwand möglich. Zeitoptimale Steuerungen sind dagegen meistens noch mit vertretbarem Aufwand bestimmbar und praktisch realisierbar. Insbesondere ist ihre Verwendung sinnvoll bei Systemen, die sich repetierend nur von einem Punkt $\boldsymbol{x}_1$ zu einem Punkt $\boldsymbol{x}_2$ bewegen. D. h. bei Systemen, die immer wieder erneut dieselbe Trajektorie abfahren, wie in Bild 4.23 gezeigt. Um dann eventuelle Störungen oder kleine Abweichungen zu eliminieren, verwendet man eine überlagerte Regelung, wie in Bild 4.24 dargestellt.

In der Praxis zeigt sich, dass die existierenden Algorithmen zur Berechnung der Schaltzeiten zeitoptimaler Steuerungen [33, 70] bei Strecken höherer Ordnung mit komplexen Eigenwerten numerische Probleme aufweisen. In diesen Fällen kann ebenfalls oft keine zeitoptimale Lösung sicher bestimmt werden. Eine Lösung dieser Problematik bietet die Berechnung der schrittoptimalen Steuerfolge von zeitdiskreten Systemen. Hierbei wandelt man das zeitkontinuierliche System in ein zeitdiskretes um. Die schrittoptimalen Steuerfolgen zeitdiskreter linearer Systeme können relativ problemlos mittels Verfahren der

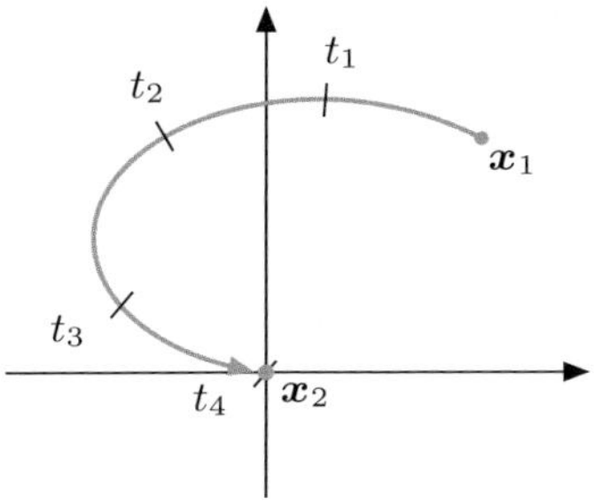

Bild 4.23: Zeitoptimale Trajektorie mit den Schaltzeiten t_1, t_2, t_3, t_4.

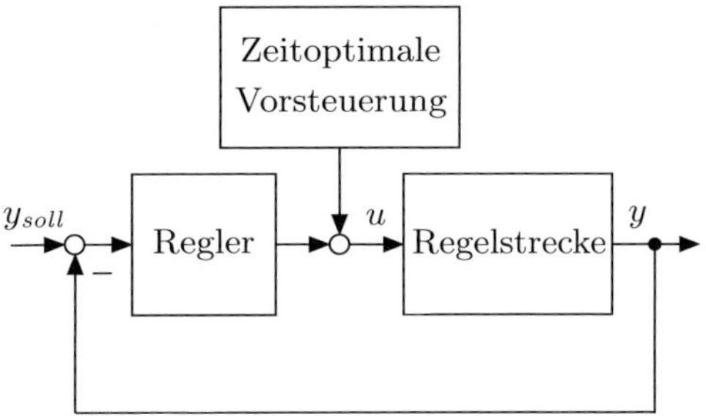

Bild 4.24: Regelkreis mit zeitoptimaler Vorsteuerung.

linearen Programmierung berechnet werden [23, 50, 264, 301]. Je kleiner dabei die Abtastzeit gewählt wurde, desto besser approximiert die schrittoptimale Steuerfolge die zeitoptimale Steuerfunktion zeitkontinuierlicher Systeme.

Vergleicht man zeitoptimale Regelungen mit linearen, so erkennt man folgendes Dilemma. Zeitoptimale Regelungen sind schnell in ihrem Ausregelverhalten, aber, wenn überhaupt, sehr aufwendig zu entwerfen und zu realisieren. Lineare Regelungen sind im Vergleich dazu langsam, aber sehr einfach zu berechnen und zu implementieren. Gleiches gilt in abgemilderter Form auch für zeitoptimale Steuerungen. Man kann offensichtlich nicht gleichzeitig ein sehr gutes Ausregelverhalten und die Einfachheit von Entwurf und Realisierung haben. Es gibt allerdings einen zwischen beiden Extremen liegenden Kompromiss. Diesen bilden die im nächsten Kapitel behandelten strukturvariablen Regelungen.

4.3 Strukturvariable Regelungen ohne Gleitzustand

4.3.1 Grundlagen strukturvariabler Regelungen

Bei strukturvariablen Regelungen können verschiedene Typen unterschieden werden. Eine wichtige Klasse sind *parameter- und strukturumschaltende Regelungen*. Bei diesen wird zwischen verschiedenen Reglern in Abhängigkeit vom Zustandsvektor $\boldsymbol{x}$ umgeschaltet. Als Regelstrecken werden lineare Systeme

$$\dot{\boldsymbol{x}} = \boldsymbol{A}\boldsymbol{x} + \boldsymbol{b}u$$

betrachtet, wobei die Stellgröße u oft einer Beschränkung

$$-u_{\max} \leq u \leq u_{\max}$$

unterliegt. Bild 4.25 zeigt den prinzipiellen Aufbau eines solchen Regelkreises.

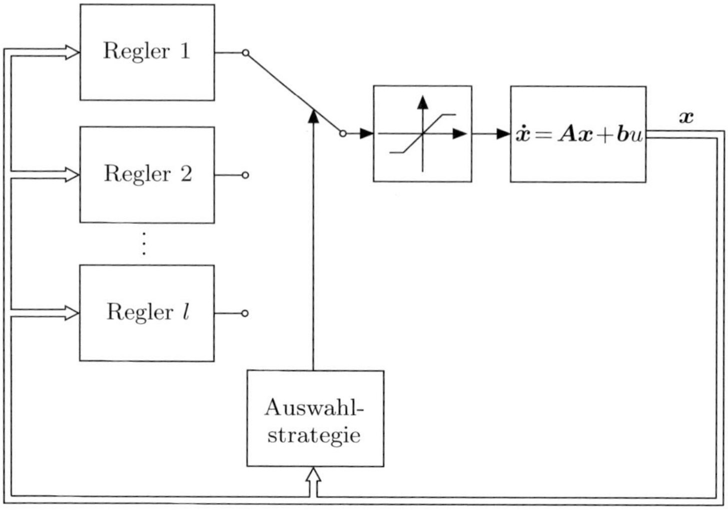

Bild 4.25: Strukturvariables Regelungssystem.

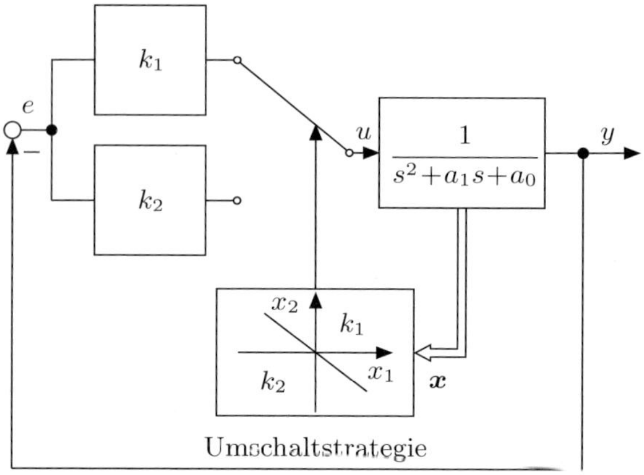

Bild 4.26: Regelkreis mit Umschaltung zwischen zwei P-Reglern mit k_1 und k_2.

Bei umschaltenden Regelungen sind zwei mögliche Fälle von dynamischem Verhalten zu unterscheiden. Im Folgenden sollen sie an einem Beispiel erläutert werden. Wir betrachten eine Umschaltung mit zwei P-Reglern und einer Regelstrecke zweiter Ordnung, wie in Bild 4.26 dargestellt.

Die Umschaltstrategie arbeitet wie folgt. Eine Schaltgerade

$$s(\boldsymbol{x}) = \boldsymbol{r}^T \boldsymbol{x} = 0$$

teilt den Zustandsraum. Rechts von ihr ist der Regler mit der Verstärkung k_1 aktiviert, links der mit k_2. Das Regelgesetz hat die Form

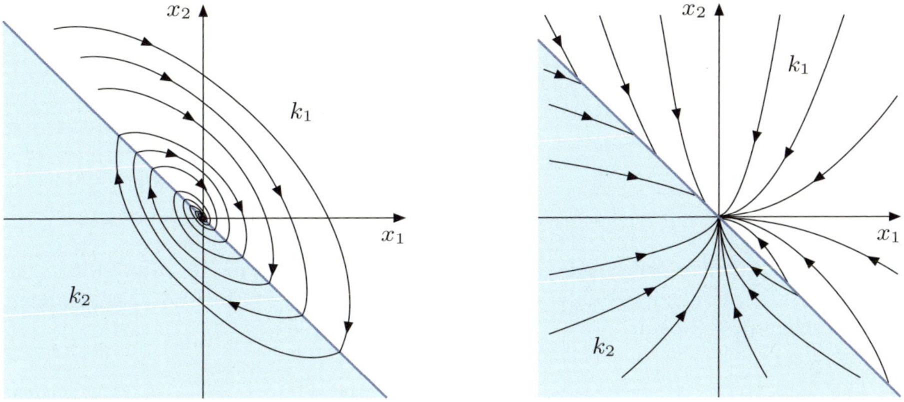

Bild 4.27: Unterschiedliche Trajektorienverläufe bei schaltenden Regelungen: links ohne, rechts mit Gleitzustand. Die blaue Gerade kennzeichnet jeweils die Schaltgerade $s(\boldsymbol{x}) = 0$.

$$u = \begin{cases} k_1 e, & s(\boldsymbol{x}) > 0, \\ k_2 e, & s(\boldsymbol{x}) < 0. \end{cases}$$

Je nach Auslegung von k_1 und k_2 lassen sich unterschiedliche Trajektorienverläufe erzeugen. Dabei sind zwei prinzipielle Fälle zu unterscheiden. Im ersten wechseln die Trajektorien von einem Gebiet in das andere. Das linke Teilbild von Bild 4.27 illustriert dies.

Im zweiten laufen die Trajektorien $\boldsymbol{x}(t)$ von beiden Seiten auf die Schaltgerade $s(\boldsymbol{x})$ zu, wie im linken oberen Quadranten in Bild 4.27 rechts dargestellt. Dort angelangt wechselt die Trajektorie ständig von einer Seite auf die andere. Unter fortwährendem Schalten gleitet sie dann in die Ruhelage. Diesen fortwährenden Schaltvorgang, den wir schon in Abschnitt 1.1.9 kennengelernt haben, bezeichnet man als *Gleitzustand*. Gleitzustandsregler bilden eine spezielle Klasse von strukturvariablen Reglern und werden nicht hier, sondern in Kapitel 6.2 detailliert behandelt.

Strukturvariable Regelungen ohne Gleitzustand, denen wir uns in diesem Kapitel widmen, liegen im Entwurfsaufwand und in der Regelgüte zwischen den linearen und den zeitoptimalen Regelungen. Beispielhaft ist das in Bild 4.28 anhand typischer Sprungantworten dargestellt. Das Zurückbleiben der linearen Regelung hinter der zeitoptimalen ist dabei, wie in Bild 4.29 illustriert, auf das schlechte Ausnutzen der zur Verfügung stehenden Stellgröße $-u_{\max} \leq u \leq u_{\max}$ zurückzuführen. Aufgrund der Linearität ist die verwendete Stellgröße u bei kleinen Auslenkungen $\boldsymbol{x}$ bzw. Regelabweichungen e entsprechend kleiner als bei großen Auslenkungen. Würde man auch bei kleinem $\boldsymbol{x}$ bzw. e große Stellgrößen u nutzen, so wäre eine schnellere Ausregelung möglich.

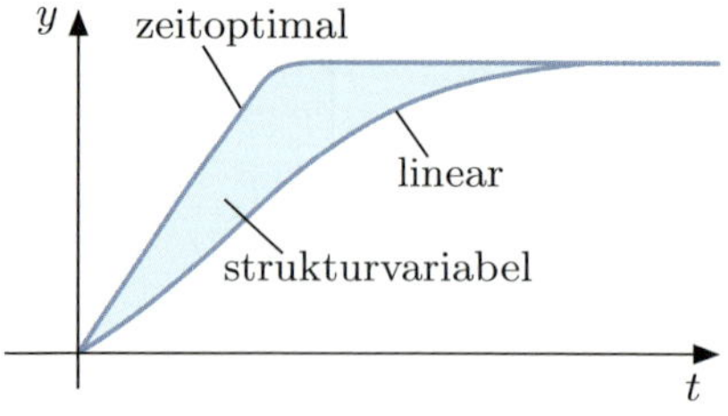

Bild 4.28: Vergleich der Sprungantworten linearer, strukturvariabler und zeitoptimaler Regelungen.

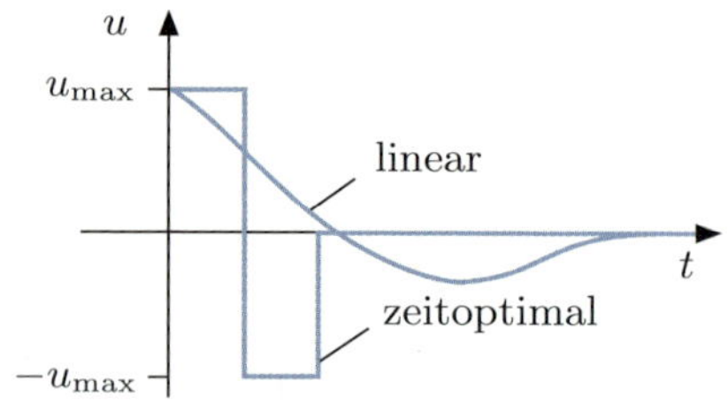

Bild 4.29: Typische Stellgrößenverläufe von linearen und zeitoptimalen Regelungen.

Der Grundgedanke strukturvariabler Regelungen ist es, die Stellgröße innerhalb des erlaubten Bereiches

$$-u_{\max} \le u \le u_{\max}$$

besser auszunutzen, als das bei der linearen Regelung der Fall ist. Zu diesem Zweck verwendet man dann nicht mehr einen linearen Regler, sondern mehrere, zwischen denen man umschaltet. Dies geschieht so, dass im Verlauf einer Ausregelung auf immer stärkere Regler umgeschaltet wird. Das Ergebnis der Auswahlstrategie hängt vom jeweils erreichten Systemzustand ab, wie in Bild 4.25 gezeigt.

Betrachtet werden dabei im Allgemeinen lineare Regelstrecken. Die einzelnen Regler können linear oder nichtlinear sein. Meistens sind sie linear. In jedem Fall ist der Regelkreis aufgrund der Umschaltung nichtlinear.

Die Güte einer parameter- oder strukturumschaltenden Regelung wird durch drei Faktoren bestimmt: die Anzahl l der Regler, die Art und Auslegung der Regler und die Auswahlstrategie. Dabei ist die erzielbare Regelgüte prinzipiell umso größer, je mehr Regler in zeitlich möglichst dichter Folge verwendet werden.

Die Umschaltung muss nicht, wie in obigem einfachen Beispiel, an einer Schaltgeraden erfolgen. Sie kann auch an anderen Kurven oder, im Höherdimensionalen, an verschiedenen Flächentypen erfolgen. Beispielsweise geschieht die Umschaltung bei der im nächsten Abschnitt beschriebenen Regelung auf der Basis von Ellipsoiden.

Wie schon erwähnt, nimmt die erzielbare Regelgüte einer umschaltenden Regelung ohne Gleitzustand mit der Anzahl ihrer Regler zu. Das legt den Gedanken nahe, möglichst viele Regler und in letzter Konsequenz eine unendliche Zahl von Reglern zu verwenden. Dann erfolgt die Regleränderung nicht mehr durch Umschalten zwischen den Reglern, sondern durch eine stetige Verstellung der Reglerparameter in dem Regelgesetz

$$u = k(\boldsymbol{x}, p),$$

wobei über den stetig von $\boldsymbol{x}$ abhängigen Auswahlparameter

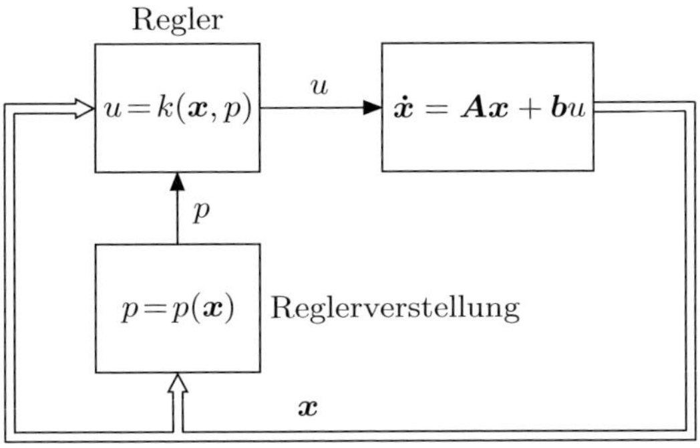

Bild 4.30: Weiche strukturvariable Regelung.

$$p = p(\boldsymbol{x})$$

das Regelgesetz variiert wird. Diese Klasse von Regelungen bezeichnet man auch als *weiche strukturvariable Regelungen* [4, 39, 88, 120, 173], die als systematische Weiterentwicklung und Verbesserung schaltender Regelungen angesehen werden können. In Bild 4.30 ist die Struktur solcher Regelungen dargestellt.

4.3.2 Regler mit abschnittweise linearer Struktur

Im Nachfolgenden wollen wir eine umschaltende Regelung ohne Gleitzustand für lineare Regelstrecken mit Stellgrößenbeschränkung,

$$\begin{aligned} \dot{\boldsymbol{x}} &= \boldsymbol{A}\boldsymbol{x} + \boldsymbol{b}u, \\ |u| &\leq u_{\max}, \end{aligned}$$

betrachten [149, 282, 322], deren prinzipiellen Aufbau Bild 4.25 zeigt. Man bestimmt eine Schar von l Reglern

$$\begin{aligned} u &= -\boldsymbol{k}_1^T \boldsymbol{x}, \\ u &= -\boldsymbol{k}_2^T \boldsymbol{x}, \\ &\vdots \\ u &= -\boldsymbol{k}_l^T \boldsymbol{x}, \end{aligned}$$

die so entworfen werden, dass der geschlossene Regelkreis

$$\dot{\boldsymbol{x}} = \left(\boldsymbol{A} - \boldsymbol{b}\boldsymbol{k}_i^T\right)\boldsymbol{x} = \hat{\boldsymbol{A}}_i \boldsymbol{x} \tag{4.28}$$

mit zunehmendem Index i immer schneller wird. D. h., die Ausregelzeit des Regelkreises nimmt mit steigendem Index i ab. Dies lässt sich beispielsweise

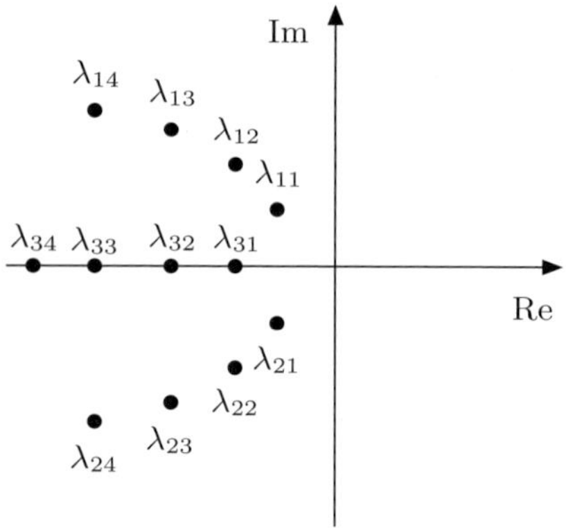

Bild 4.31: Eigenwertlagen λ_{ji} des parameterumschaltenden Regelkreises.

erreichen, indem man $\boldsymbol{k}_i$ als linear-quadratischen Regler auf Basis des Güteintegrals

$$J = \int_0^\infty \left(p_i \boldsymbol{x}^T \boldsymbol{P} \boldsymbol{x} + \frac{1}{p_i} r u^2 \right) dt$$

entwirft. Die Matrix $\boldsymbol{P}$ ist dabei positiv semidefinit. Der Faktor p_i ist so zu wählen, dass der Regelkreis (4.28) mit zunehmendem p_i immer schnellere Regler mit höherem Stellgrößenverbrauch erhält.

Es gibt eine weitere einfache Möglichkeit, die Reglervektoren $\boldsymbol{k}_i$ zu wählen. Man legt sie mittels Eigenwertplatzierung so fest, dass die Eigenwerte λ_{ji}, $j = 1, \ldots, n$, des geschlossenen Regelkreises (4.28) mit zunehmendem Index i immer kleinere Realteile annehmen. Dies kann beispielsweise geschehen, indem man die Eigenwerte λ_{ji} auf Strahlen mit zunehmendem i

$$\lambda_{j(i+1)} = \alpha_i \cdot \lambda_{ji}, \quad \alpha_i > 1,$$

immer weiter nach links in die negative Halbebene verschiebt. Auch andere Eigenwertverläufe sind möglich, wie es Bild 4.31 zeigt.

Für jeden der l Regelkreise (4.28) bestimmt man ein Ljapunov-Gebiet

$$G_i = \left\{ \boldsymbol{x} \in I\!R^n \mid \boldsymbol{x}^T \boldsymbol{R}_i \boldsymbol{x} < c_i \right\},$$

wobei $\boldsymbol{R}_i$ aus der Ljapunov-Gleichung

$$\hat{\boldsymbol{A}}_i^T \boldsymbol{R}_i + \boldsymbol{R}_i \hat{\boldsymbol{A}}_i = -\boldsymbol{Q}_i$$

resultiert. Die Matrizen $\boldsymbol{Q}_i$ sind geeignet positiv definit zu wählen.

Die Werte c_i legen die Ausdehnung der Ljapunov-Gebiete G_i fest. Man berechnet mit der Lagrange'schen Multiplikatormethode den Skalierungsfaktor

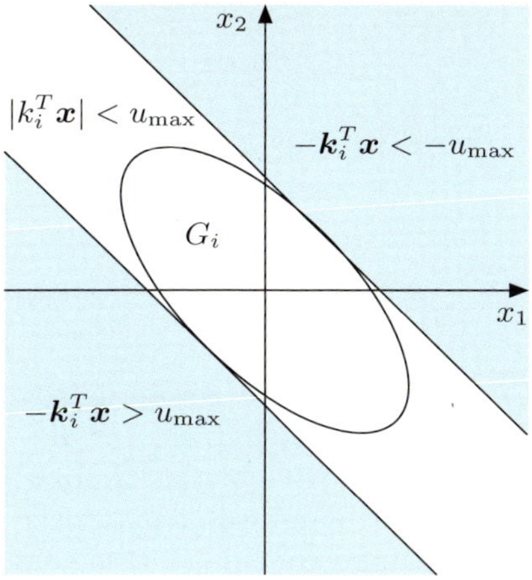

Bild 4.32: Ljapunov-Gebiet G_i und Stellgrößenbeschränkung.

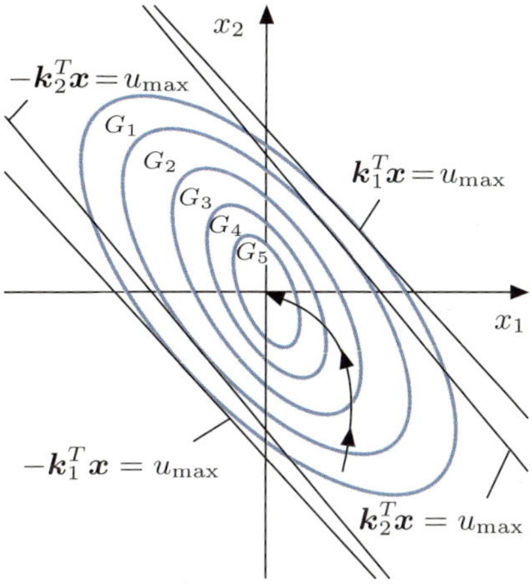

Bild 4.33: Reihe von ineinander geschachtelten Ljapunov-Gebieten G_i.

$$c_i = \frac{u_{\max}^2}{\boldsymbol{k}_i^T \boldsymbol{R}_i^{-1} \boldsymbol{k}_i},$$

der das Gebiet G_i so festlegt, dass der Rand von G_i die Hyperebenen

$$|u| = |\boldsymbol{k}_i^T \boldsymbol{x}| = u_{\max}$$

der Stellgrößenbeschränkung tangiert, wie es Bild 4.32 zeigt. Auf diese Weise ist gewährleistet, dass jede Trajektorie $\boldsymbol{x}(t)$, die in G_i beginnt, die Stellgrößenbeschränkung

$$|u| = |\boldsymbol{k}_i^T \boldsymbol{x}| \leq u_{\max}$$

nicht verletzt, da G_i ein Ljapunov-Gebiet ist und deshalb von der Trajektorie $\boldsymbol{x}(t)$ nicht verlassen wird.

In einem nächsten Schritt überprüft man, ob alle Ljapunov-Gebiete G_i ineinander geschachtelt sind, d. h., ob

$$G_l \subset G_{l-1} \subset \ldots \subset G_2 \subset G_1$$

gilt. Bild 4.33 illustriert diese Schachtelung.

Falls die Schachtelung erfüllt ist, läuft jede Trajektorie von einem größeren Gebiet G_i stets in das kleinere Gebiet G_{i+1}. Da dabei auf immer bessere, d. h. schnellere Regler $\boldsymbol{k}_{i+1}$, umgeschaltet wird, wird die Ausregelung von Gebiet zu Gebiet schneller.

Die Schachtelung der Gebiete G_i lässt sich leicht überprüfen. Denn die Forderung $G_{i+1} \subset G_i$ ist genau dann erfüllt, wenn

$$\frac{\boldsymbol{x}^T \boldsymbol{R}_i \boldsymbol{x}}{c_i} < \frac{\boldsymbol{x}^T \boldsymbol{R}_{i+1} \boldsymbol{x}}{c_{i+1}}$$

bzw.

$$0 < \boldsymbol{x}^T \left(\frac{\boldsymbol{R}_{i+1}}{c_{i+1}} - \frac{\boldsymbol{R}_i}{c_i} \right) \boldsymbol{x}$$

gilt. Letzteres ist der Fall, wenn die Matrix

$$\boldsymbol{S}_i = \frac{\boldsymbol{R}_{i+1}}{c_{i+1}} - \frac{\boldsymbol{R}_i}{c_i} \tag{4.29}$$

positiv definit ist. Die Schachtelung aller Gebiete G_i ist also gewährleistet, wenn alle Matrizen $\boldsymbol{S}_i$ für $i = 1, \ldots, l-1$ positiv definit sind. Ist für eine vorgegebene Schar von Reglervektoren $\boldsymbol{k}_i$ und Ljapunov-Gebieten G_i bzw. Matrizen $\boldsymbol{R}_i$ die Schachtelungsbedingung nicht erfüllt, dann wählt man neue Vektoren $\boldsymbol{k}_i$ und Gebiete G_i mit einem größeren Abstand voneinander, so dass die Bedingung (4.29) für alle $i = 1, \ldots, l-1$ gültig ist.

Das Regelgesetz ist durch

$$u = -\boldsymbol{k}_i^T \boldsymbol{x}$$

mit

$$i = \begin{cases} 1 & \text{falls } \boldsymbol{x} \in G_1 \backslash G_2, \\ 2 & \text{falls } \boldsymbol{x} \in G_2 \backslash G_3, \\ \vdots & \quad\vdots \\ l-1 & \text{falls } \boldsymbol{x} \in G_{l-1} \backslash G_l, \\ l & \text{falls } \boldsymbol{x} \in G_l \end{cases}$$

gegeben. Dabei bilden die Differenzmengen $G_i \backslash G_{i+1}$ gerade die Zonen zwischen zwei Gebieten G_i. Ein Regler $\boldsymbol{k}_i$ ist also immer gerade dann aktiv, wenn der Zustandsvektor $\boldsymbol{x}$ in der ringförmigen Zone $G_i \backslash G_{i+1}$ liegt. Da mit zunehmender Ausregelung die Trajektorie $\boldsymbol{x}(t)$ in immer kleinere Gebiete G_i eintritt, werden so auch immer schnellere Regler $\boldsymbol{k}_i$ aktiviert. D. h., die Ausregelung wird im Verlauf der Trajektorie immer schneller im Vergleich zu einem klassischen linearen Zustandsregler, z. B. $u = -\boldsymbol{k}_1^T \boldsymbol{x}$. Bild 4.33 illustriert diesen Vorgang.

Zusammengefasst ergibt sich folgendes Entwurfsschema:

Schritt 1: Für die Regelstrecke

$$\dot{\boldsymbol{x}} = \boldsymbol{A}\boldsymbol{x} + \boldsymbol{b}u \quad \text{mit } |u| \leq u_{\max}$$

wählt man eine Schar von l Reglern

$$u = -\boldsymbol{k}_i^T \boldsymbol{x}, \quad i = 1, \ldots, l.$$

Schritt 2: Für jeden Teilregelkreis

$$\dot{\boldsymbol{x}} = \left(\boldsymbol{A} - \boldsymbol{b}\boldsymbol{k}_i^T\right)\boldsymbol{x} = \hat{\boldsymbol{A}}_i\boldsymbol{x}, \quad i = 1, \ldots, l,$$

bestimmt man aus

$$\hat{\boldsymbol{A}}_i^T\boldsymbol{R}_i + \boldsymbol{R}_i\hat{\boldsymbol{A}} = -\boldsymbol{Q}_i, \quad i = 1, \ldots, l,$$

mit einer beliebigen positiv definiten Matrix $\boldsymbol{Q}_i$ ein Ljapunov-Gebiet

$$G_i = \left\{\boldsymbol{x} \in I\!R^n \,|\, \boldsymbol{x}^T\boldsymbol{R}_i\boldsymbol{x} < c_i = \frac{u_{\max}^2}{\boldsymbol{k}_i^T\boldsymbol{R}_i^{-1}\boldsymbol{k}_i}\right\}.$$

Schritt 3: Man überprüft, ob für alle $i = 1, \ldots, l-1$ die Matrizen

$$\boldsymbol{S}_i = \frac{\boldsymbol{R}_{i+1}}{c_{i+1}} - \frac{\boldsymbol{R}_i}{c_i}$$

positiv definit sind. Ist dies für einen Index i nicht der Fall, so muss mit Schritt 1 ein neuer Entwurf begonnen werden.

Verwendet man nicht eine endliche Anzahl l von Reglern $\boldsymbol{k}_i$, sondern unendlich viele mit unendlich vielen Gebieten G_i, so entsteht eine weiche strukturvariable Regelung [4, 120, 148, 173, 174, 323]. Die Gebiete G_i sind dann infinitesimal dicht, also ohne Zwischenraum, geschachtelt. Hierdurch lässt sich die Ausregelgeschwindigkeit weiter verbessern. Sie wird nahezu zeitoptimal. Des Weiteren ist der Stellgrößenverlauf stetig, da keine Umschaltungen zwischen Reglern stattfinden, sondern die Reglerparameter stetig in Abhängigkeit vom Systemzustand verändert werden.

4.3.3 Beispiel Containerkran

Als Beispiel betrachten wir einen Kran [195], wie er in Häfen zum Be- und Entladen von Containerschiffen verwendet wird. Der Container ist dabei über ein Seilsystem unter einer Laufkatze aufgehängt, die den Container, wie in Bild 4.34 gezeigt, vom Kai zum Schiff oder umgekehrt transportiert.

Um eine möglichst schnelle Abfertigung des Schiffes im Hafen zu ermöglichen, sollen die Kräne so viele Container wie möglich pro Stunde aus- und einladen. Das erfordert schnelles Hin- und Herfahren der Laufkatze, wodurch Pendelungen der Container verursacht werden können. Diese sind natürlich unerwünscht, da sie ein gezieltes Absetzen der Container unmöglich machen. Mittels einer Regelung kann man eine hohe Geschwindigkeit der Laufkatze erzielen und gleichzeitig vermeiden, dass der Container über seiner Absetzposition pendelt.

Die Dynamik der Krananlage lässt sich durch folgendes Modell

Bild 4.34: Containerkran.

$$\dot{\boldsymbol{x}} = \begin{bmatrix} 0 & 1 & 0 & 0 & 0 \\ 0 & 0 & \dfrac{-\beta\delta}{\alpha\gamma-\beta^2} & 0 & \dfrac{\gamma}{\alpha\gamma-\beta^2} \\ 0 & 0 & 0 & 1 & 0 \\ 0 & 0 & \dfrac{-\alpha\delta}{\alpha\gamma-\beta^2} & 0 & \dfrac{\beta}{\alpha\gamma-\beta^2} \\ 0 & 0 & 0 & 0 & -\omega_\mathrm{s} \end{bmatrix} \boldsymbol{x} + \begin{bmatrix} 0 \\ 0 \\ 0 \\ 0 \\ K \end{bmatrix} u$$

beschreiben. Dabei bilden die Position s der Laufkatze, ihre Geschwindigkeit $\dot{s}$, der Pendelwinkel φ, die Winkelgeschwindigkeit $\dot{\varphi}$ und die Kraft F, die die Laufkatze beschleunigt, die Elemente des Zustandsvektors

$$\boldsymbol{x} = [s \quad \dot{s} \quad \varphi \quad \dot{\varphi} \quad F]^T.$$

Der Strom des Elektromotors der Laufkatze bildet die Eingangsgröße u. Für die Parameter des Krans gilt

$$\begin{aligned}
\alpha &= m_\mathrm{K} + m_\mathrm{L}, \\
\beta &= m_\mathrm{L}(f-e), \\
\gamma &= m_\mathrm{L}(f-e)^2 + J, \\
\delta &= m_\mathrm{L} \cdot g \cdot \left(e + \frac{b}{d-b} f + \frac{(d-b)d}{4l^2-(d-b)^2} f \right), \\
f &= \frac{bl}{d-b} \sqrt{1 - \frac{1}{4} \left(\frac{d-b}{l} \right)^2}.
\end{aligned}$$

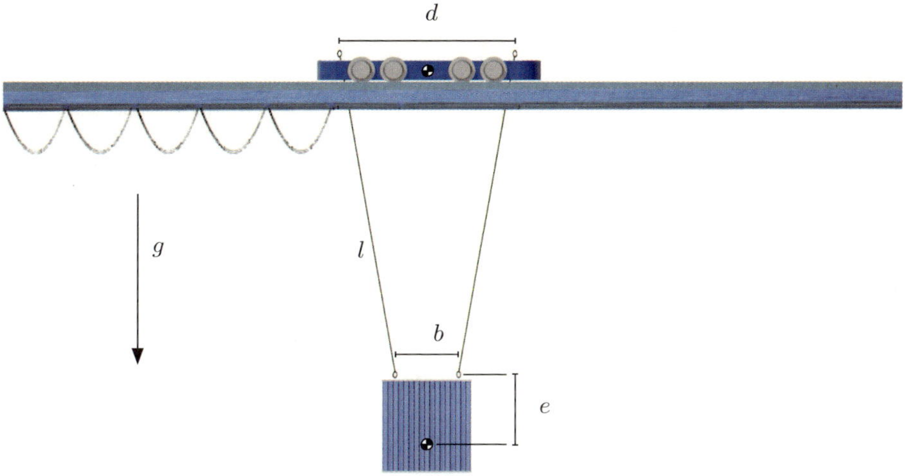

Bild 4.35: Katze und Container.

Dabei ist m_K die Masse der Katze, m_L die Masse des Containers und seiner Aufnahmevorrichtung, l die Seillänge, b und d bilden die Abstände der Seilbefestigungen am Container und an der Katze, e ist der vertikale Abstand der Seilbefestigung des Containers vom Containerschwerpunkt, J das Trägheitsmoment des Containers und $g = 9.81\mathrm{m\,s^{-2}}$ die Erdbeschleunigung. Siehe Bild 4.35. Die Konstanten K und ω_s sind Parameter des Antriebes.

Wir betrachten im Weiteren eine Ausführung mit

$$
\begin{aligned}
m_\mathrm{K} &= 32\,\mathrm{t}, & m_\mathrm{L} &= 18.8\,\mathrm{t}, & J &= 20.5\,\mathrm{t\,m^2},\\
d &= 3\,\mathrm{m}, & b &= 2\,\mathrm{m}, & e &= 1.6\,\mathrm{m},\\
l &= 15\,\mathrm{m}, & \omega_\mathrm{s} &= 0.91\,\mathrm{s^{-1}}, & K &= 0.94\,\mathrm{kN\,s^{-1}A^{-1}}
\end{aligned}
$$

sowie einer Stellgrößenbeschränkung von

$$u_\mathrm{max} = 100\,\mathrm{A}.$$

Mit obigen Parameterwerten erhalten wir

$$
\dot{\boldsymbol{x}} = \begin{bmatrix} 0 & 1 & 0 & 0 & 0 \\ 0 & 0 & -12.4949 & 0 & 0.0312 \\ 0 & 0 & 0 & 1 & 0 \\ 0 & 0 & -1.1895 & 0 & 0.0011 \\ 0 & 0 & 0 & 0 & -0.9100 \end{bmatrix} \boldsymbol{x} + \begin{bmatrix} 0 \\ 0 \\ 0 \\ 0 \\ 0.94 \end{bmatrix} u \tag{4.30}
$$

als Modell. Der Bereich möglicher Anfangsauslenkungen $\boldsymbol{x}_0 = \boldsymbol{x}(0)$ ist

$$X_0 = \{\, \boldsymbol{x}_0 \in I\!R^5 \mid |s| \le 20\,\mathrm{m},\ |\dot{s}| \le 3\,\mathrm{m\,s^{-1}},\ |\varphi| \le 5^\circ,\ |\dot{\varphi}| \le 2^\circ\mathrm{s^{-1}},\ F = 0\,\mathrm{kN}\}.$$

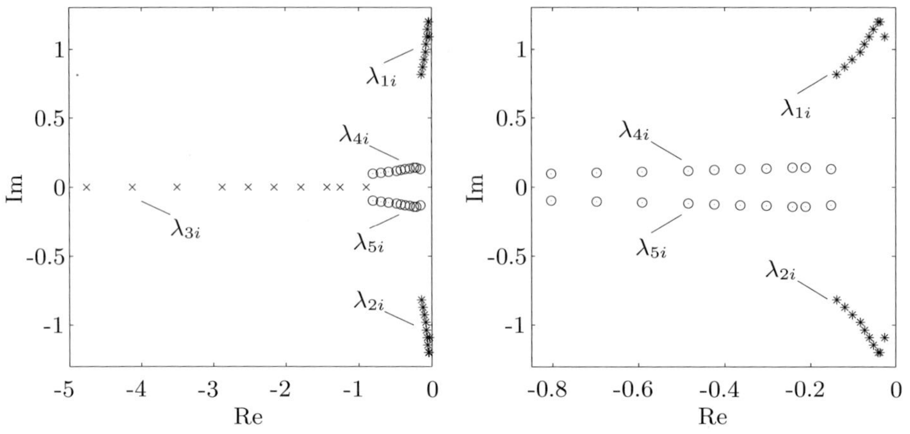

Bild 4.36: Das linke Teilbild zeigt alle Eigenwerte der zehn Teilregelkreise. Das rechte zeigt einen vergrößerten Ausschnitt des linken Teilbildes, so dass die Werte von λ_{1i} und λ_{2i} sowie λ_{4i} und λ_{5i} detaillierter zu erkennen sind.

Hierbei ist zu beachten, dass der Winkel φ und die Winkelgeschwindigkeit $\dot{\varphi}$ der Anschaulichkeit halber in Grad und Grad pro Sekunde angegeben sind. In der Differenzialgleichung (4.30) sind dagegen als Einheiten Radiant und Radiant pro Sekunde zu verwenden.

Für den Entwurf der umschaltenden Regelung wählen wir zehn Zustandsreglervektoren $\boldsymbol{k}_i$ und bestimmen hierzu passend zehn Ljapunov-Gebiete

$$G_i = \left\{ \boldsymbol{x} \in I\!R^5 \middle| \; \boldsymbol{x}^T \boldsymbol{R}_i \boldsymbol{x} < c_i \right\}.$$

Das größte dieser Gebiete, G_1, ist so ausgelegt, dass es das Anfangsgebiet X_0 enthält. Die Daten der Regler $\boldsymbol{k}_i$ und der Matrizen $\boldsymbol{R}_i$ finden sich im Anhang A. Die Eigenwerte der Teilregelkreise

$$\dot{\boldsymbol{x}} = (\boldsymbol{A} - \boldsymbol{b}\boldsymbol{k}_i^T)\boldsymbol{x}$$

sind in Bild 4.36 dargestellt.

Wir betrachten als Anfangsauslenkung

$$\boldsymbol{x}_0 = \begin{bmatrix} s \\ \dot{s} \\ \varphi \\ \dot{\varphi} \\ F \end{bmatrix} = \begin{bmatrix} 20 \\ 0 \\ 0 \\ 0 \\ 0 \end{bmatrix}.$$

Die Simulation der Zustandsgrößen $x_1 = s$, $x_3 = \varphi$ und $x_5 = F$ sowie der Stellgröße u zeigt Bild 4.37. Vergleichend ist auch eine Ausregelung mit dem linearen Zustandsregler $\boldsymbol{k}_1$ und der zeitoptimalen Steuerung dargestellt. Wie

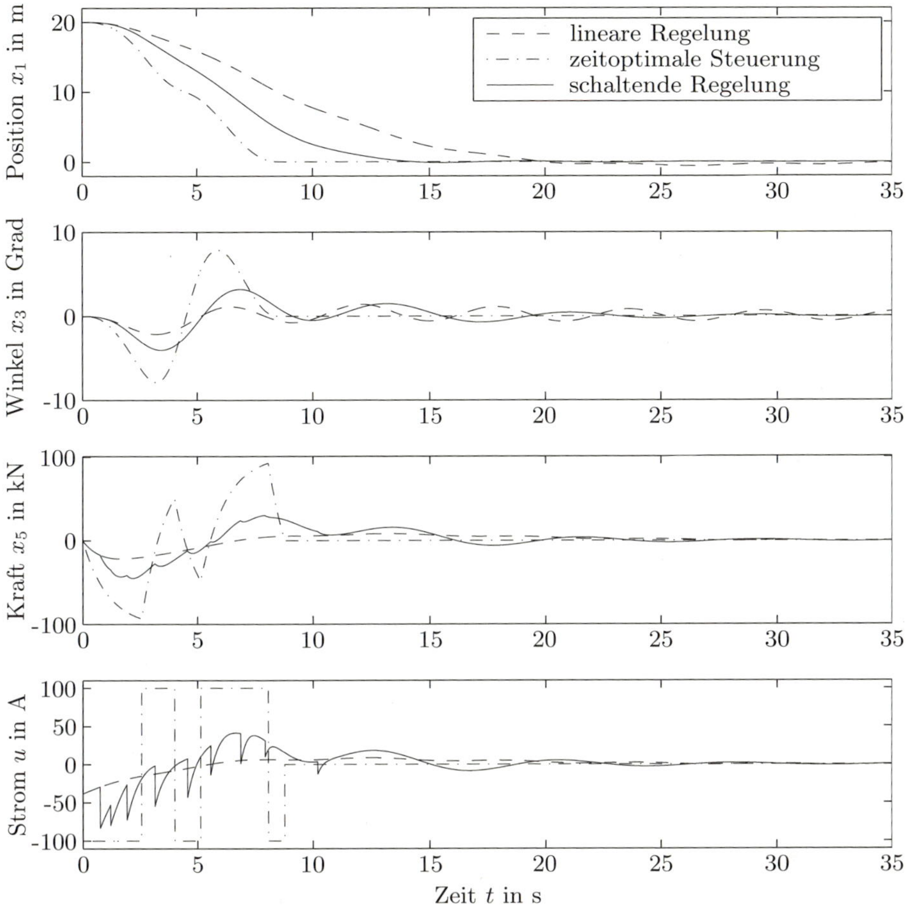

Bild 4.37: Verläufe der Position x_1, des Pendelwinkels x_3, der Antriebskraft x_5 und der Stellgröße u, d. h. des Motorstromes.

erwartet, weist der Stellgrößenverlauf $u(t)$, d. h. der Motorstrom, des schaltenden Reglers Sprünge auf. Diese sind hier tolerierbar, denn die Kraft F, die sich aus dem Motorstrom u ergibt und den Kran antreibt, besitzt einen stetigen Verlauf.

Die Simulation zeigt beispielhaft die deutlich schnellere Ausregelung des schaltenden Reglers gegenüber dem guten linearen Regler. Der lineare Reglervektor $\boldsymbol{k}_1$, der auch der Anfangsregler der abschnittweise linearen Regelung ist, wurde durch eine Parameteroptimierung so bestimmt, dass einerseits das Anfangsgebiet X_0 innerhalb von G_1 liegt und andererseits die Ausregelung möglichst gut verläuft. Eine weitere Verbesserung der Ausregelzeit lässt sich durch die Verwendung von mehr als zehn Reglern erzielen. Allerdings steigt

HRW

mit einer zunehmenden Zahl von Reglern der Entwurfsaufwand. Es bleibt zu erwähnen, dass die gegenüber der linearen Regelung verbesserte Stellgrößenausnutzung den Nachteil eines höheren Stellenergieverbrauchs hat.

4.4 Sättigungsregler

4.4.1 Funktionsweise und Stabilität

Wir betrachten wieder eine lineare Regelstrecke

$$\dot{\boldsymbol{x}} = \boldsymbol{A}\boldsymbol{x} + \boldsymbol{b}u$$

mit der Stellgrößenbeschränkung

$$|u| \le u_{\max}. \tag{4.31}$$

Als Regler verwenden wir einen Zustandsregler $-\boldsymbol{k}^T\boldsymbol{x}$, dem es erlaubt ist, die Begrenzung (4.31) zu verletzen. Es liegt also das Regelgesetz

$$u = \operatorname{sat}(-\boldsymbol{k}^T\boldsymbol{x}) = \begin{cases} u_{\max}, & -\boldsymbol{k}^T\boldsymbol{x} > u_{\max}, \\ -\boldsymbol{k}^T\boldsymbol{x}, & -u_{\max} \le -\boldsymbol{k}^T\boldsymbol{x} \le u_{\max}, \\ -u_{\max}, & -\boldsymbol{k}^T\boldsymbol{x} < -u_{\max} \end{cases} \tag{4.32}$$

vor. Bild 4.38 zeigt die Struktur des so entstandenen Regelkreises. Es zeigt sich, dass man mit dieser einfachen nichtlinearen Reglerstruktur nicht nur die Stabilität des Regelkreises sicherstellen, sondern auch eine schnelle Ausregelung erzielen kann.

Hierbei ist ein Gebiet X_0 von möglichen Anfangsauslenkungen $\boldsymbol{x}(0)$ vorgegeben. Alle diese Anfangsauslenkungen sollen stabil in die Ruhelage $\boldsymbol{x}_{\mathrm{R}} = \boldsymbol{0}$ ausgeregelt werden. Bei instabilen Regelstrecken ist diese Ausregelung nicht für jedes Gebiet X_0 möglich. Der Grund hierfür ist die Stellgrößenbeschränkung. Ist $u_{\max}$ zu klein oder X_0 zu groß, so reicht für große Anfangsauslenkungen $\boldsymbol{x}(0)$ die zur Verfügung stehende Stellgröße $u_{\max}$ nicht aus, um die

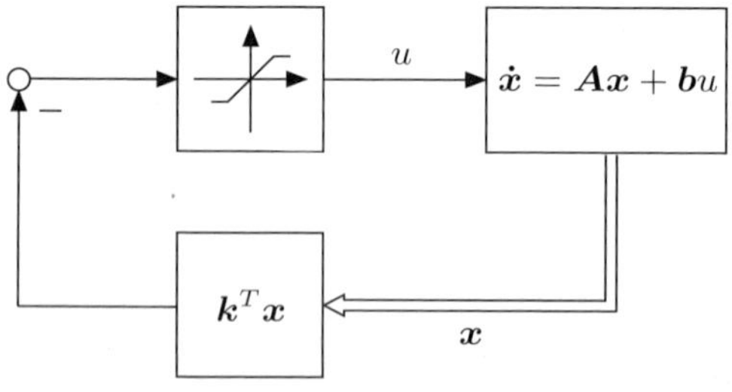

Bild 4.38: Regelkreis mit Sättigungsregler $u = -\operatorname{sat}(\boldsymbol{k}^T\boldsymbol{x})$.

in $\boldsymbol{x}(0)$ startende Trajektorie $\boldsymbol{x}(t)$ in die Ruhelage $\boldsymbol{x}_{\mathrm{R}} = \boldsymbol{0}$ auszuregeln. Das Gebiet X_0 soll in einem ellipsoidförmigen Ljapunov-Gebiet

$$G = \left\{ \boldsymbol{x} \in I\!\!R^n \middle| \; \boldsymbol{x}^T \boldsymbol{R} \boldsymbol{x} < c \right\}$$

liegen, d. h. in einem Gebiet, aus dem keine Trajektorie herausläuft. Die Matrix $\boldsymbol{R}$, die dieses Gebiet festlegt, werden wir im Verlaufe der Stabilitätsuntersuchung noch bestimmen.

Wir formen nun für die Stabilitätsuntersuchung das Regelgesetz (4.32) in die Gestalt

$$u = -\operatorname{sat}(\boldsymbol{k}^T \boldsymbol{x}) = -\boldsymbol{h}^T \boldsymbol{x} - p(\boldsymbol{k}^T \boldsymbol{x} - \boldsymbol{h}^T \boldsymbol{x}) \tag{4.33}$$

mit

$$p = \frac{\operatorname{sat}(\boldsymbol{k}^T \boldsymbol{x}) - \boldsymbol{h}^T \boldsymbol{x}}{\boldsymbol{k}^T \boldsymbol{x} - \boldsymbol{h}^T \boldsymbol{x}} \tag{4.34}$$

um. Dabei ist $\boldsymbol{h}$ so ausgelegt, dass das Ljapunov-Gebiet G Teilmenge des Gebietes

$$Z_{\boldsymbol{h}} = \left\{ \boldsymbol{x} \in I\!\!R^n \middle| \; |\boldsymbol{h}^T \boldsymbol{x}| \le u_{\max} \right\}$$

ist. Die zwei Hyperebenen

$$-\boldsymbol{h}^T \boldsymbol{x} = \pm u_{\max}$$

können dabei die Ellipse G tangieren, sollen das Gebiet G aber nicht schneiden. Bild 4.39 illustriert die Situation.

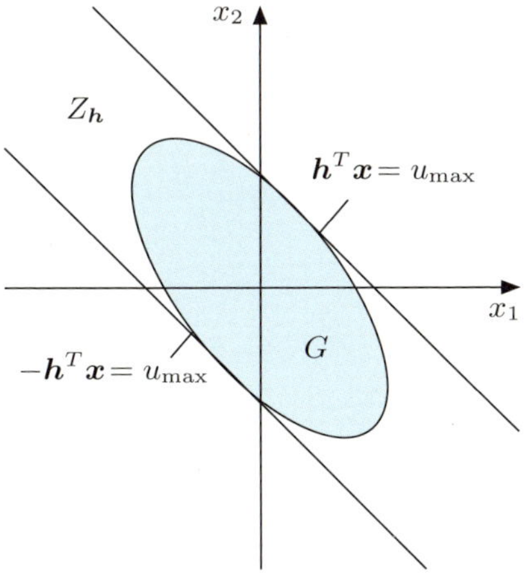

Bild 4.39: Gebiet G, Gebiet $Z_{\boldsymbol{h}}$ und die Hyperebenen $|\boldsymbol{h}^T \boldsymbol{x}| = u_{\max}$.

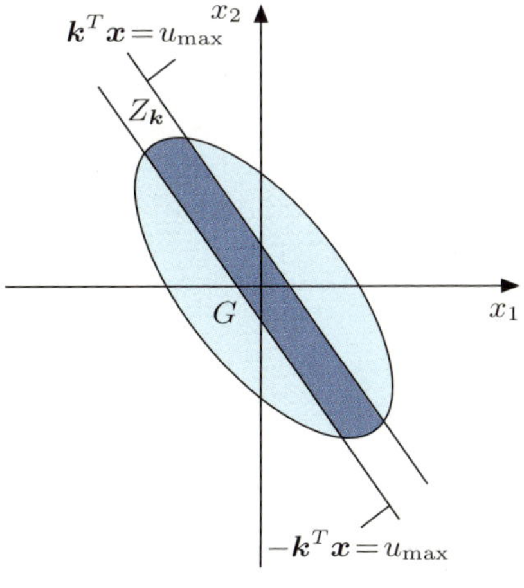

Bild 4.40: Gebiet G, Gebiet $Z_{\boldsymbol{k}}$ und die Hyperebenen $|\boldsymbol{k}^T \boldsymbol{x}| = u_{\max}$.

Der Reglervektor $\boldsymbol{k}$ wird so gewählt, dass er zu einer deutlich schnelleren Ausregelung führt als der Reglervektor $\boldsymbol{h}$. Entsprechend größer ist sein Stellgrößenbedarf und das Gebiet

$$Z_{\boldsymbol{k}} = \left\{ \boldsymbol{x} \in \mathbb{R}^n \,|\, |\boldsymbol{k}^T \boldsymbol{x}| \leq u_{\max} \right\}$$

zerschneidet das Ljapunov-Gebiet G, so wie es Bild 4.40 zeigt.

Wir betrachten nun alle Zustandsvektoren $\boldsymbol{x} \in G$. Diese wollen wir stabil mittels Gl. (4.32) bzw. (4.33) nach $\boldsymbol{x} = \boldsymbol{0}$ ausregeln. Dabei treten verschiedene Fälle auf, von denen wir zuerst den betrachten, bei dem

$$\boldsymbol{x} \in Z_{\boldsymbol{k}} \quad \text{und} \quad \boldsymbol{x} \in G$$

gilt. D. h., der Zustand $\boldsymbol{x}$ befindet sich in der grau dargestellten Zone des Bildes 4.40. Offensichtlich gelten für solche Vektoren $\boldsymbol{x}$ die Ungleichungen

$$|\boldsymbol{h}^T \boldsymbol{x}| \leq u_{\max} \quad \text{und} \quad |\boldsymbol{k}^T \boldsymbol{x}| \leq u_{\max},$$

so dass hier mit $\operatorname{sat}(\boldsymbol{k}^T \boldsymbol{x}) = \boldsymbol{k}^T \boldsymbol{x}$ für den Faktor p aus Gl. (4.34)

$$p = \frac{\boldsymbol{k}^T \boldsymbol{x} - \boldsymbol{h}^T \boldsymbol{x}}{\boldsymbol{k}^T \boldsymbol{x} - \boldsymbol{h}^T \boldsymbol{x}} = 1 \tag{4.35}$$

gilt. Das Regelgesetz (4.33) ist für diese Werte $\boldsymbol{x}$ linear, d. h., es gilt

$$u = -\boldsymbol{k}^T \boldsymbol{x}.$$

Als nächsten Vektor $\boldsymbol{x}$, den es auszuregeln gilt, betrachten wir einen beliebigen Vektor $\boldsymbol{x}$, der in G aber nicht in $Z_{\boldsymbol{k}}$ liegt. Dieser Bereich $G \backslash Z_{\boldsymbol{k}}$ ist in Bild 4.40 blau dargestellt. Für die Zustände $\boldsymbol{x} \in G \backslash Z_{\boldsymbol{k}}$ ist

$$|\boldsymbol{k}^T \boldsymbol{x}| > u_{\max},$$

d. h., die Regelung befindet sich in Sättigung. Es gilt also

$$u = -\operatorname{sat}(\boldsymbol{k}^T \boldsymbol{x}) = -u_{\max} \operatorname{sgn}(\boldsymbol{k}^T \boldsymbol{x}) \quad \text{für} \;\; \boldsymbol{x} \in G \backslash Z_{\boldsymbol{k}}$$

und somit ergibt sich in diesem Fall mit

$$\begin{aligned} \boldsymbol{k}^T \boldsymbol{x} &= |\boldsymbol{k}^T \boldsymbol{x}| \operatorname{sgn}(\boldsymbol{k}^T \boldsymbol{x}), \\ \boldsymbol{h}^T \boldsymbol{x} &= |\boldsymbol{h}^T \boldsymbol{x}| \operatorname{sgn}(\boldsymbol{h}^T \boldsymbol{x}) \end{aligned}$$

für Gl. (4.34) die Beziehung

$$p = \frac{u_{\max} \operatorname{sgn}(\boldsymbol{k}^T \boldsymbol{x}) - |\boldsymbol{h}^T \boldsymbol{x}| \operatorname{sgn}(\boldsymbol{h}^T \boldsymbol{x})}{|\boldsymbol{k}^T \boldsymbol{x}| \operatorname{sgn}(\boldsymbol{k}^T \boldsymbol{x}) - |\boldsymbol{h}^T \boldsymbol{x}| \operatorname{sgn}(\boldsymbol{h}^T \boldsymbol{x})}.$$

Wir multiplizieren Zähler wie Nenner mit $\operatorname{sgn}(\boldsymbol{k}^T \boldsymbol{x})$ und erhalten

$$p = \frac{u_{\max} - |\boldsymbol{h}^T\boldsymbol{x}|\,\mathrm{sgn}(\boldsymbol{h}^T\boldsymbol{x})\,\mathrm{sgn}(\boldsymbol{k}^T\boldsymbol{x})}{|\boldsymbol{k}^T\boldsymbol{x}| - |\boldsymbol{h}^T\boldsymbol{x}|\,\mathrm{sgn}(\boldsymbol{h}^T\boldsymbol{x})\,\mathrm{sgn}(\boldsymbol{k}^T\boldsymbol{x})} = \frac{u_{\max} \pm |\boldsymbol{h}^T\boldsymbol{x}|}{|\boldsymbol{k}^T\boldsymbol{x}| \pm |\boldsymbol{h}^T\boldsymbol{x}|}$$

für $\boldsymbol{x} \in G\backslash Z_{\boldsymbol{k}}$.

Aufgrund dieses Ergebnisses und

$$|\boldsymbol{h}^T\boldsymbol{x}| \le u_{\max} < |\boldsymbol{k}^T\boldsymbol{x}| \qquad \text{für } \boldsymbol{x} \in G\backslash Z_{\boldsymbol{k}}$$

erhält man

$$0 \le p < 1 \tag{4.36}$$

für alle $\boldsymbol{x} \in G\backslash Z_{\boldsymbol{k}}$. Mit Gl.(4.36) und Gl.(4.35) ergibt sich schließlich

$$0 \le p \le 1$$

für alle $\boldsymbol{x} \in G$.

Um die Stabilität des Regelkreises

$$\dot{\boldsymbol{x}} = \boldsymbol{A}\boldsymbol{x} - \boldsymbol{b}\,\mathrm{sat}(\boldsymbol{k}^T\boldsymbol{x}) = \left[\boldsymbol{A} - \boldsymbol{b}\boldsymbol{h}^T - p\boldsymbol{b}\left(\boldsymbol{k}^T - \boldsymbol{h}^T\right)\right]\boldsymbol{x}$$

für alle $\boldsymbol{x} \in G$ sicherzustellen und um G als Ljapunov-Gebiet auszulegen, setzen wir

$$V(\boldsymbol{x}) = \boldsymbol{x}^T\boldsymbol{R}\boldsymbol{x}$$

als Ljapunov-Funktion an. Als zeitliche Ableitung von V erhalten wir

$$\dot{V}(\boldsymbol{x}) = \boldsymbol{x}^T\left[\left(\boldsymbol{A} - \boldsymbol{b}\boldsymbol{h}^T - p\boldsymbol{b}\left(\boldsymbol{k}^T - \boldsymbol{h}^T\right)\right)^T\boldsymbol{R} + \boldsymbol{R}\left(\boldsymbol{A} - \boldsymbol{b}\boldsymbol{h}^T - p\boldsymbol{b}\left(\boldsymbol{k}^T - \boldsymbol{h}^T\right)\right)\right]\boldsymbol{x} < 0. \tag{4.37}$$

Offensichtlich ist $\dot{V}(\boldsymbol{x})$ eine in p lineare Funktion, so dass $\dot{V}(\boldsymbol{x})$ sein Maximum für $p \in [0,1]$ entweder in $p = 0$ oder in $p = 1$ annimmt. Die Bedingung (4.37) ist also für alle $p \in [0,1]$ erfüllt, wenn für $p = 0$

$$\boldsymbol{x}^T\left[\left(\boldsymbol{A} - \boldsymbol{b}\boldsymbol{h}^T\right)^T\boldsymbol{R} + \boldsymbol{R}\left(\boldsymbol{A} - \boldsymbol{b}\boldsymbol{h}^T\right)\right]\boldsymbol{x} < 0$$

und für $p = 1$

$$\boldsymbol{x}^T\left[\left(\boldsymbol{A} - \boldsymbol{b}\boldsymbol{k}^T\right)^T\boldsymbol{R} + \boldsymbol{R}\left(\boldsymbol{A} - \boldsymbol{b}\boldsymbol{k}^T\right)\right]\boldsymbol{x} < 0$$

gilt. Wir erhalten so folgenden Stabilitätssatz für die Zustandsregelung mit Sättigung [119].

Satz 51 (Stabilitätssatz von Hu und Lin). *Der Regelkreis*

$$\dot{\boldsymbol{x}} = \boldsymbol{A}\boldsymbol{x} - \boldsymbol{b}\,\mathrm{sat}(\boldsymbol{k}^T\boldsymbol{x})$$

besitzt die asymptotisch stabile Ruhelage $\boldsymbol{x}_\mathrm{R} = \boldsymbol{0}$ *mit dem Einzugsgebiet*

$$G = \{\,\boldsymbol{x} \in I\!R^n |\;\; \boldsymbol{x}^T\boldsymbol{R}\,\boldsymbol{x} < c\},$$

wenn es einen Vektor $\boldsymbol{h}$ *gibt, so dass*

$$G \subseteq \{\,\boldsymbol{x} \in I\!R^n |\;\; |\boldsymbol{h}^T\boldsymbol{x}| \le u_{\mathrm{max}}\} \tag{4.38}$$

gilt und die Matrizen

$$\left(\boldsymbol{A} - \boldsymbol{b}\boldsymbol{h}^T\right)^T\boldsymbol{R} + \boldsymbol{R}\left(\boldsymbol{A} - \boldsymbol{b}\boldsymbol{h}^T\right) = -\boldsymbol{Q}_{\boldsymbol{h}},$$
$$\left(\boldsymbol{A} - \boldsymbol{b}\boldsymbol{k}^T\right)^T\boldsymbol{R} + \boldsymbol{R}\left(\boldsymbol{A} - \boldsymbol{b}\boldsymbol{k}^T\right) = -\boldsymbol{Q}_{\boldsymbol{k}}$$

negativ definit sind.

Zu bemerken ist, dass der Reglervektor $\boldsymbol{h}$ im Regelgesetz $u = -\,\mathrm{sat}(\boldsymbol{k}^T\boldsymbol{x})$ keine Rolle spielt. Für den Stabilitätsnachweis im Satz 51 dagegen ist er von zentraler Bedeutung. Die Bedingung (4.38) ist äquivalent zur Ungleichung

$$c \cdot \boldsymbol{h}^T\boldsymbol{R}^{-1}\boldsymbol{h} \le u_{\mathrm{max}}^2.$$

Diese Ungleichung ist durch Einsetzen von $\boldsymbol{h}$ und $\boldsymbol{R}^{-1}$ leicht zu überprüfen.

4.4.2 Entwurf in mehreren Schritten

Wir wollen uns für den Entwurf eines Sättigungsreglers noch einmal die Entwurfsaufgabe vergegenwärtigen. Der geschlossene Regelkreis besitzt die Gestalt

$$\dot{\boldsymbol{x}} = \boldsymbol{A}\boldsymbol{x} - \boldsymbol{b}\,\mathrm{sat}(\boldsymbol{k}^T\boldsymbol{x}),$$

wobei ein Reglervektor $\boldsymbol{k}$ gesucht wird, so dass alle Anfangsauslenkungen $\boldsymbol{x}(0) \in X_0$ stabil in die Ruhelage $\boldsymbol{x}_\mathrm{R} = \boldsymbol{0}$ ausgeregelt werden. Das Gebiet möglicher Anfangsauslenkungen X_0 ist dabei oft ein Hyperquader

$$X_0 = \{\boldsymbol{x} \in I\!R^n \mid -\alpha_i \le x_i \le \beta_i,\, i = 1, \ldots, n\}.$$

Für den Entwurf gehen wir nun in mehreren Schritten vor:

Schritt 1: Bestimme einen Regelvektor $\boldsymbol{h}$, so dass

$$\dot{\boldsymbol{x}} = (\boldsymbol{A} - \boldsymbol{b}\boldsymbol{h}^T)\boldsymbol{x}$$

stabil ist.

Schritt 2: Gib eine positiv definite Matrix $\boldsymbol{Q_h}$ vor und bestimme aus der Ljapunov-Gleichung

$$\left(\boldsymbol{A}-\boldsymbol{b}\boldsymbol{h}^T\right)^T\boldsymbol{R}+\boldsymbol{R}\left(\boldsymbol{A}-\boldsymbol{b}\boldsymbol{h}^T\right)=-\boldsymbol{Q_h}$$

die Matrix $\boldsymbol{R}$ des Ljapunov-Gebietes $G=\{\boldsymbol{x}\in I\!R^n|\ \boldsymbol{x}^T\boldsymbol{R}\boldsymbol{x}<c\}$.

Schritt 3: Setze

$$c=\frac{u_{\max}^2}{\boldsymbol{h}^T\boldsymbol{R}^{-1}\boldsymbol{h}}.$$

Dann tangieren die beiden Hyperebenen $|\boldsymbol{h}^T\boldsymbol{x}|=u_{\max}$ gerade das Gebiet G.

Schritt 4: Prüfe anhand der Eckpunkte $\boldsymbol{x}_{\mathrm{e}i}$ von X_0, ob $X_0\subseteq G$ gilt. D. h., prüfe, ob

$$\boldsymbol{x}_{\mathrm{e}i}^T\boldsymbol{R}\boldsymbol{x}_{\mathrm{e}i}<c$$

für alle $i=1,\dots,2^n$ gilt. Falls dies so ist, fahre mit Schritt 5 fort. Falls dies nicht gilt, gehe zu Schritt 1 zurück und wähle einen Regler $\boldsymbol{h}$ mit geringerem Stellgrößenverbrauch oder gehe zu Schritt 2 und variiere $\boldsymbol{Q_h}$.

Schritt 5: Wähle einen Regelvektor $\boldsymbol{k}$ und überprüfe, ob die Matrix

$$\left(\boldsymbol{A}-\boldsymbol{b}\boldsymbol{k}^T\right)^T\boldsymbol{R}+\boldsymbol{R}\left(\boldsymbol{A}-\boldsymbol{b}\boldsymbol{k}^T\right)=-\boldsymbol{Q_k}$$

negativ definit ist. Ist dies nicht der Fall, so wiederhole Schritt 5.

Schritt 6: Simuliere den Regelkreis $\dot{\boldsymbol{x}}=\boldsymbol{A}\boldsymbol{x}-\boldsymbol{b}\,\mathrm{sat}(\boldsymbol{k}^T\boldsymbol{x})$. Ist das Regelverhalten zufriedenstellend, so beende den Entwurf. Ist es das nicht, so gehe zu Schritt 1 oder Schritt 5 und führe den Entwurf erneut durch.

Der Nachteil des obigen Entwurfsschemas liegt in seinen heuristischen Entwurfsanteilen. So müssen die Regelvektoren $\boldsymbol{h}$ und $\boldsymbol{k}$ sowie die Matrix $\boldsymbol{Q_h}$ aufgrund von Mutmaßungen gewählt werden. Auch kann nicht von vornherein sichergestellt werden, ob $X_0\subseteq G$ gilt. Daher müssen unter Umständen verschiedene Entwurfsschritte mehrfach durchgeführt werden und das Vorgehen ist dabei durch Versuch und Irrtum geprägt.

Das Entwurfsvorgehen mittels obiger fünf Schritte kann auch auf einem Rechner implementiert werden und dann automatisiert ablaufen. Des Weiteren ist ein Entwurf in einem einzigen Schritt möglich [119], wenn alle Entwurfsbedingungen in linearen Matrixungleichungen [35] zusammengefasst werden. Die beschriebenen Nachteile des obigen Entwurfes in sechs Schritten treten dann nicht auf. Sättigungsregler der beschriebenen Art können auch für MIMO-Regelstrecken entworfen werden [119].

4.4.3 Beispiel Helikopter

Als Beispiel betrachten wir einen Rettungshubschrauber, wie ihn Bild 4.41 zeigt, und wie er bei der Küstenwache verschiedener Länder eingesetzt wird. Der Helikopter soll durch einen Autopiloten konstant über einem Ort gehalten werden können. D. h., im Fall von Windböen und die durch sie verursachten Positionsabweichungen soll die Regelung des Autopiloten den Helikopter zurück auf die konstant zu haltende Position bringen. Für Rettungseinsätze bei stürmischem Wetter ist eine solche Entlastung des Piloten von großer Bedeutung.

Bild 4.41: Rettungshubschrauber.

Wir betrachten hier die Positionsabweichung x_4 des Helikopters, gemessen in Metern, in Richtung seiner Längsachse. Als Teil des Autopiloten wollen wir diese Positionsabweichung durch eine Zustandsregelung mit Sättigung bei null halten und sie im Falle einer Störung, z. B. durch eine Windböe, möglichst schnell reduzieren und auf null zurückführen. Die Positionsabweichung lässt sich mittels des Modells [63]

$$\dot{\boldsymbol{x}} = \begin{bmatrix} -0.415 & 0 & -0.0111 & 0 \\ 1 & 0 & 0 & 0 \\ -1.43 & 9.8 & -0.0198 & 0 \\ 0 & 0 & 1 & 0 \end{bmatrix} \boldsymbol{x} + \begin{bmatrix} 6.27 \\ 0 \\ 9.8 \\ 0 \end{bmatrix} u,$$
$$y = \begin{bmatrix} 0 \; 0 \; 0 \; 1 \end{bmatrix} \boldsymbol{x}$$

beschreiben, wobei x_1 die Nickwinkelrate, x_2 der Nickwinkel, x_3 die Geschwindigkeit in Längsrichtung und x_4 die Position bzw., wie erwähnt, die Positionsabweichung ist. Die Stellgröße u ist der einstellbare Rotorwinkel, gemessen in Radiant. Der Rotorwinkel ist durch

$$-0.11 \leq u \leq 0.11$$

begrenzt. Als Gebiet möglicher Stör- bzw. Anfangsauslenkungen betrachten wir

$$X_0 = \left\{ \boldsymbol{x} \in I\!R^4 \;\middle|\; |x_1| \leq 0.1,\; |x_2| \leq 0.2,\; |x_3| \leq 1,\; |x_4| \leq 10 \right\}.$$

Wir bestimmen als Sättigungsregler, der den Helikopter für alle Störauslenkungen aus X_0 mit der Stellgrößenbeschränkung

$$|u| \leq 0.11$$

stabil ausregelt,

$$u = -\operatorname{sat}(\boldsymbol{k}^T \boldsymbol{x})$$

mit

$$\boldsymbol{k}^T = \begin{bmatrix} 0.16226 & 0.20860 & 0.0089414 & 0.0020975 \end{bmatrix}.$$

Für die Störauslenkung

$$\boldsymbol{x}_0 = \begin{bmatrix} 0.1 \\ 0.2 \\ 1 \\ 10 \end{bmatrix}$$

zeigt Bild 4.42 den Verlauf der Ausregelung. Zum Vergleich sind auch die Verläufe eines linearen Reglers

$$u = -\boldsymbol{k}_{\text{lin}}^T \boldsymbol{x}$$

mit

$$\boldsymbol{k}_{\text{lin}}^T = \begin{bmatrix} 1.7719 & 2.8852 & 0.15954 & 0.038056 \end{bmatrix}$$

und der zeitoptimalen Steuerung dargestellt. Deutlich zu erkennen ist die gegenüber dem linearen Regler schnellere Ausregelung des Sättigungsreglers. Diese wird allerdings durch eine höhere Stellgeschwindigkeit $\dot{u}$ erkauft.

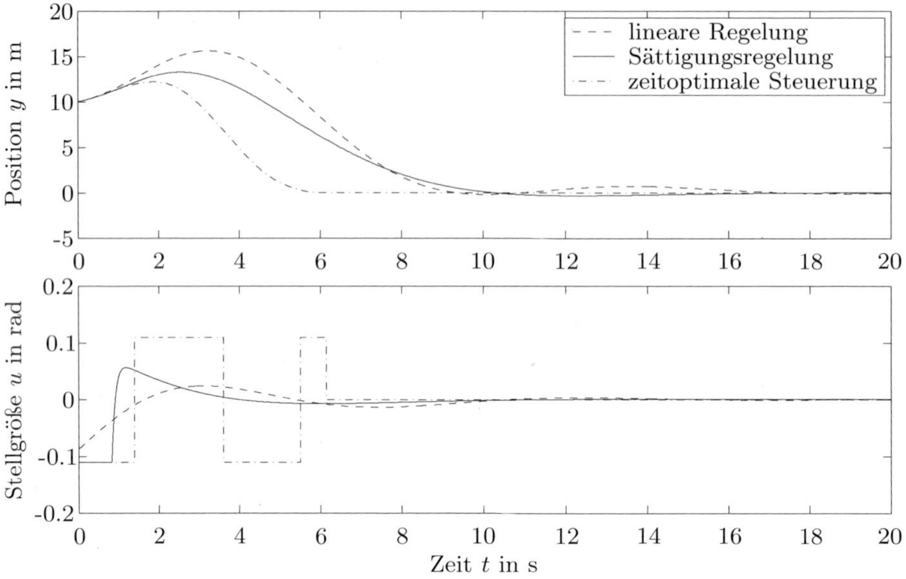

Bild 4.42: Verlauf der Position y und der Stellgröße u des Helikopters.

5

Regelungen für nichtlineare Regelstrecken

5.1 Gain-scheduling-Regler

5.1.1 Funktionsweise und Entwurf

Gain-scheduling-Methoden ermöglichen es auf Basis der linearen Systemtheorie, relativ einfache und in der Praxis bewährte Regelungen für nichtlineare Regelstrecken zu entwerfen. Aus diesen Gründen haben Gain-scheduling-Regler eine große Verbreitung gefunden. Typische Anwendungen sind Flugregelungen, Regelungen in der chemischen Prozessindustrie und Regelungen in mechatronischen Systemen.

Man linearisiert bei dieser Klasse von Reglern die Regelstrecke für verschiedene Arbeitspunkte. So ergibt sich eine Reihe von linearen Teilmodellen, für die man jeweils einen im Allgemeinen linearen Regler entwirft. Während eines Ausregelvorgangs aktiviert man den Regler, dessen zugehöriges Streckenmodell der aktuellen Situation am besten entspricht, oder interpoliert zwischen den Reglern. Auf diese Weise wird es möglich, die Entwurfsmethoden der linearen Systemtheorie auf nichtlineare Regelstrecken anzuwenden. Dies kann den Entwurf von Regelungen für nichtlineare Systeme enorm vereinfachen, was sicher ein Grund für die Beliebtheit dieser Entwurfsmethode ist.

Ausgangsbasis des Gain-schedulings ist die nichtlineare Regelstrecke

$$\begin{aligned}\dot{\boldsymbol{x}} &= \boldsymbol{f}(\boldsymbol{x}, \boldsymbol{u}, \boldsymbol{d}), \quad \boldsymbol{x} \in \mathbb{R}^n, \ \boldsymbol{u} \in \mathbb{R}^m, \ \boldsymbol{d} \in \mathbb{R}^s,\\ \boldsymbol{y} &= \boldsymbol{g}(\boldsymbol{x}), \quad \boldsymbol{y} \in \mathbb{R}^r.\end{aligned}$$

Dabei beschreibt der Vektor $\boldsymbol{d}$ mögliche äußere Einflussfaktoren oder Störgrößen. Die Ruhelage bzw. die Ruhelagen $\boldsymbol{x}_\mathrm{R}$ bestimmen sich aus der Gleichung

$$\dot{\boldsymbol{x}} = \boldsymbol{f}(\boldsymbol{x}_\mathrm{R}, \boldsymbol{u}_\mathrm{R}, \boldsymbol{d}_\mathrm{R}) = \boldsymbol{0}$$

J. Adamy, Nichtlineare Systeme und Regelungen DOI 10.1007/978-3-642-45012-9,
© Springer-Verlag Berlin Heidelberg 2014.

und hängen vom Eingangsvektor $\boldsymbol{u}_{\mathrm{R}}$ der Regelstrecke und eventuell vorhandenen äußeren Einflussgrößen $\boldsymbol{d}_{\mathrm{R}}$ ab. Diese Ruhelagen oder Arbeitspunkte des Systems können im Allgemeinen als Funktion eines Parametervektors $\boldsymbol{\rho}$ dargestellt werden als

$$\begin{aligned}\boldsymbol{u}_{\mathrm{R}} &= \boldsymbol{u}_{\mathrm{R}}(\boldsymbol{\rho}),\\ \boldsymbol{x}_{\mathrm{R}} &= \boldsymbol{x}_{\mathrm{R}}(\boldsymbol{\rho}),\\ \boldsymbol{d}_{\mathrm{R}} &= \boldsymbol{d}_{\mathrm{R}}(\boldsymbol{\rho})\end{aligned}$$

und

$$\boldsymbol{y}_{\mathrm{R}} = \boldsymbol{g}(\boldsymbol{x}_{\mathrm{R}}(\boldsymbol{\rho})) = \boldsymbol{y}_{\mathrm{R}}(\boldsymbol{\rho}).$$

Die Dimension des Parametervektors $\boldsymbol{\rho}$ bezeichnen wir im Weiteren mit l.

Aus der Menge

$$E = \{\boldsymbol{u}_{\mathrm{R}}(\boldsymbol{\rho}), \boldsymbol{x}_{\mathrm{R}}(\boldsymbol{\rho}), \boldsymbol{d}_{\mathrm{R}}(\boldsymbol{\rho}), \boldsymbol{y}_{\mathrm{R}}(\boldsymbol{\rho}), \quad \boldsymbol{\rho} \in M \subset I\!R^l\} \;\subset\; I\!R^{m+n+s+r}$$

von Ruhelagen wird eine Anzahl von p Ruhelagen (bzw. Arbeitspunkten)

$$(\boldsymbol{u}_{\mathrm{R}}(\boldsymbol{\rho}_i), \boldsymbol{x}_{\mathrm{R}}(\boldsymbol{\rho}_i), \boldsymbol{d}_{\mathrm{R}}(\boldsymbol{\rho}_i), \boldsymbol{y}_{\mathrm{R}}(\boldsymbol{\rho}_i)), \qquad i = 1, ..., p,$$

ausgewählt. Um diese herum wird jeweils ein linearisiertes Modell

$$\begin{aligned}\Delta\dot{\boldsymbol{x}}_i &= \boldsymbol{A}(\boldsymbol{\rho}_i)\Delta\boldsymbol{x}_i + \boldsymbol{B}(\boldsymbol{\rho}_i)\Delta\boldsymbol{u}_i + \boldsymbol{S}(\boldsymbol{\rho}_i)\Delta\boldsymbol{d}_i,\\ \Delta\boldsymbol{y}_i &= \boldsymbol{C}(\boldsymbol{\rho}_i)\Delta\boldsymbol{x}_i\end{aligned}$$

hergeleitet, wobei

$$\begin{aligned}\Delta\boldsymbol{x}_i &= \boldsymbol{x} - \boldsymbol{x}_{\mathrm{R}}(\boldsymbol{\rho}_i),\\ \Delta\boldsymbol{u}_i &= \boldsymbol{u} - \boldsymbol{u}_{\mathrm{R}}(\boldsymbol{\rho}_i),\\ \Delta\boldsymbol{d}_i &= \boldsymbol{d} - \boldsymbol{d}_{\mathrm{R}}(\boldsymbol{\rho}_i),\\ \Delta\boldsymbol{y}_i &= \boldsymbol{y} - \boldsymbol{y}_{\mathrm{R}}(\boldsymbol{\rho}_i)\end{aligned}$$

und

$$\begin{aligned}\boldsymbol{A}(\boldsymbol{\rho}_i) &= \left.\frac{\partial \boldsymbol{f}(\boldsymbol{x}, \boldsymbol{u}_{\mathrm{R}}(\boldsymbol{\rho}_i), \boldsymbol{d}_{\mathrm{R}}(\boldsymbol{\rho}_i))}{\partial \boldsymbol{x}}\right|_{\boldsymbol{x}=\boldsymbol{x}_{\mathrm{R}}(\boldsymbol{\rho}_i)},\\ \boldsymbol{B}(\boldsymbol{\rho}_i) &= \left.\frac{\partial \boldsymbol{f}(\boldsymbol{x}_{\mathrm{R}}(\boldsymbol{\rho}_i), \boldsymbol{u}, \boldsymbol{d}_{\mathrm{R}}(\boldsymbol{\rho}_i))}{\partial \boldsymbol{u}}\right|_{\boldsymbol{u}=\boldsymbol{u}_{\mathrm{R}}(\boldsymbol{\rho}_i)},\\ \boldsymbol{S}(\boldsymbol{\rho}_i) &= \left.\frac{\partial \boldsymbol{f}(\boldsymbol{x}_{\mathrm{R}}(\boldsymbol{\rho}_i), \boldsymbol{u}_{\mathrm{R}}(\boldsymbol{\rho}_i), \boldsymbol{d})}{\partial \boldsymbol{d}}\right|_{\boldsymbol{d}=\boldsymbol{d}_{\mathrm{R}}(\boldsymbol{\rho}_i)},\\ \boldsymbol{C}(\boldsymbol{\rho}_i) &= \left.\frac{\partial \boldsymbol{g}(\boldsymbol{x})}{\partial \boldsymbol{x}}\right|_{\boldsymbol{x}=\boldsymbol{x}_{\mathrm{R}}(\boldsymbol{\rho}_i)}\end{aligned}$$

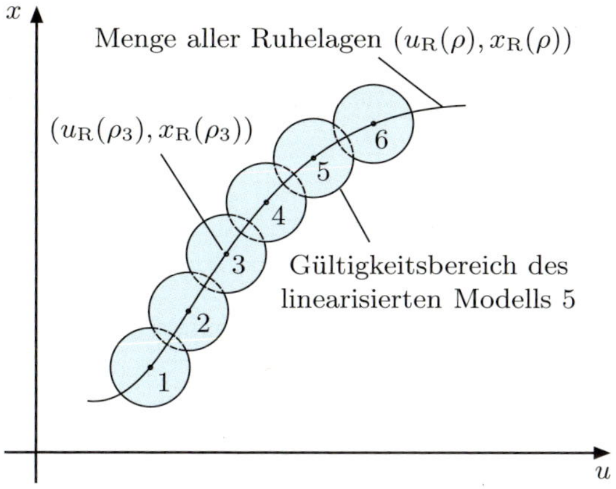

Bild 5.1: Gültigkeitsbereiche der parametrierten Linearisierungsfamilie.

gilt.

Im Weiteren wollen wir die Vektoren $\boldsymbol{\rho}_i$ stellvertretend für

$$(\boldsymbol{u}_\mathrm{R}(\boldsymbol{\rho}_i), \boldsymbol{x}_\mathrm{R}(\boldsymbol{\rho}_i), \boldsymbol{d}_\mathrm{R}(\boldsymbol{\rho}_i), \boldsymbol{y}_\mathrm{R}(\boldsymbol{\rho}_i))$$

als Arbeitspunkte bezeichnen. Die Menge der linearisierten Modelle bezeichnet man als *parametrierte Linearisierungsfamilie* der Regelstrecke. Diese p linearisierten Modelle haben immer nur einen beschränkten Gültigkeitsbereich um die jeweiligen Arbeitspunkte herum. Die Gültigkeitsbereiche sollten dabei lückenlos aneinander anschließen bzw. sich überlappen, wie es Bild 5.1 illustriert. Die parametrierte Linearisierungsfamilie deckt mit ihren Gültigkeitsbereichen oft nicht den gesamten Raum der Eingangs- und Zustandsgrößen ab, so dass außerhalb dieser Bereiche diese Modellfamilie das Verhalten des nichtlinearen Systems nicht mehr widerspiegelt.

Für jedes der p linearisierten Modelle mit dem Parametervektor $\boldsymbol{\rho}_i$ wird ein Regler

$$\begin{aligned}\dot{\boldsymbol{z}}_i &= \boldsymbol{h}_i(\boldsymbol{z}_i, \Delta\boldsymbol{d}_i, \Delta\boldsymbol{x}_i, \Delta\boldsymbol{y}_i, \Delta\boldsymbol{w}_i),\\ \Delta\boldsymbol{u}_i &= \boldsymbol{k}_i(\boldsymbol{z}_i, \Delta\boldsymbol{d}_i, \Delta\boldsymbol{x}_i, \Delta\boldsymbol{y}_i, \Delta\boldsymbol{w}_i)\end{aligned}$$

bestimmt, dessen optionale Dynamik durch eine Differenzialgleichung mit den Reglerzuständen $\boldsymbol{z}_i$ festgelegt ist. Dabei ist

$$\Delta\boldsymbol{w}_i = \boldsymbol{w} - \boldsymbol{w}_\mathrm{R}(\boldsymbol{\rho}_i)$$

die Abweichung des Sollgrößenvektors $\boldsymbol{w}$ vom Arbeitspunkt $\boldsymbol{w}_\mathrm{R}(\boldsymbol{\rho}_i)$. Bild 5.2 zeigt den i-ten dieser p Regelkreise, der aus dem i-ten Teilregler und der im Arbeitspunkt ρ_i linearisierten Regelstrecke besteht. Für die Regler kommen verschiedene Reglertypen in Frage, z. B. lineare Zustandsregler, PID-Regler usw.

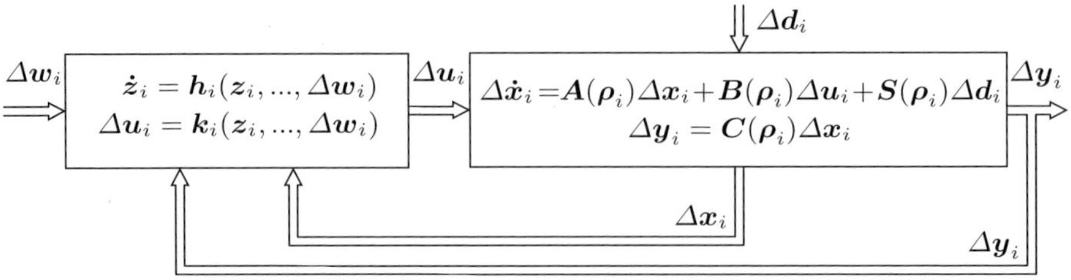

Bild 5.2: Der i-te Regelkreis einer Gain-scheduling-Regelung.

Nach dem Entwurf der p Regler wird in einem letzten Entwurfsschritt zwischen jeweils zwei benachbarten Reglern i und j ausgewählt bzw. interpoliert. Die Auswahl bzw. Interpolation erfolgt dabei in Abhängigkeit vom Parametervektor $\boldsymbol{\rho}$. Allerdings ist der Vektor $\boldsymbol{\rho}$ nicht in jedem Anwendungsfall bestimmbar oder messbar. Man ersetzt ihn dann durch einen Vektor $\boldsymbol{\beta}(t)$, *Schedulingvektor* genannt, wobei sich dessen Elemente $\beta_k(t)$ aus bekannten Größen zusammensetzen wie

(1) den Zustandsvariablen x_k,
(2) den Ausgangsvariablen y_k,
(3) den Stellgrößen u_k,
(4) den Reglerzuständen z_k oder
(5) den Sollgrößen w_k.

Dabei soll

$$l = \dim(\boldsymbol{\rho}) = \dim(\boldsymbol{\beta})$$

und im stationären Fall

$$\boldsymbol{\beta}_{\mathrm{s}} = \boldsymbol{\beta}(t \to \infty) = \boldsymbol{\rho} \tag{5.1}$$

gelten.

Die einfachste Möglichkeit, die Stellgröße $\boldsymbol{u}$ zu generieren, ist die Aktivierung eines einzelnen Reglers i mit der Stellgröße

$$\boldsymbol{u} = \boldsymbol{u}_{\mathrm{R}}(\boldsymbol{\rho}_i) + \Delta\boldsymbol{u}_i. \tag{5.2}$$

Dabei wird der Regler i durch die Gleichung

$$i = \arg\min_k ||\boldsymbol{\beta} - \boldsymbol{\rho}_k|| \tag{5.3}$$

bestimmt. Aktiv ist somit jener Regler i, dessen Parametervektor $\boldsymbol{\rho}_i$ dem aktuellen Wert des Schedulingvektors $\boldsymbol{\beta}$ am nächsten liegt.

Das Regelgesetz (5.2) ist zwar einfach, besitzt aber den Nachteil, dass zwischen den Reglern i mittels des Auswahlgesetzes (5.3) umgeschaltet wird. Unerwünschte Sprünge im Stellgrößenverlauf, die das Stellglied nicht ausführen oder verkraften kann, sind die Folge.

Sinnvoller ist es daher, ein Regelgesetz zu verwenden, das zwischen den Reglern i, d. h. ihren Stellgrößenwerten, interpoliert. Zusammengesetzt wird die Stellgröße dann anteilig aus den Werten $\boldsymbol{u}_{\mathrm{R}}(\boldsymbol{\rho}_i)$ und $\Delta\boldsymbol{u}_i$. Und zwar so, dass zwischen den Reglern i, in deren Gültigkeitsbereich sich der Scheduling-vektor $\boldsymbol{\beta}$ befindet, interpoliert wird.

Die Interpolation zwischen den Stellgrößen $\boldsymbol{u}_{\mathrm{R}}(\boldsymbol{\rho}_i) + \Delta\boldsymbol{u}_i$ der einzelnen Regler erfolgt z. B. auf Basis des gewichteten Mittelwertes, der die Gleichung des Gain-scheduling-Reglers

$$\boldsymbol{u} = \frac{\sum\limits_{i=1}^{p} \mu_i(\boldsymbol{\beta}) \cdot (\boldsymbol{u}(\boldsymbol{\rho}_i) + \Delta\boldsymbol{u}_i)}{\sum\limits_{i=1}^{p} \mu_i(\boldsymbol{\beta})} \tag{5.4}$$

liefert. Die Gewichtungsfunktionen $0 \leq \mu_i(\boldsymbol{\beta}) \leq 1$ sind im Arbeitspunkt

$$\boldsymbol{\beta} = \boldsymbol{\rho}_i$$

identisch eins und nehmen zum Rand des Gültigkeitsbereiches, der zu diesem Arbeitspunkt gehört, stetig bis auf null oder näherungsweise null ab. Eine Funktion, die diese Eigenschaft besitzt, ist beispielsweise die mehrdimensionale Gauß-Funktion

$$\mu_i(\boldsymbol{\beta}) = e^{-||\boldsymbol{\Sigma}(\boldsymbol{\beta}-\boldsymbol{\rho}_i)||^2} = e^{-(\boldsymbol{\beta}-\boldsymbol{\rho}_i)^T \boldsymbol{\Sigma}^T \boldsymbol{\Sigma}(\boldsymbol{\beta}-\boldsymbol{\rho}_i)}. \tag{5.5}$$

Die $l \times l$ - Matrix $\boldsymbol{\Sigma}$ kann z. B. eine Diagonalmatrix

$$\boldsymbol{\Sigma} = \begin{bmatrix} \frac{1}{\sqrt{2}\sigma_1} & \cdots & 0 \\ \vdots & \ddots & \vdots \\ 0 & \cdots & \frac{1}{\sqrt{2}\sigma_l} \end{bmatrix}$$

sein. Durch die Matrix $\boldsymbol{\Sigma}$ erhält jede Koordinatenrichtung des Scheduling-vektors $\boldsymbol{\beta}$ eine eigene Skalierung mittels $1/(2\sigma_j^2)$. So können nicht nur, wie in Bild 5.1, Kreise als Niveaulinien der Funktion (5.5) ausgeformt werden, sondern auch Ellipsen.

Normalerweise legt man die Funktionen $\mu_i(\boldsymbol{\beta})$ durch geeignete Wahl von σ_k so aus, dass sie für $\boldsymbol{\beta} = \boldsymbol{\rho}_j$ mit $i \neq j$ alle nahezu null und mit $i = j$ identisch eins sind. Dann reduziert sich für $i = j$ Gl. (5.4) auf

$$\boldsymbol{u} \approx \frac{\mu_i(\boldsymbol{\rho}_i) \cdot (\boldsymbol{u}_{\mathrm{R}}(\boldsymbol{\rho}_i) + \Delta\boldsymbol{u}_i)}{\mu_i(\boldsymbol{\rho}_i)} = \boldsymbol{u}_{\mathrm{R}}(\boldsymbol{\rho}_i) + \Delta\boldsymbol{u}_i, \tag{5.6}$$

d. h., im Arbeitspunkt i wird nur der zu ihm gehörige Regler $\Delta\boldsymbol{u}_i$ aktiv. Zwischen den Arbeitspunkten dagegen wird ein gewichteter Mittelwert der

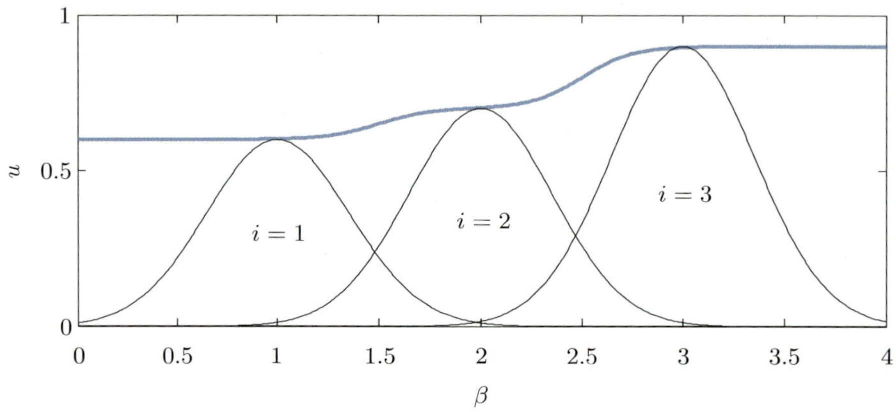

Bild 5.3: Die Interpolation u der Reglerausgangswerte $u_\mathrm{R}(\rho_i) + \Delta u_i$ auf Basis des gewichteten Mittelwertes ist als blaue Kurve exemplarisch dargestellt. Die schwarzen Kurven entsprechen den Funktionen $\mu_i(\beta) \cdot (u_\mathrm{R}(\rho_i) + \Delta u_i)$ für $i = 1, \ldots, 3$.

einzelnen Reglerausgangsgrößen $\boldsymbol{u}_\mathrm{R}(\boldsymbol{\rho}_i) + \Delta \boldsymbol{u}_i$ gebildet. Bild 5.3 illustriert dies.

Das Interpolationsgesetz (5.4) besitzt die oftmals günstige Eigenschaft, dass für den Fall eines Vektors $\boldsymbol{\beta}$, der außerhalb der betrachteten gültigen Arbeitsbereiche liegt, der Regler des zu $\boldsymbol{\beta}$ naheliegendsten Arbeitspunktes aktiv bleibt. Dies lässt sich aus Gl. (5.4) erkennen, denn für solche Vektoren $\boldsymbol{\beta}$ gilt

$$\mu_i(\boldsymbol{\beta}) \ll 1$$

für alle i. Dann besitzt der größte dieser Werte, d. h. derjenige mit dem kleinsten euklidischen Abstand $||\boldsymbol{\beta} - \boldsymbol{\rho}_i||$, den größten Einfluss in Gl. (5.4). Auch in diesem Fall gilt dann wieder Gl. (5.6). Bild 5.3 illustriert auch diese Eigenschaft.

Insgesamt gesehen ist der Entwurf eines Gain-scheduling-Reglers in vier Schritten darstellbar:

Schritt 1: Berechne die parametrierte Linearisierungsfamilie.

Schritt 2: Entwerfe die linearen Teilregler mittels linearer Entwurfsmethoden.

Schritt 3: Lege das Auswahl- bzw. Interpolationsgesetz für die Teilregler in Abhängigkeit der Schedulingparameter fest.

Schritt 4: Simuliere den gesamten Regelkreis und prüfe Stabilität und Regelgüte.

Insbesondere Schritt 4 bedarf der Beachtung, denn die Stabilität kann im Allgemeinen nicht analytisch gesichert werden. Die Stabilität der linearen Teilregelkreise ist hier nicht ausreichend, da das gesamte System nichtlinear ist.

Erweiterungen und zusätzliche Betrachtungen zu Gain-scheduling-Reglern finden sich in [14, 62, 68, 171, 315, 335]. Einen Überblick bieten beispielsweise [2, 172, 256].

5.1.2 Illustrationsbeispiel

Es wird ein einfaches Beispiel betrachtet:

$$\dot{x} = -x^3 + u.$$

Das System hat die Ruhelage

$$x_{\mathrm{R}} = \sqrt[3]{u_{\mathrm{R}}}.$$

Als Parameter ρ wählt man

$$\rho = u_{\mathrm{R}}.$$

So ergibt sich für die parametrierte Linearisierungsfamilie

$$\begin{aligned}\Delta\dot{x} = A\Delta x + b\Delta u &= \left.\frac{\partial f(x, u_{\mathrm{R}})}{\partial x}\right|_{x_{\mathrm{R}}} \cdot \Delta x + \left.\frac{\partial f(x_{\mathrm{R}}, u)}{\partial u}\right|_{u_{\mathrm{R}}} \cdot \Delta u \\ &= -3x_{\mathrm{R}}^2 \Delta x + \Delta u = -3\sqrt[3]{u_{\mathrm{R}}^2}\Delta x + \Delta u.\end{aligned}$$

Man wählt des Weiteren fünf Arbeitspunkte aus mit

$$\begin{aligned}
\rho_1 &= u_{\mathrm{R}1} = -2, & x_{\mathrm{R}1} &= -\sqrt[3]{2} \approx -1.26,\\
\rho_2 &= u_{\mathrm{R}2} = -1, & x_{\mathrm{R}2} &= -\sqrt[3]{1} = -1,\\
\rho_3 &= u_{\mathrm{R}3} = 0, & x_{\mathrm{R}3} &= \sqrt[3]{0} = 0,\\
\rho_4 &= u_{\mathrm{R}4} = 1, & x_{\mathrm{R}4} &= \sqrt[3]{1} = 1,\\
\rho_5 &= u_{\mathrm{R}5} = 2, & x_{\mathrm{R}5} &= \sqrt[3]{2} \approx 1.26
\end{aligned}$$

und

$$\Delta u_i = u - u_{\mathrm{R}i} \quad \text{sowie} \quad \Delta x_i = x - x_{\mathrm{R}i}.$$

So ergeben sich fünf linearisierte Modelle mit

$$\begin{aligned}
\rho_1 &= u_{\mathrm{R}1} = -2 & \text{und} \quad \Delta\dot{x}_1 &= -4.76\Delta x_1 + \Delta u_1,\\
\rho_2 &= u_{\mathrm{R}2} = -1 & \text{und} \quad \Delta\dot{x}_2 &= -3.00\Delta x_2 + \Delta u_2,\\
\rho_3 &= u_{\mathrm{R}3} = 0 & \text{und} \quad \Delta\dot{x}_3 &= \Delta u_3,\\
\rho_4 &= u_{\mathrm{R}4} = 1 & \text{und} \quad \Delta\dot{x}_4 &= -3.00\Delta x_4 + \Delta u_4,\\
\rho_5 &= u_{\mathrm{R}5} = 2 & \text{und} \quad \Delta\dot{x}_5 &= -4.76\Delta x_5 + \Delta u_5.
\end{aligned}$$

Für jedes Modell wird nun ein P-Regler mit der Regelabweichung

$$\Delta e_i = \Delta w_i - \Delta x_i$$

und

$$\Delta u_i = k_i \Delta e_i$$

entworfen, so dass die jeweiligen Regelkreise die Eigenwerte

$$\lambda_1 = -12, \quad \lambda_2 = -4.5, \quad \lambda_3 = -1.5, \quad \lambda_4 = -4.5, \quad \lambda_5 = -12$$

aufweisen. Es ergeben sich folgende Teilregler $\Delta u_i = k_i \Delta e_i$ mit

$$k_1 = 7.24, \quad k_2 = 1.50, \quad k_3 = 1.50, \quad k_4 = 1.50, \quad k_5 = 7.24.$$

Als Regelgesetz, für das wir die umschaltende Variante wählen, ergibt sich so insgesamt mit den Gl. (5.2) und (5.3)

$$u = u_{\mathrm{R}}(\rho_i) + \Delta u_i = u_{\mathrm{R}i} + \Delta u_i = u_{\mathrm{R}i} + k_i \cdot \Delta e_i \tag{5.7}$$

mit

$$i = \arg \min_{k=1,\ldots,5} |\beta - u_{\mathrm{R}k}|. \tag{5.8}$$

Wählt man in obigem Regelgesetz (5.7), (5.8) als Schedulingparameter

$$\beta = \rho = u,$$

so ist das Regelgesetz implizit in u. Dies ist ungünstig, da man in diesem Fall u aufwendig berechnen muss. Eine geeignetere Wahl ergibt sich, wenn man, durch die Ruhelagengleichung

$$\dot{x} = -x^3 + u = 0 \quad \Leftrightarrow \quad u = x^3$$

motiviert,

$$\beta = x^3$$

wählt. Offensichtlich ist dann die Bedingung (5.1), d. h. $\beta_{\mathrm{s}} = \rho$ für den stationären Fall, erfüllt.

Bild 5.4 zeigt den kompletten Regelkreis. Es gilt

$$w_{\mathrm{R}i} = x_{\mathrm{R}i}$$

und

$$\Delta e_i = \Delta w_i - \Delta x_i = w - x = \Delta e.$$

Bild 5.5 zeigt die Simulation des Regelkreisverhaltens für einen Führungsgrößensprung von $w = 1.5$. Da wir nur P-Regler verwenden, existiert eine bleibende Regelabweichung. Die Unstetigkeiten im Verlauf von u kennzeichnen einen Wechsel des Index i und damit auch einen Wechsel von $u_{\mathrm{R}i}$ und Δu_i in

$$u = u_{\mathrm{R}i} + \Delta u_i.$$

Wie erwähnt, ist das oftmals unerwünscht, da nicht jedes Stellglied solche Sprünge ausführen kann. Aber auch die abrupte Änderung im Verlauf der Zustandsgröße x ist, wenn man z. B. an eine Flugregelung denkt, nicht erstrebenswert. In vielen Fällen wird man sich glatte Verläufe von Stellgrößen und Zustandsgrößen wünschen.

Im nächsten Abschnitt betrachten wir ein Beispiel, bei dem zwischen den Reglern interpoliert wird, so dass keine Stellgrößensprünge auftreten.

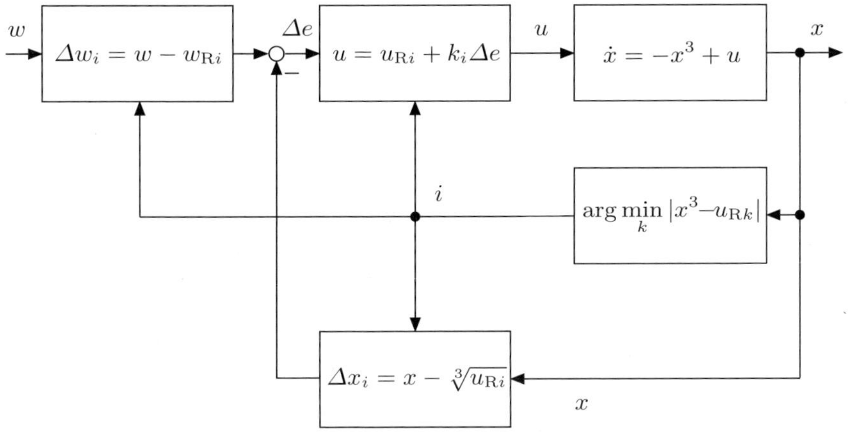

Bild 5.4: Strukturbild des kompletten Regelkreises.

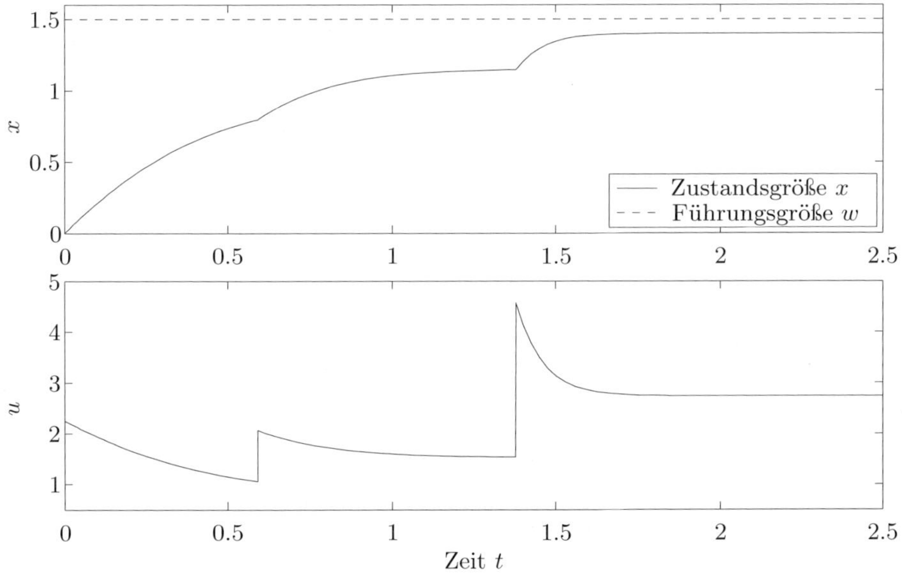

Bild 5.5: Simulation von Zustandsgröße x und Stellgröße u der Gain-scheduling-Regelung der Regelstrecke $\dot{x} = -x^3 + u$.

5.1.3 Beispiel Solarkraftwerk mit Parabolrinnenkollektor

Wir betrachten das Parabolrinnenkraftwerk Acurex in Almería im Süden Spaniens [43, 131, 254]. Das Kraftwerk besitzt 480 Solarkollektoren, die bei einer Sonneneinstrahlung von 900 $\mathrm{W\,m^{-2}}$ eine elektrische Leistung von 1.2 MW erzeugen. Hierbei fokussieren Parabolrinnen über ihre verspiegelte Oberfläche die Sonnenstrahlen in einer lichtdurchlässigen Leitung, in der Öl zirkuliert. Durch die gebündelten Sonnenstrahlen wird das Öl erhitzt und fließt dann in einen isolierten Speichertank mit einem Volumen von 140 m^3. Von hier aus gelangt das Öl über eine Pumpe zu einem Dampferzeuger, in dem die Wärme des Öls genutzt wird, um Wasserdampf zu erzeugen. Mit diesem werden schließlich eine Turbine und ein elektrischer Generator betrieben. Das Öl wird nach dem Verlassen des Dampferzeugers mit einer Rate von 2 bis 10 $\mathrm{l\,s}^{-1}$ zurück in die Leitungen des Kollektorfeldes gepumpt. Das Öl kreist also ständig in der Anlage. Bild 5.6 zeigt den prinzipiellen Aufbau des Systems.

Die Austrittstemperatur T_a des Öls ist ein Maß für die aufgefangene Energie. Beschreiben lässt sich die Austrittstemperatur beim Verlassen des Kollektorfeldes näherungsweise über die Leistungsbilanz

$$C\dot{T}_\mathrm{a} = \eta_0 SJ - qp_\mathrm{cp}(T_\mathrm{a} - T_\mathrm{e}). \tag{5.9}$$

Dabei ist T_e die Temperatur des Öls beim Eintritt in das Kollektorfeld. Sie ist konstant bzw. ändert sich nur sehr langsam und geringfügig. Die Stärke der Sonneneinstrahlung ist durch die Variable J berücksichtigt, wobei $0 \leq J \leq 1\ \mathrm{kW\,m}^{-2}$ gilt. Im Gegensatz zu J kann der Volumenstrom q des Öls durch die Pumpleistung zwischen 2 und 10 $\mathrm{l\,s}^{-1}$ vorgegeben werden. Des Weiteren ist η_0 der optische Wirkungsgrad der Kollektoren, S die wirksame Kollektorfläche, C die Wärmekapazität des Öls und p_cp eine Systemkonstante. Für die Acurex-Anlage in Almería gilt

$$\eta_0 S = 1322\ \mathrm{m}^2, \quad C = 2267\ \mathrm{kJ\ {}^\circ C^{-1}}, \quad p_\mathrm{cp} = 1.924\ \mathrm{kJ\ {}^\circ C^{-1}\ l^{-1}}.$$

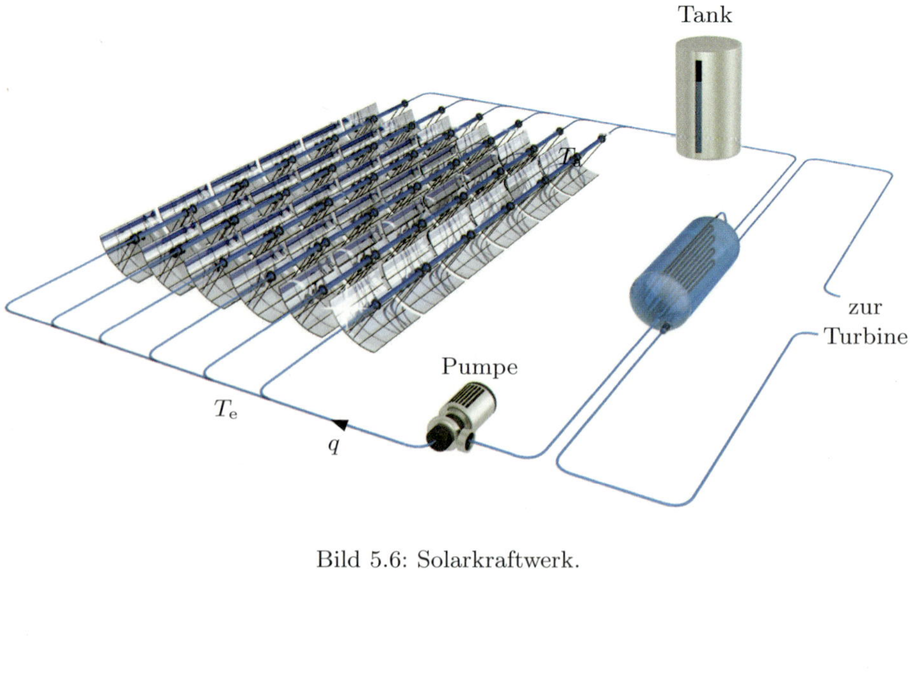

Bild 5.6: Solarkraftwerk.

Die Öltemperatur T_a darf die Temperatur von 305° C nicht überschreiten und insbesondere darf die Differenz zwischen der Eintrittstemperatur T_e und der Austrittstemperatur T_a nicht mehr als 100° C betragen. Normale Werte für diese Differenz liegen um 70° C. Ist die Temperaturdifferenz $T_\mathrm{a} - T_\mathrm{e}$ zu groß, so steigt der Öldruck in den Leitungen im Kollektorfeld stark an. Leckagen können die Folge sein.

Man ist daher bestrebt, die Temperaturdifferenz

$$\varDelta T = T_\mathrm{a} - T_\mathrm{e}$$

auf dem konstanten Wert von 70° C zu halten. Dies geschieht mittels einer Regelung, die über den Volumenstrom q des Öls in Gl. (5.9) bzw. in der Gleichung

$$C(\varDelta T)^{\cdot} + C\dot{T}_e = \eta_0 SJ - qp_\mathrm{cp}\varDelta T \tag{5.10}$$

die Temperatur T_a und damit $\varDelta T$ beeinflusst. Da die Eintrittstemperatur T_e näherungsweise konstant ist bzw. sich nur sehr langsam ändert, d. h. $\dot{T}_\mathrm{e} \approx 0$, können wir für Gl. (5.10) die Näherung

$$C(\varDelta T)^{\cdot} = \eta_0 SJ - qp_\mathrm{cp}\varDelta T \tag{5.11}$$

ansetzen.

Wir sind konformistisch und bezeichnen den Zustand $\varDelta T$ des Systems (5.11) mit x und seine Stellgröße q mit u. So gilt

$$\dot{x} = aJ - bxu \tag{5.12}$$

mit $a = \eta_0 SC^{-1} = 0.5831°\mathrm{C\ m^2kJ^{-1}}$ und $b = p_\mathrm{cp}C^{-1} = 0.8487 \cdot 10^{-3}\ \mathrm{l}^{-1}$. Dabei wirkt die Stärke J der Sonneneinstrahlung aus regelungstechnischer Sicht als Störgröße.

Die Ruhelagen x_R des Systems (5.10) sind durch

$$x_\mathrm{R} = \frac{aJ_\mathrm{R}}{bu_\mathrm{R}} \tag{5.13}$$

gegeben. Die Temperaturdifferenz x_R ist also proportional zur messbaren Stärke J der Sonneneinstrahlung. Im Falle einer konstanten Temperaturdifferenz $x_\mathrm{R} = 70°\mathrm{C}$ gilt mit Gl. (5.13)

$$u_\mathrm{R} = 9.82 J_\mathrm{R}.$$

Wir wollen das System (5.12), ähnlich wie in [131], mittels Gain-scheduling regeln. Zu diesem Zweck ermitteln wir zuerst die parametrierte Linearisierungsfamilie

$$\varDelta\dot{x} = \left.\frac{\partial aJ}{\partial J}\right|_{J=J_\mathrm{R}} \cdot \varDelta J - \left.\frac{\partial bxu_\mathrm{R}}{\partial x}\right|_{x=x_\mathrm{R}} \cdot \varDelta x - \left.\frac{\partial bx_\mathrm{R}u}{\partial u}\right|_{u=u_\mathrm{R}} \cdot \varDelta u, \tag{5.14}$$

des Systems, wobei die Variablen

$$\Delta J = J - J_{\mathrm{R}}, \quad \Delta x = x - x_{\mathrm{R}}, \quad \Delta u = u - u_{\mathrm{R}}$$

die Abweichungen von den Ruhelagenwerten darstellen.

Aus Gl. (5.13) und Gl. (5.14) folgt

$$\Delta \dot{x} = a\Delta J - bu_{\mathrm{R}}\Delta x - \frac{aJ_{\mathrm{R}}}{u_{\mathrm{R}}}\Delta u,$$

wobei für den Parametervektor $\boldsymbol{\rho} = [u_{\mathrm{R}}\ J_{\mathrm{R}}]^T$ gilt.

Wir wählen nun aus den möglichen Bereichen der Parameter,

$$2\ \mathrm{l\,s^{-1}} \le u_{\mathrm{R}} \le 10\ \mathrm{l\,s^{-1}} \quad \text{und} \quad 0\ \mathrm{kW\,m^{-2}} \le J_{\mathrm{R}} \le 1\ \mathrm{kW\,m^{-2}},$$

insgesamt sechs Arbeitspunkte

$$\boldsymbol{\rho}_i = \begin{bmatrix} u_{\mathrm{R}i} \\ J_{\mathrm{R}i} \end{bmatrix} \in \left\{ \begin{bmatrix} 4 \\ 0.5 \end{bmatrix}, \begin{bmatrix} 6 \\ 0.5 \end{bmatrix}, \begin{bmatrix} 8 \\ 0.5 \end{bmatrix}, \begin{bmatrix} 4 \\ 0.8 \end{bmatrix}, \begin{bmatrix} 6 \\ 0.8 \end{bmatrix}, \begin{bmatrix} 8 \\ 0.8 \end{bmatrix} \right\}$$

aus, die Bild 5.7 illustriert. Dabei liegen im Bereich oberhalb der Geraden

$$J_{\mathrm{R}} = 0.1455 u_{\mathrm{R}},$$

die sich aus Gl. (5.13) ergibt, Temperaturdifferenzen von $\Delta T > 100°\mathrm{C}$ vor. Dieser Bereich, in dem der Regelkreis nicht betrieben werden darf, ist in Bild 5.7 blau dargestellt. Die je nach Stärke J der Sonneneinstrahlung gewünschten stationären Zustände mit $x_{\mathrm{soll}} = \Delta T = 70°\mathrm{C}$ sind durch die Gerade

$$J_{\mathrm{R}} = 0.1019 u_{\mathrm{R}}$$

gegeben.

Für die linearen Teilmodelle gilt im i-ten Arbeitspunkt somit

$$\begin{aligned}
i = 1: \quad & \Delta\dot{x}_1 = 0.58 \cdot \Delta J_1 - 3.39 \cdot 10^{-3} \cdot \Delta x_1 - 73 \cdot 10^{-3} \cdot \Delta u_1, \\
i = 2: \quad & \Delta\dot{x}_2 = 0.58 \cdot \Delta J_2 - 5.09 \cdot 10^{-3} \cdot \Delta x_2 - 49 \cdot 10^{-3} \cdot \Delta u_2, \\
i = 3: \quad & \Delta\dot{x}_3 = 0.58 \cdot \Delta J_3 - 6.79 \cdot 10^{-3} \cdot \Delta x_3 - 36 \cdot 10^{-3} \cdot \Delta u_3, \\
i = 4: \quad & \Delta\dot{x}_4 = 0.58 \cdot \Delta J_4 - 3.39 \cdot 10^{-3} \cdot \Delta x_4 - 117 \cdot 10^{-3} \cdot \Delta u_4, \\
i = 5: \quad & \Delta\dot{x}_5 = 0.58 \cdot \Delta J_5 - 5.09 \cdot 10^{-3} \cdot \Delta x_5 - 78 \cdot 10^{-3} \cdot \Delta u_5, \\
i = 6: \quad & \Delta\dot{x}_6 = 0.58 \cdot \Delta J_6 - 6.79 \cdot 10^{-3} \cdot \Delta x_6 - 58 \cdot 10^{-3} \cdot \Delta u_6.
\end{aligned}$$

Wir entwerfen für jedes der Teilmodelle einen PI-Regler

$$\Delta u_i = K_i\,(x_{\mathrm{soll}} - x) + K_i\omega_i \int_0^t (x_{\mathrm{soll}} - x)\,d\tau,$$

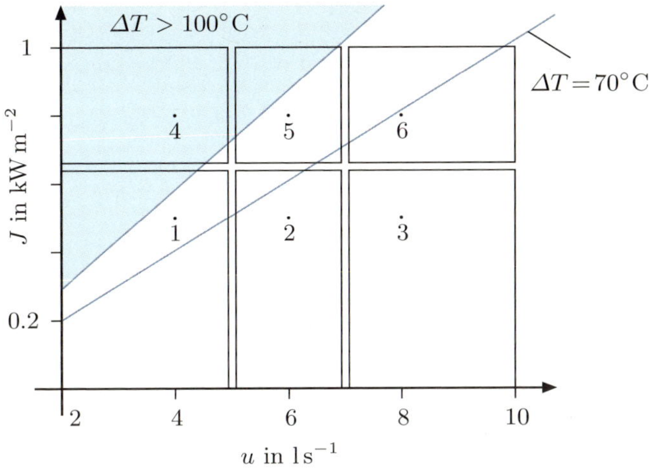

Bild 5.7: Arbeitspunkte (1, 2, 3, 4, 5 und 6) und Gültigkeitsbereiche der linearen Teilmodelle, in denen die jeweilige Gauß-Funktion eines Arbeitspunktes dominiert.

mit den jeweiligen Reglerkoeffizienten

$$\begin{aligned}
K_1 &= -1.3254, & K_4 &= -0.8284, & \omega_1 &= 0.0248, & \omega_4 &= 0.0248,\\
K_2 &= -1.9532, & K_5 &= -1.2207, & \omega_2 &= 0.0253, & \omega_5 &= 0.0253,\\
K_3 &= -2.5577, & K_6 &= -1.5985, & \omega_3 &= 0.0257, & \omega_6 &= 0.0257.
\end{aligned}$$

Die Regler sind so dimensioniert, dass die geregelten Teilmodelle immer Eigenwerte bei

$$\lambda_1 = -0.04 \quad \text{und} \quad \lambda_2 = -0.06$$

besitzen. Um die Beschränkung der Pumpenleistung zu berücksichtigen, besitzen die PI-Regler Antiwindup-Elemente.

Als Schedulingvektor $\boldsymbol{\beta} \neq \boldsymbol{\rho}$ verwenden wir

$$\boldsymbol{\beta} = \begin{bmatrix} u = \dfrac{aJ}{bx} \\ J \end{bmatrix},$$

wobei $\boldsymbol{\beta}(t \to \infty) = \boldsymbol{\rho}$ gilt. Die Stellgrößen $u_i = u_{\mathrm{R}i} + \Delta u_i$ werden über die gewichtete Mittelwertbildung (5.4) zum Gain-scheduling-Regler

$$u = \frac{\sum\limits_{i=1}^{6} e^{-||\boldsymbol{\Sigma}(\boldsymbol{\beta}-\boldsymbol{\rho}_i)||^2} u_i}{\sum\limits_{i=1}^{6} e^{-||\boldsymbol{\Sigma}(\boldsymbol{\beta}-\boldsymbol{\rho}_i)||^2}}$$

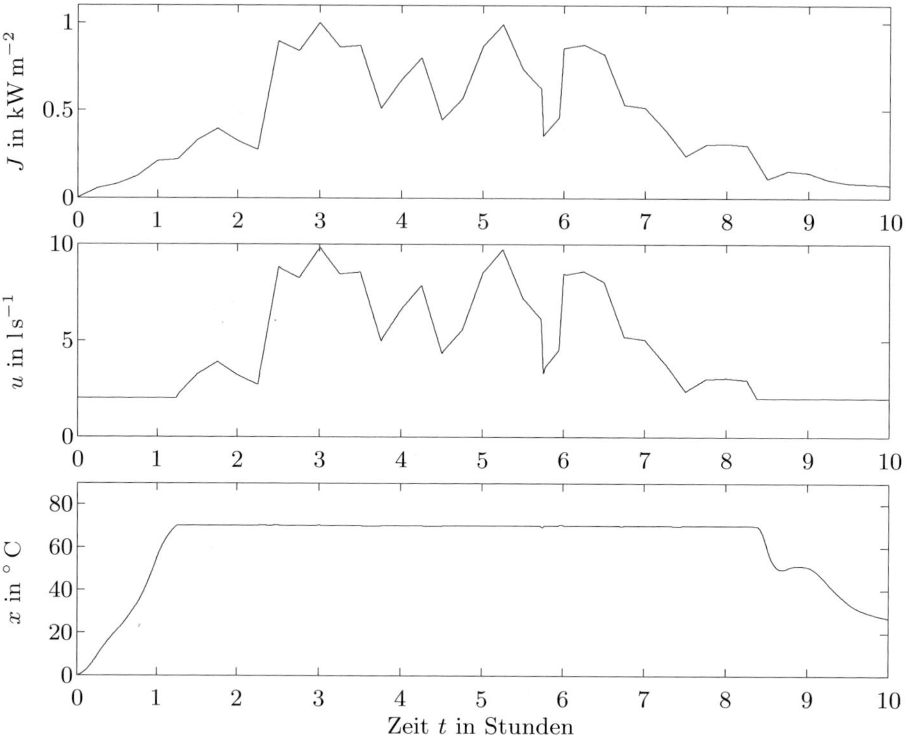

Bild 5.8: Stärke J der Sonneneinstrahlung, Volumenstrom $u = q$ der Pumpe und Temperaturdifferenz $x = \Delta T$ des Öls zwischen Eintritt und Austritt in das Kollektorfeld.

zusammengefasst. Dabei gilt

$$\boldsymbol{\Sigma} = \begin{bmatrix} 2 & 0 \\ 0 & 0.3 \end{bmatrix}.$$

Wir simulieren den Gain-scheduling-Regelkreis des Solarkraftwerkes für den in Bild 5.8 angenommenen Tagesverlauf der Sonneneinstrahlung. Die Verläufe des Pumpendurchflusses u und der Temperaturdifferenz $x = \Delta T$ zwischen Austrittstemperatur und Eintrittstemperatur des Öls sind ebenfalls in Bild 5.8 abgebildet. Wie erkennbar, werden die Beschränkungen des Pumpendurchflusses $2 \text{ l s}^{-1} \le u \le 10 \text{ l s}^{-1}$ eingehalten. Auch die Temperaturdifferenz x wird auf dem gewünschten Wert von $x = 70°\text{C}$ gehalten. Im Falle einer Sonneneinstrahlung J von weniger als 0.2 kW m^{-2} fällt die Temperaturdifferenz allerdings auf unter $70°\text{C}$, da dann die Erwärmung des Öls durch die Sonne zu gering ist, um bei einem minimal erforderlichen Ölfluss von 2 l s^{-1} eine Temperaturdifferenz von $70°\text{C}$ zu erzeugen.

5.2 Reglerentwurf mittels exakter Linearisierung

5.2.1 Grundidee und nichtlineare Regelungsnormalform

In diesem Kapitel soll ein Verfahren betrachtet werden, mit dem es direkt und nicht über den Umweg einer linearen Näherung der Regelstrecke möglich ist, Regler für nichtlineare Regelstrecken zu entwerfen. Grundgedanke hierbei ist es, einen nichtlinearen Regler so zu entwerfen, dass er die Nichtlinearität der Regelstrecke kompensiert und so insgesamt ein linearer Regelkreis entsteht.

Als Regelstrecken werden zunächst SISO-Systeme der Form

$$\begin{aligned} \dot{\boldsymbol{x}} &= \boldsymbol{a}(\boldsymbol{x}) + \boldsymbol{b}(\boldsymbol{x}) \cdot u, \\ y &= c(\boldsymbol{x}) \end{aligned} \tag{5.15}$$

betrachtet, also Systeme, die nichtlinear in $\boldsymbol{x}$, aber linear in u sind. Daher bezeichnet man sie auch, wie erwähnt, als *eingangslineare Systeme* oder *eingangsaffine Systeme*. Die Annahme einer linear wirkenden Stellgröße u ist keine große Einschränkung, denn viele technische Systeme sind linear in der Stellgröße u. Die Systemordnung ist $n = \dim(\boldsymbol{x})$. Wir beschränken uns vorerst nur deshalb auf SISO-Systeme, um die Grundidee des Verfahrens möglichst gut verständlich herauszuarbeiten. Später betrachten wir auch MIMO-Systeme.

Liegt nun die Regelstrecke in einer speziellen Form von Gl. (5.15) vor, nämlich der *nichtlinearen Regelungsnormalform*

$$\begin{aligned} \begin{bmatrix} \dot{x}_1 \\ \vdots \\ \dot{x}_{n-1} \\ \dot{x}_n \end{bmatrix} &= \begin{bmatrix} x_2 \\ \vdots \\ x_n \\ \alpha(\boldsymbol{x}) \end{bmatrix} + \begin{bmatrix} 0 \\ \vdots \\ 0 \\ \beta(\boldsymbol{x}) \end{bmatrix} u, \\ y &= x_1, \end{aligned} \tag{5.16}$$

so ist das oben formulierte Entwurfsziel eines insgesamt linearen Regelkreises leicht zu erreichen. Man wählt als Regelgesetz

$$u = -\frac{\alpha(\boldsymbol{x}) + \sum\limits_{i=1}^{n} a_{i-1} x_i}{\beta(\boldsymbol{x})} + \frac{V}{\beta(\boldsymbol{x})} w \tag{5.17}$$

mit der Führungsgröße w sowie den von uns frei wählbaren Koeffizienten a_{i-1}, $i = 1, \ldots, n$, sowie V und erhält für den geschlossenen Regelkreis

$$\begin{aligned} \dot{\boldsymbol{x}} &= \begin{bmatrix} 0 & 1 & 0 & \cdots & 0 \\ 0 & 0 & 1 & \cdots & 0 \\ \vdots & \vdots & \vdots & \ddots & \vdots \\ 0 & 0 & 0 & \cdots & 1 \\ -a_0 & -a_1 & -a_2 & \cdots & -a_{n-1} \end{bmatrix} \boldsymbol{x} + \begin{bmatrix} 0 \\ 0 \\ \vdots \\ 0 \\ V \end{bmatrix} w, \\ y &= x_1, \end{aligned}$$

d. h. ein lineares System in Regelungsnormalform[1]. Seine Eigenwerte sind über die Koeffizienten a_i beliebig vorgebbar. Bei alldem gehen wir davon aus, dass $\beta(\boldsymbol{x}) \neq 0$ gilt. Dies ist in der Regel der Fall, da sonst die Regelstrecke (5.16) nicht steuerbar wäre und die Stellgröße (5.17) unendlich groß wäre.

Natürlich werden nur wenige reale Systeme in nichtlinearer Regelungsnormalform (5.16) vorliegen. Wenn es uns aber gelingt, ein System (5.15) in diese eineindeutig zu transformieren, dann können wir obiges Regelgesetz zum Einsatz bringen und erhalten einen linearen Regelkreis. Genau das ist die Grundidee der exakten Linearisierung.

Wir suchen nun die eineindeutige Zustandskoordinatentransformation, die das System (5.15) in die nichtlineare Regelungsnormalform transformiert. Zu diesem Zweck verwenden wir die Lie-Derivierte oder Lie-Ableitung, die als Gradient einer skalaren Funktion $h(\boldsymbol{x})$ multipliziert mit einem Vektorfeld $\boldsymbol{f}(\boldsymbol{x})$ definiert ist, d. h. als

$$L_{\boldsymbol{f}} h(\boldsymbol{x}) = \frac{\partial h(\boldsymbol{x})}{\partial \boldsymbol{x}} \boldsymbol{f}(\boldsymbol{x}) = \operatorname{grad}^T h(\boldsymbol{x}) \cdot \boldsymbol{f}(\boldsymbol{x}).$$

Im vorliegenden Fall gilt z. B.

$$L_{\boldsymbol{a}} c(\boldsymbol{x}) = \frac{\partial c(\boldsymbol{x})}{\partial \boldsymbol{x}} \boldsymbol{a}(\boldsymbol{x}),$$

wenn man die Lie-Derivierte auf die Ausgangsfunktion c anwendet.

Man bildet nun die zeitliche Ableitung der Ausgangsgröße y und erhält

$$\dot{y} = \frac{dc(\boldsymbol{x})}{dt} = \frac{\partial c(\boldsymbol{x})}{\partial x_1} \dot{x}_1 + \ldots + \frac{\partial c(\boldsymbol{x})}{\partial x_n} \dot{x}_n = \frac{\partial c(\boldsymbol{x})}{\partial \boldsymbol{x}} \dot{\boldsymbol{x}}.$$

Ersetzt man darin

$$\dot{\boldsymbol{x}} = \boldsymbol{a}(\boldsymbol{x}) + \boldsymbol{b}(\boldsymbol{x}) \cdot u,$$

so ergibt sich

$$\dot{y} = \frac{\partial c(\boldsymbol{x})}{\partial \boldsymbol{x}} \boldsymbol{a}(\boldsymbol{x}) + \frac{\partial c(\boldsymbol{x})}{\partial \boldsymbol{x}} \boldsymbol{b}(\boldsymbol{x}) \cdot u$$

oder mittels der Lie-Derivierten die Gleichung

$$\dot{y} = L_{\boldsymbol{a}} c(\boldsymbol{x}) + L_{\boldsymbol{b}} c(\boldsymbol{x}) \cdot u.$$

Bei den meisten technischen Systemen ist in der letzten Gleichung

$$L_{\boldsymbol{b}} c(\boldsymbol{x}) = \frac{\partial c(\boldsymbol{x})}{\partial \boldsymbol{x}} \boldsymbol{b}(\boldsymbol{x}) = 0, \tag{5.18}$$

[1] Aus dem einfachen Entwurf eines Reglers für den Fall, dass die Regelstrecke in *nichtlinearer Regelungsnormalform* vorliegt, resultiert auch der Namensteil *Regelungsnormalform*. Auch bei linearen Systemen resultiert der Name *Regelungsnormalform* ja aus der Tatsache, dass für diese Form ein linearer Zustandsregler besonders einfach mittels Polplatzierung entworfen werden kann.

so dass

$$\dot{y} = L_{\boldsymbol{a}} c(\boldsymbol{x})$$

gilt. Systeme, bei denen dies nicht gilt, behandeln wir später.

Ein Beispiel für Gl. (5.18) liefern lineare Systeme in Regelungsnormalform

$$\dot{\boldsymbol{x}} = \boldsymbol{A}\boldsymbol{x} + \boldsymbol{b}u = \begin{bmatrix} 0 & 1 & 0 & \cdots & 0 \\ 0 & 0 & 1 & \cdots & 0 \\ \vdots & \vdots & \vdots & & \vdots \\ 0 & 0 & 0 & \cdots & 1 \\ -a_0 & -a_1 & -a_2 & \cdots & -a_{n-1} \end{bmatrix} \boldsymbol{x} + \begin{bmatrix} 0 \\ 0 \\ \vdots \\ 0 \\ 1 \end{bmatrix} u,$$

$$y = \boldsymbol{c}^T \boldsymbol{x} = \begin{bmatrix} b_0 \; b_1 \cdots b_m \; 0 \cdots 0 \end{bmatrix} \boldsymbol{x}$$

mit $m < n-1$. Bei diesen Systemen gilt offensichtlich

$$L_{\boldsymbol{b}} c(\boldsymbol{x}) = \frac{\partial \boldsymbol{c}^T \boldsymbol{x}}{\partial \boldsymbol{x}} \boldsymbol{b}(\boldsymbol{x}) = \boldsymbol{c}^T \boldsymbol{b} = 0.$$

Es soll jetzt $\ddot{y}$ ermittelt werden. Man erhält ausgehend von $\dot{y} = L_a c(\boldsymbol{x})$ die Beziehung

$$\ddot{y} = \frac{dL_{\boldsymbol{a}} c(\boldsymbol{x})}{dt} = \frac{\partial L_{\boldsymbol{a}} c(\boldsymbol{x})}{\partial \boldsymbol{x}} \dot{\boldsymbol{x}} = \underbrace{\frac{\partial L_{\boldsymbol{a}} c(\boldsymbol{x})}{\partial \boldsymbol{x}} \boldsymbol{a}(\boldsymbol{x})}_{L_{\boldsymbol{a}} L_{\boldsymbol{a}} c(\boldsymbol{x})} + \underbrace{\frac{\partial L_{\boldsymbol{a}} c(\boldsymbol{x})}{\partial \boldsymbol{x}} \boldsymbol{b}(\boldsymbol{x})}_{L_{\boldsymbol{b}} L_{\boldsymbol{a}} c(\boldsymbol{x})} \cdot u.$$

Für den ersten Term in der letzten Gleichung schreibt man abkürzend

$$L_{\boldsymbol{a}} L_{\boldsymbol{a}} c(\boldsymbol{x}) = L_{\boldsymbol{a}}^2 c(\boldsymbol{x}),$$

da die Lie-Derivierte $L_{\boldsymbol{a}}$ zweimal hintereinander angewandt wird. Für den zweiten Term gilt oftmals wieder

$$L_{\boldsymbol{b}} L_{\boldsymbol{a}}(\boldsymbol{x}) = \frac{\partial L_{\boldsymbol{a}} c(\boldsymbol{x})}{\partial \boldsymbol{x}} \boldsymbol{b}(\boldsymbol{x}) = 0.$$

Man erhält dann

$$\ddot{y} = L_{\boldsymbol{a}}^2 c(\boldsymbol{x}).$$

Bildet man auch die höheren Ableitungen, so ergibt sich schließlich folgendes Ergebnis:

$$\begin{aligned} y &= c(\boldsymbol{x}), \\ \dot{y} &= L_{\boldsymbol{a}} c(\boldsymbol{x}), \\ \ddot{y} &= L_{\boldsymbol{a}}^2 c(\boldsymbol{x}), \\ &\vdots \\ y^{(\delta-1)} &= L_{\boldsymbol{a}}^{\delta-1} c(\boldsymbol{x}), \\ y^{(\delta)} &= L_{\boldsymbol{a}}^{\delta} c(\boldsymbol{x}) + L_{\boldsymbol{b}} L_{\boldsymbol{a}}^{\delta-1} c(\boldsymbol{x}) \cdot u. \end{aligned} \tag{5.19}$$

Dabei gilt

$$L_{\boldsymbol{b}} L_{\boldsymbol{a}}^{i} c(\boldsymbol{x}) = \frac{\partial L_{\boldsymbol{a}}^{i} c(\boldsymbol{x})}{\partial \boldsymbol{x}} \boldsymbol{b}(\boldsymbol{x}) = 0$$

für alle Indizes

$$i = 0, \dots, \delta - 2.$$

Erst für den Index $i = \delta - 1$ wird $L_{\boldsymbol{b}} L_{\boldsymbol{a}}^{\delta-1} c(\boldsymbol{x})$ ungleich null. Man bezeichnet δ als *Differenzordnung* oder auch als *relativen Grad* des Systems. Der relative Grad gibt den Grad der Ableitung der Ausgangsgröße y an, bei dem die δ-mal abgeleitete Ausgangsgröße erstmals direkt von der Stellgröße u abhängt. Bei linearen Systemen entspricht der relative Grad der Differenz $\delta = n - m$ zwischen Nennergrad n und Zählergrad m der Übertragungsfunktion. Für $\delta = n$ besitzt das Zählerpolynom dann also die Ordnung null, d. h., der Zähler ist eine Konstante.

Wir betrachten zuerst den Fall

$$\delta = n,$$

also den Fall, bei dem die Systemordnung $n = \dim(\boldsymbol{x})$ dem relativen Grad δ entspricht. Dann lassen sich die folgenden neuen Zustandskoordinaten

$$\boldsymbol{z} = \begin{bmatrix} z_1 \\ z_2 \\ z_3 \\ \vdots \\ z_n \end{bmatrix} = \begin{bmatrix} y \\ \dot{y} \\ \ddot{y} \\ \vdots \\ y^{(n-1)} \end{bmatrix} = \begin{bmatrix} c(\boldsymbol{x}) \\ L_{\boldsymbol{a}} c(\boldsymbol{x}) \\ L_{\boldsymbol{a}}^2 c(\boldsymbol{x}) \\ \vdots \\ L_{\boldsymbol{a}}^{n-1} c(\boldsymbol{x}) \end{bmatrix} = \boldsymbol{t}(\boldsymbol{x}) \tag{5.20}$$

einführen. Ist dabei $\boldsymbol{t}(\boldsymbol{x})$ stetig differenzierbar und existiert die Umkehrfunktion $\boldsymbol{t}^{-1}$, d. h., gilt

$$\boldsymbol{t}^{-1}(\boldsymbol{t}(\boldsymbol{x})) = \boldsymbol{x},$$

und ist $\boldsymbol{t}^{-1}$ ebenfalls stetig differenzierbar, so nennt man

$$\boldsymbol{t} : \mathbb{R}^n \to \mathbb{R}^n,$$

wie schon in Abschnitt 3.3.1 beschrieben, einen *Diffeomorphismus*. Er bildet die gesuchte Koordinatentransformation und transformiert das System

$$\begin{aligned} \dot{\boldsymbol{x}} &= \boldsymbol{a}(\boldsymbol{x}) + \boldsymbol{b}(\boldsymbol{x}) \cdot u, \\ y &= c(\boldsymbol{x}) \end{aligned}$$

durch die Differenziation der Transformationsgleichung (5.20), also

$$\dot{\boldsymbol{z}} = \dot{\boldsymbol{t}}(\boldsymbol{x}) = \frac{\partial \boldsymbol{t}(\boldsymbol{x})}{\partial \boldsymbol{x}} \dot{\boldsymbol{x}} = \begin{bmatrix} L_{\boldsymbol{a}} c(\boldsymbol{x}) \\ L_{\boldsymbol{a}}^2 c(\boldsymbol{x}) \\ \vdots \\ L_{\boldsymbol{a}}^{n-1} c(\boldsymbol{x}) \\ L_{\boldsymbol{a}}^n c(\boldsymbol{x}) + L_{\boldsymbol{b}} L_{\boldsymbol{a}}^{n-1} c(\boldsymbol{x}) \cdot u \end{bmatrix},$$

eineindeutig in die nichtlineare Regelungsnormalform

$$\begin{bmatrix} \dot{z}_1 \\ \vdots \\ \dot{z}_{n-1} \\ \dot{z}_n \end{bmatrix} = \begin{bmatrix} z_2 \\ \vdots \\ z_n \\ L_{\boldsymbol{a}}^n c(\boldsymbol{x}) \end{bmatrix} + \begin{bmatrix} 0 \\ \vdots \\ 0 \\ L_{\boldsymbol{b}} L_{\boldsymbol{a}}^{n-1} c(\boldsymbol{x}) \end{bmatrix} u, \qquad (5.21)$$
$$y = z_1.$$

Wir haben somit unser Ziel erreicht und können nun das System in der nichtlinearen Regelungsnormalform für den Reglerentwurf verwenden.

5.2.2 Nichtlinearer Regler und linearer Regelkreis

Für die Regelstrecke (5.21) kennen wir das Regelgesetz, welches zu einem linearen Regelkreis führt, schon aus Gl. (5.17). Wir schreiben es mit den Termen $\alpha(\boldsymbol{x}) = L_{\boldsymbol{a}}^n c(\boldsymbol{x})$ und $\beta(\boldsymbol{x}) = L_{\boldsymbol{b}} L_{\boldsymbol{a}}^{n-1} c(\boldsymbol{x})$ in der Form

$$u(\boldsymbol{x}, w) = -r(\boldsymbol{x}) + v(\boldsymbol{x}) \cdot w \qquad (5.22)$$

mit

$$r(\boldsymbol{x}) = \frac{L_{\boldsymbol{a}}^n c(\boldsymbol{x}) + \boldsymbol{k}^T \boldsymbol{z}}{L_{\boldsymbol{b}} L_{\boldsymbol{a}}^{n-1} c(\boldsymbol{x})}, \quad \boldsymbol{k}^T = [a_0 \;\; a_1 \;\; \cdots \;\; a_{n-1}], \qquad (5.23)$$

als Regler und

$$v(\boldsymbol{x}) = \frac{V}{L_{\boldsymbol{b}} L_{\boldsymbol{a}}^{n-1} c(\boldsymbol{x})}$$

als Vorfilter. Bild 5.9 zeigt das zugehörige Strukturbild. Die Größe w fungiert dabei als Führungsgröße des Regelkreises. Offensichtlich muss die Ungleichung $L_{\boldsymbol{b}} L_{\boldsymbol{a}}^{n-1} c(\boldsymbol{x}) \neq 0$ für alle Zustände $\boldsymbol{x}$ gelten, für welche die Regelung ausgeführt werden soll. Wäre $L_{\boldsymbol{b}} L_{\boldsymbol{a}}^{n-1} \boldsymbol{c}(\boldsymbol{x}) = 0$, so hätte gemäß Gl. (5.21) die Stellgröße keine Wirkung auf die Regelstrecke. Gl. (5.22) entspricht dem speziellen Regelgesetz (5.17) aus unserer anfänglichen Überlegung für den Fall, dass die Regelstrecke von vornherein in nichtlinearer Regelungsnormalform vorliegt.

Wir können das Regelgesetz

$$u = -\frac{L_{\boldsymbol{a}}^n c(\boldsymbol{x}) + \boldsymbol{k}^T \boldsymbol{z}}{L_{\boldsymbol{b}} L_{\boldsymbol{a}}^{n-1} c(\boldsymbol{x})} + \frac{V}{L_{\boldsymbol{b}} L_{\boldsymbol{a}}^{n-1} c(\boldsymbol{x})} w \qquad (5.24)$$

übrigens auch als eine zustandsabhängige Eingangsgrößentransformation interpretieren, wenn wir die Eingangsgröße u durch eine neue Eingangsgröße w ersetzen.

Eingesetzt in die nichtlineare Regelungsnormalform (5.21) ergibt das Regelgesetz (5.22) einen linearen Regelkreis in Regelungsnormalform

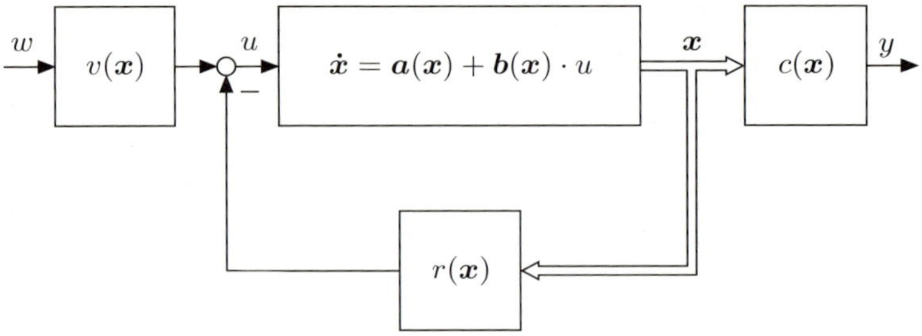

Bild 5.9: Strukturbild des Regelkreises mit insgesamt linearer Dynamik.

$$\begin{bmatrix} \dot{z}_1 \\ \dot{z}_2 \\ \vdots \\ \dot{z}_{n-1} \\ \dot{z}_n \end{bmatrix} = \begin{bmatrix} 0 & 1 & 0 & \cdots & 0 \\ 0 & 0 & 1 & \cdots & 0 \\ \vdots & \vdots & \vdots & & \vdots \\ 0 & 0 & 0 & \cdots & 1 \\ -a_0 & -a_1 & -a_2 & \cdots & -a_{n-1} \end{bmatrix} \begin{bmatrix} z_1 \\ z_2 \\ \vdots \\ z_{n-1} \\ z_n \end{bmatrix} + \begin{bmatrix} 0 \\ 0 \\ \vdots \\ 0 \\ V \end{bmatrix} w, \tag{5.25}$$

$$y = z_1.$$

In der Wahl der Koeffizienten a_i im Vektor $\boldsymbol{k}$ sind wir frei, so dass wir dem transformierten System jede gewünschte Eigenwertkonfiguration und damit jede lineare Dynamik einprägen können. Auch der Wert V ist frei wählbar. In der Praxis begrenzt allerdings die Beschränkung der Stellgröße, $|u| \leq u_{\max}$, die freie Wahl der Parameter a_i und V.

Mittels der Transformationen (5.20) und (5.24) ist es uns gelungen, die nichtlineare Systemdarstellung in eine lineare zu überführen. Für die Differenzialgleichung der Ausgangsgröße y ergibt sich dabei aus Gl. (5.25)

$$y^{(n)} + a_{n-1}y^{(n-1)} + \ldots + a_1\dot{y} + a_0 y = V \cdot w. \tag{5.26}$$

Aus dem linearen Verhalten zwischen Eingangsgröße w und Ausgangsgröße y leitet sich auch der Name *exakte Eingangs-/Ausgangslinearisierung*, kurz *exakte Linearisierung* ab.

Um das Regelgesetz (5.24) unabhängig von $\boldsymbol{z}$ zu machen, setzt man noch

$$\boldsymbol{z} = \boldsymbol{t}(\boldsymbol{x}) = \begin{bmatrix} c(\boldsymbol{x}) \\ L_{\boldsymbol{a}}c(\boldsymbol{x}) \\ \vdots \\ L_{\boldsymbol{a}}^{n-1}c(\boldsymbol{x}) \end{bmatrix}$$

in Gl. (5.24) ein und erhält so die *nichtlineare Ackermann-Formel*

$$u = -\frac{L_{\boldsymbol{a}}^n c(\boldsymbol{x}) + a_{n-1}L_{\boldsymbol{a}}^{n-1}c(\boldsymbol{x}) + \ldots + a_1 L_{\boldsymbol{a}}c(\boldsymbol{x}) + a_0 c(\boldsymbol{x})}{L_{\boldsymbol{b}}L_{\boldsymbol{a}}^{n-1}c(\boldsymbol{x})} + \frac{V}{L_{\boldsymbol{b}}L_{\boldsymbol{a}}^{n-1}c(\boldsymbol{x})}w$$

als Regelgesetz, das nur noch vom Originalzustand $\boldsymbol{x}$ abhängt.

Wir fassen alle Ergebnisse in folgendem Satz zusammen.

Satz 52 (Exakte Linearisierung bei maximalem relativen Grad). *Betrachtet wird die Regelstrecke*

$$\begin{aligned}\dot{\boldsymbol{x}} &= \boldsymbol{a}(\boldsymbol{x}) + \boldsymbol{b}(\boldsymbol{x}) \cdot u,\\ y &= c(\boldsymbol{x}),\end{aligned}$$

mit dem relativen Grad $\delta = n$ und das Regelgesetz

$$u = -r(\boldsymbol{x}) + v(\boldsymbol{x}) \cdot w.$$

Hat dann der Regler die Form

$$r(\boldsymbol{x}) = \frac{L_{\boldsymbol{a}}^n c(\boldsymbol{x}) + a_{n-1} L_{\boldsymbol{a}}^{n-1} c(\boldsymbol{x}) + \ldots + a_1 L_{\boldsymbol{a}} c(\boldsymbol{x}) + a_0 c(\boldsymbol{x})}{L_{\boldsymbol{b}} L_{\boldsymbol{a}}^{n-1} c(\boldsymbol{x})}$$

und ist das Vorfilter durch

$$v(\boldsymbol{x}) = \frac{V}{L_{\boldsymbol{b}} L_{\boldsymbol{a}}^{n-1} c(\boldsymbol{x})}, \qquad V \in I\!R,$$

mit

$$L_{\boldsymbol{b}} L_{\boldsymbol{a}}^{n-1} c(\boldsymbol{x}) \neq 0$$

gegeben, so besitzt der Regelkreis das lineare Übertragungsverhalten

$$y^{(n)} + a_{n-1} y^{(n-1)} + \ldots + a_1 \dot{y} + a_0 y = V \cdot w.$$

Wir bezeichnen das Vorgehen in Satz 52 als *exakte Linearisierung bei maximalem relativen Grad*, da es auf den höchsten möglichen Wert $\delta = n$ zugeschnitten ist. Den Fall $\delta < n$ behandeln wir in Abschnitt 5.2.4.

Damit die exakte Linearisierung durchführbar ist, muss die Bedingung

$$L_{\boldsymbol{b}} L_{\boldsymbol{a}}^{n-1} c(\boldsymbol{x}) \neq 0$$

für alle $\boldsymbol{x} \in I\!R^n$ gelten. In diesem Fall nennen wir den relativen Grad *wohldefiniert*. Im gegenteiligen Fall heißt er *nicht wohldefiniert* und die exakte Linearisierung ist nicht für alle $\boldsymbol{x}$ möglich.

Abschließend sei angemerkt, dass ein eingangslineares System mit relativem Grad $\delta = n$ immer steuerbar ist (solange $\beta(\boldsymbol{x}) = L_{\boldsymbol{b}} L_{\boldsymbol{a}}^{n-1} c(\boldsymbol{x}) \neq 0$ gilt), da es eineindeutig in die nichtlineare Regelungsnormalform (5.21) transformiert werden kann. Deren Steuerbarkeit hatten wir bereits in Satz 39, S. 167, festgestellt. Bei steuer- und beobachtbaren Regelstrecken gilt des Weiteren $\delta \leq n$, bei nicht steuerbaren und nicht beobachtbaren kann $L_{\boldsymbol{b}} L_{\boldsymbol{a}}^{n-1} c(\boldsymbol{x}) = 0$ und damit $\delta = \infty$ vorkommen, da dann eventuell u nicht auf y einwirkt. Man nennt δ nur dann relativen Grad, wenn $\delta \leq n$ gilt.

Literatur zur Thematik findet sich auch in [129, 146, 261, 307, 320].

5.2.3 Beispiel Magnetlager

Wir betrachten ein aktives Magnetlager [200, 302], wie es in elektrischen Generatoren und Motoren, Pumpen und Turbinen eingesetzt wird. Es ermöglicht eine reibungsfreie Lagerung der Maschinenwelle und so die Einsparung von Energie. Das Funktionsschema eines Magnetlagers mit einem Freiheitsgrad zeigt Bild 5.10. Die beiden Elektromagneten halten die Welle in der Position $h = 0$.

Die von den Strömen i_1 und i_2 verursachten magnetischen Flüsse Φ_1 und Φ_2 bewirken dabei die Kräfte F_1 und F_2, welche auf die Welle wirken. Diese Kräfte werden so eingestellt, dass die Lagerung berührungslos erfolgt. Dabei kann man, um elektrische Energie einzusparen, die Elektromagneten wechselseitig ein- bzw. ausschalten. Diese Betriebsart bezeichnet man als Zero-bias-Betrieb oder Low-bias-Betrieb.

Die auf die Welle wirkenden Kräfte

$$F_i = \frac{1}{\mu_0 A}\Phi_i^2, \qquad i = 1, 2, \tag{5.27}$$

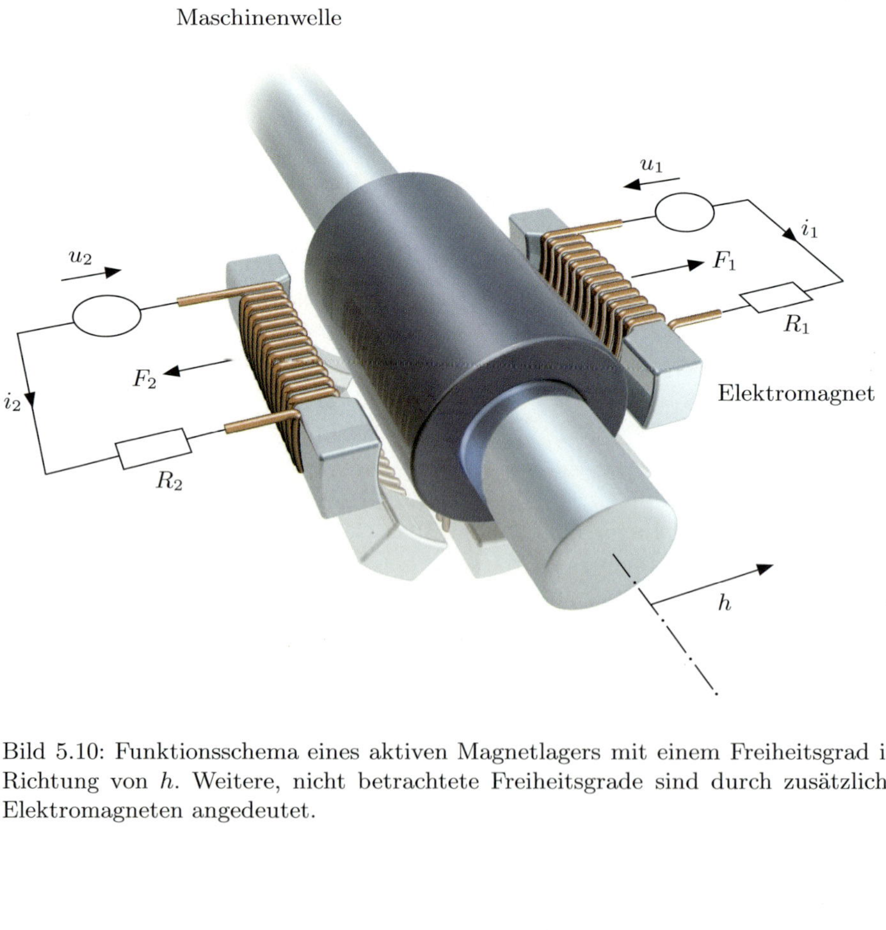

Bild 5.10: Funktionsschema eines aktiven Magnetlagers mit einem Freiheitsgrad in Richtung von h. Weitere, nicht betrachtete Freiheitsgrade sind durch zusätzliche Elektromagneten angedeutet.

hängen variabel vom magnetischen Fluss Φ_i des jeweiligen Elektromagneten i ab. Dabei ist μ_0 die magnetische Feldkonstante und A die Fläche eines Pols der Elektromagneten. Für den magnetischen Fluss gilt des Weiteren

$$\Phi_i = \Phi_0 + \phi_i, \qquad i = 1,2, \tag{5.28}$$

wobei $\Phi_0 \ll \phi_i$ ist. Der Flussanteil Φ_0 ist konstant, d. h., er bildet einen Gleichanteil, den Bias. Die Flussanteile ϕ_i enthalten die zeitlich veränderlichen Komponenten. Für den Zusammenhang zwischen der Spannung u_i des Elektromagneten i und dem Fluss Φ_i gilt

$$\dot{\Phi}_i = \dot{\phi}_i = \frac{u_i}{N}, \qquad i = 1,2. \tag{5.29}$$

Dabei ist u_i die am i-ten Elektromagnet anliegende Spannung und N die Anzahl der Windungen des Elektromagneten. Man definiert nun

$$\phi = \phi_1 - \phi_2 \tag{5.30}$$

und schaltet die Spannungen der beiden Elektromagneten gemäß

$$u_1 = \begin{cases} v & \text{für } \phi < 0, \\ 0 & \text{für } \phi \geq 0 \end{cases} \tag{5.31}$$

und

$$u_2 = \begin{cases} 0 & \text{für } \phi < 0, \\ -v & \text{für } \phi \geq 0 \end{cases} \tag{5.32}$$

ein und aus. Die Spannung v ist variabel und bildet die Stellgröße $u = \dot{\phi} = v/N$ des noch zu entwerfenden Reglers.

Die auf die Welle wirkende Gesamtkraft ist mit Verwendung von Gl. (5.27) durch

$$F_g = F_1 - F_2 = \frac{1}{\mu_0 A}(\Phi_1^2 - \Phi_2^2)$$

gegeben. Für die in obiger Gleichung auftretende Differenz $\Phi_1^2 - \Phi_2^2$ ergibt sich aus den Gleichungen (5.28), (5.29) und (5.30) unter Berücksichtigung der Schaltstrategien (5.31) und (5.32) nach einer Zwischenrechnung [302] die Beziehung

$$\Phi_1^2 - \Phi_2^2 = 2\bar{\Phi}_0\phi + \phi|\phi|$$

mit $\bar{\Phi}_0 = \Phi_0 + \min\{\phi_1(0), \phi_2(0)\}$.

Somit erhält man für die Beschleunigung $\ddot{h}$ der Welle mit der Masse m die Beziehung

$$\ddot{h} = \frac{1}{\mu_0 A m}(2\bar{\Phi}_0 \phi + \phi|\phi|). \tag{5.33}$$

Definiert man als Zustandsvariablen des Systems $x_1 = h$, $x_2 = \dot{h}$ und $x_3 = \phi$ sowie als Stellgröße, wie erwähnt, die Spannung $u = v/N$, so ergibt sich mit $\boldsymbol{x} = [x_1 \;\; x_2 \;\; x_3]^T$ und Gl. (5.33) sowie $\dot{\phi} = u$ als eingangslineares Zustandsraummodell

$$\dot{\boldsymbol{x}} = \underbrace{\begin{bmatrix} x_2 \\ \alpha_1 x_3 + \alpha_2 x_3 |x_3| \\ 0 \end{bmatrix}}_{\boldsymbol{a}(\boldsymbol{x})} + \underbrace{\begin{bmatrix} 0 \\ 0 \\ 1 \end{bmatrix}}_{\boldsymbol{b}(\boldsymbol{x})} u.$$

Für die Parameter gilt

$$\alpha_1 = 2\bar{\Phi}_0/(\mu_0 A m) \;\; \text{und} \;\; \alpha_2 = 1/(\mu_0 A m).$$

Als Ausgangsgröße y des Magnetlagers ist die Auslenkung h, also

$$y = c(\boldsymbol{x}) = x_1,$$

zu betrachten.

Wir entwerfen nun einen Regler mittels exakter Linearisierung gemäß Satz 52. Dabei berücksichtigen wir, dass die Funktion $f(x) = x|x|$ differenzierbar ist und die Ableitung $f'(x) = 2|x|$ besitzt. Wir gehen in den folgenden Schritten vor:

Schritt 1: Die Lie-Derivierten $L_{\boldsymbol{a}}^i c(\boldsymbol{x})$ lauten

$$\begin{aligned}
i = 0: &\quad L_{\boldsymbol{a}}^0 c(\boldsymbol{x}) = c(\boldsymbol{x}) = x_1, \\
i = 1: &\quad L_{\boldsymbol{a}} c(\boldsymbol{x}) = \frac{\partial c(\boldsymbol{x})}{\partial \boldsymbol{x}} \boldsymbol{a}(\boldsymbol{x}) = x_2, \\
i = 2: &\quad L_{\boldsymbol{a}}^2 c(\boldsymbol{x}) = \frac{\partial L_{\boldsymbol{a}} c(\boldsymbol{x})}{\partial \boldsymbol{x}} \boldsymbol{a}(\boldsymbol{x}) = \alpha_1 x_3 + \alpha_2 x_3 |x_3|, \\
i = 3: &\quad L_{\boldsymbol{a}}^3 c(\boldsymbol{x}) = \frac{\partial L_{\boldsymbol{a}}^2 c(\boldsymbol{x})}{\partial \boldsymbol{x}} \boldsymbol{a}(\boldsymbol{x}) = 0.
\end{aligned}$$

Schritt 2: Mit den Ergebnissen aus Schritt 1 ermitteln wir die Terme

$$\begin{aligned}
i = 0: &\quad L_{\boldsymbol{b}} c(\boldsymbol{x}) = \frac{\partial x_1}{\partial \boldsymbol{x}} \boldsymbol{b}(\boldsymbol{x}) = 0, \\
i = 1: &\quad L_{\boldsymbol{b}} L_{\boldsymbol{a}} c(\boldsymbol{x}) = \frac{\partial x_2}{\partial \boldsymbol{x}} \boldsymbol{b}(\boldsymbol{x}) = 0, \\
i = 2: &\quad L_{\boldsymbol{b}} L_{\boldsymbol{a}}^2 c(\boldsymbol{x}) = \frac{\partial(\alpha_1 x_3 + \alpha_2 x_3 |x_3|)}{\partial \boldsymbol{x}} \boldsymbol{b}(\boldsymbol{x}) = \alpha_1 + 2\alpha_2 |x_3|.
\end{aligned}$$

Also ist für $i = 2$ der Term $L_{\boldsymbol{b}} L_{\boldsymbol{a}}^i c(\boldsymbol{x})$ ungleich null und $\delta = 3 = n$.

Schritt 3: Es gilt $L_{\boldsymbol{b}} L_{\boldsymbol{a}}^2 c(\boldsymbol{x}) = \alpha_1 + 2\alpha_2 |x_3| \neq 0$ für alle $\boldsymbol{x} \in I\!R^3$, da $\alpha_1 > 0$, $\alpha_2 > 0$ und $|x_3| \geq 0$ ist.

Schritt 4: Da der relative Grad hier $\delta = 3$ ist, hat die Übertragungsfunktion $G(s)$ des Regelkreises ebenfalls die Ordnung drei, man erhält daher

$$G(s) = \frac{V}{s^3 + a_2 s^2 + a_1 s + a_0}.$$

Man wählt drei reelle Pole $s_1 = s_2 = s_3 = -\lambda$ mit $\lambda > 0$ und erhält mit $V = \lambda^3$ die Übertragungsfunktion

$$G(s) = \frac{\lambda^3}{s^3 + 3\lambda s^2 + 3\lambda^2 s + \lambda^3}.$$

Schritt 5: Für den Regler gilt mit den Ergebnissen der Schritte 1, 2 und 4:

$$\begin{aligned} r(\boldsymbol{x}) &= \frac{L_{\boldsymbol{a}}^3 c(\boldsymbol{x}) + a_2 L_{\boldsymbol{a}}^2 c(\boldsymbol{x}) + a_1 L_{\boldsymbol{a}} c(\boldsymbol{x}) + a_0 c(\boldsymbol{x})}{L_{\boldsymbol{b}} L_{\boldsymbol{a}}^2 c(\boldsymbol{x})} \\ &= \frac{3\lambda(\alpha_1 x_3 + \alpha_2 x_3 |x_3|) + 3\lambda^2 x_2 + \lambda^3 x_1}{\alpha_1 + 2\alpha_2 |x_3|}. \end{aligned}$$

Schritt 6: Für das Vorfilter erhält man

$$v(x) = \frac{V}{L_{\boldsymbol{b}} L_{\boldsymbol{a}}^2 c(\boldsymbol{x})} = \frac{\lambda^3}{\alpha_1 + 2\alpha_2 |x_3|}.$$

Der so ermittelte Regelkreis ist in Bild 5.11 dargestellt. Mittels des noch nicht spezifizierten dreifachen Pols bei λ kann die Dynamik des Regelkreises und insbesondere die Stellgrößenamplitude bzw. die benötigte Stellenergie beeinflusst werden. So ist es möglich, die Stellgröße u innerhalb vorgeschriebener Grenzen, z. B. $-1 \leq u \leq 1$, zu halten [141, 194, 227].

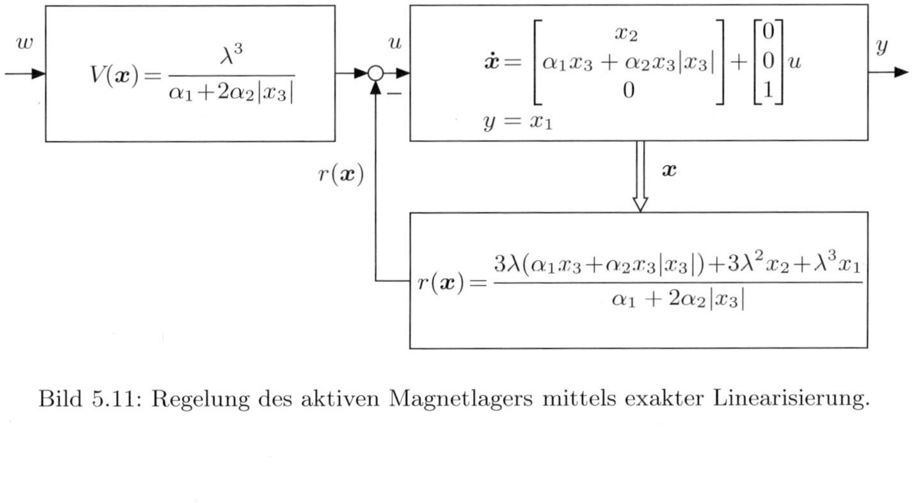

Bild 5.11: Regelung des aktiven Magnetlagers mittels exakter Linearisierung.

5.2.4 Regelstrecken mit interner Dynamik

Im Weiteren wollen wir den Fall

$$\delta < n$$

betrachten, also den Fall, in dem der relative Grad δ gegenüber der Systemordnung n reduziert ist. Auch in diesem Fall kann mittels einer nichtlinearen Transformationsvorschrift, eines Diffeomorphismus $\boldsymbol{z} = \boldsymbol{t}(\boldsymbol{x})$, eine für den Reglerentwurf günstige Systemdarstellung gefunden werden.

Da $\delta < n$ gilt, können nur die ersten δ Komponenten $t_1, \ldots, t_\delta$ für die neuen Zustandsvariablen $z_1, \ldots, z_\delta$ in gleicher Form angesetzt werden wie im Fall $\delta = n$. Es gilt

$$\boldsymbol{z} = \begin{bmatrix} z_1 \\ z_2 \\ \vdots \\ z_\delta \\ z_{\delta+1} \\ \vdots \\ z_n \end{bmatrix} = \boldsymbol{t}(\boldsymbol{x}) = \begin{bmatrix} c(\boldsymbol{x}) \\ L_{\boldsymbol{a}} c(\boldsymbol{x}) \\ \vdots \\ L_{\boldsymbol{a}}^{\delta-1} c(\boldsymbol{x}) \\ t_{\delta+1}(\boldsymbol{x}) \\ \vdots \\ t_n(\boldsymbol{x}) \end{bmatrix}. \tag{5.34}$$

Der Vergleich mit dem Fall $\delta = n$ in Gl. (5.20) verdeutlicht das identische Vorgehen für die ersten δ Elemente von $\boldsymbol{z}$. Die Funktionen $t_{\delta+1}, \ldots, t_n$ können beliebig gewählt werden, solange gewährleistet ist, dass $\boldsymbol{t}$ einen Diffeomorphismus bildet. Aus diesem Grund sind die Einschränkungen zu machen, dass $\boldsymbol{t}$ stetig differenzierbar sein muss und die Umkehrfunktion

$$\boldsymbol{x} = \boldsymbol{t}^{-1}(\boldsymbol{z})$$

existiert und ebenfalls stetig differenzierbar sein muss. Aus Satz 48, S. 209, wissen wir, dass all dies erfüllt und $\boldsymbol{t}$ ein Diffeomorphismus ist, wenn die Jacobi-Matrix $\partial \boldsymbol{t}(\boldsymbol{x})/\partial \boldsymbol{x}$ regulär ist.

Transformiert man dann die ursprüngliche Systembeschreibung

$$\begin{aligned} \dot{\boldsymbol{x}} &= \boldsymbol{a}(\boldsymbol{x}) + \boldsymbol{b}(\boldsymbol{x}) \cdot u, \\ y &= c(\boldsymbol{x}) \end{aligned}$$

mittels des Diffeomorphismus (5.34), so ergibt sich

$$\dot{\boldsymbol{z}} = \begin{bmatrix} \dot{z}_1 \\ \dot{z}_2 \\ \vdots \\ \dot{z}_{\delta-1} \\ \dot{z}_\delta \\ \dot{z}_{\delta+1} \\ \vdots \\ \dot{z}_n \end{bmatrix} = \frac{d}{dt} \begin{bmatrix} c(\boldsymbol{x}) \\ L_{\boldsymbol{a}} c(\boldsymbol{x}) \\ \vdots \\ L_{\boldsymbol{a}}^{\delta-2} c(\boldsymbol{x}) \\ L_{\boldsymbol{a}}^{\delta-1} c(\boldsymbol{x}) \\ t_{\delta+1}(\boldsymbol{x}) \\ \vdots \\ t_n(\boldsymbol{x}) \end{bmatrix} = \begin{bmatrix} L_{\boldsymbol{a}} c(\boldsymbol{x}) \\ L_{\boldsymbol{a}}^2 c(\boldsymbol{x}) \\ \vdots \\ L_{\boldsymbol{a}}^{\delta-1} c(\boldsymbol{x}) \\ L_{\boldsymbol{a}}^\delta c(\boldsymbol{x}) + L_{\boldsymbol{b}} L_{\boldsymbol{a}}^{\delta-1} c(\boldsymbol{x}) \cdot u \\ \dot{t}_{\delta+1}(\boldsymbol{x}) \\ \vdots \\ \dot{t}_n(\boldsymbol{x}) \end{bmatrix}.$$

Hieraus folgt, wieder unter Nutzung von Gl. (5.34),

$$\dot{\boldsymbol{z}} = \begin{bmatrix} \dot{z}_1 \\ \dot{z}_2 \\ \vdots \\ \dot{z}_{\delta-1} \\ \dot{z}_\delta \\ \dot{z}_{\delta+1} \\ \vdots \\ \dot{z}_n \end{bmatrix} = \begin{bmatrix} z_2 \\ z_3 \\ \vdots \\ z_\delta \\ L_{\boldsymbol{a}}^\delta c(\boldsymbol{x}) + L_{\boldsymbol{b}} L_{\boldsymbol{a}}^{\delta-1} c(\boldsymbol{x}) \cdot u \\ \dot{t}_{\delta+1}(\boldsymbol{x}) \\ \vdots \\ \dot{t}_n(\boldsymbol{x}) \end{bmatrix}, \tag{5.35}$$

wobei weiterhin

$$y = z_1$$

gilt. Im Gegensatz zum Fall

$$\delta = n$$

liegen in Gl. (5.35) also nur die ersten δ Zeilen in der nichtlinearen Regelungsnormalform vor.

Wir wollen nun die Funktionen $t_{\delta+1}, \ldots, t_n$ genauer betrachten. Unter Nutzung der Transformation

$$\boldsymbol{x} = \boldsymbol{t}^{-1}(\boldsymbol{z})$$

bestimmt man für $i = \delta + 1, \ldots, n$ die Ableitungen

$$\begin{aligned} \dot{t}_i(\boldsymbol{x}) &= \frac{\partial t_i(\boldsymbol{x})}{\partial \boldsymbol{x}} \dot{\boldsymbol{x}} = \frac{\partial t_i(\boldsymbol{x})}{\partial \boldsymbol{x}} \big(\boldsymbol{a}(\boldsymbol{x}) + \boldsymbol{b}(\boldsymbol{x}) \cdot u\big) \\ &= L_{\boldsymbol{a}} t_i(\boldsymbol{x}) + L_{\boldsymbol{b}} t_i(\boldsymbol{x}) \cdot u \\ &= \hat{q}_i(\boldsymbol{x}, u) = \hat{q}_i(\boldsymbol{t}^{-1}(\boldsymbol{z}), u) = q_i(\boldsymbol{z}, u). \end{aligned} \tag{5.36}$$

Hat man die Funktion t_i so gewählt, dass

$$L_{\boldsymbol{b}} t_i(\boldsymbol{x}) = \frac{\partial t_i(\boldsymbol{x})}{\partial \boldsymbol{x}} \boldsymbol{b}(\boldsymbol{x}) = 0 \tag{5.37}$$

ist, dann vereinfacht sich Gl. (5.36). Denn nun entfällt die Abhängigkeit von u, und es gilt

$$\dot{t}_i(\boldsymbol{x}) = L_{\boldsymbol{a}} t_i(\boldsymbol{x}) = \hat{q}_i(\boldsymbol{x}) = q_i(\boldsymbol{z}). \tag{5.38}$$

Durch den Wegfall der Abhängigkeit von u vereinfacht sich dann die transformierte Systemdarstellung wesentlich.

Gleichung (5.37) ist eine partielle Differenzialgleichung, deren Lösung $t_i(\boldsymbol{x})$ in der Regel existiert, aber in vielen Fällen schwierig zu bestimmen ist. Im Weiteren wollen wir – aus dem genannten Grund der Vereinfachung – davon ausgehen, dass t_i die Gleichung (5.37) für alle $i = \delta + 1, \ldots, n$ erfüllt und setzen die Funktionen $\dot{t}_i$ aus Gl. (5.38) in Gl. (5.35) ein. Wir erhalten dann die so genannte *Byrnes-Isidori-Normalform*

$$\left.\begin{array}{l}\begin{bmatrix}\dot{z}_1\\ \vdots\\ \dot{z}_{\delta-1}\\ \dot{z}_\delta\end{bmatrix}=\begin{bmatrix}z_2\\ \vdots\\ z_\delta\\ \varphi(\boldsymbol{z},u)\end{bmatrix},\end{array}\right\}\text{externe Dynamik}$$
$$\left.\begin{bmatrix}\dot{z}_{\delta+1}\\ \vdots\\ \dot{z}_n\end{bmatrix}=\begin{bmatrix}q_{\delta+1}(\boldsymbol{z})\\ \vdots\\ q_n(\boldsymbol{z})\end{bmatrix}\right\}\text{interne Dynamik} \tag{5.39}$$
$$\left. y=z_1 \right\}\text{Ausgangsgröße}$$

als Systembeschreibung mit

$$\varphi(\boldsymbol{z},u)=L_{\boldsymbol{a}}^{\delta}c(\boldsymbol{t}^{-1}(\boldsymbol{z}))+L_{\boldsymbol{b}}L_{\boldsymbol{a}}^{\delta-1}c(\boldsymbol{t}^{-1}(\boldsymbol{z}))\cdot u. \tag{5.40}$$

Die Systemdynamik lässt sich, wie in Gl. (5.39) dargestellt, in einen externen und einen internen Anteil aufspalten. Die externe Dynamik des Systems, die die Änderungen der Zustände $z_1,\ldots,z_\delta$ beschreibt, kann mittels einer Transformation der Eingangsgröße u in die neue Eingangsgröße w, wie im Fall $\delta=n$, linearisiert werden. Anhand von Gl. (5.35) bzw. (5.39) ermitteln wir diese Transformation zu

$$u=-\frac{L_{\boldsymbol{a}}^{\delta}c(\boldsymbol{x})+\boldsymbol{k}^T\boldsymbol{z}}{L_{\boldsymbol{b}}L_{\boldsymbol{a}}^{\delta-1}c(\boldsymbol{x})}+\frac{V}{L_{\boldsymbol{b}}L_{\boldsymbol{a}}^{\delta-1}c(\boldsymbol{x})}\cdot w \tag{5.41}$$

mit

$$\boldsymbol{k}^T=[a_0\ \cdots\ a_{\delta-1}\ 0\ \cdots\ 0].$$

Setzt man dies in Gl. (5.39) ein, so erhält man die Dynamikgleichungen des transformierten Systems zu

$$\left.\begin{bmatrix}\dot{z}_1\\ \dot{z}_2\\ \vdots\\ \dot{z}_{\delta-1}\\ \dot{z}_\delta\end{bmatrix}=\begin{bmatrix}0&1&0&\cdots&0\\ 0&0&1&\cdots&0\\ \vdots&\vdots&\vdots&&\vdots\\ 0&0&0&\cdots&1\\ -a_0&-a_1&-a_2&\cdots&-a_{\delta-1}\end{bmatrix}\begin{bmatrix}z_1\\ z_2\\ \vdots\\ z_{\delta-1}\\ z_\delta\end{bmatrix}+\begin{bmatrix}0\\ 0\\ \vdots\\ 0\\ V\end{bmatrix}w,\right\}\begin{array}{l}\text{externe}\\ \text{Dynamik}\end{array} \tag{5.42}$$

$$\left.\begin{bmatrix}\dot{z}_{\delta+1}\\ \vdots\\ \dot{z}_n\end{bmatrix}=\begin{bmatrix}q_{\delta+1}(\boldsymbol{z})\\ \vdots\\ q_n(\boldsymbol{z})\end{bmatrix},\right\}\begin{array}{l}\text{interne}\\ \text{Dynamik}\end{array} \tag{5.43}$$

$$y=z_1.$$

Durch die Transformation (5.41) der Eingangsgröße ist die externe Dynamik von den Zustandsvariablen $z_{\delta+1}, \ldots, z_n$ der internen Dynamik unabhängig. Insbesondere haben die Zustandsvariablen der internen Dynamik keinen Einfluss auf die Ausgangsgröße y. Das hat zur Folge, dass die interne Dynamik (5.43) nicht beobachtbar ist. Aus dieser Eigenschaft leitet sich auch die Bezeichnung *interne Dynamik* ab. Der Regelkreis verliert durch die Linearisierung seine Beobachtbarkeit. In der Praxis ist Letzteres aber ohne große Bedeutung.

Offensichtlich wird die interne Dynamik durch obiges Vorgehen nicht linearisiert. Glücklicherweise beeinflusst sie, wie schon festgestellt, die Ausgangsgröße $y = z_1$ und die geregelte externe Dynamik nicht. Die interne Dynamik besitzt keine Ausgangsgröße und die Eingangsgrößen $z_1, \ldots, z_\delta$. Wir können die interne Dynamik als eigenständiges System mit den Zustandsvariablen $z_{\delta+1}, \ldots, z_n$ interpretieren. Bild 5.12 illustriert dies.

Die externe Dynamik (5.39), (5.40) ist, vorausgesetzt es gilt

$$L_{\boldsymbol{b}} L_{\boldsymbol{a}}^{\delta-1} c(\boldsymbol{t}^{-1}(\boldsymbol{z})) \neq 0,$$

immer steuerbar, denn sie liegt in nichtlinearer Regelungsnormalform vor. Aus Satz 39, S. 167, wissen wir nämlich, dass Systeme in nichtlinearer Regelungsnormalform steuerbar sind, vorausgesetzt obige Ungleichung gilt.

Auch hier interpretieren wir die Transformationsgleichung (5.41) als Regelgesetz, das im ersten Summanden einen Zustandsregler und im zweiten ein

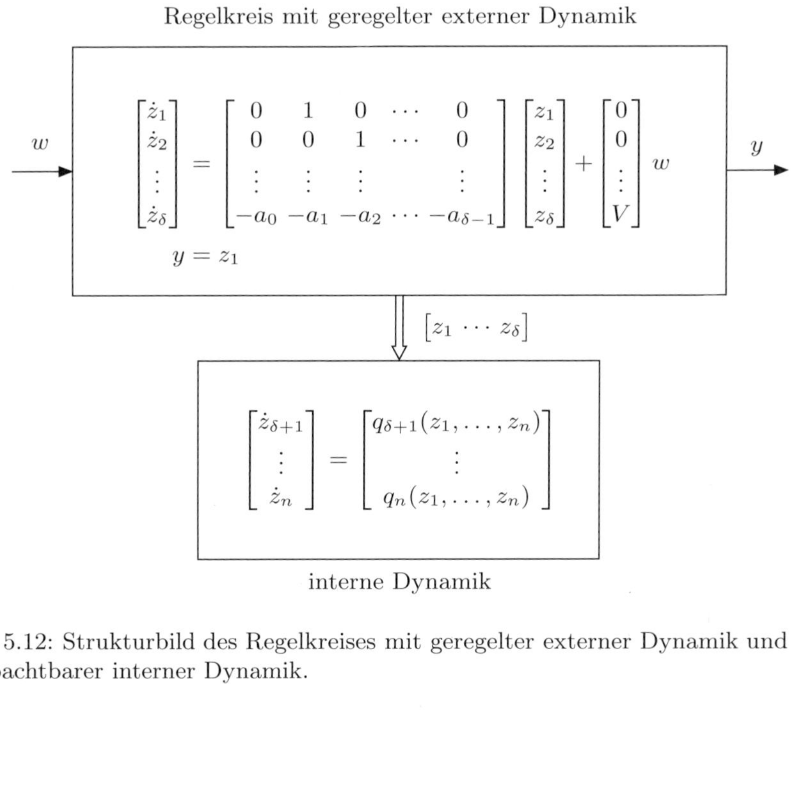

Bild 5.12: Strukturbild des Regelkreises mit geregelter externer Dynamik und nicht beobachtbarer interner Dynamik.

Vorfilter für die Führungsgröße w besitzt. Um Gl. (5.41) unabhängig vom künstlichen Zustandsvektor $\boldsymbol{z}$ zu machen, bilden wir mit $z_1 = c(\boldsymbol{x})$, $z_2 = L_{\boldsymbol{a}}c(\boldsymbol{x}), \ldots, z_\delta = L_{\boldsymbol{a}}^{\delta-1}c(\boldsymbol{x})$ aus Gl. (5.34) den Term

$$\boldsymbol{k}^T\boldsymbol{z} = a_{\delta-1}L_{\boldsymbol{a}}^{\delta-1}c(\boldsymbol{x}) + \ldots + a_1L_{\boldsymbol{a}}c(\boldsymbol{x}) + a_0c(\boldsymbol{x}).$$

Die geregelte externe Dynamik, d. h. der Regelkreis (5.42) an sich, besitzt dabei dieselbe Struktur wie im Fall $\delta = n$, d. h., wie in Bild 5.9 gezeigt. Die Ausgangsgröße ist hier ähnlich wie im Fall $\delta = n$ durch eine lineare Differenzialgleichung

$$y^{(\delta)} + a_{\delta-1}y^{(\delta-1)} + \ldots + a_1\dot{y} + a_0y = V \cdot w \tag{5.44}$$

gegeben. Allerdings mit der Ordnung $\delta < n$. Man erkennt aus Gl. (5.44) auch, dass je niedriger der relative Grad δ ist, desto direkter ist die Wirkung der Eingangsgröße u auf die Ausgangsgröße y.

An dieser Stelle wird eine weitere Bedeutung des relativen Grades δ für das Regelkreisverhalten deutlich. Er legt die Ordnung der linearen Differenzialgleichung des Regelkreises fest.

Für die Dynamik des linearen Regelkreises spielt die interne Dynamik zwar keine Rolle, für die Dynamik des Gesamtsystems allerdings schon. Es ist offensichtlich, dass eine instabile interne Dynamik auch zu einem instabilen Gesamtsystem führt. Man muss im Fall $\delta < n$ bezüglich der Stabilität des Gesamtsystems also auch die interne Dynamik beachten. Auch sie muss stabil sein, damit es das Gesamtsystem ist.

Wir fassen wieder alle Ergebnisse in einem Satz zusammen.

Satz 53 (Exakte Linearisierung bei reduziertem relativen Grad). *Betrachtet wird die Regelstrecke*

$$\begin{aligned}\dot{\boldsymbol{x}} &= \boldsymbol{a}(\boldsymbol{x}) + \boldsymbol{b}(\boldsymbol{x}) \cdot u,\\ y &= c(\boldsymbol{x}),\end{aligned}$$

mit dem relativen Grad $\delta < n$ und das Regelgesetz

$$u = -r(\boldsymbol{x}) + v(\boldsymbol{x}) \cdot w.$$

Hat dann der Regler die Form

$$r(\boldsymbol{x}) = \frac{L_{\boldsymbol{a}}^{\delta}c(\boldsymbol{x}) + a_{\delta-1}L_{\boldsymbol{a}}^{\delta-1}c(\boldsymbol{x}) + \ldots + a_1L_{\boldsymbol{a}}c(\boldsymbol{x}) + a_0c(\boldsymbol{x})}{L_{\boldsymbol{b}}L_{\boldsymbol{a}}^{\delta-1}c(\boldsymbol{x})}$$

und ist das Vorfilter durch

$$v(\boldsymbol{x}) = \frac{V}{L_{\boldsymbol{b}}L_{\boldsymbol{a}}^{\delta-1}c(\boldsymbol{x})}, \quad V \in \mathbb{R},$$

mit

$$L_{\boldsymbol{b}} L_{\boldsymbol{a}}^{\delta-1} c(\boldsymbol{x}) \neq 0$$

gegeben, so besitzt der Regelkreis das lineare Übertragungsverhalten

$$y^{(\delta)} + a_{\delta-1} y^{(\delta-1)} + \ldots + a_1 \dot{y} + a_0 y = V \cdot w.$$

Des Weiteren besitzt der Regelkreis die interne Dynamik

$$\begin{bmatrix} \dot{z}_{\delta+1} \\ \vdots \\ \dot{z}_n \end{bmatrix} = \begin{bmatrix} q_{\delta+1}(\boldsymbol{z}) \\ \vdots \\ q_n(\boldsymbol{z}) \end{bmatrix}$$

mit

$$\boldsymbol{z} = \boldsymbol{t}(\boldsymbol{x}).$$

Die interne Dynamik beeinflusst die Ausgangsgröße y nicht. Wenn sowohl die interne als auch die lineare Dynamik der geregelten Ausgangsgröße y stabil sind, dann und nur dann ist das Gesamtsystem stabil.

Satz 52 und Satz 53 sind beide sehr ähnlich und unterscheiden sich nur durch die Berücksichtigung der internen Dynamik in Satz 53. Es ist wichtig anzumerken, dass zwar der Regelkreis die nicht beobachtbare interne Dynamik besitzt, aber die Regelstrecke normalerweise beobachtbar ist. Daher kann auch der für die Regelung benötigte Zustandsvektor $\boldsymbol{x}$ mittels eines Beobachters geschätzt werden.

Im linearen Übertragungsverhalten des Regelkreises

$$G(s) = \frac{V}{s^{\delta} + a_{\delta-1} s^{\delta-1} + \ldots + a_1 s + a_0}$$

sind die Koeffizienten $a_{\delta-1}, \ldots, a_1, a_0$ und V für beide Fälle, $\delta = n$ wie auch $\delta < n$, frei wählbar. Die Dynamik der Übertragungsfunktion $G(s)$ kann also auch hier mittels der Parameter $a_0, \ldots, a_{\delta-1}$ und V beliebig vorgegeben werden. In der Praxis begrenzt allerdings wieder die Beschränkung der Stellgröße,

$$|u| \leq u_{\max},$$

den dabei zur Verfügung stehenden Spielraum.

5.2.5 Entwurfsverfahren

Folgendes allgemeine Schema, das für $\delta = n$ wie auch für $\delta < n$ gilt, beschreibt, wie der Entwurf von Regler und Vorfilter durchgeführt wird. Für den speziellen Fall des Magnetlagers in Abschnitt 5.2.3 haben wir ein ähnliches Schema schon genutzt.

Schritt 1: Man bestimmt die Terme

$$L_{\boldsymbol{a}}^{i} c(\boldsymbol{x}), \quad i = 0, \ldots, n = \dim(\boldsymbol{x})\,.$$

Schritt 2: Man bestimmt die Terme

$$L_{\boldsymbol{b}} L_{\boldsymbol{a}}^{i} c(\boldsymbol{x}) = \frac{\partial L_{\boldsymbol{a}}^{i} c(\boldsymbol{x})}{\partial \boldsymbol{x}} \boldsymbol{b}(\boldsymbol{x}) \tag{5.45}$$

mit $i = 0, 1, 2, \ldots$ in aufsteigender Reihenfolge. Der kleinste Index i, für den obiger Term (5.45) ungleich null ist, liefert den relativen Grad

$$\delta = i + 1.$$

Der zugehörige Term in Gl. (5.45) lautet

$$L_{\boldsymbol{b}} L_{\boldsymbol{a}}^{\delta-1} c(\boldsymbol{x}) = \frac{\partial L_{\boldsymbol{a}}^{\delta-1} c(\boldsymbol{x})}{\partial \boldsymbol{x}} \boldsymbol{b}(\boldsymbol{x}) \neq 0.$$

Schritt 3: Es muss für alle auftretenden $\boldsymbol{x}$

$$L_{\boldsymbol{b}} L_{\boldsymbol{a}}^{\delta-1} c(\boldsymbol{x}) \neq 0$$

gelten, d. h., der relative Grad δ muss wohldefiniert sein.

Schritt 4: Man wählt die lineare Dynamik des Regelkreises

$$G(s) = \frac{V}{s^{\delta} + a_{\delta-1} s^{\delta-1} + \ldots + a_1 s + a_0}$$

durch geeignete Festlegung der frei wählbaren Parameter V und $a_{\delta-1}, \ldots, a_1, a_0$.

Schritt 5: Man bestimmt mittels der Ergebnisse aus den Schritten 1, 2 und 4 den Regler

$$r(\boldsymbol{x}) = \frac{L_{\boldsymbol{a}}^{\delta} c(\boldsymbol{x}) + a_{\delta-1} L_{\boldsymbol{a}}^{\delta-1} c(\boldsymbol{x}) + \ldots + a_0 c(\boldsymbol{x})}{L_{\boldsymbol{b}} L_{\boldsymbol{a}}^{\delta-1} c(\boldsymbol{x})}.$$

Schritt 6: Man bestimmt das Vorfilter

$$v(\boldsymbol{x}) = \frac{V}{L_{\boldsymbol{b}} L_{\boldsymbol{a}}^{\delta-1} c(\boldsymbol{x})}.$$

Schritt 7: Für $\delta < n$ bestimmt man die interne Dynamik und überprüft, ob sie stabil ist.

Die Überprüfung der internen Dynamik auf Stabilität kann kompliziert sein, da dieser Dynamikanteil prinzipiell nichtlinear ist.

5.2.6 Beispiel Mondlandefähre

Wir betrachten im Weiteren ein Beispiel mit interner Dynamik. Es handelt sich um eine Landefähre [202], wie sie z. B. das Landemodul Eagle der Apollo 11 Mission [15, 220], die Marssonde Phoenix oder die Altair-Mondlandefähre des Constellation-Programms der NASA darstellen. Auch das Landemodul einer möglichen bemannten Mars-Mission könnte ähnlich aufgebaut sein. Bild 5.13 zeigt die Mondlandefähre Eagle.

Ziel einer Antriebsregelung für eine Raumfähre obigen Typs ist vor allem die Sicherstellung einer weichen Landung. Zu diesem Zweck wird die senkrecht wirkende Schubkraft des Triebwerks benutzt, um die durch die Gravitation bedingte Annäherung an die Mondoberfläche abzubremsen.

Hierbei beschreibt

$$m\ddot{h} = -v\dot{m} - mg \tag{5.46}$$

die Kräftebilanz. Dabei ist m die Masse der Fähre einschließlich des Treibstoffvorrates, h die Flughöhe, v die Geschwindigkeit des aus dem Triebwerk

Bild 5.13: Mondlandefähre Eagle der Apollo 11 Mission.

austretenden Gases und $g = 1.62\,\mathrm{m\,s^{-2}}$ ist die Fallbeschleunigung des Mondes. Der Term $v\dot{m}$ repräsentiert die Schubkraft des Antriebs, wobei $\dot{m} < 0$ gilt, da die Treibstoffmasse während der Landung abnimmt. Der Eagle stand in der Landephase eine Schubkraft von $4.56\ldots45.04\,\mathrm{kN}$ zur Verfügung. Die Austrittsgeschwindigkeit betrug $v = 3050\,\mathrm{m\,s^{-1}}$.

Zu berücksichtigen ist des Weiteren, dass die Masse des Treibstoffes einen erheblichen Anteil der Gesamtmasse m ausmacht. So betrug das Gesamtgewicht der Eagle $m = 15264\,\mathrm{kg}$, wovon $8165\,\mathrm{kg}$ Treibstoff allein für die Landephase vorhanden waren. Die Abnahme der Masse m durch den Verbrauch des Treibstoffvorrates ist also für die Bewegungsgleichung (5.46) der Fähre ein wesentlicher Gesichtspunkt.

Mit den Zustandsvariablen

$$x_1 = h, \quad x_2 = \dot{h} \quad \text{und} \quad x_3 = m$$

sowie der Stellgröße

$$u = -\dot{m}$$

erhalten wir mit Gl. (5.46) das Modell

$$\begin{bmatrix} \dot{x}_1 \\ \dot{x}_2 \\ \dot{x}_3 \end{bmatrix} = \underbrace{\begin{bmatrix} x_2 \\ -g \\ 0 \end{bmatrix}}_{\boldsymbol{a}(\boldsymbol{x})} + \underbrace{\begin{bmatrix} 0 \\ v/x_3 \\ -1 \end{bmatrix}}_{\boldsymbol{b}(\boldsymbol{x})} u, \tag{5.47}$$

$$y = c(\boldsymbol{x}) = x_1$$

für die Landephase der Fähre. Man beachte, dass $u = -\dot{m}$ immer positiv ist.

Dem Entwurfsschema aus Abschnitt 5.2.5 folgend bestimmen wir

$$L_{\boldsymbol{a}}^0 c(\boldsymbol{x}) = c(\boldsymbol{x}) = x_1,$$

$$L_{\boldsymbol{a}}^1 c(\boldsymbol{x}) = \frac{\partial c(\boldsymbol{x})}{\partial \boldsymbol{x}} \boldsymbol{a}(\boldsymbol{x}) = x_2,$$

$$L_{\boldsymbol{a}}^2 c(\boldsymbol{x}) = \frac{\partial L_{\boldsymbol{a}} c(\boldsymbol{x})}{\partial \boldsymbol{x}} \boldsymbol{a}(\boldsymbol{x}) = -g.$$

Des Weiteren berechnen wir

$$L_{\boldsymbol{b}} c(\boldsymbol{x}) = \frac{\partial c(\boldsymbol{x})}{\partial \boldsymbol{x}} \boldsymbol{b}(\boldsymbol{x}) = 0,$$

$$L_{\boldsymbol{b}} L_{\boldsymbol{a}} c(\boldsymbol{x}) = \frac{\partial L_{\boldsymbol{a}} c(\boldsymbol{x})}{\partial \boldsymbol{x}} \boldsymbol{b}(\boldsymbol{x}) = \frac{v}{x_3}.$$

Da $L_{\boldsymbol{b}} L_{\boldsymbol{a}} c(\boldsymbol{x}) \neq 0$ ist, besitzt das System den relativen Grad $\delta = 2$. Weil die Systemordnung $n = 3 > \delta$ ist, verfügt das System also über eine interne Dynamik. Die Masse $x_3 = m$ der Fähre ist immer positiv. Somit gilt

$$L_{\boldsymbol{b}}L_{\boldsymbol{a}}c(\boldsymbol{x}) = v/x_3 > 0$$

und der relative Grad ist wohldefiniert. Wir können daher einen Regler mittels exakter Linearisierung entwerfen. Dabei müssen wir auch die Stabilität der internen Dynamik sicherstellen.

Wir schreiben für den Diffeomorphismus

$$\boldsymbol{z} = \boldsymbol{t}(\boldsymbol{x}) = \begin{bmatrix} c(\boldsymbol{x}) \\ L_{\boldsymbol{a}}c(\boldsymbol{x}) \\ t_3(\boldsymbol{x}) \end{bmatrix} = \begin{bmatrix} x_1 \\ x_2 \\ t_3(\boldsymbol{x}) \end{bmatrix},$$

wobei die Funktion $t_3(\boldsymbol{x})$ noch zu wählen ist. Dies geschieht so, dass die partielle Differenzialgleichung (5.37), d. h. im vorliegenden Fall

$$L_{\boldsymbol{b}}t_3(\boldsymbol{x}) = \frac{\partial t_3(\boldsymbol{x})}{\partial \boldsymbol{x}}\boldsymbol{b}(\boldsymbol{x}) = 0,$$

erfüllt ist. Konkret gilt

$$L_{\boldsymbol{b}}t_3(\boldsymbol{x}) = \frac{\partial t_3(\boldsymbol{x})}{\partial x_2} \cdot \frac{v}{x_3} - \frac{\partial t_3(\boldsymbol{x})}{\partial x_3} = 0. \tag{5.48}$$

Diese partielle Differenzialgleichung besitzt die Lösung

$$t_3(\boldsymbol{x}) = x_3 \cdot e^{x_2/v},$$

was leicht durch Einsetzen in Gl. (5.48) zu überprüfen ist. Der Diffeomorphismus besitzt dann die Gestalt

$$\boldsymbol{z} = \boldsymbol{t}(\boldsymbol{x}) = \begin{bmatrix} x_1 \\ x_2 \\ x_3 e^{x_2/v} \end{bmatrix} \quad \text{bzw.} \quad \boldsymbol{x} = \boldsymbol{t}^{-1}(\boldsymbol{z}) = \begin{bmatrix} z_1 \\ z_2 \\ z_3 e^{-z_2/v} \end{bmatrix}. \tag{5.49}$$

Die Systembeschreibung mit externer und interner Dynamik errechnet sich mit Gl. (5.47) und Gl. (5.49) zu

$$\begin{bmatrix} \dot{z}_1 \\ \dot{z}_{\delta=2} \\ \dot{z}_3 \end{bmatrix} = \begin{bmatrix} L_{\boldsymbol{a}}c(\boldsymbol{x}) \\ L_{\boldsymbol{a}}^2 c(\boldsymbol{x}) + L_{\boldsymbol{b}}L_{\boldsymbol{a}}c(\boldsymbol{x})u \\ \dot{t}_3(x_2, x_3) \end{bmatrix} = \begin{bmatrix} x_2 \\ -g + vu/x_3 \\ -v^{-1}gx_3e^{x_2/v} \end{bmatrix}$$

$$= \begin{bmatrix} z_2 \\ -g + vu/x_3 \\ -v^{-1}gz_3 \end{bmatrix}. \begin{matrix} \left.\vphantom{\begin{matrix} a \\ a \end{matrix}}\right\} \text{externe Dynamik} \\ \}\ \text{interne Dynamik} \end{matrix} \tag{5.50}$$

Wir entwerfen nun das Regelgesetz gemäß Satz 53 zu

$$\begin{aligned} u &= -\frac{L_{\boldsymbol{a}}^2 c(\boldsymbol{x}) + a_1 L_{\boldsymbol{a}} c(\boldsymbol{x}) + a_0 c(\boldsymbol{x})}{L_{\boldsymbol{b}} L_{\boldsymbol{a}} c(\boldsymbol{x})} \\ &= -\frac{-g + a_1 x_2 + a_0 x_1}{v} x_3 = -\frac{-g + a_1 z_2 + a_0 z_1}{v} x_3. \end{aligned} \tag{5.51}$$

Eine Führungsgröße w ist hier nicht erforderlich, da wir die Zustandsgrößen $x_1 = z_1$ und $x_2 = z_2$ in die Ruhelage

$$\begin{bmatrix} x_{1\mathrm{R}} \\ x_{2\mathrm{R}} \end{bmatrix} = \boldsymbol{0}$$

ausregeln. Daher entfällt das Vorfilter $v(\boldsymbol{x})$.

Das gesamte geregelte System wird nun mit den Gl. (5.49), (5.50), (5.51) durch

$$\begin{bmatrix} \dot{z}_1 \\ \dot{z}_2 \\ \dot{z}_3 \end{bmatrix} = \begin{bmatrix} z_2 \\ -a_1 z_2 - a_0 z_1 \\ -v^{-1} g z_3 \end{bmatrix}, \tag{5.52}$$
$$y = z_1$$

beschrieben. Wie man in dieser Darstellung sieht, sind interne und externe Dynamik entkoppelt. Insbesondere bereitet die interne Dynamik keine Probleme, denn sie ist stabil. Man erkennt auch, dass die interne Dynamik nicht beobachtbar ist, da z_3 nicht auf $y = z_1$ wirkt.

Wir transformieren die obige geregelte Systembeschreibung der Anschauung halber noch in die Originalkoordinaten $\boldsymbol{x}$ zurück und erhalten so mit Gl. (5.52) und dem Diffeomorphismus (5.49) die Darstellung des Regelungssystems in der Form

$$\begin{bmatrix} \dot{x}_1 \\ \dot{x}_2 \\ \dot{x}_3 \end{bmatrix} = \begin{bmatrix} x_2 \\ -a_1 x_2 - a_0 x_1 \\ v^{-1} x_3 (a_1 x_2 + a_0 x_1 - g) \end{bmatrix},$$

die wir natürlich auch durch Einsetzen des Regelgesetzes (5.51) in die Systembeschreibung (5.47) erhalten. In obiger Gleichung erkennt man, dass die interne Dynamik die geregelte externe nicht beeinflusst. Allerdings benötigen wir die interne Zustandsgröße x_3 im Regelgesetz (5.51). Dies ist hier kein Problem, da wir $x_3 = m$ einfach bestimmen können.

Als konkretes Zahlenbeispiel betrachten wir weiterhin die Mondfähre Eagle der Apollo 11 Mission und simulieren, wie in Bild 5.14 zu sehen, die Annäherungs- und Landephase auf dem Mond mittels des entworfenen Reglers (5.51). Wir wählen die Koeffizienten $a_0 = 0.02$ und $a_1 = 1.1$, so dass die Eigen-

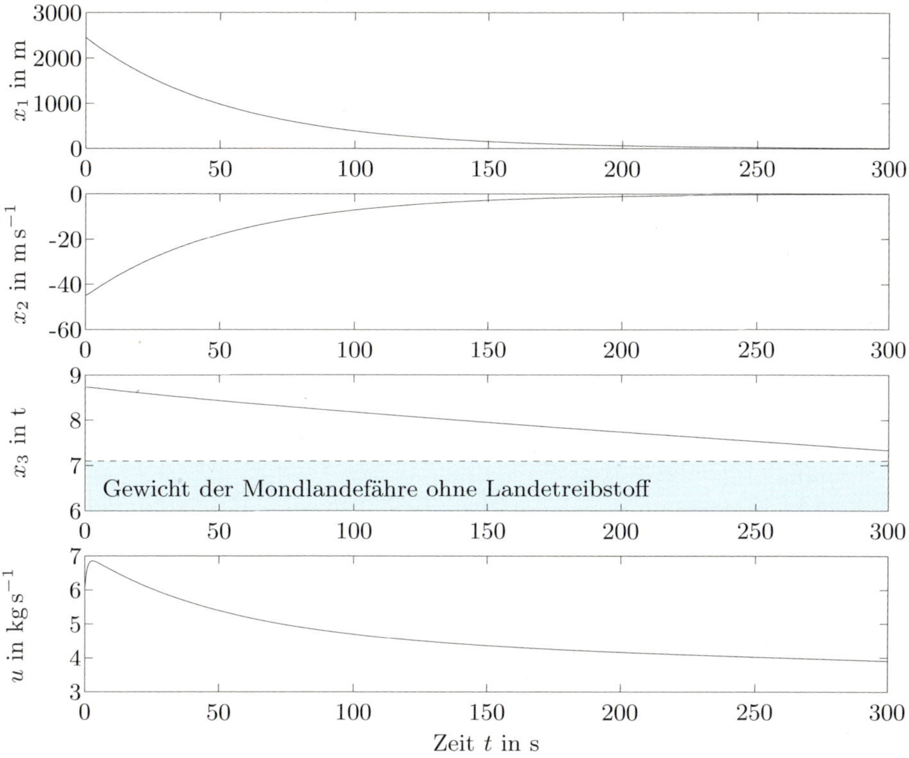

Bild 5.14: Höhe x_1, Geschwindigkeit x_2, Gesamtmasse x_3 und Stellgröße u.

werte der geregelten externen Dynamik bei $\lambda_1 = -0.0185$ und $\lambda_2 = -1.0815$ liegen. So ergibt sich mit $g = 1.62$ m s^{-2} und $v = 3050$ m s^{-1} für die geregelte Fähre

$$\begin{bmatrix} \dot{x}_1 \\ \dot{x}_2 \\ \dot{x}_3 \end{bmatrix} = \begin{bmatrix} x_2 \\ -1.1x_2 - 0.02x_1 \\ x_3(3.61 \cdot 10^{-4}x_2 + 6.56 \cdot 10^{-6}x_1 - 5.31 \cdot 10^{-4}) \end{bmatrix}.$$

Wir starten die Annäherungs- und Landephase [15] in $x_1(0) = 2450$ m Höhe bei einer Sinkgeschwindigkeit von $x_2(0) = -45$ m s^{-1}. Der Treibstoffvorrat beträgt zu diesem Zeitpunkt noch 1633 kg. Die Gesamtmasse ist somit $x_3(0) = 8732$ kg. Wir gehen davon aus, dass die Bewegung der Fähre in dieser Phase näherungsweise vertikal zur Mondoberfläche stattfindet. (In der Realität war dieser Kurs der Fähre in der letzten Phase der Landung aufgrund des um einen Teil des Mondes herumführenden Abstiegsorbits noch nicht völlig senkrecht.) Die Verläufe der Höhe x_1, der Geschwindigkeit x_2 und der verbleibenden Gesamtmasse x_3 zeigt Bild 5.14.

5.2.7 Exakte Linearisierung allgemeiner Systeme

Wir können die exakte Linearisierung, wie wir sie für eingangslineare Systeme in den vorherigen Abschnitten kennengelernt haben, auf allgemeine nichtlineare Systeme

$$\begin{aligned} \dot{\boldsymbol{x}} &= \boldsymbol{f}(\boldsymbol{x}, u), \\ y &= g(\boldsymbol{x}) \end{aligned} \tag{5.53}$$

erweitern. Zu diesem Zweck definieren wir die Lie-Derivierte von g bezüglich $\boldsymbol{f}$ ähnlich wie im eingangslinearen Fall zu

$$L_{\boldsymbol{f}} g(\boldsymbol{x}) = \frac{\partial g(\boldsymbol{x})}{\partial \boldsymbol{x}} \boldsymbol{f}(\boldsymbol{x}, u)$$

und die mehrfache Lie-Derivierte zu

$$L_{\boldsymbol{f}}^{i} g(\boldsymbol{x}) = \frac{\partial L_{\boldsymbol{f}}^{i-1} g(\boldsymbol{x})}{\partial \boldsymbol{x}} \boldsymbol{f}(\boldsymbol{x}, u).$$

Wir bilden nun

$$\dot{y} = \frac{\partial g(\boldsymbol{x})}{\partial \boldsymbol{x}} \dot{\boldsymbol{x}} = \frac{\partial g(\boldsymbol{x})}{\partial \boldsymbol{x}} \boldsymbol{f}(\boldsymbol{x}, u) = L_{\boldsymbol{f}} g(\boldsymbol{x}) \tag{5.54}$$

und

$$\ddot{y} = \frac{\partial L_{\boldsymbol{f}} g(\boldsymbol{x})}{\partial \boldsymbol{x}} \boldsymbol{f}(\boldsymbol{x}, u) + \frac{\partial L_{\boldsymbol{f}} g(\boldsymbol{x})}{\partial u} \dot{u}.$$

Falls hierbei

$$\frac{\partial L_{\boldsymbol{f}} g(\boldsymbol{x})}{\partial u} \dot{u} = 0$$

gilt, so ist offensichtlich $L_{\boldsymbol{f}} g(\boldsymbol{x})$ und damit $\dot{y}$ in Gl. (5.54) nicht von u abhängig. Dann ist

$$\ddot{y} = L_{\boldsymbol{f}}^{2} g(\boldsymbol{x}).$$

Nun berechnen wir

$$\dddot{y} = \frac{\partial L_{\boldsymbol{f}}^{2} g(\boldsymbol{x})}{\partial \boldsymbol{x}} \boldsymbol{f}(\boldsymbol{x}, u) + \frac{\partial L_{\boldsymbol{f}}^{2} g(\boldsymbol{x})}{\partial u} \dot{u}$$

und wenn, ähnlich wie oben,

$$\frac{\partial L_{\boldsymbol{f}}^{2} g(\boldsymbol{x})}{\partial u} \dot{u} = 0$$

gilt, so ist auch $L_{\boldsymbol{f}}^2 g(\boldsymbol{x})$ nicht von u abhängig. Diese Prozedur führen wir fort, bis wir erstmals auf zwei Gleichungen

$$\begin{aligned} y^{(\delta)} &= \underbrace{\frac{\partial L_{\boldsymbol{f}}^{\delta-1} g(\boldsymbol{x})}{\partial \boldsymbol{x}} \boldsymbol{f}(\boldsymbol{x},u)}_{L_{\boldsymbol{f}}^{\delta} g(\boldsymbol{x})} + \underbrace{\frac{\partial L_{\boldsymbol{f}}^{\delta-1} g(\boldsymbol{x})}{\partial u}}_{0} \dot{u} = L_{\boldsymbol{f}}^{\delta} g(\boldsymbol{x}) = \varphi(\boldsymbol{x},u), \\ y^{(\delta+1)} &= \frac{\partial L_{\boldsymbol{f}}^{\delta} g(\boldsymbol{x})}{\partial \boldsymbol{x}} \boldsymbol{f}(\boldsymbol{x},u) + \underbrace{\frac{\partial L_{\boldsymbol{f}}^{\delta} g(\boldsymbol{x})}{\partial u}}_{\neq 0} \dot{u} \end{aligned} \tag{5.55}$$

treffen. Da jetzt

$$\frac{\partial L_{\boldsymbol{f}}^{\delta} g(\boldsymbol{x})}{\partial u} \neq 0 \tag{5.56}$$

gilt, ist in Gl. (5.55) die Form $L_{\boldsymbol{f}}^{\delta} g(\boldsymbol{x})$ eine von u abhängige Funktion. Da alle Terme $y^{(i)} = L_{\boldsymbol{f}}^{i} g(\boldsymbol{x})$ mit $i = 0, \ldots, \delta - 1$ von u unabhängig sind, gilt

$$\begin{aligned} y &= g(\boldsymbol{x}), \\ y &= L_{\boldsymbol{f}} g(\boldsymbol{x}), \\ &\vdots \\ y^{(\delta-1)} &= L_{\boldsymbol{f}}^{\delta-1} g(\boldsymbol{x}), \\ y^{(\delta)} &= L_{\boldsymbol{f}}^{\delta} g(\boldsymbol{x}) = \varphi(\boldsymbol{x},u). \end{aligned} \tag{5.57}$$

Der Index δ wird wie im Fall eingangslinearer Systeme als *relativer Grad* bezeichnet. Man beachte, dass in Gl. (5.56) die Lie-Derivierte $L_{\boldsymbol{f}}^{\delta} g(\boldsymbol{x})$ betrachtet wird. Im eingangslinearen Fall $\dot{\boldsymbol{x}} = \boldsymbol{a}(\boldsymbol{x}) + \boldsymbol{b}(\boldsymbol{x}) \cdot u$, $y = c(\boldsymbol{x})$, wird dagegen die Lie-Derivierte $L_{\boldsymbol{b}} L_{\boldsymbol{a}}^{\delta-1} c(\boldsymbol{x})$ für die Bestimmung des relativen Grades δ verwendet.

Wir können in Gl. (5.57) die Stellgröße u durch eine neue Stellgröße

$$v = \varphi(\boldsymbol{x},u) \tag{5.58}$$

ersetzen, so dass wir die Beziehung

$$y^{(\delta)} = v$$

erhalten. Dieses Vorgehen setzt voraus, dass die implizite Gleichung (5.58) eineindeutig nach u auflösbar ist, d. h., dass ein funktionaler Zusammenhang zwischen u und v sowie $\boldsymbol{x}$ gemäß

$$u = \varphi^{-1}(\boldsymbol{x},v)$$

existiert. Hierbei wird es oft so sein, dass die Umkehrfunktion φ^{-1} nur numerisch bestimmt werden kann.

Wählen wir das Regelgesetz mit der neuen Stellgröße v zu

$$v = -a_{\delta-1}y^{(\delta-1)} - \ldots - a_1\dot{y} - a_0 y + Vw, \tag{5.59}$$

wobei w die Führungsgröße des geregelten Systems ist, so erhalten wir die lineare Regelkreisdynamik

$$y^{(\delta)} + a_{\delta-1}y^{(\delta-1)} + \ldots + a_1\dot{y} + a_0 y = Vw.$$

Die Koeffizienten a_i sind dabei auch hier wieder frei wählbar. Die exakte Eingangs-/Ausgangslinearisierung allgemeiner nichtlinearer Systeme ist damit erreicht.

Wir wollen nun noch das System (5.53) mittels eines geeigneten Diffeomorphismus linearisieren. Wir wählen dabei wie im eingangslinearen Fall

$$\boldsymbol{z} = \boldsymbol{t}(\boldsymbol{x}) = \begin{bmatrix} g(\boldsymbol{x}) \\ L_{\boldsymbol{f}}g(\boldsymbol{x}) \\ L_{\boldsymbol{f}}^2 g(\boldsymbol{x}) \\ \vdots \\ L_{\boldsymbol{f}}^{\delta-1}g(\boldsymbol{x}) \\ t_{\delta+1}(\boldsymbol{x}) \\ \vdots \\ t_n(\boldsymbol{x}) \end{bmatrix}.$$

Berechnen wir dann durch Ableitung von $\boldsymbol{z} = \boldsymbol{t}(\boldsymbol{x})$ das linearisierte System

$$\dot{\boldsymbol{z}} = \begin{bmatrix} L_{\boldsymbol{f}}g(\boldsymbol{x}) \\ L_{\boldsymbol{f}}^2 g(\boldsymbol{x}) \\ \vdots \\ L_{\boldsymbol{f}}^{\delta-1}g(\boldsymbol{x}) \\ L_{\boldsymbol{f}}^{\delta}g(\boldsymbol{x}) \\ \dot{t}_{\delta+1}(\boldsymbol{x}) \\ \vdots \\ \dot{t}_n(\boldsymbol{x}) \end{bmatrix} = \begin{bmatrix} z_2 \\ z_3 \\ \vdots \\ z_\delta \\ \hat{\varphi}(\boldsymbol{z},u) \\ L_{\boldsymbol{f}}t_{\delta+1}(\boldsymbol{x}) \\ \vdots \\ L_{\boldsymbol{f}}t_n(\boldsymbol{x}) \end{bmatrix}, \quad \begin{array}{l} \left.\begin{array}{l} \\ \\ \\ \\ \\ \end{array}\right\} \text{externe Dynamik} \\ \left.\begin{array}{l} \\ \\ \\ \end{array}\right\} \text{interne Dynamik} \end{array}$$

$$y = z_1,$$

wobei $\hat{\varphi}(\boldsymbol{z},u) = \varphi(\boldsymbol{t}^{-1}(\boldsymbol{z}),u)$ gilt, so fällt uns auf, dass

$$\dot{t}_i(\boldsymbol{x}) = L_{\boldsymbol{f}}t_i(\boldsymbol{x}) = \frac{\partial t_i(\boldsymbol{x})}{\partial \boldsymbol{x}}\boldsymbol{f}(\boldsymbol{x},u), \quad i = \delta+1,\ldots,n, \tag{5.60}$$

von der Stellgröße u abhängig ist. Die Abhängigkeit der Funktionen $\dot{t}_i$ von der Stellgröße u ist nun ähnlich, aber nicht so einfach eliminierbar wie im eingangslinearen Fall durch die Lösung einer partiellen Differenzialgleichung vom Typ (5.37). Damit nämlich Gl. (5.60) unabhängig von u ist, muss

$$\frac{\partial \dot{t}_i(\boldsymbol{x})}{\partial u} = \frac{\partial}{\partial u}\left(\frac{\partial t_i(\boldsymbol{x})}{\partial \boldsymbol{x}}\boldsymbol{f}(\boldsymbol{x},u)\right) = \frac{\partial t_i(\boldsymbol{x})}{\partial \boldsymbol{x}} \cdot \frac{\partial \boldsymbol{f}(\boldsymbol{x},u)}{\partial u} = 0 \qquad (5.61)$$

für alle $i = \delta+1,\ldots,n$ gelten. Aus Gl. (5.61) folgen die partiellen Differenzialgleichungen

$$\sum_{k=1}^{n} \frac{\partial t_i(\boldsymbol{x})}{\partial x_k} \cdot \frac{\partial f_k(\boldsymbol{x},u)}{\partial u} = 0, \qquad i = \delta+1,\ldots,n, \qquad (5.62)$$

als Bedingungen für die Unabhängigkeit der Funktionen $\dot{t}_i$ von u.

Bei der Wahl bzw. Ermittlung von Funktionen t_i bezüglich Gl. (5.62) müssen wir berücksichtigen, dass sich insgesamt auch ein Diffeomorphismus $\boldsymbol{z} = \boldsymbol{t}(\boldsymbol{x})$ ergibt, d. h., es muss gemäß Satz 48, S. 209,

$$\det\left(\frac{\partial \boldsymbol{t}(\boldsymbol{x})}{\partial \boldsymbol{x}}\right) \neq 0$$

gelten. Gelingt uns all dies, was im generellen Fall sehr schwierig sein wird, so leiten wir $\boldsymbol{z} = \boldsymbol{t}(\boldsymbol{x})$ nach der Zeit ab und erhalten mit

$$\dot{\boldsymbol{z}} = \begin{bmatrix} L_{\boldsymbol{f}} g(\boldsymbol{x}) \\ L_{\boldsymbol{f}}^2 g(\boldsymbol{x}) \\ \vdots \\ L_{\boldsymbol{f}}^{\delta-1} g(\boldsymbol{x}) \\ L_{\boldsymbol{f}}^{\delta} g(\boldsymbol{x}) \\ \dot{t}_{\delta+1}(\boldsymbol{x}) \\ \vdots \\ \dot{t}_n(\boldsymbol{x}) \end{bmatrix} = \begin{bmatrix} z_2 \\ z_3 \\ \vdots \\ z_\delta \\ \hat{\varphi}(\boldsymbol{z},u) \\ q_{\delta+1}(\boldsymbol{z}) \\ \vdots \\ q_n(\boldsymbol{z}) \end{bmatrix}, \quad \begin{matrix} \left.\begin{matrix} \\ \\ \\ \\ \\ \end{matrix}\right\} \text{externe Dynamik} \\ \left.\begin{matrix} \\ \\ \\ \end{matrix}\right\} \text{interne Dynamik} \end{matrix} \qquad (5.63)$$

$$y = z_1$$

dieselbe transformierte Systemdarstellung wie im eingangslinearen Fall in Gl. (5.39). Dabei gilt

$$\hat{\varphi}(\boldsymbol{z},u) = v$$

und

$$q_i(\boldsymbol{z}) = \dot{t}_i(\boldsymbol{x}) = \dot{t}_i(\boldsymbol{t}^{-1}(\boldsymbol{z})), \qquad i = \delta+1,\ldots,n.$$

Durch die Verwendung von $u = \hat{\varphi}^{-1}(\boldsymbol{z},v)$ bzw. $u = \varphi^{-1}(\boldsymbol{x},v)$ und des Regelgesetzes (5.59) können wir die externe Dynamik des transformierten Systems (5.63) regeln und dem Regelkreis jede beliebige lineare Dynamik aufprägen.

5.2.8 Relativer Grad und interne Dynamik linearer Systeme

Wir wollen im Folgenden – nur zur Vertiefung unseres regelungstechnischen Weltbildes – die exakte Linearisierung auf steuer- und beobachtbare lineare Systeme

$$\begin{aligned}\dot{\boldsymbol{x}} &= \boldsymbol{A}\boldsymbol{x} + \boldsymbol{b}\cdot u,\\ y &= \boldsymbol{c}^T\boldsymbol{x}\end{aligned} \tag{5.64}$$

anwenden. Ohne Einschränkung der Allgemeinheit können wir davon ausgehen, dass das System (5.64) in Regelungsnormalform vorliegt oder in diese transformiert wurde. D. h., es gilt

$$\boldsymbol{A} = \begin{bmatrix} 0 & 1 & 0 & \cdots & 0\\ 0 & 0 & 1 & \cdots & 0\\ \vdots & \vdots & \vdots & \ddots & \vdots\\ 0 & 0 & 0 & \cdots & 1\\ -a_0 & -a_1 & -a_2 & \cdots & -a_{n-1}\end{bmatrix}, \quad \boldsymbol{b} = \begin{bmatrix}0\\0\\\vdots\\0\\1\end{bmatrix}, \tag{5.65}$$
$$\boldsymbol{c}^T = \begin{bmatrix} b_0 & b_1 \cdots b_m & 0 \cdots 0\end{bmatrix}, \quad b_m \neq 0.$$

Die zugehörige Übertragungsfunktion lautet

$$G(s) = \frac{b_m s^m + \ldots + b_1 s + b_0}{s^n + a_{n-1}s^{n-1} + \ldots + a_1 s + a_0}. \tag{5.66}$$

Wir berechnen zuerst den relativen Grad δ. Dabei sind in den Ableitungen

$$y^{(i)} = L_{\boldsymbol{a}}^i c(\boldsymbol{x}) + L_{\boldsymbol{b}} L_{\boldsymbol{a}}^{i-1} c(\boldsymbol{x}) = \boldsymbol{c}^T\boldsymbol{A}^i\boldsymbol{x} + \boldsymbol{c}^T\boldsymbol{A}^{i-1}\boldsymbol{b}\cdot u$$

alle Terme

$$L_{\boldsymbol{b}} L_{\boldsymbol{a}}^{i-1} c(\boldsymbol{x}) = \boldsymbol{c}^T\boldsymbol{A}^{i-1}\boldsymbol{b} = 0 \tag{5.67}$$

für $i = 1, \ldots, \delta - 1$, was wir leicht anhand der Regelungsnormalform (5.65) überprüfen können. Erst für $i \geq \delta - 1$ gilt

$$\boldsymbol{c}^T\boldsymbol{A}^i\boldsymbol{b} \neq 0. \tag{5.68}$$

Mit der Leverrier-Faddejew-Souriau-Frame-Gleichung [137, 190]

$$(s\boldsymbol{I} - \boldsymbol{A})^{-1} = \frac{1}{N(s)}\sum_{k=0}^{n-1}\left(\sum_{l=0}^{k} a_{n-k+l}\boldsymbol{A}^l\right)s^{n-1-k},$$

wobei $a_n = 1$ und

$$N(s) = \det(s\boldsymbol{I} - \boldsymbol{A}) = s^n + a_{n-1}s + \ldots + a_1 s + a_0$$

das charakteristische Polynom von $\boldsymbol{A}$ ist, erhalten wir für die Übertragungsfunktion des Systems

$$G(s) = \boldsymbol{c}^T(s\boldsymbol{I} - \boldsymbol{A})^{-1}\boldsymbol{b} = \frac{1}{N(s)} \sum_{k=0}^{n-1} \left(\sum_{l=0}^{k} a_{n-k+l}\, \boldsymbol{c}^T \boldsymbol{A}^l \boldsymbol{b} \right) s^{n-1-k}.$$

Da für alle Terme $\boldsymbol{c}^T \boldsymbol{A}^l \boldsymbol{b} = 0$ für $l < \delta - 1$ gilt, folgt

$$G(s) = \frac{1}{N(s)} \sum_{k=\delta-1}^{n-1} \left(\sum_{l=\delta-1}^{k} a_{n-k+l}\, \boldsymbol{c}^T \boldsymbol{A}^l \boldsymbol{b} \right) s^{n-1-k}$$

und mit

$$b_{n-1-k} = \sum_{l=\delta-1}^{k} a_{n-k+l}\, \boldsymbol{c}^T \boldsymbol{A}^l \boldsymbol{b}, \qquad k = \delta - 1, \ldots, n-1 \;\; \text{und} \;\; a_n = 1$$

schließlich die Übertragungsfunktion

$$G(s) = \frac{b_{n-\delta}s^{n-\delta} + b_{n-\delta-1}s^{n-\delta-1} + \ldots + b_1 s + b_0}{s^n + a_{n-1}s^{n-1} + \ldots + a_1 s + a_0}. \tag{5.69}$$

Vergleichen wir die Darstellung (5.69) mit derjenigen aus Gl. (5.66), so gilt offensichtlich für den relativen Grad eines linearen Systems

$$\delta = n - m.$$

D. h., der relative Grad, der ja auch Differenzordnung genannt wird, entspricht der Differenz zwischen Nennerordnung und Zählerordnung.

Der Diffeomorphismus (5.34) und die neuen Koordinaten $\boldsymbol{z}$, die das System (5.64) auf Byrnes-Isidori-Normalform (5.39) transformieren, sind in diesem Fall durch

$$\boldsymbol{z} = \begin{bmatrix} y \\ \dot{y} \\ \vdots \\ y^{(\delta-1)} \\ y^{(\delta)} \\ \vdots \\ y^{(n+1)} \end{bmatrix} = \begin{bmatrix} z_1 \\ z_2 \\ \vdots \\ z_\delta \\ z_{\delta+1} \\ \vdots \\ z_n \end{bmatrix} = \begin{bmatrix} c(\boldsymbol{x}) \\ L_{\boldsymbol{a}}c(\boldsymbol{x}) \\ \vdots \\ L_{\boldsymbol{a}}^{\delta-1}c(\boldsymbol{x}) \\ t_{\delta+1}(\boldsymbol{x}) \\ \vdots \\ t_n(\boldsymbol{x}) \end{bmatrix} = \begin{bmatrix} \boldsymbol{c}^T\boldsymbol{x} \\ \boldsymbol{c}^T\boldsymbol{A}\boldsymbol{x} \\ \vdots \\ \boldsymbol{c}^T\boldsymbol{A}^{\delta-1}\boldsymbol{x} \\ x_1 \\ \vdots \\ x_{n-\delta} \end{bmatrix} = \boldsymbol{t}(\boldsymbol{x}) \tag{5.70}$$

gegeben. Dabei erfüllen die Funktionen $t_{\delta+i}(\boldsymbol{x}) = x_i$, $i = 1, \ldots, n-\delta$, die partiellen Differenzialgleichungen (5.37), die hier die Form

$$\frac{\partial t_{\delta+i}(\boldsymbol{x})}{\partial \boldsymbol{x}}\,\boldsymbol{b}(\boldsymbol{x}) = \frac{\partial x_i}{\partial \boldsymbol{x}}\,\boldsymbol{b} = 0, \quad i = 1, \ldots, n-\delta,$$

besitzen. Wir erinnern uns: Diese Differenzialgleichungen sichern die Unabhängigkeit der internen Dynamik von der Stellgröße u.

Wir wollen nun mittels des Diffeomorphismus (5.70), der hier linear ist, d. h. $\boldsymbol{t}(\boldsymbol{x}) = \boldsymbol{T}\boldsymbol{x} = \boldsymbol{z}$, das System (5.64) transformieren, so dass es in $\boldsymbol{z}$-Koordinaten vorliegt und die interne Dynamik sichtbar wird. Zu diesem Zweck betrachten wir die oberen δ Elemente des Vektors in Gl. (5.70), für die

$$\begin{aligned}
\boldsymbol{c}^T &= \begin{bmatrix} b_0 & b_1 \cdots b_m & 0 \cdots 0 \end{bmatrix}, \\
\boldsymbol{c}^T\boldsymbol{A} &= \begin{bmatrix} 0 & b_0 & b_1 \cdots b_m & 0 \cdots 0 \end{bmatrix}, \\
\boldsymbol{c}^T\boldsymbol{A}^2 &= \begin{bmatrix} 0 & 0 & b_0 & b_1 \cdots b_m & 0 \cdots 0 \end{bmatrix}, \\
&\ \vdots \\
\boldsymbol{c}^T\boldsymbol{A}^{\delta-1} &= \begin{bmatrix} 0 \cdots 0 & b_0 & b_1 \cdots b_m \end{bmatrix}
\end{aligned} \tag{5.71}$$

gilt. So erhält man für die Transformationsgleichung (5.70) die Form

$$\boldsymbol{z} = \boldsymbol{T}\boldsymbol{x} \tag{5.72}$$

mit der $n \times n$ – Matrix

$$\boldsymbol{T} = \left[\begin{array}{ccccccccccc}
b_0 & b_1 & b_2 & \cdots & b_{m-1} & b_m & 0 & 0 & \cdots & 0 & 0 \\
0 & b_0 & b_1 & \cdots & b_{m-2} & b_{m-1} & b_m & 0 & \cdots & 0 & 0 \\
\vdots & \vdots & \vdots & \ddots & \vdots & \vdots & \vdots & \vdots & \ddots & \vdots & \vdots \\
0 & 0 & 0 & \cdots & \cdots & \cdots & \cdots & \cdots & \cdots & 0 & 0 \\
0 & 0 & 0 & \cdots & \cdots & \cdots & \cdots & \cdots & \cdots & b_m & 0 \\
0 & 0 & 0 & \cdots & \cdots & \cdots & \cdots & \cdots & \cdots & b_{m-1} & b_m \\
1 & 0 & 0 & \cdots & 0 & 0 & 0 & 0 & \cdots & 0 & 0 \\
0 & 1 & 0 & \cdots & 0 & 0 & 0 & 0 & \cdots & 0 & 0 \\
0 & 0 & 1 & \cdots & 0 & 0 & 0 & 0 & \cdots & 0 & 0 \\
\vdots & \vdots & \vdots & \ddots & \vdots & \vdots & \vdots & \vdots & \ddots & \vdots & \vdots \\
0 & 0 & 0 & \cdots & 1 & 0 & 0 & 0 & \cdots & 0 & 0
\end{array}\right], \quad
\begin{array}{l}
\left.\vphantom{\begin{array}{c}1\\1\\1\\1\\1\\1\end{array}}\right\}\ \delta \text{ Zeilen} \\
\left.\vphantom{\begin{array}{c}1\\1\\1\\1\\1\end{array}}\right\}\ m = n-\delta \text{ Zeilen}
\end{array}$$

$$\underbrace{\qquad\qquad\qquad\qquad}_{m\,=\,n-\delta \text{ Spalten}} \quad \underbrace{\qquad\qquad\qquad\qquad\qquad}_{\delta \text{ Spalten}}$$

die für $\delta = n$ mit der aus den n Zeilenvektoren (5.71) bestehenden Beobachtbarkeitsmatrix $\boldsymbol{M}_{\mathrm{B}}$ [86] identisch ist. Die Matrix $\boldsymbol{T}$ lässt sich zweiteilen zu

$$\boldsymbol{T} = \begin{bmatrix} \boldsymbol{M} \\ \boldsymbol{Z} \end{bmatrix}, \quad \boldsymbol{M} \in I\!R^{\delta \times n}, \quad \boldsymbol{Z} \in I\!R^{(n-\delta)\times n},$$

wobei $\boldsymbol{M}$ den ersten δ Zeilen von $\boldsymbol{T}$ entspricht und $\boldsymbol{Z}$ den letzten $n-\delta$ Zeilen.

Die Matrix $\boldsymbol{T}$ ist regulär und damit auch die Transformation, denn es gilt

$$\det(\boldsymbol{T}) = \det \begin{bmatrix} \boldsymbol{M} \\ \boldsymbol{Z} \end{bmatrix} = (-1)^{n-\delta} \det \begin{bmatrix} \boldsymbol{Z} \\ \boldsymbol{M} \end{bmatrix} = (-1)^{n-\delta} b_m^{\delta},$$

da durch die Vertauschung von $\boldsymbol{M}$ und $\boldsymbol{Z}$ eine untere Dreiecksmatrix entsteht, deren Determinante dem Produkt ihrer Diagonalelemente entspricht [312]. Der Faktor $(-1)^{n-\delta}$ resultiert aus der Vertauschung der $n-\delta$ Zeilen.

Um die transformierte Systemdarstellung zu erhalten, berechnen wir zuerst die Ableitung der Transformationsgleichung (5.72)

$$\begin{aligned} \dot{\boldsymbol{z}} = \boldsymbol{T}\dot{\boldsymbol{x}} &= \begin{bmatrix} \boldsymbol{c}^T \boldsymbol{A}\boldsymbol{x} \\ \boldsymbol{c}^T \boldsymbol{A}^2 \boldsymbol{x} \\ \vdots \\ \boldsymbol{c}^T \boldsymbol{A}^{\delta} \boldsymbol{x} + \boldsymbol{c}^T \boldsymbol{A}^{\delta-1} \boldsymbol{b} \cdot u \\ \dot{x}_1 \\ \vdots \\ \dot{x}_{n-\delta} \end{bmatrix} = \begin{bmatrix} z_2 \\ z_3 \\ \vdots \\ \boldsymbol{c}^T \boldsymbol{A}^{\delta} \boldsymbol{T}^{-1} \boldsymbol{z} + \boldsymbol{c}^T \boldsymbol{A}^{\delta-1} \boldsymbol{b} \cdot u \\ x_2 \\ \vdots \\ x_{n-\delta+1} \end{bmatrix}, \\ y &= \boldsymbol{c}^T \boldsymbol{x} = z_1 \end{aligned} \tag{5.73}$$

auf Basis der Gl. (5.70) und der Gl. (5.64), (5.65). Des Weiteren gelten gemäß Gl. (5.70) die Identitäten

$$x_1 = z_{\delta+1}, \quad x_2 = z_{\delta+2}, \quad x_3 = z_{\delta+3}, \quad \ldots, \quad x_{n-\delta} = z_n \tag{5.74}$$

und mit

$$\boldsymbol{c}^T \boldsymbol{x} = b_0\, x_1 + b_1\, x_2 + \ldots + b_{n-\delta}\, x_{n-\delta+1} = z_1$$

erhält man unter Berücksichtigung von $m = n - \delta$ die Beziehung

$$\begin{aligned} x_{n-\delta+1} &= \frac{z_1 - b_0 x_1 - b_1 x_2 - \ldots - b_{n-\delta-1} x_{n-\delta}}{b_{n-\delta}} \\ &= \frac{z_1 - b_0 z_{\delta+1} - b_1 z_{\delta+2} - \ldots - b_{m-1} z_n}{b_m}. \end{aligned} \tag{5.75}$$

Setzt man die Gleichungen (5.74) und (5.75) in Gl. (5.73) ein, so ergibt sich die Systemdarstellung in Byrnes-Isidori-Normalform

$$
\begin{bmatrix} \dot{z}_1 \\ \vdots \\ \dot{z}_{\delta-1} \\ \dot{z}_\delta \\ \dot{z}_{\delta+1} \\ \vdots \\ \dot{z}_{n-1} \\ \dot{z}_n \end{bmatrix} = \begin{bmatrix} z_2 \\ \vdots \\ z_\delta \\ \boldsymbol{c}^T\boldsymbol{A}^\delta\boldsymbol{T}^{-1}\boldsymbol{z} + \boldsymbol{c}^T\boldsymbol{A}^{\delta-1}\boldsymbol{b}\cdot u \\ z_{\delta+2} \\ \vdots \\ z_n \\ -\dfrac{b_0}{b_m}z_{\delta+1} - \dfrac{b_1}{b_m}z_{\delta+2} - \ldots - \dfrac{b_{m-1}}{b_m}z_n + \dfrac{1}{b_m}z_1 \end{bmatrix}, \quad \begin{matrix} \left.\begin{matrix} \\ \\ \\ \\ \end{matrix}\right\} \text{externe Dynamik} \\ \left.\begin{matrix} \\ \\ \\ \\ \end{matrix}\right\} \text{interne Dynamik} \end{matrix}
$$

$$
y = z_1. \tag{5.76}
$$

Betrachtet man nur die interne Dynamik

$$
\begin{bmatrix} \dot{z}_{\delta+1} \\ \dot{z}_{\delta+2} \\ \vdots \\ \dot{z}_{n-1} \\ \dot{z}_n \end{bmatrix} = \begin{bmatrix} 0 & 1 & 0 & \cdots & 0 & 0 \\ 0 & 0 & 1 & \cdots & 0 & 0 \\ \vdots & \vdots & \vdots & \ddots & \vdots & \vdots \\ 0 & 0 & 0 & \cdots & 0 & 1 \\ -\dfrac{b_0}{b_m} & -\dfrac{b_1}{b_m} & -\dfrac{b_2}{b_m} & \cdots & -\dfrac{b_{m-2}}{b_m} & -\dfrac{b_{m-1}}{b_m} \end{bmatrix} \begin{bmatrix} z_{\delta+1} \\ z_{\delta+2} \\ \vdots \\ z_{n-1} \\ z_n \end{bmatrix} + \begin{bmatrix} 0 \\ 0 \\ \vdots \\ 0 \\ \dfrac{1}{b_m} \end{bmatrix} z_1,
$$

so wirkt die Zustandsgröße z_1 als Eingangsgröße. Die interne Systemdynamik, für sich allein genommen, besitzt das charakteristische Polynom $P(s)/b_m$ mit

$$
P(s) = b_m s^m + b_{m-1}s^{m-1} + \ldots + b_1 s + b_0.
$$

Die Eigenwerte der internen Dynamik sind also identisch mit den Nullstellen des linearen Systems. (Das gesamte transformierte System (5.76) besitzt natürlich dieselben Eigenwerte wie das ursprüngliche System (5.64).)

Zusammenfassend können wir folgenden Satz formulieren.

Satz 54 (Relativer Grad und interne Dynamik linearer Systeme). *Ein steuer- und beobachtbares lineares System mit der Übertragungsfunktion*

$$
G(s) = \frac{b_m s^m + b_{m-1}s^{m-1} + \ldots + b_1 s + b_0}{s^n + a_{n-1}s^{n-1} + \ldots + a_1 s + a_0}
$$

besitzt den relativen Grad $\delta = n - m$. Die Eigenwerte der internen Dynamik entsprechen den Nullstellen der Übertragungsfunktion.

Wir betrachten den Ausnahmefall eines nicht steuer- und beobachtbaren Systems. Wenn Gl. (5.68) nicht erfüllt ist, d. h. $\boldsymbol{c}^T\boldsymbol{A}^{n-1}\boldsymbol{b} = 0$, so gilt $\delta > n$, genauer $\delta = \infty$. Denn dann ist mit Gl. (5.67)

$$[\boldsymbol{c}^T\boldsymbol{b} \quad \boldsymbol{c}^T\boldsymbol{A}\boldsymbol{b} \quad \boldsymbol{c}^T\boldsymbol{A}^2\boldsymbol{b} \ \cdots \ \boldsymbol{c}^T\boldsymbol{A}^{n-1}\boldsymbol{b}] = \boldsymbol{c}^T\boldsymbol{M}_{\mathrm{S}} = (\boldsymbol{M}_{\mathrm{B}}\boldsymbol{b})^T = \boldsymbol{0}.$$

Dies ist nur möglich, wenn die Steuerbarkeitsmatrix $\boldsymbol{M}_{\mathrm{S}} = [\boldsymbol{b} \ \boldsymbol{A}\boldsymbol{b} \ \cdots \ \boldsymbol{A}^{n-1}\boldsymbol{b}]$ und die Beobachtbarkeitsmatrix $\boldsymbol{M}_{\mathrm{B}}$ nicht regulär sind. Das System ist also im Fall $\delta = \infty$ weder steuer- noch beobachtbar.

Im Folgenden ziehen wir noch einen Analogieschluss zu nichtlinearen Systemen. Bei linearen wie nichtlinearen Systemen kann die interne Dynamik durch

$$\dot{\boldsymbol{z}}_{\mathrm{int}} = \boldsymbol{q}(\boldsymbol{z}_{\mathrm{int}}, \boldsymbol{z}_{\mathrm{ext}})$$

mit

$$\boldsymbol{z}_{\mathrm{ext}} = [z_1 \cdots z_\delta]^T \qquad \text{und} \qquad \boldsymbol{z}_{\mathrm{int}} = [z_{\delta+1} \cdots z_n]^T$$

dargestellt werden. Setzt man in Gl. (5.76)

$$u = -\frac{\boldsymbol{c}^T\boldsymbol{A}^\delta\boldsymbol{T}^{-1}\boldsymbol{z}}{\boldsymbol{c}^T\boldsymbol{A}^{\delta-1}\boldsymbol{b}}$$

sowie die Anfangswerte von $\boldsymbol{z}_{\mathrm{ext}}(t)$ zu $\boldsymbol{z}_{\mathrm{ext}}(0) = \boldsymbol{0}$, so gilt

$$\boldsymbol{z}_{\mathrm{ext}}(t) = \boldsymbol{0} \quad \text{für } t \geq 0$$

und so auch $y(t) = z_1 = 0$. Die interne Dynamik ist nun unbeeinflusst durch die aus der externen Dynamik kommenden Zustandsgrößen $\boldsymbol{z}_{\mathrm{ext}}$, genauer z_1, die sozusagen die Eingangsgröße der internen Dynamik ist. So gilt

$$\dot{\boldsymbol{z}}_{\mathrm{int}} = \boldsymbol{q}(\boldsymbol{z}_{\mathrm{int}}, \boldsymbol{0}), \tag{5.77}$$

und im Fall linearer Systeme ist die interne Dynamik nur durch die Nullstellen des Systems beherrscht. Man nennt diesen speziellen Fall der internen Dynamik *Nulldynamik* und durch Gl. (5.77) ist sie auch für nichtlineare Systeme definiert. Die Nulldynamik nichtlinearer Systeme hat also eine ähnliche Bedeutung, wie sie die Nullstellen linearer Systeme haben.

Falls die Nulldynamik (5.77), genauer ihre Ruhelage $\boldsymbol{z}_{\mathrm{int,R}} = \boldsymbol{0}$, asymptotisch stabil ist, bezeichnet man das nichtlineare System oft auch als *minimalphasig* oder *phasenminimal*[2]. Dies erfolgt in Analogie zur Minimalphasigkeit linearer Systeme, die minimalphasig heißen, wenn sie nur Pol- und Nullstellen s_i mit $\mathrm{Re}\{s_i\} < 0$ besitzen [125, 219]. Für den Fall, dass die Ruhelage $\boldsymbol{z}_{\mathrm{int,R}}$ der Nulldynamik nicht asymptotisch stabil ist, sondern nur stabil im Sinne von Ljapunov, nennt man das System auch *schwach phasenminimal*.

[2] Der Begriff *minimalphasig* bzw. *phasenminimal* wurde von H.W. Bode [32] eingeführt und wird vor allem in der Nachrichtentechnik [219] verwendet. Seine Definition ist in der Literatur nicht eindeutig. U. a. wird er beim Filterentwurf, für den eine möglichst geringe Phasenverschiebung wichtig ist, benutzt. Die übliche Verwendung des Begriffs als Stabilitätsbezeichnung für die interne Dynamik bzw. Nulldynamik erscheint dagegen fehlleitend, da die Stabilität eines nichtlinearen Systems nicht mit einem Phasengang korrespondiert, den ein nichtlineares System auch gar nicht besitzt. In diesem Buch wird daher die besser passende und auch ausreichende Begrifflichkeit der asymptotischen Stabilität bzw. Stabilität im Sinne von Ljapunov für die interne Dynamik benutzt. Siehe hierzu auch [332].

5.2.9 Regelgesetz im linearen Fall

In Ergänzung zum vorherigen Abschnitt wollen wir noch den Regler betrachten, den wir mit dem Verfahren der exakten Eingangs-/Ausgangslinearisierung für die lineare Regelstrecke (5.64), (5.65) erhalten. Aus praktischer Sicht ist dies natürlich nicht nötig, da ein lineares System ja nicht linearisiert werden muss. Wir erhalten aber so zwei weitere interessante Einsichten in das Verfahren.

Es gilt hier für das Regelgesetz der E/A-Linearisierung

$$u = -\frac{\boldsymbol{c}^T \boldsymbol{A}^{\delta} \boldsymbol{T}^{-1} \boldsymbol{z} + \boldsymbol{k}^T \boldsymbol{z}}{\boldsymbol{c}^T \boldsymbol{A}^{\delta-1} \boldsymbol{b}} + \frac{V}{\boldsymbol{c}^T \boldsymbol{A}^{\delta-1} \boldsymbol{b}} w, \quad \boldsymbol{k}^T = [\hat{a}_0 \ \cdots \ \hat{a}_{\delta-1} \ 0 \ \cdots \ 0], \tag{5.78}$$

und eingesetzt in die transformierte Gl. (5.76) der Regelstrecke ergibt sich

$$\begin{bmatrix} \dot{z}_1 \\ \vdots \\ \dot{z}_{\delta-1} \\ \dot{z}_{\delta} \\ \dot{z}_{\delta+1} \\ \vdots \\ \dot{z}_{n-1} \\ \dot{z}_n \end{bmatrix} = \underbrace{\begin{bmatrix} 0 & 1 & 0 & \cdots & 0 & 0 & 0 & 0 & \cdots & 0 \\ \vdots & \vdots & \vdots & \ddots & \vdots & \vdots & \vdots & \vdots & \ddots & \vdots \\ 0 & 0 & 0 & \cdots & 1 & 0 & 0 & 0 & \cdots & 0 \\ -\hat{a}_0 & -\hat{a}_1 & -\hat{a}_2 & \cdots & -\hat{a}_{\delta-1} & 0 & 0 & 0 & \cdots & 0 \\ 0 & 0 & 0 & \cdots & 0 & 0 & 1 & 0 & \cdots & 0 \\ \vdots & \vdots & \vdots & \ddots & \vdots & \vdots & \vdots & \vdots & \ddots & \vdots \\ 0 & 0 & 0 & \cdots & 0 & 0 & 0 & 0 & \cdots & 1 \\ \frac{1}{b_m} & 0 & 0 & \cdots & 0 & -\frac{b_0}{b_m} & -\frac{b_1}{b_m} & -\frac{b_2}{b_m} & \cdots & -\frac{b_{m-1}}{b_m} \end{bmatrix}}_{\hat{\boldsymbol{A}}} \begin{bmatrix} z_1 \\ \vdots \\ z_{\delta-1} \\ z_{\delta} \\ z_{\delta+1} \\ \vdots \\ z_{n-1} \\ z_n \end{bmatrix} + \underbrace{\begin{bmatrix} 0 \\ \vdots \\ 0 \\ V \\ 0 \\ \vdots \\ 0 \\ 0 \end{bmatrix}}_{\hat{\boldsymbol{b}}} w,$$

$$y = \underbrace{\begin{bmatrix} 1 & 0 & \cdots & 0 \end{bmatrix}}_{\hat{\boldsymbol{c}}^T} \boldsymbol{z} \tag{5.79}$$

als Beschreibung des Regelkreises. Hieraus erkennt man, dass nur die ersten δ Gleichungen für das Eingangs-/Ausgangsverhalten relevant sind.

Wir ermitteln noch die Übertragungsfunktion

$$G(s) = \frac{Y(s)}{W(s)} = \hat{\boldsymbol{c}}^{\boldsymbol{T}} (s\boldsymbol{I} - \hat{\boldsymbol{A}})^{-1} \hat{\boldsymbol{b}}.$$

Die Systemmatrix $\hat{\boldsymbol{A}}$ und damit auch $s\boldsymbol{I} - \hat{\boldsymbol{A}}$ sind untere Blockdreiecksmatrizen. Daher können wir $(s\boldsymbol{I} - \hat{\boldsymbol{A}})^{-1}$ einfach berechnen, denn für die Inverse einer unteren Blockdreiecksmatrix

$$\boldsymbol{X} = \begin{bmatrix} \boldsymbol{X}_{11} & \boldsymbol{0} \\ \boldsymbol{X}_{21} & \boldsymbol{X}_{22} \end{bmatrix}$$

gilt [312]

$$\boldsymbol{X}^{-1} = \begin{bmatrix} \boldsymbol{X}_{11}^{-1} & \boldsymbol{0} \\ -\boldsymbol{X}_{22}^{-1}\boldsymbol{X}_{21}\boldsymbol{X}_{11}^{-1} & \boldsymbol{X}_{22}^{-1} \end{bmatrix}.$$

Nun partitionieren wir $\hat{\boldsymbol{A}}$, $\hat{\boldsymbol{b}}$ und $\hat{\boldsymbol{c}}^T$ entsprechend in der Form

$$\hat{\boldsymbol{A}} = \begin{bmatrix} \hat{\boldsymbol{A}}_{\text{ext}} & \boldsymbol{0} \\ \hat{\boldsymbol{A}}_{\text{v}} & \hat{\boldsymbol{A}}_{\text{int}} \end{bmatrix}, \hat{\boldsymbol{b}} = \begin{bmatrix} \hat{\boldsymbol{b}}_{\text{ext}} \\ \boldsymbol{0} \end{bmatrix} \text{ und } \hat{\boldsymbol{c}}^T = \begin{bmatrix} \hat{\boldsymbol{c}}_{\text{ext}} & \boldsymbol{0} \end{bmatrix}, \tag{5.80}$$

wobei $\hat{\boldsymbol{A}}_{\text{ext}} \in \mathbb{R}^{\delta\times\delta}$, $\hat{\boldsymbol{A}}_{\text{v}} \in \mathbb{R}^{m\times\delta}$, $\hat{\boldsymbol{A}}_{\text{int}} \in \mathbb{R}^{m\times m}$ und $\hat{\boldsymbol{c}}_{\text{ext}}$, $\hat{\boldsymbol{b}}_{\text{ext}} \in \mathbb{R}^{\delta}$ gilt. Wir beachten ferner, dass $\hat{\boldsymbol{c}}^{\boldsymbol{T}}$ nur ein von null verschiedenes Element $\hat{c}_1 = 1$ besitzt, weshalb wir die untere Zeile von $\hat{\boldsymbol{A}}$ in Gl. (5.80) für die Berechnung der Übertragungsfunktion nicht berücksichtigen müssen, und erhalten so

$$\begin{aligned} G(s) &= \hat{\boldsymbol{c}}^{\boldsymbol{T}}(s\boldsymbol{I} - \hat{\boldsymbol{A}})^{-1}\hat{\boldsymbol{b}} = \hat{\boldsymbol{c}}_{\text{ext}}^T(s\boldsymbol{I} - \hat{\boldsymbol{A}}_{\text{ext}})^{-1}\hat{\boldsymbol{b}}_{\text{ext}} = \\ &= \begin{bmatrix} 1 \; 0 \cdots 0 \end{bmatrix} \left(s\boldsymbol{I} - \begin{bmatrix} 0 & 1 & 0 & \cdots & 0 \\ \vdots & \vdots & \vdots & \ddots & \vdots \\ 0 & 0 & 0 & \cdots & 1 \\ -\hat{a}_0 & -\hat{a}_1 & -\hat{a}_2 & \cdots & -\hat{a}_{\delta-1} \end{bmatrix} \right)^{-1} \begin{bmatrix} 0 \\ \vdots \\ 0 \\ V \end{bmatrix} \\ &= \frac{V}{s^\delta + \hat{a}_{\delta-1}s^{\delta-1} + \ldots + \hat{a}_1 s + \hat{a}_0}. \end{aligned} \tag{5.81}$$

Obiges Ergebnis erstaunt uns nicht, schließlich ist das Übertragungsverhalten eines mittels exakter Eingangs-/Ausgangslinearisierung geregelten Systems mit relativem Grad δ immer von der Form (5.81).

Wir erkennen hier aber auch noch einmal, dass der Regler (5.78) zu einer Reduzierung der Systemordnung von der Ordnung n der Regelstrecke (5.76) auf die Ordnung δ des Übertragungsverhaltens (5.81) führt. Das ist allerdings nur dann so, wenn die Systemmatrix $\boldsymbol{A}$, der Steuervektor $\boldsymbol{b}$ und der Ausgangsvektor $\boldsymbol{c}$ im Regelgesetz (5.78) den Modellparametern $\boldsymbol{A}_{\text{m}}$, $\boldsymbol{b}_{\text{m}}$ und $\boldsymbol{c}_{\text{m}}$ der Regelstrecke exakt entsprechen. Weichen die Modellparameter in $\boldsymbol{A}_{\text{m}}$, $\boldsymbol{b}_{\text{m}}$ und $\boldsymbol{c}_{\text{m}}$ dagegen von den realen Systemparametern in $\boldsymbol{A}$, $\boldsymbol{b}$ und $\boldsymbol{c}$ ab, so kompensiert das Regelgesetz (5.78) nicht mehr den Eigendynamikanteil

$$\boldsymbol{c}^T\boldsymbol{A}^\delta\boldsymbol{T}^{-1}\boldsymbol{z}$$

der Regelstrecke (5.76). D. h., wir erhalten nach Einsetzen des Regelgesetzes (5.78),

$$u = -\frac{\boldsymbol{c}_{\text{m}}^T\boldsymbol{A}_{\text{m}}^\delta\boldsymbol{T}^{-1}\boldsymbol{z} + \boldsymbol{k}^T\boldsymbol{z}}{\boldsymbol{c}_{\text{m}}^T\boldsymbol{A}_{\text{m}}^{\delta-1}\boldsymbol{b}_{\text{m}}} + \frac{V}{\boldsymbol{c}_{\text{m}}^T\boldsymbol{A}_{\text{m}}^{\delta-1}\boldsymbol{b}_{\text{m}}}w,$$

in Gl. (5.76) nicht mehr die Differenzialgleichung

$$\dot{z}_\delta = \boldsymbol{k}^T \boldsymbol{z} + Vw = -\hat{a}_{\delta-1} z_\delta - \hat{a}_{\delta-2} z_{\delta-1} - \ldots - \hat{a}_1 z_2 - \hat{a}_0 z_1 + Vw,$$

sondern

$$\dot{z}_\delta = \left[\boldsymbol{c}^T \boldsymbol{A}^\delta \boldsymbol{T}^{-1} - \frac{\boldsymbol{c}^T \boldsymbol{A}^{\delta-1} \boldsymbol{b}}{\boldsymbol{c}_\mathrm{m}^T \boldsymbol{A}_\mathrm{m}^{\delta-1} \boldsymbol{b}_\mathrm{m}} (\boldsymbol{c}_\mathrm{m}^T \boldsymbol{A}_\mathrm{m}^\delta \boldsymbol{T}^{-1} + \boldsymbol{k}^T) \right] \boldsymbol{z} + V \frac{\boldsymbol{c}^T \boldsymbol{A}^{\delta-1} \boldsymbol{b}}{\boldsymbol{c}_\mathrm{m}^T \boldsymbol{A}_\mathrm{m}^{\delta-1} \boldsymbol{b}_\mathrm{m}} w.$$

Nun ist also die Ableitung $\dot{z}_\delta$ vom gesamten Zustandsvektor $\boldsymbol{z}$, also auch von den Zuständen $z_{\delta+1}, \ldots, z_n$ der internen Dynamik, abhängig. Folglich hat die Systemmatrix $\hat{\boldsymbol{A}}$ des Regelkreises nicht mehr die Gestalt einer unteren Blockdreicksmatrix wie in Gl. (5.79), sondern ist vollbesetzt und die Übertragungsfunktion besitzt die Ordnung n und nicht wie im Fall einer exakten Modellierung die Ordnung δ. Bei ungenauer Modellierung tritt also eine Erhöhung der Systemordnung der Übertragungsfunktion (5.81) auf und die Zustände der internen Dynamik beeinflussen nun auch das Ein-/Ausgangsverhalten. Die daraus resultierende Problematik ist offensichtlich. Z. B. können nun hinzukommende schwach gedämpfte oder langsame Eigenbewegungen das eigentlich geplante Übertragungsverhalten (5.79) empfindlich stören. Im nichtlinearen Fall sind diese Robustheitsprobleme ähnlich. Es kommt aber noch erschwerend hinzu, dass bei Abweichungen des Modells von der realen Regelstrecke, das Regelkreisverhalten nicht mehr linear ist.

Wir halten fest, dass die exakte Eingangs-/Ausgangslinearisierung einer genauen Modellbildung bedarf, damit sich das geplante Übertragungsverhalten zwischen Führungsgröße w und Ausgangsgröße y auch tatsächlich einstellt.

Es ergibt sich folgende weitere Erkenntnis: Der Regler (5.78) der exakten Eingangs-/Ausgangslinearisierung fungiert als Kompensationsregler, denn Polstellen werden gegen Nulstellen gekürzt. Dies bewirkt, dass der Regelkreis nicht mehr beobachtbar ist. Die Nichtbeobachtbarkeit hängt damit zusammen, dass die Übertragungsfunktion (5.81) eine um den Wert $n - \delta$ reduzierte Ordnung gegenüber der Zustandsraumdarstellung des geregelten Systems (5.79) aufweist. Aus der linearen Systemtheorie wissen wir nämlich, dass ein Zustandsraummodell der Ordnung n dann und nur dann eine Übertragungsfunktion mit einer Ordnung kleiner n besitzt, wenn es nicht steuerbar oder beobachtbar ist. Anhand der Beobachtbarkeitsmatrix

$$\boldsymbol{M}_\mathrm{B} = \begin{bmatrix} \hat{\boldsymbol{c}}^T \\ \hat{\boldsymbol{c}}^T \hat{\boldsymbol{A}} \\ \vdots \\ \hat{\boldsymbol{c}}^T \hat{\boldsymbol{A}}^{n-1} \end{bmatrix} = \begin{bmatrix} \hat{\boldsymbol{c}}_\mathrm{ext}^T & \boldsymbol{0} \\ \hat{\boldsymbol{c}}_\mathrm{ext}^T \hat{\boldsymbol{A}}_\mathrm{ext} & \boldsymbol{0} \\ \vdots & \vdots \\ \hat{\boldsymbol{c}}_\mathrm{ext}^T \hat{\boldsymbol{A}}_\mathrm{ext} & \boldsymbol{0} \end{bmatrix}$$

des Regelkreises (5.79) können wir seine Nichtbeobachtbarkeit auch zeigen, denn die letzten $n - \delta$ Spalten der Beobachtbarkeitsmatrix sind Nullvektoren. Folglich ist $\boldsymbol{M}_\mathrm{B}$ nicht regulär. Die Regularität von $\boldsymbol{M}_\mathrm{B}$ ist aber notwendig und hinreichend für die Beobachtbarkeit des Regelkreises. Man beachte, dass die Regelstrecke (5.64) aber im Allgemeinen beobachtbar ist.

5.2.10 Stabilität von interner Dynamik und Nulldynamik

Wir haben in den vorherigen Kapiteln festgestellt, dass ein Regelkreis mit exakter Eingangs-/Ausgangslinearisierung eine stabile interne Dynamik benötigt, um stabil zu sein. Schaut man genauer, so stellen sich diesbezüglich verschiedene Fragen. Welche Art von Stabilität ist für die interne Dynamik zu fordern? Muss Eingangs-Zustands-Stabilität gegeben sein? Welche Bedeutung hat in diesem Zusammenhang die Nulldynamik?

Zuerst einmal müssen wir hervorheben, dass die interne Dynamik

$$\begin{bmatrix} \dot{z}_{\delta+1} \\ \vdots \\ \dot{z}_n \end{bmatrix} = \begin{bmatrix} q_{\delta+1}(z_1, \ldots, z_\delta, z_{\delta+1}, \ldots, z_n) \\ \vdots \\ q_n(z_1, \ldots, z_\delta, z_{\delta+1}, \ldots, z_n) \end{bmatrix},$$

kürzer geschrieben mit $\boldsymbol{z}_{\text{int}} = [z_{\delta+1} \ \cdots \ z_n]^T$ und $\boldsymbol{z}_{\text{ext}} = [z_1 \ \cdots \ z_\delta]^T$ als

$$\dot{\boldsymbol{z}}_{\text{int}} = \boldsymbol{q}(\boldsymbol{z}_{\text{int}}, \boldsymbol{z}_{\text{ext}}), \tag{5.82}$$

in der Regel nichtlinear ist. Demgemäß kann sie mehrere Ruhelagen besitzen. Daher können wir im Allgemeinen nicht von der Stabilität der internen Dynamik sprechen, sondern nur von der jeweiligen Stabilität ihrer Ruhelagen. Wir müssen also zwischen lokaler und globaler Stabilität unterscheiden. Die geregelte externe Dynamik des exakt linearisierten Systems ist dagegen linear. Mithin existiert für sie nur eine üblicherweise asymptotisch stabile Ruhelage bei null.

Da die Analyse der Stabilität einer Ruhelage stets von verschwindenden Eingangswerten ausgeht, sind für diese Untersuchung die Eingangswerte

$$z_1, \ldots, z_\delta$$

der internen Dynamik zu null zu setzen. Dann erhalten wir gerade die Nulldynamik

$$\dot{\boldsymbol{z}}_{\text{int}} = \boldsymbol{q}(\boldsymbol{z}_{\text{int}}, \boldsymbol{0}),$$

d. h., wir können die Stabilität der Ruhelage der internen Dynamik anhand der Nulldynamik untersuchen. Am einfachsten ist die Situation, wenn eine einzige global asymptotische Ruhelage vorliegt. Existieren dagegen mehrere Ruhelagen, so liegt allenfalls lokale Stabilität vor. Im letzteren Fall ist sicherzustellen, dass diese lokale Stabilität für den Regelkreisbetrieb ausreichend ist.

Zweifelsfrei ist eine stabile Ruhelage der internen Dynamik eine notwendige Bedingung für die Stabilität der Ruhelage des Regelkreises. Ist dies zusammen mit einer stabilen Ruhelage der externen Dynamik aber auch hinreichend für die Stabilität der Ruhelage des aus externer und interner Dynamik bestehenden Regelkreises? Diese Frage ist durchaus berechtigt, denn die externe

Dynamik beeinflusst über die Variablen $z_1, \ldots, z_\delta$ die interne Dynamik. Bezeichnen wir die externe Dynamik des exakt linearisierten Regelkreises mittels

$$\dot{\boldsymbol{z}}_{\mathrm{ext}} = \hat{\boldsymbol{A}}_{\mathrm{ext}}\boldsymbol{z}_{\mathrm{ext}} + \hat{\boldsymbol{b}}_{\mathrm{ext}} \cdot w, \tag{5.83}$$

so erhalten wir mit der internen Dynamik (5.82) ein zusammengesetztes System der Form

$$\begin{aligned} \dot{\boldsymbol{z}}_{\mathrm{ext}} &= \hat{\boldsymbol{A}}_{\mathrm{ext}}\boldsymbol{z}_{\mathrm{ext}} + \hat{\boldsymbol{b}}_{\mathrm{ext}} \cdot w, &&\Big\}\ \text{externe Dynamik} \\ \dot{\boldsymbol{z}}_{\mathrm{int}} &= \boldsymbol{q}(\boldsymbol{z}_{\mathrm{int}}, \boldsymbol{z}_{\mathrm{ext}}) &&\Big\}\ \text{interne Dynamik} \end{aligned} \tag{5.84}$$

mit der Ruhelage

$$\boldsymbol{z}_{\mathrm{R}} = \begin{bmatrix} \boldsymbol{z}_{\mathrm{ext,R}} \\ \boldsymbol{z}_{\mathrm{int,R}} \end{bmatrix} = \boldsymbol{0}. \tag{5.85}$$

Dabei sind wir ohne Beschränkung der Allgemeinheit davon ausgegangen, dass die Ruhelage – oder im Fall mehrerer Ruhelagen eventuell auch nur eine der Ruhelagen – der internen Dynamik in $\boldsymbol{z}_{\mathrm{int}} = \boldsymbol{0}$ liegt oder dorthin transformiert wurde.

Gemäß [265, 311] besitzt das zusammengesetzte System (5.84) mit einer stetig differenzierbaren Funktion $\boldsymbol{q}$ genau dann eine asymptotisch stabile Ruhelage (5.85), wenn die Ruhelagen $\boldsymbol{z}_{\mathrm{ext,R}} = \boldsymbol{0}$ und $\boldsymbol{z}_{\mathrm{int,R}} = \boldsymbol{0}$ der beiden Teilsysteme asymptotisch stabil sind. Somit erhalten wir

Satz 55 (Stabilität eines exakt linearisierten Systems). *Die Ruhelage $\boldsymbol{z}_{\mathrm{R}} = \boldsymbol{0}$ eines exakt linearisierten Systems*

$$\dot{\boldsymbol{z}} = \begin{bmatrix} \dot{\boldsymbol{z}}_{\mathrm{ext}} \\ \dot{\boldsymbol{z}}_{\mathrm{int}} \end{bmatrix} = \begin{bmatrix} \hat{\boldsymbol{A}}_{\mathrm{ext}}\boldsymbol{z}_{\mathrm{ext}} \\ \boldsymbol{q}(\boldsymbol{z}_{\mathrm{int}}, \boldsymbol{z}_{\mathrm{ext}}) \end{bmatrix} + \begin{bmatrix} \hat{\boldsymbol{b}}_{\mathrm{ext}} \\ \boldsymbol{0} \end{bmatrix} w$$

mit einer stetig differenzierbaren Funktion $\boldsymbol{q}$ ist genau dann (global) asymptotisch stabil, wenn die Matrix $\hat{\boldsymbol{A}}_{\mathrm{ext}}$ nur Eigenwerte mit negativem Realteil besitzt und die Nulldynamik $\dot{\boldsymbol{z}}_{\mathrm{int}} = \boldsymbol{q}(\boldsymbol{z}_{\mathrm{int}}, \boldsymbol{0})$ eine (global) asymptotisch stabile Ruhelage $\boldsymbol{z}_{\mathrm{int,R}} = \boldsymbol{0}$.

Mit obigem Ergebnis haben wir festgestellt, dass die Stabilität der Ruhelage $\boldsymbol{z}_{\mathrm{R}} = \boldsymbol{0}$ des exakt linearisierten Systems im Wesentlichen von der Nulldynamik bestimmt wird. Es bleibt zu klären, wie es mit der Eingangs-Zustands-Stabilität des exakt linearisierten Regelkreises bestellt ist. Für den linearen Dynamikanteil der geregelten externen Dynamik (5.83) ist dies einfach festzustellen. Gemäß Satz 1, S. 17, ist er E/Z-stabil, weil die geregelte externe Dynamik asymptotisch stabil ist. Da nun aber im Falle einer variierenden Führungsgröße w der Eingangsvektor $\boldsymbol{z}_{\mathrm{ext}}$ der internen Dynamik (5.82) variiert, also von null verschieden ist, muss auch die interne Dynamik auf ihre E/Z-Stabilität hin untersucht werden.

5.2.11 Exakte Linearisierung von MIMO-Systemen

Wir wollen im Weiteren die exakte Eingangs-/Ausgangslinearisierung auch auf MIMO-Systeme

$$\begin{aligned}\dot{\boldsymbol{x}} &= \boldsymbol{a}(\boldsymbol{x}) + \sum_{i=1}^{m} \boldsymbol{b}_i(\boldsymbol{x})u_i,\\ \boldsymbol{y} &= \boldsymbol{c}(\boldsymbol{x})\end{aligned} \tag{5.86}$$

mit n Zustandsgrößen x_i, m Eingangsgrößen u_i und m Ausgangsgrößen y_i anwenden.

Die gleiche Anzahl m sowohl der Eingangsgrößen als auch der Ausgangsgrößen erscheint uns als Einschränkung. Wenn wir Systeme mit mehr Ausgangsgrößen als Eingangsgrößen betrachten wollen, ist dies auch so. Es ist nämlich aufwendig und mit einer konstruktiven Erweiterung des Systems verbunden, zusätzliche Stellgrößen hinzuzufügen. Wollen wir dagegen Systeme mit mehr Eingängen als Ausgängen behandeln, so können wir durch die Hinzunahme weiterer Ausgangsgrößen die Dimension des Ausgangsvektors der des Eingangsvektors anpassen. Solche zusätzlichen Ausgangsgrößen y_i können Zustandsgrößen x_j sein, die im Ausgangsvektor $\boldsymbol{c}(\boldsymbol{x})$ nicht vorkommen.

Unser Ziel ist es nun, wie im SISO-Fall, einen Regler und ein Vorfilter zu entwerfen, welche das dynamische Verhalten zwischen den Eingangsgrößen u_i und den Ausgangsgrößen y_i linearisieren. Hierfür betrachten wir zuerst nur eine einzelne Ausgangsgröße $y_i = c_i(\boldsymbol{x})$ des Systems und leiten diese ab zu

$$\begin{aligned}
y_i &= c_i(\boldsymbol{x}),\\
\dot{y}_i &= L_{\boldsymbol{a}}c_i(\boldsymbol{x}) + \sum_{k=1}^{m} \underbrace{L_{\boldsymbol{b}_k}c_i(\boldsymbol{x})}_{0}\,u_k,\\
\ddot{y}_i &= L_{\boldsymbol{a}}^2c_i(\boldsymbol{x}) + \sum_{k=1}^{m} \underbrace{L_{\boldsymbol{b}_k}L_{\boldsymbol{a}}c_i(\boldsymbol{x})}_{0}\,u_k,\\
&\vdots\\
y_i^{(\delta_i-1)} &= L_{\boldsymbol{a}}^{\delta_i-1}c_i(\boldsymbol{x}) + \sum_{k=1}^{m} \underbrace{L_{\boldsymbol{b}_k}L_{\boldsymbol{a}}^{\delta_i-2}c_i(\boldsymbol{x})}_{0}\,u_k,\\
y_i^{(\delta_i)} &= L_{\boldsymbol{a}}^{\delta_i}c_i(\boldsymbol{x}) + \sum_{k=1}^{m} \underbrace{L_{\boldsymbol{b}_k}L_{\boldsymbol{a}}^{\delta_i-1}c_i(\boldsymbol{x})}_{\substack{\neq 0 \text{ für min-}\\ \text{destens ein } k}}\,u_k.
\end{aligned} \tag{5.87}$$

In dieser Folge von Ableitungen sind alle Lie-Derivierten bezüglich der Vektoren $\boldsymbol{b}_k$, $k = 1,\dots,m$, gleich null. Nur in der Ableitung $y_i^{(\delta_i)}$ ist zumindest eine der Lie-Derivierten bezüglich eines Vektors $\boldsymbol{b}_k$ von null verschieden. Wir definieren daher, ähnlich wie im SISO-Fall, den zur Ausgangsgröße y_i gehörenden relativen Grad δ_i dadurch, dass

$$L_{\boldsymbol{b}_k} L_{\boldsymbol{a}}^{l-1} c_i(\boldsymbol{x}) = 0, \quad l = 1, \ldots, \delta_i - 1,$$

und

$$L_{\boldsymbol{b}_k} L_{\boldsymbol{a}}^{\delta_i - 1} c_i(\boldsymbol{x}) \neq 0 \tag{5.88}$$

für mindestens ein $k \in \{1, \ldots, m\}$ gilt.

Dies führen wir nun für alle Ausgangsgrößen $y_i, \ldots, y_m$, aus und bestimmen so die zugehörigen relativen Grade $\delta_i, \ldots, \delta_m$ sowie die m Gleichungen

$$\begin{aligned}
y_1^{(\delta_1)} &= L_{\boldsymbol{a}}^{\delta_1} c_1(\boldsymbol{x}) + \sum_{k=1}^{m} L_{\boldsymbol{b}_k} L_{\boldsymbol{a}}^{\delta_1 - 1} c_1(\boldsymbol{x}) u_k, \\
y_2^{(\delta_2)} &= L_{\boldsymbol{a}}^{\delta_2} c_2(\boldsymbol{x}) + \sum_{k=1}^{m} L_{\boldsymbol{b}_k} L_{\boldsymbol{a}}^{\delta_2 - 1} c_2(\boldsymbol{x}) u_k, \\
&\vdots \\
y_m^{(\delta_m)} &= L_{\boldsymbol{a}}^{\delta_m} c_m(\boldsymbol{x}) + \sum_{k=1}^{m} L_{\boldsymbol{b}_k} L_{\boldsymbol{a}}^{\delta_m - 1} c_m(\boldsymbol{x}) u_k.
\end{aligned} \tag{5.89}$$

Die Gleichungen (5.89) schreiben wir übersichtlicher in der vektoriellen Form

$$\mathring{\boldsymbol{y}} = \mathring{\boldsymbol{c}}(\boldsymbol{x}) + \boldsymbol{D}(\boldsymbol{x}) \cdot \boldsymbol{u} \tag{5.90}$$

mit den m - dimensionalen Vektoren

$$\mathring{\boldsymbol{y}} = \begin{bmatrix} y^{(\delta_1)} \\ y^{(\delta_2)} \\ \vdots \\ y^{(\delta_m)} \end{bmatrix}, \quad \mathring{\boldsymbol{c}}(\boldsymbol{x}) = \begin{bmatrix} L_{\boldsymbol{a}}^{\delta_1} c_1(\boldsymbol{x}) \\ L_{\boldsymbol{a}}^{\delta_2} c_2(\boldsymbol{x}) \\ \vdots \\ L_{\boldsymbol{a}}^{\delta_m} c_m(\boldsymbol{x}) \end{bmatrix}$$

und der $m \times m$ - Matrix

$$\boldsymbol{D}(\boldsymbol{x}) = \begin{bmatrix} L_{\boldsymbol{b}_1} L_{\boldsymbol{a}}^{\delta_1 - 1} c_1(\boldsymbol{x}) & L_{\boldsymbol{b}_2} L_{\boldsymbol{a}}^{\delta_1 - 1} c_1(\boldsymbol{x}) & \cdots & L_{\boldsymbol{b}_m} L_{\boldsymbol{a}}^{\delta_1 - 1} c_1(\boldsymbol{x}) \\ L_{\boldsymbol{b}_1} L_{\boldsymbol{a}}^{\delta_2 - 1} c_2(\boldsymbol{x}) & L_{\boldsymbol{b}_2} L_{\boldsymbol{a}}^{\delta_2 - 1} c_2(\boldsymbol{x}) & \cdots & L_{\boldsymbol{b}_m} L_{\boldsymbol{a}}^{\delta_2 - 1} c_2(\boldsymbol{x}) \\ \vdots & \vdots & \ddots & \vdots \\ L_{\boldsymbol{b}_1} L_{\boldsymbol{a}}^{\delta_m - 1} c_m(\boldsymbol{x}) & L_{\boldsymbol{b}_2} L_{\boldsymbol{a}}^{\delta_m - 1} c_m(\boldsymbol{x}) & \cdots & L_{\boldsymbol{b}_m} L_{\boldsymbol{a}}^{\delta_m - 1} c_m(\boldsymbol{x}) \end{bmatrix}.$$

Die Kreise über den Vektoren $\mathring{\boldsymbol{y}}$ und $\mathring{\boldsymbol{c}}$ symbolisieren die mehrfachen Ableitungen $y^{(\delta_i)}$ und $L_{\boldsymbol{a}}^{\delta_i} c_i(\boldsymbol{x})$ der Vektorelemente.

Die hergeleitete Beziehung (5.90) ist die Schlüsselgleichung für die exakte Eingangs-/Ausgangslinearisierung von MIMO-Systemen. Offensichtlich kann man, falls $\boldsymbol{D}(\boldsymbol{x})$ regulär ist, einen neuen Stellgrößenvektor $\boldsymbol{v} \in I\!R^m$ mit

$$\boldsymbol{u} = -\boldsymbol{D}^{-1}(\boldsymbol{x}) \cdot (\mathring{\boldsymbol{c}}(\boldsymbol{x}) - \boldsymbol{v}) \tag{5.91}$$

einführen, der – eingesetzt in Gl. (5.90) – das Eingangs-/Ausgangsverhalten des so entstehenden Systems nicht nur zu

$$\mathring{\boldsymbol{y}} = \boldsymbol{v},$$

d. h.

$$\begin{aligned} y_1^{(\delta_1)} &= v_1, \\ y_2^{(\delta_2)} &= v_2, \\ &\vdots \\ y_m^{(\delta_m)} &= v_m, \end{aligned} \tag{5.92}$$

linearisiert, sondern die Wirkung der Eingangsgrößen v_i auf die Ableitungen $y_i^{(\delta_i)}$ und damit die Ausgangsgrößen y_i auch vollständig entkoppelt. D. h., jede Eingangsgröße v_i beeinflusst nur jeweils eine Ausgangsgröße, nämlich y_i.

Aus Gl. (5.92) erhält man die Ausgangsgrößen y_i durch die δ_i-fache Integration der neuen Stellgrößen v_i. Jede der m Gleichungen repräsentiert also eine Integratorkette der Länge δ_i. Wählt man die Stellgrößen v_i als Regelgesetze

$$v_i = -a_{i,\delta_i-1} y_i^{(\delta_i-1)} - a_{i,\delta_i-2} y_i^{(\delta_i-2)} - \ldots - a_{i,0} y_i + V_i w_i, \quad i = 1, \ldots, m, \tag{5.93}$$

mit den Führungsgrößen w_i, so ergeben sich Regelkreise, denen man wie im SISO-Fall jede beliebige Dynamik

$$y_i^{(\delta_i)} + a_{i,\delta_i-1} y_i^{(\delta_i-1)} + \ldots + a_{i,1} \dot{y}_i + a_{i,0} y_i = V_i w_i, \quad i = 1, \ldots, m,$$

durch die freie Wahl der Koeffizienten $a_{i,j}$ einprägen kann.

Setzt man noch die aus Gl. (5.87) erhaltenen Beziehungen

$$y_i = c_i(\boldsymbol{x}), \;\; \dot{y}_i = L_{\boldsymbol{a}} c_i(\boldsymbol{x}), \quad \ldots \quad , y_i^{(\delta_i-1)} = L_{\boldsymbol{a}}^{\delta_i-1} c_i(\boldsymbol{x})$$

in Gl. (5.93) und diese dann in Gl. (5.91) ein, so erhält man das zugehörige vom Zustandsvektor $\boldsymbol{x}$ abhängige Regelgesetz

$$\boldsymbol{u} = -\boldsymbol{D}^{-1}(\boldsymbol{x}) \begin{bmatrix} L_{\boldsymbol{a}}^{\delta_1} c_1(\boldsymbol{x}) + \ldots + a_{1,1} L_{\boldsymbol{a}} c_1(\boldsymbol{x}) + a_{1,0} c_1(\boldsymbol{x}) - V_1 w_1 \\ L_{\boldsymbol{a}}^{\delta_2} c_2(\boldsymbol{x}) + \ldots + a_{2,1} L_{\boldsymbol{a}} c_2(\boldsymbol{x}) + a_{2,0} c_2(\boldsymbol{x}) - V_2 w_2 \\ \vdots \\ L_{\boldsymbol{a}}^{\delta_m} c_m(\boldsymbol{x}) + \ldots + a_{m,1} L_{\boldsymbol{a}} c_m(\boldsymbol{x}) + a_{m,0} c_m(\boldsymbol{x}) - V_m w_m \end{bmatrix}. \tag{5.94}$$

Es ist analog zu den Regelgesetzen der Sätze 52 und 53 im SISO-Fall aufgebaut.

Wie wir aus der obigen Herleitung ersehen, können wir die exakte Eingangs-/Ausgangslinearisierung auch herbeiführen, ohne das System mittels eines Diffeomorphismus in die nichtlineare Regelungsnormalform zu transformieren. Allerdings fehlt uns dann der Einblick in das restliche Systemverhalten, das durch die transformierten Zustandsvariablen beschrieben wird.

Voraussetzung für obiges Vorgehen ist die Regularität der Matrix $\boldsymbol{D}(\boldsymbol{x})$. Denn nur in diesem Fall ist die erzielte vollständige Entkopplung zwischen Eingangsgrößen v_i bzw. w_i und Ausgangsgrößen y_i möglich. Dabei kann, wie wir noch sehen werden, auch eine interne Dynamik auftreten. Ob eine solche vorhanden ist oder nicht, hängt auch hier vom relativen Grad des MIMO-Systems ab. Wir definieren ihn wie folgt:

Definition 23 (Vektorieller relativer Grad von MIMO-Systemen). *Gegeben sei ein System*

$$\dot{\boldsymbol{x}} = \boldsymbol{a}(\boldsymbol{x}) + \sum_{i=1}^{m} \boldsymbol{b}_i(\boldsymbol{x})u_i,$$

$$\boldsymbol{y} = \boldsymbol{c}(\boldsymbol{x})$$

mit $\boldsymbol{x} \in I\!R^n$ *und* $\boldsymbol{y} \in I\!R^m$. *Dann heißt*

$$\boldsymbol{\delta} = \begin{bmatrix} \delta_1 \; \delta_2 \; \cdots \; \delta_m \end{bmatrix}$$

vektorieller relativer Grad des Systems, wenn Folgendes gilt:

(1) $L_{\boldsymbol{b}_k} L_{\boldsymbol{a}}^{l-1} c_i(\boldsymbol{x}) = 0, \quad i,k = 1,\ldots,m, \; l = 1,\ldots,\delta_i - 1.$

(2) Die $m \times m$ *- Entkopplungsmatrix* $\boldsymbol{D}(\boldsymbol{x})$ *ist regulär.*

Die Erfüllung der Forderung (5.88), dass für jedes $i = 1,\ldots,m$ mindestens ein $k \in \{1,\ldots,m\}$ mit

$$L_{\boldsymbol{b}_k} L_{\boldsymbol{a}}^{\delta_i - 1} c_i(\boldsymbol{x}) \neq 0$$

existiert, ist durch die Regularität der Matrix $\boldsymbol{D}(\boldsymbol{x})$ gewährleistet.

Die Summe der Werte δ_i,

$$\delta = \delta_1 + \delta_2 + \ldots + \delta_m,$$

bezeichnet man als *totalen relativen Grad* eines MIMO-Systems. Wenn die Entkopplungsmatrix $\boldsymbol{D}(\boldsymbol{x})$ für alle $\boldsymbol{x}$ regulär ist, heißt der relative Grad wie im SISO-Fall *wohldefiniert*. Es gilt [307]

Satz 56 (Maximaler totaler relativer Grad). *Für den totalen relativen Grad* δ *eines steuer- und beobachtbaren eingangslinearen MIMO-Systems mit der Systemordnung* n *gilt*

$$\delta = \delta_1 + \delta_2 + \ldots + \delta_m \leq n.$$

Der totale relative Grad entspricht im SISO-Fall dem relativen Grad.

5.2.12 Der MIMO-Regelkreis in Zustandsraumdarstellung

Wir wollen das eingangslineare MIMO-System (5.86) nun noch in die Byrnes-Isidori-Normalform transformieren und somit auch die Zustandsbeschreibung des transformierten Systems erhalten. Zu diesem Zweck verwenden wir den Diffeomorphismus

$$\boldsymbol{z} = \boldsymbol{t}(\boldsymbol{x}) = \begin{bmatrix} c_1(\boldsymbol{x}) \\ L_{\boldsymbol{a}} c_1(\boldsymbol{x}) \\ \vdots \\ L_{\boldsymbol{a}}^{\delta_1 - 1} c_1(\boldsymbol{x}) \\ \vdots \\ c_m(\boldsymbol{x}) \\ L_{\boldsymbol{a}} c_m(\boldsymbol{x}) \\ \vdots \\ L_{\boldsymbol{a}}^{\delta_m - 1} c_m(\boldsymbol{x}) \\ t_{\delta+1}(\boldsymbol{x}) \\ t_{\delta+2}(\boldsymbol{x}) \\ \vdots \\ t_n(\boldsymbol{x}) \end{bmatrix}. \tag{5.95}$$

Dabei müssen die Funktionen $t_{\delta+1}, \ldots, t_n$ so gewählt werden, dass die Abbildung

$$\boldsymbol{z} = \boldsymbol{t}(\boldsymbol{x})$$

eineindeutig ist und $\boldsymbol{t}$ sowie $\boldsymbol{t}^{-1}$ stetig differenzierbar sind, also $\boldsymbol{t}(\boldsymbol{x})$ ein Diffeomorphismus ist. Für den Fall

$$\delta = n$$

besitzt das System den maximalen totalen relativen Grad und die Funktionen $t_{\delta+1}, \ldots, t_n$ entfallen. Das System besitzt dann keine interne Dynamik. Da die Funktionen $t_{\delta+1}, \ldots, t_n$ in diesem Fall nicht ermittelt werden müssen, vereinfacht sich die Bestimmung des Diffeomorphismus wesentlich.

Wir wollen im Weiteren den allgemeinen Fall mit interner Dynamik verfolgen und noch die Funktionen $t_i(\boldsymbol{x})$ ermitteln. Zuerst leiten wir aber die transfomierte Systembeschreibung her. Sie führt uns dann zu einer Bestimmungsvorschrift für die Funktionen $t_i(\boldsymbol{x})$. Unser Vorgehen ist dabei ähnlich wie im SISO-Fall.

Nun transformieren wir die ursprüngliche Systembeschreibung (5.86), indem wir den Diffeomorphismus zu

$$\dot{\boldsymbol{z}} = \frac{d\boldsymbol{t}(\boldsymbol{x})}{dt} = \begin{bmatrix} L_{\boldsymbol{a}} c_1(\boldsymbol{x}) \\ L_{\boldsymbol{a}}^2 c_1(\boldsymbol{x}) \\ \vdots \\ L_{\boldsymbol{a}}^{\delta_1} c_1(\boldsymbol{x}) + \sum\limits_{k=1}^{m} L_{\boldsymbol{b}_k} L_{\boldsymbol{a}}^{\delta_1 - 1} c_1(\boldsymbol{x}) u_k \\ \vdots \\ L_{\boldsymbol{a}} c_m(\boldsymbol{x}) \\ L_{\boldsymbol{a}}^2 c_m(\boldsymbol{x}) \\ \vdots \\ L_{\boldsymbol{a}}^{\delta_m} c_m(\boldsymbol{x}) + \sum\limits_{k=1}^{m} L_{\boldsymbol{b}_k} L_{\boldsymbol{a}}^{\delta_1 - 1} c_m(\boldsymbol{x}) u_k \\ \dot{t}_{\delta+1}(\boldsymbol{x}) \\ \vdots \\ \dot{t}_n(\boldsymbol{x}) \end{bmatrix}$$

ableiten, woraus mit Gl. (5.95) die nichtlineare Regelungsnormalform

$$\begin{bmatrix} \dot{z}_1 \\ \dot{z}_2 \\ \vdots \\ \dot{z}_{\delta_1 - 1} \\ \dot{z}_{\delta_1} \\ \vdots \\ \dot{z}_{\delta_1 + \ldots + \delta_{m-1} + 1} \\ \dot{z}_{\delta_1 + \ldots + \delta_{m-1} + 2} \\ \vdots \\ \dot{z}_{\delta - 1} \\ \dot{z}_{\delta} \\ \dot{z}_{\delta + 1} \\ \vdots \\ \dot{z}_n \end{bmatrix} = \begin{bmatrix} z_2 \\ z_3 \\ \vdots \\ z_{\delta_1} \\ L_{\boldsymbol{a}}^{\delta_1} c_1(\boldsymbol{x}) + \sum\limits_{k=1}^{m} L_{\boldsymbol{b}_k} L_{\boldsymbol{a}}^{\delta_1 - 1} c_1(\boldsymbol{x}) u_k \\ \vdots \\ z_{\delta_1 + \ldots + \delta_{m-1} + 2} \\ z_{\delta_1 + \ldots + \delta_{m-1} + 3} \\ \vdots \\ z_{\delta} \\ L_{\boldsymbol{a}}^{\delta_m} c_m(\boldsymbol{x}) + \sum\limits_{k=1}^{m} L_{\boldsymbol{b}_k} L_{\boldsymbol{a}}^{\delta_m - 1} c_m(\boldsymbol{x}) u_k \\ \dot{t}_{\delta+1}(\boldsymbol{x}) \\ \vdots \\ \dot{t}_n(\boldsymbol{x}) \end{bmatrix} \qquad (5.96)$$

folgt. An dieser Stelle erinnern wir uns, dass der in obiger Gleichung vorkommende totale relative Grad δ der Beziehung

$$\delta = \delta_1 + \delta_2 + \ldots + \delta_m$$

genügt. Der Ausgangsgrößenvektor ist im obigen transformierten System der Gl. (5.96) durch

$$\boldsymbol{y} = \begin{bmatrix} z_1 \\ z_{\delta_1+1} \\ z_{\delta_1+\delta_2+1} \\ \vdots \\ z_{\delta_1+\delta_2+\ldots+\delta_m+1} \end{bmatrix}$$

gegeben.

Für die Ableitungen $\dot{t}_i(\boldsymbol{x})$ erhalten wir

$$\dot{t}_i(\boldsymbol{x}) = \frac{\partial t_i(\boldsymbol{x})}{\partial \boldsymbol{x}} \cdot \dot{\boldsymbol{x}} = L_{\boldsymbol{a}} t_i(\boldsymbol{x}) + \sum_{k=1}^{m} L_{\boldsymbol{b}_k} t_i(\boldsymbol{x}) u_k, \quad i = \delta+1, \ldots, n. \tag{5.97}$$

Im Gegensatz zum SISO-Fall, den wir in Abschnitt 5.2.4 behandelt haben, können diese $n-\delta$ Gleichungen im Allgemeinen nicht durch eine geeignete Wahl der Funktionen $t_i(\boldsymbol{x})$ unabhängig von allen Stellgrößen u_k, $k = 1, \ldots, m$, gemacht werden. D. h., die $m(n-\delta)$ partiellen Differenzialgleichungen

$$L_{\boldsymbol{b}_k} t_i(\boldsymbol{x}) = \frac{\partial t_i(\boldsymbol{x})}{\partial \boldsymbol{x}} \boldsymbol{b}_k(\boldsymbol{x}) = 0, \quad i = \delta+1, \ldots, n, \; k = 1, \ldots, m, \tag{5.98}$$

sind oft nicht alle erfüllbar. Hier liegen nämlich $(n-\delta)$-mal jeweils m verkoppelte partielle Differenzialgleichungen für $n-\delta$ Funktionen t_i anstelle der $n-\delta$ einzelnen partiellen Differenzialgleichungen im SISO-Fall vor.

Setzt man

$$\boldsymbol{x} = \boldsymbol{t}^{-1}(\boldsymbol{z}) \tag{5.99}$$

in Gl. (5.96) ein, schreibt abkürzend

$$\varphi_i(\boldsymbol{z}, \boldsymbol{u}) = L_{\boldsymbol{a}}^{\delta_i} c_i(\boldsymbol{t}^{-1}(\boldsymbol{z})) + \sum_{k=1}^{m} L_{\boldsymbol{b}_k} L_{\boldsymbol{a}}^{\delta_i-1} c_i(\boldsymbol{t}^{-1}(\boldsymbol{z})) u_k, \quad i = 1, \ldots, m, \tag{5.100}$$

und setzt in Gl. (5.97) ebenfalls den Diffeomorphismus (5.99) mit dem Ergebnis

$$q_l(\boldsymbol{z}, \boldsymbol{u}) = \dot{t}_i(\boldsymbol{x}) = L_{\boldsymbol{a}} t_i(\boldsymbol{t}^{-1}(\boldsymbol{z})) + \sum_{k=1}^{m} L_{\boldsymbol{b}_k} t_i(\boldsymbol{t}^{-1}(\boldsymbol{z})) u_k, \quad l = \delta+1, \ldots, n,$$

ein, so erhält man das System in Byrnes-Isidori-Normalform

$$\left.\begin{bmatrix} \dot{z}_1 \\ \dot{z}_2 \\ \vdots \\ \dot{z}_{\delta_1-1} \\ \dot{z}_{\delta_1} \\ \vdots \\ \dot{z}_{\delta_1+\ldots+\delta_{m-1}+1} \\ \dot{z}_{\delta_1+\ldots+\delta_{m-1}+2} \\ \vdots \\ \dot{z}_{\delta-1} \\ \dot{z}_{\delta} \\ \dot{z}_{\delta+1} \\ \vdots \\ \dot{z}_n \end{bmatrix} = \begin{bmatrix} z_2 \\ z_3 \\ \vdots \\ z_{\delta_1} \\ \varphi_1(\boldsymbol{z},\boldsymbol{u}) \\ \vdots \\ z_{\delta_1+\ldots+\delta_{m-1}+2} \\ z_{\delta_1+\ldots+\delta_{m-1}+3} \\ \vdots \\ z_{\delta} \\ \varphi_m(\boldsymbol{z},\boldsymbol{u}) \\ q_{\delta+1}(\boldsymbol{z},\boldsymbol{u}) \\ \vdots \\ q_n(\boldsymbol{z},\boldsymbol{u}) \end{bmatrix} . \quad \begin{matrix} \text{externe Dynamik (Zeilen } 1 \ldots \delta) \\ \text{interne Dynamik (Zeilen } \delta+1 \ldots n) \end{matrix}\right. \tag{5.101}$$

Die Funktionen $\varphi_i(\boldsymbol{z},\boldsymbol{u})$ aus Gl. (5.100) sind mit den Ableitungen $y_i^{(\delta_i)}$ aus Gl. (5.89) identisch. Anhand der Gl. (5.89) haben wir bereits das Regelgesetz (5.94) der exakten Eingangs-/Ausgangslinearisierung hergeleitet. Wir verwenden es auch im vorliegenden Fall. Es linearisiert die m nichtlinearen Gleichungen in Gl. (5.101), d. h.

$$\dot{z}_{\delta_1} = \varphi_1(\boldsymbol{z},\boldsymbol{u}) = L_{\boldsymbol{a}}^{\delta_1}\boldsymbol{c}_1(\boldsymbol{x}) + \sum_{k=1}^{m} L_{\boldsymbol{b}_k} L_{\boldsymbol{a}}^{\delta_1-1}\boldsymbol{c}_1(\boldsymbol{x})u_k,$$

$$\dot{z}_{\delta_1+\delta_2} = \varphi_2(\boldsymbol{z},\boldsymbol{u}) = L_{\boldsymbol{a}}^{\delta_2}\boldsymbol{c}_2(\boldsymbol{x}) + \sum_{k=1}^{m} L_{\boldsymbol{b}_k} L_{\boldsymbol{a}}^{\delta_2-1}\boldsymbol{c}_2(\boldsymbol{x})u_k,$$

$$\vdots$$

$$\dot{z}_{\delta_1+\ldots+\delta_m} = \varphi_m(\boldsymbol{z},\boldsymbol{u}) = L_{\boldsymbol{a}}^{\delta_m}\boldsymbol{c}_m(\boldsymbol{x}) + \sum_{k=1}^{m} L_{\boldsymbol{b}_k} L_{\boldsymbol{a}}^{\delta_m-1}\boldsymbol{c}_m(\boldsymbol{x})u_k,$$

und die interne Dynamik wird von w abhängig, d. h. $q_i = (\boldsymbol{z},\boldsymbol{u}) = \hat{q}_i(\boldsymbol{z},\boldsymbol{w})$, $i = \delta+1,\ldots,n$. Wir erhalten so unter Nutzung des Diffeomorphismus aus Gl. (5.95) das Zustandsraummodell des exakt linearisierten und vollständig entkoppelten Regelkreises,

$$\begin{bmatrix} \dot{z}_1 \\ \dot{z}_2 \\ \vdots \\ \dot{z}_{\delta_1-1} \\ \dot{z}_{\delta_1} \\ \vdots \\ \dot{z}_{\delta_1+\ldots+\delta_{m-1}+1} \\ \dot{z}_{\delta_1+\ldots+\delta_{m-1}+2} \\ \vdots \\ \dot{z}_{\delta-1} \\ \dot{z}_{\delta} \\ \dot{z}_{\delta+1} \\ \vdots \\ \dot{z}_n \end{bmatrix} = \begin{bmatrix} z_2 \\ z_3 \\ \vdots \\ z_{\delta_1} \\ -a_{1,0}z_1 - a_{1,1}z_2 - \ldots - a_{1,\delta_1-1}z_{\delta_1} + V_1 w_1 \\ \vdots \\ z_{\delta_1+\ldots+\delta_{m-1}+2} \\ z_{\delta_1+\ldots+\delta_{m-1}+3} \\ \vdots \\ z_{\delta} \\ -a_{m,1}z_{\delta_1+\ldots+\delta_{m-1}+1} - \ldots - a_{m,\delta_m-1}z_{\delta} + V_m w_m \\ q_{\delta+1}(\boldsymbol{z},\boldsymbol{u}) = \hat{q}_{\delta+1}(\boldsymbol{z},\boldsymbol{w}) \\ \vdots \\ q_n(\boldsymbol{z},\boldsymbol{u}) = \hat{q}_{\delta+1}(\boldsymbol{z},\boldsymbol{w}) \end{bmatrix},$$

mit dem Führungsgrößenvektor

$$\boldsymbol{w} = \begin{bmatrix} w_1 \\ \vdots \\ w_m \end{bmatrix}.$$

Die externe Dynamik dieses Regelkreises liegt, wie erwartet, in der nichtlinearen Regelungsnormalform eines MIMO-Systems vor. Die letzten $n-\delta$ Differenzialgleichungen

$$\dot{\boldsymbol{z}}_{\text{int}} = \hat{\boldsymbol{q}}(\boldsymbol{z},\boldsymbol{w}),$$

welche die interne Dynamik bilden, sind in der Regel wie im SISO-Fall nichtlinear.

Für den Fall eines totalen relativen Grades

$$\delta = n$$

existiert keine interne Dynamik. Für

$$\delta < n$$

müssen wir auch hier die interne Dynamik für die Stabilitätsanalyse berücksichtigen.

5.2.13 Beispiel Verbrennungsmotor

Wir betrachten als Beispiel das Modell eines Benzinmotors [232, 247] und wollen eine Regelung der Leerlaufdrehzahl entwerfen. Die hierfür zur Verfügung stehenden Stellgrößen u_1 und u_2 sind jeweils ein Maß für den Zündzeitpunkt und eine Größe, welche die Stellung der Drosselklappe repräsentiert. Letztere reguliert den für die Verbrennung notwendigen Luftmassenstrom, wie es Bild 5.15 schematisch zeigt. Mit der Drehzahl x_1, einem Maß x_2 für den Luftmassenstrom und dem Luftdruck x_3 im Ansaugstutzen als Zustandsgrößen sowie der Stellgröße d ist das Modell durch

$$\dot{\boldsymbol{x}} = \boldsymbol{a}(\boldsymbol{x}) + \boldsymbol{B}(\boldsymbol{x}) \cdot \boldsymbol{u} + \boldsymbol{s} \cdot d,$$
$$\boldsymbol{y} = \boldsymbol{c}(\boldsymbol{x})$$

mit

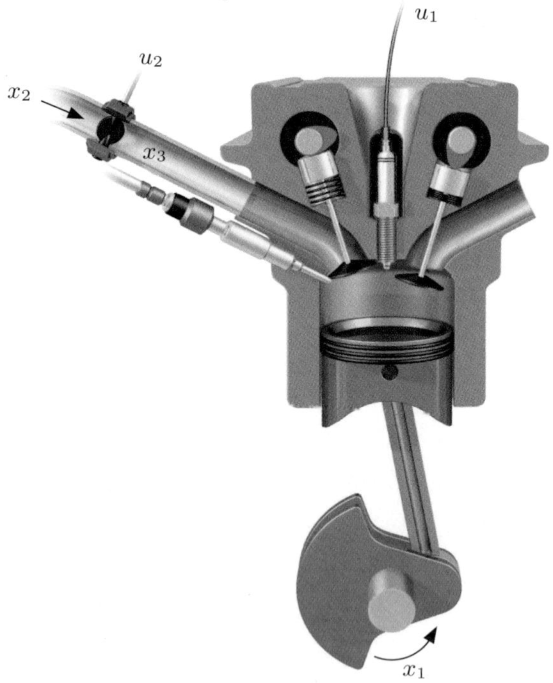

Bild 5.15: Verbrennungsmotor mit Maßen u_1 und u_2 für den Zündzeitpunkt und die Drosselklappenstellung als Stellgrößen sowie der Motordrehzahl x_1, einem Maß x_2 für den Luftmassenstrom und dem Luftdruck x_3 im Ansaugstutzen als Zustandsgrößen.

$$
\boldsymbol{a}(\boldsymbol{x}) = \begin{bmatrix} a_0 + a_1 x_1 + a_2 x_1^2 + a_3 x_2 \\ a_4 x_1 x_2 + a_5 x_1^2 x_3 + a_6 x_1^2 x_3^2 \\ a_7 x_1 x_3 + a_8 x_1 x_3^2 \end{bmatrix}, \quad \boldsymbol{B}(\boldsymbol{x}) = \begin{bmatrix} 1 & 0 \\ 0 & 0 \\ 0 & b(x_3) \end{bmatrix},
$$

$$
\boldsymbol{s} = \begin{bmatrix} -a_d \\ 0 \\ 0 \end{bmatrix}, \quad \boldsymbol{c}(\boldsymbol{x}) = \begin{bmatrix} x_1 \\ x_2 \end{bmatrix}
$$

und der zusammengesetzten stetigen Funktion

$$
b(x_3) = \begin{cases} a_9, & x_3 \le 0.5 P_\mathrm{a}, \\ \dfrac{2a_9}{P_\mathrm{a}} \sqrt{x_3 P_\mathrm{a} - x_3^2}, & x_3 > 0.5 P_\mathrm{a}, \end{cases}
$$

gegeben. Hierbei ist P_a der atmosphärische Luftdruck. Die Störgröße d beinhaltet alle Störungen, wie sie durch die Leistungsentnahmen der Servohydraulik, der Beleuchtung, der Radioanlage, der Klimaanlage usw. verursacht werden können.

Wir ermitteln

$$
\begin{aligned}
\dot{y}_1 &= L_{\boldsymbol{a}} c_1(\boldsymbol{x}) + L_{\boldsymbol{b}_1} c_1(\boldsymbol{x}) \cdot u_1 + L_{\boldsymbol{b}_2} c_1(\boldsymbol{x}) \cdot u_2 + L_{\boldsymbol{s}} c_1(\boldsymbol{x}) \cdot d \\
&= \dot{x}_1 = a_0 + a_1 x_1 + a_2 x_1^2 + a_3 x_2 + u_1 - a_d d
\end{aligned}
$$

mit

$$
\begin{aligned}
L_{\boldsymbol{a}} c_1(\boldsymbol{x}) &= a_0 + a_1 x_1 + a_2 x_1^2 + a_3 x_2, \\
L_{\boldsymbol{b}_1} c_1(\boldsymbol{x}) &= 1, \\
L_{\boldsymbol{b}_2} c_1(\boldsymbol{x}) &= 0, \\
L_{\boldsymbol{s}} c_1(\boldsymbol{x}) &= -a_d,
\end{aligned}
$$

wobei wir die Störgröße d wie eine Eingangsgröße behandeln. Da $\dot{y}_1$ von u_1 abhängt, folgt $\delta_1 = 1$.

Des Weiteren gilt

$$
\begin{aligned}
\dot{y}_2 &= L_{\boldsymbol{a}} c_2(\boldsymbol{x}) + L_{\boldsymbol{b}_1} c_2(\boldsymbol{x}) \cdot u_1 + L_{\boldsymbol{b}_2} c_2(\boldsymbol{x}) \cdot u_2 + L_{\boldsymbol{s}} c_2(\boldsymbol{x}) \cdot d = L_{\boldsymbol{a}} c_2(\boldsymbol{x}) \\
&= \dot{x}_2 = a_4 x_1 x_2 + a_5 x_1^2 x_3 + a_6 x_1^2 x_3^2
\end{aligned}
$$

und

$$
\ddot{y}_2 = L_{\boldsymbol{a}}^2 c_2(\boldsymbol{x}) + L_{\boldsymbol{b}_1} L_{\boldsymbol{a}} c_2(\boldsymbol{x}) \cdot u_1 + L_{\boldsymbol{b}_2} L_{\boldsymbol{a}} c_2(\boldsymbol{x}) \cdot u_2 + L_{\boldsymbol{s}} L_{\boldsymbol{a}} c_2(\boldsymbol{x}) \cdot d
$$

mit

$$\begin{aligned}L_{\boldsymbol{a}}^2 c_2(\boldsymbol{x}) &= x_1^3 x_3(a_5 + 2a_6x_3)(a_7 + a_8x_3) + a_4x_1^2[a_4x_2 + x_1x_3(a_5 + a_6x_3)]\\ &\quad + (a_0 + a_1x_1 + a_2x_1^2 + a_3x_2)[a_4x_2 + 2x_1x_3(a_5 + a_6x_3)],\end{aligned}$$

$$L_{\boldsymbol{b}_1} L_{\boldsymbol{a}} c_2(\boldsymbol{x}) = a_4x_2 + 2a_5x_1x_3 + 2a_6x_1x_3^2,$$

$$L_{\boldsymbol{b}_2} L_{\boldsymbol{a}} c_2(\boldsymbol{x}) = b(x_3)(a_5x_1^2 + 2a_6x_1^2x_3)$$

und

$$L_{\boldsymbol{s}} L_{\boldsymbol{a}} c_2(\boldsymbol{x}) = -a_d(a_4x_2 + 2a_5x_1x_3 + 2a_6x_1x_3^2).$$

Folglich ist der relative Grad der zweiten Zustandsgröße $\delta_2 = 2$ und der vektorielle relative Grad ergibt sich zu

$$\boldsymbol{\delta} = [1 \quad 2].$$

Wir erhalten so

$$\begin{bmatrix}\dot{y}_1\\ \ddot{y}_2\end{bmatrix} = \begin{bmatrix}L_{\boldsymbol{a}}c_1(\boldsymbol{x})\\ L_{\boldsymbol{a}}^2 c_2(\boldsymbol{x})\end{bmatrix} + \begin{bmatrix}L_{\boldsymbol{b}_1}c_1(\boldsymbol{x}) & 0\\ L_{\boldsymbol{b}_1}L_{\boldsymbol{a}}c_2(\boldsymbol{x}) & L_{\boldsymbol{b}_2}L_{\boldsymbol{a}}c_2(\boldsymbol{x})\end{bmatrix}\boldsymbol{u} + \begin{bmatrix}-a_d\\ L_{\boldsymbol{s}}L_{\boldsymbol{a}}c_2(\boldsymbol{x})\end{bmatrix} d.$$

Mit dem aus Gl. (5.91) bekannten Regelgesetz

$$\boldsymbol{u} = -\frac{1}{L_{\boldsymbol{b}_1}c_1(\boldsymbol{x})L_{\boldsymbol{b}_2}L_{\boldsymbol{a}}c_2(\boldsymbol{x})} \cdot \begin{bmatrix}L_{\boldsymbol{b}_2}L_{\boldsymbol{a}}c_2(\boldsymbol{x}) & 0\\ -L_{\boldsymbol{b}_1}L_{\boldsymbol{a}}c_2(\boldsymbol{x}) & L_{\boldsymbol{b}_1}c_1(\boldsymbol{x})\end{bmatrix}\begin{bmatrix}L_{\boldsymbol{a}}c_1(\boldsymbol{x}) - v_1\\ L_{\boldsymbol{a}}^2c_2(\boldsymbol{x}) - v_2\end{bmatrix} \tag{5.102}$$

und den zwei neuen Eingangsgrößen v_1 und v_2 ergibt sich

$$\begin{aligned}\dot{y}_1 &= v_1 - a_d d,\\ \ddot{y}_2 &= v_2 - a_d(a_4x_2 + 2a_5x_1x_3 + 2a_6x_1x_3^2)d.\end{aligned}$$

Unter Verwendung von

$$\begin{aligned}v_1 &= -a_{1,0}y_1 + V_1w_1 = -a_0x_1 + V_1w_1,\\ v_2 &= -a_{2,1}\dot{y}_2 - a_{2,0}y_2 + V_2w_2 = -a_{2,1}\dot{x}_2 - a_{2,0}x_2 + V_2w_2\\ &= -a_{2,1}(a_4x_1x_2 + a_5x_1^2x_3 + a_6x_1^2x_3^2) - a_{2,0}x_2 + V_2w_2\end{aligned}$$

im Regelgesetz (5.102) können wir dem System jede beliebige, von uns gewünschte Eingangs-/Ausgangsdynamik

$$\begin{aligned}\dot{y}_1 + a_{1,0}y_1 &= V_1w_1 - a_d d,\\ \ddot{y}_2 + a_{2,1}\dot{y}_2 + a_{2,0}y_2 &= V_2w_2 - a_d(a_4x_2 + 2a_5x_1x_3 + 2a_6x_1x_3^2)d\end{aligned}$$

mittels der frei wählbaren Parameter $a_{1,0}$, $a_{2,1}$ und $a_{2,0}$ einprägen. Die Störgröße d wirkt dabei auf beide Differenzialgleichungen.

5.3 Exakte Zustandslinearisierung

5.3.1 Exakte Zustandslinearisierung von SISO-Systemen

Wir rekapitulieren noch einmal kurz den Grundgedanken des vorherigen Kapitels 5.2: Mittels einer geeigneten Zustandsraumtransformation und einer zustandsabhängigen Stellgrößentransformation, die wir auch als Regler interpretieren können, hatten wir das Verhalten des Systems zwischen Eingang und Ausgang linearisiert. Dies gelang uns aber im Allgemeinen nicht für das gesamte Systemverhalten! Die eventuell vorhandene interne Dynamik blieb im Allgemeinen nichtlinear. Dabei hatten wir für die exakte Eingangs-/Ausgangslinearisierung von SISO-Systemen

$$\begin{aligned}\dot{\boldsymbol{x}} &= \boldsymbol{a}(\boldsymbol{x}) + \boldsymbol{b}(\boldsymbol{x}) \cdot u,\\ y &= c(\boldsymbol{x})\end{aligned}$$

mit dem relativen Grad δ die Ableitungen

$$\begin{aligned}\dot{y} &= L_{\boldsymbol{a}}c(\boldsymbol{x}) + \underbrace{L_{\boldsymbol{b}}c(\boldsymbol{x})}_{0}\cdot u,\\ \ddot{y} &= L_{\boldsymbol{a}}^2c(\boldsymbol{x}) + \underbrace{L_{\boldsymbol{b}}L_{\boldsymbol{a}}c(\boldsymbol{x})}_{0}\cdot u,\\ &\;\;\vdots\\ y^{(\delta-1)} &= L_{\boldsymbol{a}}^{\delta-1}c(\boldsymbol{x}) + \underbrace{L_{\boldsymbol{b}}L_{\boldsymbol{a}}^{\delta-2}c(\boldsymbol{x})}_{0}\cdot u,\\ y^{(\delta)} &= L_{\boldsymbol{a}}^{\delta}c(\boldsymbol{x}) + \underbrace{L_{\boldsymbol{b}}L_{\boldsymbol{a}}^{\delta-1}c(\boldsymbol{x})}_{\neq 0}\cdot u\end{aligned} \tag{5.103}$$

gebildet, um das Ein-/Ausgangsverhalten linearisieren zu können. Wenn dabei für den relativen Grad $\delta = n$ gilt, können wir mittels des Diffeomorphismus

$$\boldsymbol{z} = \boldsymbol{t}(\boldsymbol{x}) = \begin{bmatrix} c(\boldsymbol{x})\\ L_{\boldsymbol{a}}c(\boldsymbol{x})\\ L_{\boldsymbol{a}}^2c(\boldsymbol{x})\\ \vdots\\ L_{\boldsymbol{a}}^{n-1}c(\boldsymbol{x})\end{bmatrix} \tag{5.104}$$

die Systembeschreibung in die nichtlineare Regelungsnormalform

$$\dot{\boldsymbol{z}} = \begin{bmatrix} z_1\\ \vdots\\ z_{n-1}\\ \alpha(\boldsymbol{x}) + \beta(\boldsymbol{x})\cdot u\end{bmatrix}$$

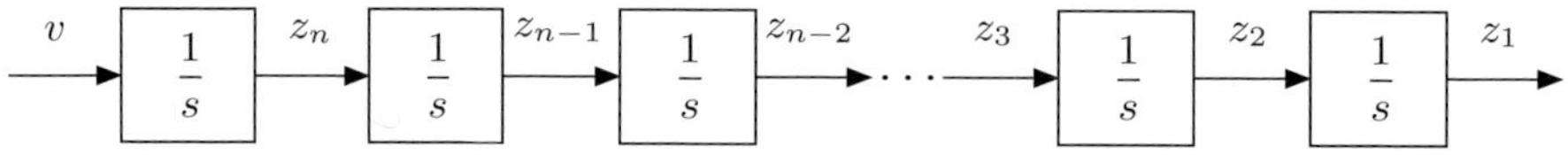

Bild 5.16: Strukturbild der Brunovský-Normalform.

transformieren. Ist dann $\beta(\boldsymbol{x}) = L_{\boldsymbol{b}} L_{\boldsymbol{a}}^{\delta-1} c(\boldsymbol{x}) \neq 0$, so kann mittels der neuen Eingangsgröße v und der Stellgrößentransformation

$$u = \frac{-\alpha(\boldsymbol{x}) + v}{\beta(\boldsymbol{x})}$$

das System in die als *Brunovský-Normalform* [38] bezeichnete und in Bild 5.16 dargestellte Struktur

$$\dot{\boldsymbol{z}} = \boldsymbol{A}\boldsymbol{z} + \boldsymbol{b} \cdot v$$

mit

$$\boldsymbol{A} = \begin{bmatrix} 0 & 1 & 0 & \cdots & 0 \\ 0 & 0 & 1 & \cdots & 0 \\ \vdots & \vdots & \vdots & \ddots & \vdots \\ 0 & 0 & 0 & \cdots & 1 \\ 0 & 0 & 0 & \cdots & 0 \end{bmatrix}, \quad \boldsymbol{b} = \begin{bmatrix} 0 \\ 0 \\ \vdots \\ 0 \\ 1 \end{bmatrix}$$

transformiert werden. Die Ausgangsgröße y ist dabei durch

$$y = \boldsymbol{c}^T \boldsymbol{z}, \quad \boldsymbol{c}^T = \begin{bmatrix} 1 \; 0 \cdots 0 \end{bmatrix},$$

gegeben. Wir können im Fall $\delta = n$ das nichtlineare System also durch ein äquivalentes lineares Zustandsraummodell beschreiben.

Hierzu passt

Definition 24 (Exakte Zustandslinearisierbarkeit). *Ein System*

$$\dot{\boldsymbol{x}} = \boldsymbol{a}(\boldsymbol{x}) + \boldsymbol{b}(\boldsymbol{x}) \cdot u$$

heißt exakt zustandslinearisierbar, wenn ein Diffeomorphismus $\boldsymbol{z} = \boldsymbol{t}(\boldsymbol{x})$ und eine Eingangsgrößentransformation $u = p(\boldsymbol{x}, v)$ existieren, so dass das System in Brunovský-Normalform transformierbar ist.

Besitzt ein System also den relativen Grad $\delta = n$, so ist es exakt zustandslinearisierbar.

Ist der relative Grad δ allerdings kleiner als der Systemgrad n, so kann die Transformation auf Brunovský-Normalform und die Linearisierung im Allgemeinen nicht vollständig für alle Zustände durchgeführt werden. Als Folge ergibt sich die in der Regel nichtlineare interne Dynamik. Hier stellt sich die Frage, ob wir nicht durch eine andere Wahl von $y = c(\boldsymbol{x})$ in Gl. (5.103) und somit auch einen anderen Diffeomorphismus (5.104) eine exakte Zustandslinearisierung erreichen können, d. h. eine Eingangs-/Ausgangslinearisierung, bei der $\delta = n$ ist, die folglich keine interne Dynamik und daher auch keine nichtlineare Teildynamik mehr besitzt. Diese Frage ist insbesondere interessant für Systeme ohne Ausgangsgröße $y = c(\boldsymbol{x})$. Können wir also durch Wahl einer künstlichen Ausgangsgröße y eine Linearisierung in obigem Sinne erzielen?

Fraglos lässt sich dieses Ziel erreichen, wenn wir die künstliche Ausgangsgröße

$$y = \lambda(\boldsymbol{x})$$

so wählen können, dass das System den relativen Grad $\delta = n$ besitzt. Das ist gleichbedeutend damit, dass für die Lie-Derivierten aus Gl. (5.103)

$$\begin{aligned} L_{\boldsymbol{b}}\lambda(\boldsymbol{x}) &= 0, \\ L_{\boldsymbol{b}}L_{\boldsymbol{a}}\lambda(\boldsymbol{x}) &= 0, \\ &\vdots \\ L_{\boldsymbol{b}}L_{\boldsymbol{a}}^{n-2}\lambda(\boldsymbol{x}) &= 0 \end{aligned} \tag{5.105}$$

und

$$L_{\boldsymbol{b}}L_{\boldsymbol{a}}^{n-1}\lambda(\boldsymbol{x}) \neq 0 \tag{5.106}$$

gilt. Man bezeichnet $y = \lambda(\boldsymbol{x})$ dann als *linearisierenden Ausgang*. Um ihn zu bestimmen, muss man die Gleichungen (5.105) lösen. Diese sind partielle homogene lineare Differenzialgleichungen [17] höherer Ordnung, beispielsweise

$$L_{\boldsymbol{b}}L_{\boldsymbol{a}}^{2}\lambda(\boldsymbol{x}) = \frac{\partial}{\partial \boldsymbol{x}}\left[\frac{\partial}{\partial \boldsymbol{x}}\left(\frac{\partial \lambda(\boldsymbol{x})}{\partial \boldsymbol{x}}\boldsymbol{a}(\boldsymbol{x})\right)\boldsymbol{a}(\boldsymbol{x})\right]\boldsymbol{b}(\boldsymbol{x}) = 0.$$

Wir können das Differenzialgleichungssystem (5.105) vereinfachen, indem wir es in ein homogenes lineares partielles Differenzialgleichungssystem erster Ordnung umwandeln.

Zu diesem Zweck benötigen wir die Lie-Klammer

$$[\boldsymbol{f}, \boldsymbol{g}] = \frac{\partial \boldsymbol{g}(\boldsymbol{x})}{\partial \boldsymbol{x}}\boldsymbol{f}(\boldsymbol{x}) - \frac{\partial \boldsymbol{f}(\boldsymbol{x})}{\partial \boldsymbol{x}}\boldsymbol{g}(\boldsymbol{x}) = L_{\boldsymbol{f}}\boldsymbol{g}(\boldsymbol{x}) - L_{\boldsymbol{g}}\boldsymbol{f}(\boldsymbol{x})$$

zweier Vektorfunktionen $\boldsymbol{f}(\boldsymbol{x})$ und $\boldsymbol{g}(\boldsymbol{x})$. Die Lie-Klammer ist ein spezieller Ableitungsoperator für Vektorfunktionen und war uns schon in Abschnitt 3.1.5 begegnet. Wenn wir Lie-Klammern verschachteln, schreiben wir der Übersichtlichkeit halber

$$\mathrm{ad}_{\boldsymbol{f}}^{i}\,\boldsymbol{g} = [\boldsymbol{f}, \mathrm{ad}_{\boldsymbol{f}}^{i-1}\,\boldsymbol{g}] \qquad \text{mit } \mathrm{ad}_{\boldsymbol{f}}^{0}\,\boldsymbol{g} = \boldsymbol{g} \;\text{ für }\; i = 1, 2, \ldots$$

D. h., es gilt

$$\begin{aligned}
\mathrm{ad}^0_{\boldsymbol{f}}\,\boldsymbol{g} &= \boldsymbol{g},\\
\mathrm{ad}_{\boldsymbol{f}}\,\boldsymbol{g} &= [\boldsymbol{f},\boldsymbol{g}],\\
\mathrm{ad}^2_{\boldsymbol{f}}\,\boldsymbol{g} &= [\boldsymbol{f},[\boldsymbol{f},\boldsymbol{g}]],\\
\mathrm{ad}^3_{\boldsymbol{f}}\,\boldsymbol{g} &= [\boldsymbol{f},[\boldsymbol{f},[\boldsymbol{f},\boldsymbol{g}]]],\\
&\ \ \vdots
\end{aligned}$$

Der Operator ad wird uns im Weiteren die Arbeit wesentlich erleichtern. Außer ihm und der Lie-Klammer benötigen wir auch noch die Jacobi-Identität

$$L_{\mathrm{ad}_{\boldsymbol{f}}\,\boldsymbol{g}}h(\boldsymbol{x}) = L_{[\boldsymbol{f},\boldsymbol{g}]}h(\boldsymbol{x}) = L_{\boldsymbol{f}}L_{\boldsymbol{g}}h(\boldsymbol{x}) - L_{\boldsymbol{g}}L_{\boldsymbol{f}}h(\boldsymbol{x})$$

einer Funktion $h(\boldsymbol{x})$.

So ausgerüstet können wir unser Ziel, Gl. (5.105) in ein homogenes lineares partielles Differenzialgleichungssystem umzuwandeln, erreichen. Bilden wir zuerst mittels der Jacobi-Identität

$$L_{\mathrm{ad}_{\boldsymbol{a}}\,\boldsymbol{b}}\lambda(\boldsymbol{x}) = L_{\boldsymbol{a}}L_{\boldsymbol{b}}\lambda(\boldsymbol{x}) - L_{\boldsymbol{b}}L_{\boldsymbol{a}}\lambda(\boldsymbol{x}),$$

so gilt offensichtlich mit $L_{\boldsymbol{b}}\lambda(\boldsymbol{x}) = 0$ und $L_{\boldsymbol{b}}L_{\boldsymbol{a}}\lambda(\boldsymbol{x}) = 0$ aus Gl. (5.105)

$$L_{\mathrm{ad}_{\boldsymbol{a}}\,\boldsymbol{b}}\lambda(\boldsymbol{x}) = 0.$$

Berechnen wir nun wieder unter Nutzung der Jacobi-Identität

$$\begin{aligned}
L_{\mathrm{ad}^2_{\boldsymbol{a}}\,\boldsymbol{b}}\lambda(\boldsymbol{x}) &= L_{[\boldsymbol{a},[\boldsymbol{a},\boldsymbol{b}]]}\lambda(\boldsymbol{x}) = L_{\boldsymbol{a}}L_{[\boldsymbol{a},\boldsymbol{b}]}\lambda(\boldsymbol{x}) - L_{[\boldsymbol{a},\boldsymbol{b}]}L_{\boldsymbol{a}}\lambda(\boldsymbol{x})\\
&= L_{\boldsymbol{a}}(L_{\boldsymbol{a}}L_{\boldsymbol{b}}\lambda(\boldsymbol{x}) - L_{\boldsymbol{b}}L_{\boldsymbol{a}}\lambda(\boldsymbol{x})) - (L_{\boldsymbol{a}}L_{\boldsymbol{b}}L_{\boldsymbol{a}}\lambda(\boldsymbol{x}) - L_{\boldsymbol{b}}L_{\boldsymbol{a}}L_{\boldsymbol{a}}\lambda(\boldsymbol{x}))\\
&= L^2_{\boldsymbol{a}}L_{\boldsymbol{b}}\lambda(\boldsymbol{x}) - 2L_{\boldsymbol{a}}L_{\boldsymbol{b}}L_{\boldsymbol{a}}\lambda(\boldsymbol{x}) + L_{\boldsymbol{b}}L^2_{\boldsymbol{a}}\lambda(\boldsymbol{x}),
\end{aligned}$$

so gilt mit

$$\begin{aligned}
L_{\boldsymbol{b}}\lambda(\boldsymbol{x}) &= 0,\\
L_{\boldsymbol{b}}L_{\boldsymbol{a}}\lambda(\boldsymbol{x}) &= 0,\\
L_{\boldsymbol{b}}L^2_{\boldsymbol{a}}\lambda(\boldsymbol{x}) &= 0
\end{aligned}$$

die Gleichung

$$L_{\mathrm{ad}^2_{\boldsymbol{a}}\,\boldsymbol{b}}\lambda(\boldsymbol{x}) = 0.$$

Diese Berechnungsschritte kann man fortsetzen mit

$$L_{\mathrm{ad}^3_{\boldsymbol{a}}\,\boldsymbol{b}}\lambda(\boldsymbol{x}),\ L_{\mathrm{ad}^4_{\boldsymbol{a}}\,\boldsymbol{b}}\lambda(\boldsymbol{x}),\dots$$

und erhält dann für Gl. (5.105) das gesuchte homogene lineare partielle Differenzialgleichungssystem erster Ordnung

$$
\begin{aligned}
L_{\boldsymbol{b}}\lambda(\boldsymbol{x}) &= \frac{\partial\lambda(\boldsymbol{x})}{\partial\boldsymbol{x}}\boldsymbol{b} = 0,\\
L_{\mathrm{ad}_{\boldsymbol{a}}\boldsymbol{b}}\lambda(\boldsymbol{x}) &= \frac{\partial\lambda(\boldsymbol{x})}{\partial\boldsymbol{x}}[\boldsymbol{a},\boldsymbol{b}] = 0,\\
L_{\mathrm{ad}_{\boldsymbol{a}}^{2}\boldsymbol{b}}\lambda(\boldsymbol{x}) &= \frac{\partial\lambda(\boldsymbol{x})}{\partial\boldsymbol{x}}[\boldsymbol{a},[\boldsymbol{a},\boldsymbol{b}]] = 0,\\
&\vdots\\
L_{\mathrm{ad}_{\boldsymbol{a}}^{n-2}\boldsymbol{b}}\lambda(\boldsymbol{x}) &= \frac{\partial\lambda(\boldsymbol{x})}{\partial\boldsymbol{x}}[\boldsymbol{a},[\boldsymbol{a},\ldots[\boldsymbol{a},\boldsymbol{b}]\ldots]] = 0
\end{aligned}
\tag{5.107}
$$

und für Gl. (5.106)

$$
L_{\mathrm{ad}_{\boldsymbol{a}}^{n-1}\boldsymbol{b}}\lambda(\boldsymbol{x}) = \beta(\boldsymbol{x}) \neq 0. \tag{5.108}
$$

Wir haben bisher gezeigt, dass eine Lösung der Gl. (5.105), (5.106) immer auch die Gl. (5.107), (5.108) erfüllt. Auch der umgekehrte Schluss ist richtig [129, 273, 310]. D. h., Gl. (5.105), (5.106) und Gl. (5.107), (5.108) sind äquivalent.

Für die Suche der Lösung des Differenzialgleichungssystems ist es sehr nützlich, dass alle partiellen Differenzialgleichungen (5.107) linear und von erster Ordnung sind. In der Praxis ist das Differenzialgleichungssystem trotzdem oft nicht einfach zu lösen. Zudem sind die Lösungen bei Systemen höherer Ordnung oft sehr komplex und außerordentlich umfangreich.

Auskunft über die Lösbarkeit des obigen partiellen Differenzialgleichungssystems (5.107) sowie die Erfüllung der Bedingung (5.108) und die damit verbundene exakte Linearisierbarkeit, d. h. die Existenz eines linearisierenden Ausgangs mit relativem Grad $\delta = n$, gibt [129, 307]

Satz 57 (Exakte Zustandslinearisierbarkeit von SISO-Systemen). *Ein eingangslineares System $\dot{\boldsymbol{x}} = \boldsymbol{a}(\boldsymbol{x}) + \boldsymbol{b}(\boldsymbol{x}) \cdot u$ mit $\boldsymbol{x} \in I\!R^n$ ist genau dann exakt zustandslinearisierbar, wenn*

(1) $\operatorname{rang}\left[\boldsymbol{b}\ \ \mathrm{ad}_{\boldsymbol{a}}\boldsymbol{b}\ \ \mathrm{ad}_{\boldsymbol{a}}^{2}\boldsymbol{b}\ \cdots\ \mathrm{ad}_{\boldsymbol{a}}^{n-1}\boldsymbol{b}\right] = n$ *gilt und*

(2) alle Lie-Klammern

$$
[\mathrm{ad}_{\boldsymbol{a}}^{i}\boldsymbol{b}, \mathrm{ad}_{\boldsymbol{a}}^{k}\boldsymbol{b}] \qquad \textit{mit} \qquad i,k \in \{0,1,\ldots,n-2\}
$$

Linearkombinationen der Vektoren

$$
\boldsymbol{b},\ \mathrm{ad}_{\boldsymbol{a}}\boldsymbol{b},\ldots,\mathrm{ad}_{\boldsymbol{a}}^{n-2}\boldsymbol{b}
$$

sind.

Man nennt die Menge von Vektorfunktionen $\{\boldsymbol{b}, \mathrm{ad}_{\boldsymbol{a}}\boldsymbol{b}, \mathrm{ad}_{\boldsymbol{a}}^{2}\boldsymbol{b}, \ldots, \mathrm{ad}_{\boldsymbol{a}}^{n-2}\boldsymbol{b}\}$ auch *involutiv*, wenn sie die Bedingung (2) des Satzes erfüllen. Man beachte, dass die Bedingungen des Satzes 57 nicht von einem künstlichen Ausgang $y = \lambda(\boldsymbol{x})$ abhängen.

Satz 57 trifft zwar eine Aussage über die exakte Linearisierbarkeit des Systems $\dot{\boldsymbol{x}} = \boldsymbol{a}(\boldsymbol{x}) + \boldsymbol{b}(\boldsymbol{x}) \cdot u$, er ist aber nicht konstruktiv. D. h., er liefert uns keine

Vorgehensweise zur Bestimmung eines linearisierenden Ausganges $y = \lambda(\boldsymbol{x})$. Um nun den linearisierenden Ausgang und damit auch den Diffeomorphismus zu bestimmen, der das System in die nichtlineare Regelungsnormalform transformiert und so exakt zustandslinearisierbar macht, verwenden wir den aus unseren vorherigen Überlegungen resultierenden

Satz 58 (Exakte Zustandslinearisierung von SISO-Systemen). *Ein exakt zustandslinearisierbares System* $\dot{\boldsymbol{x}} = \boldsymbol{a}(\boldsymbol{x}) + \boldsymbol{b}(\boldsymbol{x}) \cdot u$ *mit* $\boldsymbol{x} \in I\!R^n$ *wird durch den Diffeomorphismus*

$$\boldsymbol{z} = \boldsymbol{t}(\boldsymbol{x}) = \begin{bmatrix} \lambda(\boldsymbol{x}) \\ L_{\boldsymbol{a}}\lambda(\boldsymbol{x}) \\ L_{\boldsymbol{a}}^2\lambda(\boldsymbol{x}) \\ \vdots \\ L_{\boldsymbol{a}}^{n-1}\lambda(\boldsymbol{x}) \end{bmatrix}$$

und die Eingangsgrößentransformation

$$u = \frac{v - L_{\boldsymbol{a}}^n\lambda(\boldsymbol{x})}{L_{\boldsymbol{b}}L_{\boldsymbol{a}}^{n-1}\lambda(\boldsymbol{x})}$$

mit der neuen Stellgröße v *in die Brunovský-Normalform transformiert, wenn der künstliche Ausgang* $y = \lambda(\boldsymbol{x})$ *die partiellen Differenzialgleichungen*

$$\begin{aligned} L_{\boldsymbol{b}}\lambda(\boldsymbol{x}) &= 0, \\ L_{\mathrm{ad}_{\boldsymbol{a}}\boldsymbol{b}}\lambda(\boldsymbol{x}) &= 0, \\ L_{\mathrm{ad}_{\boldsymbol{a}}^2\boldsymbol{b}}\lambda(\boldsymbol{x}) &= 0, \\ &\vdots \\ L_{\mathrm{ad}_{\boldsymbol{a}}^{n-2}\boldsymbol{b}}\lambda(\boldsymbol{x}) &= 0 \end{aligned}$$

erfüllt.

Es fällt uns auf, dass die Forderung (5.108) nicht mehr in Satz 58 enthalten ist. Der Grund hierfür ist, dass Satz 58, der die Erfüllung von Satz 57 voraussetzt, bereits sicherstellt, dass die Bedingung (5.108) gilt.

Wie erwähnt, kann die Überprüfung der exakten Zustandslinearisierbarkeit mittels des Satzes 57 sehr aufwendig sein und führt oft nicht zum Erfolg. Insbesondere die Bedingung (2) des Satzes, die Involutivitätsbedingung, schränkt die Anzahl der exakt linearisierbaren Systeme ein und ist oft nur aufwendig zu überprüfen.

Wenn es uns gelungen ist, ein exakt zustandslinearisierbares System in die Brunovský-Normalform zu transformieren, so können wir natürlich auch unmittelbar eine lineare Regelung für das transformierte System entwerfen. Dies ist besonders einfach, da die Brunovský-Normalform aus einer Kette von n Integrierern besteht.

5.3.2 Beispiel Bohrturm

Tiefbohrungen in der Erdkruste werden vor allem durchgeführt, um Öl-, Gas- oder Geothermiequellen zu erschließen. Die Bohrtechnik ist dabei in allen Fällen ähnlich. Beim Rotary-Verfahren wird über einen Bohrturm ein aus Rohren zusammengesetztes Bohrgestänge, wie in Bild 5.17 gezeigt, an dessen unterem Ende ein Bohrmeißel befestigt ist, drehend vorangetrieben. Dabei wird über das Innere des Bohrgestänges eine Spülflüssigkeit zum Bohrmeißel

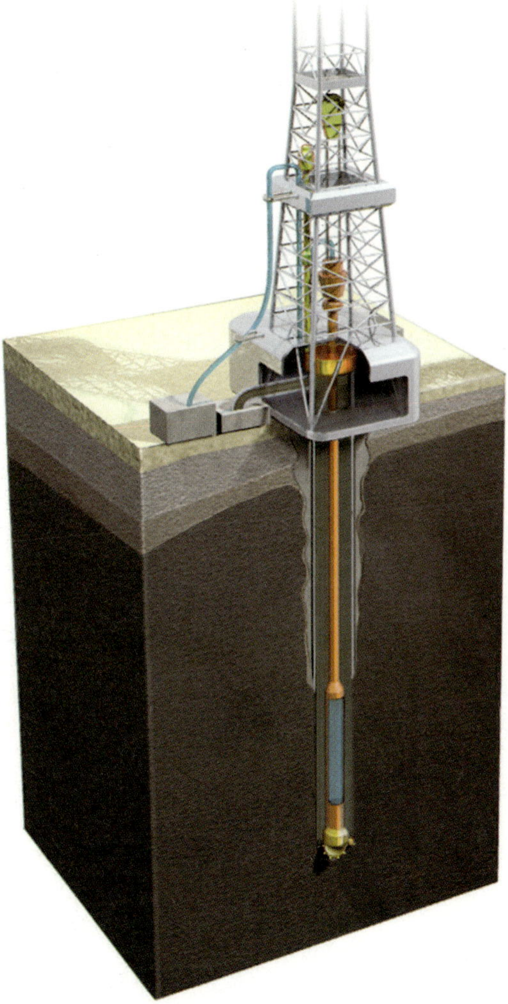

Bild 5.17: Bohrturm.

gepumpt. Diese Flüssigkeit kühlt und schmiert den Bohrmeißel. Sie transportiert aber auch das abgefräste Gestein im Bohrloch an die Erdoberfläche. Hochgespült wird es in dem ringförmigen Spalt zwischen Bohrgestänge und Bohrlochwand. Die Bohrlochwand ist mit Stahlrohren verkleidet, damit sie nicht einstürzt. Gedreht wird das Bohrgestänge über eine Mitnehmerstange mittels eines Drehtisches, der von einem Elektromotor angetrieben wird. Der Drehtisch verfügt dabei über eine große Schwungmasse, um eine möglichst schwankungsfreie Drehzahl des Gestänges zu gewährleisten. Von Zeit zu Zeit müssen ca. 10 m lange Verlängerungsstücke an das Gestänge angefügt werden.

Solche Bohrungen erreichen typischerweise Tiefen zwischen 3000 m und 5000 m. Bei diesen Bohrtiefen verwindet sich der Bohrstrang, z. B. ca. zwanzigmal bei einer Tiefe von 3500 m. Da das Bohrgestänge dabei wie eine Torsionsfeder wirkt, kann es zu Drehschwingungen des Bohrkopfes kommen. Ausgelöst werden diese Schwingungen durch Stick-Slip-Reibung am Bohrmeißel. Diese Torsionsschwingungen sind unerwünscht, weil sie schädlich für den Meißel und das Gestänge sind und im schlimmsten Fall zum Abscheren von Gestängeteilen führen können. Man unterdrückt daher diese Schwingungen mittels einer Regelung [1, 45, 267].

Wir können das Bohrgestänge näherungsweise durch zwei über eine Torsionsfeder verbundene Schwungmassen modellieren, so wie es Bild 5.18 zeigt. Die Schwungmassen werden durch die Spülflüssigkeit viskos gedämpft, wobei d_1 und d_2 die Dämpfungskonstanten sind. Dabei ist M_{A} das Antriebsmoment am Bohrturm. Das Lastmoment M_{L} am Meißel entsteht durch die Stick-Slip-Reibung am Gestein und den Fräsprozess. Es kann zum einen durch

$$M_{\mathrm{R}}(\dot{\Theta}_2) = \frac{2}{\pi} M_{\mathrm{c}}(k_1 \dot{\Theta}_2 e^{-k_2|\dot{\Theta}_2|} + \arctan(k_3 \dot{\Theta}_2))$$

mit $M_{\mathrm{c}} = 0.5\,\mathrm{kN\,m}$, $k_1 = 9.5\,\mathrm{s\,rad^{-1}}$, $k_2 = 2.2\,\mathrm{s\,rad^{-1}}$ und $k_3 = 35.0\,\mathrm{s\,rad^{-1}}$ und zum anderen durch einen unbekannten, zeitabhängigen Anteil $M_{\mathrm{S}}(t)$ als

$$M_{\mathrm{L}} = M_{\mathrm{R}}(\dot{\Theta}_2) + M_{\mathrm{S}}(t)$$

modelliert werden. Dabei fassen wir $M_{\mathrm{S}}(t)$ als Störgröße auf, die von der Gesteinsart, der Meißeltemperatur etc. abhängt. Bild 5.19 zeigt den Verlauf der Stick-Slip-Reibung $M_{\mathrm{R}}(\dot{\Theta}_2)$.

Für die Bewegungsgleichungen gilt mit dem Trägheitsmoment J_1, das die Trägheitsmomente des Drehtisches, des Elektromotors und seines Getriebes zusammenfasst, und dem Trägheitsmoment J_2 des unteren Bohrgestänges samt Meißel

$$\begin{aligned} J_1 \ddot{\Theta}_1 &= -c(\Theta_1 - \Theta_2) - d_1 \dot{\Theta}_1 + M_{\mathrm{A}}, \\ J_2 \ddot{\Theta}_2 &= c(\Theta_1 - \Theta_2) - d_2 \dot{\Theta}_2 - M_{\mathrm{R}}(\dot{\Theta}_2) - M_{\mathrm{S}}(t). \end{aligned} \tag{5.109}$$

Der Term $c(\Theta_1 - \Theta_2)$ beschreibt dabei die Federkraft, wobei $c = 473\,\mathrm{N\,m\,rad^{-1}}$ die Federkonstante ist. Die viskosen Reibkräfte $-d_1 \dot{\Theta}_1$ und $-d_2 \dot{\Theta}_2$ weisen

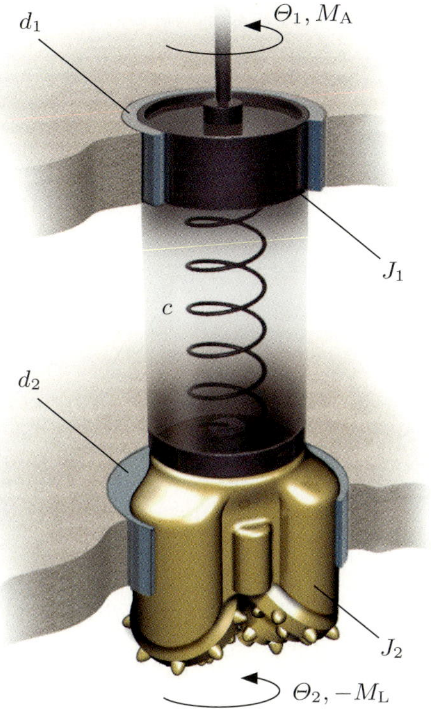

Bild 5.18: Mechanisches Ersatzschaltbild des Bohrgestänges mit zwei konzentrierten Massen, deren Trägheitsmomente J_1 und J_2 sowie einer Torsionsfeder mit der Federkonstanten c.

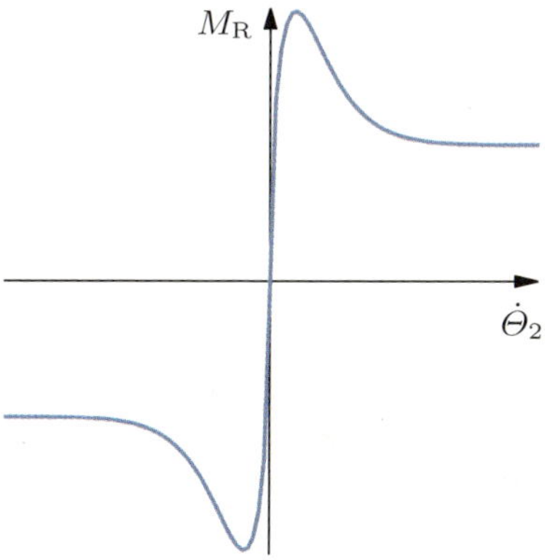

Bild 5.19: Verlauf der Stick-Slip-Reibung $M_R(\dot{\Theta}_2)$.

Dämpfungskonstanten von $d_1 = 425\,\mathrm{N\,m\,s\,rad^{-1}}$ und $d_2 = 50\,\mathrm{N\,m\,s\,rad^{-1}}$ auf. Die Trägheitsmomente besitzen die Werte $J_1 = 2122\,\mathrm{kg\,m^2}$ und $J_2 = 374\,\mathrm{kg\,m^2}$.

Mit dem Zustandsvektor

$$\boldsymbol{x} = \begin{bmatrix} \dot{\Theta}_1 & \Theta_1 - \Theta_2 & \dot{\Theta}_2 \end{bmatrix}^T$$

und dem Antriebsmoment $u = M_\mathrm{A}$ als Eingangsgröße erhalten wir aus Gl. (5.109) das Modell

$$\dot{\boldsymbol{x}} = \boldsymbol{a}(\boldsymbol{x}) + \boldsymbol{b} \cdot u + \boldsymbol{s} \cdot M_\mathrm{S} \tag{5.110}$$

mit der Störgröße $M_\mathrm{S}(t)$ und

$$\boldsymbol{a}(\boldsymbol{x}) = \begin{bmatrix} -a_2x_1 - a_1x_2 \\ x_1 - x_3 \\ a_3x_2 - a_4x_3 \underbrace{-a_5x_3e^{-k_2|x_3|} - a_6\arctan(k_3x_3)}_{-\,sM_\mathrm{R}(x_3)} \end{bmatrix},$$

$$\boldsymbol{b} = \begin{bmatrix} b \\ 0 \\ 0 \end{bmatrix}, \quad \boldsymbol{s} = \begin{bmatrix} 0 \\ 0 \\ -s \end{bmatrix}.$$

Dabei sind

$$a_1 = \frac{c}{J_1}, \qquad a_2 = \frac{d_1}{J_1}, \qquad a_3 = \frac{c}{J_2}, \qquad a_4 = \frac{d_2}{J_2},$$
$$a_5 = \frac{2M_\mathrm{c}k_1}{\pi J_2}, \qquad a_6 = \frac{2M_\mathrm{c}}{\pi J_2}, \qquad b = \frac{1}{J_1}, \qquad s = \frac{1}{J_2}.$$

Um festzustellen, ob das System $\dot{\boldsymbol{x}} = \boldsymbol{a}(\boldsymbol{x}) + \boldsymbol{b}(\boldsymbol{x}) \cdot u$ exakt zustandslinearisierbar ist, wenden wir Satz 57 an und berechnen zuerst

$$\begin{aligned} \mathrm{ad}_{\boldsymbol{a}}\,\boldsymbol{b} = [\boldsymbol{a},\boldsymbol{b}] &= \frac{\partial \boldsymbol{b}}{\partial \boldsymbol{x}}\boldsymbol{a} - \frac{\partial \boldsymbol{a}}{\partial \boldsymbol{x}}\boldsymbol{b} \\ &= -\begin{bmatrix} -a_2 & -a_1 & 0 \\ 1 & 0 & -1 \\ 0 & a_3 & -a_4 - sM_\mathrm{R}'(x_3) \end{bmatrix} \begin{bmatrix} b \\ 0 \\ 0 \end{bmatrix} = \begin{bmatrix} a_2b \\ -b \\ 0 \end{bmatrix}, \end{aligned}$$

$$\begin{aligned} \mathrm{ad}_{\boldsymbol{a}}^2\,\boldsymbol{b} = [\boldsymbol{a},[\boldsymbol{a},\boldsymbol{b}]] &= \frac{\partial [\boldsymbol{a},\boldsymbol{b}]}{\partial \boldsymbol{x}}\boldsymbol{a} - \frac{\partial \boldsymbol{a}}{\partial \boldsymbol{x}}[\boldsymbol{a},\boldsymbol{b}] \\ &= -\begin{bmatrix} -a_2 & -a_1 & 0 \\ 1 & 0 & -1 \\ 0 & a_3 & -a_4 - sM_\mathrm{R}'(x_3) \end{bmatrix} \begin{bmatrix} a_2b \\ -b \\ 0 \end{bmatrix} = \begin{bmatrix} a_2^2b - a_1b \\ -a_2b \\ a_3b \end{bmatrix}. \end{aligned}$$

Somit ergibt sich

$$\operatorname{rang}([\boldsymbol{b} \quad \mathrm{ad}_{\boldsymbol{a}}\,\boldsymbol{b} \quad \mathrm{ad}_{\boldsymbol{a}}^2\,\boldsymbol{b}]) = \operatorname{rang}\left(b\begin{bmatrix} 1 & a_2 & a_2^2 - a_1 \\ 0 & -1 & -a_2 \\ 0 & 0 & a_3 \end{bmatrix}\right) = 3,$$

und die Bedingung (1) des Satzes 57 ist erfüllt. Da die Vektoren $\boldsymbol{b}$, $\mathrm{ad}_{\boldsymbol{a}}\,\boldsymbol{b}$ und $\mathrm{ad}_{\boldsymbol{a}}^2\,\boldsymbol{b}$ konstant sind, ergeben alle Lie-Klammern

$$[\mathrm{ad}_{\boldsymbol{a}}^i\,\boldsymbol{b}, \mathrm{ad}_{\boldsymbol{a}}^k\,\boldsymbol{b}] = \begin{bmatrix} 0 \\ 0 \\ 0 \end{bmatrix} \qquad \text{für} \quad i,k \in \{0,1\},$$

d. h., sie sind triviale Linearkombinationen der Vektoren $\boldsymbol{b}$ und $\mathrm{ad}_{\boldsymbol{a}}\,\boldsymbol{b}$. Somit ist auch die Bedingung (2) des Satzes 57 erfüllt und das System ist exakt zustandslinearisierbar. Interessant ist, dass im Fall einer verschwindenden Federkonstanten c, d. h. $a_3 = 0$, das System nicht mehr exakt zustandslinearisierbar ist.

Wir verwenden die partiellen Differenzialgleichungen

$$\begin{aligned} L_{\boldsymbol{b}}\lambda(\boldsymbol{x}) &= \frac{\partial\lambda}{\partial\boldsymbol{x}}\boldsymbol{b} = \frac{\partial\lambda}{\partial x_1}b = 0, \\ L_{\mathrm{ad}_{\boldsymbol{a}}\,\boldsymbol{b}}\lambda(\boldsymbol{x}) &= \frac{\partial\lambda}{\partial\boldsymbol{x}}\,\mathrm{ad}_{\boldsymbol{a}}\,\boldsymbol{b} = \frac{\partial\lambda}{\partial x_1}a_2 b - \frac{\partial\lambda}{\partial x_2}b = 0 \end{aligned} \tag{5.111}$$

aus Satz 58, um den linearisierenden Ausgang $y = \lambda(\boldsymbol{x})$ zu ermitteln. Im vorliegenden Fall ist das einfach, denn offensichtlich erfüllt

$$y = \lambda(\boldsymbol{x}) = x_3$$

die Differenzialgleichungen (5.111).

Somit ergibt sich der Diffeomorphismus

$$\boldsymbol{z} = \boldsymbol{t}(\boldsymbol{x}) = \begin{bmatrix} \lambda(\boldsymbol{x}) \\ L_{\boldsymbol{a}}\lambda(\boldsymbol{x}) \\ L_{\boldsymbol{a}}^2\lambda(\boldsymbol{x}) \end{bmatrix},$$

der das System (5.110) in Brunovský-Normalform transformiert, zu

$$\boldsymbol{z} = \boldsymbol{t}(\boldsymbol{x}) = \begin{bmatrix} x_3 \\ a_3x_2 - a_4x_3 - sM_{\mathrm{R}}(x_3) \\ a_3(x_1 - x_3) - (a_4 + sM_{\mathrm{R}}'(x_3))(a_3x_2 - a_4x_3 - sM_{\mathrm{R}}(x_3)) \end{bmatrix}.$$

Für die Rücktransformation gilt

$$\boldsymbol{x} = \boldsymbol{t}^{-1}(\boldsymbol{z}) = \begin{bmatrix} \dfrac{1}{a_3}[z_3 + (a_4 + sM_{\mathrm{R}}'(z_1))\, z_2] + z_1 \\ \dfrac{1}{a_3}[z_2 + a_4 z_1 + sM_{\mathrm{R}}(z_1)] \\ z_1 \end{bmatrix}.$$

Wir erhalten dann durch Ableiten der Gleichung $\boldsymbol{z} = \boldsymbol{t}(\boldsymbol{x})$ nach der Zeit die uns schon aus Abschnitt 3.3.1 bekannte und um die Störung $M_{\mathrm{S}}(t)$ ergänzte Transformationsgleichung

$$\dot{\boldsymbol{z}} = \frac{\partial \boldsymbol{t}(\boldsymbol{x})}{\partial \boldsymbol{x}}\dot{\boldsymbol{x}} = \left.\frac{\partial \boldsymbol{t}(\boldsymbol{x})}{\partial \boldsymbol{x}}\right|_{\boldsymbol{x}=\boldsymbol{t}^{-1}(\boldsymbol{z})} \cdot \big(\boldsymbol{a}(\boldsymbol{t}^{-1}(\boldsymbol{z})) + \boldsymbol{b}(\boldsymbol{t}^{-1}(\boldsymbol{z})) \cdot u + \boldsymbol{s}(\boldsymbol{t}^{-1}(\boldsymbol{z})) \cdot M_{\mathrm{S}}\big)$$

mit

$$\left.\frac{\partial \boldsymbol{t}(\boldsymbol{x})}{\partial \boldsymbol{x}}\right|_{\boldsymbol{x}=\boldsymbol{t}^{-1}(\boldsymbol{z})} = \begin{bmatrix} 0 & 0 & 1 \\ 0 & a_3 & -(a_4 + sM_{\mathrm{R}}'(z_1)) \\ a_3 & -a_3(a_4 + sM_{\mathrm{R}}'(z_1)) & -a_3 + (a_4 + sM_{\mathrm{R}}'(z_1))^2 - sM_{\mathrm{R}}''(z_1) z_2 \end{bmatrix}$$

als Jacobi-Matrix. Hieraus ergibt sich für das transformierte System

$$\dot{\boldsymbol{z}} = \begin{bmatrix} z_2 \\ z_3 \\ -(a_1 a_4 + a_2 a_3) z_1 - (a_1 + a_2 a_4 + a_3) z_2 - (a_2 + a_4) z_3 - h(\boldsymbol{z}) \end{bmatrix} + \begin{bmatrix} 0 \\ 0 \\ b a_3 \end{bmatrix} u$$
$$+ \left.\frac{\partial \boldsymbol{t}(\boldsymbol{x})}{\partial \boldsymbol{x}}\right|_{\boldsymbol{x}=\boldsymbol{t}^{-1}(\boldsymbol{z})} \cdot \boldsymbol{s}(\boldsymbol{t}^{-1}(\boldsymbol{z})) \qquad (5.112)$$

mit

$$h(\boldsymbol{z}) = a_1 s M_{\mathrm{R}}(z_1) + (z_3 + a_2 z_2) s M_{\mathrm{R}}'(z_1) + s z_2^2 M_{\mathrm{R}}''(z_1).$$

Nun können wir das System (5.112) mittels

$$u = \frac{(a_1 a_4 + a_2 a_3) z_1 + (a_1 + a_2 a_4 + a_3) z_2 + (a_2 + a_4) z_3 + h(\boldsymbol{z})}{b a_3} + \frac{v}{b a_3}$$

in die Brunovský-Normalform

$$\dot{\boldsymbol{z}} = \begin{bmatrix} 0 & 1 & 0 \\ 0 & 0 & 1 \\ 0 & 0 & 0 \end{bmatrix} \boldsymbol{z} + \begin{bmatrix} 0 \\ 0 \\ 1 \end{bmatrix} v + s \begin{bmatrix} -1 \\ a_4 + sM_{\mathrm{R}}'(z_1) \\ a_3 - (a_4 + sM_{\mathrm{R}}'(z_1))^2 + sM_{\mathrm{R}}''(z_1) z_2 \end{bmatrix} M_{\mathrm{S}}$$

überführen. Der nichtlineare Term repräsentiert die Störung.

5.3.3 Exakte Zustandslinearisierung von MIMO-Systemen

Wir können die Definition 24 der exakten Zustandslinearisierbarkeit unmittelbar auf MIMO-Systeme

$$\dot{\boldsymbol{x}} = \boldsymbol{a}(\boldsymbol{x}) + \sum_{i=1}^{m} \boldsymbol{b}_i(\boldsymbol{x}) \cdot u_i \tag{5.113}$$

erweitern. Genau wie im SISO-Fall heißt das System (5.113) exakt zustandslinearisierbar, wenn ein Diffeomorphismus $\boldsymbol{z} = \boldsymbol{t}(\boldsymbol{x})$ und seine Eingangsgrößentransformation $\boldsymbol{u} = \boldsymbol{p}(\boldsymbol{x}, \boldsymbol{v})$ existieren, so dass das System in die MIMO-Brunovský-Normalform

$$\dot{\boldsymbol{x}} = \begin{bmatrix} \boldsymbol{A}_1 & \boldsymbol{0} & \cdots & \boldsymbol{0} \\ \boldsymbol{0} & \boldsymbol{A}_2 & \cdots & \boldsymbol{0} \\ \vdots & \vdots & \ddots & \vdots \\ \boldsymbol{0} & \boldsymbol{0} & \cdots & \boldsymbol{A}_m \end{bmatrix} \boldsymbol{x} + \begin{bmatrix} \boldsymbol{b}_1 & \boldsymbol{0} & \cdots & \boldsymbol{0} \\ \boldsymbol{0} & \boldsymbol{b}_2 & \cdots & \boldsymbol{0} \\ \vdots & \vdots & \ddots & \vdots \\ \boldsymbol{0} & \boldsymbol{0} & \cdots & \boldsymbol{b}_m \end{bmatrix} \boldsymbol{v}$$

mit den $\delta_i \times \delta_i$ - Matrizen $\boldsymbol{A}_i$ und den δ_i - dimensionalen Vektoren b_i der Gestalt

$$\boldsymbol{A}_i = \begin{bmatrix} 0 & 1 & 0 & \cdots & 0 \\ 0 & 0 & 1 & \cdots & 0 \\ \vdots & \vdots & \vdots & \ddots & \vdots \\ 0 & 0 & 0 & \cdots & 1 \\ 0 & 0 & 0 & \cdots & 0 \end{bmatrix} \qquad \boldsymbol{b}_i = \begin{bmatrix} 0 \\ 0 \\ \vdots \\ 0 \\ 1 \end{bmatrix}$$

transformierbar ist. Dabei bildet dann $[\delta_1 \cdots \delta_m]$ den vektoriellen relativen Grad des Systems.

Ähnlich wie im SISO-Fall gilt bezüglich der Linearisierbarkeit [129, 259]

Satz 59 (Exakte Zustandslinearisierbarkeit von MIMO-Systemen). *Ein eingangslineares System*

$$\dot{\boldsymbol{x}} = \boldsymbol{a}(\boldsymbol{x}) + \sum_{i=1}^{m} \boldsymbol{b}_i(\boldsymbol{x}) \cdot u_i$$

mit $\boldsymbol{x} \in \mathbb{R}^n$ *ist genau dann exakt zustandslinearisierbar, wenn*

(1) die Matrix $\boldsymbol{M}_0 = \begin{bmatrix} \boldsymbol{b}_1 \cdots \boldsymbol{b}_m \end{bmatrix}$ *den Rang m besitzt,*

(2) alle Matrizen

$$\boldsymbol{M}_1 = \begin{bmatrix} \boldsymbol{b}_1 \cdots \boldsymbol{b}_m \; ad_{\boldsymbol{a}}\boldsymbol{b}_1 \cdots ad_{\boldsymbol{a}}\boldsymbol{b}_m \end{bmatrix},$$

$$\vdots$$

$$\boldsymbol{M}_{n-2} = \begin{bmatrix} \boldsymbol{b}_1 \cdots \boldsymbol{b}_m \; ad_{\boldsymbol{a}}\boldsymbol{b}_1 \cdots ad_{\boldsymbol{a}}\boldsymbol{b}_m \cdots ad_{\boldsymbol{a}}^{n-2}\boldsymbol{b}_1 \cdots ad_{\boldsymbol{a}}^{n-2}\boldsymbol{b}_m \end{bmatrix}$$

konstanten Rang aufweisen,

(3) die Matrix

$$\boldsymbol{M}_{n-1} = \left[\boldsymbol{b}_1 \cdots \boldsymbol{b}_m \; ad_{\boldsymbol{a}}\boldsymbol{b}_1 \cdots ad_{\boldsymbol{a}}\boldsymbol{b}_m \cdots ad_{\boldsymbol{a}}^{n-1}\boldsymbol{b}_1 \cdots ad_{\boldsymbol{a}}^{n-1}\boldsymbol{b}_m\right]$$

den Rang n besitzt und

(4) alle Mengen

$$\left\{\boldsymbol{b}_1, \ldots, \boldsymbol{b}_m\right\},$$
$$\left\{\boldsymbol{b}_1, \ldots, \boldsymbol{b}_m, ad_{\boldsymbol{a}}\boldsymbol{b}_1, \ldots, ad_{\boldsymbol{a}}\boldsymbol{b}_m\right\},$$
$$\vdots$$
$$\left\{\boldsymbol{b}_1, \ldots, \boldsymbol{b}_m, ad_{\boldsymbol{a}}\boldsymbol{b}_1, \ldots, ad_{\boldsymbol{a}}\boldsymbol{b}_m, \ldots, ad_{\boldsymbol{a}}^{n-2}\boldsymbol{b}_1, \ldots, ad_{\boldsymbol{a}}^{n-2}\boldsymbol{b}_m\right\}$$

involutiv sind.

Wir erinnern uns, dass eine Menge

$$\{\boldsymbol{h}_1(\boldsymbol{x}), \boldsymbol{h}_2(\boldsymbol{x}), \ldots, \boldsymbol{h}_m(\boldsymbol{x})\}$$

von Vektorfunktionen $\boldsymbol{h}_k(\boldsymbol{x})$ *involutiv* genannt wird, wenn die Lie-Klammern

$$[\boldsymbol{h}_i, \boldsymbol{h}_j], \; i, j \in \{1, \ldots, m\},$$

aller möglichen Kombinationen (i, j) als Linearkombinationen

$$\left[\boldsymbol{h}_i, \boldsymbol{h}_j\right] = \sum_{k=1}^{m} \alpha_k(\boldsymbol{x})\boldsymbol{h}_k(\boldsymbol{x})$$

der Funktionen $\boldsymbol{h}_k(\boldsymbol{x})$ darstellbar sind. Dabei sind die Koeffizienten $\alpha_k(\boldsymbol{x})$ geeignet zu bestimmende skalare Funktionen.

Wie im SISO-Fall des Satzes 57 ist Satz 59 nicht konstruktiv. Aber auch hier können wir wieder einen Satz auf ähnliche Weise wie im SISO-Fall herleiten, der uns die Berechnung der linearisierenden Ausgänge $\lambda_1(\boldsymbol{x}), \ldots, \lambda_m(\boldsymbol{x})$ und des zugehörigen Diffeomorphismus erlaubt. Dies ist

Satz 60 (Exakte Zustandslinearisierung von MIMO-Systemen). *Ein exakt zustandslinearisierbares System*

$$\dot{\boldsymbol{x}} = \boldsymbol{a}(\boldsymbol{x}) + \sum_{i=1}^{m} \boldsymbol{b}_i(\boldsymbol{x}) \cdot u_i$$

mit $\boldsymbol{x} \in I\!R^n$ wird durch den Diffeomorphismus

$$\boldsymbol{z} = \boldsymbol{t}(\boldsymbol{x}) = \begin{bmatrix} \lambda_1(\boldsymbol{x}) \\ L_{\boldsymbol{a}}\lambda_1(\boldsymbol{x}) \\ \vdots \\ L_{\boldsymbol{a}}^{\delta_1-1}\lambda_1(\boldsymbol{x}) \\ \vdots \\ \lambda_m(\boldsymbol{x}) \\ L_{\boldsymbol{a}}\lambda_m(\boldsymbol{x}) \\ \vdots \\ L_{\boldsymbol{a}}^{\delta_m-1}\lambda_m(\boldsymbol{x}) \end{bmatrix} \qquad mit \quad \delta_1 + \delta_2 + \ldots + \delta_m = n$$

und die Eingangsgrößentransformation

$$\boldsymbol{u} = -\boldsymbol{D}^{-1}(\boldsymbol{x}) \cdot (\mathring{\boldsymbol{c}}(\boldsymbol{x}) - \boldsymbol{v})$$

mit der Entkopplungsmatrix

$$\boldsymbol{D}(\boldsymbol{x}) = \begin{bmatrix} L_{\boldsymbol{b}_1}L_{\boldsymbol{a}}^{\delta_1-1}\lambda_1(\boldsymbol{x}) & \cdots & L_{\boldsymbol{b}_m}L_{\boldsymbol{a}}^{\delta_1-1}\lambda_1(\boldsymbol{x}) \\ L_{\boldsymbol{b}_1}L_{\boldsymbol{a}}^{\delta_2-1}\lambda_2(\boldsymbol{x}) & \cdots & L_{\boldsymbol{b}_m}L_{\boldsymbol{a}}^{\delta_2-1}\lambda_2(\boldsymbol{x}) \\ \vdots & \ddots & \vdots \\ L_{\boldsymbol{b}_1}L_{\boldsymbol{a}}^{\delta_m-1}\lambda_m(\boldsymbol{x}) & \cdots & L_{\boldsymbol{b}_m}L_{\boldsymbol{a}}^{\delta_m-1}\lambda_m(\boldsymbol{x}) \end{bmatrix}, \quad \mathring{\boldsymbol{c}}(\boldsymbol{x}) = \begin{bmatrix} L_{\boldsymbol{a}}^{\delta_1}\lambda_1(\boldsymbol{x}) \\ L_{\boldsymbol{a}}^{\delta_2}\lambda_2(\boldsymbol{x}) \\ \vdots \\ L_{\boldsymbol{a}}^{\delta_m}\lambda_m(\boldsymbol{x}) \end{bmatrix}$$

und dem neuen Stellgrößenvektor $\boldsymbol{v}$ in die Brunovský-Normalform transformiert, wenn der künstliche Ausgangsvektor $\boldsymbol{\lambda} = [\lambda_1 \cdots \lambda_m]^{\mathrm{T}}$ die partiellen Differenzialgleichungen

$$\begin{aligned} L_{\boldsymbol{b}_i}\lambda_j &= 0, \\ L_{ad_{\boldsymbol{a}}\boldsymbol{b}_i}\lambda_j &= 0, \\ L_{ad_{\boldsymbol{a}}^2\boldsymbol{b}_i}\lambda_j &= 0, \\ &\vdots \\ L_{ad_{\boldsymbol{a}}^{\delta_i-2}\boldsymbol{b}_i}\lambda_j &= 0 \end{aligned}$$

für alle $i = 1, \ldots, m$ und alle $j = 1, \ldots, m$ erfüllt und die Matrix $\boldsymbol{D}(\boldsymbol{x})$ regulär ist.

Da das eingangslineare System in obigem Satz als exakt zustandslinearisierbar vorausgesetzt wird, bildet $[\delta_1 \cdots \delta_m]$ den vektoriellen relativen Grad des Systems. Insbesondere sind die Zahlen δ_i für die Bestimmung des linearisierenden Ausgangsvektors $\boldsymbol{\lambda} = [\lambda_1 \cdots \lambda_m]^{\mathrm{T}}$ vorab zu ermitteln. Dies ermöglicht uns [177, 207]

Satz 61 (Vektorieller relativer Grad). *Ein exakt zustandslinearisierbares System*

$$\dot{\boldsymbol{x}} = \boldsymbol{a}(\boldsymbol{x}) + \sum_{i=1}^{m} \boldsymbol{b}_i(\boldsymbol{x}) \cdot u_i$$

mit $\boldsymbol{x} \in I\!R^n$ *besitzt einen künstlichen Ausgangsvektor* $\boldsymbol{\lambda}(\boldsymbol{x})$ *mit dem vektoriellen relativen Grad*

$$\boldsymbol{\delta} = \begin{bmatrix} \delta_1 & \cdots & \delta_m \end{bmatrix},$$

wobei δ_i, $i = 1, \ldots, m$, *jeweils der um eins erhöhten Anzahl der Werte* $r_k \geq i$, $k = 0, \ldots, n-1$, *entspricht und*

$$\begin{aligned} r_0 &= \operatorname{rang}(\boldsymbol{M}_0) = m, \\ r_1 &= \operatorname{rang}(\boldsymbol{M}_1) - \operatorname{rang}(\boldsymbol{M}_0), \\ &\vdots \\ r_{n-1} &= \operatorname{rang}(\boldsymbol{M}_{n-1}) - \operatorname{rang}(\boldsymbol{M}_{n-2}) \end{aligned}$$

gilt.

Eine unmittelbare Folge aus obigem Satz ist hier

$$\delta_1 \geq \delta_2 \geq \cdots \geq \delta_m.$$

Um an einem konkreten System eine exakte Zustandslinearisierung auszuführen, verwenden wir folgendes Schema:

Schritt 1: Mittels Satz 59 prüfen wir, ob das System exakt zustandslinearisierbar ist.

Schritt 2: Wir ermitteln auf Basis von Satz 61 den vektoriellen relativen Grad $\boldsymbol{\delta}$.

Schritt 3: Wir lösen die partiellen Differenzialgleichungen des Satzes 60 und erhalten den linearisierenden Ausgangsvektor $\boldsymbol{\lambda}$.

Schritt 4: Mittels des Ausgangsvektors $\boldsymbol{\lambda}$ bestimmen wir den Diffeomorphismus $\boldsymbol{z} = \boldsymbol{t}(\boldsymbol{x})$ aus Satz 60 und die Eingangsgrößentransformation $\boldsymbol{u} = -\boldsymbol{D}^{-1}(\boldsymbol{x}) \cdot (\mathring{\boldsymbol{c}}(\boldsymbol{x}) - \boldsymbol{v})$.

Schritt 3 ist der schwierigste und aufwendigste, denn die partiellen Differenzialgleichungen sind, wie im SISO-Fall, oft nur mit großem Aufwand zu lösen.

Mit den Sätzen 57 und 59 haben wir Kriterien, mit denen wir prüfen können, ob ein eingangslineares System exakt zustandslinearisierbar und damit in die nichtlineare Regelungsnormalform transformierbar ist. Aufgrund von Satz 39, S. 167, wissen wir, dass Systeme in nichtlinearer Regelungsnormalform immer steuerbar sind. Wir besitzen mit den Sätzen 57 und 59 also auch die Möglichkeit, ein eingangslineares System auf seine Steuerbarkeit zu prüfen.

5.3.4 Flachheit exakt zustandslinearisierbarer Systeme

Aus Satz 45, S. 205, wissen wir, dass SISO-Systeme $\dot{\boldsymbol{x}} = \boldsymbol{f}(\boldsymbol{x}, u)$ genau dann flach sind, wenn sie in nichtlinearer Regelungsnormalform vorliegen oder in sie transformierbar sind und $\beta(\boldsymbol{x}) \neq 0$ gilt. Der zugehörige Ausgang y der nichtlinearen Regelungsnormalform ist dann ein flacher Ausgang. Des Weiteren wissen wir aus Abschnitt 5.3.1, dass eingangslineare Systeme

$$\dot{\boldsymbol{x}} = \boldsymbol{a}(\boldsymbol{x}) + \boldsymbol{b}(\boldsymbol{x}) \cdot u \tag{5.114}$$

immer genau dann exakt zustandslinearisierbar sind, wenn sie in die nichtlineare Regelungsnormalform transformierbar sind und $\beta(\boldsymbol{x}) \neq 0$ gilt. Also folgt hieraus

Satz 62 (Flachheit exakt zustandslinearisierbarer SISO-Systeme). *Ein System*

$$\dot{\boldsymbol{x}} = \boldsymbol{a}(\boldsymbol{x}) + \boldsymbol{b}(\boldsymbol{x}) \cdot u$$

ist genau dann flach, wenn es exakt zustandslinearisierbar ist. Wenn des Weiteren das System für einen Ausgang y den relativen Grad n besitzt, so ist y ein flacher Ausgang.

Satz 57, S. 341, der hinreichend und notwendig für die exakte Zustandslinearisierbarkeit eingangslinearer SISO-Systeme ist, ist also auch hinreichend und notwendig für die Flachheit dieser Systeme.

Die flache Systemdarstellung eines eingangslinearen SISO-Systems mit der Ausgangsgröße $y = c(\boldsymbol{x})$ und dem relativen Grad $\delta = n$ kann mittels des Diffeomorphismus

$$\boldsymbol{z} = \boldsymbol{t}(\boldsymbol{x}) = \begin{bmatrix} c(\boldsymbol{x}) \\ L_{\boldsymbol{a}} c(\boldsymbol{x}) \\ \vdots \\ L_{\boldsymbol{a}}^{n-1} c(\boldsymbol{x}) \end{bmatrix} = \begin{bmatrix} y \\ \dot{y} \\ \vdots \\ y^{(n-1)} \end{bmatrix} \tag{5.115}$$

hergeleitet werden. So liefert die Umkehrfunktion die erste Gleichung

$$\begin{aligned} \boldsymbol{x} &= \boldsymbol{t}^{-1}(\boldsymbol{z}) = \boldsymbol{t}^{-1}\left(y, \dot{y}, \ldots, y^{(n-1)}\right) \\ &= \boldsymbol{\Psi}_1\left(y, \dot{y}, \ldots, y^{(n-1)}\right) \end{aligned} \tag{5.116}$$

der flachen Systemdarstellung.

Für die Berechnung von u in Abhängigkeit von y und seinen Ableitungen transformieren wir das System (5.114) durch Ableitung des Diffeomorphismus (5.115) in die Form

$$\dot{\boldsymbol{z}} = \begin{bmatrix} \dot{y} \\ \ddot{y} \\ \vdots \\ y^{(n-1)} \\ y^{(n)} \end{bmatrix} = \begin{bmatrix} z_2 \\ z_3 \\ \vdots \\ z_n \\ L_{\boldsymbol{a}}^n c(\boldsymbol{x}) + L_{\boldsymbol{b}} L_{\boldsymbol{a}}^{n-1} c(\boldsymbol{x}) \cdot u \end{bmatrix}.$$

Hieraus resultiert

$$\begin{aligned} u &= \frac{y^{(n)} - L_{\boldsymbol{a}}^n c(\boldsymbol{x})}{L_{\boldsymbol{b}} L_{\boldsymbol{a}}^{n-1} c(\boldsymbol{x})} = \frac{y^{(n)} - L_{\boldsymbol{a}}^n c\left(t^{-1}\left(y, \dot{y}, \ldots, y^{(n-1)}\right)\right)}{L_{\boldsymbol{b}} L_{\boldsymbol{a}}^{n-1} c\left(t^{-1}\left(y, \dot{y}, \ldots, y^{(n-1)}\right)\right)} \\ &= \Psi_2\left(y, \dot{y}, \ldots, y^{(n)}\right). \end{aligned} \tag{5.117}$$

Mit Gleichung (5.116) und (5.117) haben wir also die flache Systemdarstellung vorliegen.

Die Eigenschaft der Flachheit birgt im Falle eingangslinearer SISO-Systeme keine wesentliche neue Erkenntnis. Denn wenn das eingangslineare System exakt zustandslinearisierbar ist, dann ist es auch flach und umgekehrt. Im Besonderen lässt sich, wie oben gezeigt, die flache Systemdarstellung unmittelbar aus der Lösung des exakten Zustandslinearisierungsproblems ermitteln.

Im Fall von eingangslinearen MIMO-Systemen sind Flachheit und Zustandslinearisierbarkeit allerdings nicht mehr äquivalent zueinander wie bei SISO-Systemen. Denn es gilt folgender nur hinreichender

Satz 63 (Flachheit exakt zustandslinearisierbarer MIMO-Systeme). *Ein System*

$$\dot{\boldsymbol{x}} = \boldsymbol{a}(\boldsymbol{x}) + \sum_{i=1}^{m} \boldsymbol{b}_i(\boldsymbol{x}) \cdot u_i$$

ist flach, wenn es exakt zustandslinearisierbar ist. Wenn das System des Weiteren für einen Ausgang $\boldsymbol{y}$ den totalen relativen Grad n besitzt, so ist $\boldsymbol{y}$ ein flacher Ausgang.

Es kann also durchaus der Fall sein, dass ein eingangslineares MIMO-System nicht exakt zustandslinearisierbar ist, aber trotzdem flach.

5.3.5 Beispiel Rakete

Wir betrachten eine Rakete [81, 270] als ein Beispiel für ein flaches, aber nicht exakt zustandslinearisierbares System. Hierbei platzieren wir, wie in Bild 5.20 gezeigt, die Rakete in einem raumfesten Bezugskoordinatensystem und geben in ihm die x- und z-Koordinaten des Raketenschwerpunktes S an. Ihre Masse bezeichnen wir mit m und die Erdbeschleunigung mit g. Die Rakete verfügt über einen schwenkbaren Flüssigtreibstoffantrieb, dessen Schub wir

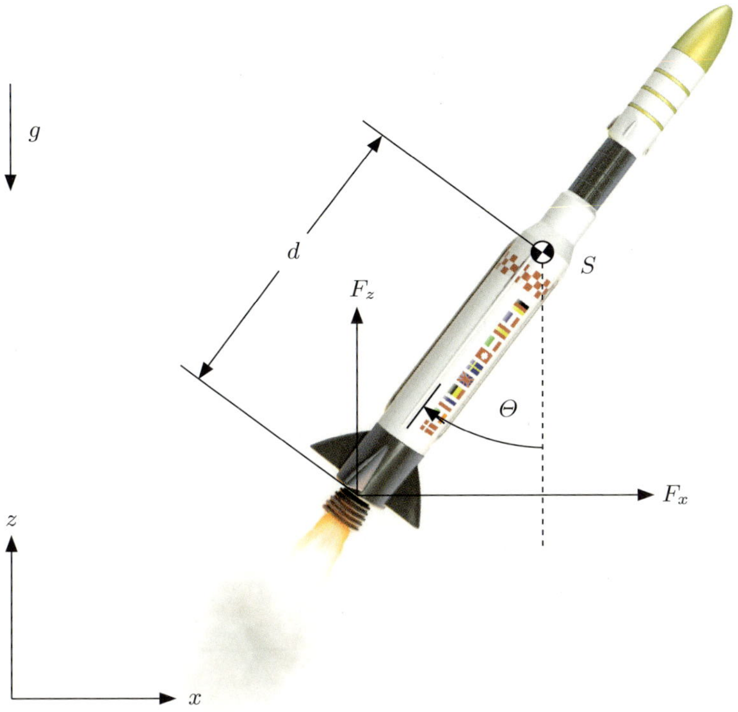

Bild 5.20: Rakete mit Antriebskräften F_x und F_z sowie Neigungswinkel Θ.

regulieren können. So verfügen wir über Antriebskräfte F_x und F_z in x- und z-Richtung. Die Beschleunigungen berechnen wir dann unter Berücksichtigung der Erdanziehung zu

$$\begin{aligned} \ddot{x} &= \frac{F_x}{m}, \\ \ddot{z} &= \frac{F_z}{m} - g. \end{aligned}$$

Für das durch die Kräfte F_x und F_z verursachte Drehmoment bezüglich des Schwerpunktes S und die damit verbundene Änderung des Winkels Θ zwischen Raketenlängsachse und z-Achse des raumfesten Koordinatensystems gilt die Beziehung

$$J\ddot{\Theta} = F_z d \sin\Theta - F_x d \cos\Theta.$$

Hierbei ist d der Abstand zwischen dem Schwerpunkt S und dem Angriffspunkt der Kräfte F_x und F_z. Mit dem Zustandsvektor

$$\begin{bmatrix} x_1 & x_2 & x_3 & x_4 & x_5 & x_6 \end{bmatrix} = \begin{bmatrix} \frac{x}{g} & \frac{\dot{x}}{g} & \frac{z}{g} & \frac{\dot{z}}{g} & \Theta & \dot{\Theta} \end{bmatrix}$$

sowie den Eingangsgrößen

$$u_1 = \frac{F_x}{mg}, \qquad u_2 = \frac{F_z}{mg} - 1$$

und dem Parameter

$$\varepsilon = \frac{J}{mgd}$$

erhalten wir das Raketenmodell

$$\dot{\boldsymbol{x}} = \underbrace{\begin{bmatrix} x_2 \\ 0 \\ x_4 \\ 0 \\ x_6 \\ \dfrac{\sin(x_5)}{\varepsilon} \end{bmatrix}}_{\boldsymbol{a}} + \underbrace{\begin{bmatrix} 0 \\ 1 \\ 0 \\ 0 \\ 0 \\ -\dfrac{\cos(x_5)}{\varepsilon} \end{bmatrix}}_{\boldsymbol{b}_1} u_1 + \underbrace{\begin{bmatrix} 0 \\ 0 \\ 0 \\ 1 \\ 0 \\ \dfrac{\sin(x_5)}{\varepsilon} \end{bmatrix}}_{\boldsymbol{b}_2} u_2. \tag{5.118}$$

Zur Untersuchung der exakten Zustandslinearisierbarkeit des Systems wenden wir Satz 59 an und zeigen, dass seine vierte Bedingung nicht erfüllt ist. Zu diesem Zweck bestimmen wir die Menge der Steuervektoren $\boldsymbol{b}_1$, $\boldsymbol{b}_2$ und der beiden Lie-Klammern

$$[\boldsymbol{a}, \boldsymbol{b}_1] = ad_{\boldsymbol{a}}\boldsymbol{b}_1 \quad \text{und} \quad [\boldsymbol{a}, \boldsymbol{b}_2] = ad_{\boldsymbol{a}}\boldsymbol{b}_2,$$

also

$$\left\{\boldsymbol{b}_1, \boldsymbol{b}_2, ad_{\boldsymbol{a}}\boldsymbol{b}_1, ad_{\boldsymbol{a}}\boldsymbol{b}_2\right\} = \left\{ \begin{bmatrix} 0 \\ 1 \\ 0 \\ 0 \\ 0 \\ -\dfrac{\cos(x_5)}{\varepsilon} \end{bmatrix}, \begin{bmatrix} 0 \\ 0 \\ 0 \\ 1 \\ 0 \\ \dfrac{\sin(x_5)}{\varepsilon} \end{bmatrix}, \begin{bmatrix} -1 \\ 0 \\ 0 \\ 0 \\ \dfrac{\cos(x_5)}{\varepsilon} \\ \dfrac{x_6 \sin(x_5)}{\varepsilon} \end{bmatrix}, \begin{bmatrix} 0 \\ 0 \\ -1 \\ 0 \\ -\dfrac{\sin(x_5)}{\varepsilon} \\ \dfrac{x_6 \cos(x_5)}{\varepsilon} \end{bmatrix} \right\}. \tag{5.119}$$

Wir überprüfen nun, ob die Menge (5.119) involutiv ist. Hierfür berechnen wir die Lie-Klammer

$$\left[ad_{\boldsymbol{a}}\boldsymbol{b}_1, \boldsymbol{b}_2\right] = \begin{bmatrix} 0 \\ 0 \\ 0 \\ 0 \\ 0 \\ \dfrac{\cos^2(x_5) - \sin^2(x_5)}{\varepsilon^2} \end{bmatrix}. \tag{5.120}$$

Damit die Menge (5.119) involutiv ist, also die Bedingung (4) des Satzes 59 erfüllt ist, muss der Vektor (5.120) eine Linearkombination

$$\left[ad_{\boldsymbol{a}}\boldsymbol{b}_1, \boldsymbol{b}_2\right] = \alpha_1(\boldsymbol{x})\cdot\boldsymbol{b}_1(\boldsymbol{x}) + \alpha_2(\boldsymbol{x})\cdot\boldsymbol{b}_2(\boldsymbol{x}) + \alpha_3(\boldsymbol{x})\cdot ad_{\boldsymbol{a}}\boldsymbol{b}_1(\boldsymbol{x}) + \alpha_4(\boldsymbol{x})\cdot ad_{\boldsymbol{a}}\boldsymbol{b}_2(\boldsymbol{x}) \tag{5.121}$$

der Vektoren der Menge (5.119) sein. Offensichtlich ist zu fordern, dass alle $\alpha_i(\boldsymbol{x}) = 0$ sind, damit die ersten fünf Elemente des Vektors (5.120) null sind. Folglich müsste dann auch das sechste Element des Vektors (5.120) null sein, was nicht der Fall ist. Gl. (5.121) ist also nicht erfüllbar, der Vektor (5.120) ist mithin keine Linearkombination der Vektoren der Menge (5.119) und deshalb ist diese nicht involutiv. Daher ist die Bedingung (4) des Satzes 59 nicht erfüllt. Das Raketenmodell ist also nicht exakt linearisierbar.

Es ist aber, wie schon erwähnt, flach. Dies können wir anhand des fiktiven Ausganges

$$\boldsymbol{y} = \begin{bmatrix} y_1 \\ y_2 \end{bmatrix} = \begin{bmatrix} x_1 + \varepsilon\sin(x_5) \\ x_3 + \varepsilon\cos(x_5) \end{bmatrix} \tag{5.122}$$

nachweisen. Wir ermitteln

$$\ddot{y}_1 = \sin(x_5)\cdot\left[u_1\sin(x_5) + (1+u_2)\cos(x_5) - \varepsilon\dot{x}_5^2\right], \tag{5.123}$$

$$\ddot{y}_2 = \cos(x_5)\cdot\left[u_1\sin(x_5) + (1+u_2)\cos(x_5) - \varepsilon\dot{x}_5^2\right] - 1. \tag{5.124}$$

Aus Gl. (5.123) und (5.124) folgt

$$\frac{\ddot{y}_1}{\ddot{y}_2 + 1} = \tan(x_5)$$

bzw.

$$x_5 = \arctan\left(\frac{\ddot{y}_1}{\ddot{y}_2 + 1}\right) = \Psi_{1,5}(\boldsymbol{y}, \dot{\boldsymbol{y}}, \ddot{\boldsymbol{y}}). \tag{5.125}$$

Durch Einsetzen von (5.125) in (5.122) erhalten wir

$$x_1 = y_1 - \frac{\varepsilon \ddot{y}_1}{\sqrt{\ddot{y}_1^2 + (\ddot{y}_2 + 1)^2}} = \Psi_{1,1}(\boldsymbol{y}, \dot{\boldsymbol{y}}, \ddot{\boldsymbol{y}}), \tag{5.126}$$

$$x_3 = y_2 - \frac{\varepsilon(\ddot{y}_2 + 1)}{\sqrt{\ddot{y}_1^2 + (\ddot{y}_2 + 1)^2}} = \Psi_{1,3}(\boldsymbol{y}, \dot{\boldsymbol{y}}, \ddot{\boldsymbol{y}}). \tag{5.127}$$

Drei Elemente der Funktion $\boldsymbol{\Psi}_1$ haben wir also bestimmt. Die fehlenden Koordinatendarstellungen

$$\begin{aligned} x_2 &= \dot{x}_1 = \Psi_{1,2}(\boldsymbol{y}, \dot{\boldsymbol{y}}, \ddot{\boldsymbol{y}}, \dddot{\boldsymbol{y}}), \\ x_4 &= \dot{x}_3 = \Psi_{1,4}(\boldsymbol{y}, \dot{\boldsymbol{y}}, \ddot{\boldsymbol{y}}, \dddot{\boldsymbol{y}}), \\ x_6 &= \dot{x}_5 = \Psi_{1,6}(\boldsymbol{y}, \dot{\boldsymbol{y}}, \ddot{\boldsymbol{y}}, \dddot{\boldsymbol{y}}) \end{aligned}$$

der flachen Systemdarstellung erhält man durch Ableitung der Gl. (5.125), (5.126) und (5.127). Um auch die Funktion $\boldsymbol{u} = \boldsymbol{\Psi}_2(\boldsymbol{y}, \dot{\boldsymbol{y}}, \ldots, \boldsymbol{y}^{(4)})$ der flachen Systemdarstellung zu ermitteln, verwenden wir die aus Gl. (5.118) resultierende Beziehung

$$\ddot{x}_5 = \frac{1}{\varepsilon}\sin(x_5) - \frac{1}{\varepsilon}\cos(x_5)u_1 + \frac{1}{\varepsilon}\sin(x_5)u_2$$

sowie Gl. (5.123). Aus ihnen erhalten wir das lineare Gleichungssystem

$$\begin{bmatrix} \dfrac{\ddot{y}_1}{\sin(x_5)} + \varepsilon\dot{x}_5^2 - \cos(x_5) \\ \varepsilon\ddot{x}_5 - \sin(x_5) \end{bmatrix} = \begin{bmatrix} \sin(x_5) & \cos(x_5) \\ -\cos(x_5) & \sin(x_5) \end{bmatrix} \begin{bmatrix} u_1 \\ u_2 \end{bmatrix}$$

mit der Lösung

$$\begin{bmatrix} u_1 \\ u_2 \end{bmatrix} = \begin{bmatrix} \sin(x_5) & -\cos(x_5) \\ \cos(x_5) & \sin(x_5) \end{bmatrix} \begin{bmatrix} \dfrac{\ddot{y}_1}{\sin(x_5)} + \varepsilon\dot{x}_5^2 - \cos(x_5) \\ \varepsilon\ddot{x}_5 - \sin(x_5) \end{bmatrix}.$$

Setzt man hier Gl. (5.125) ein, so ergibt sich die von uns gesuchte Funktion $\boldsymbol{u} = \boldsymbol{\Psi}_2(\boldsymbol{y}, \dot{\boldsymbol{y}}, \ldots, \boldsymbol{y}^{(4)})$. Folglich ist das System flach.

5.4 Steuerung und Regelung flacher Systeme

5.4.1 Grundlagen

Aufbauend auf den Betrachtungen über Flachheit in Abschnitt 3.2 entwerfen wir im Weiteren Steuerungen und Regelungen für flache Systeme. Der Entwurf einer Steuerung für ein flaches System

$$\begin{aligned} \dot{\boldsymbol{x}} &= \boldsymbol{f}(\boldsymbol{x}, \boldsymbol{u}), \\ \boldsymbol{y} &= \boldsymbol{g}(\boldsymbol{x}) \end{aligned}$$

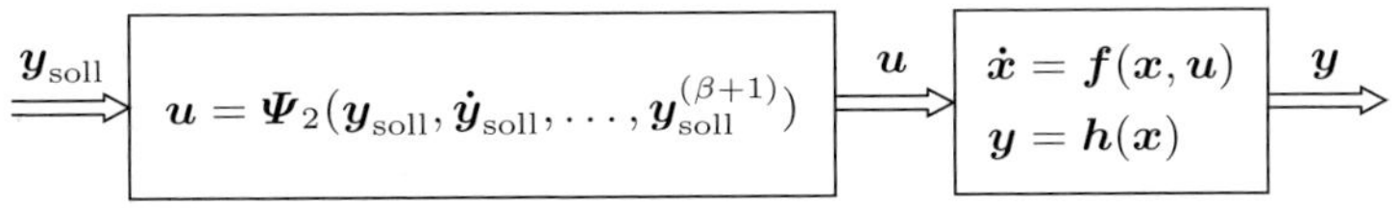

Bild 5.21: Steuerung eines flachen Systems.

ist offensichtlich und unmittelbar durchführbar, wenn der reale Ausgang

$$\boldsymbol{y} = \boldsymbol{g}(\boldsymbol{x}) = \boldsymbol{h}(\boldsymbol{x})$$

flach ist, wobei wir im Weiteren für die Ausgangsfunktion $\boldsymbol{y} = \boldsymbol{h}(\boldsymbol{x})$ schreiben, falls $\boldsymbol{y}$ ein flacher Ausgang ist und falls nicht $\boldsymbol{y} = \boldsymbol{g}(\boldsymbol{x})$. Wenn $\boldsymbol{y}$ flach ist, liefert uns die flache Systemdarstellung

$$\begin{aligned} \boldsymbol{x} &= \boldsymbol{\Psi}_1(\boldsymbol{y}, \dot{\boldsymbol{y}}, \ldots, \boldsymbol{y}^{(\beta)}), \\ \boldsymbol{u} &= \boldsymbol{\Psi}_2(\boldsymbol{y}, \dot{\boldsymbol{y}}, \ldots, \boldsymbol{y}^{(\beta+1)}) \end{aligned} \tag{5.128}$$

mit Gl. (5.128) ein Steuergesetz in Abhängigkeit vom Ausgangsgrößenvektor $\boldsymbol{y}$ und seinen Ableitungen. Bild 5.21 zeigt das entsprechende Strukturbild, wobei die Führungsgröße mit $\boldsymbol{y}_{\text{soll}}$ bezeichnet ist.

Bei Vorgabe einer Ausgangsgrößentrajektorie $\boldsymbol{y}_{\text{soll}}(t)$, d. h. bei Vorgabe des zeitlichen Verlaufes $\boldsymbol{y}_{\text{soll}}(t)$ und der Ableitungen

$$\dot{\boldsymbol{y}}_{\text{soll}}(t), \;\ldots\;, \boldsymbol{y}_{\text{soll}}^{(\beta+1)}(t),$$

in Gl. (5.128) und eines exakten Modells, auf das keine Störung einwirkt, gilt für den realen Ausgangsverlauf $\boldsymbol{y}(t) = \boldsymbol{y}_{\text{soll}}(t)$. Man beachte, dass nicht alle Führungsgrößenverläufe $\boldsymbol{y}_{\text{soll}}(t)$ zulässig sind. Vielmehr müssen diese $(\beta+1)$-mal differenzierbar sein. Führungsgrößensprünge sind also z. B. nicht erlaubt.

In der Praxis werden die obigen Annahmen, exaktes Modell und Störungsfreiheit, nicht oder nur selten erfüllt sein. Die Ausgangsgröße $\boldsymbol{y}(t)$ wird dann vom Sollverlauf $\boldsymbol{y}_{\text{soll}}(t)$ abweichen. Üblicherweise überlagert man daher der Steuerung eine Regelung, so wie es Bild 5.22 zeigt.

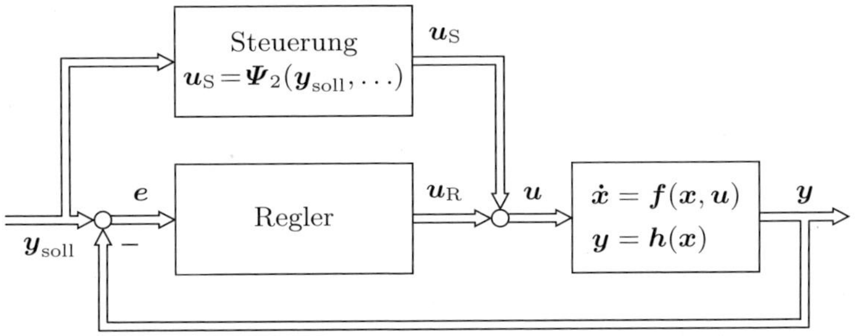

Bild 5.22: Flachheitsbasierte Steuerung und Regelung eines flachen Systems.

Die Regelung eliminiert eventuelle Störungen, die auf die Regelstrecke wirken, und sie gleicht auch Abweichungen zwischen dem Modell, das der flachen Systemdarstellung zugrunde liegt, und dem realen Prozess aus. Besonders wichtig ist die Regelung im Fall instabiler Regelstrecken. Im einfachsten Fall können PID-Regler Verwendung finden. Beim Auftreten großer Nichtlinearitäten kann der Einsatz von nichtlinearen Reglern, z. B. von Gain-Scheduling-Reglern, erforderlich sein [231].

Wir haben bisher nur den Fall eines flachen realen Ausganges $\boldsymbol{y}$ betrachtet, bei dem der Entwurf einer flachen Steuerung auf der Hand liegt. Ist jedoch der reale Ausgang $\boldsymbol{y} = \boldsymbol{g}(\boldsymbol{x})$ nicht flach und wir müssen einen fiktiven flachen Ausgang $\boldsymbol{y}_\mathrm{f} = \boldsymbol{h}(\boldsymbol{x})$ für die Steuerung verwenden, so ist der Entwurf in der Regel komplexer. Dieser Thematik widmen wir uns im folgenden Abschnitt.

5.4.2 Steuerung von Systemen mit fiktivem flachen Ausgang

Normalerweise planen wir für eine flachheitsbasierte Steuerung als Eingangsgröße den Sollverlauf $\boldsymbol{y}_\mathrm{soll}(t)$ der realen Ausgangsgröße $\boldsymbol{y}(t)$. Ist nun der reale Ausgang $\boldsymbol{y}$ nicht flach, so müssen wir ihn umrechnen in einen flachen Ausgang $\boldsymbol{y}_\mathrm{f}$ bzw. umgekehrt. Dabei wollen wir im Weiteren davon ausgehen, dass wir $\boldsymbol{y}_\mathrm{f}$ kennen.

Durch Einsetzen der flachen Systemgleichung

$$\boldsymbol{x} = \boldsymbol{\Psi}_1(\boldsymbol{y}_\mathrm{f}, \dot{\boldsymbol{y}}_\mathrm{f}, \ldots, \boldsymbol{y}_\mathrm{f}^{(\beta)}) \tag{5.129}$$

in die Ausgangsgleichung $\boldsymbol{y} = \boldsymbol{g}(\boldsymbol{x})$ des Systems erhalten wir die gesuchte Umrechnungsvorschrift $\boldsymbol{y}_\mathrm{f}$ und $\boldsymbol{y}$ zu

$$\begin{aligned} \boldsymbol{y} &= \boldsymbol{g}\left(\boldsymbol{\Psi}_1\left(\boldsymbol{y}_\mathrm{f}, \dot{\boldsymbol{y}}_\mathrm{f}, \ldots, \boldsymbol{y}_\mathrm{f}^{(\beta)}\right)\right) \\ &= \boldsymbol{\Gamma}\left(\boldsymbol{y}_\mathrm{f}, \dot{\boldsymbol{y}}_\mathrm{f}, \ldots, \boldsymbol{y}_\mathrm{f}^{(\gamma)}\right) \end{aligned} \tag{5.130}$$

mit $\gamma \leq \beta$. Es gilt im SISO-Fall mit dem relativen Grad δ des Systems die Gleichung $\gamma = n - \delta$ [104]. Wir können die obige Gleichung (5.130) auf verschiedene Arten nutzen. Die offensichtliche Möglichkeit besteht darin, den realen Ausgangsverlauf $\boldsymbol{y}(t)$ vorzugeben und die Differenzialgleichung (5.130) nach $\boldsymbol{y}_\mathrm{f}^{(\gamma)}$ aufzulösen. Dies ist meist einfach durchzuführen, wenn die Gl. (5.130) explizit nach $\boldsymbol{y}_\mathrm{f}^{(\gamma)}$ auflösbar ist und meist schwierig, wenn sie implizit in $\boldsymbol{y}_\mathrm{f}^{(\gamma)}$ ist. Im Regelfall können wir die Anfangswerte

$$\boldsymbol{y}_\mathrm{f}(0), \dot{\boldsymbol{y}}_\mathrm{f}(0), \ldots, \boldsymbol{y}_\mathrm{f}^{(\gamma-1)}(0)$$

beliebig wählen, z. B. alle zu null. Den so erhaltenen Verlauf $\boldsymbol{y}_\mathrm{f}(t)$ des flachen Ausgangs benutzen wir dann, um die Stellgröße

$$\boldsymbol{u} = \boldsymbol{\Psi}_2\left(\boldsymbol{y}_\mathrm{f}, \dot{\boldsymbol{y}}_\mathrm{f}, \ldots, \boldsymbol{y}_\mathrm{f}^{(\beta+1)}\right)$$

zu berechnen.

Wollen wir außer dem Verlauf $\boldsymbol{y}(t)$ auch noch einen Anfangsvektor $\boldsymbol{x}(0)$ vorgeben, so müssen wir die Anfangswerte

$$\boldsymbol{y}_\mathrm{f}(0),\ \dot{\boldsymbol{y}}_\mathrm{f}(0),\ \ldots\ ,\ \boldsymbol{y}_\mathrm{f}^{(\beta)}(0)$$

so wählen, dass die aus Gl. (5.129) resultierende Beziehung

$$\boldsymbol{x}(0) = \boldsymbol{\Psi}_1\left(\boldsymbol{y}_\mathrm{f}(0), \dot{\boldsymbol{y}}_\mathrm{f}(0), \ldots, \boldsymbol{y}_\mathrm{f}^{(\beta)}(0)\right) \tag{5.131}$$

erfüllt ist. Im SISO-Fall gilt $\beta = n - 1$. Folglich haben wir n Werte

$$y_\mathrm{f}(0), \ldots, y_\mathrm{f}^{(n-1)}(0),$$

d. h. genauso viele wie Zustände $x_i(0)$, und die Umkehrfunktion $\boldsymbol{\Psi}_1^{-1}$ existiert im SISO-Fall immer. Die gesuchten Anfangswerte

$$y_\mathrm{f}(0), \dot{y}_\mathrm{f}(0), \ldots, y_\mathrm{f}{}^{(n-1)}$$

ergeben sich dann aus der Gleichung

$$\begin{bmatrix} y_\mathrm{f}(0) \\ \dot{y}_\mathrm{f}(0) \\ \vdots \\ y_\mathrm{f}^{(n-1)}(0) \end{bmatrix} = \boldsymbol{\Psi}_1^{-1}(\boldsymbol{x}(0))\,.$$

Im MIMO-Fall existieren eventuell mehr Anfangswerte $y_\mathrm{f}^{(j)}(0)$ als Anfangszustände $x_i(0)$, so dass ein unterbestimmtes Gleichungssystem (5.131) vorliegen könnte.

Wir wollen uns nun damit beschäftigen, wie wir aus einem vorgegebenen realen Ausgangsverlauf $\boldsymbol{y}(t)$ mittels Gl. (5.130) den fiktiven flachen Ausgangsverlauf $\boldsymbol{y}_\mathrm{f}(t)$ und seine Ableitungen

$$\dot{\boldsymbol{y}}_\mathrm{f}(t), \ldots, \boldsymbol{y}_\mathrm{f}^{(\gamma)}(t)$$

bestimmen. Gl. (5.130) ist, wie schon festgestellt, eine Differenzialgleichung in impliziter Darstellung, d. h., sie ist im Allgemeinen nicht nach der höchsten Ableitung $\boldsymbol{y}_\mathrm{f}^{(\gamma)}$ auflösbar. Wenn dies doch möglich ist, wenn Gl. (5.130) also in die explizite Form

$$\boldsymbol{y}_\mathrm{f}^{(\gamma)} = \boldsymbol{\Gamma}^{-1}\left(\boldsymbol{y}_\mathrm{f}, \dot{\boldsymbol{y}}_\mathrm{f}, \ldots, \boldsymbol{y}_\mathrm{f}^{(\gamma-1)}, \boldsymbol{y}\right) \tag{5.132}$$

umformbar ist, so können wir sie nach Umwandlung in ein Differenzialgleichungssystem erster Ordnung

$$\dot{\boldsymbol{z}} = \begin{bmatrix} \dot{\boldsymbol{z}}_1 \\ \dot{\boldsymbol{z}}_2 \\ \vdots \\ \dot{\boldsymbol{z}}_{\gamma-1} \\ \dot{\boldsymbol{z}}_\gamma \end{bmatrix} = \begin{bmatrix} \boldsymbol{z}_2 \\ \boldsymbol{z}_3 \\ \vdots \\ \boldsymbol{z}_\gamma \\ \boldsymbol{\Gamma}^{-1}(\boldsymbol{z}_1, \ldots, \boldsymbol{z}_\gamma, \boldsymbol{y}) \end{bmatrix}, \qquad \boldsymbol{z} = \begin{bmatrix} \boldsymbol{y}_\mathrm{f} \\ \dot{\boldsymbol{y}}_\mathrm{f} \\ \ddot{\boldsymbol{y}}_\mathrm{f} \\ \vdots \\ \boldsymbol{y}_\mathrm{f}^{(\gamma-1)} \end{bmatrix},$$

mittels numerischer Standardverfahren, wie dem Runge-Kutta-Verfahren, lösen. Durch Vorgabe des realen Ausgangsverlaufes $\boldsymbol{y}(t)$ können wir dann den Verlauf des fiktiven flachen Ausganges $\boldsymbol{y}_\mathrm{f}(t)$ ermitteln. Eingesetzt in

$$\boldsymbol{u} = \boldsymbol{\Psi}_2\left(\boldsymbol{y}_\mathrm{f}, \dot{\boldsymbol{y}}_\mathrm{f}, \ldots, \boldsymbol{y}_\mathrm{f}^{(\beta+1)}\right) \tag{5.133}$$

liefert er uns die gesuchte Steuerung. Für den Fall, dass die Differenzialgleichung (5.130) instabil ist, kann das zu Problemen führen. Zum einen können für das betrachtete Zeitintervall $[0, T]$ sehr große Werte $\boldsymbol{y}_\mathrm{f}(t)$ und somit numerische Schwierigkeiten auftreten. Zum anderen können auch sehr große, eventuell nicht realisierbare Stellgrößenwerte $\boldsymbol{u}$ die Folge sein.

Für den Fall, dass Gl. (5.130) nicht explizit nach $\boldsymbol{y}_\mathrm{f}^{(\gamma)}$ auflösbar ist, gestaltet sich die Berechnung von $\boldsymbol{y}_\mathrm{f}(t)$ für einen vorgegebenen Verlauf $\boldsymbol{y}(t)$ komplexer [87, 284]. Allerdings muss die Lösung der Differenzialgleichung (5.130) und damit die Berechnung des Verlaufs des flachen Ausganges $\boldsymbol{y}_\mathrm{f}(t)$ aus der Vorgabe des realen Ausganges $\boldsymbol{y}$ nur einmal offline erfolgen. Die flachheitsbasierte Steuerung hat dann die in Bild 5.23 dargestellte Struktur. Dabei nutzt man die Steuerung klassischerweise zum Vorsteuern des Ausganges $\boldsymbol{y}$ gemäß einem Sollverlauf $\boldsymbol{y}_{\mathrm{f,soll}}$ bzw. $\boldsymbol{y}_{\mathrm{soll}}$. Die Regelung dient zur Elimination von Störungen bzw. kleineren Abweichungen vom Sollverlauf, z. B. aufgrund von Modellungenauigkeiten.

Falls es nicht gelingt, die implizite Differenzialgleichung (5.130) zu lösen, oder falls sie instabil ist und uns das vor Probleme stellt, können wir wie folgt vorgehen. Wir planen anstelle eines realen Ausgangsverlaufes $\boldsymbol{y}(t)$ einen Verlauf des fiktiven flachen Ausganges $\boldsymbol{y}_\mathrm{f}(t)$, nämlich $\boldsymbol{y}_{\mathrm{f,soll}}(t)$. Diesen setzen wir in die implizite Differenzialgleichung (5.130) ein und berechnen den sich ergebenden Sollverlauf des realen Ausgangs $\boldsymbol{y}_{\mathrm{soll}}(t)$. Erfüllt er unsere Vorstellungen und eventuelle Beschränkungen

$$y_{i,\min} \le y_i \le y_{i,\max}, \qquad i = 1, \ldots, N,$$

so haben wir eine ausführbare Lösung des Steuerungsproblems gefunden. Erfüllt er sie nicht, so müssen wir den Sollverlauf des fiktiven Ausgangs $\boldsymbol{y}_{\mathrm{f,soll}}(t)$ so lange variieren, bis $\boldsymbol{y}_{\mathrm{soll}}(t)$ die gewünschte Form aufweist. Bei der Wahl eines fiktiven Ausgangsverlaufes $\boldsymbol{y}_{\mathrm{f,soll}}(t)$ müssen dabei jeweils der Anfangswert $\boldsymbol{y}_{\mathrm{f,soll}}(0)$ und der Endwert $\boldsymbol{y}_{\mathrm{f,soll}}(T)$ dem vorgegebenen Anfangswert $\boldsymbol{y}_{\mathrm{soll}}(0)$ und dem vorgegebenen Endwert $\boldsymbol{y}_{\mathrm{soll}}(T)$ entsprechen, d. h., es muss

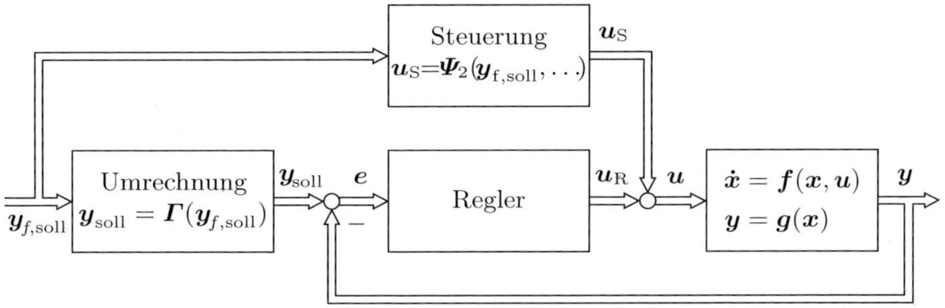

Bild 5.23: Flachheitsbasierte Steuerung und Regelung eines Systems mit fiktivem flachen Ausgang $\boldsymbol{y}_\text{f}$.

$$\boldsymbol{y}_\text{soll}(0) = \boldsymbol{\Gamma}(\boldsymbol{y}_\text{f,soll}(0), \boldsymbol{0}, \ldots, \boldsymbol{0}), \tag{5.134}$$

$$\boldsymbol{y}_\text{soll}(T) = \boldsymbol{\Gamma}(\boldsymbol{y}_\text{f,soll}(T), \boldsymbol{0}, \ldots, \boldsymbol{0}) \tag{5.135}$$

gelten. Für die Berechnung der beiden Werte $\boldsymbol{y}_\text{f,soll}(0)$ und $\boldsymbol{y}_\text{f,soll}(T)$ sind die beiden impliziten Gl. (5.134) und (5.135) gegebenenfalls numerisch zu lösen.

Angemerkt sei noch, dass der in Gl. (5.130) vorzugebende Sollverlauf $\boldsymbol{y}_\text{soll}(t)$ für die Ausgangsgröße $\boldsymbol{y}(t)$ des Systems $(\beta-\gamma+1)$-mal differenzierbar, aber nicht zwingend noch höher differenzierbar sein muss. Dieser Sachverhalt resultiert aus dem Steuergesetz (5.133), in dem wir die Ableitung $\boldsymbol{y}_\text{f}^{(\beta+1)}$ benötigen. Diese Ableitung können wir mittels Gl. (5.132) als

$$\boldsymbol{y}_\text{f}^{(\beta+1)} = \frac{\partial^{\beta-\gamma+1}\boldsymbol{y}_\text{f}^{(\gamma)}}{\partial t^{\beta-\gamma+1}} = \frac{\partial^{\beta-\gamma+1}\boldsymbol{\Gamma}^{-1}(\boldsymbol{y}_\text{f}, \dot{\boldsymbol{y}}_\text{f}, \ldots, \boldsymbol{y}_\text{f}^{(\gamma-1)}, \boldsymbol{y})}{\partial t^{\beta-\gamma+1}}$$

darstellen. Hieraus erkennt man, dass die $(\beta-\gamma+1)$-malige Differenziation mittels der Kettenregel zum Auftreten der Ableitung $\boldsymbol{y}^{(\beta-\gamma+1)}$ führt.

Wir können die Differenzialgleichung (5.130) für den SISO-Fall anschaulich interpretieren. Und zwar gilt [104]

Satz 64 (Reale und fiktive flache Ausgänge). *Sei*

$$\dot{\boldsymbol{x}} = \boldsymbol{f}(\boldsymbol{x}, u),$$
$$y = g(\boldsymbol{x})$$

mit $\boldsymbol{x} \in I\!\!R^n$ ein System mit dem relativen Grad δ und sei

$$y_\text{f} = h(\boldsymbol{x})$$

ein fiktiver flacher Ausgang. Dann repräsentiert die Differenzialgleichung

$$\begin{aligned} y &= g\left(\boldsymbol{\Psi}_1\left(y_\text{f}, \dot{y}_\text{f}, \ldots, y_\text{f}^{(n-1)}\right)\right) \\ &= \Gamma\left(y_\text{f}, \dot{y}_\text{f}, \ldots, y_\text{f}^{(n-\delta)}\right) \end{aligned}$$

die interne Dynamik des Systems.

Man beachte, dass in obigem Satz die interne Dynamik nicht als Differenzialgleichungssystem der Ordnung $n - \delta$ vorliegt, sondern als skalare Differenzialgleichung. Dabei fungiert y formal als Eingangsgröße. Die Ordnung der Differenzialgleichung beträgt nicht $\beta = n - 1$, sondern $n - \delta$. Für den Fall, dass wir $y = 0$ wählen, repräsentiert die Differenzialgleichung die Nulldynamik des Systems.

Der oftmals große Rechenaufwand für den Fall, dass der reale Ausgang nicht flach ist und in einen fiktiven flachen Ausgang umzurechnen ist, verdeutlicht wie vorteilhaft reale flache Ausgänge sind.

5.4.3 Flachheitsbasierte Steuerung linearer Systeme

Steuerbare lineare Systeme sind flach und umgekehrt. Diese Erkenntnis haben wir schon im Abschnitt 3.2.4 gewonnen. Wir können im Weiteren annehmen, dass ein steuerbares lineares System in Regelungsnormalform

$$\dot{\boldsymbol{x}} = \begin{bmatrix} 0 & 1 & 0 & \cdots & 0 \\ 0 & 0 & 1 & \cdots & 0 \\ \vdots & \vdots & \vdots & \ddots & \vdots \\ 0 & 0 & 0 & \cdots & 1 \\ -a_0 & -a_1 & -a_2 & \cdots & -a_{n-1} \end{bmatrix} \boldsymbol{x} + \begin{bmatrix} 0 \\ 0 \\ \vdots \\ 0 \\ 1 \end{bmatrix} u, \qquad (5.136)$$

$$y = \begin{bmatrix} b_0 \; b_1 \; \cdots \; b_m \; 0 \; \cdots \; 0 \end{bmatrix} \boldsymbol{x},$$

die immer steuerbar ist, vorliegt oder in diese transformiert wurde. Dabei ist der reale Ausgang y nur dann flach, wenn – wie wir aus Abschnitt 3.2.5 ab S. 199 wissen –

$$y = b_0 x_1$$

gilt. Alle flachen Ausgänge y_{f} des Systems sind durch

$$y_{\mathrm{f}} = \alpha x_1$$

mit $\alpha \in I\!R \backslash \{0\}$ gegeben. In der Regel verwendet man $y_{\mathrm{f}} = x_1$ als flachen Ausgang.

Man kann anhand der Regelungsnormalform (5.136) unmittelbar die flache Systemdarstellung ableiten. Es gilt

$$\begin{aligned} y_{\mathrm{f}} &= x_1, \\ \dot{y}_{\mathrm{f}} &= \dot{x}_1 = x_2, \\ \ddot{y}_{\mathrm{f}} &= \dot{x}_2 = x_3, \\ &\vdots \\ y_{\mathrm{f}}^{(n-1)} &= \dot{x}_{n-1} = x_n \end{aligned}$$

und somit für die erste Gleichung der flachen Systemdarstellung

$$\boldsymbol{x} = \boldsymbol{\Psi}_1\left(y_{\mathrm{f}}, \dot{y}_{\mathrm{f}}, \ldots, y_{\mathrm{f}}^{(n-1)}\right) = \begin{bmatrix} y_{\mathrm{f}} \\ \dot{y}_{\mathrm{f}} \\ \vdots \\ y_{\mathrm{f}}^{(n-1)} \end{bmatrix}.$$

Aus der Regelungsnormalform (5.136) folgt auch direkt die zweite flache Systemgleichung

$$u = a_0 x_1 + a_1 x_2 + \ldots + a_{n-1} x_n + \dot{x}_n,$$

d. h.

$$u = a_0 y_{\mathrm{f}} + a_1 \dot{y}_{\mathrm{f}} + \ldots + a_{n-1} y_{\mathrm{f}}^{(n-1)} + y_{\mathrm{f}}^{(n)}. \tag{5.137}$$

Ebenfalls einfach zu bestimmen ist die Differenzialgleichung, die den Zusammenhang zwischen realem und fiktivem Ausgang beschreibt, denn es gilt

$$\begin{aligned} y &= b_0 x_1 + b_1 x_2 + \ldots + b_m x_{m+1} \\ &= b_0 y_{\mathrm{f}} + b_1 \dot{y}_{\mathrm{f}} + \ldots + b_m y_{\mathrm{f}}^{(m)}. \end{aligned} \tag{5.138}$$

Es gilt also

$$\gamma = m.$$

Gl. (5.138) ist ein Beispiel für die Aussage von Satz 64 des vorherigen Abschnittes, nämlich dass Gl. (5.138) die interne Dynamik des Systems bildet. Diese ist im Fall linearer Systeme ja gerade durch die Koeffizienten b_i, genauer durch die Nullstellen des Nennerpolynoms der zugehörigen Übertragungsfunktion, festgelegt. Siehe hierzu Abschnitt 5.2.8, S. 314.

Für den Entwurf einer flachen Steuerung des Systems (5.136) existieren, ähnlich wie bei nichtlinearen Systemen, verschiedene Fälle. Der einfachste ist derjenige, bei dem

$$y = y_{\mathrm{f}} = x_1$$

gilt. Das Steuergesetz ist dann durch die Gl. (5.137) gegeben.

Für den Fall, dass

$$y \neq y_{\mathrm{f}}$$

ist, ist es von Bedeutung, ob das System (5.136) ausschließlich Nullstellen mit negativem Realteil besitzt. Man ermittelt den für das Steuergesetz erforderlichen fiktiven flachen Ausgang y_{f} aus der Differenzialgleichung (5.138), indem man den Verlauf des realen Ausgangs, $y(t)$, als Sollwertverlauf $y_{\mathrm{soll}}(t)$ vorgibt und die Differenzialgleichung (5.138) löst.

Für den kritischen Fall, dass $y \neq y_\text{f}$ ist und das System (5.136) Nullstellen mit nicht negativem Realteil besitzt, ist die Differenzialgleichung (5.138) instabil. Dann kann man ihre Lösung y_f für einen vorgegebenen Sollwertverlauf $y_\text{soll}(t)$ nur dann im Steuergesetz (5.137) nutzen, wenn der Verlauf $y_\text{f}(t)$ nicht zu große Werte annimmt.

Tritt Letzteres ein, so ist es – ähnlich wie im nichtlinearen Fall – eine probate Vorgehensweise, einen fiktiven Ausgangssollverlauf $y_{\text{f,soll}}(t)$ zu planen. Dabei wählt man den Anfangswert $y_{\text{f,soll}}(0)$ und den Endwert $y_{\text{f,soll}}(T)$ zum Zeitpunkt T so, dass zumindest diese beiden Werte mit den Sollwerten $y_\text{soll}(0)$ und $y_\text{soll}(T)$ korrespondieren. Nehmen wir an, dass sowohl zum Zeitpunkt $t = 0$ als auch für $t = T$ alle Ableitungen von $y_{\text{f,soll}}$ und y_soll identisch null sind. Dies ist typisch für einen Arbeitspunktwechsel von einem Arbeitspunkt in einen anderen. Dann folgt aus Gl. (5.138)

$$y_{\text{f,soll}}(0) = \frac{1}{b_0} y_\text{soll}(0)$$

und

$$y_{\text{f,soll}}(T) = \frac{1}{b_0} y_\text{soll}(T)$$

sowie Gl. (5.137)

$$\begin{aligned} u(0) &= a_0 y_{\text{f,soll}}(0) = \frac{a_0}{b_0} y_\text{soll}(0), \\ u(T) &= a_0 y_{\text{f,soll}}(T) = \frac{a_0}{b_0} y_\text{soll}(T) \end{aligned}$$

für die benötigten Stellgrößen in den Arbeitspunkten.

5.4.4 Beispiel Triebwerkbasierte Flugzeugsteuerung

In seltenen, dann aber dramatischen Fällen kann es bei Flugzeugen zum Ausfall der Steuerhydraulik kommen. Höhen-, Seiten- und Querruder können daraufhin nicht mehr von den Piloten bedient werden. Die Ruder sind in einem solchen Fall frei beweglich, stellen sich momentenfrei und sind dadurch näherungsweise in der Neutralstellung.

Beispiele für solche Notfälle sind der Flug einer Lookheed L-1011 Passagiermaschine [201] und der Fall eines Airbus A300 Frachtflugzeuges [122], dessen Hydrauliksysteme und Flugsteuerung aufgrund eines Boden-Luft-Raketenbeschusses ausfielen. Beide Flüge verliefen kritisch und nur aufgrund großer Flugerfahrung der Piloten konnten die Maschinen gelandet werden. Dabei bedienten sich die Piloten der Triebwerke als einzig verbleibende Steuergrößen. Denn durch Schubänderung der Triebwerke kann die Flugrichtung, insbesondere auch der Steigwinkel ζ, d. h. die Höhe des Flugzeugs, beeinflusst werden. Bild 5.24 illustriert diese Möglichkeit der Steigwinkelbeeinflussung, die

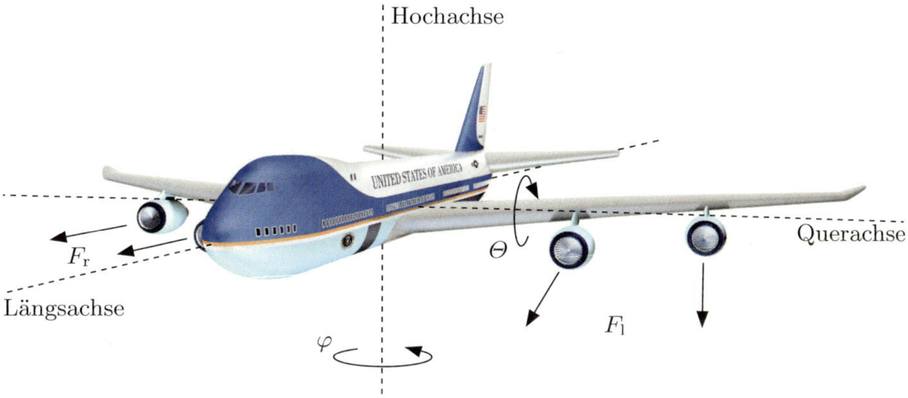

Bild 5.24: Eine gleichgroße Variation der Triebwerkschübe F_r und F_l verursacht ein Drehmoment um die Querachse und damit eine Änderung des Nickwinkels Θ. Dabei greifen die Schübe der inneren Triebwerke bei einer Boeing 747-200 mit einem Hebelarm von 4.45 m und die der äußeren Triebwerke mit nur einem von 1.63 m unterhalb der Querachse an. Ähnlich verursachen unterschiedliche Variationen der Triebwerkschübe F_r und F_l eine Änderung des Gierwinkels φ. Der Schwerpunkt S des Flugzeugs liegt im Schnittpunkt seiner drei Achsen.

daraus resultiert, dass die Triebwerke in der Regel unterhalb des Flugzeugschwerpunktes S liegen und so ein Drehmoment um S erzeugt werden kann. Des Weiteren kann durch unterschiedliche Triebwerkschübe F_r und F_l steuer- und backbords der Gierwinkel φ beeinflusst werden und es können so auch Kurven geflogen werden.

Es gab eine Reihe weiterer ähnlicher Unfälle [40], von denen nicht alle so glücklich verliefen, wie die oben genannten. So wurde eine McDonnell Douglas DC-10-10 bei einer Notlandung zerstört, 111 Menschen starben [210] und eine Boeing B-747 flog infolge des Hydraulikausfalls gegen einen Berg, wobei 520 Menschen ums Leben kamen [6].

Als Folge obiger Unfälle und der Tatsache, dass man ein Flugzeug mit mehreren Triebwerken auch mit Hilfe der Triebwerkschübe steuern kann, sind verschiedene Regelungen entwickelt worden, welche die Piloten bei der Kontrolle des Flugzeuges in einem solchen extremen Notfall unterstützen [9, 41, 111, 134, 135, 216].

Wir betrachten als konkretes Beispiel den Ausfall der Steuerhydraulik einer Boeing B 747-200 und entwerfen eine flachheitsbasierte Steuerung des Steigwinkels mit Hilfe der vier Triebwerke. Dabei beschränken wir uns auf die in Bild 5.25 gezeigte Längsbewegung des Flugzeugs, bei der uns die Geschwindigkeitsabweichung x_1 von der Fluggeschwindigkeit v_0, die Sinkgeschwindigkeit $x_2 = w$, die Nickrate $x_3 = \dot{\Theta}$ und der Nickwinkel $x_4 = \Theta$ interessieren. Beeinflussen können wir sie über die Änderung x_5 des Triebwerkschubes, den wir wiederum durch eine unterlagerte Regelung als Sollwert $u = x_{5,\mathrm{soll}}$ vorgeben.

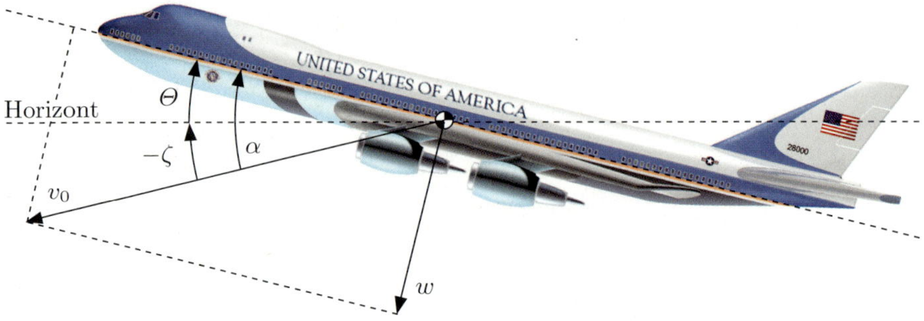

Bild 5.25: Flugzeug mit seiner Geschwindigkeit v_0, seiner Sinkgeschwindigkeit w in Richtung der Flugzeughochachse, seinem Nickwinkel Θ und seinem Anstellwinkel α. Der Steigwinkel beträgt $\zeta = \Theta - \alpha$ und ist in diesem Fall negativ, da das Flugzeug sinkt.

Als linearisiertes Modell der Longitudinalbewegung [216] verwenden wir

$$\dot{\boldsymbol{x}} = \begin{bmatrix} -1.08\cdot 10^{-2} & 0.106 & -8.42 & -9.77 & 3.91\cdot 10^{-6} \\ -0.155 & -0.634 & 85.3 & -1.01 & -1.77\cdot 10^{-7} \\ 7.16\cdot 10^{-4} & -5.83\cdot 10^{-3} & -0.504 & 7.95\cdot 10^{-4} & 7\cdot 10^{-8} \\ 0 & 0 & 1 & 0 & 0 \\ 0 & 0 & 0 & 0 & -0.667 \end{bmatrix} \boldsymbol{x} + \begin{bmatrix} 0 \\ 0 \\ 0 \\ 0 \\ 0.667 \end{bmatrix} u, \tag{5.139}$$

das für einen Höhenbereich von 0 m bis 3000 m und einen Geschwindigkeitsbereich von $v = 70 \ldots 97\,\mathrm{m\,s^{-1}}$ gültig ist. Hierbei nehmen wir einen Arbeitspunkt von $v_0 = 84.7\,\mathrm{m\,s^{-1}}$ an. Die Ausgangsgröße y ist der Steigwinkel ζ, d. h. die Differenz zwischen Nickwinkel Θ und Anstellwinkel α, also

$$y = \Theta - \alpha \approx \Theta - \sin\alpha = \Theta - \frac{w}{v_0} = \begin{bmatrix} 0 & -v_0^{-1} & 0 & 1 & 0 \end{bmatrix} \boldsymbol{x}. \tag{5.140}$$

Die Eigenwerte des Systems sind

$$\begin{aligned} \lambda_1 &= -0.6670, \\ \lambda_{2/3} &= -0.5718 \pm j0.7048, \\ \lambda_{4/5} &= -0.0026 \pm j0.1265. \end{aligned}$$

Dabei spiegelt der Eigenwert λ_1 die Dynamik der unterlagerten Schubregelung wider. Die konjugiert komplexen Eigenwerte $\lambda_{2/3}$ verursachen schnelle gedämpfte Schwingungen des Anstellwinkels α. Dagegen bewirken $\lambda_{4/5}$ langsame, sehr schwach gedämpfte Schwingungen, so genannte Phygoide, bei denen der Anstellwinkel nahezu konstant bleibt und Steigwinkel ζ und Geschwindigkeit v oszillieren. Beide Schwingungsarten sind natürlich unerwünscht.

Unser Ziel ist es, als Teil eines Autopiloten über eine flache Vorsteuerung den Verlauf des Steigwinkels vorzugeben. Zu diesem Zweck müssen wir einen flachen Ausgang des Systems bestimmen. Wir wissen aus Satz 43, S. 199, dass ein lineares System genau dann flach ist, wenn es steuerbar ist. Dann können wir das System in die Regelungsnormalform transformieren, deren erste Zustandsgröße $x_{\mathrm{RNF},1}$ einen flachen Ausgang bildet.

Wir ermitteln also zuerst die Steuerbarkeitsmatrix

$$\boldsymbol{M}_{\mathrm{s}} = \begin{bmatrix} 0 & 2.6080 \cdot 10^{-6} & -2.1733 \cdot 10^{-6} & 1.5620 \cdot 10^{-6} & -1.1786 \cdot 10^{-6} \\ 0 & -1.1806 \cdot 10^{-7} & 3.7320 \cdot 10^{-6} & -6.5746 \cdot 10^{-6} & 6.0408 \cdot 10^{-6} \\ 0 & 4.6690 \cdot 10^{-8} & -5.2118 \cdot 10^{-8} & 2.3763 \cdot 10^{-8} & 1.3576 \cdot 10^{-8} \\ 0 & 0 & 4.6690 \cdot 10^{-8} & -5.2118 \cdot 10^{-8} & 2.3763 \cdot 10^{-8} \\ 0.667 & -0.44489 & 0.29674 & -0.19793 & 0.13202 \end{bmatrix}.$$

Ihre Determinante,

$$\det \boldsymbol{M}_{\mathrm{s}} = -1.8623 \cdot 10^{-27},$$

ist sehr klein. D. h., das Flugzeug ist nach Ausfall der Ruder sehr schlecht steuerbar, was uns nicht verwundert.

Mittels

$$\boldsymbol{x}_{\mathrm{RNF}} = \boldsymbol{T}^{-1}\boldsymbol{x}, \qquad \boldsymbol{T}^{-1} = \begin{bmatrix} \begin{bmatrix} 0 \cdots 0 \; 1 \end{bmatrix} \boldsymbol{M}_{\mathrm{s}}^{-1} \\ \begin{bmatrix} 0 \cdots 0 \; 1 \end{bmatrix} \boldsymbol{M}_{\mathrm{s}}^{-1}\boldsymbol{A} \\ \vdots \qquad \vdots \\ \begin{bmatrix} 0 \cdots 0 \; 1 \end{bmatrix} \boldsymbol{M}_{\mathrm{s}}^{-1}\boldsymbol{A}^{n-1} \end{bmatrix},$$

transformieren wir das System (5.139), (5.140) in die Regelungsnormalform

$$\begin{aligned} \dot{\boldsymbol{x}}_{\mathrm{RNF}} &= \begin{bmatrix} 0 & 1 & 0 & 0 & 0 \\ 0 & 0 & 1 & 0 & 0 \\ 0 & 0 & 0 & 1 & 0 \\ 0 & 0 & 0 & 0 & 1 \\ -0.008843 & -0.02837 & -0.5901 & -1.617 & -1.816 \end{bmatrix} \boldsymbol{x}_{\mathrm{RNF}} + \begin{bmatrix} 0 \\ 0 \\ 0 \\ 0 \\ 1 \end{bmatrix} u, \\ y &= 10^{-9} \begin{bmatrix} 3.825 & 32.53 & 5.159 & 1.394 & 0 \end{bmatrix} \boldsymbol{x}_{\mathrm{RNF}}. \end{aligned} \tag{5.141}$$

Wir wissen, dass

$$y_{\mathrm{f}} = x_{\mathrm{RNF},1}$$

ein flacher Ausgang ist und y nicht. Wir verwenden den Zusammenhang zwischen y und y_f im Fall linearer Systeme in Regelungsnormalform mit

$$y = \begin{bmatrix} b_0 \; b_1 \; \cdots \; b_m \; 0 \cdots 0 \end{bmatrix} \boldsymbol{x}_\mathrm{RNF}, \tag{5.142}$$

den wir allgemein in Gl. (5.138) festgestellt haben, und erhalten hier mit $\gamma = m = 3$ die Beziehung

$$\begin{aligned} y &= b_0 y_\mathrm{f} + b_1 \dot{y}_\mathrm{f} + \ldots + b_m y_\mathrm{f}^{(m)} \\ &= 10^{-9}(3.825 y_\mathrm{f} + 32.53 \dot{y}_\mathrm{f} + 5.159 \ddot{y}_\mathrm{f} + 1.394 \dddot{y}_\mathrm{f}). \end{aligned} \tag{5.143}$$

Dies folgt aber auch unmittelbar aus den Identitäten

$$y_\mathrm{f} = x_{\mathrm{RNF},1}, \quad \dot{y}_\mathrm{f} = x_{\mathrm{RNF},2}, \quad \ldots \quad , y_\mathrm{f}^{(m)} = x_{\mathrm{RNF},m},$$

die aus den ersten $m - 1$ Differenzialgleichungen der Regelungsnormalform (5.141) resultieren, nach Einsetzen in Gl. (5.142).

Da die Differenzialgleichung (5.143) die Eigenwerte

$$\lambda_1 = -0.1198 \quad \text{und} \quad \lambda_{2/3} = -1.7905 \pm j4.4386$$

besitzt, also stabil ist, lassen sich y und y_f relativ leicht ineinander umrechnen. Die Stellgröße erhalten wir dann, nachdem wir $y_\mathrm{soll}(t)$ mittels Gl. (5.143) aus einem vorgegebenen Verlauf $y_{\mathrm{f,soll}}(t)$ berechnet haben, mit Gl. (5.137) zu

$$\begin{aligned} u &= a_0 y_\mathrm{f} + a_1 \dot{y}_\mathrm{f} + a_2 \ddot{y}_\mathrm{f} + a_3 \dddot{y}_\mathrm{f} + a_4 y_\mathrm{f}^{(4)} + y_\mathrm{f}^{(5)} \\ &= 0.008843 y_\mathrm{f} + 0.02837 \dot{y}_\mathrm{f} + 0.5901 \ddot{y}_\mathrm{f} + 1.617 \, \dddot{y}_\mathrm{f} + 1.816 y_\mathrm{f}^{(4)} + y_\mathrm{f}^{(5)}. \end{aligned} \tag{5.144}$$

So können wir also mit Gl. (5.144) durch Einsetzen von $y_\mathrm{f}(t) = y_{\mathrm{f,soll}}(t)$ einen Stellgrößenverlauf $u(t)$ für die Steuerung erzeugen.

Im Weiteren soll der Steigwinkel stetig von $\zeta = y = 0°$ auf $-1°$ geführt werden, so dass das Flugzeug schließlich konstant mit $\zeta = -1° = -0.01745\,\mathrm{rad}$ sinkt. Zu diesem Zweck wählen wir

$$y_\mathrm{soll}(t) = \begin{cases} -0.008725\left(1 - \cos\left(\dfrac{\pi}{300} t\right)\right), & 0 \le t \le 300\,\mathrm{s}, \\ -0.01745, & t > 300\,\mathrm{s}, \end{cases}$$

als Sollverlauf für den Steigwinkel $y = \zeta$. Aus Gl. (5.143) können wir auch mit den Anfangswerten $y_\mathrm{f}(0) = 0$, $\dot{y}_\mathrm{f}(0) = 0$, $\ddot{y}_\mathrm{f}(0) = 0$ und $\dddot{y}_\mathrm{f}(0) = 0$ den flachen Ausgang y_f ermitteln. In Bild 5.26 ist nur der reale Ausgang, d. h. der Steigwinkel, dargestellt, da der flache Ausgang in diesem Fall fast denselben Verlauf aufweist. Man beachte, dass $y_\mathrm{soll}(t)$, wie in Abschnitt 5.4.2 gefordert, zweimal, d. h. $(\beta - \gamma + 1)$-mal mit $\beta = 4$ und $\gamma = 3$, differenzierbar ist. Die zweite Ableitung ist nicht stetig, was aber auch nicht erforderlich ist.

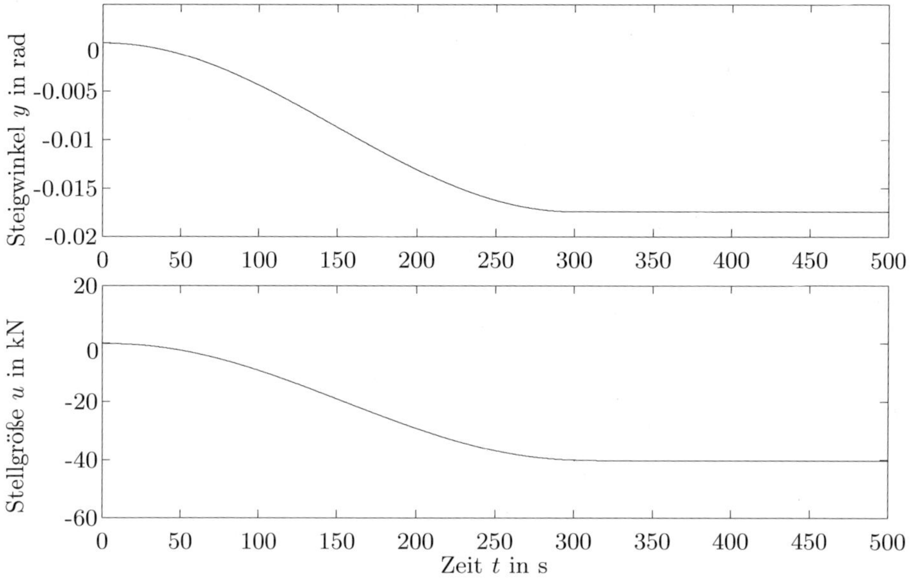

Bild 5.26: Verlauf des Steigwinkels y und des Triebwerkschubs u der Boeing 747-200 für einen Übergang des Steigwinkels von $y = 0$ auf $y = -1° = -0.01745\,\text{rad}$.

5.4.5 Flachheitsbasierte Regelung nichtlinearer Systeme

Wir haben bereits in Abschnitt 5.3.4 in Satz 62, S. 353, festgestellt, dass ein exakt zustandslinearisierbares eingangsaffines SISO-System flach ist und umgekehrt ein flaches SISO-System auch zustandslinearisierbar. Diese Feststellung können wir auf allgemeine nichtlineare SISO-Systeme

$$\dot{\boldsymbol{x}} = \boldsymbol{f}(\boldsymbol{x}, u) \tag{5.145}$$

mit $\boldsymbol{x} \in I\!R^n$ erweitern. Wir setzen nun erst einmal voraus, dass das System (5.145) exakt zustandslinearisierbar und

$$y = h(\boldsymbol{x}) \tag{5.146}$$

ein linearisierender Ausgang ist. D. h., das System (5.145), (5.146) besitzt den relativen Grad $\delta = n$. Für die Linearisierung nutzen wir wieder die Lie-Derivierte

$$L_{\boldsymbol{f}} h(\boldsymbol{x}) = \frac{\partial h(\boldsymbol{x})}{\partial \boldsymbol{x}} \boldsymbol{f}(\boldsymbol{x}, u)$$

und berechnen

$$
\begin{aligned}
y &= h(\boldsymbol{x}), \\
\dot{y} &= L_{\boldsymbol{f}} h(\boldsymbol{x}), \\
\ddot{y} &= L_{\boldsymbol{f}}^2 h(\boldsymbol{x}), \\
&\vdots \\
y^{(n-1)} &= L_{\boldsymbol{f}}^{n-1} h(\boldsymbol{x}), \\
y^{(n)} &= L_{\boldsymbol{f}}^{n} h(\boldsymbol{x}) = \varphi(\boldsymbol{x}, u),
\end{aligned}
\tag{5.147}
$$

wobei alle Ableitungen

$$
y^{(i)} = L_{\boldsymbol{f}}^{i} h(\boldsymbol{x}), \qquad i = 1, \ldots, n-1, \tag{5.148}
$$

des linearisierbaren Systems (5.145), (5.146) unabhängig von der Stellgröße u sind. Erst

$$
y^{(n)} = L_{\boldsymbol{f}}^{n} h(\boldsymbol{x}) = \varphi(\boldsymbol{x}, u) \tag{5.149}
$$

ist abhängig von u. So erhalten wir mit den neuen Zustandsvariablen

$$
\boldsymbol{z} = \begin{bmatrix} z_1 \\ z_2 \\ \vdots \\ z_n \end{bmatrix} = \begin{bmatrix} y \\ \dot{y} \\ \vdots \\ y^{(n-1)} \end{bmatrix} = \begin{bmatrix} h(\boldsymbol{x}) \\ L_{\boldsymbol{f}} h(\boldsymbol{x}) \\ \vdots \\ L_{\boldsymbol{f}}^{n-1} h(\boldsymbol{x}) \end{bmatrix} = \boldsymbol{t}(\boldsymbol{x})
$$

die so genannte *nichtlineare Regelungsform*

$$
\dot{\boldsymbol{z}} = \begin{bmatrix} z_2 \\ \vdots \\ z_n \\ \varphi(\boldsymbol{x}, u) = \varphi(t^{-1}(\boldsymbol{z}), u) \end{bmatrix}, \tag{5.150}
$$

die eine Verallgemeinerung der nichtlinearen Regelungsnormalform ist. Angemerkt sei noch, dass man durch die Einführung einer neuen Stellgröße $v = \varphi(\boldsymbol{x}, u)$ aus Gl. (5.150) die linearisierte Systembeschreibung in Brunovský-Normalform erhält.

Da wir das System als exakt zustandslinearisierbar vorausgesetzt haben, ist die Funktion φ invertierbar, und es gilt mit $\boldsymbol{x} = \boldsymbol{t}^{-1}(\boldsymbol{z})$

$$
u = \varphi^{-1}(\boldsymbol{x}, y^{(n)}) = \varphi^{-1}\left(\boldsymbol{t}^{-1}(\boldsymbol{z}), y^{(n)}\right) = \Psi_2(y, \dot{y}, \ldots, y^{(n)}). \tag{5.151}
$$

Des Weiteren ist

$$
\boldsymbol{x} = \boldsymbol{t}^{-1}(\boldsymbol{z}) = \boldsymbol{\Psi}_1\left(y, \dot{y}, \ldots, y^{(n-1)}\right). \tag{5.152}
$$

Gl. (5.151) und (5.152) bilden die flache Systemdarstellung des Systems (5.145), (5.146). Folglich ist jedes exakt zustandslinearisierbare System (5.145) flach.

Wir wollen nun umgekehrt vorgehen und zeigen, dass jedes flache System (5.145), (5.146) auch exakt zustandslinearisierbar ist. Dazu betrachten wir die erste Gleichung

$$\boldsymbol{x} = \boldsymbol{\Psi}_1\left(y, \dot{y}, \ldots, y^{(n-1)}\right)$$

einer flachen Systemdarstellung. Diese hängt nicht von u oder einer Ableitung $u^{(i)}$ ab. D. h., alle Ableitungen $y^{(i)}, i = 1, \ldots, n-1$, erfüllen Gl. (5.148). Offensichtlich gilt nämlich

$$\boldsymbol{z} = \boldsymbol{\Psi}_1^{-1}(\boldsymbol{x}) = \boldsymbol{t}(\boldsymbol{x})$$

mit

$$\boldsymbol{z} = \begin{bmatrix} y \\ \dot{y} \\ \vdots \\ y^{(n-1)} \end{bmatrix}. \tag{5.153}$$

Aus der zweiten Gleichung einer flachen Systemdarstellung,

$$u = \Psi_2\left(y, \dot{y}, \ldots, y^{(n)}\right), \tag{5.154}$$

können wir des Weiteren schließen, dass $y^{(n)}$ von u abhängig ist, da es die Ableitungen $y^{(i)}, i, \ldots, n-1$, in Gl. (5.147) ja nicht sind. Also ist Gl. (5.154) in eine Gleichung der Form (5.149) umformbar. Es gilt somit

$$\begin{aligned} y^{(n)} &= L_{\boldsymbol{f}}^n h(\boldsymbol{x}) = \varphi(\boldsymbol{x}, u) = \varphi(\boldsymbol{t}^{-1}(\boldsymbol{z}), u) \\ &= \hat{\varphi}(\boldsymbol{z}, u) = \tilde{\varphi}(y, \dot{y}, \ldots, y^{(n-1)}, u). \end{aligned} \tag{5.155}$$

Mit Gl. (5.153) und Gl. (5.155) erhalten wir die nichtlineare Regelungsform

$$\begin{aligned} \dot{\boldsymbol{z}} &= \begin{bmatrix} z_2 \\ \vdots \\ z_n \\ \hat{\varphi}(\boldsymbol{z}, u) \end{bmatrix}, \\ y &= z_1 \end{aligned} \tag{5.156}$$

als zur flachen Systemdarstellung äquivalente Systemdarstellung in differenzieller Form.

Da wir das System als flach vorausgesetzt haben, ist Gl. (5.155) nach u zu

$$\begin{aligned} u &= \tilde{\varphi}^{-1}(y, \dot{y}, \ldots, y^{(n)}) \\ &= \Psi_2(y, \dot{y}, \ldots, y^{(n)}) \end{aligned}$$

auflösbar. D. h., auch die Invertierbarkeit von φ bzw. $\tilde{\varphi}$ ist gewährleistet, woraus unmittelbar die exakte Zustandslinearisierbarkeit des Systems (5.156) folgt. So erhalten wir als Verallgemeinerung von Satz 62

Satz 65 (Flachheit und Linearisierbarkeit von SISO-Systemen). *Ein nichtlineares System*

$$\dot{\boldsymbol{x}} = \boldsymbol{f}(\boldsymbol{x}, u)$$

ist genau dann flach, wenn es exakt zustandslinearisierbar ist. Wenn das System für einen Ausgang y den relativen Grad n besitzt, so ist y ein flacher Ausgang.

Des Weiteren folgt aus Obigem der für den angestrebten flachheitsbasierten Reglerentwurf wichtige

Satz 66 (Transformation in Brunovský-Normalform). *Für ein flaches System*

$$\dot{\boldsymbol{x}} = \boldsymbol{f}(\boldsymbol{x}, u)$$

mit $\boldsymbol{x} \in I\!R^n$, mit dem flachen Ausgang y und der flachen Systemdarstellung

$$\begin{aligned} \boldsymbol{x} &= \boldsymbol{\Psi}_1(y, \dot{y}, \ldots, y^{(n-1)}), \\ u &= \Psi_2(y, \dot{y}, \ldots, y^{(n)}) \end{aligned}$$

ist

$$\boldsymbol{z} = \boldsymbol{\Psi}_1^{-1}(\boldsymbol{x})$$

mit $\boldsymbol{z} = [y,\ \dot{y},\ \ldots,\ y^{(n-1)}]^T$ der Diffeomorphismus, der das System in die nichtlineare Regelungsform

$$\begin{bmatrix} \dot{z}_1 \\ \vdots \\ \dot{z}_{n-1} \\ \dot{z}_n \end{bmatrix} = \begin{bmatrix} z_2 \\ \vdots \\ z_n \\ \varphi(\boldsymbol{z}, u) \end{bmatrix}$$

transformiert. Des Weiteren transformiert die zustandsabhängige Eingangsgrößentransformation

$$v = \varphi(\boldsymbol{z}, u) = \Psi_2^{-1}(y, \dot{y}, \ldots, y^{(n-1)}, u)$$

das System in die Brunovský-Normalform.

Mit obigem Satz haben wir auch die Eingangs-/Ausgangslinearisierung durchgeführt. Denn es gilt

$$\dot{z}_n = y^{(n)} = v, \tag{5.157}$$

so dass die Ausgangsgröße y über n Integrierer von der künstlichen Eingangsgröße v abhängt. Aus

$$u = \Psi_2(y, \dot{y}, \ldots, y^{(n)}) = \Psi_2(y, \dot{y}, \ldots, y^{(n-1)}, v)$$

erhalten wir die reale Eingangs- bzw. Stellgröße u.

Satz 66 ermöglicht uns nun den Entwurf einer flachheitsbasierten Folgeregelung bezüglich eines von uns vorgebbaren Ausgangsgrößenverlaufs $y_{\text{soll}}(t)$. Dabei setzen wir in die Zustandsgleichung (5.157) der Brunovský-Normalform die Gleichung

$$v = y_{\text{soll}}^{(n)} - \sum_{i=0}^{n-1} a_i \left(y^{(i)} - y_{\text{soll}}^{(i)} \right) \tag{5.158}$$

als Regelgesetz ein. So ergibt sich nach Einsetzen von Gl. (5.158) in Gl. (5.157) die lineare Systemdynamik

$$y^{(n)} - y_{\text{soll}}^{(n)} + a_{n-1} \left(y^{(n-1)} - y_{\text{soll}}^{(n-1)} \right) + \ldots + a_1 \left(\dot{y} - \dot{y}_{\text{soll}} \right) + a_0 \left(y - y_{\text{soll}} \right) = 0. \tag{5.159}$$

Vorausgesetzt wir wählen die Nullstellen mittels der beliebig vorgebbaren Koeffizienten a_i des zugehörigen charakteristischen Polynoms

$$P(s) = s^n + a_{n-1}s + \ldots + a_1 s + a_0$$

ausschließlich mit negativem Realteil, so ist die Differenzialgleichung (5.159) stabil, und es gilt

$$\lim_{t \to \infty} \left(y^{(i)}(t) - y_{\text{soll}}^{(i)}(t) \right) = 0, \quad i = 0, \ldots, n.$$

D. h., es gilt die Näherung

$$y^{(i)}(t) \approx y_{\text{soll}}^{(i)}(t), \quad i = 0, \ldots, n,$$

so dass die Ausgangsgröße $y(t)$ der Sollvorgabe $y_{\text{soll}}(t)$ folgt.

Das gesamte Regelgesetz besteht aus den beiden Gleichungen

$$u = \Psi_2(y, \dot{y}, \ldots, y^{(n-1)}, v), \tag{5.160}$$

$$v = y_{\text{soll}}^{(n)} - \sum_{i=0}^{n-1} a_i \left(y^{(i)} - y_{\text{soll}}^{(i)} \right). \tag{5.161}$$

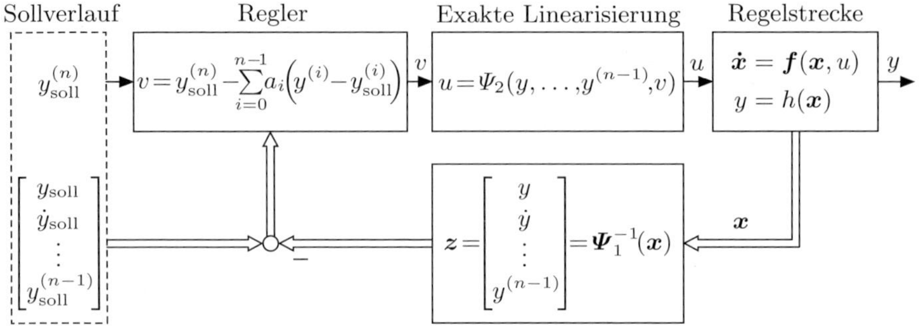

Bild 5.27: Flachheitsbasierte Folgeregelung.

Bild 5.27 zeigt die zugehörige Regelkreisstruktur. Dabei linearisiert Gl. (5.160) die Regelstrecke gemäß Gl. (5.157), und Gl. (5.161) des flachheitsbasierten Regelgesetzes prägt dem Regelkreis die lineare Dynamik (5.159) auf. Für die Auslegung des Regelkreises können die Koeffizienten a_i, $i = 0, \ldots, n-1$, frei gewählt werden. Zu beachten ist bei der Vorgabe des Sollverlaufes

$$y_{\text{soll}}(t), \dot{y}_{\text{soll}}(t), \ldots, y_{\text{soll}}^{(n)}(t),$$

dass $y_{\text{soll}}(t)$ mindestens n-mal stetig differenzierbar ist.

Die obige flachheitsbasierte Folgeregelung bildet alternativ zur flachheitsbasierten Vorsteuerung mit überlagerter Regelung eine zweite Möglichkeit, die Flachheit eines Systems für die Folgeregelung bezüglich eines vorgegebenen Sollwertverlaufes $y_{\text{soll}}(t)$ zu nutzen.

Auch für den Fall von MIMO-Regelstrecken ist die flachheitsbasierte Folgeregelung realisierbar. Allerdings kann der Entwurf dann deutlich komplizierter sein. Dies ist insbesondere dann der Fall, wenn die Regelstrecke zwar flach, aber nicht exakt linearisierbar ist. Informationen hierzu finden sich in [251, 255].

5.4.6 Beispiel Pneumatikmotor

Wir betrachten als Beispiel einen Pneumatikmotor, wie er z. B. für den Vorschub von Bohrgeräten oder zum Heranfahren von Werkstücken an Schleifgeräte verwendet wird. Bild 5.28 zeigt den prinzipiellen Aufbau eines solchen Motors. Durch einen Schlauch oder ein Rohr wird über einen Kompressor Luft in einen Zylinder gedrückt, in dem sich dann aufgrund des Druckes P im Zylinder ein Kolben um die Strecke s bewegt und mit ihm eine Lastmasse. Dabei wird eine Feder zusammengepresst, die die Aufgabe hat, bei einer Druckabsenkung im Zylinder den Kolben wieder zurück in seine Ausgangsstellung zu bringen. Die Feder besitzt die Steifigkeit c, der Kolben die Fläche A und die bewegten Körper, d. h. Last, Kolben und Gestänge, besitzen zusammen die Masse m.

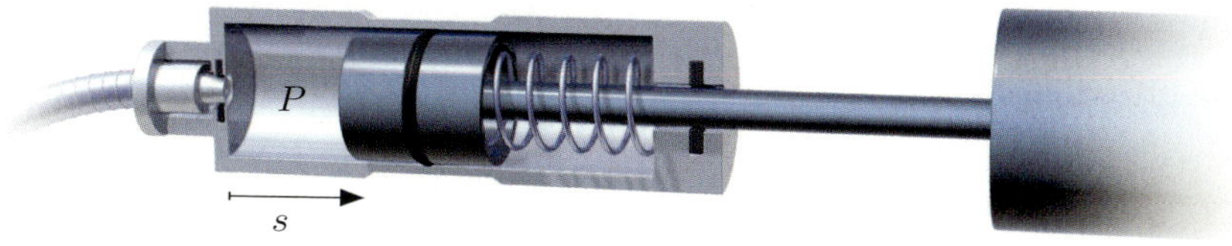

Bild 5.28: Pneumatikmotor.

Die Bewegungsgleichung ergibt sich mit der Federkraft cs und der Kraft PA, die auf den Kolben wirkt, zu

$$m\ddot{s} = PA - cs. \tag{5.162}$$

Der Druck P wiederum ermittelt sich, wenn wir isothermisches Verhalten voraussetzen, mittels der idealen Gasgleichung

$$\frac{1}{n}PV = RT. \tag{5.163}$$

Dabei ist $V = As$ das Zylindervolumen, n die Anzahl der Gasmoleküle in mol, R die ideale Gaskonstante und T die als konstant angenommene Temperatur des Gases.

Wir leiten die ideale Gasgleichung (5.163) nun ab nach der Zeit und erhalten

$$\frac{\dot{P}V}{n} + \frac{P\dot{V}}{n} - \frac{PV\dot{n}}{n^2} = 0$$

bzw.

$$\dot{P} = \frac{P}{V}\left(\frac{V\dot{n}}{n} - \dot{V}\right). \tag{5.164}$$

Mit dem Luftvolumenstrom

$$q = \frac{V\dot{n}}{n},$$

der als Eingangsgröße u fungiert, und $V = As$ gilt für Gl. (5.164)

$$\dot{P} = \frac{P}{s}\left(\frac{q}{A} - \dot{s}\right). \tag{5.165}$$

Verwenden wir die Bezeichnungen

$$x_1 = s, \quad x_2 = \dot{s}, \quad x_3 = P \quad \text{und} \quad u = q$$

für die Zustandsgrößen und die Eingangsgröße, so ergibt sich aus den Gl. (5.162) und (5.165) als Modell des Pneumatikmotors

$$\underbrace{\begin{bmatrix} \dot{x}_1 \\ \dot{x}_2 \\ \dot{x}_3 \end{bmatrix}}_{\boldsymbol{x}} = \underbrace{\begin{bmatrix} x_2 \\ -\dfrac{c}{m}x_1 + \dfrac{A}{m}x_3 \\ -\dfrac{x_2 x_3}{x_1} \end{bmatrix}}_{\boldsymbol{a}(\boldsymbol{x})} + \underbrace{\begin{bmatrix} 0 \\ 0 \\ \dfrac{x_3}{Ax_1} \end{bmatrix}}_{\boldsymbol{b}(\boldsymbol{x})} u. \tag{5.166}$$

Als Ausgang des Systems betrachten wir die Lastposition

$$y = c(\boldsymbol{x}) = x_1 = s.$$

Das System ist exakt zustandslinearisierbar, wobei $y = x_1$ ein linearisierender Ausgang ist. Das ist leicht nachweisbar, denn es gilt

$$\begin{aligned} y &= x_1, \\ \dot{y} &= \dot{x}_1 = x_2, \\ \ddot{y} &= \dot{x}_2 = -\frac{c}{m}x_1 + \frac{A}{m}x_3, \\ \dddot{y} &= -\frac{c}{m}\dot{x}_1 + \frac{A}{m}\dot{x}_3 = -\frac{c}{m}x_2 - \frac{Ax_2x_3}{mx_1} + \frac{x_3}{mx_1}u. \end{aligned} \tag{5.167}$$

Folglich entspricht der relative Grad $\delta = 3$ der Systemordnung und das System ist exakt zustandslinearisierbar. Dann ist, wir erinnern uns an Satz 62 bzw. Satz 65, $y = x_1$ ein flacher Ausgang.

Da y ein flacher Ausgang ist, lässt sich des Weiteren auch die flache Systemdarstellung aus Gl. (5.167) schnell herleiten. Denn es gilt

$$\begin{bmatrix} x_1 \\ x_2 \\ x_3 \end{bmatrix} = \begin{bmatrix} y \\ \dot{y} \\ \dfrac{m}{A}\left(\ddot{y} + \dfrac{c}{m}y\right) \end{bmatrix} = \boldsymbol{\Psi}_1(y, \dot{y}, \ddot{y})$$

und

$$u = A\frac{my\dddot{y} + m\dot{y}\ddot{y} + 2cy\dot{y}}{cy + m\ddot{y}} = \Psi_2(y, \dot{y}, \ddot{y}, \dddot{y}). \tag{5.168}$$

Wir können Gl. (5.168) als flaches Steuergesetz nutzen. Alternativ und vom regelungstechnischen Standpunkt aus besser ist jedoch die Realisierung einer flachheitsbasierten Folgeregelung, wie wir sie im vorherigen Abschnitt kennengelernt haben und die in Bild 5.27 dargestellt ist. Um sie zu realisieren, benötigen wir zum einen die inverse Funktion

$$\boldsymbol{z} = \begin{bmatrix} y \\ \dot{y} \\ \ddot{y} \end{bmatrix} = \boldsymbol{\Psi}_1^{-1}(\boldsymbol{x}) = \begin{bmatrix} x_1 \\ x_2 \\ -\dfrac{c}{m}x_1 + \dfrac{A}{m}x_3 \end{bmatrix}.$$

Wir erinnern uns, dass $\boldsymbol{\Psi}_1^{-1}$ gemäß Satz 66 gerade den Diffeomorphismus bildet, der das System in die nichtlineare Regelungsnormalform transformiert. Zum anderen benötigen wir noch den Regler

$$v = \dddot{y}_{\text{soll}} - \sum_{i=0}^{2} a_i \left(y^{(i)} - y_{\text{soll}}^{(i)} \right).$$

Bild 5.29 zeigt die Struktur der flachheitsbasierten Folgeregelung für den Pneumatikmotor.

Als konkretes Zahlenbeispiel betrachten wir

$$c = 20\,\text{N}\,\text{cm}^{-1}, \quad A = 50\,\text{cm}^2, \quad m = 1\,\text{kg}.$$

Die Koeffizienten des Reglers wählen wir zu

$$a_0 = 1000, \quad a_1 = 300, \quad a_2 = 30,$$

so dass der geschlossene lineare Regelkreis den dreifachen Eigenwert $\lambda = -10$ besitzt. Wir verfahren nun den pneumatischen Motor von $y = x_1 = s = 1\,\text{cm}$ nach $y = 10\,\text{cm}$ und geben hierfür

$$y_{\text{soll}}(t) = \begin{cases} -1.406t^7 + 9.844t^6 - 23.630t^5 + 19.694t^4 + 1, & 0 \le t \le 2, \\ 10, & 2 < t, \end{cases}$$

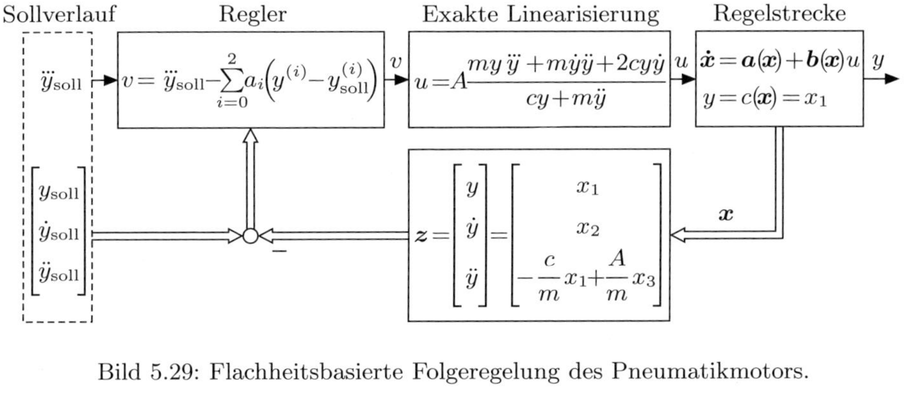

Bild 5.29: Flachheitsbasierte Folgeregelung des Pneumatikmotors.

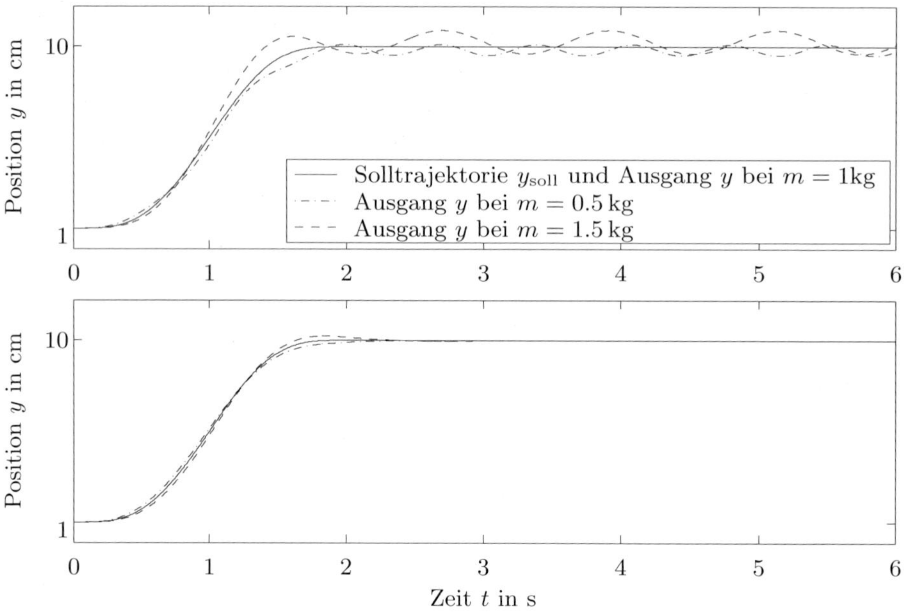

Bild 5.30: Verläufe der Position $y = x_1$ für die flache Steuerung im oberen Teilbild und die flache Regelung im unteren.

vor, so dass

$$\begin{aligned}
y_{\text{soll}}(0) &= 1\,\text{cm}, & y_{\text{soll}}(2) &= 10\,\text{cm},\\
\dot{y}_{\text{soll}}(0) &= 0\,\text{cm}, & \dot{y}_{\text{soll}}(2) &= 0\,\text{cm},\\
\ddot{y}_{\text{soll}}(0) &= 0\,\text{cm}, & \ddot{y}_{\text{soll}}(2) &= 0\,\text{cm},\\
\dddot{y}_{\text{soll}}(0) &= 0\,\text{cm}, & \dddot{y}_{\text{soll}}(2) &= 0\,\text{cm}
\end{aligned}$$

gilt. Bild 5.30 zeigt den Verlauf der Position $y = s$ für den Nominalfall $m = 1\,\text{kg}$ als auch für die Fälle $m = 0.5\,\text{kg}$ und $m = 1.5\,\text{kg}$. Dabei ist im oberen Teilbild der Verlauf $y(t)$ für die flache Steuerung und im unteren der Verlauf für die flachheitsbasierte Regelung dargestellt.

5.4.7 Flache Eingänge und ihre Konstruktion

Voraussetzung für den flachheitsbasierten Entwurf einer Vorsteuerung ist ein flacher Ausgang. Dabei ist es am günstigsten, wenn der reale Ausgang des Systems flach ist. Für den Fall, dass der reale Ausgang nicht flach ist, oder den Fall, dass sogar das System selbst nicht flach ist, kann man überlegen, ob es sinnvoll ist, den Eingang des Systems so auszulegen bzw. so zu konstruieren, dass der messbare reale Ausgang flach wird. Man macht also den Ausgang, durch die Wahl eines geeigneten Eingangs flach. Ein solcher wird dann *flacher Eingang* genannt [314, 333].

Im Allgemeinen wird der Konstrukteur die für die Realisierung des flachen Eingangs nötigen Stellglieder auswählen und in das System integrieren müssen. Dies ist also ein Schritt, der die Zusammenarbeit von Systemkonstrukteur und Regelungstechniker erfordert und bereits bei der Konstruktion des Systems, d. h. in einer frühen Phase der Entwicklung, erfolgen muss.

Wir wollen im Weiteren für den Fall nichtlinearer autonomer SISO-Systeme

$$\begin{aligned} \dot{\boldsymbol{x}} &= \boldsymbol{a}(\boldsymbol{x}), \\ y &= c(\boldsymbol{x}) \end{aligned} \tag{5.169}$$

flache Eingänge, d. h. Vektoren $\boldsymbol{b}(\boldsymbol{x})$, konstruieren, so dass wir ein flaches eingangslineares System

$$\begin{aligned} \dot{\boldsymbol{x}} &= \boldsymbol{a}(\boldsymbol{x}) + \boldsymbol{b}(\boldsymbol{x}) \cdot u, \\ y &= c(\boldsymbol{x}) \end{aligned}$$

mit y als flachem Ausgang erhalten. Zu diesem Zweck transformieren wir das System - ähnlich wie in Abschnitt 5.2.1, S. 287, - mittels

$$\boldsymbol{z} = \boldsymbol{q}(\boldsymbol{x}, u, \ldots, u^{(n-2)}) = \begin{bmatrix} y \\ \dot{y} \\ \ddot{y} \\ \vdots \\ y^{(n-1)} \end{bmatrix}$$

$$= \begin{bmatrix} c(\boldsymbol{x}) \\ L_{\boldsymbol{a}}c(\boldsymbol{x}) + L_{\boldsymbol{b}}c(\boldsymbol{x})u \\ L_{\boldsymbol{a}}^2 c(\boldsymbol{x}) + L_{\boldsymbol{b}}L_{\boldsymbol{a}}c(\boldsymbol{x})u + L_{\boldsymbol{a}}L_{\boldsymbol{b}}c(\boldsymbol{x})u + L_{\boldsymbol{b}}^2 c(\boldsymbol{x})u^2 + L_{\boldsymbol{b}}c(\boldsymbol{x})\dot{u} \\ \vdots \\ L_{\boldsymbol{a}}^{n-1}c(\boldsymbol{x}) + L_{\boldsymbol{b}}L_{\boldsymbol{a}}^{n-2}c(\boldsymbol{x})u + \ldots + L_{\boldsymbol{b}}^{n-1}c(\boldsymbol{x})u^{n-1} + L_{\boldsymbol{b}}c(\boldsymbol{x})u^{(n-2)} \end{bmatrix}, \tag{5.170}$$

wobei wir vorerst annehmen wollen, dass die Terme

$$L_{\boldsymbol{b}}L_{\boldsymbol{a}}^i c(\boldsymbol{x}) \neq 0, \quad i = 0, \ldots, n-2,$$

sind. Wir erhalten so durch Ableiten obiger Transformationsgleichung

$$\begin{bmatrix} \dot{z}_1 \\ \dot{z}_2 \\ \vdots \\ \dot{z}_{n-1} \\ \dot{z}_n \end{bmatrix} = \begin{bmatrix} \dot{y} \\ \ddot{y} \\ \vdots \\ y^{(n-1)} \\ y^{(n)} \end{bmatrix} = \begin{bmatrix} L_{\boldsymbol{a}}c(\boldsymbol{x}) \\ L_{\boldsymbol{a}}^2 c(\boldsymbol{x}) \\ \vdots \\ L_{\boldsymbol{a}}^{n-1}c(\boldsymbol{x}) \\ L_{\boldsymbol{a}}^n c(\boldsymbol{x}) \end{bmatrix} + \begin{bmatrix} L_{\boldsymbol{b}}c(\boldsymbol{x}) \\ L_{\boldsymbol{b}}L_{\boldsymbol{a}}c(\boldsymbol{x}) \\ \vdots \\ L_{\boldsymbol{b}}L_{\boldsymbol{a}}^{n-2}c(\boldsymbol{x}) \\ L_{\boldsymbol{b}}L_{\boldsymbol{a}}^{n-1}c(\boldsymbol{x}) \end{bmatrix} u + \begin{bmatrix} 0 \\ L_{\boldsymbol{a}}L_{\boldsymbol{b}}c(\boldsymbol{x}) \\ \vdots \\ L_{\boldsymbol{a}}^{n-2}L_{\boldsymbol{b}}c(\boldsymbol{x}) \\ L_{\boldsymbol{a}}^{n-1}L_{\boldsymbol{b}}c(\boldsymbol{x}) \end{bmatrix} u + \ldots$$

$$+ \begin{bmatrix} 0 \\ L_{\boldsymbol{b}}c(\boldsymbol{x})\dot{u} \\ \vdots \\ L_{\boldsymbol{b}}c(\boldsymbol{x})u^{(n-2)} \\ L_{\boldsymbol{b}}c(\boldsymbol{x})u^{(n-1)} \end{bmatrix},$$

$$y = z_1. \tag{5.171}$$

Wir legen den Eingangsvektor $\boldsymbol{b}(\boldsymbol{x})$ so aus, dass

$$\begin{aligned} L_{\boldsymbol{b}}c(\boldsymbol{x}) &= \frac{\partial c(\boldsymbol{x})}{\partial \boldsymbol{x}}\boldsymbol{b}(\boldsymbol{x}) = 0, \\ L_{\boldsymbol{b}}L_{\boldsymbol{a}}c(\boldsymbol{x}) &= \frac{\partial L_{\boldsymbol{a}}c(\boldsymbol{x})}{\partial \boldsymbol{x}}\boldsymbol{b}(\boldsymbol{x}) = 0, \\ &\vdots \\ L_{\boldsymbol{b}}L_{\boldsymbol{a}}^{n-2}c(\boldsymbol{x}) &= \frac{\partial L_{\boldsymbol{a}}^{n-2}c(\boldsymbol{x})}{\partial \boldsymbol{x}}\boldsymbol{b}(\boldsymbol{x}) = 0 \end{aligned} \tag{5.172}$$

und mit einer frei wählbaren Funktion $e(\boldsymbol{x}) \neq 0$

$$L_{\boldsymbol{b}}L_{\boldsymbol{a}}^{n-1}c(\boldsymbol{x}) = \frac{\partial L_{\boldsymbol{a}}^{n-1}c(\boldsymbol{x})}{\partial \boldsymbol{x}}\boldsymbol{b}(\boldsymbol{x}) = e(\boldsymbol{x}) \tag{5.173}$$

gilt, wobei wir für die Gleichungen (5.172) und (5.173) zusammenfassend

$$\boldsymbol{Q}(\boldsymbol{x})\boldsymbol{b}(\boldsymbol{x}) = \begin{bmatrix} 0 \\ \vdots \\ 0 \\ e(\boldsymbol{x}) \end{bmatrix} \quad \text{mit} \quad \boldsymbol{Q}(\boldsymbol{x}) = \begin{bmatrix} \dfrac{\partial c(\boldsymbol{x})}{\partial \boldsymbol{x}} \\ \dfrac{\partial L_{\boldsymbol{a}}c(\boldsymbol{x})}{\partial \boldsymbol{x}} \\ \vdots \\ \dfrac{\partial L_{\boldsymbol{a}}^{n-1}c(\boldsymbol{x})}{\partial \boldsymbol{x}} \end{bmatrix} \tag{5.174}$$

schreiben. Dann vereinfacht sich Gl. (5.171) erheblich, denn alle Terme, die

$$L_{\boldsymbol{b}}L_{\boldsymbol{a}}^i c(\boldsymbol{x}) = 0, \quad i = 0, \ldots, n-2,$$

enthalten, entfallen, und genau dann gilt

$$\dot{z} = \begin{bmatrix} z_2 \\ z_3 \\ \vdots \\ z_n \\ L_{\boldsymbol{a}}^n c(\boldsymbol{x}) \end{bmatrix} + \begin{bmatrix} 0 \\ 0 \\ \vdots \\ 0 \\ L_{\boldsymbol{b}} L_{\boldsymbol{a}}^{n-1} c(\boldsymbol{x}) \end{bmatrix} u,$$

$$y = z_1.$$

Das System liegt jetzt in nichtlinearer Regelungsnormalform vor und besitzt den relativen Grad $\delta = n$.

Auch die Transformationsgleichung (5.170) weist nun die einfachere Gestalt

$$\boldsymbol{z} = \boldsymbol{q}(\boldsymbol{x}, u, \dot{u}, \ldots, u^{(n-2)}) = \boldsymbol{t}(\boldsymbol{x}) = \begin{bmatrix} c(\boldsymbol{x}) \\ L_{\boldsymbol{a}} c(\boldsymbol{x}) \\ \vdots \\ L_{\boldsymbol{a}}^{n-1} c(\boldsymbol{x}) \end{bmatrix}$$

auf, die wir von den exakt linearisierten Systemen mit maximalem relativen Grad $\delta = n$ aus Abschnitt 5.2.1 kennen und die nicht von den Ableitungen

$$\dot{u}, \ldots, u^{(n-2)}$$

und Potenzen

$$u^2, \ldots, u^{n-1}$$

abhängt.

Nun sind SISO-Systeme genau dann flach, wie wir aus Satz 45, S. 205, wissen, wenn sie in Regelungsnormalform vorliegen oder in diese transformiert werden können. Dabei ist

$$y = z_1$$

ein flacher Ausgang. Des Weiteren ist ein System (5.169) dann und nur dann eineindeutig in die nichtlineare Regelungsnormalform transformierbar, wenn die Jacobi-Matrix

$$\boldsymbol{Q}(\boldsymbol{x}) = \frac{\partial \boldsymbol{t}(\boldsymbol{x})}{\partial \boldsymbol{x}}$$

der Transformation $\boldsymbol{z} = \boldsymbol{t}(\boldsymbol{x})$ regulär ist. Dies wissen wir aufgrund des Satzes 48, S. 209.

Aufgrund obiger Ausführungen ist ein System genau dann flach, wenn die Matrix $\boldsymbol{Q}(\boldsymbol{x})$ regulär ist und Gl. (5.174) gilt. Es folgt dann aus Gl. (5.174), dass der Eingangsvektor

$$\boldsymbol{b}(\boldsymbol{x}) = \boldsymbol{Q}^{-1}(\boldsymbol{x}) \begin{bmatrix} 0 \\ \vdots \\ 0 \\ e(\boldsymbol{x}) \end{bmatrix} \tag{5.175}$$

einen flachen Eingang u und damit einen flachen Ausgang y erzeugt. Außerdem erzeugt Gl. (5.175) mit der beliebig wählbaren Funktion $e(\boldsymbol{x}) \neq 0$ auch alle möglichen flachen Eingänge, da erstens $\boldsymbol{Q}(\boldsymbol{x})$ regulär ist und zweitens für die Flachheit, d. h. die Transformierbarkeit in die nichtlineare Regelungsnormalform, die Gl. (5.172) und (5.173) erfüllt sein müssen.

Somit gilt zusammengefasst

Satz 67 (Flache Eingänge eingangslinearer Systeme). *Erweitert man ein autonomes System*

$$\begin{aligned} \dot{\boldsymbol{x}} &= \boldsymbol{a}(\boldsymbol{x}), \\ y &= c(\boldsymbol{x}) \end{aligned}$$

zu einem System

$$\begin{aligned} \dot{\boldsymbol{x}} &= \boldsymbol{a}(\boldsymbol{x}) + \boldsymbol{b}(\boldsymbol{x}) \cdot u, \\ y &= c(\boldsymbol{x}) \end{aligned}$$

mit einem Eingang u, so ist dieser Eingang genau dann flach und y ist genau dann ein flacher Ausgang, wenn die Matrix

$$\boldsymbol{Q}(\boldsymbol{x}) = \begin{bmatrix} \dfrac{\partial c(\boldsymbol{x})}{\partial \boldsymbol{x}} \\ \dfrac{\partial L_{\boldsymbol{a}} c(\boldsymbol{x})}{\partial \boldsymbol{x}} \\ \vdots \\ \dfrac{\partial L_{\boldsymbol{a}}^{n-1} c(\boldsymbol{x})}{\partial \boldsymbol{x}} \end{bmatrix}$$

regulär ist und wenn für den Eingangsvektor

$$\boldsymbol{b}(\boldsymbol{x}) = \boldsymbol{Q}^{-1}(\boldsymbol{x}) \begin{bmatrix} 0 \\ \vdots \\ 0 \\ e(\boldsymbol{x}) \end{bmatrix} \tag{5.176}$$

mit einer beliebigen Funktion $e(\boldsymbol{x}) \neq 0$ gilt.

Angemerkt sei noch, dass die Matrix $\boldsymbol{Q}(\boldsymbol{x})$ die Beobachtbarkeitsmatrix eines eingangslinearen Systems mit dem relativen Grad n ist und uns in Kapitel 7 wiederbegegnen wird.

5.4.8 Flache Eingänge linearer Systeme

Wir wollen die Ergebnisse des vorherigen Anschnittes auf den Spezialfall der linearen Systeme

$$\begin{aligned} \dot{\boldsymbol{x}} &= \boldsymbol{A}\boldsymbol{x}, \\ y &= \boldsymbol{c}^T \boldsymbol{x} \end{aligned} \tag{5.177}$$

anwenden. Es interessiert uns, wann das System (5.177) flache Eingänge besitzt und welcher Gestalt sie dann sind. Satz 67 liefert uns die Antworten hierzu. So muss zum einen die Matrix

$$\boldsymbol{Q}(\boldsymbol{x}) = \begin{bmatrix} \dfrac{\partial c(\boldsymbol{x})}{\partial \boldsymbol{x}} \\ \dfrac{\partial L_{\boldsymbol{a}} c(\boldsymbol{x})}{\partial \boldsymbol{x}} \\ \vdots \\ \dfrac{\partial L_{\boldsymbol{a}}^{n-1} c(\boldsymbol{x})}{\partial \boldsymbol{x}} \end{bmatrix} = \begin{bmatrix} \boldsymbol{c}^T \\ \boldsymbol{c}^T \boldsymbol{A} \\ \vdots \\ \boldsymbol{c}^T \boldsymbol{A}^{n-1} \end{bmatrix}, \quad c(\boldsymbol{x}) = \boldsymbol{c}^T \boldsymbol{x},$$

die gerade die Beobachtbarkeitsmatrix des linearen Systems (5.177) ist, regulär sein. Das System (5.177) besitzt also genau dann flache Eingänge, wenn es beobachtbar ist. Zum anderen muss der Eingangsvektor $\boldsymbol{b}$ des erweiterten Systems

$$\begin{aligned} \dot{\boldsymbol{x}} &= \boldsymbol{A}\boldsymbol{x} + \boldsymbol{b} \cdot u, \\ y &= \boldsymbol{c}^T \boldsymbol{x} \end{aligned}$$

die Gestalt

$$\boldsymbol{b} = \boldsymbol{Q}^{-1} \cdot \begin{bmatrix} 0 \\ \vdots \\ 0 \\ e \end{bmatrix}, \quad e \in I\!R \backslash \{0\}, \tag{5.178}$$

aufweisen.

Wie im nichtlinearen Fall können wir so Eingänge konstruieren, die eine besonders effiziente Steuerung und auch Regelung des Systems erlauben. Aber auch die Analyse bestehender Eingänge auf ihre Tauglichkeit für eine flache Steuerung ist so möglich.

5.4.9 Beispiel Ökonomisches Marktmodell

Wir betrachten ein einfaches Modell [175] für die Abhängigkeit des Preises P eines Produktes von der Angebotsmenge Q und der von den Kunden nachgefragten Menge Q_{n}. Wir können davon ausgehen, dass die Preisänderung proportional zur Differenz zwischen Nachfrage- und Angebotsmenge ist, also

$$\dot{P} = \lambda\,(Q_{\mathrm{n}}(P) - Q)\,, \quad \lambda > 0, \tag{5.179}$$

gilt, wobei λ eine Proportionalitätskonstante ist. Ist also die Nachfrage Q_{n} groß, so steigt der Preis P.

Des Weiteren reagiert das produzierende Unternehmen auf den am Markt erzielbaren Preis P, genauer gesagt auf die Differenz zwischen dem Marktpreis P und dem vom Unternehmen geforderten bzw. erwarteten Preis P_{a}, dem Angebotspreis. Es gilt diesbezüglich

$$\dot{Q} = \mu\,(P - P_{\mathrm{a}}(Q))\,, \quad \mu > 0. \tag{5.180}$$

D. h., steigt der Preis P, so wird auch mehr produziert. Wie in Gl. (5.179) ist auch hier der Zusammenhang zwischen $\dot{Q}$ und P linear, wobei μ eine Proportionalitätskonstante ist.

Wir gehen nun davon aus, dass die Nachfrage Q_{n} linear über eine Konstante κ vom aktuellen Marktpreis gemäß

$$Q_{\mathrm{n}}(P) = \gamma - \kappa P, \quad \gamma,\, \kappa > 0, \tag{5.181}$$

abhängt. Ein niedriger Preis führt also zu einer hohen Nachfrage.

Der Angebotspreis P_{a} hängt z.B. über

$$P_{\mathrm{a}}(Q) = \delta Q^2 + \beta, \quad \delta,\, \beta > 0, \tag{5.182}$$

von der Angebotsmenge Q ab.

Setzt man die Gl. (5.181) und Gl. (5.182) in die Differenzialgleichungen (5.179) und (5.180) ein und wählt als Zustandsvariablen

$$x_1 = P \quad \text{und} \quad x_2 = Q,$$

so gilt

$$\begin{bmatrix} \dot{x}_1 \\ \dot{x}_2 \end{bmatrix} = \begin{bmatrix} a_0 - a_1 x_1 - a_2 x_2 \\ a_3 x_1 - a_4 - a_5 x_2^2 \end{bmatrix} = \boldsymbol{a}(\boldsymbol{x})$$

mit

$$a_0 = \lambda\gamma,\ a_1 = \lambda\kappa,\ a_2 = \lambda,\ a_3 = \mu,\ a_4 = \mu\beta,\ a_5 = \mu\delta.$$

Unser Ziel ist es nun, auf den erzielbaren Marktpreis $x_1 = P$ Einfluss zu nehmen, z. B. um ihn zu erhöhen. Zu diesem Zweck müssen wir einen Eingang finden, mit dem wir gezielt Einfluss auf x_1 ausüben können – einen flachen Eingang. Hierbei ist der Preis

$$y = x_1 = c(\boldsymbol{x})$$

der interessierende Ausgang des Systems.

Wir nutzen Satz 67 und ermitteln

$$\frac{\partial c(\boldsymbol{x})}{\partial \boldsymbol{x}} = [1\ 0]\,,$$
$$\frac{\partial L_{\boldsymbol{a}} c(\boldsymbol{x})}{\partial \boldsymbol{x}} = \frac{\partial (a_0 - a_1 x_1 - a_2 x_2)}{\partial \boldsymbol{x}} = [-a_1 \quad -a_2]$$

und somit

$$\boldsymbol{Q}(\boldsymbol{x}) = \begin{bmatrix} \dfrac{\partial c(\boldsymbol{x})}{\partial \boldsymbol{x}} \\ \dfrac{\partial L_{\boldsymbol{a}} c(\boldsymbol{x})}{\partial \boldsymbol{x}} \end{bmatrix} = \begin{bmatrix} 1 & 0 \\ -a_1 & -a_2 \end{bmatrix}.$$

Mit

$$\boldsymbol{b}(\boldsymbol{x}) = \boldsymbol{Q}^{-1}(\boldsymbol{x}) \begin{bmatrix} 0 \\ e(\boldsymbol{x}) \end{bmatrix} = \begin{bmatrix} 1 & 0 \\ -\dfrac{a_1}{a_2} & -\dfrac{1}{a_2} \end{bmatrix} \begin{bmatrix} 0 \\ e(\boldsymbol{x}) \end{bmatrix} = \begin{bmatrix} 0 \\ -\dfrac{e(\boldsymbol{x})}{a_2} \end{bmatrix}$$

erhalten wir bei Wahl von

$$e(\boldsymbol{x}) = -a_2$$

den Steuervektor

$$\boldsymbol{b}(\boldsymbol{x}) = \begin{bmatrix} 0 \\ 1 \end{bmatrix}$$

in der Systembeschreibung

$$\dot{\boldsymbol{x}} = \boldsymbol{a}(\boldsymbol{x}) + \boldsymbol{b}(\boldsymbol{x}) \cdot u,$$

so dass u in unserem Modell

$$\begin{bmatrix} \dot{x}_1 \\ \dot{x}_2 \end{bmatrix} = \begin{bmatrix} a_0 - a_1 x_1 - a_2 x_2 \\ a_3 x_1 - a_4 - a_5 x_2^2 \end{bmatrix} + \begin{bmatrix} 0 \\ 1 \end{bmatrix} u, \qquad (5.183)$$
$$y = x_1$$

ein flacher Eingang und $y = x_1$ ein flacher Ausgang ist.

Wenn wir nun den aktuellen Marktpreis $y = x_1 = P$ beeinflussen wollen, so können wir über die flache Systemdarstellung und eine Solltrajektorie $y_{\mathrm{soll}}(t)$ die Stellgröße

$$\begin{aligned} u &= \Psi_2\left(y_{\mathrm{soll}}, \dot{y}_{\mathrm{soll}}, \ddot{y}_{\mathrm{soll}}\right) \\ &= a_4 - a_3 y_{\mathrm{soll}} + a_5 \left(\frac{a_0 - a_1 y_{\mathrm{soll}} - \dot{y}_{\mathrm{soll}}}{a_2}\right)^2 - \frac{a_1 \dot{y}_{\mathrm{soll}} + \ddot{y}_{\mathrm{soll}}}{a_2} \end{aligned}$$

vorgeben. Aus Gl. (5.183) ist dabei ersichtlich, dass u auf die Änderung der Angebotsmenge $\dot{x}_2 = \dot{Q}$ wirkt. Obiges Ergebnis ist daher leicht zu interpretieren, denn mit der Stellgröße u kann unmittelbar die Angebotsmenge $x_2 = Q$ beeinflusst werden. Die Stellgröße u entspricht also einer Produktionsteigerung oder einer Produktverknappung.

5.5 Control-Ljapunov-Funktionen

5.5.1 Grundlagen

Die direkte Methode von Ljapunov kann neben der Stabilitätsanalyse auch für die Reglersynthese verwendet werden. Ein solches Reglersyntheseverfahren basiert zum Beispiel auf so genannten Control-Ljapunov-Funktionen $V(\boldsymbol{x})$, abgekürzt CLF, bei denen mittels des Stellgrößenvektors $\boldsymbol{u}$ einer nichtlinearen Regelstrecke

$$\dot{\boldsymbol{x}} = \boldsymbol{f}(\boldsymbol{x}, \boldsymbol{u})$$

mit der einzigen Ruhelage

$$\boldsymbol{x}_{\mathrm{R}} = \boldsymbol{0}$$

die Ableitung

$$\dot{V}(\boldsymbol{x}) = \boldsymbol{f}^T(\boldsymbol{x}, \boldsymbol{u}) \cdot \operatorname{grad} V(\boldsymbol{x})$$

einer radial unbeschränkten Ljapunov-Funktion $V(\boldsymbol{x})$ so minimiert wird, dass die Ungleichung

$$\dot{V}(\boldsymbol{x}) < 0$$

für alle Zustände $\boldsymbol{x} \neq \boldsymbol{0}$ gilt. Man bestimmt also beispielsweise $\boldsymbol{u}$ so, dass das Infimum

$$\inf_{\boldsymbol{u}} \left\{ \dot{V}(\boldsymbol{x}) = \boldsymbol{f}^T(\boldsymbol{x}, \boldsymbol{u}) \cdot \operatorname{grad} V(\boldsymbol{x}) \right\},$$

d. h. die untere Grenze von $\dot{V}(\boldsymbol{x})$, für alle $\boldsymbol{x} \neq \boldsymbol{0}$ kleiner als null ist. Die ermittelte Stellgröße $\boldsymbol{u}(\boldsymbol{x})$ bildet dann ein Regelgesetz, das aufgrund des Stabilitätssatzes von Ljapunov, S. 85, zu einem Regelkreis

$$\dot{\boldsymbol{x}} = \boldsymbol{f}(\boldsymbol{x}, \boldsymbol{u}(\boldsymbol{x}))$$

mit der global asymptotisch stabilen Ruhelage $\boldsymbol{x}_{\mathrm{R}} = \boldsymbol{0}$ führt. Angemerkt sei, dass man prinzipiell auch nur lokale Stabilität anstreben kann.

Um die Stabilität des Regelkreises sicherzustellen, muss man nicht unbedingt dasjenige $\boldsymbol{u}(\boldsymbol{x})$ als Regelgesetz wählen, welches das Infimum von $\dot{V}(\boldsymbol{x})$ erzeugt. Vielmehr reicht ein $\boldsymbol{u}(\boldsymbol{x})$, das zu $\dot{V}(\boldsymbol{x}) < 0$ für alle $\boldsymbol{x}$ führt. Die Wahl des Reglers $\boldsymbol{u}(\boldsymbol{x})$, der zum infimalen $\dot{V}$ führt, hat allerdings den Vorteil, dass $V(\boldsymbol{x})$ entlang der Trajektorien $\boldsymbol{x}(t)$ schnell abnimmt und somit auch die Ausregelung schnell ist.

Aus der Tatsache, dass wir mittels einer Ljapunov-Funktion einen die Stabilität sichernden Regler $\boldsymbol{u}(\boldsymbol{x})$ festlegen, leitet sich der Name *Control-Ljapunov-Funktion* ab. Zwar sichert obiges Vorgehen die Stabilität der entworfenen Regelung, jedoch hat man dabei durch den Entwurf nur mittelbar über die möglichst schnelle Abnahme von $V(\boldsymbol{x})$, d. h. ein möglichst kleines $\dot{V} < 0$, Einfluss auf die Regelgüte. Diese hängt daher auch wesentlich von der gewählten Ljapunov-Funktion ab.

Für zeitinvariante nichtlineare Systeme ist der Begriff der Control-Ljapunov-Funktion wie folgt definiert.

Definition 25 (Control-Ljapunov-Funktion). *Gegeben sei das System*

$$\dot{\boldsymbol{x}} = \boldsymbol{f}(\boldsymbol{x}, \boldsymbol{u}), \quad \boldsymbol{x} \in \mathbb{R}^n, \quad \boldsymbol{u} \in \mathbb{R}^m,$$

mit der Ruhelage $\boldsymbol{x}_{\mathrm{R}} = \boldsymbol{0}$ *für* $\boldsymbol{u} = \boldsymbol{0}$. *Dann heißt eine stetig differenzierbare Funktion* $V(\boldsymbol{x})$ *Control-Ljapunov-Funktion, wenn sie die folgenden Bedingungen erfüllt:*

(1) $V(\boldsymbol{0}) = 0$
(2) $V(\boldsymbol{x}) > 0$ *für alle* $\boldsymbol{x} \neq \boldsymbol{0}$
(3) $V(\boldsymbol{x}) \to \infty$ *für* $|\boldsymbol{x}| \to \infty$
(4) Es gibt ein $\boldsymbol{u}(\boldsymbol{x})$, *so dass* $\dot{V}(\boldsymbol{x}) < 0$ *für alle* $\boldsymbol{x} \neq \boldsymbol{0}$ *gilt.*

Wenn wir den Satz von Barbashin und Krasovskii, d. h. Satz 9, S. 87, nutzen, können wir den Begriff der Control-Ljapunov-Funktion etwas weniger restriktiv definieren. Wir erhalten so die erweiterte

Definition 26 (Erweiterte Control-Ljapunov-Funktion). *Gegeben sei das System*

$$\dot{\boldsymbol{x}} = \boldsymbol{f}(\boldsymbol{x}, \boldsymbol{u}), \quad \boldsymbol{x} \in \mathbb{R}^n, \quad \boldsymbol{u} \in \mathbb{R}^m,$$

mit der Ruhelage $\boldsymbol{x}_{\mathrm{R}} = \boldsymbol{0}$ *für* $\boldsymbol{u} = \boldsymbol{0}$. *Dann heißt eine stetig differenzierbare Funktion* $V(\boldsymbol{x})$ *erweiterte Control-Ljapunov-Funktion, wenn sie die folgenden Bedingungen erfüllt:*

(1) $V(\boldsymbol{0}) = 0$
(2) $V(\boldsymbol{x}) > 0$ *für alle* $\boldsymbol{x} \neq \boldsymbol{0}$
(3) $V(\boldsymbol{x}) \to \infty$ *für* $|\boldsymbol{x}| \to \infty$
(4) Es gibt ein $\boldsymbol{u}(\boldsymbol{x})$, *so dass* $\dot{V}(\boldsymbol{x}) \leq 0$ *für alle* $\boldsymbol{x} \neq \boldsymbol{0}$ *gilt.*
(5) Die Menge von Zuständen $\boldsymbol{x}$ *des mit* $\boldsymbol{u}(\boldsymbol{x})$ *geregelten Systems, für die* $\dot{V}(\boldsymbol{x}) = 0$ *gilt, enthält keine Trajektorie* $\boldsymbol{x}(t)$.

Definition 26 weicht die Forderung $\dot{V}(\boldsymbol{x}) < 0$ aus Definition 25 auf. Nun können wir auch den Fall

$$\dot{V}(\boldsymbol{x}) \leq 0 \quad \text{für} \quad \boldsymbol{x} \neq \boldsymbol{0}$$

nutzen, solange gemäß Bedingung (5) entlang keiner Trajektorie $\boldsymbol{x}(t)$ des geregelten Systems $\dot{V}(\boldsymbol{x}(t)) = 0$ gilt.

Aufgrund der beiden Stabilitätssätze von Ljapunov und von Barbashin und Krasovskii kann mittels obiger Definitionen folgender Satz direkt abgeleitet werden.

Satz 68 (Existenz eines Regelgesetzes). *Gegeben sei das System*

$$\dot{\boldsymbol{x}} = \boldsymbol{f}(\boldsymbol{x}, \boldsymbol{u}), \quad \boldsymbol{x} \in \mathbb{R}^n, \quad \boldsymbol{u} \in \mathbb{R}^m,$$

mit der Ruhelage $\boldsymbol{x}_{\mathrm{R}} = \boldsymbol{0}$ *für* $\boldsymbol{u} = \boldsymbol{0}$. *Existiert dann eine Control-Ljapunov-Funktion oder eine erweiterte Control-Ljapunov-Funktion* $V(\boldsymbol{x})$ *für das System, so kann immer eine Regelung* $\boldsymbol{u}(\boldsymbol{x})$ *gefunden werden, so dass die Ruhelage* $\boldsymbol{x}_{\mathrm{R}} = \boldsymbol{0}$ *global asymptotisch stabil ist.*

Ist Bedingung (3) der Definitionen 25 und 26 nicht erfüllt, so kann nur lokale asymptotische Stabilität sichergestellt werden.

Wie schon im Fall der Stabilitätsanalyse mit der direkten Methode, besteht auch bei obigem Satz zur Reglersynthese die Hauptschwierigkeit in der Auffindung einer geeigneten Ljapunov-Funktion $V(\boldsymbol{x})$. Ein generelles Verfahren zur Konstruktion einer solchen Ljapunov-Funktion existiert nicht. Man ist also in vielen Fällen auf seine Intuition oder auf das Ausprobieren verschiedener Kandidatinnen für Ljapunov-Funktionen $V(\boldsymbol{x})$ angewiesen.

5.5.2 Control-Ljapunov-Funktion für lineare Systeme

Als einfaches Beispiel betrachten wir zum Zwecke der Veranschaulichung die Regelstrecke

$$\dot{\boldsymbol{x}} = \boldsymbol{A}\boldsymbol{x} + \boldsymbol{b} \cdot u, \qquad |u| \le u_{\max},$$

mit einer stabilen Matrix $\boldsymbol{A}$ und

$$V(\boldsymbol{x}) = \boldsymbol{x}^T \boldsymbol{R}\, \boldsymbol{x}$$

als Kandidatin für eine Control-Ljapunov-Funktion. Sie erfüllt die Bedingungen (1), (2) und (3) der Definition 25, d. h., sie ist positiv definit und radial unbeschränkt. Es ergibt sich

$$\dot{V}(\boldsymbol{x}) = \boldsymbol{x}^T \left(\boldsymbol{A}^T\boldsymbol{R} + \boldsymbol{R}\boldsymbol{A}\right) \boldsymbol{x} + 2\boldsymbol{b}^T \boldsymbol{R}\, \boldsymbol{x} \cdot u.$$

Offensichtlich ist $V(\boldsymbol{x}) = \boldsymbol{x}^T\boldsymbol{R}\boldsymbol{x}$ eine Control-Ljapunov-Funktion, wenn die Matrix

$$\boldsymbol{A}^T\boldsymbol{R} + \boldsymbol{R}\boldsymbol{A}$$

negativ definit ist, denn mit

$$u = -u_{\max} \operatorname{sgn}\left(\boldsymbol{b}^T \boldsymbol{R}\, \boldsymbol{x}\right) \tag{5.184}$$

und

$$\operatorname{sgn}\left(\boldsymbol{b}^T \boldsymbol{R}\, \boldsymbol{x}\right) \boldsymbol{b}^T \boldsymbol{R}\, \boldsymbol{x} = |\boldsymbol{b}^T \boldsymbol{R}\, \boldsymbol{x}|$$

ist die Bedingung (4) der Definition 25

$$\begin{aligned}\dot{V}(\boldsymbol{x}) &= \boldsymbol{f}^T(\boldsymbol{x}, u) \operatorname{grad} V(\boldsymbol{x}) \\ &= \boldsymbol{x}^T \left(\boldsymbol{A}^T\boldsymbol{R} + \boldsymbol{R}\boldsymbol{A}\right) \boldsymbol{x} - 2u_{\max}|\boldsymbol{b}^T \boldsymbol{R}\, \boldsymbol{x}| < 0\end{aligned}$$

erfüllt.

Bei stabilen linearen Systemen ist eine Control-Ljapunov-Funktion also einfach zu ermitteln. Allerdings hat dieses Regelgesetz den Nachteil, dass zwischen $-u_{\max}$ und $+u_{\max}$ hin und her geschaltet wird. Nur wenige Stellglieder können die dafür nötige Stellgeschwindigkeit aufbringen. Des Weiteren können unerwünschte Gleitzustände entstehen.

5.5.3 Regler für eingangslineare Systeme

Nach diesem einfachen Beispiel betrachten wir einen allgemeineren Fall. Die nun betrachteten Regelstrecken sind eingangslineare Systeme

$$\dot{\boldsymbol{x}} = \boldsymbol{a}(\boldsymbol{x}) + \boldsymbol{B}(\boldsymbol{x}) \cdot \boldsymbol{u}. \tag{5.185}$$

Die Bedingung (4) der Definition 25 nimmt in diesem Fall die Form

$$\boldsymbol{a}^T(\boldsymbol{x}) \cdot V_{\boldsymbol{x}}(\boldsymbol{x}) + \boldsymbol{u}^T \boldsymbol{B}^T(\boldsymbol{x}) \cdot V_{\boldsymbol{x}}(\boldsymbol{x}) < 0 \tag{5.186}$$

an. Dabei schreiben wir der Übersicht halber den Gradienten der Control-Ljapunov-Funktion $V(\boldsymbol{x})$ abgekürzt mit

$$V_{\boldsymbol{x}}(\boldsymbol{x}) = \operatorname{grad} V(\boldsymbol{x}).$$

Aus der Ungleichung (5.186) lässt sich direkt folgender Satz herleiten.

Satz 69 (Control-Ljapunov-Funktion für eingangslineare Systeme). *Für ein System $\dot{\boldsymbol{x}} = \boldsymbol{a}(\boldsymbol{x}) + \boldsymbol{B}(\boldsymbol{x})\boldsymbol{u}$ ist die radial unbeschränkte, positiv definite Funktion $V(\boldsymbol{x})$ eine Control-Ljapunov-Funktion, wenn eine der Bedingungen*

(1) $\boldsymbol{B}^T(\boldsymbol{x})V_{\boldsymbol{x}}(\boldsymbol{x}) \neq \boldsymbol{0}$ *für alle* $\boldsymbol{x} \in I\!R^n \setminus \{\boldsymbol{0}\}$,

(2) $\boldsymbol{a}^T(\boldsymbol{x})V_{\boldsymbol{x}}(\boldsymbol{x}) < 0$ *für* $\boldsymbol{x} \in \left\{\boldsymbol{x} \mid \boldsymbol{x} \in I\!R^n \setminus \{\boldsymbol{0}\} \text{ mit } \boldsymbol{B}^T(\boldsymbol{x})V_{\boldsymbol{x}}(\boldsymbol{x}) = \boldsymbol{0}\right\}$,
$\boldsymbol{a}^T(\boldsymbol{x})V_{\boldsymbol{x}}(\boldsymbol{x}) = 0$ *für* $\boldsymbol{x} = \boldsymbol{0}$

erfüllt ist.

Die Bedingung (2) in obigem Satz beinhaltet auch die Situation

$$\begin{aligned} \boldsymbol{a}^T(\boldsymbol{x})V_{\boldsymbol{x}}(\boldsymbol{x}) &< 0 \quad \text{für} \quad \boldsymbol{x} \in I\!R^n \setminus \{\boldsymbol{0}\}, \\ \boldsymbol{a}^T(\boldsymbol{x})V_{\boldsymbol{x}}(\boldsymbol{x}) &= 0 \quad \text{für} \quad \boldsymbol{x} = \boldsymbol{0}, \end{aligned} \tag{5.187}$$

die den wichtigen Fall abdeckt, dass V bereits für das autonome System $\dot{\boldsymbol{x}} = \boldsymbol{a}(\boldsymbol{x})$ eine Ljapunov-Funktion ist.

Für den Fall, dass eine Control-Ljapunov-Funktion $V(\boldsymbol{x})$ für die Regelstrecke $\dot{\boldsymbol{x}} = \boldsymbol{a}(\boldsymbol{x}) + \boldsymbol{B}(\boldsymbol{x}) \cdot \boldsymbol{u}$ bekannt ist, hat E. D. Sontag ein Regelgesetz angegeben, das die Ruhelage $\boldsymbol{x}_{\mathrm{R}} = \boldsymbol{0}$ des Systems global asymptotisch stabilisiert [278]. Es gilt

Satz 70 (Sontags Regelgesetz). *Sei $V(\boldsymbol{x})$ eine Control-Ljapunov-Funktion für das System $\dot{\boldsymbol{x}} = \boldsymbol{a}(\boldsymbol{x}) + \boldsymbol{B}(\boldsymbol{x}) \cdot \boldsymbol{u}$. Dann besitzt der aus diesem System und dem Regler*

$$\boldsymbol{u}(\boldsymbol{x}) = \begin{cases} -k_s(\boldsymbol{x})\boldsymbol{B}^T(\boldsymbol{x})V_{\boldsymbol{x}}(\boldsymbol{x}) & \text{für } \boldsymbol{B}^T(\boldsymbol{x})V_{\boldsymbol{x}}(\boldsymbol{x}) \neq \boldsymbol{0}, \\ \boldsymbol{0} & \text{für } \boldsymbol{B}^T(\boldsymbol{x})V_{\boldsymbol{x}}(\boldsymbol{x}) = \boldsymbol{0} \end{cases}$$

mit

$$\begin{aligned}
k_s(\boldsymbol{x}) &= \frac{\boldsymbol{a}^T(\boldsymbol{x})V_{\boldsymbol{x}}(\boldsymbol{x}) + \sqrt{(\boldsymbol{a}^T(\boldsymbol{x})V_{\boldsymbol{x}}(\boldsymbol{x}))^2 + h^2(\boldsymbol{x})}}{h(\boldsymbol{x})},\\
h(\boldsymbol{x}) &= V_{\boldsymbol{x}}{}^T(\boldsymbol{x})\boldsymbol{B}(\boldsymbol{x})\boldsymbol{B}^T(\boldsymbol{x})V_{\boldsymbol{x}}(\boldsymbol{x}),
\end{aligned}$$

bestehende Regelkreis die global asymptotisch stabile Ruhelage $\boldsymbol{x}_{\mathrm{R}} = \boldsymbol{0}$.

Setzt man Sontags Regelgesetz in die Ungleichung (5.186) ein, so ist leicht festzustellen, dass diese erfüllt ist.

Wir betrachten nun noch zwei Regelgesetze für den Fall, dass die Control-Ljapunov-Funktion die Bedingung (5.187) und damit die Bedingung (2) des Satzes 69 erfüllt. In diesem Fall ist der autonome Teil $\dot{\boldsymbol{x}} = \boldsymbol{a}(\boldsymbol{x})$ des Systems (5.185) stabil. Wir stellen das System (5.185) in der Form

$$\dot{\boldsymbol{x}} = \boldsymbol{a}(\boldsymbol{x}) + \sum_{i=1}^{m} \boldsymbol{b}_i(\boldsymbol{x}) \cdot u_i$$

dar, wobei die Vektoren $\boldsymbol{b}_i(\boldsymbol{x})$ die Spaltenvektoren der Matrix $\boldsymbol{B}(\boldsymbol{x})$ sind. Wir wollen annehmen, dass es uns gelungen ist, eine entsprechende Control-Ljapunov-Funktion zu finden. Dann gilt

$$\dot{V}(\boldsymbol{x}) = \underbrace{\boldsymbol{a}^T(\boldsymbol{x})V_{\boldsymbol{x}}(\boldsymbol{x})}_{<0} + \sum_{i=1}^{m} V_{\boldsymbol{x}}{}^T(\boldsymbol{x})\boldsymbol{b}_i(\boldsymbol{x}) \cdot u_i. \tag{5.188}$$

Es ist sinnvoll, damit die Ausregelung einer Trajektorie $\boldsymbol{x}(t)$ in die Ruhelage $\boldsymbol{x}_{\mathrm{R}} = \boldsymbol{0}$ schnell geschieht, alle u_i in Gl. (5.188) so zu wählen, dass $\dot{V}(\boldsymbol{x})$ möglichst hohe negative Werte annimmt. Im Falle von Stellgrößenbeschränkungen $|u_i| \leq u_{i,\max}$ ist das der Fall, wenn man als Regelgesetz

$$u_i = -u_{i,\max}\,\mathrm{sgn}(V_{\boldsymbol{x}}{}^T(\boldsymbol{x})\boldsymbol{b}_i(\boldsymbol{x}))$$

für $i = 1, \ldots, m$ wählt. Denn dann gilt

$$\dot{V}(\boldsymbol{x}) = \boldsymbol{a}^T(\boldsymbol{x})V_{\boldsymbol{x}}(\boldsymbol{x}) - \sum_{i=1}^{m} u_{i,\max}\left|V_{\boldsymbol{x}}{}^T(\boldsymbol{x})\boldsymbol{b}_i(\boldsymbol{x})\right| < 0.$$

Allerdings hat dieses schaltende Regelgesetz einen unstetigen Stellgrößenverlauf und möglicherweise unerwünschte Gleitzustände. Beides sind Nachteile, die auch schon im Fall des Regelgesetzes (5.184) auftraten.

Man vermeidet die obigen Nachteile, wenn man die Stellgröße mittels einer Sättigungsfunktion zu

$$u_i = -\,\mathrm{sat}(V_{\boldsymbol{x}}{}^T(\boldsymbol{x})\boldsymbol{b}_i(\boldsymbol{x})), \qquad \mathrm{sat}(v) = \begin{cases} v_{\max}, & v > v_{\max},\\ v, & |v| \leq v_{\max},\\ -v_{\max}, & v < -v_{\max}, \end{cases}$$

wählt. Somit erhält man

$$\dot{V}(\boldsymbol{x}) = \boldsymbol{a}^T(\boldsymbol{x})V_{\boldsymbol{x}}(\boldsymbol{x}) - \sum_{i=1}^{m} V_{\boldsymbol{x}}{}^T(\boldsymbol{x})\boldsymbol{b}_i(\boldsymbol{x})\,\mathrm{sat}(V_{\boldsymbol{x}}{}^T(\boldsymbol{x})\boldsymbol{b}_i(\boldsymbol{x})) < 0$$

und V nimmt auch in diesem Fall entlang einer jeden Trajektorie schnell ab.

5.5.4 Illustrationsbeispiel

Wir betrachten das Beispielsystem

$$\dot{\boldsymbol{x}} = \underbrace{\begin{bmatrix} -x_1\left(1 - e^{-x_1^2 - x_2^2}\right) + x_2 e^{-x_1^2 - x_2^2} \\ -x_1 e^{-x_1^2 - x_2^2} - x_2\left(1 - e^{-x_1^2 - x_2^2}\right) \end{bmatrix}}_{\boldsymbol{a}(\boldsymbol{x})} + \underbrace{\begin{bmatrix} 1 & 0 \\ 0 & 1 \end{bmatrix}}_{\boldsymbol{B}(\boldsymbol{x})} \boldsymbol{u}$$

mit der Ruhelage $\boldsymbol{x}_{\mathrm{R}} = \boldsymbol{0}$. Bild 5.31 zeigt die Trajektorienverläufe des Systems für $\boldsymbol{u} = \boldsymbol{0}$. Als Kandidatin für eine Control-Ljapunov-Funktion setzt man

$$V(\boldsymbol{x}) = \frac{1}{2}\left(x_1^2 + x_2^2\right)$$

an. Für den Gradienten erhält man

$$V_{\boldsymbol{x}}{}^T(\boldsymbol{x}) = [x_1 \;\; x_2]$$

und somit

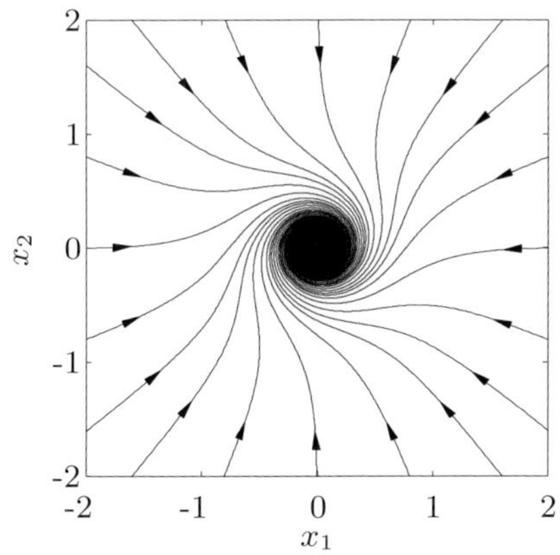

Bild 5.31: Trajektorien des ungeregelten Systems.

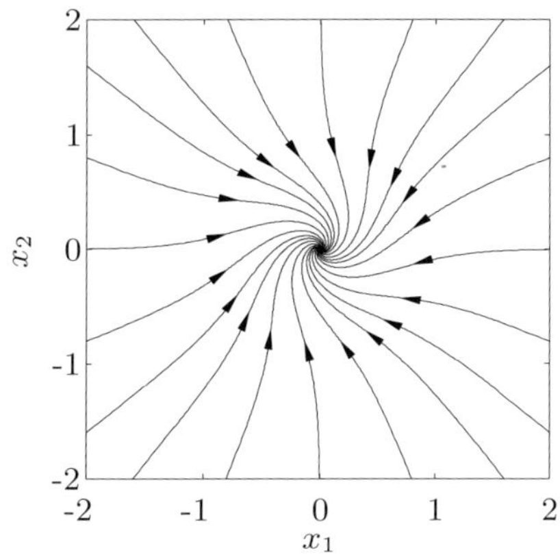

Bild 5.32: Trajektorien des geregelten Systems.

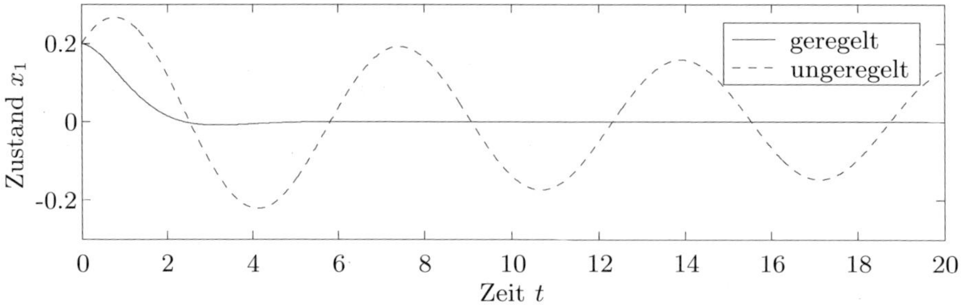

Bild 5.33: Verlauf der Zustandsgröße x_1 im geregelten und ungeregelten Fall.

$$\boldsymbol{B}^T V_{\boldsymbol{x}}(\boldsymbol{x}) = \begin{bmatrix} x_1 \\ x_2 \end{bmatrix}.$$

Da $\boldsymbol{B}^T V_{\boldsymbol{x}}(\boldsymbol{x}) \neq 0$ für alle $\boldsymbol{x} \neq \boldsymbol{0}$ gilt, ist V gemäß Satz 69 eine Control-Ljapunov-Funktion. Dies ist auch direkt aus

$$\dot{V}(\boldsymbol{x}) = -\left(x_1^2 + x_2^2\right)\left(1 - e^{-x_1^2 - x_2^2}\right) + x_1 u_1 + x_2 u_2$$

erkennbar.

Es ergibt sich aus Satz 70

$$k_s(\boldsymbol{x}) = -\left(1 - e^{-x_1^2 - x_2^2}\right) + \sqrt{\left(1 - e^{-x_1^2 - x_2^2}\right)^2 + 1}$$

und Sontags Regelgesetz hat dann hier die Form

$$\boldsymbol{u}(\boldsymbol{x}) = \left(\left(1 - e^{-x_1^2 - x_2^2}\right) - \sqrt{\left(1 - e^{-x_1^2 - x_2^2}\right)^2 + 1}\,\right)\boldsymbol{x}.$$

Das Bild 5.32 zeigt die Trajektorien des geregelten Systems und Bild 5.33 zeigt beispielhaft den Verlauf von x_1 für das ungeregelte und das geregelte System bei einem Anfangswert von $\boldsymbol{x}(0) = [0.2\ 0.2]^T$. Gegenüber dem stark schwingenden System besitzt der Regelkreis praktisch keine Schwingneigung mehr.

5.5.5 Beispiel Kraftwerk mit Netzeinspeisung

Wir betrachten ein Kraftwerk zur Erzeugung elektrischer Energie, das über eine lange Hochspannungsleitung mit dem Energieversorgungsnetz verbunden ist, und sein Verhalten nach einem Leitungskurzschluss [164, 205]. Das Energieversorgungsnetz wird dabei als starr angenommen, d. h., seine Frequenz ist konstant und die Stabilität des Netzes wird durch das betrachtete Kraftwerk nicht beeinflusst. Wasserkraftwerke in entlegenen Regionen werden über

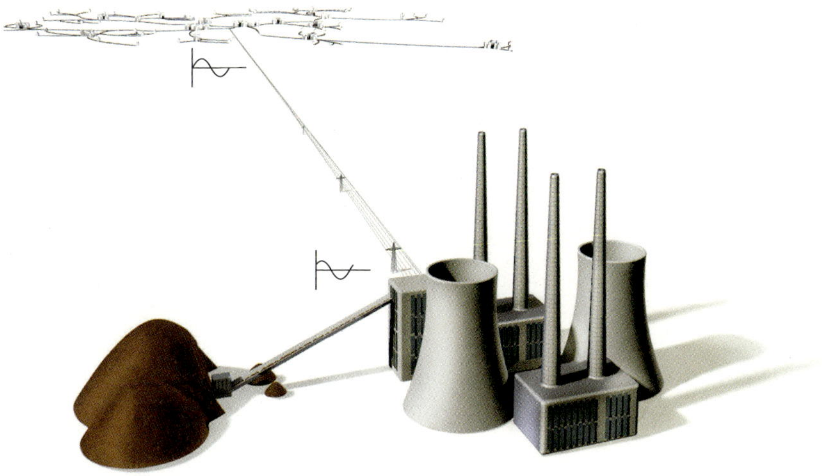

Bild 5.34: Kohlekraftwerk mit langer Verbindungsleitung zum starren Netz.

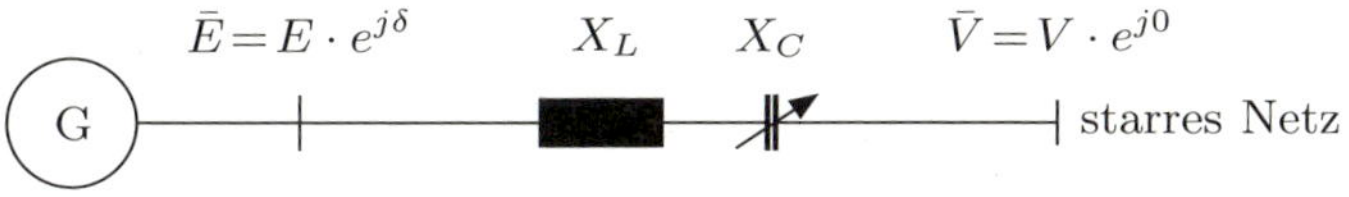

Bild 5.35: Generator mit Verbindungsleitung zum Energieversorgungsnetz.

solche langen Hochspannungsleitungen an das Energieversorgungsnetz angeschlossen. Auch Braunkohlekraftwerke, die in der Nähe der Kohleförderung liegen, können so an das Netz angebunden sein, wie es Bild 5.34 illustriert.

Die Leitung kann dabei in Serie mit einem kapazitiven Widerstand X_C geschaltet werden [98, 185, 288]. Diese Schaltung wird vor allem als Ersatzmodell für die Kopplung von Netzen benutzt. Die Summe aus transientem induktiven Generatorwiderstand, induktivem Transformator- und Leitungswiderstand ist X_L. Des Weiteren ist $\bar{E} = Ee^{j\delta}$ die Generatorspannung und $\bar{V} = Ve^{j0}$ die Spannung des starren Netzes. Bild 5.35 zeigt das Ersatzschaltbild des Systems. Der Winkel δ setzt sich aus dem Polradwinkel des Synchrongenerators und der Phasenverschiebung, die aus der Leitung resultiert, zusammen.

Die über die Leitung transportierte Wirkleistung ist

$$P = \frac{E \cdot V}{X_L - X_C} \sin \delta. \tag{5.189}$$

Nun wird auch die Bedeutung des zusätzlich in das System eingebrachten Kondensators deutlich. Er erhöht die über die Leitung transportierbare Leistung P, da er den Nenner $X_L - X_C$ in Gl. (5.189) verringert.

Die Kapazität hat eine weitere Funktion. Legt man sie veränderlich mit

$$X_C = X_{C_0} + \Delta X_C \tag{5.190}$$

aus, so kann man sie benutzen, um Systemstörungen nach einem Leitungsfehler, z. B. einem Kurzschluss, möglichst schnell auszuregeln. Mit Gl. (5.190) erhält man für Gl. (5.189)

$$P = \frac{E \cdot V}{X_L - X_{C_0}}(1 + u)\sin\delta \tag{5.191}$$

mit

$$u = \frac{\Delta X_C}{X_L - X_{C_0} - \Delta X_C}.$$

Im stationären Betrieb gilt für die mechanische Winkelgeschwindigkeit ω_m des Polrades der Synchronmaschine mit der Polpaarzahl p und für die Frequenz ω_e der Polradspannung $E\sin(\omega_\mathrm{e}t + \delta)$ die Beziehung

$$\omega_\mathrm{e} = p\omega_\mathrm{m}.$$

Treten zeitliche Änderungen des Winkels δ auf, z. B. aufgrund eines Leitungskurzschlusses, so ändert sich gezwungenermaßen die Frequenz der Polradspannung $E\sin(\omega_\mathrm{e}t + \delta)$ und damit auch die mechanische Frequenz des Polrades gemäß

$$\omega_\mathrm{e} + \dot{\delta} = p(\omega_\mathrm{m} + \Delta\omega_\mathrm{m}).$$

Hieraus resultiert für die Änderung der mechanischen Frequenz des Polrades

$$\Delta\omega_\mathrm{m} = \frac{\dot{\delta}}{p}.$$

Wir betrachten nun die Leistungsbilanz des Systems. Die Turbinenleistung P_T, vermindert um die dämpfende Verlustleistung

$$D\Delta\omega_\mathrm{m} = \frac{D}{p}\dot{\delta}$$

und vermindert um die den Rotor beschleunigende bzw. bremsende Leistung

$$J(\omega_\mathrm{m} + \Delta\omega_\mathrm{m})(\Delta\omega_\mathrm{m})^{\cdot} \approx J\omega_\mathrm{m}(\Delta\omega_\mathrm{m})^{\cdot} = \frac{J\omega_\mathrm{e}}{p^2}\ddot{\delta},$$

ist gleich der vom Generator erzeugten und über die Leitung transportierten elektrischen Leistung P aus Gl. (5.191). Dabei ist D eine Dämpfungskonstante und J das Trägheitsmoment aller rotierenden Teile von Turbine und Generator. Somit gilt

$$P_\mathrm{T} - D\Delta\omega_\mathrm{m} - J\omega_\mathrm{m}(\Delta\omega_\mathrm{m})^{\cdot} = P_\mathrm{E}(1 + u)\sin\delta, \quad P_\mathrm{E} = \frac{E \cdot V}{X_L - X_{C_0}},$$

für die Leistungsbilanz, woraus

$$P_{\mathrm{T}} - \frac{D}{p}\dot{\delta} - \frac{J\omega_{\mathrm{e}}}{p^2}\ddot{\delta} = P_{\mathrm{E}}(1+u)\sin\delta$$

bzw.

$$\ddot{\delta} = \frac{p^2}{J\omega_{\mathrm{e}}}\left(P_{\mathrm{T}} - \frac{D}{p}\dot{\delta} - P_{\mathrm{E}}(1+u)\sin\delta\right) \tag{5.192}$$

folgt.

Der stationäre Betriebspunkt des Systems ergibt sich mit $\ddot{\delta} = 0$ und $\dot{\delta} = 0$ sowie $u = 0$ aus Gl. (5.192) zu

$$\delta_{\mathrm{R}} = \arcsin\frac{P_{\mathrm{T}}}{P_{\mathrm{E}}}.$$

Der Winkel δ bewegt sich typischerweise in engen Grenzen um den Betriebspunkt δ_{R} herum. Nur bei größeren Störungen können auch größere Werte $\delta \in [-\pi, \pi]$ auftreten. Änderungen des Winkels δ sind unerwünscht, denn gemäß Gl. (5.191) schwankt dann die übertragene elektrische Leistung P. Des Weiteren kann bei großen Änderungen des Winkels δ der Synchrongenerator außer Tritt geraten, d. h., das Polrad läuft nicht mehr synchron mit dem Drehfeld des Stators.

Wir definieren als Zustandsvektor

$$\begin{bmatrix} x_1 \\ x_2 \end{bmatrix} = \begin{bmatrix} \delta - \delta_{\mathrm{R}} \\ \dot{\delta} \end{bmatrix}$$

und des Weiteren

$$a_1 = \frac{p^2 P_{\mathrm{T}}}{J\omega_{\mathrm{e}}}, \qquad a_2 = \frac{pD}{J\omega_{\mathrm{e}}} \qquad \text{und} \qquad a_3 = \frac{p^2 P_{\mathrm{E}}}{J\omega_{\mathrm{e}}}.$$

So erhalten wir aus Gl. (5.192) das Modell des an ein starres Netz angekoppelten Kraftwerkes zu

$$\begin{bmatrix} \dot{x}_1 \\ \dot{x}_2 \end{bmatrix} = \begin{bmatrix} x_2 \\ a_1 - a_2 x_2 - a_3(1+u)\sin(x_1 + \delta_{\mathrm{R}}) \end{bmatrix}. \tag{5.193}$$

Dabei ist u die Stellgröße des Systems. Das System (5.193) hat für $u = 0$ die Ruhelagen

$$\boldsymbol{x}_{\mathrm{R}2i} = \begin{bmatrix} \pm 2i\pi \\ 0 \end{bmatrix}, \quad \boldsymbol{x}_{\mathrm{R}(2i+1)} = \begin{bmatrix} \pm(2i+1)\pi - 2\delta_{\mathrm{R}} \\ 0 \end{bmatrix} \qquad \text{für } i = 0, 1, 2, \ldots$$

Da sich die Ruhelagen und die zugehörigen Trajektorienverläufe für Indizes $i > 0$ periodisch aufgrund der Sinusfunktion in Gl. (5.193) wiederholen, ist es ausreichend die Ruhelagen

$$\boldsymbol{x}_{\mathrm{R}0} = \begin{bmatrix} 0 \\ 0 \end{bmatrix} \quad \text{und} \quad \boldsymbol{x}_{\mathrm{R}1} = \begin{bmatrix} \pi - 2\delta_{\mathrm{R}} \\ 0 \end{bmatrix}$$

zu betrachten. Mittels der indirekten Methode von Ljapunov, d. h. Satz 11, S. 93, lässt sich anhand des linearisierten Modells des Systems (5.193) leicht nachweisen, dass die Ruhelage $\boldsymbol{x}_{\mathrm{R}0}$ stabil und die Ruhelage $\boldsymbol{x}_{\mathrm{R}1}$ instabil ist.

Ziel ist es, Störungen, die z. B. aufgrund von Leitungsfehlern entstehen, das bedeutet hier $\boldsymbol{x} \neq \boldsymbol{0}$, schnell auszuregeln. D. h., man möchte Abweichungen von der Ruhelage $\boldsymbol{x}_{\mathrm{R}0}$ schnell mittels einer Regelung eliminieren.

Zur Herleitung eines Regelgesetzes für das System (5.193) setzen wir die Control-Ljapunov-Funktion

$$V(\boldsymbol{x}) = \frac{1}{2}x_2^2 - a_1 x_1 + a_3(\cos\delta_{\mathrm{R}} - \cos(\delta_{\mathrm{R}} + x_1)) \tag{5.194}$$

an. Es gilt $V(\boldsymbol{0}) = 0$ und $V(\boldsymbol{x}) > 0$ in einer Umgebung der Ruhelage $\boldsymbol{x}_{\mathrm{R}0} = \boldsymbol{0}$. Die Control-Ljapunov-Funktion erfüllt allerdings nicht für größere Werte $x_1 > 0$ die Bedingung $V(\boldsymbol{x}) > 0$. Dies ist auch nicht erforderlich, da große Werte von $x_1 = \delta - \delta_{\mathrm{R}}$ nicht auftreten. Bild 5.36 illustriert exemplarisch den Verlauf der Funktion $V(\boldsymbol{x})$. Dabei beschränken wir uns auf den Fall $x_2 = 0$, denn nur für die von x_1 abhängige Komponente ist der Verlauf von $V(\boldsymbol{x})$ nicht direkt ersichtlich. Der Anteil $0.5x_2^2$ dagegen hat die Form einer Parabel.

Wir erhalten mit Gl. (5.193) und Gl. (5.194) für die Ableitung der Control-Ljapunov-Funktion

$$\dot{V}(\boldsymbol{x}) = -a_2 x_2^2 - u \cdot a_3 x_2 \sin(\delta_{\mathrm{R}} + x_1). \tag{5.195}$$

Wir wählen u in Gl. (5.195) zu

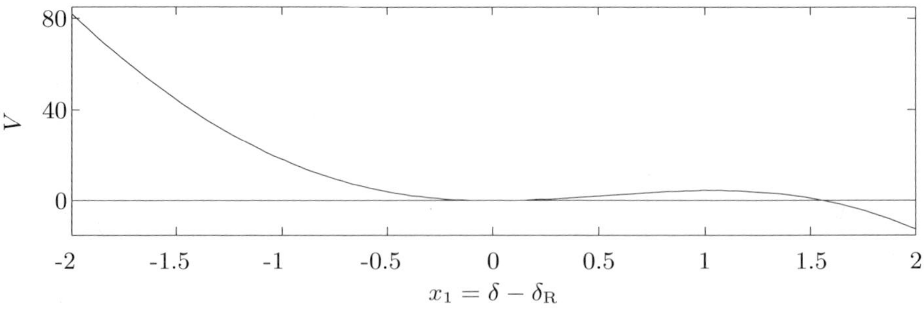

Bild 5.36: Verlauf der Control-Ljapunov-Funktion $V(\boldsymbol{x})$ für den Fall $x_2 = 0$ sowie $\delta_{\mathrm{R}} = 1.05 = 60.41°$, $a_1 = 43.196$ und $a_3 = 49.676$.

$$u = kx_2 \cdot \sin(\delta_{\mathrm{R}} + x_1), \tag{5.196}$$

so dass

$$\dot{V}(\boldsymbol{x}) = -a_2 x_2^2 - a_3 k x_2^2 \sin^2(\delta_{\mathrm{R}} + x_1) \le 0$$

ist. Es gilt nur $\dot{V}(\boldsymbol{x}) \le 0$, da $\dot{V}(\boldsymbol{x}) = 0$ für die Menge $\{\boldsymbol{x} \mid x_1 \in I\!R, x_2 = 0\}$ gilt. Da aber von den interessierenden Zuständen nur der Punkt $\boldsymbol{x} = \boldsymbol{0}$ aus dieser Menge die Differenzialgleichung (5.193) erfüllt, ist $\dot{V}(\boldsymbol{x})$ entlang keiner Trajektorie identisch null. Die Funktion $V(\boldsymbol{x})$ ist also gemäß Definition 26 eine erweiterte Control-Ljapunov-Funktion und damit ist die Stabilität der Ruhelage $\boldsymbol{x}_{\mathrm{R}} = \boldsymbol{0}$ gesichert. Der Wert $k > 0$ ist ein frei wählbarer Parameter.

In Originalkoordinaten hat das Regelgesetz (5.196) mit $x_1 = \delta - \delta_{\mathrm{R}}$ und $x_2 = \dot{\delta}$ die Form

$$u = k\dot{\delta} \sin(\delta). \tag{5.197}$$

Wir betrachten ein Beispiel mit $P_{\mathrm{T}} = 540\,\mathrm{MW}$, $P_{\mathrm{E}} = 621\,\mathrm{MVA}$, $D = 4.6889\,\mathrm{MW\,s}$, $\omega_{\mathrm{e}} = 2\pi \cdot 50\,\mathrm{s}^{-1}$, $p = 1$ und $J = 39792\,\mathrm{kg\,m^2}$ und erhalten so

$$a_1 = \frac{P_{\mathrm{T}}}{J\omega_{\mathrm{e}}} = 43.196, \quad a_2 = \frac{D}{J\omega_{\mathrm{e}}} = 0.375, \quad a_3 = \frac{P_{\mathrm{E}}}{J\omega_{\mathrm{e}}} = 49.676.$$

Ein dreiphasiger Kurzschluss, der von $t = 4\,\mathrm{s}$ bis $t = 4.06\,\mathrm{s}$ andauert, wird als Testfall betrachtet. In diesem Fall ist die übertragene Leistung $P = P_{\mathrm{E}} \sin\delta = 0$ für $t \in [4, 4.06]$. Als Reglerkonstante in Gl. (5.196) wählen wir den Wert $k = 0.075$.

Bild 5.37 zeigt die Verläufe des Winkels $\delta = x_1 + \delta_{\mathrm{R}}$ und die Trajektorien $[\delta(t)\ \ \dot{\delta}(t)]^T$ für das mit Gl. (5.196) geregelte System (5.193) bzw. das mit

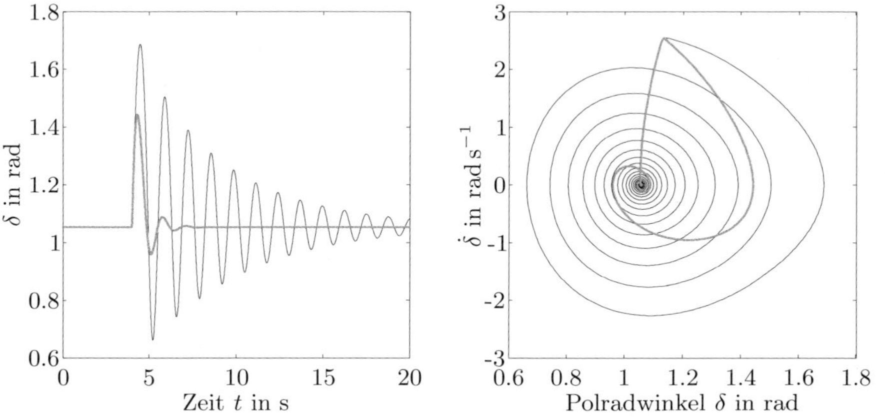

Bild 5.37: Verläufe des Polradwinkels $\delta = x_1 + \delta_{\mathrm{R}}$ im Fall des ungeregelten Systems (schwarz) und des geregelten Systems (blau) und die entsprechenden Trajektorienverläufe $[\delta(t)\ \ \dot{\delta}(t)]^T$.

Gl. (5.197) geregelte System (5.192) und das freie System. Man erkennt, dass sowohl das freie als auch das geregelte System nach Ende des Kurzschlusses wieder in die Ruhelage, d. h. den Betriebspunkt $\delta_R = 1.05 = 60.41°$, laufen. Durch die Regelung wird erreicht, dass im Gegensatz zum freien System der Winkel δ und somit die übertragene Leistung $P = P_E \sin(\delta)$ kaum noch schwingt.

5.6 Das Backstepping-Verfahren

5.6.1 Idee des Verfahrens

Das Backstepping-Verfahren ermöglicht es, Regler und Ljapunov-Funktionen für nichtlineare Regelstrecken vom Typ

$$\begin{aligned}
\dot{\boldsymbol{x}}_1 &= \boldsymbol{f}_1(\boldsymbol{x}_1) + \boldsymbol{h}_1(\boldsymbol{x}_1) \cdot x_2, \\
\dot{x}_2 &= f_2(\boldsymbol{x}_1, x_2) + h_2(\boldsymbol{x}_1, x_2) \cdot x_3, \\
\dot{x}_3 &= f_3(\boldsymbol{x}_1, x_2, x_3) + h_3(\boldsymbol{x}_1, x_2, x_3) \cdot x_4, \\
&\vdots \\
\dot{x}_k &= f_k(\boldsymbol{x}_1, x_2, \ldots, x_k) + h_k(\boldsymbol{x}_1, x_2, \ldots, x_k) \cdot u
\end{aligned}$$

zu bestimmen. Dabei gilt $\boldsymbol{x}_1 \in I\!R^n$, $x_2, \ldots, x_k, u \in I\!R$. Die Gestalt obiger Systeme bezeichnet man als *strenge Rückkopplungsform* (engl. *strict feedback form*). Sie bilden eine Unterklasse der eingangslinearen Systeme. Bild 5.38 illustriert die Systemstruktur der Regelstrecke.

Für den SISO-Fall ist mittels des flachen Ausganges $y = x_1$ unkompliziert nachweisbar, dass Systeme in strenger Rückkopplungsform flach sind. Man setzt zu diesem Zweck $x_1 = y$ und dann die erste Gleichung in die zweite ein, wobei man x_2 eliminiert. In der zweiten Gleichung erscheint nun x_3 nur noch in Abhängigkeit von $y, \dot{y}$ und $\ddot{y}$. Aufgelöst nach x_3 setzt man diese in die dritte Gleichung ein und so fort, bis man aus der letzten Gleichung u als Funktion von $y, \dot{y}, \ldots, y^{(k)}$ erhält. Aus der Flachheit der strengen Rückkopplungsform folgt im SISO Fall auch gemäß Satz 44, S. 199, ihre Steuerbarkeit.

Da man eingangslineare Systeme mittels der exakten Linearisierung sehr gut regeln kann, stellt sich die Frage, warum ein weiteres Verfahren, wie das Backstepping-Verfahren oder auch die Regelung mittels Control-Ljapunov-Funktionen aus dem vorherigen Kapitel, nützlich sein könnte. Die Antwort ist zum einen darin zu sehen, dass die exakte Linearisierung auf ein genaues Modell der Regelstrecke angewiesen ist. Zum anderen linearisiert dieses Verfahren oft nützliche Nichtlinearitäten der Regelstrecke mit unnötig hohem Stellaufwand. Das Backstepping-Verfahren wie auch die Control-Ljapunov-Funktionen bieten hier Möglichkeiten, geeignete Nichtlinearitäten der Strecke für die Regelung nutzbar zu machen und außerdem Robustheit der Regelung gegenüber Ungenauigkeiten des Regelstreckenmodells zu erzielen [161].

Zur Bestimmung des Reglers $u(\boldsymbol{x})$ und der Ljapunov-Funktion $V(\boldsymbol{x})$ betrachtet man vorerst nur den Spezialfall

$$\dot{\boldsymbol{x}}_1 = \boldsymbol{f}(\boldsymbol{x}_1) + \boldsymbol{h}(\boldsymbol{x}_1) \cdot x_2, \tag{5.198}$$

$$\dot{x}_2 = u. \tag{5.199}$$

Bild 5.39 zeigt die Struktur des Systems.

Die Zustandsgröße x_2 wird nun als Eingangsgröße des Systems (5.198) angesehen. Es sei ein stetig differenzierbares Regelgesetz

$$x_2 = \alpha(\boldsymbol{x}_1) \qquad \text{mit} \quad \alpha(\boldsymbol{0}) = 0 \tag{5.200}$$

bekannt, so dass $\boldsymbol{x}_1 = \boldsymbol{0}$ eine asymptotisch stabile Ruhelage des mit α geregelten Systems ist. Hierbei ist x_2 natürlich nicht die reale Stellgröße. Der Zustand x_2 wird vielmehr zur Herleitung des eigentlichen Regelgesetzes $u(\boldsymbol{x}_1, x_2)$ vorübergehend als virtuelle Stellgröße angesehen.

Des Weiteren soll eine Ljapunov-Funktion $V(\boldsymbol{x}_1)$ für das mit dem virtuellen Regelgesetz (5.200) geregelte System (5.198) bekannt sein, d. h., es gilt

$$\dot{V}(\boldsymbol{x}_1) = \frac{\partial V}{\partial \boldsymbol{x}_1}\left(\boldsymbol{f}(\boldsymbol{x}_1) + \boldsymbol{h}(\boldsymbol{x}_1) \cdot \alpha(\boldsymbol{x}_1)\right) < 0.$$

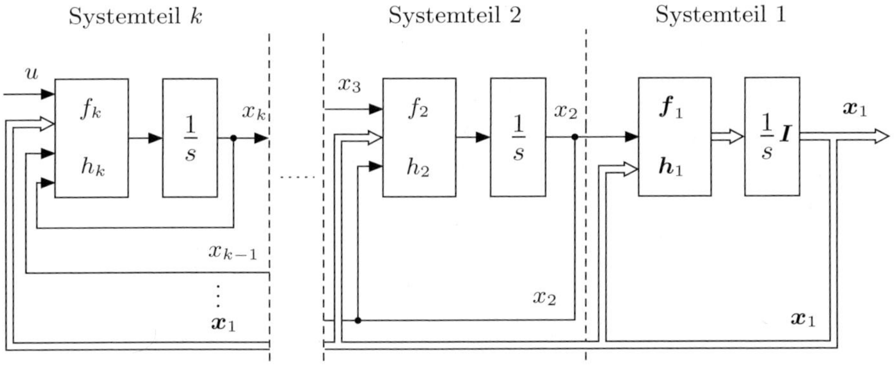

Bild 5.38: Struktur eines Systems in strenger Rückkopplungsform.

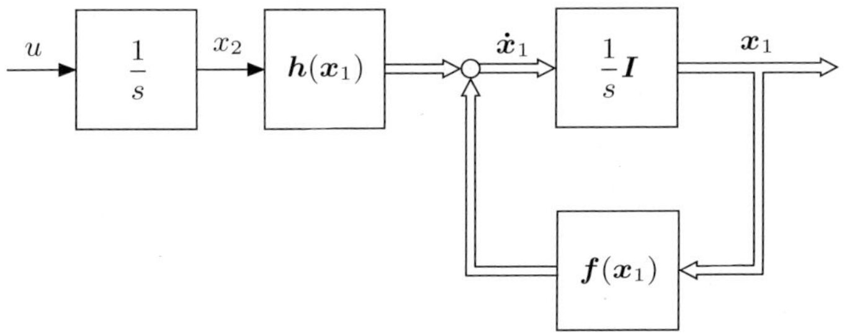

Bild 5.39: Struktur des Systems $\dot{\boldsymbol{x}}_1 = \boldsymbol{f}(\boldsymbol{x}_1) + \boldsymbol{h}(\boldsymbol{x}_1)x_2$ mit $\dot{x}_2 = u$.

Um eine solche Ljapunov-Funktion $V(\boldsymbol{x}_1)$ und einen Regler $\alpha(\boldsymbol{x}_1)$ zu finden, kann man z. B. die Methodik der Control-Ljapunov-Funktionen aus dem vorherigen Abschnitt anwenden.

Das System (5.198), (5.199) wird nun in der Form

$$\dot{\boldsymbol{x}}_1 = \boldsymbol{f}(\boldsymbol{x}_1) + \boldsymbol{h}(\boldsymbol{x}_1) \cdot \alpha(\boldsymbol{x}_1) + \boldsymbol{h}(\boldsymbol{x}_1)\,(x_2 - \alpha(\boldsymbol{x}_1)), \tag{5.201}$$

$$\dot{x}_2 = u \tag{5.202}$$

dargestellt. Das zugehörige Strukturbild zeigt Bild 5.40. Man beachte, dass die Systemdarstellungen (5.201) und (5.198) äquivalent sind.

Wir überführen mittels der Transformation

$$z = x_2 - \alpha(\boldsymbol{x}_1)$$

die Systemgleichungen (5.201) und (5.202) in die Form

$$\begin{aligned} \dot{\boldsymbol{x}}_1 &= \boldsymbol{f}(\boldsymbol{x}_1) + \boldsymbol{h}(\boldsymbol{x}_1)\alpha(\boldsymbol{x}_1) + \boldsymbol{h}(\boldsymbol{x}_1) \cdot z, \\ \dot{z} &= u - \dot{\alpha}(\boldsymbol{x}_1), \end{aligned} \tag{5.203}$$

deren Struktur Bild 5.41 zeigt. Durch die Transformation wird das virtuelle Regelgesetz $\alpha(\boldsymbol{x}_1)$ vor den Integrator geschoben, was der Methode den Namen *Backstepping* bzw. *Integrator-Backstepping* gibt.

Wir setzen nun eine Ljapunov-Funktion für das Gesamtsystem (5.203) mittels der als bekannt vorausgesetzten Ljapunov-Funktion $V(\boldsymbol{x}_1)$ an und erhalten

$$V_{\text{ges}}(\boldsymbol{x}_1, x_2) = V(\boldsymbol{x}_1) + \frac{1}{2}z^2 = V(\boldsymbol{x}_1) + \frac{1}{2}\,(x_2 - \alpha(\boldsymbol{x}_1))^2.$$

Es gilt mit Gl. (5.203) für die Ableitung der Ljapunov-Funktion

$$\begin{aligned} \dot{V}_{\text{ges}}(\boldsymbol{x}_1, x_2) &= \frac{\partial V}{\partial \boldsymbol{x}_1}\dot{\boldsymbol{x}}_1 + z\dot{z} \\ &= \underbrace{\frac{\partial V}{\partial \boldsymbol{x}_1}\,(\boldsymbol{f}(\boldsymbol{x}_1) + \boldsymbol{h}(\boldsymbol{x}_1)\alpha(\boldsymbol{x}_1))}_{<0} + \frac{\partial V}{\partial \boldsymbol{x}_1}\boldsymbol{h}(\boldsymbol{x}_1)z + z\,(u - \dot{\alpha}(\boldsymbol{x}_1)). \end{aligned}$$

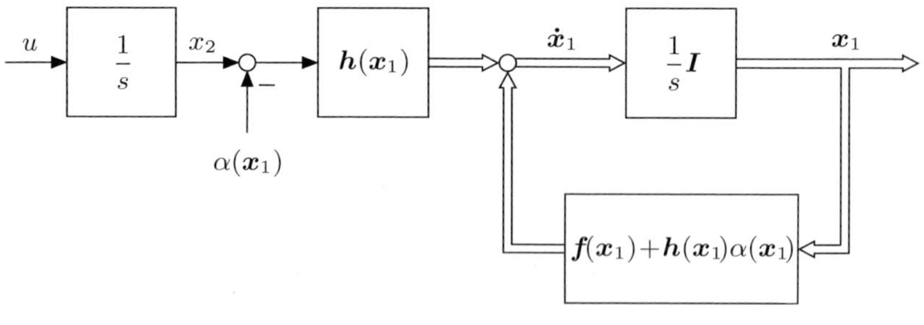

Bild 5.40: System mit virtuellem Regelgesetz $\alpha(\boldsymbol{x}_1)$.

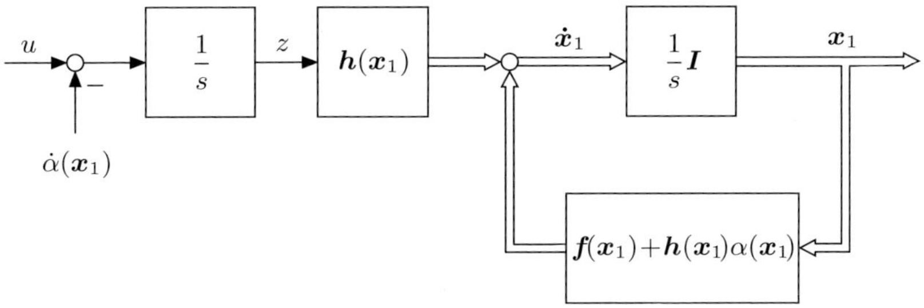

Bild 5.41: Systemstruktur aus Bild 5.40 mit verschobenem Integrator.

Man wählt

$$u - \dot{\alpha}(\boldsymbol{x}_1) = -\frac{\partial V}{\partial \boldsymbol{x}_1}\boldsymbol{h}(\boldsymbol{x}_1) - k \cdot z, \quad k > 0, \tag{5.204}$$

so dass für alle $\boldsymbol{x}_1$

$$\dot{V}_{\text{ges}}(\boldsymbol{x}_1, x_2) = \frac{\partial V}{\partial \boldsymbol{x}_1}\left(\boldsymbol{f}(\boldsymbol{x}_1) + \boldsymbol{h}(\boldsymbol{x}_1)\alpha(\boldsymbol{x}_1)\right) - kz^2 < 0$$

gilt. Des Weiteren folgt mit $\dot{\boldsymbol{x}}_1 = \boldsymbol{f}(\boldsymbol{x}_1) + \boldsymbol{h}(\boldsymbol{x}_1)x_2$ aus Gl. (5.204)

$$\begin{aligned} u &= \dot{\alpha}(\boldsymbol{x}_1) - \frac{\partial V}{\partial \boldsymbol{x}_1}\boldsymbol{h}(\boldsymbol{x}_1) - k \cdot z \\ &= \frac{\partial \alpha}{\partial \boldsymbol{x}_1}\dot{\boldsymbol{x}}_1 - \frac{\partial V}{\partial \boldsymbol{x}_1}\boldsymbol{h}(\boldsymbol{x}_1) - k\left(x_2 - \alpha(\boldsymbol{x}_1)\right) \\ &= \frac{\partial \alpha}{\partial \boldsymbol{x}_1}\left(\boldsymbol{f}(\boldsymbol{x}_1) + \boldsymbol{h}(\boldsymbol{x}_1)x_2\right) - \frac{\partial V}{\partial \boldsymbol{x}_1}\boldsymbol{h}(\boldsymbol{x}_1) - k\left(x_2 - \alpha(\boldsymbol{x}_1)\right). \end{aligned}$$

Hierbei ist k ein frei wählbarer positiver Parameter, mit dem die Dynamik des Regelkreises beeinflusst werden kann. Große Werte k führen zu einer schnellen Abnahme von V_{ges} und somit meistens zu einer schnelleren Ausregelung.

Man hat also mit V_{ges} eine Ljapunov-Funktion, übrigens eine Control-Ljapunov-Funktion, und mit obigem u ein Regelgesetz für die Regelstrecke (5.198), (5.199) gefunden. Fasst man die obigen Ergebnisse zusammen, so ergibt sich

Satz 71 (Einfaches Backstepping). *Gegeben sei das System*

$$\dot{\boldsymbol{x}}_1 = \boldsymbol{f}(\boldsymbol{x}_1) + \boldsymbol{h}(\boldsymbol{x}_1) \cdot x_2, \tag{5.205}$$

$$\dot{x}_2 = u. \tag{5.206}$$

Es sei ein virtuelles Regelgesetz $x_2 = \alpha(\boldsymbol{x}_1)$ mit $\alpha(\boldsymbol{0}) = 0$ für das Teilsystem (5.205) bekannt, das zu einer asymptotisch stabilen Ruhelage $\boldsymbol{x}_{1\text{R}} = \boldsymbol{0}$ des Teilsystems (5.205) führt. Ferner sei für das geregelte Teilsystem (5.205) eine Ljapunov-Funktion $V(\boldsymbol{x}_1)$ bekannt. Dann stabilisiert das Regelgesetz

$$u = \frac{\partial \alpha(\boldsymbol{x}_1)}{\partial \boldsymbol{x}_1} \left(\boldsymbol{f}(\boldsymbol{x}_1) + \boldsymbol{h}(\boldsymbol{x}_1)\, x_2 \right) - \frac{\partial V}{\partial \boldsymbol{x}_1} \boldsymbol{h}(\boldsymbol{x}_1) - k\,(x_2 - \alpha(\boldsymbol{x}_1))$$

mit beliebigem $k > 0$ *die Ruhelage* $\left[\boldsymbol{x}_{1\mathrm{R}}^T \; x_{2\mathrm{R}}\right]^T = \mathbf{0}$ *asymptotisch und*

$$V_{\mathrm{ges}}(\boldsymbol{x}_1, x_2) = V(\boldsymbol{x}_1) + \frac{1}{2}\,(x_2 - \alpha(\boldsymbol{x}_1))^2$$

ist eine Ljapunov-Funktion für das geregelte System.

Gilt außerdem $V(\boldsymbol{x}_1) \to \infty$ für $|\boldsymbol{x}_1| \to \infty$ im obigen Satz, so ist die Ruhelage des Regelsystems global asymptotisch stabil.

Obiges Ergebnis ist in der bisherigen Form nur bedingt nützlich, da man das Regelgesetz $\alpha(\boldsymbol{x}_1)$ und die Ljapunov-Funktion $V(\boldsymbol{x}_1)$ für das Teilsystem (5.205) finden muss und dieses Teilsystem ja den wesentlichen Teil des bisher betrachteten Systems (5.205), (5.206) bildet. Das Ergebnis liefert jedoch, vorausgesetzt man kennt V und α, die Ausgangsbasis für ein wertvolles Ergebnis, das nun hergeleitet werden soll.

Wir betrachten das System

$$\begin{aligned} \dot{\boldsymbol{x}}_1 &= \boldsymbol{f}_1(\boldsymbol{x}_1) + \boldsymbol{h}_1(\boldsymbol{x}_1) \cdot x_2, \\ \dot{x}_2 &= f_2(\boldsymbol{x}_1, x_2) + h_2(\boldsymbol{x}_1, x_2) \cdot u \end{aligned} \tag{5.207}$$

und transformieren es mittels

$$u = \frac{u_2 - f_2(\boldsymbol{x}_1, x_2)}{h_2(\boldsymbol{x}_1, x_2)}, \qquad h_2(\boldsymbol{x}_1, x_2) \neq 0,$$

zu

$$\begin{aligned} \dot{\boldsymbol{x}}_1 &= \boldsymbol{f}_1(\boldsymbol{x}_1) + \boldsymbol{h}_1(\boldsymbol{x}_1) \cdot x_2, \\ \dot{x}_2 &= u_2. \end{aligned}$$

Für dieses transfomierte System sind das Regelgesetz $u_2(\boldsymbol{x}_1, x_2)$ und die Ljapunov-Funktion $V(\boldsymbol{x}_1)$ gemäß Satz 71 bekannt. Daher lässt sich das Regelgesetz u auch für das System (5.207) durch folgenden Satz unmittelbar angeben.

Satz 72 (Backstepping). *Gegeben sei das System*

$$\begin{aligned} \dot{\boldsymbol{x}}_1 &= \boldsymbol{f}_1(\boldsymbol{x}_1) + \boldsymbol{h}_1(\boldsymbol{x}_1) \cdot x_2, \\ \dot{x}_2 &= f_2(\boldsymbol{x}_1, x_2) + h_2(\boldsymbol{x}_1, x_2) \cdot u. \end{aligned} \tag{5.208}$$

Es sei ein virtuelles Regelgesetz $x_2 = \alpha(\boldsymbol{x}_1)$ *mit* $\alpha(\mathbf{0}) = 0$ *für das Teilsystem (5.208) bekannt, das zu einer asymptotisch stabilen Ruhelage* $\boldsymbol{x}_{1\mathrm{R}} = \mathbf{0}$ *des Teilsystems (5.208) führt. Ferner sei für das geregelte Teilsystem (5.208) eine Ljapunov-Funktion* $V(\boldsymbol{x}_1)$ *bekannt. Dann stabilisiert das Regelgesetz*

$$u = \frac{1}{h_2(\boldsymbol{x}_1, x_2)} \cdot \left(\frac{\partial \alpha(\boldsymbol{x}_1)}{\partial \boldsymbol{x}_1} (\boldsymbol{f}_1(\boldsymbol{x}_1) + \boldsymbol{h}_1(\boldsymbol{x}_1) x_2) \right.$$
$$\left. - \frac{\partial V}{\partial \boldsymbol{x}_1} \boldsymbol{h}_1(\boldsymbol{x}_1) - k\,(x_2 - \alpha(\boldsymbol{x}_1)) - f_2(\boldsymbol{x}_1, x_2) \right)$$

mit beliebigem $k > 0$ die Ruhelage $[\boldsymbol{x}_{1\mathrm{R}}{}^T \; x_{2\mathrm{R}}]^T = \boldsymbol{0}$ asymptotisch und

$$V_{\text{ges}}(\boldsymbol{x}_1, x_2) = V(\boldsymbol{x}_1) + \frac{1}{2}\,(x_2 - \alpha(\boldsymbol{x}_1))^2$$

ist eine Ljapunov-Funktion für das geregelte System.

5.6.2 Rekursives Schema für den Reglerentwurf

Auf Basis obiger Sätze können nun für die zu Beginn des Kapitels betrachteten Systeme vom Typ

$$\begin{aligned}
\dot{\boldsymbol{x}}_1 &= \boldsymbol{f}_1(\boldsymbol{x}_1) + \boldsymbol{h}_1(\boldsymbol{x}_1) \cdot x_2, \\
\dot{x}_2 &= f_2(\boldsymbol{x}_1, x_2) + h_2(\boldsymbol{x}_1, x_2) \cdot x_3, \\
&\;\;\vdots \\
\dot{x}_k &= f_k(\boldsymbol{x}_1, \ldots, x_k) + h_k(\boldsymbol{x}_1, \ldots, x_k) \cdot u
\end{aligned}$$

Regelgesetze $u(\boldsymbol{x})$ und Ljapunov-Funktionen $V(\boldsymbol{x})$ bestimmt werden. Zu diesem Zweck gehen wir schrittweise mit dem folgenden rekursiven Entwurfsschema vor:

Schritt 1: Man entwirft mittels des Satzes 71 oder des Satzes 72 für das Teilsystem T_1

$$\begin{aligned}
\dot{\boldsymbol{x}}_1 &= \boldsymbol{f}_1(\boldsymbol{x}_1) + \boldsymbol{h}_1(\boldsymbol{x}_1) \cdot x_2, \\
\dot{x}_2 &= f_2(\boldsymbol{x}_1, x_2) + h_2(\boldsymbol{x}_1, x_2) \cdot x_3
\end{aligned}$$

einen virtuellen Regler

$$x_3(\boldsymbol{x}_1, x_2)$$

sowie eine Ljapunov-Funktion $V_1(\boldsymbol{x}_1, x_2)$.

Schritt 2: Man fasst das Teilsystem T_1 zu einer Differenzialgleichung

$$\dot{\tilde{\boldsymbol{x}}}_1 = \begin{bmatrix} \dot{\boldsymbol{x}}_1 \\ \dot{x}_2 \end{bmatrix} = \begin{bmatrix} \boldsymbol{f}_1(\boldsymbol{x}_1) + \boldsymbol{h}_1(\boldsymbol{x}_1) \cdot x_2 \\ f_2(\boldsymbol{x}_1, x_2) + h_2(\boldsymbol{x}_1, x_2) \cdot x_3 \end{bmatrix}$$

zusammen und ergänzt es dann zum Teilsystem T_2:

$$\dot{\tilde{\boldsymbol{x}}}_1 = \begin{bmatrix} \boldsymbol{f}_1(\boldsymbol{x}_1) + \boldsymbol{h}_1(\boldsymbol{x}_1) \cdot x_2 \\ f_2(\boldsymbol{x}_1, x_2) \end{bmatrix} + \begin{bmatrix} 0 \\ h_2(\boldsymbol{x}_1, x_2) \end{bmatrix} \cdot x_3,$$

$$\dot{x}_3 = f_3(\boldsymbol{x}_1, x_2, x_3) + h_3(\boldsymbol{x}_1, x_2, x_3) \cdot x_4.$$

Dieses Teilsystem T_2 besteht aus den ersten drei Differenzialgleichungen des Gesamtsystems. Es weist aber die Darstellungsform aus Satz 72 auf. Da aus dem ersten Schritt ein virtueller Regler $x_3(\boldsymbol{x}_1, x_2)$ und eine Ljapunov-Funktion $V_1(\boldsymbol{x}_1, x_2)$ bekannt sind, kann mittels Satz 72 auch eine weitere virtuelle Regelung $x_4(\boldsymbol{x}_1, x_2, x_3)$ und eine Ljapunov-Funktion $V_2(\boldsymbol{x}_1, x_2, x_3)$ für T_2 hergeleitet werden.

Schritt 3: Man fasst das Teilsystem T_2 zu einer Differenzialgleichung

$$\dot{\tilde{\boldsymbol{x}}}_1 = \begin{bmatrix} \dot{\boldsymbol{x}}_1 \\ x_2 \\ x_3 \end{bmatrix} = \begin{bmatrix} \boldsymbol{f}_1(\boldsymbol{x}_1) + \boldsymbol{h}_1(\boldsymbol{x}_1) \cdot x_2 \\ f_2(\boldsymbol{x}_1, x_2) + h_2(\boldsymbol{x}_1, x_2) \cdot x_3 \\ f_3(\boldsymbol{x}_1, x_2, x_3) + h_3(\boldsymbol{x}_1, x_2, x_3) \cdot x_4 \end{bmatrix}$$

zusammen und ergänzt es dann zum Teilsystem T_3:

$$\dot{\tilde{\boldsymbol{x}}}_1 = \begin{bmatrix} \boldsymbol{f}_1(\boldsymbol{x}_1) + \boldsymbol{h}_1(\boldsymbol{x}_1) x_2 \\ f_2(\boldsymbol{x}_1, x_2) + h_2(\boldsymbol{x}_1, x_2) x_3 \\ f_3(\boldsymbol{x}_1, x_2, x_3) \end{bmatrix} + \begin{bmatrix} 0 \\ 0 \\ h_3(\boldsymbol{x}_1, x_2, x_3) \end{bmatrix} x_4,$$

$$\dot{x}_4 = f_4(\boldsymbol{x}_1, x_2, x_3, x_4) + h_4(\boldsymbol{x}_1, x_2, x_3, x_4) \cdot x_5.$$

Teilsystem T_3 weist wieder die Darstellungsform aus Satz 72 auf. Des Weiteren sind aus Schritt 2 ein virtueller Regler $x_4(\boldsymbol{x}_1, x_2, x_3)$ und eine Ljapunov-Funktion $V_2(\boldsymbol{x}_1, x_2, x_3)$ bekannt, so dass mittels Satz 72 ein Regelgesetz $x_5(\boldsymbol{x}_1, x_2, x_3, x_4)$ und eine Ljapunov-Funktion $V_3(\boldsymbol{x}_1, x_2, x_3, x_4)$ für T_3 herleitbar sind.

Schritt 4: ...

⋮

Schritt $k-1$: ...

Die Schritte 2 und 3 sind nahezu identisch und auch Schritt 4, sowie alle nachfolgenden Schritte, die hier nicht aufgeführt sind, entsprechen ihren Vorgängern, so dass man sich rekursiv vom Teilsystem T_1 zum Teilsystem T_2, von diesem zu T_3, dann zu T_4 usw. hangeln kann. Nachstehendes Schema illustriert dies:

$$\left.\begin{array}{l}
\left.\begin{array}{l}
\left.\begin{array}{l}
\left.\begin{array}{l}
\dot{\boldsymbol{x}}_1 = \boldsymbol{f}_1(\boldsymbol{x}_1) + \boldsymbol{h}_1(\boldsymbol{x}_1) \cdot x_2 \\
\dot{x}_2 = f_2(\boldsymbol{x}_1, x_2) + h_2(\boldsymbol{x}_1, x_2) \cdot x_3
\end{array}\right\} T_1 \\
\dot{x}_3 = f_3(\boldsymbol{x}_1, \ldots, x_3) + h_3(\boldsymbol{x}_1, \ldots, x_3) \cdot x_4
\end{array}\right\} T_2 \\
\dot{x}_4 = f_4(\boldsymbol{x}_1, \ldots, x_4) + h_4(\boldsymbol{x}_1, \ldots, x_4) \cdot x_5
\end{array}\right\} T_3 \; \ldots \\
\quad \vdots \\
\dot{x}_k = f_k(\boldsymbol{x}_1, \ldots, x_k) + h_k(\boldsymbol{x}_1, \ldots, x_k) \cdot u\,.
\end{array}\right\} T_{k-1}$$

Nach $k-1$ Schritten hat man schlussendlich das gesuchte Regelgesetz u gefunden und auch eine Ljapunov-Funktion des geregelten Gesamtsystems.

Die Vorteile des Backstepping-Verfahrens liegen in seiner systematischen Entwurfstechnik, die zu einem stabilen Regelkreis führt. Sein Nachteil ist die nur bedingt vorhersagbare bzw. beeinflussbare Regelgüte. Erweiterungen und Ergänzendes zum Backstepping-Verfahren finden sich in [161, 162, 266, 336].

5.6.3 Illustrationsbeispiele

Wir betrachten in einem ersten Beispiel die Regelstrecke

$$\dot{x}_1 = x_1^2 - x_1 + x_2, \tag{5.209}$$

$$\dot{x}_2 = u. \tag{5.210}$$

Für den Entwurf einer Regelung $u(x_1, x_2)$ und einer Ljapunov-Funktion $V_{\text{ges}}(x_1, x_2)$ wird Satz 71 genutzt. Zuerst wird eine Regelung $x_2 = \alpha(x_1)$ für das Teilsystem (5.209) entworfen:

$$x_2 = \alpha(x_1) = -x_1^2 - x_1.$$

Offensichtlich stabilisiert dieser Regler das Teilsystem (5.209), denn setzt man ihn in Gl. (5.209) ein, so gilt

$$\dot{x}_1 = -2x_1.$$

Des Weiteren ist

$$V(x_1) = \frac{1}{2}x_1^2$$

eine Ljapunov-Funktion des virtuellen Regelkreises, die die globale asymptotische Stabilität des Kreises nachweist. Denn für alle Punkte $x_1 \neq 0$ gilt

$$\dot{V}(x_1) = x_1 \dot{x}_1 = -2x_1^2 < 0.$$

Aus Satz 71 folgt dann unmittelbar das Regelgesetz für das Gesamtsystem (5.209), (5.210) zu

$$u = \frac{\partial \alpha}{\partial x_1}\left(x_1^2 - x_1 + x_2\right) - \frac{\partial V}{\partial x_1} - k(x_2 - \alpha(x_1)),$$

wobei $k > 0$ gilt. Mit

$$\frac{\partial \alpha}{\partial x_1} = \frac{\partial(-x_1^2 - x_1)}{\partial x_1} = -(2x_1 + 1)$$

und

$$\frac{\partial V}{\partial x_1} = x_1$$

erhält man mit $k = 1$ das Regelgesetz

$$\begin{aligned} u &= -(2x_1 + 1)(x_1^2 - x_1 + x_2) - 2x_1 - x_1^2 - x_2 \\ &= -x_1 - 2x_1^3 - 2x_2 - 2x_1 x_2. \end{aligned} \tag{5.211}$$

Als Ljapunov-Funktion ergibt sich für das Gesamtsystem (5.209), (5.210), (5.211)

$$\begin{aligned} V_{\text{ges}}(x_1, x_2) &= V(x_1) + \frac{1}{2}(x_2 - \alpha(x_1))^2 \\ &= \frac{1}{2}x_1^2 + \frac{1}{2}\left(x_1 + x_1^2 + x_2\right)^2. \end{aligned}$$

Bild 5.42 zeigt die Trajektorien des geregelten Systems und die Form der Ljapunov-Funktion V_{ges}.

Im zweiten Beispiel geht man von der Regelstrecke des ersten Beispiels aus und erweitert sie um einen Integrierer zu

$$\dot{x}_1 = x_1^2 - x_1 + x_2, \tag{5.212}$$

$$\dot{x}_2 = x_3, \tag{5.213}$$

$$\dot{x}_3 = u. \tag{5.214}$$

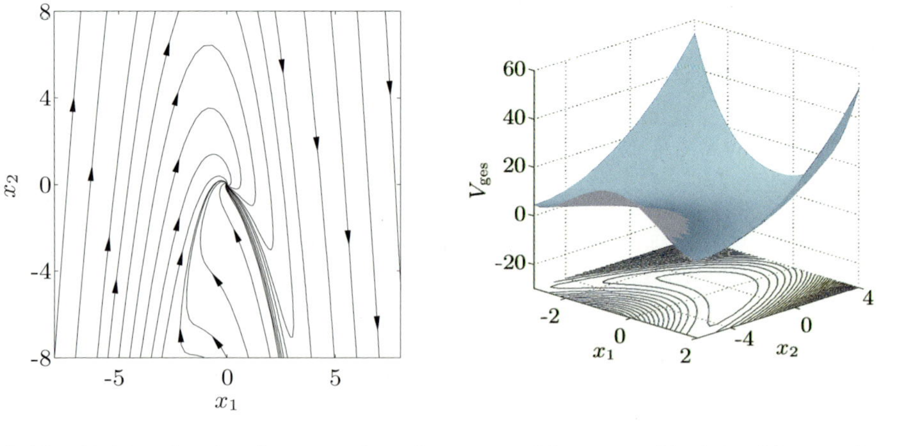

Bild 5.42: Trajektorien des geregelten Systems und Ljapunov-Funktion V_{ges} aus dem ersten Beispiel.

Für den Entwurf einer Regelung $u(x_1, x_2, x_3)$ kann erneut Satz 71 verwendet werden. Zum Zweck des Reglerentwurfes teilt man das System (5.212), (5.213), (5.214) in zwei Systeme auf. Und zwar in das Teilsystem T_1, bestehend aus den Gleichungen (5.212) und (5.213), und das Gesamtsystem T_2, bestehend aus Gl. (5.212), (5.213), (5.214):

$$\left.\begin{array}{l} \left.\begin{bmatrix} \dot{x}_1 \\ \dot{x}_2 \end{bmatrix} = \underbrace{\begin{bmatrix} x_1^2 - x_1 + x_2 \\ 0 \end{bmatrix}}_{\boldsymbol{f}(x_1, x_2)} + \underbrace{\begin{bmatrix} 0 \\ 1 \end{bmatrix}}_{\boldsymbol{h}(x_1, x_2)} \cdot x_3, \quad \right\} T_1 \\ \dot{x}_3 = u. \end{array}\right\} T_2$$

Man kennt aus Gl. (5.211) des ersten Beispiels für das Teilsystem T_1 schon einen Regler

$$x_3 = \alpha(x_1, x_2) = -x_1 - 2x_1^3 - 2x_2 - 2x_1x_2$$

und auch eine Ljapunov-Funktion

$$V(x_1, x_2) = \frac{1}{2}x_1^2 + \frac{1}{2}(x_1 + x_1^2 + x_2)^2.$$

Daher folgt wieder aus Satz 71 unmittelbar das Regelgesetz

$$\begin{aligned} u &= \frac{\partial\alpha(x_1, x_2)}{\partial[x_1\ x_2]^T}\left(\boldsymbol{f}(x_1, x_2) + \boldsymbol{h}(x_1, x_2)\cdot x_3\right) \\ &\quad - \frac{\partial V(x_1, x_2)}{\partial[x_1\ x_2]^T}\cdot\boldsymbol{h}(x_1, x_2) - k\left(x_3 - \alpha(x_1, x_2)\right) \\ &= \frac{\partial\alpha}{\partial x_1}\left(x_1^2 - x_1 + x_2\right) + \frac{\partial\alpha}{\partial x_2}x_3 - \frac{\partial V}{\partial x_2} - k(x_3 - \alpha(x_1, x_2)) \end{aligned}$$

für das Gesamtsystem T_2 mit den Systemgleichungen (5.212), (5.213), (5.214). Mit $k = 1$ und

$$\begin{aligned} \frac{\partial\alpha(x_1, x_2)}{\partial x_1} &= -6x_1^2 - 2x_2 - 1, \\ \frac{\partial\alpha(x_1, x_2)}{\partial x_2} &= -2x_1 - 2, \\ \frac{\partial V(x_1, x_2)}{\partial x_2} &= x_2 + x_1 + x_1^2 \end{aligned}$$

ergibt sich

$$u = -x_1 - 2x_1^2 + 4x_1^3 - 6x_1^4 - 4x_2 - 8x_1^2x_2 - 2x_2^2 - 3x_3 - 2x_1x_3.$$

Als Ljapunov-Funktion des Gesamtsystems erhält man

$$\begin{aligned} V_{\text{ges}}(x_1, x_2, x_3) &= V(x_1, x_2) + \frac{1}{2}\left(x_3 - \alpha(x_1, x_2)\right)^2 \\ &= \frac{1}{2}x_1^2 + \frac{1}{2}\left(x_1 + x_1^2 + x_2\right)^2 \\ &+ \frac{1}{2}\left(x_3 + x_1 + 2x_1^3 + 2x_2 + 2x_1x_2\right)^2 . \end{aligned}$$

Bild 5.43 zeigt die Verläufe der Zustandsgrößen und der Stellgröße für den Anfangsvektor

$$\boldsymbol{x}_0 = [1 \;\; 1.5 \;\; 1]^T.$$

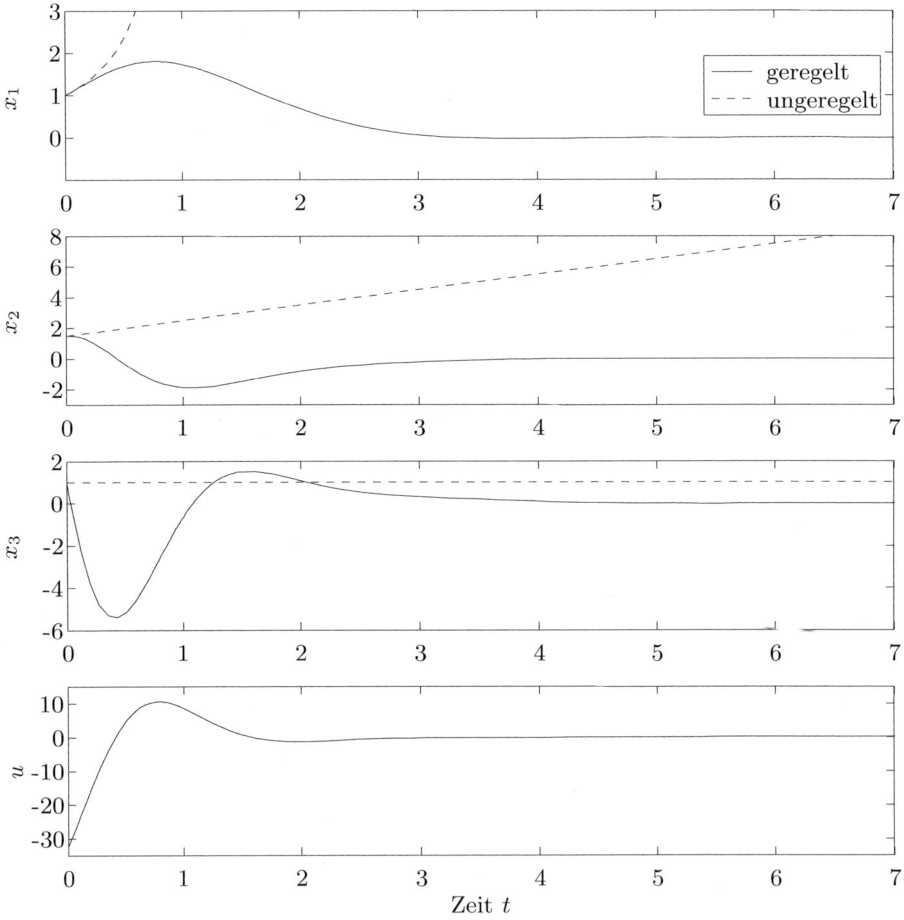

Bild 5.43: Verläufe der Zustandsgrößen x_1, x_2 und x_3 sowie der Stellgröße u aus dem zweiten Beispiel.

Zum einen sieht man den integrierenden Charakter der Regelstrecke. Ist x_3 noch konstant, so steigt x_2 bereits linear und x_1 stärker als quadratisch an. Das System ist also instabil. Wie aus der Simulation erkennbar und wie aufgrund des Entwurfes auch erwartet, stabilisiert die Regelung das System. Dabei wird eine gute Regelgüte erzielt.

5.6.4 Beispiel Fluidsystem mit chaotischem Verhalten

Wir betrachten ein experimentelles Fluidsystem [55, 269, 316], das aus einem wassergefüllten torusförmigen Rohr besteht. Dieser Torus wird in seiner unteren Hälfte über einen Heizdraht elektrisch erwärmt. Der Heizdraht ist dabei in engen Wicklungen um den Torus gelegt und mit isolierendem Material so umgeben, dass die untere Torushälfte überall gleichmäßig erwärmt wird. Die obere Torushälfte ist ringförmig mit einem Kühlmantel umgeben, durch den Kühlwasser fließt. Die Temperatur der Toruswand wird so über die gesamte obere Hälfte auf einer konstanten Temperatur gehalten. Bild 5.44 zeigt die Anordnung. Der Torus hat einen Radius von $r_1 = 38\,\text{cm}$ und das Torusrohr einen von $r_2 = 1.5\,\text{cm}$.

An den Stellen A, B, C und D sind jeweils Sensoren angebracht, mit denen die Temperatur des im Torus eingeschlossenen Wassers an diesen Stellen gemessen wird. Bei einer niedrigen Heizleistung, die kleiner als 190 W ist, bildet

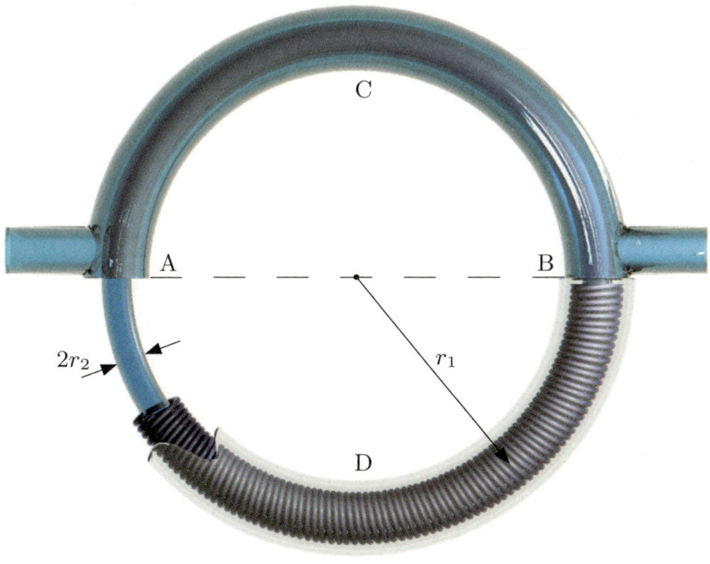

Bild 5.44: Fluidsystem mit chaotischem Verhalten. Im inneren torusförmigen Rohr befindet sich Wasser. Die obere Hälfte des Torus wird gekühlt, die untere erhitzt.

sich ein stetiger Fluss des Wassers innerhalb des Torus aus. Abhängig von den Anfangswerten fließt das Wasser im Uhrzeigersinn oder andersherum. Erhöht man nun die Heizleistung auf beispielsweise 600 W, so löst sich dieser stetige Wasserfluss innerhalb des Torus auf. Nun wechselt die Strömung beständig ihre Richtung. Mal fließt das Wasser im Uhrzeigersinn, mal fließt es andersherum. Dabei sind die Richtungswechsel der Strömung nicht vorhersehbar, sondern chaotisch.

Dieses chaotische Verhalten lässt sich wie folgt plausibilisieren. Verringert die Strömung aufgrund einer kleinen Unregelmäßigkeit ihre Geschwindigkeit, so bleibt das Wasser länger als vorher im Heiz- bzw. Kühlbereich des Torus. Dadurch steigt die Temperaturdifferenz zwischen dem kalten Wasser in der oberen und dem heißen Wasser in der unteren Torushälfte. Folglich steigt aufgrund der erhöhten Temperaturdifferenz die Strömungsgeschwindigkeit. Dies führt zu einer schnelleren Vermischung des heißen Wassers aus der unteren Torushälfte mit dem kalten Wasser aus der oberen. So sinkt die Temperaturdifferenz zwischen kaltem und heißem Wasser wieder, so dass die Strömungsgeschwindigkeit wieder abnimmt und sich in manchen Fällen auch umkehrt.

Obiges Verhalten führt zu Oszillationen und schließlich zu besagtem chaotischen Verhalten. Dieses kann durch die Lorenz-Gleichungen

$$\begin{aligned}\dot{z}_1 &= p(z_2 - z_1),\\ \dot{z}_2 &= -z_1 z_3 - z_2,\\ \dot{z}_3 &= z_1 z_2 - z_3 - R\end{aligned} \tag{5.215}$$

beschrieben werden. Dabei ist z_1 ein Maß für die mittlere Strömungsgeschwindigkeit, z_2 ein Maß für die Temperaturdifferenz $T_\mathrm{B} - T_\mathrm{A}$ zwischen den Punkten A und B und z_3 eines für die Temperaturdifferenz $T_\mathrm{C} - T_\mathrm{D}$. Ferner ist $p > 0$ die Prandtl-Zahl[3] und R ist die Rayleigh-Zahl[4].

Die Rayleigh-Zahl R ist proportional zur Heizleistung, so dass wir über

$$R = R_0 + u$$

einen Stelleingriff auf das System besitzen. Der Parameter R_0 ist dabei proportional zu einer konstanten und u zu einer überlagerten, variablen Heizleistung.

Für den Stellgrößenwert $u = 0$ besitzt das System die folgenden drei Ruhelagen

[3] Die Prandtl-Zahl $p = \nu/a$ ist eine konstante dimensionslose Kennzahl von Fluiden und entspricht dem Quotienten von kinematischer Viskosität ν und Temperaturleitfähigkeit a.

[4] Die temperaturabhängige dimensionslose Rayleigh-Zahl ist ein Indikator für die Art der Wärmeübertragung in einem Fluid. Unterhalb einer kritischen Rayleigh-Zahl erfolgt die Wärmeübertragung im Fluid vorrangig durch Wärmeleitung, oberhalb durch Konvektion. Die Rayleigh-Zahl kennzeichnet dabei die Stabilität thermischer Fluidschichtungen.

$$\boldsymbol{z}_{\text{R}1} = \begin{bmatrix} \sqrt{R_0 - 1} \\ \sqrt{R_0 - 1} \\ -1 \end{bmatrix}, \quad \boldsymbol{z}_{\text{R}2} = \begin{bmatrix} -\sqrt{R_0 - 1} \\ -\sqrt{R_0 - 1} \\ -1 \end{bmatrix}, \quad \boldsymbol{z}_{\text{R}3} = \begin{bmatrix} 0 \\ 0 \\ -R_0 \end{bmatrix}.$$

Wir wollen das System (5.215) nun so regeln, dass in $\boldsymbol{z}_{\text{R}1}$ eine stabile Ruhelage vorliegt. Zu diesem Zweck transformieren wir in einem ersten Schritt die Koordinaten des Systems so, dass die Ruhelage $\boldsymbol{z}_{\text{R}1}$ nach null verschoben ist. Dies geschieht mittels der Koordinatentransformation $\boldsymbol{x} = \boldsymbol{z} - \boldsymbol{z}_{\text{R}1}$, d. h. mittels

$$\begin{bmatrix} x_1 \\ x_2 \\ x_3 \end{bmatrix} = \begin{bmatrix} z_1 - \sqrt{R_0 - 1} \\ z_2 - \sqrt{R_0 - 1} \\ z_3 + 1 \end{bmatrix}.$$

Das so transformierte System besitzt die Ruhelage $\boldsymbol{x}_{\text{R}} = \boldsymbol{0}$ und mit $\beta = \sqrt{R_0 - 1}$ die Gestalt

$$\dot{x}_1 = p(x_2 - x_1), \tag{5.216}$$

$$\dot{x}_2 = x_1 - x_2 - (x_1 + \beta)x_3, \tag{5.217}$$

$$\dot{x}_3 = x_1 x_2 + \beta(x_1 + x_2) - x_3 - u. \tag{5.218}$$

Das System liegt in strenger Rückkopplungsform vor und wir können deshalb direkt die Entwurfssätze des Backstepping anwenden.

Wir beginnen mit der Wahl eines virtuellen Regelgesetzes

$$x_2 = \alpha_1(x_1) = 0,$$

welches das Teilsystem (5.216) stabilisiert. Als Ljapunov-Funktion wählen wir

$$V_1(x_1) = \frac{1}{2}x_1^2.$$

Es gilt mit $x_2 = \alpha_1(x_1) = 0$ und Gl. (5.216)

$$\dot{V}_1(x_1) = -px_1^2 < 0.$$

Wir wenden nun Satz 72 auf das Teilsystem (5.216), (5.217), d. h.

$$\dot{x}_1 = \underbrace{-px_1}_{f_1(x_1)} + \underbrace{p}_{h_1(x_1)} \cdot x_2,$$

$$\dot{x}_2 = \underbrace{x_1 - x_2}_{f_2(x_1, x_2)} \underbrace{-(x_1 + \beta)}_{h_2(x_1, x_2)} x_3,$$

an und erhalten als virtuelles Regelgesetz

$$x_3 = \alpha_2(x_1, x_2) = -\frac{1}{x_1 + \beta}\left(-px_1 - k_1 x_2 - x_1 + x_2\right).$$

Wir wählen $k_1 = 1$ und erhalten so

$$x_3 = \alpha_2(x_1, x_2) = \frac{(1+p)x_1}{x_1 + \beta}$$

und als Ljapunov-Funktion

$$V_2(x_1, x_2) = \frac{1}{2}(x_1^2 + x_2^2).$$

Im nächsten Schritt wird Satz 72 erneut angewendet, wobei jetzt das Gesamtsystem (5.216), (5.217), (5.218) in unserem Fokus ist. Mit den in Satz 72 verwendeten Bezeichnungen gilt für die Systembeschreibung

$$\begin{bmatrix} \dot{x}_1 \\ \dot{x}_2 \end{bmatrix} = \underbrace{\begin{bmatrix} -px_1 + px_2 \\ x_1 - x_2 \end{bmatrix}}_{\boldsymbol{f}_1(x_1, x_2)} + \underbrace{\begin{bmatrix} 0 \\ -(x_1 + \beta) \end{bmatrix}}_{\boldsymbol{h}_1(x_1, x_2)} x_3,$$
$$\dot{x}_3 = \underbrace{x_1 x_2 + \beta(x_1 + x_2) - x_3}_{f_2(x_1, x_2, x_3)} \quad \underbrace{-1}_{h_2(x_1, x_2, x_3)} \cdot u.$$

Somit erhält man für das Regelgesetz mit

$$\frac{\partial \alpha_2}{\partial [x_1 \; x_2]^T} = \begin{bmatrix} \dfrac{(1+p)\beta}{(x_1+\beta)^2} & 0 \end{bmatrix}$$

und

$$\frac{\partial V_2}{\partial [x_1 \; x_2]^T} = [x_1 \; x_2]$$

die Gleichung

$$u = -x_3 + k_2 x_3 - k_2 \frac{(1+p)x_1}{x_1 + \beta} + \beta x_1 - \frac{p(1+p)\beta(x_2 - x_1)}{(x_1 + \beta)^2}.$$

Mit $k_2 = 1$ gilt schließlich für das Regelgesetz

$$u = \beta x_1 - \frac{(1+p)x_1}{x_1 + \beta} - \frac{\beta p(1+p)(x_2 - x_1)}{(x_1 + \beta)^2}.$$

Wir simulieren den ungeregelten Prozess und auch die Regelung für $p = 10$ und $\beta = 6$. Die Anfangswerte sind hierbei

$$x_1 = 5, \quad x_2 = 5 \quad \text{und} \quad x_3 = 5.$$

Die sich ergebenden Verläufe für die Strömungsgeschwindigkeit x_1 zeigt Bild 5.45. Deutlich erkennbar ist, wie die Regelung das chaotische Verhalten unterdrückt und der Prozess auf den stationären Wert ausgeregelt wird.

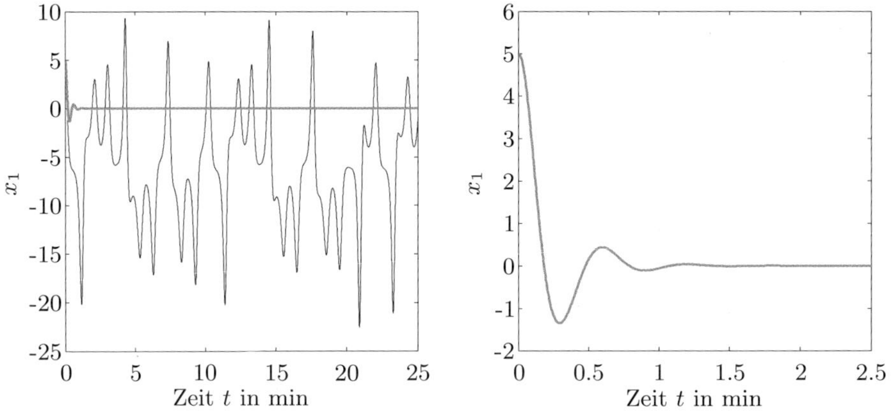

Bild 5.45: Verläufe der Abweichung x_1 der Strömungsgeschwindigkeit von der Ruhelage des ungeregelten chaotischen Prozesses (schwarz) und des geregelten Prozesses (blau). Im rechten Teilbild ist der Ausregelverlauf in vergrößertem Maßstab nochmals dargestellt.

6

Regelungen für lineare und nichtlineare Regelstrecken

6.1 Modellbasierte prädiktive Regelung

6.1.1 Grundlagen und Funktionsweise

Modellbasierte prädiktive Regelungen (MPR) sind die am häufigsten in der Industrie eingesetzten fortgeschrittenen Regelungsverfahren [44, 121, 192, 248, 249]. In der Prozessindustrie, insbesondere in Raffinerien und der Chemieindustrie, sind MPR etablierte Standardverfahren. MPR sind nichtlineare Regelungsverfahren, die universell sowohl für lineare Regelstrecken mit Beschränkungen von Stell- und Zustandsgrößen als auch für nichtlineare Regelstrecken geeignet sind.

Die Funktionsweise von MPR basiert dabei im Wesentlichen auf den Eigenschaften mathematischer Prozessmodelle. Diese haben in der Regelungstechnik im Allgemeinen zwei Aufgaben. Zum einen soll ein Modell ein tieferes Verständnis des Prozesses und seiner Funktionsweise ermöglichen. Diese Eigenschaft wird zum Beispiel für den Entwurf von Reglern genutzt. Zum anderen erlaubt ein Modell die Prädiktion zukünftigen Verhaltens. Genau diese Möglichkeit nutzen modellbasierte prädiktive Regelungen, indem sie online anhand eines Prozessmodells den Ausgangsgrößenverlauf mittels des Stellgrößenverlaufs optimieren. Der optimierte Stellgrößenverlauf wird dann zur Regelung des eigentlichen Prozesses verwendet. Bild 6.1 illustriert den Vorgang.

Kontinuierliche und diskrete Prozessmodelle können dabei zum Einsatz kommen. Meistens werden allerdings diskrete oder diskretisierte Modelle

$$\begin{aligned} \boldsymbol{x}(k+1) &= \boldsymbol{f}(\boldsymbol{x}(k), \boldsymbol{u}(k)), \\ \boldsymbol{y}(k) &= \boldsymbol{g}(\boldsymbol{x}(k), \boldsymbol{u}(k)) \end{aligned}$$

verwendet, denn im Fall kontinuierlicher Modelle gestaltet sich die Optimierung des Stellgrößenverlaufes deutlich komplexer.

J. Adamy, Nichtlineare Systeme und Regelungen DOI 10.1007/978-3-642-45012-9,
© Springer-Verlag Berlin Heidelberg 2014.

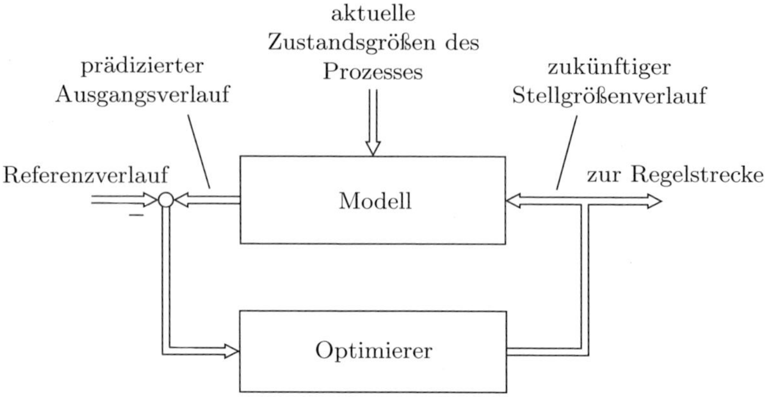

Bild 6.1: Struktur eines modellbasierten prädiktiven Reglers.

Wir gehen aus vom Zeitpunkt $k-1$ mit bekannter Stellgröße $\boldsymbol{u}(k-1)$ und beginnen ab diesem mit der Optimierung. Die Optimierung variiert den zukünftigen Stellgrößenverlauf $\boldsymbol{u}(k+i)$ ab dem Zeitpunkt k für eine endliche Zahl $i = 0, \ldots, n_\mathrm{c} - 1$ von Stellgrößenschritten so, dass ein vorgegebenes Gütemaß J minimal wird. Der Wert n_c heißt *Stellhorizont*. Häufig verwendet wird das über n_p Zeitschritte, $n_\mathrm{p} \geq n_\mathrm{c}$, ermittelte quadratische Gütemaß

$$J = \sum_{i=1}^{n_\mathrm{p}} ||\boldsymbol{Q}(\boldsymbol{y}(k+i) - \boldsymbol{y}_\mathrm{R}(k+i))||^2 + r \cdot \sum_{i=1}^{n_\mathrm{p}} ||\boldsymbol{u}(k+i-1)||^2 \tag{6.1}$$

mit der positiv definiten Matrix $\boldsymbol{Q}$, die oft eine Diagonalmatrix ist, oder

$$J = \sum_{i=1}^{n_\mathrm{p}} ||\boldsymbol{Q}(\boldsymbol{y}(k+i) - \boldsymbol{y}_\mathrm{R}(k+i))||^2 + r \cdot \sum_{i=1}^{n_\mathrm{c}} ||\boldsymbol{u}(k+i-1) - \boldsymbol{u}(k+i-2)||^2. \tag{6.2}$$

Der Wert n_p heißt *Prädiktionshorizont*, da das zukünftige Verhalten über n_p Zeitschritte vorausberechnet wird. In obigen Gütemaßen wird im ersten Summenterm die Differenz zwischen der Ausgangsgrößenfolge $\boldsymbol{y}(k+i)$ und einem Soll- oder Referenzverlauf $\boldsymbol{y}_\mathrm{R}(k+i)$ bewertet. Im zweiten Summenterm werden die quadrierten Stellgrößen bzw. die Stellgrößendifferenzen addiert und mit dem Faktors r gewichtet. Bei der Minimierung von J sorgt dieser zweite Term dafür, dass die Stellgrößen $\boldsymbol{u}(k+i)$ in Gl. (6.1) bzw. Stellgrößenänderungen in Gl. (6.2) keine zu großen Werte annehmen.

Die Prädiktion von $\boldsymbol{y}(k+i)$ erfolgt im Gütemaß J über n_p Zeitschritte, wobei, wie schon erwähnt, $n_\mathrm{p} \geq n_\mathrm{c}$ gilt. Der Prädiktionshorizont n_p ist also größer als der Stellhorizont n_c oder gleich groß. Damit auch für den Zeitbereich $i \geq n_\mathrm{c}$ Stellgrößen $\boldsymbol{u}(k+i)$ vorliegen, um $\boldsymbol{y}(k+i)$ prädizieren zu können, werden alle Stellgrößen jenseits des Stellhorizontes auf $\boldsymbol{u}(k+n_\mathrm{c}-1)$ gesetzt. Bild 6.2 illustriert den Ablauf.

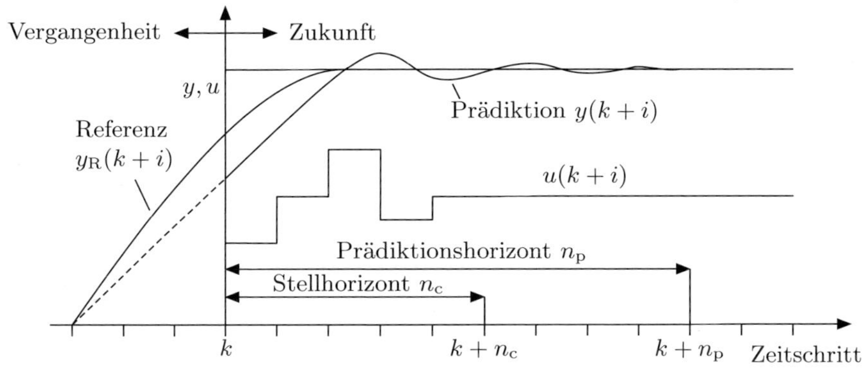

Bild 6.2: Prinzipieller Ablauf einer modellbasierten prädiktiven Regelung (MPR).

Nachdem die Optimierung die Stellgrößenfolge $\boldsymbol{u}_{\text{opt}}(k+i)$ mit $i = 0, \ldots, n_c - 1$ ermittelt hat, wird nur der erste Wert dieser Folge, d. h. $\boldsymbol{u}_{\text{opt}}(k) = \boldsymbol{u}(k)$, auf die reale Regelstrecke gegeben. Es wird also nicht die ganze Folge $\boldsymbol{u}(k+i)$ für die Regelung verwendet, sondern nur ihr erster Wert $\boldsymbol{u}(k)$. Sofort nach der Aufschaltung von $\boldsymbol{u}(k)$ wird der oben beschriebene Prädiktions- und Optimierungsprozess um einen Schritt in die Zukunft verschoben. Daher spricht man auch von einem *gleitenden Horizont*. Der gleitende Horizont und die jeweils nach einem Zeitschritt neu einsetzende Optimierung der Stellfolge $\boldsymbol{u}(k+i)$ erlaubt eine Reaktion der MPR auf Prozessstörungen.

Man kann die Funktionsweise der MPR mit der Vorgehensweise eines Schachspielers vergleichen. Dieser spielt gedanklich verschiedene Zugfolgen durch, wobei er drei, vier oder mehr Züge im Voraus betrachtet. Den ersten der ihm optimal erscheinenden Kombination spielt er dann in der Realität.

Die nach jedem Zeitschritt neu einsetzende Prädiktion erfolgt, wie schon beschrieben, auf Basis des Prozessmodells und der durch die Optimierung errechneten Stellgrößenverläufe. Die Stellgrößenverläufe $\boldsymbol{u}(k+i)$ allein reichen jedoch für die Prädiktion nicht aus. Vielmehr muss auch der Zustand $\boldsymbol{x}(k)$ zum Beginn des Prädiktionszeitraumes bekannt sein. Denn nur auf der Basis des Zustandes $\boldsymbol{x}(k)$ – sozusagen dem Anfangszustand des Systems für die Prädiktion – und der Stellgrößenfolge $\boldsymbol{u}(k+i)$ kann die Ausgangsgrößenfolge $\boldsymbol{y}(k+i)$ und damit das Gütemaß J berechnet werden. Im einfachsten Fall bestimmt man $\boldsymbol{x}(k)$ durch Messung von $\boldsymbol{x}(k-1)$ und einem Rekursionsschritt $\boldsymbol{x}(k) = \boldsymbol{f}(\boldsymbol{x}(k-1), \boldsymbol{u}(k-1))$. Ist die Messung nicht möglich, so muss $\boldsymbol{x}(k)$ anhand der historischen Verläufe

$$\boldsymbol{u}(k-1), \boldsymbol{u}(k-2), \ldots$$

und

$$\boldsymbol{y}(k-1), \boldsymbol{y}(k-2), \ldots$$

durch einen Beobachter geschätzt werden. Fasst man alle Elemente einer MPR zusammen, so ergibt sich der in Bild 6.3 gezeigte Aufbau.

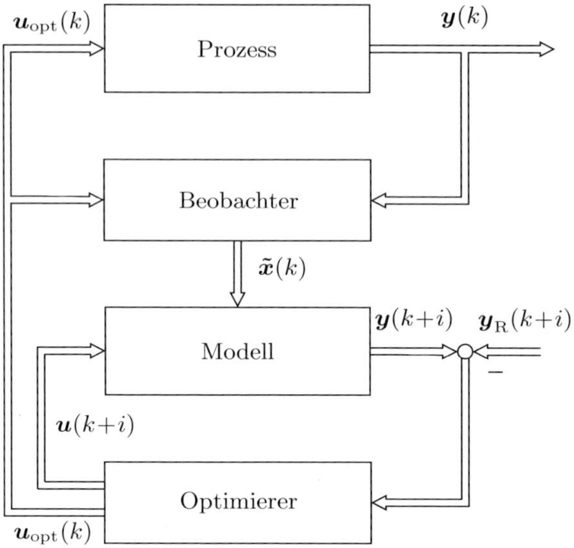

Bild 6.3: Struktur einer MPR mit Beobachter, Modell und Optimierer.

6.1.2 Lineare modellbasierte prädiktive Regelung

Die am häufigsten in der industriellen Praxis eingesetzten MPR basieren auf linearen Prozessmodellen. Solche MPR bezeichnet man als *lineare modellbasierte prädiktive Regelungen*, abgekürzt LMPR.

Verwendet man dabei das quadratische Gütemaß (6.1) oder (6.2), so ergibt sich ein linearer Regler, wie wir im Folgenden sehen werden. Lineare Regler können bekanntlich auch mit anderen, einfacheren Verfahren entworfen werden. Der wahre Nutzen einer LMPR ergibt sich daher auch erst dann, wenn man Nebenbedingungen in das Optimierungsproblem miteinbeziehen muss. Dies können z. B. Stell-, Ausgangs- oder Zustandsgrößenbeschränkungen sein. In diesem Fall ergibt sich ein nichtlinearer Regler. Die MPR wird allerdings aufgrund des linearen Prozessmodells trotzdem als LMPR bezeichnet.

Wir betrachten den Fall einer linearen zeitdiskreten Regelstrecke

$$\begin{aligned} \boldsymbol{x}(k+1) &= \boldsymbol{A}\boldsymbol{x}(k) + \boldsymbol{B}\boldsymbol{u}(k), \\ \boldsymbol{y}(k) &= \boldsymbol{C}\boldsymbol{x}(k) \end{aligned} \tag{6.3}$$

mit $\boldsymbol{x} \in I\!R^n$, $\boldsymbol{u} \in I\!R^m$ und $\boldsymbol{y} \in I\!R^r$. Vorerst berücksichtigen wir hierbei keine Beschränkungen von $\boldsymbol{u}$, $\boldsymbol{x}$ oder $\boldsymbol{y}$, d. h., wir betrachten nur den rein linearen Fall. Später werden wir sehen, dass wir die hierbei erzielten Ergebnisse auch für den Fall mit Beschränkungen nutzen können. Die Betrachtung des rein linearen Sonderfalls ermöglicht uns im Besonderen einen einfachen Zugang zum detaillierten Verständnis modellbasierter prädiktiver Regelungen.

Der Stellgrößenvektor $\boldsymbol{u}(k)$ wird nun aus der vorherigen Stellgröße $\boldsymbol{u}(k-1)$ und die im Schritt k stattfindende sprungförmige Veränderung $\Delta\boldsymbol{u}(k)$ gemäß

$$\boldsymbol{u}(k) = \boldsymbol{u}(k-1) + \Delta\boldsymbol{u}(k) \tag{6.4}$$

zusammengesetzt. Man erhält so für die obige Systembeschreibung (6.3)

$$\begin{aligned}\boldsymbol{x}(k+1) &= \boldsymbol{A}\boldsymbol{x}(k) + \boldsymbol{B}\boldsymbol{u}(k-1) + \boldsymbol{B}\Delta\boldsymbol{u}(k),\\ \boldsymbol{y}(k) &= \boldsymbol{C}\boldsymbol{x}(k).\end{aligned} \tag{6.5}$$

Wir betrachten im Weiteren alle Ausgangsvektoren $\boldsymbol{y}(k+i)$ beginnend mit Schritt $k+1$ bis zum Schritt $k+n_{\mathrm{p}}$, d. h. bis zum Prädiktionshorizont n_{p}. Wir erhalten aus Gl. (6.4) und Gl. (6.5) zuerst für $i \leq n_{\mathrm{c}}$ die Beziehungen

$$\begin{aligned}\boldsymbol{y}(k+1) &= \boldsymbol{C}\boldsymbol{A}\boldsymbol{x}(k) + \boldsymbol{C}\boldsymbol{B}\boldsymbol{u}(k-1) + \boldsymbol{C}\boldsymbol{B}\Delta\boldsymbol{u}(k),\\ \boldsymbol{y}(k+2) &= \boldsymbol{C}\boldsymbol{A}^2\boldsymbol{x}(k) + \boldsymbol{C}(\boldsymbol{A}+\boldsymbol{I})\boldsymbol{B}\boldsymbol{u}(k-1) + \boldsymbol{C}(\boldsymbol{A}+\boldsymbol{I})\boldsymbol{B}\Delta\boldsymbol{u}(k)\\ &\quad + \boldsymbol{C}\boldsymbol{B}\Delta\boldsymbol{u}(k+1),\\ &\;\;\vdots\\ \boldsymbol{y}(k+i) &= \boldsymbol{C}\boldsymbol{A}^i\boldsymbol{x}(k) + \boldsymbol{C}\left(\boldsymbol{A}^{i-1} + \ldots + \boldsymbol{A} + \boldsymbol{I}\right)\boldsymbol{B}\boldsymbol{u}(k-1)\\ &\quad + \sum_{j=1}^{i}\boldsymbol{C}\left(\boldsymbol{A}^{i-j} + \ldots + \boldsymbol{A} + \boldsymbol{I}\right)\boldsymbol{B}\Delta\boldsymbol{u}(k+j-1),\\ &\;\;\vdots\\ \boldsymbol{y}(k+n_{\mathrm{c}}) &= \boldsymbol{C}\boldsymbol{A}^{n_{\mathrm{c}}}\boldsymbol{x}(k) + \boldsymbol{C}\left(\boldsymbol{A}^{n_{\mathrm{c}}-1} + \ldots + \boldsymbol{A} + \boldsymbol{I}\right)\boldsymbol{B}\boldsymbol{u}(k-1)\\ &\quad + \sum_{j=1}^{n_{\mathrm{c}}}\boldsymbol{C}\left(\boldsymbol{A}^{n_{\mathrm{c}}-j} + \ldots + \boldsymbol{A} + \boldsymbol{I}\right)\boldsymbol{B}\Delta\boldsymbol{u}(k+j-1).\end{aligned} \tag{6.6}$$

Obige Gleichungen beschreiben die Ausgangsgrößen bis zum Stellhorizont n_{c}. Hinter dem Stellhorizont $i > n_{\mathrm{c}}$ ändert sich die Stellgröße nicht mehr, d. h. $\Delta\boldsymbol{u}(k+i-1) = 0$ für $i > n_{\mathrm{c}}$. Dann gilt

$$\begin{aligned}\boldsymbol{y}(k+n_{\mathrm{c}}+1) &= \boldsymbol{C}\boldsymbol{A}^{n_{\mathrm{c}}+1}\boldsymbol{x}(k) + \boldsymbol{C}\left(\boldsymbol{A}^{n_{\mathrm{c}}} + \ldots + \boldsymbol{A} + \boldsymbol{I}\right)\boldsymbol{B}\boldsymbol{u}(k-1)\\ &\quad + \sum_{j=1}^{n_{\mathrm{c}}}\boldsymbol{C}\left(\boldsymbol{A}^{n_{\mathrm{c}}+1-j} + \ldots + \boldsymbol{A} + \boldsymbol{I}\right)\boldsymbol{B}\Delta\boldsymbol{u}(k+j-1),\\ &\;\;\vdots\\ \boldsymbol{y}(k+n_{\mathrm{p}}) &= \boldsymbol{C}\boldsymbol{A}^{n_{\mathrm{p}}}\boldsymbol{x}(k) + \boldsymbol{C}\left(\boldsymbol{A}^{n_{\mathrm{p}}-1} + \ldots + \boldsymbol{A} + \boldsymbol{I}\right)\boldsymbol{B}\boldsymbol{u}(k-1)\\ &\quad + \sum_{j=1}^{n_{\mathrm{c}}}\boldsymbol{C}\left(\boldsymbol{A}^{n_{\mathrm{p}}-j} + \ldots + \boldsymbol{A} + \boldsymbol{I}\right)\boldsymbol{B}\Delta\boldsymbol{u}(k+j-1).\end{aligned} \tag{6.7}$$

Man fasst die Vektoren $\boldsymbol{y}(k+1)$ bis $\boldsymbol{y}(k+n_{\mathrm{p}})$ im $rn_{\mathrm{p}} \times 1$ - Vektor

$$\bar{\boldsymbol{y}}(k+1) = \begin{bmatrix} \boldsymbol{y}(k+1) \\ \boldsymbol{y}(k+2) \\ \vdots \\ \boldsymbol{y}(k+n_\mathrm{p}) \end{bmatrix}$$

und die Stellgrößenänderungen $\Delta\boldsymbol{u}(k)$ bis $\Delta\boldsymbol{u}(k+n_\mathrm{c}-1)$ im $mn_\mathrm{c} \times 1$ - Vektor

$$\Delta\bar{\boldsymbol{u}}(k) = \begin{bmatrix} \Delta\boldsymbol{u}(k) \\ \Delta\boldsymbol{u}(k+1) \\ \vdots \\ \Delta\boldsymbol{u}(k+n_\mathrm{c}-1) \end{bmatrix}$$

zusammen. Man beachte, dass der Vektor $\Delta\bar{\boldsymbol{u}}(k)$ im Allgemeinen eine niedrigere Dimension als der Vektor $\bar{\boldsymbol{y}}(k+1)$ besitzt, da $n_\mathrm{c} \leq n_\mathrm{p}$ gilt.

Für die Gl. (6.6) und Gl. (6.7) erhält man zusammen

$$\bar{\boldsymbol{y}}(k+1) = \boldsymbol{F}\boldsymbol{x}(k) + \boldsymbol{G}\boldsymbol{u}(k-1) + \boldsymbol{H}\Delta\bar{\boldsymbol{u}}(k), \tag{6.8}$$

wobei

$$\boldsymbol{F} = \begin{bmatrix} \boldsymbol{CA} \\ \boldsymbol{CA}^2 \\ \boldsymbol{CA}^3 \\ \vdots \\ \boldsymbol{CA}^{n_\mathrm{p}} \end{bmatrix}, \quad \boldsymbol{G} = \begin{bmatrix} \boldsymbol{CB} \\ \boldsymbol{C}(\boldsymbol{A}+\boldsymbol{I})\boldsymbol{B} \\ \boldsymbol{C}(\boldsymbol{A}^2+\boldsymbol{A}+\boldsymbol{I})\boldsymbol{B} \\ \vdots \\ \boldsymbol{C}(\boldsymbol{A}^{n_\mathrm{p}-1}+\ldots+\boldsymbol{I})\boldsymbol{B} \end{bmatrix},$$

$$\boldsymbol{H} = \begin{bmatrix} \boldsymbol{CB} & \boldsymbol{0} & \cdots & \boldsymbol{0} \\ \boldsymbol{C}(\boldsymbol{A}+\boldsymbol{I})\boldsymbol{B} & \boldsymbol{CB} & \cdots & \boldsymbol{0} \\ \boldsymbol{C}(\boldsymbol{A}^2+\boldsymbol{A}+\boldsymbol{I})\boldsymbol{B} & \boldsymbol{C}(\boldsymbol{A}+\boldsymbol{I})\boldsymbol{B} & \cdots & \boldsymbol{0} \\ \vdots & \vdots & \ddots & \vdots \\ \boldsymbol{C}(\boldsymbol{A}^{n_\mathrm{c}-1}+\ldots+\boldsymbol{I})\boldsymbol{B} & \boldsymbol{C}(\boldsymbol{A}^{n_\mathrm{c}-2}+\ldots+\boldsymbol{I})\boldsymbol{B} & \cdots & \boldsymbol{CB} \\ \boldsymbol{C}(\boldsymbol{A}^{n_\mathrm{c}}+\ldots+\boldsymbol{I})\boldsymbol{B} & \boldsymbol{C}(\boldsymbol{A}^{n_\mathrm{c}-1}+\ldots+\boldsymbol{I})\boldsymbol{B} & \cdots & \boldsymbol{C}(\boldsymbol{A}+\boldsymbol{I})\boldsymbol{B} \\ \vdots & \vdots & \ddots & \vdots \\ \boldsymbol{C}(\boldsymbol{A}^{n_\mathrm{p}-1}+\ldots+\boldsymbol{I})\boldsymbol{B} & \boldsymbol{C}(\boldsymbol{A}^{n_\mathrm{p}-2}+\ldots+\boldsymbol{I})\boldsymbol{B} & \cdots & \boldsymbol{C}(\boldsymbol{A}^{n_\mathrm{p}-n_\mathrm{c}}+\ldots+\boldsymbol{I})\boldsymbol{B} \end{bmatrix}$$

mit $\boldsymbol{F} \in I\!R^{rn_\mathrm{p}\times n}$, $\boldsymbol{G} \in I\!R^{rn_\mathrm{p}\times m}$ und $\boldsymbol{H} \in I\!R^{rn_\mathrm{p}\times mn_\mathrm{c}}$ gilt. Dabei ist der Anteil

$$\boldsymbol{g}(k) = \boldsymbol{F}\boldsymbol{x}(k) + \boldsymbol{G}\boldsymbol{u}(k-1)$$

in Gleichung (6.8) durch die schon erfolgten Schritte $0, \ldots, k-1$ der Regelung vorgegeben. Während der Term $\boldsymbol{g}(k)$ also konstant ist, enthält der Anteil $\boldsymbol{H}\Delta\bar{\boldsymbol{u}}(k)$ in Gl. (6.8) die zu optimierende Stellgrößenfolge $\Delta\boldsymbol{u}(k), \ldots, \Delta\boldsymbol{u}(k+n_\mathrm{c}-1)$. Man verkürzt Gl. (6.8) daher zu

$$\bar{\boldsymbol{y}}(k+1) = \boldsymbol{g}(k) + \boldsymbol{H}\Delta\bar{\boldsymbol{u}}(k). \tag{6.9}$$

Minimiert werden soll nun das konvexe Gütemaß

$$\begin{aligned} J(\Delta\bar{\boldsymbol{u}}(k)) = {} & (\bar{\boldsymbol{y}}(k+1) - \bar{\boldsymbol{y}}_\mathrm{R}(k+1))^T \boldsymbol{Q}\,(\bar{\boldsymbol{y}}(k+1) - \bar{\boldsymbol{y}}_\mathrm{R}(k+1)) \\ & + \Delta\bar{\boldsymbol{u}}^T(k)\boldsymbol{R}\Delta\bar{\boldsymbol{u}}(k), \end{aligned} \tag{6.10}$$

wobei $\boldsymbol{Q}$ eine positiv definite $rn_\mathrm{p} \times rn_\mathrm{p}$ - Matrix und $\boldsymbol{R}$ eine positiv definite $mn_\mathrm{c} \times mn_\mathrm{c}$ - Matrix ist. Der rn_p - dimensionale Vektor

$$\bar{\boldsymbol{y}}_\mathrm{R}(k+1) = \begin{bmatrix} \boldsymbol{y}_\mathrm{R}(k+1) \\ \boldsymbol{y}_\mathrm{R}(k+2) \\ \vdots \\ \boldsymbol{y}_\mathrm{R}(k+n_\mathrm{p}) \end{bmatrix}$$

beinhaltet den Verlauf der Referenzgröße $\boldsymbol{y}_\mathrm{R}(k+i)$. Man setzt Gl. (6.9) in das Gütemaß (6.10) ein und erhält mit der Abkürzung

$$\boldsymbol{e}(k) = \boldsymbol{g}(k) - \bar{\boldsymbol{y}}_\mathrm{R}(k+1)$$

die Darstellung

$$\begin{aligned} J(\Delta\bar{\boldsymbol{u}}(k)) &= (\boldsymbol{e}(k) + \boldsymbol{H}\Delta\bar{\boldsymbol{u}}(k))^T \boldsymbol{Q}\,(\boldsymbol{e}(k) + \boldsymbol{H}\Delta\bar{\boldsymbol{u}}(k)) + \Delta\bar{\boldsymbol{u}}^T(k)\boldsymbol{R}\Delta\bar{\boldsymbol{u}}(k) \\ &= \Delta\bar{\boldsymbol{u}}^T(k)\left(\boldsymbol{H}^T\boldsymbol{Q}\boldsymbol{H} + \boldsymbol{R}\right)\Delta\bar{\boldsymbol{u}}(k) \\ &\quad + 2\Delta\bar{\boldsymbol{u}}^T(k)\boldsymbol{H}^T\boldsymbol{Q}\boldsymbol{e}(k) + \boldsymbol{e}^T(k)\boldsymbol{Q}\boldsymbol{e}(k). \end{aligned} \tag{6.11}$$

Die Bedingung für ein Minimum dieser konvexen Gütefunktion,

$$\frac{\partial J(\Delta\bar{\boldsymbol{u}}(k))}{\partial \Delta\bar{\boldsymbol{u}}(k)} = \boldsymbol{0},$$

liefert die lineare Gleichung

$$\left(\boldsymbol{H}^T\boldsymbol{Q}\boldsymbol{H} + \boldsymbol{R}\right)\Delta\bar{\boldsymbol{u}}(k) + \boldsymbol{H}^T\boldsymbol{Q}\boldsymbol{e}(k) = \boldsymbol{0}.$$

Hieraus ergeben sich die gesuchten Stellgrößen zu

$$\Delta\bar{\boldsymbol{u}}(k) = -\left(\boldsymbol{H}^T\boldsymbol{Q}\boldsymbol{H} + \boldsymbol{R}\right)^{-1}\boldsymbol{H}^T\boldsymbol{Q}\boldsymbol{e}(k).$$

Von den im Vektor

$$\Delta\bar{\boldsymbol{u}}(k) = \begin{bmatrix} \Delta\boldsymbol{u}(k) \\ \Delta\boldsymbol{u}(k+1) \\ \Delta\boldsymbol{u}(k+2) \\ \vdots \\ \Delta\boldsymbol{u}(k+n_\mathrm{c}-1) \end{bmatrix}$$

zusammengefassten Stellgrößen wird allerdings, wie bereits erwähnt, nur der erste Stellgrößenschritt $\Delta\boldsymbol{u}(k)$ zur Regelung genutzt. Wir betrachten daher nur das erste Element

$$\Delta\boldsymbol{u}(k) = -\boldsymbol{K}\boldsymbol{e}(k)$$

dieses Vektors mit

$$\boldsymbol{K} = \begin{bmatrix} \boldsymbol{I} \ \boldsymbol{0} \cdots \boldsymbol{0} \end{bmatrix} \left[\left(\boldsymbol{H}^T\boldsymbol{Q}\boldsymbol{H} + \boldsymbol{R} \right)^{-1} \boldsymbol{H}^T\boldsymbol{Q} \right],$$

wobei $\boldsymbol{I} \in I\!R^{m\times m}$ ist. Das Regelgesetz ist linear, besitzt eine Dynamik und lautet zusammengefasst

$$\begin{aligned} \boldsymbol{u}(k) &= \boldsymbol{u}(k-1) + \Delta\boldsymbol{u}(k) = \boldsymbol{u}(k-1) - \boldsymbol{K}\boldsymbol{e}(k), \\ \boldsymbol{e}(k) &= \boldsymbol{F}\boldsymbol{x}(k) + \boldsymbol{G}\boldsymbol{u}(k-1) - \bar{\boldsymbol{y}}_\mathrm{R}(k+1). \end{aligned}$$

Bild 6.4 zeigt die zugehörige Struktur der linearen MPR ohne Beschränkungen. Auf einen Beobachter wurde dabei verzichtet. Ein solcher kann aber ohne Weiteres zur Bestimmung des zur Regelung nötigen Zustandsvektors $\boldsymbol{x}(k)$ in den Regelkreis eingefügt werden.

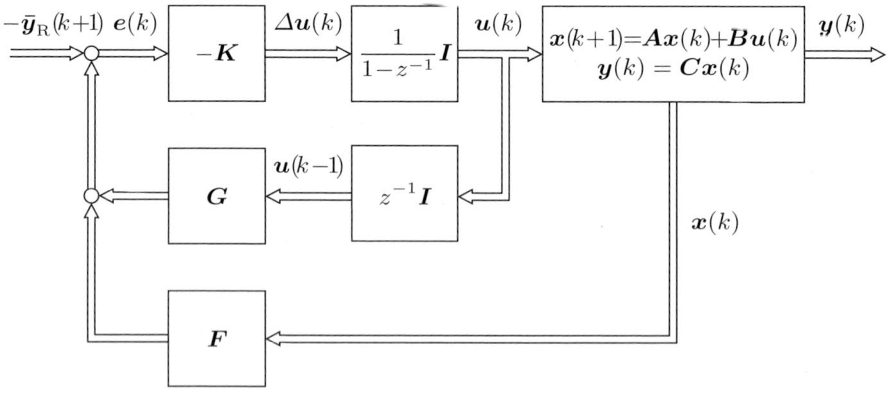

Bild 6.4: MPR für eine lineare Regelstrecke ohne Beschränkungen.

6.1.3 LMPR mit Beschränkungen

Wie schon erwähnt, hat die lineare MPR ohne Beschränkungen keine große praktische Relevanz und wurde hier vor allem beschrieben, um einen einfach verständlichen Zugang zur Thematik zu finden und die prinzipielle Funktionsweise zu erläutern.

In der industriellen Praxis findet die lineare MPR Verwendung, wenn die zu optimierenden Variablen beispielsweise im Stellgrößenvektor $\boldsymbol{u}(k)$ Beschränkungen

$$\underbrace{\begin{bmatrix} u_{\text{min},1} \\ u_{\text{min},2} \\ \vdots \\ u_{\text{min},m} \end{bmatrix}}_{\boldsymbol{u}_{\text{min}}} \leq \underbrace{\begin{bmatrix} u_1(k) \\ u_2(k) \\ \vdots \\ u_m(k) \end{bmatrix}}_{\boldsymbol{u}(k)} \leq \underbrace{\begin{bmatrix} u_{\text{max},1} \\ u_{\text{max},2} \\ \vdots \\ u_{\text{max},m} \end{bmatrix}}_{\boldsymbol{u}_{\text{max}}}$$

unterliegen. Diese Beschränkungen der Stellgrößen lassen sich auch in Abhängigkeit der Stellgrößenänderungen darstellen. So schreibt man

$$\begin{aligned}
\boldsymbol{u}_{\text{min}} \leq \boldsymbol{u}(k) &= \boldsymbol{u}(k-1) + \Delta\boldsymbol{u}(k) && \leq \boldsymbol{u}_{\text{max}}, \\
\boldsymbol{u}_{\text{min}} \leq \boldsymbol{u}(k+1) &= \boldsymbol{u}(k-1) + \Delta\boldsymbol{u}(k) + \Delta\boldsymbol{u}(k+1) && \leq \boldsymbol{u}_{\text{max}}, \\
\boldsymbol{u}_{\text{min}} \leq \boldsymbol{u}(k+2) &= \boldsymbol{u}(k-1) + \Delta\boldsymbol{u}(k) + \Delta\boldsymbol{u}(k+1) + \Delta\boldsymbol{u}(k+2) && \leq \boldsymbol{u}_{\text{max}}, \\
&\vdots \\
\boldsymbol{u}_{\text{min}} \leq \boldsymbol{u}(k+n_{\text{c}}-1) &= \boldsymbol{u}(k-1) + \Delta\boldsymbol{u}(k) + \quad \ldots \quad + \Delta\boldsymbol{u}(k+n_{\text{c}}-1) && \leq \boldsymbol{u}_{\text{max}}.
\end{aligned} \tag{6.12}$$

Wir definieren

$$\bar{\boldsymbol{u}}_{\text{min}} = \begin{bmatrix} \boldsymbol{u}_{\text{min}} \\ \vdots \\ \boldsymbol{u}_{\text{min}} \end{bmatrix} \quad \text{und} \quad \bar{\boldsymbol{u}}_{\text{max}} = \begin{bmatrix} \boldsymbol{u}_{\text{max}} \\ \vdots \\ \boldsymbol{u}_{\text{max}} \end{bmatrix}$$

als Vektoren der Länge mn_{c}. Gl. (6.12) lässt sich dann in der Matrixform

$$\bar{\boldsymbol{u}}_{\text{min}} \leq \boldsymbol{E} \cdot \boldsymbol{u}(k-1) + \boldsymbol{D} \cdot \Delta\bar{\boldsymbol{u}}(k) \leq \bar{\boldsymbol{u}}_{\text{max}} \tag{6.13}$$

mit der $mn_{\text{c}} \times m$ - Matrix

$$\boldsymbol{E} = \begin{bmatrix} \boldsymbol{I} \\ \vdots \\ \boldsymbol{I} \end{bmatrix}$$

und der unteren $mn_\mathrm{c} \times mn_\mathrm{c}$ - Dreiecksmatrix

$$\boldsymbol{D} = \begin{bmatrix} \boldsymbol{I} & \boldsymbol{0} & \boldsymbol{0} & \cdots & \boldsymbol{0} \\ \boldsymbol{I} & \boldsymbol{I} & \boldsymbol{0} & \cdots & \boldsymbol{0} \\ \vdots & \vdots & \vdots & \ddots & \vdots \\ \boldsymbol{I} & \boldsymbol{I} & \boldsymbol{I} & \cdots & \boldsymbol{I} \end{bmatrix}$$

darstellen. Die Matrizen $\boldsymbol{I}$ sind Einheitsmatrizen der Dimension $m \times m$.

Von Bedeutung sind des Weiteren Beschränkungen der Änderungsrate der Stellgrößen, d. h. Beschränkungen der Art

$$\Delta\bar{\boldsymbol{u}}_\mathrm{min} \le \Delta\bar{\boldsymbol{u}}(k) \le \Delta\bar{\boldsymbol{u}}_\mathrm{max}. \tag{6.14}$$

Die Vektoren $\Delta\bar{\boldsymbol{u}}_\mathrm{min}$ und $\Delta\bar{\boldsymbol{u}}_\mathrm{max}$ sind ähnlich aufgebaut wie die Vektoren $\bar{\boldsymbol{u}}_\mathrm{min}$ und $\bar{\boldsymbol{u}}_\mathrm{max}$ und besitzen auch deren Dimension.

Außer Stellgrößen können auch Zustandsgrößen x_i oder Ausgangsgrößen y_i Beschränkungen

$$\underbrace{\begin{bmatrix} y_{\mathrm{min},1} \\ y_{\mathrm{min},2} \\ \vdots \\ y_{\mathrm{min},r} \end{bmatrix}}_{\boldsymbol{y}_\mathrm{min}} \le \underbrace{\begin{bmatrix} y_1(k) \\ y_2(k) \\ \vdots \\ y_r(k) \end{bmatrix}}_{\boldsymbol{y}(k)} \le \underbrace{\begin{bmatrix} y_{\mathrm{max},1} \\ y_{\mathrm{max},2} \\ \vdots \\ y_{\mathrm{max},r} \end{bmatrix}}_{\boldsymbol{y}_\mathrm{max}}$$

unterliegen. Diese lassen sich im Fall der betrachteten linearen Systeme in Beschränkungen der Stellgrößenänderung umrechnen. So gilt für

$$\bar{\boldsymbol{y}}_\mathrm{min} \le \bar{\boldsymbol{y}}(k+1) \le \bar{\boldsymbol{y}}_\mathrm{max}$$

mit Gl. (6.9)

$$\bar{\boldsymbol{y}}_\mathrm{min} \le \boldsymbol{g}(k) + \boldsymbol{H}\Delta\bar{\boldsymbol{u}}(k) \le \bar{\boldsymbol{y}}_\mathrm{max}. \tag{6.15}$$

Dabei ist

$$\bar{\boldsymbol{y}}_\mathrm{min} = \begin{bmatrix} \boldsymbol{y}_\mathrm{min} \\ \vdots \\ \boldsymbol{y}_\mathrm{min} \end{bmatrix} \in I\!R^{rn_\mathrm{p} \times 1}$$

und für $\bar{\boldsymbol{y}}_\mathrm{max}$ gilt Entsprechendes. Beschränkungen von x_i sehen ähnlich aus.

Zusammengefasst lassen sich die Ungleichungen (6.13), (6.14) und (6.15) in die Form

$$\boldsymbol{W}\Delta\bar{\boldsymbol{u}}(k) \le \boldsymbol{w}$$

mit

$$\boldsymbol{W} = \begin{bmatrix} -\boldsymbol{D} \\ \boldsymbol{D} \\ -\boldsymbol{I} \\ \boldsymbol{I} \\ -\boldsymbol{H} \\ \boldsymbol{H} \end{bmatrix} \qquad \text{und} \qquad \boldsymbol{w} = \begin{bmatrix} -\bar{\boldsymbol{u}}_{\min} + \boldsymbol{E}\boldsymbol{u}(k-1) \\ \bar{\boldsymbol{u}}_{\max} - \boldsymbol{E}\boldsymbol{u}(k-1) \\ -\Delta\bar{\boldsymbol{u}}_{\min} \\ \Delta\bar{\boldsymbol{u}}_{\max} \\ -\bar{\boldsymbol{y}}_{\min} + \boldsymbol{g}(k) \\ \bar{\boldsymbol{y}}_{\max} - \boldsymbol{g}(k) \end{bmatrix}$$

bringen. So erhält man ein beschränktes Optimierungsproblem der Form

$$\min_{\Delta\bar{\boldsymbol{u}}(k)} J(\Delta\bar{\boldsymbol{u}}(k)) \tag{6.16}$$

mit den linearen Restriktionen

$$\boldsymbol{W} \cdot \Delta\bar{\boldsymbol{u}}(k) \leq \boldsymbol{w}. \tag{6.17}$$

Ist die Gütefunktion durch eine positiv definite quadratische Form gegeben, wie im vorherigen Abschnitt 6.1.2, so können wir die Gütefunktion (6.11) verwenden und es liegt ein konvexes quadratisches Optimierungsproblem mit linearen Restriktionen vor. In diesem Fall besitzt das quadratische Optimierungsproblem (6.16), (6.17) nur ein Minimum. Dieses Minimum kann in der Regel nicht analytisch, sondern nur numerisch bestimmt werden. Es existieren allerdings sicher konvergente Standardverfahren der quadratischen Programmierung, kurz QP-Verfahren genannt, mit denen das Minimum berechenbar ist [25, 44, 192]. An dieser Stelle werden die Nachteile der modelbasierten prädiktiven Regelung deutlich: Das Regelgesetz ist nicht explizit angebbar und seine Auswertung zeitaufwendig.

6.1.4 Beispiel Entwässerungssystem

Zur Entwässerung von Gebieten mit hohem Grundwasserspiegel, wie sie beispielsweise in den Niederlanden oder den Everglades der USA vorkommen, werden Kanalsysteme eingesetzt. Insbesondere bei oder nach starken Regenfällen muss Wasser aus den Entwässerungskanälen in benachbarte Flüsse oder das Meer abgepumpt werden. Ansonsten würde ein zu hoher Wasserstand Deich, Dörfer und landwirtschaftliche Flächen gefährden. Ein zu niedriger Wasserstand in den Kanälen ist allerdings auch problematisch, da hierdurch Böschungsrutsche verursacht werden können. Auch große Schwankungen des Wasserstandes können durch Pumpeffekte eine Auflockerung des Erdreiches in den Kanalwandungen bewirken, die eine Beschädigung der Kanäle nach sich zieht.

Man möchte den Wasserstand in den Kanälen daher weder zu niedrig noch zu hoch werden lassen. Vielmehr soll sich der Wasserstand innerhalb eines vorgegebenen Toleranzbandes bewegen. Zu diesem Zweck setzt man Regelungen ein, mit denen die aus den Kanälen abgepumpte Wassermenge festgelegt wird. Bild 6.5 zeigt den Aufbau eines solchen Entwässerungssystems. Bei meeresnahen Anlagen werden zusätzlich Speicherkanäle genutzt, in die das Wasser bei Hochwasser gepumpt wird. Bei Niedrigwasser fließt das Wasser dann ohne zusätzliche Pumpleistung ins Meer ab.

Der Wasserstand h im Kanalsystem ist abhängig vom Regenwasser, das in die Kanäle fließt, und der Menge des abgepumpten Wassers [224] gemäß der Beziehung

$$h(k+1) = h(k) + \frac{T}{A}(q_{\mathrm{Re}}(k) - q_{\mathrm{P}}(k - k_{\mathrm{d}})). \tag{6.18}$$

Dabei gibt q_{Re} die Wassermenge pro Sekunde an, die aufgrund von Regenfällen oder eventuell nachströmendem Grundwasser in die Kanäle fließt, und q_{P} die abgepumpte Wassermenge pro Sekunde. Die Fläche A umfasst die gesamte Fläche der Kanäle, T ist die Zeitspanne in Sekunden zwischen den Zeitpunkten k und $k+1$ und k_{d} ist die Anzahl der Zeitschritte, nach denen die Stellgröße q_{P} auf den Wasserstand in den Kanälen wirkt.

Wir betrachten das Entwässerungssystem des Delflandes in den Niederlanden. Es weist die Parameterwerte

$$A = 7300000\mathrm{m}^2 = 7.3\,\mathrm{km}^2, \qquad T = 900\,\mathrm{s}, \qquad k_{\mathrm{d}} = 1$$

auf. Wasserstand h und Pumpvolumenstrom q_{P} sind durch

$$-0.55\,\mathrm{m} \leq h \leq -0.30\,\mathrm{m}$$

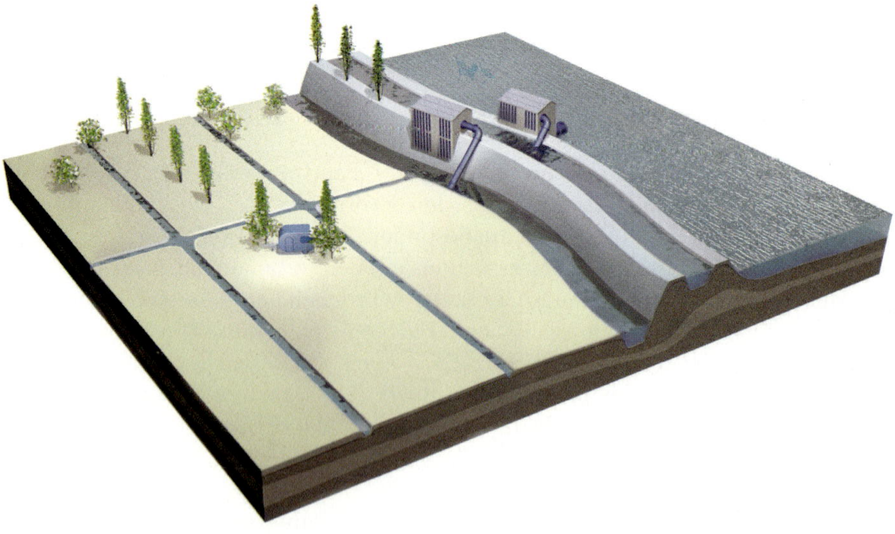

Bild 6.5: Entwässerungssystem.

und

$$0\,\mathrm{m}^3\mathrm{s}^{-1} \leq q_{\mathrm{P}} \leq 75\,\mathrm{m}^3\mathrm{s}^{-1}$$

begrenzt. Der Sollwert des Wasserstandes h beträgt $h_{\mathrm{soll}} = -0.40\,\mathrm{m}$. Der Wasserstand h der Kanäle wird bezüglich des Meeresspiegels angegeben, d. h., im Fall $h = 0$ entspricht der Wasserstand der Kanäle dem Meeresspiegel. Er liegt im betrachteten Beispiel des Delflandes ungefähr einen halben Meter unter dem Meeresspiegel.

Die Zustandsgrößen des Systems aus Gl. (6.18) sind die Wasserstandshöhe $x_1(k) = h(k)$ und die um einen Zeitschritt $k_{\mathrm{d}} = 1$ verzögerte Stellgröße

$$x_2(k) = q_{\mathrm{P}}(k-1).$$

Mit obigen Parameterwerten und der aktuellen Stellgröße

$$u(k) = q_{\mathrm{P}}(k)$$

erhalten wir aus Gl. (6.18) als Modell

$$\begin{aligned} x_1(k+1) &= x_1(k) - 1.23 \cdot 10^{-4} x_2(k) + 1.23 \cdot 10^{-4} q_{\mathrm{Re}}(k), \\ x_2(k+1) &= u(k), \\ y(k) &= x_1(k). \end{aligned}$$

Dabei wirkt q_{Re} als Störung.

Das Ziel einer Regelung ist es nun, Störungen q_{Re} aufgrund starken Niederschlages so auszuregeln, dass der Wasserstand x_1 unter Einhaltung der Beschränkungen $-0.55 \leq x_1 \leq -0.30$ auf den Sollwert $x_1 = -0.4$ geführt wird. Dabei soll die Stellgröße u die Beschränkungen $0 \leq u \leq 75$ nicht verletzen.

Offensichtlich ist obige Regelungsaufgabe gut geeignet für eine modellbasierte prädiktive Regelung. Denn zum einen steht mit $T = 900\,\mathrm{s}$ zwischen zwei Regleraktionen ausreichend Rechenzeit zur Verfügung und zum anderen können mit einer modellprädiktiven Regelung die Beschränkungen von $y = x_1$ und u gut berücksichtigt werden.

Für die Auslegung der MPR wählen wir als Prädiktionshorizont $n_{\mathrm{p}} = 97$ und als Stellhorizont $n_{\mathrm{c}} = 2$. Der lange Prädiktionshorizont von 24 h und 15 min erlaubt u. a. die Einbeziehung einer prognostizierten Regenmenge aufgrund einer Wettervorhersage. Diese Regenmenge kann über q_{Re} in der Regelung Berücksichtigung finden.

Für das Gütemaß wählen wir

$$J = (\bar{\boldsymbol{y}}(k+1) - \bar{\boldsymbol{y}}_{\mathrm{R}}(k+1))^T (\bar{\boldsymbol{y}}(k+1) - \bar{\boldsymbol{y}}_{\mathrm{R}}(k+1)) + r \Delta\bar{\boldsymbol{u}}^T(k) \Delta\bar{\boldsymbol{u}}(k), \tag{6.19}$$

wobei für den Referenzwert des Wasserstandes $y_{\mathrm{R}} = h_{\mathrm{soll}} = -0.4\,\mathrm{m}$ gilt. D. h., es gilt

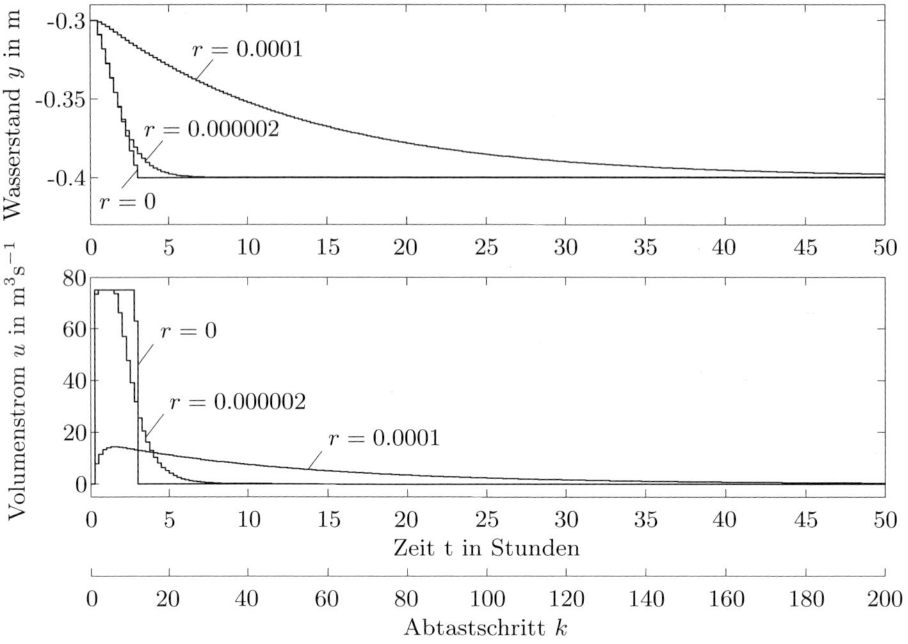

Bild 6.6: Ausgangsverlauf y und Stellgrößenverlauf u.

$$\bar{\boldsymbol{y}}_{\mathrm{R}}(i) = [-0.4\,\mathrm{m}\ -0.4\,\mathrm{m}\ \cdots\ -0.4\,\mathrm{m}]^T$$

für alle $i = 0, 1, \ldots$

Als praktischen Beispielfall betrachten wir einen erhöhten Wasserstand von $x_1(0) = -0.3\,\mathrm{m}$ nach einer Schlechtwetterfront. Der zweite Anfangswert ist $x_2(0) = 0$. Bild 6.6 zeigt die Verläufe der Stellgröße u und des Wasserstandes y. Dabei sind drei verschiedene Regler verwendet worden, die sich aus verschiedenen Gewichtungsfaktoren r im Gütemaß (6.19) ergeben. Erwartungsgemäß ist die modellprädiktive Regelung für $r = 0$ am schnellsten und wird für $r = 0.000002$ und $r = 0.0001$ langsamer. Von r hängt auch die Änderungsrate der Stellgröße u ab. Spielt ein abruptes Hoch- und Runterfahren des Pumpvolumenstromes u keine Rolle, so kann $r = 0$ gewählt werden. Möchte man lieber weniger starke Änderungen Δu im Pumpenvolumenstrom u realisieren, so wählt man einen größeren Wert r. Oder man führt zusätzlich eine Beschränkung von Δu ein.

In Bild 6.7 ist die während der Regelung zu minimierende Gütefunktion (6.19) dargestellt. Die Höhenlinien von J haben die Form von sehr langgestreckten Ellipsen. Dargestellt ist des Weiteren das zulässige Gebiet für die Optimierungsvariablen Δu_1 und Δu_2, wie es sich aus den Beschränkungen ergibt. Die Form der Höhenlinien der Gütefunktion und das zulässige Gebiet hängen vom Zeitschritt k ab, d. h., sie verändern sich während eines Ausregelvorganges.

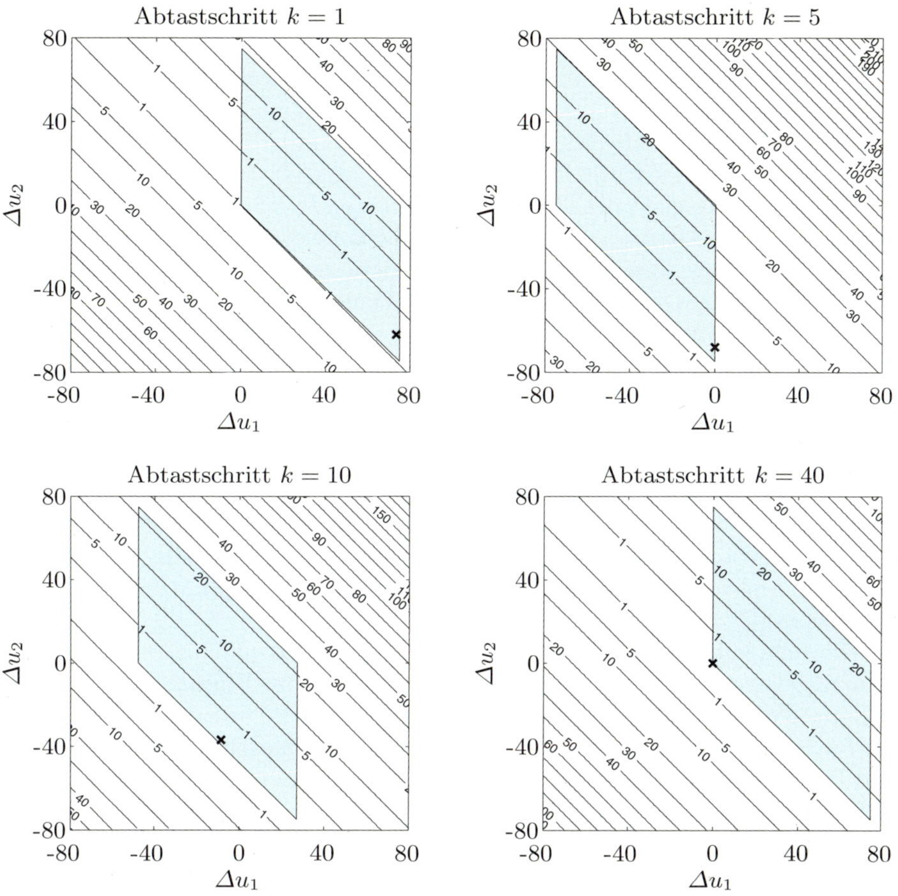

Bild 6.7: Illustration der zu lösenden Optimierungsprobleme in den Zeitschritten $k = 1$, $k = 5$, $k = 10$ und $k = 40$ für den Fall $r = 0.000002$. Dargestellt sind die Höhenlinien von J und das zulässige Optimierungsgebiet (blau). Ein Kreuz markiert das jeweilige Minimum.

6.1.5 Nichtlineare modellbasierte prädiktive Regelung

Bei nichtlinearen Regelstrecken

$$\begin{aligned} \dot{\boldsymbol{x}} &= \boldsymbol{f}(\boldsymbol{x}, \boldsymbol{u}), \\ \boldsymbol{y} &= \boldsymbol{g}(\boldsymbol{x}) \end{aligned} \tag{6.20}$$

oder

$$\begin{aligned} \boldsymbol{x}(k+1) &= \boldsymbol{f}(\boldsymbol{x}(k), \boldsymbol{u}(k)), \\ \boldsymbol{y}(k) &= \boldsymbol{g}(\boldsymbol{x}(k)) \end{aligned} \tag{6.21}$$

lassen sich MPR ähnlich anwenden wie bei linearen Regelstrecken. Allerdings sind Implementierung und Ablauf meistens deutlich komplizierter und aufwendiger als im linearen Fall. Dies ist darauf zurückzuführen, dass das Optimierungsproblem aufgrund der nichtlinearen Systemdynamik (6.21) keine einfache Form mehr aufweist. Insbesondere ist es im Allgemeinen nicht mehr konvex. Die Nichtlinearität der Systemlösung von Gl. (6.21) verursacht eine komplexe Abhängigkeit des Gütefunktionswertes J von den zu optimierenden Stellgrößenwerten $\boldsymbol{u}(k+i)$. Ein solches nicht konvexes Optimierungsproblem besitzt oft mehrere lokale Minima und es existieren keine sicher konvergenten Lösungsverfahren. Das prinzipielle Vorgehen entspricht trotz der komplexeren Numerik dem Ablauf der LMPR.

Zur Lösung des beschränkten Optimierungsproblems verwendet man numerische Optimierungsverfahren [8, 61, 153], wobei eines der Hauptprobleme oft darin besteht, das Optimierungsproblem in Echtzeit zu lösen. Als besonders zeitaufwendig stellt sich dabei heraus, dass für jeden Stellgrößenverlauf und jede Gütewertberechnung die Lösung des Systems (6.20) bestimmt werden muss. In der Regel geschieht das im zeitkontinuierlichen Fall (6.20) mittels eines Integrationsverfahrens, z. B. des Runge-Kutta-Verfahrens. Im Fall diskreter Systeme erfolgt die Berechnung der Systemlösung unmittelbar über die Rekursionsgleichung (6.21).

Die Echtzeitproblematik hat zur Folge, dass MPR nur bei relativ langsamen Regelstrecken, z. B. in der Prozessindustrie, zum Einsatz kommen. Ein weiteres Problem nichtlinearer MPR, abgekürzt NMPR, ist die Sicherstellung der Stabilität des Regelkreises. Aufgrund der Nichtlinearität der Regelstrecke und des nicht explizit angebbaren Regelgesetzes kann diese im Allgemeinen nicht garantiert werden.

Wir betrachten die Stabilitätsproblematik im Folgenden genauer. Ausgangspunkt unserer Betrachtungen ist das System (6.21), wobei der Eingangsgrößenvektor $\boldsymbol{u}$ gemäß $\boldsymbol{u} \in W \subset I\!R^m$ und der Zustandsvektor $\boldsymbol{x}$ gemäß $\boldsymbol{x} \in X \subset I\!R^n$ beschränkt sind. Für die NMPR gelte im Weiteren $n_\mathrm{p} = n_\mathrm{c}$. Als zu minimierende Gütefunktion setzen wir die Funktion

$$J(k) = \sum_{i=k}^{k+n_\mathrm{c}-1} Q(\boldsymbol{x}(i), \boldsymbol{u}(i))$$

an. Dabei kann die Funktion Q z. B. quadratische Bewertungsterme, ähnlich denen in Gl. (6.1), besitzen. In jedem Fall muss

$$Q(\boldsymbol{x}, \boldsymbol{u}) > 0$$

für alle $\boldsymbol{x} \neq \boldsymbol{0}$ und $\boldsymbol{u} \neq \boldsymbol{0}$ gelten. Des Weiteren soll das geregelte System in

$$\boldsymbol{x}(k) = \boldsymbol{0}$$

für $\boldsymbol{u}(k) = \boldsymbol{0}$ eine Ruhelage besitzen und es soll

$$Q(\boldsymbol{0}, \boldsymbol{0}) = 0$$

gelten. Aufgrund dieser Forderung gilt insbesondere auch

$$J(k) = 0$$

für $\boldsymbol{x}(k) = \boldsymbol{0}$ und für $\boldsymbol{u}(i) = \boldsymbol{0},\ i = k, k+1, \ldots$

Wir beachten, dass das Gütemaß J mittelbar nur vom Zustandsvektor $\boldsymbol{x}$ abhängt, da der Stellgrößenvektor $\boldsymbol{u}$ über die NMPR von $\boldsymbol{x}$ abhängt. Somit scheint uns die Gütefunktion J eine Kandidatin für eine Ljapunov-Funktion des prädiktiv geregelten Systems zu sein. Denn sie ist im Ursprung $\boldsymbol{x} = \boldsymbol{0}$ identisch null und sonst überall positiv. Als dritte Bedingung einer Ljapunov-Funktion (siehe Abschnitt 2.3.4) muss J noch die Forderung

$$J(k) - J(k-1) < 0 \tag{6.22}$$

erfüllen, d. h., $J(k)$ muss im Verlauf jedes Ausregelvorganges abnehmen.

Die Bedingung (6.22) ist auch erfüllt, wenn $J(k)$ nur wenig kleiner ist als $J(k-1)$. Dann erfolgt die Ausregelung aber sehr langsam. Scokaert, Mayne und Rawlings [263] verschärfen die Bedingung (6.22) daher zu

$$J(k) - J(k-1) < -\mu Q(\boldsymbol{x}(k-1), \boldsymbol{u}(k-1)), \tag{6.23}$$

wobei $\mu \in (0,1)$ gilt.

Für Werte μ nahe null wird die Optimierungsprozedur leichter eine Lösung

$$\boldsymbol{u}(k), \ldots, \boldsymbol{u}(k + n_\mathrm{c} - 1)$$

finden als für große Werte μ, weil es in diesem Fall mehr Lösungen gibt. Der Preis, der hierfür zu zahlen ist, besteht in einer oft nur geringen Abnahme des Gütewertes J. Folglich ist die Ausregelung dann wieder langsam.

Wählt man μ nahe bei eins, so ist die Abnahme von J von einem Schritt $k-1$ zum nächsten größer. Allerdings ist nun der Lösungsraum stärker eingeschränkt, so dass die Berechnung einer Lösung komplizierter wird und länger dauern kann.

Während der Ausführung der MPR muss ständig überprüft werden, ob die Ungleichung (6.23) eingehalten wird. Sobald die Optimierungsprozedur eine entsprechende Stellgrößenfolge $\boldsymbol{u}(k), \ldots, \boldsymbol{u}(k+n_\mathrm{c}-1)$ gefunden hat, sind zwei Fälle denkbar. Im ersten steht noch Optimierungszeit zur Verfügung. Sie kann benutzt werden, um das Ergebnis zu verbessern. Im zweiten ist die zur Verfügung stehende Optimierungszeit verbraucht und die Stellgröße $\boldsymbol{u}(k)$ wird auf die Regelstrecke geschaltet. Die Optimierung startet dann erneut mit $\tilde{k} = k+1$ und sucht eine neue Kombination von Werten

$$\boldsymbol{u}(\tilde{k}), \ldots, \boldsymbol{u}(\tilde{k} + n_\mathrm{c} - 1).$$

Günstigerweise benutzt man dabei den alten Satz von Stellgrößen $\boldsymbol{u}(k), \ldots, \boldsymbol{u}(k+n_\mathrm{c}-1)$ als Startpunkt der Optimierung.

Die Gütefunktion J ist zwar als Ljapunov-Funktion geeignet, jedoch können wir ihre Abnahme entlang einer Trajektorie, d. h. die Erfüllung der Ungleichung (6.22), nur numerisch während eines Ausregelvorganges feststellen. Der Stabilitätssatz von Ljapunov fordert aber für den Nachweis der Stabilität die Überprüfung der Bedingung (6.22) in einer Umgebung $U(\mathbf{0})$ der Ruhelage $\boldsymbol{x}_{\mathrm{R}} = \mathbf{0}$, d. h. für alle $\boldsymbol{x} \in U(\mathbf{0}) \setminus \{\mathbf{0}\}$ und nicht nur für einzelne Trajektorien. Da wir die Abnahme von J jedoch nur für einzelne Trajektorien und nicht in der gesamten Umgebung von $\boldsymbol{x} = \mathbf{0}$ prüfen können, ist die obige Vorgehensweise nicht hinreichend für den Stabilitätsnachweis.

Obige Problematik lässt sich an einem Gedankenbeispiel veranschaulichen. Wir betrachten einen nichtlinearen modellprädiktiven Regelkreis zweiter Ordnung. Er besitzt eine Ruhelage bei $\boldsymbol{x} = \mathbf{0}$ und einen kreisförmigen stabilen Grenzzyklus mit einem Mittelpunkt bei $\boldsymbol{x} = \mathbf{0}$. Wir starten den Ausregelvorgang mittels des prädiktiven Reglers, wie wir ihn oben beschrieben haben, in einem Punkt $\boldsymbol{x}_0$ außerhalb des Grenzzyklus. Die Trajektorie $\boldsymbol{x}(k)$ des Regelkreises läuft nun vom Punkt $\boldsymbol{x}(0)$ asymptotisch in den Grenzzyklus hinein. Dabei nimmt das Gütemaß J beständig ab, so dass die Ungleichung (6.22) oder (6.23) erfüllt ist. Die Trajektorie $\boldsymbol{x}(k)$ läuft also trotz der Abnahme von J nicht in die Ruhelage $\boldsymbol{x}_{\mathrm{R}} = \mathbf{0}$. Bild 6.8 illustriert diesen Sachverhalt.

Halten wir als Resümee fest, dass wir nicht feststellen können, ob das Gütemaß J eine Ljapunov-Funktion ist. Die Abnahme von J während einer Ausregelung bildet lediglich eine praxisorientierte Bedingung für die Stabilität des prädiktiven Regelungssystems. Um nun sicherstellen zu können, dass die Ruhelage $\boldsymbol{x}_{\mathrm{R}} = \mathbf{0}$ auch wirklich erreicht wird, d. h. Stabilität vorliegt, fordern wir zusätzlich zur Abnahme von J noch

$$\boldsymbol{x}(k + n_{\mathrm{c}}) = \mathbf{0} \tag{6.24}$$

in jedem Zeitschritt k.

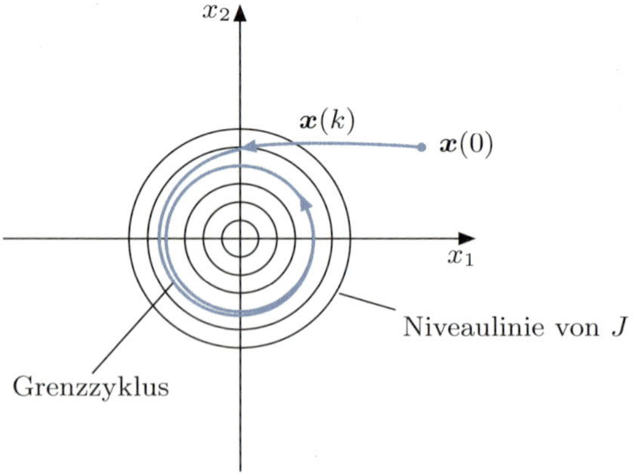

Bild 6.8: Beispiel für die kontinuierliche Abnahme des Güteintegrals J entlang einer Trajektorie, ohne dass die Trajektorie $\boldsymbol{x}(k)$ gegen null strebt.

Gleichung (6.24) ist eine weitere Nebenbedingung in der Optimierungsaufgabe. Um sie zu erfüllen, muss der Stellhorizont n_c ausreichend groß sein. Dies kann sehr große Werte n_c erfordern, wodurch die Anzahl der zu optimierenden n_c Stellgrößenwerte

$$\boldsymbol{u}(k), \ldots, \boldsymbol{u}(k + n_c - 1)$$

ebenfalls sehr groß wird.

Die letztere Problematik wird abgeschwächt, wenn man anstelle der Restriktion (6.24) fordert, dass

$$\boldsymbol{x}(k + n_c) \in U(\mathbf{0})$$

gilt, wobei $U(\mathbf{0})$ eine Umgebung der Ruhelage $\boldsymbol{x}_R = \mathbf{0}$ ist. $U(\mathbf{0})$ kann dabei ein Toleranzgebiet sein, dessen Zustandswerte $\boldsymbol{x} \in U(\mathbf{0})$ man als Zielwerte der Regelung akzeptiert, weil ihre Abweichung von $\boldsymbol{x} = \mathbf{0}$ hinreichend klein ist. Die Umgebung $U(\mathbf{0})$ kann aber auch ein Gebiet sein, in dem man anstelle der prädiktiven Regelung $\boldsymbol{u}_1(\boldsymbol{x})$ einen anderen Regler $\boldsymbol{u}_2(\boldsymbol{x})$ verwendet. In diesem Fall legt man den Regler $\boldsymbol{u}_2(\boldsymbol{x})$ so aus, dass er für alle $\boldsymbol{x} \in U(\mathbf{0})$ zu einer stabilen Ausregelung in die Ruhelage $\boldsymbol{x}_R = \mathbf{0}$ führt. Die Umgebung $U(\mathbf{0})$ wird dabei als Ljapunov-Gebiet ausgelegt. Keine Trajektorie $\boldsymbol{x}(k)$ verlässt $U(\mathbf{0})$ dann wieder. Eine Ausregelung für ein $\boldsymbol{x}_0 \notin U(\mathbf{0})$ beginnt mit der prädiktiven Regelung $\boldsymbol{u}_1(\boldsymbol{x})$ und schaltet auf den zweiten Regler $\boldsymbol{u}_2(\boldsymbol{x})$ um, sobald $\boldsymbol{x}(k) \in U(\mathbf{0})$ gilt. Bild 6.9 illustriert dieses Regelgesetz.

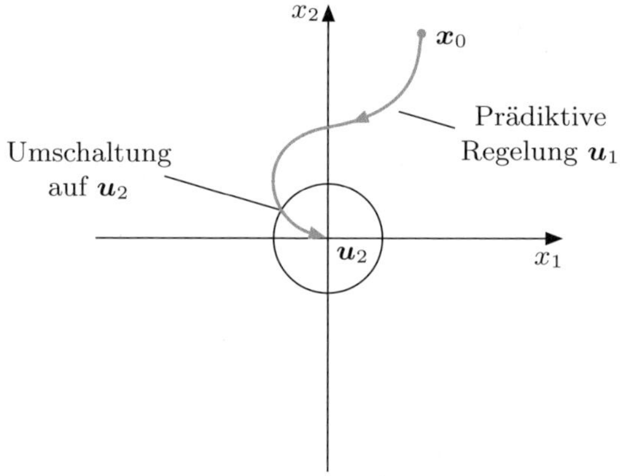

Bild 6.9: Prädiktive Dual-mode-Regelung.

Das Regelgesetz $\boldsymbol{u}_2(\boldsymbol{x})$ kann man z. B. linear auslegen, wobei man eine um $\boldsymbol{x} = \mathbf{0}$ linearisierte Streckenbeschreibung zugrunde legt. Regelungen dieser Art mit zwei Regelgesetzen $\boldsymbol{u}_1$ und $\boldsymbol{u}_2$ bezeichnet man als *Dual-mode-Regler*. Obige Überlegungen können wir in dem von Scokaert, Mayne und Rawlings [263] vorgeschlagenen nachfolgenden Dual-mode-MPR-Algorithmus zusammenfassen:

Schritt 1: Wähle ein $\mu \in (0,1)$.

Schritt 2: Sei $k=0$. Wenn $\boldsymbol{x}(0) \in U(\boldsymbol{0})$, dann setze $\boldsymbol{u}(0) = \boldsymbol{u}_2(\boldsymbol{x}(0))$. Andernfalls finde durch Optimierung von J eine Stellgrößenfolge

$$\boldsymbol{u}(0), \boldsymbol{u}(1), \ldots, \boldsymbol{u}(n_\mathrm{c}-1)$$

mit einer zugehörigen Zustandsgrößenfolge

$$\boldsymbol{x}(0), \boldsymbol{x}(1), \ldots, \boldsymbol{x}(n_\mathrm{c}),$$

so dass

$$\begin{aligned} \boldsymbol{u}(i) &\in W \quad && \text{für alle } i = 0, \ldots, n_\mathrm{c}-1, \\ \boldsymbol{x}(i) &\in X && \text{für alle } i = 0, \ldots, n_\mathrm{c}, \\ \boldsymbol{x}(n_\mathrm{c}) &\in U(\boldsymbol{0}) \end{aligned}$$

gilt. Verwende als aktiven Stellgrößenwert $\boldsymbol{u}(0)$.

Schritt 3: Sei $k \neq 0$. Wenn $\boldsymbol{x}(k) \in U(\boldsymbol{0})$, dann setze $\boldsymbol{u}(k) = \boldsymbol{u}_2(\boldsymbol{x}(k))$. Andernfalls finde durch Optimierung von J eine Stellgrößenfolge

$$\boldsymbol{u}(k), \ldots, \boldsymbol{u}(k+n_\mathrm{c}-1)$$

mit einer zugehörigen Zustandsgrößenfolge

$$\boldsymbol{x}(k), \ldots, \boldsymbol{x}(k+n_\mathrm{c}),$$

so dass

$$\begin{aligned} \boldsymbol{u}(i) &\in W \quad && \text{für alle } i = k, \ldots, k+n_\mathrm{c}-1, \\ \boldsymbol{x}(i) &\in X && \text{für alle } i = k, \ldots, k+n_\mathrm{c}, \\ \boldsymbol{x}(k+n_\mathrm{c}) &\in U(\boldsymbol{0}) \end{aligned}$$

und

$$J(k) - J(k-1) < -\mu Q(\boldsymbol{x}(k-1), \boldsymbol{u}(k-1))$$

gilt. Bei der Optimierung von J wählt man die Stellgrößenfolge des vorherigen Schrittes als Startpunkt. Verwende als aktiven Stellgrößenwert $\boldsymbol{u}(k)$. Wiederhole Schritt 3.

Es soll an dieser Stelle nicht verschwiegen werden, dass Stabilitätsuntersuchungen bei nichtlinearen MPR in der industriellen Praxis oft vernachlässigt werden. Oder die Stabilität wird nur simulatorisch für ausgewählte Fälle untersucht. Neben dem hohen Rechenaufwand ist die nicht oder nur aufwendig durchführbare Stabilitätssicherung der wesentliche Nachteil der MPR.

6.1.6 Beispiel Eindampfanlage

Wir betrachten als Beispiel eine Eindampfanlage, wie sie z. B. zur Herstellung von Sirup in Zuckerfabriken verwendet wird [214, 306]. Wie in Bild 6.10 dargestellt, besteht die Anlage aus einem Verdampfer, einem Abscheider und einem Kondensator. Der Eingangsstoff, Rohsaft aus Zuckerrüben, wird dem Verdampfer zugeführt, der als Wärmetauscher ausgelegt ist. Der Wärmetauscher wird mit Dampf des Druckes P_{D} beheizt. Der im Verdampfer unter dem Druck P_{V} erhitzte Ausgangsstoff verlässt diesen als Gemisch aus Dampf und Flüssigkeit und gelangt dann in den Abscheider. In ihm wird der Dampf abgetrennt und in einen Kondensator geleitet. Gekühlt durch Wasser, das mit der Zuflussrate q_{C} in den Kondensator strömt, kondensiert der Dampf und wird aus der Anlage abgeführt. Das im Abscheider gesammelte Konzentrat hat dort den Füllstand h. Ein Teil dieses Konzentrates mit der Konzentration K_{P} wird dem Prozess nun mit der Volumenrate q_{P} als Produkt entnommen. Der weitaus größere Teil wird jedoch, mit dem Eingangsstoff vermischt, dem Verdampfer erneut zugeführt.

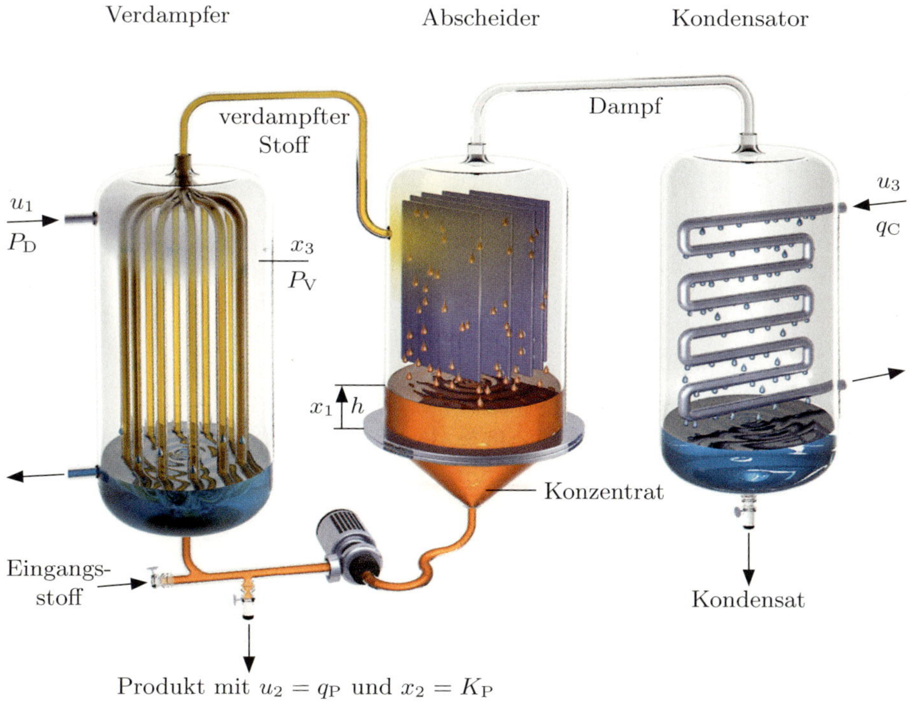

Bild 6.10: Eindampfanlage mit Verdampfer, Abscheider und Kondensator.

Das System lässt sich durch ein nichtlineares Modell dritter Ordnung beschreiben. Dabei sind $x_1 = h$, $x_2 = K_\mathrm{P}$ und $x_3 = P_\mathrm{V}$ die Zustandsvariablen und $u_1 = P_\mathrm{D}$, $u_2 = q_\mathrm{P}$ und $u_3 = q_\mathrm{C}$ die Stellgrößen des Systems. Wir messen x_1 in m, x_2 in %, x_3 und u_1 in kPa und u_2 sowie u_3 in kg min^{-1}. Das Modell hat die folgende Ausprägung:

$$\begin{aligned}
\dot{x}_1 &= a_1 x_3 + a_2 x_2 - b_1 u_1 - b_2 u_2 - k_1,\\
\dot{x}_2 &= -a_3 x_2 u_2 + k_2,\\
\dot{x}_3 &= -a_4 x_3 - a_5 x_2 + b_3 u_1 - \frac{a_6 x_3 + b_4}{b_5 u_3 + k_3} u_3 + k_4.
\end{aligned} \tag{6.25}$$

Die Parameter des Systems sind

$$\begin{aligned}
a_1 &= 0.00751, & b_1 &= 0.00192, & k_1 &= 0.01061,\\
a_2 &= 0.00418, & b_2 &= 0.05, & k_2 &= 2.5,\\
a_3 &= 0.05, & b_3 &= 0.00959, & k_3 &= 6.84,\\
a_4 &= 0.03755, & b_4 &= 0.1866, & k_4 &= 2.5531,\\
a_5 &= 0.02091, & b_5 &= 0.14, & &\\
a_6 &= 0.00315. & & & &
\end{aligned}$$

Die Zustandsvariablen sind auch gleichzeitig die Ausgangsvariablen $y_1 = x_1$, $y_2 = x_2$ und $y_3 = x_3$ des Prozesses. Sowohl die Zustandsvariablen als auch die Stellgrößen unterliegen Beschränkungen der Form

$$\begin{aligned}
0\,\mathrm{m} &\le x_1 \le 2\,\mathrm{m},\\
0\,\% &\le x_2 \le 50\,\%,\\
0\,\mathrm{kPa} &\le x_3 \le 100\,\mathrm{kPa},\\
0\,\mathrm{kPa} &\le u_1 \le 400\,\mathrm{kPa},\\
0\,\mathrm{kg\,min^{-1}} &\le u_2 \le 4\,\mathrm{kg\,min^{-1}},\\
0\,\mathrm{kg\,min^{-1}} &\le u_3 \le 400\,\mathrm{kg\,min^{-1}}.
\end{aligned} \tag{6.26}$$

Die Ruhelage $\boldsymbol{x}_\mathrm{R}$ des Systems (6.25) kann über die Stellgrößenwerte

$$\begin{aligned}
u_{1\mathrm{R}} &= \frac{1}{b_1}\left(a_1 x_{3\mathrm{R}} + a_2 x_{2\mathrm{R}} - k_1 - \frac{b_2 k_2}{a_3 x_{2\mathrm{R}}}\right),\\
u_{2\mathrm{R}} &= \frac{k_2}{a_3 x_{2\mathrm{R}}},\\
u_{3\mathrm{R}} &= \frac{k_3(-a_4 x_{3\mathrm{R}} - a_5 x_{2\mathrm{R}} + k_4 + b_3 u_{1\mathrm{R}})}{(a_6 + a_4 b_5) x_{3\mathrm{R}} + a_5 b_5 x_{2\mathrm{R}} - b_5 k_4 + b_4 - b_3 b_5 u_{1\mathrm{R}}}
\end{aligned}$$

vorgegeben werden. Im Folgenden wählen wir

$$\boldsymbol{x}_\mathrm{R} = [1 \quad 15 \quad 70]^T,$$

woraus sich

$$\boldsymbol{u}_{\mathrm{R}} = \begin{bmatrix} 214.13 & 3.33 & 65.40 \end{bmatrix}^T$$

ergibt.

Um eine modellprädiktive Regelung verwenden zu können, legen wir den Regler zeitdiskret aus. Dabei beträgt die Dauer eines Stellgrößenschrittes $T = 1\,\mathrm{min}$.

Wir wählen für den Prädiktions- und den Stellhorizont $n_{\mathrm{p}} = n_{\mathrm{c}} = 5$ und als Gütefunktion

$$J(k) = \sum_{i=k}^{k+4} (\boldsymbol{x}(i) - \boldsymbol{x}_{\mathrm{R}})^T \boldsymbol{Q}\,(\boldsymbol{x}(i) - \boldsymbol{x}_{\mathrm{R}}) + r\,(\boldsymbol{u}(i) - \boldsymbol{u}_{\mathrm{R}})^T\,(\boldsymbol{u}(i) - \boldsymbol{u}_{\mathrm{R}})\,.$$

Dabei ist

$$\boldsymbol{Q} = \begin{bmatrix} 100 & 0 & 0 \\ 0 & 1 & 0 \\ 0 & 0 & 10 \end{bmatrix}$$

und $r = 0.1$. Die Gütefunktion mit den Nebenbedingungen (6.26) wandeln wir mittels einer Barrierefunktion so um, dass eine nicht beschränkte Gütefunktion

$$\tilde{J}(k) = \begin{cases} J(k), & \text{wenn alle } \boldsymbol{x}(i), \boldsymbol{u}(i), i = 1, \ldots, 4, \text{ die Gl.(6.26) erfüllen,} \\ \infty, & \text{wenn ein } \boldsymbol{x}(i), \boldsymbol{u}(i), i = 1, \ldots, 4, \text{ die Gl.(6.26) nicht erfüllt,} \end{cases}$$

zu minimieren ist. Das Gütemaß $\tilde{J}$ lässt sich aufgrund der kartesischen Begrenzungen durch Gl. (6.26) effizient mit dem Optimierungsverfahren von Hooke und Jeeves [116, 262] minimieren. Die dabei nötige numerische Lösung der Systemgleichung (6.25) führen wir mittels des Verfahrens von Euler-Cauchy mit einer Schrittweite von 2.4 s aus.

Eine Stabilitätsuntersuchung für diese NMPR wäre kompliziert und sehr aufwendig. Daher verzichten wir auf sie. Theoretisch ist das unbefriedigend, in der Praxis aber, wie erwähnt, häufig anzutreffen.

Wir betrachten den auszuregelnden Anfangszustand

$$\boldsymbol{x}(0) = \begin{bmatrix} 1 \\ 25 \\ 50 \end{bmatrix}.$$

Die Ausregelverläufe und Stellgrößenverläufe, die die MPR bewirkt, zeigt Bild 6.11. Neben der guten Ausregelung erkennt man des Weiteren, dass alle Beschränkungen (6.26) für x_1, x_2, x_3, u_1, u_2 und u_3 eingehalten werden. Insbesondere gilt das für die Durchflüsse u_2 und u_3, die jeweils 4 min und 7 min auf ihrem maximalen und minimalen Wert von $u_2 = 4\ \mathrm{kg\,min^{-1}}$ und $u_3 = 0\ \mathrm{kg\,min^{-1}}$ gehalten werden.

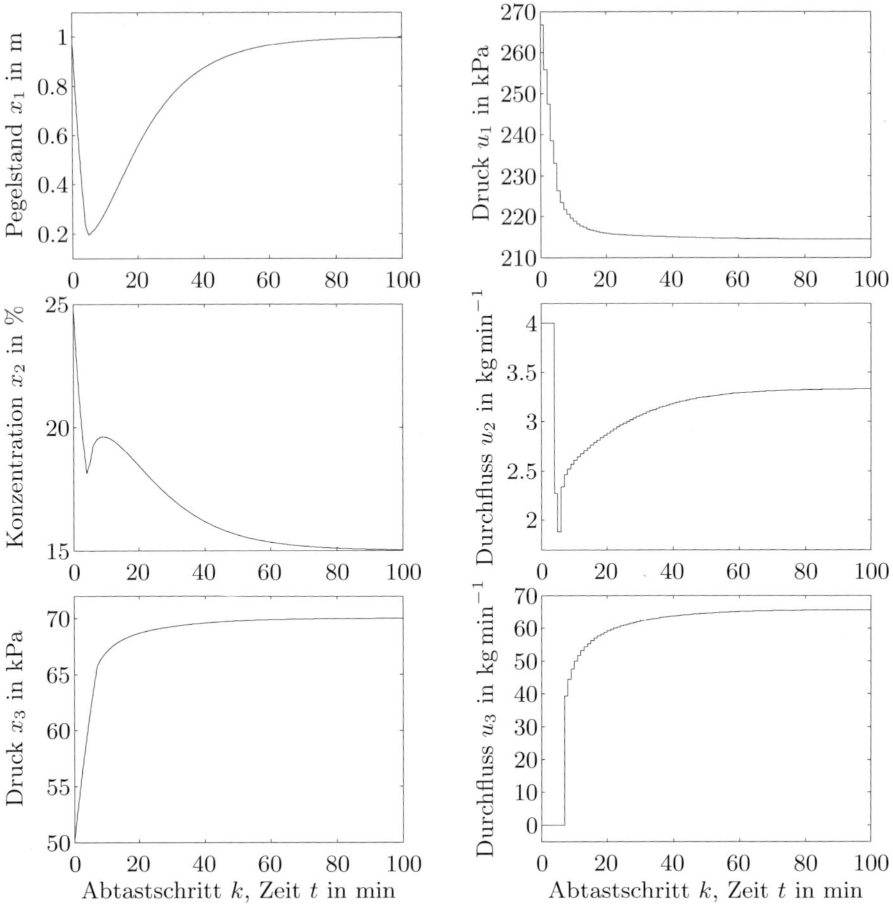

Bild 6.11: Eindampfanlage mit prädiktiver Regelung mit Abtastzeit $T = 1$ min.

6.2 Strukturvariable Regelungen mit Gleitzustand

6.2.1 Funktionsweise und Eigenschaften

Gleitzustandsregler[1], auch *Sliding-mode-Regler* genannt, schalten zwischen zwei Regelgesetzen in Abhängigkeit vom Zustandsvektor hin und her. Dabei treten Gleitzustände auf, die als Vorteil die Robustheit der Regelung gegenüber Parameterschwankungen der Regelstrecke aufweisen. Nachteilig ist das

[1] In der englischsprachigen Literatur werden Gleitzustandsregler meistens als „*variable-structure controls*“ bezeichnet. Strukturvariable Regelungen umfassen allerdings, wie in Kapitel 4.3 beschrieben, eine viel größere Klasse von Regelungen als nur Gleitzustandsregler.

hochfrequente Schalten des Stellgliedes. Dies führt häufig zu vorzeitigem Verschleiß.

Ursprünglich zur Regelung linearer Systeme gedacht, wurden später Erweiterungen für nichtlineare Regelstrecken vorgenommen. Wir betrachten im Weiteren zuerst lineare Regelstrecken, da anhand dieser Systeme die wesentlichen Grundlagen der Gleitzustandsregelung erfassbar sind. Darauf aufbauend werden im Abschnitt 6.2.6 dann auch nichtlineare Regelstrecken in die Betrachtungen einbezogen.

Um das Prinzip der Gleitzustandsregelung zu erläutern, wird zu Beginn als einfaches Beispiel die Regelstrecke

$$\begin{aligned} \dot{x}_1 &= x_2, \\ \dot{x}_2 &= a \cdot u, \qquad a > 0, \end{aligned} \tag{6.27}$$

mit dem Regler

$$u = -u_{\max} \operatorname{sgn}(x_2 + m x_1) \tag{6.28}$$

betrachtet. Hierbei sind $u_{\max}$ und m reelle Konstanten des Reglers. Betrachtet man obigen Regelkreis in der Zustandsebene, so lässt sich feststellen, dass das Regelgesetz die Zustandsebene durch die Schaltgerade

$$x_2 = -m x_1 \tag{6.29}$$

in zwei Bereiche teilt. Unterhalb der Schaltgeraden gilt

$$u = u_{\max},$$

oberhalb

$$u = -u_{\max}.$$

Bild 6.12 zeigt beispielhaft die Schaltgerade (6.29) und die Trajektorien der Regelstrecke für die Stellgrößen $u = \pm u_{\max}$, die der Regler (6.28) ausgeben kann.

Für die Trajektorien $\boldsymbol{x}(t) = [x_1(t)\ x_2(t)]^T$ des Systems ergeben sich Parabeläste. Um sie zu bestimmen, ermittelt man für $u = u_{\max}$ die Lösungen der Differenzialgleichungen (6.27) zu

$$x_2 = x_2(0) + \int_0^t a u_{\max}\, d\tau = a u_{\max} t + x_2(0), \tag{6.30}$$

$$x_1 = x_1(0) + \int_0^t x_2\, d\tau = \frac{1}{2} a u_{\max} t^2 + x_2(0) t + x_1(0). \tag{6.31}$$

Aus Gl. (6.30) resultiert

$$t = \frac{x_2 - x_2(0)}{a u_{\max}}.$$

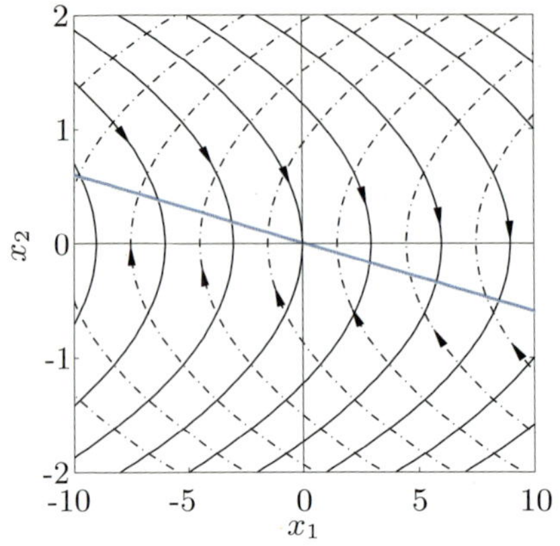

Bild 6.12: Systemtrajektorien für $u = -u_{\max}$ (durchgezogen) und für $u = u_{\max}$ (strichpunktiert) sowie die blau dargestellte Schaltgerade.

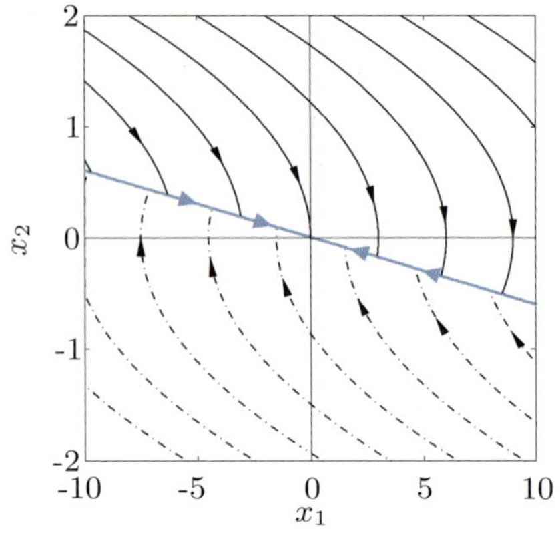

Bild 6.13: Trajektorien des Regelkreises mit blau dargestelltem Gleitzustand. Oberhalb der Schaltgeraden ist $u = -u_{\max}$, unterhalb gilt $u = u_{\max}$.

Eingesetzt in Gl. (6.31) ergibt sich

$$x_1 = \frac{x_2^2}{2au_{\max}} - \frac{x_2(0)^2}{2au_{\max}} + x_1(0).$$

Die Parabeläste sind also symmetrisch zur x_2-Achse, d. h., sie haben ihre Scheitelpunkte auf der x_2-Achse. Für den Fall $u = -u_{\max}$ ergibt sich analog

$$x_1 = -\frac{x_2^2}{2au_{\max}} + \frac{x_2(0)^2}{2au_{\max}} + x_1(0).$$

Das Regelgesetz (6.28) bewirkt, dass die Trajektorien von beiden Seiten auf die Schaltgerade $x_2 = -mx_1$ zulaufen. Bild 6.13 illustriert dies für den Wert $m = 0.06$. Dieser Trajektorienverlauf verursacht nach dem Auftreffen auf die Schaltgerade ein ständiges Hin- und Herschalten zwischen $-u_{\max}$ und $u_{\max}$. Dabei gleitet die Trajektorie $\boldsymbol{x}(t)$ auf der Schaltgeraden in die Ruhelage $\boldsymbol{x}_{\mathrm{R}} = \mathbf{0}$. Beschrieben wird die Dynamik des Gleitens durch die Schaltgerade (6.29) selbst, die über

$$x_2 = \dot{x}_1 = -mx_1 \tag{6.32}$$

eine Dynamik vorgibt. Theoretisch wechselt die Trajektorie dabei unendlich schnell mit infinitesimal kleiner Auslenkung von einer Seite der Schaltgeraden zur anderen.

Dabei tritt ein Schalten zwischen $-u_{\max}$ und $u_{\max}$ mit unendlich hoher Frequenz auf, das als *Rattern* bezeichnet wird. In der Praxis ist die Schaltfrequenz natürlich nicht unendlich groß, sondern hängt von der Geschwindigkeit des Stellglieds ab. Das Rattern ist, wie schon erwähnt, ein eklatanter Nachteil der Gleitzustandsregelung, denn mechanische Stellglieder verschleißen dadurch schnell.

Die Regelung hat aber auch einen Vorteil, denn im Gleitzustand ist die Regelung robust gegen Variationen der Regelstrecke. D. h., die Regelkreisdynamik ist immer dieselbe, auch wenn sich die Regelstrecke ändert. So liegt beim vorangegangenen Beispiel im Gleitzustand mit Gl. (6.32) die Dynamik

$$\begin{aligned}\dot{x}_1 &= -mx_1,\\ \dot{x}_2 &= \ddot{x}_1 = -m\dot{x}_1 = m^2x_1 = -mx_2\end{aligned}$$

vor. Diese Dynamik ist also unabhängig vom Parameter a der Regelstrecke (6.27).

6.2.2 Entwurf für lineare Regelstrecken

Der Ausregelvorgang einer Gleitzustandsregelung kann in drei Bereiche unterteilt werden:

(1) die Eintreffphase, in der die Trajektorien auf die Schaltgerade bzw. Schalthyperebene zulaufen und sie in endlicher Zeit erreichen,
(2) die Gleitzustandsphase, in der die Trajektorie auf der Schalthyperebene in die Ruhelage gleitet und
(3) die Ruhelage $\boldsymbol{x}_{\mathrm{R}} = \mathbf{0}$, in der das System stabil verbleibt.

Für eine global stabile Ruhelage $\boldsymbol{x}_{\mathrm{R}} = \mathbf{0}$ muss sichergestellt sein, dass alle Trajektorien des Systems in endlicher Zeit auf die Schaltebene und dann im Gleitzustand in die Ruhelage $\boldsymbol{x}_{\mathrm{R}} = \mathbf{0}$ laufen.

Wir betrachten, wie erwähnt, lineare Regelstrecken

$$\dot{\boldsymbol{x}} = \boldsymbol{A}\boldsymbol{x} + \boldsymbol{b}u$$

mit einer Schaltfläche

$$s(\boldsymbol{x}) = 0$$

und dem Regelgesetz

$$u(\boldsymbol{x}) = \begin{cases} u_+(\boldsymbol{x}) & \text{für } s(\boldsymbol{x}) > 0,\\ u_-(\boldsymbol{x}) & \text{für } s(\boldsymbol{x}) < 0.\end{cases}$$

Die Stellgröße u ist hierbei nicht für $s(\boldsymbol{x}) = 0$ definiert. In den meisten Fällen verwendet man als Schaltfunktion

$$s(\boldsymbol{x}) = \boldsymbol{r}^T\boldsymbol{x},$$

also eine Schaltfläche $\boldsymbol{r}^T\boldsymbol{x} = 0$.

Als erstes soll die Erreichbarkeit der Schaltfläche für alle Trajektorien des Zustandsraumes sichergestellt werden. Eine notwendige Bedingung hierfür ist, dass die Trajektorien des Regelkreises von beiden Seiten auf die Schaltfläche zulaufen, so wie es Bild 6.13 zeigt. D. h., es muss

$$\dot{s} < 0 \quad \text{für} \quad s(\boldsymbol{x}) > 0$$

und

$$\dot{s} > 0 \quad \text{für} \quad s(\boldsymbol{x}) < 0$$

gelten. Fasst man beide Bedingungen zusammen, so erhält man

$$s\dot{s} < 0$$

als Bedingung für einen Gleitzustand. Hierbei gilt

$$\dot{s} = \text{grad}^T s(\boldsymbol{x}) \cdot \dot{\boldsymbol{x}}$$

und für den Fall $s(\boldsymbol{x}) = \boldsymbol{r}^T\boldsymbol{x}$ ergibt sich dann $\dot{s} = \boldsymbol{r}^T\dot{\boldsymbol{x}}$. Leider sichert die Bedingung $s\dot{s} < 0$ nicht für jeden denkbaren Fall, dass die Trajektorien die Schaltebene $s(\boldsymbol{x}) = 0$ in endlicher Zeit erreichen. Die Bedingung ist also notwendig, aber nicht hinreichend für eine funktionsfähige Gleitzustandsregelung.

Es gibt verschiedene Ansätze, die Erreichbarkeit der Schaltfläche für alle Trajektorien in endlicher Zeit zu gewährleisten. Ein sehr verbreiteter Ansatz ist der von Gao und Hung [94]. Hier wird die Abnahme $\dot{s}(\boldsymbol{x})$ der Schaltfunktion entlang der Trajektorien $\boldsymbol{x}(t)$ vorgegeben. Es gilt

$$\dot{s}(\boldsymbol{x}) = -q\,\text{sgn}(s(\boldsymbol{x})) - ks(\boldsymbol{x}) \tag{6.33}$$

mit positiven Konstanten q und k. Offensichtlich erfüllt im Falle der Gl. (6.33) die Schaltfläche s die notwendige Bedingung

$$s\dot{s} = -q|s| - k \cdot s^2 < 0.$$

Da s aufgrund der Wahl von $\dot{s}$ in Gl. (6.33) auch für sehr kleine Werte von $|s|$ eine Abnahmerate $\dot{s} < -q$ bzw. eine Zunahmerate von $\dot{s} > q$ aufweist, erreichen die Trajektorien $\boldsymbol{x}(t)$ die Schaltfläche auch in endlicher Zeit.

Berücksichtigt man, dass

$$\dot{s}(\boldsymbol{x}) = \text{grad}^T s(\boldsymbol{x}) \cdot \dot{\boldsymbol{x}} = \text{grad}^T s(\boldsymbol{x}) \cdot (\boldsymbol{A}\boldsymbol{x} + \boldsymbol{b}u)$$

ist, so erhält man aus Gl. (6.33) für das Regelgesetz

$$u(\boldsymbol{x}) = -\frac{\text{grad}^T s(\boldsymbol{x}) \cdot \boldsymbol{A}\boldsymbol{x} + q\,\text{sgn}(s(\boldsymbol{x})) + ks(\boldsymbol{x})}{\text{grad}^T s(\boldsymbol{x}) \cdot \boldsymbol{b}}.$$

Für den Fall einer Schalthyperebene als Schaltfläche

$$s(\boldsymbol{x}) = \boldsymbol{r}^T\boldsymbol{x} = 0$$

ergibt sich

$$u(\boldsymbol{x}) = -\frac{\boldsymbol{r}^T\boldsymbol{A}\boldsymbol{x} + q\,\text{sgn}(\boldsymbol{r}^T\boldsymbol{x}) + k\boldsymbol{r}^T\boldsymbol{x}}{\boldsymbol{r}^T\boldsymbol{b}}.$$

Durch die frei wählbaren positiven Parameter q und k kann die Regeldynamik günstig beeinflusst werden.

Es sei angemerkt, dass Gleitzustandsregler auch für Systeme mit mehreren Eingangsgrößen, also für

$$\dot{\boldsymbol{x}} = \boldsymbol{A}\boldsymbol{x} + \boldsymbol{B}\boldsymbol{u},$$

entworfen werden können [124, 257, 308].

6.2.3 Dynamik im Gleitzustand

Wenn die Trajektorien $\boldsymbol{x}(t)$ die Schaltfläche erreichen und der Gleitzustand einsetzt, stellt sich die Frage, welche Dynamik der Regelkreis im Gleitzustand besitzt. Problematisch bei der Betrachtung dieser Frage ist die Unstetigkeit der Differenzialgleichung

$$\dot{\boldsymbol{x}} = \boldsymbol{A}\boldsymbol{x} + \boldsymbol{b}u, \quad u(\boldsymbol{x}) = \begin{cases} u_+(\boldsymbol{x}) & \text{für } s(\boldsymbol{x}) > 0, \\ u_-(\boldsymbol{x}) & \text{für } s(\boldsymbol{x}) < 0, \end{cases}$$

des geschlossenen Regelkreises auf der Schaltfläche

$$s(\boldsymbol{x}) = \boldsymbol{r}^T\boldsymbol{x} = 0.$$

Die Differenzialgleichung ist offensichtlich auf der Schaltfläche nicht definiert, d. h., die Existenz und Eindeutigkeit ihrer Lösung ist dort nicht gesichert. Es existieren verschiedene Verfahren [124] dieses Problem zu lösen, wie z. B. die Methode von Filippov [76].

Wir bestimmen die Dynamik des Systems im Gleitzustand hier nach der folgenden, häufig verwendeten Methode. Man transformiert die Regelstrecke in die Regelungsnormalform

$$\begin{aligned} \dot{x}_1 &= x_2, \\ &\vdots \\ \dot{x}_{n-1} &= x_n, \\ \dot{x}_n &= -a_0x_1 - a_1x_2 - \ldots - a_{n-1}x_n + u. \end{aligned} \tag{6.34}$$

Des Weiteren löst man die Gleichung der Schaltfläche

$$\boldsymbol{r}^T\boldsymbol{x} = r_1x_1 + \ldots + r_{n-1}x_{n-1} + r_nx_n = 0 \tag{6.35}$$

nach x_n auf, d. h., es gilt

$$x_n = -r_1x_1 - \ldots - r_{n-1}x_{n-1}. \tag{6.36}$$

Der Koeffizient r_n wurde dabei, $r_n \neq 0$ vorausgesetzt, ohne Einschränkung der Allgemeinheit zu $r_n = 1$ gewählt.

Nun substituiert man in der Regelungsnormalform (6.34) der Strecke die Zustandsgröße x_n durch Gl. (6.36) und erhält das Differenzialgleichungssystem

$$\begin{aligned} \dot{x}_1 &= x_2, \\ &\vdots \\ \dot{x}_{n-2} &= x_{n-1}, \\ \dot{x}_{n-1} &= -r_1 x_1 - \ldots - r_{n-1} x_{n-1}, \end{aligned} \tag{6.37}$$

das die Dynamik des Regelkreises im Gleitzustand beschreibt. Man beachte, dass die Zustandsgröße x_n in diesem Fall durch die algebraische Gleichung (6.36) gegeben ist und die Gleichung für $\dot{x}_n$ daher entfällt. Die Differenzialgleichungen (6.37) sind nicht mehr von den Parametern a_i der Regelstrecke abhängig. D. h., der Regelkreis (6.37) ist robust gegenüber Parameterschwankungen der Regelstrecke. Beachtenswert ist darüber hinaus, dass sich die Systemordnung um einen Grad auf die Ordnung $n-1$ verringert hat und die Koeffizienten r_i der Schaltfläche (6.35) die Koeffizienten des charakteristischen Polynoms der linearen Dynamik (6.37) im Falle des Gleitzustandes bilden.

6.2.4 Nachweis der Robustheit

Der wesentliche Vorteil von Sliding-mode-Reglern ist ihre Robustheit gegenüber Variationen $\Delta\boldsymbol{A}$ der Regelstreckenparameter oder äußeren Störungen $\boldsymbol{d}(t)$, wenn diese in der Systembeschreibung

$$\dot{\boldsymbol{x}} = (\boldsymbol{A} + \Delta\boldsymbol{A})\,\boldsymbol{x} + \boldsymbol{b}u + \boldsymbol{d}$$

auftauchen. D. h., die Dynamik des geschlossenen Regelkreises hängt, wie in Gl. (6.37), im Gleitzustand nur von den Parametern r_i der Schaltfläche $s(\boldsymbol{x}) = \boldsymbol{r}^T\boldsymbol{x}$ ab. Die Dynamik ist unabhängig von $\Delta\boldsymbol{A}$ und $\boldsymbol{d}$.

Wenn die folgenden Bedingungen beide erfüllt sind [64], stellt sich die oben beschriebene Robustheit auch wirklich ein:

(1) Es gibt einen Vektor $\boldsymbol{p}$, so dass $\Delta\boldsymbol{A} = \boldsymbol{b} \cdot \boldsymbol{p}^T$ gilt.
(2) Es gibt ein $\alpha(t)$, so dass $\boldsymbol{d}(t) = \boldsymbol{b} \cdot \alpha(t)$ gilt.

Wenn das System beispielsweise in Regelungsnormalform

$$\dot{\boldsymbol{x}} = \begin{bmatrix} 0 & 1 & 0 & \cdots & 0 \\ 0 & 0 & 1 & \cdots & 0 \\ \vdots & \vdots & \vdots & \ddots & \vdots \\ 0 & 0 & 0 & \cdots & 1 \\ -a_0 & -a_1 & -a_2 & \cdots & -a_{n-1} \end{bmatrix} \boldsymbol{x} + \begin{bmatrix} 0 \\ 0 \\ \vdots \\ 0 \\ 1 \end{bmatrix} u$$

vorliegt, ist die Bedingung $\Delta\boldsymbol{A} = \boldsymbol{b} \cdot \boldsymbol{p}^T$ offensichtlich erfüllbar, falls nur die Koeffizienten a_i variieren.

6.2.5 Beispiel DC-DC-Wandler

Ein DC-DC-Wandler, auch Gleichstromsteller oder getakteter Spannungssteller genannt, dient dazu, eine Gleichspannung in eine niedrigere bzw. höhere Spannung umzuwandeln. Dabei soll er möglichst verlustarm arbeiten. Wir betrachten einen Abwärtswandler [292], also einen Wandler, der eine Spannung u_e in eine niedrigere Spannung u_a umwandelt. Bild 6.14 zeigt einen solchen Wandler einschließlich des zugehörigen Reglers.

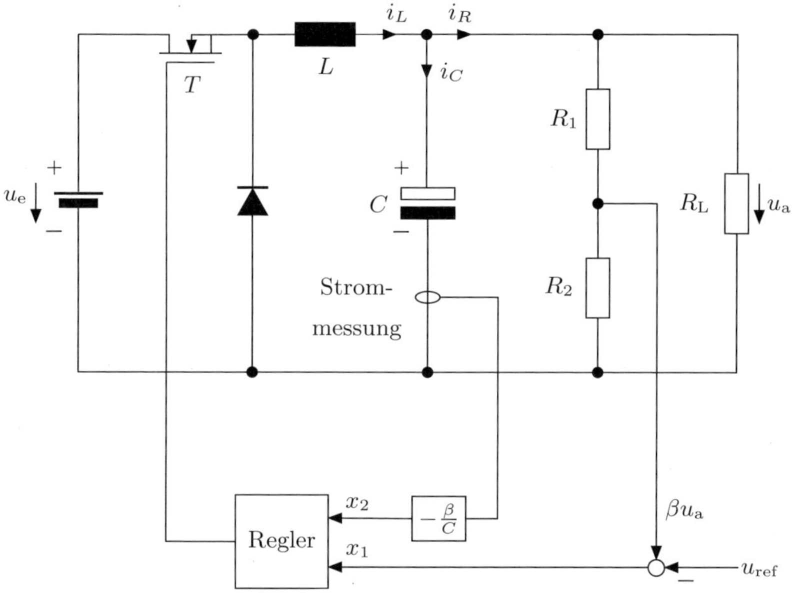

Bild 6.14: DC-DC-Wandler.

Aufgabe der Schaltung ist es, die Ausgangsspannung u_a auf Basis einer konstanten Referenzspannung u_ref so einzustellen, dass

$$\beta u_\mathrm{a} = \frac{R_2}{R_1 + R_2} u_\mathrm{a} = u_\mathrm{ref} \tag{6.38}$$

gilt. Zu diesem Zweck wird ein Leistungs-MOSFET, im Bild 6.14 mit T gekennzeichnet, als Schalter benutzt und über den Regler ein- bzw. ausgeschaltet. Eine Schaltvariable z kennzeichnet den Schaltzustand des Transistors T. Ist $z = 1$, so leitet der Transistor. Ist $z = 0$, so ist der Transistor gesperrt. Dabei wird eine Pulsweitenmodulation (PWM) durchgeführt. Diese bewirkt in der Induktivität L einen kontinuierlichen Stromfluss i_L so, dass die Spannung βu_a über R_2 der Referenzspannung u_ref entspricht, d. h., Gl. (6.38) erfüllt ist.

Für die Ableitung $\dot{u}_\mathrm{a}$ der Spannung über dem Lastwiderstand R_L bzw. dem Glättungskondensator C gilt

$$\dot{u}_\mathrm{a} = \frac{1}{C} i_C = \frac{1}{C}(i_L - i_R) = \frac{1}{C}\left(\int \frac{u_\mathrm{e} z - u_\mathrm{a}}{L}\, dt - \frac{u_\mathrm{a}}{R_\mathrm{G}}\right). \tag{6.39}$$

Dabei ist

$$R_\mathrm{G} = \frac{(R_1 + R_2) R_\mathrm{L}}{R_1 + R_2 + R_\mathrm{L}}.$$

Man erhält aus Gl. (6.39)

$$\ddot{u}_\mathrm{a} = -\frac{1}{LC} u_\mathrm{a} - \frac{1}{R_\mathrm{G} C}\dot{u}_\mathrm{a} + \frac{u_\mathrm{e} z}{LC}. \tag{6.40}$$

Wir definieren als Zustandsvariablen

$$\begin{aligned} x_1 &= \beta u_\mathrm{a} - u_\mathrm{ref}, \\ x_2 &= \dot{x}_1 = \beta \dot{u}_\mathrm{a}. \end{aligned} \tag{6.41}$$

Mit den Gl. (6.40) und (6.41) ergibt sich das Zustandsraummodell

$$\begin{bmatrix} \dot{x}_1 \\ \dot{x}_2 \end{bmatrix} = \begin{bmatrix} 0 & 1 \\ -\dfrac{1}{LC} & -\dfrac{1}{R_\mathrm{G} C} \end{bmatrix} \begin{bmatrix} x_1 \\ x_2 \end{bmatrix} + \begin{bmatrix} 0 \\ \dfrac{1}{LC} \end{bmatrix} u, \tag{6.42}$$

mit der Stellgröße u aus

$$u = \beta u_\mathrm{e} z - u_\mathrm{ref}. \tag{6.43}$$

Das System (6.42), (6.43) ist ideal für die Anwendung einer Gleitzustandsregelung. Denn zum einen ist durch die digitale Stellgröße z schon ein Schaltvorgang vorgegeben. Zum anderen verträgt der Leistungstransistor ein hochfrequentes Schalten, wie es bei Gleitzuständen auftritt. Ziel der Regelung ist das Erreichen des Arbeitspunktes

$$x_1 = \beta u_\mathrm{a} - u_\mathrm{ref} = 0, \tag{6.44}$$

d. h. $u_\mathrm{a} = u_\mathrm{ref}/\beta$.

Das System (6.42) besitzt jeweils eine stabile Ruhelage $\boldsymbol{x}_\mathrm{R}$ für $z = 1$ und $z = 0$. Im Fall $z = 1$ ist

$$\boldsymbol{x}_\mathrm{R1} = \begin{bmatrix} \beta u_\mathrm{e} - u_\mathrm{ref} \\ 0 \end{bmatrix},$$

was nach Gl. (6.41) einer Ausgangsspannung von $u_\mathrm{a} = u_\mathrm{e}$ entspricht. Im Fall $z = 0$ gilt

$$\boldsymbol{x}_\mathrm{R2} = \begin{bmatrix} -u_\mathrm{ref} \\ 0 \end{bmatrix},$$

woraus nach Gl. (6.41) eine Ausgangsspannung $u_\mathrm{a} = 0$ resultiert. Man beachte, dass der zu erreichende Arbeitspunkt (6.44) des Regelkreises nicht mit einer der beiden Ruhelagen der Regelstrecke identisch ist.

Wir wollen nun auch die Trajektorien $\boldsymbol{x}(t)$ des Wandlers betrachten. Für $z = 1$ ergeben sie sich aus Gl. (6.42) und sind in Bild 6.15 dargestellt. Für $z = 0$ ergeben sich die Trajektorien ebenfalls als Lösungen von Gl. (6.42), solange $i_L > 0$ gilt. Ist die in der Spule gespeicherte Energie verbraucht, so wird $i_L = 0$. Dann sperrt die Diode und der Kondensator C entlädt sich gemäß

$$\dot{u}_{\mathrm{a}} + \frac{1}{R_{\mathrm{G}}C} u_{\mathrm{a}} = 0,$$

woraus mit $u_{\mathrm{a}0} = u_{\mathrm{a}}(0)$ die Beziehung

$$u_{\mathrm{a}} = u_{\mathrm{a}0} e^{-t/(R_{\mathrm{G}}C)}$$

folgt. Für die Trajektorien $\boldsymbol{x}(t)$ gilt dann mit Gl. (6.41)

$$x_1(t) = \beta u_{\mathrm{a}0} e^{-t/(R_{\mathrm{G}}C)} - u_{\mathrm{ref}}, \qquad (6.45)$$

$$x_2(t) = \frac{-\beta u_{\mathrm{a}0}}{R_{\mathrm{G}}C} e^{-t/(R_{\mathrm{G}}C)} \qquad (6.46)$$

und somit durch Einsetzen von Gl. (6.45) in Gl. (6.46)

$$x_2 = -\frac{1}{R_{\mathrm{G}}C} x_1 - \frac{u_{\mathrm{ref}}}{R_{\mathrm{G}}C}. \qquad (6.47)$$

Im Fall $z = 0$ setzen sich die Trajektorien $\boldsymbol{x}(t)$ also aus zwei Teilstücken zusammen. Solange $i_L > 0$ gilt, resultieren die Trajektorien aus den Lösungen von Gl. (6.42). Wird $i_L = 0$, so laufen die Trajektorien auf die Gerade (6.47) und auf ihr gemäß den Gl. (6.45) und (6.46) in die Ruhelage $\boldsymbol{x}_{\mathrm{R}2}$. Bild 6.16 zeigt die Trajektorien hierzu.

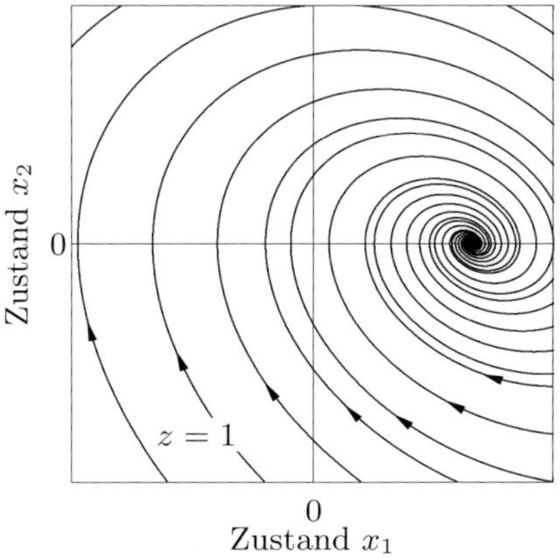

Bild 6.15: Ruhelage $\boldsymbol{x}_{\mathrm{R}1}$ und Trajektorien für den Fall $z = 1$.

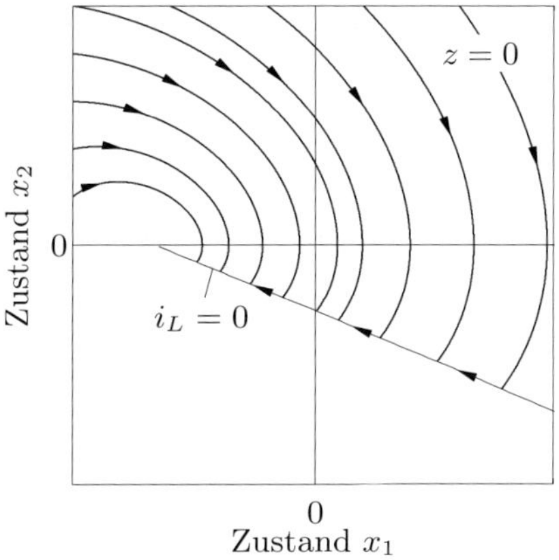

Bild 6.16: Ruhelage $\boldsymbol{x}_{\mathrm{R}2}$ und Trajektorien für den Fall $z = 0$.

Man wählt nun eine Schaltgerade

$$s(\boldsymbol{x}) = r_1 x_1 + x_2 = 0, \qquad r_1 > 0, \tag{6.48}$$

und teilt so den Zustandsraum in zwei Bereiche. In einem gilt $z = 0$, im anderen $z = 1$, gemäß

$$z = \begin{cases} 0 & \text{für } s(\boldsymbol{x}) > 0, \\ 1 & \text{für } s(\boldsymbol{x}) < 0. \end{cases}$$

Bild 6.17 zeigt beide Bereiche und die jeweiligen Trajektorien. Bild 6.17 ist dabei jeweils zur Hälfte aus den Bildern 6.15 und 6.16 zusammengesetzt. An der Schaltgeraden tritt ein Gleitzustand auf.

Wir wollen im Weiteren aus der notwendigen Bedingung für einen Gleitzustand, $s\dot{s} < 0$, den Parameter r_1 der Schaltgeraden (6.48) bestimmen. Aus

$$s\dot{s} = s(\boldsymbol{x}) \cdot \operatorname{grad}^T s(\boldsymbol{x}) \cdot \dot{\boldsymbol{x}} < 0$$

und den Systemgleichungen (6.42) und (6.43) folgt

$$s\dot{s} = s(\boldsymbol{x}) \left[\left(r_1 - \frac{1}{R_\text{G} C} \right) x_2 - \frac{1}{LC} x_1 + \frac{\beta u_\text{e} z - u_\text{ref}}{LC} \right] < 0. \tag{6.49}$$

Durch die Wahl von

$$r_1 = \frac{1}{R_\text{G} C},$$

ist die Existenzbedingung (6.49) unabhängig von $x_2 = \beta \dot{u}_\text{a}$. So ergibt sich mit Gl. (6.41)

$$s\dot{s} = s(\boldsymbol{x}) \frac{\beta}{LC} (u_\text{e} z - u_\text{a}) < 0. \tag{6.50}$$

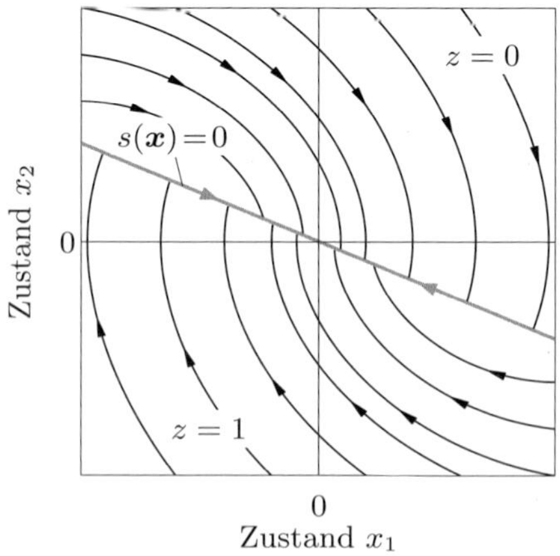

Bild 6.17: Trajektorien, Schaltgerade (blau) und Gleitzustand des DC-DC-Wandlers.

Aus dieser Bedingung erhalten wir im Fall $s(\boldsymbol{x}) < 0$ und $z = 1$

$$u_\mathrm{e} > u_\mathrm{a}. \tag{6.51}$$

Im Fall $s(\boldsymbol{x}) > 0$ und $z = 0$ erhält man aus der Bedingung (6.50)

$$u_\mathrm{a} > 0. \tag{6.52}$$

Da die Gl. (6.51) und (6.52) offensichtlich erfüllt sind, ist es die notwendige Bedingung (6.50) für die Existenz des Gleitzustandes ebenfalls. Weil des Weiteren

$$\dot{s} = \frac{\beta}{LC}(u_\mathrm{e} z - u_\mathrm{a})$$

immer eine Abnahmerate von $-u_\mathrm{a}\beta/LC < 0$ für $s(\boldsymbol{x}) > 0$ und $z = 0$ bzw. eine Zunahmerate von $(u_\mathrm{e} - u_\mathrm{a})\beta/LC > 0$ für $s(\boldsymbol{x}) < 0$ und $z = 1$ aufweist, streben die Trajektorien der Regelung auch in endlicher Zeit in den Gleitzustand.

Die Dynamik des geregelten Wandlers im Gleitzustand ergibt sich aus $s(\boldsymbol{x}) = r_1 x_1 + x_2 = 0$ und $x_2 = \dot{x}_1$ zu

$$x_1(t) = x_1(0)e^{-r_1 t}, \tag{6.53}$$

d. h., die Dynamik im Gleitzustand ist unabhängig von Änderungen des Lastwiderstandes R_L oder Schwankungen der Eingangsspannung, d. h. der Batteriespannung u_e.

Wir betrachten eine konkrete Ausführung mit den Parametern $u_\mathrm{e} = 24\,\mathrm{V}$, $C = 100\,\mu\mathrm{F}$, $L = 110\,\mu\mathrm{H}$, $R_\mathrm{L} = 6\,\Omega$, $u_\mathrm{a} = 12\,\mathrm{V}$ und $u_\mathrm{ref} = 3.3\,\mathrm{V}$. Somit ist $\beta = u_\mathrm{ref}/u_\mathrm{a} = 0.275$. Aus $R_2 = \beta R_1/(1-\beta)$ und $R_1 = 870\,\Omega$ ergibt sich $R_2 = 330\,\Omega$. Die Zeitkonstante $1/r_1$ im Gleitzustand beträgt 0.6 ms.

In Bild 6.18 ist der Verlauf einer Ausregelung für den Fall einer plötzlichen Abnahme der Eingangsspannung u_e um 3 V dargestellt. Wie erwartet, ändert sich die Ausgangsspannung u_a nicht. In realen Geräten ist ein Spannungsabfall von einigen 10 mV zu beobachten. Bild 6.19 zeigt den Einschaltverlauf. Der Ausgangswert von $u_a = 12\,\mathrm{V}$ ist nach einer Zeit von $5/r_1 = 3\,\mathrm{ms}$ erreicht.

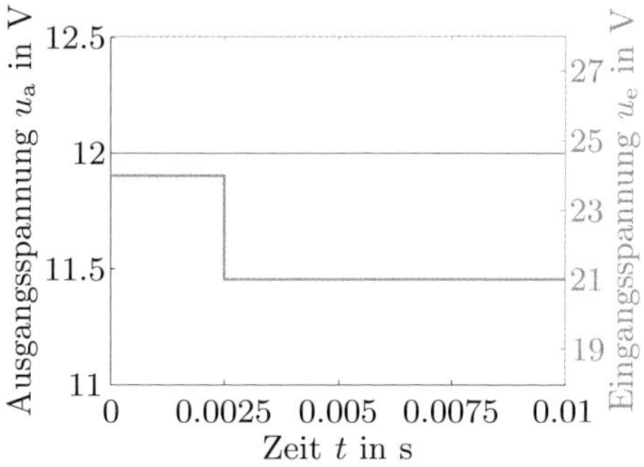

Bild 6.18: Ausregelung der Ausgangsspannung u_a nach einem Abfall der Eingangsspannung u_e.

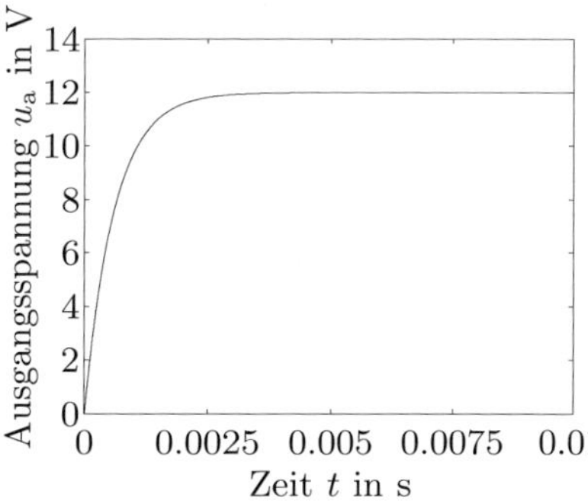

Bild 6.19: Verlauf der Ausgangsspannung u_a nach Einschalten des Wandlers.

6.2.6 Entwurf für nichtlineare Regelstrecken

Der Entwurf von Gleitzustandsreglern für nichtlineare Regelstrecken ist in bestimmten Fällen nicht schwieriger als der für lineare Regelstrecken. Dies gilt beispielsweise für eingangslineare Regelstrecken

$$\begin{aligned} \dot{\boldsymbol{x}} &= \boldsymbol{a}(\boldsymbol{x}) + \boldsymbol{b}(\boldsymbol{x}) \cdot u, \\ y &= c(\boldsymbol{x}) \end{aligned} \tag{6.54}$$

mit einem relativen Grad von $\delta = n$. Auch für $\delta < n$ ist der Entwurf ähnlich.

Die obige Systemdarstellung überführen wir, wie in Abschnitt 5.2.1 im Fall des Reglerentwurfes mittels exakter Linearisierung, in die nichtlineare Regelungsnormalform. Zu diesem Zweck verwenden wir die Lie-Derivierte

$$L_{\boldsymbol{f}} h(\boldsymbol{x}) = \frac{\partial h(\boldsymbol{x})}{\partial \boldsymbol{x}} \boldsymbol{f}(\boldsymbol{x}) = \operatorname{grad}^T h(\boldsymbol{x}) \cdot \boldsymbol{f}(\boldsymbol{x}).$$

Wir berechnen

$$\begin{aligned} y &= c(\boldsymbol{x}), \\ \dot{y} &= \frac{\partial c(\boldsymbol{x})}{\partial \boldsymbol{x}} \dot{\boldsymbol{x}} = L_{\boldsymbol{a}} c(\boldsymbol{x}), \\ \ddot{y} &= \frac{\partial L_{\boldsymbol{a}} c(\boldsymbol{x})}{\partial \boldsymbol{x}} \dot{\boldsymbol{x}} = L_{\boldsymbol{a}}^2 c(\boldsymbol{x}), \\ &\vdots \\ y^{(n-1)} &= \frac{\partial L_{\boldsymbol{a}}^{n-2} c(\boldsymbol{x})}{\partial \boldsymbol{x}} \dot{\boldsymbol{x}} = L_{\boldsymbol{a}}^{n-1} c(\boldsymbol{x}), \\ y^{(n)} &= \frac{\partial L_{\boldsymbol{a}}^{n-1} c(\boldsymbol{x})}{\partial \boldsymbol{x}} \dot{\boldsymbol{x}} = L_{\boldsymbol{a}}^{n} c(\boldsymbol{x}) + L_{\boldsymbol{b}} L_{\boldsymbol{a}}^{n-1} c(\boldsymbol{x}) \cdot u \end{aligned}$$

und erhalten mit den neuen Zustandskoordinaten $z_1 = y$, $z_2 = \dot{y}$, ..., $z_n = y^{(n-1)}$ und der daraus folgenden Transformation $\boldsymbol{z} = \boldsymbol{t}(\boldsymbol{x})$ die Darstellung des Systems (6.54) in nichtlinearer Regelungsnormalform

$$\begin{bmatrix} \dot{z}_1 \\ \vdots \\ \dot{z}_{n-1} \\ \dot{z}_n \end{bmatrix} = \begin{bmatrix} z_2 \\ \vdots \\ z_n \\ L_{\boldsymbol{a}}^n c(\boldsymbol{x}) + L_{\boldsymbol{b}} L_{\boldsymbol{a}}^{n-1} c(\boldsymbol{x}) \cdot u \end{bmatrix} = \underbrace{\begin{bmatrix} z_2 \\ \vdots \\ z_n \\ \alpha(\boldsymbol{z}) \end{bmatrix}}_{\tilde{\boldsymbol{a}}(\boldsymbol{z})} + \underbrace{\begin{bmatrix} 0 \\ \vdots \\ 0 \\ \beta(\boldsymbol{z}) \end{bmatrix}}_{\tilde{\boldsymbol{b}}(\boldsymbol{z})} u \tag{6.55}$$

mit $\alpha(\boldsymbol{z}) = L_{\boldsymbol{a}}^n c(\boldsymbol{t}^{-1}(\boldsymbol{z}))$ und $\beta(\boldsymbol{z}) = L_{\boldsymbol{b}} L_{\boldsymbol{a}}^{n-1} c(\boldsymbol{t}^{-1}(\boldsymbol{z}))$.

Der Entwurf eines Gleitzustandsreglers mit der Schaltfläche $s(\boldsymbol{z}) = 0$ geschieht ähnlich wie im linearen Fall. Wir verwenden wieder den Ansatz

$$\dot{s}(\boldsymbol{z}) = -q\,\mathrm{sgn}(s(\boldsymbol{z})) - ks(\boldsymbol{z}) \tag{6.56}$$

von Gao und Hung. Dieser, wir erinnern uns, stellt sicher, dass die Trajektorien $\boldsymbol{z}(t)$ die Schaltfläche in endlicher Zeit erreichen. Es gilt $q > 0$ und $k > 0$.

Unter Verwendung von $\dot{s}(\boldsymbol{z}) = \mathrm{grad}^T s(\boldsymbol{z}) \cdot \dot{\boldsymbol{z}}$ und Gl. (6.55) sowie Gl. (6.56) ergibt sich für das Regelgesetz

$$u(\boldsymbol{z}) = -\frac{\mathrm{grad}^T s(\boldsymbol{z}) \cdot \tilde{\boldsymbol{a}}(\boldsymbol{z}) + q\,\mathrm{sgn}(s(\boldsymbol{z})) + ks(\boldsymbol{z})}{\mathrm{grad}^T s(\boldsymbol{z}) \cdot \tilde{\boldsymbol{b}}(\boldsymbol{z})}.$$

Für den Fall einer Schalthyperebene $s(\boldsymbol{z}) = \boldsymbol{r}^T\boldsymbol{z} = 0$ vereinfacht es sich zu

$$u(\boldsymbol{z}) = -\frac{\boldsymbol{r}^T\tilde{\boldsymbol{a}}(\boldsymbol{z}) + q\,\mathrm{sgn}(\boldsymbol{r}^T\boldsymbol{z}) + k\,\boldsymbol{r}^T\boldsymbol{z}}{\boldsymbol{r}^T\tilde{\boldsymbol{b}}(\boldsymbol{z})}. \tag{6.57}$$

Setzen wir nun $\boldsymbol{r}^T = [r_1 \;\; r_2 \;\; \cdots \;\; r_{n-1} \;\; 1]$, so gilt für Gl. (6.57)

$$u(\boldsymbol{z}) = -\frac{r_1 z_2 + \ldots + r_{n-1} z_n + k\,\boldsymbol{r}^T\boldsymbol{z} + \alpha(\boldsymbol{z}) + q\,\mathrm{sgn}(\boldsymbol{r}^T\boldsymbol{z})}{\beta(\boldsymbol{z})}. \tag{6.58}$$

Eingesetzt in die Regelstrecke (6.55) ergibt sich so für den Regelkreis

$$\begin{bmatrix} \dot{z}_1 \\ \vdots \\ \dot{z}_{n-1} \\ \dot{z}_n \end{bmatrix} = \begin{bmatrix} z_2 \\ \vdots \\ z_n \\ -kr_1 z_1 - (r_1 + kr_2)z_2 - \ldots - (r_{n-1} + k)z_n \end{bmatrix} - \begin{bmatrix} 0 \\ \vdots \\ 0 \\ q\,\mathrm{sgn}(\boldsymbol{r}^T\boldsymbol{z}) \end{bmatrix}.$$

Dieser Regelkreis ist frei von Nichtlinearitäten der Regelstrecke. Weiterführendes, z. B. für nichtlineare MIMO-Systeme, findet sich in [57, 94, 230, 271].

6.2.7 Beispiel Optischer Schalter

Wir entwerfen im Weiteren einen Gleitzustandsregler für einen optischen Schalter. Dieser ist als mikro-elektro-mechanisches System, abgekürzt MEMS, ausgelegt und dient dazu, die Lichtbahn zwischen verschiedenen Lichtwellenleitern umzuschalten [34, 225]. So ist es möglich, ein optisches Signal ohne Wandlung in ein elektrisches und wieder zurück von einem Lichtwellenleiter in einen anderen zu leiten.

Das Bild 6.20 zeigt den Aufbau eines solchen optischen Schalters. Der Kammantrieb wandelt eine elektrische Spannung v, die das Eingangssignal des Schalters bildet, in eine translatorische Veränderung der Position x_1 eines Stabes um. An dem Stab ist ein Spiegel befestigt, der auf diese Weise in den

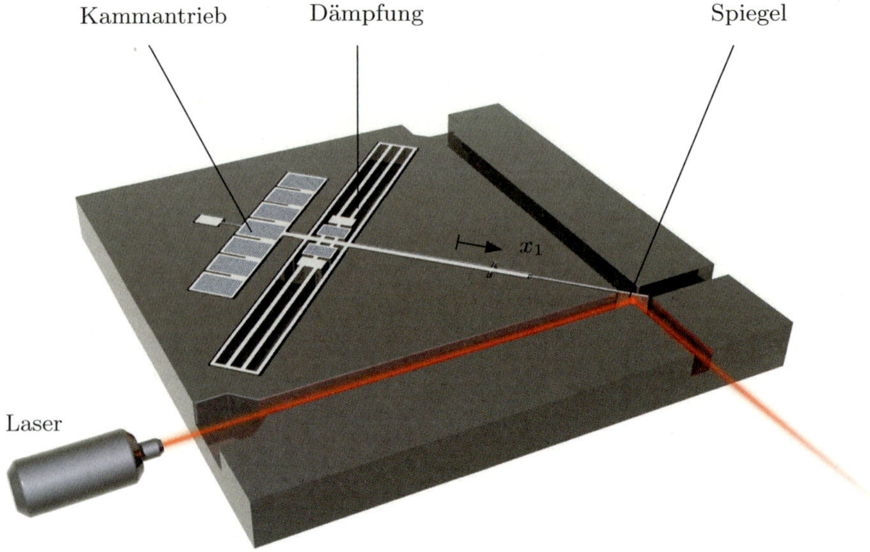

Bild 6.20: Optischer Schalter in mikro-elektro-mechanischer Ausführung.

optischen Pfad hinein- und herausgeschoben werden kann. Das Modell des optischen Schalters ist in nichtlinearer Regelungsnormalform

$$\begin{aligned}\dot{x}_1 &= x_2,\\ \dot{x}_2 &= -\frac{\kappa}{m}x_1 - \frac{1}{m}(d_1x_1 + d_0)\cdot x_2 + \frac{k_\mathrm{e}}{m}u + d\end{aligned} \tag{6.59}$$

gegeben. Dabei ist $u = v^2$, für die Ausgangsgröße des Systems gilt $y = x_1$ und d ist eine z. B. mechanisch einwirkende, zeitabhängige Störung. Die zur Verfügung stehende Spannung v ist beschränkt. Es gilt $0 \leq v \leq 35\,\mathrm{V}$.

Die Parameter sind die bewegte Masse $m = 2.35 \cdot 10^{-9}\,\mathrm{kg}$, die Steifigkeit der Aufhängung, $\kappa = 0.6\,\mathrm{N\,m^{-1}}$, die Dämpfungskoeffizienten $d_1 = 0.0363\,\mathrm{kg\,s^{-1}m^{-1}}$ und $d_0 = 5.45 \cdot 10^{-7}\,\mathrm{kg\,s^{-1}}$ sowie die Wandlerkonstante $k_\mathrm{e} = 17.8 \cdot 10^{-9}\,\mathrm{N\,V^{-2}}$ des Kammantriebes. Die Werte der Dämpfungskoeffizienten d_0 und d_1 müssen hierbei als unsichere Schätzung angesehen werden. Der Übersichtlichkeit halber kürzen wir

$$\begin{aligned}a_0 &= \frac{\kappa}{m} = 2.55 \cdot 10^8\,\mathrm{N\,m^{-1}kg^{-1}},\\ a_1 &= \frac{d_1}{m} = 1.54 \cdot 10^7\,\mathrm{s^{-1}m^{-1}},\\ a_2 &= \frac{d_0}{m} = 232\,\mathrm{s^{-1}},\\ b &= \frac{k_\mathrm{e}}{m} = 7.57\,\mathrm{N\,kg^{-1}V^{-2}}\end{aligned}$$

ab.

Wir wollen verschiedene Positionen $x_{1\mathrm{R}}$ des Spiegels vorgeben können. Diese Sollpositionen $x_{1\mathrm{R}}$ korrespondieren mit den Ruhelagen

$$\boldsymbol{x}_{\mathrm{R}} = \begin{bmatrix} \dfrac{b}{a_0}\,u_{\mathrm{R}} \\ 0 \end{bmatrix}, \tag{6.60}$$

wobei u_{R} die Stellgröße ist, die im Falle der Ruhelage $\boldsymbol{x}_{\mathrm{R}}$ benötigt wird. Wir erhalten so unter Verwendung von Gl. (6.60) und

$$x_1 = x_{1\mathrm{R}} + \Delta x_1 = \frac{b}{a_0} u_{\mathrm{R}} + \Delta x_1$$

für das Modell (6.59) die Darstellung

$$\begin{aligned} \Delta\dot{x}_1 &= x_2, \\ \dot{x}_2 &= -(a_0 + a_1\,x_2)(x_{1\mathrm{R}} + \Delta x_1) - a_2\,x_2 + b\,u + d. \end{aligned} \tag{6.61}$$

Als Schaltgerade betrachten wir

$$s(\boldsymbol{x}) = r \cdot \Delta x_1 + x_2 = 0$$

mit einem noch zu bestimmenden Parameter r. Mit dem Ansatz von Gao und Hung aus Gl. (6.56) gilt

$$\dot{s}(\boldsymbol{x}) = -q\,\mathrm{sgn}(s(\boldsymbol{x})) - k\,s(\boldsymbol{x}).$$

Hieraus folgt durch Gleichsetzen mit

$$\dot{s}(\boldsymbol{x}) = \mathrm{grad}^T s(\boldsymbol{x}) \cdot (\boldsymbol{a}(\boldsymbol{x}) + \boldsymbol{b}(\boldsymbol{x})u)$$

das Regelgesetz, das wir schon in Gl. (6.58) allgemein hergeleitet hatten, zu

$$u(\boldsymbol{x}) = -\frac{rx_2 - (a_0 + a_1x_2)(x_{1\mathrm{R}} + \Delta x_1) - a_2x_2 + q\,\mathrm{sgn}(s(\boldsymbol{x})) + ks(\boldsymbol{x})}{b}. \tag{6.62}$$

Dabei sind q und k noch zu wählende Konstanten. Setzt man das Regelgesetz (6.62) in die Systemdynamik (6.61) ein, so ergibt sich für den Regelkreis

$$\begin{aligned} \Delta\dot{x}_1 &= x_2, \\ \dot{x}_2 &= -rx_2 - q\,\mathrm{sgn}(s(\boldsymbol{x})) - ks(\boldsymbol{x}) + d \end{aligned}$$

bzw. nach Einsetzen von $s(\boldsymbol{x}) = r\Delta x_1 + x_2$

$$\begin{aligned} \Delta\dot{x}_1 &= x_2, \\ \dot{x}_2 &= -kr\Delta x_1 - (r+k)x_2 - q\,\mathrm{sgn}(r\Delta x_1 + x_2) + d. \end{aligned} \tag{6.63}$$

Dieser Regelkreis besitzt, wenn man den nichtlinearen Teil einmal ausblendet, d. h. $q = 0$ gilt, eine lineare Dynamik mit dem charakteristischen Polynom

$$P(\lambda) = \lambda^2 + (r + k)\lambda + rk.$$

Das Polynom hat die beiden Nullstellen $\lambda_1 = -r$ und $\lambda_2 = -k$, die mit den Eigenwerten der linearen Systemdynamik des Modells aus Gl. (6.63) identisch sind.

Wir simulieren den Regelkreis (6.63) für die Parameter $k = 20000$, $r = 20000$ und $q = 1000$ für verschiedene Dämpfungswerte

$$\begin{aligned} d_1 &= d_{\text{nom}} = 0.0363, \\ d_1 &= 0, \\ d_1 &= 10 d_{\text{nom}}, \\ d_1 &= 100 d_{\text{nom}}. \end{aligned}$$

Dabei betrachten wir eine Anfangsauslenkung von $x_1(0) = 25\,\mu\text{m}$ und $x_2(0) = 0\,\mu\text{m}\,\text{s}^{-1}$. Die Ruhelage x_{R1} liegt bei $10\,\mu\text{m}$. Somit ist $\varDelta x_1(0) = 15\,\mu\text{m}$. Für die Störung gilt hier $d = 0$. Bild 6.21 zeigt die Ausregelverläufe für die vier verschiedenen Dämpfungswerte. Man erkennt das in allen vier Fällen gute Regelverhalten. Bei blau gezeichneten Verläufen befindet sich der Regelkreis im Gleitzustand, bei schwarz gezeichneten Verläufen bewegt sich das System noch auf die Schaltgerade zu. Bei den Werten $d_1 = d_{nom}$ und $d_1 = 0$ sind die Verläufe nahezu identisch.

Angemerkt sei auch, dass eine Gleitzustandsregelung immer nur dann robust ist, wenn sie sich im Gleitzustand befindet. Verändert sich die Regelstre-

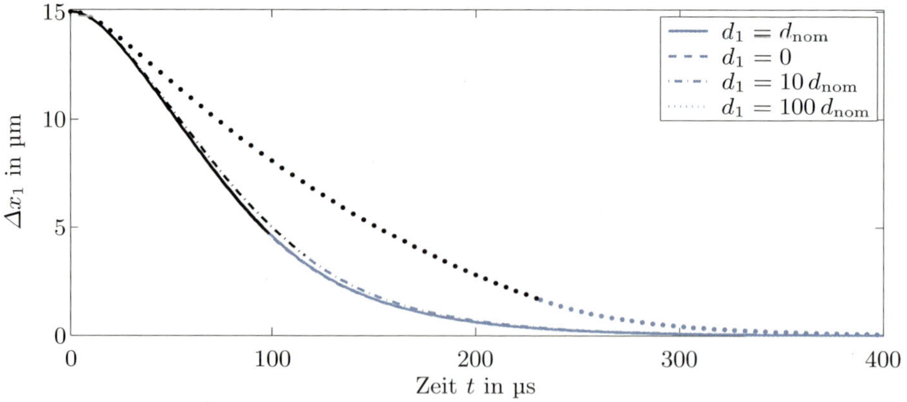

Bild 6.21: Ausregelung der Auslenkung $\varDelta x_1 = 15\,\mu\text{m}$ in die Ruhelage $\varDelta x_1 = 0\,\mu\text{m}$ für verschiedene Dämpfungswerte d_1. Bei blauen Kurventeilen ist das System im Gleitzustand, bei schwarzen nicht.

cke so, dass der Gleitzustand nicht mehr existiert oder nicht mehr erreicht wird, so ist der Regelkreis auch nicht mehr robust im beschriebenen Sinne. Für den obigen Regelkreis reduziert sich die Robustheit erst für sehr große Werte $d_1 \gg d_{\text{nom}}$.

6.3 Passivitätsbasierte Regelung

6.3.1 Regelung passiver Systeme mittels Kennfeldern

Wir haben in Kapitel 2.4 passive Systeme betrachtet und dabei festgestellt, dass ihre Ruhelage $\boldsymbol{x}_{\text{R}} = \boldsymbol{0}$, vorausgesetzt die Systeme besitzen eine positiv definite Speicherfunktion, stabil im Sinne von Ljapunov ist. Insbesondere besitzen streng passive Systeme eine asymptotisch stabile Ruhelage in $\boldsymbol{x} = \boldsymbol{0}$. Gelingt es uns nun, einen Regelkreis so zu entwerfen, dass er passiv ist, so ist er auch stabil. Dies wollen wir im Weiteren für den Entwurf stabiler Regelkreise nutzen.

Wir betrachten zuerst eine sehr einfache passivitätsbasierte Regelung. Sie geht von einer streng passiven Regelstrecke

$$\begin{aligned}\dot{\boldsymbol{x}} &= \boldsymbol{f}(\boldsymbol{x}, \boldsymbol{e}_2),\\ \boldsymbol{y}_2 &= \boldsymbol{g}(\boldsymbol{x})\end{aligned}$$

und einem passiven statischen Kennfeldregler

$$\boldsymbol{y}_1 = \boldsymbol{h}(\boldsymbol{e}_1, t)$$

aus, der zeitvariant sein darf. Zusammen ergeben sie mit

$$\begin{aligned}\boldsymbol{e}_1 &= \boldsymbol{u}_1 - \boldsymbol{y}_2,\\ \boldsymbol{e}_2 &= \boldsymbol{u}_2 + \boldsymbol{y}_1\end{aligned}$$

den in Bild 6.22 dargestellten Regelkreis. Wir erinnern uns an Abschnitt 2.4.1, S. 106, in dem wir festgestellt haben, dass das Kennfeld

$$\boldsymbol{y}_1 = \boldsymbol{h}(\boldsymbol{e}_1, t)$$

passiv ist, wenn

$$0 \leq \boldsymbol{e}_1^T \boldsymbol{y}_1 \tag{6.64}$$

gilt. Im SISO-Fall, $0 \leq e_1 y_1$, bedeutet diese Forderung, dass die Kennlinie vom dritten Quadranten durch den Ursprung in den ersten Quadraten verlaufen muss. Solche Kennlinien besitzen z. B. Begrenzungs- und Dreipunktglied.

Im Weiteren gehen wir davon aus, dass $S(\boldsymbol{x})$ die Speicherfunktion der Regelstrecke ist und $R(\boldsymbol{x})$ eine positiv definite Funktion, so dass die Ungleichung

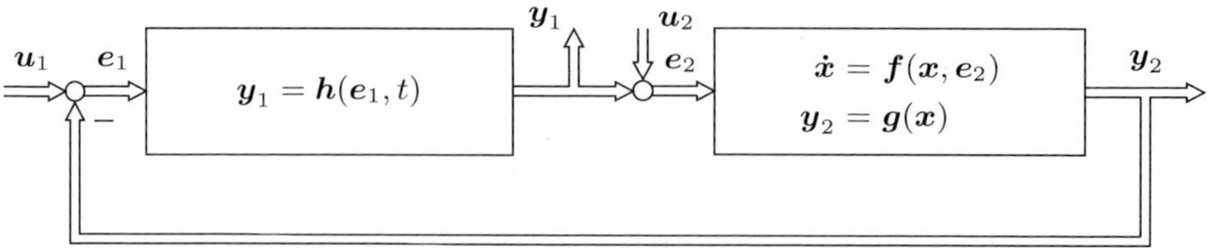

Bild 6.22: Regelkreis mit passiver Regelstrecke und passivem Kennfeldregler.

$$\dot{S}(\boldsymbol{x}) + R(\boldsymbol{x}) \leq \boldsymbol{e}_2^T \boldsymbol{y}_2 \tag{6.65}$$

für strenge Passivität der Regelstrecke erfüllt ist. Wir verwenden $S(\boldsymbol{x})$ im Weiteren auch als Speicherfunktion des Regelkreises und die Funktion $R(\boldsymbol{x})$, um die strenge Passivität des Regelkreises nachzuweisen. Mit dem zusammengesetzten Eingangsvektor

$$\boldsymbol{u} = \begin{bmatrix} \boldsymbol{u}_1 \\ \boldsymbol{u}_2 \end{bmatrix} = \begin{bmatrix} \boldsymbol{e}_1 + \boldsymbol{y}_2 \\ \boldsymbol{e}_2 - \boldsymbol{y}_1 \end{bmatrix}$$

und dem Ausgangsvektor

$$\boldsymbol{y} = \begin{bmatrix} \boldsymbol{y}_1 \\ \boldsymbol{y}_2 \end{bmatrix}$$

des Regelkreises erhalten wir für seine Ungleichung der strengen Passivität

$$\dot{S}(\boldsymbol{x}) + R(\boldsymbol{x}) \leq \boldsymbol{u}^T \boldsymbol{y} = (\boldsymbol{e}_1 + \boldsymbol{y}_2)^T \boldsymbol{y}_1 + (\boldsymbol{e}_2 - \boldsymbol{y}_1)^T \boldsymbol{y}_2 = \boldsymbol{e}_1^T \boldsymbol{y}_1 + \boldsymbol{e}_2^T \boldsymbol{y}_2. \tag{6.66}$$

Wir berücksichtigen Gl. (6.64), d. h. $0 \leq \boldsymbol{e}_1^T \boldsymbol{y}_1$. Ist dann die Passivitätsungleichung (6.65) der Regelstrecke erfüllt, so ist es auch die Passivitätsungleichung (6.66) des Regelkreises.

Der Regelkreis ist also streng passiv und besitzt somit eine asymptotisch stabile Ruhelage. Es folgt

Satz 73 (Regelung streng passiver Regelstrecken mit Kennfeldern). *Gegeben seien ein passiver Kennfeldregler und eine streng passive Regelstrecke,*

$$\boldsymbol{y}_1 = \boldsymbol{h}(\boldsymbol{e}_1, t) \qquad \textit{und} \qquad \begin{aligned} \dot{\boldsymbol{x}} &= \boldsymbol{f}(\boldsymbol{x}, \boldsymbol{e}_2), \\ \boldsymbol{y}_2 &= \boldsymbol{g}(\boldsymbol{x}), \end{aligned}$$

mit $\boldsymbol{x} \in I\!R^n$, $\boldsymbol{e}_1$, $\boldsymbol{e}_2$, $\boldsymbol{y}_1$, $\boldsymbol{y}_2 \in I\!R^m$. *Der aus ihnen mit* $\boldsymbol{e}_1 = \boldsymbol{u}_1 - \boldsymbol{y}_2$ *und* $\boldsymbol{e}_2 = \boldsymbol{u}_2 + \boldsymbol{y}_1$, $\boldsymbol{u}_1$, $\boldsymbol{u}_2 \in I\!R^m$, *zusammengesetzte Regelkreis*

$$\begin{aligned} \dot{\boldsymbol{x}} &= \boldsymbol{f}(\boldsymbol{x}, \boldsymbol{u}_2 + \boldsymbol{y}_1), \\ \boldsymbol{y}_1 &= \boldsymbol{h}(\boldsymbol{u}_1 - \boldsymbol{y}_2, t), \\ \boldsymbol{y}_2 &= \boldsymbol{g}(\boldsymbol{x}) \end{aligned}$$

mit dem Eingangsvektor $\boldsymbol{u} = [\boldsymbol{u}_1^T \;\; \boldsymbol{u}_2^T]^T$ *besitzt für* $\boldsymbol{u} = \boldsymbol{0}$ *in* $\boldsymbol{x} = \boldsymbol{0}$ *eine asymptotisch stabile Ruhelage. Falls die Speicherfunktion* $S(\boldsymbol{x})$ *radial unbeschränkt ist, so ist die Ruhelage global asymptotisch stabil.*

Wir wollen nun den Fall betrachten, dass die Regelstrecke nur passiv ist. Auch dann kann ein asymptotisch stabiler Regelkreis mittels eines passiven Kennfeldreglers erzeugt werden. Allerdings sind in diesem Fall zusätzliche Bedingungen zu stellen. Und zwar benötigen wir im Weiteren die Eigenschaft der Nullzustandsermittelbarkeit.

Definition 27 (Nullzustandsermittelbarkeit). *Ein System*

$$\begin{aligned} \dot{\boldsymbol{x}} &= \boldsymbol{f}(\boldsymbol{x}, \boldsymbol{u}), \quad && \boldsymbol{x} \in I\!R^n, \boldsymbol{u} \in I\!R^m, \\ \boldsymbol{y} &= \boldsymbol{g}(\boldsymbol{x}, \boldsymbol{u}), \quad && \boldsymbol{y} \in I\!R^r, \end{aligned}$$

heißt nullzustandsermittelbar, wenn aus $\boldsymbol{u}(t) = \boldsymbol{0}$ *und* $\boldsymbol{y}(t) = \boldsymbol{0}$ *für alle* $t \geq 0$ *der Grenzwert*

$$\lim_{t \to \infty} \boldsymbol{x}(t) = \boldsymbol{0}$$

folgt.

Nun formulieren wir analog zu Satz 73 in Anlehnung[2] an die Überlegungen in [42]

Satz 74 (Regelung passiver Regelstrecken mit Kennfeldern). *Gegeben sei der Regelkreis des Satzes 73 mit dem Unterschied, dass die Regelstrecke passiv ist. Wenn die Regelstrecke eine positiv definite Speicherfunktion besitzt und nullzustandsermittelbar ist, dann besitzt der Regelkreis für* $\boldsymbol{u} = \boldsymbol{0}$ *in* $\boldsymbol{x} = \boldsymbol{0}$ *eine asymptotisch stabile Ruhelage.*

Im Folgenden wollen wir ein Beispiel für die Anwendung des Satzes 74 betrachten.

6.3.2 Beispiel Dämpfung seismischer Gebäudeschwingungen

Erdbeben lösen in Gebäuden mit Stahlträgern Schwingungen aus, die diese beschädigen und sogar zum Einsturz bringen können. Man kann diese Gebäudeschwingungen durch verschiedene Dämpfungsmaßnahmen abschwächen. Eine Möglichkeit hierfür sind viskose Fluiddämpfer, die in einem oder auch mehreren Stockwerken montiert werden, um die seismisch ausgelösten Schwingungen zu kompensieren [281, 289, 290]. Bild 6.23 illustriert den Fall eines durch ein Erdbeben in Schwingungen versetzten Gebäudes.

Die Dynamik des Gebäudes ist die eines Mehrmassenschwingers. Dabei wirken die Wände sowohl als Federn als auch als Dämpfer, d. h., zwischen zwei Stockwerken mit den Massen m_i und m_{i+1} können wir ersatzweise eine Feder

[2] In [42] wird Satz 74 nur für zeitinvariante Kennlinien $\boldsymbol{h}(e_1)$ bewiesen. Die dortige Beweisführung bleibt aber auch bei zeitvarianten Kennlinien gültig.

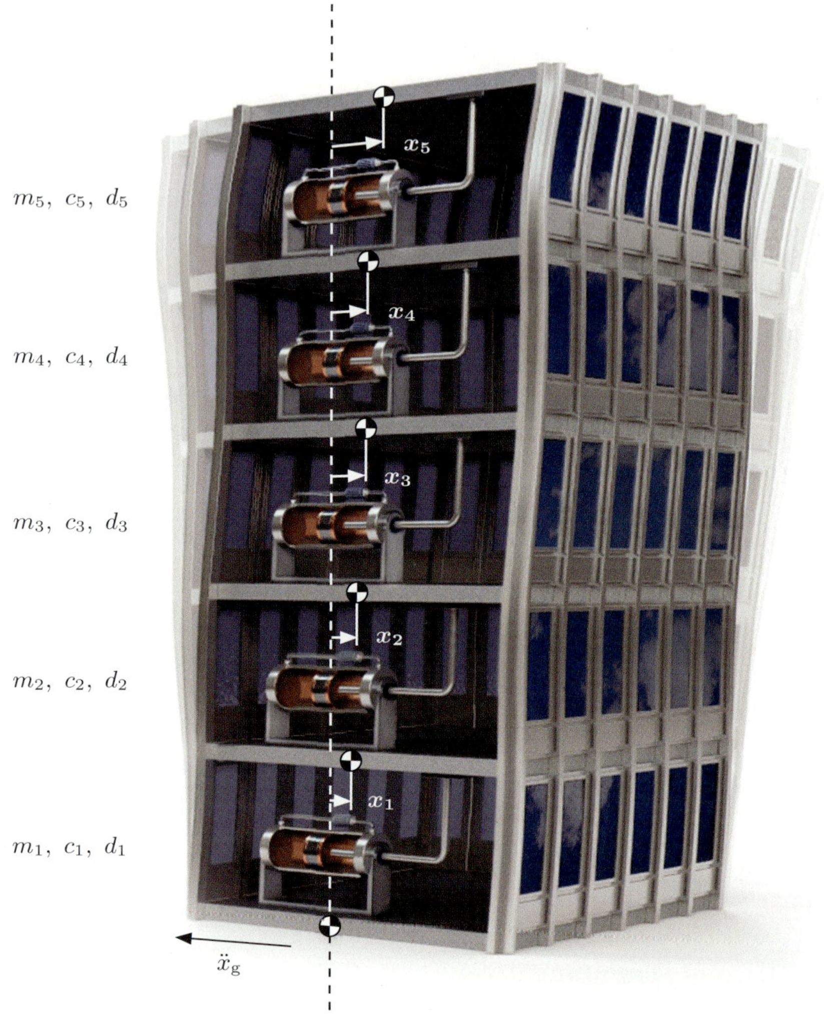

Bild 6.23: Gebäude mit viskosen Fluiddämpfern in den einzelnen Stockwerken. Die Parameter m_i, c_i, d_i, $i = 1, \ldots, 5$, kennzeichnen die Massen, Federkonstanten und Dämpfungskonstanten der einzelnen Stockwerke.

mit der Federkonstanten c_i und einen Dämpfer mit der Dämpfungskonstanten d_i annehmen [226].

Angeregt wird das Gebäude durch die seismisch verursachte Beschleunigung $\ddot{x}_g$ der Gebäudegrundplatte, des Fundamentes, die wir uns ersatzweise als unmittelbar, mit umgekehrtem Vorzeichen und gleich stark auf alle Stockwerke, das Fundament ausnehmend, einwirkend vorstellen können. Ihr entgegen wirken die Dämpferkräfte $F_1, \ldots, F_4$. So ergibt sich für die Bewegungsgleichung des Bodens des ersten Stockes

$$m_1\ddot{x}_1 = -d_1\dot{x}_1 - d_2(\dot{x}_1 - \dot{x}_2) - c_1x_1 - c_2(x_1 - x_2) + F_1 + m_1\ddot{x}_\mathrm{g}$$

und für die des zweiten, dritten und vierten Stockes

$$\begin{aligned}
m_2\ddot{x}_2 &= -d_2(\dot{x}_2-\dot{x}_1) - d_3(\dot{x}_2-\dot{x}_3) - c_2(x_2-x_1) - c_3(x_2-x_3) + F_2 + m_2\ddot{x}_\mathrm{g},\\
m_3\ddot{x}_3 &= -d_3(\dot{x}_3-\dot{x}_2) - d_4(\dot{x}_3-\dot{x}_4) - c_3(x_3-x_2) - c_4(x_3-x_4) + F_3 + m_3\ddot{x}_\mathrm{g},\\
m_4\ddot{x}_4 &= -d_4(\dot{x}_4-\dot{x}_3) - d_5(\dot{x}_4-\dot{x}_5) - c_4(x_4-x_3) - c_5(x_4-x_5) + F_4 + m_4\ddot{x}_\mathrm{g}
\end{aligned}$$

sowie für die des fünften und letzten Stockwerkes

$$m_5\ddot{x}_5 = -d_5(\dot{x}_5 - \dot{x}_4) - c_5(x_5 - x_4) + F_5 + m_5\ddot{x}_\mathrm{g}.$$

Zusammengefasst erhalten wir so für die fünf obigen Bewegungsgleichungen in Matrixschreibweise

$$\boldsymbol{M}\ddot{\boldsymbol{x}} = -\boldsymbol{D}\dot{\boldsymbol{x}} - \boldsymbol{C}\boldsymbol{x} + \boldsymbol{F} + \boldsymbol{M}\mathbf{1}\ddot{x}_\mathrm{g} \tag{6.67}$$

mit

$$\boldsymbol{M} = \begin{bmatrix} m_1 & 0 & 0 & 0 & 0\\ 0 & m_2 & 0 & 0 & 0\\ 0 & 0 & m_3 & 0 & 0\\ 0 & 0 & 0 & m_4 & 0\\ 0 & 0 & 0 & 0 & m_5 \end{bmatrix}, \quad \boldsymbol{D} = \begin{bmatrix} d_1+d_2 & -d_2 & 0 & 0 & 0\\ -d_2 & d_2+d_3 & -d_3 & 0 & 0\\ 0 & -d_3 & d_3+d_4 & -d_4 & 0\\ 0 & 0 & -d_4 & d_4+d_5 & -d_5\\ 0 & 0 & 0 & -d_5 & d_5 \end{bmatrix},$$

$$\boldsymbol{F} = \begin{bmatrix} F_1\\ F_2\\ F_3\\ F_4\\ F_5 \end{bmatrix}, \quad \mathbf{1} = \begin{bmatrix} 1\\ 1\\ 1\\ 1\\ 1 \end{bmatrix}, \quad \boldsymbol{C} = \begin{bmatrix} c_1+c_2 & -c_2 & 0 & 0 & 0\\ -c_2 & c_2+c_3 & -c_3 & 0 & 0\\ 0 & -c_3 & c_3+c_4 & -c_4 & 0\\ 0 & 0 & -c_4 & c_4+c_5 & -c_5\\ 0 & 0 & 0 & -c_5 & c_5 \end{bmatrix}.$$

Wir erweitern den bisherigen Zustandsvektor $\boldsymbol{x} = [x_1 \;\; x_2 \;\; x_3 \;\; x_4 \;\; x_5]^T$ nun um die Ableitungen $\dot{x}_1, \ldots, \dot{x}_5$ und erhalten den zehndimensionalen Zustandsvektor

$$\begin{bmatrix} \boldsymbol{x}\\ \dot{\boldsymbol{x}} \end{bmatrix}.$$

So bekommen wir aus den fünf Differenzialgleichungen (6.67) zweiter Ordnung die zehn Differenzialgleichungen

$$\begin{bmatrix} \dot{\boldsymbol{x}} \\ \ddot{\boldsymbol{x}} \end{bmatrix} = \begin{bmatrix} \boldsymbol{0} & \boldsymbol{I} \\ -\boldsymbol{M}^{-1}\boldsymbol{C} & -\boldsymbol{M}^{-1}\boldsymbol{D} \end{bmatrix} \begin{bmatrix} \boldsymbol{x} \\ \dot{\boldsymbol{x}} \end{bmatrix} + \begin{bmatrix} \boldsymbol{0} \\ \boldsymbol{M}^{-1} \end{bmatrix} \boldsymbol{F} + \begin{bmatrix} \boldsymbol{0} \\ \boldsymbol{1} \end{bmatrix} \ddot{x}_{\mathrm{g}} \tag{6.68}$$

erster Ordnung. Als fünfdimensionalen Ausgangsvektor betrachten wir

$$\boldsymbol{y} = \dot{\boldsymbol{x}}. \tag{6.69}$$

Das System (6.68), (6.69) ist passiv, was wir mittels der Speicherfunktion

$$S(\boldsymbol{x}, \dot{\boldsymbol{x}}) = \frac{1}{2}\dot{\boldsymbol{x}}^T \boldsymbol{M} \dot{\boldsymbol{x}} + \frac{1}{2}\boldsymbol{x}^T \boldsymbol{C} \boldsymbol{x}$$

nachweisen können, indem wir diese in die Passivitätsungleichung

$$\dot{S}(\boldsymbol{x}, \dot{\boldsymbol{x}}) \le \underbrace{(\boldsymbol{F} + \boldsymbol{M}\boldsymbol{1}\ddot{x}_{\mathrm{g}})^T}_{\boldsymbol{u}^T} \cdot \boldsymbol{y}$$

einsetzen, wobei Kraftvektor $\boldsymbol{F}$ und Störung $\boldsymbol{M}\boldsymbol{1}\ddot{x}_{\mathrm{g}}$ zusammen als Eingangsgröße $\boldsymbol{u}$ wirken. So folgt die Ungleichung

$$\begin{aligned} \dot{S}(\boldsymbol{x}, \dot{\boldsymbol{x}}) &= \frac{1}{2}(\ddot{\boldsymbol{x}}^T \boldsymbol{M} \dot{\boldsymbol{x}} + \dot{\boldsymbol{x}}^T \boldsymbol{M} \ddot{\boldsymbol{x}} + \dot{\boldsymbol{x}}^T \boldsymbol{C} \boldsymbol{x} + \boldsymbol{x}^T \boldsymbol{C} \dot{\boldsymbol{x}}) \\ &= -\dot{\boldsymbol{x}}^T \boldsymbol{D} \dot{\boldsymbol{x}} + (\boldsymbol{F} + \boldsymbol{M}\boldsymbol{1}\ddot{x}_{\mathrm{g}})^T \boldsymbol{y} \le (\boldsymbol{F} + \boldsymbol{M}\boldsymbol{1}\ddot{x}_{\mathrm{g}})^T \boldsymbol{y}, \end{aligned}$$

die aufgrund der positiv definiten Matrix $\boldsymbol{D}$ erfüllt ist. Also ist das System (6.68), (6.69) passiv. Des Weiteren ist es auch nullzustandsermittelbar, denn es ist asymptotisch stabil, d. h., es gilt

$$\lim_{t \to \infty} \begin{bmatrix} \boldsymbol{x}(t) \\ \dot{\boldsymbol{x}}(t) \end{bmatrix} = \boldsymbol{0},$$

und Letzteres gilt insbesondere für den Fall $\boldsymbol{F}(t) = \boldsymbol{0}$, $\ddot{x}_{\mathrm{g}} = 0$ und $\boldsymbol{y}(t) = \boldsymbol{0}$ für alle $t \ge 0$.

In diesem Beispiel sind in allen Ebenen des Gebäudes viskose Fluiddämpfer montiert. Sie bestehen aus einem Hydraulikzylinder und einem beweglichen Kolben. Bewegt sich dieser, so erzeugt er aufgrund viskoser Reibung eine der Bewegung des Kolbens entgegenwirkende und von seiner Geschwindigkeit v abhängige, in Bild 6.24 dargestellte Kraft

$$\tilde{F} = \tilde{d} \cdot |v|^{\alpha} \operatorname{sgn}(-v).$$

Dabei ist $\tilde{d}$ die Dämpfungskonstante und α eine bauartbedingte Konstante mit $0 < \alpha \le 1$ [118].

Wir betrachten nun die viskosen Fluiddämpfer, die auf die Massen m_i jeweils die Kräfte

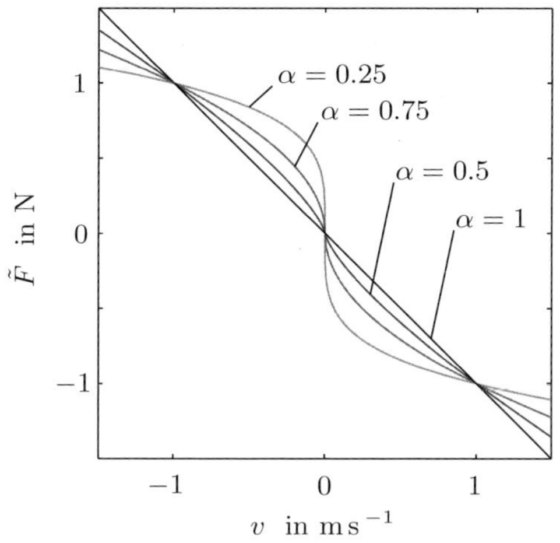

Bild 6.24: Verlauf der Dämpferkraft $\tilde{F} = \tilde{d} \cdot |v|^\alpha \operatorname{sgn}(-v)$ für verschiedene Werte α und $\tilde{d} = 1$.

$$\begin{aligned}
\tilde{F}_1 &= \tilde{d}_1|\dot{x}_1|^\alpha \operatorname{sgn}(-\dot{x}_1),\\
\tilde{F}_2 &= \tilde{d}_2|\dot{x}_2 - \dot{x}_1|^\alpha \operatorname{sgn}(\dot{x}_1 - \dot{x}_2),\\
\tilde{F}_3 &= \tilde{d}_3|\dot{x}_3 - \dot{x}_2|^\alpha \operatorname{sgn}(\dot{x}_2 - \dot{x}_3),\\
\tilde{F}_4 &= \tilde{d}_4|\dot{x}_4 - \dot{x}_3|^\alpha \operatorname{sgn}(\dot{x}_3 - \dot{x}_4),\\
\tilde{F}_5 &= \tilde{d}_5|\dot{x}_5 - \dot{x}_4|^\alpha \operatorname{sgn}(\dot{x}_4 - \dot{x}_5)
\end{aligned}$$

ausüben. Die Bilder 6.25 und 6.26 illustrieren die auftretenden Kräfte der viskosen Fluiddämpfer anhand eines Wirkschemas. Für die insgesamt auf die Massen m_i wirkenden Kräfte gilt

$$\boldsymbol{F}(\dot{\boldsymbol{x}}) = \begin{bmatrix} F_1\\ F_2\\ F_3\\ F_4\\ F_5 \end{bmatrix} = \begin{bmatrix} \tilde{F}_1 - \tilde{F}_2\\ \tilde{F}_2 - \tilde{F}_3\\ \tilde{F}_3 - \tilde{F}_4\\ \tilde{F}_4 - \tilde{F}_5\\ \tilde{F}_5 \end{bmatrix} = \begin{bmatrix} 1 & -1 & 0 & 0 & 0\\ 0 & 1 & -1 & 0 & 0\\ 0 & 0 & 1 & -1 & 0\\ 0 & 0 & 0 & 1 & -1\\ 0 & 0 & 0 & 0 & 1 \end{bmatrix} \begin{bmatrix} \tilde{d}_1|\dot{x}_1|^\alpha \operatorname{sgn}(-\dot{x}_1)\\ \tilde{d}_2|\dot{x}_2 - \dot{x}_1|^\alpha \operatorname{sgn}(\dot{x}_1 - \dot{x}_2)\\ \tilde{d}_3|\dot{x}_3 - \dot{x}_2|^\alpha \operatorname{sgn}(\dot{x}_2 - \dot{x}_3)\\ \tilde{d}_4|\dot{x}_4 - \dot{x}_3|^\alpha \operatorname{sgn}(\dot{x}_3 - \dot{x}_4)\\ \tilde{d}_5|\dot{x}_5 - \dot{x}_4|^\alpha \operatorname{sgn}(\dot{x}_4 - \dot{x}_5) \end{bmatrix}. \tag{6.70}$$

Diese Nichtlinearität ist passiv, denn sie erfüllt die Passivitätsungleichung (6.64) für Kennlinien

$$0 \le \boldsymbol{e}_1^T \boldsymbol{y}_1 = \boldsymbol{y}_1^T \boldsymbol{e}_1$$

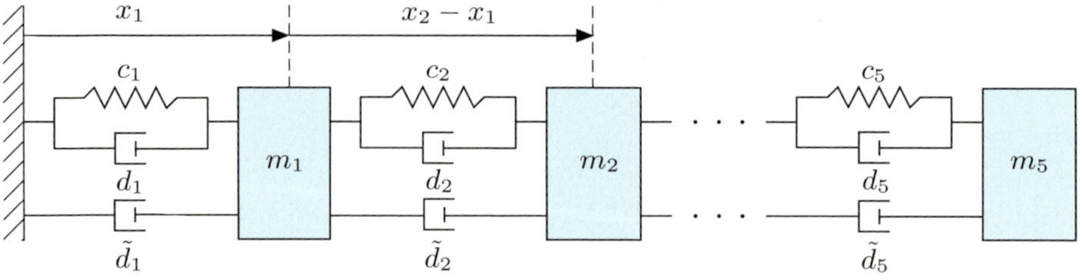

Bild 6.25: Wirkschema der viskosen Fluiddämpfer.

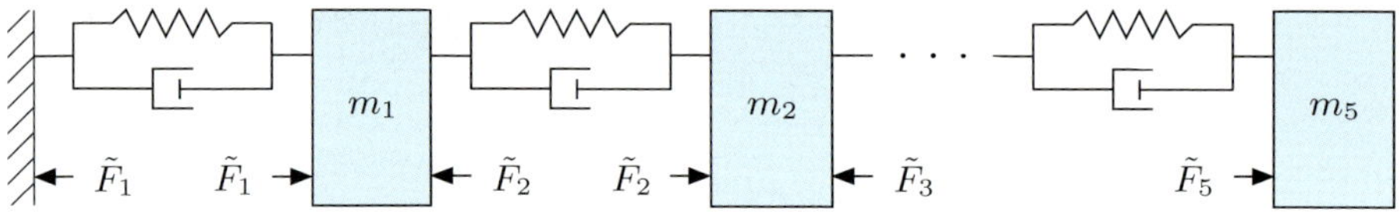

Bild 6.26: Darstellung der Dämpferkräfte $\tilde{F}_i$.

mit

$$\boldsymbol{e}_1 = -\dot{\boldsymbol{x}} \quad \text{und} \quad \boldsymbol{y}_1 = \boldsymbol{F}(\dot{\boldsymbol{x}}) = \boldsymbol{F}(-\boldsymbol{e}_1),$$

so dass mit

$$\boldsymbol{y}_1^T \boldsymbol{e}_1 = \boldsymbol{F}^T(-\boldsymbol{e}_1)\boldsymbol{e}_1 = -\boldsymbol{F}^T(\dot{\boldsymbol{x}})\dot{\boldsymbol{x}}$$

die Beziehung

$$\boldsymbol{y}_1^T \boldsymbol{e}_1 = -\boldsymbol{F}^T(\dot{\boldsymbol{x}})\dot{\boldsymbol{x}} = \begin{bmatrix} -\tilde{d}_1|\dot{x}_1|^\alpha \operatorname{sgn}(-\dot{x}_1) \\ -\tilde{d}_2|\dot{x}_2 - \dot{x}_1|^\alpha \operatorname{sgn}(\dot{x}_1 - \dot{x}_2) \\ -\tilde{d}_3|\dot{x}_3 - \dot{x}_2|^\alpha \operatorname{sgn}(\dot{x}_2 - \dot{x}_3) \\ -\tilde{d}_4|\dot{x}_4 - \dot{x}_3|^\alpha \operatorname{sgn}(\dot{x}_3 - \dot{x}_4) \\ -\tilde{d}_5|\dot{x}_5 - \dot{x}_4|^\alpha \operatorname{sgn}(\dot{x}_4 - \dot{x}_5) \end{bmatrix}^T \begin{bmatrix} 1 & 0 & 0 & 0 & 0 \\ -1 & 1 & 0 & 0 & 0 \\ 0 & -1 & 1 & 0 & 0 \\ 0 & 0 & -1 & 1 & 0 \\ 0 & 0 & 0 & -1 & 1 \end{bmatrix} \begin{bmatrix} \dot{x}_1 \\ \dot{x}_2 \\ \dot{x}_3 \\ \dot{x}_4 \\ \dot{x}_5 \end{bmatrix}$$

$$= \tilde{d}_1|\dot{x}_1|^{\alpha+1} + \sum_{i=2}^{5} \tilde{d}_i|x_i - x_{i-1}|^{\alpha+1} \geq 0$$

gilt.

Das Modell (6.67) des Gebäudes und das Modell (6.70) der viskosen Fluiddämpfer können wir in der Gestalt einer Regelkreisstruktur, wie sie Bild 6.27 zeigt, darstellen. Sie bildet einen Spezialfall der Regelkreisstruktur aus Bild 6.22.

Diese Regelkreisstruktur liegt in der technischen Umsetzung allerdings nicht vor, da wir den Geschwindigkeitsvektor $\dot{\boldsymbol{x}}$ nicht messen müssen. Vielmehr

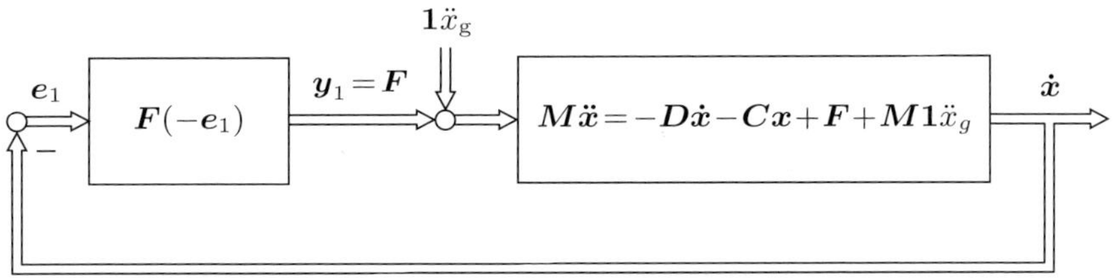

Bild 6.27: Darstellung des Gebäudemodells mit viskosen Fluiddämpfern als Regelkreisstruktur.

besitzen die viskosen Fluiddämpfer durch die Bewegung ihrer Kolben mit der Geschwindigkeit $\dot{x}_i$ eine intrinsische Nutzung dieser Geschwindigkeiten. Aus mechanischer Sicht sind die viskosen Fluiddämpfer trivialerweise parallel zu den Gebäudedämpfern geschaltete Dämpfungselemente. Trotzdem ist die Interpretation der Gesamtdynamik als rückgekoppelte Struktur nützlich, denn so können wir die Stabilität mittels Satz 74 nachweisen.

Da wir ein nullzustandsermittelbares passives System als Regelstrecke und eine passive Nichtlinearität als Regler vorliegen haben, können wir gemäß Satz 74 dann schlussfolgern, dass die Ruhelage $\boldsymbol{x}_{\mathrm{R}} = \mathbf{0}$ des ungestörten Regelkreises asymptotisch stabil ist. Dessen waren wir uns natürlich aufgrund unserer Anschauung des mechanischen Sachverhaltes von vornherein bewusst.

Im Weiteren wollen wir einen konkreten Anwendungsfall betrachten. Das Gebäude besitzt in diesem Fall fünf ähnliche Stockwerke mit den folgenden Massen, Federsteifigkeits- und Dämpfungswerten [226]

$$m_1 = 215.2 \cdot 10^3 \text{ kg}, \; c_1 = 147 \cdot 10^6 \text{ N m}^{-1}, \; d_1 = 113.8 \cdot 10^3 \text{ N s m}^{-1},$$

$$m_2 = 209.2 \cdot 10^3 \text{ kg}, \; c_2 = 133 \cdot 10^6 \text{ N m}^{-1}, \; d_2 = 92.4 \cdot 10^3 \text{ N s m}^{-1},$$

$$m_3 = 207.0 \cdot 10^3 \text{ kg}, \; c_3 = 99 \cdot 10^6 \text{ N m}^{-1}, \; d_3 = 81.0 \cdot 10^3 \text{ N s m}^{-1},$$

$$m_4 = 204.8 \cdot 10^3 \text{ kg}, \; c_4 = 89 \cdot 10^6 \text{ N m}^{-1}, \; d_4 = 72.8 \cdot 10^3 \text{ N s m}^{-1},$$

$$m_5 = 266.1 \cdot 10^3 \text{ kg}, \; c_5 = 84 \cdot 10^6 \text{ N m}^{-1}, \; d_5 = 68.7 \cdot 10^3 \text{ N s m}^{-1}$$

und den Dämpfungskonstanten der viskosen Fluiddämpfer

$$\tilde{d}_1 = 6506 \cdot 10^3 \text{ N s m}^{-1},$$

$$\tilde{d}_2 = 4343 \cdot 10^3 \text{ N s m}^{-1},$$

$$\tilde{d}_3 = 3455 \cdot 10^3 \text{ N s m}^{-1},$$

$$\tilde{d}_4 = 2914 \cdot 10^3 \text{ N s m}^{-1},$$

$$\tilde{d}_5 = 2648 \cdot 10^3 \text{ N s m}^{-1}$$

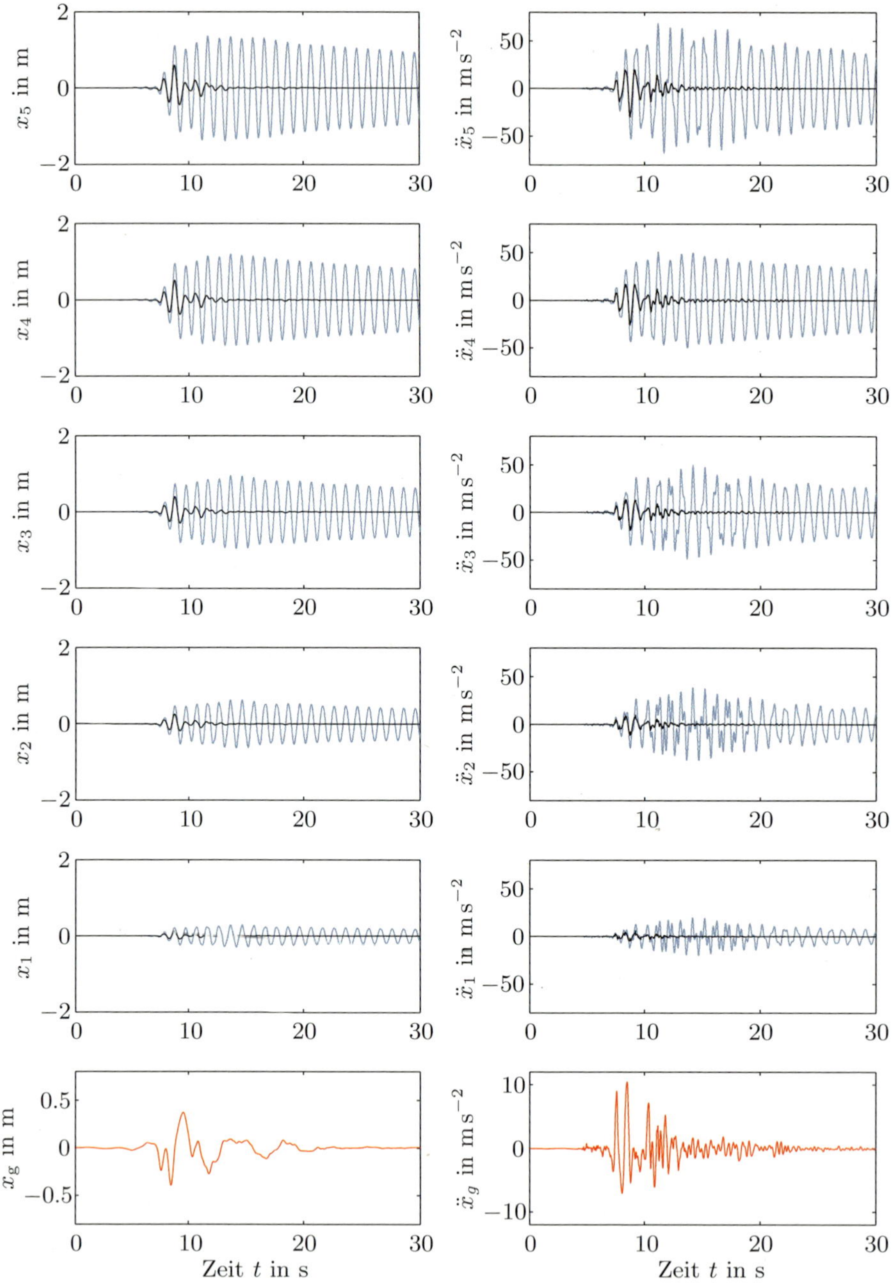

Bild 6.28: Die linke Spalte zeigt die durch das Erdbeben verursachte Verschiebung x_g (rot) der Grundplatte und die Verschiebungen x_i der Stockwerksdecken. In der rechten Spalte sind die Beschleunigung $\ddot{x}_g$ (rot) der Grundplatte und die Beschleunigungen $\ddot{x}_i$ der Stockwerksdecken dargestellt. Die blauen Kurven zeigen die Gebäudeschwingungen ohne viskose Fluiddämpfer, die schwarzen die mit solchen Dämpfern.

sowie

$$\alpha = 0.5125.$$

Wir betrachten das Erdbeben in Kobe, Japan, im Jahr 1995 [91]. Das Beben dauerte ca. 20 s und erreichte eine Stärke von 7.2 auf der Richter-Skala. Durch das Beben wurden 61000 Gebäude zerstört und es forderte 4571 Tote. Die aufgeständerte Autobahn brach auf einer Länge von 5 km ein.

Die durch das Kobe-Beben verursachte horizontale Beschleunigung $\ddot{x}_\mathrm{g}$ sowie die durch zweifache Integration von $\ddot{x}_\mathrm{g}$ entstandene Verschiebung x_g zeigt Bild 6.28. Das Bild zeigt des Weiteren die Beschleunigungen $\ddot{x}_i$, die auf die jeweiligen Stockwerke i unseres Modellgebäudes wirken und die multipliziert mit den jeweiligen Massen m_i die einwirkenden Kräfte ergeben. Dargestellt sind auch die Verschiebungen x_i der jeweiligen Stockwerke i, sowohl ohne viskose Fluiddämpfer als auch mit. Mit diesen Dämpfern ist die Belastung des Gebäudes sehr stark vermindert, so dass die Auswirkung des Bebens auf das betrachtete Gebäude deutlich reduziert wird.

Aufgrund der guten erzielbaren Schwingungsreduktion werden oftmals bei großen Gebäuden, Brücken oder hohen Türmen, die in stark erdbebengefährdeten Gebieten stehen, zusätzliche konstruktive Dämpfungsmassnahmen, wie sie beispielsweise die beschriebenen viskosen Fluiddämpfer darstellen, eingesetzt.

6.3.3 Passivierung nichtpassiver linearer Systeme

Auf nichtpassive Systeme lassen sich die Methoden für den Reglerentwurf aus dem vorherigen Kapitel erst einmal nicht anwenden. Ein sinnvolles Vorgehen in diesem Fall ist es, das nichtpassive System durch eine Erweiterung mittels einer zusätzlichen äußeren Beschaltung, beispielsweise durch ein parallel geschaltetes System oder eine Rückführung über ein zusätzliches System, passiv zu machen. Nach dieser Passivierung des Systems können wir dann die uns bekannten Sätze für passive Systeme und die passenden Reglerentwurfsverfahren anwenden.

Wir betrachten zuerst steuerbare lineare SISO-Systeme

$$\begin{aligned} \dot{\boldsymbol{x}} &= \boldsymbol{A}\boldsymbol{x} + \boldsymbol{b} \cdot u, \\ y &= \boldsymbol{c}^T \boldsymbol{x}, \end{aligned} \tag{6.71}$$

bevor wir uns im nachfolgenden Abschnitt eingangslinearen MIMO-Systemen zuwenden, welche die Klasse der linearen MIMO-Systeme beinhaltet.

Nun wollen wir Bedingungen herleiten, unter denen ein lineares System durch eine statische Zustandsrückführung, d. h. einen Regler

$$u = -\boldsymbol{r}^T \boldsymbol{x} + V \cdot w$$

mit der Führungsgröße w, passiv gemacht werden kann.

Zu diesem Zweck nutzen wir Satz 21, den Satz über Passivität und die Kalman-Jakubovich-Popov-Gleichungen, S. 116. Bei SISO-Systemen ohne Durchgriff, d. h. Systeme der Form (6.71), gilt für die KJP-Gleichungen und damit für die Passivität der Systeme

$$\boldsymbol{A}^T\boldsymbol{R} + \boldsymbol{R}\boldsymbol{A} = -\boldsymbol{Q}, \tag{6.72}$$

$$\boldsymbol{c}^T = \boldsymbol{b}^T\boldsymbol{R}, \tag{6.73}$$

wobei $\boldsymbol{R}$ eine beliebige positiv definite Matrix ist und $\boldsymbol{Q}$ eine beliebige positiv semidefinite, die obige Gleichungen erfüllen.

Wir multiplizieren Gl. (6.73) mit dem Vektor $\boldsymbol{b}$ und erhalten als notwendige Bedingung für die Passivität des Systems (6.71)

$$\boldsymbol{c}^T\boldsymbol{b} = \boldsymbol{b}^T\boldsymbol{R}\boldsymbol{b} > 0. \tag{6.74}$$

Wir führen des Weiteren die gleichen Schritte wie bei einer exakten Eingangs-/Ausgangslinearisierung durch und leiten zu diesem Zweck die Ausgangsgröße y gemäß dem Schema

$$\begin{aligned} y &= \boldsymbol{c}^T\boldsymbol{x}, \\ \dot{y} &= \boldsymbol{c}^T\dot{\boldsymbol{x}} = \underbrace{\boldsymbol{c}^T\boldsymbol{A}\boldsymbol{x}}_{L_{\boldsymbol{a}}c(\boldsymbol{x})} + \underbrace{\boldsymbol{c}^T\boldsymbol{b}}_{L_{\boldsymbol{b}}c(\boldsymbol{x})} \cdot u, \\ \ddot{y} &= \ldots \\ &\vdots \end{aligned}$$

ab. Bereits die erste Lie-Derivierte

$$L_{\boldsymbol{b}}c(\boldsymbol{x}) = \boldsymbol{c}^T\boldsymbol{b}$$

ist gemäß Gl. (6.74) von null verschieden, wenn das System passiv ist. Folglich muss ein passives System (6.71) aufgrund von $L_{\boldsymbol{b}}c(\boldsymbol{x}) > 0$ einen relativen Grad von $\delta = 1$ aufweisen.

Wir wollen eine weitere notwendige Bedingung für die Passivität des Systems (6.71) herleiten. Zu diesem Zweck transformieren wir das System (6.71) nun mittels des Diffeomorphismus

$$\boldsymbol{z} = \boldsymbol{t}(\boldsymbol{x}) = \begin{bmatrix} \boldsymbol{c}^T\boldsymbol{x} \\ \boldsymbol{t}_2^T\boldsymbol{x} \\ \vdots \\ \boldsymbol{t}_n^T\boldsymbol{x} \end{bmatrix} = \boldsymbol{T}\boldsymbol{x} \tag{6.75}$$

mit noch geeignet zu wählenden linear unabhängigen Vektoren $\boldsymbol{t}_i$, $i = 2, \ldots, n$. Damit erhalten wir

$$\dot{\boldsymbol{z}} = \begin{bmatrix} \boldsymbol{c}^T \\ \boldsymbol{t}_2^T \\ \vdots \\ \boldsymbol{t}_n^T \end{bmatrix} \dot{\boldsymbol{x}} = \begin{bmatrix} \boldsymbol{c}^T\boldsymbol{A}\boldsymbol{x} + \boldsymbol{c}^T\boldsymbol{b}\cdot u \\ \boldsymbol{t}_2^T\boldsymbol{A}\boldsymbol{x} + \boldsymbol{t}_2^T\boldsymbol{b}\cdot u \\ \vdots \\ \boldsymbol{t}_n^T\boldsymbol{A}\boldsymbol{x} + \boldsymbol{t}_n^T\boldsymbol{b}\cdot u \end{bmatrix}, \tag{6.76}$$
$$y = z_1.$$

Um die Abhängigkeit der Terme

$$\boldsymbol{t}_i^T\boldsymbol{A}\boldsymbol{x} + \boldsymbol{t}_i^T\boldsymbol{b}\,u, \quad i = 2,\ldots,n,$$

in Gl. (6.76) von der Stellgröße u zu eliminieren, wählen wir die Vektoren $\boldsymbol{t}_i$, $i = 2,\ldots,n$, so, dass

$$\begin{bmatrix} \boldsymbol{t}_2^T \\ \vdots \\ \boldsymbol{t}_n^T \end{bmatrix} \boldsymbol{b} = \boldsymbol{0}$$

gilt. D. h., dass alle $\boldsymbol{t}_i$ senkrecht auf $\boldsymbol{b}$ stehen. Da nach Gl. (6.74) die Ungleichung $\boldsymbol{c}^T\boldsymbol{b} \neq 0$ gilt und der Vektor $\boldsymbol{b}$ keine Linearkombination der Vektoren $\boldsymbol{t}_i$, $i = 2,\ldots,n$, ist, ist auch der Vektor $\boldsymbol{c}$ keine Linearkombination der Vektoren $\boldsymbol{t}_i$, $i = 2,\ldots,n$, allein. Folglich bilden die Vektoren $\boldsymbol{c}$ und $\boldsymbol{t}_i$, $i = 2,\ldots,n$, eine Basis des $I\!R^n$ und die Matrix $\boldsymbol{T}$ ist regulär. So ergibt sich

$$\dot{\boldsymbol{z}} = \begin{bmatrix} \boldsymbol{c}^T\boldsymbol{A}\boldsymbol{T}^{-1}\boldsymbol{z} + \boldsymbol{c}^T\boldsymbol{b}\cdot u \\ \boldsymbol{t}_2\boldsymbol{A}\boldsymbol{T}^{-1}\boldsymbol{z} \\ \vdots \\ \boldsymbol{t}_n\boldsymbol{A}\boldsymbol{T}^{-1}\boldsymbol{z} \end{bmatrix}, \quad \begin{matrix} \}\ \text{externe Dynamik} \\ \\ \}\ \text{interne Dynamik} \end{matrix} \tag{6.77}$$
$$y = z_1$$

oder kürzer mit dem Vektor $\boldsymbol{z}_{\text{int}} = [z_2 \ \cdots \ z_n]^T$ der internen Zustände

$$\begin{aligned} \dot{z}_1 &= \Gamma_{11}z_1 + \boldsymbol{\Gamma}_{12}^T\boldsymbol{z}_{\text{int}} + \boldsymbol{c}^T\boldsymbol{b}\cdot u, && \}\ \text{externe Dynamik} \\ \dot{\boldsymbol{z}}_{\text{int}} &= \boldsymbol{\Gamma}_{21}z_1 + \boldsymbol{\Gamma}_{22}\boldsymbol{z}_{\text{int}}, && \}\ \text{interne Dynamik} \\ y &= z_1, \end{aligned} \tag{6.78}$$

wobei

$$\boldsymbol{z} = \begin{bmatrix} z_1 \\ \boldsymbol{z}_{\text{int}} \end{bmatrix}, \left[\Gamma_{11}\ \boldsymbol{\Gamma}_{12}^T\right] = \boldsymbol{c}^T\boldsymbol{A}\boldsymbol{T}^{-1} \quad \text{und} \quad \left[\boldsymbol{\Gamma}_{21}\ \boldsymbol{\Gamma}_{22}\right] = \begin{bmatrix} \boldsymbol{t}_2\boldsymbol{A}\boldsymbol{T}^{-1} \\ \vdots \\ \boldsymbol{t}_n\boldsymbol{A}\boldsymbol{T}^{-1} \end{bmatrix}$$

gilt.

Die KJP-Gleichung (6.72) ist neben der bereits behandelten Passivitätsbedingung (6.73) die zweite zu erfüllende Forderung. Sie ist gleichbedeutend damit, dass die Ruhelage $\boldsymbol{x}_{\mathrm{R}} = \boldsymbol{0}$ des Systems (6.71) stabil im Sinne von Ljapunov ist. Da nun die lineare Transformation (6.75) regulär ist, bedeutet Gl. (6.72), dass auch das transformierte System (6.78) stabil im Sinne von Ljapunov sein muss. Insbesondere muss seine interne Dynamik stabil im Sinne von Ljapunov sein, d. h., die Matrix $\boldsymbol{\Gamma}_{22}$ darf nur Eigenwerte mit nicht positivem Realteil besitzen. Das ist die zweite gesuchte notwendige Bedingung.

So erhalten wir folgenden

Satz 75 (Passivität linearer Systeme). *Ein passives System*

$$\begin{aligned} \dot{\boldsymbol{x}} &= \boldsymbol{A}\boldsymbol{x} + \boldsymbol{b} \cdot u, \\ y &= \boldsymbol{c}^T \boldsymbol{x} \end{aligned}$$

mit einer positiv definiten Speicherfunktion besitzt

(1) einen relativen Grad $\delta = 1$ und
(2) eine im Sinne von Ljapunov stabile interne Dynamik.

Dafür, dass die interne Dynamik stabil im Sinne von Ljapunov ist, ist hinreichend und notwendig, dass eine Ljapunov-Funktion $V(\boldsymbol{z}_{\mathrm{int}}) = \boldsymbol{z}_{\mathrm{int}}{}^T \tilde{\boldsymbol{R}} \boldsymbol{z}_{\mathrm{int}}$ gemäß Satz 10, S. 91, existiert. D. h., dass eine positiv definite Matrix $\tilde{\boldsymbol{R}}$ existiert, so dass die Matrix $\tilde{\boldsymbol{Q}}$ der Ljapunov-Gleichung

$$\boldsymbol{\Gamma}_{22}^T \tilde{\boldsymbol{R}} + \tilde{\boldsymbol{R}} \boldsymbol{\Gamma}_{22} = -\tilde{\boldsymbol{Q}} \tag{6.79}$$

negativ semidefinit ist. Dieses Faktum werden wir im Weiteren noch benötigen.

An dieser Stelle erinnern wir uns auch an Abschnitt 5.2.8, S. 314, in dem wir die Nulldynamik als einen Sonderfall der internen Dynamik definiert haben. Und zwar geht die Nulldynamik aus der internen Dynamik hervor, wenn wir die Eingangsvariablen der internen Dynamik, die durch die Zustandsvariablen der externen Dynamik gebildet werden, zu null setzen. Wir können für die Untersuchung der Stabilität mittels Bedingung (2) also auch die Nulldynamik heranziehen und fordern, dass sie stabil im Sinne von Ljapunov ist.

Die beiden notwendigen Bedingungen des obigen Satzes sind äquivalent zu den Forderungen (2) und (3) des Satzes 26, S. 123. Und zwar entspricht die Forderung nach einem relativen Grad von $\delta = 1$ einer Nennergrad-Zählergrad-Differenz von $\delta = n - m = 1$. Die Forderung nach einer im Sinne von Ljapunov stabilen Nulldynamik entspricht der Forderung nach ausschließlich nicht positiven Realteilen aller Nullstellen.

Wenn wir nun eine statische Rückführung, d. h. einen Regler

$$u = -\boldsymbol{r}^T \boldsymbol{x} + V \cdot w \tag{6.80}$$

mit der Führungsgröße bzw. neuen Eingangsgröße w verwenden, um ein nichtpassives System (6.71) passiv machen zu wollen, so müssen wir Folgendes berücksichtigen. Anhand von Gl. (6.77) kann man unmittelbar sehen, dass durch eine Rückführung (6.80) weder der relative Grad noch die Stabilität der internen Dynamik geändert werden kann. Ein relativer Grad $\delta = 1$ und eine im Sinne von Ljapunov stabile interne Dynamik sind also auch notwendige Bedingungen für die Passivierbarkeit des Systems (6.71).

Darüber hinaus sind diese Bedingungen auch hinreichend, denn mit der Rückführung (6.80) können wir die externe Dynamik in Gl. (6.77) einerseits immer stabilisieren, falls sie instabil ist. Stabilität ist, wir erinnern uns, eine Bedingung für ein passives System mit positiv definiter Speicherfunktion. Andererseits können wir durch eine geeignete Wahl des Regelgesetzes (6.80) das System auch immer passivieren, wie im Folgenden gezeigt wird. Mit dem passivierenden Regelgesetz

$$u = -\frac{1}{\boldsymbol{c}^T\boldsymbol{b}}\left(\Gamma_{11}z_1 + \boldsymbol{\Gamma}_{12}^T\boldsymbol{z}_{\text{int}} + 2\boldsymbol{\Gamma}_{21}^T\tilde{\boldsymbol{R}}\boldsymbol{z}_{\text{int}} - w\right) \tag{6.81}$$

erhalten wir für den geschlossenen Regelkreis durch Einsetzen in Gl. (6.78)

$$\begin{aligned}
\dot{z}_1 &= -2\boldsymbol{\Gamma}_{21}^T\tilde{\boldsymbol{R}}\boldsymbol{z}_{\text{int}} + w, && \} \text{ externe Dynamik}\\
\dot{\boldsymbol{z}}_{\text{int}} &= \boldsymbol{\Gamma}_{22}\boldsymbol{z}_{\text{int}} + \boldsymbol{\Gamma}_{21}z_1, && \} \text{ interne Dynamik}\\
y &= z_1.
\end{aligned}$$

Seine Passivität lässt sich durch Einsetzen der Speicherfunktion

$$S(z_1,\eta) = \frac{1}{2}z_1^2 + {\boldsymbol{z}_{\text{int}}}^T\tilde{\boldsymbol{R}}\boldsymbol{z}_{\text{int}}$$

in die Passivitätsungleichung

$$\dot{S}(z_1,\boldsymbol{z}_{\text{int}}) \le w\,y,$$

d. h.

$$\begin{aligned}
\dot{S}(z_1,\boldsymbol{z}_{\text{int}}) &= z_1\dot{z}_1 + {\dot{\boldsymbol{z}}_{\text{int}}}^T\tilde{\boldsymbol{R}}\boldsymbol{z}_{\text{int}} + {\boldsymbol{z}_{\text{int}}}^T\tilde{\boldsymbol{R}}\dot{\boldsymbol{z}}_{\text{int}}\\
&= {\boldsymbol{z}_{\text{int}}}^T(\boldsymbol{\Gamma}_{22}^T\tilde{\boldsymbol{R}} + \tilde{\boldsymbol{R}}\boldsymbol{\Gamma}_{22})\boldsymbol{z}_{\text{int}} + wz_1 \le w\,y,
\end{aligned}$$

nachweisen. Offensichtlich ist diese Gleichung erfüllt, da $y = z_1$ und

$${\boldsymbol{z}_{\text{int}}}^T(\boldsymbol{\Gamma}_{22}^T\tilde{\boldsymbol{R}} + \tilde{\boldsymbol{R}}\boldsymbol{\Gamma}_{22})\boldsymbol{z}_{\text{int}} \le 0$$

gilt. Letzteres gilt, weil die interne Dynamik

$$\dot{\boldsymbol{z}}_{\text{int}} = \boldsymbol{\Gamma}_{22}\boldsymbol{z}_{\text{int}}$$

stabil im Sinne von Ljapunov ist. Dies haben wir schon in Gl. (6.79) festgestellt. Wir können mit Gl. (6.81) also immer ein statisches Regelgesetz der Form

$$u = -\tilde{\boldsymbol{r}}^T \boldsymbol{z} + V \cdot w = -\boldsymbol{r}^T \boldsymbol{x} + V \cdot w, \quad \boldsymbol{r}^T = \tilde{\boldsymbol{r}}^T \boldsymbol{T},$$

angeben, welches das System (6.78) passiviert.

Somit kommen wir zu

Satz 76 (Passivierbarkeit linearer Systeme). *Ein nichtpassives System*

$$\begin{aligned} \dot{\boldsymbol{x}} &= \boldsymbol{A}\boldsymbol{x} + \boldsymbol{b} \cdot u, \\ y &= \boldsymbol{c}^T \boldsymbol{x} \end{aligned}$$

kann genau dann durch eine Rückführung mit einem statischen Regler

$$u = -\boldsymbol{r}^T \boldsymbol{x} + V \cdot w$$

in einen passiven Regelkreis mit einer quadratischen positiv definiten Speicherfunktion umgewandelt werden, wenn das System

(1) einen relativen Grad von $\delta = 1$ und
(2) eine im Sinne von Ljapunov stabile interne Dynamik

besitzt.

Wir hatten schon festgestellt, dass wir den relativen Grad und die Stabilität der internen Dynamik durch eine statische Rückführung nicht ändern können. Die Stabilität der externen Dynamik können wir dagegen durch eine solche Rückführung sehr wohl beeinflussen. Z. B. können wir ein instabiles System stabilisieren. Genau die umgekehrte Situation liegt vor, wenn wir anstelle einer Rückkopplung eine Parallelschaltung mittels eines Zusatzsystems vornehmen. Dann können wir die externe Dynamik, d. h. die Polstellen des zu passivierenden Systems, nicht beeinflussen, aber seinen relativen Grad, d. h. seinen Zählergrad, und seine interne Dynamik, d. h. seine Nullstellen. Dies wird plausibel, wenn wir das nichtpassive, aber stabile System

$$G_1(s) = \frac{1}{N(s)}$$

durch die Parallelschaltung mit dem System

$$G_2(s) = \frac{Z(s)}{N(s)}$$

zu

$$G_1(s) + G_2(s) = \frac{1}{N(s)} + \frac{Z(s)}{N(s)} = \frac{1 + Z(s)}{N(s)}$$

vereinen. Offensichtlich können wir mittels des Zählerpolynoms $Z(s)$ sowohl den Zählergrad und damit den relativen Grad als auch die Nullstellen und somit die interne Dynamik verändern.

Im nachfolgenden Kapitel wollen wir nun die Ergebnisse, die wir in diesem Abschnitt erzielt haben, auf MIMO-Systeme und eingangslineare Systeme erweitern.

6.3.4 Passivierung nichtpassiver eingangslinearer Systeme

Wir betrachten eingangslineare Systeme

$$\begin{aligned} \dot{\boldsymbol{x}} &= \boldsymbol{a}(\boldsymbol{x}) + \boldsymbol{B}(\boldsymbol{x}) \cdot \boldsymbol{u}, \\ \boldsymbol{y} &= \boldsymbol{c}(\boldsymbol{x}). \end{aligned} \tag{6.82}$$

Bevor wir feststellen, wie wir ein solches System passivieren können, klären wir zuerst, wie im vorherigen Abschnitt, welche Bedingungen erfüllt sein müssen, damit es passiv ist. Diesbezüglich gilt [36, 42] analog zu Satz 75

Satz 77 (Passivität eingangslinearer Systeme). *Ein passives System*

$$\begin{aligned} \dot{\boldsymbol{x}} &= \boldsymbol{a}(\boldsymbol{x}) + \boldsymbol{B}(\boldsymbol{x}) \cdot \boldsymbol{u}, \\ \boldsymbol{y} &= \boldsymbol{c}(\boldsymbol{x}) \end{aligned}$$

mit einer zweimal stetig differenzierbaren, positiv definiten Speicherfunktion besitzt

(1) den vektoriellen relativen Grad $\boldsymbol{\delta} = [1 \ \cdots \ 1]$ *und*
(2) eine interne Dynamik mit einer im Sinne von Ljapunov stabilen Ruhelage.

Wir betrachten im Weiteren nichtpassive eingangslineare MIMO-Systeme (6.82) mit einem vektoriellen relativen Grad $\boldsymbol{\delta} = [1 \ \cdots \ 1]$. Diese Systeme wollen wir durch statische Regler

$$\boldsymbol{u}(\boldsymbol{x}) = -\boldsymbol{r}(\boldsymbol{x}) + \boldsymbol{V}(\boldsymbol{x}) \cdot \boldsymbol{w} = -\boldsymbol{D}^{-1}(\boldsymbol{x}) \left[\tilde{\boldsymbol{r}}(\boldsymbol{x}) - \tilde{\boldsymbol{V}} \cdot \boldsymbol{w}\right], \tag{6.83}$$

$$\boldsymbol{D}(\boldsymbol{x}) = \begin{bmatrix} L_{\boldsymbol{b}_1} c_1(\boldsymbol{x}) & L_{\boldsymbol{b}_2} c_1(\boldsymbol{x}) & \cdots & L_{\boldsymbol{b}_m} c_1(\boldsymbol{x}) \\ L_{\boldsymbol{b}_1} c_2(\boldsymbol{x}) & L_{\boldsymbol{b}_2} c_2(\boldsymbol{x}) & \cdots & L_{\boldsymbol{b}_m} c_2(\boldsymbol{x}) \\ \vdots & \vdots & \ddots & \vdots \\ L_{\boldsymbol{b}_1} c_m(\boldsymbol{x}) & L_{\boldsymbol{b}_2} c_m(\boldsymbol{x}) & \cdots & L_{\boldsymbol{b}_m} c_m(\boldsymbol{x}) \end{bmatrix}, \tag{6.84}$$

$$\tilde{\boldsymbol{r}}(\boldsymbol{x}) = \begin{bmatrix} L_{\boldsymbol{a}} c_1(\boldsymbol{x}) + a_{1,0}\, c_1(\boldsymbol{x}) \\ L_{\boldsymbol{a}} c_2(\boldsymbol{x}) + a_{2,0}\, c_2(\boldsymbol{x}) \\ \vdots \\ L_{\boldsymbol{a}} c_m(\boldsymbol{x}) + a_{m,0}\, c_m(\boldsymbol{x}) \end{bmatrix}, \quad \tilde{\boldsymbol{V}} = \begin{bmatrix} \tilde{V}_1 & 0 & \cdots & 0 \\ 0 & \tilde{V}_2 & \cdots & 0 \\ \vdots & \vdots & \vdots & \vdots \\ 0 & 0 & \cdots & \tilde{V}_m \end{bmatrix},$$

wie wir sie schon in Abschnitt 5.2.11, S. 325, hergeleitet haben und hier für den Sonderfall des vektoriellen relativen Grades $\boldsymbol{\delta} = [1 \ \cdots \ 1]$ betrachten, passiv machen. Da man durch einen solchen Regler den relativen Grad eines Systems nicht ändern kann, ein passives System aber den relativen Grad $\boldsymbol{\delta} = [1 \ \cdots \ 1]$ besitzen muss, können wir uns von vornherein auf Systeme mit diesem relativen Grad beschränken.

Die $m \times m$ - Entkopplungsmatrix $\boldsymbol{D}(\boldsymbol{x})$ mit ihren Elementen $d_{ij} = L_{\boldsymbol{b}_j} c_i(\boldsymbol{x})$ ist im SISO-Fall gerade mit $L_{\boldsymbol{b}} c(\boldsymbol{x})$ identisch, d. h. dem Nenner des Regelgesetzes (6.83). Wir erinnern uns auch, dass für diesen Nennerterm immer $L_{\boldsymbol{b}} c(\boldsymbol{x}) \neq 0$ gelten muss. Dementsprechend muss im MIMO-Fall $\det(\boldsymbol{D}(\boldsymbol{x})) \neq 0$ sein.

Es gilt nun [42]

Satz 78 (Passivierbarkeit eingangslinearer Systeme). *Ein nichtpassives System*

$$\begin{aligned}\dot{\boldsymbol{x}} &= \boldsymbol{a}(\boldsymbol{x}) + \boldsymbol{B}(\boldsymbol{x}) \cdot \boldsymbol{u},\\ \boldsymbol{y} &= \boldsymbol{c}(\boldsymbol{x})\end{aligned}$$

mit regulärer Matrix $\boldsymbol{D}(\boldsymbol{x})$ ist genau dann durch eine Rückführung mit einem statischen Regler

$$\boldsymbol{u}(\boldsymbol{x}) = -\boldsymbol{D}^{-1}(\boldsymbol{x})[\tilde{\boldsymbol{r}}(\boldsymbol{x}) - \tilde{\boldsymbol{V}} \cdot \boldsymbol{w}]$$

in einen passiven Regelkreis mit einer zweimal stetig differenzierbaren, positiv definiten Speicherfunktion umwandelbar, wenn das System

(1) einen vektoriellen relativen Grad $\boldsymbol{\delta} = [1 \ \cdots \ 1]$ und
(2) die interne Dynamik eine im Sinne von Ljapunov stabile Ruhelage

besitzt.

Die Sätze 77 und 78 sind die Verallgemeinerungen der Sätze 75 und 76 aus dem vorherigen Abschnitt.

6.3.5 Passivitätsbasierte Regelung mit IDA

Die passivitätsbasierte Regelung mit IDA (Interconnection and Damping Assignment) [221, 222, 223] hat zum Ziel, für ein möglicherweise, aber nicht zwingend passives System

$$\begin{aligned}\dot{\boldsymbol{x}} &= \boldsymbol{a}(\boldsymbol{x}) + \boldsymbol{B}(\boldsymbol{x}) \cdot \boldsymbol{u},\\ \boldsymbol{y} &= \boldsymbol{c}(\boldsymbol{x})\end{aligned} \tag{6.85}$$

eine Regelung $\boldsymbol{u}(\boldsymbol{x})$ zu ermitteln, so dass der Regelkreis die Gestalt eines PCHD-Systems

$$\begin{aligned}\dot{\boldsymbol{x}} &= (\boldsymbol{J}(\boldsymbol{x}) - \boldsymbol{D}(\boldsymbol{x}))\left(\frac{\partial V}{\partial \boldsymbol{x}}\right)^T + \boldsymbol{B}(\boldsymbol{x}) \cdot \boldsymbol{w},\\ \boldsymbol{y}_{\text{PCHD}} &= \boldsymbol{B}^T(\boldsymbol{x})\left(\frac{\partial V}{\partial \boldsymbol{x}}\right)^T\end{aligned} \tag{6.86}$$

mit dem Führungsgrößenvektor $\boldsymbol{w}$ aufweist. Dieses ist, wie wir wissen, immer passiv. Der Regler $\boldsymbol{u}(\boldsymbol{x})$ erzeugt dabei in Zusammenschaltung (interconnection) mit der Regelstrecke (6.85) einen passiven Regelkreis (6.86) mit guter

Dämpfung (damping) und einer stabilen Ruhelage. Allerdings sind in der Regel die Ausgangsgrößen, $\boldsymbol{y}$ und $\boldsymbol{y}_{\mathrm{PCHD}}$, der beiden Systeme nicht mehr identisch.

Die Ruhelage, die wir, wie in Kapitel 1 erläutert, aufgrund einer geeigneten Verschiebungstransformation in den Ursprung transformieren und so ohne Einschränkung der Allgemeinheit zu $\boldsymbol{x}_{\mathrm{R}} = \boldsymbol{0}$ annehmen können, ist des Weiteren asymptotisch stabil, wenn die Matrix $\boldsymbol{D}(\boldsymbol{x})$ gemäß Satz 34, S. 142, positiv definit ist oder wenn die Speicherfunktion V eine Ljapunov-Funktion des Regelkreises ist. D. h., wenn gemäß Satz 9, dem Satz von Barbashin und Krasovskii, S. 87, bzw. Satz 16, S. 110,

(1) $V(\boldsymbol{x})$ positiv definit,
(2) $\dot{V}(\boldsymbol{x}) \leq 0$ ist und
(3) die Menge $\{\boldsymbol{x} \mid \dot{V}(\boldsymbol{x}) = 0\}$ keine Trajektorie $\boldsymbol{x}(t)$ des geregelten Systems enthält.

Um nun mittels eines Regelgesetzes $\boldsymbol{u}(\boldsymbol{x})$ für die Regelstrecke (6.85) einen Regelkreis in PCHD-Gestalt (6.86) zu erzeugen, setzen wir Gl. (6.85) und Gl. (6.86) gleich und erhalten mit der Aufspaltung der Stellgröße

$$\boldsymbol{u} = \boldsymbol{u}_1 + \boldsymbol{u}_2$$

die Gleichung

$$\boldsymbol{B}(\boldsymbol{x}) \cdot \boldsymbol{u}_1 + \boldsymbol{B}(\boldsymbol{x}) \cdot \boldsymbol{u}_2 = (\boldsymbol{J}(\boldsymbol{x}) - \boldsymbol{D}(\boldsymbol{x})) \left(\frac{\partial V}{\partial \boldsymbol{x}}\right)^T - \boldsymbol{a}(\boldsymbol{x}) + \boldsymbol{B}(\boldsymbol{x}) \cdot \boldsymbol{w}. \tag{6.87}$$

Dabei spalten wir mittels des Anteils $\boldsymbol{u}_1$ den Einfluss $\boldsymbol{B}(\boldsymbol{x}) \cdot \boldsymbol{w}$ der Führungsgrößen ab, indem wir $\boldsymbol{u}_1 = \boldsymbol{w}$ setzen. So ergibt sich die im Weiteren zu untersuchende Gleichung

$$\boldsymbol{B}(\boldsymbol{x}) \cdot \boldsymbol{u}_2 = \underbrace{(\boldsymbol{J}(\boldsymbol{x}) - \boldsymbol{D}(\boldsymbol{x})) \left(\frac{\partial V}{\partial \boldsymbol{x}}\right)^T - \boldsymbol{a}(\boldsymbol{x})}_{\boldsymbol{v}}. \tag{6.88}$$

Wir suchen nun den Regelvektor $\boldsymbol{u}_2$, der diese Gleichung erfüllt. Dabei erkennen wir, dass Gl. (6.88) in der Regel ein überbestimmtes lineares Gleichungssystem

$$\boldsymbol{B}(\boldsymbol{x}) \cdot \boldsymbol{u}_2 = \boldsymbol{v} \tag{6.89}$$

für ein konstantes $\boldsymbol{x}$ bezüglich $\boldsymbol{u}_2$ bildet. Dabei ist $\boldsymbol{u}_2$ ein m - dimensionaler Vektor, $\boldsymbol{v}$ ein n - dimensionaler und $\boldsymbol{B}$ entsprechend eine $n \times m$ - Matrix. Das Gleichungssystem (6.89) ist nur dann lösbar, wenn der Vektor $\boldsymbol{v}$ eine Linearkombination der Spalten von $\boldsymbol{B}$ ist. Letzteres können wir überprüfen, indem wir $n-m$ linear unabhängige Zeilenvektoren $\boldsymbol{b}_i^{\perp}$ konstruieren, die jeweils auf allen m Spalten $\boldsymbol{b}_j$ der Matrix $\boldsymbol{B}$ senkrecht stehen, d. h. Vektoren $\boldsymbol{b}_i^\perp$, für die

$$\boldsymbol{b}_i^\perp \boldsymbol{b}_j = 0 \qquad \text{für alle} \quad i = 1, \ldots, n-m \quad \text{und} \quad j = 1, \ldots, m$$

gilt. Zusammen bilden die Vektoren $(\boldsymbol{b}_i^\perp)^T, i = 1, \ldots, n-m$, und die Vektoren $\boldsymbol{b}_j, j = 1, \ldots, m$, eine Basis des $\mathbb{R}^n$. In Matrixschreibweise gilt dann mit

$$\boldsymbol{B}^\perp = \begin{bmatrix} \boldsymbol{b}_1^\perp \\ \vdots \\ \boldsymbol{b}_{n-m}^\perp \end{bmatrix}$$

schließlich

$$\boldsymbol{B}^\perp \boldsymbol{B} = \boldsymbol{0}.$$

Die $(n-m) \times n$ - Matrix $\boldsymbol{B}^\perp$ heißt *Annihilatormatrix* und hat den Rang $n-m$.

Gilt dann

$$\boldsymbol{B}^\perp \boldsymbol{v} = \boldsymbol{0},$$

steht also $\boldsymbol{v}$ senkrecht auf allen Vektoren $\boldsymbol{b}_i^\perp$, so ist $\boldsymbol{v}$ eine Linearkombination der Spalten der Matrix $\boldsymbol{B}$, d. h., Gl. (6.89) ist lösbar.

Die Regelkreisgleichung (6.87) ist also genau dann erfüllbar, wenn

$$\boldsymbol{B}^\perp(\boldsymbol{x}) \left[(\boldsymbol{J}(\boldsymbol{x}) - \boldsymbol{D}(\boldsymbol{x})) \left(\frac{\partial V}{\partial \boldsymbol{x}} \right)^T - \boldsymbol{a}(\boldsymbol{x}) \right] = \boldsymbol{0} \qquad (6.90)$$

gilt.

Bei der Lösung obiger Gleichung haben wir die Wahl zwischen zwei verschiedenen Variablen und Aufgabenstellungen:

(1) Wir wählen eine Speicherfunktion $V(\boldsymbol{x})$, die ihr Minimum in null hat. Dann sind die Matrizen $\boldsymbol{J}(\boldsymbol{x})$ und $\boldsymbol{D}(\boldsymbol{x})$ zu ermitteln, wobei die Schiefsymmetrie von $\boldsymbol{J}(\boldsymbol{x})$, d. h. $\boldsymbol{J}(\boldsymbol{x}) = -\boldsymbol{J}^T(\boldsymbol{x})$, und die positive Semidefinitheit von $\boldsymbol{D}(\boldsymbol{x})$ Nebenbedingungen sind. In diesem Fall ist die Gl. (6.90) eine algebraische Gleichung in den Variablen $\boldsymbol{J}(\boldsymbol{x})$ und $\boldsymbol{D}(\boldsymbol{x})$.

(2) Wir wählen eine schiefsymmetrische Matrix $\boldsymbol{J}(\boldsymbol{x})$ und eine positiv semidefinite Matrix $\boldsymbol{D}(\boldsymbol{x})$. Dann müssen wir die Speicherfunktion $V(\boldsymbol{x})$ so bestimmen, dass die Gl. (6.90) erfüllt ist. Dabei sind als Nebenbedingungen $V(\boldsymbol{0}) = 0$ und $V(\boldsymbol{x}) > 0$ einzuhalten. In diesem Fall ist die Gl. (6.90) eine lineare partielle Differenzialgleichung bezüglich $V(\boldsymbol{x})$.

Ist es uns gelungen, die Schlüsselgleichung (6.90) zu erfüllen, so besitzt das Gleichungssystem (6.87) bzw. (6.89) eine Lösung. Nun können wir den m - dimensionalen Vektor $\boldsymbol{u}_2$ ermitteln, indem wir aus dem Gleichungssystem

$$\boldsymbol{B}(\boldsymbol{x})\boldsymbol{u}_2 = \boldsymbol{v} \tag{6.91}$$

m Gleichungen mit linear unabhängigen Zeilenvektoren $\boldsymbol{b}_i^T$ der Matrix $\boldsymbol{B}(\boldsymbol{x})$ auswählen. Die Indizes dieser m Zeilenvektoren $\boldsymbol{b}_i^T$ bezeichnen wir mit i_1, $i_2, \ldots, i_m$, wobei $i_1,\ i_2, \ldots, i_m \in \{1, 2, \ldots, n\}$ gilt. Um nun die zugehörigen Gleichungen

$$\begin{aligned} \boldsymbol{b}_{i_1}^T \boldsymbol{u}_2 &= v_{i_1}, \\ &\vdots \\ \boldsymbol{b}_{i_m}^T \boldsymbol{u}_2 &= v_{i_m} \end{aligned}$$

aus dem Gleichungssystem (6.91) zu selektieren, konstruieren wir die $m \times n$ - Matrix

$$\boldsymbol{K} = \begin{bmatrix} \boldsymbol{e}_{i_1}^T \\ \vdots \\ \boldsymbol{e}_{i_m}^T \end{bmatrix},$$

wobei der n - dimensionale Vektor $\boldsymbol{e}_{i_k}$ der Einheitsvektor der i_k-ten Koordinatenrichtung des $I\!R^n$ ist. Dieser weist überall Nullen auf und nur sein i_k-tes Element ist eins.

Wir multiplizieren nun Gl. (6.91) beidseitig mit $\boldsymbol{K}$ und selektieren so die linear unabhängigen Gleichungen aus:

$$\boldsymbol{K}\boldsymbol{B}(\boldsymbol{x}) \cdot \boldsymbol{u}_2 = \boldsymbol{K}\boldsymbol{v}.$$

Hieraus folgen dann $\boldsymbol{u}_2$ und das gesuchte Regelgesetz

$$\boldsymbol{u} = \boldsymbol{u}_2 + \boldsymbol{u}_1 = (\boldsymbol{K}\boldsymbol{B}(\boldsymbol{x}))^{-1}\boldsymbol{K} \left[(\boldsymbol{J}(\boldsymbol{x}) - \boldsymbol{D}(\boldsymbol{x})) \left(\frac{\partial V}{\partial \boldsymbol{x}} \right)^T - \boldsymbol{a}(\boldsymbol{x}) \right] + \boldsymbol{w}. \tag{6.92}$$

Alternativ zu obiger Berechnung können wir das Regelgesetz (6.92) auch mittels der Pseudoinversen der Matrix $\boldsymbol{B}(\boldsymbol{x})$ herleiten. Die Pseudoinverse [312]

$$\boldsymbol{M}^+ = \left(\boldsymbol{M}^T \boldsymbol{M} \right)^{-1} \boldsymbol{M}^T$$

einer $n \times m$ - Matrix $\boldsymbol{M}$, die verwendet wird um überbestimmte Gleichungssysteme

$$\boldsymbol{M}\boldsymbol{z} = \boldsymbol{h}, \quad \boldsymbol{M} \in I\!R^{n \times m} \quad \text{und} \quad \boldsymbol{z} \in I\!R^m, \boldsymbol{h} \in I\!R^n, \tag{6.93}$$

approximativ zu lösen, liefert normalerweise eine Näherungslösung

$$\boldsymbol{z}_{\text{opt}} = \boldsymbol{M}^{+}\boldsymbol{h},$$

d. h. $\boldsymbol{M}\boldsymbol{z}_{\text{opt}} \approx \boldsymbol{h}$, mit dem kleinsten Wert des quadratischen Fehlermaßes

$$\|\boldsymbol{M}\boldsymbol{z} - \boldsymbol{h}\|^2 = (\boldsymbol{M}\boldsymbol{z} - \boldsymbol{h})^T (\boldsymbol{M}\boldsymbol{z} - \boldsymbol{h}) . \qquad (6.94)$$

Ist allerdings zusätzlich die Bedingung

$$\boldsymbol{M}^{\perp}\boldsymbol{h} = \boldsymbol{0}$$

erfüllt, so ist der Vektor $\boldsymbol{h}$ eine Linearkombination der Spalten von $\boldsymbol{M}$, das Gleichungssystem (6.93) ist exakt lösbar, folglich das Fehlermaß (6.94) für $\boldsymbol{z} = \boldsymbol{z}_{\text{opt}}$ identisch null und somit die Lösung keine Näherungslösung mehr, sondern exakt und es gilt

$$\boldsymbol{M}\boldsymbol{z}_{\text{opt}} = \boldsymbol{h} \quad \text{mit} \quad \boldsymbol{z}_{\text{opt}} = \boldsymbol{M}^{+}\boldsymbol{h}.$$

D. h., wir können das Regelgesetz (6.92) in der Form

$$\boldsymbol{u} = \left(\boldsymbol{B}^T(\boldsymbol{x})\boldsymbol{B}(\boldsymbol{x})\right)^{-1}\boldsymbol{B}^T(\boldsymbol{x})\left[(\boldsymbol{J}(\boldsymbol{x}) - \boldsymbol{D}(\boldsymbol{x}))\left(\frac{\partial V}{\partial \boldsymbol{x}}\right)^T - \boldsymbol{a}(\boldsymbol{x})\right] + \boldsymbol{w} \qquad (6.95)$$

schreiben, wenn die Bedingung (6.90) erfüllt ist.

Wir betrachten noch den Fall, wenn

$$\boldsymbol{y} = \boldsymbol{y}_{\text{PCHD}} = \boldsymbol{B}^T(\boldsymbol{x})\left(\frac{\partial V}{\partial \boldsymbol{x}}\right)^T$$

sein soll. Wie gesagt ist dieser im Allgemeinen nicht erreichbar. Denn das Regelgesetz (6.95) ist von statischer Natur und aus Satz 78 des vorherigen Kapitels wissen wir, dass wir Systeme (6.85) mittels eines statischen Regelgesetzes genau dann passiv machen können, wenn das System den vektoriellen relativen Grad

$$\boldsymbol{\delta} = [1 \ \cdots \ 1]$$

besitzt und die interne Dynamik eine im Sinne von Ljapunov stabile Ruhelage besitzt. Nicht immer wird dieser Fall vorliegen.

Da wir hier aber eine Zustandsregelung (6.95) verwenden, d. h. den gesamten Zustandsvektor zum Regeln nutzen, und natürlich einen stabilen Regelkreis entwerfen und uns hauptsächlich die Stabilität des Regelkreises interessiert, können wir die Passivität bezüglich einer bestimmten Ausgangsgröße – ob nun y oder y_{PCHD} – auch als nicht wesentlich einstufen. Mit obiger Methodik steht somit ein weiteres nützliches Instrument zur Verfügung, um eingangslineare, aber auch lineare Systeme zu regeln.

6.3.6 Beispiel Papiermaschine

Wir betrachten als Beispiel eine Papiermaschine, deren prinzipieller Aufbau in Bild 6.29 dargestellt ist. Aus der Stoffaufbereitung wird eine Wasser-Zellstoff-Suspension über ein Ventil, mit dem man den Zustrom regulieren kann, in einen Mischbehälter eingebracht. In diesen Mischbehälter wird auch das aus dem Herstellungsprozess anfallende Wasser, das noch Zellstoffpartikel enthält, über eine Pumpe geleitet. Die so gemischte Suspension wird dann dem Stoffauflauf zugeführt. Dieser bildet einen langen schmalen Düsenspalt, über den die Wasser-Zellstoff-Suspension auf ein umlaufendes Sieb gespritzt wird. Hier fällt das Wasser durch die Schwerkraft bedingt aus, eventuell wird es auch mittels Vakuumsaugern abgesaugt, und sammelt sich in einem Auffangbehälter unterhalb des Siebes, von dem es zurück in den Mischbehälter gepumpt wird. Die sich auf dem Sieb bildende Zellstoffbahn wird dann in eine Pressenpartie geleitet. In ihr wird die Bahn zwischen zwei umlaufenden Filzen gepresst und so weiter entwässert. Da durch weiteres Pressen am Ende der Pressenpartie der Zellstoffbahn kein Wasser mehr entzogen werden kann, erfolgt die weitere Entwässerung der Zellstoffbahn durch Trocknung. Dazu wird die Zellstoffbahn mäanderförmig in der Trockenpartie über dampfbeheizte Zylinder geführt. Nach der Trockenpartie ist die Papierbahn dann fertig und wird auf einem Tambour aufgewickelt.

In einer Papiermaschine gibt es eine Vielzahl von Regelungen. Wir betrachten im Weiteren die Regelung von sowohl Wasserstand

$$h_{\mathrm{s}} = h_{\mathrm{s,AP}} + \Delta h_{\mathrm{s}}$$

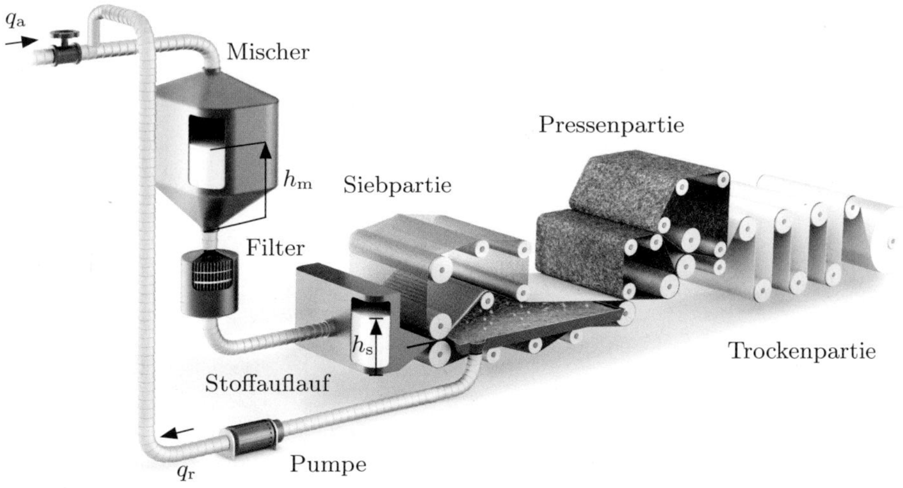

Bild 6.29: Papiermaschine.

als auch die der Zellstoffkonzentration

$$c_\mathrm{s} = c_{\mathrm{s,AP}} + \Delta c_\mathrm{s}$$

der Suspension im Stoffauflauf. Dabei sind Δh_s und Δc_s die jeweiligen Abweichungen von den Arbeitspunkten $h_{\mathrm{s,AP}}$ und $c_{\mathrm{s,AP}}$. Diese beiden Variablen, zusammengefasst im Ausgangsvektor

$$\boldsymbol{y}^T = [\Delta h_\mathrm{s} \;\; \Delta c_\mathrm{s}]$$

bilden auch zwei der Zustandsgrößen im Vektor

$$\boldsymbol{x}^T = [\Delta h_\mathrm{m} \;\; \Delta h_\mathrm{s} \;\; \Delta c_\mathrm{m} \;\; \Delta c_\mathrm{s}],$$

wobei

$$h_\mathrm{m} = h_{\mathrm{m,AP}} + \Delta h_m$$

die Füllstandshöhe und

$$c_\mathrm{m} = c_{\mathrm{m,AP}} + \Delta c_\mathrm{m}$$

die Zellstoffkonzentration im Mischbehälter sind. Die Variablen Δh_m und Δc_m bilden wieder die Abweichungen vom Arbeitspunkt. Als Stellgrößen dienen die Abweichungen Δq_a und Δq_r der Arbeitspunkte der beiden regulierbaren Zuflüsse

$$q_\mathrm{a} = q_{\mathrm{a,AP}} + \Delta q_\mathrm{a} \qquad \text{und} \qquad q_\mathrm{r} = q_{\mathrm{r,AP}} + \Delta q_\mathrm{r}$$

aus Stoffaufbereitung und Siebrückfluss. D. h., der Stellgrößenvektor ist

$$\boldsymbol{u}^T = [\Delta q_\mathrm{a} \;\; \Delta q_\mathrm{r}]\,.$$

Die Konzentrationen des Zellstoffes im rückläufigen Siebwasser und in der von der Stoffaufbereitung kommenden Suspension, c_r und c_a, schwanken und wirken als Störgrößen. Als Modell [324] ergibt sich für eine Papiermaschine zur Herstellung von Kondensatorpapier die in den Zuständen x_i und Stellgrößen u_i bilineare Gleichung

$$\dot{\boldsymbol{x}} = \underbrace{\underbrace{\begin{bmatrix} -1.93 & 0 & 0 & 0 \\ 0.394 & -0.426 & 0 & 0 \\ 0 & 0 & -0.63 & 0 \\ 0.82 & -0.784 & 0.413 & -0.426 \end{bmatrix}}_{\boldsymbol{A}} \boldsymbol{x}}_{\boldsymbol{a}(\boldsymbol{x})}$$

$$+ \underbrace{\begin{bmatrix} 1.274 & 1.274 \\ 0 & 0 \\ 1.34 - 0.327x_3 & -0.65 - 0.327x_3 \\ 0 & 0 \end{bmatrix}}_{\boldsymbol{B}(\boldsymbol{x})} \boldsymbol{u} + \underbrace{\begin{bmatrix} 0 & 0 \\ 0 & 0 \\ 0.203c_\mathrm{a} & 0.406c_\mathrm{r} \\ 0 & 0 \end{bmatrix}}_{\boldsymbol{d}(c_\mathrm{a}, c_\mathrm{r})}.$$

Unser Ziel ist es nun eine passivitätsbasierte Regelung mit IDA für obiges System bezüglich der Ausregelung von Störungen c_a und c_r zu entwerfen, so dass der Regelkreis die Form

$$\dot{\boldsymbol{x}} = (\boldsymbol{J}(\boldsymbol{x}) - \boldsymbol{D}(\boldsymbol{x}))\left(\frac{\partial V}{\partial \boldsymbol{x}}\right)^T + \boldsymbol{d}(c_\mathrm{a}, c_\mathrm{r})$$

mit dem Führungsvektor $\boldsymbol{w} = \boldsymbol{0}$ besitzt. Dies ist, wie wir aus dem vorherigen Kapitel wissen, genau dann möglich, wenn Gl. (6.90),

$$\boldsymbol{B}^\perp(\boldsymbol{x})\left[(\boldsymbol{J}(\boldsymbol{x}) - \boldsymbol{D}(\boldsymbol{x}))\left(\frac{\partial V}{\partial \boldsymbol{x}}\right)^T\right] = \boldsymbol{B}^\perp(\boldsymbol{x})\boldsymbol{a}(\boldsymbol{x}), \tag{6.96}$$

erfüllt ist. Für das vorliegende System wählen wir

$$V(\boldsymbol{x}) = \frac{1}{2}\boldsymbol{x}^T\boldsymbol{x}.$$

Wie wir unmittelbar feststellen können, stehen die Zeilenvektoren der Matrix

$$\boldsymbol{B}^\perp = \begin{bmatrix} 0 & 1 & 0 & 0 \\ 0 & 0 & 0 & 1 \end{bmatrix}$$

senkrecht auf allen Spaltenvektoren der Matrix $\boldsymbol{B}(\boldsymbol{x})$. Mittels der Annihilatormatrix $\boldsymbol{B}^\perp$ können wir für die Schlüsselgleichung (6.96) hier dann als

$$\begin{bmatrix} 0 & 1 & 0 & 0 \\ 0 & 0 & 0 & 1 \end{bmatrix}(\boldsymbol{J}(\boldsymbol{x}) - \boldsymbol{D}(\boldsymbol{x}))\,\boldsymbol{x} = \begin{bmatrix} 0.3940 & -0.4260 & 0 & 0 \\ 0.8200 & -0.7840 & 0.4130 & -0.4260 \end{bmatrix}\boldsymbol{x} \tag{6.97}$$

schreiben. Für die Matrix

$$\boldsymbol{J}(\boldsymbol{x}) - \boldsymbol{D}(\boldsymbol{x}) = \begin{bmatrix} * & * & * & * \\ 0.3940 & -0.4260 & 0 & 0 \\ * & * & * & * \\ 0.8200 & -0.7840 & 0.4130 & -0.4260 \end{bmatrix}$$

haben wir für die Erfüllung der Schlüsselgleichung (6.97) eine Reihe von frei wählbaren Einträgen, die hier mit dem Symbol * markiert sind. Wir wählen

$$\boldsymbol{J} - \boldsymbol{D} = \begin{bmatrix} -1.8322 & 0.0633 & -1.7247 & -0.8113 \\ 0.3940 & -0.4260 & 0 & 0 \\ -0.0039 & 0.7013 & -0.8526 & -0.1169 \\ 0.8200 & -0.7840 & 0.4130 & -0.4260 \end{bmatrix} = \boldsymbol{M}$$

und erhalten, da sich jede Matrix $\boldsymbol{M}$ gemäß

$$\boldsymbol{M} = \underbrace{\frac{1}{2}(\boldsymbol{M} - \boldsymbol{M}^T)}_{\text{schiefsymmetrisch}} + \underbrace{\frac{1}{2}(\boldsymbol{M} + \boldsymbol{M}^T)}_{\text{symmetrisch}}$$

aus einem schiefsymmetrischen und einem symmetrischen Anteil zusammensetzt, die schiefsymmetrische Matrix $\boldsymbol{J}$ zu

$$\boldsymbol{J} = \frac{1}{2}(\boldsymbol{M} - \boldsymbol{M}^T) = \begin{bmatrix} 0 & -0.1654 & -0.8604 & -0.8156 \\ 0.1654 & 0 & -0.3507 & 0.3920 \\ 0.8604 & 0.3507 & 0 & -0.2650 \\ 0.8156 & -0.3920 & 0.2650 & 0 \end{bmatrix}.$$

Der symmetrische Anteil $\boldsymbol{D}$ hat die Gestalt

$$\boldsymbol{D} = -\frac{1}{2}(\boldsymbol{M} + \boldsymbol{M}^T) = \begin{bmatrix} 1.8322 & -0.2287 & 0.8643 & -0.0043 \\ -0.2287 & 0.4260 & -0.3507 & 0.3920 \\ 0.8643 & -0.3507 & 0.8526 & -0.1480 \\ -0.0043 & 0.3920 & -0.1480 & 0.4260 \end{bmatrix}.$$

Wir können nun durch Gl. (6.95) das Regelgesetz

$$\boldsymbol{u} = (\boldsymbol{B}^T(\boldsymbol{x})\boldsymbol{B}(\boldsymbol{x}))^{-1}\boldsymbol{B}^T(\boldsymbol{x})(\boldsymbol{J} - \boldsymbol{D} - \boldsymbol{A})\boldsymbol{x} = \begin{bmatrix} u_1 \\ u_2 \end{bmatrix}$$

mit

$$\begin{aligned} u_1 &= 0.0231x_1 + 0.3686x_2 - 0.5540x_3 - 0.2667x_4 + 0.0126x_1x_3 \\ &\quad + 0.0082x_2x_3 - 0.1046x_3x_4 - 0.2225x_3^2, \\ u_2 &= 0.0537x_1 - 0.3190x_2 - 0.7997x_3 - 0.3701x_4 - 0.0126x_1x_3 \\ &\quad - 0.0082x_2x_3 + 0.1046x_3x_4 + 0.2225x_3^2 \end{aligned}$$

angeben.

Durch diese passivitätsbasierte Regelung haben wir einen linearen Regelkreis erhalten, der mit seinen Eigenwerten

$$\lambda_1 = -0.7918, \quad \lambda_2 = -0.8355, \quad \lambda_{3/4} = -0.9548 \pm j0.1803$$

ca. zweimal schneller ist als die Regelstrecke mit ihren Eigenwerten

$$\lambda_{1/2} = -0.426, \quad \lambda_3 = -0.63, \quad \lambda_4 = -1.93.$$

6.4 Fuzzy-Control

6.4.1 Einführung

Einfache nichtlineare Regler, wie z. B. Zwei- und Dreipunktregler, werden oftmals auf Basis menschlicher Erfahrung entworfen. Ein gutes Beispiel hierfür ist eine einfache Temperaturregelung, etwa die eines Ofens, wie sie Bild 6.30 zeigt. Zwei einfache Regeln beschreiben das Reglerverhalten dieses Regelkreises:

(1) *Wenn die Regelabweichung e negativ ist, dann schalte die Heizung aus.*
(2) *Wenn die Regelabweichung e positiv ist, dann schalte die Heizung ein.*

Beschreibt man die Regelabweichung e durch eine Boole'sche Variable ϑ mit

$$\vartheta = 0 \quad \text{für} \quad e \leq 0$$

und

$$\vartheta = 1 \quad \text{für} \quad e > 0$$

und den Zustand der Heizung durch $z = 0$ für Heizung aus und $z = 1$ für Heizung ein, dann sind obige Regeln auch durch einfache Verknüpfungen der Boole'schen Logik gemäß

$$z = \vartheta$$

beschreibbar.

Obige Regelung besitzt einige vorteilhafte Eigenschaften: Sie ist einfach und kostengünstig zu realisieren. Für ihren Entwurf benötigt man kein Prozessmodell. Der Entwurf basiert auf einfach formulierbaren Regeln, die aus dem menschlichen Erfahrungswissen resultieren.

Die Vorteile dieses Entwurfs sind so attraktiv, dass sich die Frage stellt, ob wir eine allgemeine Entwurfsmethodik für Regler mit den oben genannten Vorteilen angeben können. Eine solche Entwurfsmethodik wäre offensichtlich sehr nützlich, denn mit ihr könnte man auf der Basis menschlichen Erfahrungswissens, d. h. anhand von sprachlich formulierbaren Regeln, einfach zu realisierende Regler entwerfen. Zu Ende gedacht bedeutet dies, dass man menschliches Verhalten oder Kausalwissen mathematisieren und auf einem Rechner imitieren könnte, z. B. um das Verhalten eines Prozessbedieners nachzubilden.

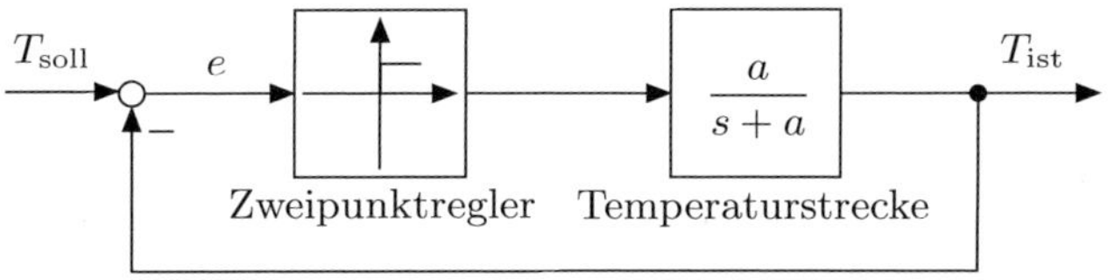

Bild 6.30: Regelung mit einem Zweipunktglied.

Die von L. A. Zadeh 1965 entwickelte Fuzzy-Logik [28, 65, 130, 136, 159, 203, 328] ist eine Verallgemeinerung der Boole'schen Logik und ermöglicht die oben skizzierte Vorgehensweise. Die durch Fuzzy-Logik nachzubildende menschliche Verhaltensweise muss dabei durch „Wenn-dann-Regeln" beschreibbar sein, beispielsweise der folgenden Art:

> *Wenn die Kesseltemperatur T sehr hoch ist oder der Kesseldruck P sehr hoch ist, dann stelle die Öffnung des Gaszufuhrventils auf ganz zu*

oder

> *Wenn die Kesseltemperatur T hoch ist und der Kesseldruck P niedrig, dann stelle die Öffnung des Gaszufuhrventils auf halb auf.*

Das wirft die Frage auf, wie man solche sprachlich formulierten Regeln mittels Fuzzy-Logik mathematisieren kann. Dies wird im Folgenden erläutert, wobei in den folgenden fünf Schritten vorgegangen wird:

Schritt 1: Man mathematisiert Begriffe wie *sehr hoch*, oder *niedrig* oder *ganz zu*.

Schritt 2: Verknüpfungen wie Und bzw. Oder werden durch mathematische Operatoren definiert.

Schritt 3: Die „Wenn-dann-Schlussfolgerung" wird mathematisiert.

Schritt 4: Die Ergebnisse aller Schlussfolgerungen, d. h. aller Regeln, werden verknüpft.

Schritt 5: Das logische Verknüpfungsergebnis ist in einen technisch verwendbaren Zahlenwert zu verwandeln.

Schritt 1 bezeichnet man als *Fuzzifizierung*, die Schritte 2, 3 und 4 als *Inferenz* und Schritt 5 als *Defuzzifizierung*. In den nächsten drei Kapiteln wird detailliert auf sie eingegangen.

6.4.2 Fuzzifizierung

Es wird nochmals die folgende Regel betrachtet: Wenn die Kesseltemperatur T *hoch* ist und der Kesseldruck P *niedrig* ist, dann stelle die Ventilöffnung der Brennstoffzufuhr auf *halb auf*. In einer solchen Regel bezeichnet man veränderliche Größen wie die *Kesseltemperatur*, den *Kesseldruck* oder die *Ventilöffnung* als *linguistische Variablen*. Begriffe wie *hoch*, *niedrig* oder *halb* werden als *linguistische Werte* bezeichnet. Linguistische Werte beschreiben im Gegensatz zu Zahlenwerten nicht einen einzelnen Wert, sondern einen ganzen Wertebereich.

Ein solcher Wertebereich ist im Fall der klassischen Logik bzw. klassischen Mengenlehre z. B. eine Menge der Form

$$M_{hoch} = \{T \in I\!R \mid 300\,^\circ\text{C} \le T \le 500\,^\circ\text{C}\}.$$

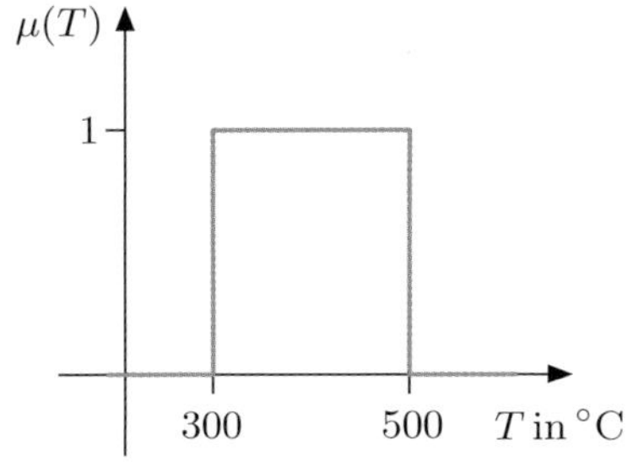

Bild 6.31: Beispiel einer unstetigen Zugehörigkeitsfunktion der Menge M_{hoch}.

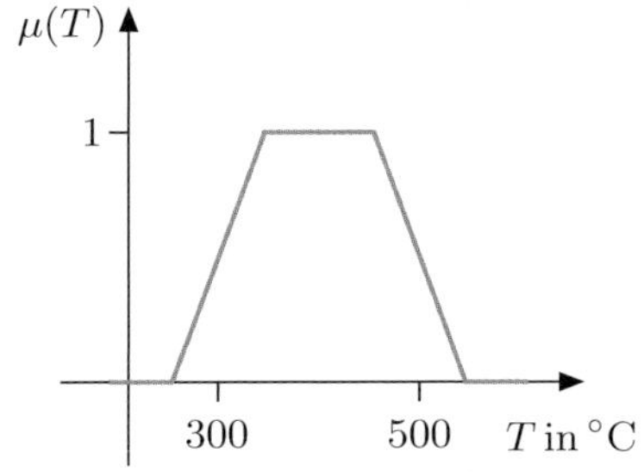

Bild 6.32: Beispiel für eine stetige Zugehörigkeitsfunktion der Menge M_{hoch}.

D. h., ein Temperaturwert T gehört entweder zu dieser Menge oder nicht. Im Bild 6.31 ist die Menge M_{hoch} dargestellt, wobei als Maß für die Zugehörigkeit zu einer Menge wie M_{hoch} eine Zugehörigkeitsfunktion μ benutzt wird. Für die Zugehörigkeitsfunktion μ gilt in diesem Fall

$$\mu(T) = \begin{cases} 0 & \text{für } T \notin M_{hoch}, \\ 1 & \text{für } T \in M_{hoch}. \end{cases}$$

Die obige scharfe Trennung in Wertebereiche, zu denen eine Temperatur gehört oder nicht, entspricht allerdings nicht der Vorstellung des Menschen, wenn er den Begriff *hoch* benutzt. So würde der Mensch es als unsinnig bezeichnen, wenn die Temperatur $T = 299.99\,°\text{C}$ die Zugehörigkeit $\mu(299.99\,°\text{C}) = 0$ besitzt, im Gegensatz dazu aber $T = 300.01\,°\text{C}$ die Zugehörigkeit $\mu(300.01\,°\text{C}) = 1$.

Offensichtlich stellt der Mensch sich hier keinen sprungförmigen Übergang der Zugehörigkeit zu einer Menge vor, sondern einen stetigen. Bild 6.32 zeigt ein Beispiel für eine stetige Zugehörigkeitsfunktion. Durch die Verwendung einer stetigen Zugehörigkeitsfunktion μ gibt es nun auch Werte T mit

$$0 \le \mu(T) \le 1,$$

die zu einem linguistischen Wert wie *hoch* gehören. Beispielsweise wird $T = 300\,°\text{C}$ nur zu $\mu(300\,°\text{C}) = 0.5$ als hoch eingestuft.

Die Zuordnung zu einer Menge ist dann nicht mehr völlig klar und μ weist Werte zwischen null und eins auf. Man sagt, die Zuordnung ist *unscharf* oder *fuzzy* (engl. *fuzzy* = verschwommen, unscharf). Man spricht dann von *Fuzzy-Mengen* und definiert diese wie folgt.

Definition 28 (Fuzzy-Menge). *Eine Menge*

$$F = \{(x, \mu(x)) \mid x \in G \quad \textit{und} \quad \mu(x) \in [0, 1]\}$$

von Paaren $(x, \mu(x))$ *heißt Fuzzy-Menge in* G. *Die Abbildung*

$$\mu \ : \ G \rightarrow [0,1]$$

wird als Zugehörigkeitsfunktion von F bezeichnet. Sie ordnet jedem Element x der Grundmenge G den Zugehörigkeitsgrad $\mu(x)$ zu.

Die Verknüpfung einer Variablen x mit einem Zugehörigkeitsgrad $\mu(x)$ zu einem linguistischen Wert bezeichnet man auch als *Fuzzifizierung* von x. Die Grundmenge G ist oft identisch mit der Menge der reellen Zahlen $\mathbb{R}$.

Der interessierende Wertebereich einer linguistischen Variablen, wie der Temperatur T in obigem Beispiel, wird im Allgemeinen in mehrere linguistische Werte unterteilt, wie es Tabelle 6.1 beispielhaft zeigt. Zu den einzelnen linguistischen Werten gehört jeweils eine Fuzzy-Menge bzw. eine Zugehörigkeitsfunktion. Bild 6.33 illustriert eine mögliche Auswahl, die durch den Menschen aufgrund seiner gefühlsmäßigen Einschätzung des Sachverhaltes getroffen wird. Dabei werden als Zugehörigkeitsfunktionen oft dreieckförmige, trapezförmige oder rampenförmige Funktionen verwendet. Aber auch andere Funktionen, wie die Gauß-Funktion oder die $\cos^2$-Funktion, kommen zum Einsatz.

Wenn-dann-Regeln werden oft in der standardisierten Form

$$\textit{Wenn } x_1 = LW_{1,j} \textit{ und } \ldots \textit{ und } x_n = LW_{n,l}, \textit{ dann } y = LW_p$$

dargestellt. Dabei sind $x_1, x_2, \ldots, x_n$ die n Eingangsgrößen der Regel, $LW_{i,1}$, $\ldots$, $LW_{i,q}$ die q linguistischen Werte der Eingangsgrößen x_i, die linguistische Variable y die Ausgangsgröße der Regel und $LW_1, \ldots, LW_r$ die r linguistischen Werte der Ausgangsgröße y. Die linguistischen Werte $LW_{i,j}$ sind über die zu ihnen gehörigen Zugehörigkeitsfunktionen $\mu_{i,j}$ zahlenmäßig definiert. Der Ausdruck $x_i = LW_{i,k}$ ist daher gleichbedeutend mit der Angabe des Zugehörigkeitswertes von x_i zu $LW_{i,k}$, d. h. mit $\mu_{i,k}(x_i)$.

Tabelle 6.1: Beispiele für linguistische Werte.

Linguistische Variable	Linguistische Werte			
Temperatur T	*null*	*niedrig*	*hoch*	*sehr hoch*

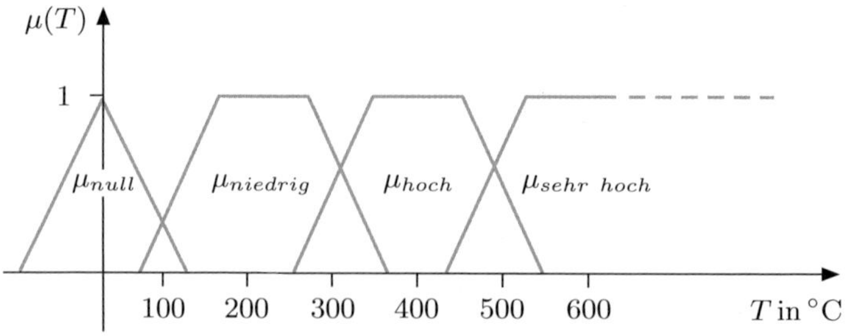

Bild 6.33: Beispiele für Zugehörigkeitsfunktionen.

6.4.3 Inferenz

Im Weiteren sollen die Und- bzw. Oder-Verknüpfungen in den Regeln durch mathematische Operatoren, d. h. durch Fuzzy-Operatoren, realisiert werden. Zu Beginn wird wieder der Fall der klassischen Logik betrachtet. Hier gibt es nur die Zugehörigkeitswerte null und eins. Die Und-Verknüpfung und Oder-Verknüpfung sind aus der Boole'schen Schaltlogik bekannt und in den Tabellen 6.2 und 6.3 dargestellt. Offensichtlich kann man die Boole'sche Und-Verknüpfung durch

$$\mu_y = \min\{\mu_a, \mu_b\} \tag{6.98}$$

und die Boole'sche Oder-Verknüpfung durch

$$\mu_y = \max\{\mu_a, \mu_b\} \tag{6.99}$$

realisieren.

Tabelle 6.2: Boole'sches Und.

μ_a	μ_b	μ_y
0	0	0
0	1	0
1	0	0
1	1	1

$\mu_y = \mu_a \wedge \mu_b$

Tabelle 6.3: Boole'sches Oder.

μ_a	μ_b	μ_y
0	0	0
0	1	1
1	0	1
1	1	1

$\mu_y = \mu_a \vee \mu_b$

Für den Fall der Fuzzy-Logik verallgemeinert man nun die logischen Verknüpfungen in den Gl. (6.98) und (6.99) und lässt für die Zugehörigkeitswerte neben den Werten 0 und 1 auch alle Zwischenwerte zu. Entsprechend definiert man das Fuzzy-Und und das Fuzzy-Oder.

Definition 29 (Fuzzy-Und und Fuzzy-Oder). *Die Fuzzy-Und-Verknüpfung zweier Zugehörigkeitswerte $\mu_a, \mu_b \in [0,1]$ ist durch*

$$\mu_{a\wedge b} = \min\{\mu_a, \mu_b\}$$

definiert, die Fuzzy-Oder-Verknüpfung durch

$$\mu_{a\vee b} = \max\{\mu_a, \mu_b\}.$$

Mit den bisherigen Ergebnissen kann der Wenn-Teil einer Regel, *Prämisse* genannt, bereits in einen mathematischen Ausdruck umgesetzt werden. Betrachten wir beispielsweise den Wenn-Teil der Regel

Wenn die Kesseltemperatur T hoch ist und der Kesseldruck P niedrig ist, dann stelle die Ventilöffnung auf halb.

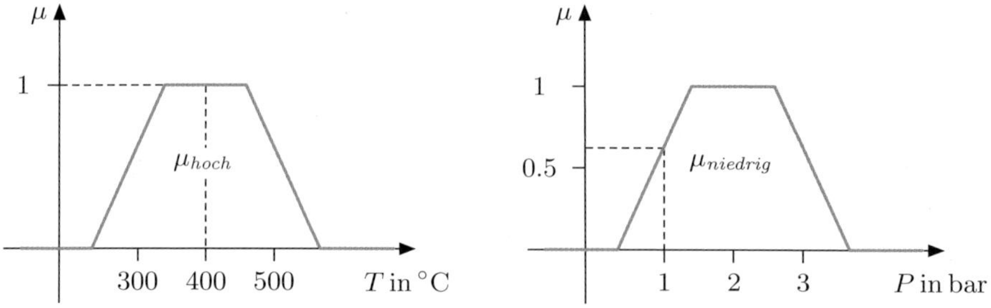

Bild 6.34: Zugehörigkeitsfunktionen der Temperatur *hoch* und des Druckes *niedrig*.

Aus diesem Wenn-Teil ergibt sich die Gleichung

$$\mu_{hoch \wedge niedrig}(T, P) = \min\{\mu_{hoch}(T), \mu_{niedrig}(P)\}.$$

Dazu nachfolgend ein Beispiel. Für die Temperatur $T = 400\,°\mathrm{C}$ und den Druck $P = 1\,\mathrm{bar}$ in obiger Regel erhält man z. B. aus den Zugehörigkeitsfunktionen des Bildes 6.34 die Werte

$$\mu_{hoch}(T = 400\,°\mathrm{C}) = 1$$

und

$$\mu_{niedrig}(P = 1\,\mathrm{bar}) = 0.6.$$

Somit ergibt sich für diesen einzelnen Punkt $(400\,°\mathrm{C}, 1\,\mathrm{bar})$ als Ergebnis der Und-Verknüpfung

$$\mu_{hoch \wedge niedrig}(T = 400\,°\mathrm{C}, P = 1\,\mathrm{bar}) = \min\{1, 0.6\} = 0.6.$$

Die mathematische Auswertung des Wenn-Teils einer Regel, *Aggregation* genannt, lautet, wenn sie nur Und-Verknüpfungen aufweist,

$$\mu_{\mathrm{agg}}(x_1, \ldots, x_n) = \min\{\mu_{LW1,k}(x_1), \ldots, \mu_{LWn,l}(x_n)\}.$$

Anzumerken ist, dass es noch eine Reihe von weiteren Operatoren neben dem min- und dem max-Operator gibt, mit denen die Fuzzy-Und-Verknüpfung bzw. die Fuzzy-Oder-Verknüpfung realisiert werden kann [65, 130, 136]. In der industriellen Praxis werden der min- und der max-Operator am häufigsten eingesetzt. Gebräuchlich sind des Weiteren als Fuzzy-Und-Operator das algebraische Produkt $\mu_a(x) \cdot \mu_b(x)$ und als Fuzzy-Oder-Operator die algebraische Summe $\mu_a(x) + \mu_b(x) - \mu_a(x)\mu_b(x)$. Gegenüber den Operatoren min und max haben diese beiden den Vorteil, differenzierbar zu sein. Die Differenzierbarkeit der Operatoren ist z. B. von Bedeutung, wenn man die Parameter der Zugehörigkeitsfunktion mittels des Gradientenverfahrens optimieren möchte.

Im folgenden Schritt ist nun festzustellen, wie der Dann-Teil einer Regel, den man auch *Konklusion* nennt, mathematisch beschrieben werden kann.

Den Schlussfolgerungsvorgang vom Wenn-Teil auf den Dann-Teil der Regel bezeichnet man als *Implikation*. Hierbei wird der Wenn-Teil mit dem Dann-Teil über einen Fuzzy-Operator verknüpft.

Für die Wirkung des Wenn-Teils auf den Dann-Teil ist es sinnvoll, vorauszusetzen, dass der Wahrheitsgehalt der Schlussfolgerung nicht größer sein soll als der Wahrheitsgehalt der Prämisse.

Wäre dies nicht so, könnten falsche Schlussfolgerungen gezogen werden. Wir veranschaulichen uns dies an folgender Regel: Wenn die Tomate rot ist, dann ist sie reif. Nehmen wir nun an, dass die Tomate grün ist, also die Prämisse den Wahrheitsgehalt $\mu_{\text{agg}} = 0$ besitzt. Dann wäre es offensichtlich falsch daraus abzuleiten, dass die Tomate doch reif ist, d. h. die Schlussfolgerung, dass eine reife Tomate vorliegt, den Wahrheitsgehalt von $\mu = 1$ aufweist.

Für die Umsetzung obiger Forderung gibt es folgende einfache Möglichkeit. Man begrenzt den Dann-Teil, d. h. seine Zugehörigkeitsfunktion

$$\mu_{LW_p}(y),$$

auf das Ergebnis des Wenn-Teils

$$\mu_{\text{agg}}(x_1, \ldots, x_n).$$

Auf einfache Weise ist das über den Minimum-Operator möglich. Die Fuzzy-Implikation wird also z. B. mittels des Minimum-Operators realisiert. Für eine Regel k ergibt sich dann das Ergebnis

$$\mu_k(x_1, \ldots, x_n, y) = \min\{\mu_{\text{agg},k}(x_1, \ldots, x_n), \mu_{LW_p}(y)\}.$$

Anzumerken ist auch hier, dass anstelle des min-Operators auch andere Operatoren für die Fuzzy-Implikation genutzt werden können. Gebräuchlich ist z. B. das Produkt $\mu_{\text{agg},k}(x_1, \ldots, x_n) \cdot \mu_{LW_p}(y)$.

Zur grafischen Veranschaulichung, siehe Bild 6.35, wird nochmals die Regel

> *Wenn die Kesseltemperatur T hoch ist und der Kesseldruck P niedrig ist, dann stelle die Ventilöffnung V auf halb*

betrachtet. Umgesetzt in Fuzzy-Logik gilt mit obigen Ergebnissen

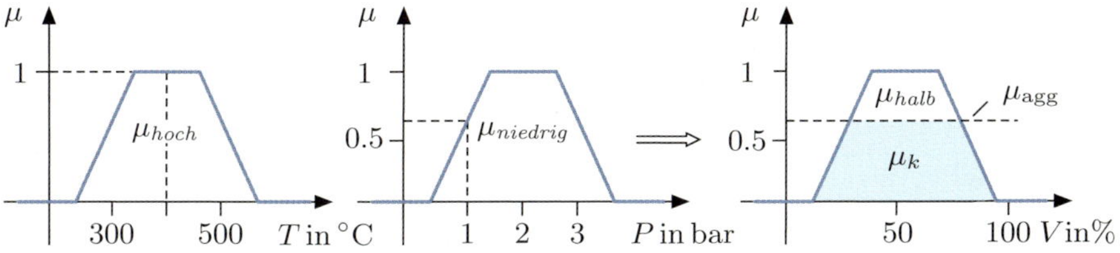

Bild 6.35: Auswertung einer Regel mit dem Ergebnis μ_k (blau unterlegte Zugehörigkeitsfunktion).

$$\mu_k(T,P,V) = \min\{\mu_{hoch}(T), \mu_{niedrig}(P), \mu_{halb}(V)\}.$$

Für alle möglichen Wertekombinationen (T,P,V) ergäbe sich ein vierdimensionales, grafisch nicht darstellbares Kennfeld. Bei zwei konstanten Werten T,P, z. B. $T = 400\,°\mathrm{C}$ und $P = 1\,\mathrm{bar}$, reduziert sich die Darstellung auf den zweidimensionalen Fall, wie er in Bild 6.35 dargestellt ist. Das Beispiel illustriert die Begrenzung von μ_k auf das Ergebnis der Prämissenauswertung. Das Resultat ist die auf μ_{agg} abgeschnittene Zugehörigkeitsfunktion μ_{halb}.

Die Beschreibung einer menschlichen Verhaltensweise wird im Allgemeinen mehrere Regeln beinhalten. Im nächsten Schritt wird daher ermittelt, wie die Ergebnisse mehrerer Regeln miteinander zu verknüpfen sind. Diese Verknüpfung wird *Akkumulation* genannt.

Angegeben wird die Gesamtheit aller Regeln, die Regelbasis, entweder in Tabellenform oder in Matrixform. Tabelle 6.4 und Tabelle 6.5 zeigen Beispiele. Die Tabellenform eignet sich insbesondere für Regelbasen mit sehr vielen Eingangsgrößen.

Die Matrixform ist ähnlich aufgebaut wie das Karnaugh-Diagramm der Boole'schen Logik. Sie ist übersichtlicher als die Tabellenform, eignet sich allerdings nur für Regelbasen mit wenigen Eingangsgrößen x_i. Ein Vorteil der Matrixform liegt in der Tatsache, dass die Regelbasis automatisch widerspruchsfrei ist. Denn jedes Feld innerhalb der Matrix entspricht genau einer bestimmten Prämisse. Keine Prämisse kann mehrfach vorkommen und so durch unterschiedliche Schlussfolgerungen zu einer widersprüchlichen Regelbasis führen. Vorteilhaft ist des Weiteren, dass direkt ersichtlich ist, für welche Prämissen keine Regeln existieren.

Die Akkumulation kann auf verschiedene Weisen erfolgen. Die gebräuchlichste ist die Bildung der Vereinigungsmenge aller Regelergebnisse. Das ist gleichbedeutend mit der Oder-Verknüpfung, d. h., alle Regeln der Regelbasis werden mit Oder verknüpft.

Die Fuzzy-Oder-Verknüpfung kann, wie bereits beschrieben, durch den max-Operator realisiert werden. Als Akkumulationsergebnis erhält man dann die Beziehung

$$\mu_{\mathrm{res}}(x_1,\ldots,x_n,y) = \max\{\mu_1(x_1,\ldots,x_n,y),\ldots\ldots,\mu_m(x_1,\ldots,x_n,y)\}. \tag{6.100}$$

Dieses Ergebnis lässt sich wieder grafisch veranschaulichen. Man betrachtet die beiden Regeln

Tabelle 6.4: Regelbasis in Tabellenform.

Regel 1: Wenn $x_1 = LW_{1,k}$ und ... und $x_n = LW_{n,l}$, dann $y = LW_p$.
Regel 2: Wenn $x_1 = LW_{1,i}$ und ... und $x_n = LW_{n,j}$, dann $y = LW_q$.
⋮
Regel m: Wenn $x_1 = LW_{1,r}$ und ... und $x_n = LW_{n,s}$, dann $y = LW_u$.

Tabelle 6.5: Regelbasis in Matrixform. Für leere Felder existieren keine Regeln.

x_1	x_3	x_2: $LW_{2,1}$	$LW_{2,2}$	$LW_{2,3}$	$LW_{2,4}$
$x_1 = LW_{1,1}$	$LW_{3,1}$	LW_1	LW_3	LW_1	LW_1
	$LW_{3,2}$	LW_1	LW_2		
	$LW_{3,3}$	LW_2	LW_3		
$x_1 = LW_{1,2}$	$LW_{3,1}$	LW_1	LW_3	LW_1	LW_1
	$LW_{3,2}$	LW_1	LW_3	LW_1	LW_1
	$LW_{3,3}$	LW_3	LW_1	LW_2	LW_2
$x_1 = LW_{1,3}$	$LW_{3,1}$	LW_1	LW_3	LW_1	LW_3
	$LW_{3,2}$		LW_2	LW_1	LW_2
	$LW_{3,3}$	LW_1	LW_3	LW_2	LW_1

> *Wenn die Kesseltemperatur T hoch ist und der Kesseldruck P niedrig ist, dann stelle die Ventilöffnung V auf halb*

und

> *Wenn die Kesseltemperatur T sehr hoch ist und der Kesseldruck P niedrig ist, dann stelle die Ventilöffnung V auf zu.*

Mit den entsprechenden Zugehörigkeitsfunktionen können diese Regeln dann für eine Eingangssituation (T, P) ausgewertet werden. Hier wird $(T, P) = (450\,°\mathrm{C}, 3\,\mathrm{bar})$ gewählt. In Bild 6.36 ist die sich ergebende Situation dargestellt. Es illustriert, wie aus den Fuzzy-Mengen bzw. den Zugehörigkeitswerten der zwei Regelergebnisse, die als blaue Flächen dargestellt sind, durch den Oder-Operator die Vereinigungsmenge μ_{res} der Akkumulation gebildet wird.

Als Ergebnis der Akkumulation erhält man also eine Überlagerung der Ergebnisse, die sich aus den einzelnen Regeln ergeben. Für eine bestimmte Situation $(x_1, \ldots, x_n)$ ist das Akkumulationsergebnis (6.100) eine Funktion in y. Die Auswertung aller Regeln durch Aggregation, Implikation und Akkumulation bezeichnet man als *Inferenz*.

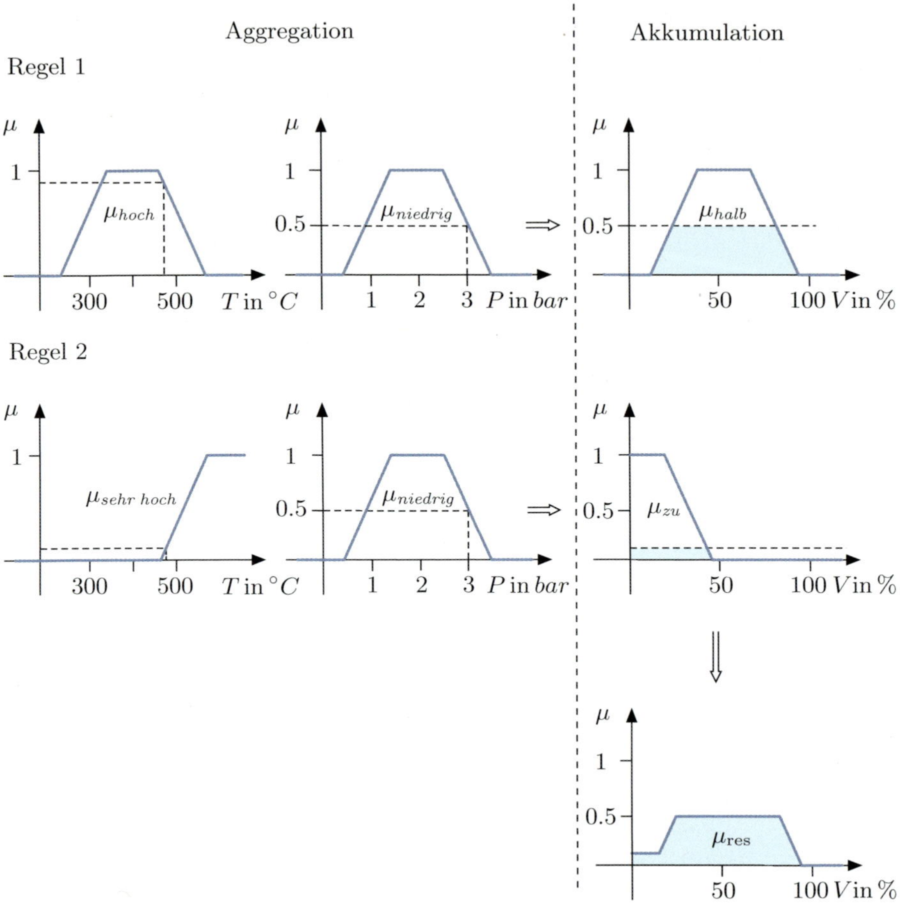

Bild 6.36: Auswertung einer Regelbasis mittels Aggregation und Akkumulation.

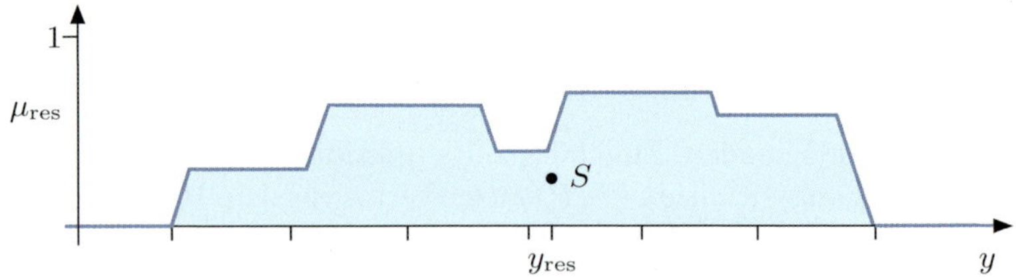

Bild 6.37: Überlagerung aller Reglerergebnisse und Flächenschwerpunkt (S) der resultierenden Fuzzy-Menge. Der Wert y_{res} gibt die y-Koordinate von S an.

Aufgrund der Überlagerung vieler Regelergebnisse hat die Fuzzy-Menge μ_{res} die Form eines Gebirges, das durch einen Polygonzug umrissen ist, wie in Bild 6.37 zu sehen. Als Endergebnis der gesamten Regelauswertung ist dieses

Gebirge im Allgemeinen nicht brauchbar. Man denke z. B. daran, dass es die sich ergebende Ventilstellung V des betrachteten Beispiels beschreiben soll und man vor der Aufgabe steht, die Ventilstellung mittels eines Öffnungsgrades einstellen zu müssen.

6.4.4 Defuzzifizierung

Das Ergebnis μ_{res} der Inferenz ist, wie oben festgestellt, nicht direkt nutzbar. Man benötigt in der Praxis im Allgemeinen einen Zahlenwert. Somit steht man vor der Aufgabe, aus der Fuzzy-Menge μ_{res} einen Zahlenwert, der für das Auswertungsergebnis repräsentativ ist, zu bestimmen. Sozusagen einen Kompromiss- oder Mittelwert. Dieser Vorgang heißt *Defuzzifizierung.*

Der Flächenschwerpunkt, genauer seine y-Koordinate

$$y_{\text{res}} = \frac{\int\limits_{-\infty}^{\infty} y \cdot \mu_{\text{res}}(x_1, ..., x_n, y)\, dy}{\int\limits_{-\infty}^{\infty} \mu_{\text{res}}(x_1, ..., x_n, y)\, dy},$$

ist ein solcher Wert. Er bildet das Endergebnis, d. h. den Ausgangswert der gesamten Regelbasisauswertung. Bild 6.37 zeigt ein Beispiel hierfür. Dieses Verfahren der Defuzzifizierung, dass die bekannteste Defuzzifizierungsmethode bildet, wird als *Flächenschwerpunktsmethode* oder *COA-Verfahren* bezeichnet (engl. Abk. für „center of area“).

Die Bestimmung des Flächenschwerpunktes ist allerdings aufwendig, da die betrachtete Zugehörigkeitsfunktion μ_{res} die Form eines vielteiligen Polygonzuges aufweist. Man kann die Berechnung des Flächenschwerpunktes y_{res} aber wesentlich vereinfachen, indem man für die Zugehörigkeitsfunktionen der linguistischen Werte LW_i von y keine Trapeze oder Dreiecke wählt, sondern Singletons. Singletons $\mu_{LW_i}(y)$ nehmen nur an einer Stelle y_s den Funktionswert eins an und sonst überall den Funktionswert null, d. h.

$$\mu_{LW_i}(y) = \begin{cases} 1 & \text{für } y = y_\text{s}, \\ 0 & \text{sonst.} \end{cases}$$

Bild 6.38 zeigt exemplarisch einen Singleton.

Das Ergebnis der Akkumulation nimmt dann die in Bild 6.39 beispielhaft dargestellte Form an. Die Einzelergebnisse der Akkumulation überlagern sich in diesem Fall also nicht mehr zu einem Polygonzug. Und man kann die Zugehörigkeitsfunktion μ_{res} zerlegen in

$$\mu_{\text{res}} = \mu_{\text{res},1} + \mu_{\text{res},2} + \mu_{\text{res},3} + \cdots$$

Dabei sind die Zugehörigkeitsfunktionen $\mu_{\text{res},i}$ die akkumulierten Ergebnisse all derjenigen Regeln, die auf den Singleton i wirken.

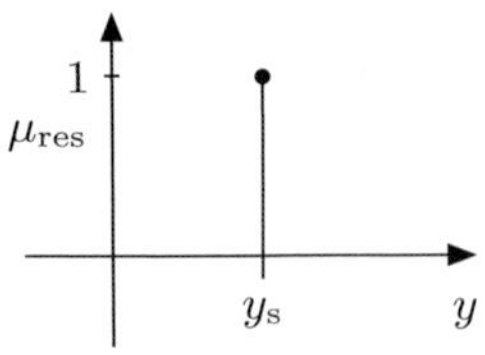

Bild 6.38: Singleton.

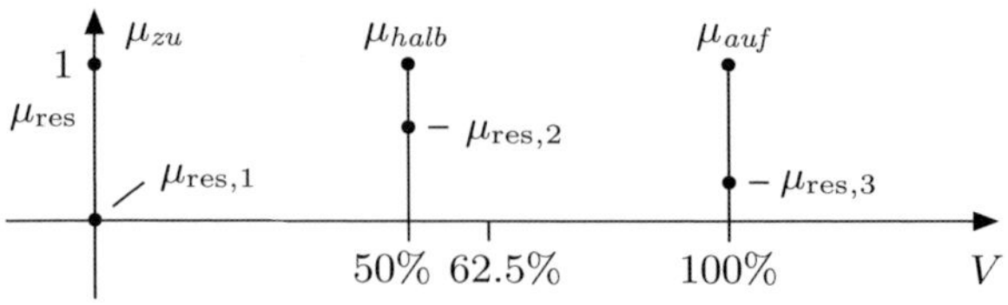

Bild 6.39: Defuzzifizierung im Fall von Singletons.

Für den Fall, dass alle m Ausgangszugehörigkeitsfunktionen Singletons sind, ist der Flächenschwerpunkt, der dann korrekterweise kein Flächenschwerpunkt mehr ist, sondern ein Mittelwert, einfach zu berechnen. Man erhält

$$y_{\text{res}} = \frac{\sum\limits_{i=1}^{m} y_{\text{s},i} \cdot \mu_{\text{res},i}(x_1, \ldots, x_n)}{\sum\limits_{i=1}^{m} \mu_{\text{res},i}(x_1, \ldots, x_n)}.$$

Dieser Abkömmling der Flächenschwerpunktsmethode COA wird allgemein als *COS-Verfahren* bezeichnet (engl. Abk. für „center of singletons"). Das Beispiel einer Ventilstellung aus Bild 6.39 mit den drei Zugehörigkeitsfunktionen *zu*, *halb* und *auf* illustriert die Defuzzifizierungsmethode. Man erhält mit $\mu_{\text{res},1} = 0$, $\mu_{\text{res},2} = 0.75$ und $\mu_{\text{res},3} = 0.25$ in diesem Fall

$$y_{\text{res}} = \frac{50 \cdot 0.75 + 100 \cdot 0.25}{0.75 + 0.25}\% = 62.5\%$$

als Ergebnis der Defuzzifizierung.

6.4.5 Fuzzy-Systeme und Fuzzy-Regler

Mittels Fuzzifizierung, Aggregation, Implikation, Akkumulation und Defuzzifizierung können wir mit den Ergebnissen der vorherigen Abschnitte sprachlich formulierte Regeln in eine mathematische Funktion umformen. Bild 6.40 illustriert dies.

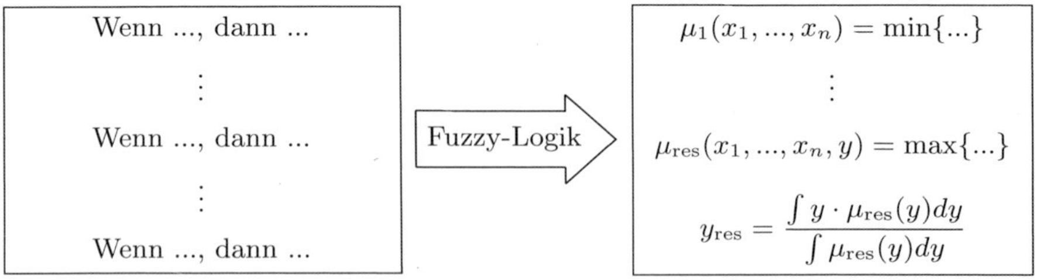

Bild 6.40: Umwandlung von Regeln in Gleichungen mittels Fuzzy-Logik.

Diese Funktion

$$y_{\text{res}} = f(x_1, ..., x_n)$$

ist mehrfach verkettet, wobei im Detail die Verkettung aus folgenden Teilfunktionen resultiert:

Fuzzifizierung: Bestimmung aller Zugehörigkeitswerte $\mu_{LW_{i,j}}(x_i)$,

Aggregation: $\mu_{\text{agg},k}(x_1, ..., x_n) = \min\{\mu_{LW_{1,i}}(x_1), ..., \mu_{LW_{n,l}}(x_n)\},$
$k = 1, ..., m,$

Implikation: $\mu_k(x_1, ..., x_n, y) = \min\{\mu_{\text{agg},k}(x_1, ..., x_n), \mu_{LW_p}(y)\},$
$k = 1, ..., m,$

Akkumulation: $\mu_{\text{res}}(x_1, ..., x_n, y) = \max\{\mu_1(x_1, ..., x_n, y), ..., \mu_m(x_1, ..., x_n, y)\},$

Defuzzifizierung:
$$y_{\text{res}} = \frac{\int\limits_{-\infty}^{\infty} y \cdot \mu_{\text{res}}(x_1, ..., x_n, y)\, dy}{\int\limits_{-\infty}^{\infty} \mu_{\text{res}}(x_1, ..., x_n, y)\, dy}.$$

Bei der Berechnung von y_{res} für eine Situation $(x_1, ..., x_n)$ arbeitet man obige Liste ab. Man kann die Variablen $x_1, ..., x_n$ als Eingangsvariablen und y als Ausgangsvariable eines Systems auffassen, wie es Bild 6.41 zeigt.

Die Anwendungsmöglichkeiten von Fuzzy-Systemen sind sehr groß. Dies ist darauf zurückzuführen, dass mittels Fuzzy-Logik viele menschliche Verhaltensweisen durch eine mathematische Funktion beschreibbar sind. Wichtige Anwendungsgebiete sind, wie bereits erwähnt, Steuerungen und Regelungen. Dieser Zweig der Fuzzy-Logik heißt *Fuzzy-Control* [72, 108, 334]. Bild 6.42 zeigt einen solchen mit einem Fuzzy-Regler ausgestatteten Regelkreis.

In vielen Anwendungsbereichen kann menschliches Verhalten so nachgebildet werden. Beispiele sind die Regelung von Kläranlagen [208], ABS-Bremssysteme [199], die Regelung von U-Bahnen [296], die Regelung von Papiermaschinen [3], ein Alarmsystem für die Anästhesie [309], die Autofokussteuerung bei Kameras [170], eine Waschmaschinensteuerung [291] usw. [296, 309].

Beim Entwurf von Fuzzy-Reglern wird wie folgt vorgegangen:

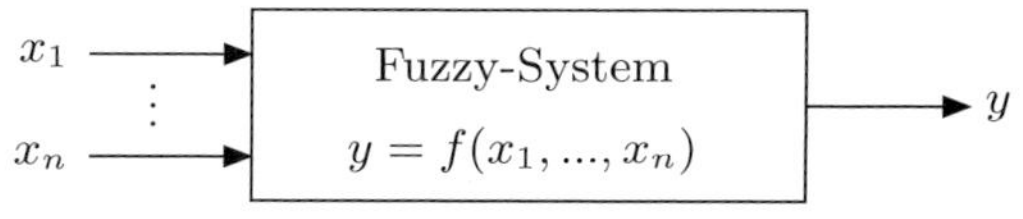

Bild 6.41: Fuzzy-System.

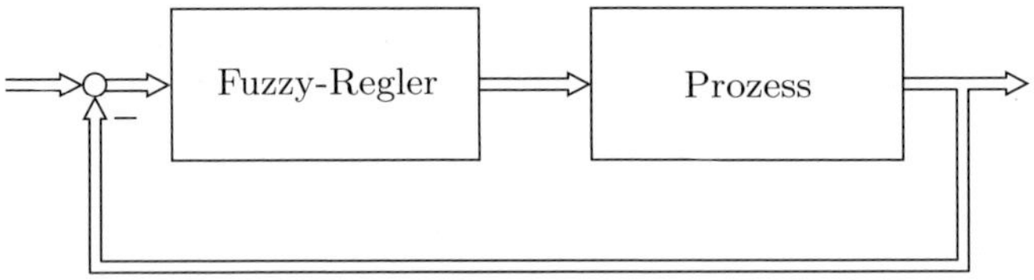

Bild 6.42: Regelkreis mit Fuzzy-Regler.

Schritt 1: Man bestimmt die interessierenden linguistischen Variablen x_i, y_i, die die Eingangs- und Ausgangsgrößen des Fuzzy-Reglers bilden.

Schritt 2: Jeder linguistischen Variablen x_i, y_i wird eine Reihe von linguistischen Werten $LW_{i,j}$ zugeordnet.

Schritt 3: Zu den $LW_{i,j}$ werden Zugehörigkeitsfunktionen $\mu_{i,j}$ gewählt.

Schritt 4: Die Regeln werden ermittelt.

Dabei imitiert man mittels des Fuzzy-Reglers in den meisten Fällen einen Menschen, der die Regelung vornimmt oder vornehmen könnte. Dies kann z. B. der Prozessbediener eines chemischen oder biotechnologischen Prozesses oder der Fahrer einer U-Bahn sein.

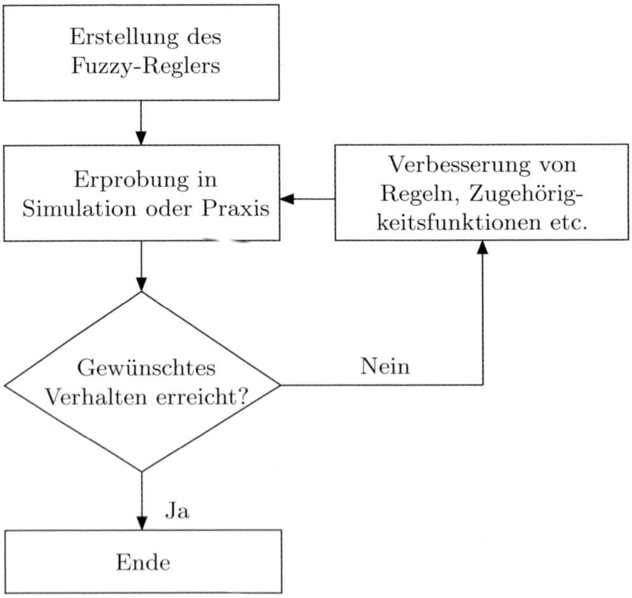

Bild 6.43: Vorgehensweise bei der Auslegung eines Fuzzy-Reglers.

Mit obigem Entwurf kann der Regler oder eine Steuerung nur in seltenen Fällen auf Anhieb so ausgelegt werden, dass er bereits das gewünschte Verhalten zeigt. Denn der erste Entwurf wird die menschliche Verhaltensweise nicht genau genug nachzeichnen können. Folglich führt man den Entwurf solange erneut mit veränderten Parametern und Regeln durch, bis sich ein zufriedenstellendes Verhalten ergibt. In Bild 6.43 ist diese Vorgehensweise dargestellt. Der Entwurf basiert auf Versuch und Irrtum und wird mehrfaches Optimieren erfordern.

Es ist zu beachten, dass der Fuzzy-Regler ein rein statischer Kennfeldregler ist. Er ist nichtlinear, aber ohne Dynamik. Seine Nichtlinearität zieht die Problematik nach sich, dass die Stabilität des Regelkreises nicht oder nur mit größerem Aufwand nachweisbar ist. Dies ist einer der Gründe dafür, dass Fuzzy-Regler hauptsächlich in Fällen eingesetzt werden, bei denen man mit klassischen Reglern und der mit ihnen einhergehenden Stabilitätssicherung des Regelkreises keine befriedigenden Ergebnisse erzielt.

6.4.6 Beispiel Abstandsregelung für Automobile

Als Anwendungsfall für einen Fuzzy-Regler soll eine Abstandsregelung für Automobile betrachtet werden, wie sie in ähnlicher Form in [97, 115] beschrieben wird. Ziel ist es, die Geschwindigkeit v bzw. Beschleunigung a eines Automobils so zu bestimmen, dass der Abstand zu einem vorausfahrenden Fahrzeug dem gesetzlich vorgeschriebenen Wert (halber Tacho), d. h.

$$x_{\text{soll}} = \frac{1}{2} v_{\text{ist}}$$

mit x_{soll} in Metern und v_{ist} in Kilometern pro Stunde, entspricht. Bild 6.44 illustriert die Situation.

Folgende Größen sind für die Abstandsregelung relevant:

v_{leit}	: Geschwindigkeit des vorausfahrenden Fahrzeuges,
v_{ist}	: Geschwindigkeit des geregelten Fahrzeuges,
$v_{\text{rel}} = v_{\text{leit}} - v_{\text{ist}}$	: Relativgeschwindigkeit,
x_{rel}	: Abstand,
$\Delta x_{\text{rel}} = x_{\text{rel}} - x_{\text{soll}}$	: Abstandsabweichung,
a_{soll}	: Wunschbeschleunigung des geregelten Fahrzeuges,
a_{ist}	: Beschleunigung des geregelten Fahrzeuges.

Als Messwerte stehen für die Regelung neben v_{ist} auch v_{rel} und x_{rel} zur Verfügung. Gemessen werden Letztere mittels Radarsensor oder Laser. Die Regelstrecke ist eine Beschleunigungs-Weg-Strecke, d. h., sie ist durch einen Doppelintegrierer zu beschreiben. Hinzu kommen noch zwei Verzögerungsglieder erster Ordnung für einen unterlagerten Beschleunigungsregelkreis. Die Übertragungsfunktion des Regelkreises lautet also

$$G(s) = \frac{1}{s^2(1 + T_1 s)(1 + T_2 s)}$$

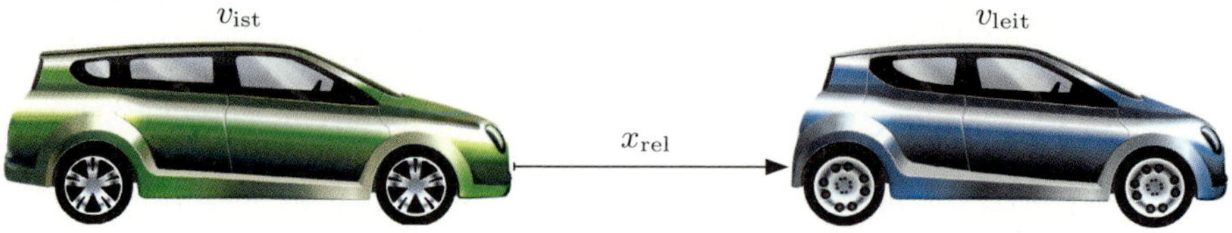

Bild 6.44: Abstandsregelung.

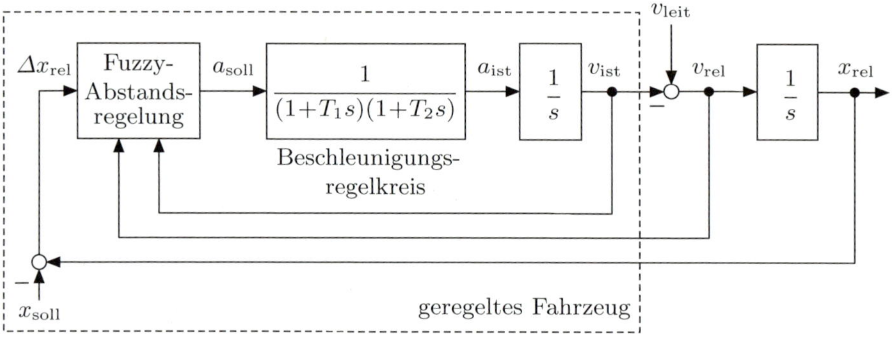

Bild 6.45: Abstandsregelkreis.

mit $T_1 = 0.074\,\mathrm{s}$ und $T_2 = 0.14\,\mathrm{s}$. Es ergibt sich dann der in Bild 6.45 dargestellte Regelkreis.

Es liegt nahe, für den Abstandsregler die Verhaltensweise des Menschen mittels eines Fuzzy-Reglers nachzuahmen. Auch der Mensch benutzt Δx_{rel}, v_{rel} und v_{ist} als Orientierungsgrößen, um die Beschleunigung a_{soll} seines Fahrzeuges zu verringern oder zu erhöhen. Prinzipiell könnte solch eine Abstandsregelung auch durch einen linearen Regler realisiert werden. Jedoch garantiert ein linearer Regler kein ausreichend sicheres Fahrverhalten bei einscherenden Fahrzeugen oder langsamen Fahrzeugen, die nach Kurven auftauchen. Der Fuzzy-Abstandsregler leistet dies und hat dann die Form, wie sie in Bild 6.45 dargestellt ist.

Im ersten Entwurfsschritt legt man linguistische Werte und die Zugehörigkeitsfunktionen von Δx_{rel}, v_{ist}, v_{rel} und a_{soll} fest. Für die Eingangsgrößen ergeben sich die Zugehörigkeitsfunktionen gemäß Bild 6.46, für die Ausgangsgröße die Zugehörigkeitsfunktionen gemäß Bild 6.47.

Im nächsten Schritt werden die Regeln festgelegt, wobei man die Matrixform in Tabelle 6.6 benutzt. Dabei sind die linguistischen Werte geeignet abgekürzt. Die Matrixeinträge geben die Beschleunigung a_{soll} an.

Als Operatoren nutzt man für Aggregation und Implikation den min-Operator und für die Akkumulation den max-Operator. Für die Defuzzifizierung verwenden wir die COS-Methode. Obige Festlegungen haben den Vorteil,

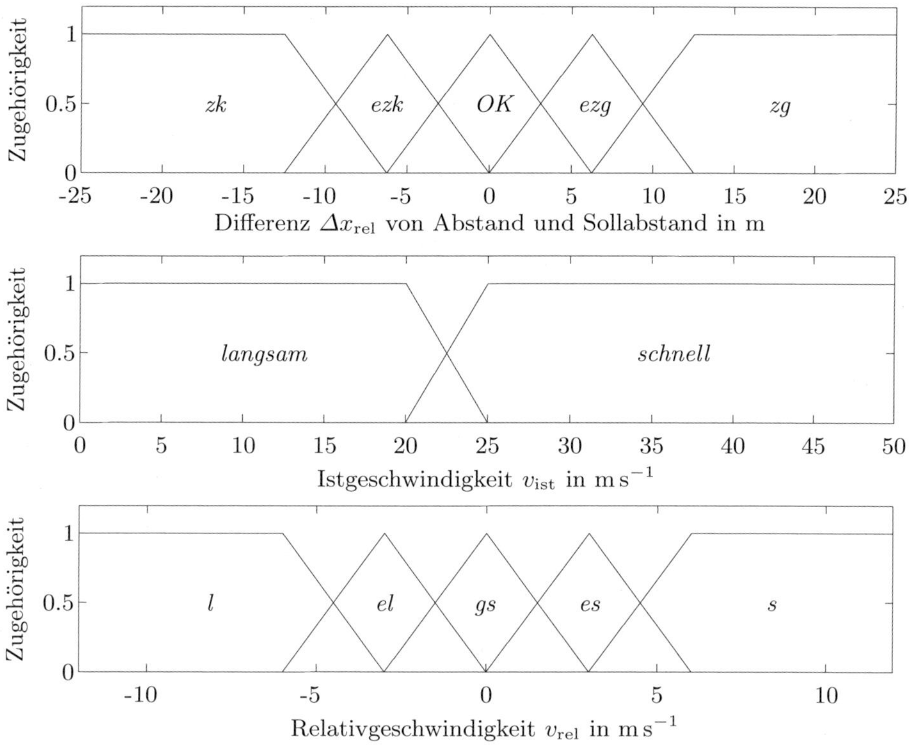

Bild 6.46: Zugehörigkeitsfunktionen der Eingangsgrößen.

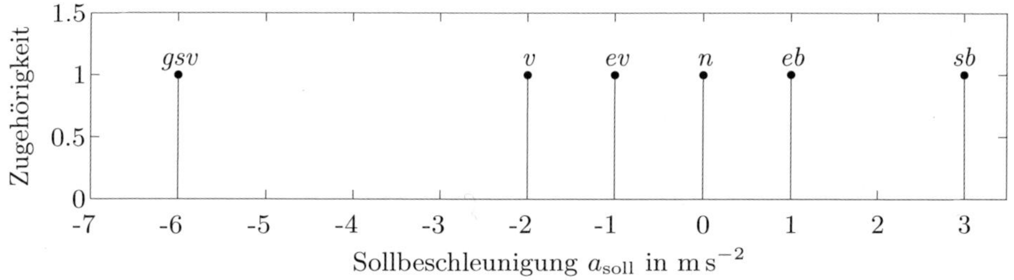

Bild 6.47: Zugehörigkeitsfunktionen der Ausgangsgröße.

dass eine kostengünstige und einfache Realisierung, z. B. mit einem Festkommaprozessor, möglich ist. Insbesondere bei der Verwendung von anderen Zugehörigkeitsfunktionen als Singletons und der Flächenschwerpunktsmethode COA als Defuzzifizierungsmethode würde die Auswertung wesentlich komplexer und auch kostenintensiver. Im hier vorliegenden Fall ergäben sich außerdem keine Vorteile, denn das Regelverhalten ist bei beiden Varianten sehr ähnlich.

Tabelle 6.6: Fuzzy-Regeln der Abstandsregelung mit den Eingangsgrößen v_{ist}, Δx_{rel} und v_{rel} sowie der Ausgangsgröße a_{soll}.

v_{ist} = *langsam*		Δx_{rel}				
		zk	*ezk*	*ok*	*ezg*	*zg*
v_{rel}	*l*	*gsv*	*v*	*v*	*v*	*n*
	el	*v*	*v*	*v*	*ev*	*eb*
	gs	*ev*	*ev*	*n*	*eb*	*sb*
	es	*ev*	*ev*	*eb*	*sb*	*sb*
	s	*n*	*n*	*eb*	*sb*	*sb*

v_{ist} = schnell		Δx_{rel}				
		zk	*ezk*	*ok*	*ezg*	*zg*
v_{rel}	*l*	*v*	*v*	*v*	*v*	*n*
	el	*v*	*v*	*v*	*ev*	*eb*
	gs	*ev*	*ev*	*n*	*eb*	*sb*
	es	*ev*	*ev*	*eb*	*sb*	*sb*
	s	*n*	*n*	*eb*	*sb*	*sb*

Abk.	Bedeutung
l	langsamer
el	etwas langsamer
gs	gleich schnell
es	etwas schneller
s	schneller
zk	zu klein
ezk	etwas zu klein
ok	ok
ezg	etwas zu groß
zg	zu groß
gsv	ganz stark verzögern
v	verzögern
ev	etwas verzögern
n	null
eb	etwas beschleunigen
sb	stark beschleunigen

Insgesamt erhält man 50 Regeln. Dabei bildet der Fuzzy-Regler einen Kennfeldregler, dessen Kennfeld vierdimensional ist. Für die Fahrzeuggeschwindigkeiten $v_{ist} = 10\,\mathrm{m\,s^{-1}}$, d. h. für *langsam*, und $v_{ist} = 30\,\mathrm{m\,s^{-1}}$, d. h. für *schnell*, sind die entsprechenden Teil-Kennfelder in Bild 6.48 grafisch darstellbar. Fünf wesentliche Bereiche sind in diesem nichtlinearen Reglerkennfeld zu erkennen. Im Bereich 1 entspricht das Reglerverhalten annähernd einem linearen Regler. Dieser Bereich kennzeichnet den stationären Zustand mit $v_{rel} \approx 0\,\mathrm{m\,s^{-1}}$ und korrektem Abstand $x_{rel} \approx x_{soll}$, d. h. $\Delta x_{rel} \approx 0$. Im Bereich 2 kann der Wagen mit maximaler Beschleunigung aufholen, da der Abstand groß ist und sich der vorausfahrende Wagen entfernt. Im Bereich 3 muss maximal gebremst werden, denn der Abstand ist viel zu gering. Im Bereich 4 nähert man sich mit geringer Relativgeschwindigkeit aus großem Abstand. Hier wird die Geschwindigkeit nicht verändert. Also gilt $a_{soll} = 0\,\mathrm{m\,s^{-2}}$, bis der Wagen aufgeholt hat. Im Bereich 5 fährt der vorausfahrende Wagen bei zu geringem Abstand davon. Daher wird nicht beschleunigt oder gebremst, bis der richtige Abstand erreicht ist.

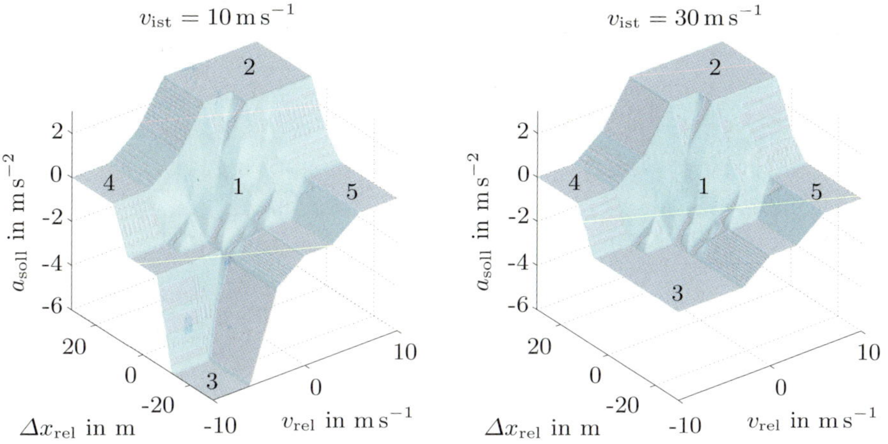

Bild 6.48: Kennfelder des Fuzzy-Abstandsreglers bei den Geschwindigkeiten $v_{ist} = 10\,m\,s^{-1}$ und $v_{ist} = 30\,m\,s^{-1}$ des geregelten Fahrzeuges.

Aus den Kennfeldern ist auch erkennbar, dass nur in den relativ kleinen Bereichen 4 und 5 weder beschleunigt noch gebremst wird. Folglich wird bei einer Abstandsregelung bei dichtem Verkehr ständig beschleunigt oder gebremst. In der Praxis ist eine Abstandsregelung mit einem Tempomat kombiniert, so dass bei geringer Verkehrsdichte die Geschwindigkeitsregelung durch den Tempomat ausgeführt wird. Die Brems- und Beschleunigungsvorgänge entfallen dann.

In Bild 6.49 sind die Beschleunigung a_{soll}, die Geschwindigkeiten v_{ist} und v_{leit} und der Abstand x_{rel} sowie der Sollabstand x_{soll} zweier Fahrzeuge während einer Fahrt auf der Autobahn von ca. 8 min bei sehr dichtem Verkehr dargestellt. Deutlich erkennbar ist das in allen Bereichen gute Regelverhalten. Das nachfolgende, geregelte Fahrzeug hält den gesetzlich vorgeschriebenen Abstand fast exakt ein. Das gilt auch für den Vorfall bei $t = 200\,s$, als ein Fahrzeug mit einem zugehörigen Abstand von ca 18.5 m bei einer Geschwindigkeit von $38\,m\,s^{-1} \approx 137\,km\,h^{-1}$ vor dem geregelten Fahrzeug einschert. Die Regelung stellt danach innerhalb von ca. 10 s wieder den korrekten Abstand her.

Beachtenswert ist auch der Zeitraum zwischen den Sekunden 320 und 350, in dem der Verkehr völlig zum Erliegen kommt. Es gelingt der Regelung auch hier, einen sicheren Abstand einzuhalten, der beim Stillstand der Fahrzeuge allerdings nur noch im Zentimeterbereich liegt. Für den praktischen Einsatz wird man den Sollabstand durch einen einzuhaltenden Wert von z. B. $x_{min} = 2\,m$ nach unten begrenzen. Man ersetzt dann die Gleichung $x_{soll} = 0.5 v_{ist}$ durch $x_{soll} = 0.5 v_{ist} + x_{min}$.

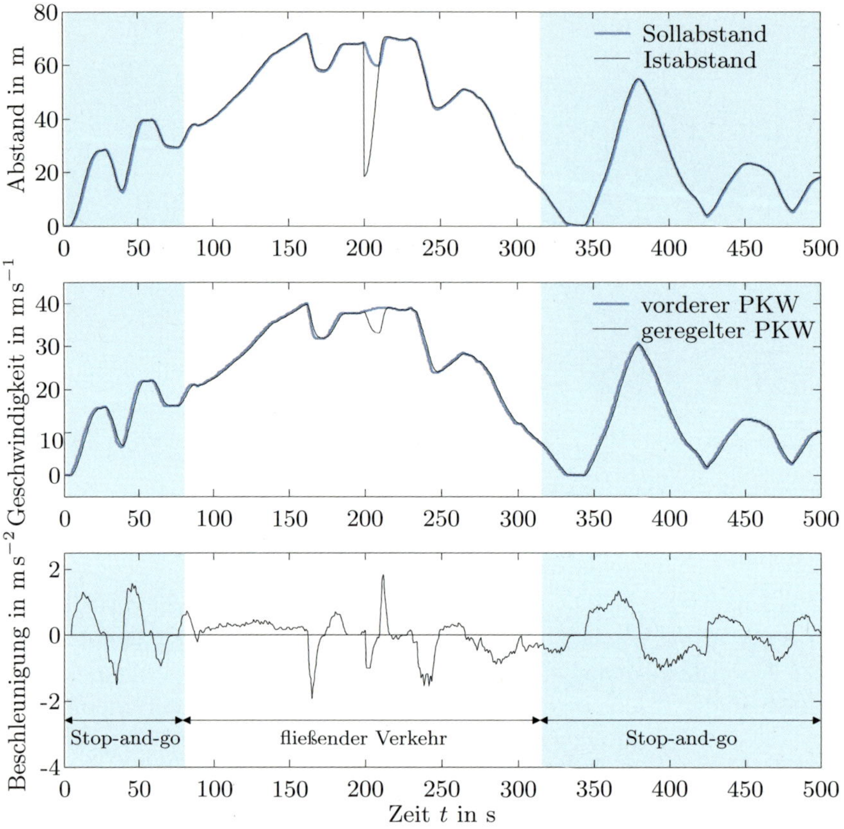

Bild 6.49: Messungen auf einer simulierten Autobahnfahrt.

7

Beobachter für nichtlineare Systeme

7.1 Beobachtbarkeit nichtlinearer Systeme

7.1.1 Definition der Beobachtbarkeit

Im Fall nichtlinearer Regelkreise mit Zustandsregler stellt sich die Frage, wie man die Zustandsgrößen x_i der Regelstrecke ermittelt, wenn man sie nicht messen kann oder will. Die Situation ist also vergleichbar mit dem Fall linearer Systeme in Zustandsraumdarstellung, bei denen auch oft die Zustandsgrößen x_i nicht messbar sind oder die Messung zu kostenintensiv ist.

Im linearen Fall setzt man zur Lösung dieses Problems Beobachter ein, mittels derer die Zustandsgrößen x_i geschätzt werden. Bild 7.1 zeigt einen solchen Zustandsregelkreis mit Beobachter. Insbesondere gilt im linearen Fall das Separationstheorem, d. h., man kann die Dynamik des Beobachters und die des Regelkreises unabhängig voneinander über die Beobachtermatrix $\boldsymbol{L}$ und die Reglermatrix $\boldsymbol{K}$ festlegen.

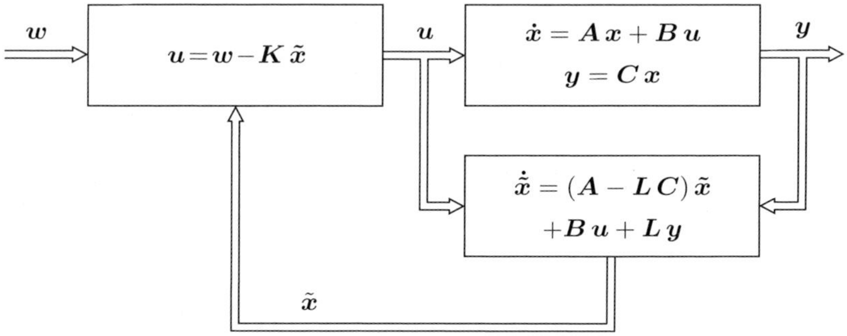

Bild 7.1: Linearer Zustandsregelkreis mit Beobachter.

J. Adamy, Nichtlineare Systeme und Regelungen DOI 10.1007/978-3-642-45012-9,
© Springer-Verlag Berlin Heidelberg 2014.

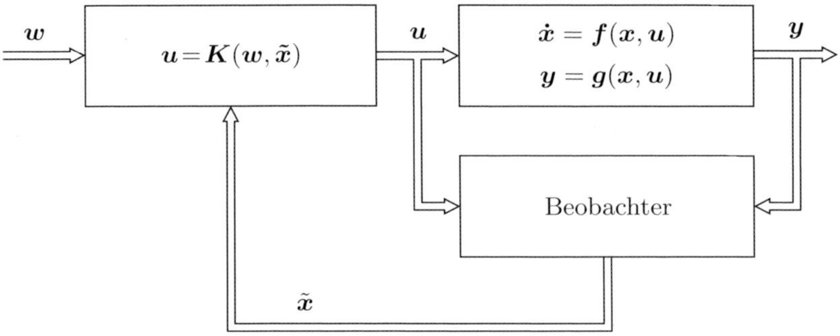

Bild 7.2: Nichtlinearer Zustandsregelkreis mit Beobachter.

Beobachter sind auch im Fall nichtlinearer Systeme einsetzbar. Allerdings ist dies nicht so einfach wie im linearen Fall möglich. Die Stabilität von nichtlinearen Regelungssystemen mit Beobachter ist nämlich oft nicht oder nur schwer nachweisbar. Und im Allgemeinen gilt das Separationstheorem nicht. Die prinzipielle Struktur eines solchen Regelkreises mit Beobachter zeigt Bild 7.2.

Welcher Natur der nichtlineare Beobachter im speziellen Fall ist, hängt vom Charakter der Regelstrecke ab. Die nachfolgenden Kapitel beschreiben einige der gängigen Typen. Ergänzende Literatur bieten [26, 29, 67, 68, 109, 145]. Bevor aber ein Beobachter entworfen werden kann, muss sichergestellt werden, dass das nichtlineare System auch wirklich beobachtbar ist [29, 95, 109, 320]. (In der Praxis wird dieser Schritt auch schon mal vernachlässigt.) Zu diesem Zweck muss der Begriff der *Beobachtbarkeit* zuerst einmal definiert werden. Dabei muss zwischen Beobachtbarkeit und schwacher Beobachtbarkeit[1] unterschieden werden.

Definition 30 (Beobachtbarkeit). *Ein System*

$$\begin{aligned} \dot{\boldsymbol{x}} &= \boldsymbol{f}(\boldsymbol{x}, \boldsymbol{u}) \qquad \textit{mit } \boldsymbol{x}(t_0) = \boldsymbol{x}_0, \\ \boldsymbol{y} &= \boldsymbol{g}(\boldsymbol{x}, \boldsymbol{u}) \end{aligned}$$

sei für $\boldsymbol{x} \in D_{\boldsymbol{x}} \subseteq I\!R^n$ *und* $\boldsymbol{u} \in C_{\boldsymbol{u}} \subseteq C^{n-1}$ *definiert und es sei* $\boldsymbol{y} \in I\!R^r$*. Sind dann alle Anfangsvektoren* $\boldsymbol{x}_0 \in D_{\boldsymbol{x}}$ *aus der Kenntnis von* $\boldsymbol{u}(t)$ *und* $\boldsymbol{y}(t)$ *in einem Zeitintervall* $[t_0, t_1 < \infty]$ *für alle* $\boldsymbol{u} \in C_{\boldsymbol{u}}$ *eindeutig bestimmbar, so heißt das System beobachtbar.*

Dabei ist C^{n-1} der Raum der $(n-1)$ - mal stetig differenzierbaren Vektorfunktionen, hier der Funktion $\boldsymbol{u}(t)$. Ähnlich, aber schwächer in der Anfor-

[1] Es existiert eine Reihe verschiedener Beobachtbarkeitsbegriffe, die manchmal unterschiedlich benannt werden [29, 110]. Hier werden nur die zwei Begriffe behandelt, die sich als besonders aussagekräftig für die Regelungstechnik darstellen.

derung an das System, definieren wir den Begriff der schwachen Beobachtbarkeit[2].

Definition 31 (Schwache Beobachtbarkeit). *Ein System*

$$\dot{\boldsymbol{x}} = \boldsymbol{f}(\boldsymbol{x}, \boldsymbol{u}) \qquad \textit{mit } \boldsymbol{x}(t_0) = \boldsymbol{x}_0,$$
$$\boldsymbol{y} = \boldsymbol{g}(\boldsymbol{x}, \boldsymbol{u})$$

sei für $\boldsymbol{x} \in D_{\boldsymbol{x}} \subseteq I\!R^n$ und $\boldsymbol{u} \in C_{\boldsymbol{u}} \subseteq C^{n-1}$ definiert und es sei $\boldsymbol{y} \in I\!R^r$. Sind dann alle Anfangsvektoren $\boldsymbol{x}_0 \in D_{\boldsymbol{x}}$ in einer Umgebung

$$U = \{\boldsymbol{x}_0 \in I\!R^n \mid ||\boldsymbol{x}_0 - \boldsymbol{x}_\mathrm{p}|| < \rho\}$$

eines Punktes $\boldsymbol{x}_\mathrm{p} \in D_{\boldsymbol{x}}$ aus der Kenntnis von $\boldsymbol{u}(t)$ und $\boldsymbol{y}(t)$ in einem Zeitintervall $[t_0, t_1 < \infty]$ für alle $\boldsymbol{u} \in C_{\boldsymbol{u}}$ eindeutig bestimmbar, so heißt das System schwach beobachtbar, wenn dies für alle $\boldsymbol{x}_\mathrm{p} \in D_{\boldsymbol{x}}$ möglich ist.

In vielen Fällen sind schwach beobachtbare Systeme auch beobachtbar. Bei linearen Systemen ist dies immer so. Als ein Beispiel, das schwach beobachtbar ist, aber nicht beobachtbar, betrachten wir das nichtlineare autonome System

$$\dot{x} = -\frac{1}{x}, \qquad y = x^2. \tag{7.1}$$

Der Definitionsbereich von x ist $D_x = I\!R\backslash\{0\}$.

Offensichtlich kann man aus der Kenntnis von $y(t)$ nicht eindeutig den Anfangswert x_0 bestimmen, denn die Ausgangsgleichung $y = x^2$ besitzt die zwei Lösungen

$$x_1 = -\sqrt{y} \quad \text{und} \quad x_2 = \sqrt{y}.$$

Daher ist das System (7.1) nicht beobachtbar. Es ist aber schwach beobachtbar. Denn für alle Werte x aus einer geeignet gewählten Umgebung $U = \{x_0 \in I\!R \mid |x_0 - x_\mathrm{p}| < \rho\}$ eines jeden Punktes $x_\mathrm{p} \in D_x$ ist aus $y = x^2$ eindeutig der Wert x, also x_0, bestimmbar. D. h., es gilt

$$x_0 = -\sqrt{y(t_0)} \qquad \text{für} \quad x_\mathrm{p} < 0, \quad \rho < |x_\mathrm{p}|,$$

und

[2] Der Begriff der *schwachen Beobachtbarkeit* resultiert aus den Überlegungen von R. Hermann und A. J. Krener [110]. J. Birk bezeichnet diese Eigenschaft als *lokale Beobachtbarkeit* [29]. In der ersten Auflage dieses Buches [5] wurde die Definition aus [29] verwendet. Diese ermöglicht jedoch nicht die Unterscheidung zwischen lokal und global im hergebrachten Sinne, wie z. B. im Falle lokaler und globaler Stabilität. Siehe hierzu auch die Argumentation im Falle der lokalen und globalen Steuerbarkeit in Kapitel 3.1.

$$x_0 = \sqrt{y(t_0)} \qquad \text{für} \quad x_{\mathrm{p}} > 0, \quad \rho < |x_{\mathrm{p}}|.$$

Bei nichtlinearen Systemen ist gemäß den obigen Definitionen zwischen Beobachtbarkeit und schwacher Beobachtbarkeit zu unterscheiden. Lineare Systeme dagegen sind, wie gesagt, wenn sie schwach beobachtbar sind, auch immer beobachtbar und natürlich umgekehrt. Bei nichtlinearen Systemen kann es des Weiteren vorkommen, dass ihre Beobachtbarkeit vom Eingangsvektor $\boldsymbol{u}$ abhängt. Die Beobachtbarkeit eines linearen Systems ist dagegen immer völlig unabhängig vom Eingangsvektor $\boldsymbol{u}$.

Ähnlich wie bei den Systemeigenschaften *Stabilität* und *Steuerbarkeit* können wir auch hier zwischen globaler und lokaler Beobachtbarkeit unterscheiden. Global bedeutet dabei, dass die Systemeigenschaft auf dem gesamten Definitionsbereich des Systems gilt, lokal[3], dass sie nur auf einer Teilmenge des Definitionsbereiches gilt.

7.1.2 Beobachtbarkeit autonomer Systeme

Wir betrachten zunächst einmal autonome Systeme

$$\begin{aligned} \dot{\boldsymbol{x}} &= \boldsymbol{f}(\boldsymbol{x}), \\ y &= g(\boldsymbol{x}), \end{aligned}$$

d. h. zeitinvariante und von keinem Eingangsvektor $\boldsymbol{u}$ abhängige Systeme. Um ein Beobachtbarkeitskriterium für sie zu entwickeln, nutzen wir die Lie-Derivierte

$$L_{\boldsymbol{f}} g(\boldsymbol{x}) = \frac{\partial g(\boldsymbol{x})}{\partial \boldsymbol{x}} \boldsymbol{f}(\boldsymbol{x})$$

und die mehrfache Lie-Derivierte

$$L_{\boldsymbol{f}}^k g(\boldsymbol{x}) = L_{\boldsymbol{f}} L_{\boldsymbol{f}}^{k-1} g(\boldsymbol{x}) = \frac{\partial L_{\boldsymbol{f}}^{k-1} g(\boldsymbol{x})}{\partial \boldsymbol{x}} \boldsymbol{f}(\boldsymbol{x})$$

zur Bestimmung von

$$\begin{aligned} y &= L_{\boldsymbol{f}}^0 g(\boldsymbol{x}) = g(\boldsymbol{x}), \\ \dot{y} &= L_{\boldsymbol{f}}^1 g(\boldsymbol{x}) = \frac{\partial g(\boldsymbol{x})}{\partial \boldsymbol{x}} \boldsymbol{f}(\boldsymbol{x}), \\ &\vdots \\ y^{(n-1)} &= L_{\boldsymbol{f}}^{n-1} g(\boldsymbol{x}) = L_{\boldsymbol{f}} L_{\boldsymbol{f}}^{n-2} g(\boldsymbol{x}). \end{aligned}$$

Man fasst nun die obigen Lie-Derivierten in einem Vektor

[3] Lokale Beobachtbarkeit (local observability) wird in der Literatur, insbesondere in der englischsprachigen, oft anders definiert als hier [110]. Sie ist in diesen Fällen dann im gebräuchlichen Wortsinn nicht lokal und eine strengere Eigenschaft als die Beobachtbarkeit.

$$\boldsymbol{q}(\boldsymbol{x}) = \begin{bmatrix} L_{\boldsymbol{f}}^0 g(\boldsymbol{x}) \\ \vdots \\ L_{\boldsymbol{f}}^{n-1} g(\boldsymbol{x}) \end{bmatrix}$$

zusammen. Mit dem Vektor

$$\boldsymbol{z} = \begin{bmatrix} y \\ \dot{y} \\ \vdots \\ y^{(n-1)} \end{bmatrix}$$

gilt

$$\boldsymbol{z} = \boldsymbol{q}(\boldsymbol{x}).$$

Existiert die Umkehrfunktion $\boldsymbol{q}^{-1}(\boldsymbol{z}) = \boldsymbol{x}$, so kann $\boldsymbol{x}$ mit der Kenntnis von $y, \dot{y}, \ldots, y^{(n-1)}$ bestimmt werden. Aus der Kenntnis von $y(t)$ in einem Intervall $[t_0, t_1]$ folgt also die Kenntnis des Zustandsvektors $\boldsymbol{x}(t_0)$. Somit gilt

Satz 79 (Beobachtbarkeit autonomer Systeme). *Ein auf $D_{\boldsymbol{x}} \subseteq I\!R^n$ definiertes System*

$$\begin{aligned} \dot{\boldsymbol{x}} &= \boldsymbol{f}(\boldsymbol{x}), \\ y &= g(\boldsymbol{x}) \end{aligned}$$

ist genau dann beobachtbar, wenn die Abbildung

$$\boldsymbol{z} = \boldsymbol{q}(\boldsymbol{x})$$

für alle $\boldsymbol{x} \in D_{\boldsymbol{x}}$ eindeutig nach $\boldsymbol{x}$ auflösbar ist.

Bei vielen nichtlinearen Systemen ist die Umkehrfunktion $\boldsymbol{q}^{-1}$ nicht oder nur sehr aufwendig zu ermitteln. Wir wollen daher nun ein einfacher handhabbares Kriterium für die schwache Beobachtbarkeit herleiten. Zu diesem Zweck entwickeln wir $\boldsymbol{q}$ um einen Punkt $\boldsymbol{x}_{\mathrm{p}}$ herum in eine Taylor-Reihe

$$\boldsymbol{z} = \boldsymbol{q}(\boldsymbol{x}_{\mathrm{p}}) + \left.\frac{\partial \boldsymbol{q}(\boldsymbol{x})}{\partial \boldsymbol{x}}\right|_{\boldsymbol{x}=\boldsymbol{x}_{\mathrm{p}}} \cdot (\boldsymbol{x} - \boldsymbol{x}_{\mathrm{p}}) + \text{Restglied}.$$

Unter Vernachlässigung des Restgliedes erhält man die Gleichung

$$\boldsymbol{z} - \boldsymbol{q}(\boldsymbol{x}_{\mathrm{p}}) = \left.\frac{\partial \boldsymbol{q}(\boldsymbol{x})}{\partial \boldsymbol{x}}\right|_{\boldsymbol{x}=\boldsymbol{x}_{\mathrm{p}}} \cdot (\boldsymbol{x} - \boldsymbol{x}_{\mathrm{p}}).$$

Aus dieser Gleichung ist direkt ersichtlich, dass aufgrund der Kenntnis von $\boldsymbol{z} - \boldsymbol{q}(\boldsymbol{x}_{\mathrm{p}})$ der Zustand $\boldsymbol{x}$ rekonstruierbar, d. h. schwach beobachtbar ist, wenn die Jacobi-Matrix

$$\boldsymbol{Q}(\boldsymbol{x}_\mathrm{p}) = \left.\frac{\partial \boldsymbol{q}(\boldsymbol{x})}{\partial \boldsymbol{x}}\right|_{\boldsymbol{x}=\boldsymbol{x}_\mathrm{p}} = \begin{bmatrix} \dfrac{\partial L_{\boldsymbol{f}}^0 g(\boldsymbol{x})}{\partial \boldsymbol{x}} \\ \vdots \\ \dfrac{\partial L_{\boldsymbol{f}}^{n-1} g(\boldsymbol{x})}{\partial \boldsymbol{x}} \end{bmatrix}_{\boldsymbol{x}=\boldsymbol{x}_\mathrm{p}}$$

den Rang n besitzt. Denn nur dann kann das lineare Gleichungssystem

$$\boldsymbol{z} - \boldsymbol{q}(\boldsymbol{x}_\mathrm{p}) = \boldsymbol{Q}(\boldsymbol{x}_\mathrm{p})(\boldsymbol{x} - \boldsymbol{x}_\mathrm{p})$$

eindeutig nach $\boldsymbol{x}$ aufgelöst werden. Wir können in diesem Fall in einer Umgebung

$$U = \{\boldsymbol{x}_0 \in I\!R^n \mid ||\boldsymbol{x}_0 - \boldsymbol{x}_\mathrm{p}|| < \rho\}$$

feststellen, ob das betrachtete System beobachtbar ist. So erhalten wir auch einen Satz über die schwache Beobachtbarkeit.

Satz 80 (Schwache Beobachtbarkeit autonomer Systeme). *Ein auf $D_{\boldsymbol{x}} \subseteq I\!R^n$ definiertes System*

$$\begin{aligned} \dot{\boldsymbol{x}} &= \boldsymbol{f}(\boldsymbol{x}), \\ y &= g(\boldsymbol{x}) \end{aligned}$$

ist schwach beobachtbar, wenn für alle $\boldsymbol{x} \in D_{\boldsymbol{x}}$ die Bedingung

$$\operatorname{rang}\left(\frac{\partial \boldsymbol{q}(\boldsymbol{x})}{\partial \boldsymbol{x}}\right) = \operatorname{rang}\left(\begin{bmatrix} \dfrac{\partial L_{\boldsymbol{f}}^0 g(\boldsymbol{x})}{\partial \boldsymbol{x}} \\ \vdots \\ \dfrac{\partial L_{\boldsymbol{f}}^{n-1} g(\boldsymbol{x})}{\partial \boldsymbol{x}} \end{bmatrix}\right) = n$$

erfüllt ist.

Die Matrix

$$\boldsymbol{Q}(\boldsymbol{x}) = \frac{\partial \boldsymbol{q}(\boldsymbol{x})}{\partial \boldsymbol{x}}$$

wird auch als Beobachtbarkeitsmatrix bezeichnet. Die Anwendung des Kriteriums kann durchaus kompliziert sein, da die Matrix $\boldsymbol{Q}$ von $\boldsymbol{x}$ abhängt. Allerdings ist die Rangbestimmung von $\boldsymbol{Q}$ in der Regel einfacher durchzuführen als die Bestimmung der Umkehrfunktion $\boldsymbol{q}^{-1}$ in Satz 79.

Satz 80 lässt sich auch direkt aus der Transformationsgleichung $\boldsymbol{z} = \boldsymbol{q}(\boldsymbol{x})$ herleiten. Gemäß dem Hauptsatz über implizite Funktionen existiert die inverse Funktion $\boldsymbol{q}^{-1}$ in einem Punkt $\boldsymbol{x}$, wenn die Jacobi-Matrix $\boldsymbol{Q}(\boldsymbol{x})$ dort den Rang n besitzt.

Um Satz 80 zu illustrieren, betrachten wir den Fall linearer Systeme

$$\dot{\boldsymbol{x}} = \boldsymbol{A}\boldsymbol{x},$$
$$y = \boldsymbol{c}^T\boldsymbol{x}.$$

Wir erhalten mit $g(\boldsymbol{x}) = \boldsymbol{c}^T\boldsymbol{x}$ die Beziehung

$$\boldsymbol{q}(\boldsymbol{x}) = \begin{bmatrix} L_{\boldsymbol{f}}^0 g(\boldsymbol{x}) \\ L_{\boldsymbol{f}}^1 g(\boldsymbol{x}) \\ L_{\boldsymbol{f}}^2 g(\boldsymbol{x}) \\ \vdots \\ L_{\boldsymbol{f}}^{n-1} g(\boldsymbol{x}) \end{bmatrix} = \begin{bmatrix} \boldsymbol{c}^T\boldsymbol{x} \\ \boldsymbol{c}^T\boldsymbol{A}\boldsymbol{x} \\ \boldsymbol{c}^T\boldsymbol{A}^2\boldsymbol{x} \\ \vdots \\ \boldsymbol{c}^T\boldsymbol{A}^{n-1}\boldsymbol{x} \end{bmatrix}$$

und somit die Jacobi-Matrix

$$\boldsymbol{Q}(\boldsymbol{x}) = \frac{\partial \boldsymbol{q}(\boldsymbol{x})}{\partial \boldsymbol{x}} = \begin{bmatrix} \boldsymbol{c}^T \\ \boldsymbol{c}^T\boldsymbol{A} \\ \boldsymbol{c}^T\boldsymbol{A}^2 \\ \vdots \\ \boldsymbol{c}^T\boldsymbol{A}^{n-1} \end{bmatrix}. \tag{7.2}$$

Besitzt die Matrix in Gl. (7.2) den Rang n, so ist das lineare System beobachtbar. Diese Forderung ist im linearen Fall nicht nur hinreichend, sondern es lässt sich zeigen [190], dass sie auch notwendig ist. Sie bildet das bekannte Beobachtbarkeitskriterium für lineare Systeme, das offensichtlich ein Sonderfall des obigen Kriteriums für die Beobachtbarkeit nichtlinearer Systeme ist.

7.1.3 Beispiel Synchrongenerator

Wir betrachten das Modell eines Synchrongenerators [209], wie es Bild 7.3 zeigt. Der Polradwinkel x_1 ist sowohl Zustands- als auch Ausgangsgröße. Weitere Zustandsgrößen sind die Frequenzabweichung x_2 des Polrades gegenüber dem Netz und die Flussverkettung x_3 des magnetischen Feldes. Die Flussverkettung x_3 ist nicht oder nur sehr aufwendig messbar. Man ist daher daran interessiert, sie mittels eines Beobachters zu schätzen. Voraussetzung hierfür ist die Beobachtbarkeit des Systems, die wir im Weiteren analysieren.

Für das Zustandsraummodell gilt

$$\begin{aligned} \dot{x}_1 &= x_2, \\ \dot{x}_2 &= b_1 - a_1 x_2 - a_2 x_3 \sin x_1 - \frac{b_2}{2}\sin 2x_1, \\ \dot{x}_3 &= -c_1 x_3 + c_2 \cos x_1 + c_3, \\ y &= x_1. \end{aligned}$$

Dabei sind a_1, a_2, b_1, b_2, c_1, c_2 und c_3 konstante Größen. Wir ermitteln

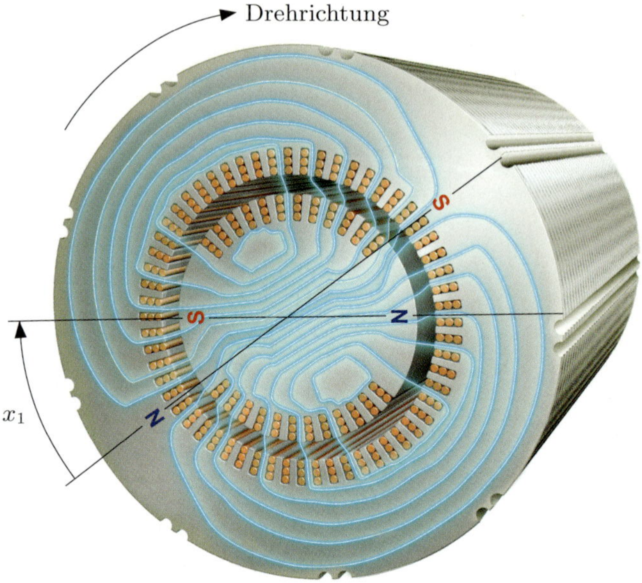

Bild 7.3: Synchrongenerator mit blau gezeichnetem Magnetfeld und Polradwinkel x_1.

$$\dot{y} = \dot{x}_1 = x_2,$$

$$\ddot{y} = \dot{x}_2 = b_1 - a_1x_2 - a_2x_3 \sin x_1 - \frac{b_2}{2} \sin 2x_1$$

und erhalten so

$$\begin{bmatrix} z_1 \\ z_2 \\ z_3 \end{bmatrix} = \begin{bmatrix} y \\ \dot{y} \\ \ddot{y} \end{bmatrix} = \begin{bmatrix} x_1 \\ x_2 \\ b_1 - a_1x_2 - a_2x_3 \sin x_1 - \dfrac{b_2}{2} \sin 2x_1 \end{bmatrix} = \boldsymbol{q}(\boldsymbol{x}).$$

Für den hier interessierenden Definitionsbereich

$$D_{\boldsymbol{x}} = \{\boldsymbol{x} \in I\!R^3 \mid x_1 \in (0, \pi), x_2 \in I\!R, x_3 \in I\!R\}$$

ist die Synchronmaschine gemäß Satz 79 beobachtbar. Denn die Abbildung $\boldsymbol{z} = \boldsymbol{q}(\boldsymbol{x})$ kann durch

$$\begin{bmatrix} x_1 \\ x_2 \\ x_3 \end{bmatrix} = \begin{bmatrix} z_1 \\ z_2 \\ \dfrac{b_1 - a_1z_2 - 0.5b_2 \sin 2z_1 - z_3}{a_2 \sin z_1} \end{bmatrix}$$

immer für $\boldsymbol{x} \in D_{\boldsymbol{x}}$ eindeutig nach $\boldsymbol{x}$ aufgelöst werden.

7.1.4 Beobachtbarkeit allgemeiner nichtlinearer Systeme

Wir wollen nun nichtlineare Systeme

$$\begin{aligned}\dot{\boldsymbol{x}} &= \boldsymbol{f}(\boldsymbol{x}, \boldsymbol{u}),\\ y &= g(\boldsymbol{x}, \boldsymbol{u})\end{aligned}$$

mit einem Eingangsvektor $\boldsymbol{u}$ betrachten. Auch hier berechnen wir, wie im Fall autonomer Systeme, die $n-1$ zeitlichen Ableitungen

$$\begin{aligned}
\dot{y} &= \frac{\partial g}{\partial \boldsymbol{x}}\boldsymbol{f}(\boldsymbol{x}, \boldsymbol{u}) + \frac{\partial g}{\partial \boldsymbol{u}}\dot{\boldsymbol{u}} = h_1(\boldsymbol{x}, \boldsymbol{u}, \dot{\boldsymbol{u}}),\\
\ddot{y} &= \frac{\partial h_1}{\partial \boldsymbol{x}}\boldsymbol{f}(\boldsymbol{x}, \boldsymbol{u}) + \frac{\partial h_1}{\partial \boldsymbol{u}}\dot{\boldsymbol{u}} + \frac{\partial h_1}{\partial \dot{\boldsymbol{u}}}\ddot{\boldsymbol{u}} = h_2(\boldsymbol{x}, \boldsymbol{u}, \dot{\boldsymbol{u}}, \ddot{\boldsymbol{u}}),\\
\dddot{y} &= \frac{\partial h_2}{\partial \boldsymbol{x}}\boldsymbol{f}(\boldsymbol{x}, \boldsymbol{u}) + \frac{\partial h_2}{\partial \boldsymbol{u}}\dot{\boldsymbol{u}} + \frac{\partial h_2}{\partial \dot{\boldsymbol{u}}}\ddot{\boldsymbol{u}} + \frac{\partial h_2}{\partial \ddot{\boldsymbol{u}}}\dddot{\boldsymbol{u}} = h_3(\boldsymbol{x}, \boldsymbol{u}, \dot{\boldsymbol{u}}, \ddot{\boldsymbol{u}}, \dddot{\boldsymbol{u}}),\\
&\vdots\\
y^{(n-1)} &= \frac{\partial h_{n-2}}{\partial \boldsymbol{x}}\boldsymbol{f}(\boldsymbol{x}, \boldsymbol{u}) + \sum_{i=1}^{n-1}\frac{\partial h_{n-2}}{\partial \boldsymbol{u}^{(i-1)}}\boldsymbol{u}^{(i)} = h_{n-1}(\boldsymbol{x}, \boldsymbol{u}, \dot{\boldsymbol{u}}, \ldots, \boldsymbol{u}^{(n-1)}).
\end{aligned}$$

Ähnlich wie im Fall der Beobachtbarkeit autonomer Systeme, definieren wir

$$\boldsymbol{z} = \begin{bmatrix} y\\ \dot{y}\\ \ddot{y}\\ \vdots\\ y^{(n-1)}\end{bmatrix} = \begin{bmatrix} g(\boldsymbol{x}, \boldsymbol{u})\\ h_1(\boldsymbol{x}, \boldsymbol{u}, \dot{\boldsymbol{u}})\\ h_2(\boldsymbol{x}, \boldsymbol{u}, \dot{\boldsymbol{u}}, \ddot{\boldsymbol{u}})\\ \vdots\\ h_{n-1}(\boldsymbol{x}, \boldsymbol{u}, \dot{\boldsymbol{u}}, \ldots, \boldsymbol{u}^{(n-1)})\end{bmatrix} = \boldsymbol{q}(\boldsymbol{x}, \boldsymbol{u}, \dot{\boldsymbol{u}}, \ldots, \boldsymbol{u}^{(n-1)}).$$

Auch in diesem Fall ist die eindeutige Auflösbarkeit der Abbildung

$$\boldsymbol{z} = \boldsymbol{q}(\boldsymbol{x}, \boldsymbol{u}, \dot{\boldsymbol{u}}, \ldots, \boldsymbol{u}^{(n-1)})$$

nach $\boldsymbol{x}$ ausschlaggebend für die Beobachtbarkeit des Systems. Es gilt folgendes hinreichendes Kriterium.

Satz 81 (Beobachtbarkeit nichtlinearer Systeme). *Ein auf $D_{\boldsymbol{x}} \subseteq \mathbb{R}^n$ und $C_{\boldsymbol{u}} \subseteq C^{n-1}$ definiertes System*

$$\begin{aligned}\dot{\boldsymbol{x}} &= \boldsymbol{f}(\boldsymbol{x}, \boldsymbol{u}),\\ y &= g(\boldsymbol{x}, \boldsymbol{u})\end{aligned}$$

ist beobachtbar, wenn die Abbildung

$$\boldsymbol{z} = \boldsymbol{q}(\boldsymbol{x}, \boldsymbol{u}, \dot{\boldsymbol{u}}, \ldots, \boldsymbol{u}^{(n-1)})$$

für alle $\boldsymbol{x} \in D_{\boldsymbol{x}}$ und $\boldsymbol{u} \in C_{\boldsymbol{u}}$ eindeutig nach $\boldsymbol{x}$ auflösbar ist.

In Abschnitt 7.1 wurde schon angemerkt, dass die Beobachtbarkeit eines nichtlinearen Systems im Gegensatz zu der eines linearen Systems vom Eingangsvektor $\boldsymbol{u}$ abhängig sein kann. Satz 81 plausibilisiert diese Aussage, denn die Abbildung $\boldsymbol{q}$ und ihre eindeutige Auflösbarkeit nach $\boldsymbol{x}$ kann auch von $\boldsymbol{u}$ abhängig sein. Das einfache Beispiel

$$\begin{aligned}\dot{x}_1 &= -x_2 \cdot u,\\ \dot{x}_2 &= -x_1 - x_2,\\ y &= x_1\end{aligned}$$

illustriert diesen Tatbestand. Für $u = 0$ ist das System nicht beobachtbar, für $u \neq 0$ schon.

Die praktische Anwendung des obigen Satzes ist schwierig. Denn nur in einfachen Fällen lässt sich die Umkehrfunktion

$$\boldsymbol{x} = \boldsymbol{q}^{-1}(\boldsymbol{z}, \boldsymbol{u}, \dot{\boldsymbol{u}}, \ldots, \boldsymbol{u}^{(n-1)})$$

bestimmen.

Einfacher als die Überprüfung der Beobachtbarkeit kann wieder die Überprüfung der schwachen Beobachtbarkeit ausfallen. Analog zum Fall autonomer Systeme lässt sich hierzu folgender hinreichender Satz herleiten:

Satz 82 (Schwache Beobachtbarkeit nichtlinearer Systeme). *Ein auf* $D_{\boldsymbol{x}} \subseteq \mathbb{R}^n$ *und* $C_{\boldsymbol{u}} \subseteq C^{n-1}$ *definiertes System*

$$\begin{aligned}\dot{\boldsymbol{x}} &= \boldsymbol{f}(\boldsymbol{x}, \boldsymbol{u}),\\ y &= g(\boldsymbol{x}, \boldsymbol{u})\end{aligned}$$

ist schwach beobachtbar, wenn für alle $\boldsymbol{x} \in D_{\boldsymbol{x}}$ *und* $\boldsymbol{u} \in C_{\boldsymbol{u}}$ *die Bedingung*

$$\operatorname{rang}\left(\frac{\partial \boldsymbol{q}(\boldsymbol{x}, \boldsymbol{u}, \dot{\boldsymbol{u}}, \ldots, \boldsymbol{u}^{(n-1)})}{\partial \boldsymbol{x}}\right) = \operatorname{rang}\begin{bmatrix} \dfrac{\partial g(\boldsymbol{x}, \boldsymbol{u})}{\partial \boldsymbol{x}} \\ \dfrac{\partial h_1(\boldsymbol{x}, \boldsymbol{u}, \dot{\boldsymbol{u}})}{\partial \boldsymbol{x}} \\ \dfrac{\partial h_2(\boldsymbol{x}, \boldsymbol{u}, \dot{\boldsymbol{u}}, \ddot{\boldsymbol{u}})}{\partial \boldsymbol{x}} \\ \vdots \\ \dfrac{\partial h_{n-1}(\boldsymbol{x}, \boldsymbol{u}, \dot{\boldsymbol{u}}, \ldots, \boldsymbol{u}^{(n-1)})}{\partial \boldsymbol{x}} \end{bmatrix} = n$$

erfüllt ist.

Satz 82 kann anders als Satz 81 zumindest punktuell auf einfache Weise angewendet werden, indem man den Rang bzw. die Determinante der Beobachtbarkeitsmatrix

$$\boldsymbol{Q}(\boldsymbol{x}, \boldsymbol{u}, \dot{\boldsymbol{u}}, \ldots, \boldsymbol{u}^{(n-1)}) = \frac{\partial \boldsymbol{q}(\boldsymbol{x}, \boldsymbol{u}, \dot{\boldsymbol{u}}, \ldots, \boldsymbol{u}^{(n-1)})}{\partial \boldsymbol{x}}$$

an vorgegebenen Stützstellen $(\boldsymbol{x}, \boldsymbol{u}, \dot{\boldsymbol{u}}, \ldots, \boldsymbol{u}^{(n-1)})$ berechnet.

7.1.5 Nichtlineare Beobachtbarkeitsnormalform

Wir wollen ein beobachtbares System

$$\begin{aligned}\dot{\boldsymbol{x}} &= \boldsymbol{f}(\boldsymbol{x}, \boldsymbol{u}),\\ y &= g(\boldsymbol{x}, \boldsymbol{u})\end{aligned} \tag{7.3}$$

betrachten. Nehmen wir an, dass es uns gelungen ist, die Abbildung

$$\boldsymbol{z} = \boldsymbol{q}(\boldsymbol{x}, \boldsymbol{u}, \dot{\boldsymbol{u}}, \ldots, \boldsymbol{u}^{(n-1)}) \tag{7.4}$$

und ihre Inverse

$$\boldsymbol{x} = \boldsymbol{q}^{-1}(\boldsymbol{z}, \boldsymbol{u}, \dot{\boldsymbol{u}}, \ldots, \boldsymbol{u}^{(n-1)}) \tag{7.5}$$

zu ermitteln. Dann ist es möglich, die Systemdarstellung (7.3) mittels der Abbildung (7.5) bzw. (7.4) und mit

$$h_n(\boldsymbol{x}, \boldsymbol{u}, \dot{\boldsymbol{u}}, \ldots, \boldsymbol{u}^{(n)}) = \frac{\partial h_{n-1}}{\partial \boldsymbol{x}} \boldsymbol{f}(\boldsymbol{x}, \boldsymbol{u}) + \sum_{i=1}^{n} \frac{\partial h_{n-1}}{\partial \boldsymbol{u}^{(i-1)}} \boldsymbol{u}^{(i)}$$

in die Darstellung

$$\begin{bmatrix} \dot{z}_1 \\ \dot{z}_2 \\ \vdots \\ \dot{z}_{n-1} \\ \dot{z}_n \end{bmatrix} = \begin{bmatrix} \dot{y} \\ \ddot{y} \\ \vdots \\ y^{(n-1)} \\ y^{(n)} \end{bmatrix} = \begin{bmatrix} z_2 \\ z_3 \\ \vdots \\ z_n \\ h_n\left(\boldsymbol{q}^{-1}(\boldsymbol{z}, \boldsymbol{u}, \dot{\boldsymbol{u}}, \ldots, \boldsymbol{u}^{(n-1)}), \boldsymbol{u}, \dot{\boldsymbol{u}}, \ldots, \boldsymbol{u}^{(n)}\right) \end{bmatrix},$$

$$y = z_1$$

zu überführen. Hierbei haben wir die Abbildung (7.4) bzw. (7.5) als Diffeomorphismus genutzt, um das System (7.3) in obige Gestalt zu transformieren. Wir kürzen noch

$$\varphi\left(\boldsymbol{z}, \boldsymbol{u}, \dot{\boldsymbol{u}}, \ldots, \boldsymbol{u}^{(n)}\right) = h_n\left(\boldsymbol{q}^{-1}(\boldsymbol{z}, \boldsymbol{u}, \dot{\boldsymbol{u}}, \ldots, \boldsymbol{u}^{(n-1)}), \boldsymbol{u}, \dot{\boldsymbol{u}}, \ldots, \boldsymbol{u}^{(n)}\right)$$

ab und erhalten

$$\begin{aligned}\dot{\boldsymbol{z}} &= \begin{bmatrix} z_2 \\ \vdots \\ z_n \\ \varphi\left(\boldsymbol{z}, \boldsymbol{u}, \dot{\boldsymbol{u}}, \ldots, \boldsymbol{u}^{(n)}\right) \end{bmatrix},\\ y &= z_1.\end{aligned} \tag{7.6}$$

Die zur Darstellung (7.3) alternative Systemdarstellung (7.6) wird als *nichtlineare Beobachtbarkeitsnormalform* bezeichnet. Bild 7.4 zeigt das zugehörige Strukturbild. Liegt ein System in dieser Form vor, so kann man

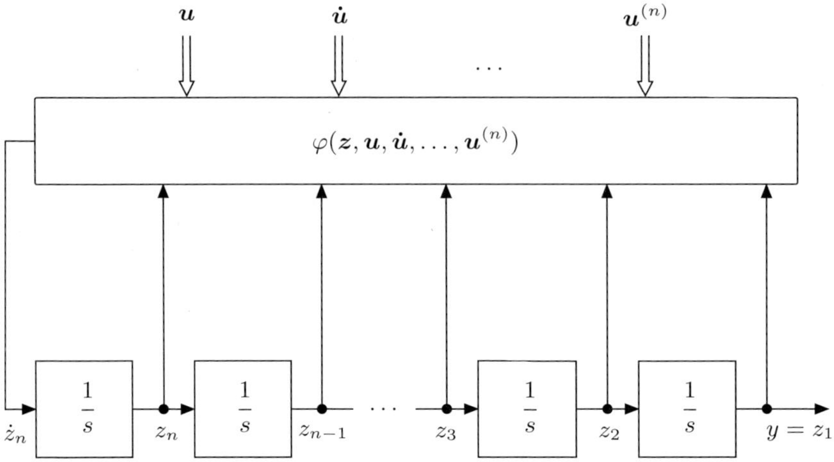

Bild 7.4: System in Beobachtbarkeitsnormalform.

direkt aus den Systemgleichungen auf die Beobachtbarkeit schließen. Denn über die Integriererkette in Gl. (7.6) wirken alle Zustände z_i auf den Ausgangswert $y = z_1$ und aus dem Ausgangswert y und seinen Ableitungen $y^{(i)}$ können alle Zustandswerte z_i ermittelt werden. Ein System, das in nichtlinearer Beobachtbarkeitsnormalform vorliegt, ist folglich immer beobachtbar. Des Weiteren kann jedes global beobachtbare System in die Beobachtbarkeitsnormalform transformiert werden.

Als Beispiel betrachten wir das System

$$\begin{aligned} \dot{x}_1 &= -x_2 + u, \\ \dot{x}_2 &= -x_3, \\ \dot{x}_3 &= -x_1^3, \\ y &= x_1. \end{aligned} \tag{7.7}$$

Für die Abbildung (7.4) erhalten wir in diesem Fall

$$\boldsymbol{q}(\boldsymbol{x}, u, \dot{u}) = \begin{bmatrix} z_1 \\ z_2 \\ z_3 \end{bmatrix} = \begin{bmatrix} y \\ \dot{y} \\ \ddot{y} \end{bmatrix} = \begin{bmatrix} x_1 \\ -x_2 + u \\ x_3 + \dot{u} \end{bmatrix}$$

und für ihre inverse Abbildung

$$\boldsymbol{q}^{-1}(\boldsymbol{z}, u, \dot{u}) = \begin{bmatrix} x_1 \\ x_2 \\ x_3 \end{bmatrix} = \begin{bmatrix} z_1 \\ -z_2 + u \\ z_3 - \dot{u} \end{bmatrix}. \tag{7.8}$$

Da die Abbildung $\boldsymbol{q}$ hier für alle $\boldsymbol{x}$ eineindeutig nach $\boldsymbol{x}$ auflösbar ist, ist das System (7.7) beobachtbar. Für die Beobachtbarkeitsnormalform erhalten wir mit

$$\dot{z}_3 = \dddot{y} = \dot{x}_3 + \ddot{u} = -x_1^3 + \ddot{u}$$

und

$$\dot{z}_1 = z_2$$

sowie

$$\dot{z}_2 = z_3$$

dann

$$\dot{\boldsymbol{z}} = \begin{bmatrix} z_2 \\ z_3 \\ -z_1^3 + \ddot{u} \end{bmatrix}. \tag{7.9}$$

Dieses Ergebnis können wir etwas formaler auch über die in Abschnitt 3.3.1 für den allgemeinen Fall hergeleitete Differenzialgleichung des transformierten Systems erhalten. Zur Auffrischung unseres Gedächtnisses sei sie hier nochmals hergeleitet. Wir setzen in die Systemgleichung (7.3) den Diffeomorphismus

$$\boldsymbol{x} = \boldsymbol{q}^{-1}(\boldsymbol{z}, \boldsymbol{u}, \ldots, \boldsymbol{u}^{(n-1)})$$

ein und erhalten

$$\begin{aligned}\frac{d\boldsymbol{q}^{-1}(\boldsymbol{z},\boldsymbol{u},\ldots,\boldsymbol{u}^{(n-1)})}{dt} &= \frac{\partial \boldsymbol{q}^{-1}(\boldsymbol{z},\boldsymbol{u},\ldots,\boldsymbol{u}^{(n-1)})}{\partial \boldsymbol{z}} \cdot \dot{\boldsymbol{z}} \\ &\quad + \sum_{j=0}^{n-1} \frac{\partial \boldsymbol{q}^{-1}(\boldsymbol{z},\boldsymbol{u},\ldots,\boldsymbol{u}^{(n-1)})}{\partial \boldsymbol{u}^{(j)}} \cdot \boldsymbol{u}^{(j+1)} \\ &= \boldsymbol{f}(\boldsymbol{q}^{-1}(\boldsymbol{z},\boldsymbol{u},\ldots,\boldsymbol{u}^{(n-1)}), \boldsymbol{u}),\end{aligned}$$

woraus

$$\begin{aligned}\dot{\boldsymbol{z}} = &\left(\frac{\partial \boldsymbol{q}^{-1}(\boldsymbol{z},\boldsymbol{u},\ldots,\boldsymbol{u}^{(n-1)})}{\partial \boldsymbol{z}}\right)^{-1} \\ &\cdot \left(\boldsymbol{f}(\boldsymbol{q}^{-1}(\boldsymbol{z},\boldsymbol{u},\ldots,\boldsymbol{u}^{(n-1)})) - \sum_{j=0}^{n-1} \frac{\partial \boldsymbol{q}^{-1}(\boldsymbol{z},\boldsymbol{u},\ldots,\boldsymbol{u}^{(n-1)})}{\partial \boldsymbol{u}^{(j)}} \cdot \boldsymbol{u}^{(j+1)}\right).\end{aligned}$$

folgt. Nach Einsetzen des Diffeomorphismus (7.8) unseres Beispielsystems ergibt sich hier für dieses die transformierte Differenzialgleichung

$$\dot{\boldsymbol{z}} = \begin{bmatrix} 1 & 0 & 0 \\ 0 & -1 & 0 \\ 0 & 0 & 1 \end{bmatrix} \left(\begin{bmatrix} z_2 \\ -z_3 + \dot{u} \\ -z_1^3 \end{bmatrix} - \begin{bmatrix} 0 \\ 1 \\ 0 \end{bmatrix} \dot{u} - \begin{bmatrix} 0 \\ 0 \\ -1 \end{bmatrix} \ddot{u} \right) = \begin{bmatrix} z_2 \\ z_3 \\ -z_1^3 + \ddot{u} \end{bmatrix}$$

und damit wieder Gl. (7.9).

7.1.6 Beobachtbarkeit eingangslinearer Systeme

Wir betrachten nun eingangslineare Systeme

$$\begin{aligned}\dot{\boldsymbol{x}} &= \boldsymbol{a}(\boldsymbol{x}) + \boldsymbol{b}(\boldsymbol{x}) \cdot u,\\ y &= c(\boldsymbol{x}).\end{aligned} \tag{7.10}$$

Wie im allgemeineren Fall $\dot{\boldsymbol{x}} = \boldsymbol{f}(\boldsymbol{x}, \boldsymbol{u})$, $y = g(\boldsymbol{x}, \boldsymbol{u})$ des Abschnittes 7.1.4, bestimmen wir

$$\begin{aligned}y &= c(\boldsymbol{x}),\\ \dot{y} &= L_{\boldsymbol{a}}c(\boldsymbol{x}) + L_{\boldsymbol{b}}c(\boldsymbol{x})u,\\ \ddot{y} &= L_{\boldsymbol{a}}^2c(\boldsymbol{x}) + L_{\boldsymbol{b}}L_{\boldsymbol{a}}c(\boldsymbol{x})u + L_{\boldsymbol{a}}L_{\boldsymbol{b}}c(\boldsymbol{x})u + L_{\boldsymbol{b}}^2c(\boldsymbol{x})u^2 + L_{\boldsymbol{b}}c(\boldsymbol{x})\dot{u},\\ &\ \vdots\\ y^{(n-1)} &= L_{\boldsymbol{a}}^{n-1}c(\boldsymbol{x}) + L_{\boldsymbol{b}}L_{\boldsymbol{a}}^{n-2}c(\boldsymbol{x})u + \ldots + L_{\boldsymbol{b}}^{n-1}c(\boldsymbol{x})u^{n-1} + L_{\boldsymbol{b}}c(\boldsymbol{x})u^{(n-2)}.\end{aligned}$$

So erhalten wir die Transformationsgleichung

$$\boldsymbol{z} = \begin{bmatrix} y\\ \dot{y}\\ \vdots\\ y^{(n-1)}\end{bmatrix} = \begin{bmatrix} c(\boldsymbol{x})\\ L_{\boldsymbol{a}}c(\boldsymbol{x}) + L_{\boldsymbol{b}}c(\boldsymbol{x})u\\ \vdots\\ L_{\boldsymbol{a}}^{n-1}c(\boldsymbol{x}) + \ldots + L_{\boldsymbol{b}}c(\boldsymbol{x})u^{(n-2)}\end{bmatrix} = \boldsymbol{q}(\boldsymbol{x}, u, \dot{u}, \ldots, u^{(n-2)}).$$

Wir sahen schon in Kapitel 5.2, dass die Terme $L_{\boldsymbol{b}}L_{\boldsymbol{a}}^{k-1}c(\boldsymbol{x})$ identisch null sind für alle $k < \delta$. Dabei ist δ der relative Grad des Systems (7.10).

Wir können die Beobachtbarkeit des Systems (7.10) anhand der Eindeutigkeit der Abbildung $\boldsymbol{q}$ bzw. ihrer Jacobi-Matrix untersuchen. Dazu lassen sich die Sätze 81 und 82 verwenden.

Wir erhalten für die Jacobi-Matrix

$$\frac{\partial \boldsymbol{q}}{\partial \boldsymbol{x}} = \begin{bmatrix} \dfrac{\partial c(\boldsymbol{x})}{\partial \boldsymbol{x}}\\ \dfrac{\partial L_{\boldsymbol{a}}c(\boldsymbol{x})}{\partial \boldsymbol{x}} + \dfrac{\partial L_{\boldsymbol{b}}c(\boldsymbol{x})}{\partial \boldsymbol{x}}u\\ \dfrac{\partial L_{\boldsymbol{a}}^2c(\boldsymbol{x})}{\partial \boldsymbol{x}} + \dfrac{\partial L_{\boldsymbol{b}}L_{\boldsymbol{a}}c(\boldsymbol{x})}{\partial \boldsymbol{x}}u + \dfrac{\partial L_{\boldsymbol{a}}L_{\boldsymbol{b}}c(\boldsymbol{x})}{\partial \boldsymbol{x}}u + \dfrac{\partial L_{\boldsymbol{b}}^2c(\boldsymbol{x})}{\partial \boldsymbol{x}}u^2 + \dfrac{\partial L_{\boldsymbol{b}}c(\boldsymbol{x})}{\partial \boldsymbol{x}}\dot{u}\\ \vdots\\ \dfrac{\partial L_{\boldsymbol{a}}^{n-1}c(\boldsymbol{x})}{\partial \boldsymbol{x}} + \dfrac{\partial L_{\boldsymbol{b}}L_{\boldsymbol{a}}^{n-2}c(\boldsymbol{x})}{\partial \boldsymbol{x}}u + \ldots + \dfrac{\partial L_{\boldsymbol{b}}c(\boldsymbol{x})}{\partial \boldsymbol{x}}u^{(n-2)}\end{bmatrix}. \tag{7.11}$$

Die Erfüllbarkeit der Rangbedingung rang$(\partial \boldsymbol{q}/\partial \boldsymbol{x}) = n$ des Satzes 82 ist auch hier von u abhängig. Offensichtlich kann es Eingangssignale u geben, so dass die Rangbedingung nicht erfüllt ist und das System nicht schwach beobachtbar ist. Allerdings kann mittels Satz 82 keine Aussage über die schwache Beobachtbarkeit getroffen werden, wenn die Rangbedingung nicht erfüllt ist. Denn Satz 82 ist nur hinreichend.

Wir betrachten das einfache Beispiel

$$\begin{aligned} \dot{x}_1 &= -x_2 + x_2 u, \\ \dot{x}_2 &= -x_1, \\ y &= x_1. \end{aligned} \tag{7.12}$$

Es gilt

$$\frac{\partial \boldsymbol{q}}{\partial \boldsymbol{x}} = \begin{bmatrix} \dfrac{\partial c(\boldsymbol{x})}{\partial \boldsymbol{x}} \\ \dfrac{\partial L_{\boldsymbol{a}} c(\boldsymbol{x})}{\partial \boldsymbol{x}} + \dfrac{\partial L_{\boldsymbol{b}} c(\boldsymbol{x})}{\partial \boldsymbol{x}} u \end{bmatrix} = \begin{bmatrix} 1 & 0 \\ 0 & u-1 \end{bmatrix}.$$

Für $u \neq 1$ ist rang$(\partial \boldsymbol{q}/\partial \boldsymbol{x}) = 2$ und das System schwach beobachtbar. Ist $u = 1$, so hat $\partial \boldsymbol{q}/\partial \boldsymbol{x}$ nur den Rang eins. In der Tat ist das System (7.12) nicht beobachtbar für $u = 1$, denn dann gilt

$$\begin{aligned} \dot{x}_1 &= 0, \\ \dot{x}_2 &= -x_1, \\ y &= x_1 \end{aligned}$$

und für dieses System kann man aus der Kenntnis von y und u den Wert von x_2 nicht bestimmen. Mittels des notwendigen und hinreichenden Beobachtbarkeitskriteriums für lineare Systeme lässt sich dies auch zeigen, denn die Beobachtbarkeitsmatrix aus Gl. (7.2) für obiges System,

$$\begin{bmatrix} \boldsymbol{c}^T \\ \boldsymbol{c}^T \boldsymbol{A} \end{bmatrix} = \begin{bmatrix} 1 & 0 \\ 0 & 0 \end{bmatrix},$$

besitzt nur den Rang eins.

Eingangslineare Systeme (7.10), die den relativen Grad n aufweisen, können durch einen Diffeomorphismus

$$\boldsymbol{z} = \boldsymbol{q}(\boldsymbol{x}) = \boldsymbol{t}(\boldsymbol{x}) = \begin{bmatrix} c(\boldsymbol{x}) \\ L_{\boldsymbol{a}} c(\boldsymbol{x}) \\ \vdots \\ L_{\boldsymbol{a}}^{n-1} c(\boldsymbol{x}) \end{bmatrix}$$

in die Form

$$\begin{bmatrix} \dot{z}_1 \\ \vdots \\ \dot{z}_{n-1} \\ \dot{z}_n \end{bmatrix} = \begin{bmatrix} z_2 \\ \vdots \\ z_n \\ L_{\boldsymbol{a}}^n c(\boldsymbol{t}^{-1}(\boldsymbol{z})) + L_{\boldsymbol{b}} L_{\boldsymbol{a}}^{n-1} c(\boldsymbol{t}^{-1}(\boldsymbol{z}))u \end{bmatrix}$$

gebracht werden. Denn sie liegen in nichtlinearer Beobachtbarkeitsnormalform vor und sind daher immer beobachtbar. In diesem Fall vereinfacht sich auch die Jacobi-Matrix (7.11) wesentlich. Denn nun sind, wie oben erwähnt, alle Terme in Gl. (7.11), die eine Lie-Derivierte $L_{\boldsymbol{b}}$ enthalten, identisch null. D. h., es gilt

$$\boldsymbol{Q}(\boldsymbol{x}) = \begin{bmatrix} \dfrac{\partial c(\boldsymbol{x})}{\partial \boldsymbol{x}} \\ \dfrac{\partial L_{\boldsymbol{a}} c(\boldsymbol{x})}{\partial \boldsymbol{x}} \\ \vdots \\ \dfrac{\partial L_{\boldsymbol{a}}^{n-1} c(\boldsymbol{x})}{\partial \boldsymbol{x}} \end{bmatrix}.$$

Besitzt ein System den relativen Grad n, so ist dies identisch damit, dass $\boldsymbol{Q}(\boldsymbol{x})$ regulär ist. Denn dann und nur dann kann das System mittels $\boldsymbol{z} = \boldsymbol{q}(\boldsymbol{x})$ in die nichtlineare Regelungsnormalform transformiert werden. Dies ist eine direkte Folge aus Satz 48, S. 209. Somit gilt

Satz 83 (Beobachtbarkeit eingangslinearer Systeme). *Ein System*

$$\begin{aligned} \dot{\boldsymbol{x}} &= \boldsymbol{a}(\boldsymbol{x}) + \boldsymbol{b}(\boldsymbol{x}) \cdot u, \ \boldsymbol{x} \in I\!R^n, \\ y &= c(\boldsymbol{x}) \end{aligned}$$

ist beobachtbar, wenn sein relativer Grad n ist.

Wir bemerken an dieser Stelle auch, dass die nichtlineare Regelungsnormalform für eingangslineare Systeme mit relativem Grad $\delta = n$ identisch zur Beobachtbarkeitsnormalform dieser Systemklasse ist.

Obiger Satz ist nur hinreichend, aber nicht notwendig. Der Umkehrschluss, dass ein eingangslineares System mit einem relativen Grad $\delta < n$ nicht beobachtbar ist, gilt also im Allgemeinen nicht. Als Beispiel hierfür dient uns das System

$$\begin{aligned} \dot{\boldsymbol{x}} &= \boldsymbol{A}\boldsymbol{x} + \boldsymbol{b} \cdot u, \\ y &= \boldsymbol{c}^T \boldsymbol{x} \end{aligned}$$

mit

$$\boldsymbol{A} = \begin{bmatrix} 0 & -1 \\ 1 & 0 \end{bmatrix}, \quad \boldsymbol{b} = \begin{bmatrix} 1 \\ 0 \end{bmatrix}, \quad \boldsymbol{c}^T = \begin{bmatrix} 1 & 0 \end{bmatrix}.$$

Es besitzt den relativen Grad $\delta = 1$ und die reguläre Beobachtbarkeitsmatrix

$$M_{\mathrm{B}} = \begin{bmatrix} \boldsymbol{c}^T \\ \boldsymbol{c}^T \boldsymbol{A} \end{bmatrix} = \begin{bmatrix} 1 & 0 \\ 0 & -1 \end{bmatrix}.$$

Das System ist also ein Beispiel für ein beobachtbares System mit einem relativen Grad $\delta < n$.

7.2 Luenberger-Beobachter für nichtlineare Regelkreise

Die Beobachtertheorie von D. G. Luenberger wurde für lineare Systeme entwickelt. Sie lässt sich für einfache Fälle auf nichtlineare Systeme erweitern. So kann für den Fall eines Regelkreises mit linearer Regelstrecke

$$\begin{aligned} \dot{\boldsymbol{x}} &= \boldsymbol{A}\boldsymbol{x} + \boldsymbol{B} \cdot \boldsymbol{u}, \\ \boldsymbol{y} &= \boldsymbol{C}\boldsymbol{x} \end{aligned}$$

und nichtlinearem Regler

$$\boldsymbol{u} = \boldsymbol{h}(\boldsymbol{x}, \boldsymbol{w}),$$

also einem nichtlinearen Regelkreis mit der Systembeschreibung

$$\dot{\boldsymbol{x}} = \boldsymbol{A}\boldsymbol{x} + \boldsymbol{B}\boldsymbol{h}(\boldsymbol{x}, \boldsymbol{w}),$$

ebenfalls ein Luenberger-Beobachter zum Einsatz kommen [189]. Wie im linearen Fall, besteht er aus einem Streckenmodell und einem Rückkopplungssystem, das wie ein Regler wirkt:

$$\underbrace{\dot{\tilde{\boldsymbol{x}}} = \boldsymbol{A}\tilde{\boldsymbol{x}} + \boldsymbol{B} \cdot \boldsymbol{u}}_{\text{Modell}} \quad + \quad \underbrace{\boldsymbol{L}(\boldsymbol{y} - \boldsymbol{C}\tilde{\boldsymbol{x}})}_{\text{Rückkopplungssystem}}.$$

Die Aufgabe des Rückkopplungssystems

$$\boldsymbol{L}\,(\boldsymbol{y} - \boldsymbol{C}\tilde{\boldsymbol{x}})$$

ist es, den Schätzfehler

$$\boldsymbol{e} = \boldsymbol{x} - \tilde{\boldsymbol{x}},$$

d. h. die Differenz von Streckenzustand $\boldsymbol{x}$ und Beobachterzustand $\tilde{\boldsymbol{x}}$, asymptotisch abklingen zu lassen. Bild 7.5 zeigt die Struktur des Regelungssystems mit Beobachter und nichtlinearem Regelgesetz $\boldsymbol{u} = \boldsymbol{h}(\tilde{\boldsymbol{x}}, \boldsymbol{w})$.

Ohne Einschränkung der Allgemeinheit ist es im Falle eines konstanten Führungsgrößenvektors $\boldsymbol{w}$ möglich, das Regelungssystem so zu transformieren, dass $\boldsymbol{w} = \boldsymbol{0}$ gilt. Man kann dann von einem Regler

$$\boldsymbol{u} = \boldsymbol{h}(\tilde{\boldsymbol{x}})$$

ausgehen, was im Folgenden auch geschieht.

Zusammengefasst gilt folgender Satz von D. G. Luenberger.

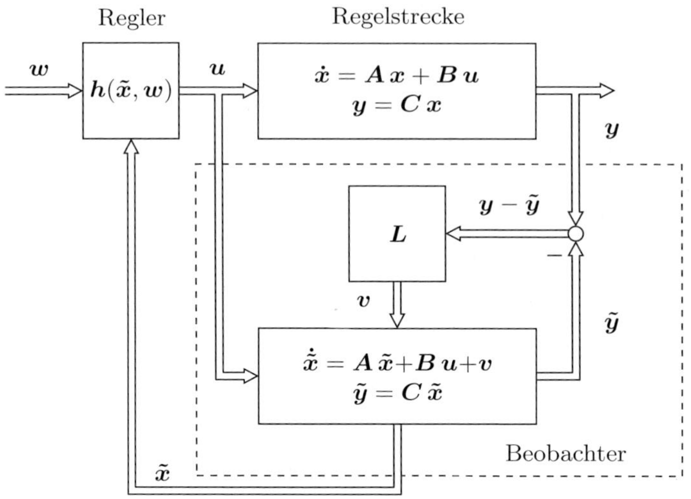

Bild 7.5: Struktur des Systems mit linearer Regelstrecke, nichtlinearem Regler und linearem Beobachter.

Satz 84 (Luenberger-Beobachter für nichtlineare Regelkreise). *Gegeben sei das Regelungssystem*

$$\begin{aligned}\dot{\boldsymbol{x}} &= \boldsymbol{A}\boldsymbol{x} + \boldsymbol{B}\cdot\boldsymbol{u}, \quad \boldsymbol{y} = \boldsymbol{C}\boldsymbol{x},\\ \boldsymbol{u} &= \boldsymbol{h}(\boldsymbol{x})\end{aligned}$$

mit der global (lokal) asymptotisch stabilen Ruhelage $\boldsymbol{x}_{\mathrm{R}} = \boldsymbol{0}$. *Die Vektorfunktion* $\boldsymbol{h}$ *erfülle die Lipschitz-Bedingung*

$$||\boldsymbol{h}(\boldsymbol{x}_1) - \boldsymbol{h}(\boldsymbol{x}_2)|| \leq k \cdot ||\boldsymbol{x}_1 - \boldsymbol{x}_2||$$

für alle $\boldsymbol{x}_1, \boldsymbol{x}_2 \in I\!R^n$ *(für alle* $\boldsymbol{x}_1, \boldsymbol{x}_2$ *aus einer Umgebung* $U \subset I\!R^n$ *von* $\boldsymbol{x}_{\mathrm{R}} = \boldsymbol{0}$*) und ein* $k > 0$. *Fügt man dann einen asymptotisch stabilen, linearen Beobachter in das Regelungssystem ein, d. h., hat das Gesamtsystem die Form*

$$\begin{aligned}\dot{\boldsymbol{x}} &= \boldsymbol{A}\boldsymbol{x} + \boldsymbol{B}\cdot\boldsymbol{u}, \quad \boldsymbol{y} = \boldsymbol{C}\boldsymbol{x},\\ \boldsymbol{u} &= \boldsymbol{h}(\tilde{\boldsymbol{x}}),\\ \dot{\tilde{\boldsymbol{x}}} &= \boldsymbol{A}\tilde{\boldsymbol{x}} + \boldsymbol{B}\cdot\boldsymbol{u} + \boldsymbol{L}(\boldsymbol{y} - \boldsymbol{C}\tilde{\boldsymbol{x}}),\end{aligned}$$

so besitzt dieses System ebenfalls eine global (lokal) asymptotisch stabile Ruhelage in $\left[\boldsymbol{x}^T\tilde{\boldsymbol{x}}^T\right] = \boldsymbol{0}^T$.

Funktionen, die die Lipschitz-Bedingung erfüllen, heißen lipschitzstetig. Differenzierbare Funktionen sind genau dann lipschitzstetig, wenn ihre Ableitungen beschränkt sind. Typische Anwendungsfälle für Satz 84 sind die Regelungen aus Kapitel 4, d. h. strukturvariable Regelungen oder Sättigungsregler.

7.3 Beobachterentwurf mittels Linearisierung

7.3.1 Funktionsweise und Entwurf

Wir bleiben auch in diesem Kapitel gedanklich beim Luenberger-Beobachter und wollen von seiner Grundidee bei der Entwicklung eines Beobachters für nichtlineare Systeme profitieren.

Betrachtet man ein lineares System

$$\begin{aligned}\dot{\boldsymbol{x}} &= \boldsymbol{A}\boldsymbol{x} + \boldsymbol{B}\cdot\boldsymbol{u},\\ \boldsymbol{y} &= \boldsymbol{C}\boldsymbol{x}\end{aligned}$$

mit Beobachter

$$\dot{\tilde{\boldsymbol{x}}} = \boldsymbol{A}\tilde{\boldsymbol{x}} + \boldsymbol{B}\cdot\boldsymbol{u} + \boldsymbol{L}(\boldsymbol{y} - \boldsymbol{C}\tilde{\boldsymbol{x}}),$$

so liegt der Gedanke nahe, dieses Schema auf nichtlineare Systeme

$$\begin{aligned}\dot{\boldsymbol{x}} &= \boldsymbol{f}(\boldsymbol{x},\boldsymbol{u}),\\ \boldsymbol{y} &= \boldsymbol{g}(\boldsymbol{x})\end{aligned}$$

zu übertragen. Der Beobachter hat dann die Form

$$\dot{\tilde{\boldsymbol{x}}} = \boldsymbol{f}(\tilde{\boldsymbol{x}},\boldsymbol{u}) + \boldsymbol{L}(\boldsymbol{y} - \boldsymbol{g}(\tilde{\boldsymbol{x}})).$$

Für den Beobachterfehler

$$\boldsymbol{e} = \boldsymbol{x} - \tilde{\boldsymbol{x}}$$

gilt

$$\dot{\boldsymbol{e}} = \boldsymbol{f}(\tilde{\boldsymbol{x}} + \boldsymbol{e},\boldsymbol{u}) - \boldsymbol{f}(\tilde{\boldsymbol{x}},\boldsymbol{u}) - \boldsymbol{L}(\boldsymbol{y} - \boldsymbol{g}(\tilde{\boldsymbol{x}})).$$

Man erhält also eine nichtlineare Differenzialgleichung für den Beobachterfehler. Ersetzt man noch $\boldsymbol{y} = \boldsymbol{g}(\boldsymbol{x}) = \boldsymbol{g}(\tilde{\boldsymbol{x}} + \boldsymbol{e})$ in ihr, so ergibt sich

$$\dot{\boldsymbol{e}} = \boldsymbol{f}(\tilde{\boldsymbol{x}} + \boldsymbol{e},\boldsymbol{u}) - \boldsymbol{f}(\tilde{\boldsymbol{x}},\boldsymbol{u}) - \boldsymbol{L}(\boldsymbol{g}(\tilde{\boldsymbol{x}} + \boldsymbol{e}) - \boldsymbol{g}(\tilde{\boldsymbol{x}})). \qquad (7.13)$$

Damit der Beobachterfehler $\boldsymbol{e}$ asymptotisch abklingt, steht man vor der Entwurfsaufgabe, die obige nichtlineare Systemgleichung (7.13) mittels $\boldsymbol{L}$ so auszulegen, dass in $\boldsymbol{e} = \boldsymbol{0}$ eine asymptotisch stabile Ruhelage vorliegt.

Die einfachste Vorgehensweise für den Entwurf der Beobachtermatrix $\boldsymbol{L}$ führt über die Linearisierung der Gleichung (7.13). Mittels einer Taylor-Entwicklung linearisiert man um einen festen Punkt $\tilde{\boldsymbol{x}}_{\mathrm{p}}$ und erhält

$$\boldsymbol{f}(\tilde{\boldsymbol{x}}_{\mathrm{p}} + \Delta\tilde{\boldsymbol{x}} + \boldsymbol{e},\boldsymbol{u}) = \boldsymbol{f}(\tilde{\boldsymbol{x}}_{\mathrm{p}},\boldsymbol{u}) + \underbrace{\left.\frac{\partial \boldsymbol{f}}{\partial \tilde{\boldsymbol{x}}}\right|_{\tilde{\boldsymbol{x}}=\tilde{\boldsymbol{x}}_{\mathrm{p}}}}_{\boldsymbol{A}} \cdot (\Delta\tilde{\boldsymbol{x}} + \boldsymbol{e}) + \ldots,$$

wobei wir $\boldsymbol{u}$ als Systemparameter auffassen. Des Weiteren gilt

$$\boldsymbol{f}(\tilde{\boldsymbol{x}}_{\mathrm{p}} + \Delta\tilde{\boldsymbol{x}}, \boldsymbol{u}) = \boldsymbol{f}(\tilde{\boldsymbol{x}}_{\mathrm{p}}, \boldsymbol{u}) + \boldsymbol{A} \cdot \Delta\tilde{\boldsymbol{x}} + \ldots$$

Für die Ausgangsvektorfunktion $\boldsymbol{g}$ erhält man ganz ähnlich

$$\boldsymbol{g}(\tilde{\boldsymbol{x}}_{\mathrm{p}} + \Delta\tilde{\boldsymbol{x}} + \boldsymbol{e}) = \boldsymbol{g}(\tilde{\boldsymbol{x}}_{\mathrm{p}}) + \underbrace{\left.\frac{\partial \boldsymbol{g}}{\partial \tilde{\boldsymbol{x}}}\right|_{\tilde{\boldsymbol{x}}=\tilde{\boldsymbol{x}}_{\mathrm{p}}}}_{\boldsymbol{C}} \cdot (\Delta\tilde{\boldsymbol{x}} + \boldsymbol{e}) + \ldots,$$

sowie

$$\boldsymbol{g}(\tilde{\boldsymbol{x}}_{\mathrm{p}} + \Delta\tilde{\boldsymbol{x}}) = \boldsymbol{g}(\tilde{\boldsymbol{x}}_{\mathrm{p}}) + \boldsymbol{C} \cdot \Delta\tilde{\boldsymbol{x}} + \ldots$$

Setzt man obige Taylor-Entwicklungen – abgebrochen nach der ersten Ableitung – in die Beobachtergleichung (7.13) ein, so ergibt sich

$$\dot{\boldsymbol{e}} \approx (\boldsymbol{A} - \boldsymbol{L}\boldsymbol{C}) \cdot \boldsymbol{e}, \tag{7.14}$$

d. h. die Schätzgleichung des linearen Beobachters. Dabei ist zu berücksichtigen, dass Gl. (7.14) aufgrund der Vernachlässigung höherer Ableitungen in den Taylor-Reihen nur eine Näherung darstellt.

Legt man die Matrix $\boldsymbol{A} - \boldsymbol{L}\boldsymbol{C}$ des Beobachters stabil aus, so wird auch der Beobachterfehler $\boldsymbol{e}$ für $t \to \infty$ gegen null streben. Die Situation ähnelt also der linearer Systeme mit linearen Beobachtern. Allerdings gilt diese Stabilitätsaussage aufgrund obiger Näherung nur in einer mehr oder weniger großen Umgebung des Linearisierungspunktes $\tilde{\boldsymbol{x}}_{\mathrm{p}}$.

Will man zu besseren, weitreichenderen Ergebnissen kommen, so kann man die oben beschriebene Linearisierung in Abhängigkeit von $\tilde{\boldsymbol{x}}$ und $\boldsymbol{u}$ vornehmen, d. h., die Systemmatrix

$$\boldsymbol{A}(\tilde{\boldsymbol{x}}, \boldsymbol{u}) = \frac{\partial \boldsymbol{f}(\tilde{\boldsymbol{x}}, \boldsymbol{u})}{\partial \tilde{\boldsymbol{x}}}$$

und die Ausgangsmatrix

$$\boldsymbol{C}(\tilde{\boldsymbol{x}}) = \frac{\partial \boldsymbol{g}(\tilde{\boldsymbol{x}})}{\partial \tilde{\boldsymbol{x}}}$$

sind nicht mehr konstant, sondern vom Arbeitspunkt abhängig.

Des Weiteren wählt man nun die Beobachtermatrix $\boldsymbol{L}$ als Funktion von $\tilde{\boldsymbol{x}}$ und $\boldsymbol{u}$ zu $\boldsymbol{L}(\tilde{\boldsymbol{x}}, \boldsymbol{u})$. So ergibt sich anstelle der linearen Schätzfehlergleichung

$$\dot{\boldsymbol{e}} = (\boldsymbol{A} - \boldsymbol{L}\boldsymbol{C}) \cdot \boldsymbol{e}$$

des Beobachters eine von $\tilde{\boldsymbol{x}}$ und $\boldsymbol{u}$ abhängige nichtlineare Gleichung

$$\dot{\boldsymbol{e}} = (\boldsymbol{A}(\tilde{\boldsymbol{x}}, \boldsymbol{u}) - \boldsymbol{L}(\tilde{\boldsymbol{x}}, \boldsymbol{u})\boldsymbol{C}(\tilde{\boldsymbol{x}})) \cdot \boldsymbol{e},$$

die ein Kontinuum von Arbeitspunkten berücksichtigt und entsprechend effektiver sein kann.

Ziel ist es nun, die Systemmatrix

$$\boldsymbol{F}(\tilde{\boldsymbol{x}},\boldsymbol{u}) = \boldsymbol{A}(\tilde{\boldsymbol{x}},\boldsymbol{u}) - \boldsymbol{L}(\tilde{\boldsymbol{x}},\boldsymbol{u})\boldsymbol{C}(\tilde{\boldsymbol{x}})$$

der Schätzfehlergleichung durch geeignete Wahl von $\boldsymbol{L}(\tilde{\boldsymbol{x}},\boldsymbol{u})$ konstant auszulegen. Dies geschieht so, dass alle Eigenwerte von $\boldsymbol{F}$ negative Realteile aufweisen. In diesem Fall gilt

$$\dot{\boldsymbol{e}} = \boldsymbol{F}\boldsymbol{e}$$

und der Schätzfehler $\boldsymbol{e}$ klingt asymptotisch ab.

Um nun eine konstante Matrix $\boldsymbol{F}$ zu erhalten, können wir versuchen, $\boldsymbol{L}(\tilde{\boldsymbol{x}},\boldsymbol{u})$ für eine vorgegebene konstante Matrix $\boldsymbol{F}$ aus

$$\boldsymbol{L}(\tilde{\boldsymbol{x}},\boldsymbol{u}) = (\boldsymbol{A}(\tilde{\boldsymbol{x}},\boldsymbol{u}) - \boldsymbol{F})\,\boldsymbol{C}^{-1}(\tilde{\boldsymbol{x}})$$

zu berechnen. Dies ist allerdings nur für eine invertierbare Matrix $\boldsymbol{C}(\tilde{\boldsymbol{x}})$ möglich. Voraussetzung für die Invertierbarkeit von $\boldsymbol{C}$ ist, dass

$$\boldsymbol{C}(\tilde{\boldsymbol{x}}) = \frac{\partial \boldsymbol{g}(\tilde{\boldsymbol{x}})}{\partial \tilde{\boldsymbol{x}}}$$

eine quadratische Matrix ist. Dies wiederum setzt voraus, dass $\boldsymbol{g}(\tilde{\boldsymbol{x}})$ eine n - dimensionale Funktion ist, es also genauso viele Ausgangsvariablen wie Zustände gibt. Dieser Fall ist in der Praxis eher selten anzutreffen und daher in der Regel nicht von Bedeutung.

Daher geht man einen anderen Weg, der aber in der Regel nicht zu einer konstanter Matrix $\boldsymbol{F}$ führt: Man berechnet ihr charakteristisches Polynom

$$\begin{aligned} P(s) &= \det(s\boldsymbol{I} - \boldsymbol{F}(\tilde{\boldsymbol{x}},\boldsymbol{u})) \\ &= \det(s\boldsymbol{I} - \boldsymbol{A}(\tilde{\boldsymbol{x}},\boldsymbol{u}) + \boldsymbol{L}(\tilde{\boldsymbol{x}},\boldsymbol{u})\boldsymbol{C}(\tilde{\boldsymbol{x}})) \\ &= \prod_{i=1}^{n}(s+\lambda_i), \end{aligned}$$

und fordert, dass die Realteile aller Eigenwerte λ_i negativ sind. Hierbei ist zu beachten, dass die Eigenwerte λ_i bzw. die Koeffizienten von P sowohl von $\tilde{\boldsymbol{x}}$ als auch von $\boldsymbol{u}$ unabhängig sind. Um sicherzustellen, dass alle $\mathrm{Re}\{\lambda_i\} < 0$ sind, muss man die Beobachtermatrix $\boldsymbol{L}(\tilde{\boldsymbol{x}},\boldsymbol{u})$ entsprechend auslegen.

Für die Berechnung der Beobachtermatrix $\boldsymbol{L}(\tilde{\boldsymbol{x}},\boldsymbol{u})$ betrachtet man das charakteristische Polynom

$$P(s) = s^n + a_{n-1}(\boldsymbol{L},\tilde{\boldsymbol{x}},\boldsymbol{u})s^{n-1} + \ldots + a_0(\boldsymbol{L},\tilde{\boldsymbol{x}},\boldsymbol{u})$$

und fordert, dass es einem Wunschpolynom

$$\hat{P}(s) = s^n + \hat{a}_{n-1}s^{n-1} + \ldots + \hat{a}_0$$

entspricht. Hierbei soll $\hat{P}$ nur Nullstellen mit negativem Realteil aufweisen. Durch Koeffizientenvergleich erhält man ein nichtlineares Gleichungssystem

$$\begin{aligned} a_{n-1}(\boldsymbol{L},\tilde{\boldsymbol{x}},\boldsymbol{u}) &= \hat{a}_{n-1}, \\ a_{n-2}(\boldsymbol{L},\tilde{\boldsymbol{x}},\boldsymbol{u}) &= \hat{a}_{n-2}, \\ &\vdots \\ a_0(\boldsymbol{L},\tilde{\boldsymbol{x}},\boldsymbol{u}) &= \hat{a}_0 \end{aligned}$$

mit n Gleichungen und $n \cdot r$ Unbekannten, den Elementen der $n \times r$ - Matrix $\boldsymbol{L}$. Dabei ist, wir erinnern uns, n die Systemordnung und r die Dimension des Ausgangsgrößenvektors $\boldsymbol{y}$.

Die Lösung des obigen Gleichungssystems stellt sicher, dass die Eigenwerte von $\boldsymbol{F}$ konstant sind und den Nullstellen des Wunschpolynoms $\hat{P}(s)$ entsprechen. Diese Tatsache garantiert allerdings nicht die Einhaltung der ursprünglichen Forderung, dass die Systemmatrix

$$\boldsymbol{F}(\tilde{\boldsymbol{x}},\boldsymbol{u}) = \boldsymbol{A}(\tilde{\boldsymbol{x}},\boldsymbol{u}) - \boldsymbol{L}(\tilde{\boldsymbol{x}},\boldsymbol{u})\boldsymbol{C}(\tilde{\boldsymbol{x}}) \tag{7.15}$$

der linearisierten Beobachtergleichung konstant ist, d. h. unabhängig von $\tilde{\boldsymbol{x}}$ und $\boldsymbol{u}$.

Die Konstanz von $\boldsymbol{F}$ muss vielmehr durch Einsetzen des berechneten $\boldsymbol{L}(\tilde{\boldsymbol{x}},\boldsymbol{u})$ in Gleichung (7.15) überprüft werden. Sollte sich dabei herausstellen, dass $\boldsymbol{F}$ nicht unabhängig von $\tilde{\boldsymbol{x}}$ und $\boldsymbol{u}$ ist, so kann der Beobachter

$$\dot{\tilde{\boldsymbol{x}}} = \boldsymbol{f}(\tilde{\boldsymbol{x}},\boldsymbol{u}) + \boldsymbol{L}(\tilde{\boldsymbol{x}},\boldsymbol{u}) \cdot (\boldsymbol{y} - \boldsymbol{g}(\tilde{\boldsymbol{x}}))$$

trotzdem verwendet werden, wenn die Elemente von $\boldsymbol{F}$ nicht sehr stark variieren. Eine Absicherung der Funktionsweise durch Simulation ist in diesem Fall unumgänglich.

7.3.2 Regelkreis mit Beobachter

Fügt man den oben entwickelten Beobachter in einen nichtlinearen Regelkreis ein, so ergibt sich eine ähnliche Struktur wie im Fall des Luenberger-Beobachters im linearen Regelkreis. Bild 7.6 zeigt sie. Allerdings ist $\boldsymbol{L}$ im nichtlinearen Fall nicht konstant, sondern eine Funktion von $\tilde{\boldsymbol{x}}$ und $\boldsymbol{u}$.

Die zugehörigen Gleichungen des Regelkreises mit Beobachter lauten:

$$\begin{aligned} \left.\begin{aligned} \dot{\boldsymbol{x}} &= \boldsymbol{f}(\boldsymbol{x},\boldsymbol{u}), \\ \boldsymbol{y} &= \boldsymbol{g}(\boldsymbol{x}), \end{aligned}\right\} &\quad \text{Regelstrecke} \\ \left.\boldsymbol{u} = \boldsymbol{h}(\tilde{\boldsymbol{x}},\boldsymbol{w}),\right\} &\quad \text{Regler} \\ \left.\dot{\tilde{\boldsymbol{x}}} = \boldsymbol{f}(\tilde{\boldsymbol{x}},\boldsymbol{u}) + \boldsymbol{L}(\tilde{\boldsymbol{x}},\boldsymbol{u}) \cdot (\boldsymbol{y} - \boldsymbol{g}(\tilde{\boldsymbol{x}})).\right\} &\quad \text{Beobachter} \end{aligned}$$

Alternativ zu dieser Darstellung können die Gleichungen des Gesamtsystems auch mittels des Schätzfehlers

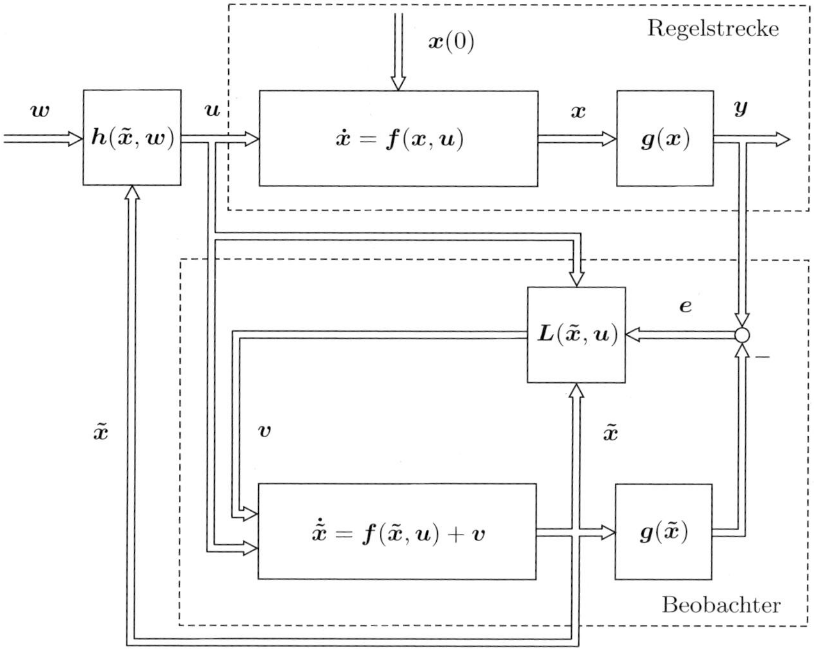

Bild 7.6: Struktur der Regelstrecke mit Beobachter und Regler $\boldsymbol{h}(\tilde{\boldsymbol{x}},\boldsymbol{w})$.

$$\boldsymbol{e} = \boldsymbol{x} - \tilde{\boldsymbol{x}}$$

dargestellt werden. Es gilt

$$\begin{aligned}
\dot{\boldsymbol{x}} &= \boldsymbol{f}(\boldsymbol{x},\boldsymbol{u}),\\
\boldsymbol{y} &= \boldsymbol{g}(\boldsymbol{x}),\\
\boldsymbol{u} &= \boldsymbol{h}(\boldsymbol{x}-\boldsymbol{e},\boldsymbol{w}),\\
\dot{\boldsymbol{e}} &= \boldsymbol{F}(\boldsymbol{x}-\boldsymbol{e},\boldsymbol{u})\boldsymbol{e}.
\end{aligned}$$

Allerdings eignet sich diese Darstellung nicht für eine Realisierung, da der Beobachterfehler $\boldsymbol{e}$ aufgrund der Unkenntnis von $\boldsymbol{x}$ nicht gebildet werden kann.

Die zuletzt gezeigten Gleichungen des Systems lassen aber eine Plausibilitätsbetrachtung bezüglich der Stabilität zu. Da $\boldsymbol{F}$ näherungsweise konstant ist und Eigenwerte mit negativem Realteil besitzt, gilt

$$\boldsymbol{e} \rightarrow \boldsymbol{0} \qquad \text{für} \qquad t \rightarrow \infty.$$

Dann wird für das Regelgesetz für große Werte t ebenfalls

$$\boldsymbol{u} = \boldsymbol{h}(\boldsymbol{x}-\boldsymbol{e},\boldsymbol{w}) \approx \boldsymbol{h}(\boldsymbol{x},\boldsymbol{w})$$

gelten. Ist der Regelkreis ohne Beobachter stabil, so ist es plausibel (aber nicht bewiesen), dass auch der Regelkreis mit Beobachter stabil ist.

7.3.3 Beispiel Bioreaktor

Als Beispiel wird ein Bioreaktor [107] betrachtet. Bioreaktoren werden zur Herstellung von Vitaminen und Medikamenten eingesetzt. Dazu wird in einem ersten Schritt eine Zellkultur gezüchtet, die in weiteren Schritten für die Herstellung des eigentlich gewünschten Stoffes benutzt wird. Hier wird die Wachstumsphase der Zellkultur modelliert.

Der Reaktor hat ein konstantes Volumen. Über eine Pumpe wird Glucose als Substrat in den Bioreaktor gegeben. Die angesetzte Zellkultur vermehrt sich unter Verbrauch des Substrates und vergrößert so ihre Biomasse. Ein Rührer sorgt für eine gleichmäßige Durchmischung. Das Gemisch wird schließlich aus dem Reaktor für weitere Prozessschritte entnommen. Bild 7.7 illustriert den Prozess.

Die Biomassekonzentration x_1 der Zellkultur, gemessen in $\mathrm{g\,l^{-1}}$, steigt proportional zu ihrem Bestand mit

$$\dot{x}_1 = \mu(x_2) \cdot x_1.$$

Es liegt also ein klassisches Wachstumsgesetz vor. Die Wachstumskonstante μ hängt von der Konzentration x_2 des Wachstumssubstrats, d. h. der Glucose, gemäß der folgenden Wachstumskinetik

$$\mu(x_2) = \frac{\mu_0 \cdot x_2}{k_1 + x_2 + k_2 x_2^2}$$

mit der Wachstumsrate $\mu_0 = 1\ \mathrm{h^{-1}}$ sowie den beiden Affinitätskonstanten $k_1 = 0.03\ \mathrm{g\,l^{-1}}$ und $k_2 = 0.5\ \mathrm{l\,g^{-1}}$ ab. Die Substratkonzentration x_2 wird in $\mathrm{g\,l^{-1}}$ gemessen.

Der auf das Gesamtvolumen bezogene Substratzufluss u, gemessen in $\mathrm{h^{-1}}$, verdünnt die Biomasse um den Wert

$$-x_1 \cdot u.$$

Damit ergibt sich für die zeitliche Änderung der Biomassekonzentration

$$\dot{x}_1 = \mu(x_2) \cdot x_1 - x_1 \cdot u.$$

Die Substratmasse wird im Reaktor von der Biomasse verbraucht und nimmt daher proportional zur Zellkulturmenge x_1 ab. Der Substratzufluss erhöht die Substratkonzentration x_2 im Reaktor proportional zum Zufluss u und der Differenz der Konzentration K der Glucose im Zulauf und der Konzentration x_2 im Reaktor. Also gilt

$$\dot{x}_2 = -\frac{1}{\alpha}\mu(x_2) \cdot x_1 + (K - x_2) \cdot u$$

mit dem Ausbeutekoeffizient $\alpha = 0.5$ und der Zulaufkonzentration der Glucose $K = 10\ \mathrm{g\,l^{-1}}$.

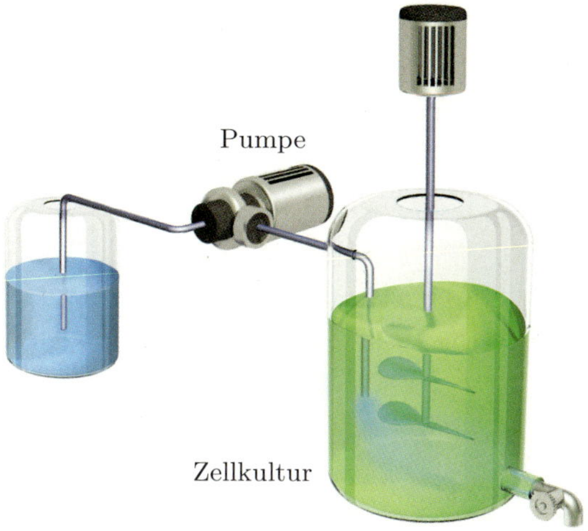

Bild 7.7: Bioreaktor.

Zusammengefasst ergibt sich als Zustandsraummodell

$$\dot{\boldsymbol{x}} = \boldsymbol{a}(\boldsymbol{x}) + \boldsymbol{b}(\boldsymbol{x}) \cdot u = \begin{bmatrix} \mu(x_2) \cdot x_1 \\ -\dfrac{1}{\alpha}\,\mu(x_2) \cdot x_1 \end{bmatrix} + \begin{bmatrix} -x_1 \\ K - x_2 \end{bmatrix} u,$$
$$y = g(\boldsymbol{x}) = \begin{bmatrix} 1 & 0 \end{bmatrix} \boldsymbol{x}\,.$$

Im Folgenden soll nun ein Beobachter mittels Linearisierung und zustandsabhängiger Beobachtermatrix $\boldsymbol{L}(\tilde{\boldsymbol{x}}, u)$ entworfen werden. Für den Beobachterentwurf sind zuerst einmal für die Linearisierung des Systems die Jacobi-Matrizen

$$\boldsymbol{A}(\tilde{\boldsymbol{x}}, u) = \frac{\partial \boldsymbol{f}(\tilde{\boldsymbol{x}}, u)}{\partial \tilde{\boldsymbol{x}}} \quad \text{und} \quad \boldsymbol{C}(\tilde{\boldsymbol{x}}) = \frac{\partial \boldsymbol{g}(\tilde{\boldsymbol{x}})}{\partial \tilde{\boldsymbol{x}}}$$

zu bilden. Man erhält

$$\boldsymbol{A}(\tilde{\boldsymbol{x}}, u) = \begin{bmatrix} \mu(\tilde{x}_2) - u & \mu'(\tilde{x}_2)\tilde{x}_1 \\ -\dfrac{1}{\alpha}\mu(\tilde{x}_2) & -\dfrac{1}{\alpha}\mu'(\tilde{x}_2)\tilde{x}_1 - u \end{bmatrix}$$

und

$$\boldsymbol{C}(\tilde{\boldsymbol{x}}) = \begin{bmatrix} 1 & 0 \end{bmatrix}.$$

Im nächsten Entwurfsschritt berechnet man das charakteristische Polynom der Beobachtermatrix

$$P(s) = \det(s\boldsymbol{I} - \underbrace{(\boldsymbol{A}(\tilde{\boldsymbol{x}}, u) - \boldsymbol{L}(\tilde{\boldsymbol{x}}, u)\boldsymbol{C}(\tilde{\boldsymbol{x}}))}_{\text{Beobachtermatrix } \boldsymbol{F}(\tilde{\boldsymbol{x}}, u)}).$$

Hierbei ist

$$\boldsymbol{L}(\tilde{\boldsymbol{x}}, u) = \begin{bmatrix} l_1(\tilde{\boldsymbol{x}}, u) \\ l_2(\tilde{\boldsymbol{x}}, u) \end{bmatrix}.$$

Wir verwenden der Übersichtlichkeit halber im Weiteren die folgenden Abkürzungen:

$$\begin{aligned} l_1 &= l_1(\tilde{\boldsymbol{x}}, u), \\ l_2 &= l_2(\tilde{\boldsymbol{x}}, u), \\ \mu &= \mu(\tilde{x}_2), \\ \mu' &= \mu'(\tilde{x}_2) = \frac{d\mu(\tilde{x}_2)}{d\tilde{x}_2}. \end{aligned}$$

Man erhält so für das charakteristische Polynom von $\boldsymbol{F}$

$$P(s) = s^2 + \left(l_1 - \mu + \frac{\mu'}{\alpha}\tilde{x}_1 + 2u\right)s + \mu'\tilde{x}_1\left(l_2 + \frac{l_1 + u}{\alpha}\right) + l_1 u - \mu u + u^2.$$

Der Koeffizientenvergleich mit dem Wunschpolynom

$$\hat{P}(s) = s^2 + \hat{a}_1 s + \hat{a}_0$$

liefert das Gleichungssystem

$$\begin{aligned} \hat{a}_1 &= l_1 - \mu + \frac{\mu'}{\alpha}\tilde{x}_1 + 2u\,, \\ \hat{a}_0 &= \mu'\tilde{x}_1\left(l_2 + \frac{l_1 + u}{\alpha}\right) + l_1 u - \mu u + u^2. \end{aligned}$$

Hieraus folgt

$$\begin{aligned} l_1 &= \hat{a}_1 + \mu - \frac{\mu'}{\alpha}\tilde{x}_1 - 2u\,, \\ l_2 &= \frac{\hat{a}_0 - \hat{a}_1 u + u^2}{\mu'\tilde{x}_1} - \frac{\hat{a}_1 + \mu - \alpha^{-1}\mu'\tilde{x}_1 - 2u}{\alpha}. \end{aligned}$$

In der Tat ergibt sich nach Einsetzen von $\boldsymbol{L}(\tilde{\boldsymbol{x}}, u)$ in die Gl. (7.15) für die Matrix $\boldsymbol{F}$ der Schätzfehlergleichung

$$\dot{\boldsymbol{e}} = \boldsymbol{F}(\tilde{\boldsymbol{x}}, u)\boldsymbol{e}$$

die von $\tilde{\boldsymbol{x}}$ und u abhängige Matrix

$$\begin{aligned} \boldsymbol{F}(\tilde{\boldsymbol{x}}, u) &= \boldsymbol{A}(\tilde{\boldsymbol{x}}, u) - \boldsymbol{L}(\tilde{\boldsymbol{x}}, u)\,\boldsymbol{C}(\tilde{\boldsymbol{x}}) \\ &= \begin{bmatrix} -\hat{a}_1 + \dfrac{\mu'}{\alpha}\tilde{x}_1 + u & \mu'\tilde{x}_1 \\ -\dfrac{\hat{a}_0 - \hat{a}_1 u + u^2}{\mu'\tilde{x}_1} + \dfrac{\hat{a}_1 - \alpha^{-1}\mu'\tilde{x}_1 - 2u}{\alpha} & -\dfrac{\mu'}{\alpha}\tilde{x}_1 - u \end{bmatrix}. \end{aligned}$$

Man beachte, dass zwar $\boldsymbol{F}$ von $\tilde{\boldsymbol{x}}$ und u abhängt, aber das charakteristische Polynom

$$P(s) = \hat{P}(s) = s^2 + \hat{a}_1 s + \hat{a}_0$$

der Matrix $\boldsymbol{F}$ nicht abhängig von $\tilde{\boldsymbol{x}}$ und u ist.

Wir legen den Beobachter mittels $\hat{a}_0 = 100$ und $\hat{a}_1 = 20$ so aus, dass die Eigenwerte von $\boldsymbol{F}(\tilde{\boldsymbol{x}}, u)$ bzw. die Nullstellen des charakteristischen Polynoms P bei

$$s_{1/2} = -10$$

liegen.

Die Diagramme in Bild 7.8 zeigen den Verlauf der Biomasse- und Substratkonzentration im Bioreaktor für den Anfangszustand

$$\boldsymbol{x}(0) = [4.0 \; 0.02]^T \text{ g l}^{-1}.$$

Zum Vergleich sind die Systemzustände des Beobachters angegeben, ausgehend von

$$\tilde{\boldsymbol{x}}(0) = [3.0 \; 0.05]^T \text{ g l}^{-1}.$$

Die Systemzustände nähern sich bei einer Eingangsgröße $u = 0.5$ den Endwerten $x_1 = 4.94$ g l^{-1} und $x_2 = 0.03$ g l^{-1} an. Die Fehler zwischen den realen Systemzuständen des Reaktors und den beobachteten werden schnell und recht unspektakulär eliminiert.

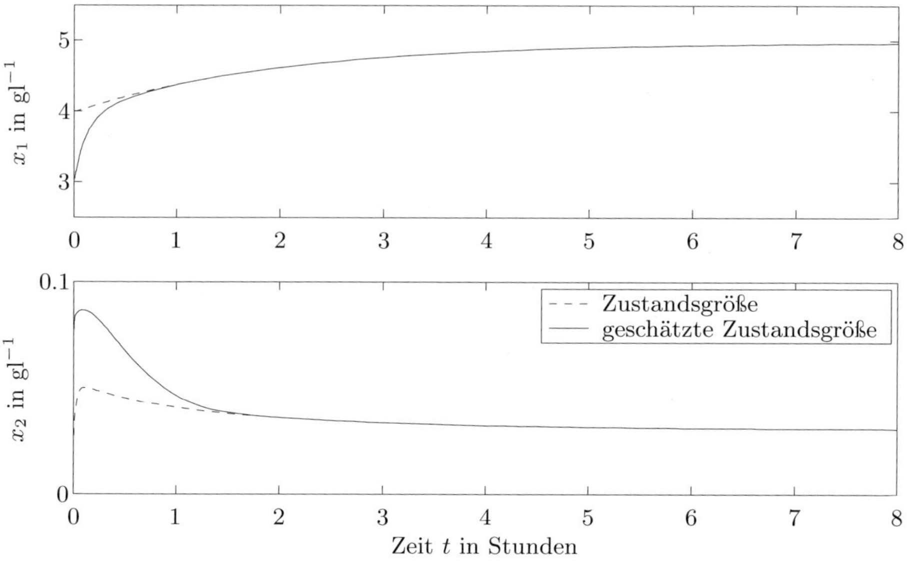

Bild 7.8: Verlauf der tatsächlichen und der geschätzten Biomassekonzentrationen x_1 und Substratkonzentrationen x_2.

7.4 Das erweiterte Kalman-Filter

7.4.1 Kalman-Filter für lineare Systeme

Das erweiterte Kalman-Filter, abgekürzt EKF, ist der in der Praxis am häufigsten verwendete Beobachtertyp für nichtlineare Systeme. Es basiert auf einer linearisierten Darstellung der nichtlinearen Systemdynamik. Um seine Funktionsweise zu verstehen, wird zuerst kurz die Funktionsweise des Kalman-Filters für lineare Systeme wiederholt [86].

Das zu beobachtende System

$$\begin{aligned}\dot{\boldsymbol{x}} &= \boldsymbol{A}\boldsymbol{x} + \boldsymbol{B}\boldsymbol{u} + \boldsymbol{\mu},\\ \boldsymbol{y} &= \boldsymbol{C}\boldsymbol{x} + \boldsymbol{\rho}\end{aligned}$$

wird durch zwei mittelwertfreie, normalverteilte, weiße Rauschprozesse $\boldsymbol{\mu}$ und $\boldsymbol{\rho}$, die unkorreliert sind, gestört. Für ihre beiden Kovarianzmatrizen $\boldsymbol{Q}$ und $\boldsymbol{S}$ gilt

$$\begin{aligned}\operatorname{cov}\{\boldsymbol{\mu}(t_1), \boldsymbol{\mu}(t_2)\} &= \boldsymbol{Q} \cdot \delta(t_1 - t_2),\\ \operatorname{cov}\{\boldsymbol{\rho}(t_1), \boldsymbol{\rho}(t_2)\} &= \boldsymbol{S} \cdot \delta(t_1 - t_2).\end{aligned}$$

Das Kalman-Filter

$$\dot{\tilde{\boldsymbol{x}}} = (\boldsymbol{A} - \boldsymbol{L}\boldsymbol{C})\,\tilde{\boldsymbol{x}} + \boldsymbol{B}\boldsymbol{u} + \boldsymbol{L}(\boldsymbol{y} - \tilde{\boldsymbol{y}})$$

mit der Filtermatrix $\boldsymbol{L}$ bestimmt mit $\tilde{\boldsymbol{x}}$ eine Schätzung des Zustandsgrößenvektors $\boldsymbol{x}$. Bild 7.9 zeigt das zu beobachtende System und die Struktur des Kalman-Filters, die vollständig der Struktur des Luenberger-Beobachters aus Bild 7.1, S. 503, entspricht.

In der Tat sind, wie wir aus der linearen Systemtheorie wissen [86, 300], Kalman-Filter und Luenberger-Beobachter identisch in ihren Gleichungen. Sie unterscheiden sich lediglich in der Bestimmung der Matrix $\boldsymbol{L}$. Und zwar wählt man beim Luenberger-Beobachter die Eigenwerte geeignet und legt dadurch die Matrix $\boldsymbol{L}$ fest. Die Kalman-Matrix $\boldsymbol{L}$ ist dagegen so ausgelegt, dass der Einfluss der Rauschgrößen $\boldsymbol{\mu}$ und $\boldsymbol{\rho}$ auf den Schätzfehler $\boldsymbol{e}$ minimal ist. Dies geschieht, indem man aus dem Schätzfehler

$$\boldsymbol{e} = \boldsymbol{x} - \tilde{\boldsymbol{x}}$$

und den Erwartungswerten

$$\mathrm{E}\left\{e_i^2\right\} = \lim_{T\to\infty} \frac{1}{2T} \int\limits_{-T}^{T} e_i^2(t)dt$$

das Gütemaß

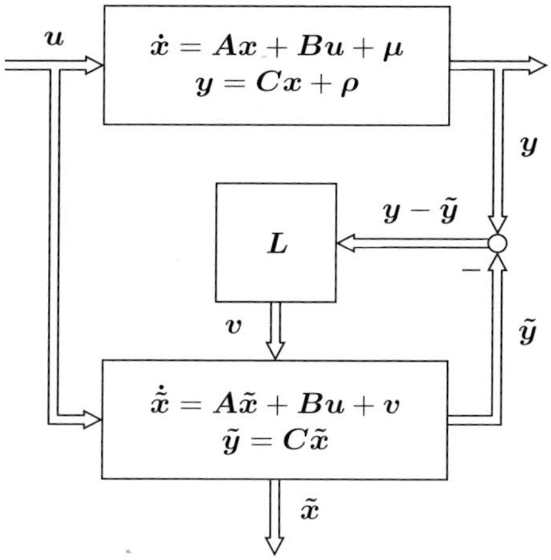

Bild 7.9: Struktur eines Kalman-Filters.

$$J = \sum_{i=1}^{n} \mathrm{E}\left\{e_i^2\right\}$$

bildet und dieses in Abhängigkeit von $\boldsymbol{L}$ minimiert.

Die Lösung hat die Form

$$\boldsymbol{L} = \boldsymbol{P}\boldsymbol{C}^T\boldsymbol{S}^{-1}, \tag{7.16}$$

wobei sich $\boldsymbol{P}$ aus der Riccati-Gleichung

$$\boldsymbol{AP} + \boldsymbol{PA}^T - \boldsymbol{PC}^T\boldsymbol{S}^{-1}\boldsymbol{CP} = -\boldsymbol{Q} \tag{7.17}$$

ergibt. Die Matrizen $\boldsymbol{S}$ und $\boldsymbol{Q}$ sind im Allgemeinen unbekannt und werden oft als Einheitsmatrizen angenommen. Erst nachträgliches, iteratives Ausprobieren bzw. Optimieren mit anderen Matrizen $\boldsymbol{S}$ und $\boldsymbol{Q}$ führt dann zu einem befriedigenden Entwurfsergebnis.

7.4.2 Das EKF für nichtlineare Systeme

Im Fall eines nichtlinearen Systems

$$\begin{aligned}\dot{\boldsymbol{x}} &= \boldsymbol{f}(\boldsymbol{x}, \boldsymbol{u}) + \boldsymbol{\mu},\\ \boldsymbol{y} &= \boldsymbol{g}(\boldsymbol{x}, \boldsymbol{u}) + \boldsymbol{\rho}\end{aligned}$$

kann formal die Schätzgleichung des Kalman-Filters auf die nichtlineare Situation übertragen werden und man erhält die Beobachtergleichung

$$\dot{\tilde{\boldsymbol{x}}} = \boldsymbol{f}(\tilde{\boldsymbol{x}}, \boldsymbol{u}) + \boldsymbol{L}(\boldsymbol{y} - \boldsymbol{g}(\tilde{\boldsymbol{x}})).$$

Dieser Analogieschritt wurde bereits im vorherigen Kapitel im Fall des Beobachterentwurfes mittels Linearisierung durchgeführt. Nachteilig ist dabei die Wahl einer konstanten Matrix $\boldsymbol{L}$, da der Beobachter dann nur um einen Arbeitspunkt herum gut funktionieren wird. Diese Situation liegt auch hier vor. Man wählt die Beobachtermatrix $\boldsymbol{L}$ daher zeitabhängig, um sie je nach Verlauf der Trajektorien $\boldsymbol{x}(t)$ bzw. $\tilde{\boldsymbol{x}}(t)$ an die Nichtlinearität des Systems anzupassen. So nimmt die Beobachtergleichung die Form

$$\dot{\tilde{\boldsymbol{x}}} = \boldsymbol{f}(\tilde{\boldsymbol{x}}, \boldsymbol{u}) + \boldsymbol{L}(t)(\boldsymbol{y} - \boldsymbol{g}(\tilde{\boldsymbol{x}})) \tag{7.18}$$

an. Diesen Beobachter bezeichnet man als *erweitertes Kalman-Filter.*

Der Entwurf von $\boldsymbol{L}(t)$ erfolgt mittels der bekannten Entwurfsgleichung (7.16) des klassischen Kalman-Filters

$$\boldsymbol{L}(t) = \boldsymbol{P}(t)\boldsymbol{C}^T(t)\boldsymbol{S}^{-1},$$

wobei sich die Matrix $\boldsymbol{P}(t)$ aus der nun zeitabhängigen Riccati-Gleichung (7.17)

$$\boldsymbol{A}(t)\boldsymbol{P}(t) + \boldsymbol{P}(t)\boldsymbol{A}^T(t) - \boldsymbol{P}(t)\boldsymbol{C}^T(t)\boldsymbol{S}^{-1}\boldsymbol{C}(t)\boldsymbol{P}(t) = -\boldsymbol{Q}$$

errechnet. Dabei ergeben sich die Matrizen $\boldsymbol{A}(t)$ und $\boldsymbol{C}(t)$ als Linearisierungen, d. h. Taylor-Entwicklungen, die nach dem ersten Glied abgebrochen werden, aus

$$\boldsymbol{A}(t) = \left.\frac{\partial \boldsymbol{f}}{\partial \boldsymbol{x}}\right|_{\tilde{\boldsymbol{x}}(t)} \quad \text{und} \quad \boldsymbol{C}(t) = \left.\frac{\partial \boldsymbol{g}}{\partial \boldsymbol{x}}\right|_{\tilde{\boldsymbol{x}}(t)}$$

an der jeweils aktuellen und bekannten Stützstelle $\tilde{\boldsymbol{x}}(t)$.

Praktisch löst man die obige algebraische Riccati-Gleichung wie im linearen Fall über die Riccati-Differenzialgleichung

$$\dot{\boldsymbol{P}}(t) = \boldsymbol{A}(t)\boldsymbol{P}(t) + \boldsymbol{P}(t)\boldsymbol{A}^T(t) + \boldsymbol{Q} - \boldsymbol{P}(t)\boldsymbol{C}^T(t)\boldsymbol{S}^{-1}\boldsymbol{C}(t)\boldsymbol{P}(t). \tag{7.19}$$

Als Anfangswert für die gesuchte Matrix $\boldsymbol{P}(t)$ wird dabei die Kovarianzmatrix

$$\boldsymbol{P}(0) = \operatorname{cov}\{\boldsymbol{x}_0 - \tilde{\boldsymbol{x}}_0, \boldsymbol{x}_0 - \tilde{\boldsymbol{x}}_0\} = \mathrm{E}\{(\boldsymbol{x}_0 - \tilde{\boldsymbol{x}}_0)(\boldsymbol{x}_0 - \tilde{\boldsymbol{x}}_0)^T\}$$

des anfänglichen Schätzfehlers

$$\boldsymbol{e}_0 = \boldsymbol{x}_0 - \tilde{\boldsymbol{x}}_0, \quad \boldsymbol{x}_0 = \boldsymbol{x}(0) \text{ und } \tilde{\boldsymbol{x}}_0 = \tilde{\boldsymbol{x}}(0)$$

verwendet.

Zu beachten ist, dass die Riccati-Differenzialgleichung (7.19) nicht offline gelöst wird, um den stationären Wert von $\boldsymbol{P}$ zu bestimmen. Dies ist offline deshalb nicht möglich, weil sich $\boldsymbol{A}(t)$ fortlaufend ändert. Man löst die Schätzgleichung (7.18) und die Riccati-Differenzialgleichung (7.19) also simultan, wobei man fortwährend die Jacobi-Matrizen $\boldsymbol{A}(t)$ und $\boldsymbol{C}(t)$ zu bestimmen

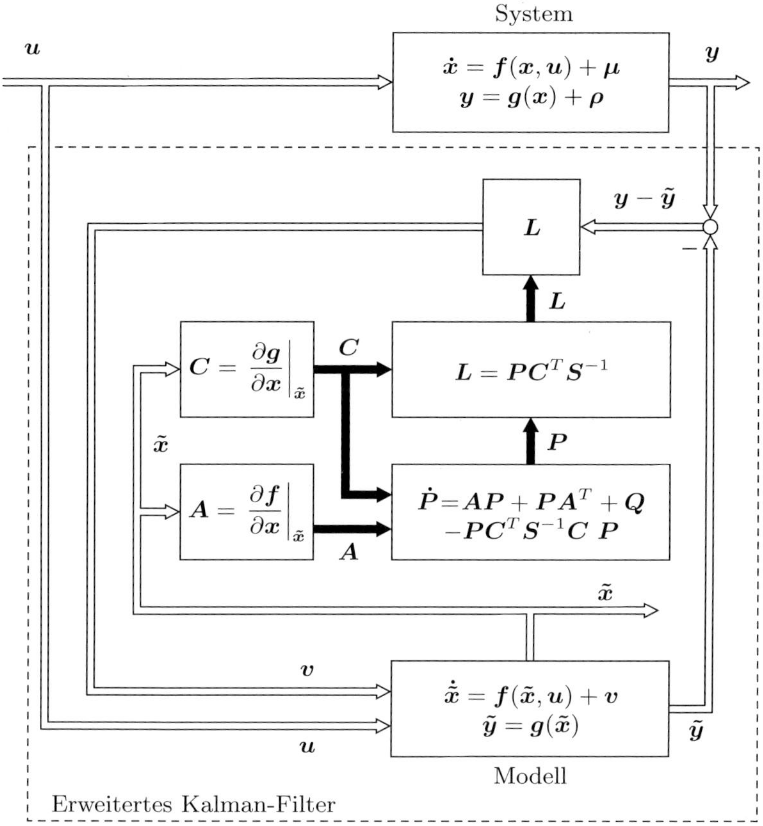

Bild 7.10: Erweitertes Kalman-Filter.

hat. Diese dynamische Anpassung erkennt man auch im Strukturbild des erweiterten Kalman-Filters in Bild 7.10.

Stabilität und Qualität der Schätzung sind beim erweiterten Kalman-Filter nicht gesichert, sondern müssen simulatorisch überprüft werden. Letzteres hat den Nachteil, dass man keine allgemeingültige Aussage erhält, sondern Stabilität und Schätzgüte nur für die jeweils durchgeführten speziellen Simulationen gelten.

Beim Entwurf des Kalman-Filters, d. h. der Wahl von $\boldsymbol{S}$ und $\boldsymbol{Q}$, ist Ausprobieren nötig und Erfahrung erforderlich. Zusammengefasst erhält man für das zu beobachtende System

$$\dot{\boldsymbol{x}} = \boldsymbol{f}(\boldsymbol{x}, \boldsymbol{u}) + \boldsymbol{\mu},$$
$$\boldsymbol{y} = \boldsymbol{g}(\boldsymbol{x}, \boldsymbol{u}) + \boldsymbol{\rho}$$

die Gleichungen des erweiterten Kalman-Filters bzw. des Beobachters

$$\begin{aligned}
\dot{\tilde{\boldsymbol{x}}} &= \boldsymbol{f}(\tilde{\boldsymbol{x}},\boldsymbol{u}) + \boldsymbol{L}(\boldsymbol{y} - \boldsymbol{g}(\tilde{\boldsymbol{x}})),\\
\boldsymbol{A} &= \left.\frac{\partial \boldsymbol{f}}{\partial \boldsymbol{x}}\right|_{\tilde{\boldsymbol{x}}(t)},\\
\boldsymbol{C} &= \left.\frac{\partial \boldsymbol{g}}{\partial \boldsymbol{x}}\right|_{\tilde{\boldsymbol{x}}(t)},\\
\dot{\boldsymbol{P}} &= \boldsymbol{A}\boldsymbol{P} + \boldsymbol{P}\boldsymbol{A}^T + \boldsymbol{Q} - \boldsymbol{P}\boldsymbol{C}^T\boldsymbol{S}^{-1}\boldsymbol{C}\boldsymbol{P},\\
\boldsymbol{L} &= \boldsymbol{P}\boldsymbol{C}^T\boldsymbol{S}^{-1}.
\end{aligned} \tag{7.20}$$

Die Struktur des erweiterten Kalman-Filters und die gegenseitigen Abhängigkeiten der einzelnen Gleichungen zeigt Bild 7.10.

Die praktische Umsetzung des erweiterten Kalman-Filters erfordert, wenn man von sehr einfachen Fällen absieht, eine numerische Lösung der Riccati-Differenzialgleichung mittels eines Integrationsverfahrens – z. B. mittels des Runge-Kutta-Verfahrens. Im Prinzip gilt dies auch für die Schätzgleichung. Die numerische Lösung der Riccati-Differenzialgleichung kann dabei Probleme bereiten.

7.4.3 Beispiel Flugzeugtriebwerk

Wir betrachten ein Strahltriebwerk, wie es z. B. in Verkehrsflugzeugen eingesetzt wird. Bei dem in Bild 7.11 gezeigten Mantelstromtriebwerk, auch Turbofan genannt, existieren ein innerer und ein äußerer Luftstrom. Der innere Luftstrom, auch Kernstrom genannt, wird durch einen Kompressor verdichtet, dann mit Kerosin vermischt und dieses Gemisch hinter dem Kompressor

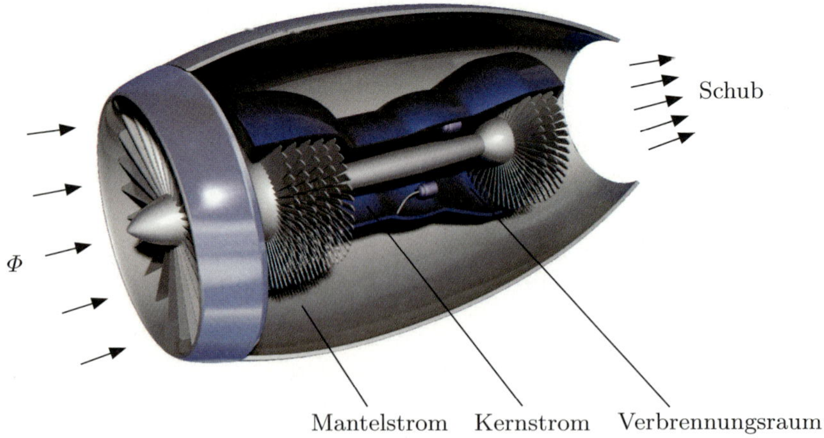

Bild 7.11: Flugzeugtriebwerk.

gezündet. Die so entstandenen Verbrennungsgase treiben eine Gasturbine an. Diese wiederum dreht den Kompressor und den vor ihm liegenden Fan. Der Fan saugt neben der Luft des inneren Stroms auch die des äußeren an, der mantelförmig um den Kompressor und die Turbine herumgeleitet wird. Dieser äußere Luftstrom, der Mantelstrom, verstärkt den Schub, der durch den Kernstrom erzeugt wird.

Im Kompressor kann es aufgrund eines Strömungsabrisses oder durch Schubschwankungen zu instabilen Strömungsverhältnissen kommen. Dann sind im schlimmsten Fall Beschädigungen des Triebwerks, z. B. aufgrund eines Flammenaustrittes oder aufgrund einer Richtungsumkehr des Massenstroms, möglich. Dies sucht man z. B. durch eine Regelung zu vermeiden.

Beschrieben werden die Verhältnisse im Kompressor durch die Moore-Greitzer-Gleichungen [160, 193]

$$\begin{aligned}\dot{\Phi} &= -\Psi + \Psi_{\mathrm{co}} + 1 + \frac{3}{2}\Phi - \frac{1}{2}\Phi^3 - 3\Phi R,\\ \dot{\Psi} &= \frac{1}{\beta^2}(\Phi - \gamma\sqrt{\Psi} + 1),\\ \dot{R} &= \sigma R(1 - \Phi^2 - R).\end{aligned} \tag{7.21}$$

Hierbei ist Φ der Massenfluss durch den Kompressor, Ψ der Druckanstieg, $R \geq 0$ ist ein Maß für den Strömungsabriss und β, σ sowie Ψ_{co} sind Konstanten. Als Stellgröße u wirkt die Variable γ. Sie repräsentiert z. B. Zapfluft, die dem Kernstrom oder dem Mantelstrom entnommen und dem Verdichter so zugeführt wird, dass kein Strömungsabriss oder eine Richtungsumkehr des Massenstroms entsteht.

Ziel ist es, mittels einer Regelung das Triebwerk, d. h. seinen Kompressor, in der Ruhelage

$$R_{\mathrm{R}} = 0,\ \Phi_{\mathrm{R}} = 1 \quad \text{und} \quad \Psi_{\mathrm{R}} = \Psi_{\mathrm{co}} + 2 \tag{7.22}$$

bei $\gamma = 2/\sqrt{\Psi_{\mathrm{co}} + 2}$ zu stabilisieren. Dies geschieht z. B. mit einem nichtlinearen Zustandsregler. Allerdings benötigt man für einen solchen Regler alle drei Zustandsgrößen Φ, Ψ und R. Der Druckanstieg Ψ ist messbar. Die Größen Φ und R hingegen sind es nicht. Sie müssen mittels eines Beobachters geschätzt werden.

Bevor wir ein erweitertes Kalman-Filter als Beobachter entwerfen, transformieren wir das System (7.21) noch so, dass die Ruhelage (7.22) im Ursprung liegt. Zu diesem Zweck führen wir die neuen Zustandsvariablen

$$\begin{aligned}x_1 &= \Phi - 1,\\ x_2 &= \Psi - \Psi_{\mathrm{co}} - 2,\\ x_3 &= R\end{aligned}$$

ein und erhalten mit $u = \gamma$ die transformierten Systemgleichungen

$$\begin{bmatrix} \dot{x}_1 \\ \dot{x}_2 \\ \dot{x}_3 \end{bmatrix} = \boldsymbol{f}(\boldsymbol{x}, u) = \begin{bmatrix} -x_2 - \dfrac{3}{2}x_1^2 - \dfrac{1}{2}x_1^3 - 3x_1x_3 - 3x_3 \\ \dfrac{1}{\beta^2}\left(x_1 - u\sqrt{x_2 + \Psi_{\text{co}} + 2} + 2\right) \\ -\sigma x_3^2 - \sigma x_3(2x_1 + x_1^2) \end{bmatrix}. \tag{7.23}$$

Die Messgröße ist, wie erwähnt, $y = x_2$. In der Ruhelage $\boldsymbol{x}_\text{R} = \boldsymbol{0}$ beträgt $u_\text{R} = 2/\sqrt{\Psi_\text{co} + 2}$.

Wir linearisieren das System (7.23) um den geschätzten Zustand $\tilde{\boldsymbol{x}}$ herum und erhalten

$$\boldsymbol{A}(t) = \left.\frac{\partial \boldsymbol{f}}{\partial \boldsymbol{x}}\right|_{\tilde{\boldsymbol{x}}} = \begin{bmatrix} -3\tilde{x}_1 - \dfrac{3}{2}\tilde{x}_1^2 - 3\tilde{x}_3 & -1 & -3\tilde{x}_1 - 3 \\ \beta^{-2} & \dfrac{-\beta^{-2}u}{2\sqrt{(\tilde{x}_2 + \Psi_\text{co} + 2)}} & 0 \\ -2\sigma\tilde{x}_3(1 + \tilde{x}_1) & 0 & -2\sigma\tilde{x}_3 - \sigma(2\tilde{x}_1 + \tilde{x}_1^2) \end{bmatrix}$$

und mit

$$y = g(\boldsymbol{x}) = x_2$$

ergibt sich

$$\boldsymbol{C}(t) = \left.\frac{\partial g}{\partial \boldsymbol{x}}\right|_{\tilde{\boldsymbol{x}}} = [0\ 1\ 0].$$

Die linearisierte Systemmatrix $\boldsymbol{A}(t)$, der linearisierte Ausgangsvektor $\boldsymbol{C}(t)$ und die nichtlineare Systemdynamik $\boldsymbol{f}(\boldsymbol{x}, u)$ sind nun einzusetzen in die Gleichungen (7.20) des erweiterten Kalman-Filters. Man erhält

$$\begin{aligned} \dot{\tilde{\boldsymbol{x}}} &= \boldsymbol{f}(\tilde{\boldsymbol{x}}, u) + \boldsymbol{L}(y - \tilde{x}_2), \\ \dot{\boldsymbol{P}} &= \boldsymbol{AP} + \boldsymbol{PA}^T + \boldsymbol{Q} - \boldsymbol{PC}^T\boldsymbol{S}^{-1}\boldsymbol{CP}, \\ \boldsymbol{L} &= \boldsymbol{PC}^T\boldsymbol{S}^{-1}. \end{aligned}$$

Zu beachten ist, dass $\boldsymbol{C}$ hier eine 1×3 - Matrix, also ein Zeilenvektor, ist und $\boldsymbol{L}$ eine 3×1 - Matrix, also ein Spaltenvektor.

Für die Kovarianzmatrizen $\boldsymbol{Q}$ und $\boldsymbol{S}$, wobei hier $\boldsymbol{S}$ skalar ist, wählt man

$$\boldsymbol{Q} = \begin{bmatrix} 0.45 & 1.15 & 0.88 \\ 1.15 & 8.65 & 1.77 \\ 0.88 & 1.77 & 3.04 \end{bmatrix}, \qquad \boldsymbol{S} = 0.12.$$

Die Systemparameter sind $\Psi_\text{co} = 0.72$, $\sigma = 4$ und $\beta = 0.71$. Bild 7.12 zeigt den Verlauf der originalen Zustandsgrößen Φ, Ψ und R für den Anfangsvektor der Strecke

$$[\Phi(0)\ \Psi(0)\ R(0)] = [1.5\ \ 1.2\ \ 0.5]$$

und für den Anfangszustand des Kalman-Filters

$$[\tilde{\Phi}(0)\ \tilde{\Psi}(0)\ \tilde{R}(0)] = [0.5\ \ 0.2\ \ 0]$$

bei jeweils konstanter Stellgröße $u = u_\text{R} = 2/\sqrt{2.72}$. Die Matrix $\boldsymbol{P}(t)$ ist zum Zeitpunkt $t = 0$ die Einheitsmatrix.

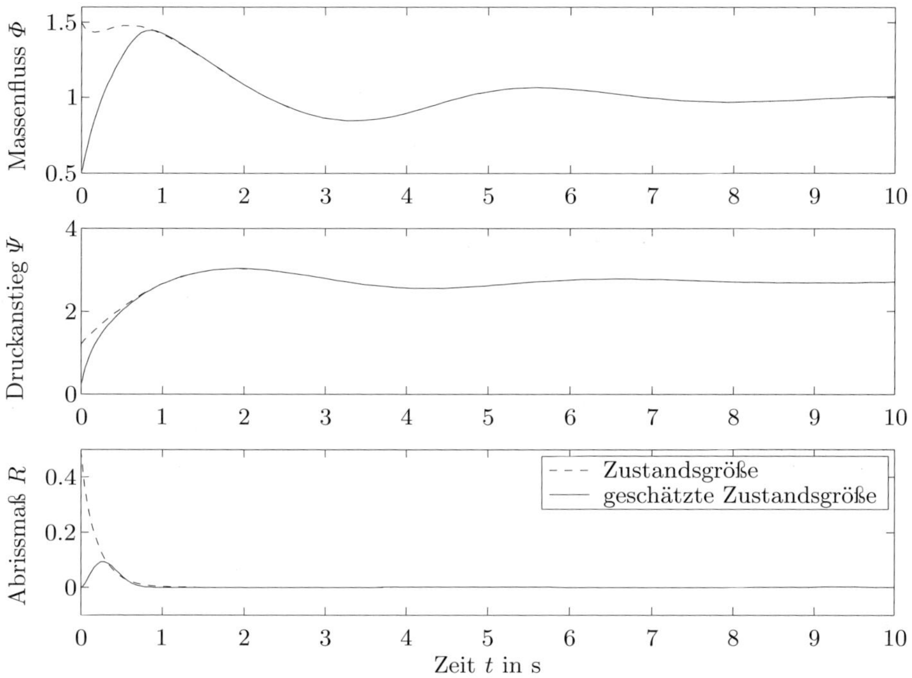

Bild 7.12: Verläufe des realen und des geschätzten Massenflusses Φ, Druckanstiegs Ψ und Abrissmaßes R der Strömung.

7.5 High-gain-Beobachter

7.5.1 Einführung und Funktionsweise

Um die Funktionsweise eines High-gain-Beobachters zu erläutern, nehmen wir vorerst an, dass das nichtlineare SISO-System

$$\begin{aligned}\dot{\boldsymbol{x}} &= \boldsymbol{f}(\boldsymbol{x}, u),\\ y &= g(\boldsymbol{x})\end{aligned}$$

in der nichtlinearen Beobachtbarkeitsnormalform,

$$\begin{aligned}\dot{\boldsymbol{z}} &= \begin{bmatrix} z_2 \\ z_3 \\ \vdots \\ z_n \\ \varphi(\boldsymbol{z}, u, \dot{u}, \ldots, u^{(n-1)}) \end{bmatrix},\\ y &= z_1,\end{aligned} \tag{7.24}$$

vorliegt oder in diese Form mittels

$$\boldsymbol{z} = \boldsymbol{q}(\boldsymbol{x}, u, \dot{u}, \ldots, u^{(n-1)})$$

transformiert wurde. In Gl. (7.24) beschreibt die Funktion φ die Nichtlinearitäten des Systems.

Die Systembeschreibung (7.24) wird oft auch in der Form

$$\begin{aligned}\dot{\boldsymbol{z}} &= \boldsymbol{A}\boldsymbol{z} + \boldsymbol{b}\varphi(\boldsymbol{z}, u, \dot{u}, \ldots, u^{(n-1)}),\\ y &= \boldsymbol{c}^T\boldsymbol{z}\end{aligned} \tag{7.25}$$

mit

$$\boldsymbol{A} = \begin{bmatrix} 0 & 1 & 0 & \cdots & 0\\ 0 & 0 & 1 & \cdots & 0\\ \vdots & \vdots & \vdots & \ddots & \vdots\\ 0 & 0 & 0 & \cdots & 1\\ 0 & 0 & 0 & \cdots & 0 \end{bmatrix}, \quad \boldsymbol{b} = \begin{bmatrix} 0\\ 0\\ \vdots\\ 0\\ 1 \end{bmatrix}, \quad \boldsymbol{c}^T = \begin{bmatrix} 1 \; 0 \cdots 0 \end{bmatrix} \tag{7.26}$$

dargestellt. Die zur Matrix und den Vektoren (7.26) zugehörige lineare Systembeschreibung

$$\dot{\boldsymbol{z}} = \boldsymbol{A}\boldsymbol{z} + \boldsymbol{b} \cdot \hat{u},$$

die aus n hintereinandergeschalteten Integrierern besteht, wird als *Brunovský-Normalform* bezeichnet. Mit der Ausgangsgröße

$$y = x_1 = \boldsymbol{c}^T\boldsymbol{x}$$

ist diese Normalform, wie man an der Integriererkette direkt sieht, immer beobachtbar.

Ähnlich wie beim Luenberger-Beobachter für lineare Systeme, setzt man den High-gain-Beobachter für obiges System mit dem Schätzvektor $\tilde{\boldsymbol{z}}$ zu

$$\dot{\tilde{\boldsymbol{z}}} = \boldsymbol{A}\tilde{\boldsymbol{z}} + \boldsymbol{b}\varphi(\tilde{\boldsymbol{z}}, u, \dot{u}, \ldots, u^{(n-1)}) + \boldsymbol{\ell}(\varepsilon)\big(y - \boldsymbol{c}^T\tilde{\boldsymbol{z}}\big) \tag{7.27}$$

bzw. mit $\tilde{y} = \boldsymbol{c}^T\tilde{\boldsymbol{z}}$ zu

$$\dot{\tilde{\boldsymbol{z}}} = \boldsymbol{A}\tilde{\boldsymbol{z}} + \boldsymbol{b}\varphi(\tilde{\boldsymbol{z}}, u, \dot{u}, \ldots, u^{(n-1)}) + \boldsymbol{\ell}(\varepsilon)(y - \tilde{y}) \tag{7.28}$$

an. Hierbei ist

$$\boldsymbol{\ell}(\varepsilon) = \begin{bmatrix} \varepsilon^{-1} & 0 & \cdots & 0\\ 0 & \varepsilon^{-2} & \cdots & 0\\ \vdots & \vdots & & \vdots\\ 0 & 0 & \cdots & \varepsilon^{-n} \end{bmatrix} \begin{bmatrix} l_1\\ l_2\\ \vdots\\ l_n \end{bmatrix} = \boldsymbol{D}^{-1}(\varepsilon) \cdot \boldsymbol{l}$$

der Beobachtervektor, der über den Parameter $\varepsilon > 0$ eingestellt wird, und $\boldsymbol{D}^{-1}(\varepsilon)$ eine Diagonalmatrix, die die Werte ε^{-i} als Elemente d_{ii} besitzt. Im

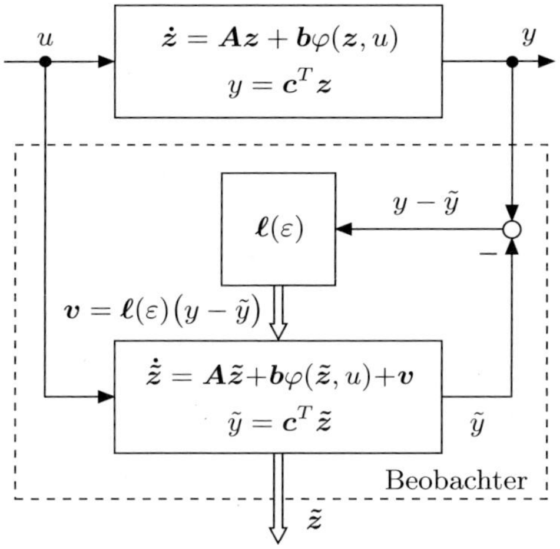

Bild 7.13: Struktur des High-gain-Beobachters.

Unterschied zu $\boldsymbol{\ell}(\varepsilon)$ bezeichnen wir mit $\boldsymbol{l} = [l_1 \;\; l_2 \;\; \cdots \;\; l_n]^T$ einen konstanten Vektor. Den High-gain-Beobachter für das System (7.25) zeigt Bild 7.13.

Mittels des Beobachterfehlers

$$\boldsymbol{e} = \boldsymbol{z} - \tilde{\boldsymbol{z}},$$

der Systembeschreibung (7.25) sowie des Beobachters (7.27) ergibt sich die Fehlergleichung des Beobachters zu

$$\begin{aligned}\dot{\boldsymbol{e}} &= \left(\boldsymbol{A} - \boldsymbol{\ell}(\varepsilon)\boldsymbol{c}^{\mathrm{T}}\right)\boldsymbol{e} + \boldsymbol{b}\Big(\varphi(\boldsymbol{z}, u, \dot{u}, \ldots, u^{(n-1)}) - \varphi(\tilde{\boldsymbol{z}}, u, \dot{u}, \ldots, u^{(n-1)})\Big)\\ &= (\boldsymbol{A} - \boldsymbol{D}^{-1}(\varepsilon)\boldsymbol{l}\boldsymbol{c}^{\mathrm{T}})\boldsymbol{e} + \boldsymbol{b}\Big(\varphi(\boldsymbol{z}, u, \dot{u}, \ldots, u^{(n-1)}) - \varphi(\tilde{\boldsymbol{z}}, u, \dot{u}, \ldots, u^{(n-1)})\Big). \quad (7.29)\end{aligned}$$

Nimmt man zunächst an, dass

$$\varphi(\tilde{\boldsymbol{z}}, u, \dot{u}, \ldots, u^{(n-1)}) = \varphi(\boldsymbol{z}, u, \dot{u}, \ldots, u^{(n-1)})$$

ist, so ist die Fehlerdynamik linear mit $\dot{\boldsymbol{e}} = \left(\boldsymbol{A} - \boldsymbol{D}^{-1}(\varepsilon)\boldsymbol{l}\boldsymbol{c}^T\right)\boldsymbol{e}$ und durch die Eigenwerte der Systemmatrix des Beobachters,

$$\tilde{\boldsymbol{F}}(\varepsilon) = \boldsymbol{A} - \boldsymbol{D}^{-1}(\varepsilon)\boldsymbol{l}\boldsymbol{c}^T = \begin{bmatrix} -l_1\varepsilon^{-1} & 1 \cdots 0 \\ -l_2\varepsilon^{-2} & 0 \cdots 0 \\ \vdots & \vdots \quad \vdots \\ -l_{n-1}\varepsilon^{-(n-1)} & 0 \cdots 1 \\ -l_n\varepsilon^{-n} & 0 \cdots 0 \end{bmatrix},$$

vorgebbar. Das charakteristische Polynom von $\tilde{\boldsymbol{F}}$ ist

$$P(s) = s^n + \frac{l_1}{\varepsilon}\, s^{n-1} + \frac{l_2}{\varepsilon^2}\, s^{n-2} + \ldots + \frac{l_{n-1}}{\varepsilon^{(n-1)}}\, s + \frac{l_n}{\varepsilon^n}$$
$$= \left(s - \frac{\lambda_1}{\varepsilon}\right)\left(s - \frac{\lambda_2}{\varepsilon}\right)\ldots\left(s - \frac{\lambda_n}{\varepsilon}\right).$$

Die Eigenwerte

$$\tilde{\lambda}_i = \frac{\lambda_i}{\varepsilon}$$

von $\tilde{\boldsymbol{F}}(\varepsilon)$ verschieben sich also mit ε auf Strahlen, die vom Ursprung der komplexen Ebene ausgehen. Dabei werden die Eigenwerte $\tilde{\lambda}_i$ mit kleiner werdendem ε immer kleiner, d. h., sie wandern immer weiter nach links in der komplexen Ebene. Es gilt

$$\lim_{\varepsilon \to 0} \mathrm{Re}\,\{\tilde{\lambda}_i\} = \lim_{\varepsilon \to 0} \frac{\mathrm{Re}\,\{\lambda_i\}}{\varepsilon} = -\infty,$$

vorausgesetzt es werden alle Eigenwerte λ_i mit $\mathrm{Re}\,\{\lambda_i\} < 0$ gewählt. Bild 7.14 illustriert diese Abhängigkeit der Eigenwerte $\tilde{\lambda}_i$ von ε.

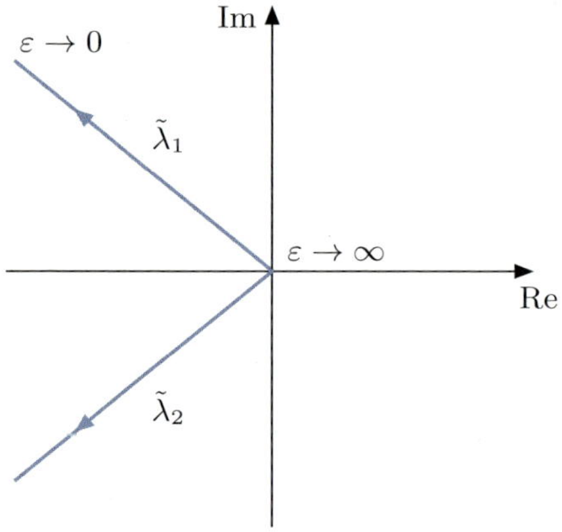

Bild 7.14: Verlauf der Eigenwerte.

Für den betrachteten Fall $\varphi(\tilde{\boldsymbol{z}}, u, \dot{u}, \ldots, u^{(n-1)}) = \varphi(\boldsymbol{z}, u, \dot{u}, \ldots, u^{(n-1)})$ konvergiert der Beobachterfehler $\boldsymbol{e}$ also aufgrund der linearen Fehlerdynamik gegen null. Die Konvergenz ist dabei umso schneller, je kleiner der Parameter ε gewählt wird.

Im Weiteren soll nun der Fall

$$\varphi(\tilde{\boldsymbol{z}}, u, \dot{u}, \ldots, u^{(n-1)}) \neq \varphi(\boldsymbol{z}, u, \dot{u}, \ldots, u^{(n-1)})$$

betrachtet werden. Dabei transformiert man den Schätzfehler $\boldsymbol{e}$ mittels

$$\boldsymbol{e}=\begin{bmatrix} e_1 \\ e_2 \\ \vdots \\ e_n \end{bmatrix}=\begin{bmatrix} \hat{e}_1 \\ \varepsilon^{-1}\,\hat{e}_2 \\ \vdots \\ \varepsilon^{-(n-1)}\,\hat{e}_n \end{bmatrix}=\begin{bmatrix} 1 & 0 & \cdots & 0 \\ 0 & \varepsilon^{-1} & \cdots & 0 \\ \vdots & \vdots & & \vdots \\ 0 & 0 & \cdots & \varepsilon^{-(n-1)} \end{bmatrix}\hat{\boldsymbol{e}} = \varepsilon\cdot\boldsymbol{D}^{-1}(\varepsilon)\cdot\hat{\boldsymbol{e}}.$$

Für die Fehlergleichung (7.29) des Beobachters gilt nach dieser Transformation

$$\begin{aligned}\varepsilon\boldsymbol{D}^{-1}(\varepsilon)\dot{\hat{\boldsymbol{e}}} &= \left(\boldsymbol{A}-\boldsymbol{D}^{-1}(\varepsilon)\boldsymbol{l}\boldsymbol{c}^T\right)\cdot\varepsilon\boldsymbol{D}^{-1}(\varepsilon)\hat{\boldsymbol{e}} \\ &\quad+\boldsymbol{b}\left(\varphi(\boldsymbol{z},u,\dot{u},\ldots,u^{(n-1)})-\varphi(\tilde{\boldsymbol{z}},u,\dot{u},\ldots,u^{(n-1)})\right).\end{aligned}$$

Hieraus folgt nach Multiplikation mit $\boldsymbol{D}(\varepsilon)$

$$\begin{aligned}\varepsilon\dot{\hat{\boldsymbol{e}}} &= \left(\varepsilon\boldsymbol{D}(\varepsilon)\boldsymbol{A}\boldsymbol{D}^{-1}(\varepsilon)-\boldsymbol{l}\boldsymbol{c}^T\cdot\varepsilon\boldsymbol{D}^{-1}(\varepsilon)\right)\hat{\boldsymbol{e}} \\ &\quad+\boldsymbol{D}(\varepsilon)\boldsymbol{b}\left(\varphi(\boldsymbol{z},u,\dot{u},\ldots,u^{(n-1)})-\varphi(\tilde{\boldsymbol{z}},u,\dot{u},\ldots,u^{(n-1)})\right).\end{aligned} \tag{7.30}$$

Da nun

$$\varepsilon\boldsymbol{D}(\varepsilon)\boldsymbol{A}\boldsymbol{D}^{-1}(\varepsilon)=\varepsilon\begin{bmatrix} \varepsilon & 0 & \cdots & 0 \\ 0 & \varepsilon^2 & \cdots & 0 \\ \vdots & \vdots & \ddots & \vdots \\ 0 & 0 & \cdots & \varepsilon^n \end{bmatrix}\begin{bmatrix} 0 & 1 & 0 & \cdots & 0 \\ 0 & 0 & 1 & \cdots & 0 \\ \vdots & \vdots & \vdots & \ddots & \vdots \\ 0 & 0 & 0 & \cdots & 0 \end{bmatrix}\begin{bmatrix} \varepsilon^{-1} & 0 & \cdots & 0 \\ 0 & \varepsilon^{-2} & \cdots & 0 \\ \vdots & \vdots & \ddots & \vdots \\ 0 & 0 & \cdots & \varepsilon^{-n} \end{bmatrix}=\boldsymbol{A}$$

und

$$\boldsymbol{l}\boldsymbol{c}^T\cdot\varepsilon\boldsymbol{D}^{-1}(\varepsilon)=\varepsilon\begin{bmatrix} l_1 & 0 & \cdots & 0 \\ l_2 & 0 & \cdots & 0 \\ \vdots & \vdots & \ddots & \vdots \\ l_n & 0 & \cdots & 0 \end{bmatrix}\begin{bmatrix} \varepsilon^{-1} & 0 & \cdots & 0 \\ 0 & \varepsilon^{-2} & \cdots & 0 \\ \vdots & \vdots & \ddots & \vdots \\ 0 & 0 & \cdots & \varepsilon^{-n} \end{bmatrix}=\boldsymbol{l}\boldsymbol{c}^T$$

und $\boldsymbol{D}(\varepsilon)\boldsymbol{b}=\varepsilon^n\boldsymbol{b}$ gilt, erhalten wir für Gl. (7.30) die transformierte Schätzfehlergleichung zu

$$\varepsilon\dot{\hat{\boldsymbol{e}}}=(\boldsymbol{A}-\boldsymbol{l}\boldsymbol{c}^T)\hat{\boldsymbol{e}}+\varepsilon^n\boldsymbol{b}\Big(\varphi(\boldsymbol{z},u,\dot{u},\ldots,u^{(n-1)})-\varphi(\tilde{\boldsymbol{z}},u,\dot{u},\ldots,u^{(n-1)})\Big). \tag{7.31}$$

Man skaliert des Weiteren die Zeit t gemäß

$$\tau=\varepsilon^{-1}\cdot t$$

zur neuen Zeit τ um. So erhält man

$$\dot{\hat{\boldsymbol{e}}}=\frac{d\hat{\boldsymbol{e}}}{dt}=\frac{d\hat{\boldsymbol{e}}}{\varepsilon d\tau}$$

und für Gl. (7.31)

$$\dot{\hat{\boldsymbol{e}}}=(\boldsymbol{A}-\boldsymbol{l}\boldsymbol{c}^T)\hat{\boldsymbol{e}}+\varepsilon^n\boldsymbol{b}\Big(\varphi(\boldsymbol{z},u,\dot{u},\ldots,u^{(n-1)})-\varphi(\tilde{\boldsymbol{z}},u,\dot{u},\ldots,u^{(n-1)})\Big).$$

Aus dieser Gleichung erkennt man direkt, dass der nichtlineare Term

$$\varepsilon^n \boldsymbol{b}\left(\varphi(\boldsymbol{z}, u, \dot{u}, \ldots, u^{(n-1)}) - \varphi(\tilde{\boldsymbol{z}}, u, \dot{u}, \ldots, u^{(n-1)})\right)$$

prinzipiell umso unbedeutender wird, je kleiner ε ist.

Die lineare Fehlerdynamik des High-gain-Beobachters

$$\dot{\hat{\boldsymbol{e}}} = (\boldsymbol{A} - \boldsymbol{l}\boldsymbol{c}^T) \cdot \hat{\boldsymbol{e}}$$

dagegen besitzt eine konstante Matrix

$$\boldsymbol{F} = \boldsymbol{A} - \boldsymbol{l}\boldsymbol{c}^T = \begin{bmatrix} -l_1 & 1 & 0 & \cdots & 0 \\ -l_2 & 0 & 1 & \cdots & 0 \\ \vdots & \vdots & \vdots & \ddots & \vdots \\ -l_{n-1} & 0 & 0 & \cdots & 1 \\ -l_n & 0 & 0 & \cdots & 0 \end{bmatrix},$$

deren Eigenwerte λ_i über $l_1, \ldots, l_n$ beliebig vorgebbar sind. Wählt man also ε nur hinreichend klein, so wird der Beobachter ein stabiles Verhalten aufweisen und der Beobachterfehler $\hat{\boldsymbol{e}}$ bzw.

$$\boldsymbol{e} = \boldsymbol{z} - \tilde{\boldsymbol{z}}$$

gegen null konvergieren. D. h., der Schätzwert $\tilde{\boldsymbol{z}}$ wird gegen den Systemzustand $\boldsymbol{z}$ konvergieren. Aus der Tatsache, dass für kleine Werte ε die Elemente des Beobachtervektors $\boldsymbol{\ell}(\varepsilon) = \boldsymbol{D}^{-1}(\varepsilon)\boldsymbol{l}$ große Werte annehmen, resultiert der Name *High-gain-Beobachter*. Hierbei ist zu berücksichtigen, dass die Eigenwerte $\tilde{\lambda}_i = \lambda_i/\varepsilon$ des High-gain-Beobachters mit der Systemmatrix $\tilde{\boldsymbol{F}}(\varepsilon)$ um den Faktor $1/\varepsilon$ größer sind, als die Eigenwerte des zeitlich transformierten Beobachters mit der Systemmatrix $\boldsymbol{F}$.

7.5.2 High-gain-Beobachter in allgemeiner Form

Wir haben im obigen Abschnitt den High-gain-Beobachter für ein System entworfen, das in Beobachtbarkeitsnormalform vorlag oder in diese Form transformiert wurde. In der Praxis wird die Systembeschreibung jedoch nur selten in dieser Normalform vorliegen. Um dann einen High-gain-Beobachter entwerfen zu können, müssen wir das System

$$\begin{aligned} \dot{\boldsymbol{x}} &= \boldsymbol{f}(\boldsymbol{x}, u), \\ y &= g(\boldsymbol{x}) \end{aligned} \tag{7.32}$$

mittels der Abbildung (7.4) (siehe Abschnitt 7.1.5), d. h. mit dem Diffeomorphismus

$$\boldsymbol{z} = \boldsymbol{q}(\boldsymbol{x}, u, \dot{u}, \ldots, u^{(n-1)}), \tag{7.33}$$

in die Beobachtbarkeitsnormalform (7.24) transformieren. Dies ist nicht immer einfach möglich.

Nehmen wir an, es ist uns gelungen und wir haben dann für das System in Normalformdarstellung einen High-gain-Beobachter (7.27) gemäß dem vorherigen Abschnitt entworfen. Eine Möglichkeit den beobachteten Originalzustandsvektor $\tilde{\boldsymbol{x}}$ zu erhalten, ist es, den Beobachter so darzustellen, dass seine Zustände in den Originalkoordinaten $\boldsymbol{x}$ des Systems (7.32) vorliegen. Zu diesem Zweck müssen wir die Transformationsgleichung (7.33) in die Beobachtergleichung (7.28), d. h. in

$$\dot{\tilde{\boldsymbol{z}}} = \boldsymbol{A}\tilde{\boldsymbol{z}} + \boldsymbol{b}\varphi(\tilde{\boldsymbol{z}}, u, \dot{u}, \ldots, u^{(n-1)}) + \boldsymbol{\ell}(\varepsilon)(y - \tilde{y}) \tag{7.34}$$

einsetzen. Wir bestimmen mit $\boldsymbol{z} = \boldsymbol{q}(\boldsymbol{x}, u, \dot{u}, \ldots, u^{(n-1)})$ bzw. $\tilde{\boldsymbol{z}} = \boldsymbol{q}(\tilde{\boldsymbol{x}}, u, \dot{u}, \ldots, u^{(n-1)})$ die Ableitung

$$\dot{\tilde{\boldsymbol{z}}} = \frac{d\boldsymbol{q}(\tilde{\boldsymbol{x}}, u, \dot{u}, \ldots, u^{(n-1)})}{dt} = \frac{\partial \boldsymbol{q}}{\partial \tilde{\boldsymbol{x}}}\dot{\tilde{\boldsymbol{x}}} + \sum_{i=0}^{n-1} \frac{\partial \boldsymbol{q}}{\partial u^{(i)}} u^{(i+1)}, \tag{7.35}$$

wobei $\tilde{\boldsymbol{x}}$ der Schätzvektor zu $\boldsymbol{x}$ ist. Gl. (7.35) eingesetzt in Gl. (7.34) ergibt

$$\frac{\partial \boldsymbol{q}}{\partial \tilde{\boldsymbol{x}}}\dot{\tilde{\boldsymbol{x}}} + \sum_{i=0}^{n-1} \frac{\partial \boldsymbol{q}}{\partial u^{(i)}} u^{(i+1)} = \boldsymbol{A}\tilde{\boldsymbol{z}} + \boldsymbol{b}\varphi(\tilde{\boldsymbol{z}}, u, \dot{u}, \ldots, u^{(n-1)}) + \boldsymbol{\ell}(\varepsilon)(y - \tilde{y}), \tag{7.36}$$

woraus

$$\begin{aligned}\dot{\tilde{\boldsymbol{x}}} = {} & \left(\frac{\partial \boldsymbol{q}}{\partial \tilde{\boldsymbol{x}}}\right)^{-1} \left(\boldsymbol{A}\tilde{\boldsymbol{z}} + \boldsymbol{b}\varphi(\tilde{\boldsymbol{z}}, u, \dot{u}, \ldots, u^{(n-1)}) - \sum_{i=0}^{n-1} \frac{\partial \boldsymbol{q}}{\partial u^{(i)}} u^{(i+1)}\right) \\ & + \left(\frac{\partial \boldsymbol{q}}{\partial \tilde{\boldsymbol{x}}}\right)^{-1} \boldsymbol{\ell}(\varepsilon)(y - \tilde{y})\end{aligned}$$

folgt. Da die Rücktransformation $\tilde{\boldsymbol{z}} = \boldsymbol{q}(\boldsymbol{x}, u, \dot{u}, \ldots, u^{(n-1)})$ gerade zu

$$\left(\frac{\partial \boldsymbol{q}}{\partial \tilde{\boldsymbol{x}}}\right)^{-1} \left(\boldsymbol{A}\tilde{\boldsymbol{z}} + \boldsymbol{b}\varphi(\tilde{\boldsymbol{z}}, u, \dot{u}, \ldots, u^{(n-1)}) - \sum_{i=0}^{n-1} \frac{\partial \boldsymbol{q}}{\partial u^{(i)}} u^{(i+1)}\right) = \boldsymbol{f}(\tilde{\boldsymbol{x}}, u)$$

führt, erhalten wir für Gl. (7.36) die allgemeine Gleichung des High-gain-Beobachters in Originalkoordinaten

$$\dot{\tilde{\boldsymbol{x}}} = \boldsymbol{f}(\tilde{\boldsymbol{x}}, u) + \left(\frac{\partial \boldsymbol{q}(\tilde{\boldsymbol{x}}, u, \dot{u}, \ldots, u^{(n-1)})}{\partial \tilde{\boldsymbol{x}}}\right)^{-1} \boldsymbol{\ell}(\varepsilon)(y - \tilde{y}). \tag{7.37}$$

Man beachte, dass $\tilde{y} = \boldsymbol{c}^T\tilde{\boldsymbol{z}} = g(\tilde{\boldsymbol{x}})$ gilt. Zustandstransformationen obiger Art haben wir auch schon im Abschnitt 3.3.1 kennengelernt.

Der Beobachter benötigt nicht nur die Messgröße y und die Stellgröße u, sondern auch die in $\boldsymbol{q}$ enthaltenen Ableitungen $\dot{u}, \ldots, u^{(n-1)}$. Bild 7.15 zeigt die Struktur des Beobachters.

Die Konstruktion eines Beobachters gemäß Gl. (7.27) oder Gl. (7.37) erfordert häufig die Bestimmung der Transformation

$$\boldsymbol{z} = \boldsymbol{q}(\boldsymbol{x}, u, \dot{u}, \ldots, u^{(n-1)})$$

bzw. der zugehörigen inversen Transformationsvorschrift $\boldsymbol{q}^{-1}$. Dies kann sich in der Praxis als durchaus komplizierte Aufgabe herausstellen.

Prinzipiell existieren zwei Möglichkeiten, den High-gain-Beobachter zu implementieren. Einerseits kann man mittels der Beobachtergleichung (7.34) und der Eingangsgröße u sowie der Ausgangsgröße y den Schätzzustand $\tilde{\boldsymbol{z}}$ des transformierten Systems (7.25) ermitteln. Über die inverse Transformationsvorschrift $\boldsymbol{q}^{-1}$ berechnet man dann den eigentlichen Schätzvektor $\tilde{\boldsymbol{x}}$.

Andererseits kann man mittels der allgemeinen Gleichung (7.37) des High-gain-Beobachters den Beobachter auch in Originalkoordinaten $\tilde{\boldsymbol{x}}$ realisieren. In jedem der Fälle liegt die Krux der Methode, wie erwähnt, im Umgang mit der Funktion $\boldsymbol{q}$. Denn entweder muss man die Umkehrfunktion $\boldsymbol{q}^{-1}$ ermitteln oder die Inverse der Jacobi-Matrix $\partial \boldsymbol{q}/\partial \boldsymbol{x}$. Beides ist oft schwierig.

7.5.3 Beispiel Chemischer Reaktor

Wir betrachten als Beispiel einen Rührkesselreaktor [68, 145]. Diesem Reaktor wird kontinuierlich ein Stoff A mit einer Volumenrate q_{z} zugeführt. Der Stoff A besitzt dabei die Eingangskonzentration c_0 und die Eingangstemperatur T_0. Im Reaktor wird der Stoff katalytisch zerlegt, wobei Wärme frei wird.

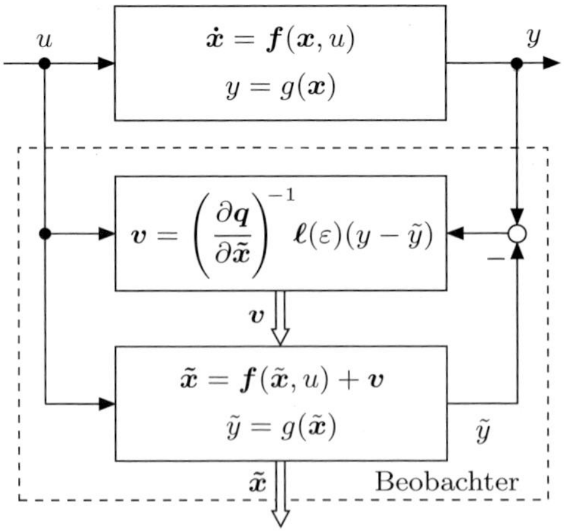

Bild 7.15: Allgemeiner High-gain-Beobachter mit der Kurzschreibweise $\boldsymbol{q}$ für $\boldsymbol{q}(\tilde{\boldsymbol{x}}, u, \dot{u}, \ldots, u^{(n-1)})$.

Aus diesem Grund ist der Reaktor mit einem Kühlmantel umgeben, durch den Kühlwasser mit der Temperatur T_K fließt. Im Reaktor wird über einen Mischer ständig eine homogene Durchmischung gewährleistet. Die Zerfallsprodukte verlassen den Reaktor schließlich mit der Volumenrate q_a. Im Reaktor hat das Gemisch die Temperatur T und der Stoff A ist im Gemisch mit der Konzentration c vertreten. Bild 7.16 illustriert den Prozess.

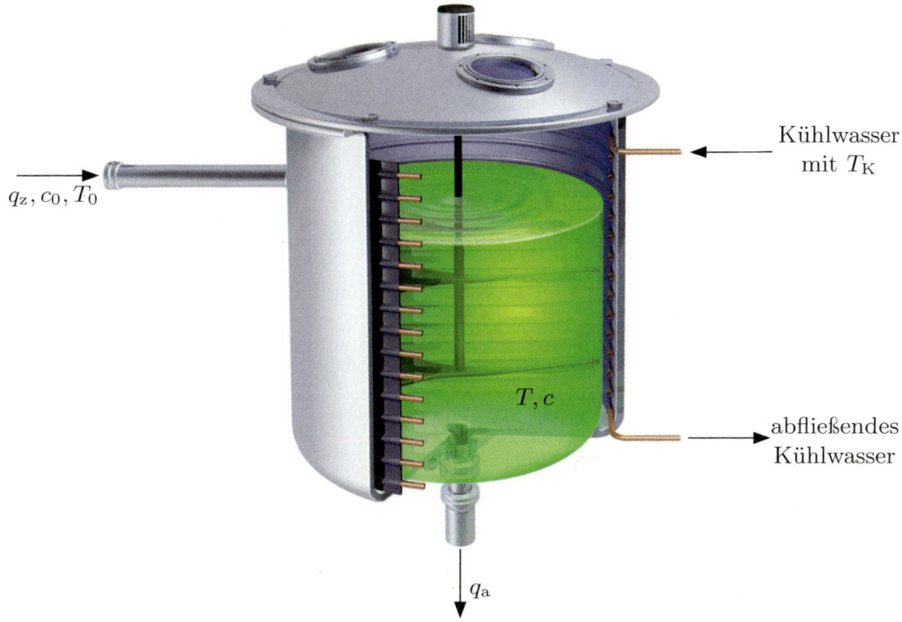

Bild 7.16: Chemischer Reaktor.

Der Reaktor kann durch ein nichtlineares System zweiter Ordnung modelliert werden. Als Zustandsvariablen definiert man die normierten Größen

$$x_1 = \frac{c_0 - c}{c_0} \qquad \text{und} \qquad x_2 = \frac{T - T_0}{T_0}.$$

Die Zustandsgröße x_1 ist im Gegensatz zur normierten Temperatur x_2 nicht messbar. Die Eingangs- bzw. Stellgröße u ist die auf T_0 bezogene Kühlmitteltemperatur T_K, d. h.

$$u = \frac{T_\mathrm{K} - T_0}{T_0}.$$

Die Modellgleichungen lauten

$$\begin{aligned} \dot{\boldsymbol{x}} &= \boldsymbol{f}(\boldsymbol{x}, u), \\ y &= x_2 \end{aligned} \tag{7.38}$$

mit

$$\boldsymbol{f}(\boldsymbol{x}, u) = \begin{bmatrix} -ax_1 + k(1 - x_1)e^{-\alpha/(1+x_2)} \\ -\beta x_2 + kd(1 - x_1)e^{-\alpha/(1+x_2)} + bu \end{bmatrix}$$

und den Parametern

$$\begin{aligned} c_0 &= 0.848 \text{ mol l}^{-1}, & T_0 &= 308.5 \text{ K}, \\ k &= 1.05 \cdot 10^{14} \text{ min}^{-1}, & \alpha &= 34.2583, \\ a &= 0.2674 \text{ min}^{-1}, & \beta &= 1.815 \text{ min}^{-1}, \\ d &= 0.4682, & b &= 1.5476 \text{ min}^{-1}. \end{aligned}$$

Dabei ist die Zeiteinheit zu einer Minute angenommen worden.

Wir ermitteln nun zuerst den Diffeomorphismus

$$\boldsymbol{z} = \boldsymbol{q}\left(\boldsymbol{x}, u, \dot{u}, \ldots, u^{(n-1)}\right),$$

der das System (7.38) in die nichtlineare Beobachtungsnormalform transformiert. Es gilt

$$\boldsymbol{z} = \begin{bmatrix} z_1 \\ z_2 \end{bmatrix} = \begin{bmatrix} y \\ \dot{y} \end{bmatrix} = \begin{bmatrix} x_2 \\ -\beta x_2 + kd(1 - x_1)e^{-\alpha/(1+x_2)} + bu \end{bmatrix} = \boldsymbol{q}(\boldsymbol{x}, u). \tag{7.39}$$

Hieraus folgt für $\boldsymbol{q}^{-1}$ der Zusammenhang

$$\boldsymbol{x} = \begin{bmatrix} x_1 \\ x_2 \end{bmatrix} = \begin{bmatrix} 1 - \dfrac{1}{kd}(z_2 + \beta z_1 - bu)e^{\alpha/(1+z_1)} \\ z_1 \end{bmatrix} = \boldsymbol{q}^{-1}(\boldsymbol{z}, u). \tag{7.40}$$

Man beachte, dass Gl. (7.40), d. h. $\boldsymbol{q}^{-1}$, für alle $z_1 = x_2 \neq -1$ definiert ist. Da $T > 0$ und damit $x_2 > -1$ ist, kann das System für alle relevanten Werte von $\boldsymbol{x}$ bzw. $\boldsymbol{z}$ als beobachtbar angesehen werden. Zur Bestimmung der nichtlinearen Beobachtungsnormalform setzt man Gl. (7.40) in Gl. (7.38) ein und erhält

$$\begin{aligned} \begin{bmatrix} \dot{z}_1 \\ \dot{z}_2 \end{bmatrix} &= \begin{bmatrix} z_2 \\ \varphi(\boldsymbol{z}, u, \dot{u}) \end{bmatrix}, \\ y &= z_1 \end{aligned}$$

mit

$$\begin{aligned} \varphi(\boldsymbol{z}, u, \dot{u}) = {} & \frac{\alpha \cdot z_2(z_2 + \beta \cdot z_1 - bu)}{(1 + z_1)^2} - \left(a + \beta + ke^{-\alpha/(1+z_1)}\right) z_2 \\ & - k(\beta \cdot z_1 - bu - ad)e^{-\alpha/(1+z_1)} - a(\beta \cdot z_1 - bu) + b\dot{u}. \end{aligned}$$

Somit können wir nun den High-gain-Beobachter für den chemischen Reaktor direkt gemäß Gl. (7.27) zu

$$\dot{\tilde{\boldsymbol{z}}} = \begin{bmatrix} \tilde{z}_2 \\ \varphi(\tilde{\boldsymbol{z}}, u, \dot{u}) \end{bmatrix} + \boldsymbol{\ell}(\varepsilon)(y - \tilde{z}_1) \tag{7.41}$$

angeben. Transformiert man den Beobachter mittels Gl. (7.39) so, dass die Beobachterdarstellung (7.41) in Originalkoordinaten $\boldsymbol{x}$ vorliegt, so gilt mit Gl. (7.37)

$$\begin{aligned} \dot{\tilde{\boldsymbol{x}}} &= \boldsymbol{f}(\tilde{\boldsymbol{x}}, u) + \left(\frac{\partial \boldsymbol{q}}{\partial \tilde{\boldsymbol{x}}}\right)^{-1} \boldsymbol{\ell}(\varepsilon)(y - \boldsymbol{c}^T \boldsymbol{q}(\tilde{\boldsymbol{x}}, u)) \\ &= \boldsymbol{f}(\tilde{\boldsymbol{x}}, u) + \begin{bmatrix} r_{11} & r_{12} \\ 1 & 0 \end{bmatrix} \boldsymbol{\ell}(\varepsilon)(y - \tilde{x}_2) \end{aligned}$$

mit den Abkürzungen

$$\begin{aligned} r_{11} &= -\frac{\beta(1+\tilde{x}_2)^2 e^{\alpha/(1+\tilde{x}_2)} + kd\alpha(\tilde{x}_1 - 1)}{kd(1+\tilde{x}_2)^2}, \\ r_{12} &= -\frac{e^{\alpha/(1+\tilde{x}_2)}}{kd}. \end{aligned}$$

Die Beobachterrückführung wird mittels $\varepsilon = 0.1$, $\lambda_1 = -1.69$ und $\lambda_2 = -2.6$ dimensioniert. Für die in Bild 7.17 gezeigte Simulation wurde

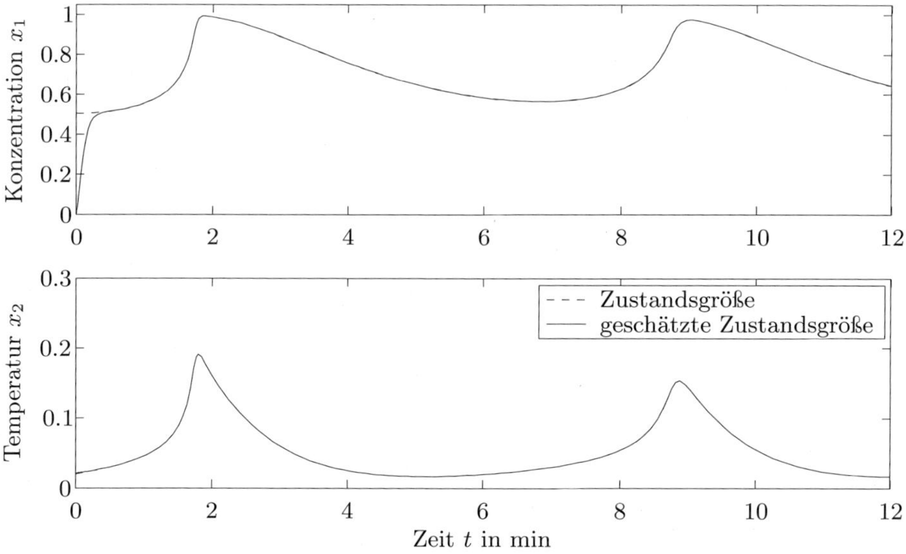

Bild 7.17: Verläufe der beobachteten und der wahren Zustände des chemischen Reaktors, d. h. der normierten Konzentration x_1 und der normierten Temperatur x_2.

$$\boldsymbol{x}_0^T = [0.504 \;\; 0.02]$$

als Startzustand des Systems gewählt. Als Anfangsvektor für den Beobachter wurde

$$\tilde{\boldsymbol{x}}_0^T = [0 \;\; 0.02]$$

angesetzt, da $\tilde{x}_1(0)$ nicht messbar ist und $\tilde{x}_2(0)$ aus der Temperaturmessung direkt verwendet werden kann. Die Stellgröße ist

$$u(t) = -0.01.$$

In Bild 7.17 sind die Konzentration x_1 und die Temperatur x_2 sowie die geschätzten Größen $\tilde{x}_1$ und $\tilde{x}_2$ dargestellt. Die geschätzte Zustandsgröße $\tilde{x}_1$ erreicht nach ungefähr 25 s den tatsächlichen Wert der Zustandsgröße x_1. Wie zu erwarten, ist zwischen Messwert x_2 und geschätztem Wert $\tilde{x}_2$ nahezu kein Unterschied im zeitlichen Verlauf feststellbar.

7.5.4 Der Fall eingangslinearer Systeme

Wir waren bisher für den Entwurf von High-gain-Beobachtern davon ausgegangen, dass die Regelstrecke in der Form

$$\begin{aligned} \dot{\boldsymbol{x}} &= \begin{bmatrix} x_2 \\ x_3 \\ \vdots \\ x_n \\ \varphi(\boldsymbol{x}, u, \dot{u}, \ldots, u^{(n-1)}) \end{bmatrix}, \\ y &= x_1 \end{aligned} \tag{7.42}$$

vorliegt oder in diese Form transformiert wurde. Dies wird, wie schon des Öfteren erwähnt, nur in wenigen Fällen auch so sein. Glücklicherweise lassen sich viele eingangslineare Systeme, also Systeme der Form

$$\begin{aligned} \dot{\boldsymbol{x}} &= \boldsymbol{a}(\boldsymbol{x}) + \boldsymbol{b}(\boldsymbol{x}) \cdot u, \\ y &= c(\boldsymbol{x}), \end{aligned}$$

in die obige Form (7.42) mittels einer Transformation

$$\boldsymbol{z} = \boldsymbol{q}(\boldsymbol{x}) = \boldsymbol{t}(\boldsymbol{x}) \tag{7.43}$$

eineindeutig umformen. Diese Umformung haben wir bereits in Kapitel 5.2 und auch in Abschnitt 7.1.6. S. 515, behandelt. Aus Gründen der Verständlichkeit und der Bequemlichkeit gestehen wir uns ein wenig Redundanz zu und wiederholen die Herleitung der Transformationsgleichung (7.43) noch einmal.

Angemerkt sei noch, dass die Transformation $\boldsymbol{t}$ aus Kapitel 5.2 einen Sonderfall der Transformation $\boldsymbol{q}$ aus Abschnitt 7.1.4, S. 510, bildet.

Man bestimmt die Abbildung $\boldsymbol{t}$ mittels der Lie-Derivierten

$$L_{\boldsymbol{a}}c(\boldsymbol{x}) = \frac{\partial c(\boldsymbol{x})}{\partial \boldsymbol{x}}\boldsymbol{a}(\boldsymbol{x}),$$

wobei für die mehrfache Lie-Derivierten

$$L_{\boldsymbol{a}}^{k}c(\boldsymbol{x}) = L_{\boldsymbol{a}}L_{\boldsymbol{a}}^{k-1}c(\boldsymbol{x}) = \frac{\partial L_{\boldsymbol{a}}^{k-1}c(\boldsymbol{x})}{\partial \boldsymbol{x}}\boldsymbol{a}(\boldsymbol{x})$$

gilt. Nun differenziert man die Ausgangsgröße $y = c(\boldsymbol{x})$ mehrfach nach der Zeit t und erhält

$$
\begin{aligned}
y &= c(\boldsymbol{x}),\\
\dot{y} &= \frac{\partial c(\boldsymbol{x})}{\partial \boldsymbol{x}}\dot{\boldsymbol{x}} = \frac{\partial c(\boldsymbol{x})}{\partial \boldsymbol{x}}\boldsymbol{a}(\boldsymbol{x}) + \frac{\partial c(\boldsymbol{x})}{\partial \boldsymbol{x}}\boldsymbol{b}(\boldsymbol{x})u = L_{\boldsymbol{a}}c(\boldsymbol{x}) + \underbrace{L_{\boldsymbol{b}}c(\boldsymbol{x})}_{=0}u,\\
\ddot{y} &= \frac{\partial L_{\boldsymbol{a}}c(\boldsymbol{x})}{\partial \boldsymbol{x}}\dot{\boldsymbol{x}} = \frac{\partial L_{\boldsymbol{a}}c(\boldsymbol{x})}{\partial \boldsymbol{x}}\boldsymbol{a}(\boldsymbol{x}) + \frac{\partial L_{\boldsymbol{a}}c(\boldsymbol{x})}{\partial \boldsymbol{x}}\boldsymbol{b}(\boldsymbol{x})u = L_{a}^{2}c(\boldsymbol{x}) + \underbrace{L_{\boldsymbol{b}}L_{\boldsymbol{a}}c(\boldsymbol{x})}_{=0}u,\\
&\;\;\vdots\\
y^{(\delta-1)} &= \frac{\partial L_{\boldsymbol{a}}^{\delta-2}c(\boldsymbol{x})}{\partial \boldsymbol{x}}\dot{\boldsymbol{x}} = L_{\boldsymbol{a}}^{\delta-1}c(\boldsymbol{x}) + \underbrace{L_{\boldsymbol{b}}L_{\boldsymbol{a}}^{\delta-2}c(\boldsymbol{x})}_{=0}u,\\
y^{(\delta)} &= \frac{\partial L_{\boldsymbol{a}}^{\delta-1}c(\boldsymbol{x})}{\partial \boldsymbol{x}}\dot{\boldsymbol{x}} = L_{\boldsymbol{a}}^{\delta}c(\boldsymbol{x}) + \underbrace{L_{\boldsymbol{b}}L_{\boldsymbol{a}}^{\delta-1}c(\boldsymbol{x})}_{\neq 0}u.
\end{aligned}
$$

Man leitet y in obigem Schema so lange ab, bis erstmals der mit der Stellgröße u verbundene Term

$$L_{\boldsymbol{b}}L_{\boldsymbol{a}}^{\delta-1}c(\boldsymbol{x}) \neq 0$$

ist. Die obige Ableitungskette entspricht, wie erwähnt, derjenigen, die beim Reglerentwurf mittels exakter Linearisierung in Kapitel 5.2 auftritt. Der Ableitungsgrad δ, bei dem erstmals $L_{\boldsymbol{b}}L_{\boldsymbol{a}}^{\delta-1}c(\boldsymbol{x}) \neq 0$ ist, wird – wie schon bei der exakten Linearisierung – als *Differenzordnung* δ oder *relativer Grad* bezeichnet.

Im Weiteren werden nur Systeme betrachtet, bei denen die Differenzordnung δ gleich der Systemordnung n ist, also

$$\delta = n$$

gilt. Obige Ableitungskette hat dann die Form

$$\begin{aligned} y &= c(\boldsymbol{x}), \\ \dot{y} &= L_{\boldsymbol{a}} c(\boldsymbol{x}), \\ \ddot{y} &= L_{\boldsymbol{a}}^2 c(\boldsymbol{x}), \\ &\vdots \\ y^{(n-1)} &= L_{\boldsymbol{a}}^{n-1} c(\boldsymbol{x}), \\ y^{(n)} &= L_{\boldsymbol{a}}^n c(\boldsymbol{x}) + L_{\boldsymbol{b}} L_{\boldsymbol{a}}^{n-1} c(\boldsymbol{x}) \cdot u\,. \end{aligned} \tag{7.44}$$

Man definiert nun neue Zustandsvariablen

$$\boldsymbol{z} = \begin{bmatrix} z_1 \\ z_2 \\ z_3 \\ \vdots \\ z_n \end{bmatrix} = \begin{bmatrix} y \\ \dot{y} \\ \ddot{y} \\ \vdots \\ y^{(n-1)} \end{bmatrix} = \begin{bmatrix} c(\boldsymbol{x}) \\ L_{\boldsymbol{a}} c(\boldsymbol{x}) \\ L_{\boldsymbol{a}}^2 c(\boldsymbol{x}) \\ \vdots \\ L_{\boldsymbol{a}}^{n-1} c(\boldsymbol{x}) \end{bmatrix} = \boldsymbol{t}(\boldsymbol{x}) \tag{7.45}$$

und erhält so auch gleich die gesuchte Abbildung $\boldsymbol{t}(\boldsymbol{x})$. Mit den Gleichungen (7.44) und (7.45) ergibt sich die gesuchte Systemdarstellung

$$\begin{bmatrix} \dot{z}_1 \\ \vdots \\ \dot{z}_{n-1} \\ \dot{z}_n \end{bmatrix} = \begin{bmatrix} z_2 \\ \vdots \\ z_n \\ L_{\boldsymbol{a}}^n c(\boldsymbol{x}) + L_{\boldsymbol{b}} L_{\boldsymbol{a}}^{n-1} c(\boldsymbol{x}) \cdot u \end{bmatrix},$$
$$y = z_1\,,$$

in der noch in der letzten Zeile der Originalzustand $\boldsymbol{x}$ durch $\boldsymbol{z}$ mittels

$$\boldsymbol{z} = \boldsymbol{t}(\boldsymbol{x}) \quad \text{bzw.} \quad \boldsymbol{x} = \boldsymbol{t}^{-1}(\boldsymbol{z})$$

zu ersetzen ist. So erhält man schließlich

$$\begin{bmatrix} \dot{z}_1 \\ \vdots \\ \dot{z}_{n-1} \\ \dot{z}_n \end{bmatrix} = \begin{bmatrix} z_2 \\ \vdots \\ z_n \\ \varphi(\boldsymbol{z}, u) \end{bmatrix}, \qquad y = z_1 \tag{7.46}$$

mit

$$\varphi(\boldsymbol{z}, u) = L_{\boldsymbol{a}}^n c(\boldsymbol{t}^{-1}(\boldsymbol{z})) + L_{\boldsymbol{b}} L_{\boldsymbol{a}}^{n-1} c(\boldsymbol{t}^{-1}(\boldsymbol{z})) \cdot u.$$

Mittels der Brunovský-Normalform kann Gl. (7.46) in der Form

$$\begin{aligned} \dot{\boldsymbol{z}} &= \boldsymbol{A}\boldsymbol{z} + \boldsymbol{b}\varphi(\boldsymbol{z}, u), \\ y &= \boldsymbol{c}^T \boldsymbol{z} \end{aligned}$$

mit

$$A = \begin{bmatrix} 0 & 1 & 0 \cdots 0 \\ 0 & 0 & 1 \cdots 0 \\ \vdots & \vdots & \vdots \quad \vdots \\ 0 & 0 & 0 \cdots 1 \\ 0 & 0 & 0 \cdots 0 \end{bmatrix}, \quad b = \begin{bmatrix} 0 \\ 0 \\ \vdots \\ 0 \\ 1 \end{bmatrix}, \quad c^T = \begin{bmatrix} 1 \; 0 \cdots 0 \end{bmatrix}$$

dargestellt werden.

Der zugehörige Beobachter

$$\dot{\tilde{z}} = A\tilde{z} + b\varphi(\tilde{z}, u) + \ell(\varepsilon)\big(y - c^T \tilde{z}\big) \tag{7.47}$$

kann auch mittels

$$\tilde{z} = t(\tilde{x}) \tag{7.48}$$

so transformiert werden, dass er in den Koordinaten des Originalsystems

$$\begin{aligned} \dot{x} &= a(x) + b(x) \cdot u, \\ y &= c(x) \end{aligned} \tag{7.49}$$

vorliegt. Es gilt, wenn man Gl. (7.48) in Gl. (7.47) einsetzt, für den Schätzvektor $\tilde{x}$ in Originalkoordinaten

$$\frac{dt(\tilde{x})}{dt} = A\ t(\tilde{x}) + b\ \varphi(t(\tilde{x}), u) + \ell(\varepsilon)\big(y - c^T t(\tilde{x})\big)$$

und somit

$$\frac{\partial t(\tilde{x})}{\partial \tilde{x}} \dot{\tilde{x}} = A\ t(\tilde{x}) + b\ \varphi(t(\tilde{x}), u) + \ell(\varepsilon)\,(y - c(\tilde{x})).$$

In der letzten Gleichung multipliziert man linksseitig mit der Inversen der Jacobi-Matrix $\partial t(x)/\partial x$ und erhält letztendlich die Formel des High-gain-Beobachters in Originalkoordinaten zu

$$\dot{\tilde{x}} = a(\tilde{x}) + b(\tilde{x}) \cdot u + \left(\frac{\partial t(\tilde{x})}{\partial \tilde{x}}\right)^{-1} \ell(\varepsilon)\,(y - \tilde{y}), \tag{7.50}$$

wobei $\tilde{y} = c(\tilde{x})$ gilt. Bild 7.18 zeigt die Struktur des High-gain-Beobachters für das Originalsystem (7.49). Obige Gleichung (7.50) resultiert auch unmittelbar aus der allgemeinen Gleichung (7.37) des High-gain-Beobachters.

Abschließend sei angemerkt, dass High-gain-Beobachter auch entworfen werden können, wenn der relative Grad δ kleiner als die Systemordnung n ist, also

$$\delta < n$$

gilt. Allerdings ist die Transformation $z = t(x)$ dann komplexer. Man beachte hierzu die Ausführungen, insbesondere auch zur Beobachtbarkeit solcher Systeme, des Kapitels 5.2.

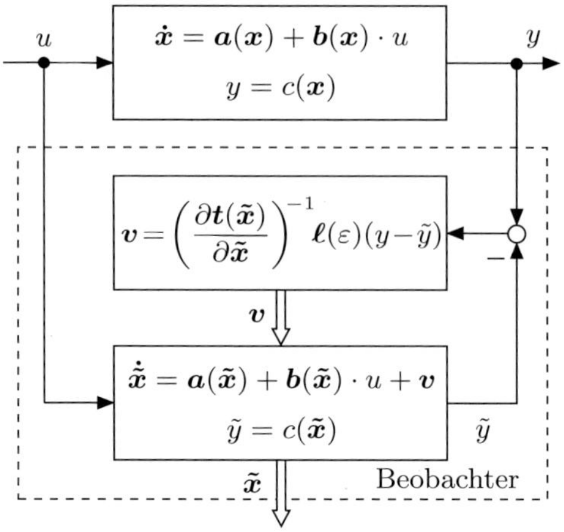

Bild 7.18: Struktur des High-gain-Beobachters für eingangslineare Systeme.

8

Wörterbuch

8.1 Deutsch → Englisch

AE = American English
BE = British English

A

Ablaufsteuerung sequencer; sequence control; sequential control; step control
Ableitung derivative
abschnittweise lineare Regelung piecewise linear control
absolut stabil absolutely stable
Abschwächung attenuation
Abtaster sampler
Abtasthalteglied sample and hold element
Abtastintervall sampling interval
Abtastperiode sampling period
Abtastrate sampling rate; sample rate
Abtastregelung sampling control; discrete control
Abtastsystem sampled-data system; discrete system
Abtasttheorem sampling theorem
Abtastzeit sampling time; ∼ interval; sample period
Abweichung offset
Ackermann-Formel Ackermann's formula
Adaptation adaption
Adaption adaption
adaptive Regelung adaptive control
adaptives Regelungssystem adaptive control system
Ähnlichkeitstransformation similarity transformation
Aisermans Vermutung Aizerman's conjecture
Allpass all-pass filter; ∼ element
Amplitude magnitude[1]; amplitude
Amplitudengang amplitude response; magnitude plot[1]; gain response
Amplitudenrand amplitude margin; gain ∼
Amplitudenreserve amplitude margin; gain ∼
Amplitudenspektrum amplitude spectrum; magnitude ∼
analog analog*AE*; analogue*BE*
Analog-Digital-Wandler analog-to-digital converter; analog-digital converter; digitizer*AE*; digitiser*BE*
Anfahrsteuerung bzw. -regelung start-up control
Anfangswert initial value
Anfangswertsatz initial value theorem
Anfangszustand initial state

[1] Nur in der Regelungstechnik

Anregelzeit rise time
Anstiegsantwort ramp response
Anstiegsfunktion ramp function
Anstiegszeit rise time
Antwortfunktion der homogenen Zustandsgleichung zero-input response
Antwortfunktion der inhomogenen Zustandsgleichung zero-state response
Antwortfunktion im Zeitbereich (auf ein vorgegebenes Eingangssignal) transient response
aperiodisch aperiodic; overdamped ($D > 1$)
aperiodische Dämpfung aperiodic damping; ~ attenuation
aperiodischer Grenzfall critically damped ($D = 1$)
Arbeitsbereich operating range
Arbeitspunkt operating point
asymptotisch stabil asymptotically stable
asymptotisches Verhalten asymptotic behavior^{AE}; ~ behaviour^{BE}
attraktiv attractive
Attraktivität attractivity
Ausgangsgleichung output equation
Ausgangsgröße output variable; ~ quantity
Ausgangsmatrix ($\boldsymbol{C}$) output matrix
Ausgangsrückführung output feedback
Ausgangsvektor ($\boldsymbol{c}$) output vector
Ausgleichszeit build-up time
Ausregelzeit settling time
Automat automaton
autonom autonomous

B

Backstepping backstepping
Bandbreite bandwidth
Begleitmatrix companion matrix
Begrenzung limiting; saturation
Begrenzungsglied saturator
Beharrungszustand steady-state
beobachtbares System observable system
Beobachtbarkeit observability
Beobachtbarkeitsmatrix ($\boldsymbol{M}_B$) observability matrix
Beobachter observer; estimator
Beobachtungsfehler observer-error
Beobachtungsfehlergleichung observer-error state equation
Beobachtungsmatrix ($\boldsymbol{L}$) observer matrix
Beobachtungsmodell observer model
Beobachtungsnormalform observable canonical form
Beobachtungsvektor ($\boldsymbol{L}$) observer vector
Beschreibungsfunktion describing function
Betragsoptimum amplitude optimum
Betragsregelfläche integral of absolute value of error (IAE)
Betragsregelfläche, zeitgewichtete integral of time multiplied by absolute value of error (ITAE)
BIBO-Stabilität BIBO stability
Blockdiagramm block diagram
Blockschaltbild block diagram
Bode-Diagramm Bode diagram; ~ plot; frequency response characteristics
Brunovský-Normalform Brunovský canonical form

C

chaotisches System chaotic system
charakteristische Gleichung characteristic equation
charakteristisches Polynom characteristic polynomial
Control-Ljapunov-Funktion control-Lyapunov function (CLF)
Coulomb'sche Reibung Coulomb friction

D

Dämpfung damping; attenuation
Dämpfungsfaktor damping factor
Dämpfungskoeffizient damping coefficient
Dämpfungskonstante damping constant
Dämpfungverhältnis damping ratio
DDC-Regelung direct digital control (DDC)
Deadbeat-Regelung deadbeat control
Deadbeat-Sprungantwort deadbeat-step response
D-Element D-(derivative) element
Deskriptorsystem descriptor system
dezentrale Regelung decentralized^{AE} control; decentralised^{BE} ∼
Dezibel (dB) decibel
Diffeomorphismus diffeomorphism
Differenzialgleichung (DGL) differential equation; difference equation
Differenzialgleichung 1. Ordnung first order differential equation
Differenzialgleichung 2. Ordnung second order differential equation
Differenzengleichung difference equation
differenziell flach differentially flat
Differenzierbeiwert derivative action coefficient
Differenzierelement 1. Ordnung first order derivative element; first order lead element
Differenzordnung relative degree
Digital-Analog-Wandler digital-analog^{AE} converter; digital-analogue^{BE} ∼; digital-to-analog^{AE} ∼; digital-to-analogue^{BE} ∼
digitale Regelung digital control
digitaler Regler digital controller
digitales Signal digital signal
dominanter Pol dominant pole
dominantes Polpaar dominant pair of poles
D-Regler derivative controller
Dreipunktglied three-step action element; relay with dead zone; dead band element
Dreipunktregler three-step switching controller; three-point controller
Dreipunktregelung three-step control
driftfreies System driftless system
DT$_1$-Element derivative element with first order lag
Durchgangsfaktor (d) feedthrough factor
Durchgangsmatrix ($\boldsymbol{D}$) feedthrough matrix
Durchgangsvektor ($\boldsymbol{d}$) feedthrough vector
Durchgang, Durchgriff throughput
Durchtrittskreisfrequenz gain crossover angular frequency
D-Verhalten D-(derivative) action; rate action
Dynamikforderung speed-of-response specification
dynamisches System dynamical system
dynamisches Verhalten dynamic behavior^{AE}; ∼ behaviour^{BE}

E

E/A-Beschreibung input-output description; external description
E/A-Stabilität input-output stability
E/A-Verhalten input-output performance
Eckfrequenz corner frequency; cut-off frequency
Eckkreisfrequenz corner angular frequency
Eigenbewegung zero-input response; natural response
Eigenfrequenz natural frequency
Eigenkreisfrequenz damped natural angular frequency
Eigenwert eigenvalue

Eingang input
eingangsaffines System control-affine system; affine-in-control ∼
Eingangs-/Ausgangslinearisierung input-output-linearization^{AE}, -linearisation^{BE}
Eingangs-/Zustandslinearisierung input-state-linearization^{AE}, -linearisation^{BE}
Eingangsgröße input; ∼ variable
eingangslineares System control-affine system; affine-in-control ∼
Eingangsmatrix (*B*) input matrix
Eingangssignal input signal
Eingangsvektor (*b*) input vector
eingeschwungener Zustand steady state
Eingrößensystem single-input, single-output (SISO) system
Einheitsanstiegsantwort unit-ramp response
Einheitsanstiegsfunktion unit-ramp function
Einheitsimpuls unit impulse
Einheitsimpulsantwort unit-impulse response
Einheitsimpulsfunktion unit-impulse function
Einheitskreis unit circle
Einheitsmatrix unit matrix
Einheitssprungfunktion unit-step function
Einheitsvektor unit vector
einschleifige Regelung single-loop feedback system
Einschwingzeit settling time
Einstellfaktor tuning factor
Einstellregeln tuning rules
Einzugsgebiet positively invariant set
Einzugsgebiet, maximales region of asymptotic stability (RAS); domain of attraction; basin
Element mit Begrenzung limiting nonlinearity; saturation nonlinearity
Element mit eindeutiger Kennlinienfunktion singled-valued nonlinearity
Element mit Hysterese nonlinearity with hysteresis
Element mit Lose backlash nonlinearity
Element mit mehrdimensionaler Kennlinienfunktion multivalued nonlinearity
Element mit Sättigung limiting nonlinearity; saturation nonlinearity
Element mit Totzone dead-zone nonlinearity
Element mit Zweipunktkennlinien on-off nonlinearity
Element mit Zweipunktverhalten two-valued nonlinearity
Empfindlichkeit sensitivity
Empfindlichkeitsfunktion sensitivity function
Endwertsatz final-value theorem
Entkopplung decoupling
Entwurf design
Ermittelbarkeit detectability
Erreichbarkeit reachability
erweitertes Kalman-Filter (EKF) extended Kalman filter (EKF)
erzwungene Bewegung zero-state response; forced response
exakte Eingangs-/Ausgangslinearisierung exact input-output linearization^{AE}; ∼ linearisation^{BE}
exakte Linearisierung feedback linearization^{AE}; linearization^{AE} by state feedback; exact linearization^{AE}; ∼ linearisation^{BE}
exakte Zustandslinearisierung exact state linearization

F

Faltungsintegral convolution integral
Faltungssatz convolution theorem
Faltungssumme discrete convolution sum
Feder-Masse-Dämpfer-System spring-mass-dashpot system; spring-mass-damping system
Festwertregelung fixed command control; constant-value control; fixed set-point control

fiktiver flacher Ausgang fictitious flat output
flacher Eingang flat input
flacher Ausgang flat output
flaches System flat system
Flachheit flatness
flachheitsbasierte Regelung flatness-based control
Flussdiagramm flow diagram
Folgefehler tracking error
Folgeregelung tracking control; follow-up ∼; follower ∼; variable command control
Fourier-Transformation Fourier transformation
Fourier-Transformierte Fourier transform
freie Bewegung free motion
Freiheitsgrad degree of freedom (DOF)
Frequenzbereich frequency domain
Frequenzgang frequency response
Frequenzgang des geschlossenen Regelkreises closed-loop frequency response
Frequenzgang des offenen Regelkreises open-loop frequency response
Frequenzspektrum frequency spectrum
Führungsgröße reference variable; ∼ input; ∼ signal
Führungsübergangsfunktion command step response
Führungsübertragungsfunktion control transfer function
Führungsverhalten command action; ∼ response; response to setpoint changes
Füllstandsregelung level control
Fundamentalmatrix fundamental matrix; state-transition matrix
Fuzzy-Regelung fuzzy control
Fuzzy-Steuerung fuzzy control

G

Gegenkopplung negative feedback
gekoppeltes System coupled system
Geradenbedingung für Flachheit ruler condition
Gershgorin-Kreise Gershgorin circles
Gesamtübertragungsfunktion overall transfer function
Geschwindigkeitsfehler velocity (ramp) error
Geschwindigkeitsregelung velocity control system; speed control
Gewichtsfunktion impulse response; weighting function
Gewichtsfunktionsmatrix impulse response matrix
gewöhnliche Differenzialgleichung ordinary differential equation (ODE)
Gleichgewichtszustand equilibrium state
Gleichungsfehler equation error
gleitende Mittelwertbildung moving average
gleitender Horizont moving horizon
Gleitreibung dynamic friction; sliding friction; kinetic friction
Gleitzustand sliding mode
Gleitzustandsregler sliding mode controller
global asymptotisch stabil globally asymptotically stable
Gram'sche Beobachtbarkeitsmatrix observability Gramian
Gram'sche Steuerbarkeitsmatrix controllability Gramian
Grenzzyklus limit cycle
Grenzfrequenz corner frequency; cut-off frequency
Größe variable
Gütefunktion cost function; performance function; ∼ index; ∼ specification
Güteforderung siehe Gütefunktion
Gütekriterium siehe Gütefunktion

H

Haftreibung static friction; stiction; adhesion
Halteglied nullter Ordnung zero-order hold element (ZOH)
Hamilton-System Hamiltonian system
Handregelung manual control
harmonische Balance describing function analysis; ~ method; harmonic balance
High-gain-Beobachter; Beobachter mit hoher Verstärkung high-gain observer
hochfrequentes Schalten chattering; high frequent switching
homogene Differenzialgleichung 1. Ordnung first order homogeneous differential equation
homogene Differenzialgleichung 2. Ordnung second order homogeneous differential equation
Hurwitz-Kriterium Hurwitz stability criterion
Hurwitz-Matrix Hurwitz matrix
Hurwitz-Sektor Hurwitz sector
hybrides System hybrid system
Hyperstabilität hyperstability
Hysterese hysteresis

I

I-Element I-(integral) element
imaginäre Polstellen imaginary poles
Imaginärteil imaginary part
Impulsantwort impulse response
Impulsfunktion impulse function
instabil unstable
instabiles System unstable system
Instabilität instability
Integrator integrator
Integrator-Backstepping integrator backstepping
Integrierbeiwert integration constant
Integrierglied I-(integral) element
Integrierzeitkonstante integral time constant; constant of integrator
interne Dynamik internal dynamics
inverse Dynamik inverse dynamics
Inverse einer Matrix inverse matrix
inverse Laplace-Transformation inverse Laplace transformation
I-Regler I (integral)-controller
Istwert actual value
IT_1-Element I-(integral) element with first order lag
I-Verhalten I-(integral) action
I-Zustandsregelung I-(integral) control with state feedback

K

Kalman-Filter Kalman filter; linear-quadratic estimator
Kalman-Jakubovich-Lemma Kalman-Yakubovich-lemma
kanonische Form canonical form
Kaskadenregelung cascade control
Kaskadenstruktur cascade structure
Kausalität causality
Kennkreisfrequenz undamped natural angular frequency; characteristic angular frequency
Kennlinie graph; characteristic curve
Kennlinien mit mehreren Eingangsgrößen multivalued nonlinearity
Kettenstruktur series structure
Knotenpunkt node
Kompensation, dynamische dynamic compensation
Kompensator compensator
konzentrierte Parameter lumped parameters
Kopplung coupling
Korrekturglied, phasenabsenkendes lead compensator
Korrekturglied, phasenanhebendes lag compensator
Kreiskriterium circle criterion

Kreisstruktur circle structure
Kreisverstärkung closed-loop gain; gain; loop gain
kritische Dämpfung (PT$_2$-Element mit $D = 1$) critical damping
kritisch gedämpftes System (PT$_2$- Element mit $D = 1$) critically damped system

L

Lageregelung position control system
Laplace-Transformationspaar Laplace-transform pair
Laplace-Operator Laplace operator
Laplace-Transformation Laplace transformation
Laplace-Transformierte Laplace transform
Laplace-Übertragungsfunktion Laplace transfer function
Laplace-Variable Laplace operator
Leistungsverstärker power amplifier
Lie-Ableitung Lie derivativ
Lie-Bäcklund Isomorphismus Lie-Bäcklund isomorphism
Lie-Bäcklund Transformation Lie-Bäcklund transformation
Lie-Derivierte Lie derivativ
Lie-Klammer Lie bracket
linear-quadratische Regelung linear-quadratic control (LQC)
lineare Matrixungleichung linear matrix inequality (LMI)
lineares parametervariables System linear parameter-varying system (LPV)
lineares Regelungssystem linear control system
lineares zeitinvariantes Regelungssystem linear time-invariant (LTI) control system
Linearisierung linearization^{AE}; linearisation^{BE}
Linearität linearity
linke s-Halbebene left half s-plane (LHP)
Ljapunov-Funktion Lyapunov function
Ljapunov-Gebiet positively invariant set
Ljapunov-Stabilität Lyapunov stability; stability in the sense of Lyapunov
Ljapunov, direkte Methode von Lyapunov's direct method; ∼ second method
Ljapunov, erste Methode von Lyapunov's first method
Ljapunov, indirekte Methode von Lyapunov's indirect method; ∼ first method
Ljapunov, zweite Methode von Lyapunov's second method
logarithmische Matrixnorm logarithmic matrix norm
Lose backlash; ∼ nonlinearity; system with play
Luenberger-Beobachter Luenberger observer

M

mathematische Modellbildung mathematical modeling^{AE}; ∼ modelling^{BE}
mathematisches Modell mathematical model
Masse-Feder-System mass-spring system
Matrixexponentialfunktion matrix exponential (function)
Matrixnorm measure of a matrix
Mehrgrößenregelung multivariable control; multiple-input, multiple-output control system
Mehrgrößensystem multiple-input, multiple-output system; multivariable system; MIMO-System
Messeinrichtung measuring device
Messglied sensor
Messrauschen measurement noise
Messwandler measuring transducer

Methode der Beschreibungsfunktion describing function analysis; describing function method; harmonic balance
Methode der kleinsten Quadrate least-squares (LS) method
minimalphasiges System minimum-phase system
Mitkopplung positive feedback
modale Regelung modal control
modellbasierte prädiktive Regelung (MPR) model predictive control (MPC)
Modellbildung model building; modeling^{AE}; modelling^{BE}
Modellunsicherheit model uncertainty
Modellvereinfachung model aggregation; ∼ simplification; ∼ reduction
Moore-Penrose-Inverse; Pseudoinverse Moore-Penrose pseudoinverse

N

Nachlauffehler tracking error
Nachstellzeit reset time
Nennergrad denominator degree; order of denominator
Nennerpolynom denominator polynomial
Nichols-Diagramm Nichols plot
nichtlineare Differenzialgleichung nonlinear differential equation
nichtlinearer Beobachter nonlinear observer
nichtlineares Element nonlinear element
nichtlineares Regelungssystem nonlinear feedback control system
nichtlineares System nonlinear system
nichtminimalphasiges System non minimum phase system
nichtsteuerbares System uncontrollable system
Normalform, kanonische Form normal form; canonical form
normierte Dämpfung damping ratio
Nulldynamik zero dynamics
Nullstelle zero; root
nullzustandsermittelbar zero-state detectable
nullzustandsbeobachtbar zero-state observable
Nyquist-Kriterium Nyquist (stability) criterion
Nyquist-Kurve Nyquist (contour) plot

O

offener Regelkreis open-loop system
omnidirektional omnidirectional
Operationsverstärker operational amplifier
optimale Regelung optimal control
Optimierung optimization^{AE}; optimisation^{BE}
Ortskurve der Frequenzgangfunktion Nyquist diagram; ∼ plot; polar plot

P

Padé-Approximation Padé approximation
Parallelschaltung parallel connection^{AE}; ∼ connexion^{BE}
Parallelstruktur parallel structure
Parameterempfindlichkeit parameter sensitivity
Parameteridentifikation parameter identification;
Parametermodell parameter model
Parameteroptimierung parameter optimization^{AE}; ∼ optimisation^{BE}
Parameterschätzverfahren parameter estimation method
Parametervariation variation of parameters
Park-Transformation Park transformation
Partialbruchzerlegung partial fraction expansion
passiv passive

Passivität passivity
PD-Regler PD-(proportional-plus-derivative) -controller
PDT$_1$ (Lead)-Element (-Regler) phase-lead compensator
P-Element P-(proportional) element
periodisch periodic; underdamped ($0 \leq D < 1$)
Phasenebene phase plane
Phasenebene; Methode der phase plane analysis
Phasengang phase plot; Bode phase plot
Phasenkorrektur phase correction
Phasennacheilung phase lag
Phasenportrait phase portrait
Phasenrand phase margin
Phasenreserve phase margin
Phasenschnittkreisfrequenz phase crossover (angular) frequency
Phasenverschiebung phase shift
Phasenvoreilung phase lead
Phasenwinkel phase angle
PID-Regler PID-(proportional-plus-integral-plus-derivative) controller; three-term controller
PI-Regler PI-(proportional-plus-integral) -controller; two-term controller
PI-Zustandsregelung PI-(proportional-plus-integral) control with state feedback
pneumatischer Regler pneumatic controller
Pol/Nullstellen-Bild pole-zero map
Pol/Nullstellen-Diagramm pole-zero plot; ~ diagram
Pol/Nullstellen-Kürzen pole-zero cancellation
Polstelle pole
Polüberschuss pole excess; pole-zero excess
Polvorgabe pole placement
Polzuweisung pole assignment
Popov, Stabilitätskriterium von Popov stability criterion; Popov criterion
Popov-Gerade Popov line
Popov-Ortskurve Popov plot
positiv definit positive definite
positiv reell positive real
positiv semidefinit positive semidefinite
prädiktive Regelung predictive control
P-Regelung P-(proportional) control
P-Regler P-(proportional) controller
Proportionalbeiwert proportional constant; ~ gain; DC gain
Proportionalglied P-(proportional) element
Proportionalregelung proportional control
Prozess, stochastischer stochastic process
prozessabhängige Ablaufsteuerung process-dependent sequential control; process-oriented sequential control
Prozessleitsystem process control system
Prozessregelung process control
Pseudoinverse Moore-Penrose pseudoinverse
PT$_1$-Element first order lag element
PT$_2$-Element second order lag element
PT$_2$-Element (mit $D < 1$; Schwingungsfall) underdamped system
PT$_2$-Element (mit $D > 1$; Kriechfall) overdamped system
P-Verhalten P-(proportional) action

Q

quadratische Form quadratic form
quadratische Regelfläche integral of squared error (ISE)

R

Rang einer Matrix rank of matrix
radial unbegrenzt radially unbounded
Rattern chattering
Realteil real part
rechnergestützter Entwurf computer-aided design
rechte s-Halbebene right half s-plane (RHP)
Regelabweichung control error; offset
Regelabweichung, bleibende steady-state error; ~ offset
Regelalgorithmus control algorithm
Regelbereich control range; operating range
Regeldifferenz control error; error variable
Regeleinrichtung control equipment
Regelfehler control error
Regelfläche, zeitlinear gewichtete quadratische integral of time multiplied by squared error (ITSE)
Regelfläche, zeitquadratisch gewichtete quadratische integral of squared time multiplied by squared error (ISTSE)
Regelgenauigkeit im Beharrungszustand steady-state control accuracy
Regelgeschwindigkeit control rate
Regelgröße controlled variable; plant output
Regelkreis closed-loop system; feedback control system; control loop; control system
Regelstrecke plant; controlled system; control object
Regelung feedback control; closed-loop control; control[2]
Regelung, modale modal control
Regelungsgenauigkeit control accuracy
Regelungsnormalform controllable canonical form
Regelungssystem automatic feedback control system; control system[3]
Regelungssystem mit direkter Gegenkopplung (d. h. ohne Regler) unity-feedback control system
Regelungstechnik control system technology; control engineering
Regelungsverhalten control action; controller action
Regler controller; compensator; regulator; governor[4]
Reglereinstellung controller setting; ~ tuning
Reglerentwurf controller design
Reglergesetz control law
Reglerverstärkung feedback gain
Reibung friction
Reibung beim Ruckgleiten stick-slip-friction
Reihenschaltung series connection^{AE}; ~ connexion^{BE}
relativer Grad relativ degree
Resonanzfrequenz resonance frequency; resonant ~
Resonanzkreisfrequenz resonant angular frequency
Resonanzüberhöhung resonant peak; resonance ~
Resonanzwert des Amplitudengangs (PT_2-Element) resonant peak magnitude; resonance ~
reziproke Übertragungsfunktion inverse transfer function
Riccati-Regler linear-quadratic control (LQC)
robuste Regelung robust control system
robuster Regler robust controller
Robustheit robustness
Rollreibung rolling friction
Ruckgleiten stick-slip

[2] Wird für Regelung und Steuerung verwendet.
[3] Wird für Regelung und Steuerung verwendet.
[4] Nur bei speziellen Anwendungen.

Rückführdifferenzfunktion return difference function
Rückführdifferenzmatrix return difference matrix
Rückführgröße feedback variable
Rückführung feedback
Rückführungsschleife control loop; feedback loop
Rückkopplung feedback
Rückkopplungsschaltung feedback connection^{AE}; ∼ connexion^{BE}
Rückwärtsdifferenz backward difference
Ruhelage equilibrium point; ∼ state
Runge-Kutta-Verfahren Runge-Kutta method

S

Sattelpunkt saddle point
Sättigung saturation
Sättigungsregler saturation control; saturated ∼
Schnittfrequenz crossover frequency
Schalter switch; relay
Schwingung, gedämpfte damped oscillation
s-Ebene s-plane
Serienschaltung chain structure
Signal, rückgeführtes feedback signal
Signalflussgraph signal-flow graph
Signumfunktion signum function
Sinusantwort sine response
Sinusfunktion sine function
Skalarprodukt scalar product
Smith-Prädiktor Smith predictor
Sollwert desired value; set value; reference input; command input; setpoint
Sollwertfolgeregelung follow-up control
Spaltenvektor column vector
Speicherfunktion storage function
speicherprogrammierbare Steuerung (SPS) programmable logic controller (PLC)
Spiel backlash
Sprungantwort step response
Sprungfunktion step function
stabil, global asymptotisch globally asymptotically stable
Stabilisierbarkeit stabilizability^{AE}; stabilisability^{BE}
Stabilisierung stabilization^{AE}; stabilisation^{BE}
Stabilität stability
Stabilität, absolute absolute stability
Stabilität, asymptotische asymptotic stability
Stabilität des offenen Regelkreises open-loop stability
Stabilität im Sinne von Ljapunov stability in the sense of Lyapunov; Lyapunov stability
Stabilitätsuntersuchung stability analysis
Standardregelkreis standard control loop
stationäre Lösung steady-state solution
stationäre Regeldifferenz steady-state control error
stationäres Verhalten steady-state response
statische Verstärkung DC gain; static reinforcement
statisches Verhalten static behavior^{AE}; ∼ behaviour^{BE}
steife Differenzialgleichung stiff differential equation
Stelleinrichtung actuator; final controlling equipment
Stellelement final controlling element
Stellglied actuator
Stellgröße control signal; actuator ∼; control plant input; actuating variable; manipulated variable
Stellgrößenbeschränkung actuator saturation
steuerbares System controllable system
Steuerbarkeit controllability
Steuerbarkeitsmatrix (M_S) controllability matrix
Steuergröße control factor

Steuermatrix ($\underline{B}$) input matrix
Steuersignal control input
Steuerung control[5]; feedforward ∼; open loop ∼
Steuerungstechnik control engineering
Steuerungswirkung control action
Stick-Slip-Reibung stick-slip friction
stochastische Variable stochastic variable
stochastischer Prozess stochastic process
Störgröße disturbance input; ∼ variable
Störgrößenaufschaltung disturbance rejection
Störgrößenbeobachtung disturbance observation
Störgrößenkompensation disturbance compensation
Störsignal disturbance signal
Störübertragungsfunktion disturbance transfer function
Störunterdrückung disturbance rejection; ∼ attenuation
Störverhalten disturbance response
Störverhalten des Regelkreises disturbance reaction of the control loop
Störverhalten der Strecke disturbance reaction of the controlled system
Strecke mit Ausgleich controlled system with self-regulation
Strecke ohne Ausgleich controlled system without self-regulation
strenge Rückkopplungsform strict feedback form
streng passiv strictly passive
streng positiv reell strictly positive real
Strudelpunkt focus
strukurvariable Regelung variable structure control
stückweise lineare Regelung piecewise linear control

Summationselement summation element
Summationspunkt summation point
Superpositionsprinzip principle of superposition
System mit konzentrierten Parametern lumped-parameter system
System mit verteilten Parametern distributed-parameter system
System mit geschlossener Schleife closed loop system
System ohne Eigendynamik driftless system
Systemmatrix (A) system matrix

T

T_t-Element dead-time element; transport-lag element
Taylor-Reihe Taylor series
teilerfremd coprime
Testeingangssignal test input signal
Totzeit time delay; dead-time; transport lag
Totzeitelement dead-time element; transport lag element
Totzone dead-zone
Trajektorie trajectory
Trajektorienfolgeregelung trajectory tracking control; tracking control
Transitionsmatrix transition matrix
Transponierte einer Matrix transpose of a matrix
Trapeznährung für eine Integralberechnung trapezoidal approximation of integral
triviales System trivial system
trockene Reibung dry friction; Coulomb friction
Tustin-Formel Tustin's method

[5] Wird für Regelung und Steuerung verwendet.

U

Überanpassung overfitting
Übergangsfunktion step response; unit-step response
Übergangsmatrix state transition matrix; transition matrix
Übergangsverhalten transient behavior^{AE}; ∼ behaviour^{BE}
überlagerte Regelung superimposed control, primary control
Überlagerungsprinzip principle of superposition
Überschwingen overshoot
Überschwingweite overshoot; peak ∼; maximum ∼
Überschwingzeit ($t_{ü}$) peak time
Übertragungsblock block; functional block
Übertragungselement transfer element
Übertragungsfunktion transfer function
Übertragungsfunktion des geschlossenen Regelkreises closed-loop transfer function
Übertragungsfunktion des offenen Regelkreises open-loop transfer function
Übertragungsfunktion; inverse inverse transfer function
Übertragungsmatrix transfer matrix; transfer function ∼
Übertragungsverzögerung transfer lag
ungedämpfte Frequenz natural frequency
unterlagerte Regelung subsidiary control; secondary control
Unterschwingen undershoot

V

Vergleicher comparator
Vergleichsmatrix comparison matrix
Verhalten im Beharrungszustand steady-state response
Verhalten; differenzierendes rate action
Verhalten; integrierendes integral action
Verstärker amplifier
Verstärkung gain; ∼ factor
verteilter Parameter distributed parameters
Verzögerung lag; delay
Verzögerungselement 1. Ordnung lag element
Verzugszeit delay time; equivalent dead time
Verzweigung branching
Verzweigungspunkt branch point
viskose Reibung viscous friction
viskoser Reibungskoeffizient viscous friction coefficient
Vorfilter prefilter
Vorhaltzeit rate time

W

Wasserstandsregelung water-level control
weiche strukurvariable Regelung soft variable-structure control
Wirbelpunkt center
Wirkung action
Wirkungsplan action diagram
wohldefinierter relativer Grad well-defined relative degree
Wurzelort (WO) root locus
Wurzelortamplitudenbedingung root-locus amplitude (magnitude) condition
Wurzelortasymptoten root-locus asymptotes
Wurzelortaustrittswinkel root-locus angle of departure
Wurzelorteintrittswinkel root-locus angle of arrival
Wurzelortkonstruktionsregeln root-locus construction rules
Wurzelortphasenbedingung root-locus phase condition
Wurzelortskurve (WOK) root-locus plot

Wurzelortskurve eines zeitdiskreten Systems discrete root locus
Wurzelortsverfahren root locus method
Wurzelortverzweigungspunkt root-locus breakaway point; root-locus break-in point
Wurzelortzweige root-locus branches

Z

Zählergrad numerator degree; order of numerator
Zählerpolynom numerator polynomial
z-Ebene z-plane
Zeilenvektor row vector
Zeitbereich time domain
zeitdiskret discrete-time
zeitgeführte Ablaufsteuerung time-dependent sequential control
zeitinvariantes System time-invariant system
Zeitkonstante time constant
zeitkontinuierlich continuous-time
zeitoptimal time-optimal
zeitoptimale Regelung time-optimal control
zeitvariantes System time-varying system
Zeitverhalten time behavior^{AE}; ~ behaviour^{BE}
Zeitverzögerung time delay; ~ lag
z-Transformation z-transformation
z-Transformationspaar z-transform pair
z-Transformierte z-transform
z-Übertragungsfunktion z-transfer function
Zufallsgröße random variable; ~ quantity
Zufallsprozess stochastic process
Zustand state
Zustandsbeobachter state observer; estimator
Zustandsbeobachtung state observation
Zustandsdifferenzialgleichung state differential equation
Zustandsebene phase plane
Zustandsgleichung state equation
Zustandsgröße state variable
Zustandsraum state space
Zustandsregelung state control
Zustandsregler state controller
Zustandsrückführung state feedback
Zustandsübergangsmatrix state transition matrix
Zustandsvariable state variable
Zustandsvektor state vector
Zweipunktelement two-step action element; relay
Zweipunktelement mit Hysterese relay with hysteresis
Zweipunktelement mit Totzone (Dreipunktelement) relay with dead zone
Zweipunktregelung bang-bang control; on-off ~; two-step ~; two-position ~; relay feedback control system
Zweipunktregler two-step controller; two-position ~; two-point ~
Zypkin-Kriterium Tsypkin criterion

8.2 Englisch → Deutsch

AE = American English;
BE = British English

A

absolute stability absolute Stabilität
Ackermann's formula Ackermann-Formel
action Wirkung
action diagram Wirkungsplan
actual value Istwert
actuating variable Stellgröße
actuator Stelleinrichtung; Stellglied
actuator saturation Stellgrößenbeschränkung

actuator signal Stellgröße
adaptation Adaptation, Adaption
adaptive control system adaptives Regelungssystem
adaptive control adaptive Regelung
adhesion Haftreibung
affine-in-control system eingangsaffines System; eingangslineares ∼
Aizerman's conjecture Aisermans Vermutung
all-pass element Allpass
all-pass filter Allpass
amplifier Verstärker
amplitude Amplitude
amplitude margin Amplitudenrand; Amplitudenreserve
amplitude optimum Betragsoptimum
amplitude response Amplitudengang
amplitude spectrum Amplitudenspektrum
analog^{AE}; analogue^{BE} analog
analog-digital^{AE} converter; analogue-digital^{BE} ∼ Analog-Digital-Wandler
analog-to-digital^{AE} converter; analogue-to-digital^{BE} ∼ Analog-Digital-Wandler
aperiodic aperiodisch
aperiodic attenuation aperiodische Dämpfung
aperiodic damping aperiodische Dämpfung
asymptotic behavior^{AE}; ∼ behaviour^{BE} asymptotisches Verhalten
asymptotic stability asymptotische Stabilität
asymptotically stable asymptotisch stabil
attenuation Abschwächung; Dämpfung
attractive attraktiv
attractivity Attraktivität
automatic feedback control system Regelungssystem
automaton Automat
autonomous autonom

B

backlash Spiel; Lose
backlash; ∼ nonlinearity Lose; Element mit Lose
backstepping Backstepping
backward difference Rückwärtsdifferenz
bandwidth Bandbreite
bang-bang control Zweipunktregelung
BIBO stability BIBO-Stabilität
block Übertragungsblock
block diagram Blockdiagramm; Blockschaltbild
Bode diagram Bode-Diagramm
Bode phase plot Phasengang
Bode plot Bode-Diagramm
branch point Verzweigungspunkt
branching Verzweigung
Brunovský canonical form Brunovský-Normalform
build-up time Ausgleichszeit

C

canonical form kanonische Form
cascade control Kaskadenregelung
cascade structure Kaskadenstruktur
causality Kausalität
center Wirbelpunkt
chain structure Serienschaltung
chaotic system chaotisches System
characteristic angular frequency Kennkreisfrequenz
characteristic curve Kennlinie
characteristic equation charakteristische Gleichung
characteristic polynomial charakteristisches Polynom
chattering Rattern; hochfrequentes Schalten
circle criterion Kreiskriterium
circle structure Kreisstruktur
closed-loop control Regelung
closed-loop frequency response Frequenzgang des geschlossenen Regelkreises

closed-loop gain Kreisverstärkung
closed-loop system System mit geschlossener Schleife
closed-loop transfer function Übertragungsfunktion des geschlossenen Regelkreises
column vector Spaltenvektor
command action Führungsverhalten
command input Sollwert
command response Führungsverhalten
command step response Führungsübergangsfunktion
companion matrix Begleitmatrix
comparator Vergleicher
comparison matrix Vergleichsmatrix
compensator Regler; Kompensator
computer-aided design rechnergestützter Entwurf
constant of integrator Integrierzeitkonstante
constant-value control Festwertregelung
continuous-time zeitkontinuierlich
control[6] Regelung; Steuerung
control accuracy Regelungsgenauigkeit
control action Regelungsverhalten; Steuerungswirkung
control-affine system eingangsaffines System; eingangslineares System
control algorithm Regelalgorithmus
control engineering Regelungstechnik; Steuerungstechnik
control equipment Regeleinrichtung
control error Regelfehler, Regelabweichung; Regeldifferenz
control factor Steuergröße
control input Stellgröße; Steuersignal
control law Reglergesetz
control-Lyapunov function (CLF) Control-Ljapunov-Funktion
control loop Rückführungsschleife; Regelkreis
control object Regelstrecke
control range Regelbereich
control rate Regelgeschwindigkeit
control signal Stellgröße
control system Regelkreis; Regelungssystem
control system technology Regelungstechnik
control transfer function Führungsübertragungsfunktion
controllability Steuerbarkeit
controllability Gramian Gram'sche Steuerbarkeitsmatrix
controllability matrix Steuerbarkeitsmatrix ($\underline{M}_S$)
controllable canonical form Regelungsnormalform
controllable system steuerbares System
controlled system Regelstrecke
controlled system with self-regulation Strecke mit Ausgleich
controlled system without self-regulation Strecke ohne Ausgleich
controlled variable Regelgröße
controller Regler; Reglereinstellung
controller action Regelungsverhalten
controller design Reglerentwurf
controller setting Reglereinstellung
controller tuning Reglereinstellung
convolution integral Faltungsintegral
convolution theorem Faltungssatz
coprime teilerfremd
corner angular frequency Eckkreisfrequenz
corner frequency Eckfrequenz, Grenzfrequenz
cost function Gütefunktional
Coulomb friction Coulomb'sche Reibung, trockene Reibung

[6] Wird für Regelung und Steuerung verwendet.

coupled system gekoppeltes System
coupling Kopplung
critical damping kritische Dämpfung (PT_2-Element mit $D = 1$)
critically damped ($D = 1$) aperiodischer Grenzfall
critically damped system kritisch gedämpftes System (PT_2-Element mit $D = 1$)
crossover frequency Schnittfrequenz
cut-off frequency Grenzfrequenz

D

D-(derivative) action D-Verhalten
D-(derivative) element D-Element
DC gain statische Verstärkung; Proportionalbeiwert
damped natural angular frequency Eigenkreisfrequenz
damped oscillation gedämpfte Schwingung
damping Dämpfung
damping coefficient Dämpfungskoeffizient
damping constant Dämpfungskonstante
damping factor Dämpfungsfaktor
damping ratio Dämpfungverhältnis; normierte Dämpfung
dead band element Dreipunktglied
deadbeat control Deadbeat-Regelung
deadbeat-step response Deadbeat-Sprungantwort
dead-time Totzeit
dead-time element T_t-Element; Totzeitelement
dead-zone Totzone
dead-zone nonlinearity Element mit Totzone
decentralised^{BE} control; decentralized^{AE} ~ dezentrale Regelung
decibel Dezibel (dB)
decoupling Entkopplung
degree of freedom (DOF) Freiheitsgrad
delay Verzögerung
delay time Verzugszeit
denominator degree Nennergrad
denominator polynomial Nennerpolynom
derivative Ableitung
derivative action coefficient Differenzierbeiwert
derivative controller D-Regler
derivative element with first order lag DT_1-Element
describing function (DF) Beschreibungsfunktion
describing function analysis Methode der Beschreibungsfunktion; harmonische Balance
describing function method Methode der Beschreibungsfunktion; harmonische Balance
descriptor system Deskriptorsystem
design Entwurf
desired value Sollwert
detectability Ermittelbarkeit
diffeomorphism Diffeomorphismus
difference equation Differenzengleichung (DGL)
differential equation Differenzialgleichung (DGL)
differentially flat differenziell flach
digital-analog^{AE} converter; digital-analogue^{BE} ~ Digital-Analog-Wandler
digital control digitale Regelung
digital controller digitaler Regler
digital signal digitales Signal
digital-to-analog^{AE} converter; digital-to-analogue^{BE} ~ Digital-Analog-Wandler
digitiser^{BE}; digitizer^{AE} Digital-Analog-Wandler
direct digital control (DDC) DDC-Regelung
discrete control Abtastregelung
discrete convolution sum Faltungssumme

discrete root locus Wurzelortskurve eines zeitdiskreten Systems
discrete system Abtastsystem
discrete-time zeitdiskret
distributed parameters verteilte Parameter
distributed-parameter system System mit verteilten Parametern
disturbance attenuation Störunterdrückung
disturbance compensation Störgrößenaufschaltung
disturbance input Störgröße
disturbance observation Störgrößenbeobachtung
disturbance reaction of the control loop Störverhalten des Regelkreises
disturbance reaction of the controlled system Störverhalten der Strecke
disturbance rejection Störunterdrückung; Störgrößenaufschaltung
disturbance response Störverhalten
disturbance signal Störsignal
disturbance transfer function Störübertragungsfunktion
disturbance variable Störgröße
domain of attraction größtmögliches Einzugsgebiet
dominant pair of poles dominantes Polpaar
dominant pole dominanter Pol
driftless system driftfreies System; System ohne Eigendynamik
dry friction trockene Reibung
dynamic behavior^{AE}**; ~ behaviour**^{BE} dynamisches Verhalten
dynamic compensation dynamische Kompensation
dynamic friction Gleitreibung
dynamical system dynamisches System

E

eigenvalue Eigenwert
equation error Gleichungsfehler
equilibrium point Ruhelage
equilibrium state Gleichgewichtszustand; Ruhelage
equivalent dead time Verzugszeit
error variable Regeldifferenz
estimator Beobachter; Zustandsbeobachter
exact input-output linearization^{AE}**; ~ linearization**^{AE} exakte Eingangs-/Ausgangslinearisierung
exact linearisation^{BE}**; ~ linearization**^{AE} exakte Linearisierung
exact state linearization exakte Zustandslinearisierung
extended Kalman filter (EKF) erweitertes Kalman-Filter (EKF)
external description E/A-Beschreibung

F

feedback Rückführung; Rückkopplung
feedback connection^{AE}**; ~ connexion**^{BE} Rückkopplungsschaltung
feedback control Regelung
feedback control system Regelkreis
feedback gain Reglerverstärkung
feedback linearisation^{BE}**; ~ linearization**^{AE} exakte Linearisierung
feedback loop Rückführungsschleife
feedback signal Signal, rückgeführtes
feedback variable Rückführgröße
feedforward control Steuerung
feedthrough factor Durchgangsfaktor (d)
feedthrough matrix Durchgangsmatrix ($\boldsymbol{D}$)
feedthrough vector Durchgangsvektor ($\boldsymbol{d}$)
fictitious flat output fiktiver flacher Ausgang

final controlling element Stellelement
final controlling equipment Stelleinrichtung
final-value theorem Endwertsatz
first order derivative element Differenzierelement 1. Ordnung
first order differential equation Differenzialgleichung 1. Ordnung
first order homogeneous differential equation homogene Differenzialgleichung 1. Ordnung
first order lag element PT_1-Element
first order lead element Differenzierelement 1. Ordnung
fixed command control Festwertregelung
fixed set-point control Festwertregelung
flat input flacher Eingang
flat output flacher Ausgang
flat system flaches System
flatness Flachheit
flatness-based control flachheitsbasierte Regelung
flow diagram Flussdiagramm
focus Strudelpunkt
follower control; follow-up ∼ Folgeregelung
follow-up control Sollwertfolgeregelung
forced response erzwungene Bewegung
Fourier transform Fourier-Transformierte
Fourier transformation Fourier-Transformation
free motion freie Bewegung
frequency domain Frequenzbereich
frequency response Frequenzgang
frequency response characteristics Bode-Diagramm
frequency spectrum Frequenzspektrum
friction Reibung
functional block Übertragungsblock

[7] Nur bei speziellen Anwendungen.

fundamental matrix Fundamentalmatrix
fuzzy control Fuzzy-Regelung; Fuzzy-Steuerung

G

gain Kreisverstärkung; Verstärkung
gain crossover angular frequency Durchtrittskreisfrequenz
gain factor Verstärkung
gain margin Amplitudenrand; Amplitudenreserve
gain response Amplitudengang
Gershgorin circles Gershgorin-Kreise
globally asymptotically stable global asymptotisch stabil
governor[7] Regler
graph Kennlinie

H

Hamiltonian system Hamilton-System
harmonic balance harmonische Balance
high frequent switching hochfrequentes Schalten
high-gain observer Beobachter mit hoher Verstärkung; High-gain-Beobachter
Hurwitz matrix Hurwitz-Matrix
Hurwitz sector Hurwitz-Sektor
Hurwitz stability criterion Hurwitz-Kriterium
hybrid system hybrides System
hyperstability Hyperstabilität
hysteresis Hysterese

I

I-(integral) action I-Verhalten
I-(integral) controller I-Regler
I-(integral) control with state feedback I-Zustandsreglung
I-(integral) element I-Element
I-(integral) element with first order lag IT_1-Element
imaginary part Imaginärteil
imaginary poles imaginäre Polstellen
impulse function Impulsfunktion
impulse response Gewichtsfunktion; Impulsantwort
impulse response matrix Gewichtsfunktionsmatrix
initial state Anfangszustand
initial value Anfangswert
initial value theorem Anfangswertsatz
input Eingang; Eingangsgröße
input matrix Eingangsmatrix ($\boldsymbol{B}$); Steuermatrix ($\boldsymbol{B}$)
input signal Eingangssignal
input variable Eingangsgröße
input vector Eingangsvektor ($\boldsymbol{b}$)
input-output description E/A-Beschreibung
input-output linearization Eingangs-/Ausgangslinearisierung
input-output performance E/A-Verhalten
input-output stability E/A-Stabilität
input-state linearization Eingangs-/Zustandslinearisierung
instability Instabilität
integral action integrierendes Verhalten
integral controller I-Regler
integral of absolute value of error (IAE) Betragsregelfläche
integral of squared error (ISE) quadratische Regelfläche
integral of squared time multiplied by squared error (ISTSE) zeitquadratisch gewichtete quadratische Regelfläche
integral of time multiplied by absolute value of error (ITAE) zeitgewichtete Betragsregelfläche
integral of time multiplied by squared error (ITSE) zeitlinear gewichtete quadratische Regelfläche
integral time constant Integrierzeitkonstante
integration constant Integrierbeiwert
integrator Integrator
integrator backstepping Integrator-Backstepping
internal dynamics interne Dynamik
inverse dynamics inverse Dynamik
inverse Laplace transformation inverse Laplace-Transformation
inverse matrix Inverse einer Matrix
inverse transfer function inverse Übertragungsfunktion; reziproke Übertragungsfunktion

K

Kalman filter Kalman-Filter
Kalman-Yakubovich-lemma Kalman-Jakubovich-Lemma
kinetic friction Gleitreibung

L

lag Verzögerung
lag compensator phasenanhebendes Korrekturglied
lag element Verzögerungselement 1. Ordnung
Laplace operator Laplace-Operator; Laplace-Variable
Laplace transfer function Laplace-Übertragungsfunktion
Laplace transform Laplace-Transformierte
Laplace transformation Laplace-Transformation
Laplace-transform pair Laplace-Transformationspaar
lead compensator phasenabsenkendes Korrekturglied
least-squares (LS) method Methode der kleinsten Quadrate

left half s-plane (LHP) linke s-Halbebene
level control Füllstandsregelung
Lie-Bäcklund isomorphism Lie-Bäcklund Isomorphismus
Lie-Bäcklund transformation Lie-Bäcklund Transformation
Lie bracket Lie-Klammer;
Lie derivativ Lie-Derivierte; Lie-Ableitung
limit cycle Grenzzyklus
limiting nonlinearity Element mit Begrenzung
limiting Begrenzung
linear control system lineares Regelungssystem
linear matrix inequality (LMI) lineare Matrixungleichung
linear parameter-varying system (LPV) lineares parametervariables System
linear-quadratic control (LQC) linear-quadratische Regelung; Riccati-Regler
linear-quadratic estimator Kalmanfilter
linear time-invariant (LTI) control system lineares zeitinvariantes Regelungssystem
linearisation^{BE}**; linearization**^{AE} Linearisierung
linearisation^{BE} **by state feedback; linearization**^{AE} ~ exakte Linearisierung
linearity Linearität
logarithmic matrix norm logarithmische Matrixnorm
loop gain Kreisverstärkung
Luenberger observer Luenberger-Beobachter
lumped parameters konzentrierte Parameter
lumped-parameter system System mit konzentrierten Parametern
Lyapunov function Ljapunov Funktion
Lyapunov stability Ljapunov-Stabilität; Stabilität im Sinne von Ljapunov
Lyapunov's, direct method of direkte Methode von Ljapunov
Lyapunov's, first method of erste Methode von Ljapunov
Lyapunov's indirect method indirekte Methode von Ljapunov
Lyapunov's, second method of zweite Methode von Ljapunov

M

manipulated variable Stellgröße
magnitude Amplitude
magnitude plot Amplitudengang
magnitude spectrum Amplitudenspektrum
manual control Handregelung
mass-spring system Masse-Feder-System
mathematical model mathematisches Modell
mathematical modeling^{AE}**;** ~ **modelling**^{BE} mathematische Modellbildung
matrix exponential (function) Matrixexponentialfunktion
maximum overshoot Überschwingweite
measurement noise Messrauschen
measuring device Messeinrichtung
measuring transducer Messwandler
MIMO-System Mehrgrößensystem
minimum-phase system minimalphasiges System
modal control modale Regelung
model aggregation Modellvereinfachung
model building Modellbildung
model predictive control (MPC) modellbasierte prädiktive Regelung
model reduction Modellvereinfachung
model simplification Modellvereinfachung
model uncertainty Modellunsicherheit
modeling^{AE}**; modelling**^{BE} Modellbildung

Moore-Penrose pseudoinverse Pseudoinverse; Moore-Penrose-Inverse
moving average gleitende Mittelwertbildung
moving horizon gleitender Horizont
multiple-input, multiple-output system Mehrgrößensystem
multiple-input multiple-output control system Mehrgrößenregelung
multivalued nonlinearity Kennlinien mit mehreren Eingangsgrößen; Element mit mehrdimensionaler Kennlinienfunktion
multivariable control Mehrgrößenregelung
multivariable system Mehrgrößensystem

N

natural frequency ungedämpfte Frequenz; Eigenfrequenz
natural response Eigenbewegung
negative feedback Gegenkopplung
Nichols plot Nichols-Diagramm
node Knotenpunkt
nonlinear differential equation nichtlineare Differenzialgleichung
nonlinear element nichtlineares Element
nonlinear feedback control system nichtlineares Regelungssystem
nonlinear observer nichtlinearer Beobachter
nonlinear system nichtlineares System
nonlinearity with hysteresis Element mit Hysterese
non minimum phase system nichtminimalphasiges System
normal form Normalform; kanonische Form
numerator degree Zählergrad
numerator polynomial Zählerpolynom
Nyquist (contour) plot Nyquist-Kurve
Nyquist diagram Ortskurve der Frequenzgangfunktion
Nyquist plot Ortskurve der Frequenzgangfunktion
Nyquist (stability) criterion Nyquist-Kriterium

O

observability Beobachtbarkeit
observability Gramian Gram'sche Beobachtbarkeitsmatrix
observability matrix Beobachtbarkeitsmatrix ($\boldsymbol{M}_B$)
observable canonical form Beobachtungsnormalform
observable system beobachtbares System
observer Beobachter
observer-error Beobachtungsfehler
observer-error state equation Beobachtungsfehlergleichung
observer matrix Beobachtungsmatrix ($\boldsymbol{L}$)
observer model Beobachtungsmodell
observer vector Beobachtungsvektor ($\boldsymbol{L}$)
offset Abweichung; Regelabweichung
omnidirectional omnidirektional
on-off control Zweipunktregelung
on-off nonlinearity Element mit Zweipunktkennlinie
open loop control Steuerung
open-loop frequency response Frequenzgang des offenen Regelkreises
open-loop stability Stabilität des offenen Regelkreises
open-loop system offener Regelkreis
open-loop transfer function Übertragungsfunktion des offenen Regelkreises
operating point Arbeitspunkt
operating range Regelbereich; Arbeitsbereich

operational amplifier Operationsverstärker
optimal control optimale Regelung
optimisation^{BE}; optimization^{AE} Optimierung
order of denominator Nennergrad
order of numerator Zählergrad
ordinary differential equation (ODE) gewöhnliche Differenzialgleichung
output equation Ausgangsgleichung
output feedback Ausgangsrückführung
output matrix Ausgangsmatrix ($\boldsymbol{C}$)
output quantity Ausgangsgröße
output variable Ausgangsgröße
output vector Ausgangsvektor($\boldsymbol{c}$)
overall transfer function Gesamtübertragungsfunktion
overdamped ($D > 1$) aperiodisch
overdamped system PT_2-Element (mit $D > 1$; Kriechfall)
overfitting Überanpassung
overshoot Überschwingen, Überschwingweite

P

P-(proportional) action P-Verhalten
P-(proportional) control P-Regelung
P-(proportional) controller P-Regler
P-(proportional) element P-Element; Proportionalglied
PD-(proportional-plus-derivative) -controller PD-Regler
PI-(proportional-plus-integral) control with state feedback PI-Zustandsregelung
PI-(proportional-plus-integral) -controller PI-Regler
PID-(proportional-plus-integral-plus-derivative) controller PID-Regler
Padé approximation Padé-Approximation
parallel connection^{AE}; ∼ connexion^{BE} Parallelschaltung
parallel structure Parallelstruktur
parameter estimation method Parameterschätzverfahren
parameter identification Parameteridentifikation
parameter model Parametermodell
parameter optimisation^{BE}; ∼ optimization^{AE} Parameteroptimierung
parameter sensitivity Parameterempfindlichkeit
parametric estimation Parameteridentifikation
Park transformation Park-Transformation
partial fraction expansion Partialbruchzerlegung
passive passiv
passivity Passivität
peak overshoot Überschwingweite
peak time Überschwingzeit ($t_{ü}$)
performance function Gütekriterium
performance index Gütefunktional
performance specification Güteforderung
periodic periodisch
phase angle Phasenwinkel
phase correction Phasenkorrektur
phase crossover (angular) frequency Phasenschnittkreisfrequenz
phase lag Phasennacheilung
phase lead Phasenvoreilung
phase margin Phasenrand; Phasenreserve
phase plane Phasenebene; Zustandsebene
phase plane analysis Methode der Phasenebene
phase plot Phasengang
phase portrait Phasenportrait
phase shift Phasenverschiebung
phase-lead compensator PDT_1 (Lead)-Element (-Regler)

piecewise linear control abschnittweise lineare Regelung; stückweise lineare Regelung
plant Regelstrecke
plant input Stellgröße
plant output Regelgröße
pneumatic controller pneumatischer Regler
polar plot Ortskurve der Frequenzgangfunktion
pole Polstelle
pole assignment Polzuweisung
pole excess Polüberschuss
pole placement Polvorgabe
pole-zero cancellation Pol/Nullstellen-Kürzung
pole-zero diagram Pol/Nullstellen-Diagramm
pole-zero excess Polüberschuss
pole-zero map Pol/Nullstellen-Bild
pole-zero plot Pol/Nullstellen-Diagramm
Popov line Popov-Gerade
Popov plot Popov-Ortskurve
Popov stability criterion; Popov criterion Stabilitätskriterium von Popov
position control system Lageregelung
positive definite positiv definit
positive feedback Mitkopplung
positive real positiv reell
positive semidefinite positiv semidefinit
positively invariant set Einzugsgebiet; Ljapunov-Gebiet
power amplifier Leistungsverstärker
predictive control prädiktive Regelung
prefilter Vorfilter
primary control überlagerte Regelung
principle of superposition Überlagerungsprinzip; Superpositionsprinzip
process control Prozessregelung
process control system Prozessleitsystem
process-dependent sequential control prozessabhängige Ablaufsteuerung
process-oriented sequential control prozessabhängige Ablaufsteuerung
programmable logic controller (PLC) speicherprogrammierbare Steuerung (SPS)
proportional constant Proportionalbeiwert
proportional control Proportionalregelung
proportional gain Proportionalbeiwert

Q

quadratic form quadratische Form

R

radially unbounded radial unbegrenzt
ramp function Anstiegsfunktion
ramp response Anstiegsantwort
random quantity Zufallsgröße
random variable Zufallsgröße
rank of matrix Rang einer Matrix
rate action D-Verhalten; differenzierendes Verhalten
rate time Vorhaltzeit
reachability Erreichbarkeit
real part Realteil
reference input Führungsgröße; Sollwert
reference signal Führungsgröße
reference variable Führungsgröße
region of asymptotic stability (RAS) maximales Einzugsgebiet
regulator Regler
relativ degree Differenzordnung, relativer Grad
relay Zweipunktelement; Schalter
relay feedback control system Zweipunktregelung
relay with dead zone Zweipunktelement mit Totzone (Dreipunktelement); Dreipunktglied
relay with hysteresis Zweipunktelement mit Hysterese

reset time Nachstellzeit
resonance frequency Resonanzfrequenz
resonance peak Resonanzüberhöhung
resonance peak magnitude Resonanzwert des Amplitudengangs (PT_2-Element)
resonant angular frequency Resonanzkreisfrequenz
resonant frequency Resonanzfrequenz
resonant peak Resonanzüberhöhung
resonant peak magnitude Resonanzwert des Amplitudengangs (PT_2-Element)
response to setpoint changes Führungsverhalten
return difference function Rückführdifferenzfunktion
return difference matrix Rückführdifferenzmatrix
right half s-plane (RHP) rechte s-Halbebene
rise time Anregelzeit; Anstiegszeit
robust control system robuste Regelung
robust controller robuster Regler
robustness Robustheit
rolling friction Rollreibung
root Nullstelle
root locus Wurzelort (WO)
root-locus amplitude (magnitude) condition Wurzelortamplitudenbedingung
root-locus angle of arrival Wurzelorteintrittswinkel
root-locus angle of departure Wurzelortaustrittswinkel
root-locus asymptotes Wurzelortasymptoten
root-locus branches Wurzelortzweige
root-locus break-in point Wurzelortverzweigungspunkt
root-locus breakaway point Wurzelortverzweigungspunkt
root-locus construction rules Wurzelortkonstruktionsregeln
root-locus method Wurzelortsverfahren
root-locus phase condition Wurzelortphasenbedingung
root-locus plot Wurzelortskurve (WOK)
row vector Zeilenvektor
ruler condition Geradenbedingung für Flachheit
Runge-Kutta method Runge-Kutta-Verfahren

S

s-plane s-Ebene
saddle point Sattelpunkt
sample and hold element Abtasthalteglied
sample period Abtastzeit
sample rate Abtastrate
sampled-data system Abtastsystem
sampler Abtaster
sampling control Abtastregelung
sampling interval Abtastintervall; Abtastzeit
sampling period Abtastperiode
sampling rate Abtastrate
sampling theorem Abtasttheorem
sampling time Abtastzeit
saturated control Sättigungsregler
saturation Begrenzung; Sättigung
saturation control Sättigungsregler
saturation nonlinearity Element mit Begrenzung, Element mit Sättigung
saturator Begrenzungsglied
scalar product Skalarprodukt
second order differential equation Differenzialgleichung 2. Ordnung
second order homogeneous differential equation homogene Differenzialgleichung 2. Ordnung
second order lag element PT_2-Element
secondary control unterlagerte Regelung
sensitivity Empfindlichkeit

sensitivity function Empfindlichkeitsfunktion
sensor Messglied
sequence control Ablaufsteuerung
sequencer Ablaufsteuerung
sequential control Ablaufsteuerung
series connection^{AE}; ~ **connexion**^{BE} Reihenschaltung
series structure Kettenstruktur
setpoint Sollwert
settling time Einschwingzeit; Ausregelzeit
set value Sollwert
signal-flow graph Signalflussgraph
signum function Signumfunktion
similarity transformation Ähnlichkeitstransformation
sine function Sinusfunktion
sine response Sinusantwort
single-input single-output (SISO) system Eingrößensystem
single-loop feedback system einschleifige Regelung
singled-valued nonlinearity Element mit eindeutiger Kennlinienfunktion
sliding friction Gleitreibung
sliding mode Gleitzustand
sliding mode controller Gleitzustandsregler
Smith predictor Smith-Prädiktor
soft variable-structure control weiche strukurvariable Regelung
speed control Geschwindigkeitsregelung
speed-of-response specification Dynamikforderung
spring-mass-damping system Feder-Masse-Dämpfer-System
spring-mass-dashpot system Feder-Masse-Dämpfer-System
stabilisability^{BE}; **stabilizability**^{AE} Stabilisierbarkeit
stabilisation^{BE}; **stabilization**^{AE} Stabilisierung
stability Stabilität
stability analysis Stabilitätsuntersuchung
stability in the sense of Lyapunov Ljapunov-Stabilität; Stabilität im Sinne von Ljapunov
standard control loop Standardregelkreis
start-up control Anfahrsteuerung; Anfahrregelung
state Zustand
state control Zustandsreglung
state controller Zustandsregler
state differential equation Zustandsdifferenzialgleichung
state equation Zustandsgleichung
state feedback Zustandsrückführung
state observation Zustandsbeobachtung
state observer Zustandsbeobachter
state space Zustandsraum
state-transition matrix Übergangsmatrix; Zustandsübergangsmatrix; Fundamentalmatrix
state variable Zustandsgröße; Zustandsvariable
state vector Zustandsvektor
static behavior^{AE}; ~ **behaviour**^{BE} statisches Verhalten
static friction Haftreibung
static reinforcement statische Verstärkung
steady state eingeschwungener Zustand
steady-state control accuracy Regelgenauigkeit im Beharrungszustand
steady-state control error stationäre Regeldifferenz
steady-state error Regelabweichung, bleibende
steady-state offset bleibende Regelabweichung
steady-state response Verhalten im Beharrungszustand; stationäres Verhalten
steady-state solution stationäre Lösung
step control Ablaufsteuerung
step function Sprungfunktion

step response Übergangsfunktion; Sprungantwort
stick-slip Ruckgleiten
stick-slip friction Stick-slip-Reibung; Reibung beim Ruckgleiten
stiction Haftreibung
stiff differential equation steife Differenzialgleichung
stochastic process Zufallsprozess; stochastischer Prozess
stochastic variable stochastische Variable
storage function Speicherfunktion
straight-way matrix Durchgangsmatrix
strict feedback form strenge Rückkopplungsform
strictly passive streng passiv
strictly positive real streng positiv reell
subsidiary control unterlagerte Regelung
superimposed control überlagerte Regelung
summation element Summationselement, Summationspunkt
switch Schalter
system matrix Systemmatrix ($\boldsymbol{A}$)
system with play Lose

T

Taylor series Taylor-Reihe
test input signal Testeingangssignal
three-point controller Dreipunktregler
three-step action element Dreipunktglied
three-step control Dreipunktregelung
three-step switching controller Dreipunktregler
three-term controller PID-Regler
time behavior^{AE}**; ∼ behaviour**^{BE} Zeitverhalten
time constant Zeitkonstante
time delay Totzeit; Zeitverzögerung
time-dependent sequential control zeitgeführte Ablaufsteuerung
time domain Zeitbereich
time lag Zeitverzögerung
time-invariant system zeitinvariantes System
time-optimal zeitoptimal
time-optimal control zeitoptimale Regelung
time-varying system zeitvariantes System
tracking control Folgeregelung; Trajektorienfolgeregelung
tracking error Folgefehler; Nachlauffehler
trajectory Trajektorie
trajectory tracking control Trajektorienfolgeregelung
transfer element Übertragungselement
transfer function Übertragungsfunktion
transfer function matrix Übertragungsmatrix
transfer lag Übertragungsverzögerung
transfer matrix Übertragungsmatrix
transient behavior^{AE}**; ∼ behaviour**^{BE} Übergangsverhalten
transient response Antwortfunktion im Zeitbereich (auf ein vorgegebenes Eingangssignal)
transition matrix Übergangsmatrix; Transitionsmatrix
transport lag Totzeit
transport lag element Totzeitelement
transpose of a matrix Transponierte einer Matrix
trapezoidal approximation of integral Trapeznährung für eine Integralberechnung
trivial system triviales System
throughput Durchgriff
Tsypkin criterion Zypkin-Kriterium
tuning factor Einstellfaktor
tuning rules Einstellregeln

Tustin's method Tustin-Formel
two-point controller Zweipunktregler
two-position control Zweipunktregelung
two-position controller Zweipunktregler
two-step action element Zweipunktelement
two-step control Zweipunktregelung
two-step controller Zweipunktregler
two-term controller PI-Regler
two-valued nonlinearity Element mit Zweipunktverhalten

U

uncontrollable system nichtsteuerbares System
undamped natural angular frequency Kennkreisfrequenz
underdamped ($0 \leq D < 1$) periodisch
underdamped system PT_2-Element (mit $D < 1$; Schwingungsfall)
undershoot Unterschwingen
unit circle Einheitskreis
unit impulse Einheitsimpuls
unit matrix Einheitsmatrix
unit-impulse function Einheitsimpulsfunktion
unit-impulse response Einheitsimpulsantwort
unit-ramp function Einheitsanstiegsfunktion
unit-ramp response Einheitsanstiegsantwort
unit vector Einheitsvektor
unit-step function Einheitssprungfunktion
unit-step response Übergangsfunktion
unity-feedback control system Regelungssystem mit direkter Gegenkopplung (d. h. ohne Regler)
unstable instabil
unstable system instabiles System

V

variable Größe
variable command control Folgeregelung
variable structure control strukurvariable Regelung
variation of parameters Parametervariation
velocity control system Geschwindigkeitsregelung
velocity (ramp) error Geschwindigkeitsfehler
viscous friction coefficient viskoser Reibungskoeffizient
viscous friction viskose Reibung

W

water-level control Wasserstandsregelung
weighting function Gewichtsfunktion
well-defined relative degree wohldefinierter relativer Grad

Z

z-plane z-Ebene
z-transfer function z-Übertragungsfunktion
z-transform z-Transformierte
z-transform pair z-Transformationspaar
z-transformation z-Transformation
zero Nullstelle
zero dynamics Nulldynamik
zero-input response Antwortfunktion der homogenen Zustandsgleichung; Eigenbewegung
zero-order hold element (ZOH) Halteglied nullter Ordnung
zero-state detectable nullzustandsermittelbar
zero-state observable nullzustandsbeobachtbar
zero-state response Antwortfunktion der inhomogenen Zustandsgleichung; erzwungene Bewegung

A

Daten zum Beispiel Containerkran

Teilregler $u = -\boldsymbol{k}_i^T \boldsymbol{x}$ der in Abschnitt 4.3.3 beschriebenen Kranregelung:

$$
\begin{aligned}
\boldsymbol{k}_1^T &= [\ 1.9245 \quad 16.8960 \quad -67.7493 \quad -120.7999 \quad 0.3651]\,,\\
\boldsymbol{k}_2^T &= [\ 5.3581 \quad 39.3339 \quad 287.3235 \quad -181.1081 \quad 0.8983]\,,\\
\boldsymbol{k}_3^T &= [\ 7.4166 \quad 51.0577 \quad 325.7613 \quad -306.2776 \quad 1.1650]\,,\\
\boldsymbol{k}_4^T &= [11.7940 \quad 72.2878 \quad 138.0207 \quad -535.5579 \quad 1.6982]\,,\\
\boldsymbol{k}_5^T &= [17.3572 \quad 94.5922 \quad -118.3572 \quad -678.5956 \quad 2.2315]\,,\\
\boldsymbol{k}_6^T &= [23.9695 \quad 117.0157 \quad -417.4605 \quad -708.2384 \quad 2.7648]\,,\\
\boldsymbol{k}_7^T &= [31.4013 \quad 138.7914 \quad -730.7397 \quad -602.6913 \quad 3.2980]\,,\\
\boldsymbol{k}_8^T &= [49.8302 \quad 188.8935 \quad -1005.7853 \quad -405.2965 \quad 4.2313]\,,\\
\boldsymbol{k}_9^T &= [72.0268 \quad 241.9377 \quad -1118.9194 \quad 54.1054 \quad 5.1645]\,,\\
\boldsymbol{k}_{10}^T &= [97.0202 \quad 297.4944 \quad -954.7146 \quad 787.7226 \quad 6.0977]\,.
\end{aligned}
$$

Matrizen $\boldsymbol{R}_i$ der Ljapunov-Gebiete $G_i = \{\boldsymbol{x} \in I\!R^5 \big|\ \boldsymbol{x}^T \boldsymbol{R}_i \boldsymbol{x} \leq c_i\}$ mit $c_i = 1$:

$$
\boldsymbol{R}_1 = \begin{bmatrix}
4.1107\cdot10^{-4} & 3.3656\cdot10^{-3} & -4.0166\cdot10^{-3} & -2.4248\cdot10^{-2} & 6.6442\cdot10^{-5}\\
3.3656\cdot10^{-3} & 3.1180\cdot10^{-2} & -2.8011\cdot10^{-2} & -2.3607\cdot10^{-1} & 6.2148\cdot10^{-4}\\
-4.0166\cdot10^{-3} & -2.8011\cdot10^{-2} & 4.1307 & 1.7240\cdot10^{-1} & -2.7836\cdot10^{-3}\\
-2.4248\cdot10^{-2} & -2.3607\cdot10^{-1} & 1.7240\cdot10^{-1} & 5.4049 & -2.9691\cdot10^{-3}\\
6.6442\cdot10^{-5} & 6.2148\cdot10^{-4} & -2.7836\cdot10^{-3} & -2.9691\cdot10^{-3} & 1.4478\cdot10^{-5}
\end{bmatrix},
$$

$$
\boldsymbol{R}_2 = \begin{bmatrix}
3.7979\cdot10^{-3} & 2.6079\cdot10^{-2} & 1.8755\cdot10^{-1} & -2.2657\cdot10^{-1} & 5.6711\cdot10^{-4}\\
2.6079\cdot10^{-2} & 1.8712\cdot10^{-1} & 1.2913 & -1.6330 & 4.0165\cdot10^{-3}\\
1.8755\cdot10^{-1} & 1.2913 & 2.8190\cdot10 & -1.1024\cdot10 & 1.9722\cdot10^{-2}\\
-2.2657\cdot10^{-1} & -1.6330 & -1.1024\cdot10 & 3.0710\cdot10 & -2.7863\cdot10^{-2}\\
5.6711\cdot10^{-4} & 4.0165\cdot10^{-3} & 1.9722\cdot10^{-2} & -2.7863\cdot10^{-2} & 9.5314\cdot10^{-5}
\end{bmatrix},
$$

$$\boldsymbol{R}_3 = \begin{bmatrix} 7.0254\cdot10^{-3} & 4.5741\cdot10^{-2} & 3.1248\cdot10^{-1} & -4.1397\cdot10^{-1} & 1.0098\cdot10^{-3} \\ 4.5741\cdot10^{-2} & 3.0763\cdot10^{-1} & 2.0342 & -2.7809 & 6.7269\cdot10^{-3} \\ 3.1248\cdot10^{-1} & 2.0342 & 3.3884\cdot10 & -1.8433\cdot10 & 3.6004\cdot10^{-2} \\ -4.1397\cdot10^{-1} & -2.7809 & -1.8433\cdot10 & 4.2920\cdot10 & -5.3480\cdot10^{-2} \\ 1.0098\cdot10^{-3} & 6.7269\cdot10^{-3} & 3.6004\cdot10^{-2} & -5.3480\cdot10^{-2} & 1.5701\cdot10^{-4} \end{bmatrix},$$

$$\boldsymbol{R}_4 = \begin{bmatrix} 1.8355\cdot10^{-2} & 1.0811\cdot10^{-1} & 4.7125\cdot10^{-1} & -9.4012\cdot10^{-1} & 2.4504\cdot10^{-3} \\ 1.0811\cdot10^{-1} & 6.5416\cdot10^{-1} & 2.8488 & -5.5883 & 1.4831\cdot10^{-2} \\ 4.7125\cdot10^{-1} & 2.8488 & 3.8658\cdot10 & -2.5478\cdot10 & 5.1777\cdot10^{-2} \\ -9.4012\cdot10^{-1} & -5.5883 & -2.5478\cdot10 & 7.2404\cdot10 & -1.1723\cdot10^{-1} \\ 2.4504\cdot10^{-3} & 1.4831\cdot10^{-2} & 5.1777\cdot10^{-2} & -1.1723\cdot10^{-1} & 3.5057\cdot10^{-4} \end{bmatrix},$$

$$\boldsymbol{R}_5 = \begin{bmatrix} 5.2217\cdot10^{-2} & 2.7366\cdot10^{-1} & 4.0373\cdot10^{-1} & -2.3095 & 6.2049\cdot10^{-3} \\ 2.7366\cdot10^{-1} & 1.4687 & 2.4757 & -1.2133\cdot10 & 3.3474\cdot10^{-2} \\ 4.0373\cdot10^{-1} & 2.4757 & 4.2570\cdot10 & -2.1409\cdot10 & 3.7964\cdot10^{-2} \\ -2.3095 & -1.2133\cdot10 & -2.1409\cdot10 & 1.3541\cdot10^{2} & -2.6235\cdot10^{-1} \\ 6.2049\cdot10^{-3} & 3.3474\cdot10^{-2} & 3.7964\cdot10^{-2} & -2.6235\cdot10^{-1} & 7.8876\cdot10^{-4} \end{bmatrix},$$

$$\boldsymbol{R}_6 = \begin{bmatrix} 1.1949\cdot10^{-1} & 5.6923\cdot10^{-1} & -5.1097\cdot10^{-1} & -4.2345 & 1.3063\cdot10^{-2} \\ 5.6923\cdot10^{-1} & 2.7826 & -1.6116 & -2.0252\cdot10 & 6.4387\cdot10^{-2} \\ -5.1097\cdot10^{-1} & -1.6116 & 6.7149\cdot10 & 9.3161 & -6.8998\cdot10^{-2} \\ -4.2345 & -2.0252\cdot10 & 9.3161 & 2.0442\cdot10^{2} & -4.4193\cdot10^{-1} \\ 1.3063\cdot10^{-2} & 6.4387\cdot10^{-2} & -6.8998\cdot10^{-2} & -4.4193\cdot10^{-1} & 1.5430\cdot10^{-3} \end{bmatrix},$$

$$\boldsymbol{R}_7 = \begin{bmatrix} 2.3786\cdot10^{-1} & 1.0378 & -2.8921 & -5.9433 & 2.4280\cdot10^{-2} \\ 1.0378 & 4.6715 & -1.1067\cdot10 & -2.6154\cdot10 & 1.1058\cdot10^{-1} \\ -2.8921 & -1.1067\cdot10 & 1.5204\cdot10^{2} & 5.1281\cdot10 & -3.2462\cdot10^{-1} \\ -5.9433 & -2.6154\cdot10 & 5.1281\cdot10 & 2.5478\cdot10^{2} & -5.6212\cdot10^{-1} \\ 2.4280\cdot10^{-2} & 1.1058\cdot10^{-1} & -3.2462\cdot10^{-1} & -5.6212\cdot10^{-1} & 2.7258\cdot10^{-3} \end{bmatrix},$$

$$\boldsymbol{R}_8 = \begin{bmatrix} 5.8841\cdot10^{-1} & 2.2140 & -8.4857 & -7.0109 & 4.9746\cdot10^{-2} \\ 2.2140 & 8.6981 & -2.9546\cdot10 & -2.7779\cdot10 & 1.9994\cdot10^{-1} \\ -8.4857 & -2.9546\cdot10 & 3.2425\cdot10^{2} & 6.6341\cdot10 & -7.8731\cdot10^{-1} \\ -7.0109 & -2.7779\cdot10 & 6.6341\cdot10 & 3.0685\cdot10^{2} & -5.3622\cdot10^{-1} \\ 4.9746\cdot10^{-2} & 1.9994\cdot10^{-1} & -7.8731\cdot10^{-1} & -5.3622\cdot10^{-1} & 4.8279\cdot10^{-3} \end{bmatrix},$$

$$\boldsymbol{R}_9 = \begin{bmatrix} 1.0563 & 3.5328 & -1.3691\cdot10 & -2.9545 & 7.6710\cdot10^{-2} \\ 3.5328 & 1.2558\cdot10 & -4.2423\cdot10 & -1.2953\cdot10 & 2.8163\cdot10^{-1} \\ -1.3691\cdot10 & -4.2423\cdot10 & 5.5357\cdot10^{2} & -1.1448\cdot10 & -1.1622 \\ -2.9545 & -1.2953\cdot10 & -1.1448\cdot10 & 4.6012\cdot10^{2} & -9.4034\cdot10^{-2} \\ 7.6710\cdot10^{-2} & 2.8163\cdot10^{-1} & -1.1622 & -9.4034\cdot10^{-2} & 6.7514\cdot10^{-3} \end{bmatrix},$$

$$\boldsymbol{R}_{10} = \begin{bmatrix} 1.6062 & 4.8038 & -1.3282\cdot10 & 6.2810 & 9.7536\cdot10^{-2} \\ 4.8038 & 1.5756\cdot10 & -3.3740\cdot10 & 1.2281\cdot10 & 3.3568\cdot10^{-1} \\ -1.3282\cdot10 & -3.3740\cdot10 & 9.2668\cdot10^{2} & -1.0862\cdot10^{2} & -1.1734 \\ 6.2810 & 1.2281\cdot10 & -1.0862\cdot10^{2} & 1.0134\cdot10^{3} & 6.5813\cdot10^{-1} \\ 9.7536\cdot10^{-2} & 3.3568\cdot10^{-1} & -1.1734 & 6.5813\cdot10^{-1} & 7.9645\cdot10^{-3} \end{bmatrix}.$$

B

Mathematische Zeichen und Funktionen

$\mathbb{R}$	: Menge der reellen Zahlen
$\mathbb{R}^+$	: Menge der positiven reellen Zahlen
$\mathbb{R}^-$	: Menge der negativen reellen Zahlen
$\mathbb{R}^n$	: der n-dimensionale reelle Zahlenraum
$\mathbb{C}$	: Menge der komplexen Zahlen
$\mathbb{C}^n$	: der n-dimensionale komplexe Zahlenraum
$\mathbb{N}$	: Menge der natürlichen Zahlen
C^k	: Raum der k-mal stetig differenzierbaren (vektoriellen) Funktionen
$T_1 \Leftrightarrow T_2$	: T_1 ist äquivalent zu T_2.
$a \approx b$	: a ist näherungsweise gleich b.
$a \ll b$	: a ist viel kleiner als b.
$a \gg b$	: a ist viel größer als b.
$x \to a$	: x strebt gegen a.
j	: imaginäre Einheit $j = \sqrt{-1}$
$\underline{z}$	: komplexe Zahlen sind in bestimmten Fällen durch einen Unterstrich gekennzeichnet
$\overline{z}$	: konjugiert komplexe Zahl von $z = a + jb$, d. h. $\overline{z} = a - jb$
$\mathrm{Re}\{a + jb\} = a$	: Realteil einer komplexen Zahl
$\mathrm{Im}\{a + jb\} = b$	: Imaginärteil einer komplexen Zahl
$[a, b]$	: geschlossenes Intervall
$[a, b)$ und $(a, b]$	: halboffene Intervalle
(a, b)	: offenes Intervall
$\|x\|$	: Betrag einer Zahl x
$\boldsymbol{a}, \boldsymbol{b}, \ldots$	: Vektoren sind durch fette Kleinbuchstaben dargestellt.
$\boldsymbol{a}^T$	: transponierter Vektor zu $\boldsymbol{a}$

$\boldsymbol{a}^*$	: konjugiert komplexer, transponierter Vektor zu $\boldsymbol{a}$
$\mathbf{1}$	: Einsvektor $\mathbf{1} = [1\ 1\ \cdots\ 1]^T$
$\mathbf{0}$	: Nullvektor $\mathbf{0} = [0\ 0\ \cdots\ 0]^T$
$\dim(\boldsymbol{x})$	: Dimension, d. h. Anzahl der Elemente x_i des Vektors $\boldsymbol{x}$
$\\|\boldsymbol{x}\\|$	: euklidische Norm des Vektors $\boldsymbol{x}$, entspricht $\\|\boldsymbol{x}\\| = (x_1^2 + \ldots + x_n^2)^{1/2}$
$\vert\boldsymbol{x}\vert$	: Betrag des Vektors $\boldsymbol{x}$, identisch mit $\\|\boldsymbol{x}\\|$
$\boldsymbol{a} \times \boldsymbol{b}$	: Kreuzprodukt der Vektoren $\boldsymbol{a}$ und $\boldsymbol{b}$
$\boldsymbol{A}, \boldsymbol{B}, \ldots$	: Matrizen oder einige Vektoren physikalischer Größen, z. B. der Drehmomentenvektor $\boldsymbol{M}$, sind durch fette Großbuchstaben dargestellt.
$\boldsymbol{I}$	: Einheitsmatrix
$\boldsymbol{A}^{-1}$	: inverse Matrix von $\boldsymbol{A}$
$\boldsymbol{A}^T$	: transponierte Matrix zu $\boldsymbol{A}$
$\overline{\boldsymbol{A}}$	: konjugiert komplexe Matrix einer Matrix $\boldsymbol{A}$, d. h. alle Elemente a_{ij} von $\boldsymbol{A}$ sind in $\overline{\boldsymbol{A}}$ durch $\overline{a}_{ij}$ ersetzt
$\boldsymbol{A}^*$	: konjugierte und transponierte Matrix $\overline{\boldsymbol{A}}$ einer komplexen Matrix $\boldsymbol{A}$, adjungierte Matrix genannt
$\mathrm{rang}(\boldsymbol{A})$	: Rang der Matrix $\boldsymbol{A}$. Der Rang entspricht der Anzahl der linear unabhängigen Spalten von $\boldsymbol{A}$.
$\det(\boldsymbol{A})$	: Determinante der Matrix $\boldsymbol{A}$
$\{a, b, c, \ldots\}$	: Menge mit den Elementen $a, b, c, \ldots$
$a \in M$	: a ist Element der Menge M.
$a \notin M$	: a ist kein Element von M.
$M_1 = M_2$	: Menge M_1 ist identisch mit Menge M_2.
$M_1 \subset M_2$	: M_1 ist eine echte Teilmenge von M_2, d. h., es gilt $M_1 \neq M_2$.
$M_1 \subseteq M_2$	: M_1 ist eine Teilmenge von M_2, $M_1 = M_2$ ist möglich.
$M_1 \setminus M_2$	: M_1 ohne die Menge M_2, Differenzmenge
$U(\boldsymbol{x})$	: Umgebung eines Punktes $\boldsymbol{x}$. Wenn unmissverständlich ist, welcher Punkt $\boldsymbol{x}$ gemeint ist, so wird auch nur die Bezeichnung U verwendet werden.
$\inf\{M\}$	: Infimum einer Menge M
$\sup\{M\}$	: Supremum einer Menge M

$\min\{M\}$: Minimum einer Menge M

$\max\{M\}$: Maximum einer Menge M

$\boldsymbol{f}^{-1}(\boldsymbol{z})$: Umkehrfunktion von $\boldsymbol{z} = \boldsymbol{f}(\boldsymbol{x})$, also $\boldsymbol{x} = \boldsymbol{f}^{-1}(\boldsymbol{z})$

$\min f(x)$: das Minimum der Funktion f

$\min\limits_i x_i$: das Minimum der Werte x_i

$\arg\min\limits_i x_i$: der Index i (Argument), der das minimale x_i kennzeichnet

$$\mathrm{sat}(u) = \begin{cases} u_{\max}, & u > u_{\max} \\ u, & u_{\min} \leq u \leq u_{\max} \\ u_{\min}, & u < u_{\min} \end{cases}$$: Sättigungsfunktion

$$\mathrm{sgn}(x) = \begin{cases} 1, & x > 0 \\ 0, & x = 0 \\ -1, & x < 0 \end{cases}$$: Signumfunktion, Vorzeichenfunktion

$X(s) = \mathcal{L}\{x(t)\}$: Laplace-Transformierte von $x(t)$

$x(t) = \mathcal{L}^{-1}\{X(s)\}$: Laplace-Rücktransformierte von $X(s)$

$G(s)$: Laplace-Übertragungsfunktion

$G(z)$: z-Übertragungsfunktion

$$f'(x) = \frac{df(x)}{dx}$$: Ableitung der Funktion f nach der Variablen x

$$\left.\frac{df(x)}{dx}\right|_{x=a} \text{ oder } \left.\frac{df(x)}{dx}\right|_{a}$$: Ableitung von f an der Stelle $x = a$

$$\dot{x} = \frac{dx}{dt}$$: Ableitung von x nach der Zeit t

$\ddot{x}$, $\dddot{x}$: zwei- bzw. dreimalige Ableitung von x nach der Zeit t

$x^{(i)}$: i-te Ableitung von x nach der Zeit t

$$\frac{df(\boldsymbol{x})}{dt} = \sum_{i=1}^{n} \frac{\partial f(\boldsymbol{x})}{\partial x_i} \cdot \frac{dx_i}{dt} = \frac{\partial f(\boldsymbol{x})}{\partial \boldsymbol{x}} \cdot \dot{\boldsymbol{x}}$$: totale, d. h. vollständige Ableitung aller Größen nach t

$$\frac{\partial f(\boldsymbol{x})}{\partial x_i}$$: partielle Ableitung einer Funktion f mit mehreren Argumenten x_j, d. h. Ableitung nach einem dieser Argumente x_i

$\dfrac{\partial f(\boldsymbol{x})}{\partial \boldsymbol{x}} = \left[\dfrac{\partial f(\boldsymbol{x})}{\partial x_1}\ \dfrac{\partial f(\boldsymbol{x})}{\partial x_2} \cdots \dfrac{\partial f(\boldsymbol{x})}{\partial x_n}\right]$: Ableitung einer Funktion f nach einem Vektor $\boldsymbol{x}$

$\operatorname{grad} f(\boldsymbol{x}) = \begin{bmatrix} \dfrac{\partial f(\boldsymbol{x})}{\partial x_1} \\ \vdots \\ \dfrac{\partial f(\boldsymbol{x})}{\partial x_n} \end{bmatrix}$: Gradient, d. h. Richtungsableitung, einer Funktion f (Der Gradient gibt eine Richtung im Raum an und ist deshalb hier ein Spaltenvektor.)

$\dfrac{\partial \boldsymbol{f}(\boldsymbol{x})}{\partial \boldsymbol{x}} = \begin{bmatrix} \dfrac{\partial f_1(\boldsymbol{x})}{\partial x_1} & \dfrac{\partial f_1(\boldsymbol{x})}{\partial x_2} \cdots & \dfrac{\partial f_1(\boldsymbol{x})}{\partial x_n} \\ \dfrac{\partial f_2(\boldsymbol{x})}{\partial x_1} & \dfrac{\partial f_2(\boldsymbol{x})}{\partial x_2} \cdots & \dfrac{\partial f_2(\boldsymbol{x})}{\partial x_n} \\ \vdots & \vdots \quad \ddots & \vdots \\ \dfrac{\partial f_n(\boldsymbol{x})}{\partial x_1} & \dfrac{\partial f_n(\boldsymbol{x})}{\partial x_2} \cdots & \dfrac{\partial f_n(\boldsymbol{x})}{\partial x_n} \end{bmatrix}$: Ableitung einer Vektorfunktion $\boldsymbol{f}$ nach einem Vektor $\boldsymbol{x}$. Das Ergebnis ist die Jacobi-Matrix.

$L_{\boldsymbol{f}} h(\boldsymbol{x}) = \dfrac{\partial h(\boldsymbol{x})}{\partial \boldsymbol{x}} \boldsymbol{f}(\boldsymbol{x})$: Lie-Derivierte von h bezüglich $\boldsymbol{f}$

$L^i_{\boldsymbol{f}} h(\boldsymbol{x}) = L_{\boldsymbol{f}} L^{i-1}_{\boldsymbol{f}} h(\boldsymbol{x})$: i-te Lie-Derivierte von h bezüglich $\boldsymbol{f}$

$\mathring{\boldsymbol{c}}(\boldsymbol{x}) = \begin{bmatrix} L^{\delta_1}_{\boldsymbol{a}} c_1(\boldsymbol{x}) \\ L^{\delta_2}_{\boldsymbol{a}} c_2(\boldsymbol{x}) \\ \vdots \\ L^{\delta_m}_{\boldsymbol{a}} c_m(\boldsymbol{x}) \end{bmatrix}$: m-dimensionaler Vektor, der aus Lie-Ableitungen besteht

$[\boldsymbol{f}, \boldsymbol{g}] = \dfrac{\partial \boldsymbol{g}(\boldsymbol{x})}{\partial \boldsymbol{x}} \boldsymbol{f}(\boldsymbol{x}) - \dfrac{\partial \boldsymbol{f}}{\partial \boldsymbol{x}} \boldsymbol{g}(\boldsymbol{x})$: Lie-Klammer der beiden Vektorfunktionen $\boldsymbol{f}$ und $\boldsymbol{g}$

$\operatorname{ad}^{\,i}_{\boldsymbol{f}} \boldsymbol{g} = [\boldsymbol{f},\ \operatorname{ad}^{\,i-1}_{\boldsymbol{f}} \boldsymbol{g}]$: i - mal verschachtelte Lie-Klammer

$\mathrm{E}\{x(t)\} = \lim\limits_{T\to\infty} \dfrac{1}{2\mathrm{T}} \displaystyle\int_{-\mathrm{T}}^{\mathrm{T}} x(t)\, dt$: Erwartungswert, d. h. zeitlicher Mittelwert, eines Signals $x(t)$

$\operatorname{cov}\{\boldsymbol{x}_1(t), \boldsymbol{x}_2(t)\}$: Kovarianzmatrix zweier Zeitverläufe $\boldsymbol{x}_1(t)$ und $\boldsymbol{x}_2(t)$

Literaturverzeichnis

1. Abdulgalil, F. und Siguerdidjane, H. (2004): Input-state linearisation technique and nonlinear control in oil well drillstrings. In Allgöwer, F. und Zeitz, M. (2004): Proceedings of the 6th IFAC Symposium on Nonlinear Control Systems, Stuttgart: 1505–1510, Elsevier.
2. Abel, D., Epple, U. und Spohr, G.-U. (Hrsg.) (2008): Integration von Advanced Control in der Prozessindustrie. Wiley-VCH.
3. Adamy, J. (1997): Adaptation of Cross-Direction Basis-Weight Control in Paper Machines Using Fuzzy Decision Logic. International Journal of Approximate Reasoning 16(1):25–42.
4. Adamy, J. und Flemming, A. (2004): Soft variable-structure controls: a survey. Automatica 40(11):1821–1844.
5. Adamy, J. (2009): Nichtlineare Regelungen, Springer.
6. Aircraft Accident Investigation Commission, Japanese Ministry of Transport (1987): Japan Air Lines Co., Ltd, Boeing 747 SR-100, JA8119, Gunma Prefecture, Japan, August 12, 1985. Aircraft Accident Investigation Report.
7. Alberto, L. F. C. und Bretas, N. G. (1998): Damping Estimation for Multi-Swing Transient Stability Analysis: the OMIB case. Proceedings of the IEEE International Conference on Power System Technology (POWERCON'98) (2):1383–1387, Peking.
8. Allgöwer, F. und Zheng, A. (Hrsg.) (2000): Nonlinear Model Predictive Control, Birkhäuser.
9. Alwi, H. und Edwards, C. (2009): Propulsion Control of a Large Civil Aircraft using On-line Control Allocation. IEEE Proceedings of the American Control Conference, St. Louis, 4581–4586.
10. Anderson, B. D. O. (1968): A Simplified Viewpoint of Hyperstability. IEEE Transactions on Automatic Control 13(3):292–294.
11. Anderson, R. L. und Ibragimov, N. H. (1979) Lie-Bäcklund Transformations in Applications, SIAM, Philadelphia.
12. Andrievskii, B. R. und Fradkov, A. L. (2003): Control of Chaos: Methods and Applications I. Methods. Automation and Remote Control 64(5):673–713.
13. Andrievskii, B. R. und Fradkov, A. L. (2003): Control of Chaos: Methods and Applications II. Applications. Automation and Remote Control 65(4):505–533.
14. Apkarian, P. und Adams, R. J. (1998): Advanced Gain-Scheduling Techniques for Uncertain Systems. IEEE Transactions on Control Systems Technology 6(1):21–32.

15. Apollo Program Office - MAO (1969): Apollo 11 [AS-506] Mission. NASA, Mission Operation Report No. M-932-69-11.
16. Argyris, J., Faust, G., Haase, M. und Friedrich, R. (2010): Die Erforschung des Chaos, Springer.
17. Arens, T., Hettlich, F., Karpfinger, C., Kockelkorn, U., Lichtenegger, K. und Stachel, H. (2011): Mathematik. Spektrum Akademischer Verlag.
18. Athans, M. und Falb, P. L. (1966): Optimal Control, McGraw-Hill.
19. Auernig, J. W. und Troger, H. (1987): Time optimal control of overhead cranes with hoisting of the load. Automatica 23(4):437–447.
20. Bacciotti, A. und Rosier, L. (2010): Liapunov Functions and Stability in Control Theory, Springer.
21. Barraquand, J. und Latombe, J.-C. (1993): Nonholonomic Multibody Mobile Robots: Controllability and Motion Planning in the Presence of Obstacles. Algorithmica 10(2-3-4):121–155.
22. Барбашин, Е. А. и Красовский, Н. Н. (1952): Об устойчивости движения в целом. Доклад Акад. Наук СССР 86(3):453–456 (Barbashin, E. A. und Krasovskii, N. N. (1952): Über die Stabilität von Bewegungen im Großen. Bericht der Akad. Nauk. UDSSR 86(3):453–456).
23. Bashein, G. (1971): A Simplex Algorithm for On-Line Computation of Time Optimal Controls. IEEE Transactions on Automatic Control 16(5):479–482.
24. Ben-Asher, J., Burns, J. A. und Cliff, E. M. (1992): Time-optimal slewing of flexible spacecraft. Journal of Guidance, Control and Dynamics 15(2):360–367.
25. Bertsekas, D. P. (1999): Nonlinear Programming, Athena Scientific.
26. Besançon, G. (Hrsg.) (2007): Nonlinear Observers and Applications, Springer.
27. Bhatia, N. P. und Szegö, G. P. (2002): Stability Theory of Dynamical Systems, Springer.
28. Biewer, B. (1997): Fuzzy-Methoden: Praxisrelevante Rechenmodelle und Fuzzy-Programmiersprachen, Springer.
29. Birk, J. (1992): Rechnergestützte Analyse und Lösung nichtlinearer Beobachtungsaufgaben. VDI Fortschritt-Berichte, Reihe 8, Nr. 294, VDI-Verlag.
30. Blümel, R. und Reinhardt, W. P. (1997): Chaos in Atomic Physics, Cambridge University Press.
31. Böcker, J., Hartmann, I. und Zwanzig, Ch. (1986): Nichtlineare und adaptive Regelungssysteme, Springer.
32. Bode, H. W. (1945): Network Analysis and Feedback Amplifier Design, D. Van Nostrand.
33. Boltjanski, W. G. (1972): Mathematische Methoden der optimalen Steuerung, Carl Hanser Verlag.
34. Borovic, B., Hong, C., Liu, A. Q., Xie, L. und Lewis, F. L. (2004): Control of a MEMS Optical Switch. 43rd IEEE Conference on Decision and Control (3):3039–3044, Atlantis.
35. Boyd, S., El Ghaoui, L., Feron, E. und Balakrishnan, V. (1994): Linear Matrix Inequalities in System and Control Theory, SIAM.
36. Brogliato, B., Lozano. R., Maschke, B. und Egeland, O. (2007): Dissipative Systems Analysis and Control, Springer
37. Brown, C. J. und Ma, J. T. (1968): Time-Optimal Control of a Moving-Coil Linear Actuator. IBM Journal of Research and Development 12(5):372–379.
38. Brunovský, P. (1970): A Classification of Linear Controllable Systems. Kybernetika 6(3):173–188.

39. Buhl, M., Joos, P. und Lohmann, B. (2008): Sättigende weiche strukturvariable Regelung. Automatisierungstechnik 56(6):316–323.
40. Burcham, F. W., Trindel, A., Fullerton, C. G. und Webb, L. D. (1996): Development and Flight Evaluation of an Emergency Digital Flight Control System Using Only Engine Thrust on an F-15 Airplane. NASA Technical Paper 3627.
41. Burken, J. J., Burcham, F. W., Maine, T. A., Feather, J., Goldthorpe, S. und Kahler, J. A. (1996): Flight Test of a Propulsion-Based Emergency Control System on the MD-11 Airplane With Emphasis on the Lateral Axis. NASA Technical Memorandum 4746.
42. Byrnes, C. I., Isidori, A und Willems, J. C. (1991): Passivity, Feedback Equivalence, and the Global Stabilization of Minimum Phase Nonlinear Systems. IEEE Transactions on Automatic Control 36(11) 1228–1240.
43. Camacho, E. F., Berenguel, M. und Rubio, F. R. (1994): Application of a gain scheduling generalized predictive controller to a solar power plant. Control Engineering Practice 2(2):227–238.
44. Camacho, E. F. und Bordons, C. (2007): Model Predictive Control, Springer.
45. Canudas-de-Wit, C., Rubio, F. R. und Corchero, M. A. (2008): D-OSKIL: A New Mechanism for Controlling Stick-Slip Oscillations in Oil Well Drillstrings. IEEE Transactions on Control Systems Technology 16(6):1177–1191.
46. Charlet, B., Lévine, J. und Marino, R. (1991): Sufficient conditions for dynamic state feedback linearization. SIAM Journal on Control and Optimization 29(1):38–57.
47. Chen, M. Z. Q. und Smith, M. C. (2009): A Note on Tests for Positive-Real Functions. IEEE Transactions on Automatic Control 54(2):390–393.
48. Chern, S. S. und Shokurov, V. V. (Hrsg.) (2002): The Collected Papers of Wei-Liang Chow, World Scientific.
49. Chow, W.-L. (1940): Über Systeme von linearen partiellen Differentialgleichungen erster Ordnung. Mathematische Annalen 117(1):98–105.
50. Consolini, L. und Piazzi, A. (2006): Generalized Bang-Bang Control for Feedforward Constrained Regulation. 45th IEEE Conference on Decision and Control: 893–898, San Diego.
51. Corless, M. und Shorten, R. (2009): A correct characterization of strict positive realness for MIMO systems. IEEE Proceedings of the American Control Conference: 469–475, St. Louis.
52. Corless, M. und Shorten, R. (2010): On the characterization of Strict Positive Realness for General Matrix Transfer Functions. IEEE Transactions on Automatic Control 55(8):1899–1904.
53. Corless, M. und Shorten, R. (2011): On a class of generalized eigenvalue problems and equivalent eigenvalue problems that arise in systems and control theory. Automatica 47(3):431–442.
54. Cragon, S. D. (1991): Time-Optimal Control Application for an Exoatmospheric Interceptor. Proceedings of the IEEE Telesystems Conference (1):31–36.
55. Creveling, H. F., De Paz, J. F., Baladi, J. Y. und Schoenhals, R. J. (1975): Stability characteristics of a single-phase free convection loop. Journal of Fluid Mechanics 67(1):65–84.
56. Dahlquist, G. (1958): Stability and error bounds in the numerical integration of ordinary differential equations. Dissertation, Universität Stockholm.
57. DeCarlo, R. A., Zak, S. H. und Matthews, G. P. (1988): Variable Structure Control of Nonlinear Multivariable Systems: A Tutorial. Proceedings of the IEEE 76(3):212–232.

58. Deutscher, J. (2004): Flachheitsbasierter Entwurf von Mehrgrößenregelungen mittels linearer Differentialoperatordarstellungen, Shaker.
59. Devaney, R. L. (2003): An Introduction to Chaotic Dynamical Systems, Westview Press Inc.
60. Dewey, A. G. und Jury, E. I. (1965): A Note on Aizerman's Conjecture. IEEE Transactions on Automatic Control 10(4):482–483.
61. Diehl, M., Findeisen, R., Schwarzkopf, S., Uslu, I., Allgöwer, F., Bock, H. G., Gilles, E. D. und Schlöder, J. P. (2002): An efficient algorithm for nonlinear model predictive control of large-scale systems - Part I: Description of the method. Automatisierungstechnik 50(12):557–567.
62. Döring, D. (2003): Ein Beitrag zur Synthese von Gain-Schedulingreglern unter Nutzung normierter Gaußscher Radial-Basisfunktionen, Dissertation, Universität Magdeburg.
63. Dorf, R. C. und Bishop, R. H. (2007): Modern Control Systems, Prentice Hall.
64. Draženóvic, B. (1969): The invariance conditions in variable structure systems. Automatica 5(3):287–295.
65. Driankov, D., Hellendoorn, H. und Reinfrank, M. (1996): An Introduction to Fuzzy Control, Springer.
66. Edwards, C. und Postlethwaite, I. (1998): Anti-windup and bumpless-transfer schemes. Automatica 34(2):199–210.
67. Engel, R. (2002): Zustandsbeobachter für Nichtlineare Systeme, Shaker.
68. Engell, S. (Hrsg.) (1995): Entwurf nichtlinearer Regelungen, R. Oldenbourg.
69. Engeln-Müllges, G., Niederdrenk, K. und Wodicka, R. (2010): Numerik-Algorithmen, Springer.
70. Fadden, E. J. und Gilbert, E. G. (1964): Computational Aspects of the Time-Optimal Control Problem. In Balakrishnan, A.V. und Neustadt, L.W. (Hrsg.) (1964): Computing Methods in Optimization Problems: 167–192, Academic Press.
71. Fah, T. K. (2004): Substructural Identification with Incomplete Measurement for Structural Damage Assessment. Dissertation, National University of Singapore.
72. Farinwata, S. S., Filev, D. P. und Langari, R. (2000): Fuzzy Control: Synthesis and Analysis, Wiley & Sons.
73. Фелдбаум, А. А. (1959): Вычислительные устройства в автоматических системах, Физматгиз, Москва (russisches Original von [74]).
74. Feldbaum, A. A. (1962): Rechengeräte in automatischen Systemen, R. Oldenbourg.
75. Fernández-Anaya, G., Martínez-García, J. G. und Kučera, V. (2006): Characterizing families of positive real matrices by matrix substitution on scalar rational functions. System & Control Letters 55(11):871–878.
76. Filippov, A. F. (1988): Differential Equations with Discontinuous Righthand Sides, Kluwer Academic Publishers.
77. Fitts, R. (1966): Two Counterexamples to Aizerman's Conjecture. IEEE Transactions on Automatic Control 11(3):553–556.
78. Fliess, M., Lévine, J., Martin, P. und Rouchon, P. (1992): Sur les systèmes non linéaires différentiellement plats. Comptes Rendus de l'Académie des Science, Serie I-315:619–624.
79. Fliess, M., Lévine, J., Martin, P. und Rouchon, P. (1992): On differentially flat nonlinear systems. Proceedings of the 2nd IFAC Symposium on Nonlinear Control Systems (NOLCOS), Bordeaux, 408–412.

80. Fliess, M., Lévine, J., Martin, P. und Rouchon, P. (1995): Flatness and defect of non-linear systems: introductory theory and examples. International Journal of Control 61(6):1327–1361.
81. Fliess, M., Lévine, J., Martin, P. und Rouchon, P. (1995): A Lie-Bäcklund Approach to Equivalence and Flatness of Nonlinear Systems. IEEE Transactions on Automatic Control 44(5):922–937.
82. Föllinger, O. (1993): Lineare Abtastsysteme, R. Oldenbourg.
83. Föllinger, O. (1993): Nichtlineare Regelungen II, R. Oldenbourg.
84. Föllinger, O. (1994): Optimale Regelung und Steuerung, R. Oldenbourg.
85. Föllinger, O. (1998): Nichtlineare Regelungen I, R. Oldenbourg.
86. Föllinger, O. (2013): Regelungstechnik, VDE-Verlag.
87. Fox, L. und Mayers, D. F. (1987): Numerical Solution of Ordinary Differential Equation for Scientists and Engineers, Chapman and Hall.
88. Franke, D. (1982): Ausschöpfung von Stellgrößenbeschränkungen mittels weicher strukturvariabler Regelung. Regelungstechnik 30(10):348–355.
89. Franklin, G. F., Powell, J. D., Emami-Naeini, A. (2009): Feedback Control of Dynamic Systems, Prentice-Hall.
90. Frik, M. (1966): Zeitoptimale Steuerung des Einstellvorganges bei Kreiselkompassen. Archive of Applied Mechanics 35(4):262–268.
91. Fukushima, Y., Irikura, K., Uetake, T. und Matsumoto, H. (2000): Characteristics of Observed Peak Amplitude for Strong Ground Motion from the 1995 Hyogoken Nanbu (Kobe) Earthquake. Bulletin of the Seismological Society of America 90(3):545–565.
92. Galor, O. (2007): Discrete Dynamical Systems, Springer.
93. Gantmacher, F. R. (1986): Matrizentheorie, Springer.
94. Gao, W. und Hung, J. C. (1993): Variable Structure Control of Nonlinear Systems: A New Approach. IEEE Transactions on Industrial Electronics 40(1):45–55.
95. Gauthier, J. P. und Bornard, G. (1981): Observability for any $u(t)$ of a Class of Nonlinear Systems. IEEE Transactions on Automatic Control 26(4):922–926.
96. Gelb, A. und Vander Velde, W. E. (1968): Multiple-Input Describing Functions and Nonlinear System Design, McGraw-Hill.
97. Germann, S. (1997): Modellbildung und modellgestützte Regelung der Fahrzeuglängsdynamik. VDI Fortschritt-Berichte, Reihe 12, Nr. 309, VDI-Verlag.
98. Ghandhari, M., Andersson, G., Pavella, M. und Ernst, D. (2001): A control strategy for controllable series capacitor in electric power systems. Automatica 37(10):1575–1583.
99. Glattfelder, A. H. und Schaufelberger, W. (2003): Control Systems with Input and Output Constraints, Springer.
100. Grigorieff, R. D. (1977): Numerik gewöhnlicher Differentialgleichungen 2: Mehrschrittverfahren, Teubner.
101. Gruyitch, L., Richard, J.-P., Borne, P. und Gentina, J.-C. (2004): Stability Domains, Chapman & Hall.
102. Gupta, S. und Joshi, S. M. (1995): State Space Characterization and Robust Stabilization of Dissipative LTI Systems. IEEE Proceedings of the American Control Conference, Seattle, S. 3616–3619.
103. Gutman, P.-O. und Hagander, P. (1985): A New Design of Constrained Controllers for Linear Systems. IEEE Transactions on Automatic Control 30(1):22–33.

104. Hagenmeyer, V. und Zeitz, M. (2004): Internal dynamics of flat nonlinear SISO systems with respect to a non-flat output. Systems & Control Letters 52(3-4): 323–327.
105. Hahn, W. (1967): Stability of Motion, Springer.
106. Hairer, E. und Wanner, G. (2004): Solving Ordinary Differential Equations II: Stiff and Differential-Algebraic Problems, Springer.
107. Hangos, K. M., Bokor, J. und Szederkényi, G. (2004): Analysis and Control of Nonlinear Process Systems, Springer.
108. Harris, J. (2005): Fuzzy Logic Applications in Engineering Science, Springer.
109. Hedrick, J. K. und Misawa, E. A. (1989): Nonlinear Observers – A State-of-the-Art Survey. Transactions of the ASME, Journal of Dynamic Systems, Measurement, and Control 111(3):344–352.
110. Hermann, R. und Krener, A. J. (1977): Nonlinear Controllability and Observability. IEEE Transactions on Automatic Control 22(5):728–740.
111. Härefors, M. und Bates, D. G. (2003): Integrated propulsion based flight control system design for a civil transport aircraft. International Journal of Turbo and Jet Engines 20(2):95–114.
112. Hibbeler, R. C. (2012): Technische Mechanik 3 - Dynamik, Pearson.
113. Hippe, P. (2006): Windup in Control, Springer.
114. Hocking, L. M. (1991): Optimal Control, Oxford University Press.
115. Holzmann, H., Germann, S., Halfmann, C. und Isermann, R. (1998): Intelligent fuzzy distance and cruise control for passenger cars. Journal of Intelligent and Fuzzy Systems 6(3):315–327.
116. Hooke, R. und Jeeves, T. A. (1961): „Direct Search“ Solution of Numerical and Statistical Problems. Journal of the Association of Computing Machinery (JACM) 8(2):212–229.
117. Horn, M und Dourdoumas, N. (2003): Regelungstechnik, Pearson.
118. Hou, C. (2008): Fluid Dynamics and Behavior of Nonlinear Viscous Fluid Dampers. Journal of Structural Engineering 134(1):56–63.
119. Hu, T. und Lin, Z. (2001): Control Systems with Actuator Saturation: Analysis and Design, Birkhäuser.
120. Hu, T. und Lin, Z.(2002): On Improving the Performance with Bounded Continuous Feedback Laws. IEEE Transactions on Automatic Control 47(9):1570–1575.
121. Huang, S., Tan, K. K. und Lee, T. H. (2001): Applied Predictive Control, Springer.
122. Hughes, D. und Dornheim, M. A. (2003): No Flight Controls. Aviation Week & Space Technology 159(23):42–43.
123. Hughes, P. C. (2004): Spacecraft Attitude Dynamics, Dover Publications.
124. Hung, J. Y., Gao, W. und Hung, J. C. (1993): Variable Structure Control: A Survey. IEEE Transactions on Industrial Electronics 40(1):2–22.
125. Ilchmann, A. und Wirth, F. (2013): On Minimum Phase. Automatisierungstechnik 61(12):805–817.
126. Ioannou, P. und Tao, G. (1987): Frequency domain conditions for strictly positive real functions, IEEE Transactions on Automatic Control 32(1):53–54.
127. Isermann, R. (1988): Digitale Regelsysteme, Band 1, Springer.
128. Isermann, R. (1991): Digitale Regelsysteme, Band 2, Springer.
129. Isidori, A. (1995): Nonlinear Control Systems, Springer.
130. Jin, Y. (2003): Advanced Fuzzy Systems Design and Applications, Physica-Verlag.

131. Johansen, T. A., Hunt, K. J. und Petersen, I. (2000): Gain-scheduled control of a solar power plant. Control Engineering Practice 8(9):1011–1022.
132. Joshi, S. M. (1989): Out of Control. IEEE Control Systems Magazine 9(5):50.
133. Joshi, S. M. und Gupta, S. (1996): On a Class of Marginally Stable Positive-Real Systems. IEEE Transactions on Automatic Control 41(1):152–155.
134. Jonckheere, E. A. und Yu, G.-R. (1998): H_∞ longitudinal control of crippled trijet aircraft with throttles only. Control Engineering Practice 6(5):601–613.
135. Jonckheere, E. A. und Yu, G.-R. (1999): Propulsion Control of Crippled Aircraft be H_∞ Model Matching. IEEE Transaction on Control Systems Technology 7(2):142–159.
136. Kahlert, J. (1995): Fuzzy Control für Ingenieure: Analyse, Synthese und Optimierung von Fuzzy-Regelungssystemen, Vieweg.
137. Kailath, T. (1980): Linear Systems, Prentice Hall.
138. Kamen, D. L., Arling, R. W., Field, J. D., Morell, J. B., Pompa, J. B. und Heinzmann, R. K. (2002): Personal Transporter. U. S. Patent 6.796.396 B2.
139. Kane, T. R., Likins, P. W. und Levinson, D. A. (1983): Spacecraft Dynamics, McGraw Hill.
140. Kapila, V. und Grigoriadis, K. M. (2002): Actuator Saturation Control, CRC.
141. Kapoor, N. und Daoutidis, P. (2000): Stabilization of nonlinear processes with input constraints. Computers and Chemical Engineering 24:9–21.
142. Kaps, P. und Rentrop, P. (1979): Generalized Runge-Kutta methods of order four with stepsize control for stiff ordinary differential equations. Numerische Mathematik 33(1):55–68.
143. Karnopp, D. (2001): Motorbetriebenes Servolenksystem, Deutsche Patentschrift DE 4031316C2.
144. Kelkar, A. G. and Joshi, S. M. (1996): Control of Nonlinear Multibody Flexible Space Structures, Springer.
145. Keller, H. (1986): Entwurf nichtlinearer Beobachter mittels Normalformen. VDI Fortschritt-Berichte, Reihe 8, Nr. 124, VDI-Verlag.
146. Khalil, H. K. (2002): Nonlinear Systems, Prentice-Hall.
147. Kiel, L. D. und Elliott, W. E. (Hrsg.) (1997): Chaos Theory in the Social Sciences: Foundations and Applications, University of Michigan Press.
148. Kiendl, H. und Schneider, G. (1972): Synthese nichtlinearer Regler für die Regelstrecke $const/s^2$ aufgrund ineinandergeschachtelter abgeschlossener Gebiete beschränkter Stellgröße. Regelungstechnik und Prozeß-Datenverarbeitung 20(7):289–296.
149. Kiendl, H. (1972): Suboptimale Regler mit abschnittweise linearer Struktur, Springer.
150. Kirk, D. E. (2004): Optimal Control Theory: An Introduction, Dover Publications.
151. Kothare, M. V., Campo, P. J., Morari, M. und Nett, C. N. (1994): A unified framework for the study of anti-windup designs. Automatica 30(12):1869–1883.
152. Kottenstette, N., und Antsaklis, P. J. (2010): Relationships Between Positive Real, Passive Dissipative, & Positive Systems. IEEE Proceedings of the American Control Conference, Baltimore, 409–416.
153. Kouvaritakis, B. und Cannon, M. (Hrsg.) (2001): Nonlinear predictive control: theory and practice, Institution of Engineering and Technology.
154. Krämer, W. (2006): Grenzzyklen in einem Servolenksystem. Arbeitsberichte der FH Ingolstadt, Nr. 12.

155. Krämer, W. (2007): Vermeidung von Grenzzyklen in einem Servolenksystem. In: Mechatronik 2007 - Innovative Produktentwicklung: Maschinenbau, Elektrotechnik, Informationstechnik, VDI-Berichte (2007), Nr. 1971, S. 811–818, VDI-Verlag.
156. Красовский, Н. Н. (1952): Теоремы об устойчивости движений, опрделяемых системой двух уравнений. Прикладная математика и маханика 16(5):547–554 (Krasovskii, N. N. (1952): Sätze zur Stabilität dynamischer Systeme auf der Basis eines Systems mit zwei Gleichungen. Prikladnaia matematika i mekhanika 16(5):547–554).
157. Krause, P. C., Wasynczuk, O. und Sudhoff, S. D. (2013): Analysis of Electric Machinery and Drive Systems, Wiley & Sons.
158. Krause, U. und Nesemann, T. (2012): Differenzengleichungen und diskrete dynamische Systeme, Teubner.
159. Kroll, A. (2013): Computational Intelligence, Oldenbourg.
160. Krstić, M., Fontaine, D., Kokotović, P. V. und Paduano, J. D. (1998): Useful Nonlinearities and Global Stabilization of Bifurcations in a Model of Jet Engine Surge and Stall. IEEE Transactions on Automatic Control 43(12):1739–1745.
161. Krstić, M., Kanellakopoulos, I. und Kokotović, P. V. (1995): Nonlinear and Adaptive Control Design, Wiley & Sons.
162. Krstić, M. und Smyshlyaev, A. (2008): Boundary Control of PDEs: A Course on Backstepping Designs, SIAM.
163. Kugi, A (2001): Non-linear Control Based on Physical Models, Springer.
164. Kundur, P. (1994): Power System Stability and Control, McGraw-Hill.
165. Lafferriere, G. und Sussmann, H. (1991): Motion Planning for Controllable Systems without drift. Proceedings of the IEEE International Conference on Robotics and Automation, Sacramento, 1148–1153.
166. Lancaster, P. und Tismenetsky, M. (1985): The Theory of Matrices, Academic Press.
167. Landau, Y. D. (1979): Adaptive Control, Marcel Dekker Inc.
168. Larsen, M. und Kokotović, P. V. (2001): A brief look at the Tsypkin criterion: from analysis to design. International Journal of Adaptive Control and Signal Processing 15(2):121–128.
169. LaSalle, J. P. (1960): Some Extensions of Liapunov's Second Method. IRE Transactions on Circuit Theory 7(4):520–527.
170. Lee, Y., Jang, S.-I., Chung, K., Lee, D., Kim, W. und Lee, C.-W. (1994): A Fuzzy-Control Processor for Automatic Focusing. IEEE Transactions on Consumer Electronics 40(2):138–144.
171. Leith, D. J. und Leithead, W. E. (1998): Gain-scheduled controller design: an analytic framework directly incorporating non-equilibrium plant dynamics. International Journal of Control 70(2):249–269.
172. Leith, D. J. und Leithead, W. E. (2000): Survey of gain-scheduling analysis and design. International Journal of Control 73(11):1001–1025.
173. Lens, H. und Adamy, J. (2009): Schnelle Regelung von linearen Systemen mit Stellgrößenbeschränkungen, Automatisierungstechnik 57(2):70–79.
174. Lens, H., Adamy, J. und Domont-Yankulova, D. (2011): A fast nonlinear control method for linear systems with input saturation. Automatica 47(4):857–860.
175. Lentz, W. (1993): Neuere Entwicklungen in der Theorie dynamischer Systeme und ihre Bedeutung für die Agrarökonomie. Duncker & Humblot.

176. Leonhard, W. (1976): Zeitoptimale Scherenregelung. Archiv für Elektrotechnik 58(1):61–67.
177. Lévine, J. (1997): Static and dynamic feedback linearization. In Fossard, A. J. and Normand-Cyrot, D. (Hrsg.): Nonlinear Systems - Vol. 3, Control: 93–126, Chapman & Hall
178. Lévine, J. (2009): Analysis and Control of Nonlinear Systems - A Flatness-based Approach, Springer.
179. Li, A. und Ando, K. (2013): Measuring the Acceptability of Self-Balancing Two-Wheeled Personal Mobility Vehicles. Journal of the Eastern Asia Society for Transportation Studies 10:444–453.
180. Li, T.-Y. und Yorke, J. A. (1975): Period Three Implies Chaos. The American Mathematical Monthly 82(10):985–992.
181. Liao, X. und Yu, P. (2008): Absolute Stability of Nonlinear Control Systems, Springer.
182. Liapounoff, A. M. (1907): Problème générale de la stabilité du mouvement. Übersetzung der Originalarbeit [183] durch É. Davaux. Annales de la Faculté des Sciences de l'Université de Toulouse 9:203–474.
183. Ляпунов, A. M. (1892): Общая задача объ устойчивости движенiя. Разсужденiе, Харьковъ (Ljapunov, A. M (1892): Eine allgemeine Aufgabe zur Stabilität einer Bewegung. Dissertation, Universität Charkow).
184. Lyapunov, A. M. (1992): The general problem of the stability of motion. Übersetzung der französischen Version [182] durch A. T. Fuller. International Journal of Control 55(3):531-534.
185. Llamas, A., De La Ree Lopez, J., Mili, L., Phadke, A. G. und Thorp, J. S. (1995): Clarifications of the BCU Method for Transient Stability Analysis. IEEE Transactions on Power Systems 10(1):210–219.
186. Lobry, C. (1970): Contrôlabilité des systèmes non linéaires. SIAM Journal on Control 8(4):573–605.
187. Lozano-Leal, R. und Joshi, S. M. (1990): Strictly Positive Real Transfer Functions Revisited. IEEE Transactions on Automatic Control 35(11):1243-1245.
188. Ludyk, G. (1995): Theoretische Regelungstechnik 2, Springer.
189. Luenberger, D. G. (1966): Observers for Multivariable Systems. IEEE Transactions on Automatic Control 11(2):190-197.
190. Lunze, J. (2010): Regelungstechnik 1, Springer.
191. Lunze, J. (2013): Regelungstechnik 2, Springer.
192. Maciejowski, J. M. (2002): Predictive Control with Constraints, Pearson.
193. Maggiore, M. und Passino, K. M. (2003): A Separation Principle for Non-UCO Systems: The Jet Engine Stall and Surge Example. IEEE Transactions on Automatic Control 48(7):1264–1269.
194. Mancilla Aguilar, J. L., García, R. A. und D'Attellis, C. E. (1996): Exact linearization of nonlinear systems: trajectory tracking with bounded controls and state constraints. International Journal of Control 65(3):455–467.
195. Margono, B. S. (2004): Optimierung von Bewegungsabläufen mit schwingungsfreien Endpositionen zur Verkürzung der Arbeitszyklen von Container-Schnellumschlaganlagen, Dissertation, Universität Duisburg-Essen.
196. Marquez, H. J. und Damaren, G. J. (1996): Analysis and Synthesis of Strictly Positive Real Transfer Functions, Journal of the Franklin Institute 333 B(2):245–256.
197. Marquez, H. J. (2003): Nonlinear Control Systems, Wiley & Sons.

198. Martin, P., Devasia, S. und Paden, B. (1996): A Different Look at Output Tracking: Control of a VTOL Aircraft. Automatica 32(1):101–107.
199. Maurer, G. F. (1995): A Fuzzy Logic Controller for an ABS Braking System. IEEE Transactions on Fuzzy Systems 3(4):381–388.
200. Mazenc, F., de Queiroz, M. S., Malisoff, M. und Gao, F. (2006): Further Results on Active Magnetic Bearing Control with Input Saturation. IEEE Transactions on Control Systems Technology 14(5):914–919.
201. McMahan, J. (1978): Flight 1080. Air Line Pilot 47(7):6–10.
202. Meditch, J. S. (1964): On the Problem of Optimal Thrust Programming For a Lunar Soft Landing. IEEE Transactions on Automatic Control 9(4):477–484.
203. Michels, K., Klawonn, F., Kruse, R. und Nürnberger, A. (2002): Fuzzy-Regelung: Grundlagen, Entwurf, Analyse, Springer.
204. Miller, S., Kennedy, J. F., Molino, J., Emo, A., Rousseau, G., Tan, G. und Do, A. (2010): Operating Characteristics of the Segway Human Transporter. Technical Report of the U. S. Department of Transportation, No. FHWA-HRT-10-025.
205. Miri, A. M. (2000): Ausgleichsvorgänge in Elektroenergiesystemen, Springer.
206. Mokhtari, F., Sicard, P. und Lechevin, N. (2007): Stabilizing Winding Systems by Injection Damping Control on Control Based on Controlled Hamiltonian Systems, IEEE Proceedings of the International Electric Machines and Drives Conference (IEMDC), Antalya, 95–100.
207. Marino, R. (1986): On the largest feedback linearizable subsystem. Systems & Control Letters 6(1): 345–351.
208. Müller, A., Marsili-Libelli, S., Aivasidis, A., Lloyd, T., Kroner, S. und Wandrey, C. (1997): Fuzzy control of disturbances in a wastewater treatment process. Water Research 31(12):3157–3167.
209. Mukhopadhyay, B. K. und Malik, O. P. (1972): Optimal control of synchronous-machine excitation by quasilinearisation techniques. IEE Proceedings - Electric Power Applications 119(1):91–98.
210. National Transportation Safety Board (1989): Aircraft Accident Report - United Airlines Flight 232, McDonnell Douglas DC-10-10, Sioux Gateway Airport, Sioux City, Iowa, July 19, 1989. Report No. NTSB/AAR-90/06.
211. Narendra, K. S. und Taylor, J. H. (1973): Frequency Domain Criteria for Absolute Stability, Academic Press.
212. Narendra, K. S. und Goldwyn, R. M. (1964): A Geometrical Criterion for the Stability of Certain Nonlinear Nonautonomous Systems. IEEE Transactions on Circuit Theory 11(3):406-408.
213. Nayfeh, A. H. und Mook, D. T. (1995): Nonlinear Oscillations, Wiley & Sons.
214. Newell, R. B. und Lee, P. L. (1989): Applied Process Control: A Case Study, Prentice Hall.
215. Nijmeijer, H. und van der Schaft, A. (1996): Nonlinear Dynamical Control Systems, Springer.
216. Ochi, Y. (2005): Flight control system design for propulsion-controlled aircraft. Proceedings of the Institution of Mechanical Engineers - Part G: Journal of Aerospace Engineering 219(4):329–340.
217. Opitz, H.-P. (1984): Entwurf robuster, strukturvariabler Regelungssysteme mit der Hyperstabilitätstheorie, VDI Fortschritt-Berichte, Reihe 8, Nr. 75.
218. Opitz, H.-P. (1986): Die Hyperstabilitätstheorie - eine systematische Methode zur Analyse und Synthese nichtlinearer Systeme. Automatisierungstechnik 34(6):221–230.

219. Oppenheim, A. V., Schafer, R. W. und Buck, J. R. (2004): Zeitdiskrete Signalverarbeitung, Pearson.
220. Orloff, R. W. und Harland, D. M. (2006): Apollo, Springer.
221. Ortega, R. und Garcia-Canseco, E. (2004): Interconnection and Damping Assignment Passivity-Based Control: A survey. European Journal of Control 10(5):432–450.
222. Ortega, R., van der Schaft, A., Maschke, B. und Escobar, G. (2002): Interconnection and damping assignment passivity-based control of port-controlled Hamiltonian systems. Automatica 38(4):585–596.
223. Ortega, R., van der Schaft, A., Mareels, J. und Maschke, B. (2001): Putting Energy Back in Control. IEEE Control Systems Magazine 21(2):18-33.
224. van Overloop, P.-J., Weijs, S. und Dijkstra, S. (2008): Multiple model predictive control on a drainage canal system. Control Engineering Practice 16(5):531–540.
225. Owusu, K. O., Lewis, F. L., Borovic, B. und Liu, A. Q. (2006): Nonlinear Control of a MEMS Optical Switch. Proceedings of the 45th IEEE Conference on Decision and Control, San Diego, 597–602.
226. Palacios-Quiñonero, F., Rubió-Massegú, J., Rossell, J. M. und Karimi, H. R. (2012): Optimal passive-damping design using a decentralized velocity-feedback H_∞ approach. Modelling, Identification and Control 33(3):87–97.
227. Pappas, G. J., Lygeros, J. und Godbole, D. N. (1995): Stabilization and Tracking of Feedback Linearizable Systems under Input Constraints. IEEE Conference on Decision and Control, New Orleans, 596–601.
228. Park, M.-H. und Won, C.-Y. (1991): Time Optimal Control for Induction Motor Servo System. IEEE Transactions on Power Electronics 6(3):514–524.
229. Parks, P. C. und Hahn, V. (1981): Stabilitätstheorie, Springer.
230. Perruquetti, W. und Barbot, J. P. (Hrsg.) (2002): Sliding Mode Control in Engineering, Marcel Dekker Inc.
231. Paulus, T. (2007): Integration flachheitsbasierter Regelungs- und Steuerungsverfahren in der Prozessleittechnik. Fortschritt-Berichte VDI, Reihe 8, Nr. 1124, VDI-Verlag.
232. Pfiffner R. und Guzella, L. (1999): Feedback Linearization Idle-Speed Control: Design and Experiments. Kybernetika 35(4):441–458.
233. Piechottka, U. (1989): Steuerbarkeit nichtlinearer Systeme. Automatisierungstechnik 37(7):268-275.
234. Плисс, В. А. (1958): Некоторые проблемы теории устоичивости в целом. Издательство Ленинградского университета (Pliss, V. A. (1958): Bestimmte Probleme in der Theorie der Stabilität dynamischer Systeme im Großen. Leningrad University Press).
235. Pliss, V. A. (1965): Certain problems in the theory of stability of motion in the whole. Englische Übersetzung der Originalarbeit [234]. Nationalbilbiothek Aeronautics and Space Administration.
236. Pólya, G. (1979): Vom Lösen mathematischer Aufgaben, Bd.1, Birkhäuser.
237. Pólya, G. (1983): Vom Lösen mathematischer Aufgaben, Bd.2, Birkhäuser.
238. Popov, V. M. (1959): Criterii de stabilitate pentru sistemele neliniare de reglare automată, bazate pe utilizarea transformatei Laplace. Studii şi Cercetări de Energetică 9(1):119-135.
239. Popov, V. M. (1959): Criterii suficiente de stabilitate asimptotică in mare pentru sistemele automate neliniare cu mai multe organe de execuţie. Studii şi Cercetări de Energetică 9(4):647-680.

240. Popov, V. M. (1960): Noi criterii de stabilitate pentru sistemele automate neliniare. Studii şi Cercetări de Energetică 10(1):159–174.
241. Popov, V. M. (1960): Nouveaux critériums de stabilité pour les systèmes automatiques nonlinéaires. Französische Übersetzung der Originalarbeit [240]. Revue d'Électrotechnique et Énergétique 5(1):73–88.
242. Popov, V. M. (1960): Noi criterii grafice pentru stabilitatea stării staţionare a sistemelor automate neliniare. Studii şi Cercetări de Energetică 10(3):601–612.
243. Popov, V. M. (1961): New graphical criteria for the stability of the steady state of nonlinear control systems. Englische Übersetzung der Originalarbeit [242]. Revue d'Électrotechnique et Énergétique 6(1):25–34.
244. Popov, V. M. (1961): Absolute Stability of Nonlinear Systems of Automatic Control. Automation and Remote Control 22(8):857–875.
245. Popov, V. M. (1963): The Solution of a New Stability Problem for Controlled Systems. Automation and Remote Control 24(1):1–23.
246. Popov, V. M. (1973): Hyperstability of Control Systems, Springer.
247. Powell, B. K. und Cook, J. A. (1987): Nonlinear Low Frequency Phenomenological Engine Modeling and Analysis. IEEE Proceedings of the American Control Conference, Minneapolis, 332–340.
248. Quin, S. J. und Badgwell, T. A. (2003): A survey of industrial model predictive control technology. Control Engineering Practice 11(7):733-764.
249. Rawlings, J. B. (2000): Tutorial Overview of Model Predictive Control. IEEE Control Systems Magazine 20(3):38-52.
250. Ray, K. S. und Majumder, D. D. (1985): Fuzzy Logic Control of a Nonlinear Multivariable Steam Generating Unit Using Decoupling Theory. IEEE Transactions on Systems, Man, and Cybernetics 15(4):539–558.
251. Rothfuß, R. (1997): Anwendung der flachheitsbasierten Analyse und Regelung nichtlinearer Mehrgrößensysteme. Fortschritt-Berichte VDI, Reihe 8, Nr. 664, VDI-Verlag.
252. Rothfuß, R., Rudolph, J. und Zeitz, M. (1997): Flachheit: Ein neuer Zugang zur Steuerung und Regelung nichtlinearer Systeme. Automatisierungstechnik 45(11):517–525.
253. Rouche, N., Habets, P. und Laloy, M. (1977): Stability Theory by Liapunov's Direct Method, Springer.
254. Rubio, F. R., Camacho, E. F. und Berenguel, M. (2006): Control de Campos de Colectores Solares. Revista iberoamericana de automática e informática industrial 3(4):26–45.
255. Rudolph, J. (2003): Beiträge zur flachheitsbasierten Regelung linearer und nichtlinearer Systeme endlicher und unendlicher Dimension, Shaker.
256. Rugh, W. J. und Shamma, J. S. (2000): Research on gain scheduling. Automatica 36(10):1401–1425.
257. Sabanovic, A., Fridman, L. M. und Spurgeon, S. K. (Hrsg.) (2004): Variable Structure Systems: From Principles to Implementation, The Institution of Engineering and Technology (IET).
258. Sadegh, N, Finney, J. D. und Heck, B. S. (1997): An explicit method for computing the positive real lemma matrices. International Journal of Robust and Nonlinear Control 7(12):1057–1069.
259. Sastry, S. (1999): Nonlinear Systems: Analysis, Stability and Control, Springer.
260. Schulz von Thun, F. (2008): Miteinander reden 1: Störungen und Klärungen, Rowohlt.

261. Schwarz, H. (1991): Nichtlineare Regelungssysteme, R. Oldenbourg.
262. Schwefel, H.-P. (1977): Numerische Optimierung von Computer-Modellen mittels der Evolutionsstrategie, Birkhäuser.
263. Scokaert, P. O. M., Mayne, D. Q. und Rawlings, J. B. (1999): Suboptimal Model Predictive Control (Feasibility Implies Stability). IEEE Transactions on Automatic Control 44(3):648–654.
264. Scott, M. (1986): Time/fuel optimal control of constrained linear discrete systems. Automatica 22(6):711–715.
265. Seibert, P. und Suarez, R. (1990): Global stabilization of nonlinear cascade systems. Systems & Control Letters 14(4):347–352.
266. Sepulchre, R., Janković, M. und Kokotović, P. V. (1997): Constructive Nonlinear Control, Springer.
267. Serrarens, A. F. A., von de Molengraft, J. J. K. und von den Steen, L. (1998): H_∞ Control for suppressing stickslip in oil well drillstrings. IEEE Control Systems Magazine 18(2):19–30.
268. Shampine, L. F. und Gordon, M. K. (1984): Computer-Lösungen gewöhnlicher Differentialgleichungen: das Anfangswertproblem, Vieweg.
269. Singer, J., Wang, Y.-Z. und Bau, H. H. (1991): Controlling a Chaotic System. Physical Review Letters 66(9):1123–1125.
270. Sira-Ramírez, H. und Agrawal, S. K. (2004): Differentially Flat Systems, Marcel Dekker.
271. Sira-Ramírez,H.(1989): Nonlinear Variable Structure Systems in Sliding Mode: The General Case. IEEE Transactions on Automatic Control 34(11): 1186–1188.
272. Sira-Ramírez, H. (1998): A general canonical form for feedback passivity of non-linear systems. International Journal of Control 71(5): 891–905.
273. Slotine, J.-J. E. und Li, W. (1991): Applied nonlinear Control, Prentice-Hall.
274. Sofrony, J. (2009): Anti-windup Compensation of Input Constrained Systems: Synthesis using Riccati Equations, VDM Verlag.
275. Sommer, R. (1980): Zusammenhang zwischen dem Entkopplungs- und dem Polvorgabeverfahren für nichtlineare, zeitvariante Mehrgrößensysteme. Regelungstechnik 28(7):232–236.
276. Sommer, R. (1980): Ein hinreichendes Kriterium für die Steuerbarkeit einer Klasse nichtlinearer, zeitvarianter Systeme. Regelungstechnik 28(1):30–31.
277. Sommer, R. (1980): Control design for multivariable nonlinear time-varying systems. International Journal of Control 31(5):883–891.
278. Sontag, E. D. (1998): Mathematical Control Theory, Springer.
279. Sontag, E. D. und Wang, Y. (1995): On characterizations of the input-to-state stability property. Systems & Control Letters 24(5):351–359.
280. Sontag, E. D. und Wang, Y. (1999): Notions of input to output stability. Systems & Control Letters 38(4-5):235–248.
281. Spencer, B. F. und Nagarajaiah, S. (2003): State of the Art of Structural Control. Journal of Structural Engineering 129(7):845–856.
282. Stelzner, P. (1987): Spatförmige Ljapunov-Funktionen und ihre Anwendungen in der Regelungstechnik, Dissertation, Universität Dortmund.
283. Stephani, H. (1994): Differentialgleichungen: Symmetrien und Lösungsmethoden. Spektrum, Akademischer Verlag.
284. Stoer, J. und Burlisch, R. (2012): Numerische Mathematik 2, Springer.
285. Ström, T. (1975) On logarithmic norms. SIAM Journal on Numerical Analysis 12(5):741–753

286. Strogatz, S. H. (2001): Nonlinear Dynamics and Chaos, Westview Press Inc.
287. Strubecker, K. (1984): Einführung in die höhere Mathematik. Band IV, R. Oldenbourg.
288. Sun, Y. und Peng, J. (2002): A New Lyapunov Function for Transient Stability Analysis of Power Systems with Emergency Control. Proceedings of the IEEE International Conference on Power System Technology (PowerCon 2002) 3:1540–1544, Kunming.
289. Symans, M. D. und Constantinou, M. C. (1997): Experimental Testing and Analytical Modeling of Semi-Active Fluid Dampers for Seismic Protection. Journal of Intelligent Material Systems and Structures 8(8):644–657.
290. Symans, M. D. und Constantinou, M. C. (1999): Semi-active control systems for seismic protection of structures: a state-of-the-art review. Engineering Structures 21(6):469–487.
291. Takagi, H. (1992): Application of neural networks and fuzzy logic to consumer products. Proceedings of the IEEE International Conference on Industrial Electronics, Control, Instrumentation, and Automation 3:1629–1633, San Diego.
292. Tan, S.-C., Lai, Y. M., Cheung, M. K. H. und Tse, C. K. (2005): On the Practical Design of a Sliding Mode Voltage Controlled Buck Converter. IEEE Transactions on Power Electronics 20(2):425–437.
293. Tao, G. und Ioannou, P. A. (1988): Strictly Positive Real Matrices and the Lefschetz-Kalman-Yakubovich Lemma. IEEE Transactions on Automatic Control 33(12):1183–1185.
294. Tarbouriech, S., Garcia, G., Gomes da Silva, J. M. und Queinnec, J. (2011): Stability and Stabilization of Linear Systems with Saturating Actuators, Springer.
295. Taylor, J. H. (1974): Strictly Positive-Real Functions and the Lefschetz-Kalman-Yakubovich (LKY) Lemma, IEEE Transactions on Circuits and Systems 21(2):310–311.
296. Terano, T., Asai, K. und Sugeno, M. (1994): Applied Fuzzy Systems, Academic Press.
297. Terrel, W. J. (2009): Stability and Stabilization: An Introduction, Princeton University Press.
298. Thompson, J. M. T. und Bishop, S. R. (Hrsg.) (1994): Nonlinearity and Chaos in Engineering Dynamics, Wiley & Sons.
299. Tolle, H. (1975): Optimization Methods, Springer.
300. Tolle, H. (1985): Mehrgrößen-Regelkreissynthese, Band II: Entwurf im Zustandsraum, R. Oldenbourg.
301. Tracht, R. (1990): Ein Verfahren zur Berechnung von optimalen Steuerfolgen für lineare Abtastsysteme mit konvexen Beschränkungen. Automatisierungstechnik 38(4):143–148.
302. Tsiotras, P. und Wilson, B. C. (2003): Zero- and Low- Bias Control Designs for Active Magnetic Bearings. IEEE Transactions on Control Systems Technology 11(6):889–904.
303. Tsypkin, Ya. S. (1964): A criterion for absolute stability of automatic pulse systems with monotonic characteristics of the nonlinear element. Soviet Physics-Doklady 9(4):262–266.
304. Tsypkin, Ya. S. (1964): Frequency Criteria for the Absolute Stability of Nonlinear Sampled-Data Systems. Automation and Remote Control 25(3):261–267.

305. Turner, M. C. und Bates, D. G. (Hrsg.) (2007): Mathematical Methods for Robust and Nonlinear Control, Springer.
306. Tyagunov, A. A. (2004): High-Performance Model Predictive Control for Process Industry, Dissertation, Technische Universität Eindhoven.
307. Unbehauen R. (1998): Systemtheorie, Bd. 2, R. Oldenbourg.
308. Utkin, V. I. (1992): Sliding Modes in Control and Optimization, Springer.
309. Verbruggen, H. B. und Babuška, R. (Hrsg.) (1999): Fuzzy Logic Control: Advances in Applications, World Scientific.
310. Vidyasagar, M. (2002): Nonlinear Systems Analysis, Society for Industrial & Applied Mathematics.
311. Vidyasagar, M. (1980): Decomposition Techniques for Large-Scale Systems with Nonadditive Interactions: Stability and Stabilization. IEEE Transactions on Automatic Control 25(4):773–779.
312. Voigt, C. und Adamy, J. (2007): Formelsammlung der Matrizenrechnung, R. Oldenbourg.
313. Waita, H., Hamaya, K. und Gomi, H. (2009): Inverted Pendulum - type vehicle. U. S. Patent 2011/0067943A1.
314. Waldherr, S. und Zeitz, M. (2008): Conditions for the existence of a flat input. International Journal of Control 81(3):439–443.
315. Wang, J. und Rugh, W. (1987): Feedback Linearization Families for Nonlinear Systems. IEEE Transactions on Automatic Control 32(10):935–940.
316. Wang, Y., Singer, J. und Bau, H. H. (1992): Controlling chaos in a thermal convection loop. Journal of Fluid Mechanics 237:479–498.
317. Weerasooriya, S., Low, T. S. und Huang, Y. H. (1994): Adaptive Time Optimal Control of a Disk Drive Actuator. IEEE Transactions on Magnetics 30(6):4224–4226.
318. Weinberg, L. und Slepian, P. (1960): Positive real matrices. Indiana University Mathematics Journal 9(1):71–83.
319. Wen, J. T. (1988): Time Domain and Frequency Domain Conditions for Strict Positive Realness. IEEE Transactions on Automatic Control 33(10):988–922.
320. Wey, T. (2002): Nichtlineare Regelungssysteme: Ein differentialalgebraischer Ansatz, Teubner.
321. Willems, J. G., (1972): Dissipative dynamical systems: Part II: Linear Systems with quadratic supply rates. Archive for Rational Mechanics and Analysis 45(5):352–393.
322. Wredenhagen, G. F. und Bélanger, P. R. (1994): Piecewise-linear LQ control for systems with input constraints. Automatica 30(3):403–416.
323. Yankulova, D. und Adamy, J. (2008): LMI-Entwurf schneller Regler mit impliziten Ljapunov-Funktionen. Automatisierungstechnik 56(12):636–643.
324. Ying, Y., Rao, M. und Sun, Y. (1992): Bilinear control strategy for papermaking process. Chemical Engineering Communications 111(1):13-28.
325. Youbin, P., Vrancic, D. und Hanus, R. (1996): Anti-Windup, Bumpless, and Conditioned Transfer Techniques for PID Controllers. IEEE Control Systems Magazine 16(4):48–57.
326. Yulin, X. (2009): Modeling and LPV Control of Web Winding System with Sinusoidal Tension Distrurbance. IEEE Proceedings of the Chinese Control Conference (CCDC), Guilin, 3815–3820.
327. Zaccarian, L. und Teel, A. R. (2011): Modern Anti-Windup Synthesis: Control Augmentation for Actuator Saturation, Princeton University Press.

328. Zadeh, L. A. (1965): Fuzzy Sets. Information and Control 8(3):338–353.
329. Zames, G. (1966): On the Input-Output Stability of Time-Varying Nonlinear Feedback Systems-Part I: Conditions Derived Using Concepts of Loop Gain, Conicity, and Positivity. IEEE Transactions on Automatic Control 11(2):228–238.
330. Zames, G. (1966): On the Input-Output Stability of Time-Varying Nonlinear Feedback Systems-Part II: Conditions Involving Circles in the Frequency Plane and Sector Nonlinearities. IEEE Transactions on Automatic Control 11(3):465–476.
331. Zeitz, M. (1977): Nichtlineare Beobachter für chemische Reaktoren, VDI Fortschritt-Berichte, Reihe 8, Nr. 27, VDI-Verlag.
332. Zeitz, M. (2014): Minimalphasigkeit – keine relevante Eigenschaft für die Regelungstechnik! Automatisierungstechnik 62(1):3–10
333. Zeitz, M. (2010): Differenzielle Flachheit: Eine nützliche Methodik auch für lineare SISO-Systeme. Automatisierungstechnik 58(1):5–13.
334. Zhang, H. und Liu, D. (2006): Fuzzy Modeling and Fuzzy Control, Birkhäuser.
335. Zhao, Z.-Y., Tomizuka, M. und Isaka, S. (1993): Fuzzy Gain Scheduling of PID Controllers. IEEE Transactions on System, Man & Cybernetics 23(5):1392–1398.
336. Zhou, J. und Wen, C. (2008): Adaptive Backstepping Control of Uncertain Systems: Nonsmooth Nonlinearities, Interactions of Time-Variations, Springer.
337. Zypkin, Ja. S. (1963): Die absolute Stabilität nichtlinearer Impulsregelsysteme. Regelungstechnik 11(4):145–148, sowie S. 224.
338. Zypkin, Ja. S. (1981): Grundlagen der Theorie automatischer Systeme. R. Oldenbourg.

Sachverzeichnis

HRW

Deep down in Louisiana close to New Orleans,
Way back up in the woods among the evergreens,
There stood a log cabin made of earth and wood
Where lived a country boy named Johnny B. Goode
Who never ever learned to read or write so well,
But he could play the guitar just like ringing a bell.

Go go, go Johnny go go ... Johnny B. Goode

He used to carry his guitar in a gunny sack
And sit beneath the trees by the railroad track.
Oh, the engineer would see him sitting in the shade
Strumming to the rhythm that the drivers made.
People passing by would stop and say
Oh my, that little country boy could play.

Go go, go Johnny go go ... Johnny B. Goode

His mother told him, “Someday you will be a man,
And you will be the leader of a big old band.
Many people coming from miles around
To hear you play your music when the sun goes down.
Maybe someday your name will be in lights
Saying Johnny B. Goode tonight.”

Go go, go Johnny go go ... Johnny B. Goode

Chuck Berry

Printing: Ten Brink, Meppel, The Netherlands
Binding: Stürtz, Würzburg, Germany